ECONOMIA MARÍTIMA

Blucher

Martin Stopford

ECONOMIA MARÍTIMA

Tradução da 3ª edição

TRADUÇÃO

Doutora Ana Cristina Paixão Casaca e Doutor Léo Tadeu Robles

Universidade Federal do Maranhão (UFMA)

REVISÃO

Cláudio J. M. Soares

Agência Nacional de Transportes Aquaviários (ANTAQ)

APOIO

Senador Wellington Fagundes

Presidente da Frente Parlamentar Mista de Logística de Transportes e Armazenagem (Frenlog)

Economia marítima – tradução da 3ª edição

Título original em língua inglesa: Maritime economics, third edition

© 2009 Martin Stopford

© 2017 Editora Edgard Blücher Ltda.

All rights reserved. **Authorised translation from the English language edition published by Routledge, a member of the Taylor & Francis Group.**

Blucher

Rua Pedroso Alvarenga, 1245, 4° andar
04531-934 – São Paulo – SP – Brasil
Tel.: 55 11 3078-5366
contato@blucher.com.br
www.blucher.com.br

Segundo Novo Acordo Ortográfico, conforme
5. ed. do *Vocabulário Ortográfico da Língua
Portuguesa*, Academia Brasileira de Letras,
março de 2009.

É proibida a reprodução total ou parcial por
quaisquer meios sem autorização escrita da
editora.

Todos os direitos reservados pela Editora
Edgard Blücher Ltda.

FICHA CATALOGRÁFICA

Stopford, Martin
 Economia marítima / Martin Stopford ; tradução de
Léo Tadeu Robles, Ana Cristina Ferreira Castela Paixão
Casaca. – 3. ed. – São Paulo : Blucher, 2017.
 896 p. : il.

Bibliografia
ISBN 978-85-212-1192-1
Título original: Maritime Economics

 1. Transporte marítimo 2. Transporte marítimo –
Aspectos econômicos 3. Transporte marítimo – História
I. Título. II. Robles, Léo Tadeu. III. Casaca, Ana Cristina
Ferreira Castela Paixão.

17-0518   CDD 387.5

Índice para catálogo sistemático:
1. Transporte marítimo – Aspectos econômicos

CONTEÚDO

Prefácio à terceira edição 13

Sinopse 15

Abreviaturas 21

Cinquenta termos essenciais do transporte marítimo 25

PARTE 1: INTRODUÇÃO AO TRANSPORTE MARÍTIMO 29

Capítulo 1 – Transporte marítimo e economia global 31

    1.1 Introdução 31

    1.2 As origens do comércio marítimo (3000 a.C.-1450) 35

    1.3 A economia global no século XV 40

    1.4 Abertura do mercado global e do comércio (1450-1833) 41

    1.5 Transporte marítimo de linhas regulares e não regulares (1833-1950) ... 50

    1.6 Contêiner, granel e transporte aéreo (1950-2006) 64

    1.7 Lições de 5 mil anos de transporte marítimo mercante 73

    1.8 Resumo 74

Capítulo 2 – A organização do mercado marítimo 77

    2.1 Introdução 77

    2.2 Panorama da indústria marítima 78

    2.3 A indústria do transporte internacional 80

    2.4 Características da demanda de transporte marítimo 83

    2.5 O sistema de transporte marítimo 92

2.6 A frota mercante mundial 99

2.7 O custo do transporte marítimo..107

2.8 O papel dos portos no sistema de transporte....................................115

2.9 As companhias de navegação que gerenciam o negócio 118

2.10 O papel dos governos no transporte marítimo 122

2.11 Resumo 123

PARTE 2: ECONOMIA DO MERCADO MARÍTIMO 125

Capítulo 3 – Ciclos do mercado marítimo 127

3.1 Introdução ao ciclo do transporte marítimo 127

3.2 Características dos ciclos do mercado marítimo 128

3.3 Ciclos e riscos do transporte marítimo..135

3.4 Panorama dos ciclos do transporte marítimo (1741-2007).................138

3.5 Ciclos das embarcações a vela (1741-1869).......................................142

3.6 Ciclos de mercado dos navios de linhas não regulares (1869-1936)....144

3.7 Ciclos do mercado marítimo de cargas a granel (1945-2008) 152

3.8 Lições de dois séculos de ciclos..165

3.9 Previsões dos ciclos do transporte marítimo 166

3.10 Resumo 168

Capítulo 4 – Oferta, demanda e taxas de frete...171

4.1 O modelo do mercado marítimo..172

4.2 Influências-chave na oferta e na demanda 172

4.3 A demanda de transporte marítimo 176

4.4 A oferta do transporte marítimo 187

4.5 O mecanismo das taxas de frete 198

4.6 Resumo 210

Capítulo 5 – Os quatro mercados do transporte marítimo 213

5.1 As decisões enfrentadas pelos proprietários de navios 213

5.2 Os quatro mercados marítimos...215

5.3 O mercado de fretes 218

5.4 O mercado de derivativos de frete 231

5.5 O mercado de compra e venda de navios 236

Conteúdo

5.6 O mercado das novas construções 245

5.7 O mercado de demolição (reciclagem) 249

5.8 Resumo 250

PARTE 3: A ECONOMIA DAS COMPANHIAS DE NAVEGAÇÃO 253

Capítulo 6 – Custos, receitas e fluxo de caixa 255

6.1 O fluxo de caixa e a arte da sobrevivência 255

6.2 O desempenho financeiro e a estratégia de investimento 257

6.3 Os custos de exploração de navios 263

6.4 O custo de capital do navio 275

6.5 A receita que o navio ganha 281

6.6 As contas no transporte marítimo: a estrutura das decisões 286

6.7 Quatro métodos para o cálculo do fluxo de caixa 292

6.8 Valoração dos navios mercantes 303

6.9 Resumo 307

Capítulo 7 – Financiamento de navios e de companhias de navegação 309

7.1 O financiamento de navios e a economia marítima 309

7.2 Como os navios foram financiados no passado 310

7.3 O sistema financeiro mundial e os tipos de financiamento 317

7.4 Financiamento de navios com fundos privados 326

7.5 Financiamento de navios com empréstimos bancários 326

7.6 Financiamento de navios e de companhias de navegação nos mercados de capitais .. 338

7.7 Financiamento de navios por sociedades de propósitos específicos 345

7.8 Análise de risco no financiamento de navios 353

7.9 Lidar com a inadimplência 356

7.10 Resumo 358

Capítulo 8 – Risco, retorno e economia das companhias de navegação 361

8.1 O desempenho dos investimentos no transporte marítimo 361

8.2 O modelo de investimento de uma companhia de navegação 366

8.3 Teoria da concorrência e o lucro "normal" 372

8.4 Precificação do risco no transporte marítimo 381

8.5 Resumo 385

PARTE 4: COMÉRCIO MARÍTIMO E SISTEMAS DE TRANSPORTE 387

Capítulo 9 – A geografia do comércio marítimo 389

9.1 O valor agregado do transporte marítimo 389

9.2 Oceanos, distâncias e tempos de trânsito.. 390

9.3 A rede de comércio marítimo 399

9.4 O comércio marítimo europeu 409

9.5 O comércio marítimo norte-americano 411

9.6 O comércio marítimo sul-americano.. 415

9.7 O comércio marítimo asiático 417

9.8 O comércio marítimo africano 421

9.9 O comércio marítimo de Oriente Médio, Ásia Central e Rússia 423

9.10 O comércio da Austrália e da Oceania 426

9.11 Resumo 428

Capítulo 10 – Os princípios do comércio marítimo 429

10.1 Os elementos fundamentais do comércio marítimo 429

10.2 Os países que comercializam por via marítima 433

10.3 Por que razão os países comercializam 438

10.4 Diferenças nos custos de produção 440

10.5 O comércio devido às diferenças de recursos naturais 444

10.6 Os ciclos comerciais dos produtos primários 449

10.7 O papel do transporte marítimo no comércio 456

10.8 Resumo 460

Capítulo 11 – O transporte de cargas a granel 463

11.1 As origens comerciais do transporte marítimo de cargas a granel.... 463

11.2 A frota de navios graneleiros.. 464

11.3 Os tráfegos de cargas a granel 466

11.4 Os princípios do transporte de cargas a granel 469

11.5 Aspectos práticos do transporte de cargas a granel.......................... 475

11.6 O transporte de cargas líquidas a granel 480

11.7 O tráfego de petróleo bruto 482

11.8 O tráfego dos derivados do petróleo 490

11.9 Os principais tráfegos de granel sólido.. 494

11.10 Os tráfegos secundários de granel sólido... 506

11.11 Resumo 516

Conteúdo 9

Capítulo 12 – O transporte de cargas especializadas 519

12.1 Introdução ao transporte marítimo especializado 519

12.2 O transporte marítimo de produtos químicos 523

12.3 O tráfego de gás liquefeito de petróleo 529

12.4 O tráfego de gás natural liquefeito..534

12.5 O transporte de carga frigorificada 539

12.6 O transporte de cargas unitárias 544

12.7 O transporte marítimo de passageiros..552

12.8 Resumo 556

Capítulo 13 – O transporte de carga geral 559

13.1 Introdução..559

13.2 As origens do serviço de linhas regulares 560

13.3 Os princípios econômicos das operações de linhas regulares 567

13.4 A carga geral e a demanda de transporte de linhas regulares 569

13.5 As rotas de transporte marítimo de linhas regulares 580

13.6 As companhias de linhas regulares 589

13.7 A frota de linhas regulares 594

13.8 Os princípios econômicos dos serviços de linhas regulares 596

13.9 Precificação dos serviços de linhas regulares 609

13.10 As conferências de linhas regulares e os acordos de cooperação..................614

13.11 Os portos e os terminais de contêineres 618

13.12 Resumo 621

PARTE 5: A FROTA MERCANTE E A OFERTA DE TRANSPORTE 623

Capítulo 14 – Os navios que realizam o transporte 625

14.1 Que tipo de navio? 625

14.2 As sete questões que definem um projeto de navio.......................630

14.3 Os navios para os tráfegos de carga geral 642

14.4 Os navios para os tráfegos de granel sólido 652

14.5 Os navios para o transporte de cargas líquidas a granel 657

14.6 Os navios-tanques transportadores de gases 665

14.7 Os navios não cargueiros 669

14.8 Os critérios econômicos para a avaliação de projetos de navios 670

14.9 Resumo 672

Economia marítima

Capítulo 15 – A economia das indústrias de construção naval e demolição de navios 675

    15.1 O papel das indústrias de construção naval e demolição de navios 676

    15.2 A estrutura regional da construção naval mundial 676

    15.3 Os ciclos de mercado da indústria de construção naval 688

    15.4 Os princípios econômicos 692

    15.5 O processo de produção da indústria da construção naval 702

    15.6 Os custos da indústria da construção naval e a concorrência 708

    15.7 A indústria de reciclagem de navios 712

    15.8 Resumo 716

Capítulo 16 – A regulamentação da indústria marítima 717

    16.1 Como a regulamentação afeta a economia do transporte marítimo 717

    16.2 Panorama do sistema de regulamentação 718

    16.3 As sociedades classificadoras 720

    16.4 O direito do mar 725

    16.5 O papel regulatório do Estado de bandeira 729

    16.6 Como são feitas as leis marítimas 738

    16.7 A Organização Marítima Internacional 740

    16.8 A Organização Mundial do Trabalho 747

    16.9 O papel regulamentador dos Estados costeiros e portuários 749

    16.10 A regulamentação da concorrência no transporte marítimo 752

    16.11 Resumo 756

PARTE 6: PREVISÕES E PLANEJAMENTO 759

Capítulo 17 – Previsões e pesquisas no mercado marítimo 761

    17.1 A abordagem da previsão no transporte marítimo 761

    17.2 Os principais elementos das previsões 767

    17.3 A preparação das previsões 769

    17.4 As metodologias de previsão de mercado 773

    17.5 A metodologia da pesquisa de mercado 777

    17.6 As previsões das taxas de frete 780

    17.7 Desenvolvimento de uma análise de cenários 788

    17.8 Técnicas analíticas 789

    17.9 Problemas com as previsões 803

    17.10 Resumo 807

Conteúdo

Anexo A – Uma introdução à modelagem do mercado marítimo 809

Anexo B – Cálculo da arqueação e fatores de conversão 815

Anexo C – Índice de fretes na economia marítima (1741-2007) 819

Notas 825

Referências e leituras sugeridas 853

Índice remissivo...863

Sobre os tradutores, o revisor e o apoiador 887

PREFÁCIO À TERCEIRA EDIÇÃO

A terceira edição da obra *Economia marítima*, como as edições anteriores, tem como objetivo explicar a organização do mercado marítimo e responder a algumas perguntas de natureza prática sobre seu funcionamento. Por que razão os países comercializam por via marítima? Como o transporte marítimo está organizado? Como preços e tarifas de frete são determinados? Como os navios são financiados? Existem ciclos de mercado? Quais são os retornos das companhias de navegação? Como uma companhia de navegação pode sobreviver a crises econômicas? O que influencia o projeto dos navios? E, é claro, previsões confiáveis são possíveis?

Muito mudou em vinte anos, desde a primeira edição publicada em 1988. Nessa época, a indústria lutava para sair de uma recessão profunda, e a segunda edição, lançada em 1997, foi escrita durante um mercado mais próspero, ainda que desanimador. Entretanto, a terceira edição, que começou a ser escrita em 2002, coincidiu com um dos maiores períodos de crescimento na história da indústria. Essas décadas contrastantes oferecem oportunidade única para se estudar o transporte marítimo em ciclos de abundância e de penúria, e espero que esta terceira edição, substancialmente alterada, tenha se aproveitado dessas percepções oferecidas.

Esta edição retém a estrutura das anteriores, mas com muitas alterações e adições. Uma inovação principal diz respeito ao capítulo sobre a história econômica do negócio do transporte marítimo. Apresentar um livro de economia com história é um risco, mas o transporte marítimo tem 5 mil anos de história comercial documentada. Se ela existe, por que não a exibir? É reconfortante saber que outros navegaram nos mesmos mares muitos anos antes e, portanto, existe uma lição a ser aproveitada. A história do transporte marítimo avança de forma avassaladora com a dinâmica de um navio-petroleiro muito grande (VLCC), nivelando tudo em seu caminho, de modo que os investidores de transporte marítimo nos seus veleiros comerciais devem vigiar de forma apurada "tendências seculares", assim como ciclos do mercado marítimo mais imediatos, porém menos ameaçadores.

A análise dos ciclos de transporte marítimo vem desde 1741, e o capítulo sobre os mercados inclui uma seção estendida abordando os derivativos, atualmente mais utilizados que uma década atrás. A análise teórica da oferta e da demanda foi atualizada para introduzir a mobilidade vertical da curva da oferta. Um novo capítulo aborda o problema complexo do retorno do capital no transporte marítimo, focalizando a microeconomia da indústria e introduzindo o modelo de "precificação de ativos com risco" [*risky asset pricing,* RAP]. Existem também dois novos capítulos: um sobre a geografia do comércio marítimo, o qual trata do mundo físico no qual o transporte marítimo opera, e outro sobre o transporte marítimo especializado. Sempre que necessário, os outros capítulos foram todos atualizados, estendidos e revistos.

A terceira edição de *Economia marítima* conta agora com dezessete capítulos, cujos conteúdos são sumariados na seção seguinte.

Na produção das três edições, agradeço a ajuda recebida de numerosas pessoas. Para a primeira e segunda edições, gostaria de reiterar os meus agradecimentos a Efthimios Mitropoulos, agora secretário-geral da Organização Marítima Internacional; professor catedrático Costas Grammenos, pró-vice-chanceler da City University, Londres; o falecido Peter Douglas, do Chase Manhattan Bank; professor catedrático Harry Benford, da Michigan University; professor catedrático Rigas Doganis; professor catedrático Michael Tamvakis, da CASS Business School; o honorável Gerald Cooper; doutor John Doviak, da Cambridge Academy of Transport; professor catedrático Henk Molenaar; Mona Kristiansen, da Leif Hoegh & Company; capitão Philip J. Wood; Sir Graham Day; Alan Adams, da Shell International Marine; Richard Hext, diretor executivo da Pacific Basin Shipping Ltd.; Rogan McLellan; Mark Page, diretor da Drewry Shipping Consultants; professora catedrática Mary Brooks, da Dalhousie University; Bob Crawley; Betsy Nelson; Merrick Raynor; Jonathan Tully; Robert Bennett; John Ferguson e Paul Stott, por todos os comentários, sugestões e abordagens sugeridas das quais essas edições se beneficiaram.

Pela ajuda recebida na terceira edição, os meus agradecimentos vão para o professor catedrático Peter B. Marlow, Rawi Nair e Kiki Mitroussi, da Cardiff University; Bill Ebersold, agora aposentado da Marad; Alan Jamieson; Peter Stokes, da Lazards; Jeremy Penn, chefe executivo da Baltic Exchange; Tony Mason, secretário-geral do International Chamber of Shipping; Richard Greiner, sócio da Moore Stephens; Rogan McLellan; capitão Robert W. Sinclair; Sabine Knapp, da OMI; Niels G. Stolt-Nielsen; Sean Day, presidente da Teekay Shipping Corporation; Susan Cooke, diretora financeira da Global Ship Lease; Jean Richards, diretor da Quantum Shipping Services; Trevor Crowe e Cliff Tyler, diretores da Clarkson Research Services Ltd.; Nick Wood e Tom White, do gabinete de novas construções da Clarksons; Bob Knight e Alex Williams, da divisão de navios-tanques da Clarksons; Nick Collins, da divisão de cargas sólidas da Clarksons; Alan Ginsberg, chefe do setor financeiro da Eagle Bulk Shipping; John Westwood, da Douglas-Westwood Ltd.; Dorthe Bork e seus colegas da Odense Steel Shipyard; Jarle Hammer, da Fearnleys; professor catedrático Roar Adland, da Clarksons Fund Management; doutor Peter Swift, diretor executivo da Intertanko; professor catedrático Knick Harley, da Oxford University; professor catedrático Alan Winter, da University of Sussex; Hamid Seddighi, da University of Sunderland; e Erik Bastiensen. Também gostaria de agradecer a Randy Young, do U. S. Office of Naval Intelligence (ONI), por sua ajuda e entusiasmo na extensão das estatísticas do ciclo dos fretes desde 1741, ao meu irmão John Stopford, pelas muitas discussões aprofundadas, e ao meu editor da Routledge, Rob Langham.

Finalmente, a conclusão deste livro bastante ampliado foi uma tarefa complexa, e devo o meu particular agradecimento a Tony Gray, da Lloyds List; ao professor catedrático Ian Buxton, da Newcastle University, e a Charlie Norse, da Massachusetts Maritime Academy, por sua força, tempo, conhecimento e aconselhamento.

Martin Stopford

Londres, 2008

SINOPSE

PARTE 1 – INTRODUÇÃO AO TRANSPORTE MARÍTIMO

A Parte 1 aborda as questões relativas à origem do transporte marítimo e onde se encontra agora.

Capítulo 1: Transporte marítimo e economia global

O transporte marítimo desempenha um papel central na economia global, e o seu bem documentado histórico, que remonta a 5 mil anos atrás, dá aos economistas marítimos uma visão única de como têm evoluído os mecanismos econômicos do setor e de suas instituições. Verificamos que o mundo comercial atual tem evoluído ao longo de muitos séculos, e a história demonstra que o centro regional do comércio marítimo está em constante movimento – chamamos esse percurso de "Linha Oeste". Ao examinarmos o comércio dos oceanos Atlântico e Pacífico, vemos onde a "Linha Oeste" localiza atualmente.

Capítulo 2: A organização do mercado marítimo

Apresentamos um panorama amplo do mercado que abrange o sistema de transporte, a demanda de transportes marítimos, a frota mercante, como o transporte marítimo é oferecido, o papel dos portos, a organização das empresas de navegação e as influências políticas.

PARTE 2 – A ECONOMIA DO MERCADO MARÍTIMO

A Parte 2 apresenta a estrutura macroeconômica do mercado marítimo para mostrar o papel dos ciclos de mercado, as forças que os direcionam e o ambiente comercial em que o setor opera.

Capítulo 3: Ciclos do mercado marítimo

Os ciclos do mercado marítimo dominam o pensamento econômico da indústria. A discussão das características dos ciclos de transporte marítimo conduz à revisão de como os especialistas os explicam. Identificaram-se 22 ciclos desde 1741 a partir das séries estatísticas e dos relatórios de mercado contemporâneos. Para cada ciclo, é apresentada uma breve descrição, chamando a atenção para os mecanismos econômicos que elevaram ou reduziram o mercado e influenciaram sua tendência secular. O capítulo termina com algumas considerações sobre o retorno do capital na indústria marítima e sobre a previsão dos seus ciclos.

Capítulo 4: Oferta, demanda e taxas de fretes

Agora, examinamos mais detalhadamente o modelo econômico do transporte marítimo que sustenta a natureza cíclica do negócio. O modelo é formado por três componentes: oferta, demanda e mecanismo de estabelecimento das tarifas de frete. A primeira metade do capítulo discute as dez variáveis principais que influenciam as funções da oferta e da demanda do setor do transporte marítimo. A segunda metade analisa como as tarifas de frete relacionam oferta e demanda. É colocada ênfase na dinâmica do mercado.

Capítulo 5: Os quatro mercados do transporte marítimo

Neste capítulo, revemos como os mercados funcionam na realidade. O negócio do transporte marítimo funciona por meio de quatro mercados relacionados e referentes a diferentes produtos primários [*commodities*], fretes, navios de segunda mão, navios novos e navios para demolição. Abordamos os aspectos práticos de cada mercado e a dinâmica de como estão ligados a seus fluxos de caixa. À medida que o dinheiro entra e sai dos balanços financeiros dos proprietários de navios, influencia os comportamentos nesses mercados.

PARTE 3 – A ECONOMIA DAS COMPANHIAS DE NAVEGAÇÃO

Voltando para a microeconomia, debatemos as questões práticas enfrentadas pelas firmas. Como estão estruturados os custos e as receitas do transporte marítimo? Como os navios são financiados? Como o setor gera um retorno comercial dos investimentos?

Capítulo 6: Custos, receitas e fluxo de caixa

Este capítulo aborda os custos e as receitas resultantes da operação de navios mercantes. Os custos estão divididos entre custos de viagem e custos de operação. Os custos de capital também são abordados, embora a revisão principal sobre o financiamento seja apresentada no capítulo seguinte. A seção final focaliza a contabilidade das empresas, incluindo a demonstração de resultados e do fluxo de caixa e o seu balanço. Finalizamos com uma discussão sobre a análise de fluxos de caixa.

Capítulo 7: Financiamento de navios e de companhias de navegação

O financiamento é o item mais importante no orçamento dos fluxos de caixa de um proprietário de navio. Este capítulo começa com uma revisão das muitas formas em que os navios

Sinopse 17

foram financiados no passado, seguida de uma explicação breve dos mercados mundiais de capital, mostrando de onde vem o dinheiro. Finalmente, o capítulo debate as quatro principais maneiras de se financiar os navios: capital próprio, endividamento, financiamento de novas construções e locação [*leasing*].

Capítulo 8: Risco, retorno e economia das companhias de navegação

A história do transporte marítimo caracteriza-se por retornos muito medíocres durante períodos longos intercalados por explosões de rentabilidade. Este capítulo examina o modelo de investimento de uma companhia de navegação e aplica a teoria da firma às empresas de navegação, de modo a estabelecer o que determina o retorno do investimento no transporte marítimo e como o setor precifica o risco.

PARTE 4 – COMÉRCIO MARÍTIMO E SISTEMAS DE TRANSPORTE

Voltamos nossa atenção para a carga e os sistemas de transporte que a movimentam. Começamos com a estrutura geográfica do comércio, seguindo a teoria comercial e as forças econômicas que governam o comércio. Depois, examinamos como o setor do transporte marítimo movimenta as cargas atualmente, focalizando os três segmentos principais: transporte marítimo a granel, transporte marítimo especializado e transporte marítimo de linhas regulares.

Capítulo 9: A geografia do comércio marítimo

O setor do transporte marítimo adiciona valor explorando as arbitragens entre os mercados globais. Existe uma dimensão física agregada à economia marítima, portanto, devemos estar atentos à geografia do comércio marítimo. Este capítulo examina o mundo físico dentro do qual esse comércio tem lugar, abordando os oceanos, as distâncias, os tempos de trânsito e a rede de comércio marítimo. Conclui com uma revisão do comércio entre cada uma das principais regiões econômicas.

Capítulo 10: Os princípios do comércio marítimo

O transporte marítimo depende das trocas comerciais, por isso, devemos entender por que os países fazem trocas comerciais e por que seus padrões de negociação se alteram. Começamos com uma breve apresentação da teoria do comércio, identificando as várias razões para a existência do comércio. Segue-se um debate do modelo oferta-demanda utilizado para analisar o comércio de mercadorias a partir de recursos naturais. Voltamos para o comércio marítimo atual realizado por 105 países, revemos a evidência das relações entre comércio e área terrestre, população, recursos naturais e atividade econômica. Finalmente, verificamos o "ciclo de desenvolvimento do comércio" e a relação entre o comércio marítimo e o desenvolvimento econômico.

Capítulo 11: O transporte de cargas a granel

A utilização ampla de sistemas de transporte a granel para reduzir o custo de movimentação de matérias-primas reformulou a economia global no século XX. A primeira parte do capítulo analisa os princípios do transporte a granel e as características do manuseio desse tipo de carga. Essa parte abrange o sistema de transporte, as características do transporte de produtos primários [*commodities*] e o desenvolvimento dos sistemas de transporte para movimentação a granel. Segue-se uma breve descrição dos vários produtos primários transportados a granel, de suas características econômicas e dos sistemas de transporte empregues.

Capítulo 12: O transporte de cargas especializadas

Neste capítulo estudamos os segmentos do transporte marítimo desenvolvidos para transportar por meio de sistemas de transporte especializados. O capítulo engloba produtos químicos, gás liquefeito, carga frigorífica, cargas de trabalho unitário e transporte marítimo de passageiros.

Capítulo 13: O transporte de carga geral

A conteinerização dos serviços de linhas regulares foi uma das grandes inovações comerciais do século XX. Transportes mais rápidos e custos mais baixos permitiram que as empresas adquirissem materiais e comercializassem os seus produtos em praticamente qualquer lugar no mundo. Este capítulo aborda a organização dos sistemas de linhas regulares, as características da demanda e a forma como o negócio das linhas regulares lida com o enquadramento econômico complexo no qual opera.

PARTE 5 – A FROTA MERCANTE E A OFERTA DE TRANSPORTE

A Parte 5 diz respeito a três aspectos principais da oferta de navios mercantes: frota de navios, construção naval e demolição e estrutura de regulamentação que influencia os custos de operação dos navios e as condições em que podem navegar.

Capítulo 14: Os navios que realizam o transporte

Neste capítulo abordamos o projeto dos navios mercantes. O objetivo é focalizar a forma pela qual os projetos de navios evoluíram para atender aos objetivos técnicos e econômicos. Inicia-se a partir dos três objetivos do projeto de navios: carregamento e proteção eficientes da carga, eficiência operacional e custos. Segue-se um debate sobre cada uma das principais categorias de navios: navios de linhas regulares, navios de granel líquido, navios de granel sólido, navios graneleiros especializados e navios de serviço.

Capítulo 15: A economia das indústrias de construção naval e demolição de navios

As indústrias de construção naval e demolição de navios têm um papel central no modelo do mercado marítimo. Este capítulo começa com uma avaliação regional da localização da capacidade de construção naval. Segue-se uma análise dos ciclos do mercado marítimo em termos de produção e preços. A seção sobre os princípios econômicos é seguida de um debate sobre a tecnologia empregada nesse negócio. Finalmente, apresenta-se uma seção sobre a demolição de navios.

Sinopse

Capítulo 16: A regulamentação da indústria marítima

Este capítulo examina o impacto da regulamentação sobre a economia do transporte marítimo. Identificamos três instituições regulamentadoras principais: as sociedades classificadoras, os Estados de bandeira e os países costeiros. Cada uma delas desempenha seu papel na criação das regras que orientam as atividades econômicas dos proprietários de navios. As sociedades classificadoras, por meio da autoridade do "certificado de classe", supervisionam a segurança técnica dos navios mercantes. Os Estados de bandeira legislam sobre as atividades técnicas e econômicas dos proprietários de navios. Finalmente, os países costeiros policiam a "boa conduta" dos navios nas suas águas, sobretudo em questões de proteção ambiental.

PARTE 6 – PREVISÕES E PLANEJAMENTO

Os decisores precisam estabelecer o que podem fazer de melhor, o que implica analisar e fazer previsões (embora sejam coisas diferentes). A Parte 6 é composta de um único capítulo e examina o uso dos princípios da economia marítima para atender a essas questões.

Capítulo 17: Previsões e pesquisas no mercado marítimo

O "paradoxo das previsões" consiste no fato de que os empresários não esperam de fato que as previsões sejam corretas, mas continuam a utilizá-las. Existem dois tipos de "previsões" no setor de transporte marítimo: as previsões de mercado e as pesquisas de mercado. As previsões de mercado focalizam o mercado em geral, enquanto as pesquisas de mercado aplicam-se a uma decisão específica. O capítulo discute as técnicas diferentes relativas a cada tipo de estudo. Concluímos com uma revisão dos erros comuns encontrados nas previsões.

ABREVIATURAS

ab	arqueação bruta [*gross tonnage, gt*]
AFC	análise do fluxo de caixa da viagem [*voyage cashflow analysis*]
AFCA	análise do fluxo de caixa anual [*annual cashflow analysis*]
AGT	aumento geral de tarifas [*general rate increase*]
bt	bilhões de toneladas [*billion tons*]
btm	bilhões de toneladas-milha [*billion ton miles*]
BTX	benzeno, tolueno e xileno [*benzene, toluene, xylene*]
CEE	Comunidade Econômica Europeia [European Economic Community]
cgrt	arqueação bruta de registro compensada [*compensated gross registered tonnage*]
cgt	arqueação bruta compensada [*compensated gross tonnage*]
COA	contrato de afretamento a volume [*contract of affreightment*]
DSE	direito de saque especial [*special drawing right*]
EMTB	éter metil-tercio-butílico [*methyl tert-butyl ether*]
FEFC	Conferência de Carga do Extremo Oriente [Far East Freight Conference]
FFA	contratos futuros de frete [*forward freight agreement*]
FPC	navio de produtos florestais [*forest products carrier*]
GATT	Acordo Geral de Tarifas e Comércio [General Agreement on Tariffs and Trade]
GNL	gás natural liquefeito [*liquefied natural gas*]
GP	Golfo Pérsico [Arabian Gulf]
GPL	gás liquefeito de petróleo [*liquefied petroleum gas*]
IACS	Associação Internacional das Sociedades Classificadoras [International Association of Classification Societies]

IMCO	Organização Consultiva Intergovernamental Marítima [Inter-governmental Maritime Consultative Organization]
IPO	oferta pública inicial [*initial public offering*]
IRR	taxa interna de retorno [*internal rate of return*]
ISO	Organização Internacional de Normalização [International Organization for Standardization]
ITF	Organização Internacional dos Trabalhadores dos Transportes [International Transport Workers' Organization]
LCM	mobilidade lateral de carga [*lateral cargo mobility*]
lo-lo	carrega na vertical, descarrega na vertical [*lift on, lift off*]
LOA	comprimento fora a fora [*length overall*]
m.tpb	milhões de toneladas de porte bruto [*million tons deadweight, m.dwt*]
MCR	potência máxima contínua [*maximum continuous rating*]
MPP	multipropósito [*multi-purpose*]
mt	milhões de toneladas [*million tons*]
NPV	valor presente líquido [*net present value*]
OBO	navio transportador de petróleo/granel sólido/minério [*oil/bulk/ore carrier*]
OCDE	Organização para a Cooperação e o Desenvolvimento Econômico [Organization for Economic Co-operation and Development]
OMI	Organização Marítima Internacional [International Maritime Organization]
OMT	Organização Mundial do Trabalho [International Labour Organization]
ONU	Organização das Nações Unidas [United Nations]
OPEP	Organização dos Países Exportadores de Petróleo [Organization of Petroleum Exporting Countries]
P&I	proteção e indenização [*protection and indemnity*]
PCC	navios para o transporte exclusivo de automóveis [*pure car carrier*]
PCTC	navios para o transporte exclusivo de automóveis e caminhões [*pure car and truck carrier*]
PIB	produto interno bruto [*gross domestic product*]
PNB	produto nacional bruto [*gross national product*]
PSD	função da distribuição de cargas fracionadas [*parcel size distribution function*]
RFR	tarifa de frete requerida [*required freight rate*]
ro-ro	embarque sobre rodas, desembarque sobre rodas [*roll on, roll off*]
ROI	retorno sobre o investimento [*return on investment*]
tab	toneladas de arqueação bruta ou arqueação bruta de registro [*gross registered tonnage, grt*]

TEU	unidade equivalente de 20 pés (contêiner de 20 pés) [*twenty-foot equivalent unit*]
tm	tonelada-milha [*ton mile*]
tpb	toneladas de porte bruto [*deadweight tonnage, dwt*]
ULCC	navio-petroleiro extremamente grande [*ultra large crude carrier*]
UNCTAD	Conferência das Nações Unidas para o Comércio e o Desenvolvimento [United Nations Conference on Trade and Development]
VLCC	navio-petroleiro muito grande [*very large crude carrier*]
WS	*worldscale*

CINQUENTA TERMOS ESSENCIAIS DO TRANSPORTE MARÍTIMO

No Destaque 5.1 do Capítulo 5, há um glossário de termos essenciais de afretamento.

1. **Acordo de serviço**. Um acordo entre a empresa de transporte de contêineres e o embarcador para o transporte da carga sob condições específicas.

2. **Aframax**. Navio-tanque que transporta cerca de 0,5 milhão de barris de petróleo, no entanto, o termo é usualmente aplicado a qualquer navio-tanque entre 80 mil e 120 mil toneladas de porte bruto (o nome deriva da antiga classificação de navios afretados na condição da Afra).

3. **Afretador**. Pessoa ou empresa que aluga um navio de seu proprietário por um período (afretamento por tempo [*time charter*]) ou que reserva todo o espaço de carga para uma única viagem (afretamento por viagem [*voyage charter*]).

4. **Afretamento a casco nu [*bare boat charter*]**. Parecido com uma locação [*lease*]. O navio é fretado a um terceiro que, para todos os efeitos, é seu proprietário durante o período do afretamento, providenciando tripulação, pagando os custos de operação (incluindo manutenção) e os custos de viagem (combustíveis [*bunkers*], taxas portuárias, direitos de passagem de canais etc.) e gerenciando suas operações.

5. **Afretamento por tempo [*time charter*]**. Contrato de transporte pelo qual o afretador adquire o direito de utilizar o navio por um período específico. É feito um pagamento diário ou mensal referente ao afretamento do navio, por exemplo, US$ 20 mil por dia. Nesse contrato, o fretador é responsável pela operação diária dos navios e paga os custos de capital e de armação. O afretador paga o óleo combustível, as taxas portuárias, as tarifas de carga e de descarga e outros custos relacionados com a carga e dirige as operações do navio.

6. **Arqueação bruta (ab [*gross tonnage, gt*])**. Medida interna dos espaços abertos do navio. Atualmente, é calculada a partir da fórmula estabelecida pela Convenção Internacional sobre a Arqueação de Navios da OMI.

7. **Arqueação bruta compensada (*compensated gross ton,* cgt]**. Medida da capacidade de produção da indústria de construção naval, baseada na arqueação bruta do navio multiplicada pelo coeficiente de cgt, que reflete seu conteúdo de trabalho (ver Anexo B).

8. **Berço**. Área designada do cais onde o navio atraca para carregar e descarregar.

9. **Bordo livre**. A distância vertical entre a linha de água e o pavimento do convés.

10. *Capesize*. Navio graneleiro demasiado largo para passar pelo Canal do Panamá. Geralmente tem um porte bruto superior [*deadweight*] a 100 mil toneladas (t), mas o seu tamanho tem aumentado ao longo do tempo, variando atualmente entre 170.000 tpb e 180.000 tpb.

11. **Classe de gelo 1A**. Navio certificado para navegar em gelo de 0,8 metro de espessura.

12. **Clube P&I**. Sociedade mútua que oferece seguro contra terceiros aos seus membros proprietários de navios.

13. **Combustíveis de bancas [*bunkers*]**. Óleo combustível queimado pelo motor principal do navio (os motores auxiliares utilizam óleo diesel).

14. **Comissão do vendedor**. Honorário ou comissão pago pelo vendedor do navio ao(s) corretor(es) que viabilizaram a venda do navio.

15. **Contêiner**. Uma caixa padronizada de 20 ou 40 pés de comprimento, 8 pés de largura e 8 pés e 6 polegadas de altura. Os contêineres de grande volume [*high cube*] têm 9 pés e 6 polegadas de altura, e os navios porta-contêineres são projetados para também transportar alguns desses.

16. **Contêiner frigorífico**. Contêiner isolado para o transporte de carga refrigerada. Alguns têm uma unidade de refrigeração elétrica integrada, ligada a uma tomada no navio ou a instalações em terra. Outros recebem o ar frio de uma unidade de refrigeração central a bordo do navio.

17. **Corretor de navios [*shipbroker*]**. Profissional com conhecimento atualizado do mercado que atua como intermediário entre compradores e vendedores por uma comissão percentual sobre o valor da transação. Existem vários tipos de corretores de navios, por exemplo, corretores de afretamento de cargas, corretores de compra e venda de navios, corretores que realizam contratos para construção de navios novos.

18. **Custos de viagem**. Incluem o custo do óleo combustível, as despesas portuárias e os custos de canal específicos da viagem. Num afretamento por viagem, os portos são especificados e seus custos são, geralmente, incluídos na taxa de frete em mercado aberto e pagos pelo fretador. Num afretamento por tempo, em que os portos não são conhecidos antecipadamente, os custos de viagem são pagos pelo afretador.

19. **Custos operacionais [*operating costs*, OPEX]**. Despesas relacionadas com a operação diária do navio que ocorrem seja qual for o tipo de tráfego operado. Elas incluem salários e despesas com tripulações, abastecimentos, suprimentos, sobressalentes, reparações e manutenções, lubrificantes e seguros.

20. **Desarmamento temporário [*lay-up*]**. Descreve um navio que foi retirado de serviço porque as tarifas de frete estão muito baixas para cobrir seus custos de operação e manutenção. Trata-se de uma condição mal-definida, mas com frequência significa apenas que o navio está parado, por exemplo, há três meses.

21. **Deslocamento de navio leve (tonelagem de deslocamento do navio leve, [*light displacement tonnage*, lwt])**. Peso do casco do navio, maquinaria, equipamentos e sobressalentes. Esta é a base pela qual, geralmente, os navios são vendidos para sucata, por exemplo, a US$ 200 por lwt.

22. **Fechos rotativos [*twistlock*]**. Dispositivos utilizados para juntar e travar contêineres, quando colocados uns em cima dos outros, apertando os blocos de engate adjacentes. Os "cones" entram nas aberturas dos blocos de engate e rodam para travar os contêineres no lugar. São usados com cabos e barras de peamento.

Cinquenta termos essenciais do transporte marítimo **27**

23. **FEU**. Contêiner de quarenta pés (ver TEU).

24. **Frete em mercado aberto ou taxa de frete em mercado aberto [*spot rate*]**. Taxa negociada por unidade (tonelada, metro cúbico etc.) de carga paga ao proprietário do navio para transportar em uma viagem específica entre dois portos, por exemplo, do golfo dos Estados Unidos para o Japão. Os custos de viagem são pagos pelo proprietário do navio.

25. **Frete igual para todas as cargas [*freight of all kinds,* FAK]**. Taxa normal paga por contêiner, independentemente da carga que transporta, por exemplo, FAK de US$ 1.500 por TEU.

26. **Handy bulker**. Navio graneleiro pertencente à classe de navios graneleiros de dimensões menores, tipicamente até 30 mil a 35 mil toneladas de porte bruto. A grande maioria desses navios tem seu próprio equipamento de manuseio de carga.

27. **Inspeção especial**. Uma avaliação obrigatória do casco e da máquina do navio efetuada a cada cinco anos ou rotativamente pela sociedade classificadora na qual o navio está classificado.

28. **Lastro**. Água do mar bombeada cuidadosamente para os tanques de lastro, ou espaços de carga, quando os navios se encontram vazios. Serve para afundar o navio na água, de modo que seu propulsor fique suficientemente submerso para uma operação eficiente.

29. **Libor [*London Inter-bank Offered Rate*]**. Taxa interbancária oferecida de Londres, isto é, a taxa de juros referente à obtenção de fundos pelos bancos no mercado de eurodólar.

30. **Marpol [International Convention for the Prevention of Pollution from Ships]**. Convenção Internacional para a Prevenção da Poluição por Navios (ver Capítulo 16).

31. **Motores auxiliares**. Pequenos motores a diesel existentes a bordo dos navios usados para operar alternadores geradores de energia elétrica. Em geral, utilizam óleo diesel. Os navios têm entre três e cinco motores, dependendo das suas necessidades de energia elétrica.

32. **Navio frigorífico [*reefer*]**. Navio de carga isolado para o transporte de alimentos frigorificados, sejam congelados ou frescos.

33. **Navio graneleiro [*bulk carrier*]**. Navio de uma só coberta que transporta cargas sólidas a granel, como minério, carvão, açúcar ou grãos agrícolas. Os pequenos navios podem ter suas próprias gruas, enquanto os navios de maiores dimensões dependem de equipamentos de terra.

34. **Navio porta-contêineres**. Navio concebido para o transporte de contêineres, com guias celulares nos porões por meio das quais os contêineres são carregados. Os contêineres transportados no convés são peados e travados.

35. **Navio-tanque**. Concebido para o transporte de cargas líquidas a granel, no qual o espaço de carga consiste em vários tanques. Os navios-tanques transportam uma grande variedade de produtos, incluindo petróleo bruto, derivados do petróleo, gás liquefeito e vinho. Aqueles especializados no transporte de vários produtos ao mesmo tempo têm bombas e linhas de carga separadas para cada tanque, para que muitas partidas de cargas diferentes possam ser transportadas separadamente no navio.

36. **Navio-tanque transportador de gás**. Um navio capaz de transportar gás liquefeito a temperaturas abaixo de zero grau. A carga é mantida fria sob pressão, isolamento e/ou refrigeração do "gás evaporado" [*boil-off gas*], que é devolvido aos tanques de carga (ver Capítulo 14).

37. **OMI**. Organização Marítima Internacional. Agência da ONU responsável pela legislação marítima.

38. **Panamax**. Navio graneleiro que pode transitar pelo Canal do Panamá, onde o limite é de 32,5 metros de largura da eclusa. Fazem parte dessa classe navios com 60 mil a 75 mil toneladas de porte bruto. O termo "Panamax" é também utilizado para navios-tanques com 60 mil a 70 mil toneladas de porte bruto.

39. **Peamento [*lashing*]**. Feito com fechos rotativos para travar o movimento dos contêineres em mar alto. Os cabos de peação podem ser segurados, por exemplo, a partir dos cantos superiores da primeira camada de contêineres e os cantos inferiores da segunda camada.

40. **Porte bruto (tpb)**. Peso que o navio pode transportar quando carregado até as suas marcas, incluindo os pesos da carga, óleo combustível, água doce e lastro, suprimentos e tripulação.

41. **Sequência (de navios porta-contêineres) [*string (of container-ships)*]**. Número de navios porta-contêineres necessários para manter um serviço regular numa rota específica ("rotação da viagem"). Por exemplo, é necessária uma sequência de quatro navios para se operar uma rotação transatlântica.

42. **Sociedade classificadora**. Organização, como a Lloyd's Register, que estabelece padrões para a construção dos navios, supervisiona o seu cumprimento durante a construção e inspeciona o casco e a máquina de um navio por ela classificado em intervalos regulares, atribuindo o "certificado de classe" necessário para obter o seguro de casco. Um navio com um certificado em vigor está "em classe" [*in class*].

43. **Solas**. Convenção para a Salvaguarda da Vida Humana no Mar [*Safety of Life at Sea Convention*], que determina as regras de segurança que devem ser cumpridas por todos os navios (ver Capítulo 16).

44. **Suezmax**. Um navio-tanque capaz de passar pelo Canal de Suez completamente carregado; transporta cerca de 1 milhão de barris de petróleo. Navios-tanques de 120 mil a 200 mil toneladas de porte bruto agrupam-se nesta categoria.

45. **Suspensão do frete [*off-hire*]**. Tempo, geralmente medido em dias, durante o qual os pagamentos do contrato de afretamento a tempo são suspensos em razão da indisponibilidade do navio para navegar, por exemplo, por conta de uma avaria ou do tempo gasto com um reparo de rotina.

46. **Taxa de afretamento por tempo equivalente [*time charter equivalent*]**. A taxa de frete em mercado aberto [*spot freight rate*] (por exemplo, US$ 20 por tonelada para um lote de carga de 40 mil toneladas) é convertida em taxa de afretamento diária para a viagem (por exemplo, US$ 20 por dia), deduzindo os custos de viagem do valor do frete bruto e dividindo-se pelo número de dias de viagem, incluindo o tempo necessário em lastro (percurso do navio vazio).

47. **Taxa de frete ou frete**. Valor monetário pago ao proprietário do navio ou à companhia de navegação pelo transporte de cada unidade de carga (tonelada, metro cúbico ou contêiner carregado) entre portos designados.

48. **TEU [*twenty-foot equivalent unit*]**. Unidade equivalente de 20 pés (um contêiner de 40 pés corresponde a 2 TEU).

49. **Tonelada**. Tonelada métrica equivalente a mil quilogramas ou 2.240 libras

50. **VLCC [*very large crude carrier*]**. Navio-petroleiro muito grande que, geralmente, transporta cerca de 2 milhões de barris de petróleo. Contudo, todos os navios-tanques acima de 200 mil tpb são agrupados nesta categoria.

PARTE 1
INTRODUÇÃO AO TRANSPORTE MARÍTIMO

CAPÍTULO 1
TRANSPORTE MARÍTIMO
E ECONOMIA GLOBAL

"Muitas são as maravilhas na terra, e a maior de todas é o homem, que parte para o oceano e toma o seu caminho atravessando águas profundas e vales de mares perigosos varridos pelos ventos."

(O coro, em *Antígona*, de Sófocles, 422 a.C.)

1.1 INTRODUÇÃO

CARACTERÍSTICAS DO NEGÓCIO

O transporte marítimo é um negócio fascinante. Desde que as primeiras cargas foram movimentadas por via marítima, há mais de 5 mil anos, ele tem estado na vanguarda do desenvolvimento global. As viagens épicas de Colombo, Dias e Magalhães abriram as rotas marítimas do mundo, e esse mesmo espírito pioneiro contribuiu para o aparecimento de superpetroleiros,[1] navios porta-contêineres e uma frota heterogênea de navios especializados que anualmente transportam uma tonelada de carga para cada habitante do mundo. Nenhum negócio é mais excitante. O crescimento excepcional do transporte marítimo, em 2004, levou a indústria da pobreza à riqueza em pouco mais de um ano, tornando seus afortunados investidores as pessoas mais ricas do mundo. Esse tipo de volatilidade criou superestrelas como Niarchos e Onassis e alguns vilões como a Tidal Marine, que, no início da década de 1970, construíram uma frota mercante de 700.000 tpb e foram acusados, junto de alguns dos seus banqueiros, de terem obtido fraudulentamente mais de US$ 60 milhões em empréstimos.[2]

A nossa tarefa neste livro é compreender a economia dessa indústria. O que torna isso tão interessante para os economistas é que os investidores em transporte marítimo que se confrontam com o risco desse transporte têm tanta visibilidade, e as suas atividades são tão bem documentadas, que podemos misturar a teoria com a prática. Por toda a sua extravagância, operam dentro de um regime econômico rigoroso, o qual seria facilmente reconhecido pelos economistas clássicos do século XIX. É mais ou menos um mercado de "concorrência perfeita" em funcionamento, um "Parque dos Dinossauros" econômico em que os dinossauros da economia clássica circulam livremente e os consumidores conseguem negócios muito bons – não existem muitos monopólios na indústria marítima! Ocasionalmente, os investidores calculam mal, como aconteceu no marcante episódio de 1973, em que os investidores do mercado de navios-tanques encomendaram mais de 100 milhões de toneladas de porte bruto (m.tpb) de superpetroleiros, para os quais se veio a descobrir que não havia demanda de fretes. Alguns saíram direto dos estaleiros navais para serem desarmados temporariamente e poucos foram operados em seu potencial econômico pleno. Ocasionalmente, apresentou-se uma falta de navios e os fretes subiram aos céus, como ocorrido durante as expansões de 1973 e 2004-2008. Mas, geralmente, eles "entregam os produtos" tanto econômica como fisicamente a um custo que, de forma surpreendente, aumentou em média muito pouco ao longo dos anos.[3]

Em razão de o transporte marítimo ser uma indústria muito antiga, com uma história de mudanças contínuas, às vezes graduais e ocasionalmente desastrosas, temos uma oportunidade única de aprender com o passado. Repetidamente, vemos que o transporte marítimo e o comércio armaram a rampa[4] a partir da qual a economia mundial foi lançada em novas viagens com qualquer embarcação econômica e política concebida pela história. Porém, nenhuma indústria desempenhou um papel tão central nessas viagens econômicas ao longo de milhares de anos – a indústria da aviação, o interlocutor mais próximo do transporte marítimo, tem apenas cinquenta anos de história econômica para ser estudada! Portanto, antes de nos debruçarmos sobre os detalhes do transporte marítimo como ele se encontra atualmente, gastaremos algum tempo estudando a história desta indústria global antiga, para analisar como economia funcionou na prática e onde a indústria se encontra atualmente na última viagem épica da globalização.[5]

PAPEL DO COMÉRCIO MARÍTIMO NO DESENVOLVIMENTO ECONÔMICO

A importância do transporte marítimo nas fases iniciais do desenvolvimento econômico é bem conhecida dos economistas. No Capítulo 3 da obra *A riqueza das nações*, publicada em 1776, Adam Smith argumentou que a chave para o sucesso de uma sociedade capitalista é a divisão do trabalho. À medida que a produtividade aumenta e as empresas produzem mais bens do que podem vender localmente, elas precisam ter acesso a mercados mais amplos. O autor ilustrou a questão com o famoso exemplo da produção de alfinetes. Trabalhando individualmente, dez artesãos podem produzir menos de cem alfinetes por dia, mas, se cada um se especializar numa única tarefa, juntos poderão produzir 48 mil alfinetes por dia – quantidade grande demais para vender localmente. Portanto, a liberação do potencial da "divisão do trabalho" depende do transporte, e é assim que o transporte marítimo desenvolveu seu importante papel:

> Através do transporte marítimo, apresenta-se um mercado mais amplo a todo tipo de indústria ao qual o transporte terrestre individualmente não terá acesso. Assim, é nas costas marítimas e ao longo das margens de rios navegáveis que qualquer tipo de indústria começa naturalmente a se subdividir e a progredir, e frequentemente somente após um longo período de tempo é que essas melhorias são alcançadas pelas zonas interiores de um país.[6]

Em economias primitivas, o transporte marítimo é geralmente mais eficiente que o transporte terrestre, o que permite que o comércio comece mais cedo. Adam Smith apresenta uma imagem interessante dos benefícios econômicos oferecidos pelo transporte marítimo no século XVIII:

> Uma carroça de rodas largas, servida por dois homens e puxada por oito cavalos leva e traz em aproximadamente seis semanas, entre Londres e Edimburgo, mais ou menos 4 toneladas de mercadorias. No mesmo período, um navio tripulado por seis ou oito homens, e navegando entre os portos de Londres e Leith, leva e traz frequentemente 200 toneladas de mercadorias.[7]

Isso representa uma produtividade de trabalho quinze vezes maior. Pela exploração de economias de escala e de sistemas integrados, o transporte marítimo continua a evidenciar a percepção de Adam Smith. Atualmente, um caminhão transportando um contêiner de 40 pés entre Felixstowe e Edimburgo pode concorrer com um navio porta-contêineres pequeno que transporte duzentos contêineres. Um caminhão transportando 40 toneladas de petróleo ao longo das nossas autoestradas congestionadas concorre com um navio-tanque costeiro que transporte 4 mil toneladas de petróleo por mar. No presente, os navios navegam a velocidades que os caminhões dificilmente podem igualar em estradas urbanas congestionadas e por uma fração do custo. Não é de admirar que os oceanos sejam as autoestradas do desenvolvimento econômico, uma característica do negócio que dificilmente se altera ao longo dos séculos. Além disso, muitos aspectos práticos do negócio não se alteraram. Por exemplo, o conhecimento de embarque [*bill of lading*] do ano 236 visto no Destaque 1.1 mostra que os proprietários de navios [*shipowners*] romanos preocupavam-se tanto com a sobre-estadia [*demurrage*] como os proprietários de navios atuais. No entanto, as novas gerações de proprietários de navios enfrentam também novos desafios, e as companhias de navegação que não se adaptam, por mais que sejam grandes e prestigiosas, logo descobrem o quão implacável é esse mercado ao forçar o ritmo da mudança.

HISTÓRIA DO DESENVOLVIMENTO MARÍTIMO – A LINHA OESTE

Neste capítulo, não estamos somente preocupados com a história. Winston Churchill disse "quanto mais para trás eu olhar, mais consigo ver para a frente",[8] e, se ele estava certo, a indústria marítima encontra-se numa posição única para tirar lições do passado acerca da economia do negócio de transporte marítimo. A evolução do transporte marítimo é uma estrada há muito viajada, e podemos até desenhá-la num mapa. Ao longo de 5 mil anos, seja por coincidência, seja por algumas forças econômicas bem escondidas, o centro comercial do negócio marítimo movimentou-se para oeste, seguindo a linha indicada por setas na Figura 1.1. Esta "Linha Oeste" começou na Mesopotâmia em 3000 a.C. e prosse-

---

Destaque 1.1 – Um conhecimento de embarque, 236

Este conhecimento de embarque foi emitido por Aurelius Heracles, filho de Dioscorus de Antaeopolis, comandante do seu próprio navio de 250 ártabas carregado, sem qualquer carranca, para Aurelius Arius, filho de Heraclides, senador de Arsinoe, capital de Fayum, pelo transporte de 250 ártabas de sementes vegetais para serem movimentadas do porto de Grove para a capital de Arisonoe no porto de Oxyrhynchus, sendo o frete acordado 100 dracmas de prata limpa, dos quais ele já recebeu 40 dracmas, e as restantes 60 dracmas a serem recebidas quando desembarcar a carga; a qual será desembarcada em segurança e sem avarias decorrentes de algum acidente náutico; e levará dois dias a efetuar a viagem, a partir do dia 25º, e permanecerá em Oxyrhynchus por quatro dias; e em caso de atraso após aquele tempo ele, o comandante, receberá 16 dracmas por dia para si próprio; e o comandante providenciará um número suficiente de marinheiros e toda a equipagem do navio; e do mesmo modo receberá para libação em Oxyrhynchus uma ânfora de vinho. Este conhecimento de embarque é válido no terceiro ano do Imperador César Caio Júlio Vero Máximo, o Piedoso, o afortunado, 22º dia de Phaophi (19 de outubro).

Fonte: The British Museum, Londres.

guiu para Tiro, no Mediterrâneo Oriental, depois para Rodes, para a Grécia continental e para Roma. Há cerca de mil anos Veneza (e logo depois para Gênova) tornou-se o centro do comércio entre o Mediterrâneo e os centros emergentes de Colônia, Bruges, Antuérpia e Amsterdã, localizados no noroeste da Europa. Nesse ínterim, as cidades hanseáticas começavam suas ligações comerciais com o Báltico e a Rússia. Os dois fluxos uniram-se em Amsterdã no século XVII e em Londres no século XVIII. No século XIX, os navios a vapor movimentavam a "Linha Oeste" pelo Atlântico, e a América do Norte tornou-se um centro proeminente de comércio marítimo. Finalmente, no século XX, o comércio deu outro passo gigantesco para oeste através do Pacífico ao mesmo tempo que o Japão, a Coreia do Sul, a China e a Índia empunhavam a batuta do crescimento.

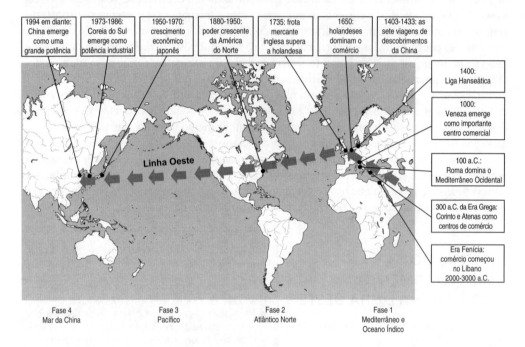

Figura 1.1 – A "Linha Oeste": 5 mil anos de centros de comércio marítimo.
Fonte: Stopford (1988).

A evolução do comércio marítimo foi liderada sucessivamente por Babilônia, Tiro, Corinto, Rodes, Atenas, Roma, Veneza, Antuérpia, Amsterdã, Londres, Nova York, Tóquio, Hong Kong, Singapura e Xangai. A cada estágio da "Linha Oeste" houve uma luta econômica entre os grandes centros adjacentes de transporte marítimo assim que um centro mais antigo dava lugar ao novo concorrente, deixando um rastro, como a esteira de um navio que circum-navegou o mundo. A tradição marítima, os alinhamentos políticos, os portos e mesmo a riqueza econômica das diferentes regiões são produto de séculos dessa evolução econômica, na qual o transporte marítimo mercante desempenhou um papel principal.

Neste capítulo, tentamos perceber por que a Europa desencadeou a expansão em vez da China, da Índia ou do Japão, que também foram grandes civilizações durante esse período. Fernand Braudel, historiador francês do comércio, diferenciou a economia mundial de uma economia mundial que "somente dissesse respeito a um fragmento do mundo, uma seção economicamente autônoma do planeta capaz de se prover da maior parte de suas necessidades, uma seção cujas ligações e trocas internas lhe propiciasse certa unidade orgânica".[9] Nessa perspectiva, a conquista do transporte marítimo, ao lado das companhias aéreas e das telecomunicações, foi ligar os mundos fragmentados de Braudel na economia única global que temos atualmente.

O debate no restante deste capítulo encontra-se dividido em quatro seções. A primeira época, desde 3000 a.C. até 1450, aborda a história inicial do transporte marítimo e o desenvolvimento do comércio no Mediterrâneo e no noroeste da Europa. Esse período leva-nos até meados do século XV, quando a Europa se mantinha completamente isolada do resto do mundo, à exceção do fluxo comercial irregular ao longo das Rotas da Seda e das Especiarias para o Oriente. No segundo período, começamos com as viagens dos descobrimentos e vemos como a indústria marítima desenvolveu-se após a descoberta das novas rotas comerciais entre os oceanos Atlântico, Pacífico e Índico. O comércio global foi iniciado primeiro por Portugal, depois pela Holanda e, finalmente, pela Inglaterra. Nesse ínterim, a América do Norte evoluía para uma economia substancial, tornando o Atlântico Norte uma grande estrada entre os centros industriais da costa leste da América do Norte e o noroeste europeu. Uma terceira época, de 1800 a 1950, foi dominada pelos navios a vapor e comunicações globais que, juntos, transformaram os sistemas de transporte das economias do Atlântico Norte e as suas colônias. Foi introduzido um sistema de transporte altamente flexível, baseado em navios de linhas regulares [*liner*] e de linhas não regulares [*tramp*], e a produtividade aumentou enormemente. Finalmente, durante a segunda metade do século XX, os navios de linhas regulares e não regulares foram substituídos por sistemas novos de transporte com o uso da mecanização – conteinerização, navios graneleiros e especializados.

1.2 AS ORIGENS DO COMÉRCIO MARÍTIMO (3000 A.C.-1450)
INÍCIO – O GOLFO PÉRSICO

A primeira rede de transporte marítimo que conhecemos foi desenvolvida há 5 mil anos entre a Mesopotâmia (a terra entre os rios Tigre e Eufrates), Barém e o Rio Indo, no oeste da Índia (Figura 1.2). Os mesopotâmicos trocavam azeite e tâmaras por cobre e possivelmente marfim com os hindus.[10] Provavelmente, cada bacia fluvial possuía uma população de cerca de três quartos de milhão, mais de dez vezes maior que a densidade populacional do norte da Europa nessa época.[11] Essas comunidades eram ligadas por terra, mas as rotas marítimas costeiras em águas abrigadas oferecem um ambiente fácil para o desenvolvimento do comércio marítimo. Barém, uma ilha árida no Golfo Pérsico, desempenhava um papel nesse comércio, mas foi

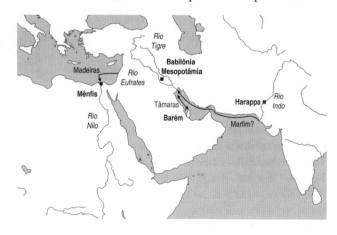

Figura 1.2 – Os primórdios do comércio marítimo, 2000 a.C.

a Babilônia que se tornou a primeira "supercidade", alcançando seu auge no século XVIII a.C. sob Hamurabi, o sexto rei amorita. Nessa época, a Mesopotâmia tinha um código de transporte marítimo bem desenvolvido, que fazia parte de uma inscrição cuneiforme de 3.600 linhas, o Código Legal de Hamurabi, descoberto numa coluna de diorito em Susa, na moderna Dezful, no Irã.[12] O código exigia que os navios fossem alugados a uma tarifa fixa, dependendo da sua capacidade de carga. Os preços da construção naval estavam relacionados em proporção de sua dimensão, e o construtor oferecia um ano de garantia de navegabilidade. O frete deveria ser pago antecipadamente e o agente da navegação tinha de contabilizar a totalidade das despesas. Tudo isso parece muito familiar aos atuais proprietários de navios, embora, como é óbvio, não existisse muito espaço para grandes expansões de mercado sob esse regime de comando do direito marítimo! Nessa época, os navios de navegação marítima começaram a aparecer no Mediterrâneo Oriental, onde os egípcios eram comerciantes ativos com o Líbano.

ABERTURA DO COMÉRCIO MEDITERRÂNICO

A cidade de Tiro, no Líbano, localizada no cruzamento entre o leste e o oeste, foi a próxima "supercidade" marítima. Embora tenha sido fundada em 2700 a.C., Tiro só se tornou uma potência marítima após o declínio do Egito, 1.700 anos mais tarde.[13] Como os gregos e os noruegueses que seguiram o seu caminho, o interior pobre e árido da ilha levou seus habitantes a tornarem-se navegadores.[14] O seu mundo comercial estendia-se desde Mênfis, no Egito, por meio da Babilônia pelo Rio Eufrates, cerca de 55 milhas ao sul de Bagdá. Tiro, que se encontrava na encruzilhada desse eixo, tornou-se rica e poderosa à custa do transporte marítimo. Os fenícios foram construtores navais e estabeleceram empresas de navegação que transportavam cargas de terceiros (mercadorias pertencentes a outras pessoas) [*cross-traders*], com uma carteira comercial que incluía produtos agrícolas, metais e manufaturados. No século X a.C., eles controlavam as rotas comerciais do Mediterrâneo (Figura 1.3) utilizando navios construídos de madeira de cedro, geralmente com quatro tripulantes. As cargas agrícolas incluíam mel de Creta, lã da Anatólia, madeira, vinho e azeite. Estes eram trocados por produtos manufaturados como linho, ouro e marfim do Egito, lã da Anatólia, cobre de Chipre e resinas da Arábia.[15]

Esse tráfego cresceu continuamente no primeiro milênio a.C., e à medida que os recursos locais se esgotavam eles viajavam mais longe em busca de produtos comercializáveis. Depois da descoberta da Espanha e da fixação em Sades (Cádiz) por volta de 1000 a.C., a Península Ibérica tornou-se a fonte principal

Figura 1.3 – O comércio fenício, 1000 a.C.

de metais para as economias do Mediterrâneo Oriental, consolidando o domínio comercial de Tiro no Oriente. Em terra, a domesticação de camelos tornou possível o estabelecimento de rotas comerciais entre o Mediterrâneo, o Golfo Pérsico e o Rio Ganges. Por volta de 500 a.C., o rei Dario da Pérsia, interessado no incremento do comércio, ordenou que o primeiro Canal de Suez fosse escavado para que os seus navios pudessem navegar diretamente do Nilo para a Pérsia. Finalmente, a cidade de Tiro foi capturada por Alexandre, o Grande, após um cerco de longa duração, e o domínio fenício sobre o Mediterrâneo chegou ao fim.

ASCENSÃO DO TRANSPORTE MARÍTIMO GREGO

Por volta do ano 375 a.C., o Mediterrâneo encontrava-se muito movimentado e rodeado por cidades importantes: Cartago no norte da África, Siracusa na Sicília, Corinto e Atenas na Grécia e Mênfis no Egito (Figura 1.4). Com o declínio da importância dos mercadores fenícios, os gregos, mais centralmente localizados, com sua economia de mercado, ocuparam o lugar de principais comerciantes marítimos. Com a expansão de Atenas, a cidade importava grão para alimentar sua população, um dos primeiros transportes de cargas a granel.[16] Duzentos anos mais tarde, o Mediterrâneo Oriental tinha se tornado uma área comercial ativa dominada por quatro cidades principais: Atenas, Rodes, Antioquia e Alexandria. As duas últimas cresceram particularmente fortes, graças às suas ligações comerciais com o Oriente pelo Mar Vermelho e pelo Golfo Pérsico.

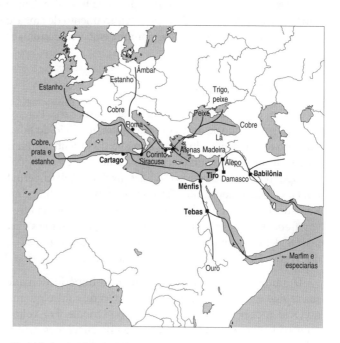

Figura 1.4 – O tráfego do Mediterrâneo, 300 a.C.

Os gregos comercializavam vinho, azeite e produtos manufaturados (sobretudo cerâmicas) em troca dos metais cartagineses e etruscos e de produtos tradicionais do Egito e do Oriente. Inicialmente, Corinto foi a cidade líder, beneficiando-se da sua localização no istmo, mas depois Atenas ganhou predominância graças à descoberta de prata próximo a Laurion (c. 550 a.C.). Isso financiou a armada que triunfou em Salamina, libertando os jônios e garantindo uma passagem segura dos navios com cereais do Mar Negro dos quais a cidade ampliada tinha se tornado dependente.[17] Os cereais e o peixe eram embarcados no Mar Negro, onde, por volta de 500 a.C., a Grécia tinha fundado mais de cem colônias. Cartago dominava grande parte do Mediterrâneo Ocidental, incluindo a costa do norte da África, o sul da Espanha, a Córsega e a Sicília Ocidental. Contudo, essa era uma área menos desenvolvida e com menos comércio que o Mediterrâneo Oriental.

COMÉRCIO MEDITERRÂNICO DURANTE O IMPÉRIO ROMANO

À medida que a Grécia declinava e Roma crescia em importância econômica e política, o centro do comércio moveu-se para a Itália, e o Império Romano estabeleceu uma ampla rede comercial. Roma importava minerais da Espanha e mais de 30 milhões anuais de alqueires [*bushels*] de grão das regiões produtoras do norte da África, da Sicília e do Egito.[18] Para transportar esse comércio, foi construída uma frota de navios especializados em grãos. Produtos manufaturados eram comercializados pelo Mediterrâneo Oriental e, nos duzentos anos seguintes, o Império Romano controlou as costas do Mediterrâneo e do Mar Negro, bem como o sul da Bretanha. Sob a *Pax Romana*, o comércio mediterrânico expandiu-se, embora houvesse mais cidades e rotas comerciais a leste que a oeste. As cidades a leste importavam minerais dos países "em desenvolvimento" como Espanha e Bretanha, milho do norte da África, do Egito e do Mar Negro, e produtos manufaturados dos centros comerciais ainda prósperos do Líbano e do Egito, por onde as rotas comerciais orientais entravam na região mediterrânica. Uma visão do funcionamento desse sistema comercial maduro é dada pelo conhecimento de embarque datado de 236, referente a uma carga de sementes transportadas por uma embarcação romana pelo Rio Nilo (Destaque 1.1).

IMPÉRIO BIZANTINO

No fim do século IV, a "Linha Oeste" retrocedeu. Por volta de 390, o Império Romano decadente, sob ataque de todos os quadrantes, foi dividido por razões administrativas em Império Romano do Ocidente e Império Romano do Oriente. Em termos atuais, o Império Romano do Oriente incorporou o mundo economicamente "desenvolvido", enquanto o do Ocidente era composto sobretudo de territórios "subdesenvolvidos". O Império Romano do Oriente, com sua nova capital Constantinopla, transformou-se no Império Bizantino, mas, por volta de 490, o Império Romano do Ocidente tinha se fragmentado em reinos controlados por vândalos, visigodos, eslavos, francos, saxões e outros. Os navios não podiam mais navegar com segurança no Mediterrâneo Ocidental, o comércio marítimo no Ocidente decresceu e a Europa entrou na chamada Idade das Trevas. Durante três séculos, a economia ficou estagnada.[19]

Durante os duzentos anos seguintes, o Império Romano do Oriente, mais estável, com a sua capital em Constantinopla, no Mar Negro, controlou um império que se estendia da Sicília no Ocidente até a Grécia e a Turquia no Oriente. Por volta de 650, a sua administração seria reformada e, em virtude da crescente influência grega sobre o seu idioma e caracteres, seria subsequentemente referido como Império Bizantino.[20] Gradualmente, já próximo de 700, o califado árabe controlava as margens meridional e oriental do Mediterrâneo e, porque seu comércio era efetuado sobretudo por terra, a passagem pelo Mediterrâneo tornou-se mais segura. O comércio mediterrânico foi restabelecido. O comércio marítimo centralizou-se em Constantinopla, que importava milho do Mar Negro e da Sicília, bem como produtos primários [*commodities*], como cobre e madeira, com rotas marítimas para Roma, Veneza e o Mar Negro, enquanto o comércio terrestre do Oriente seguia as Rotas da Seda e das Especiarias, ambas via Bagdá – uma demonstração clara do quanto o transporte marítimo e o comércio dependem da estabilidade política.

VENEZA E A LIGA HANSEÁTICA (1000-1400)

Próximo ao ano 1.000, a economia do norte da Europa começou a crescer novamente, particularmente pela expansão da indústria de lã na Inglaterra e da indústria têxtil em Flandres.

À medida que as cidades cresciam e prosperavam no noroeste europeu, o comércio com o Báltico e o Mediterrâneo crescia rapidamente, conduzindo à ascensão de dois importantes centros marítimos: Veneza e Gênova, no Mediterrâneo, e a Liga Hanseática, no Báltico.

As cargas do Oriente chegavam ao Mediterrâneo pelas três rotas assinaladas na Figura 1.5. A rota do sul (S) era feita por Mar Vermelho e Cairo; a rota central (M), por Golfo Pérsico, Bagdá e Alepo; enquanto a rota norte (N) era feita por Mar Negro e Constantinopla. As cargas eram depois embarcadas para Veneza ou Gênova, transportadas pelos Alpes e por barcaças pelo Rio Reno até o norte da Europa. Os produtos enviados do

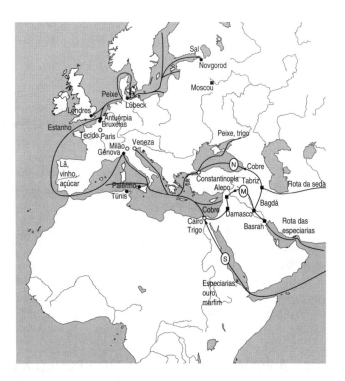

Figura 1.5 – Abertura do noroeste europeu, 1480.

norte da Itália, então um próspero centro de transformação, para o Ocidente incluíam seda, especiarias e têxteis de alta qualidade. O comércio na outra direção abrangia produtos de lã, de metais e de madeira.

No Mediterrâneo, Veneza ascendia como o principal entreposto marítimo e como supercidade, com Gênova como sua principal rival. Veneza foi, inicialmente, beneficiada por sua independência política e suas ilhas e ligações comerciais com o Império Bizantino, que nessa época já se encontrava em declínio econômico, com pouco interesse no comércio marítimo. A legislação de Estado que impunha taxas de juros baixas por motivos agrícolas desencorajava os comerciantes bizantinos a entrar no negócio, e os marinheiros bizantinos não podiam competir com os marinheiros venezianos de baixo custo, mesmo nas rotas domésticas. Gradualmente, a rede veneziana substituiu a rede bizantina original.[21] Ao aceitar a suserania bizantina, Veneza foi capaz de dominar o comércio leste-oeste. Em troca dos seus serviços de transporte marítimo, procuraram obter taxas de impostos preferenciais e, em 1081, ganharam o direito de fazer negócios em qualquer lugar do Império Bizantino sem nenhuma restrição ou tributação. Trata-se de um dos primeiros exemplos de contratação do transporte marítimo a uma frota de outra nacionalidade. Encontramos muitos outros exemplos, especialmente no século XX.

Entretanto, perto do início do século XIII, o epicentro do transporte marítimo começou a mover-se para oeste. O Império Bizantino, enfraquecido, perdeu o controle de Anatólia para os turcos seljúcidas, e, por volta de 1200, a posição privilegiada de Veneza com relação ao Império Bizantino desaparecia. Porém, a época correspondeu ao seu auge como potência marítima[22] e, com o crescimento da economia do noroeste da Europa, a posição comercial de Veneza e

Gênova começou a diminuir gradualmente. O saque de Constantinopla pelos otomanos, em 1453, bloqueou as movimentadas rotas comerciais do norte por meio do Mar Negro, aumentando os riscos e diminuindo os retornos do comércio leste-oeste. Nesse ínterim, Bruges, na Bélgica, emergia como a sucessora de Veneza. Tinha uma localização excelente, no estuário do Rio Zwin, e o monopólio que detinha no comércio de lã inglesa foi reforçado com a abertura da rota marítima direta com o Mediterrâneo. Após os primeiros navios genoveses terem se apresentado em Bruges, em 1227, o comércio desviou-se gradualmente de Veneza, e a chegada de marinheiros, navios e mercadores mediterrânicos proporcionou um afluxo de bens e capital, além de experiência comercial e financeira. Bruges tornou-se o novo entreposto marítimo, com uma rede comercial ampla alcançando os portos do Mediterrâneo, de Portugal, da França, da Inglaterra, da Renânia e da Hansa. A sua população cresceu rapidamente de 35 mil habitantes em 1340 para 100 mil em 1500.[23]

A outra vertente era a demanda do noroeste europeu por matérias-primas para apoiar seu crescimento econômico. As primeiras fontes foram a Rússia e os Estados Bálticos, com a exportação de peixe, lã, madeira, milho e sebo, que substituía o óleo vegetal nas lamparinas. À medida que esse comércio crescia, Hamburgo e Lübeck, que se encontravam nos cruzamentos de rotas entre o noroeste do Atlântico e o Báltico, prosperavam e se organizaram como a Liga Hanseática.

1.3 A ECONOMIA GLOBAL NO SÉCULO XV

Por volta do século XV, existiam no mundo quatro áreas desenvolvidas: China, com uma população de 120 milhões; Japão, com 15 milhões; Índia, com 110 milhões; e Europa, com cerca de 75 milhões. Entretanto, as únicas ligações entre elas eram as frágeis Rota da Seda, por Constantinopla e Tabriz para a China, e Rota das Especiarias, por Cairo e Mar Vermelho para a Índia.

Em termos de riqueza e de desenvolvimento econômico, o Império Chinês não tinha rival, com uma burocracia baseada em tradições indestrutíveis e uma história que remonta a 3 mil anos atrás.[24] O conhecimento chinês de navegação também estava em algumas áreas significativamente à frente do europeu. Em 1403, o imperador da dinastia Ming, Zhu Di, ordenou a construção de uma frota imperial, sob o comando do almirante Zheng He. Essa frota realizou sete viagens entre 1405 e 1433, com mais de trezentos navios e 27 mil homens (essa necessidade de entregar os navios tão rapidamente deve ter provocado uma expansão considerável da indústria de construção naval). Os textos do período a Ming sugerem que os navios de tesouro tinham mais de 400 pés [120 m] de comprimento, com uma boca de 150 pés [45 m], quatro vezes o tamanho dos navios europeus de navegação marítima, que tinham um comprimento típico de 100 pés [30 m], com uma capacidade de 300 toneladas, mas existem dúvidas se cascos de madeira tão largos pudessem ser construídos.[25] Contudo, é certo que os navios chineses eram tecnicamente avançados, com mastros múltiplos, uma técnica somente desenvolvida pelos portugueses, e até treze compartimentos estanques. Na tecnologia a vela, os europeus ainda dependiam do velame quadrado nos seus navios oceânicos, enquanto os chineses usavam velas de carangueja na proa e na popa desde o século IX, que ofereciam uma grande vantagem quando navegavam contra o vento. Nas sete viagens, a grande frota visitou a Malásia, o subcontinente indiano, o Golfo Pérsico e Mogadíscio, na África Oriental, viajando cerca de 35.000 milhas. Também existe evidência de que, numa das viagens, a frota viajou para o Atlântico Sul e cartografou o Cabo da Boa Esperança.[26]

Transporte marítimo e economia global 41

Embora, por volta do século XV, os marinheiros chineses estivessem à frente dos europeus em algumas áreas da tecnologia de navios oceânicos e possuíssem navios e conhecimentos da navegação para explorar e comercializar com o mundo, escolheram não o fazer. Em 1433, as expedições pararam, os navios foram destruídos e entraram em vigor leis que baniam construções futuras de navios oceânicos, deixando o caminho aberto para os marinheiros europeus desenvolverem o sistema global de transporte marítimo que conhecemos atualmente. O que se seguiu foi uma mudança radical no comércio global, quando as nações do noroeste europeu, cuja rota oriental encontrava-se bloqueada pelo Império Otomano, descobriram a rota marítima à volta do Cabo e usaram sua superioridade naval para criar e controlar as rotas comerciais globais.

1.4 ABERTURA DO MERCADO GLOBAL E DO COMÉRCIO (1450-1833)

A EUROPA DESCOBRE A ROTA MARÍTIMA PARA A ÁSIA

Em poucos anos, no final do século XV, a Europa lançou as bases para uma rede global de comércio por mar que iria dominar o transporte marítimo pelos próximos quinhentos anos. É difícil imaginar o impacto que as viagens dos descobrimentos (Figura 1.6) tiveram, adentrando no Oceano Atlântico e tornando o comércio marítimo um negócio global.[27] O objetivo era econômico: encontrar a rota marítima para a Ásia, a fonte das especiarias preciosas e da seda comercializada ao longo de suas rotas para o Oriente. *A descrição do mundo,* de Marco Polo, publicada em 1298, promoveu o Oriente como um destino economicamente atraente. Ele relatou que as "ilhas das especiarias" consistiam em:

> [...] 7.488 ilhas, muitas das quais inabitadas. E eu asseguro-vos que em todas estas ilhas não existem árvores que emanem uma fragrância forte e agradável que não atendam um objetivo útil. Além disso, existem muitas especiarias preciosas de vários tipos. Além da pimenta-preta, as ilhas produzem em grande quantidade pimenta tão branca como a neve. Na realidade, o que é maravilhoso é o valor do ouro e outras raridades encontradas nessas ilhas.[28]

Não é de admirar que as fabulosas "ilhas das especiarias" excitaram a imaginação dos reis e aventureiros europeus.

O problema era chegar lá. O comércio terrestre era cada vez mais difícil, e um mapa desenhado por Ptolomeu no século II mostrava o Oceano Índico como um mar interno. No entanto, a informação coletada dos comerciantes mouros que atravessavam o Saara sugeria que esse poderia não ser o caso. Era difícil descobrir, pois o Atlântico Sul era uma barreira desafiadora para navios a vela. As correntes e os ventos opunham-se à navegação dos navios para sul,[29] e havia muito poucos pontos de referência na costa africana entre a Guiné e o Cabo. Porém, por volta do século XV, os exploradores europeus possuíam algumas vantagens técnicas, como a bússola e o astrolábio, que tinha sido desenvolvido em 1480.[30] Esse instrumento de navegação permitia aos navegadores o cálculo da sua latitude medindo o ângulo entre o horizonte e o Sol ou a Estrela Polar procurando, depois, a latitude para esse ângulo nas tabelas náuticas. Com ele, os exploradores podiam acumular conhecimentos sobre a posição das massas terrestres que visitavam e, gradualmente, desenvolveram o conhecimento do Atlântico que precisavam para fazer a viagem para o Oriente.

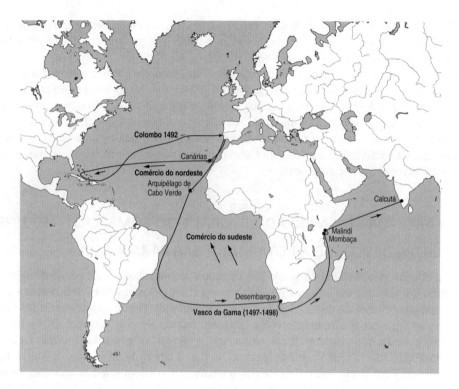

Figura 1.6 – As viagens das descobertas europeias (1492-1498).

DESCOBERTAS PORTUGUESAS

No início, a evolução foi lenta. No começo do século XV, D. Henrique, "o Navegador", infante de Portugal, uma terra árida e pequena com um litoral extenso situado no canto sul da Europa atlântica, ficou obcecado por encontrar um caminho ao redor da África.[31] O seu primeiro sucesso ocorreu em 1419, quando uma expedição se desviou do curso e descobriu a Ilha da Madeira. Logo se seguiram as descobertas das ilhas dos Açores, das Canárias e de Cabo Verde,[32] propiciando aos exploradores do século XV uma base para as suas viagens pelo Atlântico. Outra etapa importante ocorreu em 1487, quando o explorador português Bartolomeu Dias navegou com sucesso ao longo da costa africana e contornou o Cabo da Boa Esperança. Mas as tempestades eram tão severas (ele batizou o local de "Cabo das Tormentas", mas o rei de Portugal renomeou-o como "Cabo da Boa Esperança") que, após terem desembarcado pouco além do Cabo, a sua tripulação exausta o convenceu a voltar, o que fizeram, mapeando a costa africana no seu retorno.

ECONOMIA DOS DESCOBRIMENTOS

Nesse ínterim, Cristóvão Colombo, um mercador, navegador e cartógrafo genovês, planejava uma expedição para alcançar as Ilhas das Especiarias por uma rota diferente. De escritos antigos,[33] das suas viagens pelo Atlântico Norte e de informações secretas da comunidade marítima – inclusive relatórios de que árvores e galhos eram varridos na Madeira pelos ventos do oeste[34] –, concluiu que a Ásia podia ser alcançada navegando-se para oeste. Usando as tabelas de Imago Mundi,[35] ele calculou que Cipangu, uma das ilhas das especiarias mais ricas descritas por Marco Polo, encontrava-se a 2.400 milhas através do Atlântico.[36]

O levantamento de recursos para esse esquema tão especulativo foi difícil. Em 1480, ele apelou à Coroa portuguesa, mas a junta nomeada para analisar seu plano rejeitou-o. Porém, secretamente instruíram uma embarcação para testar a teoria, navegando para oeste desde Cabo Verde. Não foi um sucesso e, alguns dias depois, os marinheiros, aterrorizados pelo mau tempo e pela vastidão do oceano, retornaram. Quando Colombo soube dessa trapaça, deixou Portugal[37] e, após tentar Veneza, em 1485, chegou à Espanha falido e obteve uma audiência com o rei Fernando e a rainha Isabel.

Passados seis anos de protelação, o projeto de Colombo foi outra vez rejeitado pelo Conselho Consultivo da Coroa espanhola, em janeiro de 1492. Depois, um cortesão influente chamado Luís de Santangel começou a ocupar-se do seu projeto. Espanha tinha acabado de ocupar Granada, e os jovens da nobreza que tinham lutado esperavam ser recompensados com terras. Uma vez que não havia terra suficiente na Espanha, a ideia de Santangel era olhar para oeste, como Colombo tinha sugerido. O acordo assinado em 17 de abril de 1492 nomeou Colombo almirante, vice-rei, governador e juiz de todas as ilhas e continentes que descobrisse e lhe concedia 10% de qualquer tesouro ou especiarias que ele obtivesse. Foi emitido um decreto real exigindo que os proprietários andaluzes de navios providenciassem três navios prontos para o mar, e duas famílias com tradição marítima, os Pinzons e os Ninos, finalmente investiram nessa modesta expedição. Duas caravelas e uma embarcação maior partiram rumo às Ilhas Canárias, onde passaram seis semanas equipando as embarcações, finalmente partindo para a grande ilha de Cipangu em 6 de setembro de 1492. Os ventos do nordeste os transportaram pelo Atlântico e, às 2 da manhã de 12 de outubro, avistaram terra (Figura 1.6). Na realidade, o desembarque ocorreu na Ilha de Watling (atualmente São Salvador), nas Bahamas, mas apenas vinte anos depois se teria a certeza que não eram as Índias.[38] De todo modo, não se encontraram especiarias nem cidades fabulosas, portanto, de uma perspectiva comercial, foi um falso início.

REDE COMERCIAL PORTUGUESA

A descoberta de Colombo chocou os portugueses, que estavam tentando alcançar a Ásia durante quase um século, e os espanhóis pareciam tê-lo conseguido na sua primeira tentativa. Eles redobraram seus esforços e, em 3 de agosto de 1497, Vasco da Gama partiu de Lisboa com uma frota de quatro navios, 170 homens, suprimentos para três meses, mapas da África preparados por Dias e uma nova estratégia de navegação. Após terem escalado Cabo Verde, em vez de saltitarem ao longo da costa e lutarem contra os ventos do sudeste, como Dias fez, viraram para o sudoeste no Atlântico durante dez semanas, navegando até alcançar a latitude do Cabo da Boa Esperança, e depois voltaram para leste (ver Figura 1.6). Essa estratégia funcionou perfeitamente e, três meses após a partida, ele desembarcou 1 grau ao norte do Cabo! Uma grande vitória para o astrolábio. Contornando o Cabo, ele aportou em Mombaça, onde não foi bem recebido, e subiu a costa até Malindi, onde a recepção foi melhor e encontrou um piloto. Vinte e sete dias mais tarde, em maio de 1497, chegou a Calcutá, na Índia, nove meses depois de ter partido de Lisboa.

Embora a viagem fosse um sucesso, o comércio não foi. Após uma suntuosa recepção pelo samorim de Calcutá, as coisas entraram rapidamente em declínio. Os presentes modestos de Vasco da Gama foram ridicularizados pelos abastados mercadores de Calcutá, que não tinham qualquer intenção de partilhar o seu negócio com os aventureiros empobrecidos. Vasco da

Gama descartou na totalidade sua carga, vendendo os seus produtos a uma fração do preço em Portugal e comprou cravo, canela e alguns punhados de pedras preciosas.[39] Desencorajados, eles docaram seus navios em Goa e regressaram. A viagem de retorno demorou um ano e chegaram a Portugal em agosto de 1499 com somente 54 dos 170 homens que tinham embarcado na expedição. Mas a chegada foi conturbada. A rota comercial foi estabelecida e, embora a carga fosse insuficiente, Vasco da Gama trouxe consigo uma informação comercial de valor inestimável. O quintal [cerca de 50 kg] de pimenta vendida em Veneza por 80 ducados podia ser comprada por 3 ducados em Calcutá! Tudo de que se necessitava era eliminar o controle muçulmano sobre o comércio e construir um novo império comercial.

Os portugueses propuseram-se a fazer isso. Seis meses mais tarde, uma expedição de treze navios com 1.300 homens, sob o comando de Pedro Álvares Cabral, teve como objetivo estabelecer um depósito no qual as especiarias pudessem ser compradas e armazenadas, prontas para serem carregadas quando os navios chegassem. Dessa vez, alcançaram Calcutá em apenas seis meses, e seus presentes suntuosos impressionaram o samorim, que assinou um tratado comercial. Entretanto, após apenas dois navios terem sido carregados, os ressentidos comerciantes muçulmanos se insurgiram e invadiram o depósito, matando a maioria dos empregados. Cabral retaliou bombardeando Calcutá e incendiando parte da cidade; depois seguiu para Cochim, onde estabeleceu um novo entreposto comercial e depósito, com uma guarnição, antes de retornar a Portugal. Embora tenha perdido metade dos seus navios e homens, a viagem foi extremamente lucrativa e a fundação do império comercial português foi estabelecida. Na década que se seguiu, os portugueses estabeleceram fortalezas na costa oriental africana e, em 1510, dominaram a cidade de Goa, que se expandiu numa próspera comunidade de 450 colonizadores. Um ano mais tarde, conquistaram Malaca, agora na Malásia, um centro de especiarias importante, e Ormuz, na entrada do Golfo Pérsico. O comércio irregular entre o Oriente e o Ocidente transformou-se numa torrente, com navios de carga, cada um transportando algumas centenas de toneladas de carga na nova rota comercial, rodeando o Cabo da Boa Esperança.

NOVAS DIREÇÕES NO COMÉRCIO EUROPEU

Em menos de uma década, a Europa estabeleceu rotas marítimas para todas as partes do mundo e começou a transformar essas descobertas em seu benefício. Na Europa medieval, a maioria do comércio se resumia a produtos locais, e as oportunidades comerciais eram limitadas, dada a grande semelhança climática e tecnológica entre os países. As viagens dos descobrimentos abriram novos mercados para os produtos manufaturados na Europa e novas fontes de matérias-primas, como lã, corantes, açúcar, algodão, chá, café e, naturalmente, as muito procuradas especiarias. No século seguinte, os exploradores europeus, com as suas técnicas de navegação aperfeiçoadas e armamento superior, começaram a desenvolver esses tráfegos.[40] A rota do Cabo para as Ilhas das Especiarias teve um impacto comercial imediato, mas as Américas, que eram mais facilmente alcançadas da Europa por aproveitarem os ventos alísios, adicionaram uma dimensão completamente nova à revolução comercial que estava ocorrendo. Eram territórios escassamente povoados, ricos em matérias-primas, que proporcionavam uma fonte inesgotável de produtos comercializáveis, um mercado para os produtores europeus e condições quase perfeitas para o desenvolvimento econômico. Nos duzentos anos seguintes, o triângulo comercial apresentado na Figura 1.7 desenvolveu o Atlântico Norte. Produtos manufaturados eram expedidos da Europa para a África Ocidental e os escravos seguiram para as Índias Ocidentais; os navios voltavam com açúcar, rum, tabaco e algodão.

Transporte marítimo e economia global

O comércio nessa economia mundial ampliada enriqueceu o noroeste europeu, e essa nova riqueza rapidamente produziu um sistema financeiro florescente de sociedades por ações, bolsas de valores, bancos centrais e mercados de seguros. Também transformou o negócio do transporte marítimo. O transporte ainda era caro (em Londres, o carvão custava cinco vezes mais que na saída da mina em Newcastle), e o transporte marítimo era essencialmente um negócio arcaico "em que os homens que construíam as embarcações carregavam eles mesmos as mercadorias a bordo e colocavam-se no mar, se encarregando de todas as tarefas e funções derivadas do transporte marítimo".[41] Para desenvolver a nova economia mundial, muito mais seria necessário. O tráfego de longo curso [*deep sea*] precisava de navios maiores, de capital para financiar as viagens longas e de especialização.

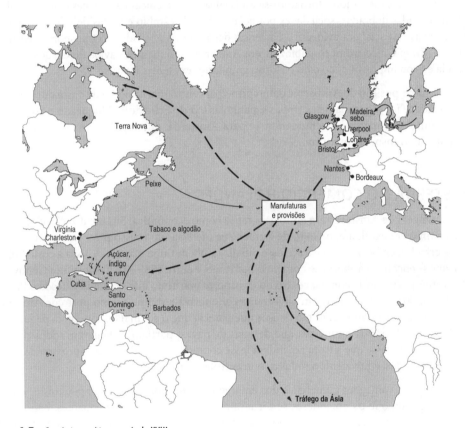

Figura 1.7 – Comércio marítimo no século XVIII.

ASCENSÃO DE ANTUÉRPIA

Embora Portugal desenvolvesse o importante comércio no Oriente, e a Espanha, nas Américas, a próxima capital marítima não foi Lisboa nem Sevilha, mas Antuérpia, no Rio Scheldt. Situada no coração da nova rede de comércio exterior e se beneficiando de uma rede de comércio para o interior, construída durante a ocupação a Holanda pelos Habsburgo, tornou-se o mercado mais importante em um comércio global em rápida evolução. No final do século XV, Antuérpia começou a assumir a distribuição das cargas venezianas de Bruges, cujo porto se encontrava com assoreamento; em 1501, o primeiro navio português carregado com pimenta, das Índias, noz-moscada, canela e cravo atracou em Antuérpia. Tratava-se de uma etapa lógica para os portugueses, que suportavam o custo elevado de enviar as embarcações para as Índias e preferiam deixar a distribuição por atacado aos mercadores estabelecidos em Antuérpia, que já controlavam o comércio veneziano. Seguiram-se outras rotas comerciais. Os mercadores ingleses negociavam tecidos e lã; os banqueiros do sul da Alemanha (Fuggers, Welsers) negociavam tecidos, especiarias e metais com a Alemanha e a Itália e os mercadores espanhóis traziam de Cádiz carregamentos de lã, vinho e prata e retornavam com tecidos, ferro, carvão e vidro. Por volta de 1520, Antuérpia se tornou o local de comércio com o Mediterrâneo e o Oriente.[42]

Antuérpia passou a ser também um centro financeiro. O mercado de capital, criado entre 1521 e 1535, desempenhou um papel fundamental ao financiar os espanhóis no desenvolvimento das Américas. Os mercadores tornaram-se especialistas em técnicas capitalistas como contabilidade de partidas dobradas, sociedades por ações, letras de câmbio e bolsas de valores.[43] No seu aspecto mais essencial era evidente a eficiência dessa nova sociedade – o transporte marítimo. Em 1567, Luigi Guicciardini contabilizou, em Antuérpia, quinhentos navios fundeados antes da enseada e ficou impressionado com os fortes guindastes existentes no cais.[44]

Contudo, a posição de Antuérpia como principal centro marítimo foi de curta duração. Em 1585, a cidade foi saqueada pelas tropas espanholas e o rio Scheldt foi bloqueado pelos holandeses. Muitos dos mercadores mudaram-se para Amsterdã, que rapidamente se transformou na capital do transporte marítimo.

AMSTERDÃ E O COMÉRCIO HOLANDÊS

A vantagem de Amsterdã era tanto geográfica como econômica. Sua localização como centro marítimo era excelente; o Golfo de Zuider Zee oferecia um acesso protegido e ótimo para navios grandes, embora a navegação fosse difícil. Também tinha o apoio de toda a costa holandesa, que se encontrava aberta ao comércio marítimo, e entre 1585 e 1620 substituiu Gênova no sul e Antuérpia no norte como o centro do transporte marítimo que se estendia desde o Báltico até à Índia. Por volta de 1701, um guia francês anunciava 8 mil navios no porto de Amsterdã "cujos mastros e cordame eram tão densos que parecia que o sol mal os conseguia penetrar",[45] e a *Gazeta de Amsterdã* anunciava que dezenas de navios partiam e chegavam todos os dias. Em 1669, estimava-se que a frota holandesa fosse composta de 6 mil navios, aproximadamente 600.000 toneladas, equivalente a todas as outras frotas europeias juntas.[46]

Contudo, as vantagens comerciais dos empreendedores holandeses não podem ser esquecidas. À medida que os holandeses se tornavam empreendedores, comerciantes, banqueiros e "estabeleciam empresas de navegação que transportavam cargas de terceiros" desse novo e ascendente comércio global, muito se falou do "milagre holandês". Esse país pequeno e árido tinha em 1500 uma população de cerca de 1 milhão de habitantes, metade vivendo nas cidades, muito mais que em qualquer outro lugar da Europa, e eram "tão dados à navegação que se poderia pensar na água em vez da terra como seu elemento natural".[47] O sucesso do transporte marítimo holandês se deve muito aos seus baixos custos – pelo menos um terço de qualquer outro. Para transportar o crescente comércio a granel, os holandeses desenvolveram um navio mercante marítimo, o filibote [*fluyt* ou *"flyboat"*]. Esses navios tinham mais 20% de capacidade de carga e só precisavam de sete ou oito tripulantes para um navio de 200 toneladas, quando comparados com um navio francês equivalente, que precisava de dez ou doze. Os holandeses também possuíam uma indústria de construção naval muito competitiva[48] e um próspero mercado de compra e venda de navios de segunda mão.[49] Com as tarifas de frete mais baixas proporcionadas pelos filibotes, os holandeses expandiram o tráfego de granel de milho, madeira, sal e açúcar. Um grande sucesso foi o tráfego de grãos no Báltico, que cresceu rapidamente com o aumento da população do noroeste europeu, criando uma demanda por importações.

Por volta de 1560, os holandeses detinham três quartos das movimentações a granel no Báltico,[50] comercializando grão, produtos florestais, breu e alcatrão. Amsterdã tornara-se o "celeiro de milho" da Europa. A seguir, foi iniciado o comércio com a Península Ibérica, negociando trigo, centeio, depósitos navais para sal, azeite, vinho e prata. A posição de Amsterdã como centro financeiro se desenvolveu com a abertura da *Bourse* (bolsa de valores) e, em razão de seus custos mais baixos, os holandeses foram capazes de apertar os mercadores do norte da Itália, cuja posição estratégica já se encontrava enfraquecida.[51] Os navios venezianos pararam de navegar para a Holanda e, cinquenta anos mais tarde, o comércio entre o Mediterrâneo e o norte da Europa era feito por navios ingleses e holandeses, com metade da frota veneziana a ser construída nos estaleiros holandeses.

No entanto, seu maior sucesso foi no Oriente, onde, após um começo lento, estabeleceram uma posição dominante. Inicialmente, os avanços dos mercadores holandeses foram poucos em relação aos mercadores portugueses, ingleses e asiáticos. Eles precisavam de navios maiores para as viagens longas, postos comerciais fortificados e força militar para lidar com a oposição dos nativos locais e dos outros comerciantes. Empreendimentos dessa escala não podiam ser capitalizados individualmente, e a solução foi formar uma companhia para proporcionar capital e gerenciar o comércio. A Companhia Holandesa das Índias Orientais foi estabelecida em 1602 com um capital de 6,5 milhões de florins levantados do público. Sua carta de formação permitia que a companhia comercializasse "na direção oeste para o Pacífico, do Estreito de Magalhães até ao Cabo da Boa Esperança", com total autoridade administrativa e judicial.[52] Essa estratégia foi muito bem-sucedida, e a companhia rapidamente aumentou a sua influência, obtendo o monopólio do comércio com a Malásia, o Japão e a China.

Por volta de 1750, a importância de Amsterdã como entreposto comercial diminuía à medida que o comércio era realizado diretamente, e a revolução industrial moveu o centro do comércio marítimo para a Grã-Bretanha. O motor a vapor tornou possível a utilização do carvão para acionar as máquinas, que passaram a substituir as pessoas na indústria transformadora com o aumento da produção de bens. A aplicação mais imediata ocorreu num comércio internacional básico, o dos têxteis. Durante os cinquenta anos que se seguiram, os fabricantes britânicos mecanizaram todas as tarefas mais especializadas e consumidoras de tempo da fabricação de têxteis, reduzindo radicalmente os custos dos tecidos de algodão. Depois de Hargreaves inventar a máquina de fiar hidráulica para fabricar linhas de algodão, o preço do fio de algodão baixou de 38 xelins por libra-peso, em 1786, para menos de 10 xelins em 1800. A máquina hidráulica de tecer de Arkwright (1769), a máquina hidráulica de fiação de Crompton (1779) e o tear mecânico de Cartwright ampliaram a mecanização da produção de tecidos. Por volta de 1815, as exportações britânicas de têxteis de algodão totalizavam 40% do valor das exportações do país.[53] Foram introduzidas novas matérias-primas. As duas mais importantes foram o carvão, que liberou os fabricantes de ferro da dependência das florestas onde obtinham carvão vegetal, e o algodão, que abriu um novo mercado para o vestuário.

COMÉRCIO MARÍTIMO NO SÉCULO XVIII

O comércio marítimo, dominado por têxteis, tecidos de lã, madeira, vinho e mantimentos, cresceu rapidamente, e o comércio externo britânico (importações líquidas e exportações nacionais) cresceu de £ 10 milhões em 1700 para £ 60 milhões em 1800.[54] À medida que o século avançava, a natureza das importações se alterava. Das Américas apareceram alimentos semitropicais e matérias-primas e, depois de 1660, Londres, com o aumento das suas exportações de produtos manufaturados e da gama de serviços financeiros e de transporte marítimo, ocupou gradualmente uma posição de liderança.[55] O comércio asiático de longo curso continuava controlado pelos monopólios dos ingleses e da Companhia Holandesa das Índias Orientais, mas o tráfego do Atlântico ainda era servido por pequenos comerciantes que operavam no Báltico, no Mediterrâneo, nas Índias Ocidentais, na costa leste da América do Norte e, algumas vezes, na África Ocidental e no Brasil. Uma ideia da dimensão desses tráfegos e do seu número de navios participantes é mostrada pelas estatísticas de navios entrantes e autorizados a participar do comércio externo na Grã-Bretanha em 1792 (Tabela 1.1).

Um dos maiores comércios era com Báltico, Alemanha, Polônia, Rússia e Escandinávia. Em 1792, 2.700 navios entraram na Grã-Bretanha transportando materiais para a construção naval, cânhamo, sebo, ferro, potassa e grão. Grande parte desse comércio era feita por meio de navios dinamarqueses e suecos. Se os navios fizessem três viagens no ano, o que parece ser provável, dado que durante o inverno havia pouco comércio nessas águas do norte, seriam necessários mil navios para servir esse tráfego. Outro tráfego igualmente importante para os mercadores era o das Índias Ocidentais. Produtos coloniais, incluindo açúcar, rum, melaço, café, cacau, algodão e corantes, eram enviados para as metrópoles, enquanto alguns navios faziam viagens triangulares para a costa da Guiné para coletar escravos e transportá-los para as Índias Ocidentais. Em 1792, entre setecentos e novecentos navios eram empregados nesse tráfego.[56] Londres, Liverpool e Bristol foram os principais portos no comércio com as Índias Ocidentais. O comércio com os Estados Unidos empregava cerca de 250 navios britânicos, com um tamanho médio de cerca de 200 toneladas, transportando cargas dos industriais britânicos para o exterior e reexportações de produtos da Índia e de outros países e regressando com tabaco, arroz, algodão, milho, madeira e utensílios navais. Existia também um comércio ativo entre a América do Norte britânica e a Terra Nova para atender às necessidades dos pescadores na Baía de Hudson.

Tabela 1.1 – Navios britânicos entrantes e autorizados a participar no comércio externo (1792)

	Número de navios				
	Entrantes	Autorizados	Total	%	Tonelagem média
Tráfegos do Báltico[a]	2.746	1.367	4.113	27%	186
Holanda e Flandres	1.603	1.734	3.337	22%	117
França	1.413	1.317	2.730	18%	126
Espanha, Portugal	975	615	1.590	10%	126
Mediterrâneo	176	263	439	3%	184
África	77	250	327	2%	202
Ásia	28	36	64	0%	707
América do Norte britânica	219	383	602	4%	147
Estados Unidos	202	223	425	3%	221
Índias Ocidentais	705	603	1,308	9%	233
Pesca de baleia	160	135	295	2%	270
Total	8.304	6.926	15.230		2.519

[a] Rússia, Escandinávia, Báltico, Alemanha.
Fonte: Fayle (1933, p. 223).

Os tráfegos de curta distância com Espanha, Portugal, Ilha da Madeira e Ilhas Canárias empregavam cerca de quinhentos ou seiscentos navios de pequeno porte que transportavam vinho, azeite, fruta, cortiça, sais e lã fina da Espanha. Existia também um tráfego de longo curso com a Groenlândia e a pesca de baleias nos mares do sul. A caça às baleias era uma indústria extremamente rentável, com cerca de 150 navios viajando anualmente para as áreas de caça a partir de portos ingleses e escoceses. Finalmente, existia o tráfego costeiro. Uma frota de pequenos navios de cerca de 200 toneladas navegava pela costa oriental entre os portos escoceses e Newcastle, Hull, Yarmouth e Londres transportando carvão, pedra, lousa, barro, cerveja e grão. Esses eram os navios que Adam Smith usou para ilustrar a eficiência do transporte marítimo na sua obra *A riqueza das nações*. O carvão era de longe a carga mais importante e, no final do século XVIII, empregava cerca de quinhentos navios, de aproximadamente 200 toneladas, que efetuavam oito ou nove viagens redondas [de ida e volta] por ano.

Finalmente, existia o tráfego de passageiros. Além da carga, muitos navios mercantes no Atlântico transportavam um pequeno número de passageiros pelo preço acordado com o comandante. A maioria dos passageiros, entretanto, viajava em navios de correio, embarcações muito rápidas e de aproximadamente 200 toneladas que transportavam semanalmente as correspondências para Espanha, Portugal e Índias Ocidentais e, em intervalos maiores, para Halifax, Nova York, Brasil, Suriname e Mediterrâneo. Em 1808, existiam 39 navios de correio tipo Falmouth que transportavam anualmente de 2 mil a 3 mil passageiros. A tarifa de Falmouth para Gibraltar era de 35 guinéus (£ 36,75). O comando de um desses navios era um negócio rentável.

ASCENSÃO DO PROPRIETÁRIO INDEPENDENTE DE NAVIOS

No final do século XVIII, o comércio do Atlântico era controlado principalmente por mercadores e por parcerias privadas. Um consórcio construiria ou afretaria um navio, providenciaria a carga, retirando o seu lucro do comércio ou do frete cobrado para transportar carga. Geralmente, o navio transportava um "supervisor de carga" ["*supercargo*"] para tratar das questões comerciais, embora essa função pudesse ser da responsabilidade do comandante se ele fosse qualificado. O supervisor de carga comprava e vendia cargas e poderia, por exemplo, mandar o navio para um segundo porto de descarga ou navegar em lastro para um porto onde poderia existir carga. Com o aumento da atividade comercial, essa abordagem especulativa progressivamente deu lugar a um sistema mais estruturado, com algumas companhias se especializando no comércio de áreas específicas, como o Báltico ou as Índias Ocidentais, e outras na propriedade ou operação dos navios, de modo que, gradualmente, os papéis dos comerciantes e dos proprietários de navios se separaram.

Algumas viagens efetuadas pelo capitão Nathaniel Uring, no início do século XVIII, ilustram como o sistema comercial funcionava na prática.[57] Em 1698, ele carregou mantimentos na Irlanda e velejou até Barbados, onde os vendeu e comprou rum, açúcar e melaços para os pescadores da Terra Nova, dos quais ele tinha a intenção de comprar um carregamento de peixe para Portugal. Entretanto, quando chegou à Terra Nova, o mercado estava supersuprido com produtos coloniais e os preços do peixe eram tão elevados que ele navegou de volta para a Virgínia, onde vendeu a sua carga e comprou tabaco. Em outra viagem, em 1712, no navio Hamilton de 300 toneladas, ele foi instruído a efetuar um carregamento de madeira em tora em Campeachy, para ser vendido no Mediterrâneo. Primeiramente, escalou Lisboa, onde vendeu 50 toneladas de madeira em tora e carregou o navio com açúcar para Livorno, na Itália. Em Livorno, consultou o cônsul inglês em relação às vantagens relevantes de Livorno e Veneza como mercados de madeira em tora, vendendo finalmente a carga em Livorno, onde celebrou uma carta-partida para transportar 100 tonéis de azeite de Túnis para Gênova. Quando chegou a Túnis, o bei obrigou-o a fazer uma pequena viagem costeira para ir buscar madeira em Tabarca, após a qual carregou o azeite e, não vendo a existência de outros bons negócios, carregou o navio com "outros produtos que eu poderia transportar além do frete" para Gênova. Em Gênova, contratou "o frete de uma carga de trigo, que inicialmente era para ser levada a Cádiz, e tentar o mercado local; e, se tal não resultasse, seguir para Lisboa". Mas os ventos foram desfavoráveis para entrar em Cádiz, então velejou diretamente para Lisboa. Após a entrega da carga de trigo e "de verificar que o navio estava completamente desgastado com a idade", vendeu-o a demolidores de navios [shipbreakers] portugueses "uma vez que tinha autonomia para o fazer". Que viagem!

Uring era comerciante e transportador marítimo, mas perto do final do século a distinção entre a propriedade de navios e os interesses comerciais tornou-se mais clara. O termo "proprietário de navios" apareceu inicialmente nos registros de navios em 1786,[58] e, no início do século XIX, os anúncios da Sociedade Geral de Proprietários de Navios [General Shipowner's Society] enfatizavam aos associados que o negócio era restrito à operação de navios, sem outros interesses.[59] Essa mudança foi acompanhada por um aumento no número de corretores de viagens de navio [shipbrokers], das seguradoras marítimas e de seguros cujo negócio envolvia o transporte marítimo. Em 1734, o Lloyd's List foi publicado como um jornal de transporte marítimo, primeiramente para seguradoras marítimas e, logo após, em 1766, o Lloyd's Register of Shipping publicou o primeiro registro de navios do transporte marítimo.[60]

Embora o sistema de transporte estivesse melhorando, os navios e os padrões da navegação mantinham-se tão ineficientes que os tempos de viagem eram muito longos. Por exemplo, Samuel Kelly registrou, em 1780, que o tempo de viagem desde Liverpool até Filadélfia era de 43 a 63 dias, ao passo que a viagem de retorno de Filadélfia a Liverpool demorava entre 29 e 47 dias. Já a viagem de Liverpool para Marselha durava 37 dias. A sua pior experiência foi uma viagem no inverno entre Liverpool e Nova York que durou 119 dias.[61] Geralmente, esses navios tinham dimensões entre 300 e 400 toneladas, embora a Companhia das Índias Orientais operasse uma frota de 122 navios com um tamanho médio de 870 toneladas. Essa situação insatisfatória estava prestes a mudar.

1.5 TRANSPORTE MARÍTIMO DE LINHAS REGULARES E NÃO REGULARES (1833-1950)

QUATRO INOVAÇÕES QUE TRANSFORMARAM A MARINHA MERCANTE

No século XIX, o transporte marítimo mudou mais que nos 2 mil anos anteriores. Um comandante veneziano navegando para Londres em 1800 rapidamente se sentiria em casa. Os navios eram maiores, com velas melhores, e as técnicas de navegação tinham avançado, mas continuavam a ser barcos de madeira a vela. Um século mais tarde, o comandante entraria em choque. O rio estaria abarrotado de navios de aço enormes, expelindo vapores e navegando contra vento e maré, respondendo a instruções telegrafadas em todo o mundo. Em poucas décadas, o transporte marítimo deixou de ser um sistema livre gerenciado por comerciantes, como o capitão Uring, passando a ser uma indústria rigorosamente gerenciada e especializada no transporte de cargas por mar.

Essa transformação fez parte da revolução industrial que teve lugar nessa época na Grã--Bretanha e na Europa. Ao mesmo tempo que a produtividade industrial aumentava, especialmente nos têxteis, a produção não podia ser consumida localmente, e o comércio tornou-se um elemento necessário para a nova sociedade industrial. A engenharia tecnológica que transformou a produção têxtil também produziu um sistema de transporte novo para movimentar produtos para novos mercados e para importar matérias-primas e alimentos de que a crescente população industrial necessitava. Vários fatores contribuíram para essa mudança, mas quatro apresentaram particular importância: primeiro, os motores a vapor, que libertaram os navios da dependência dos ventos; segundo, os cascos de ferro, que protegiam a carga e permitiram a construção de navios maiores; terceiro, as hélices, que aumentaram a navegabilidade dos navios mercantes; e quarto, a rede telegráfica oceânica, que permitiu a comunicação entre os comerciantes e os proprietários de navios em todo o mundo.

Na segunda metade do século XIX, conforme ocorria a incorporação de canais, redes ferroviárias e navios a vapor em um sistema global de transporte, a indústria marítima desenvolveu--se como um sistema completamente novo, elevando a velocidade e a eficiência do transporte a novos patamares. Esse novo sistema compunha-se de três partes: "navios de passageiros", que transportavam regularmente correspondências e passageiros entre centros econômicos da América do Norte, da Europa, do Extremo Oriente; "navios de carga regulares", que transportavam carga e alguns passageiros numa rede ampliada de serviços regulares entre mercados desenvolvidos e imperiais; e transporte marítimo não regular que levava cargas "pontuais" ["*spot cargoes*"] em rotas não servidas pelos navios regulares, ou quando a carga estava disponível e eles ofereciam um frete mais baixo.

CRESCIMENTO DO COMÉRCIO MARÍTIMO NO SÉCULO XIX

A escala da mudança é demonstrada na velocidade do crescimento do comércio. O comércio marítimo aumentou de 20 mt em 1840 para 140 mt em 1887, com uma média de crescimento de 4,2% ao ano (Tabela 1.2). As toneladas-milhas também cresceram quando as rotas do Báltico e do Mediterrâneo foram substituídas por rotas de longo curso com América do Norte, América do Sul e Austrália. Pela primeira vez, apareceram no mercado cargas industriais em grandes quantidades, sendo a mais importante a do comércio de carvão. Durante muitos anos, o carvão tinha sido expedido do nordeste da Inglaterra como um combustível doméstico, mas, no século XIX, grandes quantidades começaram a ser usadas pelas indústrias e como combustível dos navios a vapor. A tonelagem comercial movimentada aumentou de 1,4 mt em 1840 para 49,3 mt em 1887. Nesse mesmo período, o comércio das fibras têxteis, nomeadamente algodão, lã e juta, também cresceu rapidamente para abastecer as novas indústrias têxteis da Grã-Bretanha industrial. Depois da revogação das Leis do Milho [*Corn Laws*] em 1847, o comércio desse grão aumentou de 1,9 mt em 1842 para 19,2 mt em 1887. Inicialmente, o comércio tinha origem no Mar Negro, mas, assim que as ferrovias foram abertas na América do Norte e do Sul, tornaram-se igualmente importantes as rotas com a Costa Leste dos Estados Unidos, com o Golfo e com a América do Sul, especialmente na região do Rio da Prata. Os tráfegos de madeira e com o Báltico também cresceram e, em 1887, apresentaram-se as primeiras cargas de petróleo, com somente 2,7 mt, início de um tráfego que no devido tempo alcançaria mais de 2 bt.

52 Economia marítima

Tabela 1.2 – Mercadorias transportadas por mar, totais anuais de 1840 a 2005 (em milhares de toneladas)

	1840	1887	1950	1960	1975	2005
Petróleo bruto		2.700	182.000	456.000	1.367.000	1.885.000
Derivados do petróleo		n.d.	n.d.	n.d.	253.700	671.000
Gás liquefeito		n.d.	n.d.	n.d.	21	179.000
Total de petróleo		2.700	216.000	456.000	1.620.700	2.556.000
Minério de ferro				101.139	291.918	661.000
Carvão				46.188	127.368	680.000
Grão	1.400	49.300		46.126	137.202	206.000
Bauxita e alumina	1.900	19.200		15.961	41.187	68.000
Fosfato				18.134	37.576	31.000
Total				227.548	635.251	1.646.000
Ferro e aço	1.100	11.800			55.000	226.000
Madeira	4.100	12.100			77.500	170.000
Açúcar	700	4.400			17.291	48.000
Sal	800	1.300			8.700	24.000
Algodão	400	1.800			2.315	7.800
Lã	20	350			1.200	
Juta		600			450	382
Carne		700			3.200	26.640
Café	200	600			3.134	5.080
Vinho	200	1.400			1.217	
Outras	9.180	33.750	334.000	426.452	646.042	2.412.098
Total do comércio transportado por via marítima	20.000	137.300	550.000	1.110.000	3.072.000	7.122.000
Aumento em relação ao período anterior em %		4,2%	2,2%	7,3%	7,0%	2,8%

Fonte: Craig (1980, p. 18); *Anuário Estatístico* da ONU a partir de 1967; *Fearnleys Review* a partir de 1963; Maritime Transport Research (1977); CRSL, *Dry Bulk Trade Outlook*, edição de dez. 2007, e *Oil Trade & Transport*, edição de dez. 2007. As estatísticas não são precisamente comparáveis e fornecem somente uma ideia aproximada dos desenvolvimentos do comércio durante esse longo período.

Além de cargas, o desenvolvimento do comércio global impulsionava o tráfego de passageiros e de correspondências, havendo uma pressão comercial tremenda para aumentar a velocidade desses serviços. Com uma viagem redonda de sessenta dias no Atlântico Norte, a realização de negócios era dificultada, existindo um mercado para trânsitos rápidos. O tráfego de passageiros também cresceu consideravelmente graças aos emigrantes da Europa para Estados Unidos e Austrália. Os números aumentaram de 32 mil por ano entre 1825 e 1835 para 71 mil entre 1836 e 1845 e 250 mil entre 1845 e 1854, seguindo a corrida ao ouro da Califórnia em 1847. Embora esse ritmo de crescimento não se tenha mantido, o tráfego continuou elevado até a década de 1950.

O VAPOR SUBSTITUI A VELA NA FROTA MERCANTE

Conforme o século XIX avançava, a tecnologia dos navios a vapor melhorava consideravelmente. Na primeira metade do século, a vela marcou o ritmo e a concorrência entre os estaleiros na Grã-Bretanha; e nos Estados Unidos, produziram-se alguns dos veleiros mercantes mais eficientes jamais construídos. Até a década de 1850, os novos navios a vapor não conseguiam concorrer, sobretudo porque os seus motores eram muito ineficientes. Por exemplo, em 1855, o

Transporte marítimo e economia global

53

navio a vapor de 900 tpb apresentado na Tabela 1.3 queimava 199 libras de combustível por mil toneladas-milhas a 7,5 nós. Numa travessia atlântica, usaria 360 toneladas de carvão, ocupando 40% do seu espaço de carga. Assim, os navios a vapor eram ainda muito ineficientes para serem econômicos nos tráfegos de longo curso (ver Tabela 1.3) e, em 1852, somente 153 estavam registrados no *Lloyd's Register*.[62] Por volta de 1875, os motores a vapor usavam somente 80 libras por 1.000 toneladas-milhas de carga e, pela primeira vez, os construtores navais ofereciam navios a vapor capazes de concorrer com os veleiros em tráfegos de longo curso.[63] A abertura do Canal de Suez em 1869 ocorreu no tempo certo para gerar um aumento dos investimentos em inovação, triplicando a frota mercante mundial de 9 m.tab em 1860 para 32 m.tab em 1902 (Figura 1.8).

O navio John Bowes, de 650 toneladas, construído em Jarrow em 1852 para o tráfego costeiro de carvão, e um dos primeiros navios modernos de granel sólido, ilustra a forma pela qual essa nova tecnologia, quando usada no tráfego certo, aumentou a eficiência do transporte (ver Seção 6.2 e, em particular, a Tabela 6.1). Na sua primeira viagem, ele carregou 650 toneladas de carvão em quatro horas; em 48 horas chegou a Londres; levou 24 horas para descarregar a sua carga; e em 48 horas estava de volta ao Rio Tyne.[64] Comparada com as cinco semanas utilizadas pelos veleiros, essa viagem redonda de cinco dias aumentou a produtividade em 600%. Além da velocidade e da confiabilidade, os navios metálicos, logicamente, mostravam-se mais estanques, reduzindo as avarias de carga, e sua carga útil [*cargo payload*] era 25% superior à das embarcações de madeira. Em 1875, o navio Handy aumentou para 1.400 tab (1.900 tpb) e, no final do século XIX, os navios de 4.600 tab eram muito comuns. Essa fase de progresso técnico culminou nas primeiras décadas do século XX com navios oceânicos de linhas regulares de alta velocidade, como o Aquitania, de 45.000 tab, construído em 1914 para transportar passageiros e carga entre o norte da Europa e a América do Norte. O tráfego de passageiros tornou-se um aspecto central do transporte marítimo não só para os grandes operadores de navios de passageiros de linhas regulares [*passenger liners*], mas também para os navios de linhas regulares de carga e mesmo para alguns navios de linhas não regulares.

Tabela 1.3 – Consumo de óleo combustível de navios de carga típicos

Ano de construção	Toneladas de arqueação bruta	Toneladas de porte bruto	Toneladas de carga	Velocidade (nós)	Tipo de motor	Potência	Tipo de combustível	Toneladas por dia	Carga	Libras de combustível/mil toneladas-milhas
1855	700	900	750	7,5	Vapor 1	400 ihp	Carvão	12	63	199,1
1875	1.400	1.900	1.650	8,5	Vapor 2	800 ihp	Carvão	12	138	79,9
1895	3.600	5.500	4.900	9,5	Vapor 3	1.800 ihp	Carvão	25	196	50,1
1915	5.300	8.500	7.500	11,0	Vapor 3	2.800 ihp	Carvão	35	214	39,6
1935	6.000	10.000	9.000	12,5	Vapor 3	4.000 ihp	Óleo	33	273	27,4
1955	7.500	11.000	10.000	14,0	Diesel	6.000 bhp	Óleo	25	400	16,7
1975	13.436	17.999	17.099	16,0	Diesel	9.900 bhp	Óleo	37	462	12,6
2006	12.936	17.300	16.435	15,0	Diesel	9.480 bhp	Óleo	25	657	9,5

Legenda: Vapor 1: máquina a vapor de movimento alternativo simples; Vapor 2: máquina a vapor de movimento alternativo composto; Vapor 3: máquina a vapor de movimento alternativo de expansão tripla.
Fonte: British Shipbuilding Database (professor catedrático Ian Buxton, Universidade de Newcastle).

Entretanto, apesar da sua vantagem produtiva, os navios a vapor tinham uma construção e custos de operação tão dispendiosos que a passagem da vela para o vapor levou mais de cinquenta anos. Em 1850, os *clippers* rápidos de 2.000 tab podiam facilmente concorrer com os primeiros navios a vapor, que queimavam tanto carvão que havia muito pouco espaço de carga em viagens longas. Os motores a vapor de tripla expansão solucionaram esse problema e, entre 1855 e 1875, o consumo de combustível caiu 60%, de 199 libras por 1.000 toneladas de carga-milha para 80 libras; por volta de 1915, tinha se reduzido outra vez pela metade (ver Tabela 1.3). Em 1915, um navio de carga de linhas não regulares de 5.300 tab consumia somente 35 toneladas de carvão por dia ou somente 40 libras por tonelada de carga-milha. Os cascos de aço permitiam a construção de navios maiores, e a abertura do Canal de Suez, em 1869, encurtou a importante rota marítima entre o Oriente e a Europa em 4.000 milhas, com muitos pontos de suprimento de combustível, conferindo maior vantagem aos navios a vapor. Cada passo dado em frente na tecnologia a vapor aumentava a pressão econômica sobre os veleiros, mas eles provaram ser surpreendentemente resistentes em transportes de granel de longo curso, como lã, arroz, grão, nitratos e carvão. Por exemplo, em 1891 havia ainda 77 veleiros em Sydney carregando lã para Londres, e o último veleiro mercante, o Elakoon, foi convertido para o uso de motor somente em 1945. Embora tenham ocorrido outras mudanças tecnológicas ao longo desse caminho, nenhuma delas é tão fundamental como a dos motores a vapor. O primeiro navio de longo curso movido a diesel, o Selandia, entrou em serviço em 1912, e durante os cinquenta anos seguintes o motor a diesel substituiu o motor a vapor, exceto para os navios mais potentes. Durante os anos de 1930, a solda começou a substituir os rebites na construção dos cascos e, na década de 1970, a automação reduziu pela metade o número de tripulantes necessários para tripular um navio de longo curso.

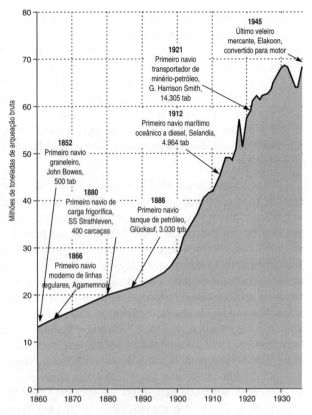

Figura 1.8 – A frota mundial e os projetos de inovação (1860-1930).
Fontes: Craig (1980, pp. 7, 12); Kummerman e Jacquinet (1979, p. 127); Hosking (1973, p. 14); Dunn L. (1973, p. 95); Britannic Steamship Insurance Association (2005, p. 24); Kahre (1977, p. 145); Lloyd's Register 1900-1930.

Nos cinquenta anos seguintes, foi desenvolvido um fluxo regular de navios especializados para transportar determinados tipos de carga (ver Figura 1.8): em 1866, o Agamemnon, o primeiro navio de carga de linhas regulares; em 1880, o primeiro navio frigorífico; em 1886, o

Transporte marítimo e economia global

primeiro navio-tanque, o Glückauf; em 1912, o primeiro navio a diesel; e, em 1921, o primeiro navio transportador de minério de ferro e petróleo bruto. Porém, foi nos navios de passageiros que se deu o desenvolvimento mais marcante nessa época. Esses navios, concebidos para transportar passageiros e correspondências postais a grandes velocidades por meio das rotas do Atlântico e do Império Britânico, apareceram, inicialmente, na segunda metade do século XIX e alcançaram o seu auge pouco antes da Primeira Guerra Mundial, reduzindo a travessia do Atlântico de dezessete para cinco dias e meio (ver Tabela 1.4).

CABOS SUBMARINOS REVOLUCIONAM AS COMUNICAÇÕES NO TRANSPORTE MARÍTIMO

A rede de cabos submarinos que ligou os continentes tem importância semelhante na transformação da indústria marítima no século XIX. Até a década de 1860, as comunicações internacionais eram efetuadas por carta e pouco se sabia do navio até que ele regressasse, confiando-se no "supervisor de carga" ou no comandante para se tratar do negócio.[65] Os navios podiam ficar parados durante semanas aguardando cargas de retorno. As atividades empresariais necessitavam de informações melhores sobre a disponibilidade dos navios e das cargas, e foram feitos investimentos consideráveis para se alcançar esse objetivo. Em 1841, a P&O introduziu um serviço rápido de correio para a Índia navegando para o Suez por mar e atravessando o istmo por meio de pontos de paragem dos camelos e, depois, para a Índia por via marítima.[66] Esse serviço permitia que um conhecimento de embarque chegasse à Índia antes da carga. Depois, em 1855, o primeiro cabo submarino atlântico foi colocado. O sinal era fraco e após quarenta dias ele deixou de funcionar, mas demonstrou que poderia ser feito. Em 1865, foi posto para funcionar um cabo terrestre por meio da Sibéria para Bombaim, mas as mensagens demoravam dez dias para passar pelos postos de controle.[67]

Depois, em 1865, o Great Eastern, o navio de ferro a vapor de 18.915 tab da Brunel, instalou com sucesso o primeiro cabo submarino transatlântico.[68] Ele podia manobrar mais eficazmente que os veleiros usados em 1855 e era suficientemente grande para transportar uma extensão de cabo da Irlanda até a Terra Nova, com um mecanismo para controlar o cabo conforme contratado para fazer. Na primeira expedição, em 1865, o cabo partiu-se no meio do oceano, perdendo-se US$ 3 milhões do capital do seu investidor, cerca de US$ 180 milhões em valores atuais.[69] Contudo, em 1866, foi colocado um novo cabo, com a retirada e a reparação do cabo de 1865. No espaço de uma década, uma rede de cabos submarinos ligava as principais cidades do mundo[70] e, por volta de 1897, tinham sido colocadas 162 mil milhas náuticas de cabo, com Londres no centro dessa rede.[71] Essa rede de comunicações transformou o negócio do transporte marítimo e, pela primeira vez, permitiu seu planejamento. No final, o "elefante branco" comercial da Brunel, o Great Eastern, deu uma contribuição mais significativa para o transporte marítimo como um simples lançador de cabos submarinos do que poderia ter feito como navio transportador de passageiros.

Tabela 1.4 – Evolução dos navios de linha regular no Atlântico (1830-1914)

Nome	Comprimento (pés)	Tonelagem de arqueação bruta	Potência	Nós por hora	Consumo toneladas/dia	Material do casco	Sistema de propulsão	Tipo de motor	Ano de construção	Dias em trânsito
Royal William	176	137	180n	7		Madeira	Roda de pás auxiliares	Vapor	1833	17,0
Sirius	208	700	320n	7,5		Madeira	Roda de pás	Vapor	1838	16,0
Great Western	236	1320	440n	9	28	Madeira	Roda de pás	Vapor	1838	14,0
Britannia[a]	207	1.156	740	8.5	31,4	Madeira	Roda de pás	Vapor	1840	14,3
Great Britain	302,5	2.935	1.800	10	35-50	Ferro	Hélice	Vapor	1843	
America	251	1.825	1.600	10,25	60	Madeira	Pás	Vapor	1848	
Baltic	282	3.000	800			Madeira	Pás	Vapor	1850	9,5
Persia	376	3.300	3.600	13,8	150	Ferro	Pás	Vapor	1856	9,5
Great Eastern	680	18.914	8.000	13,5	280	Ferro	Hélice e pás	Vapor	1858	9,5
Russia	358	2.959	3.100	14,4	90	Ferro	Uma só hélice	Composto	1867	8,8
Britannic	455	5.004	5.000	15	100	Ferro	Uma só hélice	Composto	1874	8,2
City of Berlin	488,6	5.490	4.779	15	120	Ferro	Uma só hélice	Composto	1875	7,6
Servia	515	7.391	10.000	16,7	200	Aço	Uma só hélice	Composto	1881	7,4
Umbria	500	7.718	14.500	18		Aço	Uma só hélice	Composto	1884	6,8
City of Paris	527,5	10.699	18.000	19	328	Aço	Duas hélices	Expansão tripla	1888	6,5
Teutonic	565,7	9.984	16.000	19		Aço	Duas hélices	Expansão tripla	1888	6,5
Campania	600	12.950	30.000	21	458	Aço	Duas hélices	Expansão tripla	1893	5,9
Kaiser Wilhelm II	678	19.361	45.000	23,5	700	Aço	Duas hélices	Expansão tripla	1901	5,4
Mauretania	787	31.938	70.000	25	1000	Aço	Quatro hélices	Turbinas	1907	5,0
Aquitania	901	45.647	60.000	23	850	Aço	Quatro hélices	Turbinas	1914	5,5

[a] Consumo registrado como 450 toneladas para uma travessia de 14,3 dias; n = potência nominal, cerca de metade da potência indicada (ihp) antes de 1850.

Fontes: Kirkaldy (1914), Anexo XVIII; British Shipbuilding Database (professor catedrático Ian Buxton, Universidade de Newcastle).

SURGIMENTO DO SISTEMA DE TRANSPORTE MARÍTIMO DE LINHAS REGULARES E NÃO REGULARES

A revolução causada pelos navios a vapor e pelas comunicações abriu terreno para um sistema de transporte marítimo novo e mais sofisticado. Com o crescimento do comércio, a complexidade das operações de transporte aumentou, e o mercado se dividiu gradualmente em três segmentos: navios de passageiros de linhas regulares, navios de carga de linhas regulares e navios de transporte marítimo de linhas não regulares. A Figura 1.9 mostra o modelo básico. A variedade de cargas expedidas por via marítima na última metade do século XIX é apresentada no topo do diagrama e inclui granéis, cargas líquidas, carga geral, passageiros e, mais para o final do século, carga frigorificada. Os passageiros eram a nata da carga, sendo os mais buscados, e um segmento do negócio, o de navios de passageiros de linhas regulares, destinava-se a prover transporte rápido em rotas densas no Atlântico e no Extremo Oriente. Os navios de passageiros de linhas regulares construídos para esses tráfegos eram equipados com camarotes para os passageiros e, em geral, eram relativamente rápidos, operando de acordo com a programação divulgada. Os navios de carga e linhas regulares eram também operados em programações regulares e, com frequência, concebidos para rotas específicas. Geralmente, tinham várias cobertas que lhes permitiam carregar e descarregar cargas em vários portos e, muitas vezes, tinham disponibilidade para o transporte de cargas especiais, como cargas frigoríficas e cargas pesadas. Finalmente, os navios de carga de linhas não regulares transportavam cargas a granel, como carvão e grão, em contratações por viagem. Geralmente, a sua concepção era muito básica, somente com uma única coberta, com velocidade econômica e equipamento de manuseio de carga [cargo handling equipment]. Contudo, alguns eram suficientemente versáteis para transportar carga geral e serem afretados por companhias de linhas regulares em situações de falta de capacidade. Os navios de linhas não regulares mais sofisticados foram concebidos para atender a essa situação.

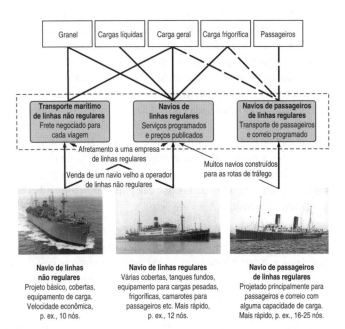

Figura 1.9 – Sistema de transporte marítimo de linhas regulares e não regulares (1869-1950).

SERVIÇOS DE PASSAGEIROS DE LINHAS REGULARES

A partir do momento que se contou com navios a vapor confiáveis, as viagens entre as regiões tornaram-se muito mais gerenciáveis e rapidamente se desenvolveu uma rede de serviços de passageiros de linhas regulares. Inicialmente, o foco foi no transporte rápido de correspondência e de passageiros entre os continentes, e a rota do Atlântico Norte foi um exemplo admirável do desenvolvimento da tecnologia marítima no século XIX. Os primeiros serviços de linhas regulares usavam os veleiros, e a concorrência estimulou a eficiência. Em 1816, Isaac Wright, um proprietário dos Estados Unidos, estabeleceu o primeiro serviço de linhas regulares, a Old Black Ball Line. Utilizando os muito elogiados *clippers* norte-americanos, oferecia serviços quinzenais entre Nova York e Londres, em concorrência com a Swallowtail Line, uma companhia de New Bedford. Embora com melhorias significativas, nos primeiros dez anos, o tempo de trânsito era, em média, de 23 dias entre Nova York e Liverpool e 43 dias de Liverpool a Nova York.[72] Eventualmente, transportavam mil passageiros por semana, mas por volta da década de 1850 foram superados pelos navios de hélice a vapor da Grã-Bretanha, que reduziram o tempo de trânsito para menos de dez dias em cada direção (ver Tabela 1.4).[73]

Ao passo que o século avançava, os "navios de passageiros de linhas regulares" evoluíram para navios grandes, rápidos e luxuosos, com uma capacidade de carga limitada, construídos para o transporte rápido de passageiros e de correspondência e para o importante fluxo de emigrantes da Europa para os Estados Unidos.[74] Os navios melhorados utilizados no Atlântico Norte são apresentados na Tabela 1.4, que mostra que entre 1833 e 1914 se modificaram todas as características dos projetos de navios. O casco aumentou de 176 pés para 901 pés e a arqueação bruta, de 137 toneladas para 45.647 toneladas. Na década de 1850, a construção do casco mudou da madeira para o ferro; na década de 1880, do ferro para o aço, enquanto a propulsão com rodas de pás foi substituída nos anos de 1850 por hélices movidas pelos motores a vapor. Os motores a vapor de tripla expansão chegaram na década de 1880, e as turbinas, a partir de 1900. A velocidade aumentou de 7 nós em 1833 para 25 nós em 1907, e o consumo de combustível, de cerca de 20 toneladas por dia para 1.000 toneladas por dia, com melhoria significativa na eficiência térmica.

A Cunard desenvolveu navios a vapor para o Atlântico Norte capazes de oferecer velocidade e confiabilidade para qualquer condição de tempo. Esses serviços eram, obviamente, muito valorizados pelos negócios. Por exemplo, quando o navio a vapor de pás Britannia de 1.156 tab da Cunard ficou imobilizado por gelo no porto de Boston, em 1843-1844, os comerciantes locais pagaram para que fosse aberto um canal de 7 milhas para retirar o navio.[75] O Britannia viajava a uma velocidade de 8,5 nós consumindo 31,4 toneladas de carvão/dia, mas trinta anos mais tarde, em 1874, o Bothnia de 4.566 tab navegava a uma velocidade de 13 nós com um consumo diário de 63 toneladas de carvão e uma capacidade para 340 passageiros, além de 3.000 toneladas de carga (Tabela 1.5). No início do século XX, esses navios de passageiros de linhas regulares evoluíram para navios mais sofisticados. O navio Mauretania, de 25 nós e 31.938 tab, com as suas 350 fornalhas e 1.000 toneladas de consumo diário de combustível, provavelmente usou mais combustível que qualquer outro navio já construído. Mas nem todos os navios de passageiros eram tão exóticos. O Balmoral Castle, construído em 1910 para o tráfego da África do Sul, era um navio com quatro conveses de superestrutura, de 13.361 toneladas brutas, com dois motores de expansão quádrupla de 12.500 ihp [*indicated horse power*] e uma velocidade mais modesta de 17,5 nós. Ele transportava 317 passageiros na primeira classe, 220 na segunda e 268 na terceira.

As companhias nesse negócio, como a Cunard, a White Star, a North German Lloyd e a Holland America Line, eram nomes muito conhecidos e os seus navios eram símbolos das proezas da engenharia nacional. A partir da década de 1880, havia uma concorrência muito latente para alcançar o Blue Riband, o recorde de velocidade transatlântica, e foi provavelmente esse fato, além de considerações comerciais, que levou ao extremo a construção de navios, como é o

Transporte marítimo e economia global   59

caso do Deutschland, da Hamburg Amerika, que sofria de extrema vibração, o Kaiser Wilhelm II, da North German Lloyd, que bateu o recorde, e os navios gêmeos Mauritania e Lusitania, da Cunard, movidos a turbina.

Tabela 1.5 – Desempenho dos navios de carga da Cunard (1840-1874)

	Toneladas brutas	Ano de construção	Velocidade em nós	Carvão toneladas/dia	Capacidade		
					Carga	Passageiros	Combustíveis
Britannia	1.139	1840	8	38	225	90	640
Persia	3.300	1855	13	150	1.100	180	1.640
Java	2.697	1865	13	85	1.100	160	1.100
Bothnia	4.556	1874	13	63	3.000	340	940

Fonte: Fayle (1933, p. 241).

SERVIÇOS DE CARGA DE LINHAS REGULARES

O crescimento rápido do comércio de produtos manufaturados e de matérias-primas pelo Atlântico e entre os Estados europeus e suas colônias de Extremo Oriente, Oceania, África e América do Sul criou a demanda por serviços de transporte de carga rápidos, baratos e regulares. Para lidar com isso, a indústria marítima desenvolveu, à medida que a economia internacional crescia no século XIX, um sistema sofisticado de serviços de carga de linhas regulares usando navios concebidos para transportar uma composição complexa de passageiros, correspondência e carga, apoiado por uma frota de navios de linhas não regulares para cargas a granel, completando os navios de linhas regulares na medida das necessidades (ver Figura 1.9). Eles constituíram o pilar do comércio mundial, oferecendo um transporte de saída confiável e flexível para as cargas gerais e, frequentemente, regressando com cargas de toros de madeira, copra, grão e outras cargas a granel secundárias em seus porões, lotados também com passageiros e quaisquer outras cargas especiais que pudessem obter. Como solução econômica para um problema complexo, o sistema funcionou bem durante um século e foi tão revolucionário quanto seria a conteinerização no século XX.

Da década de 1870 em diante, a rede de serviços de carga de linhas regulares espalhou-se por todo o mundo, especialmente entre a Europa e as suas colônias, servida por uma nova geração de navios de carga de linhas regulares a vapor. Esses navios eram menos elaborados e mais lentos que os navios de passageiros de linhas regulares. Foram construídos para uma velocidade moderada, com várias cobertas para empilhar a carga geral, porões de carga onde as cargas a granel podiam ser estivadas em viagens de retorno e funcionalidades especiais, como porões frigoríficos e tanques duplos fundos para óleos. Frequentemente possuíam camarotes para alguns passageiros. Por exemplo, o Ruahine (1891), de 6.690 tpb, tinha alojamento para 74 passageiros de primeira classe, 36 de segunda e 250 imigrantes. Contudo, para o final do século, muitos navios de carga de linhas regulares não possuíam o Certificado para o Transporte de Passageiros da Junta Comercial [*Board of Trade Passenger Certificate*]. As dimensões dos navios aumentaram gradualmente, como mostra a frota da Ocean Steam Ship Company. O navio Agamemnon, de 2.200 tab, construído em 1865, tinha um comprimento de 309 pés, um motor com 945 cavalos-vapor de potência e um consumo de somente 20 toneladas diárias de carvão, permitindo navegar até o Extremo Oriente. Em 1890, o Orestes tinha 4.653 tab, com um motor de 2.600 cavalos-vapor de potência; em 1902, o Keemun tinha 9.074 tab com um motor duplo de tripla expansão de 5.500 cavalos-vapor de potência. Finalmente, o Nestor, construído em 1914, tinha 14.000 tab. Isso descrevia mais ou menos os navios de linhas regulares, e as dimensões não aumentaram significativamente nos quarenta anos seguintes.

Os tráfegos de linhas regulares apresentavam dificuldades pelo fato de escalarem vários portos para carga e descarga, bem como pela necessidade de um operador de serviço que prestasse serviços de transbordo para outros portos não servidos diretamente pelos navios de linha regular. Essas operações eram dispendiosas, complicando mais o trabalho de estivar e de descarregar as cargas do que uma operação simples das linhas não regulares. O manifesto de carga para o navio NV Scotia, de 2.849 tab, transportando 5.061 toneladas de carga – mostrado na Tabela 1.6 –, ilustra essa questão. Nessa viagem, o navio carregou 28 tipos de cargas diferentes em sacos, fardos, caixas e barris.

Por volta da década de 1950, existiam 360 conferências marítimas de linhas regulares de longo curso, cada uma delas tinha de dois a quarenta membros, que regulavam as viagens e as tarifas de frete.[76] As novas companhias de linhas regulares eram organizações extremamente visíveis, com escritórios ou agências nos portos que serviam. Companhias como a P&O, a Blue Funnel e a Hamburg Süd tornaram-se nomes bem conhecidos. Os seus prestigiados edifícios de escritórios abrigavam equipes de administradores, arquitetos navais e pessoal operacional que planejavam e dirigiam frotas de uma centena ou mais de navios, quando navegavam de um lado para outro em suas rotas. Naturalmente, os navios eram registrados localmente e as companhias tinham, geralmente, ações cotadas em bolsa, embora a maioria das ações pertencesse aos membros das famílias. Em resumo, o transporte marítimo de linhas regulares tornou-se um negócio proeminente e altamente respeitável, e os jovens juntaram-se à indústria confiantes, sabendo que iriam servir instituições nacionais.

Tabela 1.6 – O carregamento do NV Scotia (1918)

Item	Unidade	Número
Peles	Fardos	128
Açafrão	Sacos	150
Chá	Caixas	90
Goma-laca	Caixas	208
Peles de cabra	Fardos	15
Goma-laca	Caixas	175
Chá	Caixas	1.386
Linhaça	Sacos	1.159
Couros	Fardos	50
Café	Barris	11
Juta	Fardos	68
Fibra	Fardos	605
Trigo	Sacos	3.867
Chá	Caixas	2.851
Peles de cabra	Barris	330
Juta	Fardos	194
Trigo	Sacos	4.321
Sementes de papoula	Sacos	1.047
Colza	Sacos	682
Potassa	Sacos	152
Trigo	Sacos	1.086
Goma-laca	Caixas	275
Copra	Caixas	530
Cocos	Sacos	1.705
Couro	Fardos	60
Juta	Fardos	90
Juta	Fardos	100
Linhaça	Sacos	2.022

Fonte: Capitão H. Hillcoat, *Notes on Stowage of Ships* (Londres, 1918), reproduzido em Robin Craig (1980).

TRANSPORTE MARÍTIMO DE LINHAS NÃO REGULARES E O MERCADO GLOBAL

No século XIX, o outro componente do sistema de transporte marítimo era o de linhas não regulares, um negócio bem diferente. Os navios de linhas não regulares preenchiam as lacunas do sistema de transporte movimentando cargas gerais e a granel não atendidas pelos serviços de linhas regulares. Eram descendentes diretos do capitão Uring, operando entre portos no transporte de grão, carvão, minério de ferro e tudo o mais que fosse necessário e disponível. Contudo, apresentavam duas vantagens importantes, que os tornaram muito mais eficientes do que seus assemelhados do século XVIII. Em primeiro lugar, eram navios a vapor, geralmente com uma coberta para carregar e estivar a carga, oferecendo velocidade e flexibilidade. Em segundo lugar, por um sistema de cabos submarinos, acessavam a Baltic Exchange, podendo assim programar as cargas com antecedência, sem ter de esperar ou efetuar viagens especulativas em lastro, como o capitão Uring tinha de fazer.

O crescimento da Baltic Exchange foi uma resposta ao elevado custo e à inflexibilidade da rede inicial de cabos. Em 1866, um telegrama transatlântico custava 4 xelins e 3 *pence* (cerca de US$ 1,25) por palavra.[77] Para efeito de comparação, em 1870, um marinheiro ganhava cerca de US$ 12,50 (2 libras esterlinas e 2 xelins) por mês.[78] Embora essa taxa tenha se reduzido rapidamente, em 1894, a comunicação com as áreas periféricas do leste e sul da África ainda custava mais que US$ 1,25 por palavra. Isso favorecia a existência de um mercado central em que as cargas podiam ser "negociadas" por corretores e agentes locais e as condições comunicadas aos seus clientes por telegrama. Londres encontrava-se localizada no centro da rede de cabos e a Baltic Exchange tornou-se o local onde os negócios eram realizados. Durante um século, a Virginia and Baltic Coffee House foi muito popular no transporte marítimo, e em 1744 promovia-se como o lugar "onde todas as notícias internacionais e nacionais são divulgadas; e todas as cartas ou pacotes são entregues cuidadosamente aos comerciantes ou capitães dos tráfegos da Virgínia ou do Báltico de acordo com o estipulado e com a melhor assistência".[79] Por volta de 1823, havia um comitê, regras e uma sala para leilões onde se comercializava o sebo,[80] e, quando os telegramas chegaram, na década de 1860, rapidamente tornou-se a sala de negociação da frota mundial de navios de linhas não regulares. Os corretores circulavam os detalhes dos navios e das cargas no Báltico, celebravam contratos e telegrafavam as condições para os seus mandantes [*principals*] o mais rapidamente possível.

As companhias corretoras de navios de Londres eram as intermediárias do sistema.[81] A história da H. Clarkson & Co. Ltd. registra que, na década de 1870, Leon Benham, o principal corretor da empresa, "tinha presença constante na Baltic Exchange. Várias vezes ao dia, ele voltava ao escritório para despachar telegramas normalmente redigidos a partir de anotações nos punhos duros da sua camisa".[82] Em 1869, a Clarksons gastou mais em telegramas do que em salários.[83] A Baltic alcançou o auge em 1903, quando inaugurou seu novo edifício em St. Mary Axe. Enquanto as mensagens internacionais se mantiveram pesadas e dispendiosas, a Baltic teve garantida a sua posição como câmara de compensação global no negócio do transporte marítimo.[84]

As companhias de navegação que operavam no mercado de linhas não regulares eram muito diferentes daquelas de linhas regulares, embora houvesse alguma sobreposição. Por vezes, as grandes companhias de linhas não regulares estabeleciam serviços de linhas regulares ao identificar uma oportunidade de mercado e, por vezes, as de linhas regulares operavam "serviços marítimos de linhas não regulares". Entretanto, a grande maioria do negócio de linhas não regulares era efetuado por companhias pequenas. Em 1912, mais de um terço das companhias de navegação de linhas não regulares britânicas tinha somente um ou dois navios e, por volta de 1950, essa proporção aumentou para mais de metade (Tabela 1.7). Muitas vezes, os negócios eram muito pequenos, baseando-se fortemente na contratação de várias atividades especializadas. Por exemplo, superintendentes de convés e de máquinas encontravam-se disponíveis na maioria dos portos para tratar de questões técnicas, como paragens e docagens secas; corretores e agentes afretavam os navios em troca de comissões; e fornecedores providenciavam peças e sobressalentes para convés e máquinas e até mantimentos. Os combustíveis eram disponibilizados prontamente a preços anunciados; as agências de tripulação forneciam oficiais e equipagem; e os corretores de seguros e os clubes de proteção e indenização (P&I) estavam disponíveis para cobrir os vários riscos. Nessas circunstâncias, o proprietário de navios de linhas não regulares podia "transportar o seu escritório no seu chapéu".[85] Alguns navios eram propriedades dos capitães ou de um sindicato que utilizasse um sistema em que a sociedade de participações encontrava-se dividida em 64 partes (ver Seção 7.2).

Tabela 1.7 – Dimensão das companhias de longo curso britânicas de linhas não regulares

Número de navios	Número de companhias		% do total de 1950
	1912	1950	
1	25	37	29%
2	12	28	22%
3	9	20	16%
4	12	15	12%
5	7	7	5%
6+	34	22	17%
Total	99	129	100%

Fonte: Gripaios (1959, Tabela 5).

Embora, inicialmente, os britânicos tenham sido os maiores proprietários de navios de linhas não regulares, perto do final do século XIX, os proprietários de navios gregos, que tinham desenvolvido negócios prósperos de transporte marítimo a partir do comércio do Mar Negro e do Mediterrâneo, começaram a estabelecer escritórios em Londres.[86] Rapidamente, tornaram-se uma parte muito importante do mercado internacional de linhas não regulares. Os noruegueses levaram algum tempo a passar da vela para o vapor e estavam em menor evidência. Operando frotas de navios de várias cobertas, esses proprietários navegavam de porto a porto, transportando quaisquer cargas disponíveis, embora no início do século XX transportassem principalmente produtos primários a granel. A distribuição das cargas da Tabela 1.8 mostra que, por volta de 1935, o carvão e o grão representavam dois terços da tonelagem de carga embarcada, e as madeiras, os minérios, os fertilizantes e o açúcar totalizavam outro quarto.

Tabela 1.8 – Cargas transportadas pelos navios de linhas não regulares de longo curso britânicos (1935)

Carga	Viagens	Toneladas de carga
Carvão e coque	1.873	12.590.000
Grão	1.200	8.980.000
Grão e madeira	105	890.000
Madeira	196	1.345.000
Madeira e outra carga	19	110.000
Minério	398	2.830.000
Fertilizantes	207	1.535.000
Açúcar	204	1.425.000
Outras cargas	610	3.785.000
Totais	4.812	33.490.000

Fonte: Isserlis (1938).

Um itinerário típico de um navio de linhas não regulares da década de 1930 mostra como esse negócio funcionava. O navio era afretado para transportar trilhos de Middlesbrough para Calcutá. Dali, carregava sacos de juta para Sydney, depois lastreava até Newcastle, NSW [New South Wales/Nova Gales do Sul], para carregar carvão para Iquique, no Chile, onde esperava carregar nitratos. Contudo, havia tantos navios à espera nos portos de nitrato que, após uma troca de telegramas, o navio lastreou para o Rio da Prata, onde a colheita do milho logo deveria se iniciar e a demanda de transporte não tardaria a se manifestar. Entretanto, quando o navio chegou a Buenos Aires (Argentina), muitos navios tinham chegado recentemente da Grã-Bretanha com carvão e procuravam cargas de retorno, ou seja, a oferta excedia a demanda. Após esperar algumas semanas, foi finalmente contratado por um comerciante de milho a um frete ligeiramente mais alto, com a opção de descarregar em Londres, Roterdã ou Gênova, sendo

Transporte marítimo e economia global

que para cada destino fora atribuído um frete específico. O navio deveria receber ordens em São Vicente, nas ilhas de Cabo Verde, onde o comandante tomou conhecimento de que deveria seguir para Roterdã e, depois, carregaria carvão em Gênova. De Gênova, foi instruído a seguir para a Argélia e carregar minério de ferro para Tees. As trocas foram infindáveis, mas a cada estágio os proprietários e os corretores trabalhavam duramente para encontrar a melhor carga para a pernada seguinte e transmitiam por telegrama as instruções aos comandantes. Fica fácil perceber por que razão a Baltic Exchange desempenhou um papel tão importante na coordenação das atividades da frota de navios de linhas não regulares.[87]

Quando não navegavam, esses navios frequentemente eram afretados a companhias de linhas regulares com necessidade de capacidade extra, o que representava uma ligação entre os negócios de granel e linhas regulares. Isso era possível porque ambos os segmentos do mercado usavam navios similares. Geralmente, os operadores de navios de linhas não regulares investiam em navios básicos de várias cobertas de 5.000 a 10.000 tpb com uma coberta para carga geral e fundos de porões projetados para o transporte a granel. Alguns desses navios mais dispendiosos foram concebidos tendo em vista o seu fretamento para companhias de linhas regulares, tendo uma velocidade ligeiramente maior e funcionalidades especiais, como porões frigoríficos, tanques de fundo duplo para transportar óleos vegetais, camarotes para vinte ou mais passageiros e paus de carga pesados para cargas irregulares. Contudo, o projeto básico dos navios de linhas não regulares era imediatamente reconhecido.

REGULAMENTAÇÃO DO TRANSPORTE MARÍTIMO

Com o aumento do volume de negócios, também melhorou a estrutura de regulamentação imposta pela indústria seguradora. No século XVIII, a indústria seguradora de Londres desenvolveu um sistema para verificar se os navios que eles seguravam eram solidamente construídos e encontravam-se em boas condições. No início do século XIX, a Lloyd's Register, que tinha iniciado a sua atividade na década de 1760 como registradora de navios, tinha assumido o papel de estabelecer padrões e normas e de emitir certificados de classe. Após uma grande reestruturação em 1834, foram nomeados 63 inspetores que reinspecionaram a totalidade dos 15 mil navios registrados. Qualquer navio novo que tentasse obter a Classe A1 estaria sujeito a "uma vistoria durante a construção" que, na prática, significava que o progresso de sua construção era rigorosamente vistoriado pelo menos três vezes enquanto seu casco permanecesse nos estaleiros. Em 1855, a sociedade publicou as *Regras para os navios de ferro* [*Rules for Iron Ships*] e, em seguida, foram estabelecidos comitês para criar padrões de construção dos navios novos, e a rede de inspetores controlava sua implantação. Vários outros países estabeleceram sociedades classificadoras, entre elas a American Bureau of Shipping e a Det Norske Veritas, e, no final do século XIX, o sistema de regulamentação técnica estava em funcionamento.

Os governos também se envolveram na regulamentação do transporte marítimo, principalmente o governo britânico. Após uma série de escândalos envolvendo navios utilizados no tráfego de emigrantes, foi aprovada a Lei da Marinha Mercante de 1854 [*Merchant Shipping Act 1854*]. Ela estabeleceu uma estrutura legal para o registro de navios; medição da tonelagem de arqueação; inspeções de navios e equipamentos; transporte de cargas perigosas; segurança e navegabilidade dos navios; proteção aos marinheiros e inspeção de provisões e mantimentos. De tempos em tempos, ia sendo ampliada, frequentemente com a oposição da indústria marítima. Por exemplo, a recomendação de 1874 da Comissão Real relativa a navios não aptos para a navegação que determinava que fosse introduzida a linha de carga máxima (durante muitos anos conhecida como "olho ou marca de Plimsoll"), para evitar que os navios fossem sobrecarregados, foi contestada pelos proprietários britânicos, que se queixavam que isso lhes daria uma desvantagem injusta. O conjunto das leis marítimas desenvolvido até esse momento, quando a Grã-Bretanha controlava metade da frota mundial, foi utilizado por muitos outros países como modelo para promulgar as suas leis marítimas, constituindo a base do sistema legal marítimo, razoavelmente consistente entre os países. Nesse sentido, a primeira etapa formal foi a conferência sobre o Direito do Mar, ocorrida em Washington (Estados Unidos), em 1896, que apresentou uma agenda com itens destinados a regularizar as atividades de transporte marítimo.

1.6 CONTÊINER, GRANEL E TRANSPORTE AÉREO (1950-2006)
FUNDAMENTOS PARA A INTEGRAÇÃO DO TRANSPORTE MARÍTIMO

Por volta de 1950, o sistema de linhas regulares e de linhas não regulares funcionava com êxito havia um século, e é difícil acreditar que ele poderia repentinamente desaparecer, mas foi exatamente o que aconteceu. Apesar de ser muito flexível, era demasiadamente dependente de mão de obra intensiva para sobreviver na economia global após 1945, na qual os aumentos dos custos de mão de obra tornaram a mecanização inevitável. Isso significou substituir uma mão de obra dispendiosa por bens de capital e equipamentos mais baratos, aumentando a dimensão das operações de transporte para tirar vantagem de economias de escala.[88] Como resultado, trinta anos mais tarde, não restava mais nada da indústria marítima imponente e conservadora que tinha atravessado de forma confiante a década de 1950. Em uma década, os navios de passageiros de linhas regulares desapareceram ou foram convertidos em navios de cruzeiro, e os navios de carga de linhas regulares e de linhas não regulares foram gradualmente substituídos pelos novos sistemas de transporte ilustrados na Figura 1.10, usando tecnologia já consolidada em indústrias terrestres, como a da produção de automóveis. O novo sistema reduziu os custos substituindo uma mão de obra dispendiosa por bens de capital e equipamentos mais baratos e mais eficientes e considerando o transporte marítimo como parte de um sistema integrado de transporte efetuado por mais de um transportador e, às vezes, por vários meios de transporte [*integrated through-transport system*]. A padronização, a mecanização do manuseio de cargas, as economias de escala e o desenvolvimento de projetos de navios adaptados para manuseio e estiva da carga eficientes contribuíram em conjunto para esse processo.

As cargas a granel homogêneas eram agora transportadas por uma frota de grandes navios graneleiros operando entre terminais concebidos para o manuseio mecanizado das cargas; a carga geral foi conteinerizada e transportada por uma frota de navios porta-

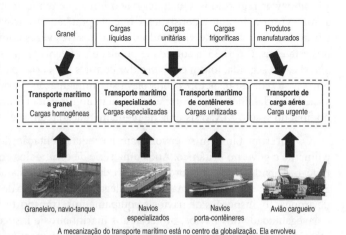

Figura 1.10 – O sistema de transporte marítimo de contêineres e de granel depois de 1950.

-contêineres celulares. Desenvolveram-se cinco segmentos novos e especializados de transporte marítimo para a movimentação de produtos químicos, gases liquefeitos, produtos florestais, veículos de rodas e cargas frigoríficas, cada um deles com uma frota própria de navios especialmente concebidos. Um efeito colateral da mecanização foi que o transporte marítimo, que anteriormente tinha sido uma das indústrias mais visíveis do mundo, tornou-se praticamente invisível. Os portos movimentados com quilômetros de cais foram substituídos por terminais desertos de águas profundas, manuseando a carga em horas, não em semanas, e as companhias de navegação, que se tinham tornado nomes familiares nacionais, foram substituídas por proprietários de navios independentes operando sob "bandeiras de conveniência".

Muitos fatores contribuíram para essas mudanças. As companhias aéreas passaram a controlar o transporte de passageiros e de correspondência, e os impérios coloniais europeus foram desmantelados, retirando das companhias de navegação duas de suas mais importantes fontes de receitas. As multinacionais norte-americanas, europeias e japonesas dependentes das importações de matérias-primas incentivaram ativamente a nova indústria marítima a granel oferecendo afretamentos por tempo [*time charters*] e, com essa segurança, ficou fácil o acesso a fundos de investimento do emergente mercado de eurodólares. A melhoria das comunicações, incluindo o telex, o fax, as chamadas diretas por telefone direto e, mais tarde, o correio eletrônico [*e-mail*], e as viagens aéreas inter-regionais baratas ajudaram a criar um mercado global ainda mais eficiente para os serviços de transporte marítimo. Assim, foram lançadas as bases para um negócio de transporte marítimo mais eficiente, combinando economias de escala com uma capacidade sem precedentes de se aplicar tecnologia e logística aos tráfegos de transporte marítimo em constante mudança.

NOVO AMBIENTE COMERCIAL CRIADO EM BRETTON WOODS

A mudança começou com a nova estratégia comercial adotada pelas nações ocidentais após a Segunda Guerra Mundial. Desde o início da década de 1940, os Estados Unidos determinaram que, depois da guerra, as restrições do sistema colonial deveriam ser removidas, permitindo o acesso livre a mercados globais e matérias-primas. Em julho de 1941, um memorando do Conselho de Relações Exteriores dos Estados Unidos [*US Council on Foreign Relations*] apontava que, para que isso fosse alcançado, o mundo necessitaria de instituições financeiras capazes de "estabilizar as taxas cambiais e de facilitar programas de investimento de capital em regiões atrasadas e subdesenvolvidas".[89] Na Conferência de Bretton Woods, em 1944, o secretário do Tesouro dos Estados Unidos, Henry Morgenthau, descreveu o objetivo de criar "uma economia mundial dinâmica na qual os povos de cada nação sejam capazes de alcançar as suas potencialidades em paz e de desfrutar progressivamente dos frutos do progresso material de uma terra infinitamente abençoada com riquezas naturais".[90] No final da reunião, foram criados o Banco Mundial e o Fundo Monetário Internacional, e o trabalho de campo foi lançado para se alcançar o Acordo Geral de Tarifas e Comércio [*General Agreement on Tariffs and Trade*, GATT].

Essa política teve um efeito profundo na indústria marítima. Ao final da década de 1960, foi dada a independência a quase todas as colônias europeias e elas foram estimuladas a abrir as suas fronteiras e a transformar as suas economias autossuficientes em economias produtoras de artigos destinados à exportação. Os acordos comerciais negociados pelo GATT abriram as economias de norte a sul para liberalizar o movimento de mercadorias e de capitais. Os fluxos de capital foram liberalizados e as corporações multinacionais desenvolveram sistematicamente matérias-primas, capacidade produtiva e mercados locais de consumo. Uma vez que todo o sistema dependia do comércio, o transporte marítimo eficiente passou a desempenhar um papel central na criação dessa nova economia global, e o sistema de linhas regulares desenvolvido durante o colonialismo não estava bem posicionado para atender às necessidades da nova ordem.

CRESCIMENTO DO TRANSPORTE AÉREO ENTRE REGIÕES

Durante esse período, as linhas aéreas tornaram-se sérias concorrentes nos mercados de transporte de passageiros e de correspondência, um dos principais vetores do sistema de linhas regulares. Em 1950, os navios ainda transportavam pelo Atlântico o triplo do número de passageiros dos aviões, e, em 1952, a Cunard-White Star tinha nove navios no tráfego de Nova York, com outros quatro operando entre Southampton e os portos canadenses.[91] Contudo, com a chegada dos aviões de passageiros, as economias moveram-se definitivamente a favor das linhas aéreas. Um navio de passageiros de linhas regulares precisava de mil tripulantes e de 2.500 toneladas de óleo combustível para desembarcar 1.500 passageiros uma vez por semana em Nova York. Mesmo um avião da primeira geração, transportando 120 passageiros, poderia fazer oito ou nove travessias durante uma semana transportando quase mil passageiros com somente doze tripulantes e queimando somente 500 toneladas de combustível.[92] Seis horas do tempo de voo era um bônus agregado para viajantes ocupados. Nessas condições econômicas, não houve contestação. Em 1955, quase um milhão de passageiros cruzaram o Atlântico por via marítima e cerca de 750 mil por via aérea, mas, em 1968, mais de 5 milhões viajaram pelo ar e somente 400 mil por mar.[93] Quando os aviões Jumbo chegaram, em 1967, seguiram-se as rotas de longa distância, e, entre 1965 e 1980, o tráfego aéreo aumentou de 198 bilhões de passageiros por quilômetro para 946 bilhões.[94]

O último grande navio de passageiros de linhas regulares, o Queen Elizabeth 2, foi encomendado em 1963 ao estaleiro naval da John Brown, em Clydeside, com o propósito duplo de servir como navio de passageiros e de cruzeiros no Atlântico, mas, dois anos após a sua entrega, em 1968, os aviões Jumbo entraram em serviço, e ele passou a ser usado sobretudo como navio de cruzeiros. Os navios de passageiros da década de 1950, construídos para providenciar uma velocidade maior, foram sucateados ou convertidos em navios de cruzeiros, oferecendo um ambiente de lazer móvel no qual a velocidade é irrelevante, pondo um ponto-final na era dos grandes navios de passageiros de linhas regulares.

CRESCIMENTO DO COMÉRCIO MARÍTIMO (1950-2005)

Nesse ínterim, o comércio marítimo crescia mais rapidamente do que em qualquer outra época desde o início do século XIX, com as importações aumentando de 500 mt em 1950 para 7 bt em 2005 (Figura 1.11). Esse crescimento foi liderado pela Europa e pelo Japão. Ambos tinham sido muito devastados durante a guerra e começado a reconstrução das suas economias. Sem os seus impérios coloniais, as multinacionais europeias iniciaram a sua reconstrução do pós-guerra. A expansão das indústrias pesadas, como a de aço e a de alumínio, substituição do petróleo importado por carvão nacional nas usinas de energia elétrica, as locomotivas para as ferrovias e o crescimento rápido da propriedade automóvel produziram um crescimento rápido nas importações, sobretudo na dos produtos primários a granel. Esse crescimento persistiu durante a década de 1960, e essa tendência de crescimento nas importações foi reforçada pela troca das fontes de suprimento nacionais por importadas para matérias-primas-chave, como o minério de ferro, o carvão e o petróleo. No início da década de 1970, a economia europeia entrou numa fase de amadurecimento, e a demanda de produtos com uma utilização intensiva de matérias-primas, como o aço, o alumínio e a eletricidade, estabilizou.

O crescimento do Japão seguiu um caminho parecido, mas alterou o foco do transporte marítimo mundial, pois o país se tornou a primeira grande economia industrial da região do Pacífico. O seu desenvolvimento tinha começado no final do século XIX, mas após 1946 a economia japonesa foi reorganizada e as "companhias comerciais" [*trading houses*] assumiram o papel tradicional de coordenação dos *zaibatsus*. O Ministério do Comércio Internacional e da Indústria [Ministry of International Trade and Industry], que coordenava o crescimento para o desenvolvimento, escolheu indústrias líderes, como a da construção naval, a dos veículos motorizados, a siderúrgica e a do transporte marítimo, e durante a década de 1960 a economia japonesa embarcou num programa de crescimento que a tornou a principal nação marítima mundial. Entre 1965 e 1972, o Japão gerou 80% do crescimento do tráfego de cargas sólidas de longo curso e, no princípio da década de 1970, construía a metade dos navios da frota mundial e, tirando partido dos registros abertos para navios, controlou a maior frota mercante mundial.

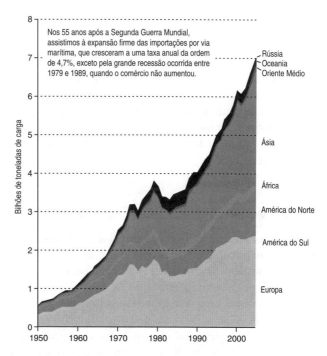

Figura 1.11 – Comércio marítimo por região (1950-2005).
Fonte: Anuários Estatísticos das Nações Unidas.

Na década de 1970, as duas crises do petróleo coincidiram com o fim dos ciclos de crescimento europeu e japonês, e a liderança do crescimento comercial mudou para as economias asiáticas, como a Coreia do Sul, que adotou um programa de crescimento industrial. Replicando o Japão, expandiu rapidamente suas indústrias pesadas, como a siderúrgica, a de construção naval e a de veículos motorizados. Depois, nos anos de 1980, após duas décadas de isolamento total e de muitos séculos de contato limitado com o Ocidente, a economia chinesa abriu as suas portas ao capitalismo e ao comércio. Seguiu-se um período de notável crescimento econômico, associado ao movimento para um sistema econômico capitalista mais ocidentalizado.

A economia mundial entrava numa nova era de consumo, e, durante a década de 1960, o fluxo de carros motorizados, produtos eletrônicos e uma vasta gama de outros artigos aumentou muito rapidamente e a estrutura comercial expandiu-se, incorporando as economias asiáticas e um comércio mais alargado com a África e com a América do Sul. Isso transformou o comércio marítimo numa rede complexa ligando os três centros industriais das latitudes temperadas do Hemisfério Norte – América do Norte, Europa Ocidental e Japão –, que geravam 60% do comércio, importavam matérias-primas e exportavam produtos manufaturados.

"REVOLUÇÃO INDUSTRIAL" DO TRANSPORTE MARÍTIMO

A expansão comercial nessa escala não teria sido possível sem uma reforma profunda no sistema de transporte. O novo modelo de transporte que ascendeu gradualmente durante vinte anos tinha os três segmentos apresentados na Figura 1.10: transporte marítimo a granel, transporte marítimo especializado e conteinerização. Durante os 35 anos seguintes, foram desenvolvidos muitos tipos de navios novos, incluindo navios graneleiros, superpetroleiros, navios-tanques transportadores de gases liquefeitos, navios-tanques de produtos químicos, navios transportadores de veículos, navios transportadores de madeira e, é claro, navios porta-contêineres.

DESENVOLVIMENTO DOS SISTEMAS DE TRANSPORTE A GRANEL

A nova indústria marítima a granel foi, sobretudo, configurada pelas multinacionais, especialmente as companhias petrolíferas e as siderúrgicas. Até o início da década de 1950, o comércio de petróleo era ainda bastante reduzido, sendo transportado sobretudo em pequenos navios-tanques. Contudo, enquanto os mercados cresciam, a estratégia mudou para a expedição de petróleo bruto em grandes quantidades para as refinarias localizadas próximas aos mercados, possibilitando o uso de navios de maiores dimensões (ver Seção 12.2). Ao mesmo tempo, as siderúrgicas deslocavam-se para as regiões costeiras e desenvolviam as minas de minério de ferro e de carvão no exterior para o seu suprimento. Para a nova geração de navios graneleiros construídos para esse tráfego, as únicas restrições de tamanho eram as dimensões das partidas de carga e a profundidade da água nos terminais portuários, as quais aumentavam rapidamente. Os produtos primários, como o petróleo, o minério de ferro e o carvão, eram consumidos em quantidades suficientemente grandes para viabilizar, de forma prática, partidas de carga de 100.000 toneladas ou mais, e os embarcadores passaram a construir terminais em águas profundas com sistemas automatizados de manuseio de carga. O investimento em grandes navios e em sistemas rápidos de movimentação de carga tornou definitivamente mais barata a importação de matérias-primas por via marítima de fornecedores a milhares de milhas de distância do que por terra de fornecedores a poucas centenas de milhas de distância – por exemplo, o frete ferroviário de uma tonelada de carvão da Virgínia para Jacksonville, na Flórida, era três vezes maior que o frete marítimo de Hampton Roads para o Japão, que envolve uma distância de 10.000 milhas.

Os navios-tanques ilustram a evolução do tamanho dos navios (Figura 1.12). O Narraganset, de 12.500 tpb, foi construído em 1903, e esse tamanho manteve-se bastante aceitável até 1944, quando o Phoenix, de 23.900 tpb, passou a ser o navio-tanque de maior dimensão. Durante a Segunda Guerra Mundial, o navio-tanque T2, de 16.500 tpb, tinha sido produzido em massa, e esta se manteve como a dimensão dos cavalos de carga do transporte marítimo, transportando sobretudo produtos das refinarias localizadas próximas aos campos de exploração de petróleo. Depois na década de 1950, a dimensão dos navios-tanques começou a aumentar. Em 1959, o maior navio-tanque a flutuar era o Universe Apollo (122.867 tpb), e em 1966 apresentou-se o primeiro navio-petroleiro muito grande [*very large crude carrier*, VLCC], o Idemitsu Maru, de 209.413 tpb, somente dois anos antes de o Universe Ireland (326.585 tpb), o primeiro navio-petroleiro extremamente grande [*ultra large crude carrier*, ULCC], aparecer, em 1968. Essa tendência de crescimento atingiu seu auge em 1980, quando o Seawise Giant foi aumentado para 555.843 tpb. Concluindo, é provável que o aumento da dimensão dos navios tenha reduzido os custos unitários de expedição em pelo menos 75%.

No transporte marítimo de granel sólido, foi também acentuada a tendência para os grandes navios graneleiros. Embora os mineraleiros de 24.000 tpb já fossem usados na década de 1920, em 1950, a grande maioria da carga a granel ainda era transportada em navios de linhas não regulares de 10.000 a 12.000 tpb. A mudança para navios maiores seguiu o modelo dos navios-tanques e, por volta da década de 1970, os navios de 200.000 tpb eram amplamente usados nas rotas de maiores volumes, e a primeira geração de navios de 300.000 tpb começou a entrar em serviço em meados da década de 1980. Existia também um movimento crescente e constante na dimensão dos navios usados para o transporte de produtos primários, como o grão, o açúcar, os minerais metálicos não ferrosos e os produtos florestais. Tomando-se como exemplo o transporte de grão, no final da década de 1960, a maior parte desse tipo de transporte por via marítima era feita em navios abaixo das 25.000 tpb.[95] Era inconcebível para os embarcadores dessa indústria que navios de 60.000 tpb pudessem ser extensivamente usados no tráfego de grão, no entanto, foi precisamente o que aconteceu no início da década de 1980.

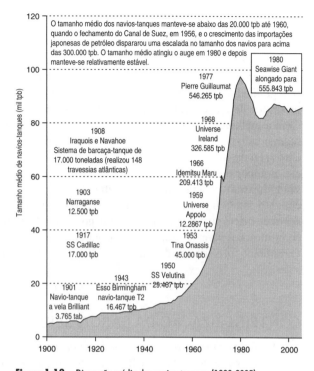

Figura 1.12 – Dimensão média dos navios-tanques (1900-2005).
Fonte: compilada por Martin Stopford a partir de várias fontes.

Os avanços técnicos, embora menos impressionantes do que os anteriores, foram significativos. Os novos modelos de escotilhas, de equipamentos de manuseio de carga e de navegação aumentaram a eficiência. Durante a década de 1980, a eficiência do combustível nos motores a diesel aumentou em 25%. Os construtores navais tornaram-se mais adeptos do aperfeiçoamento dos cascos dos navios, sendo que, em certos tipos de navios, o peso do aço reduziu-se em 30%; os revestimentos melhoraram, propiciando aos cascos submersos melhor alisamento e aumento da vida útil das estruturas dos tanques.

O transporte marítimo de granéis também se beneficiou da melhoria das comunicações. Nesse período, a posição da Baltic Exchange como um mercado central do transporte marítimo foi diminuída em virtude das melhorias nas comunicações, incluindo telefonia direta, comunicações por telex, fax e correio eletrônico. Já não era mais necessário encontrar-se pessoalmente para negociar um navio. Em vez disso, os proprietários, os corretores e os agentes da carga usavam mensagens de telex para distribuir as listas de cargas/posições e as negociações eram feitas por telefone. Na década de 1970, as estações de trabalho computadorizadas permitiam o envio de mensagens de telex ou de fax pelos usuários e também possibilitavam o acesso a bases de dados de posições dos navios, detalhes dos navios e programas de cálculo de custos estimados de viagens. As redes de computadores pessoais [*PC networks*] que apareceram na década de 1980 disponibilizaram essas facilidades a custos menores, mesmo às pequenas empresas, e os *modems* permitiram o acesso a partir de casa aos computadores dos escritórios. A ligação final no mercado virtual foi o telefone celular, que possibilitou que o corretor almoçasse fora, mesmo durante a negociação de um navio – o que realmente é um progresso!

Conforme a frota de navios-tanques e de navios graneleiros de carga sólida crescia e os proprietários de navios independentes tornavam-se mais estáveis, as multinacionais começaram gradualmente a reduzir suas frotas próprias e afretadas, passando a confiar mais em proprietários de navios independentes e nos mercados de afretamento em rápido crescimento. Com a melhoria da tecnologia de informação na década de 1970, o mercado começou a ser segmentado por tipo de navio: VLCC, navios-tanques de derivados do petróleo, navios graneleiros Handy, navios Panamax, navios Capesize, navios transportadores de produtos químicos etc. Equipes de corretores especialistas desenvolveram um conhecimento profundo sobre a sua indústria – os seus navios, os afretadores, os portos e as cargas –, combinando esse conhecimento com a informação de mercado não confirmada [*soft information*], obtida a partir da sua rede diária para ganhar poder de negociação. Ao permitir a especialização do mercado, as comunicações baratas e rápidas propiciaram ao negócio um avanço na sua eficiência logística. O resultado foi o sistema de transporte altamente eficiente que temos atualmente para as cargas a granel.

CONTEINERIZAÇÃO DA CARGA GERAL

O desenvolvimento de um novo sistema para o transporte marítimo de carga geral foi deixado aos proprietários de navios e levou muito tempo para começar. Por volta da década de 1960, os portos congestionados e as dificuldades trabalhistas aumentavam os tempos de trânsito e a carga expedida da Europa para os Estados Unidos levava meses para chegar. Os observadores da indústria verificavam que "os velhos métodos tinham chegado ao fim da linha",[96] mas o caminho em frente não estava claro. O problema que as companhias de linhas regulares enfrentaram quando, finalmente, começaram a pesquisar a unitização de cargas, em 1960, foi que os navios de linha regular sempre foram flexíveis à carga que transportavam, e algumas cargas eram difíceis de se conteinerizar. A conteinerização que excluía todas as cargas que não coubessem dentro do contêiner-padrão de 20 pés parecia ser uma solução extrema, e mesmo em 1963 o debate ficou longe de encontrar uma solução. As companhias experimentavam sistemas flexíveis, como a paletização de cargas e os navios transportadores de carga rolante [*ro-ro ships,* ou navios ro--ro], que combinavam a unitização com a flexibilidade do transporte de cargas a granel, como os produtos florestais. Mas, na realidade, a conteinerização não era restrita somente aos navios. Era uma forma completamente nova de organizar o transporte envolvendo um grande investimento de capital e o fim do controle do comércio por companhias de navegação separadas, funcionando dentro de um sistema de conferências marítimas fechadas.[97] O primeiro serviço transatlântico foi realizado em 23 de abril de 1966 pela Sea-Land, uma companhia nova dos Estados Unidos que desenvolvia o conceito desde 1956 (ver Capítulo 13). O transporte de carga geral em caixas padronizadas teve um impacto mais significativo do que os seus defensores mais ardentes poderiam esperar. Somente alguns dias após ter deixado a fábrica em Midlands, na Inglaterra, um vagão com contêineres podia chegar ao seu destino na Costa Leste dos Estados Unidos com a sua carga livre de avarias ou roubos e pronta para ser transferida para trens ou barcaças com o mínimo de atraso e esforço. Ao adotar a conteinerização, a indústria abriu as comportas para o comércio global (ver o Capítulo 12 para mais sobre o assunto).

A conteinerização foi possível também pelo desenvolvimento ocorrido nas comunicações e na tecnologia de informação. Até a década de 1960, os serviços de linhas regulares eram muito fragmentados e os gerentes de um serviço sabiam muito pouco do que ocorria nos ou-

Transporte marítimo e economia global

71

tros serviços. Quando a conteinerização chegou, na década de 1960, o pêndulo oscilou para o outro extremo, "pois não poderia ser alcançada sem sistemas de controle computadorizados para controlar a movimentação dos contêineres, aceitar as reservas de carga [*bookings*], imprimir os conhecimentos de embarque e as faturas [*invoices*] e transmitir avisos e informações".[98] Somente as grandes companhias tinham condições de adquirir unidades centrais de processamento de sistemas computorizados para gerenciar o serviço de contêineres, portanto, "o domínio da unidade central de processamento [*mainframe*], o desenvolvimento de base de dados e a racionalização dos sistemas implicava um controle centralizado por parte de um operador principal".[99] Em meados da década de 1990, o sistema de manuseio de contêineres tinha se tornado muito sofisticado, gerando mais valor ao negócio de transporte, inicialmente criado por operadores, como a OCL, da década de 1970. Esses desenvolvimentos foram imensamente produtivos, reduzindo os tempos de ciclo em 40%, os erros em 30% e economizando US$ 5 por documento.[100] Isso representou um grande avanço para aqueles suficientemente grandes para poder financiá-lo.

TRANSPORTE DE CARGAS ESPECIAIS

Algumas cargas não se encaixavam adequadamente no sistema de contêineres nem no de carga a granel. Gradualmente, foram desenvolvidos serviços especializados para efetuar o seu transporte. Os cinco grupos de produtos primários que se tornaram foco das operações especializadas de transporte marítimo foram: os produtos florestais, os produtos químicos, as cargas frigoríficas, os automóveis e os veículos motorizados e os gases liquefeitos. Anteriormente, essas cargas tinham sido transportadas em navios de linhas regulares ou não regulares, muitas vezes com alguns investimentos especiais, como porões frigoríficos e tanques profundos [*deep tanks*] para os produtos químicos líquidos e para os óleos vegetais. Contudo, o padrão de serviço era precário. Por exemplo, o transporte dos veículos era muito dispendioso e, frequentemente, sofriam avarias durante o trânsito. À medida que o volume dessas cargas aumentava, embarcadores e proprietários passaram a trabalhar de forma conjunta para melhorar os resultados econômicos do serviço, o que levou a um período de grande inovação nos modelos de navios. De 1950 em diante, as inovações foram em massa e rápidas. O primeiro navio-tanque especializado no transporte de vários produtos químicos ao mesmo tempo [*chemical parcel tanker*], o Marine Dow Chem, foi construído nos Estados Unidos em 1954, ao qual se seguiu, em 1956, o primeiro navio porta-contêineres, uma conversão. No mesmo ano, a empresa Wallenius construiu o primeiro navio transportador de carros, o Rigoletto, destinado a transportar 260 automóveis. O primeiro navio graneleiro de escotilha larga [*open hatch bulk carrier*], que abrange quase a boca total do navio para transportar madeira pré-embalada, foi construído em 1962 para ser utilizado no tráfego de papel. Em 1964, entrou em operação o primeiro navio dedicado ao transporte de gás natural liquefeito (GNL) e, em 1955, o primeiro navio para o transporte de gás liquefeito de petróleo (GLP).

Cada um desses navios pioneiros deu origem a uma frota e ao surgimento de um novo segmento de negócio para a indústria marítima. Na grande maioria dos casos, o modo de operação era completamente diferente do negócio de "cais a cais" do século anterior. A característica marcante desses segmentos especializados é que se concentram no transporte de uma única carga, o que permite, ou exige, investimentos especializados para melhorar a eficiência. Assim, os navios estão estreitamente integrados com as indústrias a que atendem, frequentemente, um pequeno grupo de afretadores. Os navios-tanques de produtos químicos transportavam pequenas partidas de produtos químicos entre as unidades industriais; os navios transportadores de automóveis tornaram-se parte integrante do comércio motorizado internacional; e os navios-tanques de GNL ofereciam serviços pendulares entre terminais especialmente construídos. O investimento e a organização por detrás desses projetos criaram o novo conceito de transporte marítimo especializado que se tornou um dos elementos básicos da economia globalizada do pós-guerra.

MUDANDO A ORGANIZAÇÃO DAS COMPANHIAS DE NAVEGAÇÃO

À medida que a indústria marítima se alterava, também mudavam as empresas que a gerenciavam. Das dez maiores companhias de linhas regulares britânicas existentes em 1960, não restou nenhuma cinquenta anos mais tarde, assim como não havia nenhuma companhia de linhas não regulares [tramp companies]. A alteração do número de registros é bem evidente nas estatísticas de frota apresentadas na Tabela 1.9. Em 1950, 71% da frota mercante encontrava-se registrada na Europa e nos Estados Unidos, e 29% em outras nações. Em 2005, a percentagem de bandeiras europeias e norte-americanas caiu para 11%, enquanto os outros países, sobretudo as bandeiras de conveniência, como a Libéria e o Panamá, representavam 89%. Parte dessa mudança é explicada pelo crescimento das novas economias, principalmente do Japão, da Coreia do Sul e da China, cujas frotas nacionais aumentaram muito rapidamente. Por exemplo, a frota japonesa cresceu de 1,9 milhão de tab em 1952 para 18,5 milhões de tab em 1997. No entanto, a justificativa mais importante é o crescimento substancial dos proprietários de navios independentes no mundo após Bretton Woods e a sua preferência por registros abertos, como o da Libéria e o do Panamá, como forma de reduzir os custos.

Os proprietários de navios independentes dessa nova geração eram descendentes dos operadores de linhas não regulares que tinham servido as companhias de linhas regulares no século passado, complementados por uma nova geração de homens de negócio, como Onassis, Niarchos, Pao e Tung, que buscaram oportunidades de negócios no transporte marítimo. Ao mesmo tempo que as empresas nacionais de transporte marítimo já estabelecidas lutavam para se adaptar, sob o peso da sua antiga riqueza, da tradição e de navios inadequados, os operadores de linhas não regulares [tramp operators] da Noruega, da Grécia e de Hong Kong rapidamente perceberam que os seus novos clientes eram as companhias petrolíferas multinacionais, as siderúrgi-

Tabela 1.9 – Frota mercante mundial por país (milhões de toneladas)

Início do ano	1902	1950	2005
Europa Ocidental e Estados Unidos			
Grã-Bretanha	14,4	18,2	9,8
Estados Unidos	2,3	16,5	12,5
Reserva dos Estados Unidos	0,3	11,0	n/e
Holanda	0,6	3,1	5,7
Itália	1.2	2,6	11,1
Alemanha	3,1	0,5	9,1
Bélgica	0,3	0,5	3,5
França	1,5	3,2	4,3
Espanha	0,8	1,2	2,2
Suécia	0,7	2,0	3,6
Dinamarca	0,5	1,3	0,7
Dinamarca internacional			6,9
Total	25,7	60,0	69,4
% da frota mundial	80%	71%	11%
Outras bandeiras			
Libéria	0,0	0,2	55,2
Panamá	0,0	3,4	126,1
Grécia	0,3	1,3	32,7
Japão	0,6	1,9	12,7
Noruega	1,6	5,5	3,6
Outros	4,0	12,3	342,8
Total	6,5	24,6	583,1
% da frota mundial	20%	29%	89%
MUNDO	32,2	84,6	652,5

Fonte: Lloyd's Register; Clarkson Research.

cas, os fabricantes de alumínio etc. Essas grandes empresas precisavam das matérias-primas existentes na África, na América do Sul e na Australásia, e isso implicava um transporte marítimo de baixo custo. Enquanto as companhias de navegação estabelecidas e com recursos financeiros importantes não se sentiam atraídas por esse negócio de risco e de baixo retorno, os independentes, por sua vez, mostravam-se mais que dispostos. Utilizando os afretamentos por tempo efetuados pelas multinacionais como garantia para obter financiamentos, rapidamente construíram as frotas de navios-tanques, de navios graneleiros e de navios especializados que eram necessárias. Visto que os afretamentos eram intensamente disputados, e para manter os custos baixos, passaram a utilizar uma invenção de advogados fiscais norte-americanos: "as bandeiras de conveniência". Por meio do registro dos navios em países como o Panamá ou a Libéria, eles pagavam somente uma taxa de registro fixa, sem quaisquer outras taxas adicionais (ver Capítulo 16).

Assim, novamente o caráter da indústria marítima mudou. As companhias de navegação, baluartes da respeitabilidade imperial, foram transformadas em negócios privados intensivos gerenciados por empreendedores. Essa alteração foi agravada durante a longa recessão da década de 1980 (ver Capítulo 4), mesmo quando os proprietários de navios mais eficientes tiveram de "transferir os registros dos seus navios para países terceiros" e cortar os custos para sobreviverem. À reputação da sua privacidade, foi adicionada a imagem dos navios "velhos, corroídos e estruturalmente fracos" que gerenciavam.[101] Por volta da década de 1990, os governos, que não tinham levantado qualquer objeção ao crescimento da indústria marítima independente durante a fase inicial, ficaram preocupados com os padrões de qualidade e com a segurança dos navios que operavam nas suas águas nacionais.

1.7 LIÇÕES DE 5 MIL ANOS DE TRANSPORTE MARÍTIMO MERCANTE

Isso nos leva para o final da Linha Oeste. Desde o início do comércio marítimo no Líbano há 5 mil anos, a linha chegou agora à China e dirige-se para Índia, Oriente Médio, Ásia Central, Rússia e Leste Europeu pelo Sudeste Asiático. A indústria marítima tem uma oportunidade única para estudar a sua história comercial, e existem muitas lições que podem ser aprendidas, destacando-se três.

A primeira é o papel central que o transporte marítimo desempenha na economia globalizada. Em cada fase do seu desenvolvimento, o transporte marítimo se destacou de forma proeminente, e a indústria marítima, com a sua essência internacional distinta, tem desempenhado um papel central.

Em segundo lugar, os princípios básicos do negócio não se alteraram muito ao longo dos anos. As mensagens emanadas do Código Marítimo Mesopotâmico, do conhecimento de embarque romano ou mesmo das explorações do capitão Uring no século XVIII contam todas a mesma história de um negócio regulado pelas leis da oferta e da demanda. Os navios, a tecnologia e os clientes mudaram, mas os princípios básicos do comércio marítimo parecem imutáveis. Embora exista uma continuidade do modelo econômico, as suas circunstâncias podem mudar a uma velocidade notável. A queda do Império Romano, as viagens dos descobrimentos no século XVI, o vapor e o sistema colonial no século XIX e a mecanização do transporte marítimo na segunda metade do século XX, no seu conjunto, mudaram dramaticamente o mundo em que os proprietários de navios operavam. Nesse processo, o transporte marítimo atualmente se tornou, mais que nunca, uma parte integrante do processo de globalização.

Em terceiro lugar, o transporte marítimo floresce durante períodos de estabilidade política, quando o mundo é próspero e estável. Por exemplo, vimos como o comércio mediterrâneo floresceu quando o Império Romano providenciava uma navegação segura e como decresceu quando a *Pax Romana* se desagregou no século III. Igualmente, a estabilidade oferecida pelos impérios coloniais europeus, entre 1850 e 1950, propiciou uma estrutura pela qual o sistema de linhas regulares e não regulares podia operar. Depois, um período novo de globalização na era após Bretton Woods, depois da Segunda Guerra Mundial, promoveu o mesmo tipo de situação e, uma vez mais, o negócio do transporte marítimo teve de se adaptar. Então, a lição é que o ponto de partida para qualquer análise futura não é a economia, mas sim a estrutura geopolítica e a direção do seu movimento.

No entanto, as mudanças nem sempre foram graduais. Fases de mudança no conhecimento e na tecnologia foram frequentemente seguidas por longos períodos de transição, ao mesmo tempo que a infraestrutura comercial estava sendo alterada para colocar essas mudanças em prática. Como resultado, a revolução foi atenuada em uma evolução mais gradual. Assim, as viagens dos descobrimentos no final do século XV levaram somente algumas décadas, mas demorou séculos para que um novo sistema comercial global decorresse delas. Igualmente, a transição da vela para o vapor começou na década de 1820, mas levou quase um século para que os navios a vapor tomassem o controle do transporte marítimo dos veleiros. Mais recentemente, a conteinerização começou na década de 1950, mas demorou 25 anos até que seu potencial máximo como sistema de transporte global fosse sentido no comércio mundial. Portanto, embora as mudanças sejam repentinas, sua implantação é em geral um negócio demorado e enfadonho.

Nisso tudo, nossa função como economistas marítimos é entender onde estamos em qualquer momento do tempo para poder perceber para onde as coisas vão a seguir. Devemos também compreender o caráter evolucionista das mudanças. Os dados podem ser lançados, mas, muitas vezes, somente anos mais tarde as consequências reais das mudanças se tornam evidentes. Atualmente, estamos numa fase de transição criada pela globalização, a qual se encontra no seu caminho, tão revolucionário como as viagens dos descobrimentos há quinhentos anos.

1.8 RESUMO

Neste capítulo, examinamos como o transporte marítimo se desenvolveu nos últimos 5 mil anos. Verificamos que a rede comercial de hoje é somente uma fotografia, enquanto a economia mundial se movimenta lentamente no seu caminho evolucionário. Geralmente, a velocidade é muito baixa para que os contemporâneos percebam a tendência, mas, do ponto de vista histórico, o progresso é evidente. O papel central do transporte marítimo nesse processo foi óbvio para os primeiros economistas, como Adam Smith, que reconheceu que o transporte marítimo oferece serviços de transporte necessários à promoção do desenvolvimento econômico. Na realidade, o transporte marítimo, o comércio e o desenvolvimento econômico caminham de mãos dadas.

Dividimos a história do comércio em três fases. A primeira começou no Mediterrâneo, movimentando-se para oeste por Grécia, Roma e Veneza, até Antuérpia, Amsterdã e Londres. Durante essa fase, a rede comercial global se desenvolveu gradualmente em três grandes centros populacionais na China, Índia e Europa. Inicialmente, o comércio era efetuado por terra, sendo muito lento e dispendioso, mas, quando as viagens dos descobrimentos abriram as rotas marítimas globais no século XV, os custos de transporte caíram drasticamente e os volumes de comércio dispararam.

A segunda fase foi desencadeada pela Revolução Industrial no final do século XVIII. As inovações ocorridas na concepção dos navios, na construção naval e nas comunicações globais tornaram possível o gerenciamento do transporte marítimo como um negócio global, inicialmente pela Baltic Exchange, enquanto navios a vapor confiáveis e inovações técnicas, como o Canal de Suez, permitiram que as companhias de linhas regulares oferecessem serviços regulares. No século seguinte, o comércio cresceu rapidamente, focalizado em torno dos impérios coloniais dos Estados europeus, e a estrutura do comércio marítimo se alterou radicalmente.

Finalmente, na segunda metade do século XX, outra onda de mudança econômica e tecnológica foi desencadeada pelo desmantelamento dos impérios coloniais, que foram substituídos pela economia de livre comércio iniciada em Bretton Woods. Os fabricantes começaram a buscar fontes melhores de matérias-primas e investiram pesadamente em sistemas de transportes integrados que reduziriam seu custo de transporte. Durante o período, assistimos ao crescimento dos mercados de navios graneleiros, da conteinerização da carga geral e das operações especializadas na movimentação de produtos químicos, produtos florestais, automóveis, gás etc. Uma parte importante dessa revolução foi o afastamento do transporte marítimo da relação com os Estados nacionais, predominante nos séculos anteriores, em favor das bandeiras de conveniência. Isso possibilitou maiores economias e alterou a estrutura financeira da indústria, mas também levantou problemas de regulamentação.

Fica a lição de que o transporte marítimo está em mudança permanente. É um negócio que cresceu com a economia mundial, explorando e aproveitando as marés de enchente e de vazante do comércio. Atualmente, tornou-se uma comunidade empresarial global bem arquitetada e sustentada em comunicações e no livre comércio. Talvez possa mudar. Porém, é difícil discordar de Adam Smith, quando diz que, quaisquer que sejam as circunstâncias, "tais são as vantagens do transporte aquaviário que [...] essa conveniência abre o mundo todo para a produção de qualquer tipo de trabalho".[102]

CAPÍTULO 2
A ORGANIZAÇÃO DO MERCADO MARÍTIMO

"O transporte marítimo é um negócio excitante, rodeado por muitas falsas crenças, mal-
-entendidos e mesmo tabus [...] Os fatos são suficientemente claros e, quando a sua análise
é despida das conotações emocionais e sentimentais, eles são muito menos estimulantes do
que a literatura popular e o folclore marítimo pode levar a esperar."

(Helmut Sohmen, "O que os banqueiros sempre quiseram saber sobre o transporte marítimo, mas tinham receio de perguntar", discurso feito na Associação dos Representantes dos Bancos Estrangeiros, Hong Kong, 27 jun. 1985. Reimpresso em *Fairplay*, Londres, 1º ago. 1986.)

2.1 INTRODUÇÃO

O objetivo deste capítulo é esboçar o enquadramento econômico do mercado marítimo. Como o mapa das ruas de uma cidade, mostrará como os diferentes elementos do negócio do transporte marítimo se encaixam e onde esse transporte se localiza na economia mundial. Também tentamos entender perfeitamente o que a indústria faz e identificar os mecanismos econômicos que fazem funcionar o mercado marítimo.

Começamos por definir o mercado marítimo e rever os seus negócios associados. Isso conduz a uma discussão sobre a demanda do transporte internacional e à definição de suas características. Quem são os clientes, o que na realidade querem e quanto custa o transporte? A visão da demanda termina com um levantamento breve dos produtos primários transportados por mar. Na segunda parte do capítulo, introduzimos a oferta do transporte marítimo, olhando para o sistema de transporte e para a frota mercante utilizada na movimentação do comércio. Efetuamos também alguns comentários iniciais sobre os portos e os condicionantes econômicos da oferta. Finalmente, abordamos as companhias de navegação [*shipping companies*] que operam o negócio e os governos que as regulam. A conclusão é que o transporte marítimo é, em última análise, um grupo de pessoas – embarcadores [*shippers*], proprietários de navios [*shipowners*], corretores marítimos [*shipbrokers*], construtores navais [*shipbuilders*], banqueiros [*bankers*] e agentes reguladores [*regulators*] – que trabalham juntas no transporte de cargas por via marítima, o qual está em mudança permanente. Para muitos deles, o transporte marítimo não é somente um negócio. É uma forma de vida fascinante.

2.2 PANORAMA DA INDÚSTRIA MARÍTIMA

Em 2005, a indústria marítima movimentou 7 bt de carga entre 160 países. É uma indústria verdadeiramente global. Os negócios localizados em Amsterdã, Oslo, Copenhague, Londres, Hamburgo, Gênova, Pireu, Dubai, Hong Kong, Singapura, Xangai, Tóquio, Nova York, Genebra e em muitos outros centros marítimos concorrem em termos de igualdade. O inglês é a língua comum e falada por praticamente todas as pessoas. Os navios, os ativos principais da indústria, são fisicamente móveis, e os pavilhões internacionais permitem que as companhias escolham sua jurisdição legal e, com isso, seus regimes fiscais e financeiros. A indústria também é impiedosamente competitiva, e alguns dos seus elementos ainda seguem o modelo "de concorrência perfeita" desenvolvido pelos economistas clássicos no século XIX.

Tabela 2.1 – Atividades oceânicas (1999-2004)

	Volume de negócio US$ milhões[a]		Crescimento 99-04 (% por ano)	Participação em 2004 (%)
US$ milhões	1999	2004		
1. Operações de navios				
Navios mercantes	160.598	426.297	22%	31%
Navios de guerra	150.000	173.891	3%	13%
Mercado de cruzeiros	8.255	14.925	12%	1%
Portos	26.985	31.115	3%	2%
Total	345.838	646.229	13%	47%
2. Construção naval				
Construção naval (mercante)	33.968	46.948	7%	3%
Construção naval (marinha de guerra)	30.919	35.898	3%	3%
Equipamento marítimo	68.283	90.636	6%	7%
Total	133.170	173.482	5%	13%
3. Recursos marinhos				
Petróleo e gás *offshore*	92.831	113.366	4%	8%
Energia renovável	–	159		0%
Minerais e agregados	2.447	3.409	7%	0%
Total	95.278	116.933	4%	8%
4. Pesca marítima			–	
Pesca marítima	71.903	69.631	–1%	5%
Aquicultura marítima	17.575	29.696	11%	2%
Algas	6.863	7.448	2%	1%
Processamento de peixe e de marisco	89.477	99.327	2%	7%
Total	185.817	206.103	2%	15%

(*continua*)

A organização do mercado marítimo

Tabela 2.1 – Atividades oceânicas (1999-2004) (*continuação*)

US$ milhões	Volume de negócio US$ milhões[a]		Crescimento 99-04 (% por ano)	Participação em 2004 (%)
	1999	2004		
5. Outras atividades relacionadas com o mar				
Turismo marítimo	151.771	209.190	7%	15%
Pesquisa e desenvolvimento	10.868	13.221	4%	1%
Serviços marítimos	4.426	8.507	14%	1%
Tecnologia de informação marinha	1.390	4.441	26%	0%
Biotecnologia marinha	1.883	2.724	8%	0%
Pesquisas oceanográficas	2.152	2.504	3%	0%
Educação e treinamento	1.846	1.911	1%	0%
Telecomunicações submarinas	5.131	1.401	–23%	0%
Total	179.466	243.898	6%	18%
Total das atividades oceânicas	939.570	1.386.645	8%	100%

[a] A informação contida nesta tabela tem como base muitas estimações e deve ser considerada apenas como uma indicação aproximada da dimensão relativa dos vários segmentos da economia marítima. Os totais incluem algumas contagens duplas, por exemplo, o equipamento marítimo é contado duas vezes.

Fonte: Douglas-Westwood Ltd.

A marinha mercante representa, aproximadamente, um terço da atividade marítima total, como pode ser visto na Tabela 2.1, que divide o mercado marítimo em cinco grupos: as operações de navios (ou seja, aquelas diretamente envolvidas com os navios); a construção e engenharia naval; os recursos marinhos, que incluem o petróleo no mar, o gás, a energia renovável e os minerais; a pesca marítima, incluindo a aquicultura e o processamento de peixe e mariscos; e outras atividades oceânicas, sobretudo o turismo e os serviços. Ao se considerar o conjunto de todos esses negócios, o volume de negócios anual da indústria marinha em 2004 foi superior a US$ 1 trilhão. Embora esses valores contenham muitas estimativas, constituem um ponto de partida muito útil, pois colocam o negócio em contexto e apontam para os outros negócios com os quais o transporte marítimo compartilha os oceanos. Muitos deles também utilizam navios – são exemplos a pesca, a indústria da prospecção, a perfuração e exploração de petróleo e gás no mar [*offshore*], os cabos submarinos, a pesquisa e os portos – oferecendo uma variedade de oportunidades para os investidores no transporte marítimo.

Em 2004, a marinha mercante era o maior segmento, com um volume de negócios da ordem dos US$ 426 bilhões. O negócio tinha crescido muito rapidamente durante os cinco anos anteriores, em virtude da explosão do mercado de cargas, que estava somente começando naquele ano. Em 2007, operava uma frota de 74.398 navios, dos quais 47.433 eram navios de carga geral. Um total de 26.880 navios não cargueiros dedicavam-se à pesca, à pesquisa, aos serviços portuários, aos cruzeiros e à indústria de prospecção, perfuração e exploração de petróleo e gás no mar (ver Tabela 2.5 para detalhes). Isso faz com que o transporte marítimo seja comparável relativamente, em termos de tamanho, à indústria da aviação, que tem cerca de 15 mil aviões muito mais rápidos.

A indústria marítima emprega cerca de 1,23 milhão de marítimos, dos quais 404 mil são oficiais e 823 mil são pertencentes a mestrança e marinhagem,[1] com pequenos números empregados em terra nos vários escritórios e serviços de transporte marítimo. Esses são números relativamente pequenos para uma indústria global.

A indústria de construção naval representa valores anuais de cerca de US$ 170 bilhões, incluindo pessoal, equipamento e armamentos. Embora não estritamente envolvida no comércio, as marinhas de guerra são responsáveis pela proteção e preservação das rotas abertas à navegação comercial nas principais vias navegáveis do mundo.[2] Cerca de 9 mil navios de guerra, incluindo navios de patrulha, operam no mundo, e as encomendas anuais são da ordem de 160 novos navios. Os navios de cruzeiro e os portos completam a secção referente às operações de navios. Existem cerca de 3 mil portos e terminais principais no mundo, com muitos milhares de pequenos portos que atendem aos tráfegos locais. Portanto, essa é uma indústria importante.

As indústrias da construção naval e do equipamento marítimo apoiam essas atividades nucleares. Em 2004, no mundo, existiam mais de trezentos estaleiros navais de grande dimensão construindo navios acima de 5.000 tpb, e muitos outros estaleiros navais para navios de pequenas dimensões e de embarcações com um volume de negócios da ordem dos US$ 67 bilhões. Na década de 1990, o investimento anual em navios de carga novos foi de US$ 20 bilhões, sendo que em 2007 foram encomendados navios no valor de US$ 187 bilhões e a capacidade de construção naval crescia rapidamente.[3] Um total de US$ 53 bilhões foi também despendido em navios de segunda mão, um valor muito elevado quando comparado ao dos anos anteriores.[4] Além disso, uma rede de estaleiros de reparação naval mantém a marinha mercante, a marinha de guerra e os navios de apoio à indústria *offshore*. Os estaleiros são sustentados por fabricantes de equipamentos marítimos, fabricantes de tintas e fornecedores de uma variedade de equipamentos necessários para construir e manter as estruturas mecânicas complexas às quais nos referimos como navios mercantes. Em 2004, o seu volume de negócios foi de cerca de US$ 90 bilhões.

Um terceiro grupo de negócios relaciona-se com os recursos marinhos, principalmente o petróleo e o gás, que representa um volume de negócios anual de cerca de US$ 113 bilhões. O quarto grupo, relativo à pesca marítima, também é bastante significativo, incluindo a pesca, a aquicultura, as algas e o processamento de peixe e marisco. O turismo marítimo é ainda maior, mas esse grupo inclui uma gama variada de atividades, incluindo as pesquisas, as tecnologias de informação (TI) e as telecomunicações submarinas. Finalmente, existem serviços marítimos como os seguros, a corretagem de navios [*shipbroking*], as atividades bancárias, os serviços legais, a classificação e a publicação. Embora se possa duvidar da acurácia desses valores globais, eles constituem um ponto de partida para colocar os negócios que vamos estudar neste livro no contexto da indústria marinha como um todo.

2.3 A INDÚSTRIA DO TRANSPORTE INTERNACIONAL

O sistema de transporte internacional moderno é constituído de estradas, ferrovias, vias navegáveis interiores, linhas de transporte marítimo e serviços de transporte de carga aérea, cada um deles usando diferentes veículos (ver Tabela 2.2). Na prática, o sistema integra três áreas: a do transporte inter-regional, que inclui o transporte marítimo de longo curso e o transporte de carga aérea; a do transporte marítimo de curta distância, que movimenta cargas em distâncias curtas e que, frequentemente, distribui as cargas movimentadas pelos serviços de longo curso; e a do transporte terrestre, que inclui o rodoviário, o ferroviário, o hidroviário e a navegação em canal.

A organização do mercado marítimo

Tabela 2.2 – Áreas de transporte internacional e modos de transporte disponíveis

Zona	Área	Indústria do transporte	Veículo
1	Inter-regional	Transporte marítimo de longo curso	Navio
		Carga aérea	Avião
2	Marítimo de curta distância	Navegação costeira	Navio/*ferry*
3	Terrestre	Rios e canais	Barcaça
		Rodoviário	Caminhão
		Ferroviário	Trem

Fonte: Martin Stopford (2007).

TRANSPORTE MARÍTIMO DE LONGO CURSO E TRANSPORTE DE CARGA AÉREA

Para as cargas inter-regionais de grande volume, o transporte marítimo de longo curso é o único modo de transporte econômico entre as massas continentais terrestres. O tráfego é particularmente intenso nas rotas entre as principais regiões industriais da Ásia, da Europa e da América do Norte, mas atualmente a rede de transporte global é muito extensiva, abrangendo muitos milhares de portos e oferecendo serviços que vão do transporte a granel de baixo custo a serviços de linhas regulares rápidos. Na década de 1960, o frete de carga aérea começou a tornar-se viável para transportar mercadorias de elevado valor agregado entre as regiões. Ele passou a concorrer com os serviços de linha regular [*liner services*] pelas unidades superiores [*premium cargo*], como os produtos eletrônicos, as confecções têxteis, as frutas frescas, os vegetais e as peças sobresselentes para automóveis. Desde a década de 1960, o transporte de carga aérea cresceu a uma taxa superior a 6% ao ano, alcançando 111 bilhões de toneladas-milhas (btm) em 2005. O comércio por via marítima tem crescido mais lentamente, a uma média de 4,2% ao ano nesse mesmo período, mas o volume de carga é muito maior. Na comparação com os 28,9 trilhões de toneladas-milhas de carga marítima de 2005, a movimentação de carga por via aérea ainda representava somente 0,4% do total de mercadorias transportadas entre regiões.[5] A sua contribuição foi expandir a variedade de mercadorias transportadas oferecendo uma opção de transporte muito rápido, mas de custo elevado.

TRANSPORTE MARÍTIMO DE CURTA DISTÂNCIA

O transporte marítimo de curta distância garante o transporte dentro de regiões. Ele distribui a carga entregue nos centros regionais pelos navios de longo curso, como Hong Kong ou Roterdã, e oferece serviços porto a porto, frequentemente em concorrência direta com o transporte terrestre, por exemplo, o ferroviário. Esse serviço se apresenta como um negócio muito diferente do transporte marítimo de longo curso. Geralmente, os navios são menores do que seus homólogos que operam nos tráfegos de longo curso, em que o tamanho varia entre 400 tpb e 6.000 tpb, embora não existam regras rigorosas. Os projetos dos navios colocam muita ênfase na flexibilidade das cargas.

As cargas do transporte marítimo de curta distância incluem o grão, os fertilizantes, o carvão, as madeiras, o aço, a argila, os agregados, os contêineres, os veículos e os passageiros. Uma vez que as viagens são muito curtas e os navios escalam mais portos durante o ano do que os de longo curso, as operações nesse mercado exigem capacidades organizacionais maiores:

> Exige-se conhecimento detalhado sobre a capacidade exata dos navios envolvidos, e uma flexibilidade para dispor os navios para que as necessidades dos clientes sejam satisfeitas de forma eficiente e econômica. Para sobreviver é fundamental um bom posicionamento, uma minimização das viagens em lastro, evitar que o navio fique no porto durante os fins de semana ou feriados e uma leitura precisa do mercado.[6]

Geralmente, os navios usados nos tráfegos marítimos de curta distância são versões menores dos navios que operam nos tráfegos de longo curso. Na maioria das regiões onde existem tráfegos marítimos de curta distância, podem-se encontrar navios-tanques, navios graneleiros, *ferries*, navios porta-contêineres, navios-tanques transportadores de gases e navios transportadores de veículos. O transporte marítimo de curta distância também está sujeito a muitas restrições políticas. A mais importante diz respeito à cabotagem, uma prática pela qual os países promulgam leis de reserva do tráfego costeiro para os navios pertencentes às suas frotas nacionais. Esse sistema tem sido adotado, sobretudo, por países com linhas de costa muito longas, como os Estados Unidos e o Brasil, mas já não é tão prevalente como costumava ser.

TRANSPORTE TERRESTRE E INTEGRAÇÃO DOS MODOS DE TRANSPORTE

O sistema de transporte terrestre é composto de uma rede extensiva de estradas, de linhas ferroviárias e de vias navegáveis que usam caminhões, trens e barcaças. Ele interage com o sistema de transporte marítimo por meio de portos e de terminais especializados, como mostra a Tabela 2.2, e um dos objetivos da moderna logística de transporte é integrar esses sistemas de transporte para que a carga flua suavemente com um manuseio manual mínimo entre as partes do sistema.[7] Isso pode ser alcançado de três formas: a primeira, pela adoção das normas internacionais de padronização das unidades nas quais as cargas são transportadas, e essas normas aplicam-se aos contêineres, aos paletes [*pallets*], aos atados de madeira, aos fardos (por exemplo, de lã) e aos grandes sacos para transporte de granel; a segunda, investindo em sistemas de manuseio integrados projetados para transferir a carga de forma eficiente de um modo de transporte para o outro; e a terceira, projetando os veículos para se integrarem com essas facilidades, por exemplo, pela construção de vagões tremonha [*rail hopper cars*], que aceleram a descarga de minério de ferro, e pela construção de navios graneleiros de escotilha larga, que abrange quase a boca total do navio com porões que atendem exatamente às medidas-padrão das embalagens de madeira serrada.

Como resultado, as empresas de transporte operam num mercado regido por uma mistura de concorrência e cooperação. Em muitos tráfegos, o elemento concorrencial é claro: o modo ferroviário concorre com o rodoviário; o transporte marítimo de curta distância com o rodoviário e o ferroviário; e o transporte marítimo de longo curso com o transporte de carga aéreo para cargas de elevado valor agregado. No entanto, alguns exemplos mostram que o âmbito da concorrência é muito maior do que parece à primeira vista. Por exemplo, durante os últimos cinquenta anos os navios graneleiros que operam nos mercados de longo curso têm vivido uma concorrência selvagem com as ferrovias. Como isso é possível? A resposta é que os usuários de matérias-primas, como as usinas elétricas e as siderúrgicas, com frequência são forçados a escolher entre matérias-primas nacionais e importadas. Então, uma usina elétrica em Jacksonville, na Flórida, pode importar carvão da Virgínia por via ferroviária ou da Colômbia por via marítima. Ou os serviços de contêineres expedidos da Ásia para a Costa Oeste dos Estados Unidos e depois transportados por via ferroviária para a Costa Leste concorrem com os serviços marítimos diretos através do Canal do Panamá. Em situações em que o transporte representa uma grande proporção do preço de custo de entrega, existe uma concorrência intensa. Mas o custo não é o único fator, como mostra o tráfego sazonal de produtos perecíveis, como framboesas e aspargos. Esses produtos são transportados como carga aérea porque a viagem em navios frigoríficos é demasiadamente lenta para permitir uma entrega em condições ótimas. Contudo, a indústria marítima tem tentado recapturar esse tráfego com o desenvolvimento de contêineres frigoríficos com atmosferas controladas para evitar a deterioração.

Embora os diferentes segmentos do negócio do transporte sejam extremamente competitivos, o seu desenvolvimento técnico depende de uma cooperação próxima, porque cada segmento do sistema de transporte deve se conjugar com os outros no desenvolvimento de portos e de terminais concebidos para armazenagem e transferência eficientes das cargas de um modo de transporte para outro. Existem muitos exemplos dessa cooperação. Uma grande parte do tráfego mundial de grão é manuseado por um sistema de barcaças, caminhões ferroviários e navios de longo curso. Os pontos de transferência modal no sistema são compostos de elevadores bastante automatizados que recebem o grão de um modo de transporte, tratam da sua armazenagem temporária e o expendem por outro modo. Igualmente, o carvão pode ser carregado na Colômbia ou na Austrália, expedido para Roterdã por via marítima em um navio graneleiro de grande dimensão e distribuído por um navio de transporte marítimo de curta distância até o consumidor final. A conteinerização da carga geral é feita em torno de contêineres padronizados que podem ser transportados por via rodoviária, ferroviária ou marítima com igual facilidade. Frequentemente, empresas rodoviárias pertencem às empresas ferroviárias, ou vice-versa. De uma maneira ou de outra, a força motora que orienta o desenvolvimento desses sistemas de transporte é a vontade de obter mais negócios pela oferta de um transporte de baixo custo e de um serviço melhor.

2.4 CARACTERÍSTICAS DA DEMANDA DE TRANSPORTE MARÍTIMO

PRODUTO DO TRANSPORTE MARÍTIMO

O produto da indústria marítima é o transporte. Entretanto, isso é o mesmo que dizer que os restaurantes servem refeições, pois deixa de fora a parte qualitativa dos serviços. As pessoas querem uma comida diferente para diferentes ocasiões, e por esse motivo existem lanchonetes, cadeias de *fast-food* e restaurantes de primeira classe. O Relatório de Rochdale [*Rochdale Report*], uma das análises mais completas da indústria marítima jamais efetuadas, apontou as divisões setoriais existentes na indústria da seguinte forma:

> O transporte marítimo é uma indústria complexa e as condições que governam as suas operações num segmento não se aplicam necessariamente ao outro; ou melhor, para determinados propósitos, será melhor ser encarado como um grupo de indústrias relacionadas. Os seus principais ativos, os navios propriamente ditos, variam consideravelmente em dimensão e tipo; eles prestam uma gama completa de serviços para uma variedade de

bens, sejam eles em distâncias curtas ou longas. Embora, por questões analíticas, possa ser útil isolar os segmentos da indústria que prestem determinados tipos de serviços, existe normalmente algum intercâmbio na fronteira, o qual não pode ser desprezado.[8]

Como os restaurantes, as companhias de navegação oferecem serviços de transporte diferentes para atender às necessidades dos seus vários clientes, e isso origina três segmentos principais no mercado marítimo, a que nos referiremos como linhas regulares, transporte marítimo a granel [bulk shipping] e transporte marítimo especializado [specialized shipping]. O negócio das linhas regulares movimenta diferentes cargas, oferece serviços diversos e tem uma estrutura econômica diferenciada daquela do transporte marítimo a granel, enquanto os segmentos do mercado "especializado", que focaliza o transporte de automóveis, de produtos florestais, de produtos químicos, de GNL e de cargas frigoríficas, tem cada um as suas características próprias, que são ligeiramente diferentes. Porém, como o Rochdale ressalta, eles não operam isoladamente. Frequentemente, concorrem pela mesma carga – por exemplo, durante a década de 1990, o negócio de contêineres ganhou uma quota significativa do tráfego de cargas frigoríficas, até então sob controle da frota de navios frigoríficos. Adicionalmente, algumas companhias de navegação operam em todos os segmentos do transporte marítimo, e os investidores de um segmento entrarão em outro se virem uma oportunidade.

Assim, embora exista alguma segmentação, esses mercados não são compartimentos independentes. Os investidores podem movimentar (e de fato movimentam) os seus investimentos de um setor de mercado para o outro[9] e desequilíbrios entre a oferta e a demanda numa parte do mercado rapidamente geram efeitos propagadores para os outros setores. A seguir, primeiramente exploraremos as características do sistema do comércio mundial que criam a demanda de diferentes tipos de serviços de transporte; depois debateremos como isso se traduz no preço e nos aspectos qualitativos dos produtos de transporte; e, finalmente, abordaremos como isso contribuiu para a segmentação do negócio do transporte marítimo (tema que já abordamos do ponto de vista histórico no Capítulo 1, mas que agora examinaremos de forma mais estruturada). É o transporte marítimo um negócio ou vários?

MODELO DE DEMANDA DO TRANSPORTE MARÍTIMO GLOBAL

As empresas de navegação trabalham em estreita colaboração com as companhias que geram e utilizam as cargas. Como vimos no Capítulo 1, as empresas multinacionais atuais adquirem as matérias-primas onde são mais baratas e estabelecem as suas instalações de produção em qualquer lugar do mundo que seja de custo baixo, ainda que afastado, envolvendo mais vilas e cidades na economia global. Essas multinacionais, as companhias petrolíferas, os fabricantes de produtos químicos, as usinas siderúrgicas, os fabricantes de automóveis, as refinarias de açúcar, os fabricantes de bens de consumo, as cadeias varejistas e muitas outras são os maiores clientes da indústria marítima.

Esses negócios necessitam de muitos tipos diferentes de transporte, e a Figura 2.1 oferece uma visão geral de como o transporte marítimo atende os negócios globais.[10] À esquerda, encontram-se as quatro indústrias de produção primárias da economia mundial: energia, incluindo o carvão, o petróleo e o gás; mineração, abrangendo os minérios metálicos e as outras matérias minerais; agricultura, incluindo o grão, as sementes oleaginosas, os produtos frigoríficos, os óleos vegetais e os animais vivos; e silvicultura. Esses produtos primários [commodities] são os elementos básicos da atividade econômica, e seu transporte das regiões com excedente

A organização do mercado marítimo 85

para as regiões de escassez, geralmente nas maiores partidas de cargas possíveis para reduzir os custos de transporte, constitui-se num mercado importante para a indústria marítima.

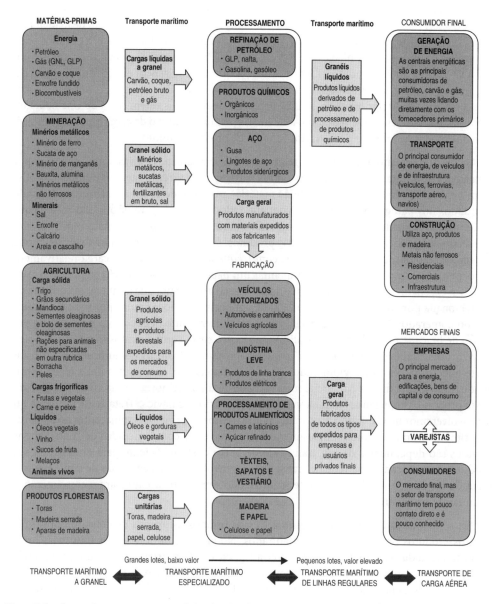

Figura 2.1 – Sistema de transporte internacional identificando as exigências de transporte.
Fonte: Martin Stopford (2007).

Grande parte dessas matérias-primas necessita de processamento primário, e o fato de ele ocorrer antes ou depois do transporte faz uma grande diferença no seu tráfego. As principais indústrias participantes estão listadas no centro da Figura 2.1. No topo, aparecem a refinação de petróleo, os produtos químicos e o aço; as corporações que controlam essas fábricas de indústrias pesadas são as principais utilizadoras do transporte a granel, e suas políticas mudam. Por exemplo, o petróleo pode ser embarcado em bruto ou como produtos derivados, com consequências muito diferentes para as operações de transporte. As indústrias de transformação mais importantes, apresentadas na parte inferior da coluna central, incluem a fabricação de veículos, as indústrias leves, as indústrias de processamento alimentar, os têxteis e o processamento de madeira e de papel. Elas importam produtos semimanufaturados, como os produtos de aço, a pasta de papel, o petróleo, os produtos químicos, os óleos vegetais, as fibras têxteis, as placas de circuitos e uma gama variada de outros produtos. Embora esses produtos ainda viajem em quantidades grandes, as partidas de carga usualmente são menores e mais valiosas. Por exemplo, o minério de ferro vale cerca de US$ 40 por tonelada, mas os produtos siderúrgicos valem cerca de US$ 600-1.000 por tonelada. Também podem usar navios e instalações de manuseio de carga especiais, como é o caso dos produtos florestais e dos navios-tanques de produtos químicos.

Os produtos manufaturados são frequentemente embarcados várias vezes, primeiro para instalações de montagem e depois para outras fábricas, para serem acabados e embalados. Esse é um negócio muito diferente daquele de matérias-primas e de produtos semimanufaturados abordados nos parágrafos anteriores. As quantidades físicas em geral são muito mais pequenas, e os componentes embarcados à volta do mundo de um fabricante para outro são progressivamente mais valiosos. Para muitos produtos, o controle rígido dos inventários implica expedições rápidas, confiáveis e seguras, com frequência em partidas de carga relativamente pequenas, e o transporte passa a desempenhar um papel central no modelo empresarial mundial. Um desenvolvimento recente da teoria comercial argumenta que a vantagem comparativa é direcionada por conglomerados [*clusters*] de conhecimento localizados por todo o mundo.[11] Os conglomerados de empresas especializadas em determinado negócio, por exemplo, na produção de braçadeiras de botas de esqui (ou, no nosso caso, equipamentos marítimos), desenvolvem uma "vantagem comparativa" para seu produto.[12] Com as comunicações e o transporte adequados, esses conglomerados podem comercializar os seus produtos globalmente, conduzindo a uma matriz comercial mais alargada, a uma melhoria de sua eficiência global e, nesse processo, propiciando mais cargas aos proprietários de navios. Trata-se de um tema que desenvolveremos no Capítulo 10, no qual examinaremos os princípios subjacentes do comércio marítimo. Por ora, podemos simplesmente anotar que esses conglomerados de conhecimento remotos são dependentes de um transporte de baixo custo e eficiente para entregar os seus produtos aos mercados, e a rede de transporte desenvolvida pelas empresas de contêineres na segunda metade do século XX deve ter contribuído significativamente para o crescimento da manufatura nessas áreas.

Na coluna do lado direito da Figura 2.1 estão listados os grupos de consumidores finais para os produtos processados e manufaturados. No alto encontram-se três indústrias muito importantes: a da geração de energia, a do transporte e a da construção. Elas utilizam grandes quantidades de produtos primários, como os combustíveis, o aço, o cimento e os produtos florestais. Geralmente, são muito sensíveis aos ciclos econômicos. Abaixo delas, encontram-se listados os mercados finais dos bens e dos serviços produzidos pela economia mundial, livremente classificados como empresas e consumidores.

Essa diversidade de carga faz com que a análise dos fluxos de tráfego entre essas indústrias seja complexa. Enquanto os materiais primários, como o petróleo, o minério de ferro e o carvão, movimentam-se de áreas com excedente de produção para áreas de escassez e são bastante fáceis de analisar, as cargas especializadas são, frequentemente, comercializadas mais por razões concorrenciais do que por déficits entre a oferta e a demanda – por exemplo, os Estados Unidos produzem localmente veículos motorizados, mas são também um importante mercado de exportação para os fabricantes localizados na Ásia e na Europa. Na realidade, quando analisamos o comércio do ponto de vista das forças econômicas que o direcionam, verificamos que existem três categorias bastante diferentes. Primeiro, existe um déficit de comércio, que ocorre quando há escassez física de um produto numa área e excesso em outra área, induzindo um fluxo comercial que preenche a falta no país importador. Isso é bastante comum nos tráfegos de matérias-primas, mas também em produtos semimanufaturados, por exemplo, quando existem dificuldades na expansão de instalações industriais de processamento. Segundo, há um comércio competitivo. Um país pode ser capaz de produzir um produto, mas estão disponíveis no estrangeiro suprimentos baratos. Os consumidores ou os fabricantes podem desejar uma variedade de produtos. Por exemplo, muitos carros são transportados por via marítima porque os consumidores desejam uma maior variedade de escolha do que a oferecida pela produção automobilística nacional. Terceiro, existe um comércio cíclico que ocorre em momentos de escassez temporária, por exemplo, em virtude de colheitas muito fracas, ou ciclos de negócios que originam fluxos temporários de comércio. Os produtos siderúrgicos, o cimento e o grão são produtos primários que frequentemente apresentam essa característica. Essas são questões que serão abordadas ao se discutir os fluxos comerciais na Parte 4. Este capítulo simplesmente introduz os sistemas de transporte que se desenvolveram para transportar as cargas.

A função da indústria marítima é movimentar todos esses bens de um lugar para outro. Existem cerca de 3 mil portos importantes que manuseiam carga e, teoricamente, 9 milhões de rotas entre eles. Acrescente-se a mistura complexa de produtos primários e de consumidores descritos anteriormente (uma tonelada de ferro é muito diferente de uma tonelada de aço que foi utilizada na produção de uma Ferrari!), e a complexidade das funções da indústria marítima torna-se demasiadamente evidente. Como se organiza essa operação?

MERCADORIAS TRANSPORTADAS POR VIA MARÍTIMA

Podemos agora olhar mais de perto as mercadorias transportadas por mar. Em 2006, o tráfego era composto de muitas mercadorias diferentes. Matérias-primas como o petróleo, o minério de ferro, a bauxita e o carvão; produtos agrícolas como o grão, o açúcar e os produtos frigoríficos; produtos industriais como a borracha, os produtos florestais, o cimento, as fibras têxteis e os produtos químicos; e produtos manufaturados como as máquinas pesadas, os automóveis, a maquinaria e os bens de consumo. Abrange tudo desde uma partida de carga de 4 milhões de barris de petróleo até uma caixa de papelão com presentes de Natal.

Uma das principais tarefas dos analistas da indústria marítima é explicar e prever o desenvolvimento dos tráfegos das mercadorias e, para tanto, devem analisar cada mercadoria no contexto do seu papel econômico na economia mundial. Quando as mercadorias estão relacionadas com a mesma indústria, faz sentido estudá-las como um grupo para se identificar suas inter-relações. Por exemplo, o petróleo bruto e seus derivados são intercambiáveis – se o petróleo é refinado antes do embarque, então é transportado como produtos derivados em vez de petróleo bruto. De forma semelhante, se um país que exporta minério de ferro implanta uma usina siderúrgica, o tráfego do minério de ferro pode ser transformado em volumes de tráfego menores de produtos siderúrgicos. Para mostrar como os vários tráfegos por via marítima se inter-relacionam, apresentam-se na Tabela 2.3 os tráfegos das principais mercadorias transportadas por via marítima, organizados em quatro grupos referentes à área da atividade econômica à qual estão mais estreitamente relacionados. É também apresentada, na coluna final, a taxa de crescimento de cada mercadoria entre 1955 e 2006, mostrando a diferença entre os vários tráfegos. Esses grupos podem ser resumidos como segue.

Tabela 2.3 – Comércio mundial marítimo por mercadorias e respectivas taxas de crescimento médias

	Milhões de toneladas de carga				% de crescimento por ano 1995-2006
	1995	2000	2005	2006	
1. Tráfegos energéticos					
Petróleo bruto	1.400	1.656	1.885	1.896	2,8%
Derivados do petróleo	460	518	671	706	4,0%
Carvão térmico	238	346	507	544	7,8%
GLP	34	39	37	39	1,3%
GNL	69	104	142	168	8,5%
Total	2.201	2.663	3.242	3.354	3,9%
Participação no total em 2006					44%
2. Tráfegos da indústria metalúrgica					
Minério de ferro	402	448	661	721	5,5%
Carvão de coque	160	174	182	185	1,3%
Gusa	14	13	17	17	1,8%
Produtos siderúrgicos	198	184	226	255	2,3%
Sucata	46	62	90	94	6,7%
Coque	15	24	25	24	4,4%
Bauxita/alumina	52	54	68	69	2,6%
Total	887	960	1.269	1.366	4,0%
Participação no total em 2006					18%
3. Tráfegos agrícolas					
Trigo/cereais secundários	184	214	206	213	1,3%
Soja em grão	32	50	65	67	7,0%
Açúcar	34	37	48	48	3,2%
Granéis agroalimentares	80	88	97	93	1,4%
Fertilizantes	63	70	78	80	2,2%
Rocha fosfática	30	28	31	31	0,2%
Produtos florestais	167	161	170	174	0,3%
Total	590	648	695	706	1,6%
Participação no total em 2006					9,4%
4. Outras cargas					
Cimento	53	46	60	65	1,9%
Outros granéis secundários	31	36	42	44	3,2%
Outras cargas secas	1.116	1.559	1.937	2.016	5,5%
Total	1.200	1.641	2.039	2.125	5,3%
Participação no total em 2006					28%
Nota: conteinerizada	389	628	1.020	1.134	
	4.878	5.912	7.246	7.550	4,1%

Fonte: CRSL, *Dry Bulk Trades Outlook*, abr. 2007, *Oil & Tanker Trades Outlook*, abr. 2007, *Shipping Review & Outlook*, abr. 2007.

A organização do mercado marítimo

89

- *Tráfegos energéticos.* Os produtos relativos à energia dominam o transporte marítimo a granel. Este grupo de mercadorias, que em termos de peso representa cerca de 44% do comércio por via marítima, inclui petróleo bruto, os produtos derivados do petróleo, o gás liquefeito e o carvão térmico usados na geração de eletricidade. Essas fontes de combustível concorrem entre si e com mercadorias energéticas não comerciáveis, como a energia nuclear. Por exemplo, a substituição do carvão por petróleo nas usinas de energia elétrica durante a década de 1980 alterou o padrão desses dois tráfegos. A análise desses tráfegos diz respeito à economia mundial de energia.

- *Tráfegos da indústria metalúrgica.* Este importante grupo de mercadorias, que representa 18% do comércio por via marítima, é o segundo elemento de base da moderna sociedade industrial. No seu âmbito, agrupamos as matérias-primas e os produtos das indústrias siderúrgicas e de metais não ferrosos, incluindo o minério de ferro, o carvão metalúrgico, os minerais não ferrosos, os produtos siderúrgicos e as sucatas.

- *Tráfegos agrícolas e tráfegos de produtos florestais.* Um total de sete produtos primários da indústria agrícola, que incluem produtos ou matérias-primas da indústria agrícola, contabilizam pouco mais de 9% do comércio por via marítima. Eles incluem os cereais, como o trigo e a cevada, o grão de soja, o açúcar, os granéis agrícolas, os fertilizantes e os produtos florestais. A análise desses tráfegos relaciona-se com a demanda de produtos alimentares, a qual, por sua vez, depende do rendimento e da população. Relaciona-se também com a importante demanda derivada do mercado de rações para animais. Do lado da oferta, somos induzidos a debater a utilização da terra e a produtividade agrícola. Os produtos florestais são, principalmente, produtos industriais usados na produção de papel, de papelão e na indústria da construção. Essa secção inclui a madeira (toros e madeira serrada), pasta de madeira, madeira compensada, papel e vários produtos de madeira, totalizando cerca de 174 mt. O tráfego é fortemente influenciado pela existência de produtos florestais.

- *Outras cargas.* Uma grande variedade de mercadorias que representam conjuntamente 28% do comércio marítimo. Alguns referem-se a materiais industriais, como o cimento, o sal, o gesso, as areias minerais, os produtos químicos e muitos outros. Mas também englobam grandes quantidades de produtos semimanufaturados e manufaturados, como os têxteis, as máquinas e os equipamentos, os bens de capital e os veículos. Muitas dessas mercadorias têm um valor elevado, portanto, sua participação em valor provavelmente chega perto de 50%. Elas constituem a base dos tráfegos de linhas regulares e, conforme a nota apresentada no final da tabela, estimou-se para 2006 um volume da carga conteinerizada de 1,1 bt.

Na visão do comércio como um todo, mais de 60% da tonelagem do comércio por via marítima está associada às indústrias energética e metalúrgica, portanto, a indústria marítima é extremamente dependente do desenvolvimento dessas duas indústrias. Porém, embora essas estatísticas comerciais indiquem a escala do negócio do transporte marítimo mercante, elas disfarçam a sua complexidade física. Alguns embarques são regulares, outros são irregulares; alguns são grandes, outros são pequenos; alguns embarcadores têm pressa, outros não; algumas cargas podem ser manuseadas por sucção ou garras [*grabs*], enquanto outras são frágeis; algumas cargas são encaixotadas, conteinerizadas ou paletizadas, enquanto outras cargas são soltas.

DISTRIBUIÇÃO DAS DIMENSÕES DAS PARTIDAS DE CARGA

Para explicar como a indústria marítima movimenta essa mistura complexa de cargas, utilizamos a função da distribuição da dimensão das partidas de carga [*parcel size distribution*, PSD]. Uma "partida de carga" é uma remessa individual de carga para embarque, por exemplo, 60.000 toneladas de grão adquiridas por um comerciante [*trader*]; 15.000 toneladas de açúcar bruto para uma refinaria de açúcar; cem caixas de vinho para um atacadista no Reino Unido; uma consignação de autopeças. A lista é infindável. No tráfego de uma mercadoria específica, a função da PSD descreve a variedade de dimensões de partidas de carga em que a mercadoria é transportada. Se, por exemplo, utilizarmos o caso do carvão mostrado na Figura 2.2(a), as partidas de cargas individuais variam em volume, desde menos de 20.000 toneladas até acima de 160.000 toneladas, com concentrações em torno de 60.000 toneladas e 150.000 toneladas. Contudo, a PSD para o grão, apresentada na Figura 2.2(b), é muito diferente, com apenas algumas partidas de carga acima de 100.000 toneladas, e a maior parte concentrada em torno de 60.000 toneladas e uma segunda concentração em torno de 25.000 toneladas. A Figura 2.2(c) mostra dois tráfegos ainda mais extremados – o minério de ferro é quase sempre expedido em navios acima das 100.000 tpb, com concentração em torno de 150.000 tpb, enquanto o açúcar a granel, um tráfego de muito menor dimensão, apresenta concentrações de carga em torno de 25.000 toneladas.

Existem centenas de mercadorias expedidas por via marítima (ver Tabela 11.1 no Capítulo 11 para mais exemplos de produtos primários a granel) e cada uma delas tem sua função da PSD própria, cuja forma é determinada pelas suas características econômicas. Três fatores que têm um impacto especial na forma da função da PSD são: os níveis de estoque na posse dos seus usuários (por exemplo, é pouco provável que uma refinaria de açúcar com uma produção anual de 50.000 toneladas importe açúcar bruto em partidas de carga de 70.000 toneladas); a profundidade da água nos terminais de carga e de descarga; e as economias de custo obtidas

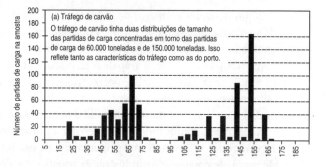

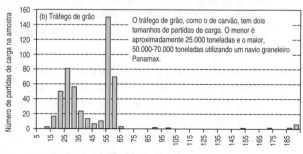

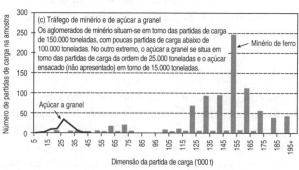

Dimensão da partida de carga ('000 t)

Figura 2.2 – Distribuição da dimensão das partidas de carga para carvão, grão, minério de ferro e açúcar a granel.

Fonte: amostra de 7 mil contratos efetuados no mercado de cargas secas (2001-2002).

da utilização de navios maiores (as economias de escala tornam-se menores com o aumento da dimensão dos navios, e, eventualmente, a utilização de um navio maior poderá não compensar o trabalho). A partir desses fatores, os investidores no transporte marítimo têm de escolher a variedade de partidas de carga que preveem transportar no futuro e, assim, decidir a dimensão do navio a encomendar. Será que o tamanho médio das partidas de minério de ferro aumentará de 150 mil toneladas para 200 mil toneladas? Se sim, eles deveriam encomendar navios graneleiros Capesize maiores. Essas são as questões que abordaremos mais detalhadamente na Parte 4; por ora, estabelecemos simplesmente o princípio de que é bastante normal que uma mesma mercadoria seja expedida em partidas de carga de diferentes dimensões.

A importância da função da PSD é que responde à questão de quais são as cargas que vão nos vários navios. Cargas com volumes e características similares têm tendência a serem transportadas pelo mesmo tipo de operações marítimas. Uma divisão importante é entre "carga a granel" [*bulk cargo*], que consiste em grandes partidas de cargas homogêneas suficientemente grandes para carregar um navio completo, e "carga geral" [*general cargo*], que consiste em muitas partidas ou consignações de cargas de pequenas dimensões, cada uma delas pequena demais para completar o carregamento de um navio, tendo de ser consolidadas com outras cargas para serem transportadas. Outra preocupação diz respeito à dimensão do navio. Algumas cargas a granel são movimentadas em navios graneleiros pequenos, enquanto outras usam os maiores navios disponíveis. Cada mercadoria tem sua própria PSD, em que as partidas de carga individuais variam entre as muito pequenas e as muito grandes.[13]

Para muitas mercadorias, a PSD contém partidas de carga que são muito pequenas para carregar um navio – por exemplo, 500 toneladas de produtos siderúrgicos – e, por isso, são movimentadas como carga geral, enquanto outras – por exemplo, 5 mil toneladas de produtos siderúrgicos – são suficientemente grandes para serem transportadas a granel. À medida que o comércio cresce, a proporção de partidas de carga suficientemente grandes para o transporte a granel pode aumentar e a carga será gradualmente transferida do negócio de linhas regulares para um tráfego secundário predominantemente a granel. Isso aconteceu em muitos tráfegos nas décadas de 1960 e 1970 e, como resultado, as movimentações a granel cresceram mais rapidamente que as de carga geral. Pelo fato de que muitas mercadorias são movimentadas parcialmente a granel e parcialmente como carga geral, os seus tráfegos não podem ser claramente divididos em "carga a granel" e "carga geral". Para essa divisão, é necessário conhecer a PSD para cada mercadoria.

DIFERENCIAÇÃO DO PRODUTO NO TRANSPORTE MARÍTIMO

Além da dimensão da partida de carga, existem outros fatores que determinam como a carga é expedida. Embora o transporte marítimo seja frequentemente tratado como um "produto básico" (ou seja, assume-se que todas as mercadorias são consideradas iguais), é óbvio que isso é uma simplificação extrema. No mundo real, os diferentes grupos de clientes têm requisitos diferentes em relação ao tipo e ao nível de serviço que exigem dos provedores de serviços de transporte marítimo, e isso introduz um elemento de diferenciação do produto. Alguns somente desejam um serviço muito básico, outros querem mais. Na prática, existem quatro aspectos principais do serviço de transporte marítimo que contribuem para o produto "entregue" pelas companhias de navegação:

- *Preço*. O custo do frete é sempre importante, mas quanto maior for a proporção do frete na equação de custo global, maior a probabilidade de os embarcadores ressaltarem a questão. Por exemplo, durante a década de 1950, o custo médio do transporte de um barril de petróleo do Oriente Médio para a Europa era de 35% de seu custo seguro frete [*cost insurance freight*, c.i.f.]. Assim, as companhias petrolíferas despenderam grandes esforços para encontrar formas de reduzir o custo de transporte. Por volta da década de 1990, o preço do petróleo tinha aumentado e o custo do transporte tinha caído para cerca de 2,5% do preço c.i.f. e, portanto, o custo de transporte tornou-se menos importante. Em geral, a demanda é relativamente inelástica em relação ao preço. A redução do custo de transporte de um barril de petróleo ou de um contêiner carregado com calçados desportivos tem pouco ou quase nenhum impacto no volume de carga transportada, pelo menos no curto prazo.

- *Velocidade*. O tempo de trânsito traduz-se em custos de inventário, então, os embarcadores de mercadorias de valor elevado preferem entregas rápidas. O custo de manter em estoque mercadorias de valor elevado poderá fazer com que seja mais barato expedir pequenas quantidades frequentemente, mesmo que o custo do transporte seja maior. Numa viagem de três meses, uma carga com valor de US$ 1 milhão tem um custo de inventário de US$ 25.000 se as taxas de juros forem de 10% ao ano. Assim, valerá a pena pagar um adicional de frete de até US$ 12.500 se o tempo de viagem for reduzido pela metade. A velocidade também pode ser importante por razões comerciais. Um fabricante europeu que encomenda peças sobressalentes no Extremo Oriente poderá ficar satisfeito em pagar dez vezes mais pelo transporte aéreo com entrega em três dias se a alternativa for ter a sua maquinaria fora de serviço por cinco ou seis semanas, enquanto as peças sobressalentes são entregues por via marítima.

- *Confiabilidade*. Com a importância crescente dos sistemas de controle de inventários "em cima da hora" [*just-in-time*], a confiabilidade no transporte ganhou um novo significado. Alguns embarcadores estão preparados para pagar mais por um serviço que garanta sua operação no tempo previsto e que preste os serviços como prometido.

- *Segurança*. A perda ou a avaria em trânsito é um risco segurável, mas levanta muitas dificuldades para os embarcadores, especialmente quando as partidas de cargas são de valores elevados e frágeis. Nesses casos, podem estar dispostos a pagar mais por um serviço de transporte seguro e com menor risco de avarias.

No seu conjunto, esses aspectos introduzem elementos de diferenciação no negócio.

2.5 O SISTEMA DE TRANSPORTE MARÍTIMO

MODELO ECONÔMICO PARA O TRANSPORTE MARÍTIMO

No Capítulo 1, vimos que, durante os últimos cinquenta anos, a indústria marítima desenvolveu um novo sistema de operação baseado na mecanização e na tecnologia de sistemas. Dentro desse sistema, as pressões econômicas derivadas da distribuição da dimensão das partidas de carga e a diferenciação na demanda criam uma demanda por diferentes tipos de serviços de transporte marítimo. Atualmente, o mercado marítimo evoluiu para três segmentos distintos mas estreitamente relacionados: o transporte marítimo a granel, o transporte marítimo especializado e o transporte marítimo de linhas regulares. Embora esses segmentos pertençam à mesma indústria, cada um deles desempenha tarefas diferentes e apresenta uma natureza muito diversa.

A organização do mercado marítimo

O modelo de transporte é resumido na Figura 2.3. A partir do topo do diagrama (linha A), o comércio mundial é dividido em três fluxos – partidas de carga a granel, partidas de carga especializada e partidas de carga geral –, dependendo da função da PSD definida para a mercadorias e para os requisitos de serviço de cada partida de carga. Partidas de carga grande e homogênea, como as de minério de ferro, carvão e grão, são transportadas pela indústria marítima a granel; as pequenas partidas de carga geral são transportadas pelo transporte marítimo de linhas regulares; e as cargas especializadas embarcadas em grandes quantidades são transportadas pelo transporte marítimo especializado. Esses três fluxos de carga compõem a demanda de transporte a granel, de transporte especializado e de transporte de linhas regulares (linha B). A metade inferior do diagrama mostra como a oferta de navios é organizada. A diferença principal dá-se em relação às frotas de navios pertencentes a companhias que movimentam a sua própria carga nos seus próprios navios (linha C) e às de navios pertencentes a proprietários independentes (linha D) e fretados aos donos das cargas na linha C. Entre as linhas C e D, encontram-se os mercados de afretamento nos quais as taxas de frete são negociadas. Essa estrutura é altamente flexível. Por exemplo, uma companhia petrolífera pode decidir comprar a sua própria frota de navios-tanques para atender a metade de suas necessidades de transporte de petróleo e, para atender à outra metade, optar pelo afretamento de navios-tanques aos proprietários de navios. O mesmo acontece no mercado especializado e no de linhas regulares.

A indústria do transporte a granel, no lado esquerdo da Figura 2.3, movimenta grandes partidas de carga de matérias-primas e de produtos semimanufaturados. É um negócio muito diferente. Os navios graneleiros realizam poucas operações, geralmente completando cerca de seis viagens por ano com um só tipo de carga, assim, sua receita anual depende de meia dúzia de negociações anuais por navio. Além disso, os níveis de serviço são geralmente baixos (ver a explicação sobre consórcios na Seção 2.9), o que significa que são necessárias poucas despesas gerais para operar os navios e organizar a carga. Em geral, as companhias de navegação a granel empregam entre 0,5 e 1,5 funcionário de escritório por navio no mar, ou seja, uma frota de cinquenta navios avaliada em US$ 1 bilhão pode ser gerenciada por uma equipe de 25-75 funcionários, dependendo de quanto da rotina de administração seja subcontratada. Em resumo, o negócio do transporte marítimo a granel focaliza a minimização do custo de prover um transporte seguro e a gerência do investimento em navios dispendiosos necessários para prestar os serviços de transporte a granel.

O serviço de linha regular, apresentado no lado direito da Figura 2.3, transporta pequenas partidas de carga geral, que inclui bens manufaturados e semimanufaturados e muitas pequenas quantidades de cargas a granel – podem ser transportados por linha regular: cevada para cerveja, produtos siderúrgicos, minérios de metais não ferrosos e até papel usado. Por exemplo, um navio de contêineres manuseia de 10 mil a 50 mil operações remuneráveis, donde uma frota de seis navios realiza anualmente entre 60 mil e 300 mil operações. Porque em cada viagem existem muitas partidas de carga para serem manuseadas, esse negócio tem uma organização empresarial muito intensiva. Adicionalmente, a pernada de transporte [*transport leg*] com frequência faz parte de uma operação de produção integrada, em que a velocidade, a confiabilidade e os elevados níveis de serviço são importantes. Contudo, o custo é também crucial, porque toda a filosofia do negócio da produção internacional depende de um transporte barato. Com tantas transações, o negócio depende da publicação dos preços, embora atualmente os preços sejam, em geral, negociados com os principais clientes como parte de um contrato de serviço. Adicionalmente, os navios de linha regular encontram-se envolvidos no transporte de contêineres efetuado por mais de um transportador e, às vezes, vários meios de transporte [*through--transport of containers*]. É um negócio em que os custos de transação são muito elevados e os clientes estão tão interessados nos níveis de serviço como no preço.

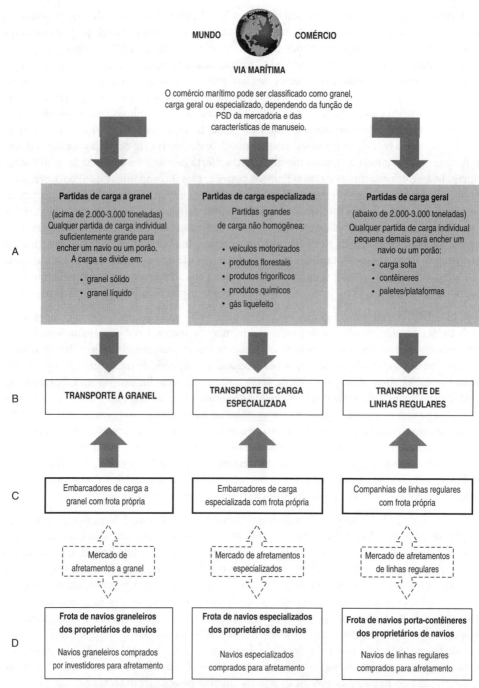

Figura 2.3 – O sistema de transporte marítimo, apresentando a demanda da carga e os três segmentos do mercado marítimo.
Fonte: Martin Stopford (2008).

Os serviços especializados de transporte marítimo, apresentados no centro da Figura 2.3, transportam cargas difíceis, das quais as cinco mais importantes são os veículos automobilísticos, os produtos florestais, a carga frigorificada, os produtos químicos e o gás liquefeito. Esses tráfegos caem algures entre os tráfegos de granel e de linhas regulares – por exemplo, um navio químico sofisticado transporta anualmente de quatrocentas a seiscentas partidas de carga, frequentemente sob contratos de afretamento a volume [*contracts of affreightment*, COAs], mas eles também podem transportar cargas pontuais (ou seja, negociadas individualmente). Os fornecedores de serviços nesses tráfegos investem em navios especializados e oferecem níveis de serviço mais elevados do que as companhias de navegação a granel. Alguns dos operadores envolvem-se em terminais para melhorar a integração das operações de manuseio de carga. Eles também trabalham com os embarcadores para racionalizar e agilizar a cadeia de distribuição. Por exemplo, os fabricantes de motores e as companhias de produtos químicos dão prioridade elevada a isso e, nesse setor, a pressão para mudanças tem frequentemente origem nos seus clientes sofisticados.

Embora os três segmentos da indústria marítima apresentados na Figura 2.3 transportem carga a bordo de navios, eles enfrentam diferentes tarefas em termos de valor e de volume de carga, em termos do número de operações realizadas e em termos dos sistemas comerciais empregados. O transporte marítimo a granel transporta grandes volumes de cargas sensíveis ao preço; o transporte marítimo especializado transporta cargas "a granel" de elevado valor, como carros, carga frigorificada, produtos florestais e produtos químicos; o negócio dos contêineres transporta pequenas partidas de carga; e o transporte aéreo de carga executa os serviços urgentes. Mas esses segmentos também se sobrepõem, originando uma concorrência intensiva para as cargas secundárias a granel, como produtos florestais, sucata, carga frigorificada e mesmo grãos.

DEFINIÇÃO DE "TRANSPORTE MARÍTIMO A GRANEL"

O transporte marítimo a granel [*bulk shipping*] desenvolveu-se como um setor principal nas décadas que se seguiram à Segunda Guerra Mundial. Foi construída uma frota dedicada de navios-tanques para o transporte de petróleo bruto para servir as economias em forte expansão da Europa Ocidental e do Japão, com navios menores para o transporte de derivados do petróleo e de produtos químicos líquidos. Nos tráfegos de granel sólido, algumas indústrias importantes, nomeadamente as da produção de aço, alumínio e fertilizantes, voltaram-se para os fornecedores estrangeiros pela elevada qualidade das suas matérias-primas e, assim, foi construída uma frota de navios graneleiros grandes para servir o tráfego, substituindo os obsoletos navios de cobertas [*tweendeckers*] previamente usados para transportar as cargas a granel. Consequentemente, o transporte marítimo a granel tornou-se um segmento da indústria marítima em rápida expansão, e a tonelagem de granel sólido representa, atualmente, cerca de três quartos da frota mercante mundial.

A maioria das cargas a granel é retirada dos negócios das matérias-primas, como o petróleo, o minério de ferro, o carvão e o grão, e são frequentemente descritas como "produtos primários a granel", assumindo que, por exemplo, todo o minério de ferro é transportado a granel. No caso do minério de ferro, esse é um pressuposto razoável, mas muitos pequenos tráfegos de mercadorias são expedidos parcialmente a granel e parcialmente como carga geral; por exemplo, um carregamento completo de produtos florestais seria imediatamente classificado como carga a granel, mas em alguns tráfegos as partidas de carga de toros continuam a ser transportadas como carga geral. Existem três categorias principais de cargas a granel:

- O *granel líquido* precisa ser transportado em navios-tanques. Os principais são o petróleo bruto, os derivados do petróleo, os produtos químicos líquidos como soda cáustica, os óleos vegetais e o vinho. A dimensão das partidas de carga individuais varia entre alguns milhares de toneladas até meio milhão de toneladas, como é o caso do petróleo bruto.

- Os cinco *granéis sólidos principais* – o minério de ferro, o grão, o carvão, os fosfatos e a bauxita – são cargas homogêneas que podem ser transportadas satisfatoriamente em navios de granel sólido convencionais ou multipropósito [*multi-purpose*, MPP], estivando a 45-55 pés cúbicos por tonelada.

- Os *granéis secundários* abraçam muitas outras mercadorias que são movimentadas em carregamentos de navios completos. As mais importantes são os produtos siderúrgicos, a sucata de aço, o cimento, o gesso, os minérios metálicos não ferrosos, o açúcar, o sal, o enxofre, os produtos florestais, as aparas de madeira e os produtos químicos.

DEFINIÇÃO DE "TRANSPORTE MARÍTIMO DE LINHAS REGULARES"

A operação de serviços de linhas regulares é um negócio muito diferente. As partidas de carga geral são demasiadamente pequenas para justificar uma operação de transporte marítimo a granel. Além disso, elas muitas vezes são de valor elevado ou frágeis, necessitando de um serviço de transporte marítimo especial para o qual os embarcadores preferem uma taxa de frete fixa do que uma taxa de mercado flutuante. Não existem regras claras acerca do que se constitui como carga geral – são exemplos típicos as caixas, os fardos, a maquinaria, mil toneladas de produtos siderúrgicos, 50 toneladas de cevada para cerveja ensacada. Do ponto de vista do transporte marítimo, as principais classes da carga geral são estas:

- Carga solta, itens individuais, caixas, peças de maquinaria etc., cada uma das quais deve ser manuseada e estivada separadamente. Toda a carga geral costumava ser carregada dessa forma, mas, atualmente, quase todas têm sido unitizadas de uma forma ou de outra.

- Carga conteinerizada, caixas normalizadas, geralmente com 8 pés de largura, 8 pés e 6 polegadas de altura e, principalmente, 20 ou 40 pés de comprimento, carregadas com carga. Hoje, é a forma principal do transporte de carga geral.

- Carga paletizada, por exemplo, as caixas de maçãs, são estivadas em cima de paletes normalizados, seguras por cintas ou por uma película extensível para paletes para facilitar o empilhamento e o manuseio.

- Carga pré-lingada, pequenos itens tais como pranchas de madeira peadas juntas, precintadas em pequenos atados de dimensão normalizada.

- Carga líquida transportada nos tanques profundos [*deep tanks*], em contêineres para o transporte de líquidos ou em tambores.

- Carga frigorificada, bens perecíveis que devem ser expedidos refrigerados ou congelados em porões insulados ou em contêineres frigoríficos.

- Carga pesada e irregular, de estiva difícil.

Até meados da década de 1960, a grande maioria da carga geral (chamada carga "fracionada") viajava solta, e cada item tinha de ser estivado no porão do navio de linhas regulares usando "madeira de estiva" (peças de madeira ou de serrapilheira) para se manter no lugar. Essa

A organização do mercado marítimo

operação de trabalho intensivo era lenta, dispendiosa, de difícil planejamento, e a carga encontrava-se exposta ao risco de avarias ou de roubos. Como resultado, os navios de carga geral passavam dois terços do seu tempo em porto, e os custos de manuseio da carga escalavam para mais de um quarto do custo total de expedição,[14] dificultando aos operadores de linha regular a prestação de um serviço a um custo econômico, e as suas margens de lucro eram apertadas.[15]

A resposta da indústria marítima foi "unitizar" o sistema de transporte, usando a mesma tecnologia aplicada com sucesso nas linhas de produção da indústria transformadora. O trabalho foi normalizado, permitindo investimento para aumentar a produtividade. Uma vez que o manuseio da carga era o principal estrangulamento, a chave era carregar e estivar a carga em unidades normalizadas internacionalmente aceitas, que pudessem ser manuseadas de forma rápida e a baixo custo, com um equipamento especialmente concebido para o efeito. No final, foram examinados muitos sistemas de unitização, mas os dois principais concorrentes foram os paletes e os contêineres. Os paletes são tabuleiros lisos, capazes de serem manuseados por empilhadores, nos quais uma ou várias unidades podem ser estivadas para um fácil manuseio. Os contêineres são caixas normalizadas nas quais os itens individuais são carregados e estivados. O primeiro serviço de contêineres de longo curso foi introduzido em 1966, e, nos vinte anos que se seguiram, eles dominaram o transporte da carga geral, com expedições superiores a 50 milhões de unidades por ano.

DEFINIÇÃO DE "TRANSPORTE MARÍTIMO ESPECIALIZADO"

O transporte marítimo "especializado" localiza-se em algum lugar entre os mercados de linhas regulares e de granel, com características de ambos. Embora seja tratado como um setor separado do negócio, a linha divisória não está bem definida, como veremos na Parte 4. O principal elemento distintivo desses tráfegos especializados é que eles utilizam navios concebidos para transportar uma carga específica e oferecem um serviço destinado a determinado grupo de clientes. A compra de navios especializados é arriscada e só deverá fazê-lo se as cargas tiverem características de manuseio e de armazenamento que indiquem que vale a pena investir em navios concebidos para melhorar o desempenho do transporte daquela carga específica.

Ao longo dos anos, tem-se desenvolvido novos tipos de navios para atender a necessidades específicas, mas muitas cargas especiais continuam ainda a ser transportadas em navios não especializados. A Tabela 2.4 apresenta uma revisão breve do desenvolvimento dos tipos de navios concebidos para transportar mercadorias específicas. Começamos com o John Bowes, o primeiro navio graneleiro moderno destinado ao transporte de carvão, construído em 1852, e apresentamos numa sucessão rápida o navio de carga geral, o navio-tanque para o transporte de petróleo, os navios de carga frigorificada, o navio químico especializado no transporte de várias cargas líquidas, o navio porta-contêineres, o navio-tanque transportador de GLP, o navio transportador de produtos florestais e o navio-tanque transportador de GNL. Alguns desses tráfegos tornaram-se, atualmente, tão grandes que deixaram de ser considerados especializados, por exemplo, os navios-tanques de petróleo bruto. Atualmente, os cinco setores especializados principais são:

- *Veículos motorizados.* Talvez o melhor exemplo do setor do transporte especializado. Os carros são unidades grandes, de valor elevado e frágeis, que necessitam de uma estiva cuidada. Nos primeiros tempos do tráfego, eram expedidos nos conveses dos navios de linhas regulares ou em navios graneleiros especialmente convertidos com cobertas rebatíveis. Para além de serem ineficientes, frequentemente os carros sofriam avarias e, na década de 1950, foram desenvolvidos navios multipropósito com cobertas múltiplas. O primeiro navio transportador de carros foi o Rigoletto, com capacidade para 260 veículos (ver Tabela 2.4). Os modernos navios dedicados ao transporte de carros e de caminhões [*pure car and truck carriers*, PCTCs] transportam mais de 6 mil veículos (ver Capítulo 14 para os detalhes técnicos).

Tabela 2.4 – Desenvolvimento dos tipos de navios para determinada mercadoria (1952-2008)

Data	Primeiro navio especializado da classe	Nome	Mercadoria	Dimensão
1852	Navio graneleiro	SS John Bowes	Carvão	650 tpb
1865	Cargueiro de linhas regulares	SS Agamemnon	Carga geral	3.500 tpb
1880	Navio frigorífico	SS Strathleven	Carne congelada	400 carcaças
1886	Navio petroleiro	SS Glückauf	Petróleo	3.030 tpb
1921	Navio combinado (petróleo-minério)	G. Harrison Smith	Minério de ferro/petróleo	14.305 tab
1926	Navio de cargas pesadas	Belray	Carga pesada	4.280 tpb
1954	Navio químico segregado	Marine Dow--Chem	Produtos químicos	16.600 tpb
1950	Navio-tanque de GLP (amônia)	Heroya	Amônia	1.500 tpb
1956	Navio transportador de carros	Rigoletto	Carga com rodas	260 carros
1956	(conversão)	Ideal-X	Contêineres/petróleo	58 TEU
1962	Navio de produtos florestais	MV Besseggen	Madeira serrada	9.200 tpb
1964	Navio-tanque GNL (construído para um propósito)	Methane Princess	GNL	27.400 m³

Fonte: Martin Stopford (2007).

- *Produtos florestais.* Embora os toros e a madeira serrada possam ser transportados facilmente num navio graneleiro convencional, o problema é que o seu manuseio é lento e a estiva é muito ineficiente. Para lidar com essa situação, os embarcadores começaram a "atar" a madeira serrada em dimensões normalizadas e a construir navios graneleiros com porões concebidos em torno dessas dimensões, com escotilhas que abrissem para toda a boca do navio e com um vasto equipamento para o manuseio da carga. O primeiro foi o Besseggen, construído em 1962. Empresas como a Star Shipping e a Gearbulk construíram vastas frotas desse tipo de navio.

- *Cargas frigoríficas.* A prática de isolar o porão do navio e de instalar equipamento frigorífico para que os alimentos refrigerados [*chilled*] ou congelados [*frozen*] pudessem ser transportados foi desenvolvida no século XIX. A primeira carga bem-sucedida foi transportada pelo navio Strathleven em 1880. Sempre houve uma concorrência entre os operadores especializados de navios frigoríficos e os operadores dos serviços de linhas regulares que usavam porões frigoríficos ou, mais recentemente, contêineres frigoríficos.

- *Gás liquefeito.* Para transportar por via marítima gases como o butano, o propano, o metano, a amônia ou o etileno, é necessário liquefazê-los por arrefecimento, por pressão ou ambos. Isso requer navios-tanques construídos especialmente para isso e elevados níveis de operação.

A organização do mercado marítimo

- *Partidas de cargas de produtos químicos.* Podem ser transportadas mais eficientemente pequenas partidas de carga de produtos químicos, especialmente aquelas que são perigosas ou que precisam de manuseio especial, em grandes navios-tanques concebidos com um grande número de tanques segregados. São navios complexos e dispendiosos porque cada tanque precisa do seu próprio sistema de manuseio de carga.

O ponto importante é que a "especialização" não trata somente do projeto do navio, mas da adaptação da operação do transporte marítimo às necessidades específicas de um grupo de clientes e de um fluxo de carga. O estabelecimento de uma operação de transporte marítimo especializada é um grande compromisso, porque os navios são frequentemente mais dispendiosos do que os navios a granel convencionais, sujeito a um mercado de segunda mão mais limitado, e a prestação do serviço implica uma relação próxima com os embarcadores da carga. Como resultado, é mais fácil reconhecer as companhias de navegação especializadas do que as definir.

ALGUMAS LIMITAÇÕES DAS ESTATÍSTICAS DOS TRANSPORTES

Uma questão óbvia é: "qual é a tonelagem de carga a granel, de carga especializada e de carga geral transportada por via marítima?". Infelizmente, existe um problema estatístico para determinar como as mercadorias são transportadas. Uma vez que somente temos dados sobre a mercadoria, e o transporte de algumas mercadorias é feito por mais de um segmento, o volume comercial de carga geral não pode ser calculado de forma fiável a partir das estatísticas das mercadorias transacionadas. Por exemplo, podemos estimar que uma partida de carga de 300 toneladas de produtos siderúrgicos transportados do Reino Unido para a África Ocidental seja movimentada em contêineres, enquanto uma partida de carga de 6 mil toneladas do Japão para os Estados Unidos poderia ser expedida a granel, mas não é possível saber com certeza a partir apenas das estatísticas das mercadorias. Como já observamos, algumas mercadorias (como o minério de ferro) são quase sempre transportadas a granel, e outras (como a maquinaria) invariavelmente viajam como carga geral, mas muitas mercadorias (como os produtos siderúrgicos, os produtos florestais e os minérios metálicos não ferrosos) são transportados das duas formas. Na realidade, com o aumento do fluxo comercial, uma carga pode ser transportada inicialmente como carga geral, mas, eventualmente, tornar-se grande o suficiente para ser transportada a granel.[16] A dificuldade em identificar os tráfegos de granel e de carga geral a partir das estatísticas das mercadorias transacionadas é um problema para os economistas marítimos, pois os dados do comércio marítimo são reunidos sobretudo nessa forma, e existe pouca informação completa acerca do tipo de carga.

2.6 A FROTA MERCANTE MUNDIAL

TIPOS DE NAVIOS NA FROTA MUNDIAL

Em 2007, a frota mundial de navios mercantes marítimos autopropulsionados era composta de aproximadamente 74.398 navios com mais de 100 ab. Por existirem muitos navios pequenos, o número exato depende da precisão do limite do tamanho inferior e de navios como as embarcações de pesca serem incluídos. Na Figura 2.4, a frota marítima de carga é dividida em quatro categorias principais: os graneleiros (navios-tanques, graneleiros de carga sólida e navios combinados), os navios de carga geral, os navios de carga especializada e os navios não cargueiros. Embora esses grupos pareçam estar bem definidos, existem muitas áreas cinzentas. Os navios mercantes não são produzidos em massa como os carros e os caminhões, e a sua classificação assenta na seleção de características físicas distintas, uma abordagem que apresenta limitações. Por exemplo, do ponto de vista físico, os navios-tanques de produtos derivados são difíceis de diferenciar dos navios-tanques de petróleo bruto e os navios transportadores de carga rolante podem ser usados nos tráfegos de longo curso ou como *ferries*. Então, a que categoria pertence determinado navio?

As estatísticas detalhadas dos vários tipos de navios apresentam-se na Tabela 2.5, a qual divide a frota em 47.333 navios de carga e 26.880 navios não cargueiros. Em julho de 2007, existiam 8.040 navios-tanques na frota de navios a granel, em que os navios com mais de 60.000 tpb transportavam, sobretudo, petróleo bruto e os navios de menores dimensões transportavam derivados do petróleo, como a gasolina e o óleo combustível [*fuel oil*]. Saliente-se que também existe uma frota de navios químicos, que, geralmente, têm mais tanques e sistemas segregados de manuseio de carga, incluídos na categoria de navios cargueiros especializados, embora exista alguma sobreposição com os navios-tanques de produtos derivados (ver Capítulo 12). A frota de navios-tanques encontra-se dividida em cinco segmentos conhecidos na indústria como: VLCC [*very large crude carriers*], Suezmax, Aframax, Panamax, Handy (por vezes designados de "produtos") e navios-tanques pequenos. Esses navios de diferentes tamanhos operam em tráfegos diversos, com os navios de maior tamanho a navegar nos tráfegos de longo curso, mas existe muita sobreposição. Em julho de 2007, existiam 6.631 navios graneleiros de carga sólida, divididos em quatro grupos: Capesize, Panamax, Handymax e Handy. Dentro desses grupos, existem alguns modelos de cascos especializados, incluindo os de escotilha aberta, os mineraleiros, os navios de transporte de aparas de madeira e navios cimenteiros. Esses navios graneleiros transportam cargas homogêneas sólidas, sobretudo em partidas de carga superiores a 10.000 tpb. Os navios graneleiros têm escotilhas de aço com mecanismos de abertura hidráulicos e a maioria dos navios abaixo de 50.000 tpb tem gruas ou paus de carga.

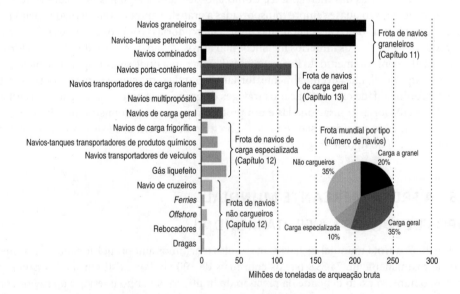

Figura 2.4 – Frota mercante classificada pelos principais tipos de carga (jul. 2007).
Fonte: Clarkson Register, jul. 2007, CRS Londres.

A organização do mercado marítimo **101**

A tabela apresenta 25.784 navios de carga geral, dos quais os mais importantes são os 4.205 navios porta-contêineres. Esses navios têm porões em forma de caixa e guias celulares para que os contêineres possam ser arreados de forma segura nas posições abaixo do convés, sem a necessidade de sistemas de travamento, reduzindo os tempos de carga a alguns minutos. Nas décadas recentes, tem sido de longe o segmento do mercado marítimo mais dinâmico. Os navios transportadores de veículos oferecem acesso aos porões de carga por uma rampa, permitindo que os veículos com rodas, como os empilhadores, carreguem a carga a velocidade elevada, enquanto os navios multipropósito têm de abrir os porões de carga e usar o equipamento de manuseio de carga, mas não guias celulares, portanto, podem transportar carga a granel e cargas de projeto. Existe ainda uma grande frota de 15.113 navios de carga geral, incluindo navios de linhas não regulares e muitos navios pequenos, operando nos tráfegos marítimos de curta distância.

Tabela 2.5 – Frota comercial de transporte marítimo por tipo de navio (jul. 2007)

Nº	Nome	Dimensão	Números	Dimensão da frota		Tpb/AB	Idade	Comentário
				Milhões de AB	Milhões de tpb			
1. Frota de navios graneleiros								
	Navios-tanques acima de 10.000 tpb	tpb						
1	VLCCs acima de 200.000 tpb	Acima de 200.000	501	77,5	147,0	1,9	9,1	Petróleo bruto de longa distância
2	Suezmax	120.000-199.999	359	29,0	54,2	1,9	9,1	Petróleo bruto de distância média
3	Aframax	80.000-120.000	726	41,1	74,2	1,8	9,3	Alguns transportam produtos derivados
4	Panamax	60.000-80.000	329	13,2	23,0	1,7	8,8	Distância muito curta
5	Handy	10.000-60.000	1.496	33,0	53,1	1,6	13,5	Sobretudo produtos derivados, alguns químicos
6	Total acima de 10.000		3.411	193,7	351,4	1,8		
7	Navios-tanques pequenos	<10.000	4.629	6,8	10,6	1,6	26,6	
8	Total de navios-tanques		8.040	200	362	1,8	20,0	
	Navios de granel sólido acima de 10.000 tpb	tpb						
9	Capesize	Acima de 100.000	738	64,4	125,7	2,0	11,1	Transportam sobretudo minério e carvão
10	Panamax	60.000-100.000	1.453	57,0	106,0	1,9	11,7	Carvão, grão, poucos são equipados com aparelho de carga

(continua)

Tabela 2.5 – Frota comercial de transporte marítimo por tipo de navio (jul. 2007) (*continuação*)

Nº	Nome	Dimensão	Números	Dimensão da frota		Tpb/AB	Idade	Comentário
				Milhões de AB	Milhões de tpb			
11	Handymax	40.000-60.000	1.547	44,8	74,1	1,7	11,6	Cavalos de carga, sobretudo equipados com aparelho de carga
12	Handy	10.000-40.000	2.893	47,8	77,1	1,6	20,7	Cavalos de carga menores
13	Total do granel sólido		6.631	214	382,9	1,8	15,6	
dos quais:								
14	Escotilha aberta		481		16,6			Projetados para unidades de carga
15	Mineraleiros		51		8,8			Cubagem baixa (0,6 m³/tonelada)
16	Navios transportadores de aparas de madeira		129		5,9			Cubagem alta (2 m³/tonelada)
17	Navios cimenteiros		77					
Navios combinados								
18	Granel sólido/ petróleo bruto/ minério		85	4,7	8,2	1,8	19,3	Sólida e líquida
	Total da frota a granel		1.756	419	753	5,4		
2. Frota da carga geral								
19	Frota de navios porta-contêineres	Dimensão (TEU)						
20	Grandes	Acima de 3.000	1.207	72,1	79,6	1,1	7,0	Rápido (25 nós), sem aparelho de carga
21	Médios	1.000-2.999	1.747	37,2	45,9	1,2	11,2	Mais rápidos, alguns com aparelho de carga
22	Pequenos	100-999	1.251	8,2	10,2	1,2	14,9	Lentos, com aparelho de carga
23	Total da frota de navios porta-contêineres		4.205	117	136	1,2	11,1	
24	Navios transportadores de carga rolante	100-50.000	3.848	28,0	12,7	0,5	23,7	Rampa de acesso aos porões
25	Frota de navios multipropósito	100-2.000	2.618	17,7	23,9	1,3	16,1	Escotilha aberta, com aparelho de carga
26	Outros navios de carga geral		15.113	27,8	39,1	1,4	27,2	Tipos de navios de linhas regulares, navios de linhas não regulares, navios costeiros
27	Total da frota da carga geral		25.784	191	211	1,1		

(*continua*)

A organização do mercado marítimo   103

Tabela 2.5 – Frota comercial de transporte marítimo por tipo de navio (jul. 2007) (*continuação*)

Nº	Nome	Dimensão	Números	Dimensão da frota			Idade	Comentário
				Milhões de AB	Milhões de tpb	Tpb/AB		
4. Frota da carga especializada								
28	Navios frigoríficos		1.800	7,6	7,7	1,0	23,9	Frigorífica, paletizada
29	Navios químicos		2.699	18	29	1,6	14,6	Partidas de cargas químicas divididas
30	Navios-tanques especializados		511	2	3	1,5	24,5	
31	Navios transportadores de veículos		651	24,8	9,1	0,4	14,7	Cobertas múltiplas
32	Navios de GLP		1.082	10,1	11,9	1,2	17,7	Vários sistemas de arrefecimento
33	Navios de GNL		235	21,2	16,1	0,8	12,0	−161 °C
34	Total da frota da carga especializada		6.978	84	77			
Nota: Total dos navios de carga			47.433	689	1.033	1,5		
5. Frota de navios não cargueiros								
35	Rebocadores		11.097	2,9	1,0	0,4	23,8	Operações portuárias ou transporte de longo curso
36	Dragas		1.812	3,0	3,6	1,2	26,8	Dragagem de portos e agregados
37	Rebocadores e navios de suprimento *offshore*		4.394	4,6	5,0	1,1	22,7	Funções de apoio *offshore*
38	Outros navios de apoio *offshore*		2.764	4,2	2,5	0,6	22,5	
39	Instalações flutuantes de extração, armazenagem e descarga; navios de perfuração		500	20,3	33,8	1,7	25,4	Desenvolvimento e produção
40	Navios de cruzeiro		452	13,1	1,5	0,1	21,8	Férias e viagens
41	Navios *ferries*		3.656	2,6	0,6	0,2	24,4	Transporte de passageiros e veículos
42	Variados		2.205	9,2	5,7	0,6	23,0	
43	Total da frota de navios não cargueiros		26.880	60	54	0,9		
6. Total da frota comercial			**74.398**	**753,6**	**1.094,8**	**1,5**	**21,8**	

Fonte: Clarkson Register, jul. 2007, CRSL, Londres.

Nota: as idades médias são ponderadas em função dos números, não da capacidade.

Os navios especializados incluem os frigoríficos, os navios-tanques químicos e os especializados (por exemplo, para melaço), os navios transportadores de veículos e os navios-tanques transportadores de gases, representando uma frota de 6.978 navios (Ver Capítulo 12, sobre as cargas especializadas, que inclui alguns outros tipos de navios – Tabela 12.1). Todos esses se relacionam com navios que se encontram nas outras categorias, mas a sua concepção foi modificada para melhorar a eficiência do transporte de uma carga específica. Por exemplo, os navios de produtos químicos têm muitos tanques para pequenas partidas de cargas [*parcel tanks*] e revestimentos especiais para transportar pequenas partidas de cargas líquidas especializadas, mas, na prática, são uma subdivisão da frota de navios-tanques.

Finalmente, a frota não cargueira possui 26.880 navios usados em diversas atividades empresariais relacionadas com o transporte marítimo. Os rebocadores são utilizados sobretudo nos portos, embora os de maior potência sejam utilizados para rebocar barcaças dedicadas ao transporte de cargas pesadas no longo curso. As dragas são utilizadas para desempachar os canais de navegação ou dragar certos materiais, como os agregados existentes no fundo do mar, a serem usados na construção ou em aterros. Existe uma grande frota de embarcações de apoio à indústria da prospecção, perfuração e exploração petrolífera marinha. Já os navios de cruzeiro e os *ferries* transportam passageiros.

A tabela também mostra que a média de idade da frota é de 21,8 anos, embora a média varie entre os segmentos da frota. Por exemplo, a idade média da frota de navios-tanques de longo curso é de 9 anos, e a dos navios graneleiros é de 11 anos, o que sem dúvida reflete as pressões regulamentares da última década. Entretanto, a média de idade de muitas das frotas de pequenos navios e de embarcações de serviço é superior a 20 anos. Fazer o melhor uso possível dessa frota variada, construída ao longo de muitos anos, para transportar milhares de mercadorias não é tão simples. Infelizmente, não podemos apenas afirmar que as cargas a granel são transportadas nos navios graneleiros e que a carga geral é transportada em contêineres, porque as companhias de navegação utilizam os navios que se encontram disponíveis e algumas vezes os navios mais antigos são muito diferentes dos seus homólogos modernos – por exemplo, os navios de carga geral que antecederam a conteinerização. A tarefa do mercado marítimo é encontrar as oportunidades comerciais mesmo para os navios subutilizados da frota, e isso é alcançado por meio do ajustamento do preço e dos ganhos de cada segmento de mercado e da confiança depositada nos investidores em transporte marítimo em procurar oportunidades rentáveis para os navios marginais que podem comprar a baixo preço. Quando não são encontradas oportunidades, podem surgir com um projeto para modificar ou converter o navio, por exemplo, converter um navio-tanque velho numa unidade de armazenamento de petróleo no mar ou mesmo um navio graneleiro. Dessa forma, o valor econômico máximo é extraído mesmo dos navios mais velhos.

PROPRIEDADE DA FROTA MUNDIAL

A propriedade é uma questão comercial importante no negócio do transporte marítimo. Um navio mercante tem de estar registrado sob um pavilhão nacional, e isso determina a jurisdição legal sob a qual o navio opera. Por exemplo, um navio registrado nos Estados Unidos está sujeito à legislação daquele país, enquanto, se escolher as Ilhas Marshall ou as Bahamas, fica sujeito às suas leis marítimas. É claro que o proprietário de navios está também sujeito às convenções internacionais das quais a bandeira de registro é signatária e, quando navega em águas territoriais de um outro país, fica sujeito à sua legislação. Como vimos no Capítulo 1, as

A organização do mercado marítimo   **105**

bandeiras de baixo custo têm sido usadas há muitos anos, e um dos primeiros exemplos foi o transporte marítimo veneziano no comércio bizantino. Uma descrição mais detalhada sobre essas matérias pode ser encontrada no Capítulo 16. Por ora, é suficiente assinalar que o negócio não tem estreitas filiações nacionais. Por essa razão, quando se analisa a propriedade dos navios nacionais, é útil reconhecer que as frotas registradas em determinado país não são necessariamente uma indicação verdadeira da frota controlada pelos nacionais desse país.

Podemos tomar como exemplo as frotas das 35 nações marítimas principais (Tabela 2.6). Em janeiro de 2006, controlavam 95% da frota mundial total, portanto, a análise exclui somente 5% do total. Em 2006, de uma frota total de 906 m.tpb, 303 m.tpb estavam registradas sob a bandeira nacional do proprietário, e 603 m.tpb estavam registradas sob pavilhão estrangeiro. Em muitos casos, os navios registrados no estrangeiro estavam sob o registro de "bandeiras de conveniência" [*flags of convenience*], embora possa haver outras razões para se efetuar o registro no estrangeiro. Por exemplo, um proprietário de navios belga com um navio fretado por tempo a uma companhia petrolífera francesa pode ser obrigado a registrar o navio na França. A tabela também mostra que a maior nação proprietária de navios do mundo é a Grécia, a qual controla uma frota com 163 m.tpb, sendo que somente 47,5 m.tpb se encontram registradas sob pavilhão grego. No caso do Japão, a razão é ainda maior, com 91% da frota registrada sob pavilhões estrangeiros e somente 12 m.tpb sob pavilhão japonês. Essa diversidade de registro tornou-se uma questão cada vez mais importante na indústria marítima nos últimos vinte anos.

ENVELHECIMENTO, OBSOLESCÊNCIA E SUBSTITUIÇÃO DA FROTA

O desenvolvimento contínuo da tecnologia marítima, combinado com os custos de envelhecimento que ocorrem durante os vinte ou trinta anos de vida de um navio, expõe um problema econômico interessante da indústria marítima. Como se decide quando um navio será demolido? O envelhecimento e a obsolescência não são condições claramente definidas. Elas são sutis e graduais. Uma grande parte do comércio é transportada em navios que são obsoletos de uma forma ou de outra. Levou cinquenta anos para que os navios a vapor afastassem os veleiros do mar. No entanto, a indústria tem de decidir quando demolir navios velhos e quando encomendar novos.

É aqui que entra o mercado de compra e venda. Quando um proprietário dá o navio como terminado, ele o vende. Outra companhia de navegação compra-o a um preço segundo o qual acredita que pode lucrar. Se nenhum proprietário pensar que tem possibilidade de lucrar com determinado navio, somente o sucateiro licitará. Conforme envelhece ou torna-se obsoleto, o navio desce de posição no mercado, desvalorizando-se, até que em determinado momento, geralmente entre os vinte e os trinta anos de idade, o único comprador é o mercado de demolição. Todo esse processo é facilitado por ciclos do mercado marítimo. Ao fazer as taxas de frete e o sentimento de mercado crescerem (quando os novos navios são encomendados) e decrescerem (quando os navios velhos são enviados para sucata) de forma acentuada, os ciclos clarificam decisões econômicas mal definidas. Em caso de dúvida, reforçam princípios econômicos com sentimentos. É provável que os proprietários tomem a decisão de vender para sucata caso se sintam pessimistas acerca do futuro. Então, ciclo a ciclo a substituição da frota avança. No Capítulo 3, abordaremos os ciclos e, no Capítulo 5, os quatro mercados envolvidos no processo de substituição da frota.

106 Economia marítima

Tabela 2.6 – As 35 nações marítimas mais importantes (jan. 2006)

	Milhões de toneladas de porte bruto			% sob pavilhão estrangeiro
	Nacional	Estrangeira	Total	
Ásia				
Japão	11,8	119,9	131,7	91%
China	29,8	35,7	65,5	54%
Hong Kong, China	18,0	25,9	43,8	59%
República da Coreia	12,7	17,0	29,7	57%
República da China	4,8	19,6	24,4	80%
Singapura	14,7	8,3	23,0	36%
Índia	12,5	1,3	13,8	9%
Malásia	5,5	4,2	9,6	43%
Indonésia	3,8	2,4	6,2	39%
Filipinas	4,1	1,0	5,0	19%
Tailândia	2,4	0,5	2,9	16%
Total	120,0	235,6	355,6	66%
Europa				
Grécia	47,5	115,9	163,4	71%
Alemanha	13,1	58,4	71,5	82%
Noruega	13,7	31,7	45,4	70%
Reino Unido	9,0	12,3	21,3	58%
Dinamarca	9,2	10,3	19,6	53%
Itália	10,2	4,3	14,5	30%
Suíça	0,8	11,0	11,8	93%
Bélgica	5,9	5,7	11,6	49%
Turquia	6,8	3,5	10,3	34%
Holanda	4,5	4,3	8,8	49%
Suécia	1,7	4,7	6,4	73%
França	2,2	2,7	4,9	55%
Espanha	0,9	3,2	4,1	79%
Croácia	1,7	1,0	2,7	37%
Total	127,1	269,0	396,1	68%
Oriente Médio				
Arábia Saudita	1,0	10,4	11,4	91%
Irã (República Islâmica)	8,9	0,9	9,8	10%
Kuwait	3,7	1,4	5,0	27%
EAU [Emirados Árabes Unidos]	0,6	3,9	4,5	88%
Total	14,1	16,6	30,7	
Outros				
Israel	0,9	1,8	2,7	68%
Estados Unidos	10,2	36,8	46,9	78%
Canadá	2,5	4,0	6,5	61%
Brasil	2,6	2,2	4,8	46%
Federação Russa	6,8	9,9	16,7	59%
Austrália	1,4	1,3	2,6	48%
Total	24,3	54,1	77,5	
Total (35 países)	285,5	575,3	860,0	95%
Total mundial	**303,8**	**603,0**	**906,8**	**100%**

Fonte: *UNCTAD Yearbook*, 2006, Tabela 16, p. 33.

2.7 O CUSTO DO TRANSPORTE MARÍTIMO

COMÉRCIO MUNDIAL E CUSTO DO FRETE

Uma das contribuições do transporte marítimo para a revolução do comércio global foi tornar o transporte por mar tão barato que o custo do frete não era uma questão importante na decisão do local onde adquirir ou vender os produtos. Em 2004, o valor do comércio mundial importado foi de US$ 9,2 trilhões e o custo do frete foi de US$ 270 bilhões, representando somente 3,6% do valor total do comércio mundial.[17] Uma vez que essas estatísticas incluem tanto as cargas a granel como as cargas gerais e, geralmente, incluiriam a distribuição interna, é provável que exagerem a proporção do frete marítimo no custo total.

Na realidade, o transporte do carvão e do petróleo custou um pouco mais durante a década de 1990 do que cinquenta anos antes, como pode ser observado na Figura 2.5, que apresenta os custos diários do frete. Em 1950 custava cerca de US$ 8 transportar carvão da costa leste da América do Norte para o Japão. Em 2006, custava US$ 32. Pelo caminho ocorreram nove ciclos de mercado, que atingiram o seu auge em 1952, 1956, 1970, 1974, 1980, 1989, 1995, 2000 e 2004, mas a média do custo do transporte foi de US$ 13,3 por tonelada. O ano mais barato para o transporte de carvão foi 1972, quando o custo do transporte foi de US$ 4,50 por tonelada, enquanto o mais dispendioso foi 2004, quando o custo de transporte foi de US$ 44,80 por tonelada. O comércio do petróleo apresenta a mesma tendência em longo prazo, com os custos de transporte flutuando entre US$ 0,50 e US$ 1 por barril. O custo de transporte mais elevado ocorreu durante o crescimento rápido de 2004, quando chegou até os US$ 3,37 por barril. Em quatro anos, 1949, 1961, 1977 e 1994, o custo caiu para US$ 0,50 por barril e, em 2002, diminuiu para US$ 0,80 por barril, antes de aumentar para US$ 2,20 por barril em 2006.

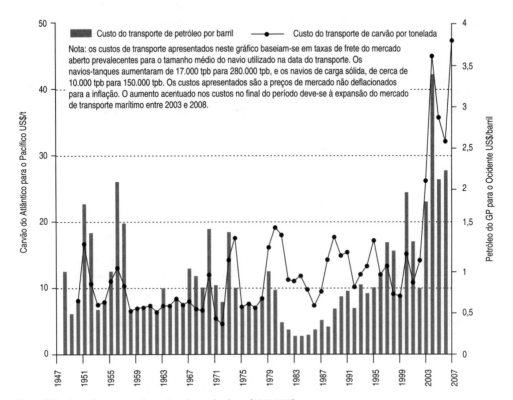

Figura 2.5 – Custo de transporte do carvão e do petróleo bruto (1947-2007).

Fonte: compilada por Martin Stopford a partir de diversas fontes.

Em comparação com outros setores da economia, a conquista da indústria do transporte é excepcional. Em 2004, os preços médios em dólar eram seis vezes mais altos que em 1960 (Tabela 2.7). O preço de um automóvel básico da Ford aumentou de US$ 1.385 para US$ 13.430; a tarifa ferroviária britânica entre Londres e Glasgow aumentou de US$ 23,50 para US$ 100; o preço da tonelada do carvão doméstico no Reino Unido cresceu de US$ 12 para US$ 194; e o preço do barril de petróleo bruto aumentou de US$ 1,50 para US$ 50. Os três produtos em que se verificaram os menores aumentos nos preços foram as tarifas aéreas, as tarifas ferroviárias e os ternos masculinos, o que mostra o impacto das exportações chinesas sobre o negócio do vestuário. O frete do petróleo transportado por via marítima e o frete das cargas a granel sólidas ocuparam a segunda e a terceira posições na tabela, mas esta não é uma comparação justa, porque 2004 foi um ponto alto no ciclo do transporte marítimo, com as taxas de frete mais elevadas no período de um século (ver o Capítulo 3 para uma discussão dos ciclos). O fato de as tarifas aéreas liderarem a lista oferece uma visão geral sobre a razão que levou o transporte marítimo a perder o negócio do transporte de passageiros durante esse período.

Tabela 2.7 – Preços de bens, serviços e produtos primários no mercado corrente (1960-2004)

	Unidade	1960	1990	2004	Aumento médio 1960-2004 (% por ano)
Tarifa aérea atlântica[a]	US$	432,6	580,9	230,0	−1%
Tarifa ferroviária[b]	US$	23,5	106,1	99,8	3%
Terno masculino (Daks)	US$	84	484	478	4%
Frete do petróleo Golfo/Oeste	US$/barril	0,55	0,98	3,30	4%
Frete do carvão Hampton Roads/Japão	US$/tonelada	6,9	14,8	44,8	4%
Carro Ford[c]	US$	1.385	11.115	13.430	5%
Jantar no Savoy[d]	US$	7	52	96	6%
Carvão doméstico	US$/tonelada	12	217	194	6%
Pão (não fatiado)	Cêntimos	6,7	75,5	115,2	6%
Selo postal[e]	Cêntimos	4	67	83	8%
Petróleo bruto (arábico leve)	US$/barril	1,5	20,5	50,0	8%
Nota: preços aos consumidores nos Estados Unidos	Índice	100,0	442,0	640,0	4%
Taxa de câmbio US$ para £		2,8	1,8	1,9	−1%

Fonte: "Prices down the years", *The Economist*, 22 dez. 1990, atualizado.

Notas
[a] Londres-Nova York ida e volta
[b] Londres-Glasgow, 2ª classe, ida e volta
[c] Modelo mais barato
[d] Sopa, prato principal, pudim, café
[e] Londres-Estados Unidos

Isso demonstra que o negócio do transporte marítimo foi bem-sucedido em manter os custos durante um período em que o custo dos produtos primários que transportava aumentou de dez a vinte vezes. Como resultado, o frete para muitos produtos primários representa agora uma proporção muito menor dos custos do que há trinta anos. Por exemplo, em 1960, o frete do petróleo representava 30% do custo do barril do petróleo bruto Arabian Light entregue na Europa.[18] Por volta de 1990 caiu para menos de 5% e, em 2004, era mais ou menos o mesmo, tornando o negócio dos navios-tanques menos atrativo para as companhias petrolíferas. Esse desempenho ao nível do custo resultou da combinação de economias de escala, de tecnologia nova, de portos melhores, de um manuseio de carga mais eficiente e do uso de bandeiras internacionais para reduzir as despesas gerais do navio. Essas são as questões que abordaremos no restante deste capítulo.

Embora menos facilmente documentado, os resultados alcançados pelo negócio dos contêineres são igualmente impressionantes. Em 2004, o custo de expedição de 7.500 pares de sapatilhas no trajeto principal entre o Extremo Oriente e o Reino Unido era de 24 centavos de dólar o par. No trajeto de retorno, o custo de expedição de 15.500 garrafas de uísque escocês num contêiner de 20 pés do Reino Unido para o Japão desceu de US$ 1.660 em 1991 para US$ 735 em 2004. Isso resulta num custo de 4,7 centavos de dólar a garrafa.[19]

DIMENSÃO DOS NAVIOS E ECONOMIAS DE ESCALA

As economias de escala desempenharam um importante papel em manter os custos do transporte marítimo baixos. Já mencionamos que são necessários navios de muitos tamanhos para lidar com as diferentes dimensões das partidas de carga, profundidades da água e distâncias percorridas pelas cargas (ver Tabela 2.5). Por exemplo, as dimensões dos navios-tanques variam entre 1.000 tpb e mais de 400.000 tpb e, de acordo com as dimensões dos navios, desenvolveram-se segmentos de mercado distintos. Os navios-tanques evoluíram para VLCCs (acima de 200.000 tpb) que operam nos tráfegos de longo curso; os navios-tanques Suezmax (199.999 tpb) foram usados nos tráfegos de petróleo bruto de distância média; os navios Aframax (80.000-120.000 tpb) foram empregados nos tráfegos de petróleo bruto de curta distância; os navios-tanques Panamax (60.000-80.000 tpb) são utilizados nos tráfegos de petróleo bruto de distância muito curta e no transporte de produtos derivados pretos; e os navios-tanques são usados para o transporte de derivados do petróleo (10.000-60.000 tpb). No mercado de granel sólido, os navios graneleiros Capesize, com cerca de 170.000 tpb, especializaram-se no transporte de carvão e de minério de ferro, enquanto os navios graneleiros Panamax movimentam grão, carvão e pequenas partidas de carga de minério de ferro e os navios graneleiros Handy (20.000-60.000 tpb) transportam pequenas partidas de carga de granéis secundários. Com o

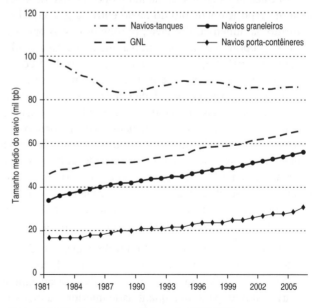

Figura 2.6 – Tendência na dimensão dos navios (1980-2006).
Fonte: compilada a partir dos dados da frota.

passar do tempo a dimensão média dos navios em cada uma dessas classes de tamanho tende a aumentar. Por exemplo, o navio graneleiro de tecnologia de ponta da classe Handy tinha, em 1970, 25.000 tpb, em 1985, 35.000 tpb, e em 2007, 50.000 tpb. A dimensão do navio aumentou porque os negócios eram capazes de manusear partidas de carga maiores, e as instalações portuárias foram desenvolvidas para acomodar navios maiores. Tem ocorrido muito desse mesmo tipo de escalada na dimensão nos navios-tanques e, claro, nos navios porta-contêineres. Como pode ser observado na Figura 2.6, durante os 25 anos decorridos entre 1981 e 2006, a tendência no tamanho foi geralmente de crescimento. Por exemplo, o navio graneleiro médio aumentou em tamanho de 34.000 tpb para 56.000 tpb. Porém, os tamanhos nem sempre aumentam. Como consequência das mudanças estruturais que ocorreram na frota, causadas por uma transferência dos tráfegos de petróleo bruto de longa distância para curta distância, a dimensão média dos navios-tanques caiu de 96.000 tpb em 1981 para 86.000 tpb em 2005.[20]

FUNÇÃO DE CUSTO UNITÁRIO DO TRANSPORTE MARÍTIMO

Podemos entender por que razão os investidores escolhem os navios maiores quando examinamos a função de custo unitário. O custo unitário de transportar uma tonelada de carga numa viagem é definido como a soma do custo de capital do navio (LC), do custo operacional do navio (OPEX) e do custo de manuseio da carga (CH), dividida pela dimensão da partida de carga (PS), que, no caso dos navios graneleiros, corresponde à tonelagem de carga que podem transportar:

$$\text{Custo unitário} = \frac{LC + OPEX + CH}{PS}$$

Ao calcular os custos de capital e operacional, deve ser levado em consideração o tempo gasto no reposicionamento do navio entre cargas. Geralmente, o custo unitário baixa com o aumento da dimensão do navio, porque os custos operacionais e de manuseio da carga não crescem proporcionalmente com o aumento da capacidade de carga. Por exemplo, um navio-tanque de 330.000 tpb custa somente o dobro do preço de um navio com 110.000 tpb, mas transporta três vezes mais carga (examinaremos essa questão com mais detalhe no Capítulo 6), portanto, o custo por tonelada em expedir uma partida de carga de 110.000 toneladas de petróleo é muito mais elevado do que a expedição de uma partida de carga de 330.000 toneladas. Se a partida de carga é demasiadamente pequena para ocupar um navio por completo, o custo aumenta consideravelmente por causa do custo elevado de manusear e estivar as partidas de carga pequenas. Por exemplo, o petróleo bruto pode ser transportado por 12.000 milhas do Golfo Pérsico para os Estados Unidos por menos de US$ 1 o barril usando um navio-tanque de 280.000 tpb, enquanto o custo de expedição de uma pequena partida de carga de óleo lubrificante da Europa para Singapura, num pequeno navio-tanque especializado no transporte de várias cargas líquidas ao mesmo tempo [parcel tanker], pode custar acima dos US$ 100 por tonelada.

A forma da função de custo unitário é apresentada na Figura 2.7, que relaciona o custo por tonelada de carga transportada (eixo vertical) com a dimensão da partida de carga (eixo horizontal). Os custos unitários aumentam significativamente conforme a dimensão da partida de carga diminui para uma quantidade inferior à dimensão do navio e a carga movimenta-se para o sistema de transporte de linhas regulares. Existe claramente um incentivo fantástico para expedir grandes quantidades, e é a inclinação da curva de custo unitário que cria a pressão econômica que levou ao aumento das dimensões das partidas de carga durante o último século. Isso também explica por que a conteinerização tem sido tão bem-sucedida. Por meio do carregamento de 10 a 15 toneladas de carga num contêiner de 20 pés, o qual pode ser carregado num navio porta-contêineres de 8 mil unidades equivalentes de 20 pés [*twenty foot equivalent unit*, TEU], numa questão de minutos, é possível reduzir o frete para cerca de US$ 150 a tonelada, o que não é muito mais do que o valor pago por algumas partidas de carga a granel pequenas. Imagine ter de carregar as 1.300 caixas de uísque escocês que o contêiner transporta e estivá-las no porão, sem mencionar as avarias e os roubos.

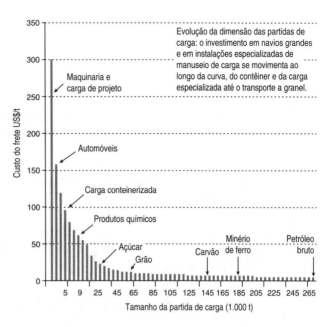

Figura 2.7 – Função de custo unitário do transporte marítimo: dimensão da partida de carga e custo do transporte.

Fonte: compilada por Martin Stopford a partir de várias fontes.

As companhias de navegação de linhas regulares e a granel, que operam nos extremos opostos da função de custo unitário, executam tarefas fundamentalmente diferentes. As companhias de linha regular têm de organizar o transporte de muitas pequenas partidas de carga e precisam de um número de funcionários considerável em terra capaz de lidar com os embarcadores, tratar da documentação e planejar o carregamento do navio e das operações de transporte efetuado por mais de um transportador e, às vezes, por vários meios de transporte [*through-transport operations*]. Por outro lado, a indústria marítima a granel manuseia um menor número de cargas, mas em maior quantidade. Não precisa de um número considerável de funcionários em terra, mas as poucas decisões que devem ser tomadas têm uma importância crucial, de tal forma que o proprietário ou o diretor executivo em geral encontram-se profundamente envolvidos nas decisões principais relacionadas com a compra, a venda e o afretamento de navios. Em resumo, são consideravelmente diferentes o tipo de organizações envolvidas, as políticas de transporte marítimo e mesmo o tipo de funcionários ocupados em ambos os lados do negócio. A natureza das indústrias do transporte marítimo de linhas regulares e de granel é debatida detalhadamente nos Capítulos 11 e 13, portanto, as afirmações efetuadas neste capítulo limitam-se a providenciar uma visão geral desses dois setores principais do mercado marítimo.

Essas diferenças na natureza da demanda constituem a base para justificar a divisão da indústria marítima em duas indústrias consideravelmente diferentes, a indústria marítima a granel e a indústria marítima de linhas regulares. A indústria marítima a granel é construída em torno da minimização do custo unitário, enquanto a indústria de linhas regulares preocupa-se mais com a velocidade, a confiabilidade e a qualidade do serviço.

ECONOMIA DO TRANSPORTE MARÍTIMO A GRANEL

A indústria marítima a granel providencia o transporte de cargas que aparecem no mercado como carregamentos de navios. O princípio é "um navio, uma carga", embora não possamos ser muito rígidos acerca desse princípio. São usados muitos tipos de navios diferentes para transportar o granel, mas os principais caem dentro de quatro grupos: os navios-tanques, os navios graneleiros de uso geral para o transporte de cargas sólidas, os navios combinados e os navios graneleiros especializados. Os navios-tanques e os navios graneleiros têm, geralmente, uma concepção bastante padronizada, enquanto os navios combinados oferecem a possibilidade de transportar granel sólido e cargas líquidas. Os navios especializados são construídos para atender às características específicas de cargas difíceis. Todos esses tipos de navios são revistos em detalhe no Capítulo 14.

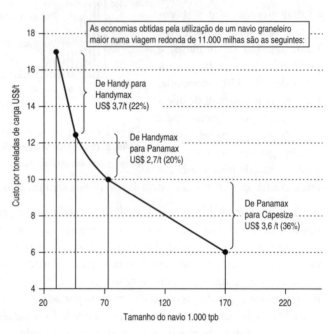

Figura 2.8 – Economias de escala relacionadas com a dimensão dos navios graneleiros.

Fonte: baseada na viagem redonda de 11 mil milhas apresentada na Tabela 10.5, Capítulo 10.

Numa operação tradicional de linhas não regulares, algumas cargas a granel diferentes podem ser transportadas num navio único, cada uma delas ocupando um porão diferente ou, possivelmente, uma parte do porão, embora esta última seja menos comum do que costumava ser. Contudo, o pilar do transporte marítimo a granel é a economia de escala (Figura 2.8). A passagem de um navio graneleiro Handy para um navio Handymax economiza cerca de 22% por tonelada, enquanto a utilização de um navio graneleiro Panamax economiza 20%, e um salto maior para um navio Capesize resulta num adicional de 36%. Assim, os maiores navios graneleiros de carga sólida podem reduzir em mais da metade o custo do transporte, embora essa análise dependa de muitos pressupostos, que abordaremos profundamente no Capítulo 6 (ver, em particular, a Tabela 6.1). Um embarcador com carga a granel para ser transportada pode abordar essa tarefa de várias maneiras diferentes, dependendo da carga e da natureza da operação comercial – as suas escolhas variam entre o envolvimento total, possuindo os seus próprios navios, até entregar toda a tarefa a um embarcador especializado em granel.

As grandes empresas que expedem materiais a granel em quantidades consideráveis gerenciam, por vezes, as suas próprias frotas para movimentar uma proporção das suas necessidades de transporte. Por exemplo, em 2005, as principais empresas petrolíferas possuíam juntas aproximadamente 22,7 m.tpb de navios petroleiros, representando 7% da frota de navios-tanques. As empresas siderúrgicas no Japão e na Europa também gerenciam grandes frotas de navios

A organização do mercado marítimo

graneleiros para o transporte de minério de ferro e de carvão. Esse tipo de operação de transporte marítimo a granel adapta-se aos embarcadores, que gerenciam uma operação de transporte efetuada por mais de um transportador e, às vezes, vários meios de transporte estável e previsível.

Um dos primeiros exemplos do moderno transporte de carga a granel sólida foi a construção de dois mineraleiros para a Bethlehem Steel, cujo objetivo era transportar o minério de ferro do Chile para a novíssima siderúrgica costeira construída em Baltimore, Estados Unidos (ver Capítulo 11). Toda a operação de transporte foi concebida para minimizar os custos de transporte para aquela fábrica em particular, e esse padrão ainda é seguido pelas operações da indústria pesada que importam carga a granel. Alguns embarcadores industriais pertencentes ao negócio do petróleo e do aço continuam a seguir essa prática para otimizar a operação de transporte e garantir que os requisitos básicos de transporte sejam cumpridos a um custo previsível, sem a necessidade de recorrer aos caprichos do mercado de afretamentos.

O problema principal levantado por essa estratégia é o investimento de capital necessário e o questionamento sobre a posse ou não de navios reduzir os custos de transporte.[21] Se o embarcador tem uma necessidade de serviços de transporte a granel em longo prazo, mas não deseja envolver-se ativamente como proprietário de navios, ele pode afretar tonelagem em longo prazo de um proprietário. Algumas companhias afretam por dez ou quinze anos para providenciar uma capacidade de carga base para cumprir com os contratos de suprimento de materiais em longo prazo – sobretudo no tráfego do minério e ferro. Por exemplo, a empresa de navegação japonesa Mitsui OSK transporta o minério de ferro para Sumitomo, Nippon Kokan e Nippon Steel com base em garantias de carga em longo prazo e opera uma frota de mineraleiros e de navios combinados para providenciar esse serviço. No início da década de 1980, a empresa transportava cerca de 20% das importações japonesas de minério de ferro.[22] Em tais casos, o contrato é geralmente negociado antes de o navio ser construído na prática. No mercado de afretamento, são realizados afretamentos por tempo de curta duração por doze meses ou por três a cinco anos, e essa prática não se alterou significativamente durante os últimos trinta anos.

Contudo, alguns embarcadores têm somente uma carga ocasional para ser transportada. Isso acontece frequentemente nos tráfegos agrícolas, como os do grão e do açúcar, em que os fatores sazonais e a volatilidade do mercado tornam difícil planejar antecipadamente as necessidades de transporte marítimo, ou quando a carga é um carregamento de unidades pré-fabricadas ou maquinaria pesada. Em tais casos afreta-se tonelagem a granel ou de multicobertas por uma viagem a uma taxa de frete negociada por tonelada de carga transportada.

Finalmente, o embarcador pode entrar em contratos de longa duração com um proprietário de navios que se especializou em determinada área do transporte marítimo a granel apoiado por uma tonelagem adequada. Por exemplo, os proprietários de navios escandinavos, como o Star Shipping e o Gearbulk Group, estão muito focados no transporte de produtos florestais e operam uma frota de navios especializados concebidos para otimizar o transporte a granel desses produtos. Igualmente, o transporte de veículos automóveis é efetuado por companhias como a Wallenius Lines, a qual opera uma frota de navios dedicados exclusivamente ao transporte de veículos e transporta anualmente cerca de 2 milhões de veículos ao redor do mundo.

O serviço oferecido nos tráfegos de granel especializados implica o cumprimento de calendários, utilizando navios com uma capacidade de carga elevada e um manuseio de carga rápido. Tal operação exige uma cooperação próxima entre o embarcador e o proprietário de navios, este último oferecendo um serviço melhor porque atende a todo o tráfego, em vez de um único cliente. Naturalmente, esse tipo de operação ocorre somente em tráfegos nos quais o investimento em tonelagem especializada pode oferecer uma redução de custo significativa ou uma melhoria na qualidade, quando comparado com a utilização de tonelagem a granel de uso geral.

ECONOMIA DO TRANSPORTE MARÍTIMO DE LINHAS REGULARES

Os serviços de linha regular oferecem transporte para as cargas cujas quantidades são insuficientes para carregar um navio por completo e que precisam ser agrupadas com outras para o transporte. Os navios operam um serviço regular calendarizado entre portos, transportando a carga a preços fixos dependendo de seu tipo, embora possam ser oferecidos descontos a clientes regulares. O transporte de uma quantidade pequena de itens num serviço regular obriga o operador de linha a uma tarefa administrativa mais complexa do que a do proprietário de navios de transporte marítimo a granel. O operador de linha regular deve ser capaz de:

- oferecer um serviço regular para muitas partidas de cargas pequenas e processar a quantidade de documentação associada;

- cobrar individualmente as partidas de cargas com base numa tarifa fixa que gera um lucro global – não é uma tarefa fácil, quando muitos milhares de partidas de cargas têm de ser processados semanalmente;

- carregar a carga/contêiner no navio de maneira a garantir que esteja acessível para descarga (tendo em conta que o navio vai escalar muitos portos) e que o navio esteja "estável" e "com o caimento devido";

- gerenciar o serviço com um horário fixo, embora permitindo todos os atrasos normais – derivados de mau tempo, avarias, greves etc.; e

- planejar a existência de tonelagem disponível para servir os tráfegos, incluindo a reparação e a manutenção dos serviços existentes, a construção de novos navios e o afretamento de navios adicionais para atender às necessidades cíclicas e para complementar a frota de navios próprios da companhia.

Tudo isso é gerenciado intensivamente e explica por que, do ponto de vista comercial, o negócio de linhas regulares é um mundo diferente do transporte marítimo a granel. As competências, os conhecimentos e as capacidades organizativas são muito diferentes.

Por conta de suas despesas gerais elevadas e da necessidade de manter um serviço regular, mesmo quando não existe um carregamento completo pagável, o serviço de linhas regulares é particularmente vulnerável ao preço do custo marginal dos outros proprietários de navios que operam nos mesmos tráfegos comerciais. Para superar essa questão, as companhias de linha regular desenvolveram o "sistema de conferências marítimas", que foi inicialmente testado em 1875 no tráfego entre Grã-Bretanha e Calcutá. Na década de 1980, existiam cerca de 350 conferências marítimas operando em ambos os tráfegos de longa e curta distância. Contudo, a recessão de mercado prolongada na década de 1980, as mudanças resultantes da conteinerização e a intervenção reguladora enfraqueceram o sistema de tal forma que os operadores de linha começaram a procurar outras formas para estabilizar a sua posição competitiva. As operações de linhas regulares são abordadas detalhadamente no Capítulo 13.

2.8 O PAPEL DOS PORTOS NO SISTEMA DE TRANSPORTE

Os portos são o terceiro componente no sistema de transporte e constituem uma interface crítica entre a terra e o mar. É aqui que grande parte da atividade real ocorre. Nos tempos dos cargueiros de linhas regulares e não regulares a atividade era óbvia. Os portos estavam cheios de navios e abarrotados com pessoal de tráfego e estiva a carregar e descarregar a carga. Os artistas adoravam pintar essas cenas atarefadas, e as orlas eram famosas pelos entretenimentos que ofereciam aos marinheiros durante as suas longas estadias nos portos. Qualquer pessoa podia ver o que se passava. Os portos modernos são mais sutis. Os navios fazem escalas fugazes em terminais altamente automatizados e aparentemente desertos, muitas vezes parando somente algumas horas para carregar ou descarregar a carga. A atividade é menos visível, mas muito mais intensa. Atualmente, as velocidades de manuseio da carga são muitas vezes mais altas do que eram há cinquenta anos.

Antes de abordarmos os portos, precisamos definir três termos: "porto", "autoridade portuária" e "terminal". Um porto é uma área geográfica onde os navios atracam ao cais para carregar e descarregar a carga – geralmente uma área de águas profundas abrigada, por exemplo, por uma baía ou a foz de um rio. A autoridade portuária é a organização responsável por providenciar os vários serviços marítimos necessários para atracar os navios aos cais. Os portos podem ser entidades públicas, organizações governamentais ou companhias privadas. Uma autoridade portuária pode controlar vários portos (por exemplo, a Autoridade Portuária da Arábia Saudita [*Saudi Ports Authority*]). Finalmente, um terminal é uma seção de um porto constituída de um ou mais postos de atracação dedicados ao manuseio de um tipo de carga específica. Então, temos terminais de carvão, terminais de contêineres etc. Os terminais podem ser possuídos e operados pela autoridade portuária ou por uma companhia de navegação que opera o terminal para seu uso exclusivo.

Os portos têm várias funções importantes que são cruciais para a eficiência dos navios que navegam entre eles. O seu principal objetivo é providenciar um local seguro onde os navios possa atracar. Contudo, isso é somente o início. A melhoria da movimentação de carga necessita de investimento nas instalações em terra. Se forem utilizados navios de maiores dimensões, os portos têm de ser construídos com canais de acesso e postos de atracação com águas profundas. O manuseio da carga é de igual importância, um dos elementos principais na concepção do sistema. Um porto versátil deve ser capaz de manusear cargas diferentes – o granel, os contêineres, a carga sobre rodas, a carga geral e os passageiros, todos necessitam de diferentes instalações. Existe também a questão de providenciar instalações de armazenamento para as cargas de entrada e de saída. Finalmente, os sistemas de transporte terrestres devem estar eficientemente integrados com as operações portuárias. As vias ferroviárias, as estradas e as vias navegáveis interiores convergem nos portos, e essas ligações de transporte devem ser gerenciadas de forma eficiente.

A melhoria dos portos desempenha um papel fundamental na redução dos custos do transporte marítimo. Parte desse desenvolvimento técnico é efetuado pelas companhias de navegação que constroem terminais dedicados para os seus tráfegos, ou por embarcadores como as companhias petrolíferas ou siderúrgicas. Por exemplo, a transferência do transporte de grão dos navios de pequenas dimensões de aproximadamente 20.000 tpb para navios de 60.000 tpb ou mais depende da construção de terminais de cereais de águas profundas com instalações para o armazenamento e manuseio do granel. Igualmente, a introdução de serviços de contêineres necessita de terminais de contêineres. Contudo, a indústria portuária providencia muito do próprio investimento. Tem o seu próprio mercado, o qual é tão competitivo como os mercados marítimos. Os portos dentro de uma região são reféns de uma concorrência selvagem para atrair as cargas destinadas ao seu interior ou distribuí-las dentro da região. No tráfego da distribuição dos contêineres do Extremo Oriente, Hong Kong concorre com Singapura e Xangai. Roterdã estabeleceu-se como o principal porto europeu, concorrendo com Hamburgo, Bremen, Antuérpia e, nos primeiros tempos, com Liverpool. O investimento nas instalações desempenha um papel fundamental no processo concorrencial.

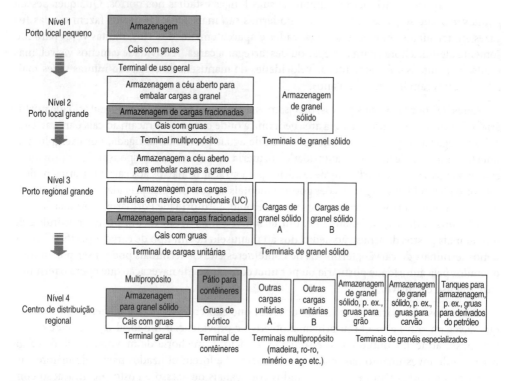

Figura 2.9 – Quatro níveis de desenvolvimento portuário.
Fonte: compilada por Martin Stopford a partir de várias fontes.

As instalações oferecidas pelo porto dependem do tipo e da quantidade de carga que está em trânsito. Ao mesmo tempo que o comércio muda, também se alteram os portos. Não existe algo como um porto típico. Cada um tem uma mistura de instalações destinadas a atender aos tráfegos da região que serve. Contudo, é possível generalizar acerca do tipo de instalações portuárias que podem ser encontradas nas diferentes áreas. Como exemplo, apresentam-se na Figura 2.9 quatro tipos de complexos portuários, representando quatro níveis de atividade diferentes. Em termos muito gerais, os blocos nesses diagramas representam, na largura, o número de instalações ou o comprimento do cais e, na altura, o volume anual de cada um.

- Nível 1: *porto local de pequena dimensão*. Ao redor do mundo existem milhares de pequenos portos que atendem o comércio local. Eles manuseiam fluxos de carga variados, frequentemente servidos por navios de curta distância. Uma vez que os volumes de carga são pequenos, as suas instalações são básicas, compostas de postos de atracação de uso geral apoiados por armazéns. Podem ser acomodados somente os navios de pequenas dimensões, e é provável que o porto manuseie uma mistura de contêineres, carga geral fracionada e partidas de cargas acondicionadas (por exemplo, partidas de cargas parciais de madeira acondicionada ou óleo em tambores) ou expedidas soltas e acondicionadas no porão antes de serem descarregadas. A carga é descarregada do navio para o cais e armazenada nos armazéns ou na zona operacional do cais até ser coletada. Portos como esses encontram-se em países em desenvolvimento e nas áreas rurais dos países desenvolvidos.

- Nível 2: *porto local de grande dimensão*. Quando o volume de carga é superior, o investimento especial torna-se econômico. Por exemplo, se o volume de grão e de fertilizantes aumentar, pode ser construído um terminal de granel sólido com maior profundidade para manusear navios graneleiros maiores (por exemplo, até 35.000 tpb), um cais com guindastes de garras, área de parqueamento para empilhar a carga, linhas ferroviárias e acesso rodoviário para caminhões. Ao mesmo tempo, as instalações de carga fracionada [*break bulk cargo*] podem ser expandidas para manusear o tráfego regular de contêineres, por exemplo, por meio da compra de equipamento para manuseio de contêineres e do reforço do cais.

- Nível 3: *porto regional de grande dimensão*. Os portos que manuseiam os grandes volumes de carga de longo curso necessitam de um investimento muito elevado em terminais especializados. Unidades de carga como os paletes, os contêineres ou a madeira lingada são manuseadas em quantidades tais que justificam um terminal de carga unitária com equipamentos de carga como as gruas de pórtico, os empilhadores e o espaço de armazenamento para unidades de carga. Podem ser construídos terminais especiais para os tráfegos de produtos primários com elevados volumes, movimentando anualmente quantidades na ordem dos vários milhões (por exemplo, terminais de carvão, de grão, de derivados do petróleo), capazes de acomodar os grandes navios de 60.000 tpb ou mais usados nos tráfegos de granel de longo curso.

- Nível 4: *centro de distribuição regional*. Os portos regionais têm um papel maior como centros de concentração e de distribuição de carga transportada no longo curso em navios muito grandes, necessitando de portos locais de pequena dimensão para a sua distribuição. Este tipo de porto, do qual os exemplos principais são Roterdã, Hong Kong e Singapura, consiste numa federação de terminais especializados, cada um deles dedicado a um tipo de carga especial. Os contêineres são manuseados nos terminais de contêineres; os terminais de carga unitária cuidam da madeira, do ferro, do aço e da carga rolante. Cargas homogêneas a granel, como o grão, o minério, o carvão, o cimento e os derivados do petróleo, são movimentadas em terminais dedicados construídos para elas, frequentemente gerenciados pelos proprietários da carga. Existem excelentes instalações para transbordo por mar, por ferrovia, por barcaça ou por rodovia.

Os portos e os terminais geram rendimentos cobrando dos navios a utilização das suas instalações. Deixando de lado os fatores concorrenciais, os encargos portuários devem cobrir os custos unitários, e estes têm um elemento fixo e variável. O proprietário do navio pode ser cobrado de duas formas: uma taxa "com tudo incluído", à exceção de alguns serviços complementares secundários, ou uma taxa "por acréscimo", na qual o proprietário paga um preço-base ao qual são adicionados os extras correspondentes aos vários serviços usados pelo navio durante a sua estadia em porto. O método de cobrança depende do tipo de operação da carga, mas ambos variam de acordo com a quantidade de carga, e os pontos de gatilho [*trigger points*] ativam as alterações nas tarifas.

2.9 AS COMPANHIAS DE NAVEGAÇÃO QUE GERENCIAM O NEGÓCIO

TIPOS DE COMPANHIAS DE NAVEGAÇÃO

Para as pessoas de fora, uma característica marcante do negócio do transporte marítimo é o caráter diverso das companhias nos diferentes setores de mercado. Por exemplo, as companhias de navegação de linhas regulares e as de granel, embora pertençam à mesma indústria, parecem ter muito pouco em comum, um fato que abordaremos mais detalhadamente nas partes finais do livro. Na prática, existem vários grupos de companhias diferentes envolvidas na cadeia de transporte, algumas diretamente, outras indiretamente. Os participantes diretos são os proprietários das cargas – com frequência os produtores primários, como as companhias petrolíferas ou as minas de minério de ferro – e os proprietários de navios (companhias de navegação). Contudo, nos últimos vinte anos, juntaram-se a eles dois outros grupos cada vez mais importantes: os comerciantes que compram e vendem os produtos primários, como o petróleo, para o qual necessitam de transporte, tornando-os afretadores principais; e os "operadores" que afretam os navios para uma arbitragem em oposição aos contratos de carga. Os gerentes e os corretores de navio encontram-se também envolvidos nas operações comerciais diárias do negócio. Cada um tem uma perspectiva ligeiramente diferente do negócio.

Em 2004, 5.518 companhias de navegação possuíam os 36.903 navios que movimentavam o comércio mundial de longo curso, uma média de sete navios por companhia (Tabela 2.8). Existem algumas companhias muito grandes, pelo menos quando avaliadas em termos do número de navios que possuem, e um terço da frota pertencia a 112 companhias com mais de cinquenta navios. Entre as maiores companhias, encontram-se aquelas de navegação nacionais, como a China Ocean Shipping Company (COSCO), a China Shipping Group, o governo indiano e a MISC. Depois, há grandes empresas, como as companhias comerciais japonesas (Mitsui OSK, NYK, K-Line), os grupos de transporte marítimo coreanos e as companhias independentes muito grandes, como a Maersk, a Teekay e o Ofer Group. Outro terço pertence a 716 companhias que gerenciam de dez a 49 navios, muitas das quais são empresas privadas, e o restante pertencia a 4.690 companhias com uma média de 2,3 navios cada. Para realmente perceber o que se passa nas curvas da oferta-demanda que estudaremos no Capítulo 4 ou para rastrear e prever os ciclos no transporte marítimo, temos de perceber o que move essas empresas.

Tabela 2.8 – A dimensão das companhias de navegação, 2004[a]

Número de navios na frota	Número de		% da frota (número de navios)	Navios por companhia
	Companhias	Navios		
Acima de 200	10	4.074	11%	407
100-200	22	2.754	7%	125
50-99	80	5.538	15%	69
20-49	256	7.520	20%	29
10-19	460	6.211	17%	14
5-9	669	4.389	12%	7
Abaixo de 5	4.021	6.417	17%	2
Total geral	5.518	36.903	100%	7

[a] Inclui navios de longo curso, abrangendo granel, especializados e linhas regulares.
Fonte: CRSL.

Na retaguarda existem os fornecedores, incluindo os gerentes, os reparadores de navios, os construtores navais, os fabricantes de equipamento e os demolidores de navios. Cada um deles

A organização do mercado marítimo

representa um negócio distinto, com a sua própria cultura e objetivos especiais. O financiamento de navios constitui outra categoria, também ela com subdivisões distintas, assim como os advogados e outros serviços associados como inspeções ao navio, seguros e fornecedores de informação.

QUEM TOMA AS DECISÕES?

Em razão de o negócio movimentar-se internacionalmente, os proprietários de navios podem escolher registrar as suas empresas nas Bahamas, na Libéria, nas Ilhas Marshall ou em Chipre. Esses países têm uma legislação marítima que oferece um ambiente comercial favorável, como vamos abordar no Capítulo 16. São usados diferentes tipos de estruturas empresariais, incluindo-se o empresário individual, as parcerias e as sociedades empresariais.

Dentro das indústrias de transporte marítimo de linhas regulares e a granel, existem muitos tipos de negócio diferentes, cada um deles com a sua estrutura organizacional, objetivos comerciais e objetivos estratégicos distintos. Considere-se os exemplos apresentados no Destaque 2.1. Isso está longe de se ser uma descrição exaustiva dos diferentes tipos de companhias de navegação, mas ilustra a diversidade das diferentes estruturas organizacionais que se podem encontrar e, mais importante, das diferentes pressões e constrangimentos sobre o gerenciamento da tomada de decisões.

O proprietário de navios grego, com uma companhia privada, gerencia uma pequena organização fechada, a qual ele controla, tomando todas as decisões e tendo um interesse pessoal direto no seu resultado. De fato, o número de decisões importantes por ele efetuadas é consideravelmente pequeno, relacionando-se com a compra e venda de navios e com a possibilidade ou não de amarrar os seus navios a contratos de afretamento por período de longa duração. Ele é um agente livre, dependente dos seus próprios recursos para obter financiamento e para ultrapassar as adversidades no mercado.

Os outros exemplos apresentam grandes estruturas em que as gestões de topo encontram-se mais afastadas das operações diárias do negócio e estão sujeitas a muitas pressões e constrangimentos institucionais na operação e no desenvolvimento do negócio. A empresa de contêineres tem uma equipe administrativa grande e complexa e uma rede de agências para gerenciar, de forma que existe uma ênfase inevitável sobre a administração. O departamento da companhia petrolífera reporta-se a um conselho de administração, cujos membros percebem muito pouco do negócio do transporte marítimo e nem sempre partilham os objetivos do gerenciamento com a unidade de transporte marítimo. A sociedade empresarial fica sob pressão derivada da posição de relevo que ocupa perante os acionistas e da sua vulnerabilidade em assumir o controle durante os períodos em que o mercado não permite um retorno adequado do capital aplicado. Cada companhia é diferente, e isso influencia a forma como ela aborda o mercado.

SOCIEDADES CONJUNTAS E CONSÓRCIOS

Um dos métodos usados pelas companhias de navegação de pequena dimensão para melhorar a sua rentabilidade é a formação de consórcios [pools] que lhes permitem reduzir as despesas gerais, usar a informação de mercado de modo mais eficiente e concorrer de forma mais eficaz na obtenção de contratos com embarcadores que exigem níveis de serviços elevados. Um consórcio de transporte marítimo é uma frota de navios similares pertencentes a diferentes proprietários aos cuidados de uma administração central.[23] Frequentemente, os consórcios utilizam uma organização como a apresentada na Figura 2.10. O gerente do consócio publicita os navios como uma frota única e reúne os ganhos, que, após dedução das despesas gerais, são distribuídos aos membros do consórcio de acordo com um sistema de ponderação pré-acordado ("chave de repartição") que reflete as características geradoras de receitas de cada navio. Os acordos para partilha de receitas são de importância central, e por essa razão os consórcios são quase sempre restritos a navios de um tipo específico, para que a contribuição de cada navio para a receita possa ser calculada com precisão.

Destaque 2.1 – Exemplos de estruturas típicas de companhias de navegação

Companhia de navegação a granel privada – Uma companhia de navegação de linhas não regulares pertencente a dois irmãos gregos. Eles operam uma frota de cinco navios, três navios-tanques de derivados do petróleo e dois navios graneleiros de pequena dimensão. A empresa tem um escritório de duas salas em Londres, e é gerenciada por um gerente de fretamentos com correio eletrônico, celular e uma secretária em tempo parcial. O seu escritório principal localiza-se em Atenas, onde dois ou três empregados tratam da contabilidade e da administração e solucionam quaisquer problemas. Três dos navios encontram-se sobre afretamento por tempo e dois encontram-se operando no mercado aberto [*spot market*]. Um dos irmãos encontra-se mais ou menos aposentado e todas as decisões importantes são efetuadas pelo outro irmão, que conhece, a partir da experiência, que os ganhos reais são resultantes da compra e venda de navios, e não da sua comercialização no mercado de fretamentos.

Sociedade de transporte marítimo – Uma companhia de navegação de linhas regulares no negócio de contêineres. A companhia opera uma frota de aproximadamente vinte navios porta-contêineres a partir de um grande e moderno edifício para escritórios que aloja cerca de mil empregados. Todas as principais decisões são tomadas pelo conselho de administração, constituído de doze membros da comissão executiva e pelos representantes dos principais acionistas. Além do escritório central, a empresa gerencia uma rede extensa de escritórios locais e de agências que tomam conta dos seus assuntos nos vários portos. O escritório central tem grandes departamentos que tratam das operações do navio, do marketing, da documentação, do secretariado, do pessoal e dos assuntos legais. No seu total, a empresa tem 3.500 pessoas na sua folha de pagamento, 2 mil empregados em terra e 1.500 empregados no mar.

Departamento de transporte marítimo – O departamento de transporte marítimo de uma companhia petrolífera internacional. A empresa tem a política de transportar 30% de todos os seus carregamentos de petróleo em navios pertencentes à empresa, e este departamento é responsável por todas as atividades associadas com a aquisição e operação desses navios. Existe uma direção departamental, a qual é responsável pelas decisões diárias, mas as decisões principais acerca de compra e venda de navios ou de alguma alteração em atividades realizadas pelo departamento devem ser aprovadas pelo conselho de administração principal. O vice-presidente é responsável por submeter um plano empresarial anual ao conselho, sumariando os objetivos comerciais do departamento e estabelecendo os seus planos operacionais e as suas previsões financeiras. Em particular, os estatutos empresariais determinam que quaisquer gastos de capital em itens superiores a US$ 2 milhões devem ter a aprovação do conselho de administração. Atualmente, o departamento gerencia uma frota de dez VLCCs e 36 navios-tanques pequenos a partir de uma organização que ocupa vários andares num dos edifícios de escritórios da empresa.

Grupo de transporte marítimo diversificado – Uma empresa que iniciou a sua atividade no transporte marítimo mas que agora tem outros interesses. Gerencia uma frota com mais de sessenta navios da sua sede em Nova York, embora as operações e os afretamentos sejam efetuados a partir de escritórios em locais mais eficazes em termos de custo. A empresa está cotada na Bolsa de Valores de Nova York e a maior parte das ações pertence a investidores institucionais, portanto, o seu desempenho financeiro e empresarial é seguido de perto por analistas especializados em transporte marítimo. Nos últimos anos, problemas associados à operação em mercados marítimos muito cíclicos resultaram em esforços intensos para diversificar para outras atividades. Recentemente, a empresa foi alvo de uma oferta pública de aquisição forte, à qual resistiu com sucesso, mas o gerenciamento encontra-se sob constante pressão para aumentar o retorno do capital aplicado no negócio.

A organização do mercado marítimo 121

> *Grupo de transporte marítimo semipúblico* – Uma empresa de transporte marítimo escandinava iniciada por um norueguês que, no início da década de 1920, comprou navios-tanques de pequena dimensão. Embora esteja cotada na Bolsa de Valores, a família ainda detém o controle acionário da empresa. Desde a Segunda Guerra Mundial, a empresa tem seguido progressivamente uma estratégia de se movimentar para os mercados mais sofisticados, e encontra-se envolvida nos mercados de linhas regulares, de navios-tanques e no transporte de cargas a granel especializadas, como os veículos motorizados e os produtos florestais, sendo que em ambos os mercados conseguiu alcançar com sucesso uma participação de mercado razoável e uma reputação pela qualidade e confiabilidade do serviço. Para melhorar o controle empresarial, o negócio dos navios-tanques foi lançado numa empresa separada. A empresa gerencia uma grande frota de navios mercantes modernos concebidos para oferecer um desempenho elevado no manuseio de carga. Localiza-se num escritório em Oslo e tem um número razoável de funcionários.

Do ponto de vista do proprietário, participar de um consórcio é como ter o navio fretado a tempo, mas com ganhos de frete variáveis. Quando um navio entra num consórcio, a sua chave de repartição é acordada e isso determina a sua percentagem dos ganhos líquidos. Geralmente, assenta-se na capacidade de receitas do navio quando comparado com os outros navios pertencentes ao consórcio e leva em consideração a capacidade de carga, o equipamento (gruas, tipos de escotilhas etc.), a velocidade e o consumo. O navio é fretado para o consórcio que paga todos os custos relacionados com a viagem, como os custos portuários, os custos de manuseio e o combustível de bancas, enquanto o proprietário continua a pagar os custos de capital, de tripulação e de manutenção. Após a dedução das despesas gerais e da comissão, os ganhos líquidos do consórcio são distribuídos entre os participantes. Geralmente, o acordo do consórcio inclui uma cláusula não concorrencial que evita que o membro do consórcio use outros navios que possui ou que controla fora do consórcio para concorrer com os navios do consórcio. Finalmente, para que um consórcio funcione deve existir um entendimento cultural. Por exemplo, uma pequena companhia de navegação privada pode não perceber na totalidade os constrangimentos enfrentados por uma companhia de navegação que pertence a uma grande empresa, contribuindo para a frustração e para os desentendimentos. Devem existir benefícios para ambos os lados.

Esses tipos de consórcios de transporte marítimo encontram-se em quase todos os segmentos do mercado marítimo de linhas não regulares, incluindo os de navios-tanques de produtos, navios-tanques especializados no transporte de várias cargas líquidas, navios químicos, navios-tanques transportadores de gases e VLCC, navios pertencentes aos segmentos do mercado de granel (Handy, Handymax, Panamax e Capesize), navios frigoríficos, navios-tanques transportadores de GLP e navios para os tráfegos de produtos florestais (navios transportadores de madeira serrada e de aparas de madeira etc.).

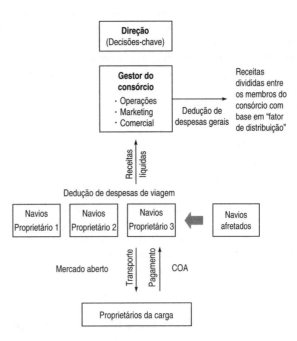

Figura 2.10 – Estrutura de um consórcio de transporte marítimo típico.
Fonte: Martin Stopford (2007).

O consórcio pode ser gerenciado por um dos participantes, geralmente aquele que deu início ao consórcio, ou por um gerente independente. Um acordo de consórcio confere ao gerente o controle dos assuntos diários enquanto um conselho de administração nomeado pelos participantes toma decisões sobre a estratégia de afretamento, a admissão de novos membros e a revisão da chave de repartição dos "pontos do consórcio". Em geral, os proprietários continuam a ser responsáveis por tripulação, manutenção e gerenciamento técnico dos seus navios, com as condições de saída definidas, que costumam implicar um aviso – quase sempre entre três a seis meses – e o cumprimento das obrigações. Contudo, existe uma grande variação. Alguns consórcios são informais, enquanto outros são extremamente integrados, funcionando mais como uma sociedade conjunta. Os participantes preferem um período de aviso curto, dando-lhes a oportunidade de retirar os seus navios se verificarem que o consórcio não está operando eficazmente ou se decidirem vender o navio.

O gerente do consórcio tem quatro tarefas principais. Primeiro, ele trata do emprego da frota, incluindo as negociações de frete em mercado aberto, os fretamentos a tempo e, no longo prazo, a procura por COAs. Os grandes embarcadores que se tornam progressivamente maiores abrem concursos para adjudicar contratos de transporte de grandes quantidades que os consórcios, com as suas frotas grandes e pessoal especializado, estão em melhores condições de ganhar. Em alguns casos os consórcios tornam-se o braço de logística integrada dos embarcadores. Em segundo lugar, ele reúne o frete e paga os custos de viagem dos ganhos recebidos. Em terceiro lugar, ele gerencia as operações comerciais da frota, incluindo a emissão de instruções aos navios, a nomeação de agentes, a atualização dos clientes em relação aos movimentos do navio, a emissão dos recibos dos fretes e da sobre-estadia, a coleta das reclamações e dos pedidos de combustível de bancas. Em quarto lugar, distribui os ganhos líquidos do consórcio aos participantes de acordo com a chave de repartição.

Para triunfar, os consórcios especializam-se geralmente num tráfego específico ou num tipo de navio no qual seja possível oferecer aos seus membros ganhos superiores à média, um marketing mais eficaz dos COA e fretamentos a tempo com baixos custos de marketing por navio, planejamento em longo prazo, economias nos custos e economias de escala. Por exemplo, uma frota grande pode ser capaz de reduzir significativamente o tempo em lastro, organizando os COA para cobrir as viagens de retorno, providenciando cargas de retorno, afretando navios adicionais quando os navios dos membros não se encontram disponíveis e oferecendo garantias de desempenho que um proprietário individual não seria capaz de oferecer. Pela oferta de navios nas áreas relevantes, podem-se obter cartas de crédito mais rapidamente.

Esses tipos de organizações têm de cumprir as leis de concorrência dos Estados em que operam. Geralmente, essas leis tornam ilegal o conluio dos membros do consórcio que impede ou que limita a concorrência. Por exemplo, em muitos países são ilegais os contratos para fixar os preços, os concursos, a alocação dos clientes entre os membros do consórcio ou a repartição geográfica de mercados. Na década passada, vários governos, incluindo o dos Estados Unidos e o da União Europeia (UE), tomaram medidas para limitar a aplicação desses regulamentos à indústria marítima, inicialmente às conferências marítimas de linhas regulares, mas subsequentemente a grandes empresas e aos consórcios que operavam na indústria marítima a granel. A regulação da concorrência do transporte marítimo, incluindo os consórcios, é abordada na Seção 16.10.

2.10 O PAPEL DOS GOVERNOS NO TRANSPORTE MARÍTIMO

Finalmente, não podemos ignorar os aspectos políticos nacionais e internacionais do negócio. O fato de o transporte marítimo relacionar-se com o comércio internacional torna

A *organização do mercado marítimo*   **123**

inevitável que opere dentro de um padrão de complicados acordos entre as companhias de navegação, os entendimentos com os embarcadores e as políticas dos governos. Desde a Lei de Plimsoll [*Plimsoll Act*] (1870), que travou os navios de serem sobrecarregados, até a Lei dos Estados Unidos sobre Poluição por Petróleo [*US Oil Pollution Act*] (1990), que estabeleceu regras e responsabilidades rigorosas para os navios-tanques operando nas águas nacionais dos Estados Unidos, os políticos procuraram limitar as ações dos proprietários de navios. Os regulamentos que desenvolveram variam do esforço dos países do "terceiro mundo" para entrar no negócio internacional do transporte marítimo por meio do papel desempenhado pela CNUCED durante a década de 1960 até a política de subsídios de apoio à construção naval nacional, à regulação do transporte marítimo de linhas regulares e ao interesse crescente em relação a segurança no mar, poluição e regras sobre tripulações.

Da mesma forma como esses assuntos não podem ser facilmente percebidos sem ter algum conhecimento sobre a economia marítima, uma análise econômica não pode ignorar as influências regulamentares sobre os custos, os preços e a livre concorrência de mercado. Essas matérias serão abordadas em capítulos posteriores.

2.11 RESUMO

Neste capítulo concentramo-nos na indústria marítima como um todo e no transporte marítimo propriamente dito como parte integrante dessa indústria. Durante os últimos cinquenta anos, o custo do transporte marítimo de produtos primários por mar baixou gradualmente, e em 2004 representava cerca de 3,6% do valor das importações. O nosso objetivo é mostrar como isso foi alcançado e como os diferentes elementos do mercado marítimo – o negócio de linhas regulares, o transporte marítimo a granel, o mercado de afretamento etc. – se encaixam. Debatemos o sistema de transporte e os mecanismos econômicos que juntam uma frota de navios mercantes diversa a um padrão de comércio por via marítima em constante mudança, mas igualmente diverso.

Pelo fato de o transporte marítimo ser um negócio de serviços, a demanda de navios depende de vários fatores, incluindo o preço, a velocidade, a confiabilidade e a proteção. Começamos a partir do volume comercial, e debatemos como os tráfegos de mercadorias podem ser analisados pela sua divisão em grupos que partilham características econômicas, como a energia, os tráfegos agrícolas, os tráfegos da indústria metalúrgica, os tráfegos dos produtos florestais e outros produtos industriais. Contudo, para explicar como o transporte está organizado, introduzimos a noção da distribuição da dimensão das partidas de carga. A forma da função da distribuição da dimensão das partidas de carga varia de uma mercadoria para outra. A principal diferença é entre a "carga a granel", que entra no mercado em partidas de carga equivalentes à dimensão do navio, e a "carga geral", que consiste em várias quantidades pequenas de carga agrupadas para embarque.

A carga a granel é transportada na base de "um navio, uma carga", usando geralmente navios graneleiros. Quando os fluxos de tráfego são previsíveis, por exemplo, ao servir uma siderúrgica, podem ser construídas frotas de navios para esses tráfegos ou se afretar os navios numa base de longa duração. Algumas companhias de navegação também operam serviços de transporte marítimo a granel associados ao transporte de cargas especiais, como os produtos florestais e os automóveis. Para atender às flutuações marginais da demanda, ou para tráfegos como o do grão, no qual as quantidades e as rotas em que as cargas serão transportadas são imprevisíveis, a tonelagem é obtida a partir do mercado de afretamento.

A carga geral, quer solta, quer unitizada, é transportada pelos serviços de linhas regulares, que oferecem um transporte regular, aceitando qualquer carga a uma tarifa fixa. A conteinerização transformou a carga geral solta numa carga homogênea que pode ser manuseada a granel. Isso alterou os navios utilizados nos tráfegos de linhas regulares, com os navios porta-contêineres celulares substituindo a frota diversa de navios de carga geral. Contudo, a complexidade de manuseio de muitas partidas de carga pequenas manteve-se, e o negócio de linhas regulares continua distinto do negócio de transporte marítimo a granel. No entanto, eles vão ao mercado de afretamentos obter os navios para atender às necessidades marginais dos tráfegos.

O transporte marítimo especializado localiza-se a meio caminho entre a carga geral e o granel, focando em volumes elevados e em cargas de difícil natureza, como as de veículos motorizados, de produtos florestais, de produtos químicos e de gás. Geralmente, a sua estratégia de negócio é utilizar seu investimento especializado e seu conhecimento para dar à companhia uma vantagem competitiva nesses tráfegos. Contudo, poucos são os mercados especializados que são completamente segregados, e muitas vezes a concorrência dos operadores convencionais é intensa.

O transporte marítimo é efetuado por uma frota de 74 mil navios. Uma vez que a tecnologia está em constante mudança e os navios desgastam-se gradualmente, a frota nunca alcança uma condição ótima. É um recurso que o mercado marítimo utiliza da forma mais rentável que pode. Uma vez construídos, os navios desvalorizam ao longo da escada econômica até que nenhum proprietário esteja disposto a comprá-los para os operar, momento em que são demolidos.

Os portos desempenham um papel fundamental no processo de transporte. A mecanização do manuseio de carga e o investimento em terminais especializados transformaram o negócio.

Finalmente, abordamos as companhias que gerenciam o negócio. Elas têm organizações e estruturas de tomadas de decisões muito variadas, um fato que os analistas de mercado devem lembrar.

PARTE 2
ECONOMIA DO MERCADO MARÍTIMO

CAPÍTULO 3
CICLOS DO MERCADO MARÍTIMO

"As quatro palavras mais dispendiosas da língua inglesa são 'desta vez é diferente'."

(Sir John Templeton, citado em *Devil Take the Hindmost*, de E. Chancellor, 1999, p. 191)

3.1 INTRODUÇÃO AO CICLO DO TRANSPORTE MARÍTIMO

Os ciclos de mercado atravessam a indústria marítima. Como um proprietário de navios afirmou: "Quando acordo de manhã e as taxas de frete estão altas, sinto-me bem. Quando elas estão baixas, eu fico para baixo".[1] Da mesma forma que o tempo domina as vidas dos marinheiros, as ondas dos ciclos do transporte marítimo agitam as vidas financeiras dos proprietários de navios. Tendo em conta os montantes financeiros envolvidos, não é surpreendente que eles sejam tão proeminentes. Vejamos o caso do transporte de grão entre o Golfo dos Estados Unidos e Roterdã. Depois dos gastos operacionais, um navio graneleiro Panamax que opera no mercado aberto teria ganho US$ 1 milhão em 1986, US$ 3,5 milhões em 1989, US$ 1,5 milhão em 1992, US$ 2,5 milhões em 1995 e US$ 16,5 milhões em 2007! Um novo navio Panamax teria custado US$ 13,5 milhões em 1986, US$ 30 milhões em 1990, US$ 19 milhões em 1999 e US$ 48 milhões em 2007.

Esses ciclos de transporte marítimo estendem-se como as ondas a incidir numa praia. A distância eles parecem inofensivos, mas a partir do momento em que começamos a surfá-los a história é outra. Mal se começa a surfar uma onda e outra começa, e, como os surfistas à espera da onda, os proprietários de navios que estão em sua cava remam para se manter flutuando e varrem ansiosamente o horizonte à espera da próxima grande vaga. Por vezes é uma grande espera. Em 1894, no ponto mais baixo de uma recessão, um corretor de navios escreveu:

> a filantropia deste corpo de negociadores, os proprietários de navios, é evidentemente inesgotável, pois após cinco anos de trabalho não lucrativo a sua energia está mais incansável do que nunca, e a quantidade de tonelagem a ser construída e encomendada

garante uma grande continuidade das atuais taxas de frete baixas, e um controle eficaz do aumento do custo do transporte internacional.[2]

Ele estava certo. Somente em 1900 ele pôde escrever: "O ano de fechamento do século tem sido um ano memorável para a indústria marítima. Seria difícil encontrar qualquer ano durante o século ao qual se poderia comparar o vasto comércio efetuado e os grandes lucros seguramente guardados".[3]

Opiniões dessa ordem aparecem inúmeras vezes nos comentários sobre o mercado marítimo e fazem com que os investidores do transporte marítimo pareçam curtos de vista e incompetentes, ao caminharem para um excesso de encomendas de navios, desencadeando mais uma recessão. Mas as aparências podem ser enganadoras. Apesar da aparente incapacidade da indústria em aprender com o passado, o seu desempenho na oferta de transporte tem sido excelente (ver Capítulo 2). Se pusermos de lado a volatilidade, durante o último século, houve uma redução impressionante nos custos do transporte marítimo. Em 1871 custava US$ 11,40 transportar uma tonelada de carvão entre o País de Gales, no Reino Unido, e Singapura.[4] Na década de 1990 o custo médio do frete para transportar uma tonelada de carvão do Brasil para o Japão, uma distância aproximadamente parecida, era ainda de US$ 9,30, ambos os valores registrados a preços de mercado.

No que diz respeito aos proprietários de navios, os ciclos são como os *dealers* no jogo de pôquer, acenando a perspectiva de riquezas no momento em que cada carta é virada. Isso os mantém lutando durante recessões sombrias, que ocuparam tanto do último século, e subindo as apostas conforme ganham dinheiro durante as expansões. Os investidores com gosto pelo risco e com acesso a financiamento precisam somente de um escritório, de um telex e de um pequeno número de decisões sobre comprar, vender ou afretar para fazer ou perder uma fortuna.[5] Eles se tornam jogadores no maior jogo de pôquer mundial, no qual as fichas são avaliadas em dezenas de milhões de dólares, apostando em navios que podem ou não ser necessários. Se o comércio tem de ser transportado, alguém deve correr os riscos, e a analogia com o pôquer é apropriada porque ambas as atividades envolvem uma mistura de competências, sorte e psicologia. Os jogadores devem conhecer as regras, mas o sucesso também depende da sua capacidade de jogar o ciclo do transporte marítimo, um jogo que os proprietários têm jogado durante centenas de anos. Esse é o modelo que exploraremos neste capítulo.

3.2 CARACTERÍSTICAS DOS CICLOS DO MERCADO MARÍTIMO
COMPONENTES DOS CICLOS ECONÔMICOS

Os ciclos não são exclusivos do transporte marítimo; eles ocorrem em muitas indústrias. Sir William Petty, escrevendo na década de 1660, observou a existência de um ciclo de sete anos nos preços do milho e comentou que "a média dos sete anos, ou antes dos muitos anos que compõem o Ciclo, no qual as Escassezes e as Abundâncias executam a sua rotação, contribuem com o Rendimento ordinário da Terra em Milho".[6] Mais tarde, os economistas analisaram mais profundamente esses ciclos e descobriram que, frequentemente, eles têm vários componentes que não podiam ser separados estatisticamente pela técnica conhecida como "decomposição" [*decomposition*].[7] Por exemplo: Cournot, economista francês, pensava que "é necessário reconhecer as variações *seculares*, que são independentes das variações *periódicas*".[8] Em outras palavras, devemos distinguir a tendência de longa duração do ciclo de curta duração. Essa abordagem está ilustrada na Figura 3.1, que identifica os três componentes de uma série temporal cíclica típica. O primeiro é o *ciclo de longa duração* (referido por Cournot como a "tendência secular"), representado pela linha pontilhada. A tendência de longa duração, se estiver em fase de mudança, é relevante, e a questão principal aqui é se, por exemplo, o ciclo subjacente move-se para cima, o que é bom para o negócio, ou move-se para baixo, o que não é bom. O exemplo na Figura 3.1 mostra a tendência de longa duração com subidas e descidas que duraram sessenta anos. O segundo componente é o *ciclo de curta duração*, por vezes referido como "ciclo econômico". É o que se aproxima mais da noção que as pessoas têm do ciclo de transporte marítimo. Na figura esses ciclos curtos apresentam-se sobrepostos na tendência de longa duração. Flutuam para cima e para

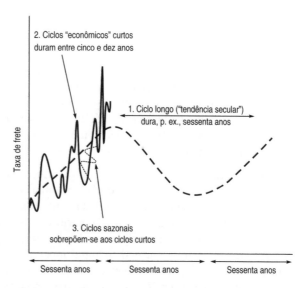

Figura 3.1 – Componentes cíclicos, sazonais, de curta e de longa duração.
Fonte: compilado por Martin Stopford a partir de várias fontes.

baixo, e um ciclo completo pode durar algo entre três e doze anos entre picos. Essa é a forma que os ciclos econômicos tomam, e eles são impulsionadores importantes no ciclo do mercado marítimo. Finalmente, existem os *ciclos sazonais*, que são flutuações regulares que ocorrem durante o ano. Por exemplo, o mercado marítimo de granel sólido geralmente é fraco durante julho e agosto, quando se transporta relativamente pouco grão. Igualmente, existe um ciclo sazonal no tráfego do petróleo relacionado com a criação de estoques para o inverno no Hemisfério Norte. Nas seções seguintes, reveremos brevemente cada um desses componentes cíclicos. As técnicas estatísticas para identificar os ciclos são abordadas no Capítulo 17.

CICLOS DE LONGA DURAÇÃO DO TRANSPORTE MARÍTIMO (A "TENDÊNCIA SECULAR")

No centro do mecanismo cíclico, encontra-se o ciclo de longa duração, o qual "transporta consigo os outros ciclos que não têm sua longevidade e sua serenidade nem discrição".[9] Esses ciclos de longa duração são conduzidos por mudanças técnicas, econômicas e regionais. Isso faz com que sejam muito relevantes mesmo que a sua detecção seja muito difícil.

A teoria do ciclo de longa duração da economia mundial foi desenvolvida pelo economista russo Nikolai Kondratieff. Ele argumentava que nos principais países ocidentais, entre 1790 e 1916, existiram três períodos de expansão e de contração lentas da atividade econômica, com uma duração média de cerca de cinquenta anos. Após o estudo de 25 séries estatísticas, das quais dez relacionavam-se com a economia francesa, oito com a britânica, quatro com a dos Estados Unidos, uma (carvão) com a alemã e duas (produção de gusa e de carvão) com a economia mundial no seu todo, ele identificou os três ciclos, com suas retomadas iniciais começando em 1790, 1844 e 1895. A duração dos ciclos entre os picos e as baixas foi de vinte a trinta anos, com uma duração total de baixa a baixa de, aproximadamente, cinquenta anos. Pouco tempo depois do estudo de Kondratieff, o economista J. A. Schumpeter argumentou que a explicação dos ciclos de longa duração podia ser justificada pela inovação tecnológica.[10] Ele sugeriu que a retomada do primeiro ciclo de Kondratieff (1790-1813) deveu-se em grande parte à disseminação da energia a vapor; a do segundo (1844-1874), à expansão do modo ferroviário; e a do terceiro (1895–1914/16), ao efeito conjunto do automóvel e da eletricidade. A retomada que começou na década de 1950 pode ser atribuída à combinação das principais inovações ocorridas nas indústrias químicas, no transporte aéreo e nas indústrias elétrica/eletrônica. Infelizmente, esses ciclos de Kondratieff não se encaixam bem com os ciclos do frete em longo prazo que vamos examinar na Figura 3.5. Por exemplo, o ano de 1790 foi um pico no ciclo de longa duração do transporte marítimo, não o início de uma retomada; em geral, o ciclo de transporte marítimo parece muito maior, com uma recessão que durou por todo o século XIX.

O historiador francês Fernand Braudel identificou ciclos de maior duração que perduraram por um século ou mais, com os picos da economia europeia ocorrerendo em 1315, 1650, 1917 e 1973. Essa análise coincide mais estritamente com os ciclos na Figura 3.5. Seja qual for o momento exato, a história da indústria marítima apresentada no Capítulo 1 esclareceu que as alterações técnicas, sociais e políticas de longa duração que observamos são exatamente os tipos de desenvolvimentos que podem impulsionar os ciclos de longa duração do transporte marítimo.[11] Por exemplo, o período entre 1869 e 1914 assistiu a uma queda em espiral das taxas de frete, influenciada pela eficiência crescente das embarcações a vapor e pela eliminação gradual das embarcações a vela, muito menos eficientes. Igualmente, entre 1945 e 1995 a mecanização dos negócios dos transportes marítimos de linhas regulares e a granel resultante da utilização de navios de maiores dimensões e de tecnologia de manuseio de carga mais eficiente produziu uma queda nas taxas de frete reais. Portanto, esses ciclos de longa duração merecem um lugar na nossa análise, mesmo que não consigamos defini-los com precisão.

CICLOS DE CURTA DURAÇÃO

O estudo dos ciclos econômicos de curta duração começou no início do século XIX depois de uma série de "crises" severas na economia do Reino Unido em 1815, 1825, 1836-1839, 1847-1848, 1857 e 1866. Os observadores chegaram à conclusão de que essas crises faziam parte de um mecanismo ondulatório da economia e começaram a referir-se a eles como ciclos.[12] Esses ciclos de curta duração sobem e descem, e na realidade são conspícuos, fáceis de serem vistos. A vida diária, hoje como no passado, é assinalada por movimentos de curta duração, os quais devem ser adicionados à tendência para serem avaliados como um todo.[13] Contudo, eles também falam da "periodicidade" dos ciclos, considerando que eles consistiam numa sequência de fases, independentemente da duração. Por exemplo, lorde Overstone, banqueiro do século XIX, observou que "o estado do comércio gira aparentemente em torno de um ciclo estabelecido de sabedoria, melhoria, prosperidade, entusiasmo, superatividade empresarial, convulsão, pressão, estagnação e angustia".[14] Essa teoria da periodicidade não necessita que os ciclos sejam de igual duração.

É fácil identificar as fases de Overstone com as diferentes etapas dos ciclos de transporte marítimo modernos, como no exemplo apresentado na Figura 3.2. O ciclo de curta duração tem quatro estágios principais (ver Destaque 3.1): uma baixa de mercado (estágio 1) é seguida por uma recuperação (estágio 2), que conduz a um pico de mercado (estágio 3), seguido de um colapso (estágio 4). Neste exemplo, a baixa dura quatro anos, alcançando um pico sete anos após o primeiro pico de mercado, para depois cair acentuadamente. Contudo, durante a baixa no ano oito, o mercado começa a se recuperar, mas falha e cai de novo para níveis de recessão no ano dez. As retomadas frustradas dessa ordem são bastante comuns, e no transporte marítimo são frequentemente o resultado de encomendas anticíclicas. Os investidores antecipam uma recuperação e encomendam grandes tonelagens de navios baratos, portanto, a oferta trava a recuperação. Uma linha pontilhada sobreposta no gráfico ilustra o que podia ter acontecido se os investidores tivessem sido menos agressivos. Nesse caso, o ciclo do transporte marítimo duraria quatro anos, e não sete. De fato, existe uma grande convicção na suposição de que os ciclos de longa duração do tipo apresentado na Figura 3.2 são, com frequência, o resultado do desenvolvimento de uma capacidade de oferta durante a sucessão de picos de mercado muito lucrativos, pelos quais o mercado "salta" uma retomada cíclica, em virtude do peso puro da oferta. Obviamente, o efeito oposto pode ocorrer durante essas recessões de longa duração. Esses são pontos importantes aos quais voltaremos quando discutirmos os ciclos passados do transporte marítimo, na Seção 3.4. Por exemplo, será que a retomada frustrada no ano oito da Figura 3.2 contabiliza-se como pico? E como fica a "forte subida de mercado depois de uma queda abrupta" no ano quinze? Francamente, não é fácil decidir, mas os ciclos apresentados na Tabela 3.1 foram compilados sem levar isso em conta.

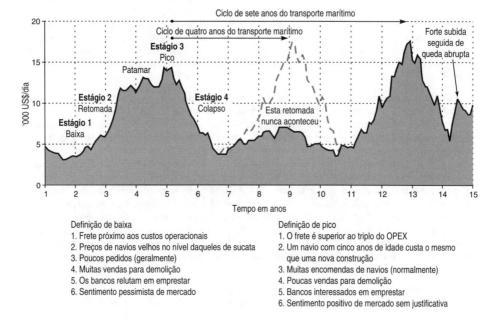

Figura 3.2 – Estágios num ciclo típico do mercado marítimo de cargas sólidas.
Fonte: Martin Stopford.

CICLOS SAZONAIS

Ocorrem com bastante intervalo de tempo no transporte marítimo e correspondem às flutuações das taxas de frete que ocorrem no ano, geralmente em estações específicas, em resposta aos padrões sazonais da demanda de transporte marítimo. Existem exemplos numerosos, alguns dos quais são mais proeminentes do que outros. Nos tráfegos agrícolas, existe um ciclo notável nas taxas de frete para os navios que transportam grão, causado pelo momento das colheitas. Em geral, existe um aumento nos movimentos de grão no final de setembro e outubro, quando a colheita norte-americana alcança o mar para ser transportada. Depois existe um período mais sossegado durante o início do verão, quando diminuem os movimentos do estoque da estação anterior. Igualmente, existe um ciclo sazonal forte no tráfego frigorífico, associado com a movimentação de fruta fresca durante a colheita no Hemisfério Norte. Outro exemplo é a criação de estoques de petróleo para os períodos de demanda máxima durante o inverno.

> ## Destaque 3.1 – Estágios num ciclo "típico" de transporte marítimo
>
> **Estágio 1: *baixa*.** Uma baixa tem três características. Em primeiro lugar, existem sinais claros de um excedente de capacidade de transporte marítimo, em que os navios nos pontos de carregamento encontram-se em fila de espera e, no mar, navegam a baixa velocidade para economizar combustível. Em segundo lugar, as taxas de frete baixam para o nível dos custos de operação dos navios menos eficientes, que passam para uma situação de desarmamento temporário. Em terceiro lugar, visto que as taxas de frete e os níveis de crédito apertado produzem um fluxo de caixa negativo, as *pressões* financeiras crescem, conduzindo a estagnação, porque as decisões críticas são adiadas, e finalmente a angústia, porque as pressões do mercado conduzem a uma inércia. Em ciclos de condições extremas, os bancos executam hipotecas e as companhias de navegação são forçadas a vender navios modernos a preços de liquidação, bem abaixo dos seus valores contabilísticos, para levantar capital. O preço dos navios velhos baixa ao preço da sucata, conduzindo a um mercado de demolição ativo, e as sementes para a recuperação são semeadas. Ao mesmo tempo que a onda de decisões difíceis passa e o mercado começa a corrigir-se, estabelece-se um estado de *quietude*.
>
> **Estágio 2: *retomada*.** Com a tendência da oferta e da demanda para o equilíbrio, as taxas de frete sobem ligeiramente acima dos custos operacionais e a tonelagem baixa, ficando em situação de desarmamento temporário. O sentimento de mercado mantém-se incerto, mas a *confiança cresce* gradualmente. Rasgos de otimismo se alternam com dúvidas sobre a recuperação do mercado estar ou não ocorrendo (por vezes, os pessimistas estão corretos, como mostram as falsas recuperações nos períodos sete e oito na Figura 3.2). Com a melhoria da liquidez, os preços dos navios de segunda mão aumentam e o sentimento estabiliza ao mesmo tempo que os mercados se tornam mais *prósperos*.
>
> **Estágio 3: *pico/patamar*.** Com a absorção da oferta, a oferta e a demanda tornam-se próximas. Somente os navios não navegáveis se encontram desarmados, e a frota navega a toda a força. As taxas de frete aumentam, frequentemente duas a três vezes o valor dos custos operacionais do navio, e em ocasiões raras esse valor pode ser dez vezes maior. O pico pode durar algumas semanas (ver períodos cinco e seis na Figura 3.2) ou vários anos (ver períodos de doze a quinze na mesma figura), dependendo das pressões existentes sobre o equilíbrio entre a oferta e a demanda, e, quanto mais durar, maior será o entusiasmo. Os ganhos elevados geram entusiasmo, aumento de liquidez; os bancos encontram-se mais propensos a emprestar tendo como garantia ativos com valores mais fortes; a imprensa internacional reporta o negócio próspero do transporte marítimo com a conversa de uma "nova era"; e as companhias de navegação são lançadas no mercado de valores. Em dado momento, isso conduz a um excesso de atividade comercial, ao mesmo tempo que os preços dos navios de segunda mão se movimentam para valores acima do seu custo de substituição, os navios modernos vendem-se a preços superiores aos preços das novas construções e os navios velhos são comprados sem serem inspecionados. Aumentam as encomendas de novas construções, no início de forma lenta, e depois rapidamente, até que os únicos berços disponíveis estejam três ou quatro anos adiante, ou em estaleiros pouco atraentes.
>
> **Estágio 4: *colapso*.** Com a oferta a ultrapassar a demanda, o mercado movimenta-se para o estágio do colapso (convulsão) e as taxas de frete caem precipitadamente. Isso com frequência é reforçado pela baixa do ciclo econômico, mas outros fatores contribuem, por exemplo, a desobstrução do congestionamento portuário e a entrega de navios encomendados no pico do mercado; em recessões geralmente, encontramos esses fatores reforçados por um choque econômico. São exemplos proeminentes as crises do petróleo de 1973 e de 1979. O número de navios que opera no mercado aberto cresce nos portos principais. As taxas de frete caem, os navios reduzem a sua velocidade operacional e os navios menos atrativos têm de esperar por cargas. A liquidez mantém-se elevada e existem poucas vendas de navios, uma vez que os seus proprietários não têm vontade de vender os seus navios a preços mais baixos em relação aos preços recentes praticados na alta do mercado. Inicialmente, o sentimento de mercado é confuso, mudando com cada corrida que ocorre nas taxas e relutante em aceitar que o pico está terminado.

VISÕES DOS ANALISTAS SOBRE OS CICLOS CURTOS DE TRANSPORTE MARÍTIMO

No final do século XIX, o conceito de ciclos estendeu-se ao transporte marítimo, e em janeiro de 1901 um corretor assinalava no seu relatório anual que "a comparação dos últimos quatro ciclos (períodos de dez anos) mostra uma semelhança acentuada das características salientes de cada ano componente, e o rumo dos preços". Ele continuou a comentar que os ciclos pareciam aumentar a sua duração: "uma retrospectiva adicional mostra que nas décadas sucessivas os períodos de inflação diminuíram gradualmente, enquanto os períodos de recessão aumentaram proporcionalmente".[15]

Mas, com o aumento da compreensão do modelo do mercado marítimo, tornou-se evidente que, ao se concentrar na duração como uma característica principal, os analistas "colocavam o carro à frente dos bois". No início a percepção era sombria, embora Kirkaldy tenha lançado alguma luz sobre o processo econômico quando definiu os ciclos como uma sucessão de períodos prósperos e de escassez que faziam sobressair os proprietários de navios mais ricos dos seus colegas menos afortunados.

> Com o grande desenvolvimento do transporte oceânico, o qual começou há cerca de meio século, a concorrência tornou-se muito acentuada. Ao mesmo tempo que os mercados se tornavam cada vez mais normais, e o comércio se tornava progressivamente regular, existia de tempos em tempos mais tonelagem disponível num determinado porto do que carga pronta para embarque. Com uma concorrência ilimitada, isso conduziu a um corte nas taxas de frete, e por vezes o transporte marítimo teve de ser gerenciado em condição deficitária. O resultado foi que o transporte marítimo tornou-se uma indústria que aproveitava cada prosperidade flutuante. Vários anos de escassez seriam seguidos por uma série de anos prósperos. O proprietário de navios abastado podia compensar os maus anos com os bons anos e calcular uma média; um colega mais infortunado, talvez após ter se beneficiado de um tempo próspero, seria incapaz de fazer frente aos anos de escassez, e teria de desistir da luta.[16]

Vistos dessa forma, os ciclos do mercado marítimo têm um propósito darwiniano. Eles criam um enquadramento no qual as companhias de navegação mais fracas são forçadas a sair, permitindo que as mais fortes sobrevivam e prosperem, promovendo um negócio de transporte marítimo eficiente e limpo.

Enquanto Kirkaldy abordava a concorrência entre proprietários e o papel desempenhado pelas pressões do fluxo de caixa, E. E. Fayle tinha mais para dizer acerca dos mecanismos do ciclo. Ele sugeriu que o desenvolvimento de um ciclo é acionado pelo ciclo econômico mundial ou por acontecimentos aleatórios, como as guerras, que criam uma escassez de navios. As taxas de frete elevadas resultantes atraem para a indústria novos investidores, e encorajam uma enchente de investimento especulativo, aumentando, portanto, a capacidade do transporte marítimo.

> A elasticidade extrema da indústria marítima de linhas não regulares, a facilidade com que os recém-chegados podem se estabelecer e as flutuações muito alargadas da demanda tornam a propriedade de embarcações de linhas não regulares a vapor uma das formas mais especulativas de todos os negócios legítimos. Uma expansão no comércio ou uma demanda de transporte marítimo para efetuar serviços de transporte militar (como aconteceu durante a Guerra dos Bôeres) produziria rapidamente uma desproporção entre a oferta e a demanda, contribuindo para o aumento rápido do frete. Na esperança de partilhar os lucros da expansão, os proprietários aceleram o aumento das suas frotas e novos proprietários entram no negócio. A tonelagem mundial aumentou rapidamente para valores além das suas necessidades normais, e uma expansão de curta duração era geralmente seguida por uma recessão prolongada.[17]

Esta análise sugere que os ciclos são compostos de três acontecimentos: uma expansão comercial; uma expansão de curta duração do transporte marítimo durante o qual existe um excesso de construção, seguido de uma recessão "prolongada". Contudo, Fayle não estava convicto dessa sequência, pois afirma que a expansão é "geralmente" seguida de uma recessão prolongada. Ele pensava que a tendência dos ciclos para ultrapassar o limite podia ser atribuída à falta de barreiras de entrada. Mais uma vez, o ciclo é mais acerca das pessoas do que das estatísticas. Quarenta anos mais tarde, Cufley também deu atenção à sequência dos três principais acontecimentos comuns aos ciclos de transporte marítimo: primeiro, ocorre uma escassez de navios, depois as taxas de frete elevadas estimulam um excesso de encomendas de navios na oferta em curto prazo, a qual finalmente contribui para o colapso e para a recessão do mercado.

> A função principal do mercado de fretes é providenciar a oferta de navios para aquela parte do comércio mundial que, por uma razão ou por outra, não se presta a práticas de fretamento de longa duração [...] Em resumo, isso é alcançado pelas interações das forças de mercado pelo ciclo familiar de expansões e de recessões. Quando ocorre uma escassez de navios, os fretes elevados conduzem a uma construção massiva de novos navios. Chega-se a um ponto em que a demanda diminui ou em que as entregas de novos navios ultrapassam a demanda ainda crescente. Nessa etapa os fretes caem, os navios são condenados a parar em postos de atracação destinados a navios desarmados temporariamente.[18]

Essa é uma sinopse simples sobre a forma como os ciclos injetam os navios para dentro e para fora do mercado em resposta às alterações nas taxas de frete. Contudo, Cufley está convicto de que a ação de injeção é demasiadamente irregular para ser prevista, embora pensasse que as tendências subjacentes fossem mais previsíveis.

> Qualquer tentativa para efetuar previsões de longa duração dos fretes por viagem (diferente da interpretação da tendência geral do crescimento da demanda) está condenada ao falhanço. É completamente impossível prever quando o mercado aberto movimentar-se-á para cima (ou para baixo) e estimar o ponto de inflexão ou a duração da fase.[19]

A razão pela qual os ciclos são tão imprevisíveis é que os próprios investidores podem influenciar o que acontece. Hampton, na sua análise dos ciclos de transporte marítimo de curta e de longa duração, enfatiza esse ponto:

> No mercado marítimo moderno atual é fácil esquecer que se joga um drama de emoções humanas nos movimentos de mercado [...] No mercado marítimo os movimentos dos preços providenciam as sugestões. Alterações nas taxas de frete ou nos preços de navios sinalizam a próxima rodada de decisões de investimento. As taxas de frete sobem a níveis elevados e disparam as encomendas. Eventualmente um excesso de encomendas enfraquece as taxas de frete. Taxas de frete baixas param as encomendas e encorajam a demolição. No ponto mais baixo do ciclo, o nível de encomendas reduzido e o aumento da demolição reduzem a oferta e criam as condições para um aumento nas taxas de frete. O círculo gira.[20]

Hampton continua a defender que os grupos de investidores não atuam necessariamente de modo racional, o que explica a razão pela qual o mercado repetidamente parece reagir de forma excessiva aos sinais dados pelos preços.

Ciclos do mercado marítimo   **135**

Em qualquer mercado, incluindo o mercado marítimo, os participantes são apanhados numa luta entre o medo e a ganância. Porque somos seres humanos, influenciados em diferentes níveis por aqueles à nossa volta, a psicologia da multidão alimenta-se a ela própria até que alcança uma dimensão que não pode ser mais sustentada. Uma vez tenha sido alcançada essa dimensão, muitas decisões foram tomadas no calor da emoção e no conforto da cegueira que resultam de seguir a multidão em vez do objetivo factual.[21]

Todas essas descrições do ciclo de transporte marítimo têm um tema em comum. Elas descrevem-no como um mecanismo destinado a remover os desequilíbrios na oferta e na demanda de navios. Se existir muito pouca oferta, o mercado recompensa os investidores com taxas de frete elevadas até que sejam encomendados mais navios. Quando existem demasiados navios, o mercado reduz o fluxo de caixa até que os proprietários de navios mais velhos desistam da luta e os navios sejam demolidos. Visto dessa forma, os ciclos duram o tempo necessário para efetuar o seu trabalho. É possível classificá-los de acordo com a sua duração, mas isso não é muito útil como uma ajuda às previsões. Se os investidores decidirem que está para ocorrer um ponto de inflexão e resolverem não enviar os seus navios para sucata, o ciclo simplesmente dura mais tempo. Uma vez que os proprietários de navios estão constantemente tentando adivinhar o ciclo, e porque a psicologia da multidão à qual Hampton se refere intervém frequentemente para influenciar o processo de decisão, cada ciclo tem um caráter diferente.

CONCLUSÕES

Resumindo tudo isso, os ciclos de transporte marítimo não existem para irritar os proprietários de navios (embora façam um bom trabalho nesse sentido); eles são um elemento crucial do mecanismo de mercado, e salientamos cinco pontos. Primeiro, os ciclos de transporte marítimo têm componentes diferentes – longo, curto e sazonal. Segundo, a função dos ciclos curtos de transporte marítimo é coordenar a oferta e a demanda no mercado marítimo. Eles são o telégrafo da casa da máquina do mercado marítimo (pense nisso) e, desde que existam flutuações na oferta ou na demanda, existirão ciclos. Terceiro, um ciclo de curta duração tem geralmente quatro estágios. Uma baixa de mercado (estágio 1) é seguida de uma retomada (estágio 2), que conduz a um pico de mercado (estágio 3), seguido de um colapso (estágio 4). Quarto, essas etapas são episódicas, sem regras definidas acerca do momento temporal de cada estágio. A regularidade não faz parte do processo. Quinto, não existe uma fórmula simples que preveja a "forma" do estágio seguinte, muito menos o próximo ciclo. As recuperações podem parar a meio caminho, voltar para recessões em poucos meses ou durar cinco anos. As quedas de mercado podem ser reversíveis antes de se alcançar a baixa. As baixas de mercado podem durar seis meses ou seis anos. Os picos podem durar um mês ou um ano. Por vezes, o mercado fica preso no meio-termo entre a baixa e a recessão.

3.3   CICLOS E RISCOS DO TRANSPORTE MARÍTIMO

Uma vez que os ciclos de transporte marítimo encontram-se no cerne do *risco do transporte marítimo*, devemos dizer algo acerca do que esse risco envolve. Tecnicamente, o risco do transporte marítimo pode ser definido como "a responsabilidade mensurável por qualquer perda financeira que resulte de desequilíbrios não previstos entre a oferta e a demanda do transporte marítimo".[22] Em outras palavras, estamos falando daquele que assume o encargo financeiro se a oferta dos navios não corresponde exatamente à sua demanda e resulta numa perda. Por exemplo, se são construídos muito poucos navios e as companhias petrolíferas não conseguem abastecer as suas refinarias, as siderúrgicas ficam sem minério de ferro e as exportações manufaturadas ficam paradas nos portos, quem paga? Ou, se demasiados navios são construídos e muitos não ganham nada em relação ao investimento de capital de milhões de dólares efetuado, quem paga?

A resposta é que os tomadores de risco primário, que são os proprietários de navios (os investidores que possuem o capital próprio nos navios oferecidos para afretamento) e os proprietários da carga (também designados de embarcadores), executam entre si o exercício de equilíbrio para ajustar a oferta à demanda. Eles se encontram em lados opostos na distribuição do risco do transporte marítimo e, quando a oferta e a demanda desequilibram-se, um ou outro perde dinheiro. A Figura 3.3 mostra como os movimentos nas taxas de frete (o eixo vertical) ao longo do tempo (o eixo horizontal) determinam quem paga. O custo de equilíbrio do transporte é representado pela linha T_1 – num mercado perfeito isso deveria refletir a curva de custo de longo prazo para operar os navios e, se a oferta e a demanda estivessem sempre em equilíbrio exato, as taxas de frete seguiriam sempre essa linha (discutiremos isso no Capítulo 8). Mas, na prática, raramente a oferta e a demanda encontram-se em equilíbrio perfeito e, portanto, as taxas de frete flutuam em torno de T_1, como mostra o ciclo de curta duração F_1. Quando os proprietários das cargas erram e têm demasiadas cargas, as taxas disparam acima da tendência de custo, transferindo dinheiro para os proprietários de navios, que reagem com encomendas de mais navios (ponto A na Figura 3.3). Inversamente, quando os proprietários erram e existem demasiados navios, as taxas descem abaixo da tendência. Os proprietários de navios acabam por subsidiar os proprietários das cargas e cortam no investimento (ponto B na Figura 3.3). Dessa forma, os ciclos exercem pressão financeira para corrigir a situação e trazem as taxas de volta à tendência. Eventualmente, se o negócio continuar, o fluxo de caixa derivado do frete deve resultar numa distribuição uniforme no custo de equilíbrio do transporte, então todo o risco de mercado marítimo é, sobretudo, acerca do *momento* das receitas.

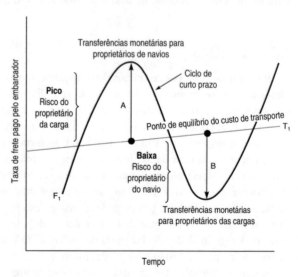

Figura 3.3 – Características fundamentais dos riscos no ciclo de transporte marítimo.

Fonte: compilada por Martin Stopford a partir de várias fontes.

RISCO DO TRANSPORTE MARÍTIMO E ESTRUTURA DE MERCADO

Entretanto, isso não se aplica ao risco do transporte marítimo das companhias individuais. Como um grupo, os proprietários das cargas e os proprietários de navios confrontam-se com imagens simétricas nas distribuições de risco, portanto, a volatilidade dos ciclos permite que as companhias individuais "joguem o ciclo" e, com isso, variem o seu perfil individual de risco. Visto que os proprietários das cargas e os proprietários de navios ajustam a sua exposição ao risco do transporte marítimo, eles podem, na realidade, determinar quem controla a forma como se desenvolve o lado da oferta do ciclo de mercado. Discutiremos a economia desse processo no Capítulo 4; a questão aqui é somente enfatizar como é definido o processo de decisão do lado da oferta. Uma vez que os embarcadores têm a carga, eles lideram esse processo, e o diagrama na Figura 3.4 ilustra as três "opções" principais disponíveis para eles.

Se os proprietários da carga se sentirem muito confiantes acerca dos seus fluxos de carga futuros e querem controlar o transporte marítimo, podem decidir pela opção 1, que implica comprar e operar os seus próprios navios. Ao fazer isso, eles atiram para fora da equação o proprietário de navios (embora possam recorrer a uma empresa de transporte marítimo para gerenciar os navios) e assumem eles próprios todo o risco do transporte marítimo. Se todos os proprietários de carga agirem assim, o fenômeno do mercado aberto desaparece e diminui o papel dos proprietários de navios independentes. Um dos muitos exemplos disso é que a maioria das iniciativas de GNL foi criada usando navios pertencentes ou afretados pelo projeto e, até 1990, quase toda a frota de navios porta-contêineres pertencia às empresas de linhas regulares.

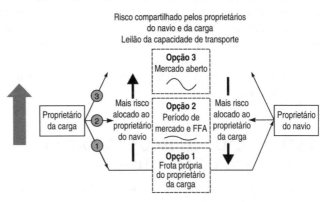

Figura 3.4 – Opções de gerenciamento de risco no transporte marítimo a granel.
Fonte: compilada por Martin Stopford a partir de várias fontes.

Contudo, se eles estiverem razoavelmente certos acerca dos futuros volumes de carga, mas entendem que os proprietários de navios independentes podem fazer o trabalho mais barato, podem preferir a opção 2, que implica efetuar afretamentos de longa duração com proprietários de navios independentes. Eles pagam uma taxa diária acordada, independentemente de o navio ser ou não necessário, enquanto deixam os custos de gerenciamento e o risco residual com o proprietário de navios. Por exemplo, as empresas japonesas com frequência organizam para os proprietários estrangeiros a construção de navios nos estaleiros japoneses e fazem o afretamento de retorno desses navios com base em contratos de longa duração. Estes são conhecidos como navios "amarrados" ou *shikumisen*.[23] As matérias-primas, como o minério de ferro, o carvão, a bauxita, os minérios de metais não ferrosos e o carvão, muitas vezes são embarcados dessa forma. Quanto maior o afretamento, maior o risco aceito pelo proprietário da carga e menor o risco do proprietário do navio, e os afretamentos de longa duração tornaram-se tão comuns no início da década de 1970 que Zannetos comentou: "Eu conheço poucas indústrias que são menos arriscadas do que o negócio do transporte de petróleo em navios-tanques. Necessidades totais relativamente previsíveis, fretamentos a tempo, e, por causa dos últimos, a disponibilidade de capital reduz os riscos relacionados com a indústria".[24] Nesse negócio o desafio é ganhar o contrato e efetuar o serviço a um custo que ofereça lucro ao proprietário do navio. Embora o proprietário do navio esteja livre do mercado de risco, isso não elimina todo o risco. Os afretadores negociam um acordo difícil, deixando o proprietário vulnerável à inflação, às taxas de câmbio, ao desempenho mecânico do navio e, naturalmente, à capacidade do embarcador de pagar o seu frete. Como alternativa a um contrato físico, os afretadores podem efetuar uma operação de cobertura financeira usando o mercado de derivativos e, por exemplo, um contrato futuro de frete [*forward freight agreement,* FFA]. Essa forma de cobertura (ou especulação) é discutida no Capítulo 6.

Finalmente, os proprietários da carga podem passar todo o risco do transporte marítimo recorrendo ao mercado aberto (opção 3 na Figura 3.4). Eles afretam os navios que precisam na base do "carga a carga", assim, se por algum motivo a carga é inexistente, o proprietário de navios assume todo o custo dos navios que estão sem emprego. Contudo, tudo tem um preço e, quando a oferta de navios é curta, os proprietários da carga sem cobertura têm de pagar um frete superior [*premium freight*]. Ambos os mercados a tempo e aberto têm ciclos, mas os ciclos dos mercados abertos são mais voláteis. Abordamos em detalhe os funcionamentos dos mercados de afretamento por tempo e aberto e as economias das taxas de frete no Capítulo 6.

DISTRIBUIÇÃO DO RISCO E ESTRATÉGIA DO TRANSPORTE MARÍTIMO

As três opções não alteram o tamanho do risco do transporte marítimo; elas somente redistribuem o risco entre os proprietários das cargas, que assumem todo o risco descendente da opção 1 e nenhum da opção 3; e os proprietários de navios, que não têm risco (possivelmente, exceto como gerentes de navios) na opção 1, assumem o risco do afretamento por tempo na opção 2 e tornam-se os tomadores primários do risco do transporte marítimo na opção 3. Então, os proprietários de navios têm opções estratégicas muito diferentes. Eles podem negociar no mercado aberto e tornarem-se gerentes de risco ou subcontratados e gerentes de navios, se focalizando no custo e no gerenciamento. Os proprietários das cargas também têm escolhas estratégicas. A distribuição do risco entre os mercados aberto e a tempo é uma questão de política, e o equilíbrio mudará com as circunstâncias. O transporte de petróleo constitui um bom exemplo. Nas décadas de 1950 e de 1960, as companhias petrolíferas possuíam ou afretavam a tempo a maioria dos navios de que precisavam, obtendo somente 5%-10% dos navios no mercado de afretamento por viagem, portanto, em 1973 existiam 129 m.tpb em afretamento por tempo e somente 20 m.tpb no mercado aberto (ver Figura 5.2 no Capítulo 5).[25] Contudo, depois da crise do petróleo de 1973, o negócio desse setor tornou-se mais volátil e os embarcadores de petróleo, que incluíam muitos negociadores, voltaram-se para o mercado aberto; e por volta de 1983, a tonelagem que operava no mercado aberto aumentou para 140 m.tpb e somente 28 m.tpb se encontravam sob afretamento por tempo. Então, em dez anos, o risco do transporte marítimo no mercado petrolífero estava completamente redistribuído. Um benefício dessa situação foi que a existência de um mercado aberto tão grande promoveu um aumento na liquidez, tornando-o uma fonte de transporte mais viável para os embarcadores do que o mercado aberto pequeno que existia no início da década de 1970.

3.4 PANORAMA DOS CICLOS DO TRANSPORTE MARÍTIMO (1741-2007)

Na Figura 3.5 o índice de frete mostra como os ciclos de frete num período de 266 anos se comportaram. Esse índice de frete foi calculado a partir de numerosas fontes. As taxas de carvão referentes ao comércio inglês durante o período entre 1741 e 1869 foram unidas com um índice de frete de carga sólida de longa duração compilado por Isserlis.[26] Os dados pós-

Ciclos do mercado marítimo

1950 são oriundos de várias fontes de informação publicadas sobre as cargas sólidas. Porém, globalmente, obtemos uma indicação razoável do que se passava em cada ano no mercado marítimo. A identificação dos ciclos de transporte marítimo a partir dessa informação não é totalmente simples, pois foi necessário distinguir as diversas flutuações muito pequenas dos picos e baixas importantes. Durante o período de 266 anos, foram identificados 22 ciclos de transporte marítimo. O pico de mercado inicial de cada um dos 22 ciclos está numerado na Figura 3.5, ignorando as flutuações secundárias ano a ano e focalizando os picos principais. A partir de 1869, foi possível identificar a situação dos picos e das baixas com base nos relatórios contemporâneos dos corretores, e isso resultou no tratamento dos anos de 1881 e de 1970 como picos, embora não sejam proeminentes do ponto de vista estatístico.

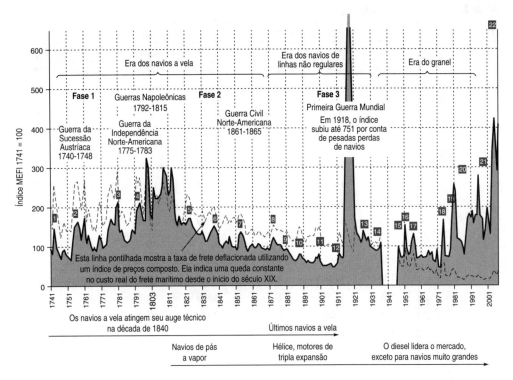

Figura 3.5 – Os ciclos de transporte marítimo de carga sólida, sobretudo carvão (1741-2007).
Fonte: baseada no Anexo C.

A Tabela 3.1 apresenta uma análise estatística da duração dos 22 ciclos desde 1741 e mostra que eles variam enormemente em duração e em intensidade. Entre 1741 e 2007, existiram 22 ciclos que duraram em média 10,4 anos, embora na prática só tenha durado dez anos. Houve três ciclos de mais de quinze anos, três de quinze anos, um de catorze anos, um de treze anos, três de onze anos, um de dez anos, três de sete anos, dois de seis anos, dois de cinco anos, um de quatro anos e um de três anos. Em termos estatísticos, o desvio-padrão foi de 4,9 anos, portanto, com uma média de 10,4 anos, podemos estar 95% certos de que os ciclos durarão entre zero e vinte anos. A Tabela 3.1 também mostra a duração dos picos e das baixas de cada ciclo. O começo, o fim e a duração total de cada pico cíclico são apresentados nas colunas 2-4; e a mesma informação para cada baixa de mercado, nas colunas 5-7. Finalmente, a coluna 8 mostra a duração total de cada ciclo, incluindo o pico e a baixa. E saliente-se que entre 1741 e 2007 ocorreram três guerras principais – as Guerras Napoleônicas, a Primeira Guerra Mundial e a Segunda Guerra Mundial – e numerosas guerras e revoluções de menor importância, portanto, foi uma viagem bastante acidentada. Visto que as guerras principais interromperam o mercado, as estatísticas dos fretes para esses períodos foram excluídas da análise. O pico cíclico mais longo, definido como um período em que o índice de frete estava constantemente acima da tendência de longa duração, foi de dez anos, enquanto a baixa mais longa foi também de dez anos. Contudo, existiram muitos ciclos que duraram somente um ano, e as baixas de dois anos são particularmente frequentes.

Tabela 3.1 – Os ciclos de mercado da carga sólida (1741-2007)

(1)		(2)	(3)	(4)	(5)	(6)	(7)	(8)
Número do ciclo		**Pico**			**Baixa**			**Ciclo total**
		Início	Fim	Duração	Início	Fim	Duração	
1	Período do transporte a vela (1741-1871)	1743	1745	3	1746	1753	7	10
2		1754	1764	11	1765	1774	9	20
3		1775	1783	9	1784	1791	7	16
4		1791	1796	6	1820	1825	5	11
		1792	1813		Guerras Napoleônicas			
5		1821	1825	5	1826	1836	10	15
6		1837	1840	4	1841	1852	11	15
7		1853	1857	5	1858	1870	12	17
8	Período do transporte em navios de linhas não regulares (1872-1947)	1873	1874	2	1875	1879	5	7
9		1880	1882	3	1883	1886	4	7
10		1887	1889	3	1890	1897	8	11
11		1898	1900	3	1901	1910	10	13
12		1911	1913	3	Primeira Guerra Mundial			
13		1919	1920	2	1921	1925	4	6
14		1926	1927	2	1928	1937	9	11
		1939	1946		Segunda Guerra Mundial			
15	Período do transporte a granel (1947-2007)	1947	1947	1	1948	1951	4	5
16		1952	1953	2	1954	1955	2	4
17		1956	1957	2	1958	1969	12	14
18		1970	1970	1	1971	1972	2	3
19		1973	1974	2	1975	1978	4	6
20		1979	1981	1	1982	1987	6	7
21		1988	1997	10	1998	2002	5	15
22		2003	2007	5				5
Média				3,9			6,8	10,4

(continua)

Ciclos do mercado marítimo

Tabela 3.1 – Os ciclos de mercado da carga sólida (1741-2007) *(continuação)*

Resumo		Pico médio	Baixa média	Total
Período do transporte a vela	1741-1871	6,1	8,7	14,9
Período do transporte em navios de linhas não regulares	1871-1937	2,6	6,7	9,2
Período do transporte a granel	1947-2007	3,0	5,0	8,0
1741-2007		3,9	6,8	10,4

Fonte: compilada por Martin Stopford a partir dos dados apresentados no Anexo C e em outras fontes.

A Figura 3.6, que assinala os ciclos cronologicamente por duração, revela dois aspectos interessantes. Em primeiro lugar, os ciclos eram mais longos na era das embarcações a vela do que durante a era que se seguiu, a das embarcações a vapor, e a duração média do ciclo caiu de 12,5 anos, em 1743, para 7,5 anos em 2003. Isso pode estar associado com a tecnologia. Ou, possivelmente, as comunicações globais que apareceram inicialmente em 1865 podem ter afetado o processo dinâmico de ajustamento. Então, para o presente, é possível que haja algum mérito na regra geral da indústria de que os ciclos do transporte marítimo duram cerca de sete anos. Em segundo lugar, o gráfico sugere que a duração dos ciclos era ela própria cíclica. Os ciclos mais longos de doze a quinze anos encontravam-se geralmente separados por uma sequência de pequenos ciclos, algumas vezes durando menos do que cinco anos. Por exemplo, o ciclo de longa duração em 1956 foi precedido por dois ciclos de curta duração, e o ciclo de 1988 de longa duração foi precedido por três ciclos curtos. Embora o padrão não seja regular, podia haver, por exemplo, um mecanismo que produzisse ciclos de longa e de curta duração alternadamente. Mas definitivamente não existem regras rigorosas, e a principal conclusão é que os investidores em transporte marítimo que confiam nas regras gerais acerca da duração dos ciclos estão por meio de problemas. Precisamos cavar mais fundo e procurar uma explicação sobre o que motiva esses ciclos.

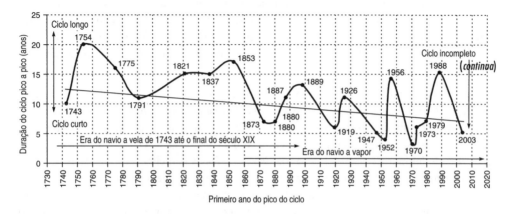

Figura 3.6 – Duração dos ciclos de transporte marítimo (1740-2007).

Fonte: compilada por Martin Stopford a partir de várias fontes.

CICLOS DE TRANSPORTE MARÍTIMO EM AÇÃO

Tendo olhado para esses ciclos a partir de diferentes perspectivas, podemos tirar vantagem da longa e bem documentada história da indústria marítima para ver como os ciclos se comportaram no passado. Nas seções seguintes examinaremos os ciclos ilustrados na Figura 3.5 no contexto dos desenvolvimentos da economia mundial e dos comentários contemporâneos efetuados pelos corretores e outros comentadores. Os três períodos tomados como base para essa revisão são a era do navio a vela (1741-1869); a era dos navios de linhas regulares e de linhas não regulares, que começou quando as embarcações a vapor eficientes se tornaram disponíveis na década de 1860 e durou até a Segunda Guerra Mundial; e a era dos navios a granel, que começou após a Segunda Guerra Mundial, quando o sistema de transporte da indústria marítima foi mecanizado e os navios dedicados ao granel começaram a ser usados. Os comentários focalizam a carga sólida até o terceiro período, quando o mercado de navios-tanques é introduzido na discussão.

3.5 CICLOS DAS EMBARCAÇÕES A VELA (1741-1869)

O período entre 1741 e 1869 cobre os últimos anos em que as embarcações a vela dominaram o transporte marítimo. Na Figura 3.7, o índice de frete, que rastreia os ciclos durante esse período, baseia-se nas taxas de frete do carvão de Newcastle upon Tyne para Londres em xelins por tonelada. O frete aumentou de 6 xelins e 8 *pence* por tonelada, em 1741, para 18 xelins e 16 *pence* em 1799, durante as Guerras Napoleônicas, e depois decresceu para 7 xelins por tonelada, em 1872. Grande parte do crescimento inicial entre 1792 e 1815 deveu-se à inflação durante o tempo de guerra; esse período foi excluído da análise do ciclo e os preços de mercado foram retidos para comparabilidade. Embora tenha sido a era das embarcações a vela, existia um padrão de ciclos definido durante o período que não foi muito diferente dos últimos tempos, apesar de os ciclos serem maiores. Existiram sete picos, não contando com o período das Guerras Napoleônicas, com uma duração média de 6,1 anos, e sete baixas, cada uma tendo uma duração média de 8,7 anos, portanto, o ciclo médio durou 14,9 anos. Embora o gráfico na Figura 3.7 mostre um padrão cíclico definido, os ciclos variaram enormemente em duração e o número de ciclos depende da forma como são classificados. Uma questão muito óbvia é que ocorreram sete minipicos a meio caminho das baixas, em 1749, 1770, 1789, 1816, 1831, 1847 e 1861. Esses picos muito pequenos raramente alcançaram a linha de tendência pontilhada na Figura 3.7 e, por essa razão, não foram referenciados como picos de mercado. Possivelmente são exemplos das "retomadas que nunca foram alcançadas" apresentadas na Figura 3.6.

Esse foi um período de crescimento contínuo, enquanto a Revolução Industrial se instalava na Grã-Bretanha, mas também foi um período de instabilidade política, com uma série de guerras que certamente afetaram as taxas de frete. No início do período, entre 1746 e 1753, ocorreu uma baixa de sete anos. Isso coincidiu com a Guerra da Sucessão Austríaca e a Guerra da Orelha de Jenkins de 1739-1748 com a Espanha. Davis comenta que "Em 1739-48 [...] o conflito armado estava travando o comércio [...] A paz de 1748, então, viu a Inglaterra pronta para um aumento extraordinário no volume das exportações".[27] Esse aumento está refletido nas estatísticas do comércio contemporâneo, que mostram que o volume das exportações de mercadorias inglesas aumentou cerca de 40% entre 1745 e 1750.[28] Possivelmente, isso preparou o caminho para a expansão que começou em 1754 e durou até 1764.

Ciclos do mercado marítimo

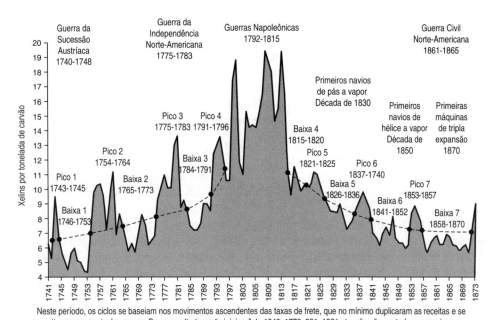

Figura 3.7 – Ciclos de mercado das embarcações a vela (1741-1873): taxas de frete do carvão entre Newcastle upon Tyne e Londres.
Fonte: compilada por Martin Stopford a partir de várias fontes.

De modo geral, esse foi um período de picos e baixas relativamente fortes que se alternaram. A forte expansão de 1754-1764 foi seguida por uma recessão exatamente simétrica entre 1765 e 1773. A força da expansão quase se ajustou precisamente à profundidade da recessão. Após um "minipico" em 1770, ocorreu outra expansão forte entre 1775 e 1783. De fato, isso coincidiu com a Guerra da Independência Norte-Americana, e entre 1775 e 1881 as exportações de mercadorias inglesas caíram cerca de 30%, de £ 15,2 milhões para £ 10,5 milhões.[29] O resultado foi uma recessão de nove anos entre 1782 e 1791. Essa foi uma das recessões mais graves registradas, causada pela interrupção do comércio provocada pela guerra norte-americana. Antes da guerra existia um comércio composto de três etapas bem equilibrado, consistindo em carga geral do Reino Unido para as Caraíbas, seguida de uma etapa comercial com produtos de plantio das Caraíbas para a Costa Leste dos Estados Unidos, onde podia ser obtida uma carga de retorno para o Reino Unido. Funcionou bem, mas, após a Guerra da Independência, as cargas de retorno desapareceram por completo, e o foco do comércio mudou do Atlântico Norte para o Báltico, deixando uma capacidade extra de transporte marítimo. A retomada ocorreu com o quarto pico, entre 1791 e 1796.

A partir do final das Guerras Napoleônicas, em 1815, a tendência nas taxas de frete foi fortemente para baixo. Em 1871, a taxa de frete da carga sólida começou a £ 11 e 8 xelins por tonelada e, por volta de 1871, caiu cerca de 40%, para £ 7 a tonelada. Essa tendência de queda dificulta a identificação dos ciclos com precisão nesse período e cria um problema particular quando se avalia a gravidade dos ciclos. Na prática, é provável que os ciclos não fossem demasiadamente extremistas. Embora as taxas de frete não se encontrem ajustadas para a inflação, isso é provavelmente uma evidência de que o transporte marítimo estava se tornando mais eficiente e barato. Algo dessa eficiência certamente se devia à concorrência intensa entre as embarcações a vela, as quais, como mencionado no Capítulo 1, alcançaram novos picos de eficiência durante a primeira metade do século XIX. Contudo, os navios a vapor de rodas de pás tornaram-se mais eficientes com o passar das décadas e, no final do período, evoluiu para os navios propulsionados a hélice com motores a vapor mais eficientes. Adicionalmente, nesse período as melhorias na construção naval e a grande atividade industrial resultaram num aumento gradual na dimensão dos navios. Por exemplo, no século XVIII, um navio de 300 tab tinha um bom tamanho, mas por volta de 1865 um navio de ferro de 2.000 tab era um tamanho mais comum.

No período após 1815 existiram quatro ciclos, com picos médios da ordem de quatro a cinco anos cada um e baixas com uma duração média de dez a doze anos. Nessa base, a duração média do ciclo foi de quinze anos, o que é parecido ao período anterior. O quinto pico, que teve lugar entre 1821 e 1825, foi seguido por uma baixa de dez anos, mas com um "minipico" em 1831. Depois, ocorreu outro pico forte entre 1837 e 1840, seguido de uma baixa de onze anos entre 1841 e 1852, com um "minipico" em 1847, quando as taxas alcançaram £ 8 e 14 xelins por tonelada. O sétimo pico teve lugar entre 1853 e 1857, com uma baixa de longa duração entre 1858 e 1870, outra vez com dois "minipicos" em 1861 e 1864. Esse foi um período de mudança rápida de tecnologia no tráfego do carvão, quando os navios carvoeiros a vapor forçaram a sua entrada no mercado e os proprietários das velhas e obsoletas embarcações a vela devem ter sofrido consideravelmente durante as baixas, enquanto os proprietários de navios mais modernos enfrentavam menos pressão, em virtude de sua maior produtividade. Em geral esse foi um período de ciclos bem definidos, empurrando a indústria para a frente numa época de mudança tecnológica.

3.6 CICLOS DE MERCADO DOS NAVIOS DE LINHAS NÃO REGULARES (1869-1936)

Os setenta anos seguintes apresentam um exemplo fascinante da interação entre os ciclos de curta e de longa duração, com praticamente todo tipo de ciclo aparecendo. Durante esse período o navio de linhas não regulares a vapor dominou o mercado de frete. No início, os navios de linhas não regulares propulsionados a vapor estavam começando a aparecer e alcançaram o seu pico durante a Segunda Guerra Mundial, com a produção em massa dos navios Liberty. O padrão das taxas de frete apresentado na Figura 3.8 mostra uma tendência de queda de longa duração, durante o qual o índice de frete caiu de 94, em 1869, para 53, em 1914.[30] Sobre essa tendência de longa duração, foi sobreposta uma série de cinco ciclos curtos com uma duração média de 9,8 anos.

Como os ciclos na primeira metade no século XIX, é difícil desenredar os ciclos de curto prazo na tendência de longa duração. Mais uma vez assistimos a uma queda muito rápida das taxas de frete resultando em picos cíclicos a taxas que, em termos do desvio da sua tendência, são em termos absolutos mais baixos que as taxas verificadas nas baixas apenas alguns anos antes. Felizmente, a existência dos relatórios dos corretores marítimos desde 1869 significa que é possível validar os ciclos previstos em relação aos relatórios de mercado.

Os ciclos continuaram implacáveis, apesar dos avanços rápidos que ocorreram na tecnologia. O melhor pico ocorreu no início da década de 1870, e existiram duas baixas relativamente graves. A primeira ocorreu entre 1866 e 1871, mas a mais grave de todas foi a baixa que teve lugar entre 1902 e 1910. Os registros contemporâneos confirmam que esse foi, na realidade, um tempo muito difícil para a indústria marítima, provavelmente desencadeado por um excesso de construção resultante da expansão anterior, que ocorreu em 1900.

Ciclos do mercado marítimo 145

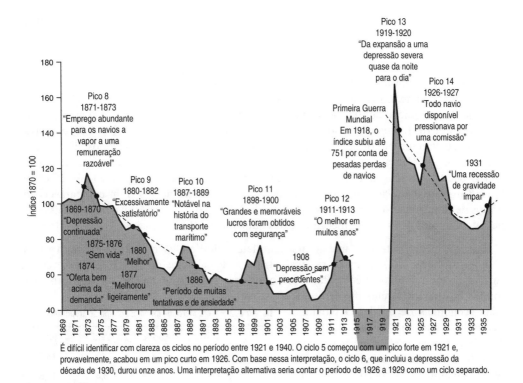

Figura 3.8 – Ciclos de mercado dos navios de linhas não regulares (1871-1937).
Fonte: compilada por Martin Stopford a partir de várias fontes.

Em 1902, "o resultado do comércio do ano anterior, no que diz respeito a 80 por cento do transporte marítimo britânico, é uma perda absoluta, ou no melhor a cobertura a descoberto dos gastos próprios", e 1904 foi "o quarto ano de trabalho não lucrativo". Por volta de 1907, os corretores registravam "as dificuldades enormes com que o proprietário de navio se deparava nas suas tentativas de encontrar emprego para sua tonelagem para não se envolver numa perda pesada", e foi só em 1909 que os relatórios mencionavam que, "tendo-se passado por tempos de pressão máxima, pode-se dizer com alguma confiança que o pior já passou".[31]

TENDÊNCIA TECNOLÓGICA NAS TAXAS DE FRETE (1869-1913)

Entre 1869 e 1913, a queda das taxas de frete foi conduzida por mudanças técnicas que, gradualmente, reduziram os custos. Essa tendência encontra-se bem documentada em ambas as literaturas acadêmica e profissional. Em 1888, o professor James Rogers, que lecionava em Oxford, comentava:

> Talvez não exista nenhum setor da atividade humana no qual a economia de custo tenha sido tão evidentemente exposta como na oferta de trânsito. A viagem que cruza o Atlântico é completada em menos da metade do tempo que levava há quarenta anos, uma grande economia na força motriz e no trabalho. O mesmo é verdade para as viagens de e para Índia, China e outros lugares distantes. O processo de carregar e de descarregar os navios

não consome um terço do tempo, um terço do trabalho nem um terço do custo que tinha alguns anos atrás.[32]

Os estaleiros estavam ganhando confiança na construção de navios em aço e a produção cresceu rapidamente. Entre 1868 e 1912 a produção da construção naval dos estaleiros localizados no Wear triplicou de 100.000 tab para 320.000 tab. Os navios tornaram-se maiores e mais eficientes. Em 1871, o maior navio de linhas regulares transatlântico era o Oceanic, um navio de 3.800 tab com um motor de 3 mil cavalos-vapor capaz de navegar a 14.75 nós. Ele completava uma viagem transatlântica em nove dias e meio. Em 1913, o maior navio era o Aquitania, com 47.000 tab. Os seus motores de 60.000 cavalos-vapor o faziam navegar a 23 nós. O tempo da viagem transatlântica caiu para menos de cinco dias. Esses navios eram comparáveis em termos de comprimento com um navio-tanque de 280.000 tpb e consideravelmente mais complexos em termos de estrutura mecânica e de equipamento.

Talvez a melhoria técnica mais importante tenha sido a eficiência dos motores a vapor. Com a introdução do sistema de expansão tripla e de caldeiras de pressão mais elevada, a capacidade e carga útil das embarcações a vapor aumentou rapidamente.[33] A vantagem econômica dos navios a vapor foi acrescida pelas economias de escala. O tamanho médio dos navios mercantes lançados no Rio Wear cresceu de 509 toneladas brutas em 1869 para 4.324 toneladas brutas em 1913.[34] Finalmente, a abertura do Canal de Suez, em 1869, deu às embarcações a vapor a vantagem econômica que precisavam para derrubar a vela como o tipo de nova construção preferida.

Tabela 3.2 – Frota mercante mundial por tipo de propulsão

	Vapor	Vela	Total
1870	2,6	14,1	16,7
1910	26,1	8,4	34,5
Crescimento anual	6%	−1%	

Fonte: Kirkaldy (1914, Anexo XVII).

Entre 1870 e 1910 a frota mundial duplicou de 16,7 milhões de tab para 34,6 milhões de tab, e o combate contínuo e sem tréguas entre as novas e as velhas tecnologias dominava a economia do mercado assim que cada geração mais eficiente de embarcações a vapor afastava a geração anterior de navios obsoletos. As primeiras a ficar sob pressão foram as embarcações a vela, que foram substituídas pelas embarcações a vapor. Em 1870, as embarcações a vapor totalizavam somente 16% da tonelagem (Tabela 3.2), mas, por volta de 1910, eram 76% da frota mercante mundial.[35] A concorrência era duradoura e difícil de ser combatida. As embarcações a vela, com as suas despesas gerais baixas, conseguiram sobreviver a recessões e, ocasionalmente, até ganhar um pouco de terreno.

Mudar nunca é fácil, e o mercado usou uma série de ciclos curtos para, alternadamente, fazer entrar novos navios e retirar os velhos. Num momento em que a indústria marítima crescia rapidamente e realizava avanços técnicos muito grandes para o futuro, os corretores de navios viam muito pouco da onda de progresso técnico para o qual o mercado estava sendo arrastado. Os seus relatórios focalizam o mercado de afretamento, no qual cada geração de tonelagem adicional lutava pela sua sobrevivência contrapondo-se a novos navios mais eficientes em termos de custo. Eles pintavam uma imagem de expansão quase contínua, pois ano após ano navios melhores e maiores com elevada tecnologia afastavam a tonelagem obsoleta.[36] Contudo, no final os custos tinham caído, a frota tinha crescido e grandes quantidades de carga tinham sido transportadas. A breve revisão dos ciclos que se segue é retirada de várias fontes, sobretudo da Gould, Angier & Co., complementada pelos detalhes dos ciclos na produção da construção naval no Rio Wear, que naquela altura foi uma das áreas de construção naval mercante mais ativas.

Ciclos do mercado marítimo

CICLO 8: 1871-1879

Existiram três anos bons entre 1871 e 1873. O primeiro foi descrito como um ano de "empregabilidade abundante com uma remuneração muito razoável para os vapores, mas restringiu a empregabilidade das embarcações a vela com as remunerações muito baixas".[37] O assunto de os vapores afastarem do mercado as embarcações a vela persistiria na década seguinte. Os dois anos seguintes foram inconstantes, embora tenham sido descritos pelos corretores como melhores que o esperado.

A recessão começou em 1874 e durou cinco anos, até 1879. Por volta de 1876, o mercado estava "ainda estagnado", mas começou a melhorar em 1877, uma tendência que é clara com o aumento da produção da construção naval no Rio Wear. As embarcações a vapor ganhavam gradualmente a batalha contra a vela. De acordo com McGregor, "1878 pode ser visto como o último ano em que a vela se manteve em pé de igualdade com o vapor no comércio da China".[38] Embora o mercado estivesse fraco, não foi uma recessão particularmente severa. As taxas eram sazonais, as palavras "inativa", "sem vida" e "estagnante" eram repetidamente usadas nos relatórios contemporâneos para descrever o negócio. As entregas da construção naval estavam bem abaixo do pico de 1872. No Wear, os lançamentos dos navios à água caíram de um pico de 134.825 tab em 1872 para 54.041 tab em 1876, após a qual se recuperaram para 112.000 tab em 1878.

CICLO 9: 1881-1889

O ciclo seguinte durou também oito anos, abrangendo a maior parte da década de 1880. A expansão atingiu o seu pico no outono de 1879, quando as taxas mostraram "uma firmeza considerável" e "em quase todos os tráfegos se realizou um volume de negócios razoável que dava mais ou menos um lucro, e existia um estado de coisas melhor que o observado nos invernos anteriores".[39] As taxas firmes continuaram até 1882, impulsionadas por um ciclo de expansão comercial. A força dessa expansão é evidenciada pelo aumento acentuado nos lançamentos da construção naval. Essa foi uma verdadeira expansão da construção naval. A produção no Wear foi de 108.626 tab em 1880 e, seguindo-se um considerável número de encomendas em 1880-1881, duplicou para um pico de 212.313 tab em 1883. Depois de um arranque lento em 1883, a recessão ganhou força em 1884.

> As taxas a que as embarcações a vapor foram afretadas são mais baixas do que as aceitas em qualquer época anterior. Esse estado de coisas foi resultante de um grande excedente de produção de tonelagem durante os três anos anteriores, fomentado por um crédito irresponsável dado pelos bancos e pelos construtores e por uma especulação selvagem oriunda de proprietários irresponsáveis e inexperientes. A contração do comércio universal também agravou o efeito das causas supramencionadas.[1]

Continuou dessa forma até 1887, tornando-se uma baixa de quatro anos. De fato, a recessão estava chegando ao fim, mas, como acontece muito frequentemente, a transição da recessão para a expansão foi um tanto prolongada. Três anos em recessão e o volume da produção da construção naval no Reino Unido caiu subitamente de um pico de 1,25 milhão de tab em 1883 para uma baixa de 0,47 milhão de tab em 1886.

CICLO 10: 1889-1897

O terceiro ciclo foi de duração similar, estendendo-se entre 1889 e 1897. A década de 1880 acabou com uma verdadeira expansão dos fretes, descrita como "notável na história do transporte ma-

---

1 Gould, Angier & Co. (1920).

rítimo". De fato, o ano de 1888 iniciou-se tranquilo, mas no outono o índice de frete, que tinha caído para 59 em 1886, atingiu o pico de 76, um aumento de 29%. Em 1889, as taxas de frete mantiveram-se nesse nível e os preços para os cargueiros a vapor completos aumentou em 50%, de £ 6,7 para £ 9,9 por tonelada de porte bruto. A produção da construção naval continuou a crescer, com os lançamentos à água no Wear em 1889 alcançando valores da ordem de 217.000 tab, mais elevados do que o anterior pico de 212.000 tab em 1883. No seu total o pico durou um pouco mais de dezoito meses.

Em 1890, o mercado movimentou-se rapidamente para uma recessão. Por volta do final do ano, os observadores comentavam:

> A recaída repentina de todos os fretes e de todos os valores dos bens a vapor dos pontos elevados alcançados em 1889 para os valores mais baixos obtidos durante a grande recessão entre 1883 e 1887 [...] as taxas agora em vigor deixam uma perda pesada que afeta todos exceto os novos navios a vapor comprados a preços baixos [...] O único meio certo para melhorar a posição foi um desarmamento temporário conjunto das embarcações a vapor para reduzir a quantidade de tonelagem a navegar em 25%.[40]

A recessão que se seguiu durou praticamente toda a década. Em 1895, houve uma retomada modesta e o mercado melhorou gradualmente durante os três anos seguintes. Mais uma vez, a atenção voltou-se ao palco da construção naval, onde o nível de produção não caiu tão abruptamente como na recessão anterior. Os lançamentos à água no Wear alcançaram, em 1986, as 215.887 tab, estando quase de volta ao pico de 1889.

CICLO 11: 1898-1910

O quarto e último ciclo antes da Primeira Guerra Mundial foi também o maior, tendo duração de doze anos. Depois da recessão prolongada do início da década de 1890, houve uma expansão do mercado de fretes que durou três anos, começando em 1898. Esse ano iniciou-se com um mercado nitidamente firme como "efeito da paragem longa no trabalho das oficinas de motores e nos estaleiros causada pela greve dos engenheiros em 1897, e o despertar generalizado do comércio, mas o avanço real dos preços foi tão gradual que os compradores conseguiram obter contratos para uma grande quantidade de tonelagem a taxas baratas".[41]

O ano de 1899 mostrou ser menos rentável do que o esperado, mas longe de ser insatisfatório. As más colheitas na Índia e na Rússia reduziram as exportações dessas áreas, enfraquecendo a expansão prevista. Depois, 1900 foi um ano memorável para a indústria marítima: "Seria difícil encontrar qualquer ano durante o século que pudesse ser comparável em relação ao vasto comércio efetuado e os grandes lucros recolhidos com segurança".[42] O índice de frete alcançou o seu ponto mais alto desde 1880, e, como resultado das encomendas feitas nesse período, em 1901 os lançamentos à água da construção naval no Wear estavam próximos das 300.000 tab.

Um fator importante durante o ano de 1900 foi a grande quantidade de transporte governamental desviado para a Guerra dos Bôeres e também para a Índia e para a China. No final do último quarto de século o mercado começava a perder o gás. "O último quarto de século tornou-se mais sóbrio, mostrando claramente que a cheia havia terminado, e que gradualmente tinha começado a vazante". As condições gerais do comércio mundial não apontavam para a existência de uma contração ou de uma recessão, mas para a continuação de um negócio estável e generalizado durante algum tempo, embora sujeito a uma redução gradual das margens de lucro".[43]

As coisas não funcionaram tão bem. Por volta de 1901, o mercado encontrava-se novamente em recessão. Arrancando de uma descida de 20%-30% nas melhores taxas negociadas em 1900, ocorreu outra queda de 20%-30%. No outono de 1901, as taxas estavam 50% abaixo dos níveis de pico alcançados em 1900. O ano de 1901 foi pobre, e em 1902 o resultado do comércio anual, no que diz respeito a 80% do transporte marítimo britânico, foi uma perda absoluta para a grande maioria dos navios, ou, no melhor dos casos, cobrindo os gastos próprios. Dos 20% de tonelagem restante, compostos nomeadamente de 'navios de linhas regulares', somente um número reduzido de companhias favorecidas foram bem-sucedidas, a saber, aquelas com bons contratos de correio.[44]

O mercado manteve-se mais ou menos em depressão até 1909.

Apesar da recessão, por volta de 1906 os lançamentos da construção naval no Wear alcançaram 360.000 tab, um recorde histórico. Considerando o nível das taxas de frete, é difícil explicar a expansão das novas construções. Pode ter sido motivada pela existência de grandes reservas de tesouraria guardadas durante a anterior expansão do mercado e pela antecipação da mudança de mercado. Os construtores navais podem também ter contribuído para isso, tentando manter o seu negócio. Angier pensava assim, comentando que, em 1906,

> O conhecimento de que muitas frotas de embarcações a vapor pertenciam mais aos construtores do que aos proprietários registrados vulgarizou-se, mas neste ano vimos um consórcio de construção naval entrando em concorrência direta com os proprietários de navios e segurando um contrato de transporte de correspondência da Austrália. Essa ação foi recebida com uma irritação natural por parte das linhas regulares estabelecidas.[45]

CICLO 12: 1911-1914

Finalmente, em 1911, a indústria movimentou-se para um período de melhores condições de negociação durante o qual a grande maioria dos proprietários obteve lucros modestos. Esse avanço foi

> resultante da melhoria geral ocorrida no comércio mundial, da cessação da construção causada pelo bloqueio efetuado pelos construtores navais aos fabricantes das caldeiras e pela retirada de um número de embarcações a vapor obsoletas do mercado de fretes que vinham sendo operadas pelos seus proprietários, pelos prêmios proibitivos exigidos pelos seus seguradores, para serem vendidas para demolição.[46]

Em 1911, os fretes eram mais altos que em qualquer ano após 1900, embora os retornos sobre o capital não fossem muito mais que "os que teriam sido alcançados através do investimento de montantes parecidos em títulos de primeira ordem, sem trabalho nem retenção".[47] O ano de 1912 assistiu a uma "expansão" dos fretes que permitiu aos proprietários de navios realizarem um lucro real. O colapso do mercado de fretes começou novamente em 1913, mas foi interrompido pela guerra.

CICLOS DE TRANSPORTE MARÍTIMO ENTRE GUERRAS (1920-1940)

O período entre a Primeira e a Segunda Guerra Mundial teve um caráter muito diferente. Não foi um período particularmente próspero para os proprietários de navios, e Jones comenta: "Para a maior parte do período entre guerras, depreende-se das estatísticas da tonelagem desativada temporariamente que o mundo estava sobrelotado com transporte marítimo".[48] De fato, o período distribui-se por duas décadas separadas, a primeira pobre e a segunda desastrosa. A primeira, de 1922 a 1926, foi volátil e de tempos em tempos o transporte marítimo era modestamente rentável. O segundo, de 1927 a 1938, foi dominado pela grande depressão do transporte marítimo da década de 1930.

Em termos de ciclos, foi um período muito estranho. Em 1920, ocorreu uma das expansões de mercado mais extremas da história do transporte marítimo. As taxas de frete alcançaram níveis recorde, e o índice da Junta Geral do Transporte Marítimo Britânico [*General Council of British Shipping*] saltou 140, quatro vezes o nível normal. Mas a extensão dessa expansão é mais bem apresentada pela escalada do preço dos navios. Um navio cargueiro moderno que no início da guerra, em setembro de 1914, custava £ 55 mil, viu o seu preço aumentar de £ 169 mil em 1918 para £ 232.500 no final de 1919. Contudo, dois anos mais tarde o preço voltou ao seu valor inicial de £ 60 mil, no qual se manteve durante o resto da década.[49] Portanto, isso conduziu o período para um começo peculiar. De acordo com Jones, a explicação dessa expansão deveu-se a indenizações de guerra.

Durante a guerra, as perdas da marinha mercante em razão da guerra submarina no Atlântico Norte tornaram-se tão graves que a produção da construção naval passou a ser uma questão de importância estratégica. No Reino Unido, naquele tempo o principal construtor naval mundial, a capacidade expandiu-se e, entre 1917 e 1921, os Estados Unidos estabeleceram em Hog Island as primeiras unidades de produção em massa de navios mercantes. A unidade, que tinha cinquenta rampas de lançamento de navios para a água, foi concebida para construir cargueiros de 7.800 tpb para os esforços de guerra. Contudo, não entrou em produção até poucos meses antes de a guerra acabar e ajudou a aumentar o excesso de capacidade. O resultado foi que, nos anos 1920, o transporte marítimo estava sob uma nuvem de sobrecapacidade de estaleiros navais, tornando-se difícil separar os ciclos. O índice mostra pouca mudança durante os vinte anos, com somente três picos pequenos e duas baixas muito longas. A duração média do ciclo foi de 7,8 anos. Os registros contemporâneos mostram que a primeira baixa cíclica começou em 1921 e continuou até 1925. Durante esse período, o mercado esteve fraco, embora essa situação não se reflita totalmente nas estatísticas anuais. Em 1926 ocorreu uma expansão breve, motivada pela greve dos mineiros de carvão no Reino Unido e por uma revitalização da atividade empresarial. No final de 1927, as taxas começaram novamente a descer e o mercado movimentou-se para uma baixa de sete anos, uma das mais longas registradas.

CICLO 13: 1921-1925

A década de 1920 começou com uma expansão, e em 1921 o índice de frete do *Economist* alcançou o valor de 200. Depois desse começo espetacular da década, o mercado não voltou a ficar realmente forte. Em 1922, o índice de frete tinha caído para 110. Desse momento em diante, os fretes flutuaram durante os anos 1920, criando condições que, embora não fossem largamente rentáveis para os proprietários de navios, ofereciam uma vida modesta ano após ano.[50] Ocorreu uma recessão breve em 1924-1925, seguida de uma "expansão" breve quando as taxas de frete alcançaram 170 em 1926, momento em que a demanda foi impulsionada pelas importações de carvão pesado dos Estados Unidos para o Reino Unido durante a greve dos mineiros ocorrida nesse ano. Assume-se isso como o final do quinto ciclo, embora seja questionável o momento preciso. Após um começo espetacular da década, os preços de segunda mão ficaram relativamente estáveis, não oferecendo oportunidade para lucros derivados do jogo de ativos. O índice de preços da Fairplay para um navio-padrão de 7.500 tpb abriu a £ 258 mil no primeiro trimestre de 1920. Na primavera de 1921, tinha caído para £ 63.750, patamar em que se manteve, com exceção da queda breve para £ 53 mil em 1925, até dezembro de 1929.

Ocorreram três fatos que deram a esse período o seu caráter distinto. O ciclo de expansão e de contração do comércio marítimo foi de longe o mais importante. Entre 1922 e 1931, o volume do comércio marítimo aumentou em mais de 50%, de 290 mt para 473 mt, antes de cair abruptamente para 353 mt em 1934 (Figura 3.9). O segundo foi a sobrecapacidade dos estaleiros navais.

Durante a Primeira Guerra Mundial, os estaleiros navais acumularam capacidade para substituir as perdas dos navios mercantes em tempos de guerra, especialmente no Atlântico Norte. A tonelagem mercante anual lançada ao mar durante a guerra foi de 3,9 milhões de ab, comparada com somente 2,4 milhões de tab lançadas ao mar entre 1901 e 1914. Após uma produção recorde de 4,45 milhões de tab em 1921, a produção flutuou entre 2 milhões e 3 milhões de tab. O ano mais baixo foi 1926, quando a produção caiu para 1,9 milhão de tab. Esse foi o melhor ano da década para as taxas de frete. Terceiro, esse foi um período

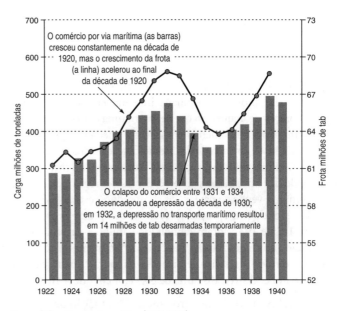

Figura 3.9 – O comércio marítimo (1922-1938).
Fonte: Sturmey (1962) Lloyd's Register.

de mudança tecnológica moderada. Os motores de combustão interna começaram a substituir os motores a vapor; o petróleo substituía o carvão como combustível primário; e navios especializados como os navios-tanques estavam sendo construídos em grande número.

CICLO 14: 1926-1937 (A GRANDE DEPRESSÃO)

O mercado inconstante da década de 1920 transformou-se na depressão da década de 1930. Ironicamente, em 1929, alguns proprietários de navios previam um retorno a condições de mercado mais favoráveis, mas a colapso de Wall Street em outubro de 1929 e a subsequente recessão do comércio mundial afundaram a indústria marítima em uma depressão profunda até o final da década de 1930. Não há dúvida acerca da causa da depressão. Como pode ser visto na Figura 3.9, entre 1931 e 1934 o volume do comércio marítimo caiu 26%, e isso coincidiu com uma fase de rápida expansão da frota mercante. Como resultado, a tonelagem desarmada temporariamente aumentou do nível "normal" de 3 milhões de ab em junho de 1930 para um pico de 14 milhões de ab em junho de 1932, representando 21% da frota mundial, após a qual começou uma demolição maciça para remover o excedente.

As consequências financeiras para a indústria marítima foram graves. O índice de frete do *Economist*, o qual rondava o valor de 110 na década de 1920, e que nunca tinha caído abaixo de 85, caiu para os 80 pontos e manteve-se por aí. A queda dos preços dos navios de segunda mão foi ainda mais grave, alcançando uma baixa na primeira metade de 1933. Jones comenta:

> Os valores dos navios caíram 50% em 1930. Uma desvalorização parecida é divulgada nos registros de vendas dos navios de todo tipo e tamanho no pós-guerra. As embarcações a vapor de uma ou de duas cobertas construídas no período inicial do pós-guerra, que naquele momento valiam entre £ 200 mil e £ 280 mil, estavam a ser vendidas por £ 14 mil em 1930. Alguns desses navios foram vendidos em 1933 e, durante a parte inicial do ano, mudavam de mãos

por valores entre £ 5 mil e £ 6 mil. No outono houve uma recuperação breve, e em dezembro o S.S. Taransay, uma embarcação de coberta única, foi vendido por £ 11.500.[51]

Em 1933, as pressões financeiras tornaram-se tão grandes, e o sentimento de mercado tão adverso, que os proprietários financeiramente enfraquecidos foram forçados a vender os seus navios pelos preços de liquidação que separam uma depressão de uma recessão. Os bancos desempenharam um papel fundamental em forçar a queda dos preços e "o mercado foi conduzido para uma insensibilidade em virtude da direção cruel e inacreditável seguida pelos bancos britânicos em 1931, e além".[52] Em termos de preços, essa baixa criou um mercado especulativo ativo e, "tendo os valores atingido um nível baixo sem precedentes, foi registrada uma atividade extraordinária no mercado de compra e venda de navios. Os compradores estrangeiros reconheceram a oportunidade de aquisição de tonelagem a preços de saldo. Os compradores gregos foram especialmente proeminentes".[53] Entre 1935 e 1937, foram demolidos 5 milhões de ab de navios. A isso juntou-se o crescimento renovado do comércio marítimo, o qual finalmente passou o seu pico de 1929 no ano de 1937 e, em janeiro de 1938, os navios desarmados temporariamente caíram para 1,3 milhão de ab. Como resultado, o índice de frete disparou de 80, valor em que se manteve nos cinco anos anteriores, para 145.

Essa "expansão" não durou muito. A situação deteriorou-se rapidamente em razão de um declínio no comércio em 1938 e de uma retomada nas entregas da construção naval para 2,9 mt em 1937 e 2,7 mt em 1938. Em um espaço de seis meses, a tonelagem desarmada temporariamente aumentou em mais de 1 milhão de toneladas (em 30 de junho de 1938, das 66,9 mt existentes, 2,5 mt encontravam-se numa situação de desarmamento temporário). Mais detalhes sobre os ciclos ocorridos durante o período entre guerras podem ser encontrados no debate sobre os ciclos do mercado da construção naval no Capítulo 15.

3.7 CICLOS DO MERCADO MARÍTIMO DE CARGAS A GRANEL (1945-2008)

No período de cinquenta anos após a Segunda Guerra Mundial, os sete ciclos de mercado de cargas sólidas foram mais curtos, com uma duração de 6,7 anos cada. Durante esse período os mercados marítimos a granel desenvolveram-se, e precisamos seguir os acontecimentos no mercado de navios-tanques e nos ciclos de carga sólida. As taxas de frete das cargas sólidas são apresentadas na Figura 3.10, que continua a sequência dos ciclos das cargas sólidas, começando no ciclo quinze, em 1947, e finalizando com o ciclo 23, em 2003-2008, enquanto as taxas de frete de mercado aberto dos navios-tanques são apresentadas na Figura 3.11. Embora existam semelhanças entre os momentos dos ciclos, a forma é diferente. Os ciclos de carga sólida encontram-se mais claramente definidos, os picos têm tendência a ser mais longos, enquanto os ciclos de navios-tanques são mais "pontiagudos". Uma vez que as taxas de frete não contam a história toda, os gráficos encontram-se anotados para mostrar os termos que os corretores de navios usavam para descrever o mercado em cada ponto. A mudança tecnológica tornou novos mercados possíveis, e os mercados de linhas regulares e não regulares que dominaram o período anterior deram origem a uma gama de mercados marítimos a granel especializados. Os principais mercados que se desenvolveram nesse período foram: dos navios-tanques, dos graneleiros, do GLP, do GNL, dos contêineres, da indústria da prospecção, perfuração e exploração petrolífera *offshore*, dos cruzeiros e dos *ferries* sofisticados. No mercado a granel, os navios de multicobertas de linhas não regulares que dominaram o negócio por mais de um século foram gradualmente substituídos por navios especializados mais eficientes.

Ciclos do mercado marítimo 153

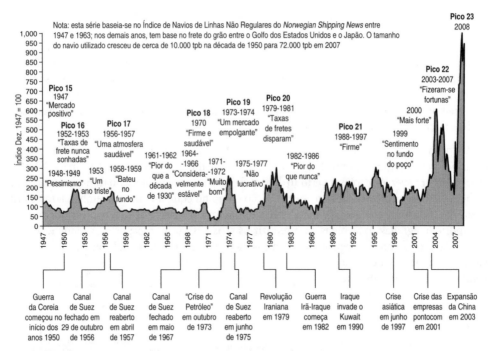

Figura 3.10 – Ciclos do mercado marítimo dos navios graneleiros (1947-2008).
Fonte: compilada por Martin Stopford a partir de várias fontes.

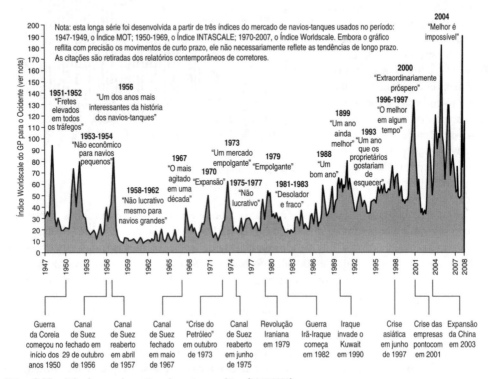

Figura 3.11 – Ciclos do mercado marítimo dos navios petroleiros (1947-2008).
Fonte: compilada por Martin Stopford a partir de várias fontes.

TENDÊNCIA TECNOLÓGICA (1945-2007)

Durante o período pós-guerra, a linha de tendência dos fretes, ajustada a preços constantes usando o índice de inflação dos Estados Unidos, caiu de quinze para menos que cinco. Trata-se de uma evidência clara de que foi um período de mudança tecnológica extrema, e essas mudanças já foram documentadas noutro lugar. Combinaram-se navios maiores, navios especializados, melhor tecnologia a bordo e motores mais eficientes para reduzir o custo do frete em cerca de dois terços. Um feito considerável.

Os primeiros 25 anos após a Segunda Guerra Mundial assistiram a um crescimento extraordinário no comércio marítimo (Figura 3.12), que aumentou de 500 mt em 1950 para 3,2 bt em 1973. Mais uma vez, esse foi um período de grande mudança tecnológica no transporte marítimo, embora a ênfase ocorresse tanto na organização como no equipamento. Os embarcadores principais das indústrias energética e metalúrgica tomaram a iniciativa de desenvolver operações de transporte integradas concebidas para reduzir os seus custos de transporte. A tendência para a especialização foi contínua e profunda. Em 1945 a frota mercante mundial consistia de navios de passageiros, navios de linhas regulares, navios de linhas não regulares e um pequeno número de navios-tanques. Poucos navios usados no transporte de carga eram maiores que 20.000 tpb. Por volta de 1975 a frota mudou na sua totalidade, e os tráfegos principais foram dominados por navios especializados. Os granéis sólidos eram transportados por uma frota de navios graneleiros; o petróleo, em navios-tanques de petróleo bruto; a carga geral, na sua maioria, em navios porta-contêineres; os veículos, em navios transportadores de carros; os produtos florestais, em madeireiros de escotilha aberta; e os produtos químicos, em navios-tanques especializados no transporte de vários produtos químicos. A especialização permitiu o aumento da dimensão do navio. Em 1945 os maiores navios de carga não tinham mais que 20.000 tpb. Em meados da década de 1990, as frotas a granel especializadas tinham muitos navios acima de 100.000 tpb e, nos tráfegos de linhas regulares, os maiores navios porta-contêineres tinham de quatro a cinco vezes mais capacidade do que os seus antepassados de multicobertas. Então, o familiar tema dos navios modernos de grandes dimensões forçando a saída dos navios pequenos obsoletos continuou como tinha acontecido no século XIX.

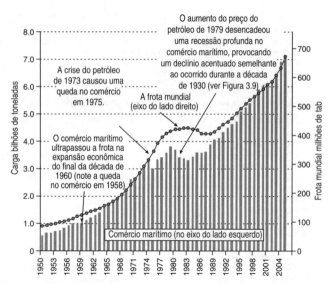

Figura 3.12 – O comércio marítimo (1949-2005).
Fonte: *United Nations Yearbook* (vários anos).

Adicionalmente, o mercado foi interrompido por uma série de acontecimentos políticos: a Guerra da Coreia que começou em 1950; a nacionalização e o subsequente fechamento do Canal de Suez em 1956; o segundo fechamento do Canal de Suez em 1967; a Guerra do Yom Kipur em 1973; a segunda crise do petróleo em 1979, a Guerra do Golfo em 1990; e a invasão do Iraque em 2003. Embora o padrão dos picos e das baixas dos fretes coincidissem com as flutuações no ciclo econômico industrial da OCDE, os efeitos dessas influências políticas foram também evidentes.

Em meados da década de 1970, o ambiente do transporte marítimo mudou. Ocorreu um declínio no comércio marítimo, seguido de uma queda acentuada no início da década de 1980. A escala dessa recessão no comércio rivalizou com a de 1930 em termos de gravidade. No mercado de navios-tanques, perdeu-se o interesse pela corrida ao tamanho, e a frota, que anteriormente tinha sido jovem e dinâmica, tornou-se velha e lenta. Os embarcadores tornaram-se menos confiantes acerca das suas necessidades futuras de transporte, e o papel desempenhado pelos proprietários de navios-tanques como subcontratados deu origem ao grande papel de tomadores de risco. Em outros segmentos do mercado marítimo a evolução técnica continuou. Os navios graneleiros continuaram a aumentar em tamanho com cargas volumosas, como as de minério de ferro e carvão, sendo transferidas para os navios Capesize acima de 100.000 tpb. Foi construída uma frota de navios transportadores de veículos, em que o maior deles era capaz de transportar 6 mil veículos. Os navios-tanques especializados no transporte de cargas líquidas aumentaram em tamanho, para 55.000 tpb. Os navios porta-contêineres aumentaram de 2.000 TEU no início da década de 1970 para 6.500 TEU em meados da década de 1990, e por volta de 2007 estavam sendo entregues navios com mais de 10.000 TEU. A tecnologia dos navios melhorou com casas das máquinas de condução desatendida, navegação por satélite, acabamentos de tintas antivegetativas, motores a diesel mais eficientes, tampas de escotilhas consideravelmente melhoradas e um conjunto de outras melhorias técnicas na construção e na concepção dos navios mercantes.

CICLOS DE CURTA DURAÇÃO (1945-2007)

Contudo, os ciclos de interesse real são os de curta duração. Durante o período entre 1947 e 2007 existiram oito ciclos de carga sólida e, quando comparados com os anos anteriores, a sua duração média foi bastante curta: os picos duraram uma média de 2,4 anos, e as baixas, 3,2 anos, de forma que o ciclo médio foi de 5,6 anos. No entanto, os ciclos variaram em forma e em intensidade. A maioria dos picos durou dois anos, mas ocorreu um pico fraco, mas prolongado, de 1988 a 1997, e finalmente um muito forte que começou em 2003 e acabou em 2008, fazendo com que fosse a melhor expansão em 264 anos. Do lado negativo, ocorreram duas recessões muito severas, de 1958 a 1964 e de 1982 a 1987, a última colocando-se ao lado da recessão dos anos 1930 como a pior do século. Em alguma medida, foi a mais extrema desde 1775, o que ajuda a colocar as coisas em perspectiva.[54]

CICLO 15: 1945-1951

O mercado pós-guerra passou por um bom começo em 1945: "Como resultado da escassez de tonelagem e da necessidade tremenda de transporte, rapidamente as cotações do frete dispararam, e pareciam fantásticas quando comparadas com os fretes pré-guerra".[55] O mercado manteve-se firme em 1946. Em 1947, começou uma tendência de queda, alcançando uma baixa em 1949, quando "se manteve o pessimismo. De um modo geral, existia uma tonelagem substancial e consequentemente uma baixa nas taxas".[56] O ano de 1950 foi bastante parado até o outono, quando "ocorreu uma considerável falta de tonelagem num número muito grande de tráfegos resultantes de um aumento súbito no mercado".[57]

CICLO 16: 1952-1955

Em 1951, as ansiedades levantadas pela Guerra da Coreia levaram a uma onda de pânico em relação à criação de estoques. O comércio marítimo cresceu cerca de 16% nesse ano, criando um mercado "inimaginável somente um ano antes". O pico durou apenas um ano, e na primavera de 1952 as taxas de frete caíram cerca de 70% em reação ao pânico estabelecido em 1951. Em 1953, a tonelagem desarmada aumentava quando se sentia a continuação das restrições à importação e ao excesso de estoque. Os preços de segunda mão dão uma ideia clara da natureza extrema desse ciclo. O preço de um navio Liberty razoavelmente pronto construído em 1944 aumentou de £ 110 mil em junho de 1950 para £ 500 mil em dezembro de 1951. Em dezembro de 1952 voltou a baixar para £ 230 mil.[58] O ano de 1954 demonstrou mais uma vez como a indústria marítima pode ser imprevisível: "O mercado de fretes foi de mau (1953) a pior (primeira metade de 1954) e depois passou por uma melhoria considerável na última metade de 1954".[59] No outono de 1954, o mercado começou a apertar e no final do ano as taxas aumentaram em 30%. A tendência crescente continuou durante 1955 e, quando o Canal de Suez fechou, em novembro de 1956, desviando o tráfego dali para uma viagem de longa duração à volta do Cabo da Boa Esperança, ocorreu um aumento tremendo nas taxas de frete e na atividade dos afretamentos por tempo.

CICLO 17: 1957-1969

Os acontecimentos que se seguiram à crise do Suez oferecem um estudo de caso do "jogo do transporte marítimo", quando a expansão de 1956 foi repentinamente seguida por uma recessão severa (ver Capítulo 8). Platou comenta:

> O ano de 1957 mostra como é praticamente impossível prever o futuro da indústria marítima. As previsões efetuadas no final do ano de 1956 por destacadas personalidades da indústria marítima eram bastante otimistas. Ninguém parecia prever a recessão que teve lugar repentinamente, uma depressão que deve ter sido a pior desde os meados dos anos trinta. De taxas de frete elevadíssimas no final de 1956, elas caíram durante todo o ano de 1957 até um nível que só pode ser chamado de um quase fundo do poço [...] Existiam poucas pessoas, se é que existiam, que imaginavam que com algumas pequenas mudanças, revelar-se-ia ser uma depressão de dez anos somente aliviada por um segundo e mais duradouro fechamento do Canal de Suez em 1967.[60]

Uma gama complexa de variáveis econômicas e políticas conspiraram para produzir essa recessão duradoura. Tugenhadt descreve a parte em que as companhias petrolíferas contribuíram para a criação de uma expansão do investimento no mercado de navios-tanques que conduziu à queda do mercado.

> Foi durante a crise do Suez de 1956 que os proprietários efetuaram as suas maiores matanças. Quando o canal foi fechado e os navios-tanques tiveram de ser redirecionados à volta do Cabo da Boa Esperança, não havia navios em número suficiente disponíveis para transportar o petróleo que era necessário e as taxas de frete cresceram astronomicamente. As companhias, que, como toda a gente, acreditavam que os egípcios seriam incapazes de gerenciar o canal após este ter sido desobstruído, pensavam que a escassez se prolongaria

durante a década de 1960, até que fossem construídos novos navios. Portanto, assinaram contratos, pelos quais não somente afretavam os navios-tanques para operar de imediato às taxas de frete altas prevalecentes como também acordavam cláusulas contratuais para afretar navios que ainda não tinham sido construídos para operar na década de 1960. [...] Quando os egípcios mostraram que podiam gerenciar o canal eficientemente, o mercado de navios-tanques caiu brutalmente, mas as empresas estavam amarradas aos contratos.[61]

Alguns outros fatores contribuíram para o excesso de capacidade que se desenvolveu nas cargas sólidas em 1958. Platou identifica o excesso de estoques, o excesso de construção, os navios mais eficientes e a economia mundial:

As razões para esse declínio eram muitas. No final de 1956, as reservas europeias tornaram possível reduzir a demanda de navios de linhas não regulares nos primeiros meses de 1957. A velocidade de conclusão de novos navios de linhas não regulares aumentou enormemente, e estes rapidamente substituíam os navios Liberty. Esses novos navios de linhas não regulares concebidos para substituir os navios Liberty, com uma capacidade média 3 mil toneladas superior em comparação com os navios construídos durante a guerra, e mais rápidos em cerca de 4 nós, transportavam consideravelmente mais carga. As restrições ao comércio impostas a alguns países resultantes da falta de divisas também contribuíram para esse declínio. Outras contribuições vieram da tendência crescente para a existência de proprietários de navios, afretamentos e construção naval independentes em países considerados até agora como não marítimos, e o fato de o Japão rapidamente se tornar um importante fornecedor de tonelagem de navios não regulares para a frota mundial. Finalmente, e não menos importante, a recessão do comércio mundial ajudou a queda das taxas de frete bem abaixo dos níveis operacionais.[62]

Certamente que a recessão severa na economia mundial desempenhou um papel muito importante. A produção industrial da OCDE caiu cerca de 4% em 1958, criando o primeiro declínio no comércio marítimo desde 1932 (Figura 3.12). A reabertura do Suez reduziu a demanda de navios-tanques e coincidiu com o recorde de entregas de novas construções encomendadas durante o mercado forte de 1955-1956. Contudo, a causa dessa prolongada recessão não foi primariamente uma falta de demanda. Após o revés de 1958, o comércio marítimo cresceu de 990 mt em 1959 para 1.790 mt em 1966, um aumento de 80% em sete anos. O problema real foi o lado da oferta. Após os episódios de escassez verificados na década de 1950, a produção naval mais do que duplicou, e um fluxo de expansão de navios largos e modernos foi grandemente responsável por manter as taxas de frete baixas. Foi só em 1967, quando o Canal de Suez fechou, que as taxas de frete dos navios-tanques voltaram para níveis realmente lucrativos. Contudo, essa segunda crise do Suez não foi uma repetição da anterior, porque a oferta tinha se tornado mais flexível:

Foram encomendados tantos navios no rescaldo de 1956 que, durante alguns anos antes de o canal ser fechado novamente, em 1967, existia um considerável excesso de navios-tanques, e muitos deles tiveram de ser convertidos em graneleiros de grão para serem usados. Como resultado, os proprietários de navios ficaram impossibilitados de repetir o seu golpe. A poucas semanas do fecho, cerca de duzentos navios totalizando 5 mt foram restituídos ao transporte de petróleo, e os suprimentos europeus foram assegurados. Portanto, as companhias recusavam afretar os navios por mais de duas ou três viagens seguidas, em vez de em longo prazo. No entanto, a crise foi altamente rentável para os proprietários... O norueguês Sigval Bergesen mostrou o que isso significava em termos gerais quando fretou à Shell o Rimfonn, de 80 mil toneladas, para duas viagens que contribuíram com £ 1 milhão.[63]

Em resumo, a década que se seguiu à expansão do Suez, em 1956, foi menos próspera para a indústria marítima. Os proprietários que operavam no mercado aberto sofreram perdas consideráveis durante a primeira metade e, embora o mercado tenha melhorado na segunda metade, a demanda nunca foi suficientemente superior à oferta para impulsionar as taxas de frete a níveis aceitavelmente rentáveis.

CICLO 18: 1970-1972

A Guerra dos Seis Dias entre Israel e Egito, em 1967, e o subsequente fechamento do Canal de Suez marcaram o início de sete anos prósperos para os proprietários de navios no mercado de afretamentos. Ocorreram três expansões no mercado de fretes, e em vários momentos os proprietários foram capazes de fechar fretamentos a tempo a taxas de frete muito rentáveis. Visto que, nessa altura, o petróleo era a principal carga que se movimentava pelo Canal de Suez, o principal impacto do seu fechamento foi sentido no mercado de navios-tanques.

O mercado de cargas sólidas se beneficiou indiretamente da melhoria das taxas de frete dos mineraleiros em virtude da transferência dos navios combinados para o comércio do petróleo, mas, em geral, o aumento nas taxas de frete foi menos notado do que no mercado de navios-tanques. As expansões de 1970 e de 1973 coincidiram com picos excepcionais no ciclo do comércio industrial, reforçadas por acontecimentos políticos como o fechamento, em maio de 1970, da Tap Line, o oleoduto que corria do Golfo Pérsico para o Mediterrâneo, o que cortou a disponibilidade do petróleo de Sidom em 15 mt. Mais tarde nesse ano, as restrições do novo regime à produção petrolífera da Líbia originou mais uma expansão do mercado. Um padrão semelhante ocorreu em agosto de 1973, quando a nacionalização dos suprimentos de petróleo da Líbia fez com que as companhias petrolíferas reduzissem o recebimento de petróleo libanês a favor de fontes mais distantes no Oriente Médio.

Contudo, a causa real do mercado flutuante foi um crescimento de comércio sem precedentes. O comércio marítimo aumentou cerca de 78%, de 1.807 mt em 1966 para 3.233 mt em 1973. Durante esse período de sete anos, as necessidades crescentes de navios foram maiores do que nos dezesseis anos anteriores. Apesar da crescente expansão da capacidade da construção naval, os estaleiros navais tiveram dificuldade em acompanhar o ritmo da demanda. Em 1971 ocorreu uma recessão, mas mostrou ser de curta duração, e muitos proprietários estavam protegidos por fretamentos a tempo rentáveis realizados em 1970. Portanto, foi um período de grande prosperidade e de expansão da indústria marítima.

CICLO 19: (NAVIOS GRANELEIROS) 1973-1978

O ano de 1973 foi um dos grandes anos na indústria marítima, comparável à expansão de 1900 derivada da Guerra dos Bôeres. Durante o verão a taxa de afretamento por tempo para um VLCC duplicou de US$ 2,5 por tonelada de porte bruto por mês (US$ 22 mil por dia) para US$ 5 por tonelada de porte bruto por mês (US$ 44 mil por dia). A extremidade das condições plantou as sementes para uma bolha espetacular nos preços dos navios. Hill e Vielvoye descreveram a espiral do preço nos seguintes termos:

> O movimento crescente no preço dos navios começou no final de 1972, e durante 1973 o preço de todos os tipos de navios aumentou entre 40% e 60%, quando comparado com o ano anterior, sendo que o aumento mais significativo foi pago pela tonelagem de navios-tanques. Os proprietários estavam preparados para pagar preços amplamente inflacionados como resultado das bonificações sobre os navios que eram entregues antecipadamente [...] Nessa situação um navio petroleiro muito grande que tinha sido encomendado em 1970 ou 1971 a um custo de US$ 26,4 milhões podia alcançar um preço entre US$ 61 milhões e US$ 73,5 milhões.[64]

O mercado de navios-tanques desmoronou após a Guerra do Yom Kippur, em 1973, mas o mercado de cargas sólidas aguentou durante 1974; para pequenos navios graneleiros, em 1975, o mercado foi impulsionado por um crescimento econômico flutuante, por uma fase de criação de estoques na economia mundial por conta da inflação no preço das mercadorias e pelo congestionamento muito forte no Oriente Médio e na Nigéria resultante da expansão nessas áreas impulsionada pelo aumento da receita do petróleo. Esse é um exemplo interessante de um pico de carga sólida que sobreviveu a um abrandamento da economia mundial.

Entre 1975 e 1995, o mercado de cargas sólidas seguiu uma tendência diferente daquela dos navios-tanques. Para os navios graneleiros a baixa do ciclo 19 durou somente três anos, de 1975 a 1978. O mercado bastante firme de 1973-1974 permitiu que os proprietários fechassem fretamentos a tempo que lhes gerassem rendimentos alguns anos depois. Contudo, o mercado aberto entrou em recessão em 1975, e os três anos entre 1975 e 1978 foram muito pobres para os navios de todas as dimensões. Embora houvesse alguma flutuação sazonal, em média, as taxas de frete não eram suficientes para cobrir os custos de afretamento interno. Por volta de 1977, muitos proprietários atravessaram problemas de liquidez severos.[65]

No outono de 1978, o mercado de cargas sólidas começou a se recuperar, dando origem a um mercado bastante firme em 1979-1980. No final de 1978, as taxas de frete tinham aumentado 30%, e continuaram a subir durante 1979 para níveis mais elevados do que o pico de 1974. Existem várias razões que reforçam essa recuperação. O cenário foi montado por uma melhoria acentuada nos princípios básicos. O comércio nas principais cargas a granel cresceu 7,5% em 1979, mas a oferta aumentou somente 2,5% em razão do nível baixo de encomendas efetuadas durante a recessão anterior. Em cima disso apareceu o efeito em cadeia resultante do aumento do preço do petróleo de 1979. As empresas de energia elétrica de todo o mundo mudaram do petróleo para o carvão, dando origem a um forte impulso no comércio do carvão termal. Esse efeito foi reforçado por congestionamentos. De acordo com a *Fearnleys Review*, "a coluna vertebral do mercado de frete em 1980 foi o congestionamento forte em importantes áreas portuárias. No último trimestre do ano o tempo de espera para os carvoeiros nos portos dos Estados Unidos atingiu os cem dias, o que na prática triplicou a necessidade de tonelagem nesses tráfegos".[66] O congestionamento foi alargado, sobretudo no Oriente Médio e na África Ocidental, onde as instalações portuárias tradicionais não conseguiam lidar com a inundação do comércio. As taxas de frete subiram ainda mais em 1980 e, no final de dezembro, estavam 50% acima da boa média alcançada em 1979.

No mercado de navios-tanques, a Guerra do Yom Kippur conduziu a uma depressão estrutural que durou até 1988, aliviada somente por uma melhoria muito breve do mercado em

1979. Existiram, essencialmente, três problemas que contribuíram para a profundidade dessa recessão. O primeiro foi o excesso de capacidade dos navios-tanques, resultante do investimento especulativo efetuado no início da década de 1970. Durante o pico no ano de 1973, a frota operacional de navios-tanques era de 225 milhões tpb, mas foram colocadas tantas encomendas de novos navios-tanques que, apesar do declínio na demanda desses navios durante os anos que se seguiram, na prática a frota aumentou para 320 milhões tpb, criando um excedente de capacidade de 100 milhões tpb. O segundo problema foi que a indústria mundial de construção naval encontrava-se agora capaz de construir 60 milhões tpb de navios mercantes anualmente. Isso era muito mais que o necessário para atender à demanda de novos navios se a tendência da década de 1960 se mantivesse. A capacidade dos estaleiros não era facilmente reduzida e demorou uma década de superprodução para cortar a capacidade para um nível mais concordante com a demanda. O terceiro foi que os aumentos do preço do petróleo em 1973 e 1979 reduziram dramaticamente a demanda das importações de petróleo. O mercado entrou numa fase de depressão.

Em 1973, a transformação de crescimento em colapso foi uma das mais espetaculares já registradas no mercado marítimo. Durante o verão as taxas dos VLCC subiram mais do que Worldscale (WS) 300, e mantiveram-se nesse patamar até outubro. Depois, em outubro, a Opep introduziu um embargo de 10% a todas as exportações para o Ocidente, e o mercado caiu subitamente, com as taxas de frete dos VLCC diminuindo para WS 80 em dezembro. O declínio continuou durante 1974 e, em abril de 1975, a taxa de frete de um VLCC do Golfo para a Europa tinha afundado para WS 15. Contudo, demorou quase um ano para que a gravidade da situação aumentasse. Em março de 1974, cinco meses após a crise ter começado, um navio-tanque de 270.000 tpb foi contratado por três anos a uma taxa diária de US$ 28 mil, mas oito meses mais tarde, em novembro, num negócio semelhante foi registrado somente a uma taxa diária de US$ 11 mil.[67] A atividade de compra e venda era muito pequena, mas no final do ano os preços já tinham caído mais de 50%. Por exemplo, o preço de segunda mão de um VLCC de 200.000 tpb construído em 1970 caiu de US$ 52 milhões em 1973 para US$ 23 milhões em 1974. Isso foi só o começo. Em 1975, o preço caiu para US$ 10 milhões; em 1976, para US$ 9 milhões, e em meados de 1977 para US$ 5 milhões.

Após dois anos, ocorreu uma recuperação modesta no mercado de navios-tanques. A retomada da economia mundial em 1979 fez subir as taxas de frete, embora somente para um pico de Worldscale 62 em julho de 1979. A tonelagem desarmada temporariamente caiu de 13,4 milhões tpb para 8,6 milhões tpb em 1979. Contudo, essa recuperação foi de natureza muito pobre e as taxas de frete dos VLCC fizeram pouco mais do que cobrir os custos de viagem. Os preços de segunda mão também aumentaram, e o preço de um VLCC de 200.000 tpb aumentou para US$ 11 milhões. Em mais um intervalo numa recessão prolongada que um pico de mercado.

CICLO 20: (NAVIOS GRANELEIROS) 1979-1987 (A DEPRESSÃO DA DÉCADA DE 1980)

O crescimento do mercado de cargas sólidas durou até março de 1981, quando ocorreu uma queda abrupta. Os ganhos diários de um Panamax caíram de US$ 14 mil por dia em janeiro para US$ 8.500 por dia em dezembro. A causa inicial para a queda foi a greve dos mineiros dos Estados Unidos, que causou a queda no mercado do Atlântico.[68] O problema mais fundamental foi o começo de uma recessão grave na economia mundial. O declínio dos preços de petróleo, um comércio de carvão estagnado e a eliminação do congestionamento empurraram

Ciclos do mercado marítimo

161

as taxas de frete para baixo, até níveis que, em 1983-1984, alguns corretores descreveriam como as piores pelas quais já tinham passado.

O ano seguinte, 1982, trouxe mais uma redução pela metade das taxas de frete. Em dezembro de 1982, os ganhos de um navio graneleiro Panamax caíram para US$ 4.200 diários. No mercado de afretamentos por tempo, um grande número de cartas-partidas a tempo negociadas no ano anterior tiveram de ser renegociadas para que os afretadores pudessem sobreviver; no seu conjunto, muitos afretadores faltaram ao cumprimento dos seus compromissos, o que resultou nas reentregas prematuras e em dificuldades adicionais para os proprietários de navios.[69] As taxas de frete melhoraram ligeiramente na primavera de 1983, mas no verão chegaram ao nível mais baixo e mantiveram-se por lá. Embora as taxas de frete permanecessem muito pobres, em 1983-1984 um grande número de encomendas foi feito para navios graneleiros. Todo o processo começou com a Sanko Steamship, uma companhia de navegação japonesa, que secretamente fez encomendas para 120 navios. Logo depois, o seu exemplo foi seguido por uma enchente de encomendas de proprietários de navios internacionais, nomeadamente gregos e noruegueses. A explicação dessa encomenda anticíclica, que se parece com um acontecimento semelhante ocorrido em 1905-1906, é complexa. Os proprietários de navios tinham acumulado grandes reservas de capital durante a expansão de 1980; os bancos, que tinham grandes depósitos em petrodólares, estavam interessados em emprestar capital à indústria marítima; e os navios eram baratos porque os estaleiros ainda tinham um excesso de capacidade e não havia encomendas de navios-tanques. Adicionalmente, os estaleiros estavam oferecendo uma nova geração de navios graneleiros eficientes em relação ao combustível, que pareciam ser muito atrativos com a tendência de alta do preço do petróleo. O iene era favorável, fazendo com que os navios encomendados no Japão parecessem mais baratos. Finalmente, os proprietários que encomendassem em 1983 esperavam que o ciclo durasse seis anos, como o anterior, de forma que os receberiam na retomada do próximo ciclo, que, de acordo com os cálculos, deveria acontecer em 1985.

Se muitos proprietários não tivessem tido a mesma ideia, essa teria sido uma estratégia bem-sucedida. As expectativas de que o comércio melhoraria foram concretizadas. Em 1984 o ciclo econômico virou para cima e ocorreu um crescimento considerável no comércio mundial. Contudo, a combinação das numerosas entregas das novas construções de navios graneleiros, muitas delas encomendadas especulativamente nos dois anos anteriores, com o fato de a frota de navios combinados poder encontrar alguma empregabilidade no mercado de navios-tanques garantiu que o aumento das taxas de frete fosse muito limitado. As taxas de frete de um navio graneleiro Panamax com dificuldade se mantinham em US$ 6.500 por dia em 1985, e depois caíram no meio de uma onda de entregas, com o resultado de que, como a *Fearnleys* comentava, "os proprietários de navios viveram por mais um ano sem serem capazes de cobrirem os seus custos".[70] Para tornar as coisas piores, nessa altura o iene tinha se fortalecido e os navios encomendados em ienes mas pagos em dólares americanos custaram mais do que o esperado.[71] Muitos proprietários de navios que tinham contraído grandes empréstimos para investir nas novas construções enfrentavam problemas financeiros sérios. Eram comuns arrestos bancários e vendas forçadas, e os preços de segunda mão caíram a níveis de liquidação.

Em termos financeiros a baixa de mercado foi alcançada em meados de 1986, quando um navio graneleiro Panamax de cinco anos de idade podia ser comprado por US$ 6 milhões, comparado com o preço de uma nova construção de US$ 28 milhões em 1980, identificando o período como uma depressão, em vez de uma recessão.[72] Quando o comércio começou a crescer e a demolição começou a aumentar, o mercado de cargas sólidas equilibrou-se, com taxas de frete em ambos os mercados alcançando um pico em 1989-1990. As taxas de

162 *Economia marítima*

frete para um navio graneleiro Panamax aumentaram de US$ 4.400 por dia em 1986 para US$ 13.200 por dia em 1989. Isso estimulou um dos mais rentáveis mercados de ativos na história do mercado de navios graneleiros.[73]

CICLO 20: (NAVIOS-TANQUES) 1979-1987

Para o mercado de navios-tanques, esse período foi um desastre. A revolução iraniana em 1979 empurrou o preço do petróleo de US$ 11 para quase US$ 40 o barril, impulsionando uma resposta massiva por parte dos consumidores de petróleo e um ciclo de mercado de navios-tanques terrível. Durante os cinco anos anteriores se fez muita pesquisa destinada a encontrar fontes energéticas alternativas, e muitas usinas de energia elétrica tinham tomado providências para permitir a utilização de carvão como fonte energética alternativa. Quando o preço do petróleo aumentou, ocorreu uma reação imediata e o comércio de petróleo por via marítima caiu gradualmente de 1,4 bt em 1979 para 900 mt em 1983. Isso criou os pilares para uma recessão extrema no mercado de navios-tanques, com um excesso que totalizava cerca de 50%, ao mesmo tempo que a queda na demanda se juntava à superconstrução da década de 1970.

Em 1981, os corretores de navios comentavam:

> [...] o mercado de fretes dos navios-tanques podia ser muito bem descrito por duas palavras: sombrio e deprimido. Os cinco anos anteriores deram um retorno aceitável aos proprietários de navios com tonelagem até 80.000 tpb, e mesmo ocasionalmente algum incentivo aos navios-tanques maiores através de aumentos periódicos na demanda. Contudo, 1981 não pôde dar nada mais que perdas líquidas a qualquer proprietário de navios--tanques com navios no mercado aberto. As taxas para a tonelagem dos VLCC e dos ULCC mostravam uma queda geral. Com taxas de frete que pairavam nas proximidades do WS 20, o transporte marítimo de petróleo bruto foi praticamente subsidiado pelos proprietários de navios-tanques em centenas de milhares de dólares por viagem.[74]

O resultado foi uma depressão severa ao mesmo tempo que o mercado apertava o fluxo de caixa, até que navios-tanques em número suficiente fossem demolidos para restaurar o equilíbrio de mercado. Por volta de abril de 1983 as taxas de frete para um VLCC operando entre o Golfo Pérsico e a Europa tinham caído para WS 17 e os preços diminuíram dramaticamente. Porque existiam muito poucos navios-tanques velhos para sucata, especialmente na categoria dos navios de grandes dimensões, em que o excedente se encontrava concentrado, isso levaria alguns anos para ser alcançado e eventualmente muitos navios novos seriam demolidos. Por exemplo, em novembro de 1983 o Maasbracht, um navio-tanque de 318.707 tpb com oito anos, foi vendido para sucata por US$ 4,65 milhões.

A tonelagem de navios-tanques desarmada temporariamente aumentou de 40 milhões tpb em 1982 para 52 milhões tpb em 1983. Nessa altura, os preços dos navios-tanques estavam de volta ao nível dos preços da sucata, e mesmo a esses preços os navios que tinham cinco ou seis anos nem sempre atraíam uma proposta. No outono os VLCC eram vendidos por pouco mais de US$ 3 milhões. As estatísticas não fazem justiça às dificuldades enfrentadas pelos proprietários de navios-tanques que operavam no mercado de afretamentos nesse período. Em 1985 o sentimento chegou ao "fundo do poço".

Os últimos dez anos de escoamento de capitais na indústria dos navios-tanques não têm precedente histórico, e assistimos a uma dizimação das companhias de navegação que provavelmente não tem paralelo na moderna história da economia, mesmo levando em consideração a depressão da década de 1930. Os membros sobreviventes das frotas independentes de navios-tanques devem ser comparados com aqueles das espécies ameaçadas do mundo, cuja sobrevivência parece questionável num ambiente em mudança e hostil, mas que por seu lado mostraram uma capacidade notável de adaptação.[75]

> No mínimo, isso demonstra que, num mercado marítimo livre, o ajustamento da oferta é um negócio prolongado, não confortável e dispendioso, por mais simples que possa parecer na teoria. Em 1986, o mercado apresentou os primeiros sinais de começar a melhorar. Durante esse ano as taxas de frete aumentaram 70% e o preço de um VLCC de 250.000 tpb com oito anos duplicou de US$ 5 milhões para US$ 10 milhões. Isso foi o começo de uma espiral na valorização do preço dos ativos, e em 1989 o navio valia US$ 38 milhões, apesar de ser três anos mais velho. Inevitavelmente isso impulsionou investimentos pesados em novos navios-tanques, e a grande depressão de navios-tanques de 1974-1988 terminou, enquanto começava uma fase de construção especulativa.

CICLO 21: 1988-2002

Depois de o mercado ter chegado ao nível mais baixo para os navios-tanques em 1985 e para os navios graneleiros de carga sólida em 1986, as taxas de frete aumentaram gradualmente para um novo pico de mercado, o qual foi alcançado em 1989, coincidindo com um pico do ciclo econômico mundial. Durante os cinco anos que se seguiram, os mercados de navios-tanques e de navios graneleiros desenvolveram-se de forma muito diferente, sobretudo em virtude das diferenças de atitudes por parte dos investidores nos dois mercados.

No mercado de navios-tanques o pico dos fretes foi acompanhado por três anos de grandes investimentos, desde 1988 até 1991, durante os quais foram encomendadas 55 milhões tpb de novos navios-tanques. Essa pressa no investimento sustentou-se nos três desenvolvimentos esperados no mercado de navios-tanques. Primeiro, esperava-se que a frota de navios-tanques envelhecidos construída durante a expansão da construção que ocorreu na década de 1970 fosse demolida quando atingisse os vinte anos de idade, criando uma demanda de substituição intensa em meados da década de 1990. Segundo, a capacidade de construção naval diminuiu tanto durante a década de 1980 que muitos observadores pensaram que haveria uma escassez quando a substituição da frota de navios-tanques construída durante a década de 1970 fosse construída na década de 1990. O crescente aumento dos preços das novas construções parecia sustentar essa hipótese. Por exemplo, o VLCC que em 1986 custava menos de US$ 40 milhões valia em 1990 mais de US$ 90 milhões. Em terceiro lugar, esperava-se que a crescente demanda por petróleo fosse satisfeita pelas exportações de longa distância do Oriente Médio, criando rapidamente um aumento da demanda de navios-tanques, especialmente VLCC. Como acabou por se verificar, nenhuma dessas expectativas foi materializada. A maioria dos navios-tanques construídos durante a década de 1970 continuou a navegar para além dos vinte anos; em meados da década de 1990, a produção da construção naval tinha mais do que duplicado, de 15 m.tpb para 33 m.tpb; e as exportações do Oriente Médio estagnaram ao mesmo tempo que a inovação tecnológica permitiu que a produção petrolífera oriunda de fontes próximas aumentasse mais rapidamente do que o esperado. A entrega da carteira de encomendas dos navios-tanques levou o mercado a uma recessão que durou desde o início de 1992 até meados de

1995, quando finalmente começou uma recuperação e as taxas de frete moveram-se no sentido de um crescimento constante.

As condições de mercado de granel sólido seguiram o sentido oposto. Esse foi um dos períodos raros em que não existia uma definição clara de ciclo. As taxas de frete da carga sólida alcançaram o seu pico ao mesmo tempo que os navios-tanques em 1989, mas, entre 1988 e 1991, quando os investidores de navios-tanques encomendavam 55 m.tpb, somente 24 m.tpb eram encomendados pelos transportadores de granel. Quando a economia mundial entrou em recessão em 1992, as entregas dos navios graneleiros caíram para 4 m.tpb por ano, quando comparado com os 16 m.tpb de navios-tanques. Essa tonelagem foi facilmente absorvida e, após um breve declive em 1992, as taxas de frete do granel sólido se recuperaram, alcançando um pico em 1995. Nessa altura, cinco anos de ganhos relativamente fortes impulsionaram um grande investimento em navios graneleiros e, nos três anos entre 1993 e 1995, foram encomendados 55 m.tpb de navios graneleiros. Em 1996, ao passo que as entregas aumentavam, o mercado de granel sólido entrava em recessão. Em junho de 1997, as coisas começaram a dar errado para o mercado marítimo a granel, quando a "crise asiática" impulsionou a recessão nas economias desse continente. Durante a primeira metade de 1997, a produção industrial expandiu, crescendo cerca de 9% na região do Pacífico. Na primavera de 1998, afundou para −5%, travando o investimento estrangeiro na emergente economia chinesa. Esperava-se que a recuperação levasse alguns anos e que as taxas de frete em ambos os mercados de navios-tanques e de granel sólido afundassem. Os ganhos de um navio-tanque de petróleo bruto caíram de US$ 37 mil por dia em junho de 1997 para US$ 10 mil por dia em setembro de 1999, e os navios de granel e os navios porta-contêineres seguiram esses passos. Os corretores comentavam em setembro de 1999 que "os últimos seis meses foram memoráveis nos mercados da indústria marítima em razão de sua consistência. Praticamente todo o segmento de mercado encontrava-se em recessão".[76]

Como acontece com frequência nos ciclos do transporte marítimo, as coisas não se desenvolveram como antecipado, e durante os dois anos seguintes o mercado vivenciou um ciclo de crescimento e de colapso clássico. As economias asiáticas permaneceram em recessão somente por alguns meses e, na primavera de 2000, a produção industrial crescia mais rápido do que nunca, até 11% por ano. Entretanto, o sentimento negativo no mercado de navios-tanques fomentou uma forte demolição dos navios-tanques construídos durante a década de 1970 que estavam chegando ao fim da sua vida útil e, como resultado, as frotas dos navios-tanques e dos graneleiros cresceram muito vagarosamente. Em resposta, as taxas de frete dos navios-tanques alcançaram um novo pico, e em dezembro de 2000 os VLCC alcançaram ganhos de US$ 80 mil por dia. O mercado de granel sólido também subiu, mas menos energeticamente do que o de navios-tanques. Em geral, no entanto, o mercado marítimo assistiu à sua primeira expansão real em 25 anos. Infelizmente ela não durou muito tempo. No início de 2001, o colapso das ações da internet disparou uma recessão profunda nas economias do Atlântico e asiática, e no final de 2002 a produção industrial em ambos os oceanos Atlântico e Pacífico encontrava-se em declínio. Em resposta, as taxas de frete afundaram, com os ganhos dos VLCC abaixando até os US$ 10 mil por dia e os dos navios graneleiros Capesize até os US$ 6 mil por dia. Os proprietários e os analistas sentiram que isso era perfeitamente normal e estavam gratos por terem tido um ano fantástico.

CICLO 22: 2003-2007

Isso nos remete para o ciclo final, o qual começou com um pico que se tornou um dos mais extremos no período em análise. Durante os seis anos anteriores, a China vinha desenvolvendo a sua economia, empregando o modelo de mercado aberto que atraiu investimento estrangeiro. No início de 2003 entrou num período de desenvolvimento significativo de infraestrutura, que necessitava de grandes quantidades de matérias-primas. Entre 2002 e 2007, a produção de aço na China cresceu de 144 mt por ano para 468 mt por ano, adicionando uma capacidade equivalente à de Europa, Japão e Coreia do Sul. No outono de 2003, quando combinado com o crescimento das importações petrolíferas e das exportações de granéis secundários, isso criou uma escassez severa de navios. As taxas de frete dos navios-tanques e dos graneleiros dispararam para novos valores máximos e, apesar de alguma volatilidade, mantiveram-se nesses níveis máximos nos quatro anos seguintes.

3.8 LIÇÕES DE DOIS SÉCULOS DE CICLOS

Bem, esta é a história dos ciclos de transporte marítimo desde que os navios a vapor e os cabos submarinos abriram o mercado global. Quais são as lições? Parecem existir duas conclusões principais a serem retiradas desta análise. A primeira é que os ciclos de transporte marítimo existem na realidade e que os dados estatísticos certamente sustentam a "regra de ouro" da indústria marítima de que os ciclos duram sete anos. Os ciclos de transporte marítimo duram oito anos se tomarmos os últimos cinquenta anos como base. A segunda é que cada ciclo é diferente. Nenhum durou na realidade sete anos. Quatro ciclos duraram somente cinco a seis anos de pico a pico, dois duraram oito anos e seis duraram mais de nove anos, todos com uma baixa de cinco anos. Portanto, seria difícil imaginar um instrumento de decisão de negócios mais perigoso. Tente dizer ao seu gerente bancário que os ciclos duram somente sete anos quando ficar sem capital num ciclo de nove anos!

PRINCÍPIOS FUNDAMENTAIS DETERMINAM O TOM PARA AS DÉCADAS BOAS E MÁS

Não existe nenhum mistério sobre por qual razão esses ciclos são tão irregulares. A nossa análise demonstra que eles são dirigidos por uma subcorrente de princípios econômicos básicos da oferta e da demanda que determina o "tom de mercado" em qualquer momento, e, em retrospectiva, é claro que cada período tem um caráter muito diferente. Para ilustrar esse ponto, a Tabela 3.3 apresenta uma avaliação desses fatores durante o período analisado, ordenados pela prosperidade relativa da indústria marítima:

1. *Prosperidade*. Existiram dois períodos prósperos, o da década de 1950 e o decorrido entre 1998-2007. Em ambos os casos a rápida expansão da demanda coincidiu com uma escassez da capacidade de construção naval.

2. *Competitividade*. Existiram três períodos de uma atividade concorrencial intensa, caracterizados por um au-

Tabela 3.3 – Análise dos princípios fundamentais do mercado marítimo

	Crescimento da demanda	Tendência da oferta	Tom do mercado
1998-2007	Muito rápido	Escassez	Próspero
1945-1956	Muito rápido	Escassez	Próspero
1869-1914	Rápido	Em expansão	Competitivo
1956-1973	Muito rápido	Em expansão	Competitivo
1988-1997	Devagar	Em expansão	Competitivo
1920-1930	Rápido	Sobrecapacidade	Fraco
1930-1939	Em contração	Sobrecapacidade	Deprimido
1973-1988	Em contração	Sobrecapacidade	Deprimido

mento do comércio e da capacidade de construção naval que cresceu o suficiente para acompanhar o ritmo da demanda.

3. *Fraqueza*. Existiu um mercado fraco na década de 1920 que foi afundado pelo excesso de capacidade existente no mercado de construção naval.

4. *Depressão*. Existiram duas depressões, na década de 1930 e na década de 1980, quando a queda no comércio coincidiu com o excesso de capacidade na construção naval.

Claramente, a oferta e a capacidade da construção naval desempenham um papel na definição do tom para uma década, mas não são toda a história. Esse "gerenciamento do lado da oferta" é uma área para a qual os economistas marítimos têm algo para contribuir. O desafio é ajudar a indústria marítima a lembrar-se do passado e a antecipar o futuro. Para fazer isso, devemos aumentar a visibilidade da nossa mensagem, com mais informação, uma análise melhorada, uma apresentação mais clara e maior relevância às decisões efetuadas no mercado comercial do transporte marítimo. Sobretudo, devemos ter uma mente aberta. Os três séculos de ciclos de transporte marítimo provam que praticamente tudo é possível.

3.9 PREVISÕES DOS CICLOS DO TRANSPORTE MARÍTIMO

O problema é que, embora todos tenham conhecimento acerca dos ciclos, é muito difícil acreditar neles. Assim que cada ciclo se desenvolve, aparecem as dúvidas. Nesta altura será diferente. O fato de os ciclos nunca serem exatamente os mesmos acaba por complicar as coisas. Porém, a dura realidade é que os investidores que querem obter um retorno anual de mais de 4%-5% por ano devem estar preparados para absorver algum "risco do transporte marítimo". Eles devem encontrar uma estratégia para lidar com os ciclos que abordamos detalhadamente. Uma estratégia óbvia é explorar a volatilidade das taxas de frete por meio da tomada de posições definidas com base no desenvolvimento esperado do ciclo. A estratégia descrita, por exemplo, por Alderton[77] é afretar no mercado aberto e em crescimento e, quando o pico é alcançado, vender ou aceitar um afretamento por tempo com duração suficiente para aguentar o navio durante a baixa. As aquisições de navios devem ser efetuadas quando o mercado está no fundo, quando os navios são "baratos".[78] Poucos argumentaram com o princípio de comprar em baixa e vender em alta. A competência assenta na execução. A grande maioria dos analistas tem sido surpreendida, frequentemente, ao acreditar que pode efetuar previsões precisas. Porém, existe um ponto intermediário.

Primeiro, devemos reafirmar a tão evidente verdade da história do transporte marítimo, de que os ciclos não são "cíclicos", se com isso queremos dizer "regulares".[79] No mundo real os ciclos do transporte marítimo são uma sequência solta de picos e baixas. Porque o momento de cada fase no ciclo é irregular, regras simples como o "ciclo de sete anos", embora sejam estatisticamente corretas durante um período muito prolongado, são pouco fiáveis para serem validadas como um critério de decisão. O aviso de Cufley de que "é completamente impossível prever quando o mercado cresce ou desce"[80] deve ser levado a sério. Como ele continua a assinalar, "mesmo as avaliações fundamentadas e inteligentes, efetuadas por peritos e cobrindo somente alguns meses, podem revelar-se como tontas pela sequência dos acontecimentos". Portanto, devemos avaliar cuidadosamente o que podemos dizer acerca do futuro. Existem alguns fatores positivos. A revisão efetuada neste capítulo dos últimos doze ciclos demonstra que as mesmas explicações dos picos e das baixas cíclicas aparecem sucessivamente. As condições econômicas, o "ciclo econômico", o crescimento do comércio e as encomendas e as demolições dos navios são variáveis fundamentais que podem ser analisadas, modeladas e extrapoladas. Uma análise cuidadosa dessas variáveis retira uma parte, mas não tudo, da incerteza e reduz o risco. Entretanto, a estas devem ser adicionados os "curingas" que frequentemente disparam os crescimentos e colapsos espetaculares. A Guerra dos Bôeres em 1900, o fechamento do Canal de Suez, a criação de estoques, o congestionamento e as greves nos estaleiros navais têm todos eles desempenhado o seu papel.

É assustadora a dificuldade em analisar esses fatores. A economia mundial é complexa e frequentemente temos de esperar anos pelas estatísticas detalhadas que dizem com precisão o que aconteceu. Muitas das variáveis e relações no modelo são altamente imprevisíveis, de forma que o processo de previsão deve ser visto como uma clarificação do risco mais do que como uma criação de incerteza. A esse respeito, os proprietários de navios encontram-se na mesma posição que outros comerciantes de mercado de mercadorias especializadas. Aqueles que operam no mercado devem tentar perceber os ciclos e aceitar o risco. É para isso que eles são pagos. Uma parte essencial na avaliação desse risco é formar uma visão realista do que afeta cada fase do ciclo – a leitura dos sinais, ao mesmo tempo que o mercado se desenvolve pelas fases com ciclo, a extrapolação das consequências e, quando os fatos o permitem, estar preparado para atuar contra o sentimento do mercado. Não é necessário estar completamente certo. O que interessa é ser mais correto do que os outros comerciantes. Existe uma longa história de investimentos mal-aconselhados no transporte marítimo, que ao longo dos anos providenciaram uma bem-vinda fonte de rendimento para os investidores mais experientes que compram os navios baratos durante as recessões e vendem mais caros durante as expansões.

A IMPORTÂNCIA DA INTELIGÊNCIA DE MERCADO

O único objetivo deste argumento é direcionar a nossa atenção para o processo de obter a informação acerca do que se passa no mercado marítimo e perceber as implicações de quaisquer ações que possamos tomar. As pesquisas sugerem que as decisões empresariais bem-sucedidas se baseiam numa avaliação cuidadosa de todos os fatos relevantes, enquanto que as más decisões derivam frequentemente de uma análise inadequada dos fatos. Por exemplo, Kepner e Tregoe, no seu estudo sobre as decisões empresariais, fazem os seguintes comentários:

> No curso do nosso trabalho, assistimos a um número de decisões por parte das agências governamentais e pela indústria privada que variaram em qualidade desde questionáveis a catastróficas. Pensar como é que tais decisões pobres vieram alguma vez a serem feitas fez-nos olhar para a sua história. Descobrimos que a maioria dessas decisões foram más porque certos elementos de informação importantes foram desprezados, descontados ou mesmo não receberam atenção suficiente. Concluímos que o processo de coleta e de organização da informação para a tomada de decisão necessitava ser melhorada [...].[81]

Essas observações, que raramente podem estar em discordância com a experiência prática da maioria das pessoas, enfatizam a importância de coletar e de interpretar a informação.

DESAFIO DE UM GERENCIAMENTO DE RISCO BEM-SUCEDIDO

Então, onde é que isso nos deixa em termos de previsão dos ciclos do frete? Existem três conclusões a serem tiradas. Em primeiro lugar, nos ciclos de transporte marítimo, como no pôquer, para cada vencedor existe um perdedor. Esse aspecto do negócio se refere ao gerenciamento do risco, não ao transporte da carga. O transporte marítimo não é ainda um jogo de soma zero, mas veremos no Capítulo 8 que os retornos financeiros resultam numa média bastante modesta. Em segundo lugar, os ciclos de transporte marítimo não são aleatórios. As forças econômicas e políticas que os dirigem, embora altamente complexas, podem ser analisadas, e a informação pode ser utilizada para melhorar as possibilidades a favor dos jogadores. Porém, deve-se lembrar que, se todos têm a mesma ideia, ela não funcionará. Em terceiro lugar, como no pôquer, cada jogador deve avaliar os seus oponentes, observar como eles jogaram o jogo e avaliar quem será o perdedor desta vez. No final, a ausência de um perdedor significa a ausência de um vencedor.

Não devemos ficar surpreendidos que isso faça o transporte marítimo parecer mais um jogo de azar que um negócio sério. É um jogo de azar. Os embarcadores voltam-se para o mercado marítimo porque eles não sabem quanta capacidade de transporte marítimo vão precisar no futuro. Ninguém sabe. A tarefa do proprietário de navios é determinar a melhor estimativa possível e entrar no jogo. Se estiver errado, ele perde. As decisões são complexas e frequentemente precisam de ações decisivas que desafiam o sentimento de mercado. É por essa razão que os indivíduos são mais bem-sucedidos do que as grandes companhias. Imagine jogar pôquer sob a direção de um conselho de administração. Para os proprietários com muitos anos no negócio, o instinto que dirige as suas decisões deriva, provavelmente, da experiência com os ciclos passados, reforçada por uma compreensão da economia internacional e de informação atualizada obtida a partir das fontes de informação internacionais não oficiais. Para aqueles sem uma vida de experiência, sejam eles novos operadores para a indústria ou estranhos, os problemas de tomada de decisão são assustadores. Muitas decisões ruins têm sido tomadas por falta de conhecimento do mecanismo de mercado. O nosso desejo nos três capítulos que se seguem é examinar a estrutura econômica dos mercados nos quais o transporte marítimo opera e os princípios básicos que os governam.

3.10 RESUMO

Neste capítulo abordamos o papel econômico dos ciclos na indústria marítima.

Começamos com as características dos ciclos, identificando a tendência secular, os ciclos curtos e os ciclos sazonais. Depois avançamos para definir o risco no transporte marítimo. Esse é o risco do investimento no casco de um navio mercante, incluindo o retorno do capital empregado, que não é recuperado durante um período de posse. O risco pode ser tomado pelo embarcador (transporte marítimo industrial) ou pelo proprietário do navio (risco do mercado marítimo). O ciclo de mercado domina o risco do transporte marítimo. Embora seja indiscutível a existência de ciclos, o seu caráter é "episódico" em vez de "regular". Identificamos quatro estágios (ou seja, episódios) num ciclo: a baixa, a recuperação, o pico e o colapso. Embora tenhamos identificado que os ciclos duram em média oito anos, não existem regras rigorosas acerca da duração ou do momento dessas fases. O mecanismo cíclico deve ser flexível para efetuar o seu trabalho de gerenciar o investimento no transporte marítimo.

O modelo cíclico de curta duração é uma parte importante do mecanismo de mercado. Quando a oferta dos navios é curta, as taxas de frete aumentam e estimulam as encomendas.

Ciclos do mercado marítimo

Quando existe um excesso, as taxas de frete caem e mantêm-se baixas até que um número suficiente de navios tenha sido demolido para permitir o equilíbrio do mercado. Cada fase é periódica e continua até que a sua função esteja terminada. Como resultado, os ciclos de transporte marítimo, como os proprietários, são indivíduos únicos. Em cada "ciclo", a oferta balança seguindo a demanda como um bêbado a andar sobre uma linha que ele não pode ver claramente.

Existe também um ciclo de longa duração ou uma tendência secular governada pela tecnologia. Desenvolvimentos técnicos como o motor de expansão tripla ou a conteinerização estimulam o investimento em navios novos. Assim que os navios novos são entregues, definem um novo padrão de eficiência. Quanto mais existirem, maior o impacto comercial. A transição de uma tecnologia para outra pode levar vinte anos para ser efetuada, e durante esse período afeta a economia do negócio. Durante o último século, ocorreu uma sucessão desses ciclos – o vapor substituindo a vela, o diesel substituindo o vapor, caldeiras melhores, a conteinerização e a revolução do transporte marítimo a granel.

A análise dos ciclos curtos durante o período 1741-2007 mostra o "modelo de funcionamento" do ciclo do transporte marítimo. Ocorreram 22 ciclos, com uma duração média de 10,4 anos, mas, quando analisamos os três períodos – vela, linhas não regulares e granel –, verificamos que a duração dos ciclos se reduziu, de 14,9 anos na era da vela para 9,2 anos no mercado de linhas não regulares e oito anos na era do granel. Cada ciclo desenvolveu-se dentro de um enquadramento da oferta e da demanda, portanto, as características comuns, como os ciclos na economia e o excesso de navios encomendados, aparecem sucessivamente. Como regra, a oferta não tem dificuldade em acompanhar a demanda, logo, as grandes "expansões" de mercado são frequentemente o resultado de acontecimentos inesperados, como o fechamento do Canal de Suez, a criação de estoques ou o congestionamento. As recessões tendem a ser governadas pelos choques econômicos, que provocam um declínio não esperado no comércio (como em 1930, 1858, 1973, 1982, 1991, 1997 e 2001). O excesso de investimento também desempenha um papel.

Perante esse cenário, é difícil prever os ciclos e os momentos das mudanças, especialmente em momentos de sentimento elevado que acompanham os picos e as baixas de cada ciclo. O enquadramento de cada ciclo é definido pelos princípios básicos. Dentro desse enquadramento, é responsabilidade dos proprietários de navios e do sentimento de mercado "jogarem o jogo". Numa indústria de baixo retorno, a sorte de um investidor é o azar de outro, portanto, o que está em jogo é alto. Quando estranhos olham para as rentabilidades médias baixas, eles muitas vezes se perguntam: "Por que razão alguém investiria no transporte marítimo?". Mas os proprietários mais perspicazes e mais adaptáveis sabem que vão sobreviver para realizar enormes lucros na próxima vez que algum acontecimento imprevisível revolucionar o mercado – um caso de "cada um por si".

CAPÍTULO 4
OFERTA, DEMANDA E TAXAS DE FRETE

"O preço do frete
Hoje é grande
Porque os navios, tu perceberás,
Também têm os preços elevados
Custando como novos
Muito mais do que costumava ser

Se tu souberes porque
O seu preço é elevado,
Considera isto, os custos das carreiras são elevados
Em razão do comércio,
Relativamente ao qual o frete é pago
Cresce mais rapidamente do que os navios podem

Fica somente uma coisa para saber,
O que é que faz crescer o comércio.
O mundo precisa do seu grão e minério;
Algumas vezes pouco, mas na maior parte das vezes muito
Quando avaliarmos se o preço é elevado
O que é importante é... quanto tu compras"

(Martin Stopford, 2007)

4.1 O MODELO DO MERCADO MARÍTIMO

PROCURA POR SINAIS

Agora é o momento de examinarmos os mecanismos econômicos que controlam os ciclos de transporte marítimo abordados no capítulo anterior. Os proprietários de navios têm duas tarefas. Uma é operar os navios, uma tarefa digna, mas que não traz riqueza. A outra é estar no lugar certo, no momento certo, para acumular capital no pico do ciclo. Com cada reviravolta no ciclo, os investidores de transporte marítimo são confrontados com uma nova oportunidade ou ameaça. No espaço de poucos meses, o fluxo de caixa de um proprietário de navios pode crescer de uma gota para uma enchente, e o valor de mercado da sua frota pode mudar em milhões de dólares. É assim que o mercado gerencia o investimento num mundo difícil e incerto, e para o gerenciamento das companhias de navegação, essa situação apresenta-se como um desafio considerável.

O objetivo é tirar vantagem dos ciclos para comprar em baixa e vender em alta. Isso é bastante justo até certo ponto, mas esse aspecto do transporte marítimo é um jogo de conhecimento, e lidar com os ciclos depende da capacidade de reconhecer – ou, ainda melhor, prever – os picos e as baixas no mercado de fretes. Não basta estar correto. Um investidor pode antecipar corretamente um pico de mercado, mas, se os afretadores tiverem a mesma visão, não existirão contratos de longa duração. De forma semelhante, nas baixas de mercado, os proprietários podem estar preparados para comprar navios baratos, mas quem tem vontade de vender com prejuízo? Como Michael Hampton assinalou, geralmente o consenso não é um bom sinal.[1] As melhores oportunidades vão para aqueles que sabem avaliar quando os outros atores de mercado estão errados, o que significa escavar por debaixo da superfície para perceber as consequências dos desenvolvimentos atuais (ver Capítulo 17 para um debate completo sobre as previsões).

Do ponto de vista econômico, cada ciclo de transporte marítimo é único. Se quisermos melhorar a nossa percepção do que está acontecendo no mercado, devemos desenvolver uma explicação teórica de como são gerados os ciclos de mercado. Para efetuarmos isso, utilizaremos o modelo da oferta e da demanda, uma técnica frequentemente utilizada pelos economistas para analisar os mercados de produtos primários. O termo "modelo" é aqui usado da mesma maneira como quando falamos acerca de um modelo de navio – é uma pequena versão da coisa real, deixando de fora aqueles detalhes que são irrelevantes para o assunto. O objetivo deste exercício, que é muitas vezes referido como "análise fundamental", é explicar de forma consistente os mecanismos que determinam as taxas de frete.

4.2 INFLUÊNCIAS-CHAVE NA OFERTA E NA DEMANDA

A economia marítima é extremamente complexa, portanto, a primeira tarefa é simplificar o modelo especificando aqueles fatores que são os mais importantes. Não se está sugerindo que o detalhe deve ser desprezado, mas que se deve aceitar que demasiados detalhes podem obstruir uma análise clara. Pelo menos nas fases iniciais devemos generalizar. Das muitas influências sobre o mercado marítimo, podemos selecionar dez como sendo particularmente importantes, cinco delas afetando a demanda do transporte marítimo e cinco influenciando a oferta. Estas encontram-se sumariadas na Tabela 4.1.

No que diz respeito à demanda do transporte marítimo (a "função da demanda"), as cinco variáveis são economia mundial, tráfegos das mercadorias transportadas por via marítima, distância média, choques aleatórios e custos de transporte. Para explicar a oferta de serviços de transporte marítimo (a "função da oferta"), enfocamos frota mundial, produtividade da frota, produção da construção naval, demolição e perdas e receitas do frete. A forma como essas variáveis se encaixam num modelo simples de transporte marítimo apresenta-se na Figura 4.1. Esse modelo tem três componentes, a demanda (módulo A), a oferta (módulo B) e o mercado de fretes (módulo C), que liga a demanda e a oferta pela regulação do fluxo de caixa que flui de um setor para outro.

Tabela 4.1 – Dez variáveis no modelo do mercado marítimo

Demanda	Oferta
Economia mundial	Frota mundial
Tráfegos das mercadorias transportadas por via marítima	Produtividade da frota
Distância média	Produção da construção naval
Choques aleatórios	Demolição e as perdas
Custos de transporte	Receitas do frete

Como o modelo funciona? A mecânica é muito simples. No módulo da demanda (A), a economia mundial, por ciclos econômicos e tendências regionais de crescimento, determina o volume de mercadorias movimentadas por via marítima. Os desenvolvimentos no tráfego de uma mercadoria específica podem modificar as tendências de crescimento (por exemplo, os desenvolvimentos na indústria siderúrgica podem influenciar o comércio de minério de ferro), como as mudanças na distância média na qual a carga é transportada. A demanda final de serviços de transporte marítimo é medida em toneladas-milhas (isto é, a tonelagem da carga multiplicada pela distância média). A utilização de toneladas-milhas como medida da demanda é tecnicamente mais correta do que utilizar simplesmente as toneladas de porte bruto dos navios necessários, pois evita efetuar uma avaliação acerca da eficiência de como os navios são usados. Isso pertence mais propriamente ao lado da oferta do modelo.

Voltando ao módulo da oferta (B), no curto prazo, a frota mercante oferece um estoque fixo da capacidade de transporte. Quando a demanda é baixa, somente parte dessa frota pode navegar, e alguns navios estarão desarmados temporariamente ou sendo utilizados para armazenagem. A frota pode ser aumentada por novas construções e uma demolição reduzida. A quantidade de transporte que essa frota oferece também depende da eficiência logística com a qual se operam os navios – em particular, a velocidade e o tempo de espera (ver a seguir). Por exemplo, uma frota de navios-tanques navegando a 11 nós e regressando de cada viagem de navio carregado numa situação de lastro transporta menos carga num ano do que uma frota de navios graneleiros de mesma dimensão navegando a 14 nós e transportando uma carga de retorno para toda ou uma parte da sua viagem. Essa variável de eficiência é geralmente referida como "produtividade da frota" [*fleet productivity*] e expressa-se em toneladas-milhas de carga por tpb por ano. Finalmente, as políticas dos bancos e dos reguladores têm um impacto no desenvolvimento do lado da oferta do mercado.

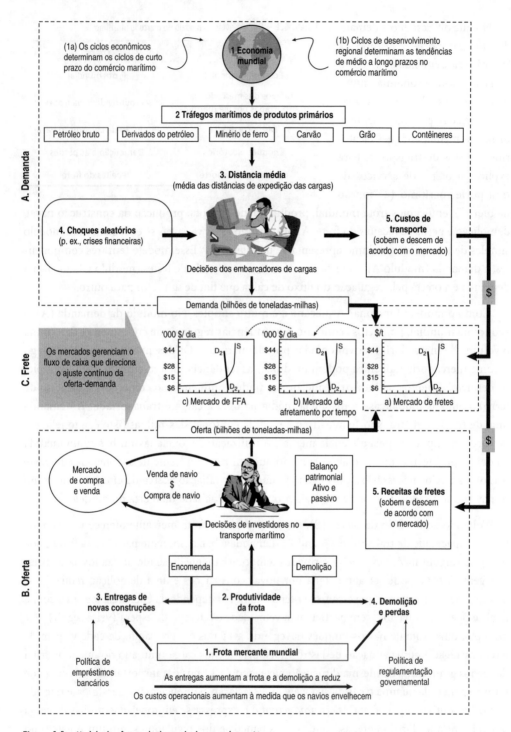

Figura 4.1 – Modelo da oferta e da demanda do mercado marítimo.
Fonte: Martin Stopford (2008).

LIGAÇÕES DINÂMICAS NO MODELO

As pessoas desempenham um papel central neste modelo do mercado marítimo. No coração do módulo da demanda (A) encontram-se os embarcadores da carga. As suas decisões sobre o suprimento das matérias-primas e a localização das fábricas de processamento, como as refinarias petrolíferas, determinam como o comércio se desenvolve, e, naturalmente, eles negociam as taxas de frete, os fretamentos a tempo e os FFA. Muitos embarcadores são empresas muito grandes que comercializam matérias-primas e produtos manufaturados, mas nos anos recentes juntou-se a essas empresas uma comunidade de negociantes de produtos primários e de operadores que têm contratos de carga para os quais são necessários navios. As pessoas que desempenham um papel central no módulo da oferta (B) são os investidores em transporte marítimo. Utiliza-se o termo "investidor em transporte marítimo" [*shipping investor*] porque, embora muitos decisores sejam proprietários de navios privados ou companhias de navegação, existem outros participantes importantes – por exemplo, as sociedades alemãs em comandita simples [*Kommanditgeseichllschaft*, KG] que possuem navios de contêineres; os negociadores petrolíferos que possuem navios-tanques; e as companhias petrolíferas principais com as suas frotas próprias. Esses investidores em transporte marítimo sentam-se no outro lado da mesa dos embarcadores da carga na negociação dos fretes e também têm a tarefa crucial de encomendar novos navios e enviar os navios envelhecidos para sucata.

Os desequilíbrios entre os módulos da oferta e da demanda determinam a terceira parte do modelo, o mercado de fretes (C), em que as taxas de frete são constantemente ajustadas em resposta às mudanças no equilíbrio entre a oferta e a demanda. Esse módulo de frete é uma caixa de distribuição que controla a quantidade monetária paga pelos embarcadores aos proprietários de navios para o transporte da carga, e é esse fluxo monetário que conduz o mercado marítimo. Por exemplo, quando existe escassez de oferta, as taxas de frete são aumentadas e os valores monetários que fluem para as contas bancárias dos proprietários de navios afetam o comportamento dos embarcadores de carga e dos investidores em transporte marítimo (debateremos com mais detalhe no Capítulo 17 essa parte "comportamental" do modelo). À medida que os ganhos dos seus navios aumentam, os investidores em transporte marítimo correm para adquirir mais navios de segunda mão, aumentando os preços e, quando os navios de segunda mão se tornam muito dispendiosos, voltam-se para a encomenda de novos navios. À medida que os novos navios são entregues, a oferta cresce, mas somente depois do defasamento temporal necessário para entregar os novos navios – geralmente de dezoito meses a três anos. Entretanto, os embarcadores da carga respondem às taxas de frete elevadas procurando formas de cortar os custos de transporte atrasando as cargas, mudando para fontes de suprimento mais próximas ou utilizando navios maiores. Nesse estágio do ciclo de mercado, porém, não há muito que eles possam fazer e, por isso, têm de ranger os dentes e pagar.

Quando existem demasiados navios, o processo inverte-se. As taxas de frete são baixadas e os proprietários de navios têm de tirar das suas reservas para pagar os custos fixos, como os reparos e os juros dos empréstimos. Ao verem suas reservas diminuírem, alguns proprietários de navios são forçados a vendê-los para levantar capital. Se a queda persiste, os preços dos navios envelhecidos eventualmente caem para níveis em que os demolidores de navios oferecem um preço melhor, e a oferta reduz gradualmente. As mudanças nas taxas de frete podem também impulsionar uma alteração no desempenho da frota, por meio de ajustamentos da velocidade, ou os navios podem ser desarmados temporariamente.

Esse modelo dá aos ciclos do mercado marítimo o seu padrão característico de picos e baixas irregulares. A demanda é volátil, rápida para mudar e imprevisível; a oferta é pesada e responde devagar; e, quando o mercado está justamente equilibrado, o mecanismo de frete se amplia mesmo com pequenos desequilíbrios na fronteira. Então a "tartaruga" da oferta procura a "lebre" da demanda por meio do gráfico dos fretes, mas raramente a apanha. Num mercado com essas dinâmicas esperamos o "equilíbrio" no sentido dos ganhos estáveis durante vários anos, mas essa situação é bastante rara.

Uma reflexão final. No coração do modelo existem pessoas: os investidores em transporte marítimo e os embarcadores da carga. A sua tarefa é negociar a taxa de frete de cada navio, e as taxas de frete que inevitavelmente acordam variam dependendo da forma como as partes negociantes se sentem. Um navio pode ser contratado por US$ 20 mil por dia na segunda-feira, mas um navio irmão pode ser negociado por US$ 30 mil por dia na terça-feira porque os afretadores entraram em pânico durante a noite, talvez em razão de alguns rumores que ouviram. Os modelos matemáticos não podem ter a pretensão de simular esse tipo de leilão de fretes, portanto, no curto prazo pelo menos a psicologia é tão importante quanto os princípios básicos.

Em resumo, esse é o modelo de mercado que controla o investimento em transporte marítimo. Na parte restante deste capítulo, examinaremos as três seções do modelo. O nosso interesse principal não é o valor das variáveis propriamente ditas – discutiremos isso nas últimas partes do livro. Em vez disso, o nosso objetivo é examinar por que cada variável muda e as relações entre elas. O modelo é dinâmico no sentido de que a oferta e a demanda são determinadas separadamente, com os dois módulos ligados pela negociação do frete. Porém, é importante lembrar que o objetivo principal do mecanismo de mercado não é fixar a taxa de frete, e sim coordenar o crescimento da oferta e da demanda do transporte marítimo no mundo irremediavelmente complexo no qual o transporte marítimo opera.

4.3   A DEMANDA DE TRANSPORTE MARÍTIMO

Sugerimos que a demanda de navios, medida em toneladas-milhas de carga, é volátil e de rápida mudança, algumas vezes na escala de 10%-20% ao ano. A demanda de navios está também sujeita a tendências de mudança de longa duração. Olhando para as duas ou três últimas décadas, houve ocasiões em que a demanda de navios cresceu muito rapidamente durante um período prolongado, como aconteceu durante a década de 1960, e outros em que a demanda de navios estagnou e decresceu – por exemplo, durante a década que se seguiu à crise do petróleo de 1973.

ECONOMIA MUNDIAL

Sem dúvida a influência singular mais importante sobre a demanda de navios é a economia mundial. Isso apareceu diversas vezes no Capítulo 3, quando da nossa discussão sobre os ciclos de transporte marítimo. Há setenta anos, na sua revisão do mercado de linhas não regulares, Isserlis comentava sobre os períodos semelhantes verificados nas flutuações das taxas de frete e nos ciclos da economia mundial.[2] Era esperado somente que houvesse uma relação próxima, pois a economia mundial gera a maior parte da demanda do transporte marítimo, quer pela importação de matérias-primas para a indústria transformadora, quer por produtos manufaturados para o comércio. Segue-se que a avaliação das tendências do mercado marítimo requer um conhecimento atualizado dos desenvolvimentos da economia mundial. Contudo, a relação entre o comércio marítimo e a indústria mundial não é simples ou direta. Existem dois aspectos da economia mundial que provocam mudança na demanda de transporte marítimo: o ciclo econômico e o ciclo do desenvolvimento do comércio.

O *ciclo econômico* estabelece os alicerces dos ciclos de fretes. As flutuações na taxa de crescimento econômico traduzem-se no comércio marítimo, criando um padrão cíclico de demanda de navios. A história recente desses ciclos comerciais é óbvia a partir da Figura 4.2, a qual mostra a relação próxima entre a taxa de crescimento do comércio marítimo e o PIB durante o período de 1966 a 2006. Invariavelmente os ciclos na economia mundial têm se refletido nos ciclos do comércio marítimo. É de se observar, em particular, que as recessões do comércio marítimo de longo curso em 1975, 1983 e 1988 coincidiram com as recessões ocorridas na economia mundial. Não surpreende, pois, que a produção industrial crie a maior parte da demanda de mercadorias comercializadas por via marítima. Claramente, o ciclo econômico é de grande importância para alguém que analise o lado da demanda do modelo do mercado marítimo.

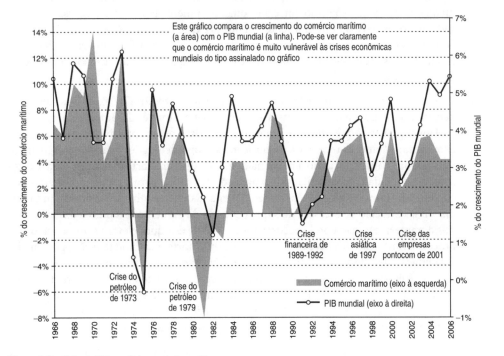

Figura 4.2 – Ciclos do PIB mundial e comércio marítimo.
Fonte: Banco Mundial, *Fearnleys Review*.

Atualmente, a maioria dos economistas aceita que esses ciclos econômicos resultam de uma combinação de fatores externos e internos. Os fatores externos incluem acontecimentos como as guerras e as mudanças repentinas nos preços dos produtos primários (por exemplo, o petróleo bruto), que provocam uma mudança súbita na demanda. Os fatores internos referem-se à estrutura dinâmica da economia mundial, a qual, como se argumenta, conduz naturalmente a um percurso de crescimento cíclico, em vez de linear. Entre as causas dos ciclos econômicos mais frequentemente citadas, salientamos as seguintes:

- *Os efeitos multiplicador e acelerador*. O principal mecanismo interno que cria os ciclos é a interação entre o consumo e o investimento. O rendimento (produto nacional bruto,

PNB) pode ser gasto no investimento de bens ou no consumo de bens. Um aumento no investimento (por exemplo, a construção de uma estrada) cria uma nova demanda de consumo por parte dos trabalhadores contratados. Eles gastam os seus salários, criando ainda mais demanda (o efeito multiplicador do investimento). Assim que a despesa adicional do consumidor passa pela economia, o crescimento melhora (o efeito acelerador do rendimento) gerando uma demanda por ainda mais bens de investimento. Eventualmente a mão de obra e o capital ficam totalmente utilizados e a economia sobreaquece. O crescimento é bruscamente travado, revertendo todo o processo. As ordens de investimento caem, perdem-se empregos e os efeitos multiplicador e acelerador regridem. Isso cria uma instabilidade básica na "máquina econômica".[3]

- *Defasagens temporais*. Os atrasos ocorridos entre as decisões econômicas e as suas implementações podem extremar as flutuações cíclicas. O mercado marítimo fornece um exemplo excelente. Durante a expansão de mercado, os proprietários de navios encomendam navios que só serão entregues quando o mercado entrar em recessão. A chegada de novos navios num momento em que já existe um excesso desencoraja a adição de novas encomendas quando os construtores navais estão ficando sem trabalho. O resultado dessas defasagens temporais é tornar as expansões e as recessões mais extremas e cíclicas.

- A *criação de estoques* tem efeito contrário em curto prazo. Produz explosões súbitas na demanda à medida que as indústrias ajustam os seus estoques durante o ciclo econômico. Um ciclo de estoque típico, se é que tal coisa existe, ocorre provavelmente da seguinte maneira: durante as recessões, os fabricantes com dificuldades financeiras esgotam os seus estoques, intensificando a baixa na demanda de transporte marítimo. Quando começa a retomada da economia, existe uma corrida súbita para a reposição de estoques, conduzindo a uma explosão repentina na demanda que apanha de surpresa a indústria marítima. O receio da escassez do suprimento ou do aumento dos preços das mercadorias durante a retomada pode encorajar a criação de estoques elevados, reforçando esse processo. Em várias ocasiões as expansões de transporte marítimo têm sido governadas pela criação de estoques em curto prazo por parte da indústria, em antecipação a períodos de escassez futuros ou a aumentos de preços. São exemplos a Guerra da Coreia em 1952-1953, a expansão das cargas sólidas em 1974-1975 e os florescimentos muito pequenos de navios-tanques em 1979 e no verão de 1986, os quais foram causados pela criação de estoques temporários na indústria petrolífera mundial.

- Alguns economistas argumentam que os ciclos são intensificados pela *psicologia de massa*. Pigou propôs a teoria de erros não compensados.[4] Se as pessoas atuarem de forma independente, os seus erros se anulam, mas, se atuarem de forma imitativa, será uma tendência particular que desenvolvida em determinado nível, pode afetar todo o sistema econômico. Então, os períodos de otimismo ou de pessimismo tornam-se autorrealizáveis por meio das bolsas de valores, dos crescimentos financeiros e do comportamento dos investidores.

Todos os fatores mencionados contribuem para a natureza cíclica da economia mundial, mas em termos dos mercados marítimos os picos e as baixas que eles produzem não são suficientemente graves para ameaçar a sobrevivência de um negócio bem gerenciado. Esses ciclos graves, apresentados na Figura 4.2, estão quase todos associados aos "choques aleatórios", que caem fora do âmbito do mecanismo normal do ciclo econômico. Do ponto de vista do analista,

Oferta, demanda e taxas de frete

é importante essa distinção porque os choques aleatórios impulsionam condições de mercado extremas. Debateremos os choques aleatórios com mais detalhe no final desta seção.

Para ajudar a prever os ciclos econômicos, os estatísticos desenvolveram "indicadores principais" [*leading indicators*] que providenciam por antecipação um aviso dos pontos de viragem da economia. Por exemplo, a OCDE publica um índice baseado nas encomendas, nos estoques, na quantidade de tempo extra trabalhado e no número de trabalhadores despedidos, além de estatísticas financeiras como a oferta monetária, os lucros das empresas e os preços de mercado das ações. Sugere-se que o ponto de inflexão no índice principal antecipará uma viragem semelhante no índice de produção industrial em cerca de seis meses. Para o analista das tendências de mercado em curto prazo, tal informação é útil, embora poucos acreditem que os ciclos econômicos sejam confiavelmente previsíveis. Duas citações servem para ilustrar esse ponto:

> Não existem dois ciclos econômicos que sejam exatamente iguais; contudo eles têm muito em comum. Não são gêmeos idênticos, mas são reconhecidos como pertencentes à mesma família. Não existe uma fórmula que possa ser usada para prever o momento futuro (ou passado) dos ciclos econômicos, como as aplicadas para os movimentos da lua ou de um simples pêndulo.[5]

> Uma observação que talvez possa ser feita acerca dos ciclos industriais, em geral, é certamente aplicável à indústria marítima: é certo que esses ciclos existem; a sua periocidade – o intervalo de pico a pico – e a sua amplitude são variáveis; a posição do pico ou da baixa de um ciclo em desenvolvimento não é previsível. Pode-se encontrar geralmente uma explicação *ad hoc* para cada período de prosperidade e para cada fase do ciclo, se existir conhecimento suficiente sobre as condições no momento [...], mas é impossível prever a ocorrência de fases sucessivas de um ciclo que está em desenvolvimento, e mais ainda no caso de um ciclo que ainda não tenha começado.[6]

Concluindo, o "ciclo econômico" na indústria mundial é a causa mais importante de flutuações de curto prazo no comércio marítimo e na demanda de navios. Contudo, os ciclos econômicos, como os ciclos de transporte marítimo para os quais eles contribuem, não seguem uma evolução ordenada. Devemos levar muitos outros fatores em consideração antes de tirar tal conclusão, em particular, deve-se distinguir entre os ciclos econômicos e os choques aleatórios.

Voltamo-nos agora para a relação em longo prazo entre o comércio marítimo e a economia mundial. Durante um período de anos, será que o transporte marítimo cresce mais rapidamente, mais devagar ou à mesma velocidade que a produção industrial? Existem duas razões para o crescimento do comércio das regiões individuais provavelmente sofrer alterações durante períodos longos.

Uma das razões principais é que provavelmente o enquadramento econômico dos países que geram o comércio marítimo mude com o tempo – os países, como as pessoas, amadurecem com a idade! Por exemplo, as mudanças nas economias industriais da Europa e do Japão na década de 1960 tiveram um impacto importante sobre o comércio marítimo, produzindo um período de crescimento rápido de 1960 para 1970, seguido igualmente de uma súbita estagnação durante a década de 1970, como apresentado na Figura 4.3. Ocorreu um padrão semelhante no início da década de 1990, quando a Coreia do Sul e outros países asiáticos seguiram o caminho industrial, produzindo um crescimento comercial muito grande. No início do século XXI, a China ia pelo mesmo caminho. Essas mudanças no comércio são orientadas por alterações na demanda de produtos primários a granel, como o minério de ferro. Como amadurecimento das economias industriais, a atividade econômica torna-se menos intensiva no âmbito dos recursos, e a demanda muda da construção e da criação de estoques de bens duráveis, como os automóveis, para os serviços, como os cuidados médicos e o entretenimento, resultando numa menor necessidade de importação de matérias-primas.[7] Durante as décadas de 1970 e de 1980, isso contribuiu para abrandar o crescimento das importações da Europa e do Japão, e será importante para a China no futuro. Esta abordagem sequencial do desenvolvimento, conhecida como ciclo de desenvolvimento do comércio, é debatida com mais detalhe no Capítulo 10.

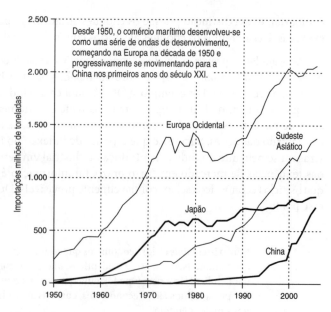

Figura 4.3 – Ciclos de desenvolvimento do comércio regional (1950-2005).
Fonte: Nações Unidas.

A segunda influência que a economia mundial tem sobre o comércio relaciona-se com a capacidade dos recursos locais de produtos alimentares e matérias-primas atenderem à demanda local. Quando as matérias-primas domésticas se esgotam, os seus usuários voltam-se para os fornecedores estrangeiros, aumentando o comércio – por exemplo, o minério de ouro para a indústria siderúrgica europeia durante a década de 1960 e o petróleo bruto para o mercado dos Estados Unidos durante as décadas de 1980 e de 1990. A causa ainda pode ser a qualidade superior dos suprimentos estrangeiros e a existência de um transporte marítimo barato.

TRÁFEGOS MARÍTIMOS DE PRODUTOS PRIMÁRIOS

Para saber mais acerca da relação entre o comércio marítimo e a economia industrial, tratamos da segunda variável da demanda, os tráfegos dos produtos primários transportados por via marítima. A discussão divide-se em duas partes: curto prazo e longo prazo.

Uma causa importante da volatilidade de curto prazo é a *sazonalidade* de alguns tráfegos. Muitos produtos agrícolas estão sujeitos a variações sazonais causadas pelas colheitas, como o grão, o açúcar e os citrinos. As exportações de grão a partir do Golfo dos Estados Unidos alcançam uma baixa no verão e depois começam a aumentar em setembro, quando as plantações são colhidas. O comércio pode aumentar até 50% entre setembro e o final do ano. Existe também um ciclo no negócio do petróleo que reflete a flutuação sazonal no consumo energético no Hemisfério Norte, sendo que se transporta mais petróleo durante o outono e no início do inverno do que durante a primavera e o verão. Encontra-se aproximadamente a mesma sazonalidade no tráfego de linhas regulares, com os picos e as baixas sazonais coincidindo, por exemplo, com os principais feriados, como o Ano-Novo Chinês e o Natal.

A sazonalidade tem um efeito desproporcionado no mercado aberto. O transporte de produtos agrícolas sazonais é de difícil planificação, portanto, os embarcadores dessas mercadorias confiam muito no mercado aberto de afretamento para atender às suas necessidades de tonelagem. Como resultado, as flutuações no mercado de grão têm mais influência no mercado de afretamentos do que alguns tráfegos de maiores dimensões, como o de minério de ferro, em que os requisitos de tonelagem são frequentemente satisfeitos por contratos de longa duração. Alguns produtos agrícolas, como frutas, carnes e laticínios, requerem esfriamento. Para esse tráfego são necessários navios frigoríficos especiais e contêineres frigoríficos.

As tendências em longo prazo nos tráfegos dos produtos primários são mais bem identificadas por meio do estudo das características econômicas das indústrias que produzem e que consomem os produtos transacionados. Essa é uma matéria que examinaremos nos Capítulos 11 e 12. Embora todo o negócio seja diferente, existem quatro tipos de mudança que devemos observar: na demanda por determinada mercadoria (ou produto no qual é transformado); na fonte de onde se obtêm os suprimentos da mercadoria; em razão da localização da fábrica de processamento que alteram o padrão do comércio; e, finalmente, na política de transporte dos embarcadores.

Um exemplo clássico de *mudanças na demanda* é o tráfego de petróleo bruto, que, como se vê na Figura 4.4, é a maior mercadoria individual transportada por mar. Durante a década de 1960, a demanda de petróleo bruto cresceu duas ou três vezes mais rápido do que a taxa geral de crescimento econômico, porque o petróleo era barato e as economias da Europa Ocidental e do Japão mudaram sua fonte energética primária do carvão para o petróleo. O petróleo importado substituiu o carvão doméstico, e a elasticidade do tráfego era muito elevada. Contudo, com o aumento nos preços do petróleo durante a década de 1970, essa tendência foi invertida, e a demanda de petróleo bruto inicialmente estagnou e depois decresceu. O carvão recuperou alguma da sua participação de mercado original e a elasticidade do tráfego de petróleo diminuiu.

O tráfego petrolífero também é uma boa ilustração da importância das *mudanças ocorridas nas fontes de suprimento*. Na década de 1960, a principal fonte de petróleo bruto era o Oriente Médio. Contudo, na década de 1970, apareceram novas reservas petrolíferas próximas do mercado, como as do Mar do Norte e do Alasca, reduzindo a necessidade de importações de longo curso. O esgotamento dos recursos naturais é outro exemplo de como as mudanças nas fontes de suprimento afetam o comércio marítimo. Um

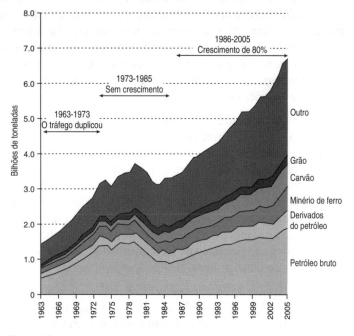

Figura 4.4 – Principais tráfegos marítimos por mercadoria.
Fonte: *Fearnleys Review*.

exemplo é dado pelas importações chinesas de minério de ferro. Até a década de 1990, a China dependia do minério de ferro produzido localmente para fornecer a sua indústria siderúrgica. Contudo, com a expansão dessa indústria durante a década de 1990, tornou-se progressivamente mais difícil atender à demanda e, como se expedia do Brasil e da Austrália minério de ferro de alta qualidade, os suprimentos domésticos foram sendo progressivamente substituídos pelas importações. Esse enfraquecimento dos suprimentos locais, combinado com uma demanda rapidamente crescente, resultou num crescimento espetacular das importações de minério de ferro.

A *relocalização do processamento* das matérias-primas industriais também pode afetar a quantidade de carga expedida por via marítima e o tipo de navio necessário. Tome-se como exemplo a indústria do alumínio. A matéria-prima da produção do alumínio é a bauxita. São utilizadas 3 toneladas de bauxita para produzir 1 tonelada de alumina e 2 toneladas de alumina para produzir 1 tonelada de alumínio. Consequentemente, a decisão comercial de refinar a bauxita em alumina antes do carregamento reduz o volume de carga transportado por mar em dois terços. A alumina tem um valor mais elevado e é utilizada em quantidades menores do que a bauxita, portanto, a necessidade de transporte muda de navios grandes capazes de operar no tráfego da bauxita para navios graneleiros menores adequados à alumina. Outro exemplo é a refinação do petróleo bruto antes de ser expedido pelos exportadores. Não afeta o volume transportado, mas a dimensão das partidas de carga e os revestimentos dos tanques necessários.

Por vezes, o processamento não necessariamente reduz o volume de carga transportado, mas altera as necessidades de expedição. Nos primeiros tempos do comércio do petróleo, o petróleo bruto era refinado na origem e transportado sob a forma de derivados do petróleo em navios de produtos refinados. No início da década de 1950, as companhias petrolíferas movimentaram-se no sentido do transporte do petróleo bruto, localizando as suas refinarias no mercado. Isso deu origem à construção de navios-tanques muito grandes. De forma semelhante, os produtos florestais eram, inicialmente, expedidos como toros, mas com o crescente requinte da indústria houve uma tendência de processar os toros antes do carregamento em madeira serrada, em aparas de madeira, em painéis ou em pasta de madeira. Isso não teve um impacto importante no volume de carga, mas resultou na construção de navios dedicados ao transporte de produtos florestais.

Finalmente, chegamos ao quarto item de longa duração, a *política de transporte* do embarcador. Isso se encontra bem ilustrado na indústria petrolífera. Até a década de 1970, as principais companhias petrolíferas controlavam o transporte marítimo do petróleo. Elas planejavam os seus requisitos de tonelagem, construíam os navios ou assinavam afretamentos de longa duração com os proprietários de navios. O comércio do petróleo cresceu regularmente, e os pequenos erros efetuados no seu planejamento seriam corrigidos rapidamente. Nesse ambiente extremamente estruturado, o papel do mercado aberto foi relegado para menos de 10% do total das necessidades de transporte. Ele existia para cobrir as flutuações sazonais, pequenos juízos errados na velocidade do crescimento do tráfego e acontecimentos ocasionais, como o fechamento do Canal de Suez.

Depois da crise do petróleo de 1973, seu tráfego tornou-se mais volátil e a política das companhias petrolíferas foi alterada. Confrontados com a incerteza sobre o volume comercial, os embarcadores de petróleo dependiam muito do mercado aberto para as suas necessidades de transporte. Por volta da década de 1990, a participação do mercado aberto nos carregamentos de petróleo tinha aumentado de 10% para 50%. Essa tendência foi reforçada por uma mudança

Oferta, demanda e taxas de frete 183

na estrutura comercial do negócio petrolífero. Depois de 1973, o controle do transporte petrolífero mudou. Os produtores, as companhias petrolíferas em áreas industrializadas como a Coreia do Sul e os negociantes de petróleo, que tinham menos incentivo para se envolver diretamente no transporte de petróleo, começaram a desempenhar um papel maior.

Os desenvolvimentos nos produtos supramencionados não são usualmente de importância significativa quando consideramos os ciclos de curto prazo na demanda de navios, pois mudanças desse tipo não ocorrem do dia para a noite. Contudo, são consideravelmente importantes quando se avalia o crescimento da demanda em médio prazo e as perspectivas de emprego de determinados tipos de navios. Assim, qualquer análise completa da demanda de transporte marítimo em médio prazo deve considerar cuidadosamente o desenvolvimento dos tráfegos das mercadorias. Os Capítulos 10 e 11 apresentam um debate adicional sobre os tráfegos dos produtos primários principais.

DISTÂNCIA MÉDIA E TONELADAS-MILHAS

A demanda de transporte é determinada por uma matriz de distâncias rigorosa que determina o tempo que o navio leva para completar a sua viagem. Uma tonelada de petróleo transportada do Oriente Médio para a Europa Ocidental, passando pelo Cabo da Boa Esperança, navega cinco vezes mais que uma tonelada de petróleo expedida de Ceyhan, na Turquia, para Marselha, na França. Esse efeito de distância é geralmente referido como a "distância média" do comércio. Para tomarmos em consideração a distância média, é normal medir a demanda do transporte marítimo em temos de "toneladas-milhas", que pode ser definida como a tonelagem da carga expedida multiplicada pela distância média percorrida durante o transporte.

O efeito na demanda de navios da mudança da distância média tem sido dramaticamente ilustrado várias vezes em anos recentes pelo fechamento do Canal de Suez, que aumentou a distância por mar do Golfo Pérsico para a Europa de 6 mil milhas para 11 mil milhas. Como resultado do aumento súbito na demanda de navios ocorreu, em cada ocasião, uma expansão no mercado de fretes. Outro exemplo foi o fechamento do oleoduto Dortyol do Iraque para a Turquia, quando o Iraque invadiu o Kuwait em 1990. Como resultado, o 1,5 milhão de barris de petróleo diários que anteriormente era o expedido do Mediterrâneo Oriental teve de ser expedido do Golfo Pérsico.

Na maioria dos tráfegos verificamos que a distância média mudou nas últimas décadas. A Figura 4.5 mostra a distância média do petróleo bruto, dos derivados do petróleo, do minério de ferro, do carvão e do grão durante o período entre 1963 e 2005. No tráfego do petróleo bruto, a distância média saltou de 4.500 milhas em 1963 para 7 mil milhas uma década mais tarde, caiu precipitadamente para 4.500

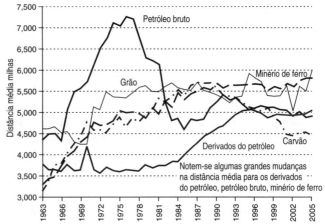

Figura 4.5 – Distância média dos tráfegos dos produtos primários (1963-2005).
Fonte: Fearnleys *World Bulk Trades*.

em 1985 e depois aumentou para 5.400 milhas. O tráfego dos derivados do petróleo manteve-se estável em torno de 3.800 milhas até o início da década de 1980, quando as exportações de longo curso das refinarias do Oriente Médio impulsionaram o aumento da distância média até 5 mil milhas. Também ocorreu um crescimento rápido na distância média nos tráfegos do minério de ferro e do carvão: ambos aumentaram gradualmente de cerca de 3 mil milhas em 1963 para mais de 5 mil no início da década de 1980.

A análise das mudanças na distância média num tráfego de produtos primários pode ser extremamente complexa, requer informação sob a forma de matrizes comerciais detalhadas, mas muitas vezes a questão principal é simplesmente o equilíbrio entre os fornecedores de longa e de curta distância. Por exemplo, no tráfego petrolífero, alguns produtores de petróleo encontram-se localizados perto dos principais mercados de consumo: a Líbia, o norte da África, o Mar do Norte, o México, a Venezuela e a Indonésia estão todos localizados perto dos seus principais mercados na Europa Ocidental, no Japão e nos Estados Unidos. O petróleo não obtido a partir dessas fontes é, por necessidade, expedido do Oriente Médio, que se encontra a 11 mil milhas da Europa Ocidental e dos Estados Unidos e cerca de 6.500 milhas do Japão. Consequentemente, a distância média no tráfego petrolífero depende do equilíbrio de produção desses dois grupos de fornecedores. O aumento rápido da distância durante a década de 1960 pode ser explicada pela crescente participação do mercado do Oriente Médio no total das exportações petrolíferas, enquanto o decréscimo na distância em meados da década de 1970 refletiu a redução dos suprimentos do Oriente Médio, quando começaram a aparecer novas fontes de curta distância, como o Alasca, o Mar do Norte e o México, tendo como pano de fundo um comércio de petróleo em declínio.

Pode-se encontrar nos tráfegos do minério de ferro e da bauxita um padrão semelhante. No início da década de 1960 os principais importadores retiravam os seus suprimentos de fontes locais – a Escandinávia, no caso do minério, e o Caribe, no caso da bauxita. Com o aumento da demanda das importações, tornaram-se disponíveis fontes de longo curso, e em grande medida o custo foi compensado por economias de escala obtidas pelo uso de navios graneleiros maiores. Assim, os mercados de minério de ferro da Europa e do Japão passaram a ser supridos principalmente por fontes de longo curso no Brasil e na Austrália, e o mercado da bauxita, por Austrália e África Ocidental.

IMPACTO DOS CHOQUES ALEATÓRIOS NA DEMANDA DE NAVIOS

Nenhuma discussão sobre a demanda do transporte marítimo estaria completa sem referência ao impacto da política. Os *choques aleatórios* que perturbam a estabilidade do sistema econômico podem contribuir para o processo cíclico. Mudanças climáticas, guerras, novos recursos e alterações nos preços das mercadorias são todos candidatos. Estes diferem dos ciclos porque são únicos, muitas vezes precipitados por algum conhecimento particular, e o seu impacto no mercado marítimo é frequentemente muito grave.

A influência mais importante sobre os mercados marítimos são os choques econômicos. Estes são distúrbios econômicos específicos que se sobrepõem aos ciclos econômicos, muitas vezes com efeitos dramáticos. Um exemplo proeminente foi a depressão da década de 1930, que se seguiu ao *crash* de Wall Street, em 1929, e provocou o declínio no comércio. Exemplos mais recentes são os choques no preço do petróleo que ocorreram em 1973 e 1979, cujos efeitos são claramente visíveis na Figura 4.2. Em ambas as ocasiões, a produção industrial e o comércio marítimo decresceram repentinamente, provocando uma depressão no transporte

Oferta, demanda e taxas de frete **185**

marítimo. Alguns economistas pensam que todo o processo cíclico pode ser explicado por um fluxo de choques aleatórios que fazem a economia oscilar à sua "frequência ressonante". São outros exemplos a crise financeira dos Estados Unidos no início da década de 1990, a crise asiática de 1997 e a ruptura dos mercados financeiros em 2000. A característica singular desses choques econômicos é que o seu momento é imprevisível e ocasionam uma mudança súbita e inesperada na demanda de navios.

Para além dos choques econômicos, acontecimentos políticos como uma guerra localizada, uma revolução, a nacionalização política de bens estrangeiros ou as greves, que ocorrem de vez em quando, podem perturbar o comércio. Acontecimentos dessa natureza não têm necessariamente impacto direto sobre a demanda de navios; geralmente, são as suas consequências indiretas que são significativas. As várias guerras entre Israel e o Egito tiveram repercussões importantes, em virtude da proximidade do Canal de Suez e de sua importância estratégica como uma rota de transporte marítimo entre o Mediterrâneo e o Oceano Índico. A guerra mais prolongada e abrangente entre o Irã e o Iraque não teve tal efeito. Se alguma coisa provavelmente reduziu a demanda de transporte marítimo, foi o encorajamento dado aos importadores petrolíferos para que obtivessem os seus suprimentos de outras fontes, a maioria delas próximas do mercado. O impacto da Guerra da Coreia no início da década de 1950 foi sentido pelo efeito que levou à criação de estoques, enquanto a invasão do Kuwait pelo Iraque, em 1990, criou uma pequena expansão do mercado de navios-tanques porque os especuladores começaram a utilizar esses navios para a armazenagem de petróleo.

Tendo feito essas reservas, é bastante marcante a regularidade com que os acontecimentos políticos têm virado do avesso, por um ou por outro meio, o mercado marítimo. Deixando de fora a Primeira e a Segunda Guerra Mundial, desde 1945, ocorreram pelo menos nove incidentes políticos que tiveram uma influência significativa na demanda de navios:

- A Guerra da Coreia, que começou no início da década de 1950. Embora a carga diretamente associada tenha sido transportada sobretudo por navios da frota de reserva dos Estados Unidos, a incerteza política suscitou um crescimento na criação de estoques nos países ocidentais.

- A crise do Suez, a nacionalização do Canal de Suez pelo governo egípcio em julho de 1956 e os subsequentes invasão do Egito e fechamento do Canal em novembro. Os navios-tanques que navegavam para a Europa foram desviados para o Cabo, e isso criou um aumento súbito na demanda de navios.

- A Guerra dos Seis Dias entre Israel e o Egito, em maio de 1967, resultou no fechamento do Canal de Suez. As importações europeias de petróleo foram novamente desviadas para o Cabo.

- Em 1970, o fechamento do oleoduto Tap Line entre a Arábia Saudita e o Mediterrâneo redirecionou para o Cabo o petróleo bruto previamente transportado pelo oleoduto.

- A nacionalização dos bens petrolíferos líbios em agosto de 1973 fez com que as companhias petrolíferas se voltassem para produtores mais distantes no Oriente Médio por seus suprimentos de petróleo.

- A Guerra do Yom Kippur em outubro de 1973 e a redução da produção da Opep provocou o colapso do mercado de navios-tanques. O aumento do preço do petróleo associado teve um efeito sobre a economia mundial e sobre o mercado marítimo que durou mais de uma década.

- A Revolução Iraniana de 1979 e a parada temporária das exportações de petróleo iranianas provocaram um importante aumento no preço do petróleo bruto, com repercussões significativas na economia mundial e no mercado marítimo.

- A Guerra do Golfo de 1990-1991 resultou no fechamento do oleoduto Dortyol e numa fase de criação de estoques de petróleo de curta duração. Ambos aumentaram a demanda de navios-tanques.

- Durante alguns meses, a greve petrolífera na Venezuela, em 2002-2003, reduziu as exportações venezuelanas a quase zero, exigindo que as importações dos Estados Unidos viessem de fornecedores mais distantes.

Outros acontecimentos políticos tiveram um efeito mais localizado sobre o mercado marítimo. Por exemplo, a Guerra das Malvinas, em 1982, fez com que o governo britânico afretasse navios para os proprietários britânicos. No início da década de 1960, a crise cubana causou um desvio das exportações do açúcar cubano para a URSS e a China, enquanto os importadores dos Estados Unidos obtinham os seus suprimentos de outras fontes, mais uma vez causando um distúrbio no mercado marítimo. A guerra de 1982 entre o Irã e o Iraque teve efeitos localizados sobre o mercado de navios-tanques.

Com base nessa constatação, é claro que qualquer visão equilibrada sobre o desenvolvimento do mercado marítimo deve ter em consideração fatos de natureza política potencialmente importantes. Informações desse tipo estão frequentemente fora da experiência dos analistas de mercado, e um número reduzido de previsões leva em conta tais fatores. Contudo, neste caso, os fatos falam por si próprios, enfatizando a importância desse assunto como um contribuidor regular do comportamento volátil da demanda de navios.

CUSTOS DE TRANSPORTE E FUNÇÃO DA DEMANDA EM LONGO PRAZO

Finalmente, chegamos ao custo do transporte marítimo. Muitos dos tipos de desenvolvimento ocorridos no comércio marítimo que foram abordados na seção anterior dependem da economia de operação do transporte marítimo. As matérias-primas só serão transportadas de fontes distantes se o custo da operação de transporte marítimo puder ser reduzido para um nível aceitável ou se puder ser obtido algum benefício importante na qualidade do produto. Isso faz com que os custos do transporte sejam um fator significativo para a indústria – de acordo com um estudo da Comissão da Comunidade Europeia (CEE), no início da década de 1980, os custos do transporte totalizavam 20% do custo da carga sólida a granel entregue em países dentro da Comunidade.[8]

No último século, melhorias de eficiência, navios maiores e organização do transporte marítimo mais eficaz trouxe uma redução gradual nos custos do transporte e uma qualidade de serviço mais elevada. De fato, o custo do transporte marítimo de uma tonelada de carvão do Atlântico para o Pacífico, que quase não mudou entre 1950 e 1994, foi alcançado usando navios maiores (Figura 4.6). Em 1950 o carvão teria sido transportado num navio de 20.000 tpb a um custo de US$ 10-15 a tonelada. Quarenta anos mais tarde seria utilizado um navio de 150.000 tpb, ainda a US$ 10-15 a tonelada. É um fato evidente que isso contribuiu de forma significativa para o crescimento do comércio internacional. Ao desenvolver essa questão, Kindleberger comenta:

"o que o transporte ferroviário fez para o desenvolvimento dos mercados nacionais na Inglaterra e na França o desenvolvimento do transporte marítimo barato fez para o comércio mundial. Foram abertos novos canais de comércio, foram estabelecidas novas ligações".[9] Embora os custos do transporte pareçam não ter tido uma influência tão dramática no comércio marítimo como teve a economia mundial, o seu efeito de longo prazo no desenvolvimento comercial não deve ser menosprezado.

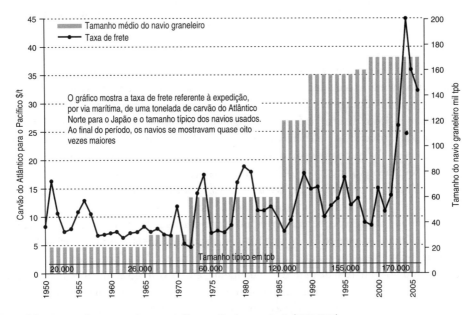

Figura 4.6 – Os custos do transporte do carvão de Hampton Roads para o Japão (1950-2006).

Fonte: compilada por Martin Stopford a partir de vários relatórios de corretores marítimos.

4.4 A OFERTA DO TRANSPORTE MARÍTIMO

Na introdução deste capítulo caracterizamos a oferta do transporte marítimo como sendo lenta e pesada na sua resposta a mudanças na demanda. Os navios mercantes levam, geralmente, um ano para serem construídos e a entrega pode demorar de dois a três anos se os estaleiros estiverem ocupados. Isso evita que o mercado responda rapidamente a qualquer aumento súbito na demanda. Uma vez construídos, os navios têm uma vida física de quinze a trinta anos, portanto, responder a uma queda na demanda é um negócio prolongado, especialmente quando existe um grande excesso de capacidade para ser removido. Nosso objetivo nesta seção é explicar como esse processo de ajustamento é controlado.

DECISORES QUE CONTROLAM A OFERTA

Começamos pelos decisores. A oferta dos navios é controlada, ou influenciada, por quatro grupos de decisores: os proprietários de navios, os embarcadores/afretadores, os banqueiros que financiam o transporte marítimo e as várias autoridades reguladoras que fazem as regras de segurança. Os proprietários de navios são os principais decisores, encomendando navios novos, enviando os mais velhos para sucata e decidindo quando desarmar temporariamente a tonelagem. Os embarcadores podem se tornar proprietários de navios ou influenciar os proprietários de navios por meio da emissão de cartas-partidas a tempo. O credito bancário influencia o investimento, e são geralmente os bancos que exercem a pressão financeira que conduz à demolição num mercado fraco. Os reguladores afetam a oferta por meio da legislação de segurança ou ambiental que afeta a capacidade de transporte da frota. Por exemplo, a atualização do Regulamento 13G da Organização Marítima Internacional [*International Maritime Organization*, IMO], introduzida em dezembro de 2003, requeria que os navios-tanques de casco simples fossem eliminados gradualmente até 2010, deixando os proprietários de navios sem escolha sobre o prolongamento da vida dos seus navios.[10]

Nesta altura, é necessário um aviso. Como a oferta da capacidade do transporte marítimo é controlada por esse grupo de decisores, as relações do lado da oferta no modelo do transporte marítimo são comportamentais. Se efetuarmos uma analogia com o jogo de pôquer, existem muitas formas de jogar determinada mão. O jogador deve ser prudente ou pode decidir blefar. Tudo o que o seu adversário pode fazer é efetuar o melhor julgamento com base numa avaliação de caráter e na forma como jogou nas mãos anteriores. Os analistas de transporte marítimo enfrentam exatamente o mesmo problema ao tentar julgar a relação entre, por exemplo, as taxas de frete e as encomendas de novas construções. O fato de as taxas de frete elevadas terem, no passado, estimulado encomendas não serve de garantia de que a relação se manterá no futuro. O comportamento de mercado não pode ser explicado somente em termos puramente econômicos. Em 1973, quando as taxas de frete estavam muito altas, os proprietários de navios encomendaram mais navios-tanques que o necessário para atender às previsões mais otimistas de crescimento do comércio de petróleo. Igualmente, em 1982-1983 e em 1999, quando as taxas de frete estavam baixas, ocorreu um crescimento nas encomendas de navios graneleiros. É em situações como essas que os analistas lúcidos têm algo a dizer.

FROTA MERCANTE

O ponto inicial para a discussão da oferta de transporte marítimo é a frota mercante. Apresenta-se na Figura 4.7 o desenvolvimento da frota entre 1963 e 2005. Embora tenha sido um percurso irregular, esse foi um período de crescimento rápido, e a frota mercante aumentou de 82 m.tpb, em 1963, para 740 m.tpb, em 2004. Foi um período de grandes mudanças, e durante quarenta anos a composição dos tipos de navios da frota mudou radicalmente.

No longo prazo, a demolição e as entregas de novas construções determinam a taxa de crescimento da frota. Visto que a vida econômica média de um navio é de 25 anos, somente uma pequena proporção da frota é demolida anualmente, portanto, o ritmo de ajustamento a mudanças no mercado é medido em anos, não em meses. Uma característica-chave do modelo do mercado marítimo é o mecanismo por meio do qual a oferta ajusta-se quando a demanda de navios não se revela como esperada. Olhando para trás, para as três últimas décadas, encontramos exemplos da frota mercante em ambas as fases de expansão e de recessão. Pode-se ver na Figura 4.7 que o processo de ajustamento envolvido se altera com o tipo de navio dentro da frota.

No começo da década de 1960, a *frota de petroleiros* passou por um ciclo de crescimento e de contração que levou vinte anos para ser completado. Entre 1962 e 1974 a demanda do transporte marítimo de petróleo, medida em toneladas-milhas, quase que quadruplicou, e, apesar da expansão da capacidade dos estaleiros navais, no final da década de 1960 a oferta não conseguia manter o ritmo da demanda (compare, na Figura 4.7, o crescimento do comércio marítimo com o crescimento da frota). Como resultado, existiu uma forte escassez de capacidade de navios-tanques; no início da década de 1970, os navios-tanques eram tão escassos que foram "liquidados" pelo dobro do seu preço inscrito no contrato – no pico do mercado de 1973 os lucros obtidos em poucas viagens eram suficientes para pagar o investimento no navio. Isso conduziu a um número recorde de novos navios.

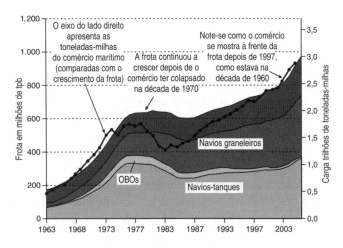

Figura 4.7 – A frota mercante por tipo de navio (1973-2006).
Fonte: *Fearnleys Annual Review* (carga).

Em meados da década de 1970 todo o processo foi invertido. Na década que se seguiu, a demanda de navios-tanques caiu 60% e o mercado desses navios foi confrontado com o problema de equilibrar a oferta e a demanda. Levou cerca de dez anos para ajustar a oferta a uma mudança tão grande na demanda. As estatísticas de frota na Figura 4.7 mostram o que aconteceu. Depois do colapso do comércio em 1975, a frota continuou a crescer conforme as encomendas feitas em 1973 eram entregues, alcançando um pico de 336 m.tpb em 1977. A demolição não começou até que os proprietários de navios estivessem convencidos de que não existia futuro para eles. Essa situação foi alcançada no início da década de 1980, quando o preço de segunda mão dos VLCC, alguns dos quais tinham custado US$ 50-60 milhões para serem construídos em meados da década de 1970, caiu para US$ 3 milhões. Existia tão pouca demanda que por vezes os navios colocados para leilão não obtinham nenhuma licitação. Os únicos compradores eram os demolidores de navios. Com o aumento das vendas para sucata, a frota começou a decrescer, alcançando a baixa em 1985. Quando o tráfego de petróleo se recuperou no final da década de 1980, a oferta e a demanda cresceram próximas uma da outra, e as taxas de frete aumentaram. Todo o ciclo levou cerca de catorze anos e, em 2007, a frota de navios-tanques continuava com 354 m.tpb.

A *frota de navios combinados* liga os mercados de carga sólida e líquida. A tonelagem de navios combinados foi pioneira, no início da década de 1950, em obter um desempenho mais elevado no transporte de carga por transportar petróleo numa direção e um carregamento de retorno de carga sólida. Contudo, o crescimento real da frota disparou com o fechamento do Canal de Suez em 1967, quando os proprietários de navios combinados, que anteriormente tinham operado sobretudo nas cargas sólidas, foram capazes de tirar partido de um mercado de cargas petrolíferas muito favorável. Foram colocadas muitas encomendas nos anos seguintes e a frota alcançou um pico de 48.7 m.tpb em 1978 e depois decresceu para menos de 20 m.tpb na década de 1990. A maioria da frota encontra-se no grupo de dimensão 80.000-200.000 tpb, que limita as suas atividades no granel sólido a grandes partidas de granel, como o minério de ferro, ou cargas parciais de grão e carvão.

Os *navios de granel sólido* começaram a aparecer no mercado marítimo no final da década de 1950, e entre 1963 e 1996 a frota de granel cresceu de 17 m.tpb para 237 m.tpb. A utilização de grandes navios graneleiros foi uma parte integrante do crescimento dos principais tráfegos de granel de longo curso, como o do minério de ferro e o do carvão, porque as economias de escala permitiram a importação dessas matérias-primas a um custo muito baixo. Durante o mesmo período, ocorreu uma transferência progressiva de cargas como o grão, o açúcar, os minérios secundários e os produtos siderúrgicos para os navios de granel sólido, que anteriormente tinham sido carregados em navios de cobertas ou como cargas de porão nos navios de linha regular. O alargamento do mercado significou que a participação de mercado da tonelagem de granel cresceu gradualmente durante as décadas de 1960 e 1970, à custa da frota de multicobertas, com um movimento ascendente progressivo na dimensão do navio e sem os problemas crônicos de excesso de capacidade encontrados no mercado petrolífero.

Tabela 4.2 – A frota de carga mundial em 1º de janeiro (m.tpb)

	Dimensão da frota (m.tpb)				Taxa de crescimento anual em %		
	1980	1990	2000	2007	1980-1990	1990-2000	2000-2007
Navios graneleiros	140,7	203,4	266,8	369,7	4%	3%	5%
Navios petroleiros	339,3	262,9	307,0	363,9	–3%	2%	2%
Navios combinados	47,4	30,3	14,9	9,4	–4%	–7%	–6%
Navios porta--contêineres	9,9	26,3	64,7	128,0	10%	9%	10%
MPP	8,5	16,8	19,0	23,6	7%	1%	3%
Frigoríficos	5,8	7,4	8,0	7,3	3%	1%	–1%
Navios transportadores de carros	1,9	4,0	5,7	8,7	8%	3%	6%
Navios transportadores de cargas rolantes	3,7	6,6	8,1	9,5	6%	2%	2%
GLP	5,1	6,9	10,2	11,9	3%	4%	2%
GNL	2,9	3,9	7,1	15,2	3%	6%	11%
Subtotal	565,1	568,6	711,6	947,2	0%	2%	4%
Carga geral	–	–	42,8	38,9	–	–	–1%
Total geral	–	–	754,4	986,1	–	–	4%

Fonte: CRSL, *Shipping Review and Outlook*.

Em anos recentes, a principal mudança nos tráfegos de linhas regulares de longo curso foi a substituição dos navios de linha regular tradicionais por navios porta-contêineres celulares. O primeiro navio de contêineres entrou em serviço no ano de 1966. Em 2007, a frota tinha crescido para 128 m.tpb, uma média de 10% ao ano durante os 27 anos anteriores (Tabela 4.2). A frota de navios MPP especialmente equipados para o transporte de contêineres também cresceu 3% ao ano, e a frota frigorífica manteve-se praticamente do mesmo tamanho. Contudo, a frota de carga geral, a qual é composta sobretudo de navios de multicobertas pequenos, os quais tornaram-se obsoletos pela conteinerização, decresceu de 42.8 m.tpb em 2000 para

Oferta, demanda e taxas de frete **191**

38.9 m.tpb em 2007 (note-se que as definições das categorias dos tipos de navios na Tabela 4.2 diferem ligeiramente daquelas na Tabela 2.5).

Na prática, os diferentes tipos de navios mencionados não operam em mercados separados e estanques. Embora há muita especialização no mercado marítimo, existe também um elevado grau de substituição entre os tipos de navios. Num mercado volátil, a flexibilidade é desejável e alguns navios, como os navios de cobertas e os navios combinados, são construídos com o objetivo de serem flexíveis. Isso nos conduz ao importante princípio da mobilidade lateral (que será abordado na Seção 14.2): os proprietários de navios distribuem os navios em excesso em serviços mais rentáveis em outros setores do mercado. Um exemplo da forma como isso funciona é apresentado no seguinte extrato de um relatório de um corretor marítimo:

> Navios grandes de 40.000 tpb e de dimensão superior eram particularmente econômicos nas longas distâncias, e os afretadores cotavam agora taxas substancialmente reduzidas para tais tráfegos. Isso pressionou os navios graneleiros de média dimensão de aproximadamente 30 mil tpb a encontrar empregabilidade em tráfegos anteriormente servidos pelos navios de 10.000-20.000 tpb e foram introduzidas com sucesso unidades de 25.000-30.000 tpb no tráfego da sucata entre os Estados Unidos e o Japão [...] com os navios-tanques e os grandes navios de carga sólida a cuidar da principal parte dos movimentos do grão, foi criado um mercado novo para os navios do tipo Liberty, que passaram a operar como barcaças na Índia e no Paquistão, onde os portos não podiam receber navios grandes.[11]

Então os navios movimentavam-se livremente de um setor de mercado para outro. Como observamos, os navios combinados são construídos para esse propósito e foram utilizados com muito sucesso em 1976, quando o Canal de Suez foi fechado, como sugere a citação seguinte:

> A melhoria nos fretes resultou, sobretudo, dos muitos navios combinados que se transferiram para o transporte de petróleo, tal como aconteceu com a maioria dos navios-tanques que operavam nos tráfegos do grão. A demanda intensiva de navios graneleiros convencionais grandes para substituir os navios combinados levou um número considerável de novas construções desse tipo na classe de 50 mil-100 mil tpb a encontrar um mercado muito favorável quando adjudicado.[12]

Talvez a característica mais marcante da frota mercante mundial durante o final do século XX e o início do XXI tenha sido a rápida escalada das dimensões dos navios, particularmente no setor do granel da frota. No mercado de navios-tanques, ocorreu um crescimento gradual em sua dimensão até o início da década de 1980, quando a estrutura dimensional estabilizou. Nos navios graneleiros ocorreu um movimento crescente semelhante na dimensão dos navios, mas o padrão foi distribuído mais uniformemente entre os diferentes grupos de tamanhos de navios, com as frotas de navios Handy (20.000-40.000 tpb), de navios Panamax (40.000-80.000 tpb) e de navios graneleiros de grandes dimensões acima dos 80.000 tpb todas se expandindo. Os navios maiores e mais eficientes abriram progressivamente caminho para o mercado, baixando as taxas de frete de navios de menores dimensões. Ao mesmo tempo, o investimento na especialização, como no caso dos navios transportadores de carros e dos navios químicos, desempenhou um papel importante no desenvolvimento da frota. Esses objetivos aparentemente contraditórios enfatizam a complexidade das decisões de investimento com que os modernos proprietários de navios se confrontavam.

PRODUTIVIDADE DA FROTA

Embora a frota seja fixa em tamanho, a produtividade com que os navios são usados adiciona um elemento de flexibilidade.[13] Na Figura 4.8 as estatísticas da produtividade histórica mostram como a produtividade dos diferentes setores da frota mudou na última década. Por exemplo, a produtividade expressa em termos de toneladas-milhas por tonelada de porte bruto alcançou um pico de 35.000 em 1973, mas em 1985 tinha caído para 22.000; em outras palavras, a produtividade tinha caído mais de um terço. Poucos anos mais tarde, tinha aumentado em praticamente sua metade, para 32.000. A produtividade em toneladas por tonelada de porte bruto apresenta um padrão semelhante, atingindo o seu pico de 8 no início da década de 1960, caindo para uma baixa de 4,6 em 1983, e depois alcançando 7,5 em 2005. Na Figura 4.8, as oscilações principais na produtividade são devidas sobretudo às recessões profundas nas décadas de 1970 e 1980, quando os navios eram muito baratos e, como resultado, foram utilizados de forma ineficiente. Em tempos normais o navio médio transporta 7 toneladas de carga por tonelada de porte bruto e realiza cerca de 35.000 toneladas-milhas de navios-tanques.

Figura 4.8 – Desempenho da frota mercante mundial (1963-2005).
Fonte: *Fearnleys Review*.

A natureza dessas mudanças na produtividade torna-se evidente quando olhamos com detalhe para aquilo que os navios mercantes podem na realidade fazer. O transporte de carga é somente uma pequena parte da história. Como exemplo, a Figura 4.9 mostra o que um VLCC "médio" fazia durante um ano típico – 1991. Surpreendentemente, passava somente 137 dias transportando carga – um pouco mais do que um terço do seu tempo. O que aconteceu com o restante? O tempo em lastro era responsável por 111 dias, e o manuseio de carga, quarenta dias. Os 21% restantes do tempo eram gastos em atividades não comerciais. Isso incluía incidentes (isto é, acidentes), reparos, desarmamento temporário, tempos de espera, armazenagem de curta duração e armazenagem de longa duração. Quando analisamos essas atividades mais sistematicamente, torna-se evidente que algumas são determinadas quer pelo desempenho físico da frota, quer por forças de mercado. Num mercado limitado, o tempo gasto nas outras atividades se reduzirá, aumentando a oferta, mas mesmo no mercado muito limitado de 2007 foi reportado uma média de duzentos dias no mar por navio numa frota mista de navios-tanques e de navios graneleiros.[14]

A produtividade de uma frota de navios, medida em toneladas-milhas por tonelada de porte bruto, depende de quatro fatores principais: a velocidade, o tempo de estadia em porto, a utilização da tonelada de porte bruto e os dias carregado no mar (ver Seção 6.5 para um debate mais detalhado da frota e suas implicações financeiras para as companhias de navegação).

Em primeiro lugar, a *velocidade* determina o tempo que o navio gasta numa viagem. Os estudos de acompanhamento mostram que, em virtude da combinação de fatores operacionais, mesmo em mercados bons, os navios operam geralmente a velocidades médias bem abaixo da sua velocidade de projeto. Por exemplo, em 1991 a frota de navios-tanques acima de 200.000 tpb tinha uma velocidade de projeto de 15,1 nós, mas a velocidade operacional média entre portos era de 11,5 nós.[15] A velocidade da frota varia com o tempo. Se forem entregues novos navios com uma velocidade de projeto interior, isso reduzirá progressivamente a capacidade de transporte da frota. Semelhantemente, com o envelhecimento dos navios, a não ser que sejam excepcionalmente bem mantidos, as incrustações no casco reduzem gradualmente a velocidade operacional máxima.

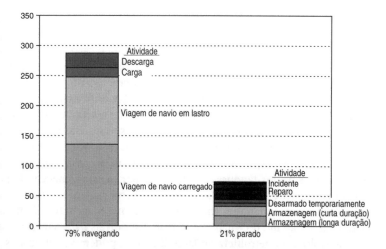

Figura 4.9 – Desempenho operacional de um VLCC: tempo usado por um VLCC médio.
Fonte: Clarkson Research Studies, *Estudo da Qualidade de um VLCC* (1991).

Em segundo lugar, o *tempo de estadia em porto* desempenha um papel importante na equação da produtividade. O desempenho físico dos navios e dos terminais determina o limite superior. Por exemplo, a introdução da conteinerização reduziu dramaticamente o tempo de estadia em porto dos navios de linhas regulares. A organização da operação de transporte também desempenha um papel. Depois da crise do petróleo de 1973, as alterações na indústria petrolífera reduziram as oportunidades para a maximização da eficiência das operações dos navios-tanques por parte dos departamentos de planejamento de transporte das principais companhias petrolíferas. O congestionamento produz reduções temporárias no desempenho. Em meados da década de 1970, o congestionamento portuário no Oriente Médio absorveu grandes quantidades do transporte marítimo, e na década de 1980 ocorreu um congestionamento muito intenso em Hampton Roads, nos Estados Unidos, onde ocorreram filas com mais de cem navios graneleiros esperando para carregar carvão. Esse congestionamento reduziu a oferta de navios disponíveis para navegar.

Em terceiro, a *utilização de porte bruto* refere-se à capacidade de carga gasta por conta de combustível de bancas, aos mantimentos etc., que impedem um carregamento completo. A regra geral, derivada das inspeções, estima em 95% para os graneleiros e 96% para os navios-tanques. Durante as recessões das décadas de 1970 e de 1980, ocorreu uma tendência crescente de os proprietários transportarem partidas de cargas parciais, reduzindo a utilização das toneladas de porte bruto bem abaixo desses níveis. Por exemplo, a *World Tanker Fleet Review* estimava que, no final de 1986, cerca de 16,6 m.tpb da capacidade dos navios-tanques foi perdida por causa das partidas de carga parciais.

Finalmente, o tempo de um navio é dividido entre os *dias carregados no mar* e os dias "improdutivos" (em lastro, em porto, sem afretamento). Uma redução no tempo improdutivo permite um aumento dos dias de navio carregado no mar, e pode-se interpretar as alterações nessa variável em termos de mudanças no tempo de estadia em porto etc. Os navios concebidos para a flexibilidade da carga podem melhorar o seu tempo carregado no mar, porque são capazes de mudar de cargas nas viagens de retorno. O desempenho operacional da frota altera em resposta às condições de mercado, como claramente demonstrado pelas mudanças na produtividade dos navios-tanques apresentados na Figura 4.8. Confrontada com um mercado de fretes em depressão, geralmente, a primeira resposta da frota mercante é reduzir o seu ritmo operacional. Para economizar nos custos dos combustíveis, os proprietários reduzem a velocidade operacional e, visto que existem menos cargas prontas, os tempos de espera aumentam. Eventualmente, os navios cujas operações são muito dispendiosas são desarmados de forma temporária. Com frequência, os navios-tanques são utilizados para a armazenagem do petróleo, quer em porto, quer em instalações *offshore*. Os navios graneleiros podem ser usados para armazenar carvão e grão. Alguns navios-tanques em situação de armazenagem têm contratos que duram somente alguns meses, ao fim dos quais tornam-se disponíveis para navegar. Outros, usados na indústria da exploração petrolífera ao largo da costa, podem ser utilizados em contratos de longa duração, portanto, para efeitos práticos eles não fazem parte da frota operacional.

PRODUÇÃO DA CONSTRUÇÃO NAVAL

A indústria da construção naval desempenha um papel ativo no processo de ajustamento da frota descrito nos parágrafos anteriores. Em princípio, o nível de produção ajusta-se às mudanças na demanda – e isso acontece durante períodos prolongados. Então, em 1974, a produção da indústria da construção naval totalizava cerca de 12% da frota mercante, enquanto em 1996 tinha caído para 4,7%, mas em 2007 estava de volta a 9%. A essa escala, os ajustamentos na produção da construção naval não ocorrem muito rapidamente nem muito facilmente. A indústria da construção naval é um negócio de ciclo prolongado, e a defasagem temporal entre a encomenda e a entrega de um navio é de um a quatro anos, dependendo da dimensão da carteira de encomendas detidas pelos construtores navais. As encomendas devem ser efetuadas na base da demanda futura estimada, e, no passado, muitas vezes essas estimativas provaram estar erradas, mais dramaticamente em meados da década de 1970, quando as entregas de VLCC continuaram durante vários anos após a demanda ter entrado em queda. Além disso, é provável que os ajustes decrescentes na oferta da construção naval tenham sido seriamente atrasados por uma intervenção política para impedir a perda dos postos de trabalho.

Do ponto de vista da indústria marítima, o tipo de navio construído é importante porque os picos e as baixas nas entregas de determinados tipos de navios têm um impacto nas suas perspectivas de mercado. Em anos recentes, têm ocorrido alterações importantes na gama de navios construídos pela indústria de construção naval mercante. Estes se encontram apresentados graficamente na Figura 4.10.

A produção de navios-tanques ilustra as oscilações extremas que podem ocorrer no investimento em transporte marítimo. As novas construções de navios-tanques dominaram o período de 1963 a 1975, aumentando de 5 m.tpb em 1963 para 45 m.tpb em 1975, quando representava 75% da produção da construção naval. O colapso do mercado de navios-tanques depois da crise do petróleo de 1973 inverteu essa tendência, e a produção de navios-tanques caiu para uma baixa de 3.6 m.tpb em 1984, representando somente 1% da frota desses navios. Na ausência de encomendas de VLCC durante o período de 1978 a 1984, as entregas dos navios-tanques eram sobretudo para o transporte de derivados do petróleo ou navios de 80.000-120.000 tpb para o transporte de petróleo bruto. Conforme a frota de navios-tanques construída na década de

1970 precisava ser substituída, a tendência era novamente invertida, e em 2006 a produção de navios-tanques tinha aumentado para 25.8 m.tpb.

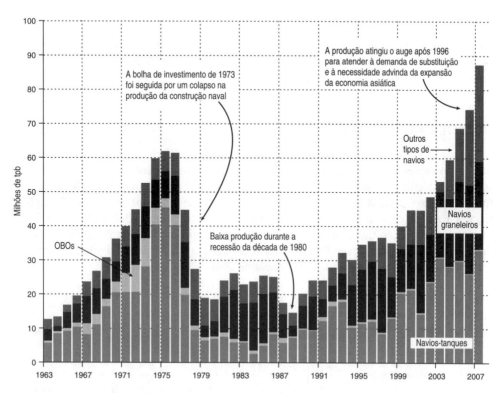

Figura 4.10 – Entregas da construção naval mundial por tipo (1963-2007).
Fonte: Fearnleys, Clarkson Research.

Quando comparado com os navios-tanques, o mercado de novas construções de navios graneleiros de carga sólida tem sido estável desde os meados da década de 1960. Contudo, o investimento tem sido cíclico, com as entregas oscilando entre 5 m.tpb e 15 m.tpb por ano. A uma produção muito baixa de 4 m.tpb em 1979, seguiu-se uma expansão muito pequena nos mercados de cargas sólidas em 1979-1980. O elevado nível de encomendas resultou num pico de entregas de 14,7 m.tpb em 1985, representando 59% de toda a produção da construção naval mundial em termos de toneladas de porte bruto. De uma maneira muito real, os navios graneleiros passaram a ter o papel dominante no mercado da construção naval anteriormente ocupado pelos VLCC, e em meados da década de 1980 enfrentavam os mesmos problemas de superprodução e de excedente crônico. Uma das consequências desse investimento intensivo foi a recessão profunda em meados da década de 1980. As encomendas pararam e as entregas de navios graneleiros caíram para 3.2 m.tpb em 1988. Em 2006, as entregas voltaram para 26 m.tpb e, então, os ciclos continuaram.

A categoria remanescente da produção da construção naval engloba uma enorme variedade de navios mercantes de carga e de serviços – navios transportadores de carga rolante, navios de contêineres, navios de carga geral convencional, embarcações de pesca, *ferries*, navios de cruzeiro, rebocadores etc. Em 2007, a tonelagem total das entregas foi de 22.7 m.tpb, representando

32% da produção total, e a tendência das novas construções nesse setor, em comparação, tem sido estável durante as duas últimas décadas. Embora esse tipo de navio represente somente um terço da produção total da construção naval mercante em termos de toneladas de porte bruto, em termos de conteúdo de trabalho eles são muito mais importantes – por exemplo, uma tonelada de porte bruto de tonelagem de um *ferry* pode ter quatro ou cinco vezes mais trabalho do que uma tonelada de porte bruto de tonelagem de um navio-tanque. Por essa razão, os vários tipos de navios nessa categoria são substancialmente mais importantes para a indústria da construção naval do que podem parecer à primeira vista.

DEMOLIÇÃO E PERDAS

A taxa de crescimento da frota mercante depende do equilíbrio entre as entregas de novos navios e as supressões da frota na forma de navios demolidos ou perdidos no mar. Como pode ser visto da Figura 4.11, esse equilíbrio mudou radicalmente durante o final da década de 1970. Em 1973, apenas cerca de 5 m.tpb foram demolidos, comparados com os mais de 50 m.tpb entregues, e a frota cresceu rapidamente. Em 1982, pela primeira vez depois da Segunda Guerra Mundial, a demolição tinha ultrapassado as entregas, totalizando 30 m.tpb quando comparados com os 26 m.tpb entregues. Então, a demolição que parecia ser pouco significativa em 1973 foi de grande importância no início da década de 1980.

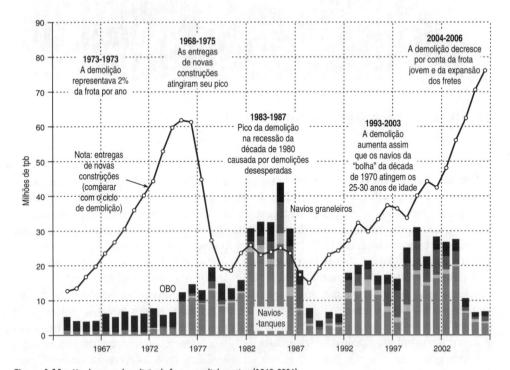

Figura 4.11 – Vendas para demolição da frota mundial por tipo (1963-2006).
Fonte: *Fearnleys Review*, Clarkson Research.

Enquanto a demolição tem um papel importante a desempenhar na remoção dos navios do mercado, é extremamente complexo explicar ou prever a idade com que um navio será de fato

Oferta, demanda e taxas de frete

demolido, originando dificuldades consideráveis na avaliação do desenvolvimento da capacidade da frota. A razão é que a demolição depende do equilíbrio de um número de fatores que podem interagir de diferentes maneiras. Os principais são a idade, a obsolescência técnica, os preços de sucata, os ganhos correntes e as expectativas de mercado.

A idade é o fator primordial que determina a tonelagem dos navios a ser demolida. Os navios deterioram com o seu envelhecimento e o custo dos reparos de rotina e de manutenção aumentam; então os proprietários de navios mais velhos são confrontados com uma combinação de custos onerosos e mais tempo sem contrato para a manutenção programada e não programada. Porque a deterioração física é um processo gradual, não existe uma idade específica em que o navio é demolido; geralmente, uma olhadela no *Lloyd's Demolition Register* revela alguns exemplos de navios demolidos com idade superior a sessenta ou setenta anos e, no outro extremo, navios-tanques vendidos para demolição com pouco menos de dez anos. Em 2007, quando foram demolidos 216 navios, a média de idade de demolição era de 27 anos para os navios-tanques e de 32 anos para os navios de carga sólida. Em cada caso havia uma distribuição ampla.

A obsolescência técnica pode reduzir a idade de demolição de determinado tipo de navio por ter sido ultrapassado por um tipo de navio mais eficiente. No final da década de 1960, a elevada taxa de demolição dos navios de multicoberta é atribuída ao fato de esses navios terem ficado obsoletos em virtude da conteinerização. A obsolescência também se estende à máquina e ao equipamento do navio – os navios-tanques equipados com turbinas a vapor ineficientes estavam entre os primeiros a ir para os estaleiros de demolição quando os preços aumentaram na década de 1970.

A decisão de demolir é também influenciada pelos preços de sucata. Os navios em estado de sucata são vendidos para os demolidores de navios, que os demolem e vendem a sucata para a indústria siderúrgica. Os preços da sucata oscilam amplamente, dependendo do estado da oferta e da demanda na indústria siderúrgica e da disponibilidade de sucata de fontes como a demolição de navios ou a demolição de veículos, que constituem as maiores fontes de oferta. Um período prolongado de demolição de navios pode ainda contribuir para baixar os preços da sucata metálica – um processo que é acentuado pelo fato de os excessos do transporte marítimo muitas vezes ocorrerem simultaneamente com a tendência de descida do ciclo comercial nas regiões industrializadas, quando a demanda do aço é também reduzida.

O mais importante é o fato de a demolição do navio ser uma decisão empresarial e depender das expectativas do proprietário com relação à rentabilidade operacional futura do navio e da sua posição financeira. Se, durante a recessão, ele acredita que existe a possibilidade de uma expansão do mercado de fretes num prazo razoavelmente curto, é improvável que venda navios deficitários para sucata, porque os ganhos possíveis durante a expansão do mercado de fretes são tão grandes que podem justificar incorrer numa perda operacional pequena por um período de anos até aquela data. Naturalmente, que os navios mais velhos serão forçados a sair em razão do custo dos reparos, mas enquanto os navios se mantiverem capazes de providenciar serviços, é provável que venha a ocorrer somente uma demolição extensiva para remover o excesso de capacidade, quando a comunidade do transporte marítimo como um todo acreditar que não existe expectativa de um emprego rentável para os navios mais velhos no futuro próximo, ou quando as empresas precisam de capital tão urgentemente que são forçadas a fazer vendas de "liquidação" para demolidores de navios. Segue-se que a demolição ocorreá somente quando as reservas monetárias e o otimismo da indústria estão esgotados.

RECEITA DOS FRETES

Finalmente, a oferta de transporte marítimo é influenciada pelas taxas de frete. Esse é o último regulador que o mercado utiliza para incentivar os decisores a ajustarem a capacidade no curto prazo e encontrarem maneiras de reduzir os seus custos e melhorar os seus serviços no longo prazo. Na indústria marítima existem dois regimes principais de precificação, o mercado de fretes e o mercado de linhas regulares. O transporte marítimo de linhas regulares providencia o transporte de pequenas quantidades de carga para muitos clientes e é essencialmente um negócio de venda a varejo do transporte marítimo,[16] aceitando a carga de uma grande variedade de clientes, e muito concorrencial. Em oposição, o transporte marítimo a granel é uma operação de venda por atacado, vendendo transporte para carregamentos de carga completos para um pequeno número de clientes industriais a preços negociados individualmente. Por meio da padronização das unidades de carga, a conteinerização aproximou os dois segmentos em termos econômicos, e em ambos os casos o sistema de precificação é central para a oferta de transporte. Em curto prazo, a oferta responde aos preços ao mesmo tempo que os navios ajustam a sua velocidade operacional e movimentam-se entre períodos de desarmamento temporário e de reativação, enquanto os operadores de linha regular ajustam os seus serviços. Em longo prazo, as taxas de frete contribuem para as decisões do investimento que resultam na demolição e na encomenda de navios. É matéria a ser debatida na seção seguinte como isso funciona no mercado de granel. A precificação no mercado de linhas regulares, o qual tem uma estrutura econômica diferente, será abordada no Capítulo 13.

4.5   O MECANISMO DAS TAXAS DE FRETE

A terceira parte do modelo de mercado marítimo, rotulado como C na Figura 4.1, é o mercado de fretes. Esse é o mecanismo de ajustamento que liga a oferta e a demanda. A forma como opera é bastante simples. Os proprietários de navios e os embarcadores negociam para estabelecer uma taxa de frete que reflete o equilíbrio dos navios e das cargas disponíveis no mercado. Se existirem muitos navios, a taxa de frete é baixa; se existirem poucos navios, a taxa de frete alta. Uma vez que se tenha estabelecido a taxa de frete, os embarcadores e os proprietários de navios ajustam-se a ela que, eventualmen, trará a oferta e a demanda para o equilíbrio. Utilizaremos o modelo de concorrência perfeita para analisar o mercado marítimo, e os conceitos econômicos que usamos para analisar mais formalmente esse processo são a função da oferta, a função da demanda e o preço de equilíbrio.[17]

FUNÇÕES DA OFERTA E DA DEMANDA

A *função da oferta* para um navio individual, apresentada na Figura 4.12a, é uma curva em J que descreve a quantidade de transporte que o proprietário oferece a cada nível das taxas de frete. Neste exemplo, o navio é um VLCC de 280.000 tpb. Quando a taxa de frete cai para menos de US$ 155 por milhão de toneladas-milhas, o proprietário desarma-o temporariamente, não oferecendo transporte. Quando as taxas de frete aumentam para além dos US$ 155 por milhão de toneladas-milhas, ele quebra o desarmamento temporário, mas, para economizar combustível, navega a 11 nós, a velocidade mais baixa viável. Se navegar carregado a essa velocidade durante 137 dias (os dias operacionais carregado que abordamos na Figura 4.9), oferecerá uma capacidade de 10,1 btm num ano (isto é, $11 \times 24 \times 137 \times 280.000$). A taxas de frete mais elevadas, ele aumenta a velocidade até que, a US$ 220 por milhão de toneladas-milhas, o navio esteja à velocidade máxima de 15 nós e oferecendo 13,8 btm num ano (uma grande quantidade de transporte para um só navio!). Então, aumentando as taxas de frete, o mercado obtém uma capacidade extra de 36%. A evidência do funcionamento desse processo pode ser vista na Figura 4.8, a qual mostra como a produtividade da frota mundial atingiu o pico em 1973, quando as taxas de frete eram muito altas, decresceu no início da década de 1980, quando as taxas de frete eram muito baixas, e aumentou outra vez na década de 1990, à medida que as taxas de frete subiram.

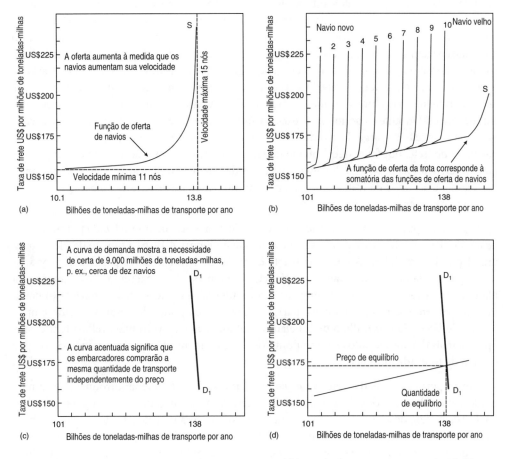

Figura 4.12 – Funções da oferta e da demanda do transporte marítimo: (a) função da oferta para um único navio (VLCC); (b) função da oferta para a frota de dez VLCC; (c) função da demanda do transporte de petróleo; (d) equilíbrio oferta-demanda.
Fonte: Martin Stopford (2005).

A teoria econômica pode ajudar a definir a forma da curva da oferta. Desde que o mercado seja perfeitamente concorrencial, o proprietário maximiza o seu lucro operando o seu navio a uma velocidade na qual o custo marginal (isto é, o custo em providenciar uma tonelada-milha de transporte adicional) equaliza a taxa de frete. A relação entre a velocidade e as taxas de frete pode ser definida com segue:[18]

$$S = \sqrt{\frac{R}{3\, p \cdot k \cdot d}} \tag{4.1}$$

em que S é a velocidade ótima em milhas por dia, R é a taxa de frete da viagem, p é o preço do combustível, k é a constante do combustível do navio e d é a distância. Essa equação define a forma da curva da oferta. Para além das taxas de frete, a velocidade ótima depende do preço do combustível, da eficiência do navio e da duração da viagem. Discutiremos esses custos no Capítulo 6.

Na realidade, a função da oferta é mais complexa do que a simples relação velocidade-taxas de frete descrita nos parágrafos anteriores. A velocidade não é somente a única forma que a oferta utiliza para responder às taxas de frete. O proprietário pode tirar vantagem de uma onda de taxas de frete baixas para colocar o seu navio em doca seca ou para estabelecer um contrato de armazenagem de curta duração. A taxas elevadas, ele pode decidir regressar em lastro para o Golfo Pérsico por meio da rota mais curta pelo Canal de Suez, em vez de optar pela "travessia livre" mais longa em volta do Cabo. Todas essas decisões afetam a oferta. Semelhantemente, as taxas de frete não são a única forma que o mercado usa para ajustar as receitas dos proprietários de navios. Durante os períodos de excesso, os navios têm de esperar pelas cargas ou aceitar pequenas partidas de carga. Isso reduz a receita operacional da mesma forma que uma queda nas taxas de frete, um fator frequentemente esquecido pelos proprietários e pelos banqueiros quando efetuam as previsões dos fluxos de caixa de navios envelhecidos. Eles podem prever corretamente as taxas de frete, mas acabam com um déficit de tesouraria embaraçoso devido ao tempo de espera e às cargas parciais.

O próximo passo é mostrar como o mercado ajusta a oferta disponibilizada por uma *frota de navios*. Para ilustrar esse processo, apresenta-se na Figura 4.12(b) a função da oferta para uma frota de dez VLCC. A curva da oferta de frota (S) é construída a partir das curvas da oferta para cada navio com idades e eficiências diferentes. Neste exemplo, a distribuição da idade da frota varia entre dois e vinte anos, com intervalos de dois anos. O navio 1 (o navio mais novo) tem custos operacionais diários baixos e o seu ponto de desarmamento temporário é de US$ 155 por milhão de toneladas-milhas. O navio 10 (o mais velho) tem custos operacionais diários elevados e o seu ponto de desarmamento temporário é de US$ 165 por milhão de toneladas-milhas.

Em resposta às taxas de frete, a *função da oferta da frota* funciona introduzindo ou retirando navios dos serviços. Se as taxas de frete caírem para baixo dos custos operacionais do navio 10, ele será desarmado temporariamente e a oferta será reduzida em um navio. O navio 9 atinge o custo de equilíbrio e os outros oito navios obtêm uma margem sobre os seus custos fixos, dependendo do seu nível de eficiência. Se os embarcadores necessitam de somente cinco navios, podem baixar a sua oferta para US$ 160 por milhão de toneladas-milhas, o ponto de desarmamento temporário do navio 5. Dessa forma, a oferta responde aos movimentos das taxas de frete. Durante um período prolongado, a oferta pode ser aumentada pela construção de novos navios mais eficientes e reduzida pela demolição de navios velhos.

A inclinação da curva da oferta em curto prazo depende de três fatores que determinam o custo de desarmamento temporário do navio marginal. Primeiro, os navios mais velhos geralmente têm custos operacionais mais elevados, portanto, o ponto de desarmamento temporário ocorrerá a uma taxa de frete mais elevada. Discutiremos isso no Capítulo 5. Segundo, os navios maiores têm custos de transporte por tonelada mais baixos do que os navios menores, logo, se os navios grandes e pequenos disputam a mesma carga, o navio maior terá um ponto de desarmamento temporário mais baixo e, em geral, conduzirá os navios menores para desarmamento temporário durante as recessões. Se a dimensão dos navios tiver aumentado ao longo do

Oferta, demanda e taxas de frete

tempo, como aconteceu durante a maior parte do século passado, o tamanho e a idade estarão correlacionados e existirá uma curva da oferta com uma inclinação bastante acentuada, que se torna muito evidente durante as recessões. Terceiro, a relação entre a velocidade e as taxas de frete é descrita na Equação (4.1) já apresentada.

A *função da demanda* mostra como os afretadores se ajustam a alterações no preço. A curva da demanda (D1) na Figura 4.12(c) é praticamente vertical. Isso é essencialmente um pressuposto, mas existem várias razões para essa forma se aplicar à maioria dos produtos primários a granel. A mais convincente é a falta de qualquer modo de transporte concorrencial. Os embarcadores precisam da carga e, até que tenham tempo para organizar medidas alternativas, devem expedi-la independentemente do custo. Inversamente, os embarcadores não serão tentados a tomar um navio adicional se as taxas forem mais baratas. O fato de o frete geralmente representar somente uma pequena proporção dos custos dos materiais reforça esse argumento.[19]

EQUILÍBRIO E IMPORTÂNCIA DO TEMPO

As curvas da oferta e da demanda cruzam-se no preço de equilíbrio. Neste ponto os compradores e os vendedores encontraram um preço mutuamente aceitável. Na Figura 4.12(d) o preço de equilíbrio é US$ 170 por milhão de toneladas-milhas. A esse preço, os compradores estão dispostos a afretar dez navios e os proprietários estão preparados para disponibilizar esses dez navios. A equação se equilibra.

Porém isso não é o final da história. Se o nosso desejo é perceber por que as taxas de frete se comportam da forma que o fazem, isso é somente o princípio. Temos de ser precisos acerca do *enquadramento temporal*. É uma dimensão adicional presente em todas as decisões, porque os preços de mercado são uma mistura das expectativas presentes e futuras, no curto e no longo prazo. No mundo real, o preço que os compradores e os vendedores estão preparados para negociar depende de quanto tempo têm para ajustar as suas posições. Existem três períodos a considerar: o equilíbrio *momentâneo*, quando o negócio deve ser feito imediatamente; o *curto prazo*, quando existe tempo para ajustar a oferta por meio de medidas de curto prazo, como o desarmamento temporário, a reativação, a troca de mercados pelos transportadores de navios combinados ou a operação de navios a velocidades mais rápidas; e existe o *longo prazo*, em que os proprietários de navios têm tempo para receber novos navios e os embarcadores têm tempo para reorganizar as suas fontes de suprimento. Vejamos esses períodos um de cada vez.

Equilíbrio momentâneo

Descreve a taxa de frete negociada para os navios e as cargas "prontas". É o mercado aberto com o qual os proprietários e os afretadores lidam no dia a dia. Os navios estão prontos para carregar, as cargas estão à espera de transporte e o negócio deve ser feito. O proprietário do navio encontra-se na mesma posição que o agricultor quando ele chega ao mercado com o seu porco (ver Seção 5.8). Dentro desse horizonte temporal, o mercado marítimo é altamente fragmentado, inserindo-se nas regiões tão familiares nos relatórios dos corretores – o Golfo Pérsico, o Caribe, a costa atlântica dos Estados Unidos, o Atlântico etc. Desenvolvem-se os episódios locais de escassez e de excesso, criando picos e baixas temporárias que se apresentam como estacas no gráfico de fretes. Esse é o mercado que os proprietários tentam constantemente antecipar quando selecionam a sua carga seguinte ou decidem se devem arriscar uma viagem em lastro para um melhor ponto de carregamento.

Uma vez que as decisões foram tomadas e o navio está em posição, as opções são muito limitadas. O proprietário pode negociar à taxa que está sendo oferecida ou sentar-se e perder dinheiro. Os afretadores com as cargas enfrentam a mesma escolha. As duas partes negociam para determinar o preço no qual a oferta equaliza a demanda. A Figura 4.13 ilustra como isso acontece na prática. Supondo-se que existem cerca de 75 cargas sendo oferecidas na zona de carregamento durante o mês. A curva da demanda, assinalada como D1, cruza o eixo horizontal nas 75 cargas, mas, à medida que a taxa de frete aumenta, ela se curva para a esquerda, porque a taxas de frete muito elevadas algumas cargas podem ser retiradas, ou talvez amalgamadas para permitir a utilização de um navio de tamanho diferente.

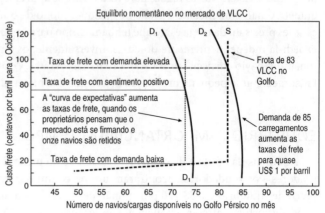

Figura 4.13 – Equilíbrio momentâneo no mercado de VLCC.
Fonte: Martin Stopford (2007).

Existem 83 navios disponíveis para carregar e a curva S da oferta (a linha pontilhada) inclina suavemente desde os 15 centavos o barril até os 21 centavos o barril, até que todos os navios tenham sido contratados, depois entra na vertical. Neste caso a demanda é somente para 75 navios, portanto, existem mais navios do que cargas. Visto que a alternativa ao estabelecimento do contrato é ganhar nada, as taxas de frete caem ao nível dos custos operacionais, que para as 75 cargas equaliza 20 centavos o barril, mostrado pela intersecção de S e de D1. Se o número de cargas aumentar para 85 (D2), existem mais cargas que navios. Os afretadores licitam desesperadamente para encontrar um navio e a taxa de frete dispara para quase US$ 1 o barril. Uma oscilação de dez cargas é bastante comum, mas o efeito sobre taxas de frete é dramático.

No entanto, nunca se deve esquecer que isto é um leilão e, nesta situação de muito curto prazo, o sentimento de mercado é o motor real. Se existirem alguns navios a mais o que cargas, mas os proprietários acreditarem que as taxas de frete estão subindo, eles podem decidir esperar. Repentinamente existem mais cargas do que navios e as taxas de frete aumentam, e nesse momento os proprietários relutantes entram no mercado e estabelecem o contrato de "acordo com último efetuado". Na Figura 4.13 isso está apresentado pela "curva de expectativas". Por vezes, os proprietários tentam esconder os seus navios dos afretadores reportando somente a presença de um navio das suas frotas ou esperando fora da área de carregamento. Mas os princípios básicos têm a última palavra. Se o excesso de navios persistir, os proprietários que retêm os seus navios poderão não ser capazes de negociá-los e, quando começam a perder grandes quantidades de dinheiro, as taxas de frete desmoronam rapidamente. Assim, quando a oferta e a demanda se encontram aproximadamente equilibradas, a forma da curva da oferta é determinada pelo sentimento em vez dos princípios básicos, um problema que por vezes engana os analistas e os negociadores.

Equilíbrio de curto prazo

No "curto prazo" existe mais tempo para os proprietários de navios e para os afretadores responderem a alterações nos preços desarmando temporariamente os seus navios ou reativando-os, portanto, a análise é um pouco diferente.

A curva da oferta em curto prazo apresentada na Figura 4.14(a) traça, para dada dimensão de frota, as toneladas-milhas de transporte disponíveis para cada nível das taxas de frete. A oferta de transporte é medida em milhares de bilhões de toneladas-milhas por ano e a taxa de frete em dólares americanos por milhares de toneladas-milhas de carga transportada.

No ponto A, a oferta existente é de somente 50 bilhões de toneladas-milhas por ano, porque os navios menos eficientes estão desarmados temporariamente; no ponto B, todos os navios estão novamente operando e a oferta aumentou para cerca de 85 bilhões de toneladas-milhas por ano; no ponto C, a frota encontra-se à velocidade máxima e está toda navegando; finalmente, no ponto D, não existe mais oferta, mesmo que se aumente a taxa de frete, e a curva da oferta torna-se praticamente vertical. As taxas de frete muito elevadas podem seduzir alguns dos poucos navios não utilizados. Por exemplo, durante o crescimento de 1965, "um número de navios com meio século e em muito más condições de navegabilidade obteve fretes até cinco vezes maiores que o frete obtido um ano antes".

Se trouxermos para o debate a *curva da demanda de curto prazo*, podemos explicar como as taxas de frete são determinadas. O mercado fixa-se na taxa de frete em que a oferta iguala a demanda. Consideremos os três pontos de equilíbrio diferentes assinalados como A, B e C na Figura 4.14b. No ponto A, a demanda é baixa e a taxa de frete fixa-se no ponto F1. Um aumento substancial na demanda para o ponto B resulta num aumento ligeiro da taxa de frete porque os navios saem imediatamente da situação de desarmamento temporário para responder à demanda crescente.[20] Contudo, um pequeno aumento da demanda para o ponto C é suficiente para triplicar o nível das taxas de frete, porque a taxa de mercado é agora fixada pelos navios mais velhos e menos eficientes, que necessitam de taxas de frete muito elevadas para serem atraídos ao serviço. Finalmente, sem mais navios disponíveis, os afretadores licitam uns contra os outros pela capacidade disponível. Dependendo da urgência da necessidade de transporte, as taxas de frete podem subir a qualquer nível.

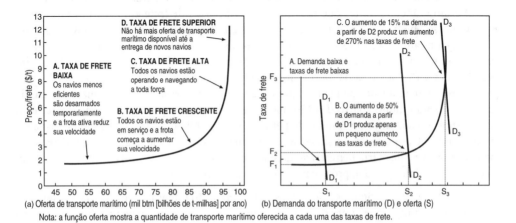

Figura 4.14 – O equilíbrio de curto prazo: (a) a função da oferta em curto prazo; (b) o ajustamento em curto prazo.
Fonte: Martin Stopford (2007).

Contudo, essa situação é instável. Os embarcadores procuram fontes de suprimento baratas e as taxas de frete elevadas quase sempre impulsionam investimento desenfreado por parte dos proprietários e dos embarcadores.

Equilíbrio de longo prazo

Finalmente, devemos considerar o longo prazo, durante o qual a dimensão da frota pode ser ajustada encomendando navios novos e demolindo os mais velhos. O mecanismo de ajustamento de longo prazo equilibra a oferta e a demanda por meio de três outros mercados que discutiremos no Capítulo 5: o mercado de compra e venda, o mercado de novas construções e o mercado de demolição. À medida que as taxas de frete caem durante uma recessão, a rentabilidade dos navios – e, consequentemente, o seu valor de segunda mão – também cai. Eventualmente, o preço dos navios menos eficientes cai para o preço de sucata. Os navios são demolidos, sendo removidos permanentemente do mercado e reduzindo o excesso. A queda dos preços dos navios de segunda mão também torna financeiramente viáveis as novas utilizações da tonelagem em excesso. São exemplos a utilização dos superpetroleiros para armazenagem de petróleo e a conversão de navios-tanques de casco simples para mineraleiros ou navios *offshore*. Dessa forma, o mecanismo do preço reduz gradualmente a oferta de navios no mercado. Inversamente, quando a escassez de navios impulsiona o aumento das taxas de frete, isso funciona por meio do mercado de compra e venda. Os proprietários de navios ficam interessados em adicionar navios às suas frotas e, porque existe uma escassez de navios, os embarcadores podem decidir expandir as próprias operações de transporte marítimo. Com mais compradores do que vendedores, os preços de segunda mão aumentam até que os navios usados se tornam mais dispendiosos do que as novas construções. Frustrados, os proprietários de navios voltam-se para o mercado da construção naval e a carteira de encomendas aumenta rapidamente. Dois ou três anos mais tarde, a frota começa a crescer.

Para ilustrar esse processo, podemos tomar como exemplo o ajustamento do mercado de navios-tanques durante o período de 1980-1992. A Figura 4.15 mostra no gráfico a posição da oferta-demanda em 1980 (a), 1985 (b), 1991 (c) e 1992 (d). A taxa de frete é apresentada no eixo vertical, medida em dólares americanos por dia, e como um indicador da oferta de transporte a frota de navios-tanques é apresentada no eixo horizontal, medida em mt de porte bruto. Nenhuma dessas unidades de medida é totalmente correta,[21] mas ilustram esse ponto. A Figura 4.15(e) é um gráfico de fretes que mostra o nível das taxas de frete em cada um dos quatro anos. O nosso objetivo é explicar como as curvas da oferta e da demanda se movimentaram entre os quatro anos. Em 1980 – Figura 4.15a – as taxas de frete eram moderadamente altas, a US$ 15 mil por dia, com a curva da demanda a intersectar a "dobra" da curva da oferta. Em 1985 (Figura 4.15b) a curva da oferta movimentou-se para a esquerda, quando uma demolição intensa reduziu a frota de navios-tanques de 320 m.tpb para 251 m.tpb, mas a demanda ainda tinha caído muito abaixo das 150 m.tpb em razão do colapso do comércio do petróleo bruto depois do aumento dos preços de petróleo em 1979. Isso deixou 60 m.tpb desarmados temporariamente, operando a uma velocidade reduzida prolongada, e a curva da demanda a intersectar a curva da oferta bem abaixo da sua dimensão em D85. As taxas de frete ficaram em média em US$ 7 mil por dia, próximas dos custos de operação.

Entre 1985 e 1991 – Figura 4.15c –, apesar da demolição intensa, a frota de navios-tanques caiu somente 7 m.tpb por conta de um crescimento na construção naval no final da década de 1980. Como resultado, a curva da oferta movimentou-se ligeiramente à esquerda para S91, mas um crescente tráfego petrolífero aumentou a demanda em 30% para D91, sugerindo uma taxa de frete de equilíbrio de aproximadamente US$ 15 mil por dia. Contudo, em 1991 inter-

Oferta, demanda e taxas de frete

veio outro fator. Depois da invasão do Kuwait em agosto de 1990, os negociadores de petróleo utilizaram os navios-tanques para armazenagem temporária, movendo a curva da demanda temporariamente para a direita, representada pela linha pontilhada na Figura 4.15c. As taxas de frete aumentaram para US$ 29 mil por dia. Depois, em 1992, a oferta aumentou por causa de entregas muito intensas, e a curva da demanda voltou para trás, para a sua posição "normal", ao mesmo tempo que a armazenagem temporária desaparecia do mercado. Isso foi o suficiente para diminuir as taxas de frete para US$ 15 mil dia – Figura 4.15d.

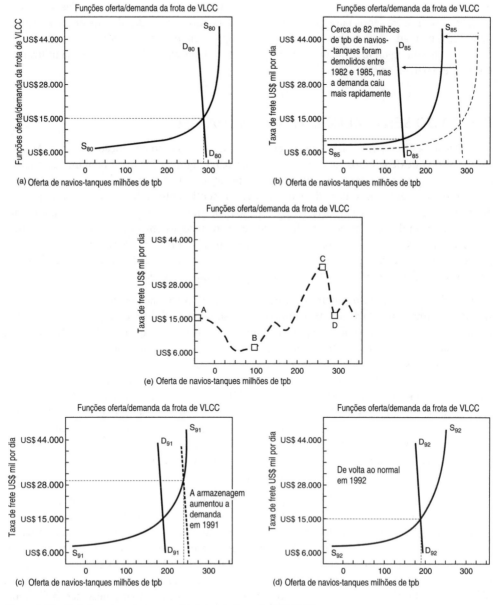

Figura 4.15 – O ajustamento em longo prazo da oferta e da demanda (1980-1992).
Fonte: Martin Stopford (2004).

É a combinação de uma demanda volátil e de uma defasagem temporal significativa antes de a oferta se ajustar à demanda que cria o enquadramento para os ciclos do mercado marítimo. Os proprietários de navios tendem a fundamentar o investimento no atual estado de mercado – eles encomendam mais navios quando as taxas de frete estão altas e poucos quando as taxas de frete estão baixas. Contudo, o atraso na entrega desses navios significa que a demanda pode ter se alterado no momento em que os navios são entregues, portanto, qualquer tendência cíclica é amplificada.[22] No Capítulo 3, a nossa análise sobre a duração dos ciclos de transporte marítimo mostra que durante mais de meio século o ciclo médio foi de aproximadamente oito anos, que é aproximadamente a duração esperada num mercado com o mecanismo de ajustamento que abordamos. Leva-se de dois a três anos para que as novas encomendas sejam entregues, de dois a três anos para que a demolição de navios seja alcançada e de dois a três anos para que o mercado desenvolva um esforço para a próxima ronda de encomendas. Na década de 1930, Jan Tinbergen identificou essa relação e pensou que ela podia ser modelada utilizando um modelo periódico.[23]

EFEITO DO SENTIMENTO NA CURVA DA OFERTA

Existe uma última questão a considerar: o efeito do sentimento na função da oferta. As curvas da oferta que debatemos até agora (por exemplo, na Figura 4.15) movimentam-se *horizontalmente* para a frente e para trás, guiadas pelos princípios físicos básicos assim que os navios são demolidos e entregues. Porém, as mudanças nos sentimentos durante o leilão progressivo de fretes entre afretadores e proprietários de navios pode também movimentar a curva *verticalmente*. Por exemplo, se os afretadores forem fortes, confiantes e bem-informados, serão capazes de baixar a curva, mas, se os proprietários forem mais confiantes, mais bem-informados e prontos a reter os navios, podem ser capazes de aumentar a curva, de forma que, para qualquer equilíbrio de oferta e demanda, eles obtenham ganhos mais elevados.

Para ilustrar como isso funciona na prática, a Figura 4.16 traça os ganhos de um navio-tanque Aframax em relação a uma estimativa grosseira do equilíbrio da capacidade do transporte marítimo, medida como uma percentagem de excesso ou de déficit, entre 1990 e 2007. Os pontos são assinalados como diamantes, ligados por uma linha pontilhada. A curva da oferta S1 é ajustada nesses pontos como uma função polinomial. Mas o ajustamento não é bom. Os anos de 1998, 1999, 2002 e 2003 (todos eles anos fracos de mercado) caem bem para baixo da curva S1, enquanto os anos bons de 2000, 2005, 2006 e 2007 estão bem acima. A ligação dos pontos baixos, que corresponde aos anos de recessão, produz uma segunda curva da oferta S2. De modo semelhante, a ligação dos pontos elevados, que ocorreram em mercados fortes, produz uma curva da oferta S3. Isso sugere que na recessão a curva da oferta movimentou-se para baixo, para S1, enquanto na expansão moveu-se para cima, para S2. Note-se também que no ano muito forte de 2004 as curvas convergiram.

Isso complica o modelo do frete porque o pressuposto da Figura 4.15 de que os ganhos são unicamente definidos pela percentagem do excesso de capacidade não está necessariamente correto. Temos agora duas curvas da oferta S2 e S3 diferentes, cada uma delas oferecendo níveis de ganhos diversos para dado equilíbrio de mercado. Por exemplo, quando o mercado se encontra exatamente em equilíbrio no eixo horizontal da Figura 4.16, S2 mostra os proprietários recebendo US$ 19 mil por dia, enquanto S3 indica US$ 37 mil por dia, quase duas vezes mais. Essa diferença significativa tem uma explicação simples. Nos anos de recessão, a negociação é a favor do afretador, enquanto nos anos de crescimento os proprietários obtêm vantagem. Durante a sequência de bons ou maus anos, o sentimento predominante torna-se parte da curva da oferta

Oferta, demanda e taxas de frete

e continua a determinar a sua forma até que algo mude o sentimento, por exemplo, um choque econômico. Isso acontece nas expansões e nas recessões, portanto, para prever os ganhos precisamos conhecer como o sentimento movimentou a curva da oferta. Infelizmente, isso torna a previsão das taxas de frete muito mais complexa, porque é difícil prever o sentimento, que muda muito mais rapidamente que os princípios físicos básicos da oferta e da demanda.

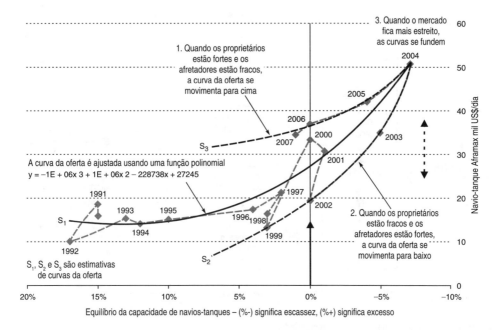

Figura 4.16 – Análise do movimento vertical da curva da oferta do transporte marítimo.

Fonte: ganhos de um navio-tanque CRSL SRO, outono de 2007; equilíbrio da capacidade dos navios-tanques para todo o mercado de navios-tanques calculada por Martin Stopford.

MODELO DO CICLO DE TRANSPORTE MARÍTIMO

Embora os tipos de modelos periódicos cíclicos propostos por Tinbergen sejam teoricamente atrativos, a revisão de quase três séculos de ciclos apresentada no Capítulo 3 e os princípios econômicos subjacentes tornam muito improvável que esse tipo de modelo seja de grande ajuda em situações práticas. No curso deste debate, mencionamos muitos dos fatores que os contemporâneos consideraram importantes. Os mesmos fatores tendem a aparecer repetidamente, mas raramente da mesma forma. Os ciclos econômicos na economia mundial, os choques econômicos, os juízos errados dos proprietários de navios, o excesso de capacidade dos estaleiros e, o mais importante, o sentimento. Nossa tarefa como economistas é reduzir essa confusão de causas e de efeitos aparentemente desorganizada para uma forma mais estruturada que nos ajudará a analisar as influências sobre os ciclos e, se tivermos sorte, prever o que pode acontecer a seguir.

Uma das principais razões pelas quais os ciclos de transporte marítimo são irregulares é porque não são impulsionados por um único modelo econômico, e sim produzidos pela interação de cinco modelos separados, descritos na Figura 4.17. Descreveremos isso como o modelo composto do ciclo de transporte marítimo. O segmento A é o modelo econômico mundial;

o segmento B é o modelo dos princípios básicos do transporte marítimo; o segmento C é o modelo de investimento de mercado; o segmento D é o modelo de gerenciamento do risco; e o segmento E é o modelo microeconômico da empresa. Discutiremos esses segmentos um de cada vez para mostrar como se ajustam no modelo composto.

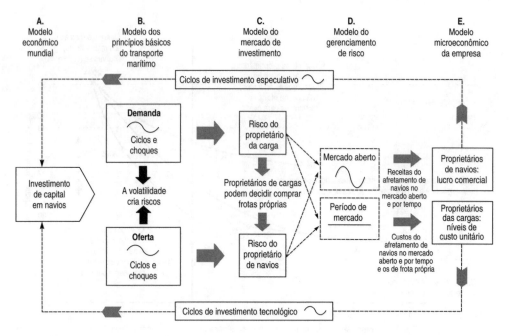

Figura 4.17 – Modelo composto do ciclo de transporte marítimo.
Fonte: Martin Stopford (2007).

O modelo econômico mundial oferece o estímulo principal dos ciclos de transporte marítimo. O transporte marítimo refere-se ao transporte por mar, e o objetivo principal do ciclo de transporte marítimo, como discutimos na Seção 4.1, é ajustar a frota a mudanças no volume e na composição no comércio marítimo mundial. Então, o segmento A do modelo reconhece simplesmente que, se aceitarmos os ciclos de transporte marítimo, devemos reconhecer os fatores que podem alterar a demanda do produto. Este é um modelo microeconômico, portanto, estamos menos interessados nos pormenores da demanda, que são abordados no segmento B, do que nas mudanças globais. É conveniente dividir essas mudanças em três tipos. Primeiro, existem ciclos econômicos. Infelizmente (ou felizmente para o transporte marítimo, dependendo da forma como se vê), a economia mundial não segue uma linha reta, como vimos na Figura 4.2. Durante o último século, vivenciaram-se ciclos bastante semelhantes àqueles do transporte marítimo, com períodos de crescimento alternando com períodos de recessão. Isso dá origem a mudanças de curto prazo na demanda do transporte marítimo e é um contribuidor principal dos ciclos de transporte marítimo. Segundo, existem os choques econômicos. Estes são importantes porque geralmente produzem grandes mudanças na tendência e nas alterações extremas na demanda do transporte marítimo. As guerras, as crises políticas e as mudanças súbitas nas economias de alguns dos principais produtos básicos, como o petróleo, têm todas contribuído para grandes mudanças na demanda do transporte marítimo. Finalmente, existem as "tendências seculares". Estas são as principais mudanças econômicas de direção que podem

Oferta, demanda e taxas de frete

acompanhar o desenvolvimento de uma nova tecnologia (vapor, eletricidade, tecnologia de informação) ou o aparecimento de uma região principal (por exemplo, Japão, Coreia do Sul, China), portanto, as tendências seculares são aquelas subjacentes aos ciclos de longo prazo e são, talvez, as mais negligenciadas das três – em parte porque tais tendências estão ocultas em razão de seu desenvolvimento lento. Todos esses três contribuidores de mudanças no comércio marítimo são tópicos principais por direito próprio e, frequentemente, parecem estar muito distantes do mundo do transporte marítimo mais especializado para serem considerados importantes. Contudo, no final das contas, esse é o ponto focal do ciclo de transporte marítimo. O seu objetivo é compensar essas mudanças na economia mundial, então, a compreensão deste segmento é uma tarefa que deve ser levada a sério.

O segmento C do modelo traz consigo as forças econômicas que pressionam os proprietários das cargas e os proprietários de navios a ajustar o seu comportamento em resposta às circunstâncias de mercado com o sentimento, que, na ausência de previsões fiáveis, é um dos principais motores do negócio. Essa seção do modelo composto do ciclo de transporte marítimo é bem definida e constitui o principal assunto do Capítulo 5, no qual discutiremos os fatores que contribuem para a demanda, a oferta e o importantíssimo modelo das taxas de frete. Partes desse modelo encontram-se tão bem documentadas em termos de dados de transporte marítimo que é possível desenvolver um modelo determinístico que mostra como as variáveis interagem. Porém, o papel do sentimento não se encontra bem documentado.

Finalmente, a fase D do modelo introduz o gerenciamento do risco. De fato, o risco do transporte marítimo está intimamente ligado ao modelo de investimento no mercado discutido no segmento C, mas é uma área importante que merece uma atenção individual na discussão dos ciclos de transporte marítimo. Uma vez que a economia mundial gera incerteza acerca da quantidade de comércio que será transportado nos anos futuros, alguém tem de assumir esse risco. Para tomarmos como exemplo um caso extremo, entre 1979 e 1983, como veremos no Capítulo 11, na página 484, a demanda de navios-tanques de petróleo bruto caiu em quase 50%. Tais acontecimentos não ocorrem frequentemente, mas, quando ocorrem, são muito dispendiosos. Quem deve tomar o risco e como deve ser compensado por fazê-lo? Essas são as questões abordadas pelo modelo de risco do transporte marítimo. Se, por exemplo, os afretadores decidirem que é mais barato eles próprios assumirem o risco, podem decidir comprar grandes frotas e adjudicá-las aos proprietários de navios por meio de fretamentos a tempo seguros. Isso reduz a dimensão do mercado aberto e cria um negócio que se relaciona mais com o "transporte marítimo industrial" do que com os ciclos do mercado marítimo. Contudo, se os afretadores decidirem que não querem um compromisso de longo prazo com o transporte marítimo, então eles podem decidir utilizar o mercado de afretamentos. Durante a década de 1990, a tonelagem de navios porta-contêineres afretada pelas trinta principais companhias de linhas regulares aumentou de 15% para quase 50% da frota. Isso resultou no crescimento rápido do mercado de afretamento para os navios porta-contêineres e numa estrutura de mercado completamente diferente. O segmento D relaciona-se com a explicação dessas mudanças estruturais que ocorrem de vez em quando no mercado marítimo.

DINÂMICA DO PROCESSO DE AJUSTAMENTO

Embora isso seja óbvio, existem quatro aspectos do processo de ajustamento que resultam num processo complexo. Primeiro, o desfasamento temporal que existe na construção naval complica o processo de ajustamento. As encomendas colocadas no pico do ciclo, quando as taxas de frete estão muito rentáveis, não têm efeito nas taxas correntes, portanto, os investidores continuam a encomendar. No entanto, quando os navios são entregues alguns anos mais tarde, a quantidade da oferta provoca uma queda nas taxas de frete, encorajando os proprietários a reduzir as suas encomendas. Segundo, durante defasagem de tempo da entrega, a demanda de navios muda frequentemente de direção de uma forma não antecipada pelos investidores, quando colocaram as suas encomendas, de tal forma que, quando os novos navios chegam ao mercado, perturbam ainda mais o equilíbrio. Terceiro, os picos e as baixas dos ciclos estão carregados de emoção, conduzindo a uma tendência para os investidores reagirem às oscilações violentas nas taxas de frete muitas vezes não esperadas. Quarto, de vez em quando, uma crise grande cria a necessidade de um ajustamento ainda maior na oferta de navios que não pode ser alcançado por esses pequenos ajustamentos na tonelagem de navios entregues ou demolidos. Esse modelo de ajustamento econômico dinâmico é bem conhecido dos economistas.

PREÇOS E CUSTOS EM LONGO PRAZO

O que determina a taxa de frete no longo prazo no mercado marítimo? Onde os ganhos se nivelarão? Será que a média vai ser alta para pagar o navio novo? Essas são questões de grande interesse para os investidores, que, com razão, querem saber qual será o retorno que eles podem esperar no longo prazo pegando um ciclo com outro.

Os primeiros economistas argumentaram que existe uma tendência embutida para os preços cobrirem os custos. Por exemplo, Adam Smith diferenciava entre o *preço de mercado*, que podia ser muito variável, e o *preço natural*, que somente cobria o custo da produção. Ele argumentava que o preço natural é "o preço central para o qual os preços de todas as cargas estão constantemente a gravitar".[24] Essa é uma ideia reconfortante para os investidores, pois sugere que, se esperarem tempo suficiente, o mercado garantirá que eles ganharão um retorno adequado. É, contudo, um conceito muito perigoso.

Marshall alertou contra o fato de se colocar muita fé na ideia de um preço "natural", que no longo prazo cobre os custos. Não é que a teoria esteja errada, mas ela só funciona "se as condições gerais da vida fossem estacionárias para tempos suficientemente longos para permitir que [as forças econômicas] funcionem até o seu efeito total".[25] É improvável que o preço natural prevaleça porque o mundo está em mudança constante. As calendarizações da demanda e da oferta estão constantemente movimentando-se com as mudanças da tecnologia e dos acontecimentos, e o inesperado ocorre muito antes de o preço "natural" ter sido alcançado. Essa é a visão de bom senso. O mundo é demasiado volátil para que o conceito de preço de equilíbrio em longo prazo seja significativo numa indústria em que o produto tem uma vida de vinte ou mais anos. Os investidores não podem esperar qualquer conforto desse lado. Eles devem fundamentar seu julgamento de que nesta ocasião os preços cobrirão os custos reais. A teoria econômica não oferece garantias, e, como vimos no Capítulo 2, os retornos têm tendido, em média, a ser bastante baixos. Esta discussão sobre o modelo do retorno do investimento no transporte marítimo [*return on shipping investment*, Rosi] será desenvolvida no Capítulo 8, páginas 368-381.

4.6   RESUMO

Começamos este capítulo com a ideia de que as companhias de navegação deveriam abordar o mercado marítimo do ponto de vista concorrencial, "isto é, jogando com outros jogadores". As regras do jogo do mercado marítimo são estabelecidas pelas relações econômicas que criam os ciclos dos fretes. Para explicá-las, abordamos o "modelo" econômico do mercado marítimo. Esse modelo tem dois componentes principais, a oferta e a demanda, ligados pelas taxas de frete, as quais, por sua influência sobre as ações dos embarcadores e dos proprietários de navios, equilibram a oferta e a demanda. Como a demanda de navios muda rapidamente, mas a oferta é lenta e demorada, os ciclos dos fretes são geralmente irregulares.

Identificamos cinco variáveis principais da demanda: a economia mundial, os tráfegos de mercadorias, a distância média, os acontecimentos políticos e os custos de transportes. A demanda de navios começa com a economia mundial. Identificamos que existe uma relação próxima entre a produção industrial e o comércio por via marítima, portanto, um exame minucioso das últimas tendências e dos principais indicadores da economia mundial indica alguns alertas de mudanças na demanda de navios. A segunda variável importante da demanda é a estrutura dos tráfegos das mercadorias, que pode originar alterações na demanda de navios. Por exemplo, a mudança no preço do petróleo na década de 1970 teve um impacto muito grande no tráfego petrolífero. A distância (distância média) é a terceira variável da demanda, e aqui verificamos novamente que ocorreram mudanças substanciais no passado. Os acontecimentos políticos são a quarta variável, visto que as guerras e os distúrbios têm repercussões no comércio. Finalmente, os custos de transporte desempenham um papel importante na determinação da demanda em longo prazo.

No lado da oferta, identificamos cinco variáveis: a frota mundial, a produtividade, a produção da construção naval, a demolição e a taxas de frete. A dimensão da frota mundial é controlada pelos proprietários de navios, que respondem às taxas de frete demolindo, encomendando novas construções e ajustando o desempenho da frota. Como as variáveis nesta parte do modelo são comportamentais, as relações não são sempre previsíveis. Os pontos de viragem do mercado dependem crucialmente de como os proprietários gerenciam a oferta. Embora a carteira de encomendas providencie um guia da frota mundial com antecipação de doze a dezoito meses, as encomendas e as demolições futuras influenciam-se pelo sentimento de mercado e são muito imprevisíveis. Algumas vezes os investidores do transporte marítimo fazem coisas que os economistas têm dificuldade em compreender, portanto, pode ser perigoso confiar em demasia na lógica econômica.

As taxas de frete ligam a oferta e a demanda. Quando a oferta é curta, as taxas de frete aumentam, estimulando os proprietários de navios a providenciar mais transporte. Quando elas caem, o efeito é oposto. Olhamos em detalhe para a dinâmica do mecanismo pelo qual são determinadas as taxas de frete e verificamos que a escala temporal é importante para alcançar o preço de equilíbrio. O equilíbrio momentâneo descreve a posição diária conforme os navios "prontos" em determinada área de carregamento concorrem pelas cargas disponíveis. O equilíbrio de curto prazo descreve o que acontece quando os navios têm tempo para se movimentar ao redor do mundo, ajustando a sua velocidade de operação ou gastando o tempo numa situação de desarmamento temporário. No transporte marítimo, o longo prazo é estabelecido pelo tempo gasto para entregar os novos navios – por exemplo, dois a três anos. Essa característica certamente influencia na duração de sete a oito anos do ciclo dos fretes.

Nossa análise dos gráficos da oferta-demanda mostra que a função oferta tem uma forma J característica e que, no curto prazo, a demanda é rígida. Os picos e as baixas dos ciclos de frete são produzidos por uma curva de demanda rígida, que se move ao longo da curva da oferta. Quando chega à "dobra" da curva da oferta, as taxas de frete movimentam-se para cima dos custos operacionais e tornam-se muito voláteis. Para além desse ponto, a economia tem muito pouco a dizer acerca do nível das taxas de frete; baseia-se inteiramente num leilão entre os compradores e os vendedores para a capacidade disponível.

No longo prazo, os ciclos de frete voláteis deveriam nivelar-se à taxa de frete "natural", o que daria aos investidores um retorno justo sobre o capital. Embora essa ideia seja válida na teoria, Alfred Marshall alertou que não deveríamos confiar nela. Num mundo em constante mudança, os ganhos médios em longo prazo não estão sujeitos a regras. No passado, a ânsia dos investidores de transporte marítimo tendeu a manter os retornos de mercado baixos, como vimos no Capítulo 2, contudo, foram feitas consideráveis fortunas no transporte marítimo para manter os investidores esperançosos no negócio. Discutiremos em mais detalhe no Capítulo 8 o retorno sobre os ativos do transporte marítimo, em que introduzimos o modelo de precificação dos ativos de risco [*risky asset pricing*, RAP].

Nenhuma análise estatística pode reduzir essa estrutura econômica complexa a uma simples "regra geral" preditiva. Os requisitos de sucesso no jogo do ciclo do transporte marítimo são a experiência de uma vida na indústria marítima, uma linha direta para a economia mundial e para os bastidores da política, e um olho clínico para um bom negócio. Os decisores que não têm a vantagem da experiência devem confiar naquilo que podem obter nos livros.

CAPÍTULO 5
OS QUATRO MERCADOS DO TRANSPORTE MARÍTIMO

"Os economistas entendem o termo 'Mercado' não como um lugar de mercado em particular, onde se compram e se vendem coisas, mas como o todo de uma região em que os compradores e os vendedores encontram-se numa relação livre uns com os outros, de forma que os preços dos mesmos produtos tendem fácil e rapidamente para a igualdade."

(Antoine-Augustin Cournot, *Investigações sobre os princípios matemáticos da teoria da riqueza*, 1838 (Trad. N. T. Bacon, 1897)

5.1 AS DECISÕES ENFRENTADAS PELOS PROPRIETÁRIOS DE NAVIOS

Um proprietário de navio tinha de tomar uma decisão difícil. Ele estava prestes a tomar posse de dois VLCC de 300.000 tpb que uma empresa petrolífera estava preparada para afretar por cinco anos a US$ 37 mil por dia cada. Isso iria garantir uma receita para cobrir os seus custos de financiamento durante os primeiros cinco anos de vida do navio, mas o retorno sobre o seu capital próprio seria de somente 6% ao ano. Não muito pelo risco que ele tinha assumido quando encomendou os navios. Adicionalmente, o afretamento por tempo iria retirá-lo do crescimento do mercado de navios-tanques que tinha a certeza que ocorreria nos próximos anos.

Ele decidiu esperar e comercializou os navios no mercado aberto, mas, por causa dos elevados níveis de serviço da dívida naqueles dois anos, entrou em alguns contratos de futuros de fretes (FFA) para VLCC para cobrir os seus ganhos a US$ 40 mil por dia naqueles dois anos. Isso mostrou ser uma boa decisão, pois os navios foram entregues num mercado em queda e as liquidações positivas dos FFA complementaram o seu rendimento num mercado aberto em queda. Infelizmente, os três anos que se seguiram mostraram ser muito pobres, e os navios ganhavam somente US$ 25 mil por dia cada. Para cumprir com os reembolsos bancários, o proprietário foi forçado a vender dois navios-tanques Suezmax envelhecidos. Como não existiam ofertas de compradores, ele acabou por vendê-los a um sucateiro por US$ 5 milhões cada. Dois anos antes, tinham sido avaliados em US$ 23 milhões cada.

Neste exemplo, o proprietário de navios comercializa em quatro mercados diferentes:

- o *mercado de novas construções* em que ele encomendou os navios;
- o *mercado de fretes* em que os fretou e concluiu os FFA;
- o *mercado de compra e venda* em que tentou vender os navios-tanques Suezmax;
- o *mercado de demolição* em que, finalmente, ele os vendeu.

Destaque 5.1 – Glossário de termos de afretamento

Embarcador [*shipper*] Indivíduo ou empresa com carga para ser transportada.

Afretador [*charterer*] Indivíduo ou empresa que aluga o navio.

Carta-partida [*charter-party*] Contrato que estabelece os termos com base nos quais o embarcador contrata o transporte da sua carga ou o afretador contrata o aluguel de um navio.

Fretamento por viagem [*voyage charter*] O navio ganha com base no frete por tonelada da carga transportada, de acordo com os termos estabelecidos na carta-partida, que especifica a natureza precisa e o volume de carga, o(s) porto(s) de carga e de descarga e o tempo de estadia [*laytime*] e de sobre-estadia [*demurrage*]. Todos os custos são pagos pelo proprietário do navio.

Afretamento de viagens consecutivas [*consecutive voyage charter*] O navio é alugado para executar uma série de viagens consecutivas entre A e B.

Contrato de afretamento a volume [*contract of affreightment*, COA] O proprietário do navio assume a responsabilidade de transportar quantidades de uma carga específica em determinada rota ou rotas, durante dado período, usando navios à sua escolha dentro de restrições especificadas.

Fretamento por período [*period charter*] O navio é alugado por determinado período mediante pagamento de uma taxa diária, mensal ou anual. Existem três tipos: afretamento por tempo, afretamento por viagem e afretamento por viagens consecutivas.

Afretamento por tempo [*time charter*] O navio ganha um aluguel mensal ou quinzenal. O proprietário do navio mantém a posse e opera o navio de acordo com as instruções do afretador, que paga os custos de viagem (ver Capítulo 3 para definição).

Afretamento por tempo para a realização de uma viagem [*trip charter*] Acordado na base de um afretamento por tempo para o período de uma viagem específica e para o transporte de uma carga específica. Os proprietários de navios ganham um "aluguel" por dia pelo período definido para a viagem.

Afretamento em casco nu [*bare boat charter*] O proprietário do navio contrata (geralmente, por uma taxa de longa duração) com outra parte a sua operação. O navio é depois operado pela segunda parte como se ele fosse o seu proprietário.

Tempo de estadia [*laytime*] O período acordado entre as partes de um afretamento por viagem, durante o qual o proprietário disponibilizará o navio para carregar/descarregar a carga.

Sobre-estadia [*demurrage*] O dinheiro pago ao proprietário do navio pelo atraso pelo qual ele não é responsável em carregar e/ou descarregar além do tempo de estadia.

Subestadia [*despatch*] O dinheiro que o proprietário acordou em pagar se o navio carregar ou descarregar em menos tempo do que o tempo de estadia permitido na carta-partida (habitualmente sobre-estadia).

Abreviaturas comuns

c.i.f. O preço de compra dos produtos (pelo importador) inclui o pagamento do seguro e do frete, que é organizado pelo exportador.

f.o.b. [*free on board*] As mercadorias são compradas ao seu custo e o importador organiza o seu próprio seguro e frete.

Os quatro mercados do transporte marítimo

O objetivo deste capítulo é explicar como esses quatro mercados funcionam do ponto de vista prático e identificar as diferenças entre eles. No Capítulo 4 debatemos os "ossos" (os fundamentos) da análise da oferta-demanda, mostrando como as curvas da oferta e da demanda interagem para determinar as taxas de frete e os preços; agora vamos revestir os ossos de carne. Como os navios são na realidade afretados? Como os FFA podem ser usados para gerenciar o risco do mercado de fretes? Como o mercado de compra e venda funciona e o que determina o valor de um navio em determinado momento? Qual é a diferença entre comprar um navio novo e comprar um navio de segunda mão? Como difere a venda de um navio para sucata da venda de um navio para continuar a operar? E como esses mercados interagem? Uma compreensão dessas questões práticas deve providenciar uma visão profunda de como a economia de mercado funciona realmente. Uma listagem dos termos especializados mais importantes utilizados nesses mercados está no Destaque 5.1.

5.2 OS QUATRO MERCADOS MARÍTIMOS

DEFINIÇÃO DE MERCADO

Os mercados desempenham um papel tão grande na operação do negócio do transporte marítimo internacional que devemos começar esclarecendo o que é na realidade o mercado. Jevons, um economista do século XIX, apresentou uma definição que um século mais tarde ainda se aplica muito bem ao transporte marítimo:

> Inicialmente o mercado era um lugar público na cidade onde as provisões e os outros objetos eram expostos para venda; mas a palavra tem sido generalizada para significar um grupo de pessoas que se encontram em relações comerciais estreitas e efetuam grandes transações de qualquer mercadoria. Uma grande cidade pode ter tantos mercados quantos forem os ramos de comércio importantes, e esses mercados podem estar ou não localizados. O ponto central de um mercado são as salas centrais da troca comercial, de mercado e de leilão onde os comerciantes acordam em se encontrar e efetuar o negócio [...] Mas essa distinção de local não é necessária. Os comerciantes podem estar espalhados por toda a cidade, numa região ou num país e, no entanto, realizarem um mercado se estão [...] em contato próximo uns com os outros.[1]

Embora a escala dos mercados tenha mudado e as comunicações tenham libertado os comerciantes da necessidade de contato físico, os princípios básicos descritos por Jevons ainda continuam válidos, embora possamos refinar o modelo.

QUATRO MERCADOS DO TRANSPORTE MARÍTIMO

Atualmente os serviços de transporte marítimo são oferecidos em quatro mercados relacionados muito próximos, cada um deles comercializando uma mercadoria diferente: o mercado de fretes negocia no transporte marítimo; o mercado de compra e venda negocia navios de segunda mão; o mercado de novas construções negocia navio novos; e o mercado de demolição negocia navios para sucata. Além disso, não existe uma estrutura formal. Isso é um ponto importante, que merece um alerta. Embora este capítulo constitua um guia de como os mercados operam, não estamos lidando com leis imutáveis. O fato de os comerciantes se comportarem de determinada maneira no passado não é uma garantia de que eles o farão no futuro. Uma vez que os mercados são constituídos de pessoas que tratam dos seus negócios, as melhores oportunidades de mercado geralmente acontecem quando o mercado se comporta de forma inconsistente. Por exemplo, a encomenda de navios no pico dos ciclos de mercado é geralmente um mau negócio, mas, se por alguma razão forem encomendados poucos navios, a regra não se aplicará. Os juízos comerciais devem estar assentados numa compreensão da dinâmica de mercado, não em princípios econômicos retirados de seu contexto.

COMO SE INTEGRAM OS QUATRO MERCADOS MARÍTIMOS

Como os mesmos proprietários de navios comercializam em todos os quatro mercados, as suas atividades estão estreitamente correlacionadas. Quando as taxas de frete sobem ou descem, a mudança de sentimento é induzida no mercado de compra e venda e, a partir daí, no mercado das novas construções, e a ligação é feita pelos balanços das empresas que operam nos diferentes mercados. A Figura 5.1 ilustra a forma como isso funciona. O ponto focal é o balanço da indústria, apresentado no centro da figura, que representa a consolidação dos balanços de cada companhia. Os fluxos de caixa entram e saem dos balanços das várias companhias de navegação quando negociam nos quatro mercados marítimos (representados pelos quadrados) que respondem aos ciclos do negócio.

O mercado de fretes (mercado 1) oferece a *receita dos fretes*, a principal fonte de capital para as companhias de navegação. Na realidade, existem três setores nesse mercado: o *mercado das viagens*, que negocia o transporte de uma única viagem; o *mercado do afretamento por tempo*, que aluga um navio por um período definido; e o *mercado de derivativos de frete*, que trata dos contratos de futuros que são liquidados em relação a um índice. As taxas de frete recebidos nesses mercados são a força motriz primária que impulsiona as atividades dos investidores em transporte marítimo. O outro encaixe financeiro tem origem no mercado da demolição (mercado 4). Os navios velhos ou obsoletos vendidos a negociantes de sucata constituem uma fonte de capital muito útil, especialmente durante as recessões. O mercado de compra e venda (mercado 2) tem um papel mais discreto. O investimento num navio de segunda mão envolve uma transação comercial entre um proprietário de navios e um investidor. Como, geralmente, o investidor é outro proprietário de navios, o capital muda de mãos, mas a transação não afeta a quantidade de capital detida pela indústria. A venda de um navio-tanque por US$ 20 milhões somente transfere o montante financeiro de US$ 20 milhões de uma conta bancária de transporte marítimo para outra, deixando o balanço financeiro agregado inalterado.[2] Nesse sentido, o mercado de compra e venda é um jogo de soma zero. Para cada vencedor, existe um perdedor. A única fonte real de riqueza é a negociação das cargas no mercado de fretes.[3] No caso do mercado das novas construções (mercado 3) o dinheiro sai na direção oposta. O capital gasto nos navios novos sai da indústria marítima porque os estaleiros navais utilizam-no para pagar os materiais, a mão de obra e o lucro.

Essas ondas pecuniárias que fluem entre os quatro mercados orientam o ciclo de mercado marítimo. No começo do ciclo as taxas de frete aumentam e o dinheiro começa a entrar, permitindo que os proprietários de navios paguem preços mais elevados por navios de segunda mão. Com o aumento dos preços, os investidores voltam-se para o mercado de novas construções, que agora apresenta um valor melhor. Com uma confiança criada pelas carteiras inchadas, eles vão encomendar muitos navios novos. Alguns anos mais tarde, os navios chegam ao mercado e todo o processo é invertido. As taxas de frete em queda reduzem o encaixe financeiro no momento em que os investidores começam a pagar as suas novas construções.

Os quatro mercados do transporte marítimo 217

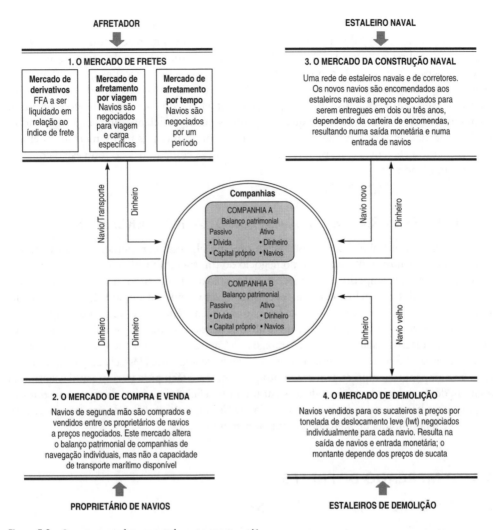

Figura 5.1 – Os quatro mercados que controlam o transporte marítimo.

Fonte: Martin Stopford, *Economia marítima*, 3ª edição, 2007.

Nota: Este diagrama mostra como os quatro mercados marítimos estão ligados entre si pelos fluxos financeiros que fluem pelos balanços das empresas localizadas no meio. O mercado de fretes gera dinheiro, o mercado de compra e venda movimenta-o de um balanço para outro; o mercado das novas construções retira-o para fora do mercado em retorno por navios novos; e o mercado de demolição produz um pequeno encaixe financeiro em troca dos navios velhos.

Os proprietários financeiramente fracos que não podem cumprir com as suas obrigações diárias são forçados a vender os navios no mercado de segunda mão. Esse é o ponto no qual o mercado de ativos começa para aqueles proprietários de navios que têm balanços fortes. Em circunstâncias extremas – como as de 1932 ou 1986 –, os navios modernos mudam de mãos a preços reduzidos, embora os proprietários de navios que sigam as estratégias de "comprar na baixa e vender na alta" fiquem frequentemente desapontados porque, durante as recessões curtas, existem poucas pechinchas. Para os navios mais velhos, não existiram ofertas dos compradores, portanto, os proprietários muito pressionados são obrigados a vendê-los para demolição. À medida que os navios são demolidos a oferta abaixa, as taxas de frete começam a aumentar e todo o processo começa novamente.

Todo o processo de transação comercial é controlado e coordenado pelos fluxos financeiros entre mercados. O dinheiro é "o pau e a cenoura" que o mercado utiliza para orientar a atividade na direção desejada. Quer gostem ou não, os proprietários de navios fazem parte de um processo que controla o preço dos navios que operam e as receitas que ganham. Um aspecto importante desse processo concorrencial é o movimento contínuo de empresas que entram e saem dos mercados. Um dos principais objetivos do ciclo de mercado é retirar as companhias ineficientes e permitir que companhias novas e eficientes entrem no mercado e ganhem participação de mercado. Essa é a forma como o mecanismo de mercado melhora gradualmente a eficiência e, na maioria dos mercados, as companhias no topo estão constantemente mudando.

DIFERENTES CARACTERÍSTICAS DOS QUATRO MERCADOS

Os mercados que abordamos nesta seção revelam algumas características bem distintas. Em virtude da natureza internacional do negócio do transporte marítimo e da mobilidade dos seus ativos, eles são competitivos em nível global e estão muito próximos do modelo da concorrência perfeita descrito pelos economistas clássicos (ver Capítulo 8, Seção 8.2, para um debate sobre essa matéria). Contudo, os mercados não são homogêneos. Ao longo do tempo foram desenvolvidos vários subsegmentos de mercado que negociam cargas especializadas e os navios que as transportam (discutiremos esses tráfegos no Capítulo 12). Esses mercados têm um caráter empresarial diferente, mas ainda existe uma concorrência entre eles pela carga. Finalmente, existem companhias empreendedoras muito pequenas, e é fácil para as companhias entrarem e saírem do mercado, tornando toda a estrutura muito eficiente no nível do custo e responsiva às mudanças nas necessidades dos embarcadores. No seu todo, trata-se de um estudo de caso fascinante da economia de mercado em funcionamento.

5.3 O MERCADO DE FRETES

O QUE É O MERCADO DE FRETES?

O mercado de fretes é um dos mercados que Jevons devia ter em mente quando escreveu a definição citada na seção anterior. O primeiro mercado de fretes, o mercado da Baltic Shipping Exchange, começou a negociar em meados do século XIX como uma bolsa de navegação e de produtos primários, embora tenhamos visto na Seção 1.5 que as suas funções eram realizadas desde muito tempo, numa forma menos organizada, pela Baltic Coffee House. A Baltic funcionava exatamente como Jevons tinha descrito. Nessa instituição os mercadores que procuravam transporte encontravam-se com os comandantes dos navios que procuravam cargas. Atualmente, o mercado de fretes mantém-se como um mercado no qual o transporte marítimo é comprado e vendido, embora o negócio seja efetuado mais por telefone, correio eletrônico e serviços de mensagens que no chão da Baltic. Hoje em dia existe um único mercado de fretes internacional, mas, como existem seções separadas para as vacas e os porcos num mercado campestre, existem mercados separados para os diferentes tipos de navios no mercado de fretes. No curto prazo, as taxas de frete para os navios-tanques, os graneleiros, os navios porta-contêineres, os navios-tanques transportadores de gases e os navios transportadores de produtos químicos comportam-se de forma diferente, mas, porque pertencem ao mesmo grupo amplo de negociadores, o que acontece eventualmente num setor gera efeitos propagadores nos outros. Por exemplo, os navios combinados movimentam-se entre os mercados líquidos e

Os quatro mercados do transporte marítimo

sólidos. Além disso, porque leva algum tempo para os navios movimentarem-se ao redor do mundo, existem mercados regionais separados que estão acessíveis somente a navios prontos para carregar naquela área. Na Seção 6.4 abordamos como isso influencia a teoria da determinação da taxa de frete no curto e no longo prazos.

O mercado de fretes tem dois tipos de transações diferentes: o *contrato de frete*, no qual o embarcador compra o transporte ao proprietário do navio a um preço fixo por tonelada de carga, e o *afretamento por tempo*, no qual o navio é alugado por dia. O contrato de frete adequa-se aos embarcadores que preferem pagar uma soma acordada e deixam o gerenciamento do transporte com o proprietário do navio, enquanto o afretamento por tempo é para operadores de navios experientes que preferem gerenciar eles próprios o transporte.

ARRANJAR EMPREGO PARA UM NAVIO

Quando o navio é afretado ou é acordada uma taxa de frete, diz-se que foi "contratado". Os contratos são estabelecidos da mesma maneira que qualquer contratação internacional importante ou operação de subcontratação. Os proprietários de navios têm navios para alugar, os afretadores têm carga para transportar e os corretores marítimos preparam o acordo. Vamos considerar brevemente o papel desempenhado por cada uma dessas partes.

O proprietário de navios vem ao mercado com um navio disponível, livre de carga. O navio tem determinada velocidade, capacidade de carga, dimensões e equipamento de manuseio de carga. Os compromissos contratuais existentes determinam a data e a localização em que ele está disponível. Por exemplo, pode-se tratar de um navio graneleiro Handymax atualmente efetuando uma viagem do Golfo dos Estados Unidos para entregar grão no Japão, e estará "aberto" (disponível para aluguel) no Japão a partir da data prevista para que o grão tenha sido descarregado, por exemplo, 12 de maio. Dependendo da sua estratégia de afretamento, o proprietário de navios pode procurar para o navio um fretamento de curta ou de longa duração.

O embarcador ou o afretador pode ser alguém com um volume de carga para transportar de um local para outro, ou uma companhia que necessita de um navio extra por um tempo. A quantidade, o momento e as características físicas da carga determinam o tipo de contrato de transporte marítimo necessário. Por exemplo, um embarcador pode ter uma carga de 50 mil toneladas de carvão para expedir de Newcastle, Nova Gales do Sul, para Roterdã. Tal carga pode ser muito atrativa para um operador de graneleiros que descarregue carvão no Japão e que esteja à procura de uma carga para se reposicionar no Atlântico Norte, porque ele tem somente uma pequena viagem em lastro entre o Japão e a Austrália, e depois uma carga completa de volta para a Europa. Portanto, como o embarcador contata o proprietário de navios?

Frequentemente, o mandante (isto é, o proprietário do navio ou o afretador) nomeia um corretor marítimo para atuar em seu nome. A tarefa do corretor marítimo é descobrir quais são as cargas ou os navios disponíveis; quais são as expectativas dos proprietários de navios/afretadores acerca do montante que vão receber ou pagar; e o que é razoável dadas as condições de mercado. Com essa informação, eles negociam o contrato para o seu cliente, muitas vezes numa concorrência intensa com os outros corretores marítimos. Os corretores marítimos oferecem outros serviços, incluindo o processamento pós-contrato, a resolução de litígios e a oferta de serviços contábeis relacionados ao frete, à sobre-estadia etc. Alguns proprietários ou embarcadores executam eles próprios essas tarefas. Contudo, isso requer uma estrutura de pessoal e uma direção que somente algumas grandes companhias podem justificar. Por essa razão, a maioria dos proprietários de navios e dos afretadores utiliza um ou mais corretores marítimos. Uma vez que a corretagem é sobretudo informação, os corretores tendem a juntar-se em centros marítimos. Londres continua a ser o maior deles, com outros centros importantes em Nova York, Tóquio, Hong Kong, Singapura, Pireu, Oslo e Hamburgo.

Tabela 5.1 – Distribuição dos custos no afretamento por viagem, afretamento por tempo e em casco nu

1. Afretamento por viagem *Comandante instruído por*: proprietário do navio	2. Afretamento por tempo *Comandante instruído por*: proprietário para o navio e afretador para a carga	3. Em casco nu *Comandante nomeado por*: afretador
A receita depende: da quantidade de carga e da taxa por unidade de carga	*A receita depende*: da taxa de aluguel, da duração e do tempo em que o frete está suspenso [*off-hire time*]	*A receita depende*: da taxa de aluguel e da duração
Custos pagos pelo proprietário:	**Custos pagos pelo proprietário:**	**Custos pagos pelo proprietário:**
1. Custos de capital Capital Comissão de corretagem	*1. Custos de capital* Capital Comissão de corretagem	*1. Custos de capital* Capital Comissão de corretagem
2. Custos operacionais Salários Mantimentos Manutenção Reparos Sobressalentes e outros suprimentos Óleos lubrificantes Água Seguros Encargos gerais	*2. Custos operacionais* Salários Mantimentos Manutenção Reparos Sobressalentes e outros suprimentos Óleos lubrificantes Água Seguros Encargos gerais	} Custos operacionais: note-se que, sob um casco nu, estes são pagos pelo afretador
3. Custos portuários Tarifas portuárias Encargos com a estiva Limpeza de porões Reclamações relacionadas à carga *4. Combustíveis e outros* Direitos de passagem de canal Combustíveis de bancas	} Custos de viagem: note-se que, sob contratos de fretamento por tempo e em casco nu, estes são pagos pelo afretador	
4. Contratos de afretamento a volume (COA): perfil do custo igual ao dos fretamentos por viagem		

Fonte: compilada por Martin Stopford.

São utilizados, em geral, quatro tipos de acordos contratuais; cada um deles distribui os custos e as responsabilidades de uma forma ligeiramente diferente, como mostra a Tabela 5.1. Sob um *afretamento por viagem*, o proprietário do navio é contratado para transportar uma carga específica num navio específico a um preço por tonelada negociado que cobre todos os custos. Uma variante desse tipo é o *contrato de afretamento a volume*, no qual o proprietário do navio contrata a execução do transporte regular de várias toneladas de carga por um preço acordado por tonelada, novamente cobrindo todos os custos. O *afretamento por tempo* é um acordo entre o proprietário do navio e o afretador para alugar o navio completo com tripulação a uma taxa diária, mensal ou anual. Nesse caso o proprietário do navio paga os custos de capital e as despesas operacionais, enquanto o afretador paga os custos de viagem. O proprietário do navio continua a gerenciá-lo, mas o afretador instrui o comandante para onde deve ir e qual a carga a carregar e a descarregar. Finalmente, o *afretamento em casco nu* aluga o navio sem tripulação ou quaisquer responsabilidades operacionais, portanto, nesse caso, nem o proprietário paga somente os custos de capital – é na realidade um acordo financeiro, em que o proprietário não necessita do conhecimento de gerenciamento de navios.

AFRETAMENTO POR VIAGEM

O afretamento por viagem providencia o transporte para uma carga específica desde o porto A até o porto B por um preço fixo por tonelada. Por exemplo, um comerciante de grão pode ter 25 mil toneladas de grão para transportar desde Port Cartier, no Canadá, para Tilbury, no Reino Unido. Então o que ele faz? Ele telefona para seu corretor marítimo e diz que necessita de transporte para a carga. O corretor marítimo contrata (isto é, afreta) um navio para a viagem a uma taxa de frete negociada por tonelada de carga, por exemplo, US$ 5,20. As condições são estabelecidas na carta-partida e, se tudo correr bem, o navio chega na data prevista, carrega a carga, transporta-a para Tilbury, descarrega-a e a transação é terminada.

Se a viagem não for terminada no âmbito das cláusulas da carta-partida, então ocorre uma reclamação. Por exemplo, se o tempo de estadia (isto é, o tempo em porto) em Tilbury é definido como sendo de sete dias e o tempo contado em porto é de dez dias, o proprietário reclama ao afretador três dias de *sobre-estadia*. Inversamente, se o navio gasta somente cinco dias em porto, o afretador reclama ao proprietário dois dias de *subestadia*. As taxas de sobre-estadia e de subestadia encontram-se mencionadas em dólares por dia na carta-partida.

Geralmente, o cálculo da sobre-estadia e da subestadia não apresenta problemas, mas aparecem casos em que o afretador contesta o direito do proprietário em relação à sobre-estadia. Ela torna-se particularmente importante quando existe congestionamento portuário. Durante a década de 1970, ocorreram atrasos de até seis meses na descarga da carga no Oriente Médio e em Lagos, enquanto que, durante a expansão do carvão que ocorreu em 1979-1980, os navios graneleiros tiveram de esperar vários meses para carregar carvão em Baltimore e em Hampton Roads. Esses são casos extremos, mas em presença de mercados muito fortes, como o de 2007, quando os navios graneleiros Capesize estavam ganhando mais de US$ 200 mil ao dia e os portos de minério de ferro estavam congestionados, mesmo poucos dias de sobre-estadia podem ser significativos. Em casos em que a sobre-estadia não pode ser calculada com precisão, é importante que o proprietário do navio receba o pagamento de sobre-estadia equivalente à sua taxa diária de afretamento.

CONTRATO DE AFRETAMENTO A VOLUME

O contrato de afretamento a volume é um pouco mais complicado. O proprietário de navios concorda em transportar uma série de partidas de carga por um preço fixo por tonelada. Por exemplo, um proprietário pode ter um contrato para fornecer dez carregamentos de 50 mil toneladas de carvão da Colômbia para Roterdã de dois em dois meses. Ele gostaria de colocar o carregamento num contrato único a um preço acordado por tonelada e deixar os detalhes de cada viagem com o proprietário de navios. Isso permite ao proprietário de navios planejar a utilização dos seus navios da maneira mais eficiente. Ele pode trocar a carga entre os navios para providenciar o melhor padrão operacional possível e, consequentemente, uma taxa de afretamento mais baixa. Pode também ser capaz de arranjar cargas de retorno para melhorar a utilização do navio. As companhias que se especializam nos COA descrevem, por vezes, o seu negócio como "transporte marítimo industrial", porque o seu objetivo é providenciar um serviço. Uma vez que se trata de um contrato em longo prazo, os COA exigem um compromisso maior para servir o embarcador e providenciar um serviço eficiente.

A maioria do negócio dos COA ocorre nas principais cargas de granel sólido do minério de ferro e do carvão, e os principais clientes são as siderúrgicas da Europa e do Extremo Oriente. O problema em negociar um COA é a falta de conhecimento antecipado do volume exato e os momentos de carregamento da carga. O volume de carga pode ser especificado como um intervalo de variação (por exemplo, mínimo x e máximo y toneladas), enquanto o momento temporal pode depender de generalizações como: "Os carregamentos sob o contrato devem ser repartidos uniformemente durante o período do contrato".

O AFRETAMENTO POR TEMPO

O afretamento por tempo dá ao afretador o controle operacional dos navios que transportam a sua carga, deixando a titularidade e o gerenciamento do navio nas mãos do proprietário de navios. A duração do afretamento pode corresponder ao tempo necessário para completar uma única viagem (afretamento por *tempo para a realização de uma viagem*) ou por um período de meses ou de anos (afretamento por *período*). Quando sob afretamento, o proprietário continua a pagar os custos operacionais do navio (isto é, a tripulação, a manutenção e os reparos, como detalhado na Tabela 5.1), mas os afretadores dirigem as operações comerciais do navio e pagam todas as despesas de viagem (isto é, combustível de bancas, encargos portuários e direitos de passagem de canal) e os custos de manuseio da carga. Num afretamento por tempo, o proprietário do navio tem uma base explícita para preparar o orçamento do navio, pois sabe pela experiência os custos operacionais do navio e recebe uma taxa de afretamento diária ou mensal (por exemplo, US$ 5 mil por dia). Com frequência, o proprietário utiliza um afretamento por tempo prolongado de uma importante sociedade, como uma siderúrgica ou uma companhia petrolífera, como garantia para fazer um empréstimo e comprar o navio de que necessita para o negócio.

Embora seja simples à primeira vista, na prática os afretamentos por tempo são complexos e envolvem riscos para ambas as partes. Os detalhes do acordo contratual são estabelecidos na carta-partida. O proprietário do navio deve mencionar a velocidade do navio, o consumo de combustível e a capacidade de carga. Os termos do aluguel são ajustados se o navio não cumprir com esses requisitos. A carta-partida também define as condições sob as quais o navio se encontra com o "frete suspenso" [*off-hire*], por exemplo, durante os reparos de emergência, quando o afretador não paga o aluguel do navio. Os afretamentos por tempo de longa duração também tratam de questões como o ajustamento da taxa de aluguel, no caso de se desarmar temporariamente o navio, e estabelecem certas condições sob as quais o afretador tem o direito de dar o contrato como terminado – por exemplo, se o proprietário não cumprir com uma operação eficiente do navio.

Existem três razões pelas quais a subcontratação pode ser vantajosa. Primeira, o embarcador pode não desejar tornar-se um proprietário de navios, mas o seu negócio requer a utilização de um navio sob o seu controle. Segunda, o afretamento por tempo pode tornar-se mais

Os quatro mercados do transporte marítimo

barato do que comprar, especialmente se o proprietário tem custos baixos em virtude dos encargos gerais baixos e de uma frota grande. Essa parece ser uma das razões por que as companhias petrolíferas subcontrataram muito do seu transporte durante a década de 1960. Terceira, o afretador pode ser um especulador que se posiciona em antecipação a uma mudança de mercado.

O afretamento por tempo para clientes industriais é a principal fonte de receita do proprietário de navios. A disponibilidade de afretamentos por tempo varia de carga para carga e com as circunstâncias do negócio. No início da década de 1970, cerca de 80% dos navios-tanques pertencentes a proprietários de navios independentes encontravam-se sob afretamentos por tempo efetuados às companhias petrolíferas. A Figura 5.2 mostra que, vinte anos mais tarde, a situação tinha se invertido e aproximadamente 20% se encontravam sob afretamento por tempo. Em resumo, ocorreu uma grande mudança na política das empresas petrolíferas em resposta às circunstâncias variáveis no mercado de navios-tanques e na indústria petrolífera.

Figura 5.2 – Frota independente de navios-tanques sob afretamento por tempo e operando no mercado aberto.
Fonte: Drewry, CRSL 2007.

AFRETAMENTO EM CASCO NU

Finalmente, se uma companhia deseja ter o controle operacional total do navio, mas não deseja ter a sua posse, pode-se arranjar um fretamento em casco nu. Sob esse acordo, o investidor, não necessariamente um proprietário de navios profissional, compra o navio e entrega-o a um afretador por um período específico, geralmente de dez a vinte anos. O afretador gerencia o navio e paga todos os custos operacionais e de viagem. O proprietário, que muitas vezes é uma instituição financeira, por exemplo, uma companhia de seguros de vida, não é ativo na operação de um navio nem precisa ter quaisquer conhecimentos marítimos específicos. É somente um investimento. As vantagens são que a companhia de navegação não tem de amarrar o seu capital e o proprietário nominal do navio pode obter um benefício fiscal. Esse acordo é frequentemente usado nos negócios de locação financeira discutidos no Capítulo 7, página 393.

CARTA-PARTIDA

Uma vez que o negócio tenha sido contratado, prepara-se uma carta-partida definindo as condições em que o negócio deve ser efetuado. O aluguel de um navio ou a sua contratação para o transporte de uma carga é complicado, e a carta-partida deve antecipar os problemas que provavelmente vão acontecer. Mesmo numa única viagem com grão do Golfo dos Estados

Unidos para Roterdã pode ocorrer um número qualquer de incidentes. O navio pode não chegar na data indicada para carregar, pode existir uma greve portuária ou o navio pode se partir no meio do Atlântico. Uma boa carta-partida providencia linhas de orientação claras sobre quem exatamente é o responsável legal pelos custos em caso de um desses acontecimentos, enquanto uma carta-partida pobre pode forçar o proprietário do navio, o afretador ou o embarcador a gastar grandes montantes em advogados para argumentar o caso em busca de uma indenização.

Por conta das razões mencionadas, a carta-partida ou o contrato de carga é um documento importante na indústria marítima e deve ser redigido habilmente para proteger a posição das partes contratantes. Seria demasiado moroso desenvolver uma nova carta-partida para cada contrato, particularmente as cartas-partidas por viagem, e a indústria marítima utiliza as cartas-partidas padronizadas que se aplicam aos principais tráfegos, rotas e tipos de afretamentos. Com a utilização de um desses contratos padronizados, comprovados pela prática, o embarcador e o proprietário do navio sabem que as cláusulas contratuais cobrem a maioria das contingências que são prováveis de ocorrer em determinado tráfego.

Um exemplo de uma carta-partida geral básica é a Gencon da BIMCO. Ela consiste de duas partes: Parte I, que estabelece os detalhes do afretamento, apresentada na Figura 5.3, e a Parte II, a qual contém as observações e não se encontra aqui reproduzida. Esses formulários costumavam ser preenchidos à mão, mas hoje em dia são geralmente criados usando um modelo eletrônico, com quaisquer cláusulas adicionais digitadas separadamente.

No momento em que o pedido é cotado, é usual especificar a carta-partida-padrão a ser utilizada – isso evita os conflitos subsequentes sobre as cláusulas contratuais, um ponto muito importante em um mercado em que as taxas de frete podem alterar substancialmente em um curto período e uma das partes contratantes pode procurar uma lacuna legítima. Por existirem tantas variantes, não há uma lista definitiva das cláusulas de uma carta-partida.[4] Tomando como exemplo a carta-partida Gencon, as seções principais podem ser divididas em seis componentes principais:

1. Detalhes do navio e das partes contratantes. A carta-partida especifica:

   - o nome do proprietário do navio/do afretador e do corretor marítimo;

   - os detalhes do navio – incluindo o seu nome, tamanho e capacidade de carga;

   - a posição do navio;

   - a comissão de corretagem, definindo quem a paga.

2. Uma descrição da carga a ser transportada, dando atenção a quaisquer atributos especiais. É também apresentado o nome e a morada do embarcador, para que o proprietário do navio saiba quem contatar quando chegar ao porto para carregar a carga.

3. As condições em que a carga é carregada. Esta parte importante da carta-partida determina os compromissos do embarcador e do proprietário sob contrato. Isso inclui:

   - as datas em que o navio está disponível para carregar;

   - o porto de carregamento ou a área (por exemplo, Golfo dos Estados Unidos);

   - o porto de descarga, incluindo os detalhes de uma descarga multiportos, quando apropriado;

Os quatro mercados do transporte marítimo

1. Corretor marítimo	RECOMENDADA THE BALTIC AND INTERNATIONAL MARITIME COUNCIL UNIFORM GENERAL CHARTER (COMO REVISADA EM 1922, 1976 e 1994) (Para ser utilizada em tráfegos, para os quais não existe forma especialmente aprovada em vigor) NOME DE CÓDIGO: "GENCON" Parte I
	2. Lugar e data
3. Proprietário/Local do negócio (Cl.1)	4. Afretadores/Local do negócio (Cl. 1)
5. Nome do navio (Cl. 1)	6. AB/AL (Cl. 1)
7. TPB máxima como expressa a marca de verão em toneladas métricas (aprox.) (Cl. 1)	8. Posição atual (Cl. 1)
9. Espera-se pronto para carregar (aprox.) (Cl. 1)	
10. Porto de carga ou local (Cl. 1)	11. Porto de descarga ou local (Cl. 1)
12. Carga (também especificar a quantidade e, se acordado, a margem na opção dos proprietários; se não for acordada carga total e completa especificar "carga parcial") (Cl. 1)	
13. Taxa de frete (também especificar se o frete é pago antecipadamente ou na entrega) (Cl. 4)	14. Pagamento do frete (especificar moeda e método de pagamento; também o beneficiário e a conta bancária) (Cl. 4)
15. Mencionar se o equipamento de manuseio de carga do navio não será usado (Cl. 5)	16. Tempo de estadia (se for acordado tempo separado de estadia para carga e descarga, preencher a) e b). Se for acordado tempo total para carga e descarga, preencher c) somente) (Cl. 6)
17. Embarcadores/Local do negócio (Cl. 6)	a) Tempo de estadia para carregamento
18. Agentes (carregamento) (Cl. 6)	b) Tempo de estadia para descarga
19. Agentes (descarga) (Cl. 6)	c) Tempo de estadia total para carregamento e para descarga
20. Taxa de sobre-estadia e forma de pagamento (carregamento e descarga) (Cl. 7)	21. Data de cancelamento (Cl. 9)
	22. Avaria grossa para ser ajustada em (Cl. 12)
23. Taxa sobre o frete (mencionar se for por conta do proprietário) (Cl. 13 (c))	24. Comissão de corretagem e a quem deve ser paga (Cl. 15)
25. Jurisdição e arbitragem (mencionar 19 (a), 19 (b) ou 19 (c) da Cl. 19; se 19 (c) acordar também o Local de Arbitragem) (se não for preenchido aplica-se a 19 (a)) (Cl. 19)	
(a) Mencionar a quantidade máxima de pequenas reclamações/arbitragem curta (Cl. 19)	26. Cláusulas adicionais que cobrem provisões especiais, se acordadas

É mutuamente acordado que este Contrato será realizado de acordo com os termos contidos nesta Carta-Partida, que incluirá a Parte I, assim como, a Parte II. No caso de conflito em relação às cláusulas, as disposições da Parte I prevalecerão sobre as da Parte II na extensão desse conflito.

Assinatura (Proprietários)	Assinatura (Afretadores)

Impresso e vendido por FR. G. Knudtzons Bogtrykken A/S, 61 Vallensbaekvej, DK-2625 Vallensbaek
Telex +45 43 66 07 08 pela autoridade do The Baltic and International Maritime Council (BIMCO), Copenhagen

Figura 5.3 – Formulário da carta-partida Gencon, BIMCO, Parte I.

- o tempo de estadia, isto é, o tempo permitido para carregar e descarregar a carga;

- a taxa de sobre-estadia por dia em dólares americanos;

- o pagamento das despesas de carga e de descarga.

Se o carregamento não terminar dentro do tempo especificado, o proprietário tem direito ao pagamento de uma indenização contratual (sobre-estadia) e o montante por dia está especificado na carta-partida (por exemplo, US$ 5.000/dia).

4. As condições de pagamento. Isto é importante porque estão envolvidas grandes quantidades de dinheiro. A carta-partida especifica:

- a taxa de frete a ser paga;

- os termos em que o pagamento é efetuado.

Não existe uma regra estabelecida acerca disso – o pagamento pode ser feito antecipadamente, na descarga da carga ou em prestações durante a vigência do contrato. São também especificados os detalhes da moeda e do pagamento.

5. Penalizações por não cumprimento – as notas na Parte II contêm as cláusulas que estabelecem os termos em que as penalizações são pagas no caso de algumas das partes falhar no cumprimento das suas responsabilidades.

6. Cláusulas administrativas cobrindo matérias que podem dar origem a dificuldades se não forem clarificadas antecipadamente. Estas incluem a nomeação dos agentes e dos estivadores, conhecimentos de embarque, provisões para lidar com greves, guerras, gelo etc.

As cartas-partidas por tempo seguem os mesmos princípios gerais, mas incluem caixas para especificar o desempenho do navio (isto é, consumo de combustível, velocidade, quantidade e preços dos combustíveis na entrega e na reentrega) e equipamento, e podem excluir questões que estejam relacionadas com a carga.

Um negócio eficiente depende de os embarcadores e os proprietários de navios o concluírem de forma rápida e justa, sem terem de recorrer a conflitos judiciais. Tendo em vista as grandes somas pecuniárias envolvidas no transporte marítimo da carga, esse objetivo pode ser alcançado somente com cartas-partidas detalhadas que oferecem orientações claras sobre a atribuição das responsabilidades no caso dos muitos milhares de incidentes possíveis ocorrerem durante o transporte de carga ao redor do mundo.

RELATÓRIOS DO MERCADO DE FRETES

As taxas às quais os afretamentos são negociados dependem das condições de mercado, e o fluxo de informação livre sobre os últimos desenvolvimentos desempenha um papel fundamental no mercado. Visto que o ponto de partida para as negociações do afretamento é o "último contrato realizado" [*last done*], os proprietários de navios e os afretadores têm um ativo interesse nos relatórios das transações recentes. Como um exemplo da forma em que as taxas de frete são relatadas, olharemos para o relatório diário das taxas de fretes publicado no *Lloyd's List*. A Figura 5.4 mostra um relatório típico do mercado das cargas sólidas, enquanto a Figura 5.5 apresenta um relatório típico do mercado de navios-tanques.

Os quatro mercados do transporte marítimo

Capesize market milestone in sight

WITH a surfeit of cargoes and continued port congestion in Australia the capesize market has continued to surge this week and shows little sign of slowing, writes Keith Wallis in Hong Kong.

One Hong Kong broker said: "There are plenty of cargoes and the market is flying up. We expect it to break $60 per tonne soon."

Asked if the milestone could be broken next week, he would only say it would be "very soon", adding: "It is unbelievable".

Port congestion in eastern Australia has continued to play a key role in pushing rates higher. Officials at Newcastle in New South Wales said 70 ships were queuing last week to load while the average waiting time was nearly 26 days.

Brokers believed the present high rates could continue indefinitely.

Brazilian iron ore mining company CVRD postponed several cargoes from May to June, loading suggesting there are plenty of cargoes still to come.

Fearnleys said a modern 172,000 dwt vessel was fixed at $110,000 a day for a round trip transatlantic voyage, while a 2001-built, 172,000 dwt vessel was chartered at $130,000 a day for a trip from Brazil to China.

The broker said there was also strong activity in the Pacific where a 2000-built, 170,000 dwt vessel achieved $106,000 a day for a round trip voyage to Australia .

But brokers also introduced a note of caution into the long-term sustainability of such high rates.

They pointed out that owners, especially European operators, were seeking long period charters of five to 10 years at rates of around $100,000 a day amid cautious sentiment that the market was reaching a peak.

One Hong Kong broker pointed out the Capesize sector could be heading for overcapacity in the next two or three years and questioned whether demand could meet the supply of capesize bulk carriers.

He said the large number of newbuildings in 2009 and 2010, coupled with the arrival of several very large ore carriers and the possible conversion of very large crude carriers into bulkers, could bring overcapacity in the market.

This week's fixtures included time charter business such as the 1999-built, 171,000 dwt Anangel Dynasty which was fixed by K Line at about $140,000 dwt a day, higher than $130,000 quoted in some reports.

In period business, the 1996-built, 180,000 dwt Quorn was fixed and failed by Oldendorff for 11 to 13 months at $100,000 a day.

EDF fixed the 2004-built, 176,00 dwt KWK Providence for four to six months at a daily rate of $110,000.

ORE
Seven Islands to Rotterdam — Rubena N, 180,000t, $19.50 per tonne, fio 7 days sc, 20-30 May. (TKS)

Saldanha to Pohang - vesserl to be nominated, 160000t, $38,25 per tonne, fio scale/55000sc, 16-30 Jun. (Posco)

TIME CHARTERS
Mineral Hong Kong (175,000 dwt, 14/54.7L 14.5/47.3B, 2006 built) delivery worldwide 1 Nov-31 Dec 2008, redelivery worldwide, 3 years, $52,500 daily. (Glory Wealth)

Fertilia (171,565 dwt, 13/62L 13.75/59B, 1997-built) delivery HongKong 14-16 May, redelivery Taiwan, $100,000 daily. (China Steel)

Anangel Dynasty (171,101 dwt, 14.5158L 15/58B, 1999-built) delivery Cape Passero 15-17 May, redelivery Japan, $130,900 daily. (K Line)

Marijeannie (74,540 dwt, 14/34.5L 14128.5B, 2001-built) delivery worldwide 1-30 Jun, redelivery worldwide, 2 years, $40,000 daily. (Hanjin)

Theodoros P (73,800 dwt, 14/34L 14.5/34B, 2002-built) delivery Qingdao 10-15 May, redelivery South East Asia, $44,500 daily. (Louis Dreyfus)

Figura 5.4 – Relatório do mercado de cargas sólidas.

Fonte: *Lloyd's List*, 11 maio 2007.

Relatório do mercado de cargas sólidas

Consiste num comentário das condições de mercado, seguido de uma lista de afretamentos relatados correspondentes às rubricas do grão, do carvão e dos fretamentos por tempo. Nem todos os afretamentos serão relatados. Em um dia particular, o relatório comenta: "Com um excesso de cargas e congestionamento portuário continuado na Austrália, o mercado dos navios Capesize continuou a crescer durante esta semana e mostra pouco sinal de abrandamento".

No relatório dos contratos estabelecidos, os detalhes do afretamento são geralmente sumariados numa ordem específica. Para os afretamentos por viagem, podemos ilustrar essa questão referindo ao primeiro exemplo de um afretamento de minério da seguinte forma:

Seven Islands para Roterdã – Rubena N, 180.000 toneladas, US$ 19,50 por tonelada, fio 7 dias sc, 20-30 maio. (TKS) [*Seven Islands to Rotterdam – Rubena N, 180,000t, $19.50 per tonne, fio 7 days sc, 20-30 May. (TKS)*]

O navio Rubena N foi afretado para carregar uma carga em Seven Islands, no Canadá, e transportá-la para Roterdã. A carga consiste em 180.000 toneladas de minério de ferro, a uma taxa de frete de US$ 19,50 por tonelada. De acordo com o *Clarkson Bulk Carrier Register*, o Rubena N tem 203.233 tpb, portanto, essa quantidade não é propriamente uma carga completa. A carga está livre de entrada e saída de bordo [*free in and out*, fio], o que significa que o proprietário não paga os custos de manuseio da carga, os quais deveriam ser pagos se "as operações de carga fossem por conta do proprietário". São autorizados sete dias para efetuar o carregamento e a descarga, incluindo-se os domingos e os feriados (sc). O navio deve se apresentar pronto para carregar entre 20 e 30 de maio, e os afretadores são a ThyssenKrupp Steel (TKS), da Alemanha.

O formato para os afretamentos por tempo é ligeiramente diferente, como podemos ver no primeiro exemplo:

> **Mineral Hong Kong** (175.000 tpb, 14/54.7 C 14,5/47,3 L, construído em 2006) entregue no mundo inteiro 1º nov.-31 dez. 2008, reentrega no mundo inteiro, 3 anos, US$ 52.500 diários. (Glory Wealth) [*Mineral Hong Kong (175,000 dwt, 14/54.7L 14.5/47.3B, 2006 built) delivery worldwide 1 Nov-31 Dec 2008, redelivery worldwide, 3 years, $52,500 daily. (Glory Wealth)*]

Trata-se de um afretamento por período. Os detalhes do navio são apresentados entre parênteses depois do seu nome, e neste caso o navio é um graneleiro de carga sólida novo de 175.000 tpb entregue em 2006. A velocidade e o consumo de combustível estão citados, pois são significativos na determinação da taxa de afretamento. Quando navega carregado a 14 nós, o navio queima diariamente 54,7 toneladas; quando navega em lastro a 14,5 nós, queima diariamente 47,3 toneladas. O navio deve ser entregue ao afretador entre 1º de novembro e 31 de dezembro de 2008 e reentregue três anos mais tarde. Uma vez que se trata de um afretamento de longa duração, as localizações da entrega e da reentrega são especificadas como "no mundo inteiro". Para um afretamento de curta duração, seria indicado na carta-partida um porto ou uma área geográfica específica. A taxa de frete diária é de US$ 52 mil e o afretador é o Glory Wealth.

A localização da reentrega com frequência é especificada. Por exemplo, o afretamento por tempo seguinte para o navio Fertilia determina a "entrega em Hong Kong", em 14-16 de maio, e reentrega em Taiwan. Note-se que a taxa de afretamento diária para o afretamento mais curto do navio Fertilia é o dobro da taxa de frete do navio Mineral Hong Kong. Alguns dos afretamentos por tempo relatados na Figura 5.4 são para a realização de uma única viagem redonda, enfatizando-se o fato de que os afretamentos por tempo não são exclusivamente um meio para contratar os navios durante períodos prolongados.

Relatório do mercado de navios-tanques

Na Figura 5.5 o relatório de afretamentos de navios-tanques segue um padrão semelhante ao do mercado de cargas sólidas, embora neste caso a principal divisão nos afretamentos relatados seja entre "brancos" e "pretos". Os afretamentos brancos referem-se a navios-tanques que efetuam o transporte de derivados do petróleo brancos, como a gasolina, o combustível diesel e o querosene da aviação, enquanto os afretamentos pretos referem-se ao petróleo bruto e aos derivados do petróleo pretos. Os detalhes dos volumes individuais dos produtos podem ser encontrados na Tabela 11.7 (página 493). Neste caso, o comentário sobre o mercado indica que as taxas dos navios-tanques Suezmax estão sobre pressão, mas é esperado que melhorem.

Os contratos dos navios-tanques para uma única viagem são geralmente efetuados em Worldscale, um índice calculado com base no custo de operação de um navio-padrão na rota.

Os quatro mercados do transporte marítimo

Contudo, o primeiro contrato reportado no comentário é uma exceção a essa regra. O navio Galway Spirit, de 105.000 tpb, angariou uma partida de carga de 90.000 toneladas de produtos brancos por um valor global de US$ 2,25 milhões para uma viagem do Golfo no Oriente Médio para o Reino Unido. Geralmente isso acontece quando os portos de carga e de descarga se encontram especificados na carta-partida. Os detalhes relatados para cada afretamento seguem um padrão semelhante ao da carga sólida. Por exemplo:

Golfo no Oriente Médio para Japão — **Falkonera**, 257.000 toneladas, W80, 30 de maio (Idemitsu) [*Middle East Gulf to Japan* — *Falkonera, 257,000t, W80, May 30 (Idemitsu)*]

Isso significa que o navio-motor Falkonera foi contratado para um afretamento por viagem do golfo no Oriente Médio para o Japão. A carga é de 257.000 toneladas. Ao verificar o *Clarkson Tanker Register*, podemos observar que o navio Falkonera é um navio-tanque de casco simples de 264.892 tpb construído em 1991. A taxa de frete é Worldscale 80 e começa no dia 30 de maio. O afretador é a empresa Idemitsu. Note-se que a taxa de frete de WS 80 para essa partida de carga de 257.000 toneladas é metade da taxa de WS 175 paga para uma partida de produtos de 52.000 toneladas expedida no navio BW Captain na mesma rota, mas a carga é cinco vezes maior, representando economias de escala.

Suezmax rates live up to dire predictions

AS PREDICTED, Suez-max rates have continued their steady decline for a third week running, writes Mike Grinter in Hong Kong. However, indications are that the trade may be turning the corner. The threat of political unrest in the Bras River region of Nigeria led charterers to hold off, thereby precipitating another fall in Suezmax trade out of West Africa to The US Gulf and Europe.

The already dismal rates of the previous week that peaked at W117.5, plunged to W100, only recovering slightly to W107.5 as the week progressed.

A Norwegian broker insisted that the trade will probably move sideways until next week when there will be some potential for increases. Suezmax business cross-Mediterranean and on the Black Sea remains healthier with rates settling at around W125.

Here there is much more potential for improvement if only temporarily. Between May 20 and 25, a window has opened due to a number of Aframax cargoes faced with a lack of vessels in the region. Suezmax currently in the Mediterranean will get better rates for these cargoes when charterers stop seeking alternatives.

The worst performers this week were Suezmax running transatlantic. Owners struggled to achieve W100.

CLEAN
Middle East Gulf to UK Continent — **Galway Spirit,** 90,000t, $2,250,000 lumpsum May 24. (Fleet)
Middle East Gulf to Japan - **BW Captain**, 52,000t, W175, May 20. (St Shipping)
Middle East Gulf to Taiwan — **Promise**, 55,000t, W190, May 12. (CPC)
Black Sea to Mediterranean — **Indra**, 30,000t, W285, May 15. (Sibneft)
Black Sea to Mediterranean — Pride A, 26,000t, W275, May 12. (Palmyra)

DIRTY
Middle East Gulf to Ulsan - **Sunrise**, 260,000t, W80, Jun 7. (SE Corp)
Middle East Gulf to Japan — **Falkonera,** 257,000t, W80, May 30 (Idemitsu)
Middle East Gulf to Yosu - **Takayama**, 257,500t, W77.5, May 26. (GS Caltex)
Primorsk to UK Continent — **Lovina**, 100,000t, W150, May 20. (Sibneft)
Tuapse to Mediterranean - Thenamaris vessel to be nominated, 80,000t, W210, May 26. (Sibneft)
Sidi Kerir to Italy — **Iran Amol**, 80,000t, W220, May 18. (Eni)
Ceyhan to UK Continent - **Popi P**, 80,000t, W230, May 15. (Statoil)
Enfield to Philippines - **Lion City River**, 80,000t, W110, May 23. (Sietco)
TG Pelepas to Philippines - **South View**, 40,000t, $400,000 lumpsum May 10. (Vitol)

Figura 5.5 — Um relatório do mercado de navios-tanques.
Fonte: *Lloyds List*, 11 maio 2007.

AFRETAMENTO DE NAVIOS DE LINHAS REGULARES E ESPECIALIZADOS

O maior mercado internacional de afretamentos encontra-se na tonelagem de navios-tanques e de navios graneleiros de carga sólida, mas também existe um mercado crescente e significativo para os navios de linhas regulares e especializados. No início da conteinerização, as empresas tinham a tendência a possuir e operar as suas próprias frotas de navios porta-contêineres, afretando ocasionalmente navios adicionais para atender às necessidades de um aumento no tráfego ou servir o tráfego enquanto se efetuavam grandes reparos nos seus próprios navios. Mas, com o desenvolvimento do negócio, as principais companhias começaram a afretar navios por tempo de operadores, frequentemente de empresas alemãs de sociedade em comandita; por volta de 2007, mais da metade da frota dos principais vinte operadores de serviço era obtida dessa forma. Por esse motivo existe um mercado de afretamento ativo de navios de multicoberta, navios transportadores de carga rolante e navios porta-contêineres. Os mercados para os navios especializados são analisados no Capítulo 12.

ESTATÍSTICAS DAS TAXAS DE FRETE

Os proprietários de navios, os embarcadores e os afretadores olham para as estatísticas que mostram as tendências das taxas de frete e das taxas de afretamento com muito interesse. Geralmente são utilizadas três unidades de medida diferentes. As *estatísticas das taxas de frete por viagem* para as mercadorias a granel são reportadas em dólares americanos por tonelada para uma viagem normal. Por norma, essa é uma taxa de frete negociada cobrindo os custos totais de transporte. Essa medida é comumente usada nos tráfegos das cargas sólidas em que, por exemplo, corretores de fretes marítimos, como a Clarksons, relatam as taxas de frete médias em muitas rotas todas as semanas, por exemplo, US$ 12 por tonelada para o grão do Golfo dos Estados Unidos para Roterdã ou US$ 5,5 por tonelada de carvão de Queensland para o Japão etc. Por outro lado, as *taxas dos afretamentos por tempo* são medidas em milhares de dólares americanos por dia. As taxas de afretamento por tempo são geralmente reportadas por "viagem" (isto é, viagem redonda), seis meses, doze meses e três anos.

ÍNDICE WORLDSCALE

Uma terceira e mais complexa medida das taxas de frete é o *Worldscale*. A indústria dos navios-tanques utiliza esse índice de taxas de frete como uma maneira mais conveniente de negociar as taxas por barril de petróleo transportado em muitas rotas diferentes. O conceito foi desenvolvido durante a Segunda Guerra Mundial, quando o governo britânico introduziu uma tabela das taxas de frete oficiais como base de pagamento aos proprietários dos tanques requisitados. A tabela mostrava o custo de transporte de um carregamento de petróleo em cada uma das principais rotas usando um navio-tanque-padrão de 12.000 tpb. A taxa apresentada na tabela ou uma fração dela era paga aos proprietários. O sistema foi adotado pela indústria marítima depois da guerra e tem sido progressivamente revista ao longo dos anos; a última correção foi feita em janeiro de 1989, quando o "New Worldscale" foi introduzido.

O índice Worldscale é publicado num livro que é utilizado como base para calcular as taxas de frete dos navios-tanques em mercado aberto. O livro mostra, para cada rota, o custo de transporte de uma tonelada de carga usando um navio-padrão numa viagem completa. Esse

Os quatro mercados do transporte marítimo

custo é conhecido como "Worldscale 100". Todos os anos, o Painel Worldscale [*Worldscale Panel*] reúne-se em Nova York (que cobre o Hemisfério Ocidental) e em Londres (que cobre o restante do mundo) e atualiza o livro. De tempos em tempos o navio-padrão tem sido atualizado. Aquele utilizado em 2007 encontra-se apresentado na Tabela 5.2. O sistema Worldscale facilita aos proprietários de navios e os afretadores a comparação dos ganhos dos seus navios em rotas diferentes. Suponha que um navio-tanque está disponível no mercado aberto (isto é, à espera de carga) no Golfo e que o proprietário concorda com uma taxa WS 50 para a viagem de Jubail para Roterdã. Para calcular quanto ganhará, ele olha primeiramente para a taxa por tonelada para o WS 100 de Jubail para Roterdã. Consultando a entrada apropriada, ele verifica que é de US$ 17,30 por tonelada. Visto que ele acordou um WS50, receberá metade desse montante, isto é, US$ 8,65 por tonelada. Se o seu navio transportar 250 mil toneladas, a receita da viagem será de US$ 2.162.500. Fazer o mesmo cálculo para uma viagem para o Japão é uma questão igualmente simples.

Tabela 5.2 – Navio-tanque-padrão do Worldscale

Capacidade total	75 mil toneladas
Velocidade média de serviço	14,5 nós
Consumo de combustível	
Navegando	55 toneladas por dia
Outros	100 toneladas por viagem redonda
Em porto	5 toneladas por porto
Qualidade do combustível	380 centistokes
Tempo de estadia em porto	4 dias em porto para uma viagem entre um porto de carga e de descarga
Taxa de afretamento diária fixa	US$ 12 mil por dia
Preço do combustível	US$ 116,75 por tonelada
Custos portuários	Os mais recentes disponíveis
Tempo de trânsito do canal	30 horas para o trânsito do Suez

Fonte: Associação Worldscale, Londres.

5.4 O MERCADO DE DERIVATIVOS DE FRETE

Surpreendentemente, os mercados marítimos mudaram muito pouco ao longo dos séculos. As questões levantadas no velho conhecimento de embarque de 2 mil anos de idade visto no Capítulo 1 (Destaque 1.1) não são tão diferentes das cartas-partidas revistas na Seção 5.3. Porém, ocasionalmente, aparece uma inovação radical, e o mercado de derivativos de frete é um deles. Os derivativos podem ser bastante confusos, portanto, começaremos pelo básico. Um *contrato de derivativos* é um acordo juridicamente vinculativo no qual duas partes acordam compensar uma à outra, sendo que essa compensação depende do resultado de um acontecimento futuro. Esses contratos são utilizados para cobrir o risco compensando o custo de grandes oscilações adversas na variável que está a ser coberta.

Para ilustrar o princípio, supomos que um proprietário de navios tem um cavalo de corrida que é o favorito para ganhar uma corrida com um prêmio de US$ 1 milhão e um apostador aceitou US$ 1 milhão em apostas de que o cavalo vai ganhar. Se o cavalo ganhar, o proprietário ganha US$ 1 milhão e o apostador perde US$ 1 milhão, mas, se o cavalo chegar em segundo lugar, o proprietário não recebe nada e o apostador ganha US$ 1 milhão. Nenhum deles está satisfeito com essa situação de "tudo ou nada", então eles redigem um contrato para partilhar algum do seu risco. Se o cavalo ganhar, o proprietário paga US$ 0,5 milhão dos seus ganhos, e se ficar em segundo, o apostador paga ao proprietário US$ 0,5 milhão do seu lucro. Graças ao contrato, ambos obtêm US$ 0,5 milhão independentemente de o cavalo chegar em primeiro ou em segundo. Basicamente, isso é o que os FFA debatidos nesta seção fazem. Eles partilham o risco das taxas de frete (e, portanto, os custos incorridos pelos embarcadores da carga e as receitas recebidas pelos proprietários de navios), que podem subir ou descer imprevisivelmente. Os diferentes mercados de derivativos especializam-se em diferentes tipos de risco, por exemplo, moeda, taxas de juros, mercadorias, preços do petróleo etc.). Nesta seção, preocupamo-nos com o mercado de derivativos para o frete marítimo.

O CONTRATO DE DERIVATIVOS DE FRETE

O mercado de derivativos de frete é usado para arranjar contratos para serem liquidados relativamente a um valor futuro acordado de um índice de mercado de fretes. Isso funciona porque os proprietários das cargas e os proprietários de navios enfrentam riscos opostos – quando as taxas de frete sobem, os embarcadores perdem e os proprietários de navios ganham; quando baixam, ocorre o oposto. Por meio de um acordo para se compensarem um ao outro quando as taxas de frete se afastam da taxa de liquidação acordada, os embarcadores e os proprietários podem remover esse risco de volatilidade.

Um exemplo ilustra o processo. Supomos que um negociante europeu compra 55 mil toneladas de milho em julho de 2002 para ser embarcado do Golfo dos Estados Unidos para o Japão em março do ano seguinte.

Embora o preço do grão seja fixo, em março a taxa de frete podia facilmente duplicar, eliminando o seu lucro. Então, quais são as suas opções? Uma é contratar um navio para carregar em março, mas os proprietários podem estar relutantes em se comprometer com tanta antecipação. De qualquer forma, se o negociante vender a carga antes, fica com um contrato de um frete físico que ele não quer.

A alternativa é fazer um contrato de derivativos de frete para cobrir o seu risco no mercado aberto. Como mostra a Figura 5.6, em julho de 2002, a taxa de frete do grão do Golfo dos Estados Unidos para o Japão era de US$ 18,60 por tonelada. O negociante telefona ao seu corretor, que encontra uma contraparte preparada para entrar num contrato para ser liquidado em março de 2003 a US$ 22,50 por tonelada, com uma liquidação a ser efetuada em relação ao índice de frete do Golfo dos Estados Unidos para o Japão (o índice de base). A forma como o contrato funciona é ilustrada pelos dois resultados possíveis na Figura 5.6. Se em 31 de março o índice de frete base for de US$ 30 por tonelada (resultado A), o proprietário paga ao negociante US$ 7,50 por tonelada, mas, se o índice de liquidação do frete cair para somente US$ 15 por tonelada (resultado B), o negociante paga ao proprietário US$ 7,50 por tonelada. Isso é um contrato de *derivativos de frete*, porque o montante monetário que muda de mãos é "derivado" do mercado subjacente, como representado pelo índice de frete base utilizado para a liquidação. A ideia é que ambas as partes acabem com US$ 22,50 por tonelada, pois o pagamento financeiro cobre o frete extra do negociante se as taxas subirem ou a perda do proprietário do navio se as taxas descerem. De fato, a taxa de frete real em março de 2003 foi de US$ 30 por tonelada (podemos vê-la como a linha curva pontilhada na Figura 5.6), então o negociante teria recebido US$ 7,50 por tonelada, que funciona a US$ 412.500 para as 55 mil toneladas de carga. Isso parece um desastre para o proprietário, mas desde que o índice de base seja preciso o navio ganha os US$ 7,50 por tonelada extra no mercado aberto, portanto, o proprietário continua a obter US$ 22,50 por tonelada, como tinha planejado. Ele pode lamentar-se de ter jogado seguro e perder o crescimento, mas é a vida.

Finalmente, devemos referir a diferença entre cobertura e especulação. A cobertura usa um contrato de derivativos para segurar a posição física de um custo. Se não existir uma posição física, um contrato de derivativos é uma especulação no ciclo do transporte marítimo.

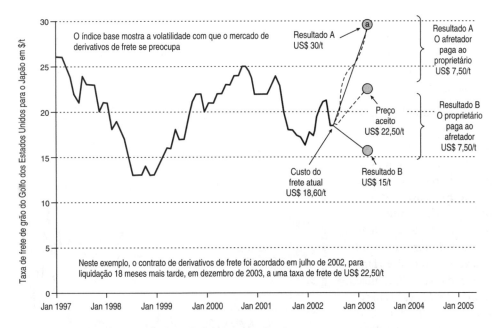

Figura 5.6 – Exemplo de um contrato de derivativo de fretes para o afretador e para o proprietário do navio.
Fonte: Martin Stopford (2007).

REQUISITOS PARA UM MERCADO DE DERIVATIVOS DE FRETE

Em razão das grandes somas envolvidas e dos riscos, não é fácil fazer funcionar os derivativos na prática. Existem três problemas práticos que devem ser ultrapassados. Primeiro, é necessária uma base de índices fiável para estabelecer o contrato – suponhamos que o corretor do afretador reclama a taxa real no dia da liquidação de US$ 30 por tonelada, mas o corretor do proprietário diz que era somente de US$ 29 por tonelada. Qual é a correta? Segundo, o mercado deve ser suficientemente líquido para que os contratos possam ser colocados com uma razoável rapidez. No mercado físico isso não é um problema porque os navios têm de ser contratados, mas a negociação de derivativos de frete é opcional. Não existe uma garantia de que haja alguém que queira negociar, portanto, a falta de contrapartes pode ser um problema real. Terceiro, existe um risco de crédito que é muito maior do que no mercado físico, em que os contratos de afretamento por tempo podem ser terminados se o afretador não pagar o aluguel. É necessário algum sistema para garantir que, na data da liquidação, as partes contratantes possam cumprir com as suas obrigações.

ÍNDICES DE FRETE

Os derivativos de frete dependem de índices que refletem com precisão o risco a ser convertido. Pode ser utilizado qualquer índice, desde que ambas as partes concordem, mas existe uma forte inclinação para utilizar índices desenvolvidos por entidades independentes que são comprovadamente representativas do frete a ser coberto, o qual não pode ser manipulado. Esse serviço é providenciado pela Baltic Exchange, em Londres. Em 1985, a

Baltic Exchange começou a compilar o Índice de Fretes do Báltico [*Baltic Freight Index*, BFI], apresentado na Figura 5.7. Esse índice foi concebido como um índice de liquidação com base numa média ponderada de onze tráfegos diferentes: grão (quatro rotas), carvão (três rotas), minério de ferro e fretamento à viagem (três rotas), coletados diariamente de um painel de corretores.

Em outubro de 2001, o índice único foi substituído por quatro índices de carga sólida – o Índice Capesize da Baltic Exchange [*Baltic Exchange Capesize Index*, BCI], o Índice Panamax da Baltic Exchange [*Baltic Exchange Panamax Index*, BPI], o Índice Handymax da Baltic Exchange [*Baltic Exchange Handymax Index*, BHMI] e o Índice de Cargas Sólidas a Granel da Baltic Exchange [*Baltic Exchange Dry Index*, BDI] – todos eles baseados em médias ponderadas das rotas representativas. Por exemplo, o BCI tem dez rotas que são ponderadas pela sua importância no tráfego quando a média é calculada.

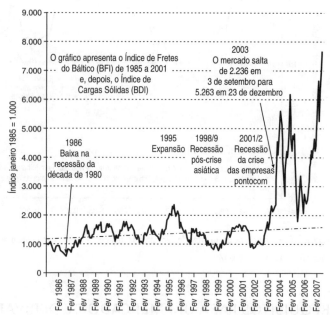

Figura 5.7 – O Índice de Fretes do Báltico (BFI) e o Índice de Cargas Sólidas (BDI).
Fonte: Baltic Exchange.

Os índices do Báltico e as avaliações das rotas subjacentes a partir das quais são compilados assentam em taxas estimadas providenciadas pelos corretores marítimos concorrenciais independentes, que desempenham a função de painelistas. A esses corretores são dadas as especificações de um navio padronizado e indicadas as condições do carregamento e da carga. O primeiro BFI foi descontinuado em outubro de 2001, mas após essa data o BDI foi utilizado no seu lugar, e essa série é apresentada na Figura 5.7. Ao longo de duas décadas, 1987-2005, o valor médio do índice foi de 1.787 e o desvio-padrão do índice semanal foi de 1.210 pontos, mostrando um elevado grau de volatilidade. Em 2007, a Baltic Exchange expandiu a sua gama de índices publicados para 53 rotas de cargas sólidas e de navios-tanques com as taxas fornecidas por 47 painelistas, todos grandes empresas, em catorze países.[5]

DESENVOLVIMENTO DO MERCADO DE DERIVATIVOS DE FRETE

O mercado de derivativos de frete começou quando o BFI foi publicado pela primeira vez em 1985. Inicialmente, funcionou como um mercado de *futuros de frete*, no qual os contratos padronizados podiam ser comprados e vendidos, e mais tarde como um mercado de FFA, um sistema muito mais apropriado que começou a ser executado no final da década de 1990.

Os quatro mercados do transporte marítimo

COMERCIALIZAÇÃO DE FUTUROS DE FRETE

A primeira tentativa no comércio de derivativos de frete foi efetuada pela Baltic International Freight Futures Exchange (BIFFEX), estabelecida em 1985. Nesse mercado, os comerciantes podiam comprar e vender contratos padronizados para serem liquidados em relação a um "índice de base", que nesse caso era o BFI. Para lidar com a questão do risco de crédito, todos os comerciantes encontravam-se registrados numa câmara de compensação, e a sua carteira era definida com base nas cotações de mercado no fechamento dos negócios diários. Se a conta estivesse deficitária, o comerciante tinha de depositar a diferença na sua conta, reduzindo o risco de crédito a um dia de transação. O mercado BIFFEX funcionou como um consórcio [*pool*] em que as unidades de contrato podiam ser compradas e vendidas, com as unidades sendo transacionadas antecipadamente para liquidação em intervalos de três meses. As unidades de contrato foram precificadas a US$ 10 por ponto do índice do BIFFEX e todos os tráfegos eram compensados. Os embarcadores e os proprietários podiam utilizar contratos comprados por meio da bolsa de valores para cobrir os seus riscos de frete. Por exemplo, um proprietário podia vender contratos para liquidação em julho do ano seguinte a 1.305. Se em julho o índice do BIFFEX tivesse caído abaixo de 1.305, ele realizaria um lucro na transação que compensaria as perdas que ele teria no fretamento a uma taxa de frete mais baixa, como descrito no início da seção.

CONTRATOS DE FUTUROS DE FRETE

No final da década de 1990, os FFA substituíram os contratos futuros como a principal forma de derivativos de frete e, em 2006, o volume de mercado dos FFA tinha alcançado estimados US$ 56 bilhões, com um total de 287.745 lotes transacionados no mercado de balcão e 32.200 compensados pelas câmaras de compensação.[6] A característica principal dos FFA (também conhecidos como *permutas financeiras de fretes [freight swaps]*) é que são contratos efetuados entre mandantes, geralmente organizados por de um corretor, embora possam também ser transacionados em telas providenciadas por um número de corretores de derivativos de frete. O processo para organizar um FFA é semelhante à forma como o transporte marítimo tradicionalmente tem estabelecido os afretamentos por tempo, mas não existe um compromisso físico. Por exemplo, o proprietário da carga que deseje cobrir o frete da sua carga de minério telefona ao seu corretor e determina os seus requisitos, que inclui uma indicação de cinco parâmetros – a rota (por exemplo, de Richards Bay para Roterdã); o preço ao qual ele gostaria de transacionar (por exemplo, US$ 33 por tonelada); o mês do contrato, a quantidade necessária (por exemplo, 150 mil toneladas) e o período; e o índice de liquidação (por exemplo, BCI C4). O corretor dá uma ideia da profundidade do mercado e do preço provável, que pode ser bastante específico, se o corretor tiver contrapartes adequadas disponíveis, ou vago, se não tiverem ocorrido recentemente transações naquelas condições particulares.

Se o mandante decidir continuar, o corretor faz telefonemas para encontrar uma contraparte nos termos propostos. A liquidez do mercado varia e o corretor pode levar algum tempo a voltar com uma oferta, ou pode responder de imediato – geralmente, é mais fácil colocar em períodos curtos nas rotas comuns do que em contratos prolongados. Contudo, isso também é uma questão de preço, porque geralmente alguém intervirá se o preço estiver correto. Os FFA podem ser customizados com uma quantidade de carga específica e com as datas de liquidação, mas a transação dos contratos-padrão agora é mais comum e oferece mais liquidez. Em 2006 e 2007, a prática em passar as transações dos FFA para as câmaras de compensação ganhou uma consistência em resposta à preocupação crescente acerca do risco de crédito inerente ao mercado de balcão puro para os FFA. Nessas circunstâncias, no momento da aceitação do pedido, ou durante o processo de transação, o corretor é avisado de que a transação destina-se a ser compensada. Posteriormente à execução, a transação é transferida para uma câmara de compensação, geralmente por meio de um intermediário "corretor de compensação" com o qual o mandante tem uma conta. Durante a vigência do contrato, a carteira de cada parte é cotada ao valor de mercado no fechamento dos negócios diários, e as margens de negociação são calculadas em conformidade. Muitas vezes, o corretor de compensação trata da administração diária.

Como base para a marcação dos contratos a mercado e para a orientação geral, a Baltic Exchange publica diariamente "uma análise da taxa futura" para cada um dos índices de liquidação. A Tabela 5.3 apresenta um exemplo de um relatório da comercialização em 31 de agosto de 2007, referente à taxa para a rota C4 de um navio graneleiro Capesize de Richards Bay para Roterdã e a rota TD3 de um VLCC do Golfo Pérsico para o Japão. Isso mostra que nesse dia em questão a taxa real para o índice Richards Bay-Roterdã foi de US$ 32,50 por tonelada, com as unidades de contrato a serem liquidadas no final de novembro sendo transacionadas a US$ 35,02 por tonelada, e para o ano todo de 2008 a média foi de US$ 28,79 por tonelada. Isso implica a continuação de um mercado forte, mas

Tabela 5.3 – Exemplos da avaliação da taxa futura da Baltic

	Navio Capesize		VLCC
Partida de carga t	150 mil		250,000
Rota	C4		TD3
Unidade	US$ por tonelada		WS [*WorldScale*]
Período/rota	CS Richards Bay-Roterdã		Golfo do Oriente Médio Japão
Aberto	35,20		57,94
Out 2007	35,28	Out 2007	72,80
Nov (07)	35,02	Nov (07)	87,20
Dez (07)	34,55	Dez (07)	87,00
Jan (08)	32,83	Jan (08)	80,00
Fev (08)	31,85	Fev (08)	76,60
Mar (08)	31,09	T1 (08)	76,80
Abr (08)	30,29	T2 (08)	67,00
Jul (08)	28,69	T3 (08)	70,00
Cal 08	28,79	Cal 08	74,00
Cal 09	23,87	Cal 09	69,80
Cal 10	18,66	Cal 10	

Fonte: Baltic Exchange.
Esta informação da cotação de mercado da TFB é publicada diariamente.

com algum enfraquecimento em 2008. Em 31 de agosto, para os navios-tanques, a rota TD3 era transacionada a WS 57,94, mas os contratos de janeiro de 2008 eram transacionados a WS 80, sugerindo que o mercado esperava uma melhoria sazonal. Estes providenciavam linhas de orientação para os preços pelas quais os compradores e os vendedores podiam começar a negociar a transação e que também eram usadas pelas câmaras de compensação para marcar os contratos compensados no mercado.

5.5 O MERCADO DE COMPRA E VENDA DE NAVIOS

O QUE FAZ O MERCADO DE COMPRA E VENDA

Chegamos agora ao mercado de compra e venda. Em 2006, foram vendidos cerca de 1.500 navios mercantes de longo curso, representando um investimento de US$ 36 bilhões. A característica notável deste mercado é que navios que custam dezenas de milhões de dólares americanos

Os quatro mercados do transporte marítimo

são comercializados como sacos de batatas num mercado campestre. Existem muitos mercados grandes de produtos primários, mas poucos partilham o drama da compra e da venda de navios.

Os participantes no mercado de compra e venda são a mesma mistura de embarcadores, de companhias de navegação e de especuladores que negociam no mercado de fretes. O *proprietário de navios* chega ao mercado com um navio para venda. Tipicamente o navio é vendido com uma entrega imediata, em dinheiro, livre de quaisquer afretamentos, hipotecas ou arrestos marítimos. Ocasionalmente, pode ser vendido com o benefício (ou a responsabilidade) de um afretamento por tempo em curso. As razões que levam o proprietário do navio a vender podem variar. Ele pode ter uma política de substituição de navios quando atingem certa idade, a qual o seu navio pode ter atingido; o navio pode não se adequar mais ao seu tráfego; ou ele pensa que os preços estão na iminência de cair. Finalmente, existe a "venda forçada", na qual o proprietário vende o navio para obter capital para cumprir seus compromissos diários. O *comprador* pode igualmente ter objetivos diversos. Ele pode precisar de um navio de um tipo específico e capacidade para atender a algum compromisso empresarial, por exemplo, um contrato de transporte de carvão da Austrália para o Japão. Ou ele pode ser um investidor que sente que é o momento certo para adquirir um navio de determinado tipo. Neste último caso, os seus requisitos podem ser mais flexíveis, no sentido de que ele está mais interessado no potencial do investimento do que no navio propriamente dito.

A maioria das transações de compra e venda é efetuada por *corretores marítimos*. O proprietário de navios instruirá o seu corretor para encontrar um comprador para o navio. Por vezes o navio será dado exclusivamente a um único corretor marítimo, mas é comum oferecer o navio por meio de várias empresas de corretagem. Quando do recebimento da instrução, o corretor telefona ou envia por correio eletrônico a qualquer cliente que saiba que está à procura de um navio desse tipo. Se a instrução é exclusiva, ele telefona a outros corretores para que o navio seja comercializado por suas listas de clientes. Os detalhes completos do navio são elaborados, incluindo a especificação do casco, da máquina, do equipamento, da classe, da condição das vistorias e do equipamento geral. Simultaneamente, a casa de corretagem recebe perguntas de potenciais compradores. Por exemplo, um proprietário pode estar à procura de um navio graneleiro "moderno" de 76.000 tpb. O corretor pode ter navios apropriados para venda na sua lista própria e não com prosseguir com consultas outros corretores. Se não se encontrarem os candidatos apropriados, ele poderá procurar os candidatos apropriados e abordar os seus proprietários para verificar se têm algum interesse em vender.

PROCEDIMENTO DE VENDA

De forma geral, o procedimento de compra/venda de um navio pode ser dividido nos cinco estágios que se seguem:

1. *Colocação do navio no mercado.* O primeiro passo é o comprador ou o vendedor nomear um corretor, ou ele pode decidir tratar da transação ele próprio. Os detalhes do navio para venda são distribuídos no mercado às partes interessadas.

2. *Negociação de preço e condições.* A negociação começa logo que se tenha identificado um potencial comprador. Não existem regras rígidas nem rápidas. Num mercado efervescente o comprador poder de tomar uma decisão com base numa informação muito limitada. Num mercado fraco, ele pode levar o seu tempo, inspecionando um grande número de navios e procurando informação detalhada sobre os proprietários. Quando se tiver chegado a um acordo, os corretores, em princípio, podem redigir uma "recapi-

238   *Economia marítima*

tulação" [*recap*] sumariando os detalhes principais acerca do navio e da transação antes de prosseguir para a fase formal de preparar o contrato de venda.

3. *Memorando de acordo*. Aceitado-se a oferta, é redigido um memorando de acordo [*Memorandum of Agreement*] estabelecendo as condições sob as quais a venda acontecerá. Um *pro forma* comumente utilizado para o memorando de acordo é o Norwegian Sales Form (1993), embora ainda se utilize a versão mais curta de 1987. O memorando estabelece os detalhes administrativos da venda (isto é, onde, quando e em que termos) e define certos direitos contratuais, como o direito do comprador de inspecionar os registros da sociedade classificadora. No Destaque 5.2, apresenta-se um sumário dos pontos principais cobertos no documento *pro forma* da venda. Nesta altura, o memorando não é legalmente vinculativo, pois inclui uma frase de que aquilo encontra-se "sujeito a…".

4. *Inspeções*. O comprador, ou o seu inspetor, executa todas as inspeções que são permitidas no contrato de venda. Geralmente, isso inclui uma inspeção física do navio, possivelmente com uma inspeção em doca seca ou submarina por mergulhadores para garantir que, quando entregue, o navio cumpre com os requisitos da sua sociedade classificadora. O comprador, com a permissão do vendedor, inspecionará também os registros da sociedade classificadora para obter informação sobre a história mecânica e estrutural do navio. Frequentemente, as vendas falham nesta fase se o comprador não ficar satisfeito com os resultados das inspeções, mas depende muito do mercado. Se o comprador tiver outras ofertas, pode não haver tempo para efetuar inspeções, e o licitante deve correr o risco, mas num mercado depressivo quaisquer defeitos encontrados durante a inspeção podem ser utilizados para renegociar o preço.

5. *Fechamento*. Enfim o navio é entregue aos seus novos proprietários, que simultaneamente transferem o saldo dos fundos para o banco do vendedor. Na reunião de fechamento os representantes do comprador e do vendedor a bordo do navio estão em contato telefônico com uma reunião em terra entre os representantes de vendedores, compradores, credores da atual e da futura hipoteca e o registro existente do navio.

Destaque 5.2 – Memorando de acordo de compra e venda [*sale and purchase memorandum of agreement*, MOA] – exemplo: Norwegian Sales Form 1993

Este contrato *pro forma* de sete páginas tem dezesseis cláusulas que cobrem as questões que podem ser problemáticas na venda de um navio. O sumário que segue se refere ao memorando de acordo como esboçado. As cláusulas individuais são geralmente modificadas durante a negociação, com termos adicionados ou removidos.

Preâmbulo: no topo do modelo existem espaços para escrever a data, o vendedor, o comprador e os detalhes do navio, incluindo o nome, a sociedade classificadora, o ano de construção, o estaleiro, o pavilhão, o número de registro etc.

1. *Preço de compra*: o preço a ser pago pelo navio.

2. *Depósito*: um depósito de 10% a ser pago pelo comprador; quando deve ser pago e onde.

3. *Pagamento*: o dinheiro da compra (devem ser mencionados o montante e os detalhes bancários) deve ser pago na entrega do navio, e não mais tarde do que três dias bancários depois do comprador ter recebido o aviso de prontidão atestando que o navio está pronto para ser entregue.

4. *Inspeções*: o comprador pode inspecionar os registros de classe do navio, e são concedidas duas opções, dependendo de isso já ter ocorrido ou não. Também autoriza uma inspeção física do navio, mencionando onde e quando o navio estará disponível para ser inspecionado, e restringe o âmbito da inspeção (não se fazem "aberturas"). Depois da inspeção, o comprador tem 72 horas para aceitar por escrito, findas as quais, se não aceitar, o contrato é nulo e sem efeito. (*N.B.* Na prática, os compradores geralmente inspecionam o navio antes de redigir o memorando, e nesse caso a cláusula já não se aplica.)

5. *Avisos, lugar e momento da entrega*: determina onde o navio será entregue (geralmente uma faixa de portos durante um período); a data de entrega prevista, e a data de cancelamento (ver cláusula 14). O vendedor deve manter o comprador bem informado do itinerário do navio antes da entrega e da sua disponibilidade para inspeções em doca seca (ver cláusula 6). O vendedor deve providenciar um aviso de prontidão confirmando que o navio está pronto para ser entregue. Se o navio não for entregue até a data de cancelamento, o comprador pode cancelar a compra ou concordar com uma nova data de cancelamento.

6. *Docagem/Inspeção dos mergulhadores*: esta é uma área complexa e são providenciadas duas cláusulas alternativas. Ao abrigo da cláusula (a) o vendedor leva o navio à doca seca no porto de entrega, é efetuada uma inspeção ao fundo pela sociedade classificadora e o vendedor retifica quaisquer defeitos que afete a sua classe. A cláusula (b) aplica-se se o navio for entregue sem docagem e permite que o comprador organize a inspeção por mergulhadores aprovados pela sociedade classificadora. O comprador paga os mergulhadores, mas quaisquer defeitos que afetem a classe devem ser corrigidos pelo vendedor. Uma comprida cláusula (c) determina as regras se o navio for à doca. O comprador pode pedir uma inspeção ao veio propulsor, mesmo que a sociedade classificadora não o exija, e tem o direito de observar a docagem e efetuar a limpeza do casco e trabalhos de pintura desde que não interfiram na inspeção. Os custos de docagem e de inspeção ao veio propulsor são distribuídos entre o comprador e o vendedor, dependendo de existirem ou não defeitos que afetem a classe.

7. *Sobressalentes/Combustível de bancas etc.*: identifica os itens movíveis incluídos na venda e aqueles que o vendedor pode levar para terra. O combustível de bancas e os óleos lubrificantes são entregues a preço de mercado no porto de entrega.

8. *Documentação*: o vendedor deve providenciar uma nota da venda que seja legal no país (nomeado) onde o navio será registrado. Incluem-se outros documentos, como um certificado de propriedade; a confirmação da classe no espaço de 72 horas após a entrega; um certificado atestando que o navio está livre de hipotecas registradas; um certificado atestando que o navio foi eliminado do seu registro corrente; e quaisquer outros documentos que os novos proprietários possam requerer para registrar o navio.

9. *Hipotecas*: o vendedor garante que o navio está livre de quaisquer reclamações de terceiras partes que possam prejudicar o seu valor comercial.

10. *Taxas*: os compradores e os vendedores são responsáveis pelos seus próprios custos de registro etc.

11. *Condição na entrega*: o navio deve ser entregue na condição em que foi inspecionado; deve estar em classe, e a sociedade classificadora deve ter sido notificada de qualquer coisa que possa afetar a condição da sua classe.

12. *Nome/Marcas*: na entrega o comprador deve mudar o nome do navio e as insígnias na chaminé (isto é, para que esteja claro que o navio não está operando pelo proprietário anterior.

13. *Inadimplência do comprador*: se o comprador não cumprir sua parte e o depósito não tiver sido pago, o vendedor pode reclamar os seus custos ao comprador. Se o depósito tiver sido pago, mas o dinheiro da compra não tiver sido pago, o vendedor pode reter o depósito e reclamar indenizações por perdas, com juros, se o montante exceder o depósito.

14. *Inadimplência do vendedor*: se o vendedor falhar na entrega do aviso de prontidão para a entrega, ou se o navio não está fisicamente pronto na data de cancelamento mencionada na cláusula 5, o comprador tem a opção de cancelar o contrato e receber juros e uma indenização pelas despesas.

15. *Representantes*: uma vez se tenha assinado o acordo, o comprador pode, por sua conta, colocar dois representantes no navio como observadores. É mencionado o lugar de embarque.

16. *Arbitragem*: estipula a jurisdição legal e as condições em que terá lugar a arbitragem.

COMO SÃO DETERMINADOS OS PREÇOS DOS NAVIOS

O mercado de compra e venda desenvolve-se com a volatilidade do preço. Os lucros "do jogo de ativos" oriundos de uma atividade de compra e venda oportuna são uma fonte de rendimentos importante para os investidores em transporte marítimo. Os banqueiros estão tão interessados no valor dos navios porque a hipoteca sobre o casco é a garantia colateral primária dos seus empréstimos.

Sempre existiu volatilidade em abundância para atrair os investidores e para preocupar os banqueiros. No início do século XX, a Fairplay monitorizava o preço de um "cargueiro a vapor novo, pronto de 7.500 toneladas". O preço desse navio aumentou de £ 48 mil em 1898 para £ 60.750 em 1900, e depois caiu em um terço, para £ 39.250, em dezembro de 1903.[7] O mesmo navio valia £ 232 mil em 1919, £ 52 mil em 1925 e £ 48.750 em 1930. Durante os últimos trinta anos encontramos um padrão muito semelhante. Por exemplo, o preço de um navio graneleiro Panamax, apresentado na Figura 5.8, caiu

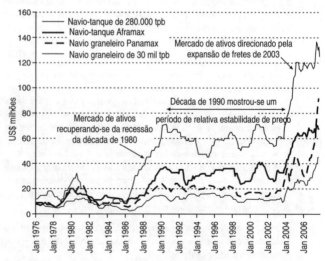

Figura 5.8 — Ciclos de preços para navios-tanques e navios graneleiros (navios com cinco anos de idade).
Fonte: Clarkson Research Services Ltd.

para US$ 6 milhões em dezembro de 1977. Três anos mais tarde, em dezembro de 1980, o preço tinha aumentado em 60%, para US$ 22 milhões, mas por volta de 1982 regressou aos US$ 7 milhões, e só no final de 1989 é que voltou novamente a alcançar os US$ 22 milhões, mantendo-se estável até o final da década de 1990, quando, em fevereiro de 1999, caiu para US$ 13,9 milhões. A partir desse momento os preços aumentaram, alcançando US$ 28 milhões no final de 2003; US$ 34,5 milhões em outubro de 2004; e US$ 92 milhões em dezembro de 2007. De forma interessante, o preço do cargueiro a vapor no pico de 1919 era 5,9 vezes mais do que o seu preço na baixa de 1903, de £ 39.250, mas em 2007 o pico de US$ 92 milhões para o navio graneleiro era quinze vezes o valor da baixa de 1977. Portanto, essas oscilações extremas são muito grandes.

Se expressarmos o preço de um navio graneleiro Panamax como um desvio percentual de uma tendência de regressão linear ajustada ao longo do período de 1976-2007, a volatilidade torna-se ainda mais evidente. Em

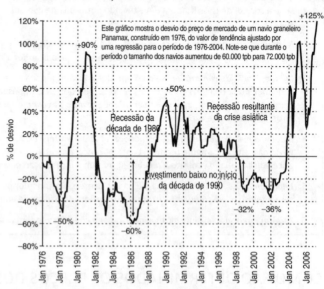

Figura 5.9 — Volatilidade dos preços dos navios graneleiros (1976-2007) (navio graneleiro de 65.000 tpb).
Fonte: Clarkson Research Services Ltd.

Os quatro mercados do transporte marítimo 241

1980, o preço atingiu o seu máximo, 90% acima da tendência, depois, em 1986, desceu para 60% abaixo da tendência, eventualmente aumentando para 125% acima da tendência em 2007 (Figura 5.9). Não existem regras de como os preços baixos ou altos podem se comportar durante esses ciclos. Como um produto primário qualquer, o preço resulta da negociação entre o comprador e o vendedor. Onde os preços estabilizam depende de quem quer vender e de quem quer comprar. Obviamente, vender um navio no ponto baixo de um ciclo de mercado é desastroso para o seu proprietário, mas uma grande pechincha para o comprador. Nenhuma companhia de navegação segue este curso de ação suicida por opção. As vendas "forçadas" durante as baixas de mercado são sempre impostas às empresas por pressões de fluxos de caixa, como as contas do combustível de bancas ou um banqueiro que tenha executado a hipoteca ou tomado posse da frota. Por exemplo, quando o preço caiu para 32% abaixo da tendência em fevereiro de 1999, somente um navio foi vendido. Geralmente, os preços muito altos ocorrem quando existem muitos compradores e um sentimento de mercado firme, e, portanto, ninguém quer vender. Segue-se que as flutuações extremas de preço apresentadas na Figura 5.9 são uma característica muito própria das flutuações extremas de fluxo de caixa na indústria marítima. Contudo, os intervalos entre as flutuações mais extremas são, por vezes, prolongados quando medidos em termos da vida de trabalho dos gerentes e dos investidores nesses mercados, tornando-se difícil que mantenham uma perspectiva equilibrada.

Destaque 5.3 – Correlação dos preços de segunda mão entre os navios-tanques e os navios graneleiros

Correlação dos movimentos dos preços (1976-2004)	Coeficiente (R2)
Navios graneleiros de 30.000 tpb e de 65.000 tpb	0,79
Navio-tanque de 30.000 tpb e de 280.000 tpb	0,58
Navio graneleiro de 65.000 tpb e navio-tanque de 280.000 tpb	0,62
Navio graneleiro de 30.000 tpb e navio-tanque de derivados do petróleo de 30.000 tpb	0,63

É sem surpresa que os movimentos dos preços dos diferentes tipos de navios tendem a estar estreitamente sincronizados. Por exemplo, a análise apresentada no Destaque 5.3 mostra que, entre 1976 e 2003, 79% dos movimentos dos preços de um navio graneleiro de 65.000 tpb e de um navio graneleiro de 30.000 tpb estavam correlacionados. Em outras palavras, o movimento do preço de um navio de 30.000 tpb explica 79% do movimento do preço de um navio graneleiro Panamax. Isso é razoável porque os dois navios são substitutos próximos. A relação é ligeiramente mais fraca para os navios-tanques de 30.000 tpb e de 280.000 tpb, com 58% dos movimentos dos preços correlacionados. Mesmo os preços dos navios-tanques e dos navios graneleiros apresentam um coeficiente de correlação de 62% para os navios pequenos e de 63% para os navios grandes.[8] Considerando o período coberto prolongado e o diferente caráter dos mercados, a sua relação é admiravelmente próxima. Levanta-se uma questão interessante: se os preços dos diferentes tipos de navios são tão altamente correlacionados, será que importa o tipo de navio que os atores do mercado de ativos compram? É provável que não tenha interesse para as grandes oscilações nos preços porque as pressões sobre o fluxo de caixa passam de um setor para outro. Contudo, existe muito espaço para o movimento independente de preços durante os ciclos mais moderados. Por exemplo, entre 1991 e 1995 os preços dos navios graneleiros mantiveram-se estáveis, enquanto os preços dos navios-tanques grandes caíram. É aí que a escolha do mercado faz a verdadeira diferença.

DINÂMICA DOS PREÇOS DOS NAVIOS MERCANTES

Nas circunstâncias acima mencionadas, é natural que os preços dos navios de segunda mão tenham um papel principal nas decisões comerciais dos proprietários de navios – encontram-se envolvidas somas de dinheiro muito grandes. O que determina o valor de um navio em determinado momento? Existem quatro fatores que têm influência: as taxas de frete, a idade, a inflação e as expectativas dos proprietários de navios em relação ao futuro.

As *taxas de frete* são a influência primária sobre os preços dos navios. Os picos e as baixas no mercado de fretes são transmitidos para o mercado de compra e venda, como pode ser observado na Figura 5.10, que traça os movimentos dos preços entre 1976 e 2006 para um navio graneleiro de cinco anos de idade e compara o preço de mercado com a taxa de afretamento a um ano. A relação é muito próxima, especialmente quando o mercado se movimenta do pico para a baixa. Quando a taxa de frete caiu de US$ 8.500 por dia em 1981 para US$ 3.600 por dia em 1985, o preço caiu de US$ 12 milhões para US$ 3 milhões. Inversamente, quando o frete se recuperou para US$ 8.500 por dia, o preço aumentou para US$ 15 milhões e, quando subiu para US$ 41 mil por dia, o preço saltou para US$ 57 milhões. Essa correlação providencia alguma orientação sobre a valorização dos navios usando o método do ganho bruto. A análise das relações passadas entre o preço e as taxas de frete sugere que, quando as taxas de frete estão altas, o mercado de compra e venda valoriza um navio de cinco anos de idade em cerca de quatro a seis vezes os seus ganhos correntes anuais, com base numa taxa de um afretamento pelo tempo de um ano. Por exemplo, se ganhar US$ 4 milhões por ano, o navio se valorizará em US$ 24 milhões. Mas isso depende da fase no ciclo. De forma geral, quando o mercado cai, os ganhos múltiplos tendem a aumentar; quando cresce, os ganhos múltiplos caem, mas não há nenhuma regra rígida porque tudo depende do sentimento e da liquidez.

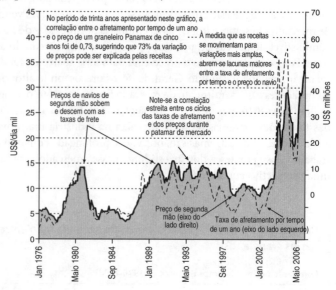

Figura 5.10 – Correlação entre o preço de segunda mão e a taxa de frete (navio graneleiro de 65.000 tpb com cinco anos).

Fonte: Clarkson Research Services Ltd.

A segunda influência no valor do navio é a *idade*. Um navio de dez anos vale menos do que um navio de cinco anos de idade. O procedimento contábil normal é depreciar os navios mercantes até a sucata durante quinze ou vinte anos. Os corretores que valorizam os navios são da mesma opinião; geralmente utilizam a "regra geral" de que um navio perde anualmente 5%-6% do seu valor. Como exemplo de como isso funciona na prática, a Figura 5.11 mostra o preço de um navio de derivados do petróleo construído em 1974, durante os vinte anos, até 1994. A inclinação da curva de depreciação reflete a perda de desempenho por conta de idade, custos de manutenção elevados, grau de obsolescência técnica e expectativas acerca da vida econômica do navio. Para um navio específico, a vida econômica pode ser reduzida pelo transporte de cargas corrosivas, por uma má concepção ou por uma manutenção inadequada. Quando, eventualmente, o valor de mercado cai abaixo do valor de sucata, é provável que o navio seja vendido para demolição. A idade média dos navios-tanques e dos navios graneleiros demolidos em 2006 foi de 26 anos, mas em tráfegos protegidos, como os tráfegos domésticos dos Estados Unidos, a idade média de demolição dos navios vai até os 35 anos. Navios que operem em ambientes de água doce como os Grandes Lagos duram muito mais tempo.

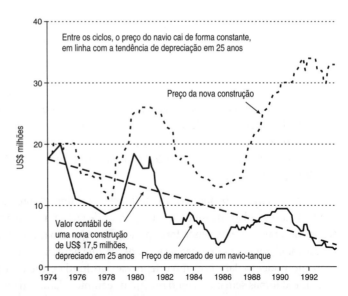

Figura 5.11 – O ciclo de vida do preço e a tendência de depreciação (navio-tanque de derivados do petróleo de 30.000 tpb construído em 1974).

No longo prazo, a *inflação* afeta os preços dos navios. Para ilustrar esse ponto, podemos olhar para o seu efeito no preço de mercado de um navio-tanque Aframax de segunda mão apresentado pela linha cheia na Figura 5.12. O preço flutua amplamente, começando em US$ 20 milhões em 1979, caindo para US$ 8 milhões em 1985, disparando para os US$ 34 milhões em 1990, e vagueando entre os US$ 30-35 milhões até 2003, repentinamente duplicando para US$ 78 milhões em 2007. Para identificar o papel que a inflação desempenhou nessa volatilidade, temos em primeiro lugar decidir qual índice de inflação usar. Uma possibilidade é o índice de preço do consumidor dos Estados Unidos, uma vez que o preço do navio está em dólares americanos, mas uma medida mais adequada seria o preço da nova construção, pois determina o custo de substituição do navio. Por exemplo, se um investidor vende um navio pelo dobro do preço que custou, mas tem de pagar o dobro por um navio novo, na realidade ele não obteve lucro, portanto, deflacionando o preço do ativo pelo custo da nova construção, entendemos mais claramente se o valor

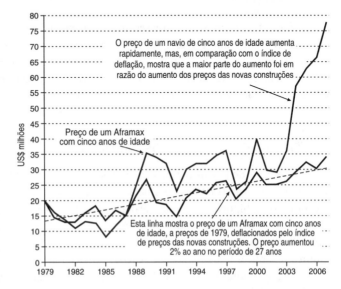

Figura 5.12 – Preço de um navio-tanque Aframax de cinco anos de idade ajustado para a inflação do preço da nova construção.

Fonte: Clarkson Research Services Ltd.

econômico do navio subiu ou desceu. O preço deflacionado de um navio Aframax de cinco anos de idade utilizando o índice de preço de uma nova construção encontra-se representado na Figura 5.12 pela linha fina. Esse preço ajustado à inflação tem uma tendência muito mais clara, aumentando 2% ao ano durante um período de 27 anos, o que sugere, por exemplo, que a maioria dos grandes movimentos de preço, como aqueles ocorridos em 2003 e em 2006, foi influenciada pelas alterações ocorridas nos preços das novas construções. Concluindo, embora as estatísticas dos preços de segunda mão possam sugerir que os valores dos ativos estão aumentando quando os efeitos da inflação no custo de substituição são considerados, talvez não seja esse o caso. A inflação e os ciclos do frete têm efeitos simultâneos que podem, e devem, ser considerados separadamente.

As *expectativas* são, por vezes, a influência mais importante nos preços de segunda mão. Elas aceleram a velocidade de mudança dos pontos de viragem do mercado. Por exemplo, inicialmente, os compradores e os vendedores podem se segurar para ver o que irá acontecer, para depois correr rapidamente para a negociação, desde que acreditem que o mercado está avançando. O mercado pode oscilar entre uma depressão profunda e uma atividade intensiva no espaço de somente algumas semanas, como mostra o seguinte relatório de um jornal:

> Um navio petroleiro muito grande avariado num ataque de mísseis no Golfo Pérsico e destinado a ser demolido tornou-se o objeto de uma das vendas mais notáveis do ano. As fontes de mercado acreditam que o comprador pagou US$ 7 milhões pelo navio-tanque, que até o recente aumento da demanda de tonelagem parecia não ter futuro. A recuperação do Volare é indicativa da escassez contínua de navios-tanques grandes que conduziu à reativação de muitos navios em situação de desarmamento temporário. Há um mês, o navio Empress, de 423.700 tpb, tinha sido comprado por interesses de Taiwan, após ter sido rebocado por meio mundo para ser demolido.[9]

O Volere foi revendido dois meses mais tarde por US$ 9,5 milhões e a tonelagem de segunda mão era muitíssimo escassa, porque os proprietários retinham as vendas para ver como os preços iriam se comportar. Em resumo, embora exista uma correlação clara entre os preços de segunda mão e as taxas de frete, o movimento dos preços nem sempre é um processo tranquilo. Os picos e as baixas tendem a enfatizar o comportamento dos compradores e dos vendedores.

VALORAÇÃO DOS NAVIOS MERCANTES

A valoração de navios é uma das tarefas de rotina efetuadas pelos corretores de compra e venda. Existem várias razões por que as valorações são necessárias. Os bancos que emprestam o capital sobre hipoteca precisam avaliar a garantia colateral e, provavelmente, continuarão a monitorar o valor do navio durante o período do empréstimo. Geralmente, os prospectos de uma oferta pública de ações incluem uma avaliação da frota, como fazem as contas anuais das empresas públicas. Finalmente, as locações financeiras frequentemente precisam ter uma visão sobre o valor residual do navio ao final do período do empréstimo, uma tarefa muito mais complexa e difícil do que simplesmente avaliar o valor corrente. Isso é abordado na Seção 6.8, que tratará da avaliação dos navios e das empresas de navegação, incluindo o cálculo dos valores residuais e dos valores de sucata.

5.6 O MERCADO DAS NOVAS CONSTRUÇÕES

EM QUE O MERCADO DAS NOVAS CONSTRUÇÕES DIFERE DO DE COMPRA E VENDA

Embora o mercado de novas construções esteja estreitamente relacionado com o de compra e venda, o seu caráter é bastante diferente. Ambos os mercados negociam navios, mas o mercado de novas construções negocia navios que não existem, eles têm de ser construídos. Isso tem várias consequências. Primeiro, a especificação do navio deve ser determinada. Sempre que possível os estaleiros pressionam o comprador a ficar com um navio padronizado do estaleiro. Isso acelera a negociação e reduz a pressão sobre os seus projetos e as estimativas de recursos, além de geralmente serem mais baratos que um projeto feito sob medida. Os projetos totalmente novos são complicados porque os custos têm de ser estimados antecipadamente na negociação, e isso envolve um risco significativo. Os compradores podem fazer alterações ao projeto do estaleiro, mas devem pagar um valor extra por elas. Pela mesma razão, os estaleiros preferem encomendas em série. Em segundo lugar, o processo contratual para um projeto de grandes dimensões é mais complexo. Em terceiro lugar, o navio não estará disponível por dois a três anos após a data do contrato, altura em que as condições podem ter mudado, portanto, as expectativas são importantes.

COMPRADORES E VENDEDORES NO MERCADO DE NOVAS CONSTRUÇÕES

O *comprador* que entra num contrato de novas construções pode ter vários motivos diferentes. Ele pode precisar de um navio de certa dimensão e especificação, e não existe nada apropriado no mercado de segunda mão. Frequentemente, isso acontece quando as condições de mercado são firmes e a oferta de navios de boa qualidade é restrita. Os preços de navios de segunda mão podem ser mais elevados do que os preços de navios novos, como discutido na seção anterior. As siderúrgicas, as usinas de energia elétrica, os projetos de GNL e outros grandes projetos industriais geralmente são desenvolvidos em função de necessidades de transporte específicas, satisfeitas pelas novas construções. Algumas companhias de navegação grandes têm uma política de substituição regular de navios, mas isso não é tão comum como na época em que as companhias de navegação britânicas substituíam as suas frotas aos dez ou quinze anos de idade. Finalmente, os especuladores podem ser atraídos pelos incentivos oferecidos pelos construtores navais que estão sem trabalho – são exemplos os preços baixos ou créditos favoráveis – ou pela existência de afretamentos por tempo rentáveis, se conseguirem encontrar um navio.

Os estaleiros navais formam um grupo grande e diverso. Existem cerca de trezentos estaleiros navais principais, e muitos outros de menor dimensão.[10] O seu tamanho e a sua capacidade técnica variam entre os estaleiros pequenos, com uma força de trabalho inferior a duzentos empregados, que constroem rebocadores e barcos de pesca, e os principais estaleiros navais da Coreia do Sul, que empregam mais de 10 mil trabalhadores, que constroem navios porta-contêineres e navios-tanques transportadores de gases. Embora alguns estaleiros navais se especializem em determinado tipo de navio, a maior parte deles é extremamente flexível e licita uma grande variedade de negócios. Em condições de mercado adversas, sabe-se que os estaleiros navais licitam qualquer coisa, desde plataformas flutuantes de produção a navios de pesquisa.

NEGOCIAÇÃO DE UMA NOVA CONSTRUÇÃO

A negociação é complexa. Com frequência os proprietários nomeiam um corretor para tratar da nova construção, mas eles podem tratar de forma direta, especialmente se tiverem uma relação já estabelecida com um estaleiro naval e os especialistas necessários para tratar da negociação, a qual pode consumir bastante tempo. O comprador pode abordar o mercado da construção naval de várias formas, dependendo das circunstâncias e das condições de mercado. Um procedimento comum é lançar concursos entre uma seleção de estaleiros navais adequados. Muitas vezes, a documentação do concurso é bastante extensa, estabelecendo a especificação precisa do navio. Logo que se recebem as propostas, são selecionados os estaleiros mais competitivos e, seguindo-se uma discussão detalhada do projeto, da especificação e das condições, é tomada uma decisão final. Todo o processo pode levar entre seis meses e um ano. Num mercado a favor dos vendedores, o processo de concurso pode não ser possível. Os compradores concorrem ferozmente pelos poucos picadeiros disponíveis e os estaleiros navais estabelecem os seus próprios termos e condições. Frequentemente, os estaleiros navais tiram partido de um mercado firme para insistir na venda de um projeto padronizado.

A negociação do contrato pode ser dividida em quatro áreas focalizando: o preço, a especificação do navio, os termos e as condições do contrato e o financiamento da nova construção oferecido pelo construtor naval. Num mercado fraco os compradores procuram tirar o máximo de benefício da sua posição de negociar em cada uma das áreas; inversamente, num mercado forte o construtor naval negociará o maior preço possível por um navio padronizado com fases de pagamentos escalonados.

O mais importante é o preço. Geralmente os navios são encomendados por um preço fixo pago numa série de preços escalonados, cujo pagamento repartido ocorre durante a construção do navio. O objetivo do construtor naval é ser pago ao mesmo tempo que constrói o navio, para que não precise de capital circulante, e procura receber os pagamentos escalonados de acordo com as linhas apresentadas no Destaque 5.4.

> **Destaque 5.4 – Padrão típico dos pagamentos escalonados a um estaleiro naval**
>
> | Fase de produção | Pagamento devido |
> |---|---|
> | Assinatura do contrato | 10% |
> | Corte do aço | 22,5% |
> | Assentamento da quilha | 22,5% |
> | Lançamento | 22,5% |
> | Entrega | 22,5% |
>
> Fonte: Departamento das novas construções da H. Clarkson.

O padrão varia muito com o mercado, mas hoje em dia é raro haver mais que cinco ou seis pagamentos. Num mercado a favor do vendedor, o construtor pode exigir 50% no momento em que assina o contrato; já as taxas de juros baixas e o mercado pobre de 2002 resultaram em contratos com 10% pagos na assinatura, no assentamento da quilha e no lançamento, sendo os restantes 70% pagos no ato da entrega. A especificação do navio também é importante, porque as modificações no projeto podem aumentar o custo em 10%-15%. Existem muitos elementos negociáveis no contrato, como discutiremos mais à frente. Finalmente, as provisões de financiamento dadas pelos construtores navais são uma forma estabelecida desde há muito para segurar o negócio, especialmente pelos estaleiros que não são competitivos em termos de preço, ou durante as recessões, quando os clientes têm dificuldade em obter financiamento. O financiamento de navios novos é debatido na Seção 8.4.

Os quatro mercados do transporte marítimo

CONTRATO DA CONSTRUÇÃO NAVAL

Uma vez terminadas as negociações preliminares, frequentemente se redige uma "carta de intenções" como base para o desenvolvimento dos detalhes do projeto e do contrato de construção. Nesse estágio, a carta de intenções não é juridicamente vinculativa, embora isso possa ser uma questão delicada, em especial se o construtor dedicar recursos significativos para construir um projeto de acordo com as especificações do proprietário. Por exemplo, o custo de desenvolvimento de um projeto detalhado para um *ferry* ou para um navio porta-contêineres grande pode exceder US$ 1 milhão.

Como a construção de um navio mercante pode prolongar-se por vários anos, é possível que as coisas não ocorram como esperado, conduzindo a mudanças no projeto ou a disputas entre o comprador e o construtor. O contrato de construção naval deve garantir que cada uma dessas disputas possa ser tratada de forma justa e ordeira e que não perturbe a produção nem as relações comerciais. Inevitavelmente o contrato é mais detalhado do que o contrato de compra e venda curto utilizado nas transações comerciais de segunda mão, estendendo-se geralmente por setenta a oitenta páginas, contendo um preâmbulo e várias cláusulas, cada uma delas lidando com uma área específica em que se verifica a ocorrência de disputas. O modelo geral dos contratos de construção naval atualmente está bem definido, e o Destaque 5.5 providencia um vasto sumário das muitas questões tratadas, incluindo os procedimentos para solucionar os problemas antecipados, enquanto se minimizam as disputas legais dispendiosas.

Destaque 5.5 – Exemplo de um contrato de construção naval típico. Encontram-se disponíveis alguns contratos-padrão diferentes, mas a maioria tem cláusulas para lidar com as questões assinaladas a seguir.

Cláusula 1: Descrição e classe. Uma descrição detalhada do navio, o seu número de estaleiro, registro e classificação e a utilização de subempreiteiros (por exemplo, se parte do navio é subcontratada).

Cláusula 2: O preço do contrato e as condições de pagamento. Especifica o preço do contrato, a moeda, as prestações e o método de pagamento para as modificações e prêmios.

Cláusula 3: Ajustamento do preço de contrato. Estabelece a indenização contratual e o ressarcimento dos danos que serão pagos se a velocidade, a capacidade de carga e o consumo de combustível calculados nas provas de mar não cumprirem com os termos do contrato.

Cláusula 4: Aprovação dos planos, desenhos e inspeção durante a construção. Esta seção importante trata dos procedimentos para a aprovação dos planos e dos direitos do supervisor do comprador inspecionar o navio durante a construção e assistir aos testes e às provas. O construtor deve enviar ao comprador três cópias dos planos e da informação técnica para aprovação. Deve ser devolvida uma cópia anotada ao construtor dentro do prazo de 21 dias. Durante a construção, os defeitos anotados pelo supervisor devem ser notificados por escrito e é estabelecido um procedimento para resolver as disputas.

Cláusula 5: Modificações. Estabelece as regras para efetuar quaisquer modificações ao projeto efetuadas a pedido do comprador depois da data do contrato, ou para atender a quaisquer mudanças que ocorram nos requisitos regulamentares. Dá ao construtor o direito de debitar por quaisquer alterações e de modificar, se necessário, o plano de construção. É também permitido ao construtor realizar a pequeníssimas alterações das especificações e dos materiais, se não afetarem o desempenho.

Cláusula 6: Provas e aceitação. Serão efetuados acordos relativos às provas de mar, incluindo as condições meteorológicas, as condições em que os testes serão efetuados e o direito do construtor de repetir as provas ou de adiá-las se necessário. O construtor deve notificar o comprador de que as provas estão terminadas no intervalo de cinco dias, ao fim dos quais o comprador deve aceitar ou rejeitar o navio, especificando as razões. Os procedimentos de disputa estão estabelecidos na Cláusula 12.

> *Cláusula 7: Entrega do navio.* Determina onde e quando o navio será entregue e lista os documentos a serem entregues pelo construtor ao comprador.
>
> *Cláusula 8: Atrasos e extensão do tempo por entrega atrasada.* Define forças maiores (razões do atraso) que podem ser razões aceitáveis para uma entrega atrasada e estabelece os procedimentos para notificar o comprador se a data de entrega é adiada. O comprador tem direito ao cancelamento se a entrega, excluindo os atrasos admissíveis, falha em mais de 210 dias. Estabelece as indenizações contratuais e os prêmios por entrega atrasada/antecipada. Os atrasos permitidos incluem os ocasionados por greves, condições meteorológicas extremas e falta de materiais.
>
> *Cláusula 9: Garantia.* Estabelece os termos e o período durante o qual o navio tem garantia contra defeitos devido a maus acabamentos ou materiais defeituosos.
>
> *Cláusula 10: Cancelamento pelo comprador.* Dentro de três ou quatro meses da assinatura do contrato, o construtor deve providenciar ao comprador uma carta de garantia de reembolso [*Letter of Refundment Guarantee*] de um banco aceitável. Se o comprador cancela por escrito, por razões aceitáveis pelo contrato, e é aceito pelo construtor, todos os pagamentos escalonados devem ser devolvidos com uma taxa de juros de 8%. Caso contrário, seguem-se os procedimentos de arbitragem (Cláusula 12).
>
> *Cláusula 11: Inadimplência do comprador e do construtor.* Define as condições sob as quais o comprador e o construtor entram em inadimplência. Estipula a taxa de juros à qual os últimos pagamentos do comprador serão taxados e os termos em que o construtor pode rescindir o contrato e vender o navio. Define os direitos do comprador a ser reembolsado com juros se o construtor entra num processo de liquidação ou suspende o trabalho no navio.
>
> *Cláusula 12: Arbitragem.* Nomeia o regime legal e estabelece as condições para nomear uma sociedade classificadora ou um perito técnico para solucionar quaisquer disputas sobre a construção do navio e o regime de arbitragem para quaisquer disputas contratuais.
>
> *Cláusula 13: Sucessores e cessionários.* Estabelece os termos sob os quais o comprador pode vender o navio a uma terceira parte ou atribuir o contrato para efeitos financeiros.
>
> *Cláusula 14: Propriedade.* Define quem possui os planos, os desenhos construtivos e o navio durante a construção. Podem ser oferecidos formatos alternativos. O primeiro especifica que o navio pertence ao fornecedor até a entrega; o segundo torna-o propriedade do comprador, mas concede ao fornecedor o direito de arresto por qualquer parte do preço não pago; o terceiro estabelece um procedimento de marcação dos componentes que se tornaram propriedade do comprador detidos a título de caução relativamente às prestações pagas.
>
> *Cláusula 15: Seguro.* O construtor é responsável por segurar o navio e todos os seus componentes associados.
>
> *Cláusula 16: Despesas do contrato.* Distribui o pagamento das taxas, responsabilidades, selos e comissões entre o fornecedor e o comprador.
>
> *Cláusula 17: Patentes.* Torna o construtor naval responsável por quaisquer infrações de patentes do seu trabalho, mas não do trabalho dos seus fornecedores.
>
> *Cláusulas 18-20.* Trata de várias tecnicidades, incluindo os termos sob os quais o contrato torna-se vinculativo, o domicílio legal do comprador e do fornecedor, o direito do comprador de atribuir o contrato a uma terceira parte e os endereços para correspondência.

PREÇOS DA CONSTRUÇÃO NAVAL

Os preços da construção naval, como os preços dos navios de segunda mão, são determinados pela oferta e pela demanda. Contudo, neste caso, os vendedores não são os proprietários de navios, mas os estaleiros navais. No lado da demanda, os fatores são as taxas de frete, o preço dos navios modernos de segunda mão, a liquidez financeira dos compradores, a disponibilidade de crédito e, mais importante, as expectativas. Do ponto de vista da oferta do estaleiro naval, os principais fatores são os custos de produção, o número de picadeiros disponíveis e o tamanho da carteira de encomendas. Um estaleiro com três anos de trabalho pode estar relutante em oferecer uma entrega em longo prazo por causa dos riscos de inflação, enquanto outro estaleiro somente com os navios encomendados em processo de construção está desesperadamente interessado em encontrar um novo negócio. Esse equilíbrio é o que influencia os preços dos estaleiros navais. Durante as expansões, quando os estaleiros constroem uma grande carteira de encomendas, e muitos proprietários concorrem pelos poucos picadeiros existentes, os preços aumentam acentuadamente. Numa recessão ocorre o oposto: os estaleiros navais têm falta de trabalho e existem poucos compradores, portanto, os estaleiros têm de baixar os preços para atrair os compradores.

Como resultado, os preços da construção naval são tão voláteis quanto os preços de segunda mão e, com razão, estão estritamente correlacionados com eles, como pode ser visto na Figura 5.13. Esse gráfico compara os preços de um navio-tanque Aframax novo com um de segunda mão durante dezoito anos. Ele ilustra a diferença entre a forma como o mercado trata um navio de segunda mão que se encontra imediatamente disponível e um navio novo que não estará disponível por dois a três anos, dependendo da carteira de encomendas. Assumindo uma vida de 25 anos, um navio com cinco anos de idade deveria custar em média 80% do preço de um navio novo. Mas a Figura 5.13 mostra que, no início da década de 1990, o preço caiu para 60%, porque o mercado estava contraído e os investidores não queriam um navio pronto. Eles preferiam uma nova construção que não fosse entregue nos anos próximos, momento em que o mercado já devia ter melhorado. Contudo, em 2006, o preço de segunda mão era mais elevado do que o preço de uma nova construção, porque as taxas de frete eram muito elevadas e havia uma concorrência intensa por navios prontos que podiam ser afretados a uma taxa elevada.

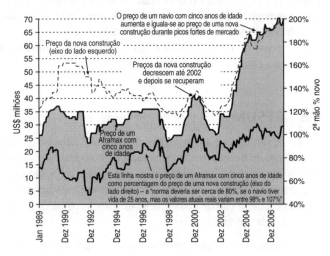

Figura 5.13 – Correlação entre os preços de um navio tanque Aframax novo e de um com cinco anos de idade.
Fonte: Clarkson Research.

5.7 O MERCADO DE DEMOLIÇÃO (RECICLAGEM)

O quarto mercado é o da demolição. Este é menos glamoroso, mas uma parte essencial do negócio, atualmente referido como indústria de reciclagem. A mecânica é bastante simples. O procedimento é muito semelhante ao do mercado de segunda mão, mas os clientes são os estaleiros de sucata [*scrap yards*] que demolem os navios (ver Capítulo 13), em vez dos proprietários de navios. Um proprietário tem um navio que não pode vender para navegação, portanto, oferece o navio no mercado de demolição. Geralmente um corretor trata da venda, e as principais empresas de corretagem têm um "departamento de demolição" especializado nesse mercado. Esses corretores mantêm os registros das vendas recentes e, porque estão no mercado, sabem quem está comprando a qualquer momento. Quando recebe as instruções do proprietário, o corretor divulga para as partes interessadas os detalhes do navio, incluindo o deslocamento de navio leve [*lightweight*], a localização e a disponibilidade.

Os compradores finais são os estaleiros de demolição [*demolition yards*], a maior parte está localizada no Extremo Oriente (por exemplo, Índia, Paquistão, Bangladesh e China). Contudo, a compra é feita por intermediários, que compram o navio por dinheiro e o vendem aos estaleiros de demolição. Os preços são determinados por negociação e dependem da existência de navios para sucata e da demanda de sucatas metálicas. Na Ásia, grande parte da sucata é usada nos mercados locais, que constituem uma fonte conveniente de matérias-primas para as minissiderúrgicas ou para os laminados a frio utilizados na construção. Então, a demanda depende do estado do mercado de aço local, embora a existência de instalações para a demolição é por vezes uma preocupação. Embora os preços possam ser muito voláteis, flutuando entre a baixa de US$ 100 por tonelada de deslocamento de navio leve na década de 1980 e os mais de US$ 400 por tonelada de deslocamento de navio leve em 2007. O preço também varia de navio para navio, dependendo da sua adequação para sucata.

As ofertas são recebidas, o preço consolida-se e, eventualmente, o acordo é estabelecido. Embora por vezes seja utilizado um contrato-padrão, como o Norwegian Sales Form, somente algumas poucas cláusulas são relevantes para uma venda de demolição, de tal forma que os corretores tendem a utilizar os seus próprios contratos, mais simples. Ao fim, o comprador toma a posse do navio e, se ele é um intermediário, toma as medidas adequadas para entregar o navio no estaleiro de demolição.

5.8 RESUMO

Neste capítulo olhamos para os quatro mercados marítimos, o mercado de fretes (incluindo o mercado de derivativos), o mercado de compra e venda, o mercado de novas construções e o mercado de demolição. Uma vez que os mercados são lugares práticos, os economistas que querem perceber como eles funcionam devem estudar aquilo que realmente acontece. Começando pela definição de mercado, examinamos como os quatro mercados marítimos gerenciam o negócio da oferta de navios.

O *mercado de fretes* consiste em proprietários de navios, afretadores e corretores. Existem quatro tipos de acordos contratuais: o afretamento por viagem, o contrato de afretamento a volume, o afretamento por tempo e o afretamento em casco nu. Os proprietários que negociem no mercado das viagens efetuam um contrato para transportar uma carga a um preço acordado por tonelada, enquanto o mercado de afretamento envolve o aluguel de navios numa base diária (afretamento por tempo). O afretamento é legalmente acordado numa carta-partida que estabelece os termos do negócio. As estatísticas das taxas de frete mostram os movimentos dos preços ao longo do tempo, registrados em dólares por tonelada, WorldScale ou ganhos dos afretamentos por tempo. Finalmente, o mercado de derivativos permite que os afretadores e os proprietários cubram o risco do seu frete ou especulem fazendo contratos de futuros de frete (FFA), que são contratos financeiros estabelecidos em relação a um valor de índice-base na data específica acordada no contrato.

Os navios de segunda mão são comercializados no *mercado de compra e venda*. Os compradores e os vendedores são os proprietários de navios. De uma forma geral os procedimentos administrativos são parecidos com os do mercado imobiliário, utilizando um contrato-padrão, como o Norwegian Sales Form. Os preços dos navios são muito voláteis, e isso torna o comércio de navios uma fonte importante de receitas para os proprietários de navios, embora essas

Os quatro mercados do transporte marítimo

transações não afetem o fluxo de caixa da indústria como um todo. A valorização dos navios mercantes de segunda mão depende das taxas de frete, da idade, da inflação e das expectativas.

O *mercado de novas construções* é bastante diferente. Os participantes são os proprietários de navios e os construtores navais. Como o navio tem de ser construído, as negociações do contrato são mais complexas que as do mercado de compra e venda de navios, indo além do preço e incluindo fatores como a especificação, a data de entrega, o escalonamento dos pagamentos e o financiamento. Os preços são tão voláteis como os preços de segunda mão e algumas vezes seguem o mesmo padrão.

Finalmente, olhamos para o *mercado de demolição*. Os navios velhos ou obsoletos são vendidos para sucata, frequentemente com os especuladores atuando como intermediários entre os proprietários de navios e os comerciantes que operam no mercado de demolição.

Esses quatro mercados funcionam conjuntamente, ligados pelo fluxo de caixa. Os participantes são conduzidos na direção que o mercado quer pela combinação do fluxo de caixa e do sentimento de mercado, mas o mercado não consegue ter controle total. Em última instância, o que acontece amanhã depende do que as pessoas fazem hoje. Nesse sentido o transporte marítimo é como um mercado rural. No momento em que o agricultor chega ao mercado com o seu porco e descobre que todos os outros agricultores criaram suínos, é tarde demais. Os preços caem e o agricultor, que tem as contas da ração para pagar, aceita o preço que lhe é oferecido. Mas essa situação foi criada um ano antes, quando os preços eram altos e todos começaram a criar suínos. Os agricultores mais espertos viram o que os outros agricultores estavam fazendo e mudaram para galinhas. Isso não tem nada a ver com a demanda de porcos ou galinhas. É um gerenciamento do lado da oferta e discutiremos no Capítulo 8 como as empresas individuais lidam com isso. Mas, por ora, concluímos que, como o agricultor, a companhia de navegação bem-sucedida deve saber quando ficar longe dos porcos!

PARTE 3
A ECONOMIA DAS COMPANHIAS DE NAVEGAÇÃO

CAPÍTULO 6
CUSTOS, RECEITAS E FLUXO DE CAIXA

"Rendimento anual de vinte libras esterlinas, despesa anual de dezenove libras esterlinas dezenove xelins e seis pences, o resultado é alegria.

Rendimento anual de vinte libras esterlinas, despesa anual de vinte libras esterlinas zero xelim e seis pences, o resultado é infelicidade."

(Mr. Micawber, em *David Copperfield*)

6.1   O FLUXO DE CAIXA E A ARTE DA SOBREVIVÊNCIA

IMPACTO DAS PRESSÕES FINANCEIRAS SOBRE DECISÕES DOS PROPRIETÁRIOS DE NAVIOS

Neste capítulo olhamos para a economia marítima a partir da perspectiva individual da companhia de navegação. Todas as companhias enfrentam o desafio de navegar o seu caminho pela sucessão de expansões, de recessões e de depressões que caracterizam o mercado marítimo. Durante os períodos prósperos, quando os fundos abundam, deve-se dar resposta ao desafio de se investir prudentemente para um crescimento futuro e um retorno comercial do capital. As sementes dos problemas futuros são frequentemente semeadas sob a influência estonteante do sentimento do mercado durante o pico de um ciclo. Durante as recessões, o desafio é manter o controle do negócio quando o mercado força a capacidade excedente a sair do sistema, reduzindo o fluxo de caixa e tirando partido das oportunidades. Nesses períodos, o mercado marítimo é como uma corrida de maratona em que se permite que somente um número limitado de novos participantes terminem. A corrida não tem comprimento fixo, vai volta após volta até que os concorrentes em número suficiente caiam de exaustão, deixando os corredores sobreviventes para apanhar os prêmios.

Em última análise, o que distingue os vencedores dos perdedores é o desempenho financeiro. Os riscos enfrentados pelas companhias de navegação são ilustrados pela decisão de vender um navio relatada no *Lloyd's List* durante a recessão da década de 1980 (Figura 6.1). Isso ocorreu num momento em que o mercado de fretes se encontrava muito deprimido, e o artigo revê as questões que levaram uma companhia de navegação a decidir vender um VLCC da sua frota. Embora essa recessão tivesse ocorrido há muitos anos, as circunstâncias são intemporais e ilustram as questões que os gerenciamentos das companhias de navegação enfrentam durante as depressões. A companhia estava perdendo dinheiro – no ano anterior, US$ 14,5 milhões – e o navio encontrava-se desarmado temporariamente e gerava um fluxo de caixa negativo. Durante alguns anos, a companhia aceitou essa fuga do seu fluxo de caixa, na esperança de que o mercado melhorasse, mas nesse momento a direção viu que, "olhando as coisas retrospectivamente, era evidente que as nossas esperanças acerca do futuro do VLCC estavam mal fundamentadas", decidiu vender o navio. A sua venda significava registrar um prejuízo igual ao remanescente do seu valor contábil não coberto pelo preço de venda, de tal forma que a companhia teria de anunciar uma grande perda, mas o produto da venda melhoraria o fluxo de caixa.

Lofs is poised to sell 'London Pride'

By Tony Gray, Business Editor

1 FLEET pruning looks set to continue at London & Overseas Freighters, the UK tanker owner which suffered a loss of £14.5 million last year.

After yesterday's annual meeting Lofs managing director Mr. Miles Kulundis disclosed that the group was actively considering the sale of the VLCC *London Pride*.

2 This 12-year old 259,182-tonnes deadweight tanker is the group's largest and oldest vessel, and has been a drain on the group's financial performance.

For some years, Lofs harboured the belief that it would be able to cash in on the *London Pride's* earning potential once the market picked up. But, the depression in the tanker market has persisted, and the heavily over tonnaged VLCC size range has been the worst affected.

A hint that the *London Pride's* future in the Lofs fleet was in doubt came in the recent annual report.

3 The chairman's statement disclosed the group's disenchantment with the vessel: "Our VLCC *London Pride*, is still laid-up and, with the benefit of hindsight, it is evident that our hopes for the future of the VLCC were ill-founded."

4 The *London Pride* has, in fact, been laid-up since December 1981. As she is turbine-powered, it seems likely that the vessel will be scrapped if Lofs proceeds with a sale. In current market conditions, a 5 demolition sale may bring in around £4m for Lofs.

6 A sale for further trading could involve an additional $0.5m. Whatever the price achieved, it is likely to be below the 7 sterling book value – of £3.56m at Mar 31 1983 – and a loss being carried into the current year's accounts.

8 However, the sale would have a beneficial impact on the group's cash flow.

The departure of the *London Pride* would leave Lofs with a fleet comprising five tankers: the two 61,000-tonnes general purpose tankers *London Spirit* and *London Glory*: and the three 138,000-tonners – one of which is jointly owned – *London Glory, London Enterprise*, and *Overseas Argonaut*.

9 Lofs hopes that this will remain its core fleet for the anticipated recovery in freight rates later this year and next as oil re-stocking takes effect. The group placed all its eggs in one basket through the sale earlier this year of its dry bulk fleet to the Onassis group for $20.55m.

Lofs is not alone in discerning a more imminent recovery in the tanker market rather than for bulk carriers. Some fear the dry bulk market could be facing problems of a similar scale to those that have plagued tanker owners for so long.

It is vital for Lofs, after many years of losses and strain on the company's cash resources, that the tanker market does improve this winter.

Lofs has a versatile fleet that should be able to capitalise quickly on a rise in freight rates. A phase of oil re-stocking is expected to particularly benefit medium-sized tankers, and the group's 61,000 and 138,000-tonne vessels fit the bill.

Figura 6.1 – Artigo jornalístico que ilustra as influências comerciais sobre uma decisão de demolição de navios.

Fonte: *Lloyd's List*, julho 1983.

Notas: influências sobre a decisão de demolição navios: 1) desempenho financeiro; 2) idade e dimensão do navio; 3) expectativas de mercado; 4) custos operacionais (as turbinas utilizam muito combustível); 5) preços de demolição; 6) estado do mercado de segunda mão; 7) valor contábil do navio em relação ao seu preço de sucata ou de revenda; 8) fluxo de caixa da companhia; 9) políticas e atitudes de gerenciamento.

Uma vez que o navio era movimentado com turbinas e esteve desarmado durante alguns anos, considerou-se como provável a venda do navio para sucata, dados os preços prevalecentes de mercado. No último parágrafo, o artigo aborda ainda uma decisão muito importante tomada pelo grupo referente à venda da sua frota de granel sólido e à sua concentração total no mercado de navios-tanques – uma decisão estratégica de sacrificar uma parte do negócio para obter capital que permitisse à parte restante continuar, com a convicção de que as previsões do mercado de navios-tanques eram melhores do que aquelas do mercado de cargas sólidas.

Com base nesse exemplo, o desafio é criar uma solidez financeira suficiente em tempos bons para evitar decisões indesejáveis, como a venda de navios para sucata, nos tempos ruins. É a companhia que tem um fluxo financeiro fraco e não tem reservas que é pressionada a sair durante as depressões, enquanto a companhia que tem um fluxo financeiro forte compra navios baratos e sobrevive para gerar lucros no próximo crescimento do transporte marítimo. Não é, portanto, o navio, a administração nem o método de financiamento que determina o sucesso ou o insucesso, mas a forma como estes são misturados para combinar o lucro com um fluxo de caixa suficientemente robusto para sobreviver às depressões que estão à espera para apanhar investidores incautos.

6.2 O DESEMPENHO FINANCEIRO E A ESTRATÉGIA DE INVESTIMENTO

Se o desempenho financeiro é a chave para a sobrevivência no mercado, então como ele é alcançado? As três variáveis principais com as quais os proprietários de navios devem trabalhar são:

- as receitas recebidas do afretamento/operação do navio;

- o custo de exploração do navio;

- o método de financiamento do negócio.

Na Figura 6.2 apresenta-se graficamente a relação entre esses itens do fluxo de caixa. A receita, representada pela caixa à esquerda, é oriunda da comercialização do navio. Embora, por norma, os proprietários de navios não possam controlar o preço que recebem por tonelada de carga, existem várias maneiras de obter mais receitas do navio. Uma solução é aumentar a capacidade de carga para alcançar economias de escala. Alguns milhares de toneladas de capacidade extra para gerar receitas podem fazer toda a diferença. Outras possibilidades incluem a produtividade aumentada derivada do planejamento operacional, a redução das viagens de retorno, a minimização do tempo em que o navio se encontra sem receber frete, a melhoria da utilização da tonelagem de porte bruto e a redução do tempo de manuseio da carga. Das receitas ganhas pelo navio, devem-se deduzir os custos de exploração e os reembolsos de capital apresentados pelas caixas ao centro da Figura 6.2. Os custos incluem os operacionais, os de viagem e os de manuseio da carga, enquanto os reembolsos do capital cobrem os juros e a manutenção periódica do navio. O que fica de fora depois desses encargos pode estar sujeito a impostos, embora poucos proprietários de navios estejam sujeitos a esse custo particular. O valor residual é distribuído sob a forma de dividendos ou retido dentro do negócio.

Como verificaremos, a maneira como as companhias de navegação gerenciam essas variáveis de custo e de receitas influencia significativamente o desempenho financeiro do negócio. Mais especificamente:

- A escolha do navio influencia o custo de exploração [*running cost*]. Os custos diretos de produção diários são mais elevados para os navios velhos, com uma maquinaria envelhecida que necessita de manutenção constante; um casco ferrugento que precise de uma substituição regular do aço; e um consumo de combustível elevado. Custam menos para operar os navios modernos com menos tripulação, uma maquinaria eficiente em termos de combustível mais confiável e uma manutenção insignificante.

- A exploração de uma operação de transporte marítimo bem-sucedida não é somente uma questão de custos. Também implica obter do navio o máximo de receitas possíveis. As receitas podem ser estáveis durante um afretamento por tempo de longa duração ou irregulares no mercado aberto. Podem ser aumentadas por meio de um gerenciamento cuidadoso, de um afretamento inteligente e de uma concepção de navio flexível para minimizar o tempo em lastro e garantir que o navio produza receitas durante grande parte do tempo em que se encontra no mar.

- A estratégia financeira é crucial. Se o navio é financiado por recurso ao crédito, a companhia fica comprometida com uma programação de reembolsos de capital, independentemente das condições de mercado. Se o navio for financiado a partir das reservas financeiras do proprietário ou por financiamento de capital próprio externo, não existem pagamentos fixos de capital. Na prática, se uma companhia de navegação tem somente capital próprio limitado, frequentemente a escolha é entre um navio envelhecido com elevados custos de exploração, mas ausente de dívida, e um navio novo com custos de exploração baixos e uma hipoteca.

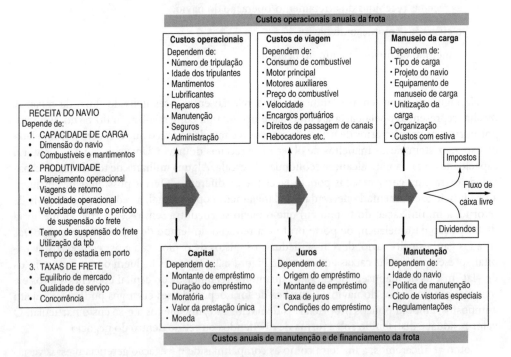

Figura 6.2 — Modelo do fluxo de caixa do transporte marítimo, mostrando as receitas, os custos de exploração e os reembolsos de capital.

Custos, receitas e fluxo de caixa

O equilíbrio entre tonelagem nova e envelhecida, entre tonelagem de propósito único e multipropósito sofisticada, entre financiamento por recurso ao crédito e capital próprio oferece uma grande variedade de estratégias possíveis de investimento em navios. Cada companhia de navegação efetua a sua própria escolha, conferindo-lhe um estilo diferente de operação que rapidamente se torna bem conhecida no mercado marítimo. Contudo, logo que a frota tenha sido comprada e financiada, muitos desses parâmetros tornam-se fixos e as opções abertas aos proprietários Ficam mais restritas.

O resultado pode ser consideravelmente diferente entre a cultura e a abordagem das companhias e navegação. Por exemplo, algumas companhias especializam-se na operação de tonelagem envelhecida com um financiamento por crédito baixo e capital próprio elevado. Os baixos custos de capital fixos tornam possível desarmar temporariamente os navios durante as depressões com um mínimo de fluxo de caixa e ganhar boas receitas durante as expansões de mercado, frequentemente por meio da própria venda do navio. Contudo, a companhia deve possuir as competências práticas para gerenciar os navios velhos e tratar dos problemas de manutenção e confiabilidade que podem de existir numa frota envelhecida. Outras companhias especializam-se em navios modernos e sofisticados que oferecem um potencial máximo de receitas por meio da sua elevada flexibilidade e habilidade para transportar cargas especiais. Essa estratégia é de capital intensivo e muitas vezes envolve um elevado grau de financiamento por crédito, tendo os navios de ser operados continuamente durante as recessões. A obtenção de valor de investimento implica forte capacidade de gerenciamento para construir uma relação com os clientes, um gerenciamento cuidadoso da qualidade e, frequentemente, uma estrutura empresarial. Essa abordagem focaliza a minimização dos custos unitários numa base contínua, enquanto a outra preocupa-se mais com a diminuição do custo. Ambas transportam carga a bordo dos navios, mas são dois mundos à parte.

CLASSIFICAÇÃO DOS CUSTOS

Se começarmos pelo básico, o custo de exploração de uma companhia de navegação depende da combinação de três fatores. Primeiro, o navio determina o amplo quadro dos custos a partir do seu consumo de combustível, do número de tripulantes necessários para operá-lo e da sua condição física, que dita as necessidades de reparos e de manutenção. Segundo, o custo dos itens comprados para bordo, em especial o combustível de bancas, os consumíveis, os salários das tripulações, os custos de reparos do navio e as taxas de juros, está sujeito a tendências econômicas que estão fora do controle do proprietário do navio. Terceiro, os custos dependem da eficiência com que o gerente gerencia a companhia, incluindo as despesas gerais administrativas e a eficiência operacional.

Infelizmente, a indústria marítima não tem uma classificação dos custos normalizada aceita internacionalmente, o que muitas vezes conduz a uma confusão de terminologia. A abordagem usada na presente obra classifica os custos em cinco categorias:

- Os custos operacionais, os quais constituem as despesas envolvidas no gerenciamento diário do navio – essencialmente custos como os de tripulação, provisões e manutenção, nos quais se incorre seja qual for o tráfego em que o navio opere.

- Os custos de manutenção periódica ocorrem quando o navio entra em doca seca para efetuar reparos importantes, geralmente na altura em que efetua a sua vistoria especial. Em navios envelhecidos, isso pode traduzir-se numa despesa considerável, que geralmente não é tratada como parte dos custos operacionais. Sob a alçada das normas internacionais de contabilidade, deve-se efetuar uma avaliação do custo periódico total do ciclo de manutenção, e este é capitalizado e amortizado. Os custos, quando ocorrem, devem ser tratados como itens financeiros separados dos custos operacionais.

- Os custos de viagem são variáveis, associados a uma viagem específica e incluem itens como combustível, encargos portuários e direitos de passagem de canais.

- Os custos de capital dependem da forma utilizada no financiamento do navio. Podem tomar a forma de dividendos transformados em capital próprio, que são discricionários, ou em pagamentos de juros e de reembolsos decorrentes de um financiamento por empréstimo, que não são discricionários.

- Os custos de manuseio da carga representam as despesas com o carregamento, a estiva e a descarga da carga. São particularmente importantes nos tráfegos de linhas regulares.

Da análise dessas categorias de custos, podemos desenvolver uma percepção muito mais completa da economia de mercado abordada no Capítulo 5. Em particular, providenciam uma importante percepção da forma da curva da oferta em curto prazo e do processo de decisão que dirige o ajustamento da oferta e da demanda descrito na Figura 4.15. Existem dois princípios centrais relacionados com o custo que devemos explorar: o primeiro, a relação entre o custo e a idade, e o segundo, a relação entre o custo e o tamanho.

IDADE DO NAVIO E PREÇO DA OFERTA DO FRETE

Dentro de uma frota de navios de dimensão semelhante, é normal verificar que os navios envelhecidos têm uma estrutura de custo diferente daquela dos navios novos. Na realidade, essa relação entre o custo e a idade é uma das questões centrais da economia do mercado marítimo, pois determina a inclinação da curva da oferta no curto prazo, apresentada na Figura 4.12 do Capítulo 4. Com o envelhecimento do navio, os seus custos de capital diminuem, mas os seus custos operacionais e de viagem aumentam em relação aos navios novos, os quais são mais eficientes em razão de uma combinação entre melhorias técnicas desde que o navio foi construído (por exemplo, motores mais eficientes) e o efeito do envelhecimento.

A Figura 6.3 apresenta uma ilustração da forma como o perfil do custo se altera com a idade pela comparação dos custos anuais de três navios graneleiros Capesize, um de cinco anos, um de dez anos e um de vinte anos de idade. Todos os três navios navegam sob o pavilhão da Libéria, utilizando os mesmos esquemas de tripulação e um encargo de capital de 8% ao ano. O custo total diário é aproximadamente o mesmo para os navios de cinco e de dez anos, mas, com base nesses pressupostos, o navio com vinte anos de idade é 13% mais barato. Contudo, a estrutura de custos de um navio novo e de um navio velho é bastante diferente. Se considerarmos somente os custos diretos de produção e excluirmos os custos de capital e de manutenção periódica, o navio moderno é muito mais barato de gerenciar, com despesas operacionais da ordem de 18%, quando comparadas com os 31% de um navio envelhecido, e as de combustível de bancas, por volta de 40%, quando comparadas com os 33% de um navio moderno. Esse diferencial deve-se ao fato de os custos operacionais de um navio envelhecido serem mais altos, com uma tripulação maior, mais manutenção de rotina e menor eficiência em relação ao combustível (lembre-se de que um proprietário que opere no mercado aberto é pago por tonelada de carga, portanto, o combustível é por sua conta). Contudo, quando olhamos para o capital, a situação é muito diferente, contabilizando 47% do custo de um navio moderno, mas somente

11% do custo de um navio envelhecido. A conclusão óbvia é que os proprietários de navios novos e velhos operam em negócios muito diferentes.

Esse diferencial de custo desempenha um papel importante na "corrida" do fluxo de caixa. Se desconsiderarmos os custos de capital e a manutenção periódica, um navio moderno pode sobreviver a níveis de fretes que estão bem abaixo do ponto de desarmamento temporário para os navios velhos. É esse diferencial que determina a inclinação da curva da oferta.

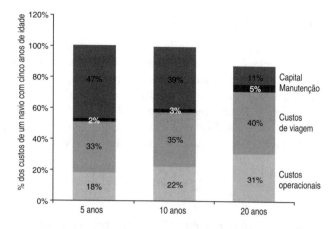

Figura 6.3 – Custo e idade de um navio graneleiro Capesize.
Fonte: Clarkson Research Studies, *Capesize Quality Survey* (1993).

Pelo fato de os ganhos no mercado aberto cobrirem os custos operacionais e de combustível, o navio envelhecido origina menos fluxo de caixa do que um navio novo para qualquer taxa de mercado aberto. Se os ganhos brutos de um navio Capesize (isto é, antes dos custos de combustível) caírem para o nível dos custos operacionais de um navio com vinte anos, seja qual for a duração temporal, é provável que o proprietário do navio de vinte anos o desarme temporariamente, pois a receita não cobre os custos operacionais nem de viagem, mas o navio moderno, com as suas despesas operacionais mais baixas, continuará a navegar. O navio envelhecido será reativado? É aqui que os custos periódicos de manutenção entram em jogo. Embora esses custos possam ser adiados, eles não podem ser adiados indefinidamente. Neste exemplo, quando a quarta vistoria especial chega aos vinte anos, o navio apresenta uma fatura de, por exemplo, US$ 2,2 milhões. Esse valor deverá ser pago se o navio continuar a navegar, portanto, o proprietário tem de decidir se os reparos são vantajosos. Se ele está pessimista acerca do futuro e espera que apareçam mais contas, pode decidir vender o navio para sucata. É assim que funciona o mecanismo da demolição. No entanto, se o mercado estiver forte, ele pode decidir remendá-lo para mais algumas viagens. Por exemplo, se ele se convencer de que as taxas diárias serão US$ 6 mil acima dos custos operacionais por um período de um ano, isso pagaria os custos dos reparos na sua totalidade. Então, pelo ajustamento das taxas de frete, o mercado pode acertar o fluxo de navios deixando o mercado responder ao equilíbrio da oferta e da demanda, e depende de a astúcia dos proprietários prever o que vai acontecer a seguir para afinar esse processo. É um sistema muito eficiente para tirar desses navios o valor econômico máximo, embora no final não seja uma relação mecânica, pois depende do que os proprietários e os seus financiadores decidem fazer.

Não são somente os navios velhos que são postos à prova durante as recessões. Os custos de capital não podem simplesmente ser apagados da conjuntura. Os navios financiados por meio de empréstimos bancários têm um fluxo de caixa fixo que pode exceder os custos operacionais por uma margem considerável. Nessas circunstâncias, é o proprietário do navio moderno que se encontra à prova. Se o frete não for suficiente para cobrir os custos de financiamento e se o proprietário entra em inadimplência, o banco pode exercer os seus direitos de hipoteca, confiscar o navio e vendê-lo para cobrir a dívida pendente. Dessa forma, o mercado filtra os proprietários desclassificados [*substandard owners*] e os navios de qualidade inferior [*substandard ships*].

CUSTOS UNITÁRIOS E ECONOMIAS DE ESCALA

Outra relação que domina a economia marítima e que complica a vida dos economistas marítimos é entre o custo e a dimensão do navio, usualmente referida como economias de escala. O transporte marítimo trata da movimentação da carga, portanto, o enfoque econômico do negócio é o custo unitário, o custo por tonelada, o custo por TEU ou o custo por metro cúbico. É por aí que começaremos. Definiremos o custo anual por tonelada de porte bruto do navio como a soma dos custos operacionais, dos custos de viagem, dos custos de manuseio da carga e dos custos de capital incorridos durante um ano, divididos pelas toneladas de porte bruto do navio:

$$C_{tm} = \frac{OC_{tm} + PM_{tm} + VC_{tm} + CHC_{tm} + K_{tm}}{DWT_{tm}} \quad (6.1)$$

em que C é o custo por tonelada de porte bruto (ou outra capacidade de medida, por exemplo, m^3) por ano; OC, o custo operacional por ano; PM, a manutenção periódica anual; VC, os custos de viagem por ano; CHC, os custos de manuseio da carga por ano; K, o custo de capital por ano; DWT, as toneladas de porte bruto do navio; t é o ano, e m representa o navio m.

Essa relação é particularmente importante porque os custos operacionais, de viagem e de capital não aumentam na proporção das toneladas de porte bruto do navio. Então, a utilização de um navio maior reduz o custo unitário do frete. Por exemplo, um VLCC de 280.000 tpb precisa do mesmo número de tripulantes que um navio-tanque de derivados do petróleo de 29.000 tpb, e utiliza somente um quarto do combustível por tonelada de porte bruto. Igualmente, como pode ser visto na Tabela 6.1, para os navios de granel sólido, em 2005 o custo anual de um navio graneleiro Capesize de 170.000 tpb era de US$ 74 por tonelada de carga, comparado com os US$ 191 por tonelada de carga num navio de 30.000 tpb. As despesas de capital e operacionais e os custos com o combustível de bancas contribuem em conjunto para isso. Desde que existam quantidades de cargas e instalações portuárias, o proprietário de um navio grande tem uma vantagem substancial em relação ao custo e pode gerar um fluxo de caixa positivo a taxas que não são rentáveis para os navios mais pequenos.

Tabela 6.1 – Economias de escala no transporte marítimo a granel (incluindo o combustível de bancas)

| | Pressupostos | | | Custo unitário (US$/tpb por ano) | | | | |
Capacidade de carga tpb	Investimento US$ milhões[a]	Consumo de combustível de bancas toneladas /dia	Operacionais US$ milhões por ano	Custo operacional	Custo do combustível de bancas[b]	Custo de capital[c]	Custo total US$/ tpb por ano	Nota[d] Custo diário US$ 000
30.000	26	21	1,2	40,6	56,7	93,5	191	11.494
47.000	31	24	1,4	30,3	41,4	71,4	143	13.657
68.000	36	30	1,8	26,0	35,7	58,2	120	16.360
170.000	59	50	2,0	12,0	23,8	38,2	74	24.374
Nota: custo de um navio de 170.000 tpb como % de um navio de 30.000 tpb								
567%	231%	238%	168%	30%	42%	41%	39%	

Fonte: diversos.

[a] Custo de uma nova construção em dezembro de 2005.
[b] Dezembro de 2005, assumindo 270 dias por ano no mar, a 14 nós e combustível de bancas a US$ 300 por tonelada.
[c] Custos de capital a 5% da depreciação mais os juros a 6% ao ano durante os 365 dias.
[d] As taxas de afretamento por tempo são utilizadas para os cálculos das economias de escala.

Custos, receitas e fluxo de caixa

Neste exemplo, um aluguel de US$ 44 por tpb cobraria as despesas operacionais e de combustível de um navio Capesize, mas cobraria somente as despesas operacionais de um navio graneleiro de 30.000 tpb, não restando nada para o combustível de bancas.

Isso explica por que os navios de carga têm tendência a se tornarem maiores. Em 1870, os corretores falavam de um navio Handy (isto é, flexível) de 2.000 toneladas, mas, 130 anos mais tarde, um navio Handy tem aproximadamente 50.000 toneladas. Visto que os navios têm gradualmente aumentado de tamanho ao longo dos anos, na prática os diferenciais de idade/custo e das economias de escala têm funcionado conjuntamente. A penalidade do tamanho é a perda de flexibilidade, a qual tem impacto na parcela da equação referente às receitas, limitando os portos em que esses navios podem entrar e tornando mais difícil a redução do tempo em lastro pela obtenção de cargas de retorno. Os investimentos de navios grandes da geração seguinte terão sempre de enfrentar o risco por terem ultrapassado a marca.

A história dos ciclos de fretes é uma luta econômica entre os navios grandes modernos e as gerações anteriores de navios menores com tecnologia obsoleta. Geralmente a combinação entre a pequena dimensão, a qual reduz a receita, e o custo de manutenção crescente torna o navio não rentável quando atinge os vinte ou 25 anos, forçando-o a sair do mercado. Contudo, quando a dimensão do navio para de crescer, como aconteceu no mercado de navios-tanques durante as décadas de 1980 e de 1990, a vantagem econômica dos navios modernos torna-se gradualmente menos precisa, aumentando a vida econômica dos navios.[1]

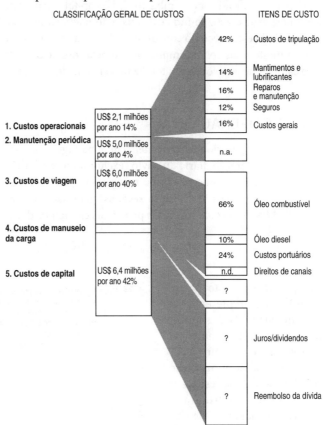

Figura 6.4 – Análise dos principais custos de exploração de um navio graneleiro.

Fonte: compilada por Martin Stopford a partir de várias fontes.

Nota: esta é uma análise de um navio graneleiro Capesize de dez anos de idade sob o pavilhão da Libéria a preços de 2005. Os custos relativos dependem de muitos fatores que mudam ao longo do tempo, portanto, trata-se de uma referência aproximada.

6.3 OS CUSTOS DE EXPLORAÇÃO DE NAVIOS

Os custos abordados na seção anterior ilustram os princípios gerais envolvidos, mas na prática todos os custos são variáveis, dependendo de desenvolvimentos externos como as alterações nos preços do petróleo e a forma como o proprietário do navio gerencia e financia o negócio. Para perceber a economia do investimento em navios, devemos olhar detalhadamente para a estrutura dos custos. A Figura 6.4 sumariza os pontos principais que vamos considerar. Cada caixa no diagrama lista uma categoria de custo principal, as variáveis que determinam o seu valor e a percentagem dos custos para um navio com dez anos de idade. No final desta seção, examinaremos como os quatro principais grupos de custos – custos operacionais (14%), manutenção periódica (4%), custos de viagem (40%) e custos de capital (42%) – são constituídos para determinar o desempenho financeiro total do navio. Conjuntamente, eles determinam o custo do transporte marítimo e são extremamente voláteis, como é evidenciado pelas tendências verificadas no combustível, no capital e em outros custos apresentados na Figura 6.5. Entre 1965 e 2007, o índice de custo do navio aumentou 5,5% ao ano, comparado com os 4,6% do índice de preço do consumidor dos Estados Unidos. Contudo, o índice do custo do navio era muito mais volátil, impulsionado pelas oscilações selvagens nos custos de combustível e de capital que, em conjunto, totalizam cerca de dois terços do total.

CUSTOS OPERACIONAIS

Os custos operacionais, o primeiro item na Figura 6.4, são as despesas correntes relacionadas com a exploração diária do navio (excluindo o combustível, o qual está incluído nos custos de viagem), conjuntamente com uma provisão para os reparos e as manutenções diárias (excluindo as principais idas à doca seca, as quais são tratadas separadamente). Eles totalizam cerca de 14% dos custos totais. Os principais elementos dos custos operacionais são:

$$OC_{tm} = M_{tm} + ST_{tm} + MN_{tm} + I_{tm} + AD_{tm} \tag{6.2}$$

em que M é o custo de tripulação; ST representa os mantimentos; MN significa os reparos e a manutenção de rotina; I é o seguro e AD representa a administração. Na Tabela 6.2, apresenta-se um exemplo da estrutura de custos operacionais de um navio graneleiro Capesize, dividida nessas subcategorias. Resumindo, a estrutura dos custos operacionais depende da dimensão e da nacionalidade da tripulação, da política de manutenção, da idade do navio e do valor segurado e da eficiência administrativa do proprietário. A Tabela 6.2 mostra a importância relativa

Figura 6.5 – Inflação nos custos de transporte marítimo (1965-2007).

Fonte: custos de óleo combustível baseados no preço de combustível marítimo 380 cSt, Roterdã; custos de capital baseados no preço de nova construção de um navio-tanque Aframax (em US$); outros custos baseados no índice de preços do consumidor dos Estados Unidos.

de cada um desses componentes e compara-os para três navios com idades diferentes: cinco, dez e vinte anos.

Custos de tripulação

Os custos de tripulação [*crew costs/manning costs*] incluem todos os encargos diretos e indiretos incorridos com a tripulação do navio, incluindo os salários e os ordenados de base, a segurança social, as pensões, as despesas de mantimentos e de repatriação. O nível dos custos de tripulação para certo navio é determinado por dois fatores: a dimensão da tripulação e as políticas de emprego adotadas pelo proprietário e pelo Estado de bandeira do navio. Os custos de tripulação podem contabilizar até metade dos custos operacionais, dependendo da dimensão do navio.

Tabela 6.2 – Custos operacionais de navios graneleiros Capesize por idade (US$ mil por ano)

Idade do navio	5 anos	10 anos	20 anos	% média total
Custo da tripulação				
Salários da tripulação	544	639	688	30%
Viagens, seguros etc.	73	82	85	4%
Suprimentos	46	54	64	3%
Total	743	871	956	41%
%	32%	31%	26%	
Mantimentos e consumíveis				
Mantimentos de caráter geral	129	144	129	6%
Lubrificantes	148	148	219	8%
Total	277	292	348	15%
%	12%	11%	9%	
Manutenção e reparos				
Manutenção	90	169	10	4%
Sobressalentes	74	169	181	7%
Total	164	338	393	14%
%	9%	15%	13%	
Seguro				
Riscos de casco e maquinaria e riscos de guerra	133	148	303	9%
Proteção e indenização	63	94	120	4%
Total	196	243	423	14%
%	32%	32%	44%	
Custos gerais				
Custos de registro	17	17	17	1%
Comissões de gerenciamento	255	223	255	12%
Diversos	57	57	57	3%
Total	330	298	330	15%
%	14%	11%	9%	
Total por ano	1.710	2.041	2.450	100%
Custos diários (365 dias)	4.685	5.591	6.712	100%

Fonte: navio de dez anos de idade, Moore Stephens, V Ships; custos dos navios de cinco e de vinte anos de idade estimados a partir de várias fontes.

O número mínimo de tripulantes a bordo de um navio mercante é geralmente estabelecido pela regulamentação do Estado de bandeira. Contudo, também depende de fatores comerciais como o grau de automação das operações mecânicas, nomeadamente na casa das máquinas, no serviço de alimentação e no manuseio de cargas; as competências da tripulação; e da quantidade de manutenção a ser efetuada a bordo. A automação e os sistemas de monitorização fiáveis têm desempenhado um papel importante na redução do número de tripulantes.[2] Atualmente, é prática corrente que a casa das máquinas seja desocupada durante a noite, e vários outros sistemas têm sido introduzidos, como o controle remoto de lastro, o abastecimento de combustíveis efetuado por uma só pessoa, as alimentações racionalizadas e as melhorias das comunicações que tornam desnecessário ter um oficial radiotelegrafista. Como resultado, o número de tripulantes decresceu de cerca de quarenta a cinquenta no início da década de 1950 para uma média de 28 no início da década de 1980. Os atuais níveis de tecnologia a bordo dos navios modernos permitem uma tripulação básica de dezessete num navio de longo curso, enquanto navios experimentais têm sido operados com uma tripulação de dez. Sob algumas bandeiras, os certificados de lotação determinam o número de tripulantes necessários para vários tipos e dimensões de navios e quaisquer reduções devem ser acordadas entre as organizações dos proprietários de navios e os sindicatos dos marítimos.

A Tabela 6.2 dá uma ideia do custo-base de tripulação em 2005. O valor de US$ 544 mil para os salários anuais da tripulação para um navio com cinco anos de idade cobre os salários diretos e os custos associados ao emprego. Anualmente é necessário um adicional de US$ 119 mil para cobrir as viagens, a tripulação e o apoio, os seguros médicos e os mantimentos, e os custos-base de gerenciamento que se aplicam à tripulação – seleção dos tripulantes, rotação, organização das viagens, compra de mantimentos e abastecimentos do navio. No seu total, eles somam 16% ao custo da tripulação para um navio com cinco anos.

É apresentada na Tabela 6.3 uma subdivisão mais detalhada da composição da tripulação de três navios graneleiros Capesize, um de cinco anos, um de dez anos e um de vinte anos. O navio moderno tem uma tripulação formada por um comandante, quatro oficiais, três engenheiros de máquinas, um contramestre, oito marinheiros e três empregados de câmaras. O navio de dez anos, no qual a carga da manutenção começa a aumentar, pode precisar de uma tripulação de 24 homens, enquanto um navio de vinte anos pode ter uma tripulação de 28. A tripulação extra inclui um engenheiro de máquinas, um eletricista, quatro marinheiros e um empregado de copa. Eles são necessários para tratar dos reparos e da manutenção, que são um ciclo contínuo num navio velho e podem ser efetuados mais economicamente no mar, enquanto o navio continua a navegar. Para um navio com vinte anos de idade, o custo total anual é de US$ 688.344, um aumento de 20% em relação aos custos de 1993.

Os salários pagos aos tripulantes dos navios mercantes sempre foram controversos. A Federação Internacional dos Trabalhadores dos Transportes [*International Transport Workers' Federation*, ITF] estabelece a base dos níveis de remuneração mínimos mensais para todos os tripulantes, bem como o pagamento das férias como parte da sua escala salarial para o mundo e para o Extremo Oriente, mas essa escala não é universalmente aceita. Existem, de fato, grandes disparidades nos níveis de remuneração recebidos por tripulantes de diferentes nacionalidades. A nacionalidade da tripulação é geralmente regulamentada pela legislação nacional do país de registro e, sob algumas bandeiras, os proprietários de navios estão impedidos de empregar estrangeiros nos seus navios. O custo por membro da tripulação pode ser 50% mais elevado para um navio registrado numa bandeira europeia do que para um navio equiparável que

Custos, receitas e fluxo de caixa 267

Tabela 6.3 – Custos de tripulação para um navio graneleiro de 160.000 tpb (2007) (US$ por mês)

Posição	Nota	Base	Subsídios consolidados	Bônus (oficiais)	Fundo de previdência	Totais[c] 2007	1993	% na variação
Comandante	Índia	1.967	3.933	300	35	6.235	3.644	171%
Imediato[a]		1.294	3.206	200	35	4.735	3.025	157%
2º oficial náutico		1.077	1.773	–	35	2.885	2.338	123%
3º oficial náutico		1.030	1.320	–	35	2.385	1.650	145%
Radiotelegrafista	O radiotelegrafista não é necessário desde 2007						1.650	0%
Chefe de máquinas		1.760	3.990	300	35	6.085	3.575	170%
1º engenheiro assistente	2º engenheiro de máquinas	1.294	3.206	200	35	4.735	3.025	157%
2º engenheiro assistente	3º engenheiro de máquinas	1.077	1.773	–	35	2.885	2.338	123%
Contramestre	Filipinas	670	649	–	182	1.501	1.521	99%
5 marinheiros de 1ª classe		558	542	–	171	6.353	6.479	98%
3 azeitadores		558	542	–	171	3.812	3.888	98%
Cozinheiro/empregado de câmaras	Cozinheiro-chefe	670	649	–	182	1.501	1.596	94%
Empregado de câmaras	Ajudante de cozinha	558	542	–	171	1.271	1.296	98%
Empregado de copa		426	378	–	158	962	1.071	90%
Tripulação total para um navio moderno: 20						45.344	37.094	122%
Tripulação adicional para um navio com dez anos de idade								
3º engenheiro assistente	Índia	1.030	1.320	–	35	2.385	1.650	145%
Eletricista	Oficial eletricista	1.077	1.823	–	35	2.935	2.338	126%
Marinheiro de 1ª classe	Filipinas	558	542	–	171	1.271	1.296	98%
1 azeitador		558	542	–	171	1.271	1.296	98%
Tripulação total para um navio com dez anos de idade: 24						53.205	43.673	122%
Tripulação adicional para um navio com vinte anos de idade								
2 marinheiros de 2ª classe	Filipinas	426	378	–	158	1.925	2.142	90%
1 azeitador		558	542	–	171	1.271	1.071	119%
1 empregado de copa		426	378	–	158	962	1.071	90%
Tripulação total para um navio com vinte anos de idade: 28						57.362	47.956	120%
Custo anual da tripulação para um navio com vinte anos de idade						688.344	575.475	120%

Notas
[a] Oficiais seniores baseados em cinco anos de senioridade e oficiais juniores com três anos de senioridade.
[b] Inclui os custos sociais.
[c] 1993 dados de Stopford (1997, Tabela 5.3).

Fonte: V Ships.

abandonou o pavilhão nacional a favor de países de registro aberto [*flagged out*], como Libéria, Panamá e Singapura, onde a regulamentação de trabalho é menos rigorosa. Conforme a prática de abandono do pavilhão nacional a favor do pavilhão de países terceiros foi tendo aceitação mais generalizada, os diferenciais de custo diminuíram e a qualidade tornou-se uma questão tanto quanto os custos.

Esses custos certamente não são normalizados. Os proprietários de navios têm muito mais oportunidade do que nos negócios em terra de determinar o custo da tripulação operando sob uma bandeira que permite uma tripulação de baixo salário e a compra de tripulações mais baratas ao redor do mundo. Nesse ponto, as taxas de câmbio são um fator importante se os salários são pagos numa moeda que não seja aquela em que a receita é ganha. Embora o transporte marítimo seja um negócio com frequência assentado no dólar americano, as companhias de navegação manuseiam fluxos de caixa em muitas moedas diferentes.

Mantimentos e consumíveis

Outro custo operacional significativo do navio, que contabiliza aproximadamente 15% dos custos operacionais, é a despesa com os abastecimentos consumíveis. Estes caem no âmbito de duas categorias, como listado na Tabela 6.2: mantimentos de caráter geral, incluindo os suprimentos para os camarotes e os vários itens domésticos usados a bordo do navio; e óleo lubrificante, que é um custo principal (a maioria dos navios modernos tem máquinas a diesel e pode consumir diariamente algumas centenas de litros de óleo lubrificante ao navegar).

Reparos e manutenção

A manutenção de rotina, que totaliza cerca de 14% dos custos operacionais, cobre os reparos de rotina necessários para manter o navio no padrão exigido pela política da companhia, pela sua sociedade classificadora e pelos afretadores do navio que decidem inspecioná-lo (não inclui as docagens periódicas do navio, que geralmente não são consideradas despesas operacionais e, por isso, são tratadas como "manutenção periódica", apresentada mais à frente). De uma forma geral, a manutenção cobre o custo daquela de rotina, incluindo as paragens e os sobressalentes:

- *Manutenção de rotina.* Inclui a manutenção da máquina principal e do equipamento auxiliar, pintura da superestrutura e substituição das chapas de aço nos porões e nos tanques de carga, que podem ser acessados enquanto o navio está no mar. Como qualquer outro equipamento de capital, os custos de manutenção de um navio mercante tendem a aumentar com a idade.

- *Paragens.* Falhas mecânicas que podem resultar em custos adicionais fora do âmbito dos custos de manutenção de rotina. Esse tipo de trabalho é frequentemente efetuado pelos estaleiros de reparação naval em "ordem aberta" e, portanto, é provável que seja dispendioso. Incorre-se também em custos adicionais pelo fato de o navio não estar navegando.

- *Sobressalentes.* Peças sobressalentes para a máquina principal, auxiliares e outras maquinarias a bordo.

Os custos de manutenção típicos para um navio graneleiro Capesize listados na Tabela 6.2 cobrem as visitas aos estaleiros de reparação naval, mais o custo das tripulações itinerantes de reparo e de manutenção e o trabalho efetuado a bordo. Todos os itens dos custos de manutenção aumentam substancialmente com a idade, e um navio de vinte anos de idade pode incorrer no dobro dos custos de um navio moderno. É também provável que as despesas com peças sobressalentes e o equipamento de substituição aumentem com a idade.

Custos, receitas e fluxo de caixa

Seguros

Os seguros típicos representam cerca de 14% dos custos operacionais, embora este seja um item de custo que provavelmente varia de navio para navio. Dois terços do custo servem para segurar o casco e a maquinaria, o que protege o proprietário do navio contra perda ou dano físico, e o outro terço refere-se a seguros contra terceiros e oferece uma cobertura contra a responsabilidade de terceiros, como lesões ou morte dos membros da tripulação, passageiros e terceiros, roubo ou avaria de carga, danos causados por colisão, poluição e outras matérias que não podem ser cobertas no mercado de seguros aberto. Podem ainda ser efetuados seguros voluntários adicionais para cobrir contra riscos de guerra, greves e perdas de ganhos.

O seguro de casco e máquinas é obtido de uma companhia de seguros marítimos ou por meio de um corretor, que utilizará uma apólice garantida por seguradoras num dos mercados de seguros. Dois fatores que contribuem para o cálculo do nível de seguro do casco e da máquina são o cadastro de reclamações efetuadas pelo proprietário e o valor declarado do navio. Os valores dos navios flutuam com o mercado de fretes, com a idade e com a condição do navio.

O seguro contra terceiros exigido pelos proprietários de navios caem dentro do âmbito de quatro categorias: cobertura de proteção e de indenização [*P&I*], a qual é geralmente obtida por meio de um clube; cobertura de responsabilidade de colisão; cobertura de risco de guerra dos clubes de proteção e indenização; e provisão de certificados de responsabilidade financeira exigidos quando o navio navega para os Estados Unidos.

Os clubes de P&I, que são treze no total, são sociedades mútuas de seguros que liquidam os pedidos de indenização apresentados por terceiros em nome dos seus membros. Eles investigam os pedidos de indenização em nome dos seus membros, os proprietários de navios, oferecem aconselhamento durante quaisquer negociações ou disputas legais relacionadas a um pedido de indenização e mantêm fundos de reserva para liquidar os pedidos de indenização em nome dos seus membros. Essa reserva é reposta por uma subscrição (conhecida como "cotização" [*call*]) dos membros que é variável, dependendo do nível de indenizações liquidadas. A subscrição para cada membro depende do histórico de pedidos de indenização liquidados e outros fatores como a área de operação, a carga a ser transportada, a bandeira de registro e a nacionalidade da tripulação. Uma vez que a liquidação leva algum tempo, pode ocorrer uma cotização suplementar [*supplementary call*] dos membros, e os membros que mudam de clube efetuam um pagamento liberatório [*release call*] para liquidar as suas responsabilidades pendentes com o clube anterior e uma "cotização inicial" [*advance call*] ao novo clube.

Em virtude da dimensão potencial dos pedidos de indenização de terceiros, os clubes de P&I resseguram a sua exposição a pedidos de indenização muito grandes. Em 2005, cada clube tinha um limite de exposição máximo de US$ 5 milhões. Um consórcio de clubes cobriu os grandes pedidos de indenização de US$ 5 a US$ 20 milhões, e os pedidos de indenização entre US$ 20 milhões e um máximo de US$ 4,25 bilhões eram ressegurados no mercado de seguros. Os clubes de P&I também obtêm notações de risco das agências de classificação de risco de crédito, que ajudam a promover os seus serviços aos membros. Ao contrário de outras formas de seguro, a cobertura do P&I não pode ser atribuída a uma hipoteca, embora seja possível obter uma carga de aval. Está também sujeita a retroativos de cancelamento se, por exemplo, o membro do clube falir.

Custos gerais

É paga uma taxa de inscrição ao Estado de bandeira, cuja dimensão depende da bandeira. Na Tabela 6.2, no âmbito dos custos gerais, inclui-se uma taxa anual de US$ 17 mil para um único navio.

No orçamento operacional anual para o navio, existe um encargo para cobrir os custos administrativos em terra e de gerenciamento, as comunicações, os encargos portuários dos proprietários e uma miscelânea de custos. As despesas gerais cobrem a ligação com os agentes portuários e a supervisão geral. O nível desses encargos depende do tipo de operação. Para uma companhia de linhas não regulares pequena operando dois ou três navios, eles podem ser mínimos, enquanto uma companhia de linhas regulares grande pode incorrer em despesas gerais administrativas substanciais. Com a melhoria das comunicações, muitas dessas funções podem ser agora efetuadas pelo pessoal de bordo das companhias de linhas não regulares [*tramping company*]. É também uma prática crescente comum para o gerenciamento diário a contratação de especialistas a honorários preestabelecidos.

MANUTENÇÃO PERIÓDICA

Na Figura 6.4, a manutenção periódica é o segundo item de custo principal e engloba um pagamento pecuniário para cobrir o custo de uma ida intermédia à doca seca e de vistorias especiais. Representa cerca de 4% dos custos, embora esse valor dependa da idade e da condição do navio. Para manter o navio em classe para efeito de seguros, deve-se submetê-lo a vistorias regulares em doca seca de dois em dois anos e a vistorias especiais de quatro em quatro anos, para determinar a sua condição de navegabilidade [*seaworthiness*]. Na vistoria especial, o navio entra em doca seca, toda a maquinaria é inspecionada e, em determinadas áreas do casco, a espessura do aço é medida e comparada com os padrões aceitáveis. Essas medições tornam-se mais extensivas com a idade e todos os defeitos devem ser reparados antes da emissão do certificado de navegabilidade [*certificate of seaworthiness*]. Nos navios envelhecidos essas vistorias com frequência necessitam de despesas consideráveis, por exemplo, a substituição do aço, que, por conta da corrosão, não atende aos padrões de espessura exigidos. Adicionalmente, a doca seca permite a remoção do crescimento marinho [*marine growth*], que reduz a eficiência operacional do casco.

A Tabela 6.4 mostra como a programação da manutenção periódica de um navio graneleiro Capesize evolui com a idade do navio. As somas apresentadas cobrem o custo de ambas as docagens intermediárias e as vistorias especiais.[3] Abrangem-se dezoito áreas de custo, algumas das quais, como o custo de utilizar a doca seca (US$ 62 mil), variam ligeiramente com a idade, enquanto outras, como a substituição do aço e o trabalho nas tampas das escotilhas, aumentam drasticamente quando o navio envelhece. Neste exemplo, o custo periódico aumenta de US$ 1 milhão para as duas vistorias nos cinco primeiros anos para US$ 2,7 milhões no período dos onze aos quinze anos. Naturalmente isso depende do navio. O custo diário médio aumenta de US$ 551 para US$ 1.493 por dia. Proprietários que adotem políticas de manutenção preventiva podem incorrer em custos mais baixos, enquanto os custos dos navios em más condições podem ser muito mais elevados.

Custos, receitas e fluxo de caixa

Tabela 6.4 – Navio Capesize padrão, custos de manutenção periódicos para a sua vida útil (preços em US$ 1993)

	Idade do navio				
	0-5	6-10	11-15	16-20	
Tempo fora de serviço (dias)	20	23	40	40	
Tempo em doca seca (dias)	10	14	23	18	Total
Itens de custo (US$)					
Encargos de doca seca	62.000	68.000	81.500	74.000	285.500
Taxas portuárias, rebocadores, agenciamento	70.000	73.300	92.000	92.000	327.300
Serviços de caráter geral	80.000	92.000	160.000	160.000	492.000
Decapagem do casco, limpeza e pintura	102.800	128.800	183.600	99.000	514.200
Toda a pintura em doca seca	164.100	175.500	207.000	194.100	740.700
Substituição de todo o aço	70.000	350.000	1.190.000	840.000	2.450.000
Espaços de carga	22.200	64.200	126.000	150.000	362.400
Espaços de lastro	36.400	23.200	26.000	47.400	133.000
Escotilhas e acessórios do convés	28.000	56.320	60.560	60.560	205.440
Máquina principal e propulsão	46.000	42.000	48.000	48.000	184.000
Auxiliares	27.000	34.000	134.000	44.000	239.000
Encanamentos e válvulas	18.000	37.000	50.000	34.000	139.000
Navegação e comunicações	9.000	11.000	11.000	11.000	42.000
Alojamentos	6.000	8.000	7.000	7.000	28.000
Vistorias e inspetores	70.000	78.500	113.000	108.000	369.500
Vários	100.000	100.000	100.000	100.000	400.000
Peças sobressalentes e subempreiteiros	70.000	100.000	100.000	120.000	390.000
Presença do proprietário	23.800	25.600	35.800	35.800	121.000
Total estimado	1.005.300	1.467.420	2.725.460	2.224.860	7.423.040
Custo anual médio	201.060	293.484	545.092	444.972	
Custo diário médio	551	804	1.493	1.219	

Fonte: Clarkson Research, *Capesize Quality Survey* (1993).

CUSTOS DE VIAGEM

Tratamos agora dos custos de viagem, o terceiro item de custo na Figura 6.4, o qual contabiliza 40% dos custos totais. São os custos variáveis decorrentes do empreendimento de uma viagem particular. Os itens principais são os custos do óleo combustível, as taxas portuárias, os rebocadores, a pilotagem e os direitos de passagem de canal:

$$VC_{tm} = FC_{tm} + PD_{tm} + TP_{tm} + CD_{tm} \qquad (6.3)$$

em que *VC* representa os custos de viagem; *FC*, são os custos de combustível para as máquinas principais e os motores auxiliares; *PD*, as taxas portuárias e de farolagem; *TP*, os rebocadores e a pilotagem; e *CD*, os direitos de passagem de canal.

Custo do óleo combustível

O óleo combustível [*fuel oil*] é o item mais importante nos custos de viagem, totalizando 47% do total. No início da década de 1970, quando os preços eram baixos, era dada pouca atenção aos custos do óleo combustível na concepção dos navios, e muitos navios grandes foram equipados com turbinas, pois os benefícios de uma maior potência de saída e de baixos custos de manutenção compensavam o seu consumo de combustível elevado. Contudo, quando os preços do petróleo aumentaram na década de 1970, todo o equilíbrio de custos foi alterado. Durante o período entre 1970 e 1985, os preços do combustível aumentaram em 950% (Figura 6.5). Deixando de fora as alterações ocorridas na eficiência do combustível nos navios, isso significou que, se o combustível totalizava cerca de 13% do custo total do navio na década de 1970, em 1985 tinha aumentado para 34%, mais do que qualquer outro item individualmente. Como resultado, os recursos foram direcionados à concepção de navios mais eficientes em relação ao combustível e as práticas operacionais foram ajustadas, para que o consumo do combustível efetuado pela indústria marítima caísse abruptamente. Em 1986 o preço do combustível caiu e reduziu-se o interesse por esse aspecto da concepção de navios, mas em 2000 o preço do combustível de bancas começou novamente a subir (ver Figura 6.5) e a importância dos custos de combustível aumentou.

A resposta da indústria marítima a essas mudanças extremas nos preços dos combustíveis constitui um bom exemplo de como a concepção de navios responde a alterações nos custos. Embora as companhias de navegação não possam controlar os preços dos combustíveis, podem ter alguma influência sobre o nível do consumo. Como outra peça complexa de maquinaria, o combustível que um navio queima depende da sua concepção e do cuidado com que é operado. Para ver as oportunidades de melhoria na eficiência do combustível dos navios, é necessário perceber como a energia é usada neles. Consideremos, por exemplo, um navio graneleiro Panamax típico, ilustrado na Figura 6.6. À velocidade de 14 nós, consome 30 toneladas de óleo combustível e 2 toneladas de óleo diesel por dia. Aproximadamente 27% dessa energia é perdida no resfriamento do motor, 30% é perdida nas emissões de gases de escape, 10% é perdida no propulsor, e a fricção do casco contabiliza um adicional de 10%. Somente um residual de 23% da energia consumida é na realidade aplicada à propulsão do navio pelas ondas. Enquanto isso é uma visão simplista de um processo complexo, identifica áreas em que as melhorias técnicas podem ser e têm sido feitas – na máquina principal, no casco e na hélice. A extensão das melhorias pode ser avaliada a partir do fato de os navios construídos durante a década de 1970 consumirem geralmente 10 toneladas diárias a mais que os navios construídos alguns anos mais tarde para alcançar a mesma velocidade.

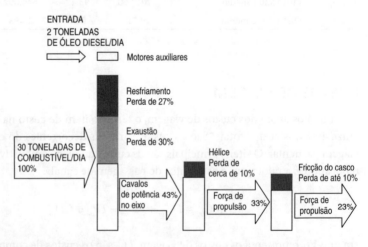

Figura 6.6 – Perdas energéticas de um navio graneleiro Panamax típico, construído na década de 1990, 14 nós de velocidade de projeto.

Fonte: compilada por Martin Stopford a partir de várias fontes.

Custos, receitas e fluxo de caixa 273

A concepção da máquina principal é a influência mais importante no consumo do combustível. No seguimento do aumento dos preços de petróleo em 1973, sobretudo depois de 1979, ocorreram grandes melhorias na eficiência térmica nos motores a diesel marítimos. Entre 1979 e 1983 a conversão da eficiência energética nos motores a diesel marítimos de velocidade baixa melhorou de 150 gramas por potência no freio por hora [*brake horsepower, bhp*] para cerca de 127 gramas por potência no freio por hora. Para além da redução do consumo do combustível, as velocidades operacionais do motor reduziram para menos de 100 rpm, tornando possível utilizar propulsores de baixa velocidade de grande diâmetro mais eficientes sem ter de se instalar uma caixa redutora. Também foi melhorada a capacidade de queimar combustível de baixa qualidade. Em alguns casos as economias alcançadas em relação ao combustível foram espetaculares. Os VLCC de 300.000 tpb a óleo diesel construídos em 2005 consumiam 68 toneladas de combustível de bancas por dia a 15 nós, comparadas com o consumo de 130-150 toneladas por dia de navios a turbinas construídos na década de 1970.

É também possível melhorar a eficiência do combustível de um navio instalando equipamento auxiliar. Um dos métodos é a instalação de sistemas de aproveitamento de calor residual, que utilizam parte do calor da exaustão das máquinas principais para alimentar uma caldeira que aciona os motores auxiliares quando a máquina principal está em funcionamento, poupando óleo diesel. Um método alternativo é a utilização de geradores acionados diretamente da máquina principal enquanto o navio navega. Isso significa que a energia auxiliar é obtida a partir da máquina mais eficiente, em vez de o motor auxiliar pequeno queimar um óleo diesel dispendioso.

Ao navegar, o consumo de óleo combustível do navio depende da condição do seu casco e da velocidade à qual é operado. Quando o navio é concebido, os arquitetos navais otimizam o casco e a máquina para conceber uma velocidade de projeto que pode ser, por exemplo, de 15 nós para um navio graneleiro ou de 18 nós para um navio porta-contêineres pequeno. A operação do navio a velocidades baixas resultou em economias de combustível por causa da reduzida resistência à água, que, de acordo com a "regra do cubo", será aproximadamente proporcional ao cubo da redução proporcional de velocidade:

$$F = F^* \left(\frac{S}{S^*} \right)^a \tag{6.4}$$

em que F é o consumo de combustível real (toneladas/dia); S, a velocidade real; F^*, o consumo de combustível de projeto; e S^*, a velocidade de projeto. O expoente a tem um valor da ordem de três para os motores a diesel e cerca de dois para as turbinas a vapor. Da regra do cubo infere-se que o nível de consumo de combustível é muito sensível à velocidade. Por exemplo, como é visto na Tabela 6.5, uma redução na velocidade operacional de 16 nós para 11 nós de um navio graneleiro Panamax resulta numa economia de dois terços na tonelagem de óleo combustível queimado diariamente.

Para dada velocidade, o consumo de combustível depende da forma e do alisamento do casco. De acordo com o trabalho efetuado pela British Maritime Technology, a redução da rugosidade do casco de 300 micrômetros para 50 micrômetros pode poupar 13% na conta do óleo combustível.

Entre as docagens, o crescimento marinho no casco do navio aumenta a sua resistência à água, reduzindo a velocidade alcançável em 2 ou 3 nós nos casos extremos. Mesmo com uma docagem regular, ao mesmo tempo que o navio envelhece o seu casco torna-se menos liso, pois vai sendo decapado e repintado muitas vezes. Tintas autopolimetantes e antivegetativas que libertam um veneno para matar o crescimento marinho e reduzir as incrustações no casco entre as docagens, atualmente, são de uso generalizado, mas a sua aplicação é muito dispendiosa e tem validade limitada.

Como resultado desses fatores, pode existir uma disparidade grande entre o consumo de óleo combustível dos navios de tamanho e de velocidade semelhante. Por exemplo, o consumo de combustível de dois navios graneleiros Panamax pode deferir em 20%-30%, dependendo da idade, máquina e condição do casco. Obviamente, a importância do custo dessa diferença de eficiência depende do preço do combustível.

Tabela 6.5 – Como a velocidade afeta o consumo de combustível num navio graneleiro Panamax

Velocidade em nós	Consumo de combustível da máquina principal (toneladas/dia)
16	44
15	36
14	30
13	24
12	19
11	14

Taxas portuárias

As taxas relativas ao porto representam um componente importante nos custos de viagem e podem incluir várias tarifas cobradas ao navio e/ou carga pela utilização das instalações e serviços providenciados pelo porto. As práticas tarifárias variam consideravelmente de uma área para outra, mas, de uma forma geral, dividem-se em duas categorias: taxas portuárias e taxas de serviços. As taxas portuárias são cobradas do navio pela utilização geral das instalações portuárias, incluindo as taxas de docagem e de cais e o fornecimento da infraestrutura portuária básica. As taxas reais podem ser calculadas de quatro formas diferentes, com base no volume da carga, no peso da carga, nas toneladas de arqueação bruta do navio ou na tonelagem de arqueação líquida de registro do navio. As taxas de serviço cobrem os vários serviços que o navio utiliza em porto, incluindo a pilotagem, a rebocagem e o manuseio de carga.

O nível real dos custos portuários depende da política de precificação estabelecida pela autoridade portuária, da dimensão do navio, do tempo gasto em porto e do tipo de carga carregada ou descarregada. Por exemplo, o custo portuário típico de um navio graneleiro Panamax carregando 70 mil toneladas de carvão na Austrália e descarregando na Europa em 2007 era de cerca de US$ 147 mil, aproximadamente US$ 2 por tonelada. Por definição, a alocação das tarifas portuárias difere para os diferentes tipos de contratos de afretamento. Sob uma carta-partida, as taxas e os encargos portuários relacionados com o navio são cobrados do proprietário, do navio, enquanto todas as taxas relacionadas com a carga são geralmente pagas pelos afretadores, exceto as taxas de manuseio da carga, que são geralmente acordadas nos termos da carta-partida. Em afretamentos por tempo e afretamentos por tempo para a realização de uma viagem, todas as taxas portuárias são por conta do afretador.

Direitos de passagem de canal

Os principais direitos de canal pagáveis são os relacionados com os trânsitos dos canais de Suez e do Panamá. A estrutura dos direitos do Canal de Suez é complicada, pois baseia-se em

Custos, receitas e fluxo de caixa

duas unidades de medida pouco conhecidas, a tonelagem líquida do Canal de Suez e os Direitos de Saque Especial [*Special Drawing Rights*, SDRs]. Os direitos de canal são calculados em função disso. A tonelagem líquida do Canal de Suez de um navio é uma medida baseada em regras do final do século XIX que visavam representar a capacidade de receita de um navio. De uma maneira geral, corresponde ao espaço de carga abaixo do convés, embora não seja diretamente comparável a uma medida de capacidade de carga mais usual (a tonelagem de arqueação líquida).

A tonelagem de arqueação líquida do Canal de Suez de um navio é calculada pela sociedade classificadora ou por uma organização comercial que emite um Certificado Especial de Tonelagem do Canal de Suez. Para navios que não tenham esse certificado e desejem passar pelo canal, o cálculo é provisoriamente efetuado pela adição das tonelagens brutas e líquidas, dividida por dois e acrescentada de 10%. Os direitos são depois calculados com base nos SDR por tonelada de arqueação líquida do Suez. Os SDR foram escolhidos como unidade monetária numa tentativa de evitar perdas devidas às flutuações nas taxas de câmbio, pois o seu valor está ligado a um número de moedas nacionais principais. Os direitos do Canal de Suez por tonelada líquida do Suez variam com os diferentes tipos e tamanhos de navios. Para o Canal do Panamá, aplica-se uma taxa fixa por tonelada líquida do Canal do Panamá (ver o Capítulo 8 para mais detalhes sobre os canais de Suez e do Panamá).

CUSTOS DE MANUSEIO DA CARGA

Finalmente chegamos aos custos de manuseio da carga, o quarto item de custo principal na Figura 6.4. O custo de carregar e de descarregar a carga representa um elemento importante na equação do custo total, ao qual os proprietários de navios têm dado uma atenção especial, particularmente no negócio de linhas regulares. Os custos de manuseio de carga são o resultado da soma dos custos de carga, dos custos de descarga e de uma provisão atribuída para o custo de quaisquer pedidos de indenização que possam aparecer:

$$CHC_{tm} = L_{tm} + DIS_{tm} + CL_{tm} \qquad (6.5)$$

em que CHC corresponde aos custos de manuseio da carga, L representa os encargos com as operações de carga, DIS significa os custos de descarga da carga, e CL simboliza os pedidos de indenização relativos à carga.

O nível desses custos pode ser reduzido pelo investimento em concepções de navios melhoradas – para facilitar o rápido manuseio de carga, com equipamento de manuseio de carga avançado a bordo. Por exemplo, um navio de produtos florestais com porões abertos e quatro gruas por porão pode alcançar um manuseio de carga mais rápido e mais econômico do que se o navio dependesse das gruas em terra.

6.4 O CUSTO DE CAPITAL DO NAVIO

É o quinto elemento na equação dos custos para o nosso navio "típico" apresentado na Figura 6.4. Representa cerca de 42% dos custos totais, mas em termos econômicos tem um caráter muito diferente dos outros custos. Os custos operacionais e de combustível são necessidades sem as quais o navio não pode navegar. Numa crise financeira, os fornecedores de tripulações e de combustíveis são geralmente os primeiros credores a serem pagos, pois sem eles o navio fica abandonado. Em contrapartida, e após o navio ter sido construído, os seus custos de capital são obrigações que não têm um efeito direto na sua operação física. É por isso que os custos não são especificados na Figura 6.4. Na prática, essas obrigações tomam três formas no que diz respeito ao fluxo de caixa de uma companhia de navegação. Primeiro, existe a fase inicial da compra e a obrigação de pagar ao estaleiro; segundo, existem pagamentos monetários periódicos aos bancos ou aos investidores em fundos próprios que assumiram o capital para a compra do navio; terceiro, o dinheiro recebido da venda do navio. A forma como essas obrigações aparecem no fluxo de caixa não é determinada pelas atividades comerciais do navio – como são, por exemplo, os custos de combustível –, pois são o resultado de decisões financeiras feitas pelo proprietário do navio, e existem muitas formas como isso pode ser tratado, como veremos no Capítulo 7, que trata do financiamento de navios e das companhias de navegação.

DIFERENÇA ENTRE LUCRO E FLUXO DE CAIXA

Antes de abordarmos esse processo em detalhe, devemos esclarecer a diferença entre o fluxo de caixa e o lucro. O lucro é um conceito utilizado pelos contabilistas e pelos analistas de investimento para medir o retorno financeiro do negócio. É calculado tomando as receitas totais obtidas pelo negócio durante o período contábil (por exemplo, um ano) e deduzindo os custos em que, segundo as autoridades contábeis, se incorreu na geração dessa receita. Em oposição, o fluxo de caixa da companhia representa a diferença entre os pagamentos financeiros e as receitas efetuadas durante o período contábil. Para sobreviver às recessões do transporte marítimo, o que interessa é o fluxo de caixa, ao passo que, para as companhias com investidores em capitais próprios, é igualmente importante a obtenção de um retorno comercial sobre os ativos. A principal razão pela qual, em determinado ano, o fluxo de caixa difere do lucro é porque alguns custos não são pagos em dinheiro no momento em que o contabilista considera que neles se incorreu. No transporte marítimo, o melhor exemplo é o momento de pagamento do navio. A transação em dinheiro ocorre quando o navio é construído e, a cada ano, o navio envelhece e perde uma proporção do seu valor.

Para dar aos investidores um relato justo se o negócio está fazendo dinheiro ou não, os contabilistas desenvolveram procedimentos para reportar os bens de investimento de grande porte na conta de ganhos e perdas. Quando se compra um bem de investimento, o seu custo total não aparece na conta de lucros e perdas. Se aparecesse, as companhias de navegação reportariam perdas massivas sempre que comprassem um navio novo. Por sua vez, o custo do navio é registrado no balanço da companhia como um "ativo fixo" e, em cada ano, uma percentagem do seu valor (por exemplo, 5%) é imputada como um custo na conta de lucros e perdas para o período contábil. Esse encargo é conhecido como uma *depreciação* e não é um encargo financeiro. O navio foi pago em dinheiro há muito tempo. Trata-se somente da contabilidade, portanto, o lucro será mais baixo que o fluxo de caixa naquele montante.

Se o navio mercante for depreciado (ou anulado) durante vinte anos de forma linear (existem vários métodos, mas esse é o mais vulgar), isso significa que um vigésimo do seu custo original é incluído anualmente nas despesas gerais da companhia durante vinte anos. Por exemplo, se o navio foi comprado por US$ 10 milhões em dinheiro e depreciado à taxa de US$ 1 milhão por ano, a posição pode ser como apresentada na Tabela 6.6. Em cada um dos dois primeiros anos, a companhia tem o mesmo lucro de US$ 1 milhão, o qual é calculado deduzindo os custos, incluindo a depreciação, do total das receitas ganhas. Contudo, o perfil do fluxo de caixa é bastante diferente. O fluxo de caixa operacional na linha 3 é de US$ 2 milhões

Custos, receitas e fluxo de caixa

em cada ano, porque a depreciação não é um item monetário – é somente uma entrada contábil, portanto, não aparece no cálculo do fluxo de caixa. Daqui, deduz-se o pagamento financeiro para o navio no ano 1, resultando num fluxo de caixa negativo de US\$ 8 milhões para o ano 1 e um fluxo de caixa positivo de US\$ 2 milhões para o ano 2.

Tabela 6.6 – Exemplo de uma conta de ganhos (perdas) e do fluxo de caixa para uma companhia de navegação que compra um navio em dinheiro (capital próprio) (US\$ milhões)

	Conta de ganhos (perdas)		Fluxo de caixa	
	Ano 1	Ano 2	Ano 1	Ano 2
1 Receita do frete	10	10	10	10
2 Menos: os custos operacionais	5	5	5	5
3 custos de viagem	3	3	3	3
4 depreciação[a]	1	1	0	0
5 Total do lucro operacional/fluxo de caixa	1	1	2	2
6 Menos as despesas de capital com o navio	Nenhum[a]	Nenhum	10	0
7 Total do lucro/fluxo de caixa	1	1	(8)	2

[a] A despesa de capital é coberta pelo item da depreciação (ver texto).

Contudo, essa não é a história completa. São muito poucas as companhias que compram os seus navios em dinheiro. Um aspecto muito importante no fluxo de caixa é o método utilizado para pagar o navio. Na Tabela 6.6 a companhia paga em dinheiro no ato da entrega e isso se apresenta como um "inchaço" no fluxo de caixa, após o qual não existe mais nada para pagar em termos de capital. Se o navio for comprado com recurso a um empréstimo, o perfil do fluxo de caixa altera-se, porque agora esse fluxo inclui o juro e o reembolso do empréstimo. Essa situação está ilustrada na Tabela 6.7, que mostra o que acontece se, em vez de pagar em dinheiro, o navio é financiado com um empréstimo de cinco anos.

Tabela 6.7 – Exemplo de uma conta de ganhos (perdas) e do fluxo de caixa para uma companhia de navegação que compra um navio com um empréstimo de cinco anos (US\$ milhões)

	Conta de ganhos (perdas)		Fluxo de caixa	
Linha	Ano 1	Ano 2	Ano 1	Ano 2
1 Receita do frete	10	10	10	10
2 Menos: custos operacionais	5	5	5	5
3 custos de viagem	3	3	3	3
4 depreciação[a]	1	1	0	0
5 Total do lucro operacional/fluxo de caixa	1	1	2	2
6 MENOS juros a 10%	1	0,8	1	0,8
7 Lucro/fluxo de caixa após juros	0	0,2	1	1.2
8 MENOS o reembolso de capital	Nenhum	Nenhum	2	2
9 Total do lucro/fluxo de caixa	0	0,2	(1)	(0,8)

[a] A despesa de capital é coberta pelo item da depreciação (ver texto).

Embora a companhia gere um fluxo de caixa operacional positivo de US$ 2 milhões (linha 5) depois de deduzir os juros (linha 6) e o reembolso do empréstimo (linha 8), apresenta uma saída líquida de caixa. Se a companhia possuir fundos suficientes, esse fluxo de caixa negativo necessário para fazer frente aos fluxos financeiros pode não ser um problema sério. O problema aparece se existe um fluxo de caixa negativo, mas não reservas para fazer frente a ele.

CÁLCULO DA DEPRECIAÇÃO DO NAVIO

Os investidores de capital próprio em companhias de navegação públicas enfrentam um problema diferente. Se eles investirem em longo prazo, precisam estimar o lucro que a companhia vai realizar, e isso depende fundamentalmente do montante da depreciação a ser deduzido para calcular uma estimativa justa do lucro ganho. Eventualmente, o navio desgasta-se, portanto, em algum momento os seus custos devem ser deduzidos dos lucros, e a abordagem normal utilizada pelos contabilistas é a "depreciação linear". O navio é liquidado em proporções iguais durante o seu tempo de vida previsto. Quanto mais durar, menor a depreciação a ser deduzida anualmente. Um exemplo ilustra esses dois pontos importantes acerca da depreciação dos navios mercantes. Se analisarmos as vendas do navio graneleiro Panamax apresentadas na Figura 6.7, verificamos que a relação entre o ano de construção e o preço de venda é aproximadamente linear. O coeficiente de regressão é de 0,93, o qual indica um ajustamento relativamente bom, sugerindo que a curva de depreciação é linear e que o tempo de vida esperado é de 25 anos.

Isso é muito típico porque a quinta vistoria especial envolve reparações consideráveis, embora as condições de mercado também tenham influência. Por exemplo, entre 1995 e 2000, um período com condições de mercado em geral fracas, os navios graneleiros eram, em média, demolidos com 25,2 anos de idade e os navios-tanques com 24,7 anos de idade; porém, em 2006, um ano de ganhos elevados, a idade média para sucata era de 28 anos para os navios-tanques e de trinta anos para os navios graneleiros. Os navios especializados têm vidas superiores, nomeadamente os navios de cruzeiro, com uma idade média de 43,8 anos; os navios transportadores de animais vivos, com 33,9 anos; e os *ferries* de passageiros, com trinta anos de idade. Nesses casos, as companhias de navegação podem escolher remodelar os seus navios em vez de enviá-los para sucata. Isso requer prudência na determinação do tempo de vida esperado desses navios especializados. Os navios em aço podem ser reparados em quase qualquer momento da sua vida, e existem exemplos de navios com mais de cinquenta anos operando em mercados protegidos, como os mercados costeiros dos Estados Unidos ou dos Grandes Lagos. Um proprietário de navios pode escolher remodelar um navio envelhecido em vez de construir um navio novo,

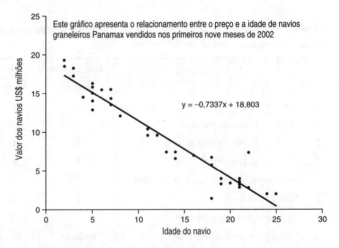

Figura 6.7 – O valor de mercado e a idade dos navios graneleiros Panamax.
Fonte: Clarkson Research Studies (1993).

Custos, receitas e fluxo de caixa

mas isso pode ser muito dispendioso e é tudo uma questão de economia. Portanto, embora os navios especializados pareçam durar mais do que 25 anos, devemos levar em conta o custo do prolongamento da vida e do reequipamento.

CUSTOS DO FLUXO DE CAIXA E ALAVANCAGEM FINANCEIRA

O capital é o item do fluxo de caixa sobre o qual, no início, o proprietário do navio tem o maior controle. Os custos operacionais e de viagem podem ser ajustados ligeiramente, dependendo do navio que ele compra, mas os reembolsos financeiros associados ao capital podem ser muito altos ou inexistentes, dependendo da forma como o navio é financiado. A compra inicial do navio pode ser paga com dinheiro, oriundo das reservas, ou com o fluxo de caixa, no caso de grandes companhias. Nesse caso existe um único pagamento de capital e mais nenhum fluxo de caixa relacionado com o capital até que o navio seja vendido. Um proprietário de navios que siga essa direção e compre os seus navios com dinheiro não tem mais quaisquer custos financeiros e pode sobreviver com uma taxa de frete igual aos custos operacionais e de viagem. Na Tabela 6.1, para o navio graneleiro Panamax com cinco anos de idade, os custos operacionais e de combustível são de US\$ 11.820 por dia.[4] Se, em vez de pagar em dinheiro, o proprietário de navios pede emprestado ao banco o preço total de compra durante um período de vinte anos, os reembolsos de capital seriam de US\$ 11.155, quase que duplicando os pagamentos diários que a companhia se compromete a fazer para US\$ 22.975 diários. Num mercado volátil como o do transporte marítimo, isso seria um problema, visto que a companhia com frequência não seria capaz de fazer frente aos pagamentos a partir do rendimento da atividade. É por essa razão que os bancos raramente avançam com o custo de capital total do navio, querendo que o mutuário [borrower] cubra uma parte do preço de compra do navio com capital próprio. A razão endividamento/fundos próprios é referida como alavancagem financeira; quanto mais alta for, mais arriscada é.

GARANTIA E POLÍTICA DE EMPRÉSTIMO BANCÁRIO

São muito importantes as condições em que se encontram disponíveis os empréstimos bancários, e em particular o nível de alavancagem financeira que permitem. Abordaremos o financiamento por empréstimos no Capítulo 7, mas vale a pena antever a forma como os bancos tratam o reembolso dos juros e do capital num empréstimo bancário. Uma vez que a maioria dos bancos comerciais empresta dinheiro a somente 1 ou 2 pontos percentuais acima da taxa à qual pediram emprestado, existe uma margem muito pequena de risco – antes de emprestar, o banco deve assegurar-se de que receberá o reembolso do capital e dos juros na totalidade. Por essa razão, um aspecto muito importante no financiamento de navios é a garantia em relação ao empréstimo. No caso de inadimplência, um proprietário de navios que peça dinheiro emprestado deve ser capaz de atender o credor para que o empréstimo possa ser recuperado. Os métodos que seguem são utilizados como garantia:

- Transmissão de ganhos, seguros etc.

- O credor toma a primeira hipoteca sobre o navio a ser comprado, dando-lhe o direito de reclamar, em primeiro lugar, o produto da venda caso o mutuário entre em inadimplência.

- Pode ser oferecida uma hipoteca sobre os outros navios ou bens. Como em qualquer garantia, deve-se convencer o banco de que, numa venda forçada de bens, realizará o capital suficiente para cobrir a dívida pendente.

- Pode ser atribuído ao credor o rendimento de um afretamento de longa duração com uma companhia de "primeira classe" [*blue chip company*], e isso garante que o fluxo de caixa fique disponível para servir a dívida.

- A garantia do empréstimo pode ser dada pelo proprietário, pela companhia de navegação, pelo estaleiro naval que constrói o navio ou por uma agência governamental, como o Departamento de Garantias de Créditos às Exportações do Reino Unido [*UK's Export Credit Guarantee Department*].

A escolha do financiamento e as obrigações que daí resultam têm um impacto tremendo nos compromissos de fluxo de caixa do proprietário do navio. Durante as recessões, os proprietários de navios que financiaram os seus investimentos com capital próprio estão seguros desde que as receitas do frete sejam suficientes para cobrir os custos operacionais e de viagem. O navio pode não ser lucrativo, mas pelo menos o proprietário mantém o controle sobre ele. O proprietário de navios que tenha financiado o seu investimento a partir de dívida enfrenta uma situação muito diferente. Ele deve efetuar pagamentos regulares ao seu banqueiro para cobrir os reembolsos de juros e de capital. Se a taxa de frete cobrir somente os custos operacionais e de viagem, como ocorre frequentemente durante as depressões, precisa cumprir com os seus custos financeiros a partir de outra fonte ou perde o controle do seu negócio a favor dos seus banqueiros. Então, durante as depressões, dois proprietários de navios que gerem navios idênticos com custos operacionais e de viagem semelhantes enfrentam fluxos de caixa totalmente diferentes se um financiou a sua frota com capital próprio e o outro com dívida.

TRIBUTAÇÃO

A tributação não figura proeminentemente na contabilidade da maioria das companhias de navegação a granel. A natureza internacional do negócio torna possível evitar a tributação registrando a companhia em um dos muitos pavilhões de registro aberto (ver Seção 16.5), que isentam de tributação as companhias de navegação. Durante a recessão da década de 1980, muitas companhias de navegação mudaram para bandeiras de conveniência que cobravam somente uma taxa de arqueação nominal; em 2005, 49% da tonelagem mundial encontrava-se registrada dessa forma (ver Tabela 16.4). Em resposta, alguns países europeus, com a aprovação da União Europeia, começaram a oferecer regimes de tributação especiais para as companhias de navegação registradas sob a bandeira nacional. Esses esquemas tinham três componentes: uma taxa de tonelagem que se aproximava de um imposto sobre o rendimento zero; uma redução das contribuições sociais dos marítimos e das companhias de navegação; e uma redução a zero do imposto sobre o rendimento pessoal para os marítimos nacionais.

Por exemplo, o Registro Internacional de Navios Dinamarquês [*Danish International Shipping Register*, DIS], estabelecido em 1988, isentou as tripulações de tributação nacional e, em 2002, introduziu o regime do imposto sobre a tonelagem de arqueação, baseando a tributação na tonelagem de arqueação dos navios em que a companhia operava, a uma taxa específica por tonelagem, sem levar em consideração os lucros operacionais reais da companhia. Alemanha, Holanda, Noruega, Reino Unido, Bélgica e Grécia introduziram esses esquemas. O registro em

Custos, receitas e fluxo de caixa

determinado país pode ocorrer por conta de incentivos ao investimento existentes aos negócios locais ou de as outras atividades empresariais tornarem esta a rota mais econômica.

6.5 A RECEITA QUE O NAVIO GANHA

CLASSIFICAÇÃO DA RECEITA

O primeiro passo é definir como é recebida a receita. Como vimos no Capítulo 5, existem diferentes formas de o proprietário de navios obter receitas, cada uma das quais transporta distribuições de risco diferentes entre o proprietário de navios e o afretador e repartições diferentes dos custos. Os riscos do mercado marítimo se relacionam com a existência de carga e a taxa de frete paga, e o risco operacional é resultante da capacidade de o navio efetuar o transporte. Os custos são os apresentados na seção anterior. Cada uma das receitas possíveis trata destes itens diferentemente:

- *Afretamento por viagem.* Este sistema é utilizado no mercado de afretamentos por viagem, no mercado especializado de granel e, de uma forma bastante diferente no mercado de linhas regulares. O frete é pago por unidade de carga transportada, por exemplo, US$ 20 por tonelada. Nesse acordo, o proprietário do navio em geral paga todos os custos, exceto o manuseio da carga, e é responsável simultaneamente por gerenciar a exploração do navio e por planejar e executar a viagem. Ele assume os riscos operacional e do mercado marítimo e perde na ausência de carga, se o navio parar ou se tiver de esperar por carga.

- *Afretamento por tempo.* O pagamento do afretamento é especificado como um pagamento fixo diário ou mensal por alugar o navio, por exemplo, US$ 5 mil por dia. Nesse acordo, o proprietário do navio assume o risco operacional, pois se o navio parar ele não recebe. O afretador paga o combustível, as taxas portuárias, a estiva e outros custos relacionados com a carga. Ele assume o risco de mercado, pagando o aluguel diário acordado independentemente das condições de mercado (a não ser que a taxa de afretamento esteja ligada de alguma forma ao mercado).

- *Afretamento em casco nu.* É essencialmente um plano financeiro no qual o pagamento do afretamento cobre somente os custos financeiros do navio. Todos os custos operacionais, de viagem e relacionados com a carga são cobertos pelo afretador, que assume simultaneamente os ricos operacionais e do mercado marítimo.

O debate desses conceitos de receitas podem ser vistos na Tabela 5.1. Para simplificar, neste capítulo, assume-se que a receita é ganha como uma taxa de frete unitária por tonelada-milha de carga transportada.

RECEITA DO FRETE E PRODUTIVIDADE DO NAVIO

O cálculo básico da receita envolve dois passos: o primeiro é determinar qual a quantidade de carga que o navio pode transportar no período financeiro medido, sejam quais forem as unidades apropriadas (toneladas, toneladas-milhas, metros cúbicos etc.); o segundo é estabelecer qual o preço ou a taxa de frete que o proprietário irá receberá por unidade transportada. Em termos mais técnicos, a receita por tonelada de porte bruto da capacidade do transporte marítimo pode ser vista como um produto da produtividade do navio, medida em toneladas-milhas de carga transportada anualmente, e a taxa de frete por tonelada-milha é dividida pelas toneladas de porte bruto do navio:

$$R_{tm} = \frac{P_{tm} \cdot FR_{tm}}{DWT_{tm}}$$ (6.6)

em que R é a receita por tpb por ano, P é a produtividade em toneladas-milhas de carga por ano, FR é a taxa de frete por tonelada-milha de carga transportada, t é o período e m é o tipo de navio.

O conceito de "produtividade" do navio é útil porque mede o desempenho global da capacidade de carga, incluindo o desempenho operacional em termos de velocidade, o porte líquido e a flexibilidade na obtenção de cargas de retorno. Por exemplo, um navio combinado tem potencialmente uma produtividade muito mais elevada do que um navio-tanque, porque pode transportar uma carga sólida de retorno se ela estiver disponível. A análise da produtividade pode ser levada mais adiante dividindo-a nos seus componentes, como segue:

$$P_{tm} = 24 \cdot S_{tm} \cdot LD_{tm} \cdot DWU_{tm}$$ (6.7)

em que S é a velocidade operacional média por hora, LD é o número de dias carregado no mar por ano, DWU é a utilização das toneladas de porte bruto. Essa definição indica que a produtividade do navio, medida em toneladas-milhas de carga transportada no ano t, é determinada pela distância que o navio percorre em 24 horas, pelo número de dias que passa carregado no mar por ano e por até que ponto ele navega com um carregamento de carga completo. Por meio da análise detalhada de cada um desses componentes, pode-se obter uma definição precisa de produtividade.

Otimização da velocidade operacional

Quando o navio recebe uma receita por unidade de frete, sua velocidade operacional média é importante porque determina a quantidade de carga entregue pelo navio durante um período fixo e, portanto, a receita ganha.

Num mercado de taxas de frete altas, compensa navegar a toda velocidade, enquanto em situações de taxas de frete baixas pode ser mais econômico uma velocidade baixa, porque a economia no custo do óleo combustível pode ser maior do que a perda de receita. Certamente isso acontece na prática. Por exemplo, no início de 1986 a frota de VLCC operava a uma velocidade da ordem de 10 nós, mas, quando as taxas de frete subiram em 1988-1989, a velocidadecfoi aumentada para quase 12 nós. Pelas mesmas razões um aumento substancial no preço dos combustíveis altera a velocidade operacional ótima para determinado nível de taxas de frete porque aumenta a redução de custos para dada redução no consumo de combustível.

A lógica financeira por detrás do cálculo da velocidade operacional ótima pode ser ilustrada com um exemplo simples na Tabela 6.8, a qual mostra o efeito da velocidade no fluxo de caixa do navio para diferentes preços de óleo combustível e taxas de frete. Reduzindo a velocidade de 14 nós para 10 nós, a quantidade de óleo combustível usada num ano diminui em mais de metade, de 33,9 toneladas por dia para 16,5 toneladas por dia, originando uma economia nos

Custos, receitas e fluxo de caixa **283**

custos de combustível que depende de seu nível de preços. Existe, no entanto, uma perda de receita correspondente porque, a velocidades inferiores, é entregue menos carga. A dimensão dessa perda depende do nível das taxas de frete. Como resultado, o proprietário do navio é confrontado com um compromisso entre custos inferiores e rendimentos inferiores, e o equilíbrio determina essa decisão.

Tabela 6.8 – Efeito da velocidade sobre o fluxo de caixa para taxas de frete e custos de combustível altos e baixos

Velocidade do navio em nós	Consumo do combustível Toneladas por dia	ECONOMIA NO CUSTO DO COMBÚSTIVEL por conta de abrandamento da velocidade		PERDA DE RECEITA por conta de abrandamento da velocidade	
		US$/dia	US$/dia	US$/dia	US$/dia
14	33,9	–	–	–	–
13	27,2	2.697	674	1.440	4.320
12	21,4	5.016	1.254	2.880	8.640
11	16,5	6.979	1.745	4.320	12.960

Pressupostos: 70 mil toneladas de carga; trezentos dias por ano no mar; 10 mil milhas viagem redonda

	Pressupostos do combustível		Pressupostos do frete
Alto US$ 400/tonelada	Baixo	Baixo	Alto
	US$ 100/ tonelada	US$ 10/ tonelada	US$ 30/ tonelada

Para ilustrar esse ponto, podemos examinar as circunstâncias determinadas na Tabela 6.8, segundo as quais compensaria ao proprietário do navio abrandar para 11 nós. Os custos de combustível são US$ 400/tonelada (alto) e US$ 100/tonelada (baixo), enquanto as taxas de frete variam entre US$ 30 por tonelada (alto) e US$ 10 por tonelada (baixo).

- *Caso 1*: custo do óleo combustível US$ 100/tonelada e taxas de frete baixas – ele pouparia US$ 1,745 milhão em combustível, mas perderia US$ 4,3 milhões em receitas, portanto, não vale a pena abrandar.

- *Caso 2*: custo do combustível US$ 400/tonelada e taxas de frete baixas – ele pouparia US$ 6,9 milhões e perderia US$ 4,3 milhões em receitas, portanto, vale a pena abrandar.

- *Caso 3*: custo do combustível US$ 400/tonelada e taxas de frete altas – ele pouparia US$ 6,9 milhões em custos, mas perderia US$ 12,9 milhões em receitas, portanto, não vale a pena abrandar.

De fato, para qualquer nível de taxas de frete e custos de combustível existe uma velocidade ótima.

Maximização dos dias de navio carregado no mar

O tempo de um navio é dividido entre dias carregados "produtivos" no mar e dias não produtivos em lastro, em porto ou sem ganhar o frete diário. Uma alteração em qualquer dessas variáveis afeta o número de dias carregado no mar, *LD*, como segue:

$$LD_{tm} = 365 - OH_{tm} - DP_{tm} - BAL_{tm} \qquad (6.8)$$

em que OH é o número de dias por ano durante os quais o frete é suspenso [*days off hire*], DP é o número de dias em porto por ano, e BAL é o número de dias em lastro por ano.

Os *dias durante os quais o frete é suspenso* representam o tempo gasto em reparações, em paragens, em feriados etc. Um levantamento efetuado dos navios graneleiros mostrou uma média de 24 dias por ano em que o navio não ganha frete diário, embora se espere que esse valor varie com as condições do mercado de fretes. Os proprietários tentam sempre minimizar o tempo em que o navio não está ganhando, mas, durante períodos de atividade baixa do mercado de fretes, o navio pode gastar um tempo substancial à espera de carga, sendo esse um dos principais custos em que incorre durante uma recessão de mercado. Por exemplo, um navio que espera doze dias por uma carga com um custo operacional diário de US$ 6 mil terá um prejuízo de US$ 72 mil.

Os *dias em porto* dependem do tipo de navio, das instalações de carga disponíveis e da carga a ser carregada. Quanto mais tempo o navio gasta em porto, menos carga ele transporta. As cargas homogêneas, como o minério e o grão, podem ser carregadas muito rapidamente quando existem boas instalações disponíveis – são normais taxas de carregamento do minério de ferro e do grão da ordem das 6 mil toneladas por hora. As cargas difíceis, como os produtos florestais e a carga geral, podem, em algumas circunstâncias, levar semanas, em vez de dias, para carregar. Os navios que manuseiam açúcar ensacado podem gastar um mês para carregar e descarregar.

Os *dias gastos em lastro* são o terceiro e o mais importante determinante dos dias de navio carregado no mar. O cálculo é simples para navios-tanques e para outros navios que transportem uma única carga, porque as cargas de retorno não se encontram geralmente disponíveis e o navio passa metade do seu tempo no mar em lastro. Para navios combinados, a maioria dos navios graneleiros, os navios frigoríficos e os navios de linhas regulares, o cálculo é mais difícil, porque podem transportar uma gama muito variada de diferentes tipos de carga e, frequentemente, são capazes de pegar cargas de retorno. Em relação a essa matéria, existe muito pouca informação estatística acerca do tempo médio gasto em lastro. A regra geral é que "quanto maior o navio, maior o tempo em lastro". Por exemplo, um navio graneleiro de 30.000 tpb encontra-se sempre mais bem posicionado para obter uma carga de retorno do que um navio com 160.000 tpb, pois as restrições de calado podem limitar a possibilidade de o navio de maior dimensões pegar carregamentos parciais.

O impacto financeiro na obtenção de carga de retorno pode ser ilustrado pelo exemplo apresentado na Tabela 6.9 de um navio graneleiro Panamax operando no tráfego de carvão entre Hampton Roads (Estados Unidos), e o Japão durante a depressão de 1985. A taxas de frete de US$ 15 por tonelada, esse navio teria um fluxo de caixa negativo de US$ 500 mil por ano quando estivesse operando numa base de lastro a 50%. Contudo, o fato de o navio carregar uma carga de retorno de carvão de Newcastle (Nova Gales do Sul), para a Noruega a uma taxa de US$ 15 por tonelada originaria anualmente um fluxo de caixa positivo de US$ 19 mil por ano.

Utilização do porte bruto

Refere-se a até que ponto um navio navega com um carregamento completo de carga útil [*full payload of cargo*]. Em outras palavras, é a quantidade de toneladas-milhas de carga trans-

Custos, receitas e fluxo de caixa   **285**

portada dividida pelas toneladas-milhas da carga que o navio poderia ter transportado se tivesse sempre obtido cargas úteis completas [*full payloads*]. Na prática, a capacidade do porte líquido do navio representa um máximo físico, e é uma decisão comercial se essa capacidade é utilizada ou não na sua totalidade. O proprietário do navio tem sempre a opção de aceitar um carregamento parcial, e essa é uma prática comum em ambos os mercados de navios graneleiros de carga sólida e de navios-tanques, especialmente durante as recessões. A mudança foi particularmente notada no mercado de navios-tanques depois da crise do petróleo de 1973, quando as companhias petrolíferas não conseguiam adequar as suas partidas de carga aos navios. Inversamente, durante a expansão de 2003-2007, ocorreu uma enorme pressão para utilizar os navios o mais eficientemente possível, pela obtenção de carregamentos completos.

Tabela 6.9 – O efeito das cargas de retorno no fluxo de caixa

	Carga mil toneladas por ano	Frete por tonelada US$	Receita anual US$ milhões	Custo anual US$ milhões	Fluxo de caixa US$ mil
Com cargas de retorno	308	15	4,62	4,43	19
Sem cargas de retorno	252	15	3,78	4,28	(500)

Um exemplo interessante da utilização do porte bruto é o tráfego de grão entre o Golfo dos Estados Unidos e o Japão. Na década de 1970 esse tráfego utilizava navios graneleiros de 25.000 tpb, mas na década de 1980 foi absorvido pelos navios graneleiros Panamax. Como a dimensão da partida de carga está restrita a 55.000 toneladas pela profundidade de água do Canal do Panamá, um navio Panamax de 65.000 tpb não pode efetuar um carregamento em seu porte máximo, mas num ambiente de fretes relativamente fraco os proprietários de navios Panamax estavam preparados para aceitar carregamentos parciais. Porém, no ano de 2007, três coisas tinham ocorrido. Os navios Handymax tinham ido até o limite de 55.000 tpb; os navios Panamax tinham aumentado para 75.000 tpb; e as taxas de frete eram muito mais altas. Como resultado, os tráfegos dos carregamentos parciais tornaram-se menos atrativos para os navios Panamax, mas ideais para os navios Handymax, que os absorveram. Uma exceção pouco comum à regra de que as dimensões dos navios aumentam com o passar do tempo.

Os navios-tanques de derivados do petróleo também transportam muitos carregamentos parciais. Duas dimensões de partidas de carga muito populares nesse tráfego são as de 33.000 e as de 40.000 toneladas, nenhuma das quais enche os populares navios-tanques de derivados do petróleo de 37.000 tpb e de 47.000 tpb. A questão complica-se ainda mais pela elevada cubagem da nafta, uma carga comum nos derivados do petróleo (ver Tabela 11.5). Como resultado, os navios-tanques de derivados do petróleo muitas vezes navegam com carregamentos parciais. Tendo isso em mente, alguns estaleiros navais conceberam navios-tanques de derivados do petróleo com escantilhões de uma estrutura de 47.000 tpb e um casco otimizado de até 40.000 tpb, um alerta de que a carga não está carregando o navio por completo, mas realizando lucro.

Resumindo, os investidores enfrentam muitas decisões relativas aos compromissos entre as variáveis da receita e do custo. Um navio combinado oferece ao seu proprietário a opção de utilização muito elevada do seu porte bruto transportando carga alternada de petróleo e cargas sólidas, enquanto incorre em custos de capital e operacional mais elevados. A conteinerização implica um investimento pesado na eficiência do manuseio de carga, enquanto o navio que transporta carga rolante combina alguns benefícios da conteinerização com um elevado grau de flexibilidade de carga. Muitas das decisões, entretanto, são menos dramáticas mas igualmente importantes – por exemplo, pagar extra por um navio graneleiro mais rápido que pode efetuar mais viagens durante a expansão, ou por um navio-tanque de derivados do petróleo maior com vantagem nos tráfegos de longa distância, mesmo que frequentemente transporte carregamentos parciais.

6.6 AS CONTAS NO TRANSPORTE MARÍTIMO: A ESTRUTURA DAS DECISÕES

Até agora, focalizamos a relação do custo e da receita, que determina como uma companhia de navegação ou um projeto de investimento funcionam financeiramente. Agora é o momento de juntar tudo isso utilizando o enquadramento contábil que as companhias de navegação e os seus investidores utilizam para tomar as decisões financeiras.

PARA QUE SÃO UTILIZADAS AS CONTAS DA COMPANHIA

Primeiro, uma nota breve sobre a comparabilidade da informação financeira. As companhias de navegação registram-se em muitos países ao redor do mundo, e diferentes normas de relato financeiro significam que a informação financeira nem sempre está de forma comparável. Contudo, em anos recentes, fez-se um progresso significativo na coordenação das normas de relato financeiro por meio do Conselho das Normas Internacionais de Contabilidade [*International Accounting Standards Board*, IASB]. Em 2003, o IASB publicou as primeiras Normas Internacionais de Relato Financeiro [*International Financial Reporting Standard*, IFRS1]. Em 2004, esta foi adotada pela União Europeia para as companhias públicas e, em 2008, cerca de cem países cumpriam essa norma.

As contas da companhia são compiladas para três fins bastante diferentes, cada um deles exigindo uma apresentação diferente da informação. Um fim é para apresentar a capacidade financeira da companhia. Os credores potenciais precisam saber se a companhia é financeiramente robusta e capaz de cumprir com as suas obrigações. A maioria das jurisdições impõe regras rigorosas para o suprimento desse tipo de informação financeira, obrigando as companhias de responsabilidade limitada a publicar as suas contas, e, como observado anteriormente, já existem linhas de orientação internacionais que determinam o que deve ser incluído na contabilidade da companhia. Por exemplo, desde janeiro de 2005, na União Europeia, as companhias cotadas em bolsa devem cumprir com a IFRS1. Naturalmente, as companhias sabem que essas contabilidades serão lidas pelos seus concorrentes e pelos seus fornecedores e, em geral, preferem revelar o menos possível.

O segundo objetivo das contas é o apuramento de impostos. Em determinado país, as autoridades tributárias definem as regras relativas ao que é permitido ou não no cálculo do lucro sobre o qual o imposto é calculado. Isso significa que as contas publicadas de uma companhia registrada nesse país refletem as convenções contábeis do sistema de tributação local, que podem torná-las bastante diferentes e muito menos úteis em relação às contas publicadas pelo gerenciamento interno da companhia, que têm como objetivo o gerenciamento do negócio.

Finalmente, temos as contas de gerenciamento, as quais são compiladas para ajudar a gerenciar a companhia no seu processo de decisão. Esse é o aspecto do relato financeiro que mais nos interessa. Três demonstrações financeiras separadas, mas ligadas, são geralmente utilizadas

Custos, receitas e fluxo de caixa

pelos contabilistas para fornecer informação para efeitos de gerenciamento: a demonstração de resultados, a folha de balanço e a demonstração dos fluxos de caixa. Cada uma tem a sua própria "intenção" sobre o negócio.

Nesta seção, revisaremos essas demonstrações financeiras. Visto que o transporte marítimo é dominado pelo dólar americano, utilizaremos como exemplo as contas de uma companhia cotada em bolsa nos Estados Unidos. O nosso objetivo é perceber a economia do negócio, mas deve-se notar que as contas utilizadas, que foram selecionadas para ilustrar o tipo de questões financeiras com as quais as companhias de navegação têm de lidar, são anteriores ao IFRS1.

DEMONSTRAÇÃO DE RESULTADOS

A demonstração de resultados, referida no Reino Unido como a conta de lucros e perdas, mostra o lucro (receita líquida) efetuado pela companhia durante o período contábil. Isso nos indica a riqueza criada pela companhia, uma informação crucial, visto que a companhia que gera os lucros aumenta o seu valor, enquanto a companhia que perde dinheiro encontra-se num terreno escorregadio. Se pensarmos numa companhia como um rio de receita líquida, então a demonstração de resultados nos diz a velocidade de fluxo do rio. A Tabela 6.10 apresenta a demonstração de resultados de uma companhia de navegação grande durante três períodos contábeis, nos anos de 2001 a 2003.

Tabela 6.10 – Demonstração de resultados de uma companhia de navegação

	Final do ano (US$ milhões)		
	2003	**2002**	**2001**
Receita operacional	1.576	783	1.039
menos despesas operacionais:			
Custos de viagem	395	239	250
Custos operacionais dos navios	211	168	155
Custos com afretamentos por tempo	305	50	66
Depreciação e amortização	191	149	136
Gerais e administrativos	85	57	49
Subtotal do **rendimento das operações**	390	119	383
Liquidações e ganhos sobre as vendas dos navios	−90		
Encargos com reestruturação	−6		
Rendimento de capital oriundo de sociedades conjuntas	7	5	17
Subtotal da **receita operacional**	300	124	401
Gastos com juros	−81	−58	−66
Rendimento de juros	4	3	9
Outras perdas	−45	−16	−7
Rendimento líquido	177	53	337
Nota			
Ganhos por ação – básico	4,43	1,35	8,48

Fonte: com base nas contas publicadas de uma companhia de navegação pública.

Em 2003, a companhia ganhou uma receita operacional dos seus navios de US$ 1,58 bilhão, incluindo ambos os rendimentos oriundos dos afretamentos por tempo e do mercado aberto. A esse valor, eles deduziram cinco itens de custo: US$ 395 milhões referentes a custos de viagens; US$ 211 milhões referentes a custos operacionais; US$ 305 milhões relativos a navios afretados pela companhia; uma depreciação de US$ 191 milhões; e custos gerais e de administração no valor de US$ 85 milhões. Isso deixa um rendimento das operações dos navios de US$ 390 milhões. Contudo, é depois necessário efetuar alguns outros ajustes que nada têm a ver com as operações dos navios, mas que afetam a riqueza da companhia. Um item importante foi a liquidação de US$ 90 milhões em navios, os quais foram vendidos durante o ano a preços abaixo dos seus valores contábeis. Também existiram custos de reestruturação de US$ 6 milhões devido ao fechamento de alguns escritórios no estrangeiro e US$ 7 milhões referentes a rendimentos de uma sociedade conjunta. Depois de serem tomados em conta, a receita operacional foi de US$ 300 milhões. Finalmente, são deduzidos os pagamentos referentes a juros e "outras perdas" (sobretudo impostos) para obter o rendimento líquido da companhia em 2003, no montante de US$ 177 milhões.

FOLHA DE BALANÇO

A folha de balanço mostra a riqueza da companhia em determinado momento temporal, neste caso, em 31 de dezembro de 2001, 2002 e 2003, que corresponde ao final do ano da companhia. Começa por relatar todos os ativos do negócio (isto é, tudo o que a companhia possui) e depois deduz o passivo (isto é, todo o dinheiro que deve a terceiros). Os analistas também se interessam pela folha de balanço porque lhes diz como a companhia segura a sua riqueza. É muito bom ter lucros espetaculares, mas, se a companhia tem toda a sua riqueza amarrada a navios e nenhum dinheiro para pagar as contas, pode encontrar-se numa situação muito arriscada.

Geralmente, a folha de balanço divide o cálculo da riqueza em três componentes. Primeiro, o ativo corrente do negócio são os fundos que podem ser realizados rapidamente sem mudar a estrutura básica do negócio nem incorrer em penalizações. Segundo, há os ativos imobilizados, que, para uma companhia de navegação incluem o valor dos navios que a companhia possui e outros bens como edifícios e investimentos noutras companhias. A avaliação dos navios levanta questões sobre deverem ou não ser valorizados de acordo com o seu valor contábil (isto é, custo de aquisição menos a depreciação) ou com o seu valor de mercado, pois os dois métodos podem produzir resultados muito diferentes (ver Seção 6.4 para uma apresentação sobre o cálculo da depreciação). Finalmente, deduzimos o passivo (isto é, o dinheiro devido), que geralmente toma a forma de contas pendentes, de dívida, de títulos e outros compromissos financeiros que devem ser cumpridos em qualquer momento no futuro. O fato de o valor de capital dos navios ser tão alto e sujeito a uma volatilidade extrema torna difícil determinar o valor subjacente do negócio, pegando um ciclo com outro, a partir dos elementos cíclicos que diminuem ou aumentam os retornos.

A Tabela 6.11 apresenta um exemplo de uma folha de balanço relativamente complexa de uma companhia de navegação. A disposição é convencional, com os ativos listados no topo da tabela, no itens 1.1-1.3, e o passivo na segunda metade da tabela, nos itens 2.1 e 2.2. Neste caso, em 2003, o total dos ativos foi de US$ 3,588 bilhões e a soma do passivo de longo e de curto prazo foi de US$ 1,921 milhão. A diferença entre os dois é o capital próprio dos acionistas, que foi de US$ 1,667 bilhão.

Custos, receitas e fluxo de caixa

Tabela 6.11 – Folha de balanço de uma companhia de navegação

	Final do ano (US$ milhões)	
	2003	2002
1. ATIVOS		
1.1 Ativo corrente		
Numerário e equivalente a numerário (nota 1)	295	289
Contas a receber	147	71
Despesas pré-pagas e outros ativos	39	28
Total do ativo corrente	481	388
1.2 Navios		
Navios ao custo menos a depreciação	2.387	1.928
Navios sob locações financeiras, ao custo	38	
Avanços sobre os contratos das novas construções (nota 3)	151	138
Total em navios	2.575	2.067
1.3 Outros ativos		
Títulos negociáveis (nota 2)	96	14
Numerário de utilização limitada		5
Depósito para a aquisição de companhia (nota 4)		76
Investimento líquido em locações financeiras diretas (nota 5)	73	
Investimento em sociedades conjuntas (nota 6)	54	56
Outros ativos	60	30
Ativos intangíveis e ágio (nota 7)	249	89
Total dos outros ativos	533	269
TOTAL DOS ATIVOS	3.588	2.724
2. PASSIVOS		
2.1. Passivo corrente		
Contas a pagar	52	22
Provisões para riscos e encargos	120	84
Porção corrente da dívida de longo prazo	102	84
Obrigação corrente sob a locação financeira	1	
Total do passivo corrente	275	190
2.2. Passivo de longo prazo		
Dívida de longo prazo	1.498	1.047
Obrigação sob a locação financeira	35	
Outro passivo de longo prazo	113	45
Total do passivo de longo prazo	1.646	1.092
TOTAL DOS PASSIVOS DE LONGA E DE CURTA DURAÇÃO	**1.921**	**1.281**
Capital próprio dos acionistas	**1.667**	**1.442**
TOTAL DOS PASSIVOS	**3.588**	**2.724**

1. A companhia tem empréstimos que especificam um saldo de caixa mínimo.
2. Participação em outras duas companhias de navegação.
3. Pagamentos já efetuados ao estaleiro referentes aos novos navios em construção.
4. Depósito de 10% pago para aquisição de outra companhia de navegação.
5. Valor do investimento capitalizado em locações financeiras.
6. Valor calculado de uma participação de 50% numa sociedade conjunta.
7. Ágio comprado de outras companhias.

Fonte: com base nas contas publicadas de uma companhia de navegação pública.

O ativo corrente, apresentado no item 1.1, inclui o dinheiro no banco, no montante de US$ 295 milhões, mais as contas a receber (isto é, recibos que foram apresentados, mas não pagos), no total de US$ 147 milhões, e algumas despesas pré-pagas e outros ativos, no montante de US$ 39 milhões, conferindo à companhia um ativo corrente total de US$ 481 milhões. No item 1.2 os navios na frota da companhia são avaliados em US$ 2,4 bilhões, com base no custo menos a depreciação acumulada. Esse método de avaliação, conhecido como "valor contábil", nem sempre é um guia confiável do valor de mercado dos navios. Na realidade, a demonstração de resultados incluía uma liquidação de US$ 90 milhões da venda dos navios cujos preços de venda foram inferiores aos seus valores contábeis. Além dos navios, a folha de balanço relata algumas locações financeiras que atualmente têm de ser declaradas e pagamentos antecipados relativos a navios-tanques que estão atualmente em construção. O item 1.3 inclui os outros vários ativos que, em 2003, totalizam US$ 533 milhões, incluindo US$ 96 milhões em ações em outras companhias de navegação e um investimento em algumas locações financeiras. De forma incomum para uma companhia de navegação, existem alguns ativos intangíveis e "ágio". Na totalidade, os ativos da companhia representam 13% em dinheiro e capital de exploração circulante, 70% em navios e os 17% restantes representam bens diversos.

No lado do passivo, a maior dívida em 2003 foi de US$ 1,5 bilhão referente a dívida de longo prazo. Adicionalmente, existem várias obrigações em curto prazo listadas no item 2.1.

DEMONSTRAÇÃO DO FLUXO DE CAIXA

Finalmente, existe a demonstração do fluxo de caixa, que diz exatamente ao analista qual o dinheiro da companhia realizado ou pago durante o período, de onde veio o dinheiro gasto e para onde foi. Com frequência, o acionador da insolvência de companhias de navegação não são as dívidas em dólares multimilionárias devidas ao banco, mas o fornecedor de combustível que, confrontado com uma conta a pagar, decide arrestar o navio. Portanto, é sempre importante ter dinheiro suficiente em mão. A demonstração do fluxo de caixa é em muitos aspectos semelhante à demonstração de resultados, mas trata somente dos pagamentos em dinheiro, excluindo certos itens, como a depreciação, que na realidade não são pagos em dinheiro.

A demonstração do fluxo de caixa apresentada na Tabela 6.12 encontra-se dividida em três seções, cada uma tratando de diversos aspectos das atividades da companhia. A seção 1 trata do capital oriundo das atividades operacionais; a seção 2 aborda o fluxo de caixa resultante das atividades de financiamento; e a seção 3 trata do fluxo de caixa das atividades de investimento. Se analisarmos cada uma dessas por vez, verificamos como o negócio da companhia se desenvolveu.

Em 2003, as atividades operacionais na seção 1 geraram US$ 456 milhões. Um ponto importante é que o fluxo de caixa das atividades operacionais é bastante diferente do rendimento líquido relatado na Tabela 6.10. Ele mostrou, em 2003, um rendimento líquido de US$ 177 milhões, mas na seção 1.2 a demonstração de fluxo de caixa inclui itens não monetários que apareceram na demonstração de resultados, incluindo uma depreciação de US$ 191 milhões, perdas de liquidação dos navios de US$ 92 milhões (um item puro da folha de balanço), e vários outros itens não monetários. Alterações no capital circulante e os gastos em idas à doca seca são depois deduzidos para dar um fluxo de caixa líquido positivo das atividades operacionais de US$ 456 milhões – mais que o dobro do rendimento líquido.

Custos, receitas e fluxo de caixa

Tabela 6.12 – Demonstração do fluxo de caixa de uma companhia de navegação

	Final do ano (US$ milhões)		
	2003	2002	2001
Numerário proveniente de (ou utilizado para):			
1. ATIVIDADES OPERACIONAIS			
1.1 Rendimento líquido	177	53	337
1.2 Itens não monetários (para adicionar)			
Depreciação e amortização	191	149	136
Ganhos (perdas) na venda de ativos	–2	1	–1
Perdas no abate de navios	92		
Outros itens não monetários	44	4	20
Total	325	154	155
1.3 Variações no capital circulante	–4	7	28
1.4 Gastos em docagem	–43	–35	–20
Fluxo de caixa líquido das atividades operacionais	456	180	500
2. ATIVIDADES FINANCEIRAS			
Proventos líquidos de dívida de longo prazo	1.981	255	688
Reembolsos calendarizados de dívida de longo prazo	–63	–52	–72
Reembolsos antecipados de dívida de longo prazo	–1.467	–8	–752
Reversão (reforço) no numerário restrito	6	–1	–8
Proventos da emissão de ações ordinárias	25	4	21
Recompra de ações ordinárias		–2	–14
Dividendos pagos em numerário	–36	–34	–34
Fluxo de caixa líquido das atividades financeiras	447	163	–171
3. ATIVIDADES DE INVESTIMENTO			
Gastos com os navios e os equipamentos	–372	–136	–185
Proventos da venda dos navios e equipamento	242		
Compra de companhias	–705	–76	–182
Compra de bens intangíveis	–7		
Compra de títulos disponíveis para venda	–37		–5
Proventos da venda de títulos disponíveis para venda	10	7	36
Reversão (reforço) do investimento em sociedades conjuntas	26	–26	
Investimento líquido em locações financeiras diretas (nota 3)	–20		
Outros	–5	–2	0
Fluxo de caixa líquido das atividades de investimento	–895	–233	–336
Numerário e equivalentes em numerário, início do período	285	175	181
Numerário e equivalentes em numerário, fim do período	292	285	175
Reforço (reversão) no numerário e equivalentes em numerário	8	110	–6

Fonte: com base nas contas publicadas de uma companhia de navegação pública.

Na seção 2, vemos o fluxo de caixa resultante das atividades de financiamento. Em 2003, este também foi muito positivo, tendo-se gerado US$ 447 milhões em dinheiro. Esse valor monetário foi gerado sobretudo pelo refinanciamento – eles levantaram uma nova dívida em longo prazo no valor de US$ 1,98 bilhão, US$ 25 milhões por meio da emissão de ações ordinárias, efetuaram reembolsos de dívida no valor de US$ 63 milhões, e pagaram com antecedência dívida no valor de US$ 1,47 bilhão, deixando US$ 447 milhões livres em caixa.

A seção 3 apresenta a forma como a companhia utilizou o dinheiro levantado das operações e do financiamento. Em 2003, os investimentos efetuados pela companhia custaram US$ 895 milhões. Pagaram US$ 730 milhões pelas novas companhia e US$ 372 milhões por novos navios. A venda dos navios envelhecidos gerou US$ 242 milhões. Existiram outros investimentos variados menores, incluindo a compra de ações e algumas locações financeiras.

Juntando tudo isso, a companhia gerou US$ 456 milhões na operação dos seus navios; em cima disso, adicionou US$ 447 milhões de financiamento externo adicional; e investiu US$ 895 milhões na compra de companhias e de navios. Apesar de toda essa atividade, o saldo de caixa da companhia alterou-se somente em US$ 8 milhões no ano. Alguém realizou um bom trabalho para equilibrar a contabilidade!

Nem todas as companhias publicam as suas contas dessa forma, mas os exemplos anteriores ilustram os princípios gerais da contabilidade financeira no transporte marítimo. Quer a companhia tenha quarenta navios ou quatrocentos, as atividades operacionais traduzem-se em aumento das receitas e aperto dos custos para gerar rendimento; as atividades financeiras são sobre o gerenciamento de fundos, sejam eles oriundos de uma emissão de um novo empréstimo obrigacionista, seja de um investimento com um valor líquido relativamente elevado para que a companhia possa fazer o que precisa quando precisa; e as atividades de investimento destacam a implementação da estratégia da companhia. O fluxo de caixa não faz um negócio bom, mas um fluxo de caixa bem gerenciado certamente prepara o caminho para os bons homens de negócio continuarem a fazer aquilo que fazem bem.

6.7 QUATRO MÉTODOS PARA CÁLCULO DO FLUXO DE CAIXA

Nosso objetivo neste capítulo é analisar como os custos podem ser controlados e como as receitas podem ser aumentadas dentro das condições globais impostas pelo navio, pela organização empresarial e pela jurisdição legal sob a qual os navios da companhia operam. No início deste capítulo, abordamos a importância do gerenciamento monetário ao navegar pelos ciclos do transporte marítimo, que são uma característica do negócio, e examinamos os itens de custo e de receita subjacentes ao fluxo de caixa do negócio de transporte marítimo. Fica agora por abordar as técnicas práticas usadas na preparação do fluxo de caixa operacional que pode ser utilizado como base para tomar decisões.

No transporte marítimo, a medida usual de medição do fluxo de caixa são os *ganhos ilíquidos de juros, nos impostos e na depreciação e amortização* [*earnings before interest, tax, depreciation and amortization*, Ebitda]. Ela mede o dinheiro em mão gerado pelo negócio durante um período e é calculada deduzindo as despesas correntes da receita. São utilizados amplamente no transporte marítimo quatro métodos de análise de fluxo de caixa, cada um dos quais aborda o fluxo de caixa de uma perspectiva diferente:

- A *análise do fluxo de caixa por viagem* [*voyage cashflow*, VCF] é a técnica utilizada para tomar decisões diárias sobre os afretamentos. Calcula o fluxo de caixa relativo à viagem ou a uma combinação de viagens de determinado navio. Isso constitui a base financeira das decisões operacionais, como a escolha entre oportunidades alternativas de afretamento onde existem várias opções, ou decide, numa recessão, se devemos desarmar temporariamente o navio ou se devemos colocá-lo sob contrato.

Custos, receitas e fluxo de caixa

- A *análise do fluxo de caixa anual* [*annual cashflow*, ACF] calcula o fluxo de caixa de um navio ou de uma frota de navios numa base anual. É o formato mais frequentemente usado para a previsão dos fluxos de caixa. Pela projeção do fluxo de caixa total para a unidade de negócio durante um exercício completo, verifica-se, com base em determinados pressupostos, se o negócio como um todo gerará dinheiro suficiente para financiar as suas operações depois de ter levado em conta fatores complicados como as obrigações fiscais, os reembolsos de capital e a manutenção periódica.

- A *análise da taxa de frete exigida* [*required freight rate analysis*] é uma variante da análise do fluxo de caixa anual. Concentra-se exclusivamente no lado do custo da equação, calculando os níveis dos custos que devem ser cobertos a partir da receita do frete. Isso é útil para os proprietários de navios quando calculam se o investimento num navio será rentável e quando os banqueiros efetuam uma análise de crédito para decidir quanto devem emprestar. Também pode ser utilizada para comparar projetos de navios alternativos.

- A *análise do fluxo de caixa descontado* [*discounted cashflow*, DCF] relaciona-se com o valor temporal do dinheiro. É utilizada para comparar opções de investimento quando os fluxos de caixa são significativamente diferentes ao longo do tempo. Por exemplo, um navio novo envolve um investimento inicial muito grande, mas é de baixo custo de gerenciamento, enquanto um navio velho tem um custo de compra barato, mas custos elevados na fase final da sua vida. A análise do DCF oferece uma forma estruturada de comparar dois investimentos.

Esses métodos são complementares e cada um aborda o fluxo de caixa de uma forma diferente, adequada às necessidades das diversas decisões.

ANÁLISE DO FLUXO DE CAIXA POR VIAGEM

A análise do VCF providencia informação acerca do dinheiro que é gerado pela realização de determinada viagem ou sequência de viagens. Geralmente o proprietário de um navio que se encontra aberto em certa data terá as listas dos corretores que mostram as cargas disponíveis na área de carregamento relevante. Por vezes, existirá uma carga óbvia, e a decisão será fácil.

Contudo, na maioria dos casos, existirão várias alternativas, todas possíveis, mas nenhuma delas ideal, portanto, é necessária uma decisão acerca da carga a ser transportada. Isso significa ter de decidir entre aceitar uma carga de grão do Golfo dos Estados Unidos para o Japão ou do Golfo dos Estados Unidos para Roterdã, entre estabelecer um contrato agora ou esperar uns dias para ver se as taxas melhoram, entre desarmar temporariamente o navio ou continuar a navegar. Por meio do fornecimento de uma estimativa da rentabilidade para determinada viagem, a análise de VCF desempenha uma função essencial na tomada de decisões operacionais.

Apresenta-se na Tabela 6.13 um exemplo da análise do fluxo de caixa por viagem. Um navio graneleiro Panamax encontra-se numa viagem com várias etapas do Golfo dos Estados Unidos para o Japão com grão, depois lastra para a Austrália, onde pega outra carga de carvão para ser entregue na Europa, antes de voltar em lastro para a costa leste da América do Norte para carregar novamente grão. O objetivo é estimar quanto dinheiro a viagem vai gerar na realidade.

A tabela encontra-se resumida cobrindo as questões principais, mas na prática seria utilizado um programa mais detalhado do cálculo da viagem. As quatro seções da tabela são analisadas a seguir:

1. *Informação sobre o navio.* Detalhes da dimensão do navio, velocidade, consumo de combustível etc. Neste caso a velocidade é de 15 nós em viagens de navio carregado e em lastro e deduz-se uma margem marítima de 5% para cobrir condições meteorológicas e outros atrasos. O navio, que é relativamente moderno, queima 33 toneladas diárias na viagem com carga e 31 toneladas na viagem em lastro. Os custos operacionais são apresentados como uma taxa diária, assumindo que o navio está afretado 350 dias por ano (note-se que o fluxo de caixa imputado aos custos operacionais não cai necessariamente dentro da mesma escala temporal da viagem). O preço do combustível é de US$ 338 para o óleo combustível e US$ 531 para o óleo diesel destinado aos motores auxiliares. Os preços dos combustíveis variam ao redor do mundo e é considerado um plano de abastecimento de combustível para garantir que o navio abasteça no local mais barato.

2. *Informação sobre a viagem.* Esta seção apresenta os detalhes da viagem – dias em porto, distância, carga transportada e taxa de frete para cada etapa da viagem. O tempo em porto é de três dias para o carregamento e de dois dias para a descarga, incluindo o tempo de espera pelo cais, documentação, operações de carga e descarga da carga, abastecimento de combustíveis e um dia para a passagem do Canal do Panamá. Nem sempre é fácil estimar os tempos em porto com precisão. Neste caso trata-se de uma carga de 54 mil toneladas de grão na etapa 1 e 70 mil toneladas de carvão na etapa 3. Provavelmente, um navio desse tipo transporta cerca de 3.500 toneladas de combustível e de mantimentos, deixando somente uma capacidade de carga disponível da ordem de 71.500 toneladas, portanto, o navio não está completamente carregado na primeira etapa. Nessa viagem, os segmentos em lastro são muito mais curtos que as viagens em navio carregado, o que é bom – quanto mais curtos, melhor. A viagem redonda é calculada a partir da velocidade, menos a margem marítima para o bom tempo, a distância de viagem nos segmentos de viagem de navio carregado e em lastro, e os tempos em porto. Adicionalmente, apresenta-se na linha 2.6 uma provisão para o congestionamento que pode cobrir o tempo em porto, os atrasos em certos portos, como os ocorridos ao carregar carvão, ou o congestionamento em pontos de estrangulamento, como os Dardanelos para os navios-tanques que deixam o Mar Negro. No total a viagem percorre 31.089 milhas, dura 116 dias (90,9 dias no mar e 25 dias em porto), transporta 124 mil toneladas de carga e o frete é de US$ 5,75 milhões.

3. *Fluxo de caixa da viagem.* Os ganhos do frete repetem-se na linha 3.1. Destes deduzem-se a comissão do corretor e os custos de viagem, que incluem o óleo combustível, o óleo diesel para os motores auxiliares, os custos portuários e os direitos de passagem de canal. Depois são deduzidos os custos operacionais na linha 3.4 para calcular o fluxo de caixa líquido da viagem.

4. *Ganhos da viagem.* Finalmente, na linha 4.1, calculamos a taxa de frete a tempo equivalente para a viagem completa, que é de US$ 35.596 por dia.

Custos, receitas e fluxo de caixa

Tabela 6.13 – Análise do fluxo de caixa de viagem de um navio graneleiro de 75.000 tpb (com carga de retorno), em 4 maio 2007

1. INFORMAÇÃO SOBRE O NAVIO					
Tipo de navio	Velocidade (nós)			Combustível (toneladas/dia)	
	Velocidade de projeto	Margem marítima	Viagem	Principal	Auxiliar
1.1 Navio graneleiro 75.000 tpb					
1.2 Viagens de navio carregado	15	5,0%	14,25	33	1
1.3 Viagens de navio em lastro	15	5,0%	14,25	31	1
1.4 Custo operacional US$/dia		5.620	estando 350 dias por ano sob afretamento por tempo		
1.5 Preço dos combustíveis US$/tonelada				338	531
2. INFORMAÇÃO SOBRE A VIAGEM	**col (1)**	**col (2)**	**col (3)**	**col (4)**	**col (5)**
Rota	Distância (milhas)	Dias no mar	Dias em porto	Carga (toneladas)	Frete US$/tonelada
2.1 Dias em porto/viagem – carregamento			3		
2.2 Dias em porto/viagem – descarga			2		
2.3 Detalhes da viagem:					
Etapa 1: Golfo dos Estados Unidos – Japão	9.123	26,7	5	54.000	56,0
Etapa 2: Japão – Austrália	4.740	13,9	0	Lastro	
Etapa 3: Austrália – Europa	12.726	37,2	10	70.000	39,0
Etapa 4: Europa – Costa leste da América do Norte	4.500	13,2	0	Lastro	
2.4 Total de dias carregado	21.849	63,9			
2.5 Total de dias em lastro	9.240	27,0			
2.6 Provisão para o congestionamento portuário			10		
2.7 Total de viagem redonda	31.089	90,9	25	124.000	5.754.000
3. FLUXO DE CAIXA DA VIAGEM	**US$**	**Notas**			
3.1 Ganhos de frete em US$	5.754.000	Da linha 2.7 acima			
3.2 *Menos* a comissão do corretor	86.310	A 1,5%			
3.3 *Menos* os custos da viagem					
Óleo combustível para a máquina principal	995.674	Dias no mar * consumo * preço			
Óleo diesel para os motores auxiliares	48.270	Dias no mar * consumo * preço			
Custos portuários	418.000	Custo de quatro estadias em porto			
Direitos de passagem de canal	80.000	Uma passagem pelo Canal do Panamá			
Total	1.541.944				
3.4 *Menos* os custos operacionais	651.378	Dias em viagem * custo operacional/dia			
3.5 Fluxo de caixa de viagem	3.474.369	Receita gerada pela viagem (menos OPEX)			
4. GANHOS DA VIAGEM					
4.1 Nota: dias em viagem	116	Da linha 2.7, incluindo o congestionamento			
4.1 Taxa de afretamento por tempo equivalente US$/dia	35.596	Igual (linha 3.5/linha 4.1) + linha 1.4			

Nota: as taxas de frete apresentadas referem-se a 4 de maio de 2007.

Neste exemplo as taxas de frete são tiradas de um período em maio de 2007 com ganhos muito fortes. O navio ganharia mais do que o suficiente para cobrir os seus custos de capital na totalidade. Para pôr a taxa de afretamento por tempo equivalente à viagem em perspectiva, no mesmo dia 4 de maio de 2007 a taxa de afretamento por tempo por um período de três anos de um navio graneleiro Panamax moderno era de US$ 34 mil por dia, mas a taxa referente a um ano de contrato era de US$ 41.750 por dia.

Portanto, o que faz o proprietário nesta situação? Basicamente, o dinheiro abunda e o navio gera quase US$ 10 milhões ao ano. O proprietário ganhará um retorno muito respeitável se aceitar a viagem a esse nível de taxas de frete, mas poderia combiná-lo com menos preocupação se colocasse o navio num contrato de fretamento por tempo por um período de três anos a uma taxa diária de US$ 34 mil, e se colocar o navio num fretamento por tempo por um ano a US$ 41.750, ele poderá ganhar mais. Tudo depende do que ele pensa que vai acontecer no futuro, e isso significa qualquer coisa desde o final desta viagem até os próximos três anos. Ele pode lembrar que cinco anos antes, em agosto de 2002, a taxa de frete para o grão entre Golfo dos Estados Unidos e Japão era de US$ 19,40 e o retorno de Newcastle (Nova Gales do Sul), para a Europa era de US$ 10,20. É verdade que os combustíveis eram mais baratos, a US$ 153 para o óleo combustível e US$ 213 para o óleo diesel marítimo, mas àquelas taxas a viagem pagaria somente US$ 6.357 por dia. Será que poderia acontecer novamente o mesmo? Deveria ele pegar um afretamento por tempo enquanto as taxas de frete estão tão boas? É essa a decisão de um milhão de dólares sobre a qual os proprietários de navios ponderam diariamente.

Para os navios envelhecidos, os mercados fortes como esse são muito lucrativos. Algumas viagens que ofereçam mais de US$ 3 milhões cada uma poderão gerar rapidamente mais dinheiro do que o navio vale num mercado normal. É fácil ver por que em mercados fortes os navios velhos são raramente enviados para sucata, a menos que tenham problemas físicos sérios. Porém, se efetuarmos novamente o cálculo da estimativa de viagem para o cenário de agosto de 2002, o navio não ganha o suficiente para cobrir os seus custos operacionais. Isso coloca o proprietário numa posição muito difícil. Se ele aceitar o afretamento nessas circunstâncias, perderá dinheiro na viagem, mesmo que as coisas corram como planejado. Com os navios velhos, ele sabe que as coisas nem sempre acontecem como planejado. Contudo, se recusar a carga, estará numa posição ainda pior. Os seus custos operacionais têm de ser pagos, tenha o navio carga ou não. Uma opção é enviar o navio para desarmamento temporário, para poupar uma grande parte dos custos operacionais, mas, a não ser que o navio seja cuidadosamente mantido durante esse período, o seu valor futuro pode ser seriamente afetado.

Nessas circunstâncias, é fácil ver como durante as recessões o negócio fica totalmente preocupado com o problema de obter dinheiro suficiente para pagar as contas diárias assim que entram e em reduzir custos onde possível. A lição reaprendida por cada geração de proprietários de navios demasiadamente endividados e pelos seus banqueiros é que, uma vez que a recessão tenha começado, já é demasiado tarde. Não existem opções reais. Com um verdadeiro esforço, o proprietário pode cortar os seus custos operacionais anuais, utilizando uma tripulação mais barata, atrasando todos os reparos à exceção dos mais essenciais e apertando os custos administrativos. Contudo, se ele está consideravelmente endividado, seja o navio novo ou velho, os US$ 1.500 que ele pode poupar diariamente não farão muita diferença no seu fluxo de caixa. Na realidade, se ele cortar os custos em demasia, isso pode levar a problemas operacionais dispendiosos.

Se não houver dinheiro disponível em outro lugar e os banqueiros pressionarem para que o pagamento seja efetuado, a única opção é vender os ativos para levantar dinheiro. Em geral, isso significa vender um navio, o que nos leva de volta à decisão de compra e venda que abordamos no início do capítulo, na Figura 6.1. O problema é que um navio que não pode gerar um fluxo de caixa positivo, mesmo que seja bem gerenciado, não obtém um preço elevado no mercado. Conforme os proprietários desesperados são levados a vender os seus navios para levantar dinheiro, e poucos potenciais compradores podem ser encontrados, o preço baixa. Para os navios novos, quase sempre será encontrado um investidor especulativo, mas para os navios velhos, cuja vida econômica poderá não ir além da depressão, o estaleiro de demolição pode ser o único comprador interessado.

A moral é que, financeiramente, o transporte marítimo é um negócio de festa e de fome. Quando os tempos são bons, como no exemplo apresentado na Tabela 6.13, o desafio é investir os fundos sabiamente. Porém, a sobrevivência nas depressões depende da capacidade de gerar dinheiro quando os outros proprietários estão a perdendo, e, como vimos no Capítulo 3, as recessões são uma característica regular do mercado marítimo. Quando chegar a decisão sobre a viagem, é demasiado tarde. Os bancos raramente emprestam dinheiro aos clientes que se encontram em dificuldades financeiras e, se o fizerem, é geralmente em condições muito desvantajosas. O planejamento financeiro para tais contingências deve ser realizado antes de o navio ser comprado, quando as taxas de frete estão altas e o proprietário do navio ainda tem algum espaço de manobra. A técnica a ser usada é o planejamento do fluxo de caixa.

ANÁLISE DO FLUXO DE CAIXA ANUAL

A análise do ACF relaciona-se com o cálculo do fluxo de caixa gerado pelo negócio como um todo durante um período. Nesse sentido, relaciona-se menos com o navio como uma unidade operacional do que com o fluxo de caixa total que o negócio deve financiar durante um período, sejam ele meses ou anos.

Existem vários métodos diferentes para calcular o fluxo de caixa anual, mas o mais simples é o método dos recebimentos e pagamentos apresentado na Tabela 6.14 (uma versão simples da demonstração do fluxo de caixa está na Tabela 6.12). O topo da tabela apresenta a receita monetária, a parte inferior da tabela apresenta os custos monetários e a linha final indica o balanço contábil transportado de um ano para o outro na conta bancária da companhia. Esse exemplo simples ilustra a técnica da ACF para uma companhia de um navio operando em um período de quatro anos. Os números são levemente baseados nas condições reais de mercado entre 1990 e 1995, e as taxas de frete, os preços, os custos operacionais e o empréstimo pendente são apresentados como um item de "nota" no final da Tabela 6.14. Para efeitos de simplicidade, as alterações na inflação e nos preços do combustível não foram incluídas na análise.

A companhia de navegação tem um balanço inicial de US$ 8,5 milhões (linha 1). No último dia do ano 0, compra um navio-tanque de 280.000 tpb construído em 1992 por US$ 22 milhões. É utilizado um empréstimo bancário para financiar 70% do preço de compra para ser pago em prestações iguais anuais no montante de US$ 3,08 milhões durante cinco anos. O restante do preço de compra é pago pelas reservas financeiras da companhia. Apresenta-se na linha 2.2 o recebimento do empréstimo do banco como um recebimento de capital de US$ 15,4 milhões, enquanto o pagamento do navio é apresentado na linha 4.4 como US$ 22 milhões.

No ano 1, a taxas de frete são de US$ 31.824 por dia e o navio gera uma receita total de US$ 10,8 milhões (linha 2.1), mais do que o suficiente para cobrir os custos operacionais, os custos de viagem e os encargos de capital, portanto, a companhia acaba o ano 1 com um balanço de banco positivo de US$ 4,45 milhões. Contudo, as taxas de frete caem para US$ 12.727 por dia no ano 2, US$ 17.768 no ano 3 e US$ 10.107 no ano 4. Em cada ano, o balanço bancário da companhia é lentamente deteriorado, de tal forma que no final do ano 3 o forte balanço positivo desapareceu e a companhia necessita levantar um adicional de US$ 798 mil em dinheiro para atender aos seus compromissos diários.

Tabela 6.14 — Análise do fluxo de caixa anual, caso 1: navio-tanque de 280.000 tpb construído em 1976 e demolido na 4ª vistoria

US$ 1.000	Ano 0 (1990)	Ano 1 (1991)	Ano 2 (1992)	Ano 3 (1993)	Ano 4 (1994)	Ano 5 (1995)
1 Balanço inicial	8.500	1.900	4.450	815	(798)	(1.487)
2 Receitas monetárias						
2.1. Receitas operacionais (brutas)	0.0	10.820	4.327	6.041	3.436	
2.2. Receitas de capital	15.400					
2.3 Receitas de venda do navio					6.300	
3 RECEITAS TOTAIS	15.400	10.820	4.327	6.041	9.736	
4 Pagamentos em dinheiro						
4.1 Custos operacionais		3.650	3.650	3.650	3.650	
4.2 Docagem seca						
4.3 Custos de viagem						
4.4 Compra do navio	22.000					
4.5 Reembolsos de empréstimos		3.080	3.080	3.080	6.160	
4.6 Juros		1.540	1.232	924	616	
4.7 Pagamentos de impostos						
5 Custos totais	22.000	8.270	7.962	7.654	10.426	
6 Balanço contábil no final do ano	1.900	4.450	815	(798)	(1.487)	(1.487)
Nota Taxa de afretamento/dia	22.883	31.824	12.727	17.768	10.107	15.789
Dias de operação		340	340	340	340	340
Preço do navio de segunda mão	22.000	20.000	9.500	11.000	8.000	10.000
Custos operacionais US$/dia	10.000	10.000	10.000	10.000	10.000	10.000
Empréstimo pendente (no final do ano)	15.400	12.320	9.240	6.160	0	0
Cobertura de ativo	1,426	1,6234	1,02814	1,7857		

No final do ano 4, a companhia gera somente uma receita suficiente para pagar os seus custos operacionais e, para piorar a situação, nesse ano enfrenta a sua quarta vistoria especial, com um custo estimado de US$ 5 milhões. Confrontada com o fluxo de caixa negativo, e não podendo financiar a quarta vistoria especial com as suas próprias reservas de capital, a companhia seria forçada a tomar algumas importantes decisões como as abordadas no início do capítulo. Uma opção seria vender. O preço de segunda mão para um VLCC como uma condição

Custos, receitas e fluxo de caixa

299

média apresentada na seção "nota" da Tabela 6.14 é de US$ 8 milhões. Contudo, um navio que está para entrar na sua 4ª vistoria especial não se encontra numa condição média e não atrairia nem aquele preço – seria provável o valor de venda para sucata de US$ 6,3 milhões. Com US$ 3,08 milhões do empréstimo inicial ainda pendentes e dívidas de US$ 798 mil, a venda por US$ 6,3 milhões deixaria a companhia de navegação com um prejuízo de US$ 1,487 milhão, quando comparado com o balanço inicial de US$ 8,5 milhões. Obviamente que essa opção beneficiaria o banco, que seria pago na sua totalidade, mas a companhia de navegação teria perdido consideravelmente no negócio. Por meio da venda do navio, teria desaparecido qualquer esperança de recuperar os prejuízos.

Tabela 6.15 – Análise de fluxo de caixa anual, caso 2: navio-tanque de 280.000 tpb construído em 1976 operando após a 4ª vistoria

US$1.000	Ano 0 (1990)	Ano 1 (1991)	Ano 2 (1992)	Ano 3 (1993)	Ano 4 (1994)	Ano 5 (1995)
1 Balanço inicial	8.500	1.900	4.450	815	(798)	(9.707)
2 Receitas monetárias						
2.1. Receitas operacionais (brutas)	0.0	10.820	4.327	6.041	3.436	5.368
2.2. Receitas de capital	15.400					
2.3 Receitas de venda do navio						11.000
3 RECEITAS TOTAIS	15.400	10.820	4.327	6.041	3.436	16.368
4 Pagamentos em dinheiro						
4.1 Custos operacionais		3.650	3.650	3.650	3.650	3.103
4.2 Docagem seca					5.000	
4.3 Custos de viagem						
4.4 Compra do navio	22.000					
4.5 Reembolsos de empréstimos						
4.6 Juros		3.080	3.080	3.080	3.080	3.080
4.7 Pagamentos de impostos		1.540	1.232	924	616	308
5 CUSTOS TOTAIS	22.000	8.270	7.962	7.654	12.346	6.491
6 BALANÇO CONTÁBIL NO FINAL DO ANO	1.900	4.450	815	(798)	(9.707)	171
Nota Juros da conta corrente	190	445	82	(80)	(971)	17
nota Taxa de afretamento/dia	22.883	31.824	12.727	17.768	10.107	15.789
Dias de operação		340	340	340	340	340
Preço do navio de segunda mão	22.000	20.000	9.500	11.000	8.000	11.000
Custos operacionais US$/dia	10.000	10.000	10.000	10.000	10.000	8.500
Empréstimo pendente (no final do ano)	15.400	12.320	9.240	6.160	3.080	(0)
Cobertura de ativo	1,4286	1,6234	1,0281	1,7857	2,5974	

A segunda opção é sujeitar o navio à vistoria e continuar a operar. Na Tabela 6.15, o fluxo de caixa apresenta o que aconteceria nos anos 4 e 5 se a companhia seguisse essa estratégia. Primeiro, o proprietário teria de levantar um empréstimo em conta-corrente de, por exemplo, US$ 10,5 milhões para ultrapassar os seus fluxos de caixa negativos nos anos 3 e 4. Isso será difícil. Poucos banqueiros estarão interessados em emprestar dinheiro a um negócio sem ativos e com um fluxo de caixa negativo. Existe muito pouco que se possa fazer para levantar dinheiro neste negócio. Podem ser possíveis economias de custo se a companhia estiver pagando salários elevados à tripulação e mantendo o navio no mais alto nível. O fechamento de escritórios dispendiosos é outra fonte de economia. Se os cortes rigorosos nos custos pouparem diariamente US$ 1.500 por dia, isso vale US$ 0,5 milhão num ano inteiro. Assim, o proprietário pode convencer os seus banqueiros de que está determinado a resolver o seu problema, mas não daria nem para pagar o juro do seu empréstimo. O melhor que a companhia pode oferecer aos seus banqueiros é uma aposta direta no mercado. Geralmente os banqueiros não jogam, mas uma vez que as escolhas são entre o fechamento e a obtenção de um empréstimo em conta-corrente de US$ 10,5 milhões, não é tanto uma questão de jogo, mas de escolha entre opções desagradáveis. Tais decisões testam o conceito de relação bancária que abordaremos no Capítulo 8.

Nesta ocasião, se o banco decidisse apoiar o proprietário, compensaria. No ano 5, o resultado (Tabela 6.15) mostra a rapidez com que a posição financeira da companhia pode mudar no transporte marítimo. No ano 5, as taxas de frete aumentaram para US$ 15.789 por dia, o que resulta na entrada de um rendimento extra de US$ 1,9 milhão extra (linha 2.1). Em resposta às taxas de frete mais altas, o preço de mercado do navio sobe para US$ 11 milhões. Uma vez que o navio já passou pela vistoria, é provável que lhe seja atribuído esse preço se for vendido, portanto, o valor real do ativo aumentou em 75%, de US$ 6,3 milhões para US$ 11 milhões num ano, adicionando US$ 4,7 milhões ao valor líquido da companhia. Os custos operacionais mais baixos, no total de US$ 3,1 milhões, contribuem para um extra de US$ 0,5 milhão, portanto, a posição financeira da companhia aumentou em US$ 7,2 milhões. No final daquele ano a última prestação do empréstimo é liquidada, e não haverá mais reembolsos. Se a companhia vendesse o navio, acabaria o final do ano com um balanço de US$ 17 milhões, do qual tem de pagar os juros sobre a sua conta-corrente. Contudo, o proprietário não tem dívida e o navio passou por sua vistoria. Sobreviveu e, por ter apostado, ele e os seus banqueiros evitaram um prejuízo. Se tudo correr bem, brevemente o proprietário será um homem rico e o banqueiro terá um cliente agradecido.

Como sempre ocorre nas recessões, a questão principal é a sobrevivência. No momento em que as contas não pagas começam a acumular no ano 4, é demasiado tarde para fazer qualquer coisa – o momento certo para questionar os custos, a eficiência, o capital circulante é antes de o navio ser comprado. O exemplo apresentado nos parágrafos anteriores mostra como uma análise de ACF realista pode fornecer um enquadramento para pensar no futuro e planejar uma estratégia financeira no mercado marítimo. Se o proprietário do navio tivesse pedido menos emprestado, ou pedido mais e, no início, providenciado um capital circulante de emergência, o problema nunca teria acontecido. Ou teria acontecido? Começamos este capítulo ligando concorrência de um mercado marítimo em depressão à corrida da maratona em que alguns recebem prêmios. Alguém tem de perder. É por meio da análise do ACF que as companhias de navegação e os seus banqueiros podem avaliar a sua capacidade para terminar a corrida e identificar aquelas ações que podem melhorar as suas possibilidades de sobrevivência futura.

ANÁLISE DO FLUXO DE CAIXA DESCONTADO

Até agora nos concentramos na análise do fluxo de caixa que ajuda o gerenciamento a pensar nos impactos de certas decisões em termos de fluxo de caixa futuro do negócio. Mas o negócio não é somente sobreviver às recessões. Permanecer no mercado também depende da

Custos, receitas e fluxo de caixa

realização de um retorno comercial sobre o capital, e isso requer decisões de investimento robustas. Frequentemente, a decisão com que o gerenciamento é confrontado resume-se à escolha entre projetos de investimento em que os futuros fluxos de caixa são diferentes, mas estão bem definidos. Por exemplo, considere-se um proprietário que compra um navio-tanque por US$ 45 milhões e lhe são oferecidos pelas companhias petrolíferas Big Petroleum e Superoil Trading dois negócios diferentes:

- A Big Petroleum oferece afretar o navio por US$ 18 mil por dia por sete anos operando 355 dias por ano. No final do afretamento a companhia petrolífera garante comprar o navio por US$ 35 milhões.

- A proposta da Superoil Trading é um pouco mais complexa. Para se adaptar aos seus padrões operacionais, a companhia quer que o proprietário tenha os tanques de carga revestidos com epóxi. Isso custará US$ 3 milhões, elevando o preço total para US$ 48 milhões. Contudo, a Superoil está disposta a comprar o navio no final do afretamento por US$ 45 milhões. Eles querem também escalar a taxa de afretamento diária em US$ 2 mil por ano, de US$ 12 mil por dia no ano 1 para US$ 24 mil por dia no ano 7.

O proprietário está particularmente impressionado pelo contrato da Superoil. Durante os sete anos, a receita do afretamento de US$ 44,3 milhões é exatamente a mesma que a do negócio da Big Petroleum. Contudo, as condições de recompra são muito melhores. Ele perde somente US$ 3 milhões no navio com a Superoil, quando comparado com os US$ 10 milhões no negócio da Big Petroleum. Parece que ele estará em uma situação melhor em US$ 8 milhões com a Superoil. Embora isso pareça óbvio, a Superoil é conhecida por tornar as negociações muito difíceis e o proprietário está preocupado. E deveria mesmo estar. Ele não prestou atenção ao valor temporal do dinheiro.

Se levarmos em consideração o valor temporal do dinheiro, verificamos que a diferença entre as duas ofertas é menor do que parece à primeira vista, como vamos demonstrar utilizando a análise do DCF. Porque os investidores querem ganhar juros sobre o seu dinheiro, o princípio por detrás desta análise determina que o dinheiro pago numa data futura vale menos do que a mesma quantidade de dinheiro paga hoje. Por exemplo, US$ 1 mil investidos hoje a juros de 10% valem US$ 1.100 num ano, mas os US$ 1 mil pagos num ano valem US$ 1 mil. Portanto, os US$ 1 mil hoje valem 10% mais do que os US$ 1 mil valem num intervalo de um ano. Colocando isso de outra forma, o "valor atual" de US$ 1.100 pagos num ano é de US$ 1 mil.

A análise do DCF converte os pagamentos futuros para um "valor atual" mediante os descontos que são efetuados. O método é o seguinte. O primeiro passo é determinar a "taxa de desconto", a qual representa o valor temporal do dinheiro para a companhia. Existem várias formas de fazer isso. A forma mais simples, se a companhia tiver excesso de capital, é utilizar a taxa de juros que a companhia receberia se tivesse investido o dinheiro num depósito bancário. Ou a taxa de desconto poderia ser fixada em um nível que reflete o retorno médio do capital obtido de investimentos em outras partes do negócio. Muitos negócios utilizam 15% ao ano. Finalmente, se a companhia tem de pedir emprestado para financiar o projeto, pode ser mais apropriado o custo marginal da dívida.

Uma vez que se tenha acordada a taxa de desconto, podemos descontar os fluxos de caixa futuros. Na Tabela 6.16 fazemos isso para os dois contratos, e as duas partes da tabela têm o mesmo formato. Na linha 1 apresentamos o preço de compra do navio, na linha dois a receita do afretamento por tempo e na linha 3 o fluxo de caixa total. Na linha 4 utilizamos 12% ao ano para calcular um "fator de atualização" para cada ano. A linha 5 apresenta o fluxo de caixa descontado resultante da multiplicação do fluxo de caixa para cada ano pelo fator de atualização para esse ano. Finalmente, esse fluxo de caixa descontado é somado para os anos para produzir o valor atual líquido [*net present value*, NPV] de cada projeto apresentado na linha 6 na coluna do ano 0.

Para o contrato da Big Petroleum o NPV é de US$ –5.400. Parece que ele ficaria melhor se investisse em ações, embora não por muito mais. Contudo, a grande surpresa aparece quando olhamos para o contrato da Superoil Trading. O retorno extra de US$ 8 milhões desse projeto desapareceu por completo. O NPV é de US$ 64.700, que num projeto de US$ 48 milhões é insignificante. A razão pela qual esse projeto parecia tão bom é que toda a receita extra era recebida no final do projeto, sendo significativamente descontada. Em termos financeiros a oferta da Superoil não é significativamente melhor do que o negócio da Big Petroleum.

Tabela 6.16 – Exemplo de uma análise de fluxo de caixa descontado (DCF) relativa a opções de afretamentos de navios-tanques (US$ 1.000)

	Linha	Ano 0	Ano 1	Ano 2	Ano 3	Ano 4	Ano 5	Ano 6	Ano 7
Big Petroleum									
1	Compra/venda de navio	(45.000)							35.000
2	Receita do afretamento por tempo		6.390	6.390	6.390	6.390	6.390	6.390	6.390
3	Fluxo de caixa	(45.000)	6.390	6.390	6.390	6.390	6.390	6.390	41.390
4	Taxa de desconto (12% ao ano)	1,00	0,89	0,80	0,71	0,64	0,57	0,51	0,45
5	Fluxo de caixa descontado	(45.000)	5.705	5.094	4.548	4.061	3.626	3.237	18.723
6	Valor presente líquido (NPV)	(5,4)							
Nota: taxa de afretamento por tempo US$/dia			18.000	18.000	18.000	18.000	18.000	18.000	18.000
Superoil Trading									
1	Compra/venda de navio	(48.000)							45.000
2	Receita do afretamento por tempo		4.260	4.970	5.680	6.390	7.100	7.810	8.520
3	Fluxo de caixa	(48.000)	4.260	4.970	5.680	6.390	7.100	7.810	53.520
4	Taxa de desconto (12% ao ano)	1,00	0,89	0,80	0,71	0,64	0,57	0,51	0,45
5	Fluxo de caixa descontado	(48.000)	3.804	3.962	4.043	4.061	4.029	3.957	24.210
6	Valor presente líquido (NPV)	64,7							
Nota: taxa de afretamento por tempo US$/dia			12.000	14.000	16.000	18.000	20.000	22.000	24.000

TAXA INTERNA DE RETORNO

Uma abordagem alternativa para calcular o retorno sobre os projetos de investimento é a taxa interna de retorno [*internal rate of return*, IRR]. Enquanto o método do NPV começa a partir

Custos, receitas e fluxo de caixa   **303**

de um fluxo de caixa líquido nos termos correntes e calcula o valor hoje, a técnica do IRR calcula a taxa de desconto que dá um NPV igual a zero. Nos dois exemplos, o IRR é de 12% para ambos os projetos. Isso é exatamente o que esperávamos, pois o NPV é próximo de zero em ambos os casos, utilizando uma taxa de desconto igual a 12%.

O cálculo da IRR é um processo iterativo e bastante mais moroso que o processo do VAL. Felizmente, a maioria dos programas computadorizados de folhas de cálculo têm agora funções de IRR que calculam valores estimados rápida e facilmente.

6.8 VALORAÇÃO DOS NAVIOS MERCANTES

ESTIMATIVA DO VALOR DE MERCADO DE UM NAVIO

A avaliação dos navios é uma das tarefas de rotina efetuadas pelos corretores de venda e compra de navios. Um navio mercante é um ativo físico considerável e, como vimos, os valores podem mudar rapidamente, portanto, os investidores e os banqueiros precisam verificar quanto vale o ativo que estão comprando ou financiando. Os procedimentos de avaliação encontram-se bem definidos na indústria, e os navios mercantes são comprados e vendidos como "produtos primários", portanto, a obtenção de avaliações não se apresenta como um problema especial. O banqueiro, o proprietário ou o investidor podem telefonar a um corretor e receber um certificado de avaliação [*valuation certificate*] em algumas horas. Contudo, como em qualquer processo de avaliação, existem complexidades escondidas que o banqueiro/investidor prudente deve levar em consideração.

A avaliação determina quanto vale o navio em certo momento e tem cinco fins comuns. O primeiro é estabelecer o valor corrente de mercado do navio que está sendo comprado ou oferecido como uma garantia colateral de um empréstimo. Ao estabelecer o contrato do empréstimo, os banqueiros procuram um "valor da garantia colateral" [*collateral value*] independente do navio. Em segundo lugar, frequentemente, a documentação do empréstimo inclui uma cláusula que requer que o mutuário mantenha a garantia colateral em determinado nível. Se o navio mercante faz parte do pacote da garantia colateral, é necessário atualizar o valor de mercado do navio para determinar se as condições da garantia colateral estão sendo cumpridas. Uma terceira utilização é a definição do valor de mercado da frota pertencente a uma companhia que faz uma oferta pública ou emite obrigações, e os valores vão aparecer na documentação relacionada, por exemplo, num prospecto. Quarto, as companhias, ao publicarem as suas contas, podem incluir um valor de mercado corrente da frota. Finalmente, um investidor que compra um navio de segunda mão pode obter uma avaliação para verificar o preço, especialmente se não existir mais nada no mercado.

Os corretores são as principais fontes das avaliações. Por uma quantia, a maioria das companhias de corretagem marítima emite um certificado atestando o valor de mercado denominado navio. O primeiro passo na preparação do certificado de avaliação será consultar as bases de dados de referência da companhia de corretagem marítima para encontrar as características físicas do navio e das vendas recentes de navios semelhantes, incluindo navios existentes no mercado. Durante esse processo, o avaliador assentará as seguintes características do navio:

- *Tipo de navio*. Por exemplo, se o navio é um navio-tanque, um navio graneleiro, um navio porta-contêineres, um navio-tanque químico etc.

- *Dimensão do navio*. A dimensão será geralmente medida na unidade mais apropriada – porte bruto, TEU, metros cúbicos, pés cúbicos. Em geral, os navios maiores valem mais do que os menores.

- *Idade*. A regra "básica" é que os navios perdem cerca de 4%-5% do seu valor a cada ano que envelhecem, o que é geralmente calculado a partir do ano de construção, não do aniversário da entrega. Isso sugere que a vida econômica da maioria dos navios mercantes é de cerca vinte a 25 anos, altura em que o navio se depreciou ao valor de sucata. A Figura 6.7 mostra a relação entre a idade e o valor para uma amostra de navios graneleiros Panamax.

- *Estaleiro de construção*. É difícil estabelecer a relação entre o valor e o estaleiro/país de construção. Para os navios estabelecidos no Japão e na Coreia, o estaleiro de construção não faz grande diferença. Contudo, existem alguns países cujos navios são por vezes vendidos com um desconto. Brasil, Romênia e China são três países que vêm à mente. Contudo, não existem regras claras e isso é mais uma precaução do que uma receita.

- *Especificação*. O avaliador procurará as características do navio que podem influenciar o seu valor porque não se encaixa em seu grupo de pares. A velocidade, a economia do combustível, a capacidade cúbica, o fabricante do motor, o equipamento de manuseio da carga e os revestimentos dos tanques são áreas em que podem encontrar diferenças. Por exemplo, um motor não usual pode ser um problema, como uma capacidade cúbica pobre de um navio-tanque de derivados do petróleo. Tudo isso é relativo. A maioria dos navios graneleiros pequenos tem equipamento de manuseio de carga, portanto, um navio graneleiro Handy sem equipamento pode ser mais difícil de vender. Inversamente, não existe uma garantia de que um navio graneleiro Panamax com equipamento de manuseio de carga possa obter um valor superior, porque a maioria dos Panamax não tem equipamento de manuseio de carga.

Por norma, os avaliadores não efetuam inspeções físicas nos navios. Mesmo que tenham o tempo e os recursos para fazer isso, os corretores marítimos não têm geralmente as qualificações para efetuar inspeções técnicas, e as suas valorações assumem que o navio se encontra "em condições boas e de navegabilidade" [*in good and seaworthy condition*]. Recai sobre o comprador, o proprietário ou o credor a responsabilidade de definir a condição física do navio. A exceção ocorre se estiver na iminência de uma vistoria especial, e isso pode ser levado em conta, caso o avaliador acredite que o mercado também o faria.

As valorações são feitas com base em "vontade do comprador, vontade do vendedor". O transporte marítimo é um mercado pequeno e, se não existir um "comprador interessado", os preços podem ser reduzidos consideravelmente. Embora seja levada em conta a "última realizada", a valoração reflete aquela do corretor relativamente ao valor pelo qual o navio seria vendido se colocado no mercado naquela data. Isso é importante. Num mercado em crescimento, geralmente a valoração do corretor lidera as estatísticas históricas. Inversamente, num mercado em recessão, a valoração do corretor será mais baixa. Se durante vários meses não tiverem ocorrido vendas de navios semelhantes, a valoração é totalmente subjetiva e dois corretores podem chegar a valorações muito diferentes, dependendo de como eles acreditam que o mercado fixará o preço do navio.

Custos, receitas e fluxo de caixa

Embora, geralmente, a valoração do navio seja direta, de vez em quando ocorrem problemas em razão das complexidades técnicas de valoração do navio. Uma questão comum é o que fazer se o navio se encontra sob um contrato de afretamento por tempo. É irrealista ignorar o afretamento, mas a sua valoração fica fora do conhecimento especializado normal da corretagem marítima. Um método é efetuar um cálculo do NPV (ver Seção 6.7), baseado na receita de afretamento e nos custos operacionais estimados, mas isso levanta duas questões difíceis: como avaliar o navio no final do afretamento e qual a credibilidade do afretador. A maioria dos corretores prefere avaliar os navios livres de afretamentos. A falta de liquidez é outro problema. Como mencionado antes, alguns tipos de navios raramente são vendidos e, portanto, as diferenças de opinião relativas ao valor de mercado corrente são de difícil resolução. Para lidar com esse problema, os banqueiros perguntam com frequência a vários corretores marítimos o valor do navio e fazem a média das suas valorações. Os navios complexos são particularmente difíceis de avaliar. Por exemplo, um navio-tanque especializado no transporte de vários produtos químicos ao mesmo tempo, de 30 mil tpb, pode custar mais que o dobro para construir do que um navio-tanque convencional de derivados do petróleo do mesmo tamanho. Como o mercado para navios especializados é geralmente reduzido, com somente dois ou três compradores, os corretores têm muita dificuldade em fornecer valorações. Uma última questão é se a valoração reflete a qualidade do navio. Os corretores não estão em posição de avaliar a condição e a qualidade do navio. Do ponto de vista do mercado, em geral, os navios com qualidade vendem-se de forma mais fácil, mas não necessariamente obtêm um melhor preço, em especial quando está em baixa. É uma área difícil e os avaliadores geralmente se protegem pela cláusula de "condição média" no certificado de valoração.

ESTIMATIVA DO VALOR DE SUCATA DE UM NAVIO

Muitos bancos e instituições financeiras que avaliam navios adotam uma regra de que, após uma certa idade, o navio é avaliado por seu valor de sucata (em vez do seu valor de mercado), também referido como valor de demolição ou de reciclagem. Por vezes, a diferença entre o valor de mercado e o de sucata pode ser muito considerável. Por exemplo, em agosto de 2007, um navio graneleiro Panamax com vinte anos de idade valia US$ 16 milhões, enquanto o seu valor de sucata era somente de US$ 5 milhões. A lógica para valorar os navios no nível da sucata é que, quanto mais velhos os navios ficam, mais os preços se tornam voláteis. Por exemplo, um banco que, aparentemente, tenha emprestado cuidadosamente 50% de um navio graneleiro Panamax que vale US$ 16 milhões pode verificar que, em menos de dezoito meses, o preço caiu para US$ 5 milhões, o que é insuficiente para cobrir o empréstimo pendente.

A valoração do nível da sucata envolve duas etapas. Primeiramente, deve-se determinar a tonelagem de deslocamento leve [*lightweight tonnage*, lwt] do navio. Esse é o peso físico do navio (isto é, a quantidade de água que desloca). Por exemplo, um VLCC pode ter uma tonelagem de deslocamento de navio leve entre 30 mil e 36 mil toneladas, dependendo do método usado na sua construção. Se a tonelagem de deslocamento de navio leve não estiver disponível, pode-se estimá-la analisando a tonelagem de deslocamento de navios semelhantes, embora esse não seja um processo preciso. Na segunda etapa, deve-se definir o preço de sucata corrente. Os preços de sucata são cotados em dólares americanos por tonelada de deslocamento de navio leve, e muitos corretores publicam valores e listas dos navios vendidos para demolição. Na prática, os preços de sucata são tão voláteis quanto os preços dos navios de segunda mão. Durante os últimos vinte anos, o preço de sucata dos navios-tanques oscilou entre US$ 100/lwt e US$ 550/lwt. Finalmente, o valor de sucata é calculado por meio da multiplicação da tonelagem de deslocamento de navio leve pelo preço de sucata. Por exemplo, ao preço de US$ 430/lwt, o valor de sucata de um navio graneleiro Panamax com 12.300 lwt leve é de US$ 5,3 milhões.

ESTIMATIVA DO VALOR RESIDUAL DE UM NAVIO

Já passamos pelo valor corrente do navio, mas quanto ele valerá no futuro, por exemplo, no final do período de dez anos de locação financeira? Uma vez que não podemos responder a essa questão com segurança, precisamos de uma abordagem que providencie uma valoração aceitável do valor provável. A metodologia básica é utilizar os três determinantes do preço do navio: a taxa de depreciação, a taxa de inflação e o ciclo de mercado. Tomemos como exemplo um navio graneleiro novo que custe US$ 28 milhões em 1996 (ver Tabela 6.17). Se assumirmos que o navio deprecia a 5% ao ano numa base linear durante os primeiros dez anos da sua vida, no final dos dez anos o seu valor contábil terá caído para US$ 14 milhões. Contudo, durante esse período assumimos que os preços de construção naval aumentaram 3% ao ano, portanto, o custo de substituição após os dez anos seria de US$ 18,3 milhões. Esse será o valor mais provável. Porém, devemos tomar em consideração o ciclo de mercado, que, conforme vimos, pode influenciar o preço de revenda em mais ou menos 70%, se – de acordo com a Figura 5.9 – tomarmos em consideração os movimentos de preços mais extremos. A venda no pico de mercado poderá trazer o preço a US$ 31 milhões, que é muito mais alto que o preço inicial de compra do navio. Se, contudo, a venda ocorre no pior momento da baixa e se permitirmos um preço 70% abaixo do valor da tendência, o valor mínimo de revenda cairia para US$ 5,5 milhões, que representa 20% do seu custo inicial.

Esta abordagem tem muitas armadilhas. As taxas de depreciação e a inflação são muito difíceis de prever, mas o ciclo de mercado é um desafio real. O valor cíclico que varia entre US$ 5,6 milhões e US$ 32 milhões é tão grande que se deve considerar quais ciclos vão ocorrer no futuro. Isso é risco de transporte marítimo puro e fica ao cuidado do investidor decidir qual nível de risco ele está disposto a aceitar. Por exemplo, já ocorreu uma margem cíclica de baixa de 70%, mas somente em condições muito extremas, como a depressão de meados da década de 1980. A perspectiva tomada pode ser a de que é improvável que isso ocorra no período em questão, portanto, seria apropriada uma variação de valor residual menor. O estudo dos ciclos de mercado apresentado no Capítulo 3 e os princípios básicos de mercado no Capítulo 4 ajudam a estreitar essa variação, mas não a retirarão por completo. Esse é o julgamento que nenhuma análise de dados estatísticos pode retirar. Alguém tem de assumir o risco. Isso, no final das contas, é do que se trata o mercado marítimo.

Tabela 6.17 – Exemplo do cálculo do valor residual

	Valor em US$ milhões
Idade em que o valor residual foi calculado	10
Custo inicial do navio	28
Taxa de depreciação (% ao ano)	5%
Valor contábil após dez anos	14
Taxa de inflação (% por ano)	3%
Valor residual previsto	18,3
Margem cíclica de baixa, por exemplo	70%
Valor de revenda na baixa	5,5
Valor no pico do ciclo	70%
Preço de revenda no pico	31,1

6.9 RESUMO

Neste capítulo revisitamos o desempenho financeiro do proprietário de navios. Começamos por observar que as companhias de navegação têm uma influência muito grande sobre os seus fluxos de caixa futuros, quando determinam a sua estratégia. Faz toda a diferença a escolha entre navios novos e velhos, entre navios flexíveis e especializados e entre a dívida e o capital próprio. Uma vez que essas decisões tenham sido efetuadas, um proprietário pode usar as suas capacidades de gerenciamento para otimizar o fluxo de caixa diário por meio de um gerenciamento eficiente do navio e de um afretamento criativo, mas os principais itens de custo e de receitas estão além do seu controle. Eles já foram determinados pela decisão do investimento inicial. Uma vez que essas decisões particulares tenham sido efetuadas, o proprietário fica muito à mercê do mercado e dos banqueiros.

O fluxo de caixa é a diferença entre os custos e as receitas. Os custos são subdivididos em custos operacionais (que representam os custos fixos de explorar um navio), custos de viagem (que são variáveis, dependendo da forma em que o navio é empregue) e custos de capital. Os custos de tripulação representam quase metade dos custos operacionais, e o proprietário do navio pode reduzi-los com a compra de um navio altamente automático, que diminui o número de tripulantes necessários ou com a operação do navio sob uma bandeira que lhe permita utilizar uma tripulação de baixo custo. Os custos de viagem são dominados pelos preços dos combustíveis, que podem ser controlados ou reduzidos investindo em tonelagem moderna, com o último modelo de máquina eficiente em termos de óleo combustível, ou reduzindo a velocidade de projeto. É provável que ambos os custos operacionais e de viagem sejam substancialmente mais elevados para um navio velho do que para um navio novo, enquanto as economias de escala levam a custos unitários mais baixos em navios de maiores dimensões.

No lado das receitas, o proprietário pode jogar no mercado aberto, no qual ele aceita o risco total de mercado, ou afretar a tempo, que transfere esse risco para o afretador. Os ganhos também dependem da produtividade do navio, isto é, do número de toneladas de carga que ele pode transportar num ano. Novamente, verificamos que a decisão inicial do investimento desempenha um papel na determinação da produtividade por meio do investimento no manuseio rápido de carga, na maior flexibilidade de carga que permite o navio pegar cargas de retorno, e na velocidade elevada (debateremos isso no Capítulo 12, que trata do transporte marítimo especializado). Juntando todos esses fatores com as influências sobre o custo, deduzimos que, em termos do fluxo de caixa operacional, não existem muitas opções. A idade, a dimensão, a flexibilidade técnica e o gerenciamento da carga desempenham um papel na geração de mais receita e na redução de custos.

Quando olhamos para a conta do capital, o quadro muda substancialmente. O navio grande e moderno financiado por dívida transporta um fluxo de caixa anual de juros e reembolsos de dívida muito superior aos seus custos operacionais, enquanto um navio velho e pequeno financiado com capital próprio não terá obrigações de fluxo de caixa na conta de capital. Como resultado, durante uma depressão, o proprietário do navio velho e pequeno pode dar-se ao luxo de retirar do mercado e desarmar o seu navio temporariamente, até que as condições melhorem, enquanto o proprietário do navio grande, moderno e financiado por dívida enfrenta um encargo de capital fixo que tem de ser pago mesmo que o navio esteja desarmado temporariamente.

Também debatemos como a indústria reporta os seus custos e receitas, demonstrando a conta de resultados (conta de lucro e prejuízo), a folha de balanço e o fluxo de caixa. Adicionalmente, analisamos as técnicas de previsão de fluxo de caixa, incluindo a análise de fluxo de caixa por viagem; a análise do fluxo de caixa anual; e a análise do fluxo de caixa descontado para comparar projetos, quando o momento dos pagamentos é um problema. Finalmente, olhamos para os métodos de valoração dos navios e para o cálculo do seu valor residual.

Os assuntos neste capítulo podem ser secos, mas vão ao coração do negócio. Em última instância, fica ao cuidado do proprietário de navios misturar os aspectos operacionais, comerciais e financeiros do negócio numa estratégia empresarial que melhor se adapta a ele. O balanço entre a minimização do custo, a maximização da receita e a abordagem do financiamento de navios dá a cada aventura marítima as suas características particulares.

CAPÍTULO 7
FINANCIAMENTO DE NAVIOS E DE COMPANHIAS DE NAVEGAÇÃO

"Para o investidor comum, a companhia de linhas não regulares continua a ser uma forma de investimento que deve ser evitada. É um negócio muito especial e, no seu melhor, financiado e gerenciado por aqueles que são versados nas suas dificuldades."

(A. W. Kirkaldy, *British Shipping*, 1914)

7.1 O FINANCIAMENTO DE NAVIOS E A ECONOMIA MARÍTIMA

Os navios amarram uma grande quantidade de capital. Os navios porta-contêineres e os navios-tanques podem custar até US$ 150 milhões, quase a mesma quantidade que um avião Jumbo, enquanto os navios transportadores de GNL, os navios mais dispendiosos, custam US$ 225 milhões cada. Em 2007, o investimento em navios novos alcançou um novo recorde de US$ 187,5 bilhões,[1] e as vendas de segunda mão atingiram US$ 53,5 bilhões (ver Figura 7.1). Como resultado, o capital pode representar até 80% dos custos de exploração de uma companhia de navegação de navios graneleiros com uma frota de navios modernos, e as decisões acerca da estratégia financeira estão entre as mais importantes que as companhias de navegação têm de fazer. Porém, o transporte marítimo tem características distintas que fazem com que o financiamento seja diferente de outras indústrias baseadas em ativos, como o imobiliário e a aviação. De uma forma geral, os banqueiros gostam de ganhos previsíveis, de estruturas empresariais bem definidas, de níveis elevados de transparência e de uma propriedade [*ownership*] bem estabelecida, enquanto os investidores procuram um crescimento consistente e rendimentos elevados. Contudo, muitas companhias de navegação não atendem a esses critérios. Como os navios são internacionalmente móveis e os seus proprietários podem escolher a sua jurisdição legal, as companhias de navegação têm a capacidade de adotar estruturas empresariais menos formais que aquelas encontradas na maioria dos outros negócios que empregam somas de capital tão grandes. Adicionalmente, os fluxos de receitas são muito voláteis, como os valores dos ativos. Essa história da volatilidade foi descrita no Capítulo 3. Então, um navio não é somente um modo de transporte, é uma especulação. Isso torna a vida dos proprietários de navios interessante, mas difícil para potenciais credores e investidores que estão habituados a lidar com negócios mais estáveis. Como resultado, o financiamento de navios é geralmente visto como um negócio especializado, e a agência de classificação de risco de crédito Moody, por exemplo, classifica-o como um financiamento "exótico".

Isso nos coloca diante de um paradoxo. Em face de todas essas dificuldades, o levantamento de financiamento deveria ser difícil, mas historicamente a indústria tem sofrido de excesso de financiamento. Em 1844, George Young queixava-se ao Comitê Restrito da Câmara dos Comuns Britânica [*British House of Commons Select Committee*] que, durante o período de 1836-1841, as hipotecas dos navios comprados conduziram a um aumento da oferta de transporte marítimo, "induzindo as pessoas sem capital ou com capital inadequado a entrar na atividade de transporte marítimo, para prejuízo dos proprietários de navios em geral".[2] Cento e sessenta anos mais tarde, podia-se continuar a ouvir a mesma queixa e até os banqueiros queixavam-se da concorrência intensa, com 150 bancos concentrando-se no mercado de financiamento de navios. Ocorreram momentos em que a indústria se envolveu em fases de especulação selvagem, frequentemente usando dinheiro emprestado, mas não seria errado dizer que o financiamento de navios conduz o mercado – essa responsabilidade fica solidamente com os investidores em transporte marítimo. Contudo, ajuda a lubrificar os carris da montanha-russa do transporte marítimo.

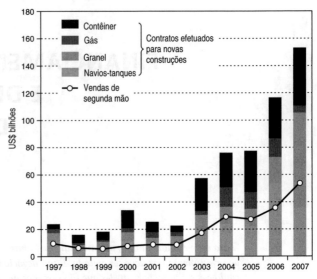

Figura 7.1 – Investimento em navios mercantes (1997-2007).
Fonte: CRSL.

O nosso objetivo neste capítulo é explicar o papel do financiamento de navios no mercado marítimo nas perspectivas do proprietário de navios e do financiador. Começaremos olhando como foram os navios financiados no passado, e depois explicaremos como o financiamento de navios se encaixa no sistema financeiro mundial ao lado de outras formas de investimento. Continuaremos a examinar as opções abertas às companhias de navegação que desejem levantar capital. Finalmente, retiraremos algumas conclusões acerca da interação entre as atividades dos banqueiros nos mercados marítimos debatidos no Capítulo 4 e a forma como os banqueiros devem abordar esse tipo de crédito.

7.2 COMO OS NAVIOS FORAM FINANCIADOS NO PASSADO
FINANCIAMENTO DE NAVIOS NO PERÍODO ANTERIOR AO VAPOR

Embora a história do financiamento de navios remonte às sociedades conjuntas [*joint stock companies*] do século XVI, o ponto lógico para iniciar o debate sobre o financiamento de na-

Financiamento de navios e de companhias de navegação 311

vios moderno é a década de 1850, quando os navios a vapor começaram a aparecer em números significativos. Uma técnica muito usada foi a companhia "sexagésima quarta" [*sixty-fourth company*]. No Reino Unido, um navio é registrado como composto de 64 ações, portanto, um investidor poderia comprar uma parte do navio como um investimento autônomo. Um investidor que comprasse 32 das 64 partes tinha a propriedade de metade do navio, ao passo que, se possuísse 64 partes iguais, seria o único proprietário. Legalmente os acionistas eram locatários em comum, cada um deles tendo um interesse independente que podia ser vendido ou hipotecado sem fazer referência aos outros proprietários do navio.[3]

Existiam três estruturas de propriedade. As ações podiam ser de indivíduos por sua própria conta, por indivíduos organizados em parcerias, ou de investidores em sociedades conjuntas. Contudo, a maioria dos navios estava na posse de uma só pessoa. Em 1948, de acordo com os registros de navios cadastrados na City de Londres, dos 554 navios, 89% pertenciam a indivíduos e 8% pertenciam a parcerias comerciais. Os restantes 3% pertenciam a sociedades conjuntas. Somente 18% dos navios estavam hipotecados, sobretudo para cobrir os custos de reparos.[4] Quando as parcerias eram usadas, elas geralmente limitavam-se a dois ou três sócios, possivelmente refletindo a dificuldade em gerenciar grandes grupos.

EVOLUÇÃO DAS CORPORAÇÕES DE NAVEGAÇÃO

Com o aumento da dimensão dos navios durante a segunda metade do século, a companhia conjunta tornou-se rapidamente um instrumento financeiro preferencial para levantar as grandes quantidades de capital necessárias. Um dos fatores mais importantes que levaram a esse desenvolvimento foi a Lei das Sociedades de 1862 [*Companies Act 1862*], que protegia os investidores de pedidos de indenizações por parte dos credores da companhia. Isso abriu o caminho para os pequenos investidores, cujos outros bens encontravam-se agora protegidos, embora a propriedade partilhada em tal negócio arriscado e individualista tivesse a tendência de ser restrito à família e aos amigos.

Um bom exemplo é a Tyne Steam Shipping Company, que foi formada em 1º de julho de 1864 como uma sociedade conjunta de responsabilidade limitada. A companhia destinava-se a transportar o comércio crescente de exportação de carvão a granel de Newcastle on Tyne. Era dono do primeiro navio graneleiro, o John Bowes (ver Capítulo 10). O capital nominal da companhia foi estabelecido em £ 300 mil, traduzido em 12 mil ações de £ 25 cada uma. Inicialmente, foram emitidas 10.100 ações, as quais foram pagas a £ 18 cada, levantando um capital de £ 181 mil. Esse montante foi utilizado para comprar dez navios por £ 150 mil, deixando £ 30 mil para capital circulante. Os donos anteriores dos navios a vapor da nova companhia ficaram com aproximadamente um quarto das ações, e os restantes foram vendidas, na medida do possível, ao público local, porque "um acionista em Londres, Liverpool ou Manchester traz pouco negócio à companhia".[5] Essa companhia é um exemplo típico de muitas outras que operavam no mercado internacional do transporte marítimo nessa altura. Encontram-se ainda operando muito poucas dessas companhias, como a Cunard (agora parte da Carnival Cruise Lines) e a Hapag-Lloyd.

Embora essas companhias fossem capitalizadas com capital próprio levantado do público, a participação no capital era muitas vezes rigorosamente controlada, e muitas companhias confiavam no autofinanciamento ou em empréstimos, em vez do capital social, para financiar a expansão. Por exemplo, a propriedade partilhada da Charente Shipping Company Ltd., que foi estabelecida em 1884 com um capital social de £ 512 mil e uma frota de 22 navios, era "limitada a um grupo familiar pequeno e muito coeso".[6] Em cada um dos anos subsequentes, com duas exceções, a companhia encomendou pelo menos dois navios, e em 1914 a frota tinha aumentado de 22 navios para 57. Não foi levantado mais nenhum capital e o investimento foi pago a partir do fluxo de caixa; apesar dos muitos ciclos, existiram sempre fundos de investimento adequados oriundos de fundos internos (ver o Capítulo 3 para uma revisão desses ciclos). A maior parte da propriedade permanecia na posse de três famílias: os Harrison, os Hughes e os Williamson.

Outras companhias eram menos conservadoras. No século XIX, os empréstimos eram comuns. De acordo com Saturem, durante a recessão prolongada que ocorreu entre 1904 e 1911, muitas linhas altamente endividadas fracassaram e "os homens de comportamento financeiro conservador que controlavam as principais linhas de transporte marítimo observaram o fracasso e levaram a lição a sério". Durante os cinquenta anos que se seguiram, os proprietários de navios britânicos aderiram firmemente a uma política de investimento a partir de reservas de depreciação acumulada. "Os empréstimos tornaram-se um anátema".[7] Em 1969 a Comissão de Inquérito de Rochdale sobre o Transporte Marítimo [*Rochdale Committee of Inquiry into Shipping*] verificou que somente £ 160 milhões de um total de £ 1 bilhão de capital empregue pelos proprietários britânicos pertenciam a empréstimos, uma taxa de alavancagem financeira de 16%.[8] O mesmo conservadorismo financeiro era partilhado por muitos dos nomes gregos estabelecidos mais antigos.

Embora essa política providenciasse proteção contra as recessões, os ganhos não eram suficientemente fortes para financiar uma expansão e atrair capital próprio externo. Entre 1950 e 1970, o retorno sobre as ações de transporte marítimo britânicas rondou somente os 6% ao ano, quando comparado com os 15% anuais para todas as companhias. Como resultado, embora a maioria das companhias de navegação se encontrasse cotada na bolsa, não se levantou capital por meio da emissão de capital social ao público[9] e, por isso, a frota britânica teve um papel muito pequeno na expansão do transporte marítimo a granel que ocorreu no pós-guerra.

FINANCIAMENTO GARANTIDO POR AFRETAMENTO NAS DÉCADAS DE 1950 E 1960

Na década de 1950, o equilíbrio do conservadorismo financeiro, com a sua proteção dos ciclos de mercado e a sua alavancagem financeira elevada que aumenta o retorno sobre o capital próprio, tomou um novo rumo. As economias industriais em crescimento rápido na Europa e no Japão precisavam de matérias-primas baratas. Os embarcadores industriais, sobretudo as companhias petrolíferas e as siderúrgicas, começaram a procurar no estrangeiro novas fontes de suprimento. Como resultado, entrou no jogo do financiamento de navios um novo ator importante: o embarcador industrial. À medida que eram procuradas mais matérias-primas no estrangeiro, os embarcadores precisavam de um transporte o mais barato possível, utilizando navios muito grandes que operavam entre terminais especializados. As companhias petrolíferas e as siderúrgicas ofereciam aos proprietários de navios afretamentos por tempo como um incentivo para encomendar esses navios de grandes dimensões, assim, os proprietários levantariam um empréstimo bancário para comprar o navio com a garantia de um afretamento.

Isso era conhecido como financiamento garantido por afretamento [*charter-backed finance*] e geralmente envolvia a encomenda de um navio novo, a obtenção de um afretamento por tempo de longa duração para o navio de uma entidade solvente, como uma companhia petrolífera, e a utilização do afretamento por tempo e da hipoteca sobre o casco como garantia para obter um

Financiamento de navios e de companhias de navegação 313

empréstimo bancário que cobrisse uma grande proporção do preço de compra do navio. Isso permitiu que os proprietários de navios expandissem as suas frotas com pouco capital próprio e desempenhou um papel importante na constituição da frota mercante a granel independente. Teve origem na década de 1920, quando os noruegueses começaram a construir uma frota de navios-tanques. Em 1927, como parte do seu programa de substituição de frota, a Anglo Saxon Petroleum Ltd. ofereceu 37 navios-tanques com dez anos de idade, cada um com afretamentos por tempo por períodos de dez anos, de £ 60 mil a £ 70 mil. As condições de financiamento eram 20% em dinheiro e o saldo restante durante cinco anos a uma taxa de juros de 5%.[10] Foram comprados 26 pelos noruegueses, a maioria recém-chegada à indústria, capaz de pedir emprestado tendo como garantia os afretamentos por tempo. O processo deu mais um passo à frente após a Segunda Guerra Mundial, quando os proprietários noruegueses podiam obter as licenças para encomendar navios no estrangeiro somente se fossem 100% financiados no estrangeiro. Rapidamente, os corretores noruegueses experientes preferiram as técnicas de empréstimo assentadas em afretamentos por tempo estabelecidos anteriormente à construção. Isso iniciou a grande expansão da frota norueguesa, que na década de 1950 quase que triplicou em dimensão, apoiando-se fortemente em financiamento levantado em bancos norte-americanos.[11]

Os proprietários de navios gregos também foram rápidos em explorar essa oportunidade. Uma grande proporção da construção de navios-tanques foi financiada com empréstimos de capital norte-americano, e

> os proprietários gregos parecem ter operado sobretudo na base da garantia de um afretamento por tempo por sete ou mesmo quinze anos, de uma companhia petrolífera, uma hipoteca de 95% de financistas norte-americanos com a garantia do afretamento por tempo, para depois construir ajustando ao afretamento por tempo e, finalmente, cruzar os braços e gozar os lucros.[12]

Os proprietários de navios dos Estados Unidos foram igualmente ativos, embora o sistema garantido por afretamento tenha sido refinado até sua forma mais sofisticada, traduzida em contratos *shikumisen* desenvolvidos entre os afretadores japoneses e os empreendedores de transporte marítimo de Hong Kong.

COMPANHIA DE UM SÓ NAVIO

O objetivo do sistema de afretamento por tempo foi reduzir os custos de transporte, e isso conduziu a diferentes formas de organização legal e empresarial. A inovação mais importante foi a companhia de um só navio [*single-ship company*]. Utilizando as bandeiras de conveniência desenvolvidas para esse propósito (ver Capítulo 16, Seção 16.5), essas companhias de um só navio se tornaram os elementos-base de complexos impérios de transporte marítimo. Cada navio era registrado como uma companhia separada, com a propriedade atribuída ao grupo e gerenciado por uma agência. Isso servia aos banqueiros porque, para efeitos de financiamento, o navio podia ser tratado como uma companhia independente, garantido por uma hipoteca sobre o casco e por um afretamento por tempo. Embora as estruturas organizacionais fossem soltas, com poucas contas financeiras publicadas e pouca transparência financeira, podiam-se obter taxas de alavancagem financeira muito elevadas porque o banco tinha a segurança tanto do casco como do afretamento por tempo.

A fase do financiamento garantido por afretamento dominou o financiamento de navios durante vinte anos, mas durante as décadas de 1970 e de 1980 gradualmente perdeu a sua importância. Parece haver três razões. Primeiro, os afretamentos existiram durante um período de mudança estrutural, quando os afretadores precisavam encorajar os proprietários a encomendar os navios maiores de que eles necessitavam. No início da década de 1970, as economias de escala foram levadas ao limite e já não era mais necessário que os embarcadores entrassem nesses compromissos onerosos para segurar os navios de que precisavam. Segundo, depois de duas décadas de crescimento abrupto nos tráfegos de granel, ocorreu uma mudança nessa tendência e os tráfegos de petróleo bruto e de minério de ferro pararam de crescer (ver Capítulo 4). Terceiro, alguns proprietários de navios que estavam à espera de "se sentar e desfrutar dos lucros" acabaram amarrados a contratos cujas margens de lucro pequenas eram destruídas pela inflação. Pior ainda foi a inadimplência de vários afretadores quanto às suas responsabilidades, como a Sanko em meados da década de 1980. Ao mesmo tempo que os mercados e as necessidades dos afretadores mudavam nas décadas seguintes, tornou-se mais difícil a obtenção de cartas-partidas a tempo, e as estruturas de financiamento utilizadas pela indústria marítima alteraram-se.

FINANCIAMENTO GARANTIDO POR ATIVOS NA DÉCADA DE 1970

No início da década de 1970, depois de duas décadas de financiamento garantido por afretamento muito alavancado, os banqueiros do transporte marítimo começaram a rever as suas políticas de empréstimo. Em vez de garantirem o empréstimo sobre um contrato de afretamento de longa duração, muitos banqueiros, por um breve, mas desastroso período no início da década de 1970, estavam dispostos a confiar na primeira hipoteca do casco, com uma garantia adicional pequena. Um banqueiro proeminente resumiu as razões dessa mudança da seguinte forma:

> Uma carta-partida de longa duração sem nenhuma ou com poucas cláusulas de escalonamento incorporadas pode ser desastrosa para o proprietário do navio [...] A inflação, as paragens dos motores e os outros acidentes, bem como as alterações nas moedas, podem alterar ou destruir rapidamente os mais bem planejados fluxos de caixa [...] Por outro lado, os proprietários de navios que operam no mercado aberto têm estado melhor recentemente [...] Muitos banqueiros têm se recusado a aceitar uma alavancagem financeira de 1 para 5, ou a emprestar até 80 por cento do preço de custo ou do valor de mercado do navio [...] Eu acredito que, do ponto de vista comercial do banco, essa forma de empréstimo não tem causado grandes desastres, e a principal razão talvez seja que navios modernos bons e bem conservados mantiveram o seu valor ou ainda valorizaram.[13]

Em resumo, os banqueiros começaram a olhar para o transporte marítimo como uma forma de "mercado imobiliário flutuante" [*floating real estate*].

Essa foi uma mudança política fundamental, porque retirou a ligação entre a oferta e a demanda. Durante o período garantido por afretamento, as novas construções estavam restritas à existência de afretadores. Se o casco era visto como uma garantia colateral aceitável, não havia limite quanto ao número de navios que podiam ser encomendados a partir da base de capital próprio mais reduzida. Quando, em 1973, os petrodólares inundaram os mercados de capitais mundiais, o transporte marítimo parecia ser um alvo óbvio. A indústria de navios-tanques foi varrida por uma onda de crédito que permitiu que 105 milhões tpb de navios-tanques, representando 55% da frota, fossem encomendados num único ano. Na corrida pelo negócio, os

Financiamento de navios e de companhias de navegação

padrões de financiamento tornaram-se tão normais que os empréstimos sindicalizados podiam ser organizados por telefone com pouca documentação e poucas perguntas.[14] O mercado de navios-tanques levou quinze anos para se recuperar.

Infelizmente, isso não foi o final da história. Na década de 1980 a indústria marítima viveu a sua pior recessão em cinquenta anos, num momento em que os mercados de capitais estavam outra vez inundados de petrodólares, gerados pelo barril de petróleo a US$ 40, e os construtores navais, desesperados, começaram a utilizar o crédito como uma forma mal disfarçada de construir para estoque. Em 1983-1984, a dívida garantida por hipoteca sustentou encomendas de 40 mt de porte bruto de navios graneleiros, quando as taxas de frete batiam ainda no fundo. Pensava-se nas encomendas anticíclicas, mas o volume de encomendas era tão elevado que o ciclo não virou. Com tantas entregas, a recessão arrastou-se por 1986, e os proprietários não podiam atender o serviço da dívida, provocando muita inadimplência e reduzindo os preços dos navios de segunda mão para valores de liquidação, visto que os proprietários eram forçados a vender seus navios para angariar dinheiro.

FINANCIAMENTO DE ATIVOS COM PREÇOS ABAIXO DOS VALORES PATRIMONIAIS DAS COMPANHIAS NA DÉCADA DE 1980

Em meados da década de 1980, ao mesmo tempo que o ciclo do mercado marítimo batia no fundo do poço, as vendas forçadas criaram oportunidades para o desenvolvimento de "preços abaixo dos valores patrimoniais das companhias" [*asset play*] (ou seja, a compra de navios baratos para vender a preços elevados). O problema foi que as fontes convencionais de capital próprio e de dívida não tinham interesse na exposição adicional ao risco do transporte marítimo, portanto, eram necessárias novas fontes de financiamento. Um dos primeiros instrumentos foi o fundo de liquidação automática de navios [*self-liquidating ship fund*]. O Bulk Transport, um dos primeiros instrumentos desse tipo, estabelecido em fevereiro de 1984, foi muito bem-sucedido, com os ativos valorizando-se em quatro vezes o seu preço de compra durante os quatro anos que se seguiram. À medida que o sucesso dos esquemas iniciais se introduzia no mercado, apareciam os imitadores, que utilizavam a mesma estrutura de base e ofereciam capital próprio a investidores não pertencentes ao transporte marítimo. Ironicamente, assim que o ciclo de mercado atingia a maturidade e os valores dos ativos aumentavam, tornou-se progressivamente mais fácil colocar o capital próprio. Eventualmente, um total aproximado de US$ 500-600 milhões foi angariado e investido em navios comprados a preços mais elevados próximos do pico do ciclo. Como resultado, poucos investidores obtiveram um retorno comercial e alguns perderam o seu dinheiro.

Um desenvolvimento paralelo foi o reaparecimento das sociedades em comandita simples norueguesas [*Norwegian K/S limited partnership*] como um instrumento para financiar o investimento especulativo em navios de segunda mão. As estruturas das sociedades em comandita simples norueguesas eram semelhantes à dos fundos de financiamento de navios, ou mesmo à das parcerias comerciais da década de 1840, mas tinham a vantagem adicional de que os lucros ganhos pelos investidores estavam livres de tributação desde que fossem reinvestidos num período especificado. Num momento de elevadas taxas de tributação sobre as pessoas, isso foi muito atrativo para os investidores privados, muitos dos quais investiram em sociedades em comandita simples estabelecidas para a compra de navios. Talvez o desenvolvimento mais significativo não tenha sido a estrutura de uma sociedade em comandita, que já existia há muitos anos, mas o crescimento dos bancos noruegueses nesse período. No início da década de 1980, os bancos noruegueses tinham uma carteira de investimentos em transporte marítimo calculada diversas vezes em cerca de US$ 1 bilhão. Durante a década de 1980 ela cresceu, atingindo um pico de em torno de US$ 6-7 bilhões em 1989. A existência desse financiamento e o interesse dos bancos noruegueses em fazer adiantamentos às sociedades em comandita simples, apesar da sua estrutura não convencional, é certamente um dos fatores-chave que determinou o sucesso fenomenal desse mercado (ver página 386 para mais detalhes sobre as sociedades em comandita simples norueguesas).

DESENVOLVIMENTOS DAS FINANÇAS CORPORATIVAS NA DÉCADA DE 1990

Depois da crise financeira prolongada da década de 1980, quando o financiamento estava limitado sobretudo para pequenos empréstimos hipotecários, na década de 1990, a indústria de financiamento de navios teve de redescobrir muitas das técnicas mais convencionais de financiamento. A sindicalização dos capitais em dívida do transporte marítimo é um bom exemplo de como as coisas mudaram. No início da década de 1970, os grandes empréstimos do transporte marítimo eram frequentemente sindicalizados, mas essa prática caducou durante a recessão, por conta sobretudo da dificuldade em colocar os ativos a operar num mercado tão perturbado. As dificuldades amplamente divulgadas em meados da década de 1970 não ajudaram. No período decorrido, o valor das transações do transporte marítimo era tão baixo e tão incerto que a sindicalização praticamente desapareceu e teve de ser redescoberta por uma nova geração de banqueiros que assumiu o controle no final da década de 1980. Existiu também uma onda de sociedades em comandita simples [*KG companies*] estabelecidas na Alemanha para financiar os navios porta-contêineres. Essas estruturas, assentadas nas parcerias privadas alemãs, começaram a ser amplamente utilizadas no início da década de 1990 como forma de oferecer um financiamento "extrapatrimonial" eficiente em relação a custo e seguro para os operadores de navios porta-contêineres, num momento em que a frota se expandia rapidamente. Muitos dos custos resultantes do levantamento do financiamento são sustentados pelos acionistas privados.[15]

No início da década de 1990, depois de um desempenho decepcionante dos fundos de financiamento de navios, alguns dos quais eram ofertas públicas, havia pouca atividade enquanto o mercado ponderava as implicações de responsabilidade da Lei da Poluição por Petróleo dos Estados Unidos, de 1990, e o agravamento do quadro regulamentar. É provável que esses acontecimentos tenham encorajado uma abordagem mais empresarial como forma de proteger os interesses do elevado poder aquisitivo das famílias do transporte marítimo que operam navios-tanques. Além disso, as companhias de navegação que operavam na ponta da qualidade/indústria do mercado de transporte marítimo começaram a aceitar melhor as estruturas empresariais. Esse fato foi sustentado firmemente por peritos do transporte marítimo como Peter Stokes. De 1993 em diante, existiram uma série de ofertas públicas iniciais [*initial public offerings,* IPOs] importantes, incluindo a Teekay, a Frontline e a General Maritime, as quais evoluíram para companhias de navegação públicas importantes. Em 1993 também apareceram as obrigações de alto rendimento, que marcaram um momento muito importante no negócio do financiamento de navios. Os banqueiros que aprenderam sobre o seu negócio na década de 1980 mal podiam imaginar que uma companhia de navegação a granel poderia ser capaz de se candidatar à classificação de risco de crédito [*credit rating*] e à emissão de obrigações. Porém,

Financiamento de navios e de companhias de navegação

ao final da década de 1990, elas faziam isso com regularidade e apresentavam até mesmo algumas estruturas mais exóticas, como as securitizações sintéticas. Portanto, nos primeiros anos do século XXI o financiamento de navios tornou-se mais sofisticado, embora continuasse a predominar a dívida bancária comercial.

CRÉDITO À CONSTRUÇÃO NAVAL

Finalmente, o crédito à construção naval foi uma fonte de financiamento de navios disponível em todo o período. Durante cada uma das recessões vistas no Capítulo 3, os estaleiros concorriam entre si pela oferta de um crédito favorável aos proprietários de navios. Essa prática já era comum no século XIX, quando alguns construtores navais britânicos deram créditos de 25% a 30% dos seus próprios fundos a clientes fiáveis por três a cinco anos para atender às suas necessidades durante o período de taxas de frete baixas. No início do século XX os governos decidiram que a construção naval era uma importante indústria estratégica e envolveram-se na oferta de crédito subsidiado. Na década de 1920, os governos alemão e francês ofereceram condições de crédito favoráveis para ajudar os seus estaleiros a ganhar o negócio então dominado pela indústria da construção naval britânica. Durante a recessão da década de 1930, os governos dinamarquês, francês e alemão ofereceram aos proprietários mecanismos de créditos governamentais. A prática de crédito subsidiado reapareceu na primeira recessão importante após a Segunda Guerra Mundial, que ocorreu entre 1958 e 1963 e foi regulamentada pelo Convênio dos Créditos à Exportação [*Understanding on Export Credit*], da OCDE, em 1969. A oferta de crédito é geralmente coordenada por uma agência de crédito controlada pelo governo (Departamento de Garantias de Créditos de Exportações no Reino Unido, Hermes na Alemanha, Coface na França, Kexim na Coreia, Banco Exim do Japão etc.). Em nome do governo, essas agências são responsáveis pela coordenação do crédito e, quando necessário, oferecem garantias financeiras e bonificação da taxa de juros.

7.3 O SISTEMA FINANCEIRO MUNDIAL E OS TIPOS DE FINANCIAMENTO

DE ONDE VEM O DINHEIRO PARA FINANCIAR OS NAVIOS?

Esta breve revisão histórica tocou nas muitas formas de financiamento da indústria marítima e mostrou como as técnicas de financiamento utilizadas mudaram de uma década para a outra. Voltamo-nos agora para um debate mais rigoroso das estruturas financeiras atualmente em uso. O levantamento de financiamento para navios é essencialmente uma questão de persuasão, portanto, um bom ponto de partida é voltar a duas questões básicas: de onde vem o dinheiro para financiar os navios e o que os empresários têm de fazer para o obtê-lo?

Para responder a essas questões precisamos olhar para o sistema financeiro mundial como um todo. O fluxograma na Figura 7.2 apresenta como as diferentes partes do sistema se ajustam umas às outras. A coluna 3, à direita, mostra a *fonte* dos fundos de investimento; a coluna 2 apresenta os mercados em que esses fundos de investimento são negociados, enquanto a coluna 1 destaca os organizadores que atuam como intermediários e os tomadores de risco que fornecem às companhias que necessitam de capital, incluindo as companhias de navegação, com acesso ao conjunto de fundos de investimento nas colunas 2 e 3.

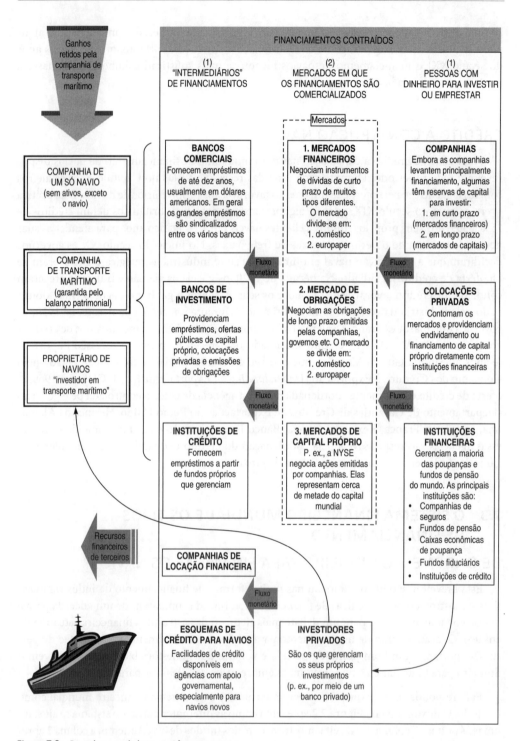

Figura 7.2 – De onde vem o dinheiro para financiar os navios.
Fonte: Martin Stopford (2007).

Financiamento de navios e de companhias de navegação **319**

FUNDOS DE INVESTIMENTO VÊM DE POUPANÇAS

Em primeiro lugar a fonte: o capital vem de poupanças empresariais ou pessoais que precisam ser investidas. Algumas companhias ou indivíduos tratam eles próprios dos investimentos. Por exemplo, um indivíduo pode comprar uma casa como investimento e arrendá-la. No entanto, hoje em dia, cerca de 80% das poupanças acabam nas mãos de gerentes de investimento profissionais, como companhias de seguros, fundos de pensão, caixas econômicas, instituições de crédito, fundos fiduciários, fundos mutualistas e bancos comerciais que aceitam depósitos em dinheiro, os chamados "investidores institucionais".[16]

INVESTIDORES E CREDORES

Na coluna 3 da Figura 7.2, esses gerentes de fundos profissionais têm duas opções. Eles podem investir o dinheiro ou emprestá-lo. O investidor faz a alocação de fundos num negócio em troca de uma parte dos lucros. Geralmente, a única forma de obter o seu dinheiro de volta é vender a participação "de capital" no negócio a alguém (se a participação na companhia é negociada na bolsa de valores, denomina-se companhia pública e as suas ações podem ser compradas ou vendidas na bolsa de valores em que foram emitidas). Em contrapartida, o credor antecipa o capital por um período predeterminado em troca de pagamentos de juros regulares e de uma programação predeterminada para o reembolso do capital, para que no final do período acordado a "dívida" seja reembolsada na totalidade. Essa é uma distinção importante para alguém que tente levantar financiamento, porque os investidores e os credores veem o mundo de uma perspectiva muito diferente.

Os investidores aceitam o risco em troca do lucro, portanto, estão interessados no lado positivo do negócio. Quão rentável poderá ser o investimento? Trata-se de um negócio que poderá oferecer um retorno de 30%? Existe alguma razão convincente para os lucros serem tão altos? Os credores recebem somente os juros, portanto, eles querem ter a certeza que serão reembolsados. Isso faz com que estejam mais interessados no lado negativo do negócio. Será o negócio sólido? Poderá ele sobreviver num mercado adverso? Será que os mutuários estão aceitando riscos que podem danificar a sua capacidade de reembolso? Uma vez que os credores não partilham os seus lucros, eles estão menos interessados nesse aspecto do negócio. Os proprietários de navios ficam sempre perplexos porque os banqueiros estão mais interessados nas recessões do que nas expansões. Essa é a razão.

COLOCAÇÃO PRIVADA DE DÍVIDA OU DE CAPITAL PRÓPRIO

Um método aberto para financiar os gerentes é colocar os fundos diretamente nas companhias que precisam de financiamento. Isso é conhecido como investimento privado e encontra-se apresentado no fim da coluna 2 na Figura 7.2. O credor, que poderá ser um fundo de pensão ou uma companhia de seguros, negocia um acordo financeiro que se adapte tanto ao mutuário como ao credor. A estrutura desse acordo pode ser em dívida ou em capital próprio. Enquanto a colocação de fundos é amplamente usada, especialmente para empréstimos em longo prazo, como uma técnica geral para gerenciar o investimento, ela apresenta dificuldades de natureza prática. Os gerentes de fundos de investimento enfrentam a tarefa administrativa de analisar em detalhe as propostas de investimento. Mais importante, o empréstimo ou o investimento não é líquido. Uma vez que a transação seja colocada, existe muito pouco que o investidor possa fazer para ajustar a sua carteira a tais empréstimos e investimentos. Na prática, esse mercado é acessível somente a companhias de navegação com um grau de investimento de qualidade.

MERCADOS FINANCEIROS COMPRAM E VENDEM PACOTES DE FUNDOS DE INVESTIMENTO

Uma alternativa é utilizar os mercados financeiros. Engenhosamente, o sistema financeiro mundial tem conseguido desenvolver três mercados que negociam investimentos processados como pacotes normalizados conhecidos como "títulos", um termo utilizado para referir todos os instrumentos de investimento normalizados. Os dois principais tipos de títulos são as "ações", que são pacotes de títulos de capital, e as "obrigações", que são pacotes de empréstimos. O pacote de investimento em títulos é como a carga conteinerizada. Implica um pacote de investimento único, processado dentro de uma unidade que obedece a normas rígidas, tornando-o fácil de vender e de comprar sem conhecimento especializado. Os mercados de capitais em que se negociam os títulos são estritamente regulamentados para garantir que as regras sejam seguidas. Cada um dos três mercados apresentados na coluna 2 da Figura 7.2 negocia um tipo diferente de título.

- *Os mercados monetários* negociam com empréstimos de curto prazo (menos de um ano). O "mercado" consiste numa rede solta de bancos e de operadores de mercado ligados por telefone, correio eletrônico e computadores (parecido com o mercado de afretamentos por viagem), que negociam com quaisquer títulos de dívida de curto prazo, como aceites bancários, papel comercial, certificados de depósito negociáveis e títulos do tesouro com uma maturidade de um ano ou menos e, frequentemente, trinta dias ou menos.[17] É assim que os bancos negociam uns com os outros, mas as companhias também usam esse processo. Por exemplo, um proprietário de navios com capital de reserva que quer manter a sua liquidez pode comprar papel "comercial" que lhe dá um retorno ligeiramente melhor do que aquele que obteria num depósito. Os mercados negociam em fundos constituídos na moeda local pelos investidores locais (mercado doméstico) e em fundos constituídos fora do país emissor (na Europa, o mercado de eurodivisas). Esses mercados têm estrutura de taxas de juros diferentes,[18] sendo que a taxa de juros do eurodólar é a Taxa Interbancária Oferecida em Londres [*London Interbank Offered Rate*, Libor].

- Os *mercados obrigacionistas* negociam em títulos remunerados com um prazo de reembolso superior a um ano, frequentemente dez ou quinze anos. As companhias emitem as obrigações ou debêntures (obrigações não seguradas por garantia colateral), por meio de um operador de mercado, e, para torná-las negociáveis, devem ter uma classificação de risco de crédito (ver Destaque 7.1). Por exemplo, as ações classificadas como menos de BBB– pela Standard & Poor's (S&P) ou Baa3 pela Moody's são conhecidas como obrigações de rendimento elevado. O juro é obtido pelo resgate de cupons associados às obrigações e a taxa de juros reflete a classificação de risco de crédito. A obrigação é sujeita a uma escritura de fideicomisso entre o emissor e o obrigacionista, conhecido como "contrato fiduciário". Isso é concebido para proteger o obrigacionista com garantias de propriedade, convênios de proteção e requisitos de capital circulante, e também determina os direitos de resgate. Os negócios em fundos *offshore* são referidos como o mercado de "euro-obrigações".

Financiamento de navios e de companhias de navegação   321

- Os *mercados de ações* negociam em títulos de capital (também conhecidos como títulos ou ações). Isso permite que companhias dignas de crédito angariem capital na bolsa de valores por meio de "oferta pública". Para angariar capital dessa forma, a companhia deve seguir os regulamentos (por exemplo, os estabelecidos pela Comissão da Bolsa de Valores dos Estados Unidos) e convencer o acionista de que será um bom investimento.[19] As emissões são efetuadas por um banco de investimento e o custo de subscrição, os honorários legais e de auditoria são geralmente entre 7% e 9% da soma angariada.

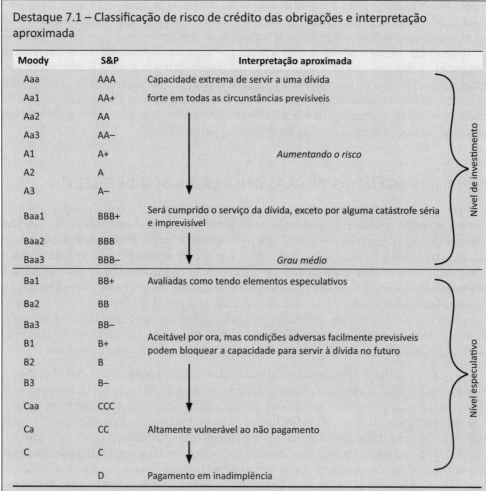

Destaque 7.1 – Classificação de risco de crédito das obrigações e interpretação aproximada

Moody	S&P	Interpretação aproximada
Aaa	AAA	Capacidade extrema de servir a uma dívida
Aa1	AA+	forte em todas as circunstâncias previsíveis
Aa2	AA	
Aa3	AA–	
A1	A+	*Aumentando o risco*
A2	A	
A3	A–	
Baa1	BBB+	Será cumprido o serviço da dívida, exceto por alguma catástrofe séria e imprevisível
Baa2	BBB	
Baa3	BBB–	*Grau médio*
Ba1	BB+	Avaliadas como tendo elementos especulativos
Ba2	BB	
Ba3	BB–	
B1	B+	Aceitável por ora, mas condições adversas facilmente previsíveis podem bloquear a capacidade para servir à dívida no futuro
B2	B	
B3	B–	
Caa	CCC	
Ca	CC	Altamente vulnerável ao não pagamento
C	C	
	D	Pagamento em inadimplência

Níveis Aaa–Baa3 / AAA–BBB–: Nível de investimento
Níveis Ba1–C / BB+–D: Nível especulativo

Fonte: compilado a partir do material das agências de classificação de risco de crédito

Verificado com relação aos níveis de risco de investimento da Standard & Poor's ordenados do maior para o menor: AAA, AA+, AA, AA–, A+, A, A–, BBB+, BBB e BBB–. Níveis de não investimento da Standard & Poor's ordenados do maior para o menor: BB+, BB, BB–, B+, B, B–, CCC+, CCC, CCC– CC, C, D e SD.

Notações de risco da Moody – níveis de classificação de risco de investimento da Moody ordenados do maior para o menor: Aaa, Aa1, Aa2, Aa3, A1, A2, A3, Baa1, Baa2 e Baa3. Níveis de não investimento da Moody ordenados do maior para o menor: Ba1, Ba2, Ba3, B1, B2, B3, Caa1, Caa2, Caa3, Ca e C.

Disponível em: <http://www.quantumonline.com/RatingsNotes.cfm>.

Mais de metade do capital mundial é detido em investimentos negociados nos mercados de títulos, e em 2005 o mercado de ações totalizava US$ 55 trilhões e as obrigações empresariais totalizavam cerca de US$ 35 trilhões. Comparado com os US$ 38 trilhões de depósitos bancários, isso significa que os mercados de capitais são a primeira escolha dos investidores globais.[20] O transporte marítimo representa somente uma pequena proporção desses fundos. Para colocar as necessidades financeiras anuais do transporte marítimo em contexto, se o capital mundial total fosse de US$ 100, a indústria do transporte, que inclui as companhias aéreas, o transporte marítimo, os portos etc., precisaria angariar 18 centavos de dólar. Mesmo a obtenção de uma pequena soma como essa não é fácil. A tarefa dos mercados é canalizar os fundos para onde possam ser usados mais produtivamente. Existem muitas outras indústrias pescando no mesmo lugar, portanto, os mutuários devem oferecer uma taxa de retorno competitiva. A angariação de capital no mercado de ações envolve geralmente a emissão de um prospecto e a venda da "história" aos investidores. No mercado de capitais, a maior preocupação das instituições que compram as obrigações é o risco de a companhia não ser capaz de reembolsar o capital que pediu emprestado; então, uma companhia de navegação, para angariar capital, deve alcançar padrões reconhecidos de confiabilidade creditícia. Ela faz isso por meio da obtenção de uma classificação de risco de crédito de uma das agências de classificação de risco de crédito. Isso abre as portas do mercado das obrigações e determina o custo de financiamento para o mutuário.

PAPEL DAS AGÊNCIAS DE CLASSIFICAÇÃO RISCO DE CRÉDITO

Para o emissor colocar uma obrigação, as instituições financeiras que a compram têm de ter uma indicação confiável de que o rendimento (ou seja, o cupom dividido pelo preço) reflete o risco e de que é provável que o capital será reembolsado a tempo. Para atender a essa necessidade, a companhia de navegação que emite as obrigações deve obter para a transação uma classificação de risco de crédito de uma ou mais agências de classificação de risco de crédito. Em troca de honorários, a agência avalia a história da emissão de crédito da companhia e a sua capacidade de reembolsar e emite uma classificação de risco de crédito que atesta a opinião corrente sobre a confiabilidade creditícia do mutuário relativamente à obrigação financeira específica, incluindo um cálculo estimado do risco de inadimplência. Geralmente, a classificação de risco de crédito toma a forma de uma carta dirigida ao banco que trata da emissão.

As quatro principais agências de classificação de risco de crédito são: Standard & Poor's, Moody, Fitch e Duff & Phelps. Em geral, existe a necessidade de obter uma classificação de risco de crédito de pelo menos duas dessas agências. No Destaque 7.1 apresentam-se os sistemas de classificação de risco de crédito ligeiramente diferentes utilizados pelas duas maiores agências, com uma definição grosseira dos seus significados. O melhor é o AAA ("triplo A"), e o Baa3/BBB– ou acima representam "níveis de investimento". As características da classificação de risco de crédito para os níveis de investimento incluem fatores como a confiabilidade, uma cobertura robusta da dívida, uma forte posição de mercado para os produtos da companhia e a escala do negócio. Para obter essa classificação de risco de crédito, a companhia deve ser suficientemente forte para sobreviver a praticamente qualquer crise imaginável. Por outro lado, as obrigações com notações de risco de crédito baixas têm "características especulativas significativas"[21] e são referidas como "rendimento elevado", porque necessitam de elevadas taxas de juros (também são conhecidas como "obrigações de refugo"). Dessa forma, os investimentos são "colocados em pacotes" antes de serem oferecidos ao mercado. Em virtude da volatilidade das receitas e da concorrência do mercado, raramente são atribuídas às companhias de navegação classificações de risco de nível de investimento, embora algumas companhias de navegação grandes e diversificadas tenham alcançado tal distinção.

DEFINIÇÃO DE "PROPRIETÁRIO DE NAVIO" E DE "COMPANHIA DE NAVEGAÇÃO"

Antes de continuar com o debate sobre as técnicas de financiamento, devemos esclarecer a diferença entre "proprietário de navios" e "companhia de navegação". Esses termos são utilizados indistintamente no negócio, mas, quando tratamos do financiamento, defini-los com precisão torna nossa vida muito mais fácil.

Um *proprietário de navios* é um indivíduo que possui uma participação controladora em um ou mais navios. A parte A da Figura 7.3 apresenta uma estrutura típica. Geralmente, os navios são registrados como companhias de um só navio nas quais o proprietário tem uma participação controladora, enquanto o capital e os outros bens associados ao negócio do transporte marítimo são mantidos separados, geralmente em contas bancárias em lugares de eficiência fiscal. As duas são bastante separadas e, geralmente, cria-se uma agência independente ou uma companhia gerenciadora para tratar das operações diárias. Uma vez que essa estrutura não é transparente aos olhos de entidades terceiras, para que os navios possam operar, o proprietário e a agência devem demonstrar a sua confiabilidade creditícia. Então, é importante o bom nome do proprietário de navios que opera dessa forma. Porém, o fato de os ativos se encontrarem dispersos e os potenciais financistas terem pouco controle se mantém.

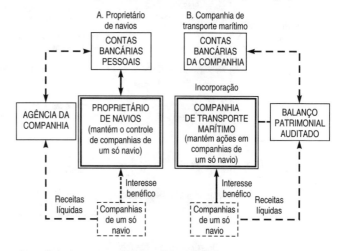

Figura 7.3 – Definição de proprietário de navio e de companhia de navegação.
Fonte: Martin Stopford (2007).

Em oposição, o tipo da *companhia de navegação* apresentado na parte B da Figura 7.3 é uma organização legal que possui navios. Pode ser uma parceria legal, uma companhia ou corporação numa jurisdição com leis vinculativas de governança corporativa, com uma folha de balanço auditada mostrando a sua participação controladora nos navios que opera e a situação dos seus outros ativos, passivos e contas bancárias. Os seus diretores executivos são responsáveis por gerenciar o negócio e por efetuar as decisões sobre o investimento. Essa diferença entre o proprietário e a companhia existe em todos os negócios, mas no transporte marítimo é crucial e dá ao financiamento de navios um sabor único. Como vimos no Capítulo 2, as *empresas do transporte marítimo* (ou seja, proprietários de navios e companhias de navegação) variam imensamente em dimensão. Em 2004, 32 delas tinham mais do que cem navios, enquanto 256 detinham entre vinte e 49 navios, 460 tinham entre dez e dezenove navios e mais de 4 mil possuíam pouco mais de cinco navios.

Os principais métodos de angariação de financiamento de navios encontram-se sumariados na Figura 7.4 e incluem fundos privados, empréstimos bancários, mercados de capitais e sociedade de propósito específico [*special purpose companies,* SPC]. Os *fundos privados* incluem capital gerado pelo negócio, que é importante durante as expansões, e empréstimos ou capital próprio de amigos, familiares ou capitalistas empreendedores. Muitas vezes é somente a única fonte para começar um negócio.

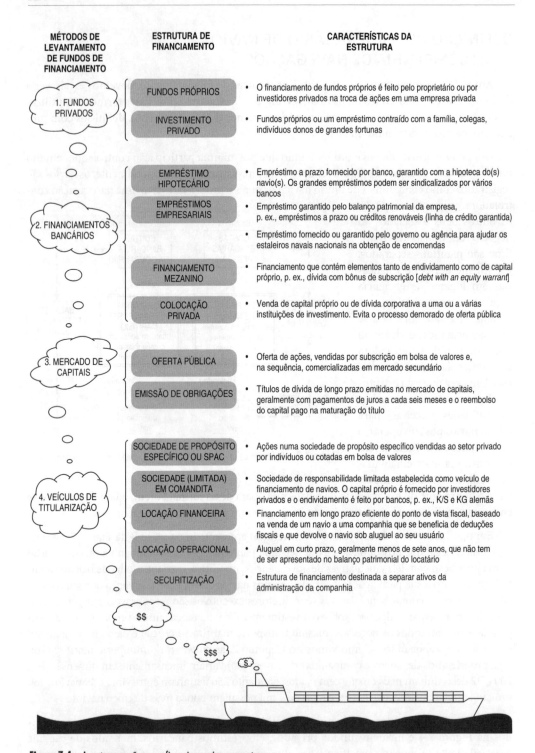

Figura 7.4 – As catorze opções para financiar navios mercantes.
Fonte: Martin Stopford (2007).

Os *empréstimos bancários* são uma das principais fontes de financiamento para os proprietários de navios e para as companhias de navegação; quatro tipos desses empréstimos encontram-se listados na Figura 7.4: os empréstimos hipotecários garantidos com os navios; os empréstimos empresariais garantidos com o balanço da companhia; o crédito oferecido pelos construtores navais; e o financiamento mezanino. O mercado para os empréstimos bancários comerciais é muito competitivo e também flexível, porque os empréstimos podem ser facilmente refinanciados se as circunstâncias mudarem. As colocações privadas com instituições financeiras incluem-se debaixo dessa rubrica. Os *mercados de capitais* podem oferecer às companhias de navegação capital próprio por meio de uma oferta pública inicial (IPO) de ações ou de dívida pela emissão de obrigações. Eles funcionam melhor para as grandes companhias de navegação, especialmente para aquelas com um patrimônio líquido acima de US$ 1 bilhão. Uma última opção é a utilização de um veículo de titularização [*special purpose vehicle*, SPV] para possuir os navios e angariar financiamento. Essa técnica é frequentemente utilizada quando as companhias de navegação querem utilizar os navios sem tê-los na folha de balanço ou quando existem deduções fiscais. Por exemplo, as concessões fiscais no Reino Unido ou as sociedades em comandita simples alemãs KG caem nessa rubrica.

Destaque 7.2 – Instituições que providenciam ou arranjam financiamento para navios

Bancos comerciais: são as fontes do financiamento de dívida mais importantes para a indústria marítima. Muitos têm departamentos dedicados ao financiamento de navios. Oferecem empréstimos a prazos entre dois e oito anos, para os quais eles se financiam, por empréstimos efetuados nos mercados monetários e de capitais. Esse financiamento de curto prazo limita a maturidade dos empréstimos que os bancos comerciais têm interesse em colocar na sua folha de balanço, e a maioria sente-se pouco à vontade com mais de cinco a seis anos. Frequentemente, é utilizado um pagamento-balão para baixar o encargo do serviço da dívida nos navios modernos, mas os mutuários que querem financiamento em longo prazo devem procurar noutro sítio, como no mercado de capitais ou nas sociedades de locação financeira. Em geral, os empréstimos são cotados com uma margem acima da Libor. Os diferenciais bancários [*spreads*] típicos variam entre os 60 pontos-base e os 200 pontos-base (um ponto-base é um centésimo de um ponto percentual). Somas superiores a mais de US$ 100 milhões são geralmente sindicalizadas entre vários bancos. Adicionalmente aos empréstimos, os bancos podem agora oferecer muitos outros serviços, incluindo o gerenciamento de risco de produtos, as fusões e as aquisições, o aconselhamento financeiro etc.

Bancos de investimento: arranjam e garantem o financiamento, mas geralmente não providenciam eles próprios o capital. Conseguem os empréstimos sindicalizados, as ofertas públicas de ações, as emissões obrigacionistas no mercado de capitais e a colocação de dívida ou de fundos de capitais privados com as instituições financeiras ou os investidores privados. Alguns desses grandes bancos de investimento têm competência especializada sobre o transporte marítimo, e alguns menores, como o Jefferies, especializam-se nesta área.

Bancos de crédito de navios: em alguns países o crédito é oferecido por bancos especializados no transporte marítimo que obtêm os seus fundos no mercado ou pela emissão de obrigações que oferecem benefícios fiscais aos investidores locais.

Instituições de crédito e corretores financeiros: algumas instituições financeiras (GE Capital, Fidelity Capital etc.) que têm fundos substanciais sob gerenciamento possuem departamentos especializados de transporte marítimo que emprestam diretamente à indústria. Adicionalmente, há vários organizadores e corretores de financiamento de navios que se especializam em definir pacotes financeiros inovadores.

Sociedades de locação financeira: especializam-se na locação de ativos, e algumas tratam da locação em longo prazo de navios. Adicionalmente, no Japão as sociedades de locação financeira são credoras muito importantes. Uma vez que estão sujeitas a regulamentos diferentes, elas podem oferecer financiamento em longo prazo que os bancos comerciais não poderiam colocar nas suas folhas de balanço.

Regimes de crédito à construção naval: alguns países oferecem crédito à construção naval a proprietários nacionais e estrangeiros. As condições dos créditos à exportação são acordadas pelo Convênio sobre os Créditos à Exportação da OCDE e, atualmente, são estabelecidos com um adiantamento de 80% por um período de 8,5 anos (ver página 381, na qual se aborda o financiamento de novas construções).

As grandes companhias têm mais opções porque têm acesso aos mercados de capitais, e os bancos de investimento ajudam0 na emissão de obrigações e ações e na colocação privada de capital, enquanto os negócios de transporte marítimo menores confiam sobretudo nos empréstimos dos bancos comerciais. Existem pelo menos duzentas instituições mundiais com competência especializada em alguns aspectos do financiamento de navios, geralmente por meio dos departamentos de transporte marítimo. No Destaque 7.2 apresenta-se uma breve descrição das principais instituições e as suas atividades. A seguir, iremos percorreremos as quatro formas que os proprietários de navios e as companhias de navegação podem utilizar para angariar financiamento, de acordo com as estruturas estabelecidas na Figura 7.4. Começamos com as duas principais fontes de financiamento para as companhias de navegação estabelecidas, o capital próprio (Seção 7.4) e os empréstimos bancários (Seção 7.5); depois passamos aos mercados de capitais (Seção 7.6) e acabamos com as várias estruturas de financiamento das sociedades de propósito específico (Seção 7.7).

7.4 FINANCIAMENTO DE NAVIOS COM FUNDOS PRIVADOS

A primeira forma de financiamento de navios e a mais óbvia é a efetuada com os recursos privados do proprietário, com os ganhos dos outros navios dos quais é titular, ou com um investimento ou empréstimo dos amigos ou da família. Essa fonte de financiamento foi amplamente utilizada no século XIX, quando os investimentos efetuados por membros da família dominaram muitas companhias que eram nominalmente públicas, e continua a ser ainda hoje a principal forma de capital inicial. Por exemplo, Sir Stelios Haji-Ioannou, o conhecido empreendedor que fundou a Stelmar Tankers e a Easyjet, começou em 1992 com um capital de US$ 30 milhões pertencentes ao seu pai,[22] os quais foram reembolsados em 2004. A grande maioria dos negócios de transporte marítimo financia pelo menos uma parte das suas atividades por capital gerado internamente, e a propriedade familiar mantém-se como uma forma comum de financiamento na Grécia, na Noruega, em Hong Kong e em outros países com tradição marítima. A vantagem é que amigos mais próximos e parentes que entendam do transporte marítimo têm maior chance de tolerar a volatilidade dos seus retornos. Ocasionalmente, de uma forma mais ampla, as companhias podem colocar capital privado, juntando um grupo de investidores que ficam com uma participação significativa do negócio.

De um modo mais geral, durante a expansão do transporte marítimo que ocorreu entre 2003 e 2008, as companhias de capital privado começaram a mostrar mais interesse no negócio do transporte marítimo, primeiramente em setores mais especializados, nos quais a volatilidade do fluxo de caixa é vista como mais baixa que no transporte marítimo de contêineres e de granel convencional. No mercado dos *ferries* europeu, por exemplo, existiu uma quantidade considerável de atividade de capitais próprios: a Permira comprou a Grandi Navi Veloci e depois vendeu-a à Investitori Associati; a Scandlines foi comprada pela 3i, pela Allianz Capital Partners e pela DSR; a UN RoRo foi comprada pela KKR; e a Marfin comprou a participação da Panagopulos no Attica Group. Em outras partes, a 3i comprou a Dockwise; no setor de serviços, a Istithmar comprou a Inchcape Shipping Services da Electra e a Exponent comprou a V Holdings da Close Brothers Private Equity.[23]

7.5 FINANCIAMENTO DE NAVIOS COM EMPRÉSTIMOS BANCÁRIOS

Os empréstimos bancários são a mais importante fonte de financiamento de navios. Eles oferecem aos mutuários um acesso rápido e flexível ao capital, enquanto os deixam com propriedade plena do negócio. Esse é também um negócio importante para os bancos, e em 2007 as várias instituições que emprestavam ao transporte marítimo tinham uma carteira de empréstimos que variavam em dimensão entre US$ 1 bilhão e US$ 20 bilhões. Como o financiamento de navios é especializado (tem de lidar com todos aqueles ciclos que abordamos no Capítulo 3!), é normalmente gerenciado por um departamento à parte. Geralmente, o responsável pelo financiamento de navios tem um grupo de oficiais de marketing que conhecem o negócio; pessoal administrativo para tratar da carteira de investimentos; e oficiais de crédito que relatam o lado credor do banco, mas que entendem do negócio do transporte marítimo. Existem três tipos principais de empréstimos que podem ser utilizados pelos proprietários de navios: os empréstimos *hipotecários*, os empréstimos *empresariais* e os empréstimos *disponibilizados pelos regimes de crédito aos estaleiros navais*. Ocasionalmente algum banco arranjará um financiamento mezanino.

Os empréstimos desse tipo têm três limitações. Em primeiro lugar, os bancos somente adiantam quantidades limitadas, portanto, os grandes empréstimos têm de ser sindicalizados entre um grupo de bancos. Quando o mercado marítimo é fraco, o gerenciamento de grandes sindicalizações pode ser difícil. Em segundo lugar, os empréstimos são geralmente restritos a cinco sete anos, com uma taxa de adiantamento de 70%-80%, ambos os quais são limitadores. Em terceiro lugar, o banco quer uma hipoteca relativa ao navio e garantias restritivas. Isso pode se tornar complexo e inconveniente para as grandes companhias com muitos navios. Na prática, trata-se de financiamento de varejo, em que os bancos comerciais atuam como intermediários entre os mercados de capitais e as pequenas companhias de navegação.

EMPRÉSTIMO HIPOTECÁRIO

Um empréstimo hipotecário baseia-se no navio como garantia, permitindo que os bancos emprestem a companhias de um só navio que, de outra forma, não seriam dignas de crédito para os grandes empréstimos necessários para financiar os navios mercantes. Como observamos na seção anterior, existem muitos negócios de transporte marítimo cujos ativos são mantidos privadamente, sem contas auditadas nem forma confiável de o banqueiro ter acesso aos fundos da companhia no caso de inadimplência. Geralmente, esse tipo de transação usa a estrutura do tipo estabelecido na Figura 7.5. O mutuário é uma companhia de um só navio registrado numa jurisdição legalmente aceitável, como a Libéria. Essa estrutura isola o ativo de quaisquer reclamações que possam ocorrer noutra parte do negócio do proprietário. A garantia pode ser procurada quer pelo mutuário, quer pelo proprietário.

Para levantar o empréstimo, o proprietário do navio aborda o banco e explica as suas necessidades. Se o banco estiver disposto a considerar o empréstimo, o oficial do banco elabora uma proposta, discute-a com o mutuário e negocia quaisquer pontos que não sejam aceitáveis. Os

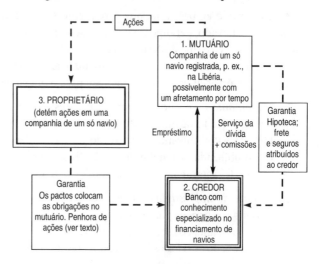

Figura 7.5 – Modelo de empréstimo bancário garantido com hipoteca.
Fonte: Martin Stopford (2007).

termos da negociação são uma parte importante do processo de empréstimo; o credor obtém uma valorização do navio oferecido como garantia colateral (ver a Seção 6.8, sobre os métodos de avaliação) e define qual é a proporção do seu valor de mercado corrente que pode ser seguramente adiantada. Isso dependerá da idade do navio e das condições de mercado. Alguns banqueiros consideram que os empréstimos não devem exceder 50% do valor de mercado do navio, a não ser que esteja disponível uma garantia adicional. A garantia adicional, na forma de um afretamento por tempo, hipotecas sobre os outros navios, garantia pessoal do proprietário ou história de um negócio do proprietário bem-sucedido, pode persuadir o banco a aumentar o empréstimo para 60%-80% do valor corrente do navio. Em algumas circunstâncias excepcionais, os banqueiros podem emprestar 100%. Contudo, não existem regras rígidas. O mercado bancário, assim como o transporte marítimo, é um mercado competitivo. Se um concorrente oferecer 80% sobre a primeira hipoteca, essa será a taxa de mercado.

Deve-se efetuar uma avaliação do crédito para saber se o risco é aceitável para o banco. É aqui que assenta a verdadeira perícia do financiamento de navios. Do ponto de vista do proprietário de navios, uma alavancagem financeira elevada é melhor, mas somente se o retorno sobre o capital é mais elevado do que o custo do empréstimo. Se, por exemplo, o negócio ganha 10% ao ano, mas pede emprestado a 7% ao ano, a alavancagem financeira aumenta o retorno sobre o capital. Porém, se o retorno médio é inferior a 7%, na realidade a alavancagem financeira reduz o retorno sobre o capital. No transporte marítimo, o retorno sobre os ativos muitas vezes está perigosamente próximo do custo dos fundos de financiamento, e os mutuários caminham numa linha tênue.

Outra consideração para o banco é a segurança da transação se a coisas correrem mal para o mutuário. Isso envolve a hipoteca do navio, a atribuição do seguro e dos ganhos (frete) ao credor e as outras várias garantias concebidas para que os ativos estejam adequados se vendidos para cobrir o empréstimo pendente. Isso inclui obrigações que cubram aspectos, como a razão entre o valor do empréstimo e o valor da garantia, as condições anteriores ao levantamento de crédito e as restrições sobre os dividendos. Eles também definirão os acontecimentos que são considerados como inadimplência.

A proposta do empréstimo, que geralmente é apresentada numa carta com um *termo de compromisso* anexado, geralmente cobre as sete questões-chave listadas abaixo, com um aviso legal que torna claro que a oferta está sujeita a várias condições, como a aprovação por parte da comissão de crédito. O desafio do funcionário do banco é encontrar uma combinação de termos que sejam aceitáveis para o cliente e para o oficial de crédito do banco.

1. O *montante*, ou o valor máximo do empréstimo. Isso depende da garantia (ou seja, valor do navio etc.) e de outros fatores listados abaixo. Em geral, o adiantamento será de 50%-80% do valor corrente de mercado do navio, dependendo da sua idade e da garantia disponibilizada. São definidos o objetivo do empréstimo e os termos relativamente aos quais o levantamento de crédito pode ser feito.

2. O *prazo do empréstimo (duração)*, ou o período durante o qual o empréstimo será reembolsado. Os bancos preferem emprestar por não mais que cinco a sete anos, uma vez que o banco financia os seus empréstimos pedindo emprestado em curto prazo, mas podem ser aprovados períodos longos para créditos grandes.

3. O *reembolso*, que determina como o empréstimo será reembolsado. Geralmente, isso é feito por prestações iguais, provavelmente a cada seis meses. Para os navios modernos,

Financiamento de navios e de companhias de navegação   **329**

pode ser utilizado um reembolso-balão para reduzir o reembolso anual do capital (por exemplo, reembolsar metade do capital no final) e, possivelmente, um período de graça no início.

4. A *taxa de juros*: os empréstimos são feitos com uma margem bancária [*spread*] sobre o custo de financiamento do banco, por exemplo, Libor para um empréstimo em dólares. As margens bancárias variam entre 0,2% (20 pontos-base) e 2% (200 pontos-base).

5. As *comissões* cobradas para pagar os custos bancários na tramitação e na administração do empréstimo. Por exemplo, uma comissão de tramitação de 1% cobrada quando o empréstimo é levantado e uma comissão de autorização para cobrir a despesa de vinculação à folha de balanço do banco, mesmo se o empréstimo não for levantado.

6. A *garantia*: o acordo do empréstimo necessita de ativos que sejam dados como garantia sobre os quais o banco tem acesso legal se o mutuário entrar em inadimplência. Em geral, isso é a hipoteca sobre o navio, mas pode ser procurada outra garantia.

7. As *obrigações financeiras*: o mutuário promete fazer certas coisas e não fazer outras. Obrigações positivas destinam-se a cumprir com a legislação, a manter a condição e a classe dos navios tomados como garantia e a manter o valor da garantia colateral relacionada ao empréstimo. As obrigações restritivas limitam as dívidas de terceiros, os dividendos monetários e a afetação de ativos a terceiros.

O termo de compromisso trata somente das questões-chave, e, uma vez que sejam acordadas, deve-se elaborar um contrato de empréstimo detalhado, o qual provavelmente dará origem a mais negociações sobre os termos precisos e a redação das obrigações. Finalmente, antes de o banco poder efetuar uma oferta firme, o funcionário do banco deve obter *a aprovação do crédito* por parte do departamento de crédito do banco. Para um cliente conhecido do banco, isso demorará somente alguns dias, mas, para empréstimos difíceis ou com elevados riscos a aprovação do crédito pode ser um processo moroso. Os oficiais de crédito ou a comissão de crédito analisam a capacidade de o mutuário servir o empréstimo em todas as circunstâncias previsíveis e a garantia existente no caso de inadimplência. As projeções do fluxo de caixa serão provavelmente utilizadas para rever as obrigações do serviço da dívida sob diferentes cenários de mercado. Simplifica a análise se o navio tem um afretamento por tempo, desde que o afretador seja solvente. Obtém-se do corretor marítimo a avaliação para estabelecer o valor de mercado do navio e são analisadas outras garantias e as obrigações. O oficial de crédito pode solicitar a revisão de alguns dos termos, e isso deverá ser acordado com o mutuário. Quando for obtida a aprovação do crédito e a oferta for aceita, é organizado um fechamento no qual se evidencia a garantia dada, os documentos são assinados e os fundos, transferidos. Depois o reembolso começa de acordo com o contrato do empréstimo.

ESTRUTURA DE UM EMPRÉSTIMO BANCÁRIO COMERCIAL

Na maioria dos negócios os empréstimos são feitos a uma companhia, mas os bancos do transporte marítimo utilizam o modelo apresentado na Figura 7.5. O navio a ser financiado é registrado como uma companhia de um só navio sob uma bandeira (ou seja, num país) com uma lei marítima bem estabelecida e exequível. O banco faz o empréstimo a essa companhia, ficando com a hipoteca do navio. O frete e os seguros são atribuídos ao banco com um "bloqueio aos dividendos" para garantir que os fundos permaneçam na companhia e o banco penhore as ações ao proprietário. Além de dar o controle ao banco no caso de inadimplência, isso isola o navio de outras reclamações que possam existir sobre a frota do proprietário. É conveniente para o proprietário do navio porque as principais bandeiras de conveniência são aceitas pela maioria dos bancos, portanto, o navio pode ser registrado num ambiente de baixo custo e livre de tributação (ver o Capítulo 16).

Visto que os empréstimos bancários desempenham um papel muito grande no financiamento da indústria marítima, vale a pena gastar um pouco mais de tempo para perceber a economia que dirige os empréstimos comerciais bancários. O modelo básico é apresentado na Figura 7.6. O capital que o banco empresta à indústria marítima deriva de duas fontes: do capital do banco e de obrigações emitidas pelo banco. Recorrendo ao capital próprio para o financiamento de parte da sua carteira de empréstimos, o banco garante que pode absorver dívidas más e atender às suas obrigações para com os obrigacionistas. Contudo, o capital próprio do banco cobre o montante dos empréstimos com os quais se pode comprometer em qualquer momento.

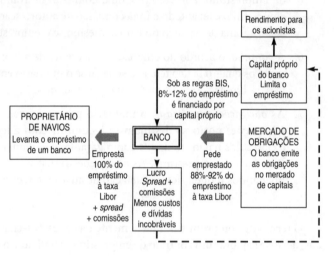

Figura 7.6 – Modelo de financiamento bancário para empréstimos relacionados com navios.

Fonte: Martin Stopford (2007).

Durante os últimos vinte anos, a atividade bancária internacional tem tentado estabelecer requisitos mínimos de capital próprio. Em 1988, o Banco de Pagamentos Internacionais [*Bank for International Settlements,* BIS], que se encontra sediado na Basileia (Suíça), estabeleceu uma linha de orientação de que 8% da carteira de empréstimos do banco deve ser financiada com capital próprio. Isso tornou-se conhecido como Basel I. Dezesseis anos mais tarde, o Basel II introduziu uma orientação mais sofisticada, que levou em conta o grau de risco da carteira de créditos do banco ao alcançar o seu capital próprio exigido. Sob o novo sistema, alguns empréstimos de alto risco poderiam precisar de uma cobertura de capital próprio de até 12%.

O banco realiza lucro sobre os empréstimos de duas maneiras. Em primeiro lugar, empresta o capital aos proprietários de navios com uma "margem bancária" [*spread*] que geralmente varia entre 20-200 pontos-base sobre o custo do seu financiamento, dependendo do cliente e do risco. Em segundo lugar, o banco cobra comissões para a tramitação e a administração da transação. Do lado do custo, o banco tem de pagar as suas despesas gerais e o custo de quaisquer empréstimos que tenham sido cancelados. O que fica depois desses encargos é o lucro sobre o capital. É claro que é uma equação rigorosamente equilibrada, com o banco manobrando as receitas potenciais dos juros e das comissões sobre os custos das despesas gerais e o risco de insolvência. O exemplo da Tabela 7.1 apresenta a economia de um empréstimo de US$ 100 milhões.

Financiamento de navios e de companhias de navegação

Tabela 7.1 – Cálculo de financiamento bancário para um empréstimo de US$ 100 milhões destinado a um navio

	US$ milhões				
	1	2	3	4	5
1 Empréstimo pendente, 31 dez.	100	80	60	40	20
2 Reembolso do capital, 31 dez.	20	20	20	20	20
O banco recebe a receita dos seguintes itens:					
3 Juros da margem bancária sobre a taxa Libor (1%)	1,0	0,8	0,6	0,4	0,2
4 Taxa Libor paga sobre os 8% do empréstimo cobertos pelo capital próprio (1)	0,5	0,4	0,3	0,2	0,1
5 Comissão de tramitação	1,0				
O banco incorre nos custos sobre:					
6 Despesas administrativas do banco	0,5	0,1	0,1	0,1	0,1
7 Ganhos líquidos, depois dos custos	2,0	1,1	0,8	0,5	0,2
Cálculo do retorno sobre o capital					
8 Capital do banco comprometido	8	6,4	4,8	3,2	1,6
9 Retorno sobre o capital próprio do banco (antes da provisão para insolvências)	24,8%	16,9%	16,4%	15,4%	12,3%
Cálculo do risco					
10 Provisão para dívidas incobráveis	0,5%	0,5%	0,5%	0,5%	0,5%
11 Retorno sobre o capital próprio (depois da provisão)	18,5%	10,7%	10,2%	9,1%	6,0%

Observação (1): Taxa Libor assumida em 6% por ano

Percentagem do capital próprio do banco reservado:	Retorno sobre o capital próprio do banco				
4%	37,0%	21,4%	20,3%	18,3%	12,0%
8%	18,5%	10,7%	10,2%	9,1%	6,0%
12%	12,3%	7,1%	6,8%	6,1%	4,0%

Provisão para insolvência:	Retorno sobre o capital próprio do banco				
0,1%	23,5%	15,7%	15,2%	14,1%	11,0%
0,3%	21,0%	13,2%	12,7%	11,6%	8,5%
0,5%	18,5%	10,7%	10,2%	9,1%	6,0%
0,7%	16,0%	8,2%	7,7%	6,6%	3,5%

Volume do empréstimo:	Retorno sobre o capital próprio do banco (antes da provisão)				
US$ 100 milhões	24,8%	16,9%	16,4%	15,4%	12,3%
US$ 50 milhões	18,5%	15,4%	14,3%	12,3%	6,0%
US$ 25 milhões	6,0%	12,3%	10,2%	6,0%	−6,5%

Fonte: Martin Stopford (2005).

O empréstimo de US$ 100 milhões é reembolsado em cinco prestações de US$ 20 milhões (linha 2) e o banco recebe um pagamento da margem bancária de 1% acima da taxa Libor (linha 3). Os pagamentos da taxa Libor (linha 3) são mostrados somente para a parte do capital próprio do empréstimo porque o restante é pago pelo banco para atender às suas obrigações.

No primeiro ano, é cobrada uma comissão de tramitação de 1% (linha 5). As despesas administrativas, apresentadas na linha 6, são de US$ 500 milhões no primeiro ano e depois US$ 100 mil por ano. Os ganhos líquidos do banco são apresentados na linha 7, a qual é a soma dos juros e das comissões menos as despesas administrativas.

Chegamos ao cálculo do retorno sobre o capital. Ao abrigo da Basel I, o banco deve cobrir 8% do empréstimo com capital próprio, que neste caso corresponde a US$ 8 milhões no primeiro ano. Com o pagamento do empréstimo, a alocação do capital próprio também diminui. A rentabilidade dos capitais próprios é calculada dividindo os ganhos (linha 7) pelos capitais próprios (linha 8), dando 24,8% no ano 1, e caindo para 12,3% no ano 5 (linha 9). A rentabilidade cai porque o empréstimo reduz em volume, mas os custos de administração não, o que é provavelmente um pressuposto realístico. Na prática, muitos empréstimos no transporte marítimo são pagos muito antes de terminar o seu prazo. Embora essa rentabilidade seja impressionante, não a introduzimos no risco do banco. Se existirem alguns empréstimos na carteira de transporte marítimo do banco que não tenham sido pagos, os ganhos são reduzidos. Para tratar disso, precisamos colocar de lado "uma provisão de dívidas incobráveis" que reflete a probabilidade de o empréstimo ser cancelado. Neste exemplo, a provisão é de 0,5%, como apresentado na linha 10. Após deduzir essa provisão no primeiro ano, a rentabilidade dos capitais próprios cai para 18%. Continua ainda a ser uma rentabilidade muito boa, mas no ano 5 cai para somente 6%.

No final da Tabela 7.1 apresentam-se três análises de sensibilidade à rentabilidade dos capitais próprios [return on equity, ROE]. A primeira ilustra o efeito da variação entre 4% e 12% da contribuição do capital próprio do banco. É claro que isso tem um efeito maciço sobre a rentabilidade, produzindo retornos que variam entre 37% e 12% no ano 1. A segunda parte da análise de sensibilidade mostra o efeito da alteração da provisão para as dívidas incobráveis. Reduzindo essa provisão para 0,1% (a possibilidade de uma em mil de ser cancelada), aumenta-se o retorno de 18,5% para 23,5%. Inversamente, aumentando a provisão para as dívidas incobráveis de 0,5% para 0,7%, reduz-se o retorno de 18,5% para 16%. Em terceiro, vemos a relação entre a rentabilidade dos capitais próprios e o volume do empréstimo. No primeiro ano, o empréstimo de US$ 100 milhões realizou quatro vezes mais a rentabilidade dos capitais próprios, como o empréstimo de US$ 25 milhões.

Essa análise destaca três características econômicas dos financiamentos comerciais de navios. Em primeiro lugar, mostra a importância das economias de escala na atividade bancária. O trabalho administrativo não varia significativamente com o volume do empréstimo, portanto, os empréstimos pequenos são muito menos econômicos do que os grandes empréstimos. As sindicalizações são comercialmente atraentes porque o banco que lidera recebe o trabalho administrativo, mas só retém uma proporção pequena do empréstimo na sua folha de balanço. Isso significa que a comissão da receita é elevada em relação ao volume do empréstimo contratado na realidade. Em segundo lugar, a rentabilidade do empréstimo diminui com o passar do tempo, porque a soma pendente se reduz em relação ao custo administrativo. Isso sugere que o banco tem interesse em reciclar os empréstimos o mais rápido possível. Também sugere que, do ponto de vista do banco, um pagamento-balão (por exemplo, um reembolso grande na sua totalidade) oferece um retorno melhor porque a soma pendente mantém-se elevada. Em terceiro lugar, ilustra o quão sensível é a rentabilidade do empréstimo para o gerenciamento do risco. Um banco de transporte marítimo que reduza o seu cancelamento anual a 0,1% da sua carteira pode realizar lucro, enquanto um banco com taxas de cancelamento maiores perde capital constantemente (estes são exemplos hipotéticos). No mínimo, isso realça a importância de gerenciar a carteira de uma forma que garanta que, mesmo que exista inadimplência, haverá poucos cancelamentos.

EMPRÉSTIMOS BANCÁRIOS DESTINADOS ÀS COMPANHIAS

Para as grandes companhias de navegação, os pedidos de empréstimo sobre os navios isolados são inconvenientes, porque qualquer alteração à frota envolve uma operação de empréstimo morosa. Por essa razão, as grandes companhias com estruturas financeiras bem estabelecidas, com frequência, preferem pedir emprestado como companhia, utilizando a sua folha de balanço empresarial como garantia. A grande maioria das companhias de linhas regulares e algumas companhias de navegação a granel são capazes de aceder a esse tipo de financiamento. São exemplos Mitsui OSK, OSG, General Maritime, A.P. Møller e Teekay.

Um exemplo de um empréstimo empresarial é apresentado pela linha de crédito de US$ 300 milhões levantada pela General Maritime em junho de 2001. Essa linha de crédito era composta de duas partes, um empréstimo de US$ 200 milhões a prazo por um período de cinco anos e um "crédito renovável" de US$ 98,8 milhões que permitia ao mutuário levantar até o limite em qualquer altura. O contrato a prazo era para ser reembolsado em prestações trimestrais iguais durante os cinco anos, enquanto o capital levantado para o "crédito renovável" era para ser reembolsado na data de vencimento. O juro foi pago trimestralmente a 1,5% acima da taxa Libor, com uma comissão de 0,625% paga sobre a parte não usada do crédito renovável. Nesse caso, o empréstimo foi de fato garantido por dezenove navios-tanques, com uma caução sobre a titularidade nas companhias subsidiárias detentoras dos navios-tanques e as garantias das subsidiárias às quais os navios pertencem. Em dezembro de 2002, o valor de mercado dos navios-tanques foi de US$ 464,3 milhões, 50% acima dos empréstimos concedidos.[24]

A vantagem desse tipo de acordo é que ele oferece à companhia uma fonte de capital flexível. O empréstimo a prazo tinha de ser reembolsado na totalidade relativamente rápido, criando um fluxo de caixa substancialmente negativo, mas o crédito renovável constituía um crédito a descoberto que oferecia flexibilidade ao negócio, quer para permitir as compras não planejadas, quer para cobrir as flutuações de fluxo de caixa. De fato, em dezembro de 2002, havia US$ 129,4 milhões pendentes no empréstimo a prazo e US$ 54,1 milhões no crédito renovável. Geralmente, os grandes empréstimos são sindicalizados entre vários bancos e têm obrigações que garantem que a companhia mantenha um balanço sólido. Geralmente, essas garantias cobrem a taxa de alavancagem, a razão entre os ganhos e a taxa de juros, e a cobertura do ativo.

SINDICALIZAÇÕES DE EMPRÉSTIMOS E VENDA DE ATIVOS

Os credores gostam de diversificar o seu risco e em geral parecem reticentes em manter na sua contabilidade mais do que, por exemplo, determinada transação no valor de US$ 25-50 milhões. Para grandes empréstimos, a prática usual é diversificar o risco dividindo o empréstimo entre uma sindicalização de vários bancos. A distribuição de ativos, como isso é conhecido, é depois utilizada para dividir os grandes empréstimos em pequenos pacotes que podem ser distribuídos entre muitos bancos. Para além da diversificação do risco, permite que bancos sem conhecimento para avaliar os empréstimos no transporte marítimo participarem do negócio sob a orientação de um banco líder.

A sindicalização de um grande empréstimo de transporte marítimo, por exemplo, de US$ 300 milhões, é uma tarefa complexa. Além do processo de avaliação de crédito normal, o banco que lidera deve gerenciar a relação com o mutuário enquanto organiza um consórcio bancário para providenciar o empréstimo. A forma mais simples para explicar o processo é analisar um exemplo de uma programação típica de uma sindicalização, concentrando-se em áreas-chave. Os principais itens são os seguintes:

1. *Obtenção de um mandato.* Primeiro, o banco líder encontra-se com o cliente para discutir as suas necessidades financeiras. Por exemplo, pode ser necessário um empréstimo de US$ 500 milhões para financiar um programa de novas construções. O departamento de sindicalizações do banco será consultado acerca dos termos em relação aos quais o empréstimo poderia ser sindicalizado a outros bancos, e serão feitas consultas não oficiais para descobrir o quanto será difícil colocar o empréstimo e quais características específicas serão necessárias em termos de preço etc. Se os banqueiros tiverem a certeza que o empréstimo poderá ser colocado, eles se oferecerão para o subscrever. De outra forma, a oferta será feita numa base de "melhor esforço". Quando o cliente estiver satisfeito como os termos e as condições, emitirá uma carta-mandato.

2. *Preparação da sindicalização.* A seguir, prepara-se a documentação, e o pacote completo é acordado com o cliente. Novamente, este é um exercício complexo que envolve o departamento de sindicalizações, o departamento de transporte marítimo e os oficiais de controle do crédito bancário. Também requer competências para elaborar a documentação e preparar um memorando de informação destinado a responder às questões que provavelmente serão levantadas pelos bancos envolvidos.

3. *Sindicalização do empréstimo.* Quando as preparações estiverem terminadas, os termos serão circulados entre os bancos que o departamento de sindicalizações acredita estarem interessados em participar. Para um negócio especializado, como a indústria marítima, a lista pode ter de vinte a trinta bancos, aos quais será solicitado que respondam em determinado prazo, indicando o seu interesse. Entretanto, o banco líder visitará os bancos interessados para discutir a proposta, e os bancos participantes efetuarão as suas próprias consultas, visto que terão de processar o empréstimo por meio dos seus próprios sistemas de controle de crédito. Os bancos que quiserem participar indicarão a soma que estão dispostos a assumir e, após obter os compromissos necessários, organiza-se um fechamento, no qual todos os bancos e o proprietário assinarão os documentos necessários.

4. *Administração, comissões etc.* A documentação do empréstimo determina os procedimentos para sua administração. Como regra, o banco líder atua como agente e cobra uma comissão. Para sindicalizações grandes poderá ser estabelecido um grupo de gerenciamento. A sua função é tratar dos problemas correntes sem a necessidade de abordar todos os participantes. O preço do empréstimo e a divisão das comissões etc. entre o banco líder e os participantes constituirão um elemento-chave da documentação da oferta.

O tempo gasto organizando uma sindicalização depende da sua complexidade. Alguns empréstimos podem ser colocados muito rapidamente porque são imediatamente aceitos pelo mercado. Outros necessitarão de mais meses para preparar a subscrição completa. Obviamente, um problema a ser enfrentado é que o proprietário de navios talvez não esteja em posição de esperar muitos meses.

Por vezes, os empréstimos de transporte marítimo amplamente sindicalizados podem ser de difícil gerenciamento. Se o mutuário encontrar dificuldades, o banco líder e o grupo de gerencia-

Financiamento de navios e de companhias de navegação **335**

mento podem ter dificuldade em controlar um grupo diverso de bancos participantes, alguns dos quais nada sabem acerca do mercado marítimo nem dos seus ciclos. Isso faz com que os mutuários se encontrem desconfortáveis, e frequentemente se argumenta que é melhor a sindicalização ficar restrita a investimentos em grupo [*club deals*] entre bancos que se juntam para oferecer um financiamento conjunto. Por exemplo, cinco bancos podem se juntar para financiar um programa de novas construções no valor de US$ 150 milhões, cada um assumindo US$ 30 milhões.

VENDA DE ATIVOS (ACORDO DE PARTICIPAÇÃO)

Outra forma de distribuição geralmente usada pelos bancos é a venda de ativos. O banco reserva o empréstimo da forma normal, colocando-o no seu balanço. Por exemplo, pode emprestar US$ 50 milhões a um proprietário de navios para comprar um navio-tanque de US$ 80 milhões. Se, numa data posterior, o banco decide reduzir a sua exposição ao risco do transporte marítimo, ou àquele cliente em particular, ele vende o empréstimo a outro banco que tem espaço na sua folha de balanço para acomodar o risco de transporte marítimo. Os grandes bancos têm um departamento de venda de ativos que trata da venda dos empréstimos. O oficial do departamento de venda de ativos do banco aborda os bancos que sabe estarem interessados em aceitar empréstimos do transporte marítimo. Quando se encontra um comprador, os dois bancos assinam um acordo de participação conjunta, transferindo a proporção especificada do empréstimo, por exemplo, US$ 5 milhões, para o comprador, nos termos acordados do reembolso de capital e dos juros. Naturalmente, o banco que reservou o empréstimo desejará vendê-lo em condições favoráveis, ficando ele próprio com uma margem. O banco original continuará a gerenciar o empréstimo de forma normal. Em alguns casos, o proprietário do navio pode não estar ciente de que o seu empréstimo pertence agora a outro banco.

FINANCIAMENTO DE NAVIOS NOVOS

Abordamos agora o financiamento por empréstimos para as novas construções. Embora os princípios de financiamento de um navio novo sejam geralmente os mesmos que os dos navios de segunda mão, existem dois problemas adicionais que precisam de ser ultrapassados. Primeiro, o custo de capital de um navio novo é demasiado elevado em relação aos seus ganhos prováveis no mercado aberto para que seja financiado pelo fluxo de caixa, especialmente se o empréstimo é amortizado durante períodos curtos de cinco a sete anos, preferidos pelos bancos comerciais. A não ser que exista um afretamento por tempo, será difícil obter uma garantia, especialmente caso se utilize a estrutura de uma companhia de um só navio. Segundo, é necessário o financiamento antes de o navio ser construído, portanto, existe um período antes da entrega em que uma parte do empréstimo é levantada, mas o casco não está disponível para ser utilizado como garantia colateral.

O *financiamento pré-entrega* é organizado de forma separada. Em geral, os estaleiros navais precisam que os seus clientes efetuem pagamentos escalonados para que o estaleiro de construção naval pague o material e a mão de obra necessários à construção do navio. Isso envolve um adiantamento ao construtor para a compra dos materiais no momento da assinatura do contrato, com o saldo a ser pago em prestações praticamente iguais no assentamento da quilha, na entrega da máquina, no lançamento à água e na entrega (ver o Capítulo 14 para uma discussão sobre essa prática).

O padrão dos pagamentos escalonados é negociável. Caso tenha obtido um crédito pré-entrega, o comprador efetua o primeiro pagamento a partir dos seus fundos e o banco efetua os pagamentos escalonados restantes. O risco para o credor é que os pagamentos escalonados são feitos, mas o navio não está completo, quer porque o estaleiro entrou em falência com um navio parcialmente terminado no estaleiro, com problemas técnicos, quer porque alguma forma de distúrbios civis ou políticos impede a finalização ou a entrega. Sem um navio para ser usado como garantia colateral, é necessária uma garantia adicional, e isso é geralmente coberto por uma "garantia de reembolso" emitida pelo estaleiro de construção naval. Contudo, pode-se levantar problemas ao lidar com os estaleiros onde existe o risco de falência ou que estão localizados em áreas políticas instáveis. É aqui que a garantia governamental é particularmente valiosa, ou o comprador talvez possa arranjar um seguro de risco político.

O *financiamento pós-entrega* é geralmente levantado no momento da entrega do navio. Pode ser obtido por três fontes: um regime de crédito do estaleiro, um crédito de um banco comercial ou uma locação. O crédito bancário e a locação são discutidos noutro sítio, portanto, aqui nos concentraremos nos regimes de crédito dos estaleiros navais. Existe uma longa história de governos que têm oferecido crédito para ajudar os seus estaleiros navais a obter encomendas, embora a existência dessas linhas de crédito mude constantemente. Um governo pode tornar o seu crédito à construção naval mais atrativo ao proprietário do navio do que o crédito de um banco comercial destas três maneiras:

1. *Garantia governamental.* Por meio da obtenção de uma garantia governamental, o proprietário do navio pode pedir emprestado a um banco comercial. O valor dessa garantia para o mutuário depende das condições de crédito que a agência governamental aplica na emissão da garantia. Por vezes, as condições são as mesmas que as aplicadas pelos bancos comerciais, portanto, a garantia tem pouco valor. Se, contudo, o governo quer ajudar o estaleiro naval a ganhar a encomenda, pode garantir os termos que o proprietário não conseguiria de um banco comercial. Ao fazer isso, o governo assume o risco do crédito, o que na prática é um subsídio.

2. *Bonificação das taxas de juros.* Algumas agências governamentais oferecem juros bonificados. Por exemplo, um empréstimo é levantado de um banco comercial, o qual recebe uma taxa de juros compensatória para cobrir a diferença entre a taxa de juros acordada sobre o empréstimo e a taxa de mercado corrente. Num ambiente de taxa de juros baixas, isso é menos útil.

3. *Moratória.* Em circunstâncias difíceis, o governo pode acordar com um ou dois anos de moratória sobre os juros ou sobre os reembolsos de capital.

Alguns governos têm um banco – por exemplo, o Banco de Crédito à Exportação do Japão [*Export Credit Bank of Japan*], e o banco Kexim da Coreia do Sul – que efetua as análises de crédito e concede ele próprio o empréstimo. Outros governos utilizam uma agência que efetua a análise de crédito, mas o empréstimo é dado pelos bancos comerciais locais. Por exemplo, o Departamento de Garantias de Créditos às Exportações [*Export Credit Guarantee Department*] do Reino Unido atua dessa forma, seguindo o modelo ilustrado na Figura 7.7.

Os regimes de crédito governamentais datam da década de 1930, mas o regime de crédito à construção naval moderno desenvolveu-se na década de 1960, quando os estaleiros navais japoneses deram o primeiro passo com o lançamento de um regime de crédito à exportação oferecendo aos seus clientes 80% durante oito anos a uma taxa de juros de 5,5%. Seguiu-se uma concorrência feroz do crédito entre os estaleiros navais japoneses e europeus que conduziu, em 1969, ao Convênio sobre os Créditos à Exportação de Navios [*Understanding on Export Credit for Ships*], da OCDE (ver Capítulo 13), que informalmente regulamentou a concorrência entre países em relação às condições de crédito dos estaleiros navais; isso ainda está em vigor, e a sua última atualização ocorreu em 2002.

O Convênio da OCDE define um "navio" como qualquer embarcação de 100 ou mais tab utilizada para o transporte de mercadorias ou pessoas, ou para o desempenho de um serviço especializado (por exemplo, pesca, quebra-gelo, draga). Durante um tempo, as condições estiveram limitadas a 80% durante oito anos e a uma taxa de juros de 8,5%, mas em 2002 o crédito de exportação à construção naval foi alinhado com os outros bens de capital, e o novo acordo aprovou 80% durante doze anos, à taxa de juros comercial de referência [*Commercial Interest Reference Rate*, CIRR] mais uma margem bancária. A CIRR baseia-se na taxa nacional das obrigações do mês anterior para o prazo apropriado. A maioria dos estaleiros navais europeus oferece as condições da OCDE, embora com algumas variações locais para os clientes nacionais. O Japão oferece financiamento das exportações em ienes pelo banco Exim sob as condições da OCDE.

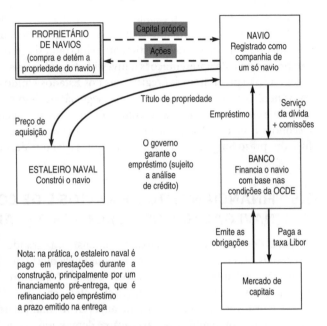

Figura 7.7 – Modelo de financiamento de novas construções.
Fonte: Martin Stopford, 2007.

ESTRUTURA DE FINANCIAMENTOS MEZANINOS

Financiamento mezanino é um termo vago que em geral se refere a dívida de elevada rentabilidade, precificada vários pontos percentuais acima da taxa Libor, com alguma forma de "derivativos de ações que fazem parte do instrumento de débito" [*equity kickers*] anexados – por exemplo, um bônus de subscrição. Uma tal estrutura envolveu uma dívida privilegiada de US$ 40 milhões, complementada por um financiamento mezanino de US$ 26 milhões na forma de *ações preferenciais* com participação cumulativa. Essas ações preferenciais resgatáveis após cinco anos pagaram um dividendo básico de 10% ao ano mais um fluxo de caixa adicional de 20% depois do reembolso do capital e dos juros. Também incluíam *warrants* destacáveis a cinco anos para 25% do custo inicial da companhia. Apesar da aparente generosidade dessa oferta, ela nunca foi colocada e a companhia recorreu a um financiamento mais convencional. O financiamento mezanino não tem sido amplamente utilizado no transporte marítimo e não é fácil de ser empregado.

COLOCAÇÃO PRIVADA DE DÍVIDA E DE CAPITAL PRÓPRIO

Finalmente, em vez de pedir emprestado a um banco, pode ser possível arranjar uma colocação privada de dívida ou capital próprio diretamente com instituições financeiras, como os fundos de pensão, as companhias de seguro ou as sociedades de locação [*leasing companies*]. Será mantido um banco de investimento para tratar da colocação, que envolve a preparação de um prospecto e de apresentações a investidores potenciais. As colocações privadas têm a vantagem de não precisarem ser registradas nos Estados Unidos e eliminam alguns processos morosos necessários à colocação de títulos negociáveis. Isso permite que as companhias estabelecidas que estejam familiarizadas com as instituições financeiras possam angariar fundos rápida e economicamente. A colocação privada de dívida oferece vantagens como uma taxa de juros fixa, um prazo longo e uma obrigação empresarial que deixa ativos individuais desonerados.

7.6 FINANCIAMENTO DE NAVIOS E DE COMPANHIAS DE NAVEGAÇÃO NOS MERCADOS DE CAPITAIS

Na maioria das indústrias de capital intensivo, as grandes companhias utilizam os mercados de capitais para levantar financiamento quer pela oferta pública de ações, quer pela emissão de obrigações. A vantagem do mercado de capitais é que, uma vez que a companhia é conhecida e aceita pelas instituições financeiras, elas oferecem financiamento por atacado e uma forma rápida e relativamente econômica de angariar montantes de capital muito grandes. Contudo, a maioria das companhias de navegação é demasiado pequena para necessitar de um financiamento nessa escala e pode acabar por despender tempo e dinheiro consideráveis angariando montantes que poderiam ser obtidos facilmente com um banco comercial. Em resumo, os mercados de capitais não são uma fonte de financiamento a ser apenas experimentada. Eles são um estilo de vida que deve ser abraçado, mas nem sempre é fácil, dadas as características voláteis do negócio do transporte marítimo.

OFERTA PÚBLICA DE CAPITAL PRÓPRIO

As companhias de navegação podem angariar capital próprio por meio de uma oferta pública de ações a serem negociadas em uma ou mais bolsas de valores espalhadas pelo mundo. Nova York, Oslo, Hong Kong, Singapura e Estocolmo são utilizadas para as ofertas públicas de ações de transporte marítimo. Durante a década de 1990, a indústria marítima realizou um progresso efetivo no desenvolvimento dessa fonte de capital, embora desempenhe um papel pequeno no financiamento de navios. Em 2007, existiam 181 companhias públicas de transporte marítimo com uma capitalização de mercado (o número de ações emitidas multiplicado pelo valor de mercado por ação) de US$ 315 bilhões, como apresentado na Tabela 7.2. Duas companhias, a Maersk e a Carnival Corporation, representavam US$ 90 bilhões ou 29% do total da capitalização de mercado. Fora essas duas, o maior setor é representado pelas companhias "multissetor". Este inclui os grandes conglomerados asiáticos, como a Mitsui OSK (US$ 16,2 bilhões), a NYK (US$ 11,2 bilhões), a Cosco (US$ 10,5 bilhões) e a China Shipping (US$ 10 bilhões). As companhias de navegação a granel incluem a Teekay (US$ 4,2 bilhões) e a Frontline (US$ 3,4 bilhões). As companhias de linhas regulares incluem a OOIL (US$ 6,1 bilhões) e a NOL (US$ 6 bilhões). As vinte maiores companhias representam dois terços do mercado mundial de capitalização das companhias de navegação. Isso representa uma massa crítica significativa, e as companhias públicas como um todo têm 472 milhões tpb de navios,

Financiamento de navios e de companhias de navegação   **339**

totalizando cerca de 47% da frota mundial, portanto, uma parte importante do negócio do transporte marítimo.

Se uma companhia privada quiser levantar capital nos mercados públicos, deve efetuar um IPO. É elaborado um prospecto que descreve a companhia, os seus mercados e o seu desempenho financeiro, e são oferecidos ações a serem cotadas numa bolsa de valores na qual serão negociadas (isso é importante porque permite aos investidores obterem o seu dinheiro quando o desejarem). Por exemplo, em 1993, a Bona Shipholding Ltd. emitiu um prospecto oferecendo 11 milhões de ações ao preço indicativo de US$ 9 por ação, para serem cotadas na Bolsa de Valores de Oslo a partir de 17 de dezembro de 1993. Uma vez efetuada a emissão e iniciada a negociação, as ações são negociadas no mercado secundário, onde o preço é determinado pela lei da oferta e da demanda. Por volta de 1996 as ações da Bona Shipholding Ltd. eram negociadas a US$ 11,79, portanto,os investidores realizaram um lucro de US$ 2,79 por ação. A cotação das ações permite aos investidores comprar e vender ações em qualquer momento, desde que exista liquidez (ou seja, compradores e vendedores). Para que isso funcione, a oferta deve ser suficientemente grande para permitir um volume de negócio razoável. Por fim, a companhia foi comprada pela Teekay.

Tabela 7.2 – As vinte principais companhias de transporte marítimo públicas de 2007

Nome abreviado	Setor	Frota		Mercado em %	
		Navios	tpb (m)	Capital US$ Milhão	Participação
Maersk	Contêineres	841	38,0	50.125	16%
Carnival	Cruzeiros	102	0,7	40.821	13%
Mitsui OSK	Diversificado	620	44,8	16.254	5%
NYK	Diversificado	583	43,9	11.279	4%
China Cosco Holdings	Contêineres	152	6,5	10.502	3%
China Shipping Dev.	Navios-tanques	95	4,6	10.055	3%
Royal Caribbean	Cruzeiros	44	0,3	9.132	3%
K-Line	Diversificado	390	31,3	8.204	3%
MISC	Diversificado	167	13,1	7.572	2%
OOIL	Contêineres	95	5,0	6.115	2%
Hyundai MM	Contêineres	109	10,4	5.965	2%
NOL	Contêineres	117	5,5	5.802	2%
Cosco Singapore	Granel sólido	11	0,6	5.471	2%
Teekay	Navios-tanques	149	15,0	4.142	1%
Tidewater	*Offshore*	493	0,6	4.074	1%
CSCL	Contêineres	120	4,9	4.006	1%
Bourbon	*Offshore*	239	0,7	3.489	1%
Frontline	Navios-tanques	101	20,3	3.410	1%
Hanjin Shipping	Contêineres	149	11,1	3.180	1%
Star Cruises	Cruzeiros	26	0,1	2.746	1%
Outras		4839	214,7	103.128	33%
Total		9442	472,1	315.474	100%

Fonte: Clarkson Research Services.

A companhia que deseje emitir uma oferta pública de ações vai primeiramente nomear um banco de investimento para fazer tal serviço, preparar o prospecto, submetê-lo às autoridades da bolsa de valores que regulam a oferta na sua bolsa e organizar para que seja colocada junto de instituições financeiras que compram as ações a um preço acordado. A principal responsabilidade é a precificação das ações. O ponto de partida é a avaliação da participação patrimonial a ser vendida, o que é feito levando em conta o valor de mercado dos navios, adicionando capital e outros ativos e deduzindo a dívida bancária e outro passivo para calcular o valor da companhia. Por exemplo, na Figura 7.8 a companhia tem US$ 1 bilhão em ativos (US$ 700 milhões em navios e US$ 300 milhões em capital) e US$ 500 milhões de dívida, portanto, deveria valer US$ 500 milhões. Se forem emitidas 50 milhões de ações, cada uma delas deveria valer US$ 10, mas será que os investidores pagarão mais ou menos esse valor por ação? O emissor poderá sentir que a companhia, com o seu histórico dinâmico, vale mais e pedirá US$ 11 por ação, mas os investidores podem estar preocupados com a volatilidade do mercado marítimo e dispostos a oferecer somente US$ 9 por ação.

Figura 7.8 – Avaliação do capital próprio numa companhia de navegação.
Fonte: Martin Stopford (2007).

A precificação de um IPO é tanto uma arte como uma ciência, mas geralmente serão tomados em consideração três fatores na precificação de uma oferta de transporte marítimo: o valor patrimonial líquido [*net asset value*, NAV] da companhia ajustado ao mercado; o valor da companhia baseado no seu Ebitda, quando comparado a companhias semelhantes listadas; e, no caso das ofertas destinadas a fundos de rendas e a investidoras varejistas, as rentabilidades de companhias públicas comparáveis. Isso determina o valor total da ação, mas, à exceção de uma nova emissão num mercado muito quente, a precificação de um IPO terá de ser efetuada com um desconto no valor integral para garantir que a oferta será subscrita na totalidade.

Nos Estados Unidos, emite-se com frequência um prospecto preliminar, conhecido como *red herring* (porque as parcelas preliminares são impressas a tinta vermelha), contendo todos os detalhes, exceto o preço das ações. A informação de retorno permite que o preço seja afinado e pode ser emitido um prospecto completo. Após a circulação do prospecto, a companhia de navegação entra geralmente numa "divulgação itinerante" para apresentar a companhia aos investidores institucionais. Essas divulgações muitas vezes são bastante exigentes, envolvendo um calendário cansativo de reuniões sucessivas com investidores durante uma ou duas semanas. Uma cotação bem-sucedida depende da capacidade de convencer as instituições de que o investimento é sólido, o que por sua vez depende do contexto geral de investimento na indústria marítima e se a companhia parece ser bem gerenciada e tem um "histórico" bom. Visto que, frequentemente, os investidores sabem pouco acerca do transporte marítimo, isso tem de ser explicado, assim como a estratégia empresarial. Uma estrutura empresarial clara, uma estrutura bem definida, um registro de gerenciamento crível e muita informação podem, no seu conjunto, contribuir para um resultado bem-sucedido. Devem ser dadas respostas às questões técnicas acerca do valor da frota e aos níveis de Ebitda, bem como a perguntas mais difíceis,

Financiamento de navios e de companhias de navegação

como: "e se as coisas correrem mal, ainda se poderia realizar os planos?". Todo o processo, incluindo a divulgação itinerante, demora cerca de dez a quinze semanas, e em Nova York custa cerca de 9% dos fundos angariados, embora em Londres os custos sejam próximos de 7%. Se investidores em número suficiente estão interessados em comprar ações ao preço de oferta, ela é um sucesso. Se não, pode ser retirada. Como mostra o exemplo apresentado no Destaque 7.3, as coisas nem sempre correm tranquilamente. O objetivo da oferta era levantar capital para comprar uma frota de navios-tanques de casco duplo. Visto que as ações acabaram por ser colocadas a US$ 11, bem abaixo dos US$ 13-15 por ação, a companhia teve de pedir emprestado um adicional de US$ 25 milhões aos seus banqueiros.

O levantamento de capital pelo mercado de valores tem uma história mista; especialmente no transporte marítimo a granel, e o acesso aos mercados de capitais públicos não é fácil. As grandes companhias de navegação públicas listadas na Tabela 7.2 são sobretudo companhias diversificadas, e somente três companhias apresentam um propósito único. A dimensão pequena de muitas companhias de navegação, que as exclui desse tipo de financiamento, e a volatilidade dos ganhos e dos valores dos ativos são dois problemas particulares. A volatilidade é um problema porque, embora os proprietários de transporte marítimo possam sobreviver a ela, Stokes pensa que "a natureza essencialmente oportunista do negócio de transporte marítimo dos navios de linhas não regulares parece de alguma maneira incongruente no contexto do mercado de valores, onde as companhias com uma classificação de risco de crédito elevada são aquelas capazes de alcançar um crescimento de lucro consistente ano após ano".[25] As estruturas empresariais exigidas pelos mercados de capitais podem atrasar a tomada de decisão. Existem também alguns aspectos culturais a considerar. Se o proprietário de navios tem a habilidade de enriquecer muito, por que razão partilharia o seu sucesso com os investidores de capital, quando existe um financiamento econômico e flexível nos bancos comerciais?

Destaque 7.3 – Estudo de caso de uma IPO

Começo difícil para o lançamento de ações da TOP no mercado

Por Tony Gray

O lançamento de ações da Top Tankers no mercado Nasdaq foi bem-sucedida – mas teve um custo. A companhia da família Pistiolis vendeu as 13,33 m de ações oferecidas a US$ 11 por cada ação, substancialmente inferior ao seu objetivo, que variava entre US$ 13 e US$ 15. Após a negociação ter começado na sexta-feira à tarde [23 de julho], as ações fecharam 40 centavos abaixo, a US$ 10,60, um decréscimo de 3,64%. O encaixe bruto da oferta pública inicial (IPO) foi de US$ 146,3 milhões. Contudo, somente US$ 134,8 milhões do montante vai para o banco da companhia, pois um acionista vendeu 1,07 m ações. O total podia ter sido aumentado em quase US$ 22 milhões por meio de uma opção de compra adicional de um subscritor. Os subscritores têm uma opção de trinta dias para comprar até 1,54 m e 454.545 ações adicionais. Com base no preço do IPO, a TOP Tankers e o seu credor acordaram uma linha de crédito garantida de US$ 222 milhões – isto é, US$ 25 milhões a mais do que os US$ 197 milhões iniciais indicados no prospecto. Agora a TOP pretende adquirir dez navios-tanques de casco duplo por US$ 251,2 milhões. Os dez navios-tanques pretendidos incluem oito navios Handymax e dois navios-tanques Suezmax construídos entre 1991 e 1992 pela Hyundai Heavy Industries, na Coreia do Sul, e pela Halla Engineering & Heavy Industries, respectivamente. Esta compra aumentará a dimensão da frota da TOP para dezessete navios-tanques com mais de 1,1 milhão de tpb, com 92% de cascos duplos quando comparada com a média global de 61%.

Fonte: *Lloyd's List*, 26 jul. 2004.

Apesar dessas reservas, o transporte marítimo é um negócio-chave na economia mundial e as instituições financeiras têm lugar nas suas carteiras de investimento para o capital de companhias de transporte bem gerenciadas. Dessa perspectiva, não existe dúvida de que os mercados de capitais têm um papel a desempenhar no financiamento do transporte marítimo de linhas regulares, de granel e especializado.

LEVANTAMENTO DE FINANCIAMENTO PELA EMISSÃO DE OBRIGAÇÕES

Outra forma de acessar os mercados de capitais é pela emissão de obrigações. Uma obrigação é um título de dívida (conhecida como um "bilhete") resgatado numa data específica, por exemplo, em dez anos, e sobre o qual o emissor paga juros. A Figura 7.9 apresenta a estrutura básica. A companhia de navegação (o "emissor") vende as obrigações a instituições financeiras (os obrigacionistas) e paga-lhes um juro (conhecido como cupom). No final do período o capital é reembolsado ao obrigacionista. As obrigações emitidas podem ser da categoria de investimento, da categoria de subinvestimento ou da categoria de obrigações convertíveis (ou seja, obrigações que podem ser trocadas por ações ordinárias). Cada uma tem um preço diferente e coloca exigências e obrigações diferentes ao emissor.

Nos Estados Unidos, a emissão de obrigações geralmente obtém uma classificação de risco de crédito a qual determina os juros a pagar – as obrigações da categoria de investimento podem ser colocadas a taxas mais baixas do que as obrigações de "rentabilidade elevada". A obrigação também incluirá uma "escritura", que é de fideicomisso, destinada a proteger os obrigacionistas. Geralmente trata da penhora de propriedades, necessidades de capital circulante e direitos de resgate. É nomeado um administrador para representar os interesses dos obrigacionistas e fazer que se cumpra a escritura.

A emissão de uma obrigação é um tanto parecida com um IPO. Um banco de investimento trata da colocação elaborando um documento de oferta que aborda as seguintes questões:

- visão da companhia e da sua estratégia;
- os termos do bilhete;
- os setores de risco relacionados com a companhia e com a indústria;
- a descrição do negócio da companhia, as suas operações e os seus ativos;
- panorama do mercado em que a companhia opera e do seu enquadramento regulamentar;
- biografias dos diretores e dos presidentes;
- a escritura e os testes financeiros;
- um resumo dos dados financeiros.

Logo que o memorando de oferta esteja pronto, os bancos de investimento e os diretores superiores da companhia vão para as ruas para efetuar as apresentações aos investidores institucionais. Como uma divulgação itinerante de um IPO, isso frequentemente envolve a visita a várias cidades num dia e é tão moroso como exigente. Contudo, um emissor bem estabelecido que é conhecido dos investidores pode não precisar fazer a divulgação itinerante. Será suficiente uma chamada em conferência. Dependendo da recepção, o preço e os ônus são finalizados e, se tudo correr bem, a obrigação é finalmente colocada.

Quando comparadas com dívidas bancárias, as obrigações têm várias vantagens para as companhias estabelecidas. Em primeiro lugar, elas oferecem um financiamento em longo prazo: geralmente dez anos, e potencialmente quinze anos. Contudo, no transporte marítimo isso não é necessariamente uma vantagem, pois as companhias de navegação gostam de flexibilidade, e poucos são os empréstimos bancários que se mantêm até o fim do prazo. Mais importante, o capital não é reembolsado até que a obrigação vença. Isso faz

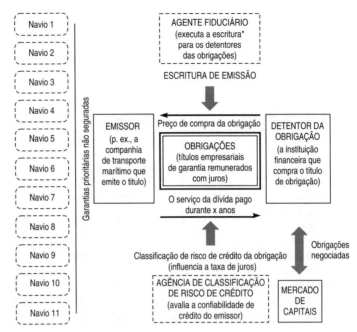

Figura 7.9 – Estrutura básica numa emissão de obrigações no transporte marítimo.
Fonte: Martin Stopford (2007).

*A escritura é o equivalente ao contrato de empréstimo, incluindo "testes de constituição" e "cláusulas de manutenção".

uma diferença no fluxo de caixa da companhia, especialmente durante os períodos de taxas de frete baixas, como apresentado na Figura 7.14, que compara o serviço de dívida de uma obrigação com os reembolsos de um empréstimo bancário e, para efeitos de comparação, também apresenta um ciclo típico da taxa de frete (claro que a obrigação só terá uma classificação de risco de crédito se a companhia puder demonstrar a sua capacidade em servir o fluxo de caixa nessas condições extremas). No exemplo do financiamento de obrigações apresentado no caso D da Figura 6.14, a companhia compromete-se a reembolsar o capital total no ano 15, e isso geralmente seria feito por meio de um refinanciamento, desde que a companhia se encontre em boas condições financeiras. Idealmente, as obrigações são transferidas para o futuro, e cada nova emissão deve ser mais econômica se a companhia estiver realizando um bom trabalho. Finalmente, uma vez que a companhia esteja estabelecida, os mercados de obrigações oferecem um acesso muito rápido a financiamentos – as companhias de navegação têm levantado somas superiores a US$ 200 milhões em 24 horas.

No caso da indústria marítima, as obrigações podem ser utilizadas de duas formas. A primeira é fornecer às companhias privadas dignas de crédito com acesso ao financiamento do mercado de capitais que não desejam seguir o caminho do capital público. Durante a década de 1990, cerca de cinquenta companhias seguiram esse caminho, levantando somas entre US$ 65-200 milhões, e a Tabela 7.3 lista uma seleção das obrigações emitidas. Os resultados foram diversos, e uma retrospectiva sugere que muitas tiveram uma alavancagem excessiva, talvez porque olhavam para as obrigações como quase capital. As taxas de juros eram muito elevadas, em média por volta dos 10% ao ano, e nos mercados marítimos difíceis do final da década de 1990 nem sempre a dívida podia ser servida. A segunda utilização das obrigações é feita por companhias de navegação públicas estabelecidas e com uma capitalização de mercado significativa que, como mencionado anteriormente, podem utilizar a sua condição de crédito e a sua relação com as instituições financeiras para levantar grandes montantes de capital rápida e facilmente. Para elas, as obrigações oferecem um financiamento ágil e flexível.

Tabela 7.3 – Emissão de obrigações com elevada rentabilidade no transporte marítimo

	% juros	Montante US$ milhões	Ano	Maturidade	Setor
Alpha Shipping	9%	175	1998	2008	Setores múltiplos (5)
Amer Reefer Co. Ltd. (AMI RLF)	10%	100	1998	2008	Frigoríficos
American Commercial Lines (VECTUR)	10%	300	1998	2008	Barcaças de navegação interior
Cenargo Intl PLC (CENTNT)	10%	175	1998	2008	*Ferries*
Enterprises Shipholding Inc.	9%	175	1998	2008	Frigoríficos
Ermis Maritime (ERMIS)	13%	150	1998	2006	Navios-tanques
Gulfmark Offshore (GMRK)	9%	130	1998	2008	Apoio *offshore*
Hvide Marine (HMAR)	8%	300	1998	2008	Navios-tanques químicos
International Shipholding (ISH)	8%	110	1998	2007	Linhas regulares, especializado
MC Shipping (MCX)	11%	85	1998	2008	Navios-tanques transportadores de gases
Millenium Seacarriers (MILSEA)	12%	100	1998	2005	Granel sólido
Pacific & Atlantic	12%	128	1998	2008	Granel sólido, contêineres, MPP
Premier Cruises (CRUISE)	11%	160	1998	2008	Cruzeiros
Sea Containers (SCR)	8%	150	1998	2008	Diversificado/locação de contêineres
TBS Shipping (TBSSHP)	10%	110	1998	2005	Carga fracionada
Teekay Shipping Corp. (TK)	8%	225	1998	2008	Navios-tanques
Equimar Shipholdings Ltd. (EQUIMA)	10%	124	1997		Navios-tanques
Global Ocean Carriers (GLO)	10%	126	1997	2007	Granel sólido, porta-contêineres
Golden Ocean Group (GOLDOG)	10%	291	1997	2001	Navios-tanques/granel sólido
Navigator Gas Transport (NAVGAS)	10,5%	217	1997	2007	Navios-tanques transportadores de gases
Navigator Gas Transport (NAVGAS)	12,0%	87	1997	2007	Navios-tanques transportadores de gases
Pegasus Shipping (PEGSHP)	12%	150	1997	2004	Navios-tanques
Stena AB (STENA)	9%	175	1997	2007	Navios-tanques, plataformas, outros
Trico Marine	9%	280	1997		Apoio *offshore*
Ultrapetrol (Bahamas) (ULTRAP)	11%	135	1997	2008	Navios-tanques
Sea Containers (SCR)	11%	65	1996	2003	Diversificado/locação de contêineres
Transportación Marítima Mexicana (TMM)	10%	200	1996	2006	Diversificado/contêineres
International Shipholding (ISH)	9%	100	1995	2003	Linhas regulares, especializado
Pan Oceanic	12%	100	1995	2007	Granel sólido

(continua)

Financiamento de navios e de companhias de navegação

Tabela 7.3 – Emissão de obrigações com elevada rentabilidade no transporte marítimo (*continuação*)

	% juros	Montante US$ milhões	Ano	Maturidade	Setor
Stena AB (STENA)	11%	175	1995	2005	Navios-tanques, plataformas, outros
Stena Line AB (STENA)	11%	300	1995	2008	Navios-tanques, plataformas, outros
American President Lines (APL)	8%	150	1994	2024	Transporte marítimo de contêineres
Gearbulk Holding (GEAR)	11%	175	1994	2004	Granel especializado
American President Lines (APS)	7%	150	1993	2003	Transporte marítimo de contêineres
Eletson Holdings (ELETSN)	9%	140	1993	2003	Navios-tanques
Overseas Shipholding Group (OSG)	8%	100	1993	2003	Navios-tanques
Sea Containers (SCR)	10%	100	1993	2003	Diversificado/locação de contêineres
Transportación Maritima Mexicana (TMM)	9%	176	1993	2003	Diversificado, contêineres
Transportación Maritima Mexicana (TMM)	9%	142	1993	2000	Diversificado, contêineres
Sea Containers (SCR)	13%	100	1992	2004	Diversificado, linha de contêineres
Total		6.331			

Fonte: A. Ginsberg, "Debt Market Re-opens", *Marine Money*, jun. 2003.

7.7 FINANCIAMENTO DE NAVIOS POR SOCIEDADES DE PROPÓSITOS ESPECÍFICOS

Até agora, debatemos como as companhias de navegação levantam o financiamento. Contudo, nesta seção adotamos uma abordagem diferente e discutimos a utilização de sociedades de propósitos específicos [*special purpose companies*, SPC] como forma de angariar capital para comprar navios. O tipo de estrutura com o qual lidamos está apresentado na Figura 7.10. A SPC compra os navios e os arrenda ou os coloca sob afretamento por tempo. É nomeado um gerente para operar os navios e os fundos são obtidos de investidores em capitais, provavelmente complementados por empréstimos bancários.

Existem duas razões para utilizar as SPC. A primeira é como um instrumento de investimento no transporte marítimo especulativo. Os fundos de navios e as sociedades em comandita simples norueguesas são exemplos de estruturas que foram utilizadas no passado para permitir que investidores privados pudessem investir no transporte

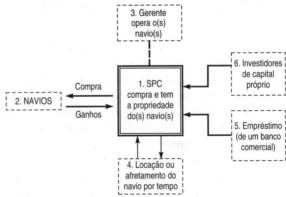

Figura 7.10 – Financiamento de sociedades de propósito específico: modelo básico.

marítimo. A estrutura é estabelecida, os fundos são investidos e, no devido momento, o investimento é liquidado. A segunda razão é que as SPC são frequentemente utilizadas para um financiamento não incluído no balanço patrimonial. Por exemplo, durante a década de 1990, as companhias de linhas regulares preferiam afretar os navios em vez de os ter, e foi feito um uso extensivo das locações e das sociedades em comandita simples alemãs como forma de segurar a utilização dos navios sem terem a sua propriedade. Finalmente, as estruturas de securitização dão mais um passo a frente, mas, no que diz respeito ao transporte marítimo, o seu sucesso tem sido limitado – ainda não ocorreram securitizações de navios no momento da publicação, embora tenham ocorrido algumas referentes à dívida do transporte marítimo.

FUNDOS DE INVESTIMENTO DE NAVIOS E SPAC

Um *fundo de investimento de navios* é um instrumento destinado a permitir que investidores em capital tenham uma oportunidade de investimento específica. Por exemplo, a Bulk Transport foi estabelecida durante a depressão do mercado de navios-tanques, que teve lugar em 1984-1985, para tirar partido dos preços de segunda mão muito baixos, comprando quatro ULCC a preços ligeiramente acima do valor de sucata.[26] Como investimento, mostrou ser extremamente bem-sucedido, com os ativos se apreciando em até cinco vezes o seu preço de compra durante os quatro anos que se seguiram. Entre 1987 e 1989, foi organizado pelos bancos de investimento e comerciais dos Estados Unidos uma sucessão de fundos de investimento. Na maioria dos casos, o capital angariado foi entre US$ 30 e US$ 50 milhões, frequentemente complementado com 40%-60% de dívida para melhorar o retorno ao investidor. No total, esses fundos de investimento levantaram cerca de US$ 500 milhões de capital próprio. Um exemplo mais recente é o Sea Production Ltd., apesentado mais à frente.

Geralmente, a estrutura é parecida com a da figura 7.10. Estabelece-se uma SPC numa localização eficaz em termos fiscais (por exemplo, as Bahamas, as Ilhas Cayman) e é nomeado um diretor-geral para tratar da compra, da venda e da operação dos navios da companhia. Por esse serviço, paga-se uma comissão de gerenciamento – por exemplo, um fundo de investimento com quatro navios pagou US$ 100 mil mais 1,25% das receitas ganhas. Como os fundos de investimentos de navios são instrumentos de investimento, em vez de companhias de navegação, é dada aos acionistas a opção de dissolver a companhia após cinco a sete anos, garantindo a liquidez se as ações provarem não ser comercializáveis. Para melhorar a rentabilidade do capital, a maioria dos fundos de investimento levantou o financiamento por empréstimos, aumentando a razão de risco-retorno ao investidor em capital.

Elabora-se um prospecto que estabelece as condições em relação às quais as ações do negócio são oferecidas para venda. Esse documento pode variar entre umas poucas páginas manuscritas e uma brochura brilhante. Ele define o negócio no qual a companhia vai operar, a sua estratégia, as perspectivas de mercado, as condições sob as quais as ações podem ser compradas, as disposições administrativas, os mecanismos de controle e as disposições para a dissolução da companhia. Com base nesse prospecto, as ações são vendidas pela colocação privada a indivíduos abastados ou a instituições, e em poucos casos pela oferta pública (ver a Seção 5.4). As instituições de investimento têm fundos limitados para negócios de alto risco, portanto, os fundos de investimentos de navios dependem muitíssimo de indivíduos abastados que desejem apoiar boas vendas. Ao angariar os fundos necessários, a direção compra os navios e opera a companhia de acordo com as condições estabelecidas no prospecto.

Como um instrumento de investimento "puro", os fundos de investimento de navios têm dois problemas. O primeiro é que o capital tem de ser levantado antes da compra dos navios, confron-

Financiamento de navios e de companhias de navegação **347**

tando os organizadores com a difícil tarefa de encontrar navios de boa qualidade num espaço de tempo curto. Para lidar com isso, a transação pode ser iniciada pela companhia com os ativos que está disposta a vender ao fundo de investimento. Segundo, a sua estrutura comercial e de gerenciamento é ambígua. Elas não são companhias de navegação porque têm uma vida limitada, mas são encarregadas de gerenciar os navios durante um período consideravelmente longo. Ambos os problemas se desenvolvem do fato de os navios serem vistos como produtos primários. Embora os navios possam ser comercializados no mercado de compra e venda como produtos primários em termos de gerenciamento corrente, são estruturas de engenharia complexas. Os esforços para "tratá-los" como produtos primários arrasta uma gama variada de riscos que precisa ser abordada.

No entanto, o negócio movimenta-se e, nos mercados marítimos mais confiantes do início da década de 2000, apareceu uma nova estrutura, as sociedades de aquisição de propósitos específicos [*special purpose acquisition corporation*, SPAC], para lidar com as questões momentâneas e de responsabilidade corporativa derivadas dos fundos de investimento de navios. Isso é uma versão melhorada do "grupo de investidores controlados temporariamente por um só" [*blind pool*], no qual os bens não são identificados nem adquiridos até que os fundos de investimento tenham sido levantados. A responsabilidade corporativa deriva da abertura de capital da SPAC ao público, tornando-a uma companhia cotada em bolsa, responsável pelo levantamento de fundos de investimento para adquirir um negócio operacional. Os fundos serão depositados, uma proporção, por exemplo, de 80% deve ser investida dentro do período estipulado, por exemplo, de dezoito meses, e os investidores devem aprovar a compra. Uma vez que os navios tenham sido adquiridos, a SPAC é cotada na NYSE ou no Nasdaq. Esse instrumento foi utilizado em 2005-2006 por várias companhias de navegação gregas para poderem ser cotadas na bolsa de Nova York – por exemplo, a Navios International Shipping Enterprises (Angeliki Frangou), a Trinity Partners Acquisition Company/Freeseas Inc. (Gourdomichalis Bros e Ion Vourexakis) e a Star Maritime Acquisition Corporation (Akis Tsiringakis e Petros Pappas). Uma transação dessa natureza leva de três a quatro meses para se completar, e as comissões são geralmente mais baixas do que as de um IPO.

INSTRUMENTOS DE COLOCAÇÃO PRIVADA

As sociedades de propósito específico são também utilizadas pelas companhias públicas como forma de angariar capital privado por meio da colocação privada, antes de efetuar uma oferta no mercado. Por exemplo, nos Estados Unidos um investimento privado em capital público [*private investment in public equity*, PIPE] envolve a venda de ações por uma SPC estabelecida por uma companhia de navegação pública a investidores credenciados,[27] com um pequeno desconto em relação ao preço de mercado. Geralmente os títulos não se encontram registrados, mas a companhia concorda e executa os seus melhores esforços para registrá-los para revenda. No caso de uma colocação de "registro direto" [*registered direct*, RD], os títulos são registrados perante a Comissão da Bolsa de Valores e podem ser revendidos ao público imediatamente. Como a oferta é restrita, existem menos requisitos de divulgação que os necessários para uma oferta secundária, não são necessárias exposições itinerantes e é mais fácil ajustar o preço em resposta às mudanças nas condições de mercado do que no caso de uma oferta secundária. O custo é geralmente de 4%-6% do encaixe bruto, o qual é mais econômico do que o de uma oferta secundária. Todos esses fatores podem fazer com que a colocação privada seja atrativa para as companhias públicas de pequena a média dimensão estabelecidas, que têm dificuldade em acessar as formas mais tradicionais de financiamento de capital.[28]

Um exemplo é a colocação privada de capital pela Sea Production Ltd., uma companhia estabelecida pela Frontline Ltd. para adquirir o seu negócio de instalações flutuantes de extração composto de duas instalações flutuantes de extração, armazenagem e descarga [*floating production, storage and offloading*, FPSO], dois navios-tanques Aframax para conversão e uma organização de gerenciamento. A Sea Production financiou a aquisição de US$ 336 milhões com um mecanismo obrigacionista de US$ 130 milhões, um empréstimo bancário e uma colocação de capital privado de US$ 180 milhões.[29] Em fevereiro de 2007 foi registrada no mercado livre de Oslo para ser cotada na Bolsa de Valores de Oslo no outono. A colocação foi gerida por três bancos de investimento e a demanda excedeu largamente a oferta, com a Frontline ficando com 28% do capital, o qual vendeu em junho de 2007. Para uma companhia bem estabelecida como a Frontline, a colocação privada foi uma forma mais rápida e econômica de levantar o capital necessário pela Sea Production Ltd. do que recorrer a uma cotação pública de ações. O número de acionistas é reduzido pelas autoridades reguladoras e, geralmente, o mercado secundário é limitado.

ESTRUTURAS DAS SOCIEDADES EM COMANDITA SIMPLES NORUEGUESAS

No final da década de 1980, foram levantados montantes significativos de capitais de participação por meio de sociedades em comandita simples [em norueguês: *Kommandittselskap, K/S*] norueguesas que investiram de forma especulativa na compra de navios. Estima-se que durante esse período cerca de metade da indústria marítima norueguesa operava por companhias K/S, e em 1987-1989 os investidores em sociedades em comandita simples [*K/S*] investiram um capital de US$ 3 bilhões.

Na época, a sociedade em comandita simples [*K/S*], uma estrutura-padrão das companhias norueguesas, oferecia aos investidores vantagens fiscais. Geralmente, as sociedades em comandita simples eram estabelecidas na base de um só navio com um gerenciamento subcontratado. O organizador nomeava um "sócio comanditado" e convidava sócios participantes para investirem capital.[30] Pelo menos 20% do capital comprometido tinha de estar disponível em dinheiro no momento da constituição, e outros 20% no espaço de dois anos. O restante era chamado se fosse necessário.

Como regra, 80% do preço do navio era levantado do banco, e o restante era dinheiro levantado do capital comprometido. Por exemplo, a compra de um navio de US$ 10 milhões que precisasse de US$ 0,5 milhão de capital circulante poderia ser financiado da seguinte forma:

	US$ milhões
Empréstimo hipotecário (80 por cento)	8,00
Capital próprio realizado	2,50
Capital não realizado	4,85

Para efeitos de tributação, o capital comprometido podia ser depreciado à taxa anual de 25% na base do método de amortização degressiva. Adicionalmente, podiam ser efetuadas provisões para os custos de classificação, embora a depreciação permitida não pudesse exceder o total do capital comprometido.[31] As ações da sociedade em comandita podiam ser vendidas e, dentro da Noruega, existia um mercado limitado por corretores ou anúncios publicados em jornais noruegueses.

No início da década de 1990 esses benefícios fiscais foram muito reduzidos, e as sociedades em comandita simples, que tinham obtido uma reputação mista, depois de uma série de perdas, caíram em desgraça, embora se tenha retomado o interesse nos últimos anos. Continuam a ser um exemplo fascinante de oportunismo no financiamento de navios. A velocidade, a flexibilidade e o custo relativamente baixo do sistema das sociedades em comandita simples eram ideais para financiar os ativos com preço abaixo do valor patrimonial das companhias, durante o período de escalada dos preços dos navios no final da década de 1980, permitindo que muitos pequenos investidores se envolvessem no transporte marítimo. A sua fraqueza do ponto de vista do investidor foi a ausência de uma regulamentação rigorosa que desempenhasse um importante papel de proteger os investidores no mercado bolsista.

FUNDOS DE INVESTIMENTO DAS SOCIEDADES EM COMANDITA SIMPLES ALEMÃS

Uma forma de financiamento de navios que emergiu com grande sucesso em meados da década de 1990 foi a sociedade em comandita simples [em alemão: *Kommanditgesellschaft, KG*] alemã, o equivalente à sociedade em comandita norueguesa. A Figura 7.11 apresenta a sua estrutura. Uma sociedade em comandita de responsabilidade limitada registrada na Alemanha compra um navio de um estaleiro (ou de um proprietário) e obtém um afretamento por tempo. O preço de compra é levantado por um empréstimo bancário (geralmente cerca de 50-70%) e pelo capital próprio angariado de investidores com elevado patrimônio e do gerente-geral (cerca de 30%-50% entre eles).

Em 2004 mais de seiscentos navios tinham sido financiados por sociedades em comandita simples, geralmente com um volume entre US$ 50 milhões e US$ 100 milhões. O sucesso desse esquema deve-se a uma combinação de circunstâncias. Primeiro, durante a década de 1990, as companhias de

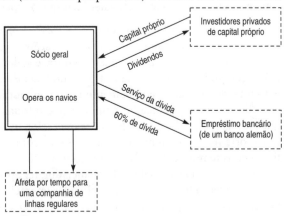

Figura 7.11 – Modelo de financiamento KG.

linhas regulares tinham uma rentabilidade baixa e utilizavam as sociedades em comandita simples para retirar os navios da sua folha de balanço – entre 1991 e 2004, a proporção da frota de navios porta-contêineres afretada pelos operadores de serviços de linhas regulares aumentou de 15% para mais de 50%. Segundo, os estaleiros navais alemães tinham uma posição muito forte no mercado da construção de navios porta-contêineres, apoiada por uma forte comunidade de corretagem marítima de navios porta-contêineres sediada em Hamburgo. Terceiro, a Alemanha tinha um conjunto de indivíduos com elevado patrimônio que estavam sujeitos a altas taxas marginais de impostos e um sistema de distribuição de capital gerenciado por casas de investimento pequenas. Quarto, os bancos alemães encontravam-se numa fase expansionista e desejosos de dar os empréstimos necessários. Nessas circunstâncias, as sociedades em comandita simples, rápidas e eficientes do ponto de vista fiscal, provaram ser um instrumento financeiro ideal, permitindo que as companhias de linhas regulares tivessem os navios porta-contêineres disponíveis em tamanhos normalizados e fora do balanço. Os investidores privados gostavam da rentabilidade de 8% líquidos, de tal forma que os navios se tornaram um investimento muito popular, representando cerca de 20% dos fundos privados levantados em 2003 na Alemanha.

Em 2007, o mercado das sociedades em comandita simples continuou a providenciar o financiamento de navios, especialmente para o mercado de contêineres, mas a sua posição competitiva encontrava-se sobre pressão em razão dos benefícios fiscais reduzidos, custos de capital elevados e aumento da concorrência dos operadores de navios porta-contêineres cotados na bolsa, que serão abordados na seção seguinte.

LOCAÇÃO DE NAVIOS

A locação [*leasing*] "separa a utilização dos navios da sua propriedade". Essa técnica foi inicialmente desenvolvida no negócio imobiliário, em que os terrenos e os prédios eram frequentemente locados [*leased*]. O locador [*lessor*] (ou seja, o proprietário legal) entrega a propriedade ao locatário [*lessee*], que, em troca de pagamentos de locação regulares, tem direito de usá-lo como se fosse seu (legalmente conhecido como "um usufruto tranquilo"). No final da locação, a propriedade retorna ao locador. Essa técnica é amplamente utilizada para financiar equipamento mecânico, incluindo navios. Ao arranjar esse tipo de financiamento, existem três riscos principais a considerar: o risco de receita (será o locador pago na totalidade pelo ativo que comprou?); o risco operacional (quem pagará se houver avaria?); e o risco do valor residual (quem recebe o benefício se ele valer mais que o esperado no final da locação?).

Os dois tipos de locação comum, a *locação operacional* e a *locação financeira*, tratam desses riscos de diferentes maneiras. A locação operacional, que é utilizada para o aluguel de equipamento e de bens de consumo duráveis, deixa grande parte do risco com o locador. A locação pode ser terminada a critério do locatário, a manutenção é efetuada pelo locador, e no final da locação, o equipamento retorna ao locador. Isso é o ideal para as grandes fotocopiadoras, quando o locador é um perito em todos os aspectos práticos e o locatário só as quer utilizar. Geralmente, as locações operacionais não aparecem na folha de balanço e, no transporte marítimo, têm sido muito usadas com os navios porta-contêineres. As locações financeiras têm uma duração maior, cobrindo uma parte substancial da vida do ativo. O locador, cujo papel principal é o de financiador, tem pouco envolvimento com o ativo, além do fato de ser seu, e todas as responsabilidades operacionais caem sobre o locatário, que no caso de terminar antecipadamente tem de compensar o locador na sua totalidade. As locações financeiras são geralmente utilizadas no financiamento em longo prazo de navios-tanques transportadores de gás natural liquefeito e de navios de cruzeiro e aparecem na folha de balanço do locatário.

A principal atração das locações financeiras para as companhias de navegação é que oferecem um benefício fiscal. Em alguns países, os governos encorajam o investimento dando incentivos fiscais, como uma depreciação acelerada, e companhias com lucros elevados mas sem um investimento adequado podem obter um desagravamento fiscal pela compra de um navio, que depois locam a um proprietário de navios que o opera como se fosse seu até o final da locação. O locador não precisa sujar as suas mãos, mas possivelmente obtém um benefício fiscal, do qual uma parte é passada para o locatário na forma de taxa de afretamento reduzida. É claro que isso depende da boa vontade das autoridades fiscais. Mais recentemente, tornaram-se mais comuns as estruturas de locação com cinco a seis anos.

A Figura 7.12 apresenta uma estrutura de locação. O navio, construído de acordo com a especificação do locatário, é comprado pela companhia que providencia o financiamento (o locador) – um banco, uma grande corporação ou uma companhia de seguros – e locado sob um contrato de longa duração (por exemplo, um fretamento em casco nu) a uma companhia de navegação (o locatário). A locação dá ao locatário o controle total para operar e manter o ativo, mas deixa a propriedade com o locador, que pode obter benefícios fiscais, depreciando o seu navio relativamente aos seus lucros. Algo desse benefício é passado para o locatário com pagamentos de renda (taxas de afretamento) mais baixos. A variante é o arrendamento alavancado, que angaria a maioria do custo do navio em dívida bancária (por exemplo, 90%), e o locador compra o capital a um preço que reflete os benefícios fiscais que obtém ao depreciar o navio todo.

Esse tipo de financiamento tem várias vantagens. Providencia um financiamento por períodos mais longos do que aquele que é oferecido pelos bancos, possivelmente até quinze anos ou mesmo 25 anos. Os custos de capital são reduzidos na medida em que quaisquer benefícios fiscais estão refletidos no acordo do afretamento de retorno [*charter-back arrangement*].

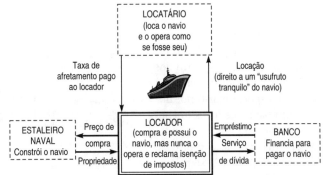

Figura 7.12 – Modelo típico de uma locação financeira.
Fonte: Martin Stopford (2008).

Também há desvantagens. O locador, que não tem interesse no navio, deve ter garantias de que o locatário cumprirá com as suas obrigações ao abrigo da locação. A tendência é que somente companhias de navegação sólidas do ponto de vista financeiro estejam qualificadas. O locatário está amarrado a uma transação de longo prazo, o que torna a vida mais complicada do que somente comprar o navio e o possuir. Por exemplo, se após alguns anos ele decidir vender o navio, tem de passar pelo processo complexo de dissolver a locação. Outro problema é que, uma vez que as leis fiscais podem mudar, o benefício fiscal nunca é realmente certo, e isso deve ser coberto na documentação. Com tantas eventualidades para cobrir, a documentação referente às transações de locações pode ser extraordinária. Por essa razão, a locação funciona melhor para as companhias de navegação bem estabelecidas, por exemplo, para servir um projeto de GNL contra um contrato de longa duração.

No início da década de 2000, um acontecimento novo foi o lançamento de títulos no mercado ao público por parte das sociedades de locação de navios, baseado no modelo utilizado na indústria da aviação para financiar aviões. A operadora de navios porta-contêineres Seaspan, que abriu o capital ao público em agosto de 2007, utilizou o modelo da Sociedade Internacional de Locação Financeira [*International Lease Finance Corporation*], que fornece aviões para a FedEx, a DHL e a UPS. Quando começaram as emissões no mercado, a Seaspan tinha 23 navios locados aos principais operadores de linhas regulares, como Maersk, Hapag-Lloyd, Cosco e China Shipping, a taxas fixas por períodos de dez, doze e quinze anos. As despesas operacionais e as taxas de juros também eram fixas, isolando a companhia dos ciclos de transporte marítimo.[32] Em 2007, a Seaspan tinha 55 navios e era uma das maiores companhias detentoras de navios porta-contêineres do mundo. Várias outras companhias seguiram esse modelo, constituindo uma alternativa ao sistema de sociedades em comandita simples discutido anteriormente.

SECURITIZAÇÃO DE ATIVOS NO TRANSPORTE MARÍTIMO

A securitização garantida por ativos é usada para financiar empréstimos hipotecários, empréstimos para a aquisição de automóveis, dívidas relativas a cartões de crédito. Também tem sido amplamente utilizada na indústria da aviação, que tem uma base de ativos semelhantes à do transporte marítimo. A técnica envolve tomar uma carteira de ativos geradores de receitas (por exemplo, empréstimos hipotecários, aviões, navios) e venda a uma companhia em falência remota que emite obrigações servidas com o fluxo de caixa dos ativos.

A forma como o processo pode ser aplicado aos navios é apresentada na Figura 7.13. Na etapa 1 o cedente originário dos créditos, uma companhia aérea ou de transporte marítimo, nomeia um banco de investimento para tratar daquilo que poderá ser uma transação morosa e complexa. Na etapa 2 estabelece-se uma SPC e um fundo. O fundo é controlado por uma gerência e são tomadas medidas para que um "gerente de acompanhamento" [back-up servicer] gerencie os ativos da securitização no caso de inadimplência por parte do locatário. A SPC levanta o financiamento por meio da emis-

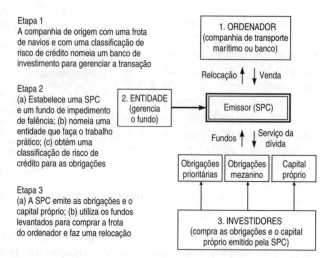

Figura 7.13 – Estrutura financeira da securitização de navios.
Fonte: Martin Stopford, 2007.

são de obrigações garantidas pelos ativos, conhecidas como títulos garantidos por ativos. Essas obrigações podem ser emitidas em várias tranches, cada uma com uma classificação de risco de crédito diferente. Por exemplo, uma tranche de grau hierárquico elevado estruturada para obter uma classificação de grau de investimento; uma segunda tranche com grau de subinvestimento que permite a suspensão dos reembolsos durante os períodos difíceis de mercado; e uma tranche de ações. A capacidade de obter a classificação de risco de crédito desejada é crucial. Na etapa 3, são emitidas as obrigações e as ações, e a SPC utiliza os fundos para comprar a frota de navios da instituição cedente, que depois é locada de novo à instituição cedente.

Esse tipo de estrutura oferece um financiamento em longo prazo, mais alguma flexibilidade para lidar com as realidades de um negócio cíclico. Embora a securitização garantida por ativos seja utilizada pela indústria aeronáutica com frequência, a primeira transação realizada no transporte marítimo foi completada somente em 2006 pela companhia de contêineres CMA CGM, para financiar doze navios porta-contêineres novos. A VegaContainerVessel 2006-1 plc, uma SPC, levantou três níveis de financiamento: US$ 253,7 milhões em bilhetes de grau hierárquico elevado com classificação AAA; US$ 283,3 milhões em financiamento mezanino de um empréstimo bancário sindicalizado; e uma tranche de títulos com um componente de retorno indexado ao desempenho de ações subordinadas [subordinated equity notes] compradas pela CMA CGM com o produto resultante da emissão simultânea de US$ 283 milhões em obrigações empresariais. Depois, a Vega fez empréstimos a doze SPC, em que cada uma delas comprou um navio porta-contêineres da CMA CGM e afretou-o de retomada em casco nu. Embora essa seja a primeira transação desse tipo no mercado marítimo, têm sido utilizadas estruturas

Financiamento de navios e de companhias de navegação **353**

semelhantes no mercado da aviação por Ibéria (em 1999, 2000 e 2004) e Air France (em 2003), que são transportadoras de bandeira.[33]

A razão pela qual essa técnica é mais utilizada na aviação do que nos navios parece ser o fato de as opções financeiras abertas a companhias de navegação e aéreas serem muito diferentes. Na indústria aeronáutica, as pequenas companhias aéreas pagam margens bancárias muito elevadas para pedir capital emprestado aos bancos, portanto, as estruturas de securitização garantidas por ativos oferecem um financiamento mais econômico. No transporte marítimo, o financiamento por empréstimos dados pelos bancos comerciais tem um preço muito competitivo, e as agências de classificação de risco de crédito são cuidadosas no que diz respeito à classificação de risco de crédito de obrigações cujo fluxo de caixa depende em última instância do mercado aberto. Adicione-se o fato de que os proprietários de navios preferem um financiamento flexível e o papel limitado da securitização torna-se mais perceptível.

7.8 ANÁLISE DE RISCO NO FINANCIAMENTO DE NAVIOS

OPÇÕES DE GERENCIAMENTO DE RISCO

Embora tenhamos discutido muitas técnicas para o financiamento de navios, é importante não perder de vista o fato de que o levantamento do financiamento é, em última instância, uma questão de persuasão. Existem muitas oportunidades e, quer o investidor seja a tia Sofia, quer seja um fundo de pensão, deve ser persuadido de que o retorno justifica o risco. Contudo, a justificação necessária pelos investidores e pelos credores é muito diferente. Os investidores aceitam o risco na esperança de efetuarem um lucro. Querem ser convencidos acerca das potencialidades de subida. Por outro lado, os credores não partilham os lucros e somente querem ser reembolsados com os juros a tempo, portanto, o seu foco é em estratégias que garantam o reembolso.

O ponto de partida para qualquer análise, seja por um investidor, seja por um credor, é a análise de fluxo de caixa. Como o transporte marítimo é uma indústria de capital intensivo, as estruturas financeiras têm um impacto muito grande no fluxo de caixa e é somente por meio de um trabalho cuidadoso sobre essa matéria que os riscos verdadeiros podem ser identificados. Para ilustrar esse ponto, a Figura 7.14 compara quatro das técnicas existentes para financiar um navio-tanque Aframax novo avaliado em US$ 65 milhões no ato da entrega em 1990. As barras em cada gráfico mostram os juros anuais (a 1% acima da taxa Libor prevalecente) e os reembolsos de capital, enquanto a linha mostra os ganhos reais do mercado aberto do navio em cada ano, depois de deduzidas as despesas operacionais de US$ 6 mil diários em 1990, aumentando para US$ 7.400 em 2004.

- O Caso A mostra um empréstimo a prazo de seis anos de US$ 45 milhões, com um adiantamento de 69%, amortizados em prestações iguais de US$ 7,5 milhões durante os seis anos.

- O Caso B apresenta um empréstimo a prazo de seis anos de US$ 45 milhões, em que US$ 4,5 milhões são reembolsados anualmente, com um reembolso de US$ 22,5 milhões numa única prestação no final do prazo.

- O Caso C mostra uma locação de quinze anos, que reembolsa a totalidade dos US$ 65 milhões em prestações iguais de US$ 4,3 milhões, durante os quinze anos, e os juros numa base de amortização degressiva.

- O Caso D mostra uma emissão obrigacionista a quinze anos para US$ 50 milhões, com um adiantamento de 75%, um cupom de 9% pago anualmente e o capital reembolsado no ano 15 (ou seja, 2004).

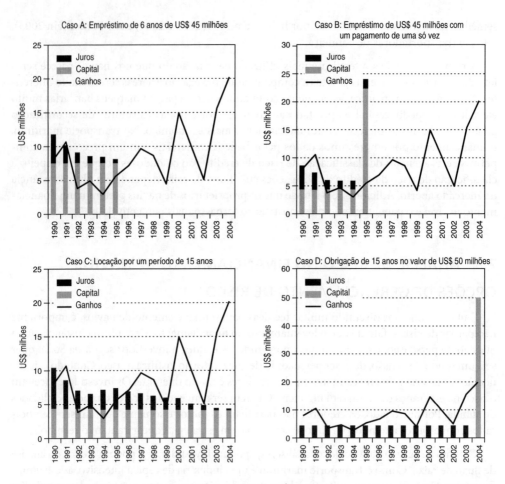

Figura 7.14 – Quatro opções para o financiamento de um navio-tanque Aframax novo.

A comparação dessas técnicas ilustra como as diferentes estruturas lidam com o mesmo ciclo de mercado. No caso A, o empréstimo bancário é feito no pico do ciclo e, mesmo no primeiro ano, os ganhos não cobrem na totalidade os reembolsos da dívida. As coisas melhoram em 1991, mas de 1991 em diante elas deterioram; em 1995, os ganhos só cobrem metade do serviço da dívida. O único conforto para o banco é que em 1994 mais de US$ 30 milhões estão pagos, portanto, o valor de mercado do navio de US$ 20 milhões cobre os US$ 15 milhões pendentes. Contudo, se em 1993 o cliente ficar sem capital, o banco é confrontado com todo o aborrecimento e a indignação de readquirir o navio, um ato no qual nenhum banqueiro gosta de pensar. Assim, um empréstimo de seis anos não é o ideal para o financiamento de um navio novo.

O Caso B aborda o problema pela introdução de um empréstimo com reembolso numa única prestação no final do prazo, no qual 50% do capital não é reembolsado até o final do prazo (um "empréstimo com reembolso numa única prestação no final do prazo" tem um único reembolso de capital no seu final, neste caso, 50%). Nos dois primeiros anos, o serviço da dívida é muito mais reduzido e facilmente coberto pelos ganhos, embora ainda exista uma pequena diferença entre 1992 e 1995. O problema ocorre quando a prestação única tem de ser reembolsada e o proprietário não tem o capital – o déficit cumulativo é de US$ 23 milhões. É claro que a companhia pode ser refinanciada, mas após quatro anos de recessão o valor do navio caiu para

Financiamento de navios e de companhias de navegação   **355**

US$ 18,5 milhões, menos do que o necessário para cobrir a prestação única de US$ 23 milhões. A nova estrutura "reorganizou os meios existentes", mas o navio continua não gerando receitas suficientes para reembolsar um empréstimo de 69% com um prazo de seis anos.

O Caso C adota uma perspectiva de longo prazo, usando uma locação de quinze anos. Isso distribui os reembolsos de capital durante um período muito maior. Como a dívida bancária, a transação enfrenta um problema entre 1992 e 1996, quando os ganhos são inadequados para cobrir os pagamentos da locação. Contudo, de 1996 a 2004, é gerado um excedente substancial e, no final da transação, em dezembro de 2004, o compromisso está totalmente amortizado e o valor de segunda mão do navio com quinze anos de idade é de US$ 20 milhões – um bônus muito bom para o locador. O financiamento em longo prazo tem equilibrado os ciclos de longa duração, portanto, embora o mercado tenha pago menos receitas aos proprietários de navios na primeira metade do período, voltou a pagar no segundo. Contudo, se a companhia de navegação não tivesse uma fonte alternativa de fundos, teria entrado em inadimplência quanto aos pagamentos das locações no início do período, então isso é um problema. O fato de o locador obter qualquer lucro residual é outro problema.

O Caso D é uma emissão obrigacionista para US$ 50 milhões. O capital não é reembolsável até o final do ano, portanto, o serviço da dívida é somente o cupom que foi fixado em 9%. De fato, os ganhos são suficientes para pagar os juros todos os anos, exceto 1992 e 1995, quando existe um déficit muito pequeno. Durante os quinze anos, o navio gera US$ 70 milhões após ter pago o cupom, o suficiente para reembolsar a emissão obrigacionista de US$ 50 milhões e deixar um excesso de US$ 20 milhões para os detentores do capital próprio. Como agora o navio vale US$ 20 milhões, esta é uma transação rentável em todos os níveis. Então, considerando que a companhia tinha um capital circulante de US$ 2 milhões para cobrir os dois anos ruins, a emissão obrigacionista funcionou bastante bem, embora este seja somente um exemplo hipotético. É duvidoso se tal estrutura poderia ser utilizada no mercado de rentabilidade elevada sem fazer amortização parcial, em razão do risco de refinanciamento.[34]

A conclusão é bastante simples. Os ciclos de transporte marítimo cobrem períodos longos e nem sempre ocorrem os ciclos extremos que tiveram lugar na década de 1980. Neste exemplo particular, a média dos ganhos foi de US$ 18 mil ao dia na primeira metade do período e de US$ 32 mil na segunda metade, portanto, qualquer estrutura financeira que confiasse nos ganhos para reembolsar os juros e o capital durante a primeira metade do período estaria fadada a enfrentar problemas (se essa sequência de receitas fosse invertida, teria sido uma história muito diferente). A emissão obrigacionista funciona bem porque atrasa o reembolso do capital para o final do período, altura em que, neste exemplo, o capital tinha acumulado; mas num negócio tão volátil como o do transporte marítimo existe o risco de que o reembolso coincida com um mercado adverso quando o capital não está disponível e o refinanciamento é difícil, portanto, os obrigacionistas precisam estar satisfeitos com a companhia e o seu gerenciamento.

Nessas circunstâncias, credores que ofereçam empréstimos num mercado bancário concorrencial têm pouca escolha a não ser uma visão daquilo que têm pela frente, e abordaremos essa matéria no Capítulo 17. Existem muitos riscos a considerar. O transporte marítimo é vulnerável ao *risco econômico* causado pela volatilidade da economia mundial. O *risco operacional* resulta dos problemas com os navios e das companhias que os gerenciam. E, claro, existe o risco do *mercado marítimo*. Essas são as principais categorias de riscos, mas existem muitos outros a considerar, e o Destaque 7.4 fornece uma lista de verificação dos mais importantes, cobrindo desde os ciclos de mercado até o meio ambiente.

> ## Destaque 7.4 – Lista de verificação do risco no transporte marítimo
>
> *Os seguintes parágrafos apresentam algumas das questões que devem ser consideradas quando se avalia o risco numa transação de transporte marítimo:*
>
> 1. *Risco de mercado.* Os mercados de transporte marítimo enfrentam receitas cíclicas e preços como discutido na Parte 2 deste livro. Os ciclos variam imprevisivelmente em duração e intensidade, o que afeta a capacidade da companhia em cumprir com as suas obrigações e o valor da garantia colateral. Qual é a posição no ciclo e qual o seu desenvolvimento futuro?
>
> 2. *Risco operacional.* Os problemas técnicos podem conduzir a suspensão do frete, ganhos reduzidos, reparos e má reputação com os afretadores. O não cumprimento das regras relativas à segurança e à poluição pode resultar em detenções efetuadas por controle pelo estado do porto e em problemas com sociedades classificadoras, seguros, consórcios para fins determinados e conferências marítimas.
>
> 3. *Risco de contrapartes.* Os afretadores são dignos de crédito e a condição de afretamento do navio é conhecida na totalidade? Por exemplo, um navio pode ter sido subfretado várias vezes.
>
> 4. *Risco concorrencial.* As companhias de navegação operam num ambiente concorrencial que pode afetar os seus desempenhos financeiros. Será que a companhia tem alguma proteção contra uma concorrência predadora ou contra um investimento excessivo?
>
> 5. *Risco de diversificação.* Os segmentos de mercado têm ciclos, clientes e tipos de navios diferentes (ver Capítulo 12). A diversificação reduz o risco se os ciclos do setor não se encontram muito correlacionados, e a especialização aumenta-o ("efeito dos títulos em carteira").
>
> 6. *Risco dos custos operacionais e de viagem.* Quão sensível é o modelo do negócio a alterações de custo (por exemplo, navios rápidos consomem muito combustível)? Custos de combustível, custos de tripulação, custos portuários, custos de reparos e de seguro podem todos mudar.
>
> 7. *Risco da dimensão e da idade do navio.* O perfil de idade da frota é equilibrado? E até que ponto a companhia está bem equipada para gerenciá-la? Navios novos acarretam um custo de capital elevado e são vulneráveis a mudanças nos custos de capital. Ao contrário, navios envelhecidos têm custos de capitais baixos e estão vulneráveis aos custos operacionais, de reparos e regulamentares.
>
> 8. *Estrutura financeira.* Quão vulnerável é a estrutura financeira da companhia (por exemplo, a dívida deve ser servida independentemente das circunstâncias do mercado)? Frotas novas têm um ponto de equilíbrio mais elevado, frotas envelhecidas são vulneráveis a custos de reparos.
>
> 9. *Risco de resolução.* Quão fácil seria para a companhia lidar com uma eventual inadimplência? Isso envolve a relação com o gerenciamento e a dificuldade em readquirir e em operar ativos depende do tipo e da idade dos navios, da bandeira etc.
>
> 10. *Risco de gerenciamento.* Como se compara o desempenho com um grupo de pares e quão vulnerável é a companhia em termos de sucessão e de profundidade da equipe que a gerencia?
>
> 11. *Risco ambiental.* A responsabilidade relacionada a poluição é um risco importante e, para companhias privadas, a personalidade jurídica da companhia pode ser efetuada, mas não para companhias de navegação públicas. São importantes a carga, a geografia e os seguros.

7.9 LIDAR COM A INADIMPLÊNCIA

Um dos conceitos fundamentais do financiamento de navios é o fato de o empréstimo ou o investimento ser segurado pelos navios, que são ativos negociáveis e, no caso de um inadimplemento ou de insucesso empresarial, podem ser confiscados e vendidos pelos credores. Contudo, o valor realizado dessa garantia depende até certo ponto da capacidade prática da hipoteca (ou dos obrigacionistas) em recuperar os ativos, e vale a pena considerar brevemente algumas das questões que isso levanta.[35] Os comentários que seguem se referem sobretudo a situações em que o mutuário entra em inadimplência das obrigações da dívida ao falhar no pagamento dos reembolsos exigidos pelo contrato de empréstimo.

Financiamento de navios e de companhias de navegação

Como os navios são comercializados internacionalmente e podem ir para parte remotas do mundo, quando os problemas ocorrem, a primeira questão prática ao lidar com o inadimplemento é obter informação precisa sobre o que de fato está acontecendo. O mutuário não é imparcial, portanto, são necessárias outras fontes de informação, ao menos para verificar a precisão da informação que é fornecida. Com grandes somas de capital em jogo, a situação também pode mudar muito rapidamente, em especial quando outros credores se envolvem, então uma ação rápida pode desempenhar um papel importante na resolução favorável da situação. De forma mais geral, existem três maneiras para o credor minimizar o risco de inadimplência: monitorando o desempenho do mutuário em avisar previamente que o risco de inadimplência está aumentando; colocando controles para proteger os interesses do credor quando as coisas começam a correr mal; e tendo uma estratégia bem definida para gerenciar quaisquer inadimplências quando ocorrem.

O monitoramento do desempenho do mutuário é um assunto delicado, mas um aviso prévio dos problemas ajuda porque, no momento em que a inadimplência ocorre, algumas opções para tratar da situação já não estão disponíveis. O monitoramento regular dos valores dos navios contra uma cláusula de valor mínimo na documentação do empréstimo constitui um sinal de fraqueza de mercado e pode desencadear um diálogo com o mutuário num mercado em queda, embora a definição precisa do valor dos navios tomados como garantia colateral possa ser polêmica se as avaliações obtidas pelo proprietário e pelo banco são diferentes. Obviamente, isso não identifica os problemas causados pelo mau gerenciamento. Alguns bancos verificam regularmente a força financeira dos mutuários por meio de uma revisão periódica de todo o negócio da companhia – em especial num mercado fraco. Isso não é fácil, mas pode dar sinais de aviso de que as coisas não correm bem no negócio como um todo. Outra tática é inspecionar os navios regularmente e procurar faltas de capital – por exemplo, falta de peças sobressalentes ou manutenção descuidada. Entretanto, isso é dispendioso e exige certa dose de tato.

Podem ser definidas várias etapas para garantir que o credor tem o controle no caso de inadimplência. Constitui uma proteção básica uma hipoteca executável sobre o navio e a atribuição de todos os fretes e seguros ao credor. Menos comum é a penhora das ações da companhia proprietária, que o banco detém com uma carta de demissão dos gerentes. Ainda pode ser exigida uma garantia pessoal do proprietário do navio. Garantias desse tipo não são fáceis de serem obtidas e sua execução pode ser difícil e desagradável, mas podem providenciar alguma alavancagem se as coisas começarem a correr mal.

Uma vez que a inadimplência tenha ocorrido, o credor, como credor hipotecário, deve estar preparado para tratar de quatro questões práticas, as quais podem necessitar de uma ação rápida: a localização do navio, as reclamações dos outros credores, as condições dos navios e a classe e a carga a bordo do navio.

É importante a localização dos navios porque isso determina a jurisdição legal e, uma vez que o inadimplemento tenha sido declarado, determina o que o credor tem direito a fazer legalmente. Algumas jurisdições legais são melhores do que outras para arrestar os navios, portanto, pode ser vantajoso navegar para jurisdições mais favoráveis se puderem ser transferidos. Outras reclamações financeiras necessitam ser abordadas rapidamente porque algumas, como os salários da tripulação, posicionam-se à frente do direito do credor hipotecário e devem ser solucionadas em primeiro lugar.

Também devem ser considerados os fornecedores a quem são devidos pagamentos pelo combustível de bancas e mantimentos, porque, se não forem pagos, existe o risco de esses credores arrestarem o navio, criando um problema para o credor. De qualquer forma, os seus serviços são necessários se o navio continuar a navegar. A terceira questão é a condição dos navios. Frequentemente, companhias com falta de capital atrasam a manutenção e o suprimento de peças sobressalentes, portanto, são necessários reparos ou, pior, o navio pode estar sem classe. Nesse caso, não pode navegar até que os reparos tenham sido efetuados. Finalmente, se existir carga a bordo, isso deve ser solucionado.

Por todas essas razões, os credores muitas vezes enfrentam uma situação difícil e complexa. De forma muito geral, existem três abordagens, nenhuma das quais atrativa: (a) providenciar o proprietário com suporte financeiro para continuar a navegar; (b) fechar e continuar a navegar com uma nova companhia e um novo gerenciamento; e (c) fechar e vender os ativos privadamente (o que provavelmente oferece o melhor preço) ou por meio de uma venda do Almirantado (que tem a vantagem de afastar todas as queixas contra o navio). Se o problema tem origem no mercado e se a relação com o mutuário é boa, a opção (a) pode fazer sentido, desde que ocorra uma valoração crescente dos ativos, mas, se o problema é mau gerenciamento, a opção (b) parece ser a mais apropriada. Em qualquer dos casos, a decisão de continuar navegando significa levantar capital, e isso pode ser feito vendendo barato os navios, negociando com os fornecedores para liquidar as dívidas com um desconto ou apoiando o proprietário do navio até que as coisas melhorem. De outra forma, é necessário que o credor faça uma injeção de capital. A escolha dependerá das circunstâncias. A venda de navios sob pressão pode resultar em preços de liquidação e é uma opção ruim se a inadimplência ocorre numa recessão, quando existe um potencial para os navios aumentarem de valor. Se a inadimplência ocorre num mercado normal e os ativos podem ser vendidos a um preço justo, essa pode ser a opção mais atrativa.

Esta é uma avaliação superficial de um assunto difícil e complexo, mas, espera-se, suficiente para demonstrar que o gerenciamento da inadimplência é um dos aspectos do financiamento de navios em que os conhecimentos práticos são necessários. Desse modo, idealmente, é melhor que os bancos escolham clientes que não entrem em inadimplência!

7.10 RESUMO

Neste capítulo abordamos como a indústria marítima financia as suas necessidades de capital num negócio que é volátil e historicamente tem oferecido retornos baixos. Começamos por rever a história do financiamento de navios. Mostrou-se que o tipo de financiamento disponível para a indústria marítima passou por fases distintas. Com o crescimento da economia mundial nas décadas de 1950 e 1960, existiu um período prolongado de investimento garantido por afretamento, iniciado sobretudo pelos embarcadores. Seguiram-se novas formas de financiamento garantido por ativo durante os mercados muito voláteis da década de 1980, nomeadamente os fundos de investimentos de navios e as sociedades em comandita simples norueguesas. Finalmente, na década de 1990, as companhias de navegação mostraram mais interesse em estruturas corporativas, com ofertas públicas e empréstimos empresariais.

O dinheiro para financiar os navios tem origem num pacote de poupanças que são controladas em três mercados: os mercados monetários (dívida em curto prazo), os mercados de capitais (dívida em longo prazo) e o mercado de ações (capital próprio). Atualmente a maioria dos investimentos é efetuada por instituições como os fundos de pensão e as companhias de seguros, embora existam alguns investidores privados. O acesso a esses mercados financeiros pode ser feito diretamente pelas companhias de navegação ou indiretamente por meio de um intermediário, como um banco comercial. O acesso direto necessita de estruturas empresariais bem definidas, que são menos utilizadas no transporte marítimo que em outras indústrias. Tradicionalmente, o transporte marítimo tem confiado muito na dívida bancária, sobretudo o transporte marítimo a granel. Dividimos o debate mais detalhado dos métodos de financiamento dos navios em quatro grupos principais.

Primeiro, os *fundos privados* representam uma importante fonte de financiamento. Inicialmente os fundos privados podem ser oriundos de um membro da família ou de um investidor privado, mas depois os navios começam a gerar o seu próprio fluxo de caixa, que pode ser utilizado para desenvolver o negócio.

Segundo, o *financiamento por meio de bancos comerciais* é a fonte mais importante para as companhias de navegação. Apresentamos uma distinção entre "proprietário de navios" e "companhia de navegação" e verificamos que os bancos comerciais financiam ambos, usando como instrumento "uma companhia de um só navio". Os empréstimos podem ser garantidos por uma hipoteca ou pelo balanço patrimonial da empresa. Para os grandes investimentos, pode-se organizar uma sindicalização. Por vezes, são utilizados os financiamentos dos estaleiros navais para comprar os navios novos, pois solucionam a difícil questão da garantia pré-entrega, e as condições de crédito são geralmente subsidiadas. Finalmente, mencionamos o financiamento mezanino, que raramente é usado, e as colocações privadas, em que as instituições financeiras emprestam ou investem diretamente nas companhias de navegação.

Terceiro, os *mercados de capitais* permitem que as companhias de navegação estabelecidas levantem financiamentos pela emissão de títulos. O capital pode ser levantado por uma oferta pública inicial de ações colocadas no mercado de capitais, em que as ações são depois comercializadas no mercado secundário. Para levantar um financiamento por empréstimos, a companhia com uma classificação de risco de crédito dado pelas agências classificação de risco de crédito pode emitir obrigações no mercado obrigacionista. Isso pode ocorrer por quinze ou mais anos; a companhia paga os juros (cupom) ao obrigacionista e a soma avançada (o capital) é reembolsada na totalidade quando a obrigação atinge o ponto de maturidade.

Quarto, abordamos *estruturas independentes*, que são estabelecidas para transações específicas. Estas incluem sociedades de propósitos específicos, sociedades em comandita simples, como as norueguesas K/S ou as alemãs KG, locações financeiras, locações operacionais e securitização. A locação oferece a possibilidade de reduzir os custos de financiamento transferindo a propriedade do navio para uma companhia, que pode utilizar sua depreciação para obter uma isenção fiscal.

O debate terminou com uma revisão das questões relacionadas com o gerenciamento de risco e as implicações de uma estrutura financeira para o fluxo de ganhos voláteis na indústria marítima. Também analisamos uma lista de verificação e debatemos os problemas com os quais os credores são confrontados, quando o mutuário entra em inadimplência (resolução). A conclusão é que o financiamento de navios, como qualquer coisa no transporte marítimo, altera-se com o tempo.

Finalmente, analisamos os problemas práticos que podem aparecer quando tratamos do inadimplência. Essa é uma parte difícil do negócio, tornando-se ainda mais desafiadora pelo fato de ocorrer muito raramente.

CAPÍTULO 8
RISCO, RETORNO E ECONOMIA DAS COMPANHIAS DE NAVEGAÇÃO

"Um homem sábio criará mais oportunidades que aquelas que encontrará."

(Sir Francis Bacon, autor inglês, cortesão e filósofo, 1561-1626)

"O pessimista vê dificuldades em todas as oportunidades. O otimista vê oportunidades em todas as dificuldades."

(Sir Winston Churchill, primeiro-ministro britânico)

8.1 O DESEMPENHO DOS INVESTIMENTOS NO TRANSPORTE MARÍTIMO

PARADOXO DO RETORNO NO TRANSPORTE MARÍTIMO

No início da década de 1950, Aristóteles Onassis, um dos empreendedores mais pitorescos da indústria marítima, definiu um plano para controlar o transporte do petróleo da Arábia Saudita. Em 20 de janeiro de 1954 ele assinou o "Acordo de Jiddah" com o ministro das Finanças saudita, criando a Saudi Arabian Maritime Company (SAMCO) para transportar o petróleo saudita. Inicialmente, Onassis deveria fornecer 500 mil toneladas de navios-tanques, e, à medida que a frota da Aramco (a concessão petrolífera saudita controlada pelos Estados Unidos) tornava-se obsoleta, a Samco substituiria os navios deles pelos seus. Em maio, o rei Saud ratificou o tratado e o maior navio-tanque de Onassis, lançado à água na Alemanha, foi nomeado em sua honra como Al Malik Saud Al-Awa.

É desnecessário dizer que nem as companhias petrolíferas nem o governo norte-americano deram as boas-vindas a um proprietário de navios privado que controlava esse recurso petrolífero estratégico. A Aramco recusou os navios-tanques de Onassis no seu terminal e o Departamento de Estado dos Estados Unidos pressionou a Arábia Saudita para que derrubasse o acordo. Onassis tornou-se alvo de uma pesquisa do FBI e o golpe tornou-se um desastre. Ao mesmo tempo que o ciclo de transporte marítimo se invertia no verão de 1956, a frota de navios-tanques de Onassis encontrava-se desarmada temporariamente. Então, ele teve sorte. Em 25 de julho de 1956, o Egito nacionalizou o Canal de Suez e, em outubro, Israel, Grã--Bretanha e França invadiram o Egito para recuperar o seu controle. Durante esse conflito, o Egito bloqueou o canal com 46 navios afundados e o petróleo do Oriente Médio destinado ao Atlântico Norte tinha de ser expedido pela rota mais longa, ao redor do Cabo da Boa Esperança. As taxas de frete de navios-tanques aumentaram de US$ 4 por tonelada para mais de US$ 60 por tonelada, e Onassis estava na posição ideal para tirar vantagem dessa expansão. Em seis meses, obteve um lucro de US$ 75-80 milhões, equivalente a US$ 1,5 bilhão a preços de 2005.[1]

Esses acontecimentos são lendários, mas Onassis não foi o único empreendedor a fazer uma fortuna na indústria marítima. Livanos, Pao, Tung, Bergesen, Reconati, Niarchos, Onassis, Lemos, Haji-Ioannou, Ofer e Fredriksen são somente algumas das famílias que se tornaram fabulosamente ricas com o negócio de transporte marítimo durante a última metade do século XX. Mas nem todos fazem fortuna no transporte marítimo. Como vimos no Capítulo 3, as companhias de navegação enfrentam numerosas recessões e a média dos retornos tende a ser baixa e de muito risco, no sentido de que os investidores nunca sabem quando o mercado mergulhará numa recessão. Então, por que razão eles despejam dinheiro no negócio? E como proprietários de navios fabulosamente ricos, como Aristóteles Onassis e John Fredriksen, se encaixam nesse modelo de negócio? Esse é o paradoxo do retorno do transporte marítimo.

Ao explicar esse paradoxo, voltamo-nos para a teoria da microeconomia para ter uma melhor percepção do que determina o comportamento das companhias no mercado marítimo. Primeiro, analisaremos brevemente o risco da indústria e os registros dos retornos para verificar do que estamos tratando. Segundo, debateremos como as companhias de navegação obtêm o seu retorno e, para tal, recorreremos a um exemplo. Terceiro, analisaremos o modelo microeconômico para definir o que determina os lucros "normais" e as defasagens que contribuem para a imprevisibilidade dos ganhos. Finalmente, olharemos com mais detalhe para o papel desempenhado pela "preferência do risco" na precificação do capital.

PERFIL DO RETORNO DO TRANSPORTE MARÍTIMO NO SÉCULO XX

Começaremos com uma revisão breve do desempenho financeiro da indústria marítima durante o último século – e deve ser dito de imediato que essa será uma leitura sombria. A revisão de cinquenta anos sobre a indústria marítima britânica efetuada por A. W. Kirkaldy, publicada em 1914, verificou que em 1911, "o melhor ano em uma década", o retorno não era melhor que o que poderia ser obtido num investimento em títulos de primeira classe e que "por vezes o transporte marítimo tinha de ser gerenciado com prejuízo".[2] Em outro estudo, efetuado pelo Comitê Administrativo do Transporte Marítimo de Linhas Não Regulares [*Tramp Shipping Administrative Committee*], verificou-se que, entre 1930 e 1935, 214 companhias de navegação de linhas não regulares tiveram um retorno de capital de 1,45% ao ano.[3] Reconhecidamente, a década de 1930 foi de má sorte, mas na década de 1950, muito melhor para o transporte marítimo, as coisas não foram muito melhores. Entre 1950 e 1957, o índice de bolsa do transporte marítimo do *Economist* crescia somente 10,3% por ano, comparados com os 17,2% do índice de "todas as companhias", e na década de 1960 as coisas tornaram--se ainda piores. Entre 1958 e 1969, o índice de bolsa do transporte marítimo do *Economist* indicava somente 3,2% ao ano, comparados com os 13,6% do índice de "todas as companhias".

Uma análise detalhada das companhias de navegação públicas e privadas efetuada pelo Comitê de Rochdale [*Rochdale Committee*] relatava um retorno de 3,5% ao ano para o período entre 1958 e 1969 e concluía que "o retorno do capital usado durante o período coberto pelo nosso estudo foi muito baixo".[4]

Na década de 1990, em geral um período de expansão do mercado de ações, o Índice de Ações do Transporte Marítimo de Oslo [*Oslo Shipping Shares Index*] praticamente não aumentou e, em 2001, o retorno do capital usado por seis companhias públicas proprietárias de navios-tanques apresentava um retorno médio do capital de somente 6,3%.[5] Outra análise efetuada com doze companhias de navegação durante o período de 1988-1997 concluiu que o retorno do capital de seis companhias de navegação a granel foi de 7% ao ano, enquanto seis companhias de linhas regulares e especializadas tinham um retorno médio do capital de 8%. Concluiu que esses retornos eram "na maioria dos casos inadequados para recuperar o capital a uma taxa de juros prudente e reter ganhos suficientes para apoiar a substituição e a expansão de ativos".[6] Contudo, em 2003, todo o cenário mudou, revelando um lado do negócio muito diferente. A expansão de 2003-2008 acabou por ser um oásis num deserto de retornos indiferentes e, ao mesmo tempo que os ganhos aumentavam e os valores dos ativos mais que duplicavam, tornou-se, como vimos no Capítulo 3, um dos mercados mais lucrativos da história do transporte marítimo, com investidores triplicando o seu capital em um espaço de cinco anos.

RISCO DO TRANSPORTE MARÍTIMO E MODELO DE PRECIFICAÇÃO DE ATIVOS FINANCEIROS

Contudo, existe algo mais a acrescentar ao paradoxo além de retornos baixos. O modelo de precificação de ativos financeiros [*capital asset pricing*, CAP] utilizado pela maioria dos analistas de investimento equaliza a volatilidade com o risco (debatemos o modelo CAP na Seção 8.4), e os retornos do transporte marítimo são muito voláteis. Apresenta-se na Figura 8.1 o tipo de volatilidade das receitas que os proprietários de navios enfrentam, a qual mostra a distribuição dos ganhos para um índice de transporte marítimo que cobre os ganhos médios dos navios-tanques, dos navios graneleiros, dos navios porta-contêineres e dos navios transportadores de GLP. Durante as 820 semanas entre 1990 e 2005, os ganhos foram em média de US$ 14.600 por dia, mas variaram entre US$ 9 mil por dia e US$ 42 mil por dia, com um desvio-padrão de US$ 5.900 por dia. Isso é uma amplitude muito grande. Alargando a análise a cada um dos tipos de navios, a Tabela 8.1

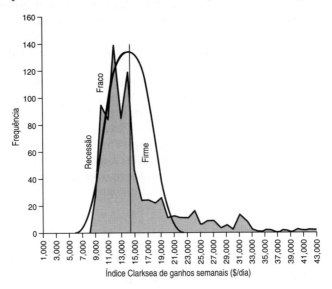

Figura 8.1 – Distribuição dos ganhos do transporte marítimo (1990-2005).
Fonte: Martin Stopford (2005) e Clarksons.

364
Economia marítima

compara a volatilidade dos ganhos mensais do mercado aberto de oito tipos de navios a granel diferentes utilizando o desvio-padrão como uma percentagem dos ganhos médios. Essa razão varia entre 52% para os navios de derivados do petróleo e 75% para um navio graneleiro Capesize, e é extraordinariamente elevado quando comparado com a maioria dos negócios, em que uma volatilidade mês a mês de 10% seria considerada extrema. Para colocar isso em perspectiva, se a média dos ganhos é o fluxo de receitas necessárias para gerenciar o negócio e realizar um lucro normal (uma questão à qual voltaremos no final do capítulo), as companhias de navegação ganham frequentemente 50% mais ou menos do que é necessário.

Tabela 8.1 – A volatilidade dos ganhos do transporte marítimo por setor de mercado (1990-2005)

	Média	Desvio-padrão	
	US$/dia	US$/dia	Média em %
Navio graneleiro Capesize	20.323	15.265	75%
Navio-tanque Suezmax	25.257	17.479	69%
Navio-tanque VLCC (diesel)	33.754	22.820	68%
Navio graneleiro Panamax	11.552	7.485	65%
Navio-tanque ULCC (turbinas)	25.074	15.960	64%
Navio-tanque Aframax	22.223	13.339	60%
Navio graneleiro Handymax	11.435	6.853	60%
Navio-tanque de produtos brancos	15.403	8.048	52%
Média	20.628	13.406	65%

Fonte: análise com base em dados da CRSL.

Essa volatilidade atravessa de forma ondulante todos os mercados, produzindo uma correlação estreita entre os movimentos da taxa de frete nos diferentes setores do mercado marítimo. Esse ponto é ilustrado pela análise de correlação apresentada na Tabela 8.2, a qual demonstra a correlação estreita entre os ganhos dos nove tipos de navios. Por exemplo, a correlação entre os ganhos de um navio graneleiro Panamax e de um navio graneleiro Capesize é de 84%, portanto, o investimento nos navios Capesize arrasta riscos de receitas semelhantes aos dos investimentos efetuados em navios Panamax. Contudo, para alguns outros tipos de navios, a correlação das receitas é muito mais baixa. Por exemplo, os VLCC e os navios graneleiros Handymax têm um coeficiente de correlação de –11%, então as flutuações das suas receitas tendiam a movimentar-se em direções opostas. Existe também uma correlação negativa entre os navios *offshore* e os navios porta-contêineres. Em teoria, os proprietários de navios podem reduzir a volatilidade dos seus ganhos por meio da incorporação de navios na sua frota com correlações baixas ou negativas. Mas os investidores podem preferir não reduzir o seu risco de volatilidade, pois tudo o que faz é fixar um retorno baixo – uma pista, talvez, de como os investidores em transporte marítimo veem o negócio.

COMPARAÇÃO DO TRANSPORTE MARÍTIMO COM OS INVESTIMENTOS FINANCEIROS

Essa combinação de ganhos voláteis e de retornos baixos distingue o transporte marítimo dos outros investimentos. Por exemplo, na Tabela 8.3, o resumo do retorno sobre o investimen-

Risco, retorno e economia das companhias de navegação **365**

to [*return on investment*, ROI], durante o período de 1975 a 2002 mostra que as obrigações do tesouro, o investimento mais seguro, pagavam 6,6% por ano, enquanto a Libor (Taxa Interbancária do Mercado de Londres), a taxa-base do eurodólar utilizada para financiar a maioria dos empréstimos no transporte marítimo, foi em média de 8,5%, com um desvio-padrão de 3,9%. As obrigações empresariais pagavam 9,6%, mas com um desvio-padrão muito mais elevado, de 11,7%, e os títulos de dívida pública eram praticamente a mesma coisa. Sem dúvida que o ROI mais elevado era para o índice de ações do S&P 500, que pagava 14,1%. Como vimos, o transporte marítimo apresenta uma história totalmente diferente, com os navios graneleiros ganhando somente 7,2%, um desvio-padrão de 40%, tornando-os duas vezes tão arriscados quanto o S&P 500. Debateremos na próxima seção como esse retorno é calculado.

Tabela 8.2 — Matriz de correlação para os ganhos mensais dos segmentos do mercado marítimo (1990-2002)

	VLCC	Aframax	Produtos	Capesize	Panamax	Handymax	GLP	Multipropósito 16 mil tpb	Navio porta-contêineres
VLCC	100%								
Aframax	84%	100%							
Produtos	59%	80%	100%						
Capesize	30%	39%	27%	100%					
Panamax	7%	18%	17%	84%	100%				
Handymax	−11%	4%	8%	70%	86%	100%			
GLP	36%	32%	33%	33%	15%	−2%	100%		
Multipropósito 16 mil tpb	−26%	−22%	−7%	52%	75%	84%	−2%	100%	
Navio porta-contêineres	−9%	9%	14%	59%	68%	71%	14%	68%	100%

Tabela 8.3 — Taxa de retorno anual relativa aos vários investimentos desde 1975

	Período	ROI (%)	Desvio-padrão (%)
Inflação	1975-2001	4,6	3,1
Obrigações do tesouro	1975-2001	6,6	2,7
Libor (6 meses)	1975-2004	8,5	3,9
Títulos de dívida pública em longo prazo	1975-2001	9,6	12,8
Obrigações empresariais	1975-2001	9,6	11,7
S&P 500	1975-2001	14,1	15,1
Transporte marítimo de granel sólido	1975-2004	7,2	40
Transporte marítimo de cargas líquidas	1975-2002	4,9	70,4

Fonte: Ibbotson Associates.

Como a maioria do investimento é gerenciado por instituições financeiras como os fundos de pensão (ver Capítulo 7), a precificação do capital reflete a demanda do tipo de ativos nos quais eles investem. A abordagem normal é medir o risco em função da volatilidade, utilizando o desvio-padrão dos retornos históricos do ativo. Eles esperam um retorno mais elevado em ativos voláteis e um retorno mais baixo em investimentos que são estáveis e previsíveis. Para ilustrar essa questão, a Figura 8.2 representa o ROI com relação ao risco, medido pelo desvio--padrão do retorno durante o período de 1975-2002 no eixo horizontal e o retorno médio no eixo vertical.

Existe claramente uma relação. As obrigações do Tesouro, com uma volatilidade de somente 3%, pagam 6,6%, um prêmio 2% acima da taxa de inflação. Tal poderia ser tomada como a remuneração--base de um investimento seguro. À medida que a volatilidade aumenta, cresce também o ROI, alcançando 15% para o S&P 500, oferecendo um prêmio de risco de cerca de 8,8% acima da inflação. Uma equação de regressão ajustada aos pontos no gráfico providencia uma estimativa da função de investimento durante esse período. Em média, o ROI aumenta 0,5% para cada crescimento de 1% na volatilidade.

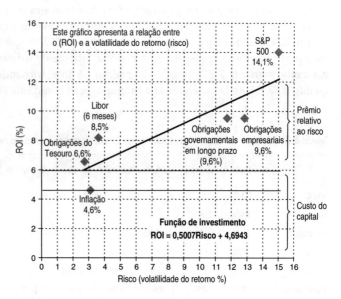

Figura 8.2 – Precificação do risco de vários ativos (1975-2002).
Fonte: Ibbotson, vários.

Se esse modelo representar o transporte marítimo, um investimento num navio graneleiro, com uma volatilidade de 35%, deveria pagar um retorno de cerca de 22% (ou seja, 6,6% do custo de capital mais um prêmio de risco de 17%). Contudo, como vimos anteriormente nesta seção, pagou somente 7,2%.

8.2 O MODELO DE INVESTIMENTO DE UMA COMPANHIA DE NAVEGAÇÃO

DUPLA PERSONALIDADE DA COMPANHIA DE NAVEGAÇÃO

Se os investidores podem obter 6,6% em obrigações do Tesouro seguras e 15% no S&P 500 (um índice de ações dos Estados Unidos), por que razão deveriam investir no transporte marítimo, que oferece um retorno semelhante, mas com uma volatilidade de 40%? As gerações de proprietários de navios e os seus banqueiros devem ter visto algo no negócio, mesmo nos tempos mais difíceis, e, quando examinamos a estrutura microeconômica dos mercados do transporte marítimo, certamente encontramos uma resposta. Na economia clássica não existe nenhum nível de lucro "correto". O "lucro normal" é qualquer um desde que os participantes no mercado estejam dispostos a contentar-se com ele.

Em grande medida, as companhias de navegação são muito semelhantes às "firmas" que os economistas clássicos tinham em mente quando desenvolveram a sua teoria de concorrência perfeita. Na teoria da economia clássica, a firma é "uma unidade técnica na qual os produtos primários são produzidos. O seu empreendedor (proprietário e gerente) decide quanto e como

Risco, retorno e economia das companhias de navegação

um ou mais produtos primários são produzidos e ganha o lucro ou suporta o prejuízo que resulta da sua decisão".[7] Em outras palavras, a firma transforma os insumos em produtos e o proprietário embolsa os lucros e suporta os prejuízos, e o transporte marítimo continua a ser um negócio desse tipo. Mais de 5 mil companhias[8] concorrem agressivamente num mercado em que as barreiras à concorrência livre, como as tarifas, os custos de transporte e as marcas dos produtos, quase não existem.[9] Muitas dessas companhias, tendo em média somente cinco navios, mostram uma semelhança extraordinária com a descrição dada por Joseph Schumpeter de uma firma típica que opera num mercado de economia clássica:

> A unidade econômica de propriedade privada era a firma de dimensão média. A sua forma legal típica era a parceria privada. Salvo o sócio "dormente", era tipicamente gerenciada pelo proprietário ou proprietários, um fato que é importante ter em conta em qualquer tentativa que se faça para perceber a economia "clássica".[10]

Essa descrição ajusta-se a muitas das companhias de navegação gregas, norueguesas e asiáticas que operam no mercado de granel sólido nas décadas recentes. É certo que os mercados especializados (ver Capítulo 12) e os mercados de linhas regulares (ver Capítulo 13) não se encaixam tão bem nessa descrição, mas certamente o transporte marítimo a granel se encaixa no modelo de economia clássica.

Porém, o modelo de concorrência perfeita não nos diz de quanto será o lucro, somente que ele tende para o nível "normal" da indústria. Esse lucro normal é o retorno necessário para manter a oferta e a demanda em equilíbrio, e isso significa manter os investidores no negócio em longo prazo.[11] Quando a oferta e a demanda estão desalinhadas, o retorno movimenta-se temporariamente para cima ou para baixo do lucro normal do negócio, e o mercado responde corrigindo esse desequilíbrio. No longo prazo, o lucro normal obtido por uma companhia específica sai da média de um nível que reflete o desempenho da companhia em três aspectos do negócio: a remuneração para a utilização do capital; o retorno por um bom gerenciamento; e o risco assumido (ver Destaque 8.1).

O capital domina o negócio de transporte marítimo. No modelo clássico, os empreendedores compram os materiais (fatores e produção) e adicionam-lhes valor. No transporte marítimo os fatores de produção são os navios, e as despesas operacionais e o capital dominam o negócio, com as despesas operacionais representando uma pequena proporção do custo de transporte. Então, embora a função primária da companhia seja providenciar o transporte, o gerenciamento do capital domina o negócio. A companhia pode economizar anualmente algumas centenas de milhares de dólares americanos por meio de um gerenciamento de na-

---

Destaque 8.1 – Os três Rs do lucro

- **Remuneração** pela utilização do capital. Entre 1975 e 2001 as obrigações do Tesouro dos Estados Unidos pagavam em média 6,6% ao ano (Tabela 8.3) e a inflação era de 4,6% ao ano, portanto, o retorno real do capital era de 2% ao ano.

- **Retorno** por um bom gerenciamento, por exemplo, reduzindo custos; utilizando melhor os navios; e recorrendo à inovação para aumentar a eficiência e melhorar o desempenho da carga. Esses são aspectos importantes do negócio, mas é provável que os retornos sejam bastante pequenos, talvez 1%-2% ao ano.

- **Prêmio do risco** a aventura capitalista, cujo investimento total pode ser perdido, poderá exigir um retorno de 20%-30% se o projeto for bem-sucedido. Sendo o negócio do transporte marítimo tão volátil, as recompensas por jogar corretamente o ciclo podem ser ainda maiores se as coisas correrem bem.

vios cuidadoso, mas o valor de um único navio pode mudar nesse montante numa questão de dias. Portanto, uma companhia de navegação é como gêmeos siameses – um gêmeo moderado, prestador de serviços de transporte, anda sempre ligado pelo quadril a um gêmeo que detém o fundo de investimento especulativo de risco elevado e que gerencia a carteira de capital de risco. Eles são de difícil separação e raros são os empreendedores capazes de executar simultaneamente ambas as tarefas – muitos dos que conseguem prosperar têm um gêmeo aninhado nos bastidores gerenciando o negócio. Provavelmente, essa combinação idiossincrática representa a persistência das unidades de negócio pequenas na indústria marítima e o seu estilo de gerenciamento altamente especializado.

MODELO DE RETORNO DO INVESTIMENTO NO TRANSPORTE MARÍTIMO (ROSI)

É importante distinguir entre o gerenciamento de navios e o gerenciamento de ativos, porque é provável que os gêmeos siameses da companhia de navegação produzam resultados financeiros muito diferentes. O gêmeo prestador de serviços de transporte que se especializa somente em serviços de transporte, financiados por capital próprio, deve esperar resultados baixos porque o negócio não é muito arriscado. Porém, o gêmeo do fundo de cobertura que se especializa no gerenciamento de ativos encontra-se num negócio muito diferente, oferecendo retornos muito grandes aos jogadores bem-sucedidos que estão preparados para assumir os riscos. Segue-se que o risco da companhia é determinado pela sua estratégia de negócio, não pelo ciclo do transporte marítimo. É evidente que a maioria das companhias enfrenta esse tipo de questão em algum momento, mas o transporte marítimo é um caso extremo porque o capital domina tanto e é tão líquido. A melhor maneira de ilustrar esse ponto é trabalhar sobre um caso prático.

O retorno do investimento no transporte marítimo [*return on shipping investment*, Rosi] pode se dividir em quatro elementos, que são definidos da seguinte forma:

$$ROSI_t = \frac{EVA_t}{NAV_t} = \frac{EBID_t - DEP_t + CAPP_t}{NAV_t} \times 100 \tag{8.1}$$

em que o NAV [*net asset value*] é o valor líquido dos ativos da frota no final do período contábil e o EVA [*economic value added*] é o valor econômico agregado. Para obter o valor econômico agregado, consideramos os ganhos antes de juros e da depreciação [*earnings before interest and depreciation*, Ebid], que é o fluxo de caixa ganho nos negócios efetuados no mercado aberto ou no mercado de afretamento por tempo, depois de deduzir as despesas operacionais, subtrair a depreciação [*depreciation*, DEP] para refletir o fato de que, durante o ano, os navios da companhia envelhecem, reduzindo os seus valores, e adicionar a valorização do capital [*capital appreciation*, Capp], a alteração do valor patrimonial da companhia durante o ano. A valoração do capital pertence ao território do gêmeo que detém o fundo de investimento especulativo; todo o resto pertence ao reino do gêmeo prestador dos serviços de transporte. Multiplicar por cem traduz o retorno em percentagem.

Para ilustrar como isso funciona na prática, a Tabela 8.4 apresenta o cálculo do Rosi para uma companhia de navegação hipotética, a Perfect Shipping, que operou entre 1975 e 2006. Visto que inclui a recessão da década de 1980 e a expansão de 2003-2006, o exemplo ilustra como a companhia se comportou em mercados extremamente bons e maus. Em dezembro de 1975 a companhia comprou uma frota de vinte navios graneleiros por US$ 162 milhões e operou-os até

Risco, retorno e economia das companhias de navegação

dezembro de 2006, no momento em que a frota tinha um valor de mercado de US$ 740 milhões. Para manter as coisas simples, a compra da frota em 1975 incluía um navio de cada idade entre um e vinte anos, e em cada ano que passava a Perfect Shipping vendia o seu navio mais velho para sucata e encomendava uma nova substituição. Isso lida com a difícil questão da depreciação, porque a companhia possuía uma frota de vinte navios com uma idade média de dez anos durante todo o período. Entre 1976 e 2006, a Rosi calculada pelo método da taxa interna de retorno foi de 7,3% ao ano (ver coluna 13 – o cálculo da [*internal rate of return*, IRR] é apresentado no final) e a volatilidade, de 40%, portanto, tratava-se de um investimento de risco elevado com um retorno baixo. Para comparação, entre 1980 e 2006, o valor médio da taxa de juros Libor a seis meses era de 6,9%, portanto, o retorno era praticamente o mesmo que colocar os fundos num depósito.

Contudo, quando examinamos os três elementos desse retorno, o Ebid (coluna 4), a depreciação (coluna 7) e o ganho de capital (coluna 10), obtemos percepções muito interessantes sobre o perfil de risco da companhia. Se por "arriscado" queremos dizer a possibilidade de perder o investimento, a Perfect Shipping não é tão arriscada como a volatilidade sugere.

GANHOS ANTES DOS JUROS E DA DEPRECIAÇÃO (EBID)

O ponto de partida é o cálculo do Ebid apresentado na coluna 4 da Tabela 8.4. Para calculá-lo em milhões de dólares americanos por ano, consideram-se os ganhos diários na coluna 2 e deduzem-se as despesas operacionais (Opex) na coluna 3. Durante o período, a companhia gera US$ 1.180 milhões, mas o fluxo de caixa foi muito volátil, oscilando de forma violenta entre praticamente nada em alguns anos até mais de US$ 50 milhões em outros. Durante os 31 anos existiram somente dois anos em que o Ebid foi negativo: US$ 2,4 milhões em 1966 e US$ 0,2 milhão em 1978. Com um capital circulante de US$ 3 milhões, a Perfect Shipping poderia ter cumprido as suas obrigações todos os anos, mesmo durante a recessão estrondosa da década de 1980, o que atende a pelo menos um dos critérios da classificação de risco de crédito sobre o grau de investimento – poderia atender às suas obrigações em todas as circunstâncias previsíveis, desde que fosse financiada com capital próprio e as suas únicas obrigações fossem os custos operacionais.

DEPRECIAÇÃO

A razão pela qual a cobertura do fluxo de caixa comercial da companhia é tão forte é o fato de uma grande proporção dos seus custos estarem associados ao capital. Geralmente, a depreciação é um item não financeiro, mas neste exemplo a substituição é tratada fora do fluxo de caixa. A frota foi comprada à vista e, em cada ano, compra-se um navio novo à vista aos preços de mercado correntes e o navio mais velho é vendido para sucata. Durante os 31 anos, o custo de substituição totalizou US$ 700 milhões, absorvendo até 59% dos US$ 1.180 milhões obtidos pela companhia antes dos juros e da depreciação. Existem duas observações que devem ser efetuadas sobre esse aspecto do modelo. Primeiro, a frota mantém exatamente o mesmo perfil de dimensão e de idade durante o período, portanto, trata-se de uma reflexão verdadeira da depreciação econômica. Segundo, a substituição não é necessariamente um custo fixo e pode variar para se ajustar ao fluxo de caixa da companhia. Quando há pouco dinheiro, a substituição pode ser atrasada e os navios mais velhos podem navegar por mais uns anos. Existem nove anos durante os quais a Perfect Shipping poderia ter feito isso, porque o fluxo de caixa empresarial não cobria a substituição. Durante as expansões, quando o dinheiro é abundante, podem-se encomendar mais navios. Essa flexibilidade dava à companhia uma segurança financeira.

370 Economia marítima

Tabela 8.4 – Retorno do investimento no transporte marítimo para a Perfect Shipping

	1	2	3	4	5	6	7	8	9	10	11	12	13
			Ebid		Depreciação (DEP) US$ milhões			Ganhos de capital (Capp) US$ milhões			Retorno (Rosi)		
					Custo de substituição de um navio			Preço de um navio com dez anos de idade	Valor da frota	Ganho (perda) de capital	EVA em US$ milhões	Valor líquido dos ativos	Rosi% col 11 + col 12
	Frota nuclear	Ganhos no mercado aberto US$/dia	Menos Opex US$/dia/ navio	Ebid em US$ milhões	Navio novo	Venda da sucata	Total						
	Ft	Opex$_t$	Ebid$_t$	NP$_t$	S$_t$	DEP$_t$	P$_t$	(P$_t$.N$_t$)	CAP$_t$	4+7+10	NAV	Rosi$_t$
1975	20			preço de compra da frota em dezembro de 1975 ⟶					162,0		(162)	162	
1976	20	4.964	3.494	9,2	16,0	1,3	(14,7)	6,0	120,0	−42	(47)	115	−40%
1977	20	3.814	3.984	−2,4	16,0	1,3	(14,7)	4,1	82,7	−37	(54)	60	−66%
1978	20	4.759	4.589	−0,2	19,0	1,4	(17,6)	6,7	133,3	51	33	93	25%
1979	20	9.888	5.079	32,1	26,0	2,3	(23,7)	10,8	216,0	83	91	184	42%
1980	20	12.534	5.499	47,6	30,0	2,6	(27,4)	13,7	273,3	57	78	262	28%
1981	20	11.540	5.152	43,2	29,0	1,8	(27,2)	8,7	173,3	−100	(84)	178	−48%
1982	20	5.121	4.586	2,4	19,0	1,4	(17,6)	4,3	86,7	−87	(102)	76	- 118%
1983	20	5.129	4.406	3,7	18,0	1,5	(16,5)	5,2	104,0	17	5	80	4%
1984	20	6.493	3.847	17,4	16,6	1,7	(14,9)	5,8	116,0	12	14	95	12%
1985	20	5.803	3.409	15,7	15,0	1,6	(13,4)	4,1	81,3	−35	(32)	62	−40%
1986	20	4.389	3.409	5,8	16,5	1,6	(14,9)	5,2	1040	23	14	76	13%
1987	20	6.727	3.519	21,4	21,0	2,2	(18,8)	8,7	173,3	69	72	148	42%
1988	20	12.463	3.646	60,6	26,0	3,2	(22,8)	11,3	226,7	53	91	239	40%
1989	20	13.175	3.865	64,0	29,0	3,3	(25,7)	14,0	280,0	53	92	331	33%
1990	20	10.997	4.080	47,2	29,0	3,1	(25,9)	12,0	240,0	−40	(19)	312	−8%
1991	20	12.161	4.950	49,0	34,0	2,3	(31,7)	16,0	320,0	80	97	409	30%
1992	20	8.243	4.031	28,3	28,0	1,8	(26,2)	12,5	250,0	−70	(68)	342	−27%
1993	20	9.702	4.413	35,7	28,5	2,0	(26,5)	13,0	260,0	10	19	361	7%
1994	20	9.607	4.351	35,5	28,0	2,1	(25,9)	14,0	280,0	20	30	390	11%
1995	20	13.934	4.654	63,6	28,5	2,3	(26,2)	14,3	286,7	7	44	434	15%
1996	20	7.881	5.229	17,0	26,5	2,5	(24,0)	13,0	260,0	−27	(34)	401	−13%
1997	20	8.307	5.377	18,9	27,0	2,0	(25,0)	15,8	316,0	56	50	451	16%
1998	20	5.663	4.987	3,2	20,0	1,4	(18,6)	9,8	196,0	−120	(135)	315	−69%
1999	20	6.370	5.000	8,1	22,0	1,9	(20,1)	12,0	240,0	44	32	347	13%
2000	20	10.800	5.100	38,4	22,5	2,1	(20,4)	11,8	236,0	−4	14	361	6%
2001	20	8.826	5.202	23,8	20,5	1,7	(18,8)	9,5	190,0	−46	(41)	320	−22%
2002	20	6.308	5.306	5,4	21,0	2,0	(19,0)	11,5	230,0	40	26	347	11%
2003	20	17.451	5.412	82,6	27,0	3,4	(23,6)	20,0	400,0	170	229	576	57%
2004	20	31.681	5.520	181,5	36,0	4,9	(31,1)	31,0	620,0	220	370	946	60%
2005	20	22.931	6.000	116,7	36,0	4,3	(31,7)	24,0	480,0	−140	(55)	891	−11%
2006	20	21.427	6.200	104,7	40,0	5,0	(35,0)	37,0	740,0	260	330	1.221	45%

Número de anos 31 — Nota: valor de fechamento da frota ⟶ — Nota: fechamento do valor líquido dos ativos ⟶

Total em US$ milhões 2.234 1.053 180 772 72 (700) 578 1059

Notas sobre a metodologia
1. Número de navios na frota.
2. Média em um ano da taxa de afretamento por tempo até 1989 e, para os anos seguintes, a média dos ganhos semanais para um navio de dez anos (todos dados da CRSL).
3 Custos operacionais. Entre 1976 e 1988 obtidos da base de dados da Clarkson Research. De 1989 a 1998 obtidos a partir dos registros da companhia.
4. Ebid é ((Col 2 × 350) − (Col 3 × 365) × Col 1) ÷ 1.000.000.
5. Preço da nova construção no final do ano. Deverá ser defasado para levar em conta a programação da entrega, mas para efeitos de simplificação recebido no ano.
6. Apresenta o valor de cessão de um navio em cada ano, com base no deslocamento de navio leve igual a 12.900 toneladas.
8. Preço de um navio de segunda mão com dez anos de idade (final do ano). Até 1997 estimado para um navio Panamax com cinco anos de idade.
10. Alteração do valor da frota total durante o ano em US$ milhões.
11. Valor econômico agregado (EVA) Col 4 + Col 7 + Col 10.
12. O valor líquido do ativo é o valor corrente da frota + Ebid − DEP.

Risco, retorno e economia das companhias de navegação   **371**

GANHOS DE CAPITAL

Finalmente, existe a valoração do capital. Em 2006, a frota comprada por US$ 162 milhões em 1975 tinha aumentado o seu valor para US$ 740 milhões. O valor patrimonial da frota encontra-se calculado na Tabela 8.4, multiplicando o número de navios pertencentes à frota nuclear (coluna 1) pelo preço de mercado de um navio com dez anos de idade (coluna 8), o ganho ou a perda em cada ano é apresentado na coluna 10. Foi uma viagem acidentada, com a frota perdendo US$ 100 milhões em 1981, ganhando US$ 220 milhões em 2004, perdendo US$ 150 milhões em 2005 e ganhando US$ 260 milhões em 2006. Porém, para a Perfect Shipping esse aumento no valor dos ativos não é uma valoração real, porque o custo de substituição da sua frota também aumentou e a companhia tem exatamente os mesmos ativos físicos com os quais começou.

DESEMPENHO FINANCEIRO DA PERFECT SHIPPING

Em resumo, a Perfect Shipping ganhou US$ 1.180 milhões antes de juros e da depreciação (Ebid). Gastou US$ 700 milhões em dinheiro para substituir os navios (ou seja, depreciação), deixando um fluxo de caixa livre de US$ 480 milhões. A frota aumentou em valor para US$ 740 milhões, um crescimento de US$ 578 milhões, portanto, o valor econômico agregado total foi de US$ 1.059 milhões e o valor líquido do patrimônio aumentou de US$ 162 milhões para US$ 1.221 milhões (coluna 12).

De acordo com os padrões dos mercados de capitais, este é um investimento estranho. A taxa interna de retorno de 7,3% foi muito baixa quando comparada com os outros investimentos analisados anteriormente no capítulo (ver Tabela 8.3), e não muito mais do que os dólares americanos que teriam recebido num depósito. Os retornos não eram confiáveis. Os ganhos tinham um desvio-padrão de 40% e, em 1985, dez anos depois do investimento, o valor do patrimônio líquido tinha reduzido pela metade, para US$ 76 milhões (coluna 12). Só em 1987 o investimento inicial de US$ 162 milhões foi ultrapassado, portanto, precisou de investidores muito pacientes. Esses retornos irregulares durante longos períodos tornariam o transporte marítimo inadequado para um investimento de pensões, mas é surpreendentemente seguro. O Ebid foi positivo em todos os anos, exceto em 1977-1978, e o capital circulante de US$ 3 milhões seria capaz de cobrir isso. Não havia dívida e, embora existissem anos em que o investimento de substituição não podia ser financiado a partir do fluxo de caixa, isso seria atrasado, permitindo que a Perfect Shipping navegasse por recessões sem ficar sem dinheiro. No passado muitos investidores em transporte marítimo adotaram esse tipo de estratégia de não pedir emprestado. Por exemplo, depois das suas experiências nas recessões que dominaram a primeira metade do século XX, durante as décadas de 1950 e de 1960, muitas companhias de navegação britânicas tornaram-se avessas ao risco, financiando os seus investimentos sobretudo a partir do fluxo de caixa,[12] e alguns proprietários gregos de linhas não regulares seguiram esse mesmo tipo de estratégia.

Entretanto, o aspecto redentor desse investimento idiossincrático é a oportunidade que apresenta para os empreendedores mais inteligentes. A Perfect Shipping acabou com ativos em torno de US$ 1 bilhão, mas poderia ser gerenciada por um proprietário, alguns gerentes e cerca de vinte a trinta funcionários. A maioria dos negócios que empregam essa quantidade de capital tem milhares de funcionários e uma estrutura de gerenciamento muito grande que a apoia. Os retornos fracos pelos padrões dos mercados de capitais são uma pequena fortuna para um único proprietário, e o controle do negócio com todos esses ativos apresenta inúmeras oportunidades. Um exemplo óbvio é a especulação em navios. Se a companhia tivesse comprado cinco navios na baixa de cada ciclo e os tivesse vendido no pico, teria gerado durante o período um extra de US$ 414 milhões. Ou, se tivesse gerenciado de tal forma que os seus navios durassem 25 anos, em vez de vinte, sem gastar mais em manutenção, teria efetuado um adicional de US$ 120 milhões. Também poderia ter utilizado os navios como garantia para pedir emprestado para alargar a frota. Depois, existe o lado da carga – a oportunidade em aceitar contratos de carga e de afretar os navios para operá-los com lucro. Essas atividades não necessitam de exércitos de gerentes; procura-se um indivíduo com as competências e com o dom de saber o que se vai fazer a seguir, a sorte e o capital para isso.

Portanto, a razão para investir num negócio de baixo retorno e de elevado risco é que ser proprietário de uma companhia de navegação oferece aos empreendedores a oportunidade única de pôr para funcionar os seus talentos. Nas companhias de navegação, os proprietários e os investidores familiares que valorizam a segurança sobre o ROI podem jogar pelo seguro, mas proprietários de navios ambiciosos podem utilizar as suas competências para negociar a volatilidade das taxas de frete e os preços dos navios. Ao fazer isso, agregam valor por tornar a oferta do transporte marítimo mais responsiva às tendências econômicas – precisamente aquilo que o mercado quer. Se eles fizerem isso corretamente, o mercado os fará ricos – caso contrário, existe sempre outro ciclo. Portanto, o modelo Rosi oferece retorno baixo e pouco risco ou elevado retorno e alto risco. Essa é, de forma breve, a explicação do *paradoxo da rentabilidade do transporte marítimo*.

8.3 TEORIA DA CONCORRÊNCIA E O LUCRO "NORMAL"

A nossa próxima tarefa é explorar a compensação econômica entre o risco e o retorno para as companhias de navegação. No Capítulo 5 debatemos o modelo macroeconômico e verificamos que o fluxo de caixa é regulado pela oferta e pela demanda que orienta as taxas de frete para cima e para baixo. Mas a análise não nos disse onde é que as taxas de frete e os lucros se nivelam, nem discute os riscos de, por exemplo, uma alavancagem financeira. Portanto, nesta seção, aplicaremos a teoria microeconômica às companhias no mercado marítimo para responder a essas questões.

MODELO MICROECONÔMICO DA COMPANHIA DE NAVEGAÇÃO

Continuando com o caso de estudo da Perfect Shipping, vamos nos concentrar nos custos e nas receitas da companhia em determinado momento. Na Tabela 8.5, o perfil do negócio mostra uma frota de vinte navios (coluna 1) com um valor contábil de US$ 246,8 milhões (o total da coluna 2). Como antes, o navio mais novo tem um ano de idade e o mais velho tem vinte anos (coluna 3). Os *custos variáveis* da Perfect Shipping são apresentados nas colunas 4-6. O seu escritório custa US$ 3 milhões ao ano para ser gerenciado, aumentando para US$ 4 milhões quando todos os vinte navios se encontram navegando (coluna 4). Os custos operacionais (coluna 5) aumentam com a idade do navio, quase que duplicando de US$ 1,1 milhão por ano para o navio mais novo para US$ 2,05 milhões por ano para o navio mais velho. O custo operacional cumulativo (coluna 6) atinge US$ 31,4 milhões por ano, quando todos os vinte navios estão em serviço. Visto que os navios mais velhos têm um gerenciamento mais caro, quando as taxas de frete estão abaixo dos custos variáveis, a companhia pode reduzir os seus custos desarmando temporariamente os navios menos eficientes. Os *custos de capital* do negócio encontram-se resumidos na seção 3, no final da Tabela 8.5. O custo anual de financiamento dos US$ 246,8

Risco, retorno e economia das companhias de navegação

milhões da frota é de US$ 22,2 milhões, que assume uma taxa de juros de 5% e uma depreciação de 4%, as quais devem ser pagas independentemente de quantos navios estejam no mar.

Numa base diária, a principal decisão operacional da Perfect Shipping é se deve ou não comercializar todos os seus navios ou desarmar temporariamente alguns deles. Baseia a sua decisão em duas variáveis, o perfil de custo da sua frota e o nível das taxas de frete. As colunas 7-9 na Tabela 8.5 mostram três funções de custo que descrevem o perfil de custo da companhia, o custo marginal [*marginal cost*, MC] na coluna 8; o custo variável médio [*average variable cost*, AVC] na coluna 9; e o custo total médio [*average total cost*, ATC] na coluna 10. Essas curvas encontram-se ilustradas graficamente na Figura 8.3.

- A curva MC representa o custo de colocar mais um navio no mar. É apresentada na coluna 7 da Tabela 8.5 e inclui dois itens. O primeiro é o custo anual de cada um dos vinte navios, variando entre o mais econômico, que custa US$ 1,1 milhão por ano, e o mais dispendioso, que custa US$ 2,05 milhões (coluna 6). O segundo é o pequeno aumento nos custos de escritório quando são colocados mais navios em serviço (calculado a partir da mudança na coluna 4, quando a frota aumenta em um navio). Na Figura 8.3, a curva MC é representada graficamente utilizando aos dados de MC apresentados na coluna 7 da Tabela 8.5. Aparece como uma linha reta aumentando de US$ 1,1 milhão por ano com o navio mais econômico no mar até US$ 2,1 milhões quando é ativado o navio menos eficiente. Quando todos os vinte navios estão no mar, a curva MC torna-se vertical, porque a companhia não tem mais navios.

- O AVC é o custo variável médio dos navios no mar, como apresentado na coluna 8 da Tabela 8.5. Corresponde ao somatório dos custos do escritório para o número de navios no mar (coluna 4) e o total dos custos operacionais [*operational expenses*, OPEX] desses navios (coluna 6), dividido pelo número de navios no mar. Cai de US$ 4,15 milhões com um navio no mar para US$ 1,77 milhão com os vinte navios no mar, como representado graficamente na Figura 8.3.

- O ATC é a soma dos custos de escritório, operacionais e de capital, os quais são apresentados no final da Tabela 8.5, dividido pelo número de navios no mar. Como os custos de capital devem ser pagos independentemente de o navio estar navegando ou não, cai de um total de US$ 26,36 milhões com um navio no mar para US$ 2,88 milhões com os vinte navios no mar. Na Figura 8.3, a curva ATC é representada graficamente utilizando os dados da coluna 9 da Tabela 8.5

Na Figura 8.3 a ilustração gráfica dessas três curvas resume a posição financeira sobre a qual a Perfect Shipping baseia as suas decisões operacionais. A linha AVC apresenta o ponto de equilíbrio das despesas correntes para o negócio durante as recessões (dependendo do número de navios no mar). Mas, se incluirmos o subsídio nominal para o capital, a curva relevante é a linha ATC, que nos conta uma história diferente. Em todos os níveis de produção o ponto de equilíbrio é muito mais elevado. Vamos nos referir à área sombreada entre essas duas curvas como a faixa de risco do capital próprio no transporte marítimo [*shipping equity risk band*, SERB], e a questão central para a Perfect Shipping é como financiar esse elemento dominante dos seus custos. A escolha entre a dívida ou o capital próprio determina o ponto de equilíbrio do fluxo de caixa do negócio. Se o SERB é financiado sobretudo com dívida, a companhia de navegação precisa investir menos do seu capital próprio, alavancando os seus retornos, mas está comprometida com uma programação de reembolsos de dívida.

Economia marítima

Tabela 8.5 – Modelo operacional da Perfect Shipping

1	2	3	4	5	6	7	8	9
	1. FROTA			2. CUSTOS VARIÁVEIS		4. FUNÇÕES DE CUSTO		
						Como desenvolvem os custos com o aumento da produção		
	Perfil da frota		Escritório	Custos operacionais				
				Opex		MC	AVC	ATC
Número no mar	Valor contábil em US$ milhões/ navio	Idade do navio em anos	Custos totais no ano	Por navio de acordo com a idade na coluna 1	Para a frota dos navios no mar	Equaliza a coluna 5 + o custo extra do escritório	Col 4 + Col 6 ÷ Col 1	Colunas 4 + 6 + 22.2 ÷ coluna 1
1	20,0	1	3,1	1,10	1,1	1,10	4,15	26,36
2	19,2	2	3,1	1,15	2,2	1,20	2,67	13,78
3	18,4	3	3,2	1,20	3,4	1,25	2,20	9,60
4	17,6	4	3,2	1,25	4,7	1,30	1,97	7,52
5	16,8	5	3,3	1,30	6,0	1,35	1,85	6,29
6	16,0	6	3,3	1,35	7,3	1,40	1,77	5,47
7	15,2	7	3,4	1,40	8,7	1,45	1,72	4,90
8	14,4	8	3,4	1,45	10,2	1,50	1,70	4,47
9	13,6	9	3,5	1,50	11,7	1,55	1,68	4,15
10	12,8	10	3,5	1,55	13,2	1,60	1,67	3,89
11	12,0	11	3,6	1,60	14,8	1,65	1,67	3,69
12	11,2	12	3,6	1,65	16,4	1,70	1,67	3,52
13	10,4	13	3,7	1,70	18,1	1,75	1,68	3,38
14	9,6	14	3,7	1,75	19,9	1,80	1,68	3,27
15	8,8	15	3,8	1,80	21,7	1,85	1,70	3,18
16	8,0	16	3,8	1,85	23,5	1,90	1,71	3,10
17	7,2	14	3,9	1,90	25,4	1,95	1,72	3,03
18	6,4	16	3,9	1,95	27,4	2,00	1,74	2,97
19	5,6	18	4,0	2,00	29,4	2,05	1,75	2,92
20	3,6	20	4,0	2,05	31,4	2,10	1,77	2,88
Total	246,8		3,0	31,40				

Percentagem dos custos

3. CUSTOS DE CAPITAL	**Definição das quatro seções nesta tabela**
O custo de capital anual total da frota	1. Mostra uma frota de vinte navios com um navio de cada idade de um a vinte anos. 2. Mostram como os custos específicos do navio variam com cada idade do navio. 3. É o custo fixo de US$ 22,2 milhões que deve ser pago independentemente do número de navios no mar; 4. Mostram como o custo da companhia por navio altera dependendo do número de navios no mar, o qual é apresentado na coluna 1.

£ milhões

Taxa de juros a 5% por ano — 12,3

Depreciação a 4% por ano — 9,9

Custo de capital total por ano — 22,2

Por exemplo, com nove navios no mar, a Perfect Shipping pode sobreviver com uma média de receitas da ordem de US$ 1,62 milhão ao ano, mas, se for financiada com 100% de dívida, deve ganhar por navio US$ 4,09 milhões ao ano para atender às suas obrigações. Portanto, a companhia (e os seus banqueiros) deve decidir quanto do SERB pode ser financiado com segurança com capital próprio e quanto pode ser financiado por instrumentos financeiros que envolvam pagamentos fixos calendarizados.

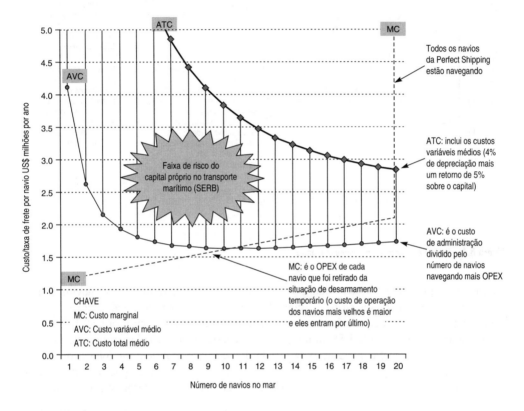

Figura 8.3 – Curvas MC, AVC e ATC do modelo de concorrência perfeita.

RECEITA DOS FRETES E PROCESSO DE AJUSTAMENTO CÍCLICO EM CURTO PRAZO

Se introduzirmos as taxas de frete na análise (Figura 8.4), verificamos por que a estrutura financeira é tão importante. As linhas horizontais rotuladas como P1–P4 representam quatro níveis diferentes de taxas de frete. Essas taxas de frete são determinadas pela oferta e pela demanda (ver Capítulo 5), mas tudo o que a Perfect Shipping vê é uma linha horizontal de preço que não se altera, independentemente de quantos navios a companhia possa oferecer para fretamento.

O modelo da concorrência perfeita mostra que a Perfect Shipping maximizará o seu lucro (ou minimizará a sua perda) produzindo em um nível no qual o seu custo marginal iguala a *taxa* de frete.

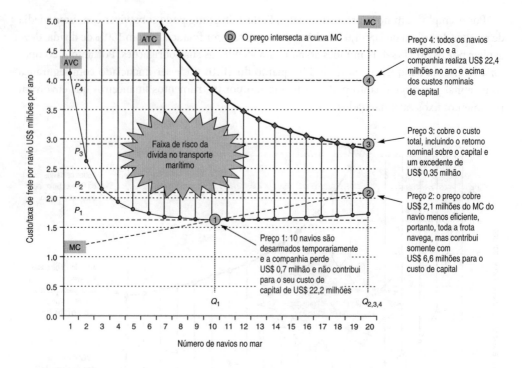

Figura 8.4 – Modelo de concorrência perfeita com preços.

Ao preço P^1, que é de US$ 1,6 milhão por navio por ano, deveriam operar dez navios, porque nesse nível operacional o seu custo marginal de US$ 1,6 milhão por ano iguala o preço. A lógica econômica é óbvia. Se colocar dez navios no mar, então o 11º navio custará US$ 1,65 milhão para operar, portanto, perde US$ 50 mil por ano. Inversamente, se colocar somente nove navios no mar, ela perde a contribuição da receita de US$ 50 mil obtida por colocar o navio 10 para navegar. Esse é o processo básico de decisão das companhias que operam num mercado de concorrência perfeita – produzem para um nível ao qual o custo marginal equaliza o preço.

Com dez navios no mar, o AVC é de US$ 1,67 milhão e a receita é de US$ 1,6 milhão por navio, portanto, a companhia perde um total de US$ 0,7 milhão nos dez navios no mar e não faz qualquer contribuição para o seu custo de capital nominal de US$ 22,21. Se a companhia for financiada com capital próprio não há problema, mas se qualquer capital do SERB for financiado pela dívida, não consegue fazer os pagamentos ao seu banco. Se os pagamentos não forem feitos, entra no mercado um segundo decisor, o banqueiro da Perfect Shipping (uma situação muito parecida com aquela enfrentada pela Perfect Shipping em 1977, apresentada na Tabela 8.4). Isso ilustra a posição nas recessões, quando a força financeira das companhias de navegação é testada e somente as mais fortes sobrevivem. Se as taxas de frete continuam baixas, as companhias mais fracas acabam por vender os seus navios às mais fortes financeiramente a preços de liquidação – um jogo de economia darwiniana pura.

Movendo agora para P_2 na Figura 8.4, a receita aumenta para US$ 2,1 milhões por navio, o que iguala o MC do navio mais velho, portanto, a companhia põe todos os seus navios no mar. A Perfect Shipping pode pagar agora todos os seus custos fixos e variáveis, mas realiza somente uma contribuição de US$ 6,6 milhões para os seus US$ 22,2 milhões de custos de capital nominal. Provavelmente poderia pagar algum juro, mas não poderia reembolsar o capital, uma situação que o banco provavelmente não é capaz de tolerar. Em P_3 as receitas aumentam para US$ 2,9 milhões por navio, e finalmente a companhia cobre os seus custos de capital nominal, enquanto em P_4 o frete de US$ 4 milhões por navio resulta num lucro bonificado de US$ 22,4 milhões para os acionistas. Às vezes, os economistas referem-se a esse elemento do lucro como "renda". Nesse ponto, qualquer alavancagem financeira paga a si própria, pois o proprietário ou o investidor de capital mantém esse lucro. À medida que o dinheiro entra, a companhia encontra-se desesperada por aumentar as suas receitas por meio da expansão da frota, e tem os fundos financeiros para fazer isso. Primeiro, licita por navios de segunda mão que possam operar de imediato, mas eventualmente estes tornam-se tão dispendiosos que as novas construções parecem mais atrativas. Assim que a carteira de encomendas é entregue, o mercado alcança o seu objetivo – a capacidade aumenta e as receitas diminuem.

Uma vez que a estrutura financeira determina a tolerância da companhia aos ciclos de frete, isso liga sua estratégia financeira à sua visão do mercado. Por exemplo, companhias que acreditem que não existirá uma perturbação significativa no mercado nos anos seguintes podem decidir cobrir uma grande proporção da sua SERB com dívida. Se estiverem certos, os proprietários realizam grandes lucros, enquanto companhias com uma visão mais conservadora pagam pelo seu conservadorismo com retornos baixos. Se os seus acionistas ficarem desiludidos, podem ser compradas pelos seus concorrentes financeiramente mais agressivos, ou sair do negócio. Porém, se existir uma crise de mercado, a sua estrutura financeira conservadora permitirá que sobrevivam e possam ainda adquirir os seus concorrentes com alavancagem excessiva. Assim as companhias de navegação são diferenciadas e a sua estratégia financeira coloca-os em concorrência uns com os outros durante as suas passagens pelos ciclos. Dessa perspectiva, o transporte marítimo parece-se com pôquer, um jogo entre os participantes.

PROCESSO DE AJUSTAMENTO EM LONGO PRAZO

Com a oscilação do fluxo de caixa da companhia de US$ –22,9 milhões em P_1 para US$ 22,4 milhões em P_4, a Perfect Shipping tem de balancear os anos bons com os maus. É aqui que entra em funcionamento o mecanismo de ajustamento de longo prazo. As companhias continuam a encomendar navios desde que consigam realizar um lucro normal. Se as taxas de frete se movimentam acima do ATC, as companhias encomendam mais navios. Inversamente, se as taxas de frete se mantêm abaixo do ATC durante bastante tempo, os investidores ficam desiludidos e desinvestem, cortando nas novas construções ou enviando navios velhos para sucata. Dessa forma o mercado elimina os navios ineficientes e, assim que a oferta diminui, as receitas aumentam e uma frota mais eficaz em nível de custo movimenta-se numa tendência positiva. Juntando um ciclo com outro, os lucros estabilizam em um nível que faz com que os investidores voltem para mais, e, dada a estrutura de companhias como a da Perfect Shipping, é bastante plausível a ideia de que o lucro normal se estabilize em torno do custo do empréstimo mais uma margem pequena.

LIGAÇÃO ENTRE OS MODELOS MICROECONÔMICO E MACROECONÔMICO

Na Figura 8.5, os gráficos ilustram a ligação entre os modelos micro e macroeconômicos. A Figura 8.5(a) mostra a geração de três preços pela intercepção da oferta e da demanda no nível macroeconômico. O preço 1 é determinado pela intersecção de D^1 e S^1, mas, assim que for adicionada mais oferta em resposta ao preço elevado, a curva da oferta movimenta-se para a direita, gerando um preço 2 em S^2 e um preço 3 em S^3. Esse processo foi debatido no Capítulo 5. A Figura 8.5(b) apresenta como isso gera os preços de mercado enfrentados pelas firmas individuais na Figura 8.4.

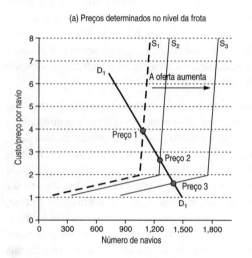
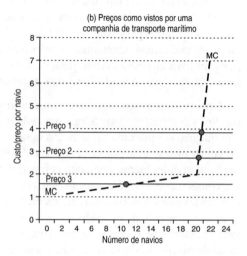

Figura 8.5 – O ajustamento do retorno em longo prazo.

Contudo, na prática, o mecanismo de ajustamento não é tão claro como a análise anterior sugere. A preços abaixo de P^2, o benefício marginal resultante do desarmamento temporário de um navio é tão pequeno em relação aos outros custos que o proprietário de navios enfrenta que a resposta lógica é manter a frota em serviço para o caso de um crescimento súbito não esperado nas taxas de frete produzindo um pico. Nessas circunstâncias, o processo de seleção dos navios para marginalizar é deixado ao cuidado dos afretadores, que em primeiro lugar ficam com os melhores navios e, quando existe um excesso de capacidade, como ocorre quando os preços estão abaixo de P_2, deixam os restantes à demanda de carga. Mas isso não é uma grande perda quando as taxas de frete estão próximas dos custos operacionais. Nessas circunstâncias o posicionamento da companhia de navegação é como um jogador de pôquer que luta com uma mão de cartas ruim, tentando descobrir quando aumentar a aposta ou quando sair. Com base nessa analogia, o lucro "normal" é a margem estatística que um jogador profissional calcula que pode ganhar no longo prazo, e isso é o que determina se ele continua ou não a jogar. Porém, nem todos os jogadores são rigorosamente sensatos, e a mesma probabilidade aplica-se aos investidores em transporte marítimo, especialmente se houver a possibilidade de obter US$ 22,4 milhões na próxima retomada.

TEOREMA DA TEIA DE ARANHA E DIFICULDADE EM DEFINIR OS RETORNOS

O modelo de mercado apresentado na Figura 8.5 é estático, portanto, não mostra a dimensão temporal, que desempenha um papel tão importante no processo de ajustamento. A combinação de alterações imprevisíveis na demanda e defasagens temporais para que a oferta responda adicionam outra dimensão à complexidade que as companhias enfrentam no mercado marítimo. Na Seção 4.5 definimos três pontos de equilíbrio relacionados com o tempo: o equilíbrio *momentâneo*, que diz respeito somente a navios numa zona de carga; o de *curto prazo*, no qual os navios entram e saem do desarmamento temporário; e o de *longo prazo*, em que os navios novos são construídos e entregues. No nível microeconômico, ocorrem as mesmas defasagens, e os economistas utilizam frequentemente o modelo da "teia de aranha" para descrever a dinâmica do processo de ajustamento quando existe uma defasagem em resposta a alterações na oferta e na demanda.[13]

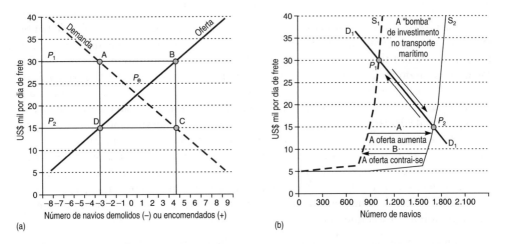

Figura 8.6 – O modelo da teia de aranha para o mercado marítimo: (a) no nível da companhia; (b) no nível da indústria.

A Figura 8.6 ilustra como o teorema da teia de aranha funciona. Essa figura divide-se em duas partes; a Figura 8.6(a) mostra o processo de ajustamento de uma companhia individualmente e a Figura 8.6(b) mostra o que acontece no nível da indústria. No eixo vertical, a taxa de frete é apresentada em milhares de dólares americanos por dia e, no eixo horizontal, apresenta-se o número de navios encomendados ou enviados para sucata. Começamos com o mercado em equilíbrio em P_e, a uma taxa de frete diária de US$ 22.500. Nessa taxa de frete a demanda iguala a oferta e os proprietários não precisam enviar os navios para sucata nem encomendar navios (ou seja, iguala P^3 na Figura 8.4, que cobre somente o ATC). Depois, por qualquer razão, o preço aumenta para P^1 (US$ 30 mil/dia). Nesse nível de preço lucrativo, a curva da oferta mostra que os proprietários de navios correm para os estaleiros e encomendam quatro navios novos (ver o ponto B no gráfico). Mas, quando os quatro navios são entregues, a oferta aumenta em quatro navios e os proprietários verificam que têm de baixar o seu preço para US$ 15 mil por dia para conseguir fretar todos os navios (ver a intersecção com a curva da demanda no ponto C). Com as taxas de frete baixas, em US$ 15 mil por dia, os proprietários decidem enviar três navios para sucata (ver a curva da oferta no ponto D), reduzindo a frota. Com menos três navios disponíveis, as taxas de frete aumentam para US$ 30 mil por dia no ponto A. Os proprietários de navios encomendam quatro navios, e continua dessa forma.

O gráfico na Figura 8.6(b) mostra como as ações tomadas individualmente pelas companhias de navegação afetam o equilíbrio geral de mercado (note-se que esse gráfico não está feito em escala). No movimento descendente, quando os navios novos estão para ser entregues e a oferta se expandindo, os navios adicionais movimentam a curva da oferta para a direita, de S_1 para S_2, contribuindo para o abaixamento das taxas de frete. Depois as taxas de frete baixas forçam alguns navios velhos a sair do mercado, a curva da oferta movimenta-se para a esquerda, de S_2 até S_1, contribuindo para aumentar as taxas de frete de P_2 para P_1. Isso injeta dinheiro nas contas bancárias dos proprietários de navios, o que motiva novas encomendas. Como leva alguns anos para que os navios cheguem, a expansão é alargada e é provável que sejam feitas muitas encomendas. Assim que todos esses navios são entregues, a curva da oferta movimenta-se para a frente, novamente para S_2, forçando a descida do preço para P_2. Poderá levar algum tempo até que os proprietários decidam enviar os navios velhos para sucata, período em que a recessão se arrasta. Dessa forma, a bomba do investimento gerencia a substituição da frota, alternativamente absorvendo os navios novos e retirando os velhos.

Enquanto essa história secundária de substituição da frota se desenrola, o mercado também deve tratar das alterações imprevisíveis na demanda. No exemplo na Figura 8.6(b) a curva da demanda não se altera – o ajustamento é totalmente orientado pelo mecanismo da oferta. Porém, no mundo real, a curva da demanda movimenta-se para a esquerda e para a direita, em resposta ao crescimento do comércio e às recessões do ciclo econômico. Isso adiciona um segundo grau de complexidade às decisões com que os investidores são confrontados. Onde estará a curva da demanda quando os navios novos forem entregues? Como vimos no Capítulo 5, trata-se de um cálculo embrutecedor, no qual as expectativas desempenham um papel principal. Se todos os navios velhos forem enviados para sucata logo que as taxas de frete caírem rapidamente, o ciclo inverte-se. Se os proprietários aguentam, na esperança de que ocorra uma retoma gerenciada pela demanda, a recessão arrasta-se até que a retomada gerenciada pela demanda aconteça. Pena do pobre analista que tenta reproduzir esse modelo, um cruzamento entre um xadrez de três dimensões e um pôquer aberto.

Finalmente, podemos observar que a curva da oferta do transporte marítimo não é somente influenciada pelas taxas de frete, é importante também o sentimento do investidor. Durante uma recessão, os investidores podem decidir que o momento é adequado para efetuar algumas encomendas anticíclicas, ou podem entrar em pânico e vender os seus navios mais velhos para sucata. Daqui resultariam dois cenários de fretes muito diferentes, outra razão pela qual é difícil prever os ciclos de transporte marítimo. Contudo, uma coisa é certa. Todas as vezes que a capacidade da bomba bate no fundo, e uma vez que a sua velocidade de bombeamento determina o Rosi, não podemos esperar que o lucro "normal" seja consistente ou bem definido. Tudo o que sabemos é que, por vezes, os retornos são muito grandes e por vezes, muito pequenos, e ao longo dos anos nunca houve uma escassez de investidores em transporte marítimo dispostos a liquidar essas condições difusas.

RETORNOS OBTIDOS EM MERCADOS MARÍTIMOS IMPERFEITOS

Observamos no início desta seção que nos segmentos especializados e de linhas regulares as exigências para a concorrência perfeita nem sempre são satisfeitas, porque existe nesses setores uma diferenciação de produtos e barreiras à entrada em diferentes graus. Portanto, a análise anteriormente efetuada não se aplica necessariamente. Os desenvolvimentos recentes na microeconomia ajudam a eliminar a lacuna entre o mercado perfeitamente concorrencial, do qual o transporte marítimo a granel é um exemplo, e o mundo oligopolístico mais complexo das companhias de navegação especializadas. De acordo com Porter, em qualquer indústria, doméstica ou internacional, a natureza da concorrência e o retorno sobre o capital é influenciado por cinco forças competitivas: a ameaça de novos concorrentes, a ameaça de produtos ou de serviços substitutivos, o poder de negociação dos fornecedores, o poder de negociação dos compradores e a rivalidade entre os concorrentes existentes.[14] Porter argumenta que a força delas varia de indústria para indústria e determina a rentabilidade da indústria em longo prazo. Em indústrias em que as cinco forças são favoráveis, os concorrentes são capazes de ganhar retornos atrativos sobre o capital investido. As indústrias nas quais a pressão de uma ou mais forças é intensa são aquelas em que poucas companhias são muito rentáveis durante períodos longos.

As cinco forças competitivas determinam a rentabilidade da indústria porque estabelecem os preços que as companhias podem cobrar, os custos que podem suportar e o investimento necessário para competir na indústria. No caso de indústrias como a das bebidas não alcoólicas, a farmacêutica e a cosmética, Porter argumenta que as cinco forças são positivas, permitindo que muitos concorrentes ganhem retornos atrativos sobre o capital investido. Em outras, como a de metal fabricado, a de alumínio e a de semicondutores, o alinhamento das cinco forças não é favorável e a rentabilidade é fraca. De fato, a abordagem de Porter adapta os princípios gerais do modelo de concorrência perfeita ao negócio moderno. A ameaça de novos concorrentes limita o potencial da rentabilidade total porque os novos concorrentes trazem capacidade nova e procuram participação de mercado baixando as margens, enquanto os compradores e os fornecedores poderosos negociam os lucros para eles próprios. A presença de produtos substitutos próximos limita o preço que os concorrentes podem cobrar induzindo a substituição. É provável que as indústrias que tenham algum grau de proteção a esses cinco elementos competitivos tenham lucros elevados. Essa proteção pode assumir a forma de barreiras à entrada, de um forte reconhecimento da marca, de compradores fracos e de certo grau de monopólio. Quando não existe nenhum desses fatores protetores, a indústria reverte para o modelo clássico de concorrência perfeita.

Embora o transporte marítimo especializado e o de linhas regulares não se adaptem ao modelo de concorrência perfeita, eles são vulneráveis a forças competitivas semelhantes. Qualquer pessoa que tenha estudado o mercado marítimo sabe o quão vulnerável ele é em relação a essas matérias. Mesmo a entrada em serviços mais especializados é relativamente fácil, exigindo capital e conhecimento especializado, o qual pode ser geralmente adquirido com bastante facilidade. Em geral, os clientes são grandes companhias que importam a carga e buscam qualquer vantagem impiedosamente. É certo que não existe um substituto para o serviço de longo curso, mas isso dificilmente é um fator significativo, porque o mercado é muito competitivo. Quando adicionamos o fato de que muitas companhias de navegação especializadas são de propriedade privada e, portanto, a indústria tem um critério bastante diferente para medir a rentabilidade relacionadas às companhias multinacionais, a discussão está encerrada.

8.4 PRECIFICAÇÃO DO RISCO NO TRANSPORTE MARÍTIMO

DIFERENÇAS NA "PREFERÊNCIA DO RISCO"

Os empreendedores de transporte marítimo são famosos por assumirem riscos e, durante as expansões, os relatórios dos corretores marítimos estão cheios de comentários acerca do excesso de encomendas, o que parece sugerir que a indústria é gerenciada por especuladores irracionais que cometem os mesmos erros sobre investimentos geração após geração. Os proprietários de navios podem ser realmente tão irracionais? Em poucas palavras, essa não parece ser uma teoria muito plausível, embora possa existir nela algum elemento de verdade. Por vezes, no pico dos ciclos, o investimento sai fora do controle, como acontece noutros mercados, principalmente nos mercados de ações. É ruim quando levado aos extremos porque, como Keynes explica, "Quando o desenvolvimento do capital [...] torna-se um produto derivado das atividades de um cassino, é provável que o trabalho pareça ser malfeito".[15] Porém, não existe uma linha clara entre jogar e assumir os riscos econômicos, sendo difícil separar a boa sorte da boa avaliação. Contudo, o progresso econômico assenta em investidores que constroem navios que nem sempre são necessários,[16] e apesar da ocasional má avaliação gritante, como a bolha dos navios-tanques durante a década de 1970, existe muito pouca evidencia em longo prazo de que o trabalho no transporte marítimo tenha sido "malfeito". Pelo contrário, a história do transporte marítimo apresentada no Capítulo 1 mostra o quão eficaz tem sido a disponibilidade da indústria marítima para assumir riscos, num mundo onde ninguém realmente sabe o que irá acontecer a seguir.

Os investidores em transporte marítimo precisam assumir riscos e o mundo precisa que eles o façam. No século XVI, quando os investidores se juntaram para mandar os navios navegarem a terras distantes, foi um investimento extremamente arriscado que nenhum economista marítimo prudente teria sonhado em fazer. Frequentemente, o navio não regressava e os investidores perdiam tudo. Por vezes, o navio atracava com uma carga que valia muitas vezes o custo da expedição. Esses tomadores de riscos abriram a economia global, e os atuais investidores em transporte marítimo são os seus descendentes diretos. Embora seja fácil focar a boa fortuna de Aristóteles Onassis durante a expansão do Suez, em 1956, devemos lembrar como ele ganhou o dinheiro. Sem os seus navios, os episódios de escassez de petróleo na Europa teriam sido bem mais severos e, se Onassis não tivesse gosto pelo risco, em primeiro lugar os seus navios não teriam sido desarmados temporariamente. As taxas de frete dispararam em 1956 porque os navios foram indispensáveis. A Figura 8.7 apresenta outro exemplo referente à distribuição da taxa de afretamento por tempo por um ano de um navio graneleiro Panamax entre 1990 e setembro de 2002. A média da taxa de afretamento foi de US$ 9.571 por dia e o desvio-padrão foi de US$ 2.339 por dia, portanto, estatisticamente, podemos estar 99% certos de que as receitas não ultrapassariam US$ 16.588 por dia.[17] Apesar dessa história pouco recompensadora, durante a recessão de 1999, muitos navios graneleiros Panamax novos foram encomendados para serem entregues em 2002. No entanto, no momento em que foram entregues, as receitas do mercado aberto eram de somente US$ 5.500 por dia e pareciam ser um desastre. Contudo, somente dois anos mais tarde, em 2004, a média da taxa de afretamento por tempo por um ano para um navio graneleiro Panamax era de US$ 34.323 por dia e, em 2007, atingiu US$ 51 mil por dia. Portanto, essas encomendas aparentemente irracionais colocadas em 1999, por vezes a preços tão baixos quanto US$ 19 milhões, acabaram por ser inspiradoras. Em 2007, o navio poderia ter recebido US$ 16,5 milhões num único ano, e onde estariam as economias asiáticas sem a sua existência?

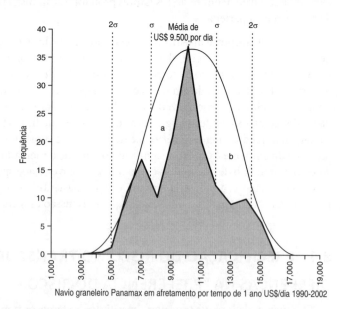

Figura 8.7 – O perfil do risco de um navio graneleiro Panamax.

Em resumo, a tomada do risco é o explosivo que limpa o caminho para o progresso econômico e, como a nitroglicerina, deve ser manuseada com cuidado! Nem todos os investidores são fundos de pensão conservadores, alguns são empreendedores que de fato gostam do desafio de manusear produtos altamente explosivos e, na realidade, não se importam de perder pontualmente um braço ou uma perna! Isso fornece os indícios de onde deveríamos procurar a explicação sobre o perfil não usual do risco/retorno da indústria marítima. A explicação é que as *preferências de risco* dos empreendedores de transporte marítimo são diferentes das preferências das instituições financeiras, portanto, precificam os investimentos de forma diferente.

MODELO DE PRECIFICAÇÃO DE ATIVOS FINANCEIROS

Para clarificar este ponto, a Figura 8.8(a) apresenta que a maioria das instituições financeiras aborda o risco concentrando-se na relação existente entre o risco e o retorno e exigindo que os investimentos mais voláteis paguem retornos mais elevados. O risco medido pela volatilidade do investimento é apresentado no eixo horizontal, o retorno está no eixo vertical, e o gráfico divide-se em quatro opções de risco/retorno – A (risco baixo, retorno baixo), B (risco elevado, retorno elevado), C (risco baixo, retorno elevado) e D (risco elevado, retorno baixo).

A maioria dos investimentos convencionais é precificada ao longo da diagonal representada pela seta, entre as opções A e B. Isso é conhecido como o *modelo de precificação de ativos financeiros* [*capital asset pricing model*, CAP], e postula que, quanto mais volátil for o retorno de uma ação, mais elevado deveria ser o seu retorno médio. Os analistas financeiros utilizam a relação entre a volatilidade e o retorno para precificar os títulos, calculando o valor da ação da companhia e comparando o seu retorno e a sua volatilidade com um índice de referência de mercado, como o S&P 500. Espera-se que as ações com um desvio-padrão maior paguem um retorno mais elevado, e vice-versa. Por exemplo, espera-se que uma ação de TI com um desvio-padrão de 35% duas vezes superiores ao do S&P 500 pague uma média de retorno muito mais elevada.

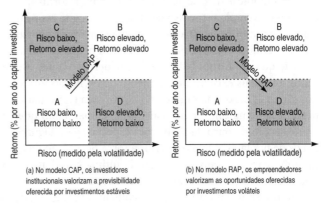

Figura 8.8 – Risco, opções de recompensa, mostrando os modelos CAP e RAP.

MODELO DE PRECIFICAÇÃO DE ATIVOS DE RISCO

Os investidores em transporte marítimo têm diferentes preferências de risco, e podemos introduzir um novo modelo para descrevê-las. Ao trabalhar por outra diagonal de C para D, representada pela seta na Figura 8.8(b), os retornos são correlacionados negativamente com a volatilidade, e chamamos isso de modelo de *precificação de ativos de risco* [*risky asset pricing*, RAP]. Os empreendedores de transporte marítimo são atraídos pela opção D de risco elevado e de baixo retorno em razão das oportunidades oferecidas pela volatilidade dos ciclos de transporte marítimo e de suas outras características, especialmente as do mercado líquido para os ativos de transporte marítimo, o que significa que, de vez em quando, realizam lucros fabulosos. Por exemplo, um navio graneleiro Panamax encomendado em abril de 2003 por US$ 23,5 milhões foi revendido na entrega em abril de 2005 por US$ 55 milhões, um retorno de US$ 52,5 milhões sobre um depósito de US$ 2,5 milhões pago pelo proprietário quando o navio foi encomendado. Os investidores que escolherem a opção D obtêm um bilhete para o grande jogo, mas somente alguns se tornam bilionários.

O que se passa com os investimentos de risco baixo e retorno elevado (opção C)? Nesta caixa, a precificação reflete o custo por ter renunciado à volatilidade. Se um proprietário de navios freta o seu navio por dez anos, tudo o que ele recebe é uma taxa de afretamento acordado. Naturalmente, ele poderá exigir um retorno elevado para compensar a perda de flexibilidade e por desistir do seu bilhete no grande jogo. Dessa perspectiva, o modelo faz muito sentido.

Os investidores em transporte marítimo não são os únicos que estão dispostos a adotar o modelo RAP. Adam Smith salientou que, onde as recompensas potenciais são muito grandes, "a possibilidade de perda é subavaliada pela maioria dos homens".[18] Em outras palavras, se houver a hipótese de ficar realmente rico, um retorno abaixo da média pode ser aceitável. Ele deu como exemplo o sucesso das loterias, em que "as pessoas mais sensatas raramente olham como uma idiotice pagar uma pequena soma pela oportunidade de ganhar 10 mil ou 20 mil libras esterlinas; embora elas saibam que a pequena soma seja talvez vinte ou trinta por cento mais do que a oportunidade vale".[19] E o lucro é o único elemento motivador. Os tráfegos arriscados nos quais existem um elemento de excitação tornam-se tão superlotados que os retornos são mais baixos do que se não houvessem riscos para serem gerenciados. Alfred Marshall pegou esse tema um século mais tarde, comentando que "uma ocupação aventureira, como a prospecção de ouro, tem atrações especiais para algumas pessoas: a força de dissuasão dos riscos de perda existente é inferior à força de atração das possibilidades de um grande ganho, mesmo quando o valor calculado da última com base no princípio atuarial é muito menos importante do que a anterior".[20] Portanto, não existe nada de misterioso acerca dos investidores em transporte marítimo que escolham o modelo RAP. Afinal, a volatilidade não significa que se perde o investimento, significa somente que não se está seguro em relação a quando e a quanto os investidores serão pagos.

O transporte marítimo ajusta-se bastante bem no modelo RAP, oferecendo a alguns proprietários de navios bem-sucedidos uma riqueza que vai para além dos sonhos dos ganhadores da loteria, enquanto a maioria dos menos afortunados ganha o suficiente para sobreviver e pagar aos seus banqueiros. Com efeito, o mercado "vende-lhes" a volatilidade que os investidores institucionais não querem porque não a podem usar. Mas os empreendedores em transporte marítimo podem, e, como a excitação de uma mesa de pôquer que agarra os investidores, a concorrência influencia negativamente de forma contínua o retorno sobre o capital. Essa diferença na precificação do risco pode ser vista, por exemplo, na precificação das ações em companhias de navegação cotadas publicamente, que frequentemente vendem com desconto até o valor líquido patrimonial calculado com base nos valores prevalecentes dos navios de segunda mão. Em outras palavras, dada a mesma previsão econômica, os investidores institucionais estão preparados para pagar menos pelos ativos do que os proprietários de navios privados quando compram eles próprios os ativos.

E é claro que eles gostam do negócio. Os agricultores são exatamente iguais, aceitando um retorno baixo sobre o capital amarrado nas suas quintas porque valorizam o tipo de vida. É uma forma de vida, e o que eles fariam com o capital se vendessem tudo? Muitos proprietários de navios sentem-se da mesma maneira. Se você tem US$ 200 milhões no negócio, que dife-

Risco, retorno e economia das companhias de navegação **385**

rença faz se realiza US$ 10 milhões ou US$ 20 milhões no ano? E, se vender, o que fará com o dinheiro? Onde está o divertimento em possuir ações ou uma cadeia de supermercados? Visto dessa forma, é fácil verificar por que razão as preferências de risco dos investidores em transporte marítimo são tão diferentes daquelas dos gerentes de fundos. Se quiserem operar na caixa D, eles são livres para fazê-lo, e a história mostra que existe sempre uma oferta de investidores prontos para correr riscos, e o mercado apenas gera uma expansão para desencadear o processo.

Mas a última palavra vai para JP Morgan. Quando perguntado se os estivadores eram pagos o suficiente, ele respondeu: "Se aquilo é tudo o que ele consegue, e ele aceita, eu diria que é suficiente".[21] O mesmo se aplica aos investidores em transporte marítimo. Um bom desfecho para os consumidores, o que é exatamente aquilo de que se trata a economia de mercado.

8.5 RESUMO

Neste capítulo abordamos a questão complicada do retorno sobre o capital. Começamos com o paradoxo pelo qual o transporte marítimo é famoso em virtude de seus proprietários ricos, mas historicamente os retornos de um negócio tão volátil têm sido baixos. Os investidores em transporte marítimo têm ganhado com frequência retornos mais baixos do que, por exemplo, o mercado de ações. Chamamos isso de "paradoxo do retorno do transporte marítimo" e o explicamos.

O modelo de retorno sobre o investimento (Rosi) tem quatro componentes: o Ebid, o Capp, o DEP e o NAV. O fluxo de caixa nuclear de qualquer companhia de navegação deriva dos resultados antes dos juros e da depreciação (Ebid), mas o capital sob a forma de depreciação, a valoração do capital e o valor líquido patrimonial da frota têm um papel dominante no desempenho financeiro do negócio.

Para ilustrar o modelo Rosi, utilizamos uma companhia de navegação hipotética, a Perfect Shipping, que operou entre 1975 e 2006. Durante o período de 31 anos, o Rosi anual da Perfect Shipping foi de 7,3% e os seus resultados foram muito voláteis, mesmo pelos padrões de capital próprio, portanto, esse resultado é consistente com a história dos retornos baixos verificados na indústria marítima. Mas fizemos uma descoberta muito importante. Apesar da volatilidade das suas receitas, a Perfect Shipping era um investimento muito seguro. Somente em dois anos o Ebid foi negativo. A depreciação, que foi resolvida com a substituição de um navio em cada ano, podia ser atrasada facilmente; a carteira de ativos reais da companhia era uma cobertura contra a inflação; e o transporte marítimo é uma atividade econômica nuclear; portanto, que mais poderia um investidor querer? Se estivermos preocupados com o risco da perda e se formos capazes de lidar com o fluxo de receitas voláteis, a Perfect Shipping é um investimento bastante sólido, para não dizer enfadonho.

Depois, debatemos como são calculados os retornos. Embora algumas indústrias modernas se adaptem ao famoso modelo de concorrência perfeita desenvolvido pelos economistas clássicos no século XIX, ele ajusta-se como uma luva ao transporte marítimo. Com as suas muitas companhias pequenas, facilidade de entrada e de saída, e uma curva da oferta horizontal em médio prazo, o mercado marítimo opera como uma bomba, sugando os novos navios e afastando os navios velhos alternadamente. O lucro "normal" é o lubrificante necessário para manter a bomba operando eficientemente. Basicamente, as companhias continuam a investir até que o custo marginal iguale o preço e, no longo prazo, o custo marginal é o custo de capital. De forma interessante, durante os últimos cinquenta anos, o Rosi tem flutuado em torno do custo dos juros.

Dada a natureza do modelo Rosi, os proprietários de navios que queiram realizar grandes lucros têm de ser mais aventureiros que a Perfect Shipping, e o modelo Rosi oferece muitas oportunidades para conseguir isso. Se quiserem, os proprietários de navios podem assumir os papéis de Jekyll e Hyde. O Doutor Jekyll opera a sua frota de forma segura e eficiente, ganhando o lucro normal, o qual é suficiente para substituir a frota que envelhece e pagar um retorno muito modesto sobre o capital. Mas a intensidade do capital da indústria marítima confere ao Senhor Hyde, a personalidade alternativa, uma plataforma ideal para operar como um especulador e um empreendedor, melhorando o retorno do Ebid e tomando posições de influência nos mercados de fretamento por tempo ou de COA e, ao mesmo tempo, realizando ganhos de capital com a compra e venda de navios. O valor líquido do patrimônio pode ser dramaticamente reduzido utilizando navios envelhecidos com custos de capitais baixos, mas somente se o proprietário de navios pode operar esses navios envelhecidos de forma eficaz. Ainda, os navios podem ser vendidos e afretados de volta, transformando o proprietário de navios num operador.

Essa vida dupla é possível porque o modelo Rosi oferece a opção de negociar de forma especulativa. Uma vez que os proprietários de navios sigam essa rota, o seu risco aumenta, mas também aumentam os seus lucros potenciais. O problema é que, quando as companhias crescem em dimensão, torna-se cada vez mais difícil encontrar oportunidades especulativas atrativas de dimensão suficiente para afetar o resultado da companhia, e os lucros normais parecem pouco atrativos. Como resultado, as companhias de navegação bem-sucedidas diversificam-se frequentemente para outros setores de atividade, uma tendência que mantém as companhias de navegação com uma dimensão pequena!

Concluindo, o transporte marítimo é tão arriscado quanto seu gerenciamento o torna, e os investidores em transporte marítimo desfrutam de um dos negócios mais empolgantes do mundo, enquanto dão a seus consumidores um negócio de transporte muito favorável, portanto, todos ganham no final. Porém, não é um negócio para os de coração fraco!

PARTE 4
COMÉRCIO MARÍTIMO E SISTEMAS DE TRANSPORTE

CAPÍTULO 9
A GEOGRAFIA DO COMÉRCIO MARÍTIMO

"São tantas, portanto, as vantagens do transporte aquaviário que é natural que as primeiras melhorias das artes e da indústria ocorressem onde essa conveniência abrisse o mundo inteiro a um mercado para a produção de todo tipo de trabalho."

(Adam Smith, *A riqueza das nações*, 1776)

9.1   O VALOR AGREGADO DO TRANSPORTE MARÍTIMO

Quando Vasco da Gama chegou à Índia, em 1457, e descobriu que poderia comprar em Calcutá pimenta por 3 ducados e vendê-la na Europa por 80 ducados (ver Capítulo 1), fez exatamente aquilo que os negociadores fazem hoje em dia: utilizou o transporte marítimo para tirar vantagem de uma arbitragem inter-regional. Não foi somente um sucesso comercial. Ao trazer as especiarias para a população europeia em quantidades consideravelmente maiores do que poderiam ser transportadas por terra por camelo, tornou as suas vidas melhores e, no jargão da econômica moderna, "acrescentou valor". Durante os seis séculos que se sucederam, ao mesmo tempo que o transporte marítimo se tornou mais eficiente, aumentaram as oportunidades para acrescentar valor derivadas da movimentação das mercadorias ao redor do mundo, dando ao transporte marítimo um papel central na globalização da economia mundial.

Atualmente, a carga movimenta-se por entre os mais de 3 mil portos comerciais principais e, para perceber os mecanismos econômicos que dirigem essa operação complexa, precisamos conhecer para onde se movimentam as mercadorias e por que se movimentam. A economia marítima é uma disciplina prática, e não faz muito sentido sermos especialistas em economia se não formos capazes de encontrar os portos num mapa! Portanto, neste capítulo, estudaremos os oceanos, os continentes, os países, os centros de produção e os portos que fazem parte da matriz de transporte marítimo. Começando por uma visão geral do mundo comercial, examinaremos em seguida a geografia "do espaço" dos oceanos Atlântico, Pacífico e Índico, para ter uma noção da localização dos centros de comércio, das mercadorias que negociam e do tempo e do custo gastos em movimentar as mercadorias entre eles.

Neste capítulo, revisitaremos o enquadramento físico dentro do qual a indústria marítima opera, começando pelos oceanos, pelos mares e pelos tempos de viagem. Depois faremos uma visita rápida aos três principais oceanos, o Atlântico, o Pacífico e o Índico, e debateremos as economias das principais áreas comerciais que neles existem. Ao fazer isso, referimo-nos a uma série de mapas e, em particular, a quatro tabelas: a Tabela 9.1, que contém uma visão geral do comércio regional; a Tabela 9.4, que revê as economias dos países atlânticos; a Tabela 9.5, que aborda as economias do Pacífico; e a Tabela 9.6, com detalhes das economias do Oceano Índico.

9.2 OCEANOS, DISTÂNCIAS E TEMPOS DE TRÂNSITO

LOCALIZAÇÃO DAS PRINCIPAIS ECONOMIAS COMERCIAIS

O comércio marítimo é dominado por três centros econômicos: a América do Norte, a Europa e a Ásia, localizados ao longo da "Linha Oeste" que estudamos no Capítulo 1 (ver Figura 9.1). No mapa, a linha preta mais grossa mostra a rota marítima que une esses três centros, a qual é percorrida pelos navios porta-contêineres e por outros navios especializados, como os navios transportadores de carros e os navios-tanques de produtos químicos, que transportam uma gama muito ampla de mercadorias. As linhas mais finas assinalam as principais rotas seguidas por navios graneleiros que transportam matérias-primas como petróleo bruto, carvão, grão e rochas fosfáticas entre esses três centros. A Europa, onde tudo começou, localiza-se no centro da figura, com a América do Norte à esquerda e a Ásia à direita.

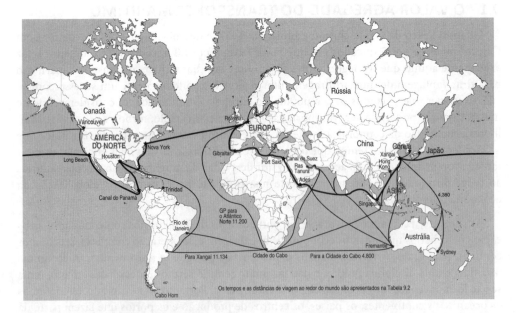

Figura 9.1 – As principais rotas marítimas mundiais (2007).
Fonte: Martin Stopford (2007).

A geografia do comércio marítimo

Conjuntamente, possuem mais de 90% da indústria transformadora mundial e grande parte da tecnologia existente. As suas empresas multinacionais detêm a maioria das patentes mundiais, desenvolvem maioria das novas tecnologias e, de uma forma ou de outra, iniciam e orientam uma grande proporção do investimento e do comércio das matérias-primas e dos produtos manufacturados.[1] Portanto, é natural que eles também dominem o comércio marítimo.

Se tomarmos as importações como medida-padrão, essas três áreas importaram, em 2005, 88% das 7 bt de carga transportadas por via marítima. As estatísticas detalhadas das exportações e das importações encontram-se sumariadas na Tabela 9.1, enquanto o mapa representado na Figura 9.2 assinala para cada região a percentagem do volume total das importações e das exportações. Esse é o enquadramento físico no qual o transporte marítimo opera, e a função dos economistas marítimos é analisar o movimento eficiente da carga entre os pontos representados nesse mapa, então precisamos estudá-lo com cuidado. Porém, antes de fazê-lo, deve-se abordar as definições regionais, uma fonte de dificuldades infindáveis para os analistas de comércio. A questão é bastante simples: quais são os países que pertencem a cada região? O problema é que as estatísticas que utilizamos são frequentemente assentadas em grupos políticos que se alteram com o tempo. Um exemplo recente foi o desmembramento da União Soviética e a transferência dos países da Europa Central para a União Europeia. Neste capítulo dividiremos aproximadamente o mundo em partes assentadas nos oceanos Atlântico, Pacífico e Índico, embora a informação de base não nos permita dividir os oceanos Pacífico e Índico. A Tabela 9.1 lista as dezesseis regiões pertencentes a essas divisões, e, embora elas não suportem com exatidão a separação divisional, dão uma ideia aproximada da distribuição do comércio ao redor do mundo. Os países pertencentes às regiões são definidos nas Tabelas 9.4-9.6, que também apresentam a área, a população e o PIB para cada país e para a região como um todo.

Tabela 9.1 – Importações e exportações internacionais por via marítima por região (2005), em milhões de toneladas

| | Exportações | | | | Importações | | | | Comércio Total[a] | |
Região	Petróleo	Cargas sólidas	Total	%	Petróleo	Cargas sólidas	Total	%	mt	%
1. Comércio do Atlântico										
América do Norte[b]	95	503	598	8%	682	442	1.124	16%	1.722	12%
Caribe e América Central	169	65	234	3%	73	86	159	2%	393	3%
Costa leste da América do Sul	195	393	588	8%	61	92	153	2%	741	5%
África Ocidental	198	20	218	3%	8	42	50	1%	268	2%
Norte da África	166	38	204	3%	57	84	142	2%	346	2%
Europa Ocidental	105	1.065	1.170	16%	543	1.515	2.058	29%	3.228	23%
Rússia e Europa Oriental	177	181	358	5%	14	67	81	1%	439	3%
Outros países europeus	2	17	19	0%	9	11	20	0%	40	0%
Total Atlântico	285	1.263	3.389	48%	1.447	2.340	3.787	53%	7.176	50%

(continua)

Tabela 9.1 – Importações e exportações internacionais por via marítima por região (2005, em milhões de toneladas) (*continuação*)

Região	Exportações				Importações				Comércio Total[a]	
	Petróleo	Cargas sólidas	Total	%	Petróleo	Cargas sólidas	Total	%	mt	%
2. Comércio nos oceanos Pacífico e Índico										
Costa oeste	32	120	152	2%	22	35	56	1%	209	1%
Japão	4	186	190	3%	248	585	832	12%	1.022	7%
China[c]	39	478	517	7%	153	584	737	10%	1.254	9%
Sudeste Asiático	172	762	934	13%	469	915	1384	19%	2.318	16%
Total Ásia[d]	215	1.426	1.641	23%	870	2.084	2.953	41%	4.594	32%
Oceania (Dev.)	4	2	6	0%	6	6	12	0%	18	0%
Austrália & Nova Zelândia	14	604	618	9%	40	48	88	1%	706	5%
Oriente Médio (Ásia Ocidental)	1.048	73	1.121	16%	19	141	160	2%	1.281	9%%
África Oriental	–	9	9	0%	6	21	26	0%	36	0%
África do Sul	–	172	172	2%	16	24	40	1%	211	1%
Total	1.314	2.406	3.720	52%	979	2.356	3335	47%	7.055	50%
Total do comércio marítimo	1.599	3.669	7.109	100%	2.426	4.696	7.122	100%		
Nota: Total do comércio africano	364	239	602	0	87	170	258		860	6%

Fonte: *Review of Maritime Transport 2006*, United Nations Conference on Trade and Development.
[a] Total de importações e exportações. Não se apresenta o total geral, pois duplica as importações e as exportações.
[b] Inclui a costa do Pacífico.
[c] Inclui a Coreia do Norte e o Vietnã.
[d] A Ásia marítima é a soma de Japão, China e Sudeste Asiático.

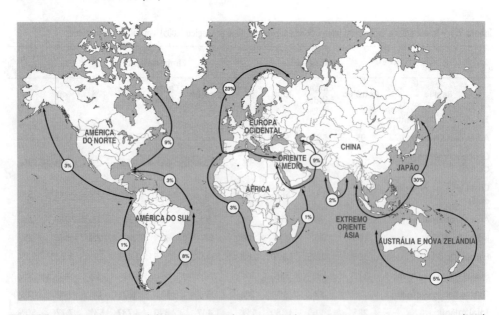

Figura 9.2 – Comércio marítimo mundial por região, mostrando a participação das importações e exportações por via marítima (2005).
Fonte: Nações Unidas, *Monthly Bulletin of Statistics*.

Em 2005, o comércio foi dividido aproximadamente em 50%-50% entre o Atlântico, com 7 bt de importações e de exportações, e os oceanos Pacífico e Índico, com 7,1 bt. O comércio no Atlântico foi dominado por dois grandes importadores, a América do Norte (1,1 bt) e a Europa (2,1 bt), que, conjuntamente, foram responsáveis por 45% das importações mundiais; as restantes regiões do Atlântico ficaram com somente 8% (note-se que a América do Norte, que tem duas costas, encontra-se incluída no Atlântico, reforçando a sua importância). As exportações foram amplamente distribuídas, sendo que as regiões mais importantes são a Europa, a América do Norte e a costa leste da América do Sul. No Pacífico, os importadores dominantes, com 41% do comércio, foram o Japão, que importou 0,8 bt, a China, com 0,7 bt, e o *cluster* dos países asiáticos, onde se incluem o Sudeste Asiático e a Índia, o qual importou 1,4 bt. Embora as regiões restantes, nomeadamente a África, a América do Sul, a Oceania e o Oriente Médio, incluam algumas grandes massas terrestres, a sua participação nas importações foi bastante pequena.

VOLTA AO MUNDO EM OITENTA DIAS

As empresas e os comerciantes trabalham com margens e vasculham constantemente as regiões do mundo à procura de suprimentos mais econômicos e de novos mercados onde possam vender os seus produtos. No seu conjunto, a distância, a velocidade e o custo do transporte marítimo desempenham um papel nos seus cálculos e deparamos repetidamente com essas variáveis no nosso estudo sobre o comércio marítimo, a concepção de navios e o mercado marítimo. Então, faz sentido começar com duas questões fundamentais: quanto tempo a carga leva para ser movimentada ao redor do mundo e quanto custa? De fato, se seguirmos a viagem ao redor do mundo apresentada na Figura 9.1, pela linha geral, podemos ver como o transporte marítimo é relativamente lento. Leva cerca de 80,1 dias para circum-navegar o mundo utilizando um navio graneleiro convencional que navega a 13,6 nós, e 47 dias se utilizarmos um navio porta-contêineres navegando a 23 nós.

Apresentam-se na Tabela 9.2 as distâncias e os tempos de viagem. As pernadas individuais da viagem do navio graneleiro dão uma ideia dos tempos e das distâncias envolvidas no transporte a granel. A viagem começa em Roterdã, e a travessia do Atlântico Norte até Nova York percorre 3.270 milhas e demora dez dias, seguindo-se uma viagem de 1.905 milhas até Houston, no Golfo dos Estados Unidos, que demora 5,8 dias. A viagem entre Houston e Long Beach é de 4.346 milhas e leva treze dias. A travessia do Pacífico para a China é a pernada marítima mais comprida; a viagem entre Long Beach e Xangai percorre 5.810 milhas e demora 17,8 dias. De Xangai a Singapura são 2.210 milhas, ou 6,8 dias navegando, e a partir de lá a viagem pelo movimentado Estreito de Malaca até Áden, na foz do Mar Vermelho, é de 3.627 milhas, o que corresponde a cerca de onze dias. De Áden leva-se 8,9 dias navegando até Marselha, na costa francesa do Mediterrâneo, e 6,3 dias até Roterdã. A distância percorrida é de 26.158 milhas náuticas e o tempo total de viagem é de 80,1 dias, ao custo de US$ 25 por tonelada de carga transportada ao redor do mundo. Esse custo foi calculado dividindo os custos totais de viagem do navio graneleiro pelas 70 mil toneladas de carga que transporta. Inclui o combustível e o afretamento por tempo, mas exclui os direitos de passagem de canal e os custos portuários (os pressupostos para o combustível de bancas, os custos do navio, entre outros, são apresentados nas notas da Tabela 9.2). Se o carregador estiver com pressa, um navio porta-contêineres a 23 nós poderia encurtar o tempo de viagem para 47 dias, mas o custo por tonelada iria mais do que duplicar, indo para US$ 55, em virtude da maior quantidade de combustível de bancas e ao custo de afretamento mais elevado de um navio porta-contêineres capaz de navegar a 23 nós.[2] De forma geral, o intervalo entre os 13,6 e os 23 nós é o intervalo de velocidade no qual os navios mercantes operam, embora, para operar eficientemente nos extremos opostos desse intervalo de velocidade, sejam necessários tipos de cascos e de máquinas significativamente diferentes. No Capítulo 6 vimos esses custos em detalhe.

Nessa viagem, a distância média é de 3.270 milhas. Contudo, existem algumas rotas comerciais muito mais distantes no negócio do transporte marítimo a granel, algumas das quais encontram-se apresentadas pelas linhas leves na Figura 9.1. Elas incluem o petróleo do Golfo Pérsico para o Atlântico Norte via Cabo da Boa Esperança (12 mil milhas ou 37 dias navegando), o grão do Golfo dos Estados Unidos para o Japão (9.400 milhas ou 28 dias navegando) e o minério de ferro do Brasil para o Japão (11.500 milhas ou 34 dias navegando). Porém, existem muitas rotas curtas e, em 2005, a distância média percorrida pelo comércio do petróleo foi de 4.989 milhas e a percorrida pelos principais tráfegos de granel sólido foi de 5.100 milhas.

Tabela 9.2 – Viagem ao redor do mundo mostrando os tempos de viagem e o custo total por tonelada

Rota comercial		Tempo de navegação (dias)			Custo total US$ milhões	
De	Para	Distância em milhas náuticas[a]	Navio graneleiro 13,6 nós	Navio porta--contêineres 23 nós	Navio graneleiro[b] 13,6 nós	Navio porta--contêineres 23 nós
Roterdã	Nova York	3.270	10,0	5,9	0,22	0,32
Nova York	Houston	1.905	5,8	3,3	0,13	0,18
Houston	Long Beach	4.346	13,3	7,9	0,29	0,43
Long Beach	Xangai	5.810	17,8	9,4	0,39	0,51
Xangai	Singapura	2.210	6,8	4,8	0,15	0,26
Singapura	Áden	3.627	11,1	6,6	0,25	0,36
Áden	Marselha	2.920	8,9	5,3	0,20	0,29
Marselha	Roterdã	2.070	6,3	3,8	0,14	0,20
Total		26.158	80,1	47,0	1,78	2,55
Custo: US$/tonelada para 70 mil toneladas de carga a granel ou para 48.456 toneladas de carga conteinerizada					25,3	55,3

[a] Uma milha náutica é o comprimento de um minuto de arco do grande círculo do globo, 6.080 pés.

[b] Baseado num navio graneleiro Panamax de 74.000 tpb, construído em 2007, com uma velocidade média de 13,6 nós e queimando 33 toneladas/dia de óleo combustível a US$ 250/tonelada e afretado a US$ 13.900 por dia; taxa de afretamento diária para um navio graneleiro Panamax durante o período de dez anos decorrido entre abril de 1997 e abril de 2007.

[c] Baseado num navio porta-contêineres de 4.048 TEU, com uma velocidade de 23 nós a 117 toneladas/dia de óleo combustível a US$ 250 por tonelada e a 12 toneladas transportadas em cada TEU num navio afretado a US$ 25 mil/dia.

DEMANDA DE TRANSPORTE E LOGÍSTICA

Embora à primeira vista a ligação entre a distância e a demanda de transporte seja bastante simples, as aparências enganam. Tendo em consideração os mais de 3 mil portos principais, a matriz de tráfego tem, em princípio, 4 milhões de elementos. É claro que na prática algumas rotas predominam, mas, mesmo num tráfego relativamente simples, como o do petróleo, a variedade de rotas é enorme. Por exemplo, as tabelas de distâncias dos navios petroleiros publicadas pelo British Petroleum transformam-se em 150 páginas de escrita muito densa!

A *geografia do comércio marítimo*

Neste momento é importante introduzir a *logística*, a ciência que aborda explicitamente os problemas de transporte complexos. O termo, que deriva da palavra grega *logistikos*, a qual significa "calculável" ou "racional", foi adotado pelos militares para descrever a ciência do planejamento da cadeia de suprimentos que apoia as tropas de combate. Atualmente, o termo é utilizado também pelas organizações comerciais para descrever o processo de racionalização das cadeias de suprimentos que sustentam as suas operações comerciais. Geralmente, isso envolve a integração dos modos de transporte, as instalações de armazenagem, as instalações do manuseio de carga, o gerenciamento da informação e o monitoramento e medição do desempenho. É claro que isso é suficientemente fácil de ser percebido quando se trata de uma única companhia e uma única cadeia de suprimentos, mas é muito mais complexo quando se opera por uma matriz global com milhões de elementos. Como exemplo, a matriz de distâncias apresentada na Tabela 9.3(a) mostra as distâncias entre os portos com movimentos portuários elevados na Ásia, na Europa e nos Estados Unidos. No eixo horizontal, a Ásia é representada por Bombaim, na Índia, Singapura (o porto na encruzilhada do Estreito de Malaca) e Xangai, que se encontra próximo do Japão e da Coreia e, portanto, representa um ponto de referência conveniente. A Europa Ocidental inclui Roterdã, no noroeste, e Fos, o porto de Marselha, no Mediterrâneo. Finalmente, para os Estados Unidos incluímos Nova York, na Costa Leste, Nova Orleans, na costa do Golfo, e Los Angeles, na Costa Oeste. O eixo vertical apresenta doze portos nas áreas de exportação. O primeiro é o Golfo Pérsico, seguido de Austrália, Canadá, Estados Unidos, América do Sul, África, Mar Negro e Europa. Embora essa matriz seja uma grande simplificação, ela contém noventa elementos e existe uma série de detalhes para serem absorvidos.

A viagem mais curta na Tabela 9.3(a) é entre Argel e Fos (Marselha), que representa somente 400 milhas náuticas, e a matriz do tempo de viagem na Tabela 9.3(b) mostra que leva somente 1,3 dia. Permitindo dois dias em porto para cada extremo da viagem, o navio poderia completar 52 viagens num ano – Tabela 9.3(c) –, gastando somente 137 dias no mar e 211 dias em porto. Isso é uma diferença bastante grande em relação à viagem mais comprida de Ras Tanura (Arábia Saudita) a Nova Orleans (o terminal petrolífero LOOP), que percorre 12.225 milhas náuticas e leva 39 dias para uma única viagem. Se o navio regressar em lastro, a viagem de ida e volta leva oitenta dias, portanto, o navio completará quatro viagens num ano. É sem surpresa que os analistas da demanda dos navios-tanques fiquem muito interessados em saber se o crescimento do comércio futuro será da África para a França ou do Oriente Médio para os Estados Unidos e se serão construídas refinarias próximas da fonte do petróleo bruto! Finalmente, a Tabela 9.3(c) apresenta o número de viagens terminadas por ano a uma velocidade de 13 nós.

Como se otimiza a logística do transporte por essa matriz? As quatro variáveis nucleares no modelo de logística marítima são a distância, a dimensão do navio, o tipo e a velocidade (ver Figura 9.3). A *distância* é crucial porque afeta o custo e o tempo de viagem. A *dimensão do navio* é importante porque os navios maiores oferecem economias de escala e, em qualquer rota, têm custos unitários por tonelada mais baixos, mas entram em menos portos por conta de constrangimentos de calado [*draft*] e de comprimento de fora a fora [*length-overall*]. Adicionalmente, em tráfegos de curta distância, as suas economias são diluídas porque o navio completa mais viagens e gasta mais tempo em porto. Também entregam mais carga, o que pode ser um problema. Por exemplo, um navio-tanque de 300.000 tpb (abordamos as economias de escala no Capítulo 2) transporta no tráfego do Golfo Pérsico para os Estados Unidos 1,25 mt, mas se operar entre o Golfo Pérsico e Bombaim transporta 8,3 mt por ano.

Tabela 9.3(a) – Distância de uma viagem redonda (milhas náuticas)

		ÁSIA			EUROPA		ESTADOS UNIDOS		
		Índia	Singapura	China	Noroeste	Mediterrâneo	Costa Leste	Golfo dos Estados Unidos	Costa Oeste
Região	Porto	Bombaim		Xangai	Roterdã	Fos	Nova York	Nova Orleans	Los Angeles
Golfo Pérsico (1)	Ras Tanura	1.352	2.435	5.852	11.170		11.765	12.225	
Via Suez	Ras Tanura				6.412			9.543	
Austrália	Newcastle	6.095	4.215	4.590	11.620	9.915	9.680	9.088	6.456
Canadá	Vancouver	9.512	7.071	5.092	8.917	9.105	6.056	5.472	1.144
Golfo dos Estados Unidos	Nova Orleans	9.541	11.514	10.080	4.880	5.300	1.707		4.346
Costa leste da América do Sul	Nova York	9.541	10.169	10.669	3.270	3.825		1.707	3.780
Costa oeste da América do Sul	Los Angeles	10.308	7.867	5.810	7.747	7.980	1.707	4.346	
Brasil	Rio	7.863	8.863	10.877	5.256	4.900	4.780	5.136	7.245
África Ocidental	Lagos	7.188	8.188	10.202	4.310	3.810	4.883	5.749	8.006
Norte da África	Argel	4.570	6.565	8.805	1.791	410	3.545	5.300	7.705
Mar Negro	Odessa	4.230	6.214	8.465	3.508	1.720	5.265	6.740	9.450
Europa	Roterdã	6.337	8.308	10.590		2.070	3.270	4.880	7.747
Ásia	Osaka	5.112	2.671	790	10.985	9.221	9.986	6.348	5.193
									6.671

Tabela 9.3(b) – Dias por uma viagem única (a uma velocidade de 13 nós)

		ÁSIA			EUROPA		ESTADOS UNIDOS		
		Índia	Singapura	China	Noroeste	Mediterrâneo	Costa Leste	Golfo dos Estados Unidos	Costa Oeste
Região	Porto	Bombaim		Xangai	Roterdã	Fos	Nova York	Nova Orleans	Los Angeles
Golfo da Arábia (1)	Ras Tanura	4	8	19	36		38	39	
Via Suez	Ras Tanura				21			31	
Austrália	Newcastle	20	14	15	37	32	31	29	21
Canadá	Vancouver	30	23	16	29	29	19	18	4
Golfo dos Estados Unidos	Nova Orleans	31	37	32	16	17	5	–	14
Costa leste da América do Sul	Nova York	31	33	34	10	12	0	5	12

(continua)

A geografia do comércio marítimo

Tabela 9.3(b) – Dias por uma viagem única (a uma velocidade de 13 nós) (*continuação*)

		ÁSIA			EUROPA		ESTADOS UNIDOS		
		Índia	Singapura	China	Noroeste	Mediterrâneo	Costa Leste	Golfo dos Estados Unidos	Costa Oeste
Região	Porto	Bombaim		Xangai	Roterdã	Fos	Nova York	Nova Orleans	Los Angeles
Costa oeste da América do Sul	Los Angeles	33	25	19	25	26	5	14	0
Brasil	Rio	25	28	35	17	16	15	16	23
África Ocidental	Lagos	23	26	33	14	12	16	18	26
Norte da África	Argel	15	21	28	6	1.3	11	17	25
Mar Negro	Odessa	14	20	27	11	6	17	22	30
Europa	Roterdã	20	27	34	–	7	10	16	25
Ásia	Osaka	16	9	3	35 30	30	32	20	17

Tabela 9.3(c) – Número de viagens redondas efetuadas num ano (350 dias de operação, dois dias para carregar, dois dias para descarregar)

		ÁSIA			EUROPA		ESTADOS UNIDOS		
		Índia	Singapura	China	Noroeste	Mediterrâneo	Costa Leste	Golfo dos Estados Unidos	Costa Oeste
Região	Porto	Bombaim		Xangai	Roterdã	Fos	Nova York	Nova Orleans	Los Angeles
Golfo da Arábia (1)	Ras Tanura	27,7	17,8	8,4	4,6		4,4	4,2	
Via Suez	Ras Tanura				7,8			5,4	
Austrália	Newcastle	8,1	11,3	10,5	4,5	5,2	5,3	5,6	7,7
Canadá	Vancouver	5,4	7,1	9,6	5,7	5,6	8,2	9,0	30,9
Golfo dos Estados Unidos	Nova Orleans	5,4	4,5	5,1	9,9	9,2	23,4	–	11,0
Costa leste da América do Sul	Nova York	5,4	5,1	4,8	14,0	12,3	87,5	23,4	12,4
Costa oeste da América do Sul	Los Angeles	5,0	6,4	8,5	6,5	6,3	23,4	11,0	87,5
Brasil	Rio	6,4	5,8	4,7	9,3	9,9	10,1	9,5	6,9
África Ocidental	Lagos	7,0	6,2	5,0	11,1	12,3	9,9	8,6	6,3
Norte da África	Argel	10,5	7,6	5,8	22,6	52,8	13,1	9,2	6,6
Mar Negro	Odessa	11,2	8,0	6,0	13,2	23,3	9,3	7,4	5,4
Europa	Roterdã	7,8	6,1	4,9	-	20,3	14,0	9,9	6,5
Ásia	Osaka	9,5	16,6	38,6	4,7	5,5	5,1	7,8	9,4

Notas: (1) Golfo dos Estados Unidos (Nova Orleans), distância via Canal de Suez GP para Roterdã de 19,7 dias; GP para Nova Orleans de trinta dias.

A *velocidade* determina o tempo de viagem, o custo do combustível e a concepção do navio. Um tempo em trânsito de dezenove dias entre Los Angeles e Xangai a uma velocidade de 13 nós diminui para dez dias a uma velocidade de 20 nós, mas os custos com o combustível aumentam (ver o debate sobre a regra do cubo na Seção 6.3); o navio de 24 nós custa mais, mas transporta mais carga pelo fato de navegar mais rapidamente, portanto, existe uma economia de capital. Finalmente, o *tipo* de navio pode afetar a eficiência logística. Um navio flexível pode pegar uma carga de retorno, por exemplo, transportar petróleo bruto para Nova Orleans e depois uma carga de retorno de grão para o Japão. Isso ofereceria um aumento considerável na eficiência. Ou um navio-tanque especializado no transporte de vários produtos químicos ao mesmo tempo de 39.000 tpb, com muitos tanques de 3 mil toneladas, poderia substituir uma frota de navios de 3.000 tpb, aumentando a eficiência do transporte pelo agrupamento de muitas partidas de carga pequenas num navio maior. Mas ambos os exemplos requerem que todas as ligações da cadeia logística se encaixem, e, quanto mais ligações existirem, mais difícil o encaixe. E se você construir o navio flexível

Figura 9.3 – As quatro variáveis da logística marítima.
Fonte: Martin Stopford (2007).

mais dispendioso e o comércio desse nicho desaparecer. Finalmente, é uma simples questão de se desenvolver um modelo matemático que relacione as quatro variáveis ao volume de carga, à frequência de serviço e ao custo unitário. Com um modelo assim, o operador de serviços pode desenvolver uma solução logística ideal para o tráfego, por exemplo, usar um navio porta-contêineres de 3.000 TEU a 22 nós nos tráfegos mais curtos e um de 8.000 TEU a 24 nós nos tráfegos mais longos.

Na teoria é assim, mas frequentemente a realidade é bem menos clara. Um exemplo das questões que as companhias de navegação enfrentam ao tomar essas decisões logísticas são aquelas enfrentadas pelas companhias de linhas regulares ao decidir como efetuar o percurso dos seus serviços de contêineres da Ásia para a costa leste da América do Norte. A primeira opção é expedir os seus contêineres para os portos da costa oeste da América do Norte e completar a viagem por ferrovia ou rodovia para os destinos na Costa Leste dos Estados Unidos. A segunda opção é navegar diretamente para a Costa Leste dos Estados Unidos via Canal do Panamá. Na terceira, o transportador poderá navegar diretamente para a Costa Leste dos Estados Unidos via Canal de Suez, sem nenhuma escala na Europa. Ao efetuar a escolha do percurso, existem pelo menos dez fatores a serem levados em consideração.[3] Eles são: (1) o nível das taxas de frete na rota do Transpacífico e as taxas futuras que dependerão das mudanças na demanda e na capacidade; (2) as restrições à dimensão do navio (o Canal de Suez pode acomodar os navios pós-Panamax, enquanto o Canal do Panamá não o pode fazer); (3) os tempos de trânsito e as diferenças entre as rotas alternativas; (4) os direitos de passagem dos canais do Panamá e de Suez; (5) os custos de combustível (a rota do Suez é mais longa, portanto, os custos de combustível serão mais elevados); (6) a possível interrupção portuária, algumas vezes um problema em certas áreas, como a costa oeste da América do Norte;

A geografia do comércio marítimo

(7) as relações trabalhistas que estão relacionadas com o ponto anterior; (8) a existência de capacidade de navios porta-contêineres (se a oferta for reduzida, o enfoque será minimizar o tempo de viagem); (9) os custos do transporte terrestre ferroviário e rodoviário; (10) a capacidade disponível em pontos de estrangulamento principais. O que esse exemplo demonstra é que, do ponto de vista do operador de serviços, a logística do transporte marítimo não é uma matéria simples de otimização das variáveis físicas apresentadas na Figura 9.3, possivelmente utilizando um modelo de simulação matemática. Essa é a parte mais simples. A parte muito mais difícil é o equilíbrio dos diversos aspectos práticos que afetam as variáveis no modelo. Como evoluem os direitos de passagem de canal? Qual o risco da interrupção portuária? Será possível afretar de forma econômica o navio com a dimensão certa, ou as taxas de frete podem aumentar exponencialmente? Essas são matérias reais que determinam o desempenho do serviço e, em muitas delas, a equipe de gerenciamento tentará adivinhar o que vai acontecer. É por isso que frequentemente se prefere recorrer a práticas simples testadas e comprovadas em vez dos modelos de otimização que, na realidade, não podem lidar com essas variáveis de difícil quantificação. Portanto, a logística, como muitos aspectos do negócio marítimo, é tanto uma arte como uma ciência.

Resumindo, o transporte marítimo é um negócio de custo baixo, de elevado volume, preocupado com incrementos pequenos no nível das economias que produzem uma vantagem competitiva – um pouco maiores, calados pouco profundos, equipamento para melhor manusear a carga etc. – e é por meio dessas pequenas alterações incrementais que o mercado lida com essa tarefa logística complexa. Provavelmente, isso explica o conservadorismo tecnológico que atravessa o negócio do transporte marítimo e o entusiasmo por navios Handy que sejam econômicos e versáteis, um conceito que data do tempo dos filibotes holandeses do século XVI, e por soluções logísticas testadas e comprovadas. Os navios especializados são todos muito importantes, e, como poderemos ver no Capítulo 14, desempenham um papel no mercado marítimo, mas a operação de navios especializados vai muito mais além de somente ter navios. Mas não existem regras acerca disso. Foi preciso um transportador de caminhões, Malcolm McLean, para quebrar o molde logístico do transporte marítimo de linhas regulares e introduzir a conteinerização, uma solução logística radicalmente diferente (ver Capítulo 13).

9.3 A REDE DE COMÉRCIO MARÍTIMO

No centro do modelo da logística marítima encontram-se os oceanos e os mares onde os navios mercantes operam. Os oceanos Atlântico, Pacífico e Índico cobrem 71% do globo – 361 milhões de quilômetros quadrados dos 509 milhões de quilômetros quadrados da área de superfície do globo.[4] O Oceano Pacífico é o maior, seguido do Atlântico e depois do Índico. Cada um tem um caráter distinto, e, como vimos na Figura 9.1, os centros de negócio encontram-se agrupados em localizações específicas ao longo das costas dos três oceanos. Nesta seção, daremos uma visão global dos três oceanos para identificar as principais áreas de comércio, os principais portos e as distâncias. Para manter os mapas simples, Focalizaremos apenas a situação geral, incluindo somente alguns portos principais como pontos de referência para medir as distâncias – nas Seções 9.4 a 9.9 apresentaremos mais detalhes acerca das economias, dos portos e do comércio. As distâncias apresentadas nos mapas são medidas em dias para um navio graneleiro que navegue a 13 nós.

ÁREA MARÍTIMA ATLÂNTICA

Na Figura 9.4 apresentam-se os principais países do Atlântico e os seus mares associados – o Báltico, o Mediterrâneo e o Mar Negro –, enquanto a Tabela 9.4 apresenta as estatísticas econômicas das principais economias do Atlântico. O Atlântico, com uma forma em S e sendo estreito em relação ao seu comprimento, adapta-se muito bem ao comércio marítimo, e a distância entre as economias industriais de cada lado do oceano é de pouco mais do que 3 mil milhas náuticas, ou cerca de dez dias de navegação para um navio graneleiro a 13 nós, ou cinco dias para um navio porta-contêineres rápido. Contudo, as distâncias norte-sul são muito maiores: a distância de Roterdã a Montevidéu ou Cidade do Cabo é de 6.200 milhas ou cerca de dezenove dias de navegação para um navio graneleiro. Como os continentes de cada lado do Atlântico Norte inclinam-se gradualmente para as suas costas, ele é bem servido por rios navegáveis, que oferecem um transporte econômico para o interior dos continentes. De fato, os 5,8 milhões de hectares de terreno que convergem para o Atlântico são somente 20% menos do que os 7,1 milhões de hectares de terreno que convergem para ambos os oceanos Pacífico e Índico. O Atlântico Norte está particularmente bem servido pelos rios Reno e Elba, que providenciam transporte aquaviário para dentro da Europa, e pelos rios São Lourenço e Mississipi, que fazem o mesmo na América do Norte. Os cinco mares associados – o Báltico, o Mediterrâneo, o Mar Negro, o Golfo do México e o Caribe – também desempenham um papel importante no comércio, estendendo a linha de costa acessível aos navios mercantes. Em 2005 a região do Atlântico tinha uma população de 21 bilhões e um PIB de US$ 31 trilhões (ver Tabela 9.4).

Existe um tráfego marítimo forte em ambas as direções ao longo do Atlântico Norte, com pequenos tráfegos de linhas regulares no sentido norte-sul. Atualmente, os contêineres são um dos tráfegos mais importantes, mas também existem movimentos substanciais de petróleo e de matérias-primas, representadas pelas exportações de grão, de carvão, de minério de ferro e de produtos florestais da América do Norte. Ao oriente, o Canal de Suez providencia acesso ao Oceano Índico, via Mar Vermelho, e o Canal do Panamá constitui um atalho para o Pacífico Oriental. Por direito próprio, o Mar Mediterrâneo é uma área comercial importante, e o Mar Negro, no qual se entra por Dardanelos, é uma via navegável movimentada que transporta um tráfego considerável de navios-tanques oriundos da Rússia e do Mar Cáspio. Ao norte, o Mar Báltico dá acesso ao nordeste europeu, à Escandinávia e à Rússia via Golfo da Finlândia, enquanto o norte da Rússia pode ser alcançado pelo Mar da Noruega. O noroeste europeu é bem servido de portos, e os rios Reno e Elba são navegáveis mais no interior do continente. Essas rotas tornam-se gradualmente importantes à medida que se desenvolve o comércio da Rússia e dos Países Bálticos. No outro lado do Atlântico Norte, a Baía de Hudson e os Grandes Lagos permitem que os navios marítimos tenham acesso sazonal a uma distância de 2 mil milhas adentro na América do Norte, e a costa leste é bem servida por portos. Ao sul, o Golfo do México oferece um excelente acesso ao mar, que conduz ao Canal do Panamá e ao Oceano Pacífico. O São Lourenço, o Mississipi e o Rio da Prata constituem todos eles importantes vias comerciais.

O Atlântico Sul é menos movimentado do que o Norte. Na Tabela 9.1, podemos ver que a costa leste da América do Sul representa somente 5% do comércio mundial, e a costa ocidental africana, somente 2%. Pouco desse comércio cruza o Atlântico Sul entre os dois continentes, e

A geografia do comércio marítimo

a maior parte dos movimentos de navios encontra-se associada aos serviços de contêineres, ao transporte de matérias-primas para exportação e ao tráfego de passagem.

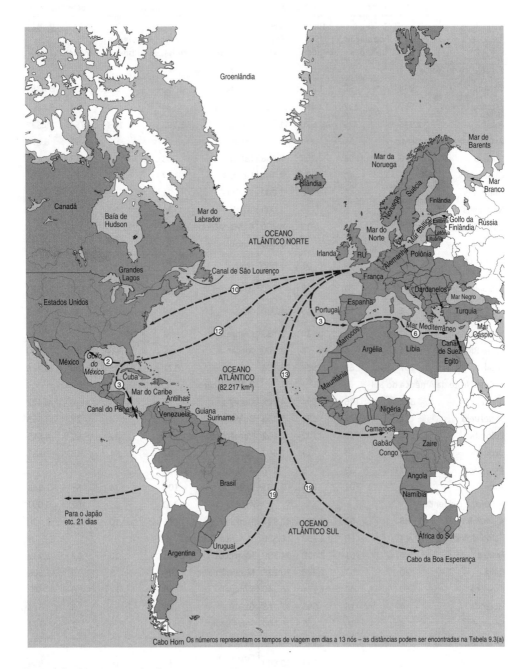

Figura 9.4 – Principais países do Atlântico.
Fonte: Martin Stopford (2007).

Tabela 9.4 – Economias dos países comerciantes do Atlântico (2005)

País	Dimensão		Atividade econômica		País	Dimensão		Atividade econômica	
	Área m ha	População milhões	PIB US$ bilhões	PNB/ Cap US$		Área m ha	População milhões	PIB US$ bilhões	PNB/ Cap US$
1. América do Norte					**5. Mar Báltico**				
Canadá	998	32	1.115	34.844	Suécia	45	9	354	39.333
Estados Unidos	937	297	12.455	42.007	Finlândia	34	5	193	38.600
Total	1.935	329	13.570	41.309	Rússia	1.708	143	764	5.333
2. Caribe e América Central					Letônia	7	2	16	6.870
México	196	103	768	7.456	Estônia	5	2	13	8.125
Guatemala	11	13	32	2.462	Lituânia	7	3	26	7.500
Honduras	11	8	8	1.000	Polônia	31	38	299	7.832
Nicarágua	13	5	5	1.000	Total	1786	157	1311	5.333
Costa Rica	5	4	19	4.750	**6. Mar Mediterrâneo**				
Panamá	8	3	15	5.000	Turquia	78	73	363	4.973
República Dominicana	5	28	28	1.000	Grécia	13	11	214	19.455
São Salvador	2	74	17	230	Israel	2	7	123	17.571
Trinidad e Tobago	1	15	15	1.000	Síria	19	19	26	1.368
Jamaica	1	3	10	3.333	Chipre	1			
Porto Rico	1	4	8	2.000	Jordânia	9	5	13	2.600
Total	267	269	929	3.454		122	115	739	6.426
3. Costa leste da América do Sul					**7. Mar Negro**				
Brasil	851	186	794	4.269	Georgia	7	5	6	1.422
Venezuela	91	27	139	5.148	Bulgária	11	8	27	3.455
Colômbia	114	46	122	2.652	Romênia	24	22	99	4.565
Uruguai	18	3	17	5.667	Total	102	81	213	2.637
Argentina	277	39	5	128	**8. Norte de África**				
Total	1.793	302	635	2.101	Egito	100	74	89	1.203
4. Europa Ocidental					Algéria	238	33	102	3.091
Alemanha	36	82	2.782	33.927	Tunísia	16	10	29	2.900
Reino Unido	24	60	2.193	36.550	**9. África Ocidental**				
França	55	61	2.110	34.590	Marrocos	45	30	52	1.733
Itália	30	57	1.723	30.228	Mauritânia	103	3	5	1.800
Espanha	50	43	1.124	26.140	Senegal	20	12	8	667
Holanda	4	16	595	37.188	Guiné	25	9	3	333
Bélgica	3	10	365	36.500	Serra Leoa	7	6	1	124
Noruega	32	5	284	56.800	Libéria	10	3	1	333
Dinamarca	4	5	254	50.800	Costa do Marfim	32	18	16	889
Irlanda	7	4	196	49.000	Gana	24	22	11	500
Portugal	9	11	173	15.727	Nigéria	92	132	99	750
Total	256	354	11.799	33.331	Camarões	48	16	17	1.063

(continua)

Tabela 9.4 – Economias dos países comerciantes do Atlântico (2005) (*continuação*)

País	Dimensão		Atividade econômica		País	Dimensão		Atividade econômica	
	Área m ha	População milhões	PIB US$ bilhões	PNB/ Cap US$		Área m ha	População milhões	PIB US$ bilhões	PNB/ Cap US$
Gabão	27	1	8	8.000	10. África do Sul	122	45	1.124	24.978
Congo	34	58	7	121	Total do Atlântico	7.860	2.107	30.837	14.636
Angola	125	16	28	1.750					
Namíbia	235	6	2	333					
Total	825	332	258	778					

Fonte: compilada de várias fontes, incluindo os grupos regionais das Nações Unidas, com base nas informações existentes. Nem todos os países comerciantes são apresentados.

ÁREA MARÍTIMA DO PACÍFICO

O Pacífico estende-se de Balboa, no Canal do Panamá, a oeste, até Singapura e o Estreito de Malaca, a leste, e o seu caráter marítimo é muito diferente do caráter do Atlântico. A Figura 9.5 apresenta um mapa do Pacífico e, na Tabela 9.5, encontram-se algumas estatísticas econômicas básicas dos principais países. Uma diferença óbvia é a dimensão. O Pacífico é duas vezes maior do que o Atlântico, ocupando cerca de um terço do globo, portanto, as distâncias são muito maiores. A distância entre o Canal do Panamá a leste e Singapura a oeste é de 10.300 milhas, e a costa chinesa, onde se localizam muitos dos mais movimentados portos, encontra-se a 8.600 milhas ou 27 dias navegando a 13 nós. Porém, o mapa é visualmente enganador quando se apresentam os tempos de navegação. O tempo navegando entre Vancouver e Japão é metade do tempo gasto entre Balboa e Hong Kong.

Os países do Pacífico que comercializam por mar cobrem uma área menor do que os países do Atlântico (2,7 bilhões de hectares, comparados com 7,9 milhões de hectares). Em 2005 eles tinham uma população semelhante (1,9 bilhão, comparados com 2,1 bilhões) e aproximadamente um terço do PIB (US$ 9,6 trilhões, comparados com US$ 31 trilhões). A China tem metade da população da região, com 1,3 bilhão de pessoas. Comparada com os Estados Unidos, cuja população é de 297 milhões de pessoas, a China é um país gigantesco, embora a área de 9,6 milhões de hectares seja semelhante à dos Estados Unidos, com 9,4 milhões de hectares. Ao contrário do Atlântico Norte (e do Mediterrâneo nos seus tempos iniciais), o Pacífico não é uma bacia oceânica envolvida por economias industriais. Os países da "orla" da costa oeste norte-americana têm muito pouca indústria pesada que gera comércio a granel, e a maior parte da indústria encontra-se na faixa estreita de 3 mil milhas que se estende do Mar do Japão no norte, por meio do Mar da China Meridional até o Estreito de Malaca ao sul (ver Figura 9.5). Essa área, que inclui os países costeiros Japão, Coreia do Sul, China, Hong Kong, Indonésia, Malásia, Taiwan, Filipinas, Vietnã, Tailândia e Singapura, gera fluxos de transporte marítimo de entrada de energia, de alimentos e de matérias-primas combinados com os fluxos de saída de produtos manufaturados, como aço, veículos, cimento e carga geral. Tem também a maior concentração mundial do tráfego de contêineres. Não possui nenhum nome geográfico, mas por conveniência vamos chamá-la de Ásia marítima.

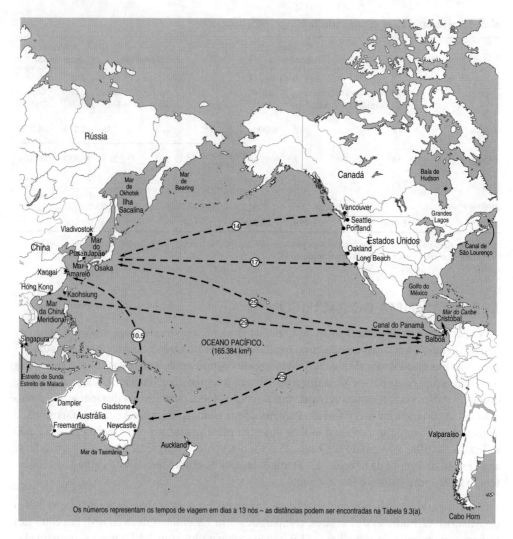

Figura 9.5 – Principais mares e portos do Oceano Pacífico.
Fonte: Martin Stopford (2007).

Finalmente, no canto sudoeste do Pacífico (Figura 9.5), a cerca de 3 mil milhas do Mar da China Meridional, encontra-se aninhada a região conhecida como Oceania. Esse grupo inclui Austrália, Nova Zelândia, Papua-Nova Guiné e várias ilhas pequenas. A Oceania, por ter uma população de somente 30 milhões de habitantes (menos do que algumas províncias chinesas) e ser rica em recursos naturais, é um dos principais fornecedores de matérias-primas e de energia à Ásia marítima, sendo as exportações principais: minério de ferro, carvão, bauxita, grão, produtos florestais e gás. Em 2005 a Oceania exportou 618 mt de carga e importou 88 mt. As principais exportações são minério de ferro (241 toneladas), carvão (233 mt) e grão (22 mt), embora também sejam comercializadas lã, carne e uma gama variada de outros produtos primários.

A geografia do comércio marítimo

Tabela 9.5 – Economias dos países comerciantes do Pacífico (2005)

País	Dimensão			Atividade econômica		
	Área milhões de ha	População milhões	Terra arável milhões de ha	PNB US$ bilhões	PNB/Cap US$	Aço mt
Ásia						
Japão	38	128	5	4.506	35.203	113
China	960	1.305	97	2.229	1.708	342
República da Coreia	10	48	2	788	16.417	48
Indonésia	190	221	22	287	1.299	3
Hong Kong	0	7	0	178	25.429	0
Tailândia	51	64	20	177	2.766	1
Malásia	33	25	5	130	5.200	1
Singapura	0	4	0	117	29.250	1
Filipinas	30	83	8	98	1.181	1
Vietnã	33	83	6	52	N/A	0
Coreia do Norte	12	22	2		N/A	7
Outros	198		5			0
Total da Ásia	1.556	1.990	172	8.562	4.303	517
Oceania						
Austrália	771	20	47	701	35.050	6
Nova Zelândia	27	4	0	109	27.250	1
Papua-Nova Guiné	46	6	0	5	833	0
Outros países da Oceania	9		1			0
Total	854	30	48	815	27.167	7
Costa oeste da América do Sul						
Equador	28	13	3	36	2.769	0
Bolívia	110	9	2	9	1.000	0
Peru	129	28	4	78	2.786	0
Chile	76	16	4	115	7.188	1
Total	342	66	13	238	3.606	1
Total do Pacífico	2.752	2.086	234	9.615	4.609	525

Fonte: compilado de várias fontes, incluindo grupos regionais, com base nas informações existentes. Nem todos os países comerciantes são apresentados.

ÁREA MARÍTIMA DO OCEANO ÍNDICO

O Oceano Índico é delimitado ao norte por Índia, Paquistão e Irã, a oeste pela África Oriental, ao sul pela Antártida e a leste por Austrália e Indonésia (Figura 9.6). A fronteira oriental com o Pacífico é geralmente desenhada por Malásia, Indonésia, Austrália e o cabo sudeste da Tasmânia até a Antártida. Os seis mares do Oceano Índico, que têm uma longa história no comércio marítimo, são o Mar Vermelho, o Golfo Pérsico, o Mar da Arábia (entre a Arábia e a

Índia), a Baía de Benguela (entre a Índia e a Península da Tailândia), o Mar de Timor e o Mar de Arafura (entre a Austrália e a Indonésia).

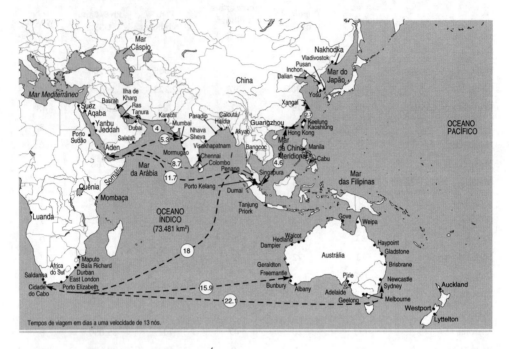

Figura 9.6 – Os principais mares e portos do Oceano Índico.
Fonte: Martin Stopford (2007).

Os países do Oceano Índico têm uma área terrestre de 4,3 bilhões de hectares, que é 56% maior do que a do Pacífico (excluindo a América do Norte). Contudo, o Oceano Índico é muito mais compacto do que o Pacífico, e as distâncias nas rotas leste-oeste caem a meia distância entre o Atlântico e o Pacífico. De Singapura a Áden na entrada do Mar Vermelho, a distância é de 3.600 milhas pelo Estreito de Malaca e leva doze dias a 13 nós, enquanto o Cabo da Boa Esperança fica à distância de 5.600 milhas e leva dezoito dias.

Começando no canto inferior esquerdo da Figura 9.6, a costa oriental africana tem poucos portos profundos. Essa faixa de costa vai desde a África do Sul até o Mar Vermelho e inclui Moçambique, Tanzânia, Quênia e Somália. Esses países têm uma área equivalente à do sul da Ásia, uma população de 112 milhões e um PIB de US$ 73 bilhões (Tabela 9.6). Apesar da sua dimensão, nenhum desses países tem economias fortes ou reservas ricas de produtos primários, portanto, o volume do comércio é muito pequeno – em 2005, totalizaram somente 9 mt de exportações e 23,9 mt de importações. Os únicos portos que recebem qualquer dimensão são Maputo, Beira, Dar es Salaam, Mombaça e Mogadishu. O volume de carga desses portos é pequeno, as instalações são básicas e eles têm muito pouco impacto no mercado marítimo como um todo, não mais do que uma fonte de trabalho contínuo para os pequenos navios de carga geral.

A geografia do comércio marítimo   **407**

Indo para leste, chegamos ao Mar Vermelho, uma via marítima movimentada para o tráfego do Suez, que liga o Mediterrâneo ao Golfo Pérsico. Essa é uma localização remota, a 12 mil milhas dos Estados Unidos e a 6 mil milhas da Ásia, rodeada a oeste pelo Egito e pelo Sudão e a leste pela Arábia Saudita. Voltando à direita, passando a entrada do Golfo, chegamos a Paquistão, Índia, Bangladesh, Myanmar e a vários outros países pequenos. Esses países densamente povoados têm uma área de 0,5 bilhão de hectares e uma população de 1,1 bilhão. Produzem 254 mt de cereais, quase o mesmo que os Estados Unidos, bem como 229 mt de carvão e 57 mt de minério de ferro. Contudo, a maioria desses produtos primários nunca entra no comércio e, em 2005, o PIB da Índia, de US$ 785 bilhões, foi relativamente baixo, quase o mesmo que os US$ 788 bilhões da Coreia do Sul. Cerca de metade do volume de importações é petróleo bruto e derivados do petróleo, visto que as reservas domésticas são muito limitadas. Da Índia, existem exportações de minério de ferro consideráveis.

Tabela 9.6 – Economias dos países comerciantes do Oceano Índico (2005)

	Dimensão			Atividade econômica		
País	**Área milhões de ha**	**População milhões**	**Terra arável milhões de ha**	**PNB US$ bilhões**	**PNB/Cap US$**	**Aço mt**
Sul da Ásia						
Índia	329	1.095	170	785	717	38
Paquistão	80	156	21	111	712	1
Sri Lanka	7	20	2	23	1.150	—
Bangladesh	14	142	9	60	423	0
Butão	5	1	0	1	1.000	—
Outros	2		0			—
Total	515	1.414	213	980	693	14
Oriente Médio						
Arábia Saudita	215	25	2	310	12.400	4
Irã	165	68	15	196	2.882	9
Kuwait	2	3	0	75	25.000	—
República do Iêmen	53	21	2	14	667	—
Qatar	1	0	0	7	18.450	1
Iraque	44		5			—
Omã	21	3	0		0	—
EAU	8	5	0		0	—
Outros países do Oriente Médio	0		0			—
Total	510	129	25	624	4.825	14
África Oriental						
Sudão	251	36	13	28	n/a	—
Maurício	0	1	1	6	6.000	—
Somália	64	1	1	8	8.000	—
Quênia	58	34	2	18	529	—
Madagascar	59	19	3	5	263	—
Djibuti	2	1	N/A	1	1.000	—
Moçambique	80	20	3	7	350	—
Total	514	112	23	73	652	—
Total do Oceano Índico	4.359	1.751	322	2.730	1.559	258
Total dos oceanos Pacífico e Índico	7.111	3.837	556	12.345		

Fonte: compilada de várias fontes, incluindo grupos regionais com base nas informações existentes. Nem todos os países-comerciantes são apresentados.

A Índia tem onze portos marítimos principais: na costa oeste temos Kandla, Bombaim, Nhava Sheva, Mormugão, New Mangalore e Kochi, e na costa leste temos Calcutá Haldia, Paradip, Vishakhapatnam, Chennai e Tuticorin. O volume comercial é moderado e os portos mais importantes em termos de volume de carga são Bombaim, Vishakhapatnam, Chennai e Mormugão. A carga a granel é dominada pelas exportações do minério de ferro de Mormugão, pelas importações de petróleo bruto e pelas exportações de derivados do petróleo.

CANAIS DE SUEZ E DO PANAMÁ

Finalmente, devemos considerar aquelas duas grandes obras de engenharia que oferecem atalhos entre os oceanos: o Canal de Suez e o Canal do Panamá. O Canal de Suez, que abriu em 1869, liga o Mar Vermelho no Suez com o Mediterrâneo em Port Said, constituindo uma rota muito mais curta entre o Atlântico Norte e o Oceano Índico que a rota alternativa ao redor do Cabo da Boa Esperança. Por exemplo, reduz a distância da viagem de Roterdã para Bombaim em 42% e para Singapura em cerca de 30%. Na Tabela 9.7 apresentam-se outros exemplos da economia obtida na distância. O Canal de Suez pode acomodar navios com uma boca de até 64 metros e um calado de 16,2 metros, que na prática significa navios-tanques de até 150.000 tpb completamente carregados e até 370.000 tpb em lastro. Ele tem 100 milhas de comprimento e a passagem dura de treze a quinze horas. Os direitos de passagem são cobrados em dólares americanos com base na tonelagem líquida do Canal de Suez do navio, com taxas separadas para viagens de navio carregado e de navio em lastro (a tonelagem líquida do Canal de Suez de um navio corresponde, aproximadamente, à carga transportada abaixo do convés, embora não seja diretamente comparável com a tonelagem de arqueação bruta ou de porte bruto. É calculada pela sociedade classificadora ou por uma organização de comércio oficial que emite o Certificado Especial da Tonelagem do Canal de Suez).

O Canal do Panamá, uma obra de engenharia ainda mais difícil, foi aberto em 1914, encurtando a distância entre o Atlântico e o Pacífico em 7.000 a 9.000 milhas. Através de uma cordilheira, percorre uma distância de 83 quilômetros desde o Atlântico em Cristóvão até o Pacífico em Balboa. Os navios que entram no Atlântico navegam por um canal até as eclusas de Gatun, onde o navio é elevado até o Lago Gatun. Após atravessar esse lago, o navio entra no Corte Gaillard e percorre uma distância de 8 milhas até Pedro Miguel, onde outra eclusa baixa-o até um lago menor. Através desse lago em Miraflores, mais duas eclusas baixam o navio para o Oceano Pacífico. Um navio de tamanho médio pode levar cerca de nove horas para atravessar o canal e um sistema de reservas de passagem permite que se faça a reserva de uma faixa horária para a passagem. Embora a restrição nominal do calado seja de 11,28 metros (37 pés), o nível da água varia entre 35 pés durante as estações secas e 39 pés durante as estações de chuva. Isso significa que um navio graneleiro de 65.000 tpb com uma boca Panamax e com um calado de 43 pés não

Tabela 9.7 – Distâncias economizadas pela utilização do Canal de Suez (milhas)

	Pelo Cabo	Pelo Canal	Economia
Roterdã para:			%
Bombaim	10.800	6.300	42%
Kuwait	11.300	6.500	42%
Melbourne	12.200	11.000	10%
Calcutá	11.700	7.900	32%
Singapura	11.800	8.300	30%
Marselha para:			
Bombaim	10.400	4.600	56%
Melbourne	11.900	9.400	21%
Nova York para:			
Bombaim	11.800	8.200	31%
Singapura	12.500	10.200	18%
Ras Tanura	11.765	9.543	19%

pode atravessar o canal completamente carregado – o navio graneleiro médio com um calado de 37 pés tem 40.000 tpb. Frequentemente, os navios maiores carregam partidas de carga parciais. Os direitos de passagem do Canal do Panamá baseiam-se numa tarifa fixa por tonelada líquida (do Canal do Panamá) para os navios que transitam carregados e em lastro. Em setembro de 2007 deu-se início a um projeto de oito anos para desenvolver as eclusas do canal de 427 m de comprimento, 55 m de largura e 18,3 m de profundidade para acomodar os navios.

9.4 O COMÉRCIO MARÍTIMO EUROPEU

A Europa, ainda uma das maiores regiões comerciais do mundo, divide-se em três áreas principais, que se encontram definidas na Tabela 9.4 como Europa Ocidental, Mar Báltico e Mar Mediterrâneo. A Europa Ocidental representa 23% das exportações e importações mundiais, enquanto a Rússia e a Europa Oriental representam outros 3% (ver Tabela 9.1). Isso faz com que seu comércio tenha o dobro do tamanho daquele da América do Norte. Durante os últimos quarenta anos, as exportações cresceram mais consistentemente do que as importações, que estagnaram no início da década de 1970, caíram no início da década de 1980 e depois retomaram com um crescimento baixo (Figura 9.7).

Em 2005, a Europa importou 2,1 bt de carga e exportou 1,2 bt, o que explica por que as companhias europeias desempenham um papel de liderança na indústria marítima, sendo proprietárias de 42% da frota mundial. A importância da Europa no comércio explica-se pela sua economia desenvolvida e pela sua vasta população, que estende os seus recursos internos, donde resulta uma forte dependência da região relacionada ao comércio. Uma população de 353 milhões de habitantes (excluindo os países do Báltico, do Mediterrâneo e do Mar Negro) produziu um PIB de US$ 11,8 trilhões em 2005. A cultura cerealífera é Geralmente de 260 mt, um pouco menos do que a da América do Norte. Por meio de uma agricultura intensiva e de políticas protecionistas, a região da União Europeia

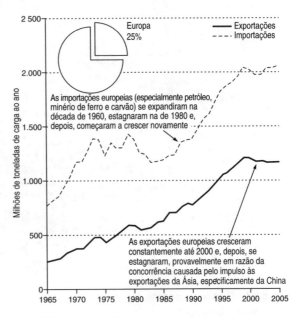

Figura 9.7 – Comércio marítimo europeu.
Fonte: Nações Unidas e UNCTAD.

alcançou a autossuficiência, com um pequeno excedente exportável. Embora a Europa tenha sido, inicialmente, bem-dotada com todas as matérias-primas principais, exceto a bauxita, atualmente as reservas encontram-se empobrecidas e a sua produção é dispendiosa.

Como região marítima, a Europa é muito eficaz, com água por todos os lados exceto na fronteira com a Rússia, como a Figura 9.8 apresenta de forma clara. A costa oeste dá para o Oceano Atlântico, a costa norte dá para o Mar Báltico, no sul temos o Mar Mediterrâneo e, a leste, o Mar Negro. Com tanta água, o transporte marítimo desempenha um papel importante na sua economia; a Tabela 9.4 apresenta os dados econômicos dessa área. Começando pelo canto nordeste da Figura 9.8, encontramos a costa norte da Rússia e da Escandinávia. Narvik, o porto localizado mais a norte, exporta minério de ferro, e a abertura do tráfego petrolífero russo durante a década de 1990 deu um novo significado a Murmansk. A Rússia e a Europa Oriental contabilizam somente cerca de 3% do comércio marítimo, mas representam uma área importante de desenvolvimento e de mudança. A abertura dos países nessa região à economia global e aos fluxos de comércio livre foi um desenvolvimento tremendamente importante, dadas a sua dimensão geográfica e bases de recursos.

Figura 9.8 – Principais mares e portos da Europa.
Fonte: Martin Stopford (2007).

Indo para o sul, os portos do Báltico manuseiam o comércio da Finlândia, da Rússia, dos Países Bálticos (Letônia, Lituânia e Estônia), da Polônia, do norte da Alemanha e da Suécia. O desmembramento da União Soviética alterou os fluxos comerciais com esses Estados, e o Golfo da Finlândia, no norte do Báltico, dá acesso marítimo aos portos russos. Pelos portos de São Petersburgo, Ventspils, Primorsk, Gdansk, Rostock, Świnoujście, Estocolmo e Malmö, embarcam-se produtos florestais, petróleo, carvão e carga geral. Rumo ao sul, Hamburgo e Bremen, localizados nos rios Elba e Weser, servem a Alemanha e o seu interior. Estes são portos de carga a granel importantes, que manuseiam grão, fertilizantes, aço e automóveis motorizados, mas em anos recentes o seu verdadeiro destaque tem sido o tráfego de contêineres.

A geografia do comércio marítimo **411**

A costa noroeste da Europa é uma das áreas de transporte marítimo mais movimentadas do mundo, com os principais portos localizados em Hamburgo, Bremen, Antuérpia, Roterdã e Le Havre. O Reno, que é navegável por barcaças de 2 mil toneladas numa distância de 800 quilômetros a partir de Basel, deságua no Mar do Norte em Roterdã. O Reno movimenta mais de 500 mt de carga por ano, e Roterdã é o maior porto europeu. Encontra-se localizado no Novo Canal de Roterdã e no New Meuse, e o porto propriamente dito encontra-se subdividido em três áreas principais: Maasvlakte, na entrada, Europoort e Botlek. Cada uma contém uma rede de terminais especializados de águas profundas, que manuseiam petróleo, grão, carvão, produtos florestais, veículos motorizados e petroquímicos. Essa é também a rota principal para contêineres destinados à Europa. Em 2006, Hamburgo movimentou 8,1 milhões de TEU, Bremerhaven moveu 3,7 milhões de TEU, Roterdã manuseou 9,6 milhões de TEU, enquanto a vizinha Antuérpia movimentou 6,5 milhões de TEU. Le Havre é o porto principal do norte da França, tendo manuseado 2,1 milhões de TEU, enquanto o Reino Unido é servido por Felixstowe, Southampton e Tilbury.

Os portos do Mediterrâneo europeu atendem às áreas industriais do leste da Espanha e ao cinturão industrial que vai desde Marselha até Trieste, no nordeste da Itália. Marselha, Gênova e Trieste são todos portos importantes, que manuseiam cereais, minério de ferro, petróleo, granéis secundários e contêineres. Os maiores terminais de contêineres encontram-se localizados em Algeciras, no sul de Espanha (3,2 milhões de TEU em 2006), e Gênova, na Itália (1,4 milhão de TEU em 2006). São dez os países que ocupam as costas oriental e sul do Mediterrâneo (ver Tabela 9.4), com um PIB de cerca de US$ 1 trilhão e uma população de 238 milhões de habitantes. Essa é uma área de crescimento para o comércio, com exportações de petróleo, minerais e contêineres. Finalmente, o Mar Negro dá acesso marítimo ao sul da Rússia, à Georgia, à Ucrânia, à Bulgária e à Romênia. Tem um tráfego de exportação intenso de petróleo que é expedido da Rússia e do Cazaquistão.

Concluindo, a Europa Ocidental tem uma influência muito grande no mercado marítimo, continuando ainda a gerar um grande volume de comércio marítimo. Com a maturidade da economia, o crescimento movimentou-se das importações de matérias-primas para um comércio mais equilibrado de produtos acabados e semimanufaturados.

9.5   O COMÉRCIO MARÍTIMO NORTE-AMERICANO

Em 2005, a América do Norte, que inclui o Canadá e os Estados Unidos, foi responsável por 12% do comércio marítimo mundial, e o seu tráfego de importações cresceu de 294 mt em 1965 para 1.124 mt em 2005, enquanto as exportações são inferiores, aumentando de 232 mt para 598 mt (Figura 9.9). Com uma população de 329 milhões de habitantes e um PIB superior a US$ 13,6 trilhões, representando um quarto do PIB mundial, é a maior região econômica mundial. Com uma área total de 1,9 milhão de hectares, é oito vezes maior do que a dimensão da Europa Ocidental. Em 2006, os Estados Unidos produziram 100 mt de aço, 329 mt de cereais, 368 mt de petróleo, 951 mt de carvão, 509 bilhões de metros cúbicos de gás natural e 55 mt de minério de ferro. Sendo uma das áreas mais ricas do mundo, o mercado da América do Norte para os produtos manufaturados tem crescido rapidamente e as importações dos veículos automóveis e de uma variedade de bens de consumo conteinerizados vêm sendo gradualmente fornecidas pela Europa e pelo Extremo Oriente.

Geograficamente, a América do Norte classifica-se em três áreas: uma faixa montanhosa a leste, onde grande parte da indústria pesada se localiza à volta dos campos de carvão e de minério próximos de Chicago e de Pittsburgh; uma área central plana destinada à produção agrícola, sobretudo grão; e uma área montanhosa a oeste com as Montanhas Rochosas dividindo a costa do Pacífico do resto da América do Norte (Figura 9.10). A área central e a costa leste são servidas por duas vias navegáveis importantes: os Grandes Lagos e o Mississipi-Missouri. No norte, o Canal de São Lourenço, que se estende de Montreal até o Lago Erie, dá acesso a partir do Atlântico Norte a 2.340 milhas (3.766 km) para dentro da região central do Canadá e dos Estados Unidos. Além de providenciar uma rota para a exportação do grão, os lagos providenciam transporte local para o cinturão da indústria pesada de Pittsburgh, de Chicago e de Detroit. Contudo, as eclusas só podem acomodar navios da ordem de 32.000 tpb,[5] e a temporada da navegação encontra-se limitada pelo gelo, de abril até o início de dezembro; portanto, grande parte da carga a granel é baldeada nos portos localizados no São Lourenço. O Mississipi e os seus afluentes dão à área central, incluindo o grande cinturão de grão, acesso aquaviário ao Golfo dos Estados Unidos. Em 2005, o sistema fluvial transportou 615 mt de carga, dos quais 150 mt pertenciam ao comércio externo. Dois canais intracosteiros ligam o Golfo dos Estados Unidos à Costa Leste, estendendo-se de Boston, Massachusetts, até Key West, Flórida, com muitas secções em águas sujeitas a marés ou em mar aberto.[6]

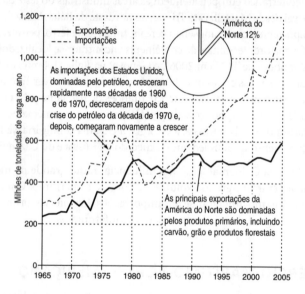

Figura 9.9 – Comércio marítimo da América do Norte.
Fonte: Nações Unidas e UNCTAD.

O empobrecimento das reservas domésticas de petróleo significa que o petróleo bruto e os produtos derivados são a importação mais importante, ao lado dos contêineres. As exportações de granel sólido incluem carvão, grão, produtos florestais, enxofre e os vários granéis secundários, como a sucata de aço. A América do Norte é o maior exportador de grão do mundo, com a produção de dois cinturões de grão que atravessam o meio-oeste dos Estados Unidos e as pradarias canadenses, e o grão é exportado pelo Golfo, dos Grandes Lagos ou da costa do Pacífico. O carvão, oriundo sobretudo das bacias mineiras dos Apalaches na costa leste e das bacias mineiras canadenses a oeste, é exportado por portos como Norfolk e Hampton Roads, ou o Golfo dos Estados Unidos a leste e Vancouver a oeste. Os produtos florestais são sobretudo embarcados a partir dos portos do noroeste, principalmente Vancouver e Seattle, utilizando navios porta-contêineres ou navios graneleiros de escotilha larga, que abrangem quase a boca total do navio [*open hatch bulk carriers*].

A geografia do comércio marítimo

A Figura 9.10 apresenta as localizações dos principais portos norte-americanos. No extremo nordeste, o porto de Churchill, na Baía de Hudson, encontra-se próximo da produção de grão ocidental canadense, embora a temporada de embarque esteja limitada pelo gelo, ocorrendo entre julho e outubro. Indo para o sul, localizamos vários portos de granel importantes nos Grandes Lagos, e em Thunder Bay e em Duluth, localizados na cabeceira dos Grandes Lagos, manuseiam-se as exportações de grão e de produtos derivados do aço. Na foz do São Lourenço, os portos de Sept-Isles e de Baie-Comeau são navegáveis durante o ano inteiro e movimentam o transbordo de grão, de minério de ferro e de uma gama variada de outros tráfegos. Para o sul existem os portos de Boston, de Nova York, com o seu terminal de contêineres, de Nova Jersey, da Filadélfia, de Baltimore, de Hampton Roads, de Morehead City, de Charleston e de Savannah. Visto que esta é uma área industrial movimentada, todos esses portos têm serviços frequentes de contêineres. Em 2005, os maiores foram Nova York (4,8 milhões de TEU), Hampton Roads (2,0 milhões de TEU) e Charleston (2,0 milhões de TEU). O carvão é a principal exportação a granel, sendo embarcado por Hampton Roads e em Baltimore. Todos esses portos sofrem de restrições de calado que limitam sobretudo o acesso a navios de 60 a 80.000 tpb, excluindo, portanto, os maiores navios graneleiros e tanques.

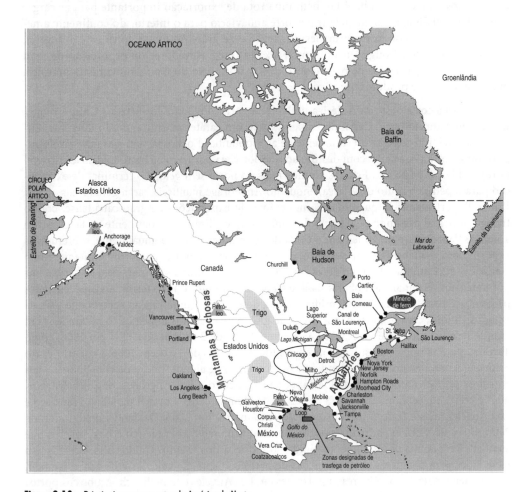

Figura 9.10 – Principais mares e portos da América do Norte.
Fonte: Martin Stopford (2007).

414   *Economia marítima*

Indo para o sul a partir de Jacksonville, voltamos para o Golfo dos Estados Unidos e chegamos a Tampa, um porto de contêineres e de cruzeiros, com alguns tráfegos de granel, como o aço. Ao longo do Golfo, para além de Tampa, estende-se uma faixa de terminais petrolíferos e de produtos químicos, começando com o Louisiana Offshore Oil Port (LOOP), ao largo de Nova Orleans, Houston, Galveston e Corpus Christi. Por razões históricas, os sistemas de refinarias dos Estados Unidos e de distribuição do gás concentram-se nessa área onde o petróleo importado é refinado e distribuído por uma rede de serviços de barcaças ou de oleodutos. O LOOP encontra-se localizado ao largo da costa de Louisiana, próximo de Port Fourchon, e é o único terminal petrolífero de águas profundas nos Estados Unidos capaz de manusear VLCC, embora as áreas de trasfega ao largo permitam a utilização de VLCC no tráfego; estes descarregam para navios-tanques menores para entregarem a carga em terminais mais limitados localizados no Golfo. A trasfega é uma forma de ter acesso a terminais locais quando a carga é transportada em navios demasiadamente grandes. Geralmente, a carga é transferida dos navios grandes para os navios pequenos, ou para barcaças que têm acesso aos terminais locais em zonas *offshore* designadas. O LOOP manuseia cerca de 1,2 milhão de barris por dia e transporta por oleoduto até 35% da capacidade de refinação dos Estados Unidos. O Golfo é também uma rota de exportação importante para as cargas a granel. O Mississipi providencia transporte aquaviário para o interior do continente americano, movimentando as exportações de carvão e de grão. Ao longo do rio, até o interior, chegando em Baton Rouge, encontram-se fixados onze elevadores de exportação de grão capazes de carregar navios de mar. Houston, o maior porto do Golfo, movimenta petróleo, grão, contêineres e produtos químicos.

O acesso à costa oeste da América do Norte a partir do Golfo dos Estados Unidos requer um desvio comprido pelo Canal do Panamá e tem um caráter marítimo muito diferente. Encontra-se dividido do resto do continente pelas Montanhas Rochosas, sem rios navegáveis importantes, portanto, a carga com destino ao interior viaja por ferrovia ou rodovia. No extremo norte, Valdez, o porto dos Estados Unidos mais ao norte sem gelo, é o terminal de exportação para o petróleo bruto do Alasca, enquanto Anchorage manuseia carga geral. Mais ao sul, Prince Rupert manuseia quantidades moderadas de exportações de grão canadense, com o tráfego principal passando pelo porto de Vancouver, localizado no continente no lado oposto à ilha de Vancouver e movimentando cerca de 80 milhões de carga anualmente, sobretudo as exportações canadenses de carvão, grão, produtos florestais, potassa e outros minerais, como o enxofre, e 2,2 milhões de contêineres em 2006. Existem terminais de manuseio de carvão importantes nos terminais de Roberts Bank e Neptune, e muitos outros terminais especializados pequenos. Seattle, localizado 100 milhas ao sul, desempenha uma função semelhante para os Estados Unidos, com grandes exportações de grão e de produtos florestais. Tem também um grande terminal de contêineres, com a movimentação de 2 milhões de TEU em 2006, como Tacoma, poucas milhas ao sul, que movimentou 2 milhões de TEU em 2006. O quarto porto principal nessa área norte é Portland, que manuseia grão e algum tráfego de contêineres. Mais ao sul os portos californianos de Oakland, São Francisco e Los Angeles (Long Beach) atendem à crescente economia da costa oeste. Existe alguma carga a granel para São Francisco e Los Angeles, mas o tráfego principal é o de contêineres. Em 2006, Oakland expediu mais de 2,4 milhões de TEU. Os principais portos da Califórnia são São Francisco e Los Angeles, que atendem à economia de crescimento rápido do sudoeste dos Estados Unidos. Esses portos têm facilidades para manusear as importações de petróleo bruto, de veículos e de aço, e também existem terminais de contêineres importantes em Los Angeles e Long Beach. Ambos os portos manusearam mais de 7 milhões de contêineres anualmente, colocando-os, em 2006, entre os vinte maiores portos de contêineres do mundo.

9.6 O COMÉRCIO MARÍTIMO SUL-AMERICANO

A América do Sul tem um perfil comercial muito diferente daquele da América do Norte. Continua ainda a ser sobretudo uma região produtora primária, gerando anualmente cerca de 974 mt de exportações e 368 mt de importações, como apresentado na Figura 9.11. Nos últimos quarenta anos, as exportações seguiram uma tendência volátil ascendente, mais do que duplicando entre 1985 e 2005, enquanto, desde o início da década de 1970, as importações cresceram gradualmente. De forma geral, a região divide-se em três partes: o Caribe e a América Central, a costa leste da América do Sul e a costa oeste da América do Sul. Cada uma tem um caráter muito diferente. Os países apresentam-se na Figura 9.12 e a sua informação econômica encontra-se na Tabela 9.4.

Figura 9.11 – Tráfego marítimo da América do Sul.
Fonte: Nações Unidas e UNCTAD.

A região do Caribe e da América Central começa com o México ao norte, incorpora as ilhas do Caribe e estende-se para o sul ao longo da costa por Belize, Honduras, Nicarágua, Costa Rica e Panamá. Com menos de um décimo do tamanho da América do Norte, essa região engloba as muitas ilhas e Estados costeiros que tocam a costa sul do Golfo do México. Em 2005, tinha uma população de 269 milhões de habitantes e um PIB de cerca de US$ 0,92 trilhão.

O principal comércio de exportação do México é o petróleo para o Golfo dos Estados Unidos e, em menor escala, para a Europa. Os seus campos petrolíferos desenvolveram-se durante as décadas de 1970 e 1980 e agora encontram-se em fase de maturidade. O petróleo é expedido principalmente pelo porto de Coatzacoalcos, ao sul do Golfo, que é o ponto central para os sete principais campos petrolíferos mexicanos. Outras exportações oriundas do Caribe incluem a bauxita da Jamaica, o petróleo bruto importado pelas refinarias de Trinidad e Tobago e das Antilhas Holandesas para ser refinado e em seguida embarcado para os Estados Unidos, o açúcar de Cuba e as bananas.

Como a América do Norte, a América do Sul divide-se em duas partes por uma cordilheira elevada, os Andes, que corre de norte a sul ao longo da costa oeste, dividindo o continente em duas regiões, a costa leste e a costa oeste da América do Sul. Usando as definições regionais da UNCTAD, a costa leste da América do Sul estende-se ao longo da costa do Atlântico desde Venezuela, Guiana e Suriname no norte, passando pelo Brasil, até a Argentina no sul. Com uma área de 1,8 bilhão de hectares e uma população de 302 milhões de habitantes, tem o mesmo tamanho que a América do Norte e corre para o Atlântico por meio de três sistemas fluviais importantes: o Orinoco, o Amazonas e o Rio da Prata. Contudo, a sua economia é muito menor. O PIB da América do Sul, de US$ 0,6 trilhão, é somente 5% do PIB da América do Norte. Com tanto espaço e tão pouca atividade econômica, esperaríamos que as exportações primárias predominassem, e é exatamente assim. O comércio dessa linha comprida de costa é dominado pelas exportações de matérias-primas e produtos semimanufaturados.

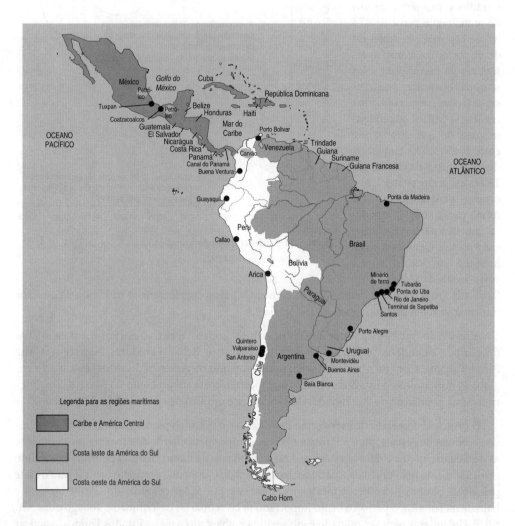

Figura 9.12 – Principais países e portos da América do Sul.
Fonte: Nações Unidas e UNCTAD.

Em 2005, a costa leste da América do Sul exportou 558 mt e importou 153 mt de carga. As 393 mt de cargas sólidas exportadas eram constituídas de minério de ferro do Brasil e da Venezuela e de pequenas quantidades de carvão, petróleo bruto, fertilizantes em bruto, produtos florestais, minérios secundários e matérias minerais como o sal. Uma tendência decrescente nas exportações petrolíferas foi grandemente compensada pelo aumento moderado na carga

A geografia do comércio marítimo

sólida. O Brasil é o líder mundial na exportação de minério de ferro e, durante as décadas de 1960 e 1970, desenvolveu depósitos de minério de ferro servidos por terminais de exportação de águas profundas. As exportações de minério de ferro cresceram de 7 mt em 1963 para 249 mt em 2006, representando mais de um terço do comércio global desse minério. Os principais portos de exportação de minério de ferro são Tubarão, Ponta do Uba, Baía de Sepetiba e Ponta da Madeira. A área é bem servida por serviços de linhas regulares que ligam a região à América do Norte, à Europa Ocidental e à Ásia.

A costa oeste da América do Sul forma uma estreita faixa costeira que corre desde Colômbia e Equador no norte, passando pelo Peru até o Chile, e ocupa mais de metade do seu comprimento. A sua área é de somente 342 milhões de hectares (ver Tabela 9.5), com uma população de 66 milhões em 2005 e um PIB de US$ 238 bilhões (quase o mesmo que a Dinamarca), portanto, é muito menor que a costa leste da América do Sul. Nessa costa, os portos são relativamente pequenos, com algumas exportações de produtos primários principais, então o volume comercial limita-se a servir a economia local semi-industrializada. Em 2005, a região exportou 153 mt de carga e importou 56 mt. Os principais portos de contêineres localizam-se em Guayaquil, o principal porto do Equador, em Callao, o principal porto do Peru, e em Valparaíso e San António, os principais portos do Chile. A maior exportação é o carvão da Colômbia, que tem em funcionamento a El Cerrejón Norte, a maior operação de mineração de carvão da América Latina. A mina está ligada por uma ferrovia de 150 quilômetros a Puerto Bolivar, no litoral caribenho da Colômbia, e são utilizados trens unitários para transportar o carvão esmagado [*crushed coal*] da mina até o porto, que pode manusear navios de 150.000 tpb.

9.7 O COMÉRCIO MARÍTIMO ASIÁTICO

Geograficamente, a Ásia estende-se do Japão, ao norte, até a Indonésia, ao sul, e a Índia e o Paquistão, a oeste (ver Figura 9.13). Economicamente, esses países associam-se em quatro grupos. O primeiro consiste no Japão e no seu vizinho próximo, a Coreia do Sul. São duas economias industriais maduras, cada uma delas apoiando uma concentração significativa da atividade marítima, incluindo dois terços da capacidade de construção naval mundial. O segundo grupo, a China, tem uma linha de costa longa que se estende de Dalian a Shenzen. No terceiro temos Tailândia, Camboja, Vietnã, Singapura e Estreito de Malaca, conduzindo ao Oceano Índico (note-se que Índia e Myanmar estão também incluídos nas estatísticas do comércio apresentadas na Figura 9.14). Finalmente, no lado sul do Mar da China, existem as ilhas densamente povoadas da Malásia, da Indonésia e das Filipinas. No seu conjunto, a Ásia é a maior área de comércio marítimo do mundo, importando, em 2005, 2,9 bt de carga e exportando 1,6 bt, 50% mais do que a Europa Ocidental. Encontra-se também numa fase de crescimento rápido (ver Figura 9.14). A região cobre 1,6 bilhão de hectares, dois terços dos quais correspondem à China, e em 2005 tinha uma população de 2 bilhões e um PIB de US$ 8,6 trilhões, metade do qual pertencia ao Japão.

Entre 1990 e 2005 as exportações da Ásia triplicaram e as importações duplicaram. A região movimenta-se claramente pelos estágios de concentração de materiais do ciclo de desenvolvimento comercial, um fato que se torna mais visível quando analisamos as economias individualmente. Os gráficos das importações e exportações na Figura 9.14 dividem a região em três partes – Japão, China e sul e leste asiáticos. Todos os três são importadores líquidos de energia, de produtos alimentares e de matérias-primas, com os correspondentes fluxos de saída de produtos manufaturados, como aço, veículos, cimento e carga geral.

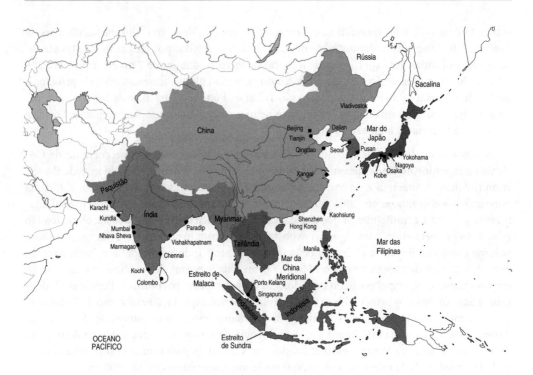

Figura 9.13 - Principais mares e portos do sul e do leste da Ásia.
Fonte: Nações Unidas e UNCTAD.

JAPÃO

Em 2005, o Japão era a maior economia da Ásia, com um PIB de US$ 4,5 bilhões, embora a China, ainda com metade do tamanho, estivesse alcançando. As suas importações marítimas de 832 mt eram também as maiores, embora, mais uma vez, a China não estivesse muito longe desse valor. Existe uma base industrial ampla para apoiar esse comércio. Em 2006, o Japão produziu 115 mt de aço, comparados com os 170 mt na Europa Ocidental e os 100 mt nos Estados Unidos. Todo o minério de ferro e o carvão para a produção do aço é importado, ao lado de muitas outras matérias-primas, incluindo carvão térmico, petróleo, produtos florestais, grão, minérios de metais não ferrosos e produtos manufaturados. Nos últimos trinta anos, o Japão tem passado por um ciclo de desenvolvimento comercial no qual as importações cresceram muito rapidamente nas décadas de 1950 e de 1960, alcançando um pico de 588 mt em 1973. Seguiu-se uma quebra súbita para 550 mt em 1983, após a qual o crescimento arrancou, embora em 2005 as importações tenham subido somente até os 832 mt, uma taxa média de crescimento de apenas 1% por ano. Desse total, cerca de dois terços eram de minério de ferro, carvão e petróleo bruto. O crescimento das exportações foi mais rápido, com uma média de 6% ao ano entre 1990 e 2005. A maioria das exportações é de produtos manufaturados e muito concentrados em cargas de linhas regulares e em cargas a granel especializadas, nas quais se incluem carros motorizados, produtos de aço, bens de capital e bens de consumo, pelos quais a economia japonesa é famosa.

Todos os principais portos japoneses encontram-se localizados no cinturão industrial de Tóquio e de Osaka-Kobe. Em termos de movimentação de carga, os maiores portos, apresentados na Figura 9.13, são Yokohama, Kobe, Nagoya, Osaka e Tóquio.

A geografia do comércio marítimo

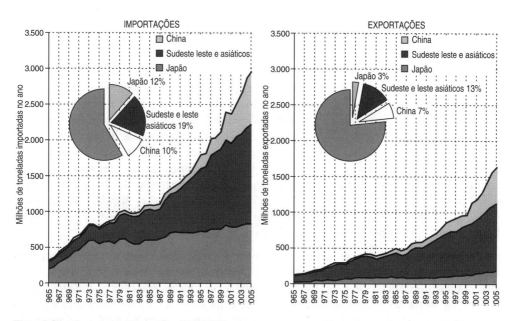

Figura 9.14 – Transporte marítimo asiático (1965-2005).
Fonte: Nações Unidas e UNCTAD.

Esses portos têm muitos terminais privados pertencentes a empresas transformadoras. Yokahama é um porto típico e a sua carga dá uma boa ideia dos tipos de mercadorias que passam pelos portos japoneses. Em 2007 movimentou cerca de 90 mt de comércio externo, com 43 mt de exportações e 47 mt de importações. As importações incluem 6 mt de grão, 7 mt de petróleo bruto, 6,5 mt de GNL e cerca de 1,5 mt cada de uma das seguintes mercadorias: derivados do petróleo, papel e pasta, alimentos processados, vestuário, mobílias, maquinaria elétrica, metais não ferrosos, frutas e vegetais e alimentação animal. As exportações incluíram 14 mt de carros, 5 mt de peças de automóveis, 5 mt de maquinaria industrial, 2 mt de produtos químicos, 1 mt de sucata e 1 mt de produtos de borracha.

CHINA

Em 1990, após cinco décadas de isolamento aparente, a China emergiu como uma força marítima dominante no comércio asiático. Com uma população de 1,3 bilhão de habitantes e um PIB de US$ 2,2 trilhões crescendo 9% ao ano, a China teve um impacto muito grande na indústria marítima local e internacional. Em 1990 a China importou 80 mt de carga por via marítima, mas em 2006 as importações aumentaram dez vezes mais, para 801 mt, e a participação no comércio mundial por via marítima da China aumentou de 1% para 10%.

A atividade industrial ocorre sobretudo na faixa costeira, particularmente ao redor de Xangai e de Cantão. As importações são intensivas em termos de recursos, e 40% estavam associados à indústria do aço e 21% à indústria petrolífera. Em 2001, a produção de aço da China foi de 151 mt, quase o mesmo que o da União Europeia, mas em 2006 tinha alcançado 414 mt, representando um terço da produção global de aço, tendo adicionado uma capacidade equivalente à da UE e do Japão em somente cinco anos. Esse crescimento rápido foi fundamentado num modelo de negócio muito diferente do utilizado pelo Japão e pela Coreia do Sul nas décadas anteriores. Na década de 1990, o governo chinês adaptou uma estratégia de desenvolvimento assentado numa mistura de indústria estatal e de empresas privadas. Isso provou ser uma combinação poderosa. Os investidores estrangeiros contribuíram com a tecnologia, com as competências de gerenciamento e com os investimentos diretos em empresas conjuntas que tiraram partido dos custos de mão de obra chineses baixos. O resultado foi um crescimento muito rápido no comércio das exportações, sobretudo a conteinerizada, e um excedente comercial substancial. Entretanto, o governo patrocinou um programa de desenvolvimento de infraestruturas importante ao longo das províncias, destinado a dar ao país a habitação, as estradas, as vias ferroviárias e as infraestruturas portuárias necessárias para apoiar o crescimento econômico. Na frente das matérias-primas, a China tem reservas de carvão substanciais, totalizando 13% do total mundial, e depende sobretudo do carvão para energia. A produção foi de 2,2 bt em 2006. O país é menos dotado com relação ao petróleo, produzindo 3 milhões de barris por dia em campos petrolíferos maduros no noroeste.

A China tem mais de quarenta portos, dos quais os maiores são Dalian, Tianjin, Shenzhen e Xangai. Xangai, localizada na foz do Rio Yang-Tsé, tem o volume de carga mais elevado, movimentando 537 mt em 2006 e realizando 21,7 milhões de movimentações de contêineres [*container lifts*], tornando-a um dos maiores portos de contêineres no mundo. Atualmente Dalian é o maior porto petrolífero da China e também o terceiro maior porto no total, movimentando 140 mt de carga em 2006. É um porto natural localizado na ponta sul da Península de Liadong. O seu terminal petrolífero encontra-se no fim de um oleoduto oriundo dos campos petrolíferos de Daqing, e Dalian é um grande centro de refinarias de petróleo, de motores a diesel e de produção química.

O porto de Shenzhen, situado no sul do delta do Rio das Pérolas, na província chinesa de Guangdong, encontra-se adjacente a Hong Kong. Em 2004 a carga movimentada foi 135 mt, com 88,5 mt de comércio externo. Em 2006, a movimentação de contêineres totalizou 18,66 milhões de TEU. O outro principal porto de contêineres é Qindao. Os principais portos de minério de ferro são Tianjin e os vizinhos Xingang, Qindao, Beilun, Dalian e Guangzho. O petróleo é embarcado sobretudo de Qindao, Huangpu, Xiamen e Tianjin.

SUL E LESTE ASIÁTICOS

Em 2005, o Sul e o leste asiáticos[7] movimentaram 934 mt de exportações e 1.384 mt de importações, tornando-se uma área marítima importante. Entre 1990 e 2005 as exportações cresceram 5,3% ao ano e as importações, 6,1%, portanto, a região cresce consideravelmente mais rápido do que o comércio marítimo total. É uma região que Adam Smith consideraria como ideal para o transporte marítimo. A linha de costa estende-se por dezoito países (ver Figura 9.13), localizados ao longo do final do continente asiático, estendendo-se da Indonésia a leste até o Paquistão a oeste. A Coreia do Sul, vista como uma precursora, situa-se ao norte; a Índia e o Paquistão, a oeste; e as ilhas da Indonésia e da Malásia, ao sul. Singapura localiza-se aproximadamente no centro. É difícil imaginar uma disposição melhor para se adequar ao transporte marítimo. Os países importadores e exportadores que se espalham pelo litoral dos mares da China Meridional e da China Oriental têm grandes populações, frequentemente bem instruídas, mas com recursos naturais limitados. O transporte marítimo dá às cidades costeiras um acesso fácil aos materiais e aos mercados, sem a necessidade de investimentos importantes em infraestruturas de transporte. As posições que Singapura, localizada na ponta sul da Península da Malásia, e Hong Kong, situada ao sul da China, construíram como centros de comércio e de distribuição ecoam o sucesso das

A geografia do comércio marítimo

cidades-Estados de Antuérpia e Amsterdã, no comércio crescente do Atlântico Norte, e de Veneza e de Gênova no Mediterrâneo. Em 2006, foram os dois maiores portos de contêineres, içando mais de 23 milhões de TEU no ano.

No extremo nordeste da região comercial encontra-se a Coreia do Sul. Com uma área de 10 milhões de hectares e um PIB de US$ 788 bilhões em 2005, a sua dimensão é aproximadamente um terço daquela do Japão. A Coreia do Sul desenvolveu a sua economia na década de 1970 utilizando um modelo que muito se aproximava ao crescimento do Japão vinte anos antes. Como o Japão, a Coreia do Sul concentrou-se no aço, na construção naval, nos veículos motorizados, na eletrônica e nos bens de consumo duráveis, confiando num marketing de exportação agressivo para esses produtos manufaturados para pagar a importação das matérias-primas e da energia. Também, como o Japão, o desenvolvimento foi controlado por algumas empresas muito grandes, com um envolvimento muito próximo do governo. Os principais portos da Coreia do Sul são Pusan, situado no extremo sudeste da península da Coreia, e Ulsan, situado 60 milhas ao norte. Pusan é o principal porto da Coreia do Sul, movimentando cerca de 100 mt de carga anualmente. Pohang é um terminal de manuseio de carga pertencente à Pohang Steelworks (Posco).

Os países restantes da região são menos desenvolvidos. O Vietnã avança neste momento para o ciclo de desenvolvimento, e a Tailândia tem uma economia pequena, mas de crescimento rápido. Indonésia, Malásia, Filipinas e Taiwan encontram-se fixados na fronteira sudoeste. Contudo, a oeste, a Índia, com a sua população de 1,1 bilhão de habitantes e um PIB de US$ 785 bilhões em 2005, cerca de um terço do tamanho da China, apresenta-se como uma área de crescimento e de desenvolvimento potencial nas décadas futuras. Existe um comércio de exportação de petróleo bruto importante da Indonésia e as exportações de cargas sólidas incluem quantidades substanciais de produtos florestais da Indonésia e das Filipinas e produtos manufaturados e semimanufaturados variados.

9.8 O COMÉRCIO MARÍTIMO AFRICANO

A África (ver Figura 9.15) é um grande continente que cobre 1,8 bilhão de hectares, mas o seu volume comercial é muito menor do que aquilo que se esperaria de um continente tão grande. É uma região pobre, e em 2005 o PIB foi de US$ 758 *per capita*. Participam no comércio marítimo quarenta países e, em 2005, importaram 258 mt e exportaram 602 mt de carga, representando 6% do comércio mundial, dividido entre o Norte da África (346 mt), a África Ocidental (248 mt), a África Oriental (36 mt) e a África do Sul (211 mt), como mostrado na Tabela 9.1. Os produtos primários dominam as exportações, e três quartos da carga exportada é petróleo oriundo de Argélia, Líbia, Nigéria e Camarões. As exportações de carga sólida são compostas sobretudo de minério de ferro, rocha fosfática, bauxita e vários produtos agrícolas. Entre 1990 e 2005, o volume comercial de ambas as importações e exportações cresceu lentamente, aproximadamente 1% ao ano, como mostra a Figura 9.16.

A África Ocidental estende-se desde Marrocos, no norte, até a Namíbia, no sul. A área cobre 825 milhões de hectares, três vezes a dimensão da Europa, com uma população de 258 milhões (ver Tabela 9.4). Para pôr em perspectiva, o seu PIB combinado em 2005 foi de US$ 258 bilhões, o mesmo que a Dinamarca, e o rendimento médio foi US$ 778 *per capita*. Como poderíamos esperar, o volume comercial foi também relativamente baixo, representando 2% do total mundial. Em 2005 a África Ocidental exportou 218 mt de carga e importou 50 mt. Dois terços da carga exportada é petróleo da Nigéria. O restante é carga sólida, sobretudo minério de ferro (Mauritânia), rocha fosfática (Marrocos), bauxita (Guiné) e vários produtos agrícolas.

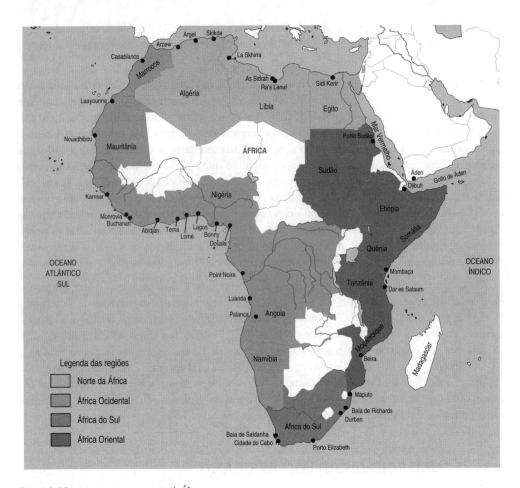

Figura 9.15 – Principais mares e portos de África.
Fonte: Nações Unidas e UNCTAD.

O Norte da África estende-se do Egito até a Argélia, e os quatro países têm uma área de 254 hectares e um PIB de US$ 220 bilhões. Em 2005, a receita média foi superior a US$ 2 mil *per capita*, muito mais alta do que na África Ocidental, e a Líbia, um exportador de petróleo importante, tinha uma receita de US$ 6.500 *per capita*, tornando-a um dos países mais ricos da África. Em termos de transporte marítimo, em 2005, o Norte da África exportou 204 mt e importou 142 mt.

A África Oriental compreende seis países que se estendem do Sudão, ao norte, até Moçambique ao sul, mais duas ilhas, Madagascar e Maurício. É uma região econômica pequena que cobre 514 milhões de hectares, com um PIB de somente US$ 73 bilhões em 2005 e uma população de 112 milhões. As exportações totalizaram 9 mt e as importações 26 mt.

Finalmente, a África do Sul é, sem dúvida, o país mais rico da África, com uma população de 45 milhões e uma receita média de US$ 25 mil. Isso coloca o país no mesmo grupo que os países europeus em termos de tamanho e riqueza. É um exportador importante de granel sólido de carvão e de minério de ferro, com portos de águas profundas na Baía de Richards e na Baía de Saldanha.

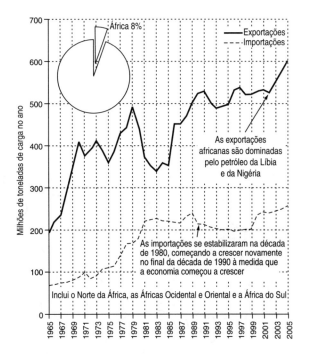

Figura 9.16 — Comércio marítimo africano.
Fonte: Nações Unidas e UNCTAD.

9.9 O COMÉRCIO MARÍTIMO DE ORIENTE MÉDIO, ÁSIA CENTRAL E RÚSSIA

O Oriente Médio, a Ásia Central e a Rússia formam um grupo conveniente, porque essas três economias regionais dependem fortemente da exportação de petróleo. Entre si, elas detinham, em 2005, 71,5% das reservas petrolíferas mundiais, e nos anos mais recentes têm sido os fornecedores marginais dessa mercadoria à economia mundial. O mapa regional apresentado na Figura 9.17 dá uma ideia aproximada de onde estão localizadas as reservas de petróleo. No final do mapa, encontra-se o Oriente Médio, com os campos petrolíferos agrupados ao redor do Golfo Pérsico na Arábia Saudita (35% das reservas do Oriente Médio), Iraque (15%), Kuwait (14%) e Emirados Árabes Unidos (13%). Esses campos petrolíferos encontram-se idealmente localizados para o transporte marítimo, com oleodutos relativamente pequenos para movimentar o petróleo até os terminais de águas profundas no Golfo Pérsico. Uma vez a bordo dos navios, os tempos de viagem são relativamente longos, como vimos na Tabela 9.3(a), da ordem de dezenove dias para Xangai, 36 dias para Roterdã e 39 dias para Nova Orleans.

Localizado ao norte do Golfo Pérsico, o Mar Cáspio tem campos petrolíferos consideráveis no Cazaquistão, situado na sua região nordeste. Embora no século XIX o Cazaquistão tenha sido uma das fontes originais de petróleo bruto, as exportações voltaram a ser novamente significativas na década de 1990, com os embarques de carga por três oleodutos com destino a Novorossiysk, no Mar Negro, de Baku até Ceyhan, no Mediterrâneo Oriental, e um oleoduto orientado para leste com destino ao noroeste da China.

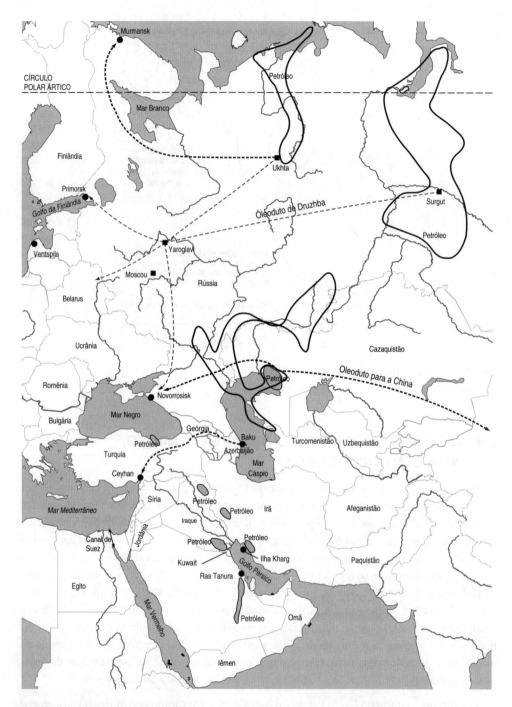

Figura 9.17 – Países e portos do Oriente Médio.
Fonte: Nações Unidas e UNCTAD.

No topo do mapa, a Rússia tem campos petrolíferos importantes localizados ao norte e a noroeste do Mar Cáspio, mais uma terceira área de reserva localizada na Ilha Sacalina, na costa oriental da Rússia, não apresentada nesse mapa. Estas estão localizadas dentro ou muito próximo do Círculo Ártico, a uma distância muito grande para o interior dos portos de Primorsk, Ventspils, Murmansk e Novorossiysk, no Mar Negro, a partir dos quais exportam atualmente. O oleoduto de Druzhba constitui uma quinta saída, transportando o petróleo diretamente para o noroeste europeu. Em todos os casos, o petróleo tem de percorrer grandes distâncias sobre a superfície terrestre.

Nos últimos vinte anos, o Oriente Médio, com as maiores reservas petrolíferas e com bom acesso ao mar, tem sido uma área ativa para a indústria marítima mundial. Os principais países de importação/exportação são Bahrein, Omã, Qatar, Irã, Arábia Saudita, Iraque, EAU, Kuwait e Iêmen. O Oriente Médio tem uma população de 129 milhões de habitantes, mais da metade da qual vive no Irã, e tem mais de 60% das reservas de petróleo bruto mundiais comprovadas. É a maior área exportadora de petróleo, com um total de exportações em 2005 de 1.121 mt e um total de importações de 160 mt, representando 9% da participação no comércio (ver Tabela 9.1), sobretudo em virtude das exportações do petróleo. A Figura 9.18 apresenta o desenvolvimento das importações e das exportações durante os últimos quarenta anos. As exportações do petróleo cresceram rapidamente, atingindo 1 bt em 1973. Em seguida à crise petrolífera que ocorreu nesse ano, as importações reduziram pela metade, para uma baixa de 440 mt em 1985, quando o carvão substituía o petróleo. Contudo, a queda dos preços do petróleo em 1986 estimulou a retomada no volume das exportações e, finalmente, as exportações ultrapassaram o seu pico anterior de 2004. Em oposição, a tendência das importações tem subido, estimulada pelo aumento acentuado nas receitas do petróleo depois do aumento dos preços em 1973 e 1979. Durante três décadas, entre 1975 e 2005, as importações quadruplicaram, de 58 mt para 160 mt. O padrão comercial do tráfego de importação dos países do Golfo durante a última década reflete de perto o modelo de desenvolvimento econômico, com um volume muito grande concentrado nos materiais de construção e nos produtos alimentares. Os materiais de construção representam uma grande proporção das importações, enquanto os produtos alimentares e os produtos agrícolas constituem o segundo setor comercial mais importante. Esses dois grupos de mercadorias representam dois terços das importações. As outras duas categorias importantes são fábricas, maquinaria e veículos, e químicos e materiais industriais.

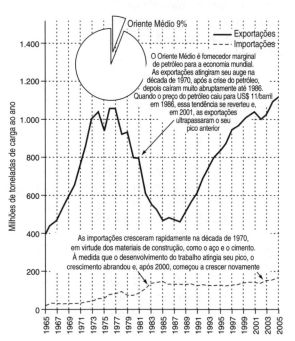

Figura 9.18 – Comércio marítimo do Oriente Médio (1965-2005).
Fonte: Nações Unidas e UNCTAD.

O Cazaquistão tem uma área de 270 milhões de hectares, semelhante à dimensão da Arábia Saudita. Em 2005 tinha uma população de 15 milhões e um PIB de US$ 56 bilhões, cerca de um quinto do valor da Arábia Saudita. A produção petrolífera aumentou de 100 mil barris diários no início da década de 1990 para 1 milhão de barris por dia em 2005, expedidos sobretudo pelos oleodutos para o Mar Negro e para o Mediterrâneo em Ceyhan.

Finalmente, a Rússia é um país muito grande que se estende do Mar Báltico, a oeste, até o Mar do Japão, a leste. Com uma área terrestre de 1,7 bilhão de hectares, é fisicamente o maior país do mundo, quase o dobro do tamanho da China. Em 2005, a sua população era de 143 milhões de habitantes e o seu PIB de US$ 64 bilhões é aproximadamente o mesmo que o do México. Do ponto de vista do transporte marítimo, outra característica peculiar é a sua localização a norte e o seu vasto acesso disperso ao mar, com quatro rotas independentes de acesso: a primeira, no norte, é feita por Murmansk e Mar Branco; a segunda, no noroeste, pelo Golfo da Finlândia; a terceira, ao sul, pelo Mar Negro; e a quarta, a leste, por Vladivostok. O Golfo da Finlândia está condicionado pelo gelo durante uma parte do ano, mas Murmansk mantém-se livre de gelo por conta da corrente do Golfo. Vladivostok a leste não tem problemas com o gelo, o que não acontece com Ilha Sacalina.

No início do século XXI, a estratégia de desenvolvimento econômico concentrou-se fortemente na exportação de produtos primários, sobretudo o petróleo e o gás, dos quais possui 13% das reservas mundiais. A Figura 9.19 indica que, em seguida à queda da antiga União Soviética, as importações por via marítima caíram abruptamente, de 250 mt por ano para 75 mt por ano em 2005, enquanto as exportações caíram inicialmente de 300 mt para 200 mt antes da retomada no final da década de 1990, tendo alcançado um novo pico de 360 mt em 2005. Isso reflete principalmente a escalada das exportações de petróleo pelo Mar Negro e o terminal de exportação recentemente construído em Primorsk, no Golfo da Finlândia.

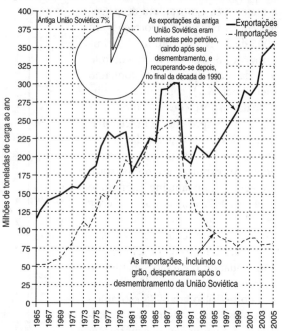

Figura 9.19 – O comércio marítimo da Rússia e da antiga União Soviética (1965-2005).

Fonte: Nações Unidas e UNCTAD.

9.10 O COMÉRCIO DA AUSTRÁLIA E DA OCEANIA

A Austrália tem uma população de 20 milhões de habitantes e, em 2005, o seu PIB foi de US$ 701 bilhões, praticamente o mesmo que o da Coreia do Sul. Contudo, do ponto de vista físico, tem praticamente a dimensão da China, com uma área terrestre de 771 milhões de hectares. É bem-dotada de matérias-primas, e a Austrália é um dos principais exportadores de produtos primários, sobretudo minério de ferro, carvão, bauxita e grão. Na Figura 9.20, pode-se ver que na década de 1995-2005 as exportações duplicaram, de 300 mt para 600 mt.

A Figura 9.21 apresenta a localização dos principais recursos primários que alimentam os portos envolvidos na exportação. Na costa noroeste da Austrália Ocidental existem importantes

A geografia do comércio marítimo

depósitos de minério de ferro, e em 2005 a Austrália tinha 38% do mercado de exportação do minério de ferro, exportando 241 mt de minério por Port Headland, Port Walcott e Dampier. Dampier movimenta cerca de 80 mt de minério de ferro ao ano e 11 mt de GNL e GLP oriundos das jazidas de gás locais. Os depósitos de carvão encontram-se localizados sobretudo em Queensland, na zona de Gladstone, e no interior de Nova Gales do Sul, a partir de Sydney. Os portos envolvidos na exportação de carvão estão nessa área – Gladstone, Abbott Point, Dalrymple Bay e Hay Point movimentam as exportações de Queensland, enquanto Newcastle, Sydney e Port Kembla movimentam as exportações de Nova Gales do Sul. Esse é um comércio muito grande e, em 2005, a Austrália exportou 232 mt de carvão, um terço do comércio mundial de carvão naquele ano.

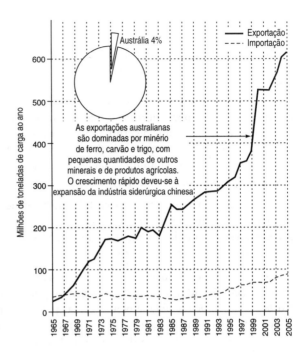

Figura 9.20 – O comércio marítimo da Oceania.
Fonte: Nações Unidas e UNCTAD.

Existem depósitos de bauxita importantes em Weipa, no norte de Queensland, e em Bunbury, próximo de Perth – a bauxita de Weipa é expedida sobretudo via Gladstone para ser processada em alumina. As exportações de grão são inferiores, totalizando 22 mt, sendo embarcadas por vários portos no sudeste e no oeste da Austrália.

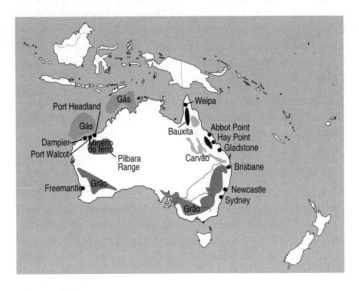

Figura 9.21 – Portos e recursos da Oceania.
Fonte: Nações Unidas e UNCTAD.

9.11 RESUMO

Neste capítulo estudamos o enquadramento geográfico dentro do qual o transporte marítimo opera. Começamos pelo modelo logístico, que se relaciona com o volume transportado, a frequência e o custo por unidade de transporte. As quatro variáveis no modelo são a distância, a velocidade, a dimensão e o tipo de navio, cada uma das quais influenciando a determinação da solução de transporte ótima para determinado tráfego. Também verificamos que existem muitas outras variáveis que determinam a solução preferida, algumas das quais envolvem avaliações sobre o futuro, portanto, a logística do transporte marítimo, como as previsões de mercado, é tanto uma arte como uma ciência, e é improvável que os modelos matemáticos deem aos decisores uma solução completa.

O foco do comércio é criado pelas três superpotências econômicas localizadas nas regiões temperadas da América do Norte, da Europa e da Ásia. Isso significa que as rotas comerciais principais estão definidas ao longo do Atlântico Norte, do Pacífico e do Oceano Índico, ligados pelos Canais do Panamá e de Suez.

O Atlântico, com 3,7 bt de importações e 3,4 bt de exportações, tem agora uma participação comercial de 50%. Muito do comércio é gerado por economias maduras que tocam o Atlântico Norte e são excepcionalmente bem servidas por rios e portos. Em 2005, os oceanos Pacífico e Índico tiveram uma quota total de 50%, mas com importações da ordem de 3,3 bt e exportações da ordem de 3,7 bt. As distâncias no Pacífico são muito extensas, mas grande parte da atividade comercial encontra-se concentrada numa área entre Singapura e Japão. Essa região, que cobre uma área aproximadamente do tamanho do Mediterrâneo, é agora um centro principal de comércio marítimo.

Analisamos as regiões do mundo, chamando a atenção para a Europa, que continua a ser a maior região de comércio marítimo, mas com uma economia madura e um crescimento comercial relativamente fraco; a América do Norte, que é também uma economia madura, com um comércio dinâmico em parte por conta da necessidade de importar matérias-primas, como o petróleo e produtos manufaturados; a América do Sul, que é uma economia diversificada de baixo rendimento que se concentra na exportação de matérias-primas; a Ásia, que se transformou na potência de crescimento do século XXI; a África, que é uma economia pequena concentrada grandemente na exportação de matérias-primas, especialmente petróleo; e, finalmente, o Oriente Médio, a Ásia Central e a Rússia, que são fornecedores marginais de petróleo e de gás.

Este é o mundo dentro do qual os navios entregues atualmente ganharão as suas receitas durante os próximos 25 anos mais ou menos, e são os enquadramentos político, geográfico e econômico que determinarão as fortunas dos proprietários de navios.

CAPÍTULO 10
OS PRINCÍPIOS DO COMÉRCIO MARÍTIMO

"Um reino que tem grandes importações e exportações deve ter uma indústria mais abundante, sobretudo aquela empregada nas iguarias e nos luxos, que um reino que se contenta com os seus produtos nativos. É, portanto, mais poderoso, bem como mais rico e mais feliz.

(David Hume, *Ensaio do Comércio*, 1752)

10.1 OS ELEMENTOS FUNDAMENTAIS DO COMÉRCIO MARÍTIMO

No século XXI, o comércio marítimo tem um papel central nas nossas vidas. Ao entrar numa loja qualquer, muito do que vemos veio do estrangeiro. Entre 1950 e 2005, o comércio marítimo cresceu de 0,55 bilhão de toneladas para 7,2 bilhões de toneladas, a uma média de 4,8% ao ano. Esse crescimento foi o resultado da mais completa reformulação dos arranjos econômicos e políticos mundiais que tiveram lugar depois da Revolução Industrial. Como vimos no Capítulo 1, o rápido crescimento econômico e a crescente riqueza dos consumidores que promoveram essa mudança foram iniciados em 1944 na conferência de Bretton Woods, a qual estabeleceu os pilares econômicos para um período de estabilidade econômica, que permitiu que as empresas e os investidores operassem livremente ao redor do globo. Para isso, contribuíram três avanços:

- O mundo abriu-se progressivamente ao comércio livre. Na década de 1950, os impérios europeus foram desmantelados, eliminando-se uma rede de preferências comerciais bilaterais, seguindo-se o desmembramento da União Soviética, em 1989, e a abertura da economia chinesa ao comércio livre, em meados da década de 1990.

- As comunicações melhoraram à medida que começaram a aparecer numa sucessão rápida o telex, o telefone de discagem direta, o fax, o correio eletrônico e a internet. Esse processo está dando mais um passo à frente com os cabos inter-regionais de banda larga.

- Transporte mais econômico. A queda dos custos do transporte marítimo e aéreo permitiu que áreas remotas do mundo tivessem acesso aos mercados mundiais, tornando possível o desenvolvimento econômico. Com as melhorias na infraestrutura de transporte terrestre, a área de captação do comércio alargou-se a cada década que passou.

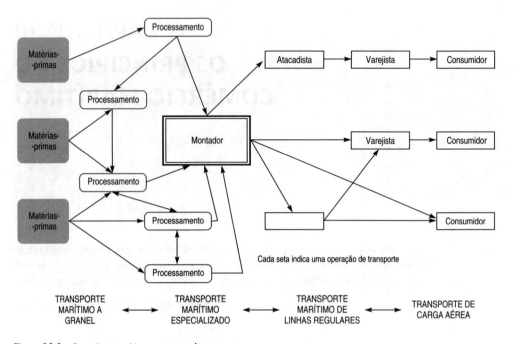

Figura 10.1 — O comércio marítimo e o sistema de transportes.

Ao tentar reduzir os custos, as empresas tiveram a possibilidade de obter ao redor do mundo os componentes, as matérias-primas e os novos mercados. Ao fazer isso, trouxeram novos países para o sistema global, gerando mais crescimento comercial e dando origem ao sistema comercial representado na Figura 10.1. À esquerda encontram-se as matérias-primas, que são embarcadas por via marítima para as empresas transformadoras, frequentemente próximas do mercado; no centro estão as montadoras; e à direita, os atacadistas e os varejistas. Assim que os custos de transporte marítimo baixaram, abriram-se novas oportunidades à produção, envolvendo, muitas vezes, múltiplas viagens de transporte marítimo. Por exemplo, os componentes de alta tecnologia são embarcados para uma montadora de uma economia de baixo custo, processados e depois exportados como produtos acabados. Esse comércio de compra e venda clássico é possível em virtude da rede de transporte.

Nesta economia global em expansão, o comércio por via marítima cresceu no mesmo passo da economia mundial. Por exemplo, entre 1986 e 2005 o comércio marítimo cresceu a uma média de pouco mais de 3,6% ao ano, ligeiramente mais rápido do que o crescimento do PIB mundial, que aumentou a uma média de pouco menos de 3,6% ao ano. Mas, quando investigamos mais profundamente e olhamos individualmente para os produtos primários apresentados na Tabela 10.1, verificamos que a taxa de crescimento variou enormemente. O comércio da rocha fosfática decresceu, enquanto o carvão de coque cresceu a menos de 2% ao ano. Outros cresceram muito rapidamente, por exemplo, o comércio de GNL, que aumentou 6,8% ao ano.

Os princípios do comércio marítimo **431**

Apareceram algumas atividades comerciais novas, como a do carvão térmico, e outras, como a do amianto, desapareceram. A carga conteinerizada cresceu a 9,8% ao ano. O comércio regional esteve também em constante mudança. Duas das maiores regiões comerciais, a Europa Ocidental e o Japão, passaram por um ciclo de crescimento até o início da década de 1970 e de estagnação na década seguinte. Em outras áreas, emergiram novas economias de crescimento elevado na Ásia e na América do Norte. Finalmente, embora o comércio tenha crescido rapidamente em termos médios, o seu caminho foi por vezes irregular, com recessões profundas nas décadas de 1970 e de 1980.

TEORIA DO COMÉRCIO MARÍTIMO

A mudança dos fluxos comerciais ditou o enquadramento do negócio do transporte marítimo. Neste capítulo, o nosso objetivo é perceber o que conduz à mudança. Isso é mais do que um exercício teórico. No seu conjunto, companhias de linhas regulares que planejam novos serviços, proprietários de navios que se especializam no transporte marítimo industrial, construtores navais que planejam a sua capacidade e banqueiros que financiam a expansão da frota têm interesse em perceber o que move o comércio. Uma vez que o transporte marítimo é uma demanda derivada, temos de escavar a economia mundial para encontrar uma explicação.

Durante os últimos duzentos anos, os economistas desenvolveram um trabalho extenso sobre a teoria do comércio internacional, e esse é o ponto de partida do nosso debate. Contudo, existem três diferenças significativas entre a abordagem dos economistas internacionais e o nosso foco como economistas marítimos. Primeiro, os economistas marítimos preocupam-se sobretudo com a quantidade física de carga, enquanto os economistas de comércio focam o valor do comércio, que lhes permite ligar a sua análise às economias dos países importadores/exportadores. Uma vez que as mercadorias de valor acrescentado têm frequentemente um volume baixo, e vice-versa, isso inverte a importância dos fluxos individuais dos tráfegos das mercadorias. Por exemplo, as exportações de minério de ferro do Brasil a US$ 45 por tonelada representam uma grande quantidade de carga, mas de pouco valor quando comparadas com os produtos manufaturados a US$ 20 mil a tonelada. Em segundo lugar, os economistas marítimos interessam-se pela maneira como a composição detalhada do comércio dos produtos primários muda com as circunstâncias econômicas, enquanto os economistas internacionais têm mais interesse nas grandes categorias de comércio, por exemplo, nos produtos primários e nos produtos manufaturados. Terceiro, a análise do comércio marítimo concentra-se mais nas regiões geográ-

Tabela 10.1 – O comércio marítimo mundial por mercadoria

Milhões de toneladas	1986	2005	% por ano
Minério de ferro	311	631	3,8%
Carvão de coque	141	191	1,6%
Carvão térmico	134	491	7,1%
Grão	187	273	2,0%
Bauxita e alumina	42	69	2,7%
Rocha fosfática	45	30	–2,1%
Minérios secundários	555	781	1,8%
Petróleo bruto	1.030	1.848	3,1%
Derivados do petróleo	401	672	2,7%
Comércio de GLP	22	37	2,7%
Comércio de GNL	38	132	6,8%
Carga conteinerizada*	173	1.015	9,8%
Outra carga	555	995	3,1%
Comércio por via marítima	3.634	7.163	3,6%
PIB mundial (1960 = 100)	279	543	3,6%

*estimado

Fonte: Clarkson Research Services Ltd.

ficas do que na política dos Estados – por exemplo, se o tráfego é feito da Costa Leste ou da Costa Oeste dos Estados Unidos. Nada disso invalida os trabalhos efetuados sobre a teoria do comércio, simplesmente muda a ênfase que colocaremos sobre essas diferentes ferramentas econômicas no decorrer deste capítulo.

O nosso objetivo básico é responder à pergunta "O que causa o comércio?", mas antes de fazê-lo devemos considerar o fato de que, por muito fortes que sejam os argumentos econômicos, se um país acreditar que o comércio não faz parte do seu interesse, ele pode fechar as suas fronteiras. A China, a antiga União Soviética e o Japão seguiram essa política, e num momento ou em outro a maioria dos países ocidentais restringiu o comércio de alguma forma. Uma política de não comércio, ou que limita o comércio pela imposição de tarifas ou cotas, é conhecida como *protecionismo* ou, na sua forma mais extrema, como *isolacionismo*. Ela procura excluir dos mercados locais os produtos fabricados pelos estrangeiros para proteger a vida dos produtores locais ou por razões políticas. Durante o último século, o isolacionismo em regiões importantes como a União Soviética e a China determinou o comércio mundial, e a abertura dessas áreas teve um impacto significativo no crescimento e no desenvolvimento.

O protecionismo é geralmente impulsionado pela influência política de grupos de interesse, cuja vida encontra-se ameaçada pelo comércio. Por exemplo, os protecionistas podem tentar evitar a exportação de recursos locais, argumentando que estão sendo exportados por comerciantes sem princípios, não deixando nada para os habitantes locais. Quando, no seu conjunto, as reservas tiverem desaparecido, o país ficará na pobreza.[1] Ou o objetivo pode ser proteger os empregos locais e os conhecimentos que estão ameaçados pelas importações baratas. Se o estaleiro naval local ou a fábrica de carros estiver prestes a fechar porque não consegue concorrer com as empresas estrangeiras, a atribuição de subsídios ou a promulgação de leis que impedem a importação são reações naturais. No final das contas, isso pode ser somente o começo. Em breve, outras indústrias estarão sob ataque. Depois, como o país ganhará o seu sustento? As reservas de moeda vão se esgotar e o país ficará na pobreza, portanto, o comércio deve ser impedido a todo custo. Ou será que deve?

ARGUMENTOS A FAVOR DO COMÉRCIO LIVRE

Há trezentos anos, este argumento "mercantilista" contra o comércio livre atraía muita atenção, e David Hume abordou-o no seu *Discurso sobre a balança comercial* (1752). Hume não apreciava muito a abordagem mercantilista, dizendo o seguinte:

> É muito usual que as nações, sem a sabedoria sobre a natureza do comércio, proíbam a exportação de produtos primários e preservem entre elas aquilo que consideram valioso e útil [...] Mesmo em nações bem familiarizadas com a atividade comercial, prevalecem ainda fortes ciúmes relativos à balança comercial, e um receio de que o ouro e a prata os possam deixar.[2]

No século XIX, na Grã-Bretanha, como em muitas economias em desenvolvimento, o comércio livre tornou-se uma matéria política importante, centrando-se na questão de permitir ou não a importação de grão mais barato. Os fabricantes nas cidades eram a favor, porque queriam uma alimentação econômica para os seus trabalhadores, mas os proprietários das terras nacionais, que iriam perder o seu mercado protegido, opunham-se. A questão dividiu o país. Eventualmente, o comércio livre prevaleceu e, em 1847, as Leis do Milho [*Corn Laws*], que impediam as importações, foram abolidas, ajudando a Grã-Bretanha a desenvolver-se como uma economia industrial. Atualmente, os princípios de comércio livre são amplamente aceitos pela Organização Mundial do Comércio [*World Trade Organization,* WTO], mas o protecionismo ainda se mantém como uma matéria atual. No Ocidente, existem ainda preocupações de que as economias asiáticas em desenvolvimento irão colocar os países industrialmente mais velhos fora do negócio, como demonstrado pelas dificuldades enfrentadas durante os mais de dez anos de negociações do GATT. À parte quaisquer considerações pessoais para os habitantes dos países desenvolvidos, isso seria muito ruim para o transporte marítimo. Mesmo onde o comércio é relativamente aberto, muitos países protegem as suas indústrias ineficientes, cuja produção num mercado livre seria substituída pelo comércio.

10.2 OS PAÍSES QUE COMERCIALIZAM POR VIA MARÍTIMA

DIFERENÇAS NO COMÉRCIO MARÍTIMO POR PAÍS

Atualmente existem cerca de cem países que comercializam pela via marítima. Se todos os países fossem incluídos, até a menor ilha do Pacífico, existiriam mais países, possivelmente algo como 170. Para explicar a sua atividade comercial, o ponto de partida é olhar detalhadamente para as diferenças econômicas entre os países que comercializam. A Tabela 10.2 lista as importações e as exportações de quarenta países importadores/exportadores importantes ou, em alguns casos, grupos de países.[3] Em conjunto, representam 89% do comércio por via marítima, portanto, isso oferece uma visão razoável dos países que comercializam por mar. A coluna 1 apresenta a posição do país; a segunda, o seu nome; as colunas 3 e 4, as suas importações e exportações por via marítima; e a coluna 5 apresenta o comércio total utilizado no exercício da classificação ordenada. As colunas 6 a 12 providenciam detalhes sobre a dimensão geográfica e econômica de cada país em relação ao seu comércio por via marítima.

No topo da lista encontra-se o noroeste europeu com 1,91 bt de importações e exportações, seguido dos Estados Unidos com 1,31 bt, do Oriente Médio com 1,23 bt e da China com 0,998 bt. Indo para o fim da lista, encontramos países com muito pouca atividade comercial, por exemplo, Chipre com 6,7 mt e Brunei com 1,9 mt. Explicar esses volumes comerciais de uma forma generalizada já é bastante difícil, e fazê-lo razoavelmente bem prevendo os seus fluxos comerciais futuros é uma tarefa gigantesca. Devemos olhar para uma teoria que nos permita generalizar sobre os fatores que determinam a atividade comercial de um país. Armados com essa teoria, podemos reduzir a tarefa a dimensões mais gerenciáveis. O ponto de partida é verificar como o comércio se relaciona com o enquadramento econômico geral do país e, para isso, apresentam-se na tabela três indicadores econômicos: a área terrestre (medida em milhares de hectares), a população (medida em milhões) e o PIB (medido em bilhões de dólares americanos). As últimas colunas mostram três razões importantes: a densidade populacional, o volume do comércio marítimo *per capita* e o comércio por milhões de dólares americanos do PIB. Nos parágrafos que se seguem, examinaremos cada uma dessas variáveis – a balança comercial, a dimensão da região e seu nível de atividade econômica e, é claro, a intensidade comercial – para tirar algumas conclusões gerais acerca dos elementos que determinam o volume do comércio efetuado por via marítima.

BALANÇA DE IMPORTAÇÕES E EXPORTAÇÕES

O primeiro passo é examinar a balança comercial. A Figura 10.2 indica as importações e as exportações de quarenta nações importadoras/exportadoras, que representam 89% do comércio marítimo mundial (ver Tabela 10.2), em que cada ponto corresponde a um país ou região. As importações são apresentadas no eixo vertical e as exportações estão no eixo horizontal, portanto, um país com um comércio equilibrado cairia sobre a linha tracejada que divide o gráfico em duas partes na diagonal. Na realidade, poucos caem, especialmente entre as maiores nações importadoras/exportadoras. O gráfico mostra que os volumes comerciais são muito diversos, com um grupo de países em que se incluem o noroeste europeu, os Estados Unidos, o Japão, a China e a Coreia do Sul, fixados à esquerda da linha tracejada, e outro grupo incluindo o Oriente Médio, a Austrália e a costa leste da América do Sul, fixados ao longo do eixo horizontal. Isso incide sobre um dos principais motores do comércio, o desequilíbrio entre a oferta e a demanda em termos de recursos entre as regiões do mundo. Para a esquerda da linha tracejada encontram-se as regiões do mundo muito povoadas e ricas que são relativamente pobres em termos de recursos, enquanto para a direita encontram-se as áreas ricas em recursos onde a demanda é baixa em virtude de um baixo nível populacional (no caso da Austrália) ou de um baixo nível de receitas (no caso da costa leste da América do Sul).

Tabela 10.2 – Comércio marítimo de quarenta países e regiões ordenado por volume comercial

(1)	(2)	(3)	(4)	(5)	(6)	(7)	(9)	(10)	(11)	(12)
1	2	Comércio marítimo (2004)			Dimensão do país (2004)				Intensidade comercial	
	País	Exportações mt	Importações mt	Total	Área milhões de hectares	População milhões	PIB em US$ bilhões	População por hectare	(toneladas) *per capita*	por US$ milhões do PIB
	Alemanha	100	164	264				2,3	3,2	97
	Bélgica	446	452	898	4	10	350	2,8	89,8	2.566
	Holanda	102	329	431	3	16	577	5,2	26,9	747
	França	97	224	321	55	60	2.003	1,1	5,3	160
1	Total do noroeste europeu[a]	745	1.168	1.913	97	169	5.644	1,7	11,3	339
2	Estados Unidos	350	956	1.306	937	294	11.668	0,3	4,4	112
3	Oriente Médio	1.084	148	1.231	730	294	600	0,4	4,2	4.188
4	Japão	178	829	1.008	38	128	4.623	3,4	7,9	218
5	China	352	646	998	960	1.297	1.649	1,4	0,8	605
6	Coreia do Sul	184	486	669	10	48	680	4,8	13,9	985
7	Austrália	587	67	653	771	20	631	0,0	32,7	1.035
8	Costa leste da América do Sul[b]	463	128	591	1.390	45	97	0,0	13,1	6.063
9	Singapura	197	197	393	0	4	107	58,8	98,3	3.680
10	Espanha	108	258	366	50	41	991	0,8	8,9	369
11	Indonésia	246	82	328	190	218	258	1,1	1,5	1.275
12	Ásia Central[c]	190	50	240	1.708	143	582	0,1	1,7	412
13	Costa oeste da América do Sul[d]	136	85	221	364	102	290	0,3	2,2	762
14	Hong Kong	86	135	221	0	7	163	62,5	32,1	1.355
15	África do Sul	163	40	203	122	46	213	0,4	4,4	954

(continua)

Os princípios do comércio marítimo

435

Tabela 10.2 – Comércio marítimo de quarenta países e regiões ordenado por volume comercial (*continuação*)

(1)	(2)	(3)	(4)	(5)	(6)	(7)	(9)	(10)	(11)	(12)
1	2	Comércio marítimo (2004)			Dimensão do país (2004)				Intensidade comercial	
	País	Exportações mt	Importações mt	Total	Área milhões de hectares	População milhões	PIB em US\$ bilhões	População por hectare	(toneladas) *per capita*	por US\$ milhões do PIB
16	Panamá	114	80	194	8	3	14	0,4	64,6	14.039
17	Noruega	157	25	182	32	5	250	0,2	36,4	727
18	Malásia	70	98	168	33	25	118	0,8	6,7	1.425
19	Sri Lanka	66	79	144	7	19	20	2,9	7,6	7.175
20	Suécia	65	71	137	45	9	346	0,2	15,2	395
21	Finlândia	43	53	96	34	5	187	0,1	19,2	514
22	Irã	33	58	91	165	67	163	0,4	1,4	561
23	Turquia	65	11	77	78	72	302	0,9	1,1	254
24	Ucrânia	62	11	74	60	47	61	0,8	1,6	1.207
25	Marrocos	28	37	65	45	31	50	0,7	2,1	1.305
26	Letônia	54	3	57	7	2	14	0,4	24,8	4.211
27	Polônia	39	17	56	30	38	242	1,2	1,5	232
28	Israel	16	33	49	2	7	118	3,4	7,1	420
29	Portugal	10	39	49	9	10	168	1,1	4,9	290
30	Estônia	42	4	46	4	1	11	0,2	46,4	4.293
31	Egito	13	29	41	100	69	75	0,7	0,6	549
32	Nova Zelândia	22	18	41	27	4	100	0,1	10,2	410
33	Paquistão	8	31	39	80	152	96	1,9	0,3	408
34	Lituânia	22	5	27	7	3	22	0,5	9,2	1.232
35	Tunísia	7	14	21	16	10	28	0,6	2,1	749
36	Croácia	7	13	20	6	4	31	0,8	4,5	646
37	Bangladesh	1	16	17	14	140	57	9,7	0,1	299
38	Eslovênia	3	9	12	2	2	32	1,0	6,0	375
39	Chipre	2	5	7	1	1	15	1,1	6,7	438
40	Brunei	0	2	2	1	0	5	0,4	5,4	386
	Total 1-40	6.018	6.037	12.054	8.180	3.583	30.722		3,4	392
	Outros países	741	750	1.491						
	mundo	6.758	6.787	13.545						

Fonte: Banco Mundial (PIB), *UNCTAD Monthly Bulletin of Statistics*, UNCTAD, (2005).

Notas:
[a] O total do noroeste europeu inclui somente Alemanha, Bélgica, Holanda e França.
[b] A costa leste da América do Sul inclui Guiana, Venezuela, Suriname, Argentina, Bolívia, Brasil e Uruguai.
[c] Inclui Rússia, Cazaquistão e vários outros países da Ásia Central.
[d] A costa oeste da América do Sul inclui Chile, Colômbia, Equador e Peru.

RIQUEZA E COMÉRCIO MARÍTIMO

A explicação óbvia para o comércio marítimo de um país é a dimensão da sua economia. O senso comum diz que as maiores economias têm maior probabilidade de gerar mais comércio. Se analisamos a relação entre as importações por via marítima e o PIB, verificamos que de fato existe um vínculo, como apresentado na Figura 10.3. Essa figura posiciona as importações dos quarenta países em 2004 em relação ao seu PIB. À medida que o nível do PIB aumenta, também aumentam as importações. Por exemplo, os Estados Unidos têm um

PIB de US$ 11,66 trilhões e importações no valor de 956,2 milhões de toneladas, enquanto o PIB do Chipre é somente de US$ 15 bilhões e as suas importações por via marítima são de 5,1 milhões de toneladas.

Levando a análise para o estágio seguinte e ajustando um modelo de regressão linear das importações por via marítima sobre o PNB (ver a inserção no gráfico), verificamos que 71% da variação nas importações por via marítima é explicada pelas variações no PNB (isto é, representado por R^2). O modelo indica que, em 2004, as importações por via marítima começam quando o PNB alcança US$ 60 bilhões e, por cada aumento de US$ 1 bilhão no PNB, aumentam em 110.500 toneladas. A relação é muito próxima, mas é claramente significativa e segue o tipo de comportamento que era esperado. Existem três razões que explicam por que os países ricos com um PNB alto têm um nível de importações mais elevado do que um país com um PNB pequeno. Primeiro, uma economia maior tem necessidades maiores de matérias-primas e de produtos manufaturados expedidos por via marítima. Alguns não se encontrarão disponíveis localmente. Segundo, as economias maduras que começaram com muitos recursos locais vão eventualmente usá-los, conduzindo-as à necessidade de importações. Por exemplo, os Estados Unidos começaram com reservas petrolíferas abundantes, mas agora as importações representam mais da metade das suas necessidades. Terceiro, um país com um PNB elevado tem capacidade para comprar produtos importados e tem mais para exportar.

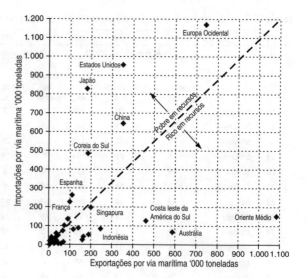

Figura 10.2 – Importações e exportações por via marítima (2004).
Fonte: *Boletim Mensal de Estatística* da ONU

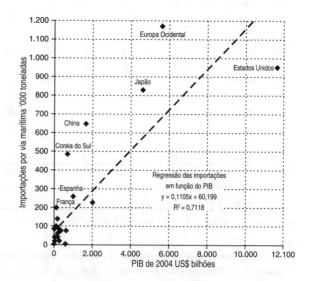

Figura 10.3 – Importações marítimas e PIB (2004).
Fonte: *Boletim Mensal* da ONU, Banco Mundial.

ÁREA TERRESTRE E COMÉRCIO MARÍTIMO

Quando tratamos do comércio de um país, o fator seguinte refere-se à sua dimensão física. Podemos esperar que a dimensão de um país em termos da sua área terrestre influencie o volume de comércio porque determina a quantidade de recursos físicos existentes localmente. Afinal, é provável que as reservas de energia e de minerais e a produção agrícola e florestal sejam maiores numa área terrestre grande que numa pequena. Quando examinamos a correlação entre o comércio marítimo e a área terrestre (Tabela 10.2), verificamos que existem muitos países que obviamente não se encaixam no modelo. Por exemplo, Singapura, um país com somente 62 mil hectares, tem aproximadamente o mesmo volume comercial que a Espanha, que tem uma área de 50 milhões de hectares.

Quando separamos as importações das exportações, as coisas começam a fazer mais sentido. A Figura 10.4 mostra a relação entre as importações por via marítima e a área terrestre. Ao longo do eixo vertical do gráfico, encontram-se fixados alguns países consideravelmente pequenos com um elevado nível de importações: o noroeste europeu, o Japão, a Coreia do Sul e a Espanha. Inversamente, encontram-se fixados ao longo do eixo horizontal os países com maiores áreas e níveis de importações menores, incluindo o Oriente Médio, a Austrália e a Indonésia. Em outras palavras, as importações estão inversamente relacionadas com a dimensão do país, embora o volu-

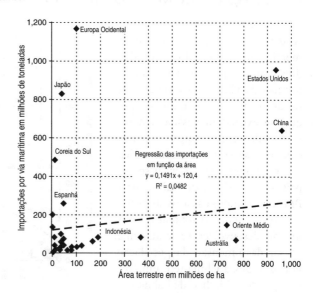

Figura 10.4 – As importações por via marítima e a área terrestre, 2004.

me preciso do comércio que resulta dos recursos naturais seja também uma matéria da economia da oferta-demanda. Quando a demanda é alta e não existem reservas locais, como é o caso do minério de ferro utilizado pela indústria de aço japonesa ou do petróleo utilizado pela França e pela Alemanha, o comércio está diretamente relacionado com a demanda. Porém, frequentemente existe uma escolha econômica entre os recursos domésticos e importados. Por exemplo, a Europa tem grandes depósitos de carvão, mas é mais econômico importar o carvão estrangeiro, que é mais barato. Assim, na Figura 10.4, vemos os níveis elevados de importações para o noroeste europeu, o Japão e a Coreia do Sul. O empobrecimento dos recursos é também uma questão, e temos países muito grandes, como a China e os Estados Unidos, com recursos abundantes, mas onde as importações são elevadas porque os recursos são insuficientes para atender à demanda interna. No caso da China, isso se deve à população numerosa e, para os Estados Unidos, por conta do elevado PNB. Nessas economias grandes, os recursos domésticos são dirigidos para o mercado doméstico, enquanto nos países com grandes massas terrestres e populações ou PNB pequenos, como o Oriente Médio, a Austrália e a Indonésia, que aparecem no fundo do gráfico, os recursos locais são suficientes e existe pouca demanda por produtos importados. Como veremos quando estudarmos a teoria do comércio, as dotações desempenham um papel vital na explicação do comércio, mas isso não nos permite generalizar a relação entre os recursos e o comércio. Os resultados da análise de regressão são uma lembrança desse fato.

Assim, embora o senso comum sugira que a área de um país deve ser importante, isso não é uma relação simples. Do ponto de vista estatístico, praticamente não existe uma correlação entre a área de um país e o seu volume comercial. Após uma reflexão sobre a matéria, isso não é propriamente um resultado surpreendente. Ele reforça o fato de que o comércio se relaciona com crescimento econômico, e não com dimensão física. Um país pode ser muito grande, mas, se estiver muito vazio, não existirá muito comércio de importação.

POPULAÇÃO E COMÉRCIO MARÍTIMO

Finalmente, existe a população. A ideia de que a população e o comércio caminham lado a lado data do sonho do "petróleo para as lamparinas da China" dos comerciantes do século XIX. Argumentava-se que, se existissem pessoas em número suficiente, o potencial para o comércio seria grande. Muitas dessas esperanças estenderam-se aos países da América do Sul, como o Brasil. Em ambos os casos, as expectativas foram decepcionantes e o comércio desenvolveu-se lentamente, apesar da dimensão da população. Por exemplo, a China tem uma população de 1,3 bilhão de habitantes, dez vezes mais que os 128 milhões de habitantes do Japão, mas em 2004 importou 25% menos carga (ver Figura 10.5). A análise estatística da relação entre a população e o comércio mostra que praticamente não existe correlação, pois o coeficiente de correlação é 0,2. No mínimo, isso demonstra que o transporte marítimo é sobretudo um fenômeno econômico.

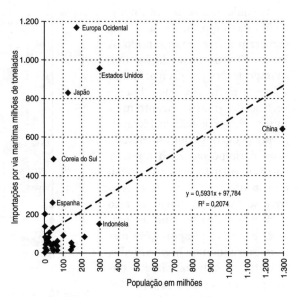

Figura 10.5 – Comércio marítimo e a população (2004).
Fonte: Banco Mundial, *Boletim Mensal* da ONU.

10.3 POR QUE RAZÃO OS PAÍSES COMERCIALIZAM

TEORIA DO COMÉRCIO E OS DIRECIONADORES DO COMÉRCIO

A conclusão do breve panorama sobre o comércio marítimo é que a atividade econômica cria uma demanda por importações e a oferta de exportações, e não a quantidade de pessoas nem a área terrestre, embora ambos possam ter alguma influência. Geralmente, os países que comercializam mais do que outros têm economias maiores (PIB), mas os volumes comerciais são também uma questão de oferta e de demanda. Os Estados Unidos, um importante produtor de petróleo, importa petróleo porque a demanda ultrapassou consideravelmente a oferta. Igualmente, a China importou, em 2003, 60 mt de produtos de aço porque a demanda local aumentou acentuadamente, ultrapassando a produção de aço local. Isso é bom para as matérias-primas, para o transporte marítimo a granel, mas o que dizer dos produtos manufaturados? Por que razão o comércio de exportação de produtos manufaturados japonês é tão elevado? Por que razão a Europa importa tantos carros motorizados do Japão quando tem uma indústria de

Os princípios do comércio marítimo **439**

automóveis própria? Essas questões tornam-se mais importantes quando estudamos o tráfego de contêineres.

TRÊS RAZÕES FUNDAMENTAIS A FAVOR DO COMÉRCIO

O ponto de partida é que o comércio ocorre porque alguém realiza um lucro a partir dele. Existem algumas poucas exceções a essa regra, como a ajuda alimentar, mas ela se aplica à maioria do comércio, e a nossa busca para explicar o comércio do ponto de vista teórico começa aqui. Isso conduz à questão sobre o que torna o comércio lucrativo, e a resposta é geralmente a diferença em custos. Se for possível vender um produto estrangeiro por um preço menor que o das mercadorias produzidas localmente, após deduzir o frete e as taxas, e obter um lucro, alguém vai fazê-lo. Não é preciso um modelo para concluir isso, mas de qualquer forma é importante mencioná-lo:

$$TR_{ij} = f(p_i, p_j, T_i, F_{ij}) \qquad (10.1)$$

Esse modelo determina que o comércio (TR) entre as regiões i e j depende do preço no país i (pi), do preço do país j (pj), de quaisquer tarifas entre as duas áreas (Tij) e do custo do frete (Fij). Tudo o que temos de fazer é explicar por que razão os produtos fabricados no estrangeiro custam menos que os seus homólogos locais. É claro que existe um número infinito de circunstâncias específicas, mas, no que diz respeito à explicação do tipo de comércio marítimo que revimos nas Tabelas 10.1 e 10.2, existem três circunstâncias específicas que sobressaem: as diferenças nos custos de produção, as diferenças nos recursos naturais locais e os episódios de escassez ou de excedentes temporários que interrompem o processo normal de precificação. Consideraremos cada uma dessas circunstâncias nas seções seguintes, mas uma revisão breve coloca-as em contexto:

1. Divergências nos custos de produção. Se um país pode manufaturar um produto mais barato do que outro, por qualquer razão, e se a diferença de preço não é mais do que o custo de transporte e as tarifas, o comércio é lucrativo. Portanto, precisamos explicar por que certos produtos custam mais para manufaturar numa área do que em outra, uma questão que tem preocupado os economistas de comércio mais do que quaisquer outras.

2. Diferenças nos recursos naturais. Os recursos naturais não se encontram espalhados ao longo do mundo uniformemente, portanto, outro conjunto de fluxos comerciais foi desenvolvido para movimentá-los do local onde são produzidos para o local onde são necessários. Ao contrário das empresas de transformação, que podem ser relocalizadas, os tráfegos de produtos primários são definidos pela distribuição dos recursos. São também importantes os custos de resgate dos recursos naturais. Se um país não tiver petróleo e existir uma demanda por carros motorizados, ele terá de importá-los, mas, quando existem suprimentos locais, o comércio é determinado pelos custos relativos de entrega do petróleo doméstico e importado.

3. Desequilíbrios temporários. Uma terceira categoria de comércio é uma subdivisão do item 2, que é importante para o transporte marítimo. Os desequilíbrios locais temporários criam um diferencial de preço entre os produtos nacionais e estrangeiros. Esse tipo de comércio ocorre durante os ciclos econômicos, quando, por exemplo, a escassez de produtos químicos, de derivados do petróleo ou de produtos de aço resulta na importação de produtos, mesmo que eles possam ser manufaturados de forma competitiva

no país. Contudo, os padrões cíclicos do comércio também ocorrem durante períodos muito mais longos, assim que as economias se desenvolvem, aos quais rnos referiremos como "ciclo de desenvolvimento do comércio".

Esses três tipos de comércio encontram-se muito relacionados, mas cada um deles envolve um modelo teórico ligeiramente diferente para explicar qual é o volume das trocas comerciais, onde e quando ocorrem. Contudo, é muito conveniente vê-los no contexto do sistema de transporte que analisamos no início do capítulo (Figura 10.1). Salientaram-se as diferenças entre os tráfegos de produtos primários, que geralmente podem ser explicados por um modelo relativamente simples centrado na disponibilidade dos produtos primários, e os tráfegos de produtos manufaturados, que envolvem um modelo de comércio mais complexo. Os produtos primários são embarcados a partir de áreas onde abundam preços baixos para os fabricantes, que os transformam em produtos semimanufaturados, como os produtos de aço, os derivados do petróleo e os produtos químicos. Estes constituem a espinha dorsal dos tráfegos de granel apresentados no Capítulo 11. Em contraste, os produtos manufaturados podem ser transportados ao redor do mundo entre os fabricantes de componentes, as empresas montadoras e os varejistas, e estamos interessados naquilo que determina o papel de cada um. Do ponto de vista do transporte marítimo, o comércio dos produtos manufaturados oferece oportunidades infinitas para o transporte marítimo; antes que tais produtos cheguem ao consumidor alguns componentes podem ter efetuado várias viagens, e a maioria deles é embarcada como carga geral, que é abordada no Capítulo 13. As cargas especializadas abordadas no Capítulo 12 se situam em algum lugar entre os dois.

10.4 DIFERENÇAS NOS CUSTOS DE PRODUÇÃO

O interesse por parte do comércio no papel de cada um foi inicialmente desencadeado durante a Revolução Industrial na Grã-Bretanha, porque várias entidades estavam ganhando ou perdendo grandes montantes monetários como resultado da abertura do comércio global livre (não existe nada como dinheiro vivo para criar uma controvérsia econômica!). Nos séculos XVII e XVIII, o argumento econômico dominante era que um país deveria encorajar as exportações e desencorajar as importações para que pudesse acumular reservas de ouro e crescer rico. Adam Smith cunhou o termo "sistema mercantilista" para descrever essa teoria de comércio.[4] A teoria mercantilista adequava-se aos interesses dos proprietários de terras britânicos, que estavam interessados em evitar as importações de milho norte-americano, e, como eles tinham a preponderância política, restringiam o comércio. Mas, assim que a Revolução Industrial ganhou força, os comerciantes e os produtores tornaram-se mais poderosos e queriam grão mais econômico para alimentar a sua força trabalhista e um mercado mundial livre para vender os seus produtos. Naturalmente, tornaram-se apoiadores entusiastas de quaisquer teoristas do comércio que argumentassem que o comércio livre era uma estratégia benéfica. Foram raras as vezes em que os teóricos econômicos estiveram tão próximos da linha de frente da decisão política.

TEORIA DA VANTAGEM ABSOLUTA

A mais conhecida das primeiras teorias sobre os benefícios do comércio foi desenvolvida por Adam Smith em sua obra *Riqueza das nações* e é frequentemente referida como a "teoria

Os princípios do comércio marítimo **441**

da vantagem absoluta". Nessa altura, a Inglaterra era uma economia industrial em rápido crescimento com um comércio de exportação pujante, e Smith tratava o tópico como uma matéria de senso comum. Ele argumentava que os países ficariam em melhor situação caso se especializassem, trocando os seus excedentes produtivos por outros produtos de que precisassem, porque a especialização os tornava mais produtivos. Embora seja possível fazer crescer uvas na Escócia e fazer vinho, o custo seria proibitivo e a qualidade, baixa. A importação do vinho e a especialização em qualquer coisa que os escoceses são melhores em produzir significa que todos se beneficiam, porque os recursos econômicos limitados do mundo (fatores de produção) são utilizados mais eficientemente. Para ilustrar esse ponto, ele estabeleceu a analogia com os comerciantes, que se beneficiam ao se especializar:

> Todo pai de família prudente tem como princípio jamais tentar fazer em casa aquilo que custa mais fabricar do que comprar. O alfaiate não tenta fazer seus próprios sapatos, mas compra-os do sapateiro. O sapateiro não tenta fazer suas próprias roupas, e sim utiliza os serviços de um alfaiate. O que é prudência na conduta de qualquer família particular não pode ser insensatez na conduta de um grande reino. Se um país estrangeiro estiver em condições de nos fornecer uma mercadoria a preço mais baixo do que o da mercadoria fabricada por nós mesmos, é melhor comprá-la com uma parcela da produção da nossa própria atividade, utilizada de uma maneira que possamos auferir alguma vantagem.[5]

Os produtos são mais baratos porque o comércio permite maior divisão do trabalho, permitindo que se produza mais com os mesmos recursos. Portanto, desde que os custos de transporte não excedam os custos economizados na produção, é provável que o comércio seja benéfico.

Essa questão é facilmente demonstrada pelo exemplo numérico apresentado na Tabela 10.3. Dois países, Grande e Saltitante, produzem dois produtos, alimentos e roupas. Ambos têm sessenta trabalhadores. Saltitante, que é melhor para produzir alimentos, precisa de três trabalhadores por tonelada, enquanto Grande precisa de quatro. Porém, Grande é melhor para produzir roupas, utilizando somente dois trabalhadores por fardo, enquanto Saltitante precisa de seis. Assume-se que os custos são constantes (ou seja, que utilizam a mesma mão de obra por unidade produzida, independentemente do volume). As possibilidades de produção de Grande são 15 toneladas de alimentos ou 30 fardos de roupas (ou qualquer combinação). Escreve-se isso como (15, 30). As possibilidades de produção de Saltitante são 20 toneladas de alimentos ou 10 fardos de roupas (20, 10). Ambos precisam de 12 toneladas de alimentos para viver. Grande utiliza 48 unidades de mão de obra para produzir os seus alimentos e usa as restantes 12 unidades para produzir 6 fardos de roupas, então a sua produção é (12, 6). Mas Saltitante precisa somente de 36 unidades de mão de obra para produzir os seus alimentos e utiliza as restantes 24 unidades para fazer 6 unidades de roupas (12, 6). Portanto, ambos os países acabam por ter exatamente a mesma quantidade de alimentos e de roupas (12, 6).

Agora, introduzimos o comércio e permitimos que os dois países se especializem nos seus melhores produtos. Saltitante transfere toda a sua força de trabalho para os alimentos, produzindo 20 toneladas, consumindo 12 e exportando 8 para Grande. Graças às importações, o Grande produz somente 4 toneladas de alimentos, utilizando as restantes 44 unidades de trabalho para fabricar 22 fardos de roupas. Consome 11 fardos e exporta 11 para Saltitante em troca dos alimentos. Graças ao comércio, Grande e Saltitante têm agora 12 toneladas de alimentos e 11 fardos de roupas (12, 11), quase o dobro das roupas que tinham anteriormente. É mágico!

TEORIA DA VANTAGEM COMPARATIVA

Esta teoria deixa uma questão crucial por responder. Se Saltitante é melhor para produzir alimentos e Grande é melhor para produzir roupas, não há problema, mas, e se supusermos que um país é melhor para produzir ambos os produtos? Os mercantilistas poderiam ainda argumentar que, ao abrigo do comércio livre, o país menos eficiente ficaria sem a produção de produtos alimentares e de roupas e afundaria na pobreza, portanto, os países ineficientes devem evitar o comércio a todo o custo. Em 1817, David Ricardo, na obra *Princípios de economia política e tributação*, apresentou uma demonstração de não ser esse o caso. Ele argumentava que o comércio é benéfico mesmo se um país for mais eficiente do que os seus parceiros comerciais para produzir todos os produtos. Se repetirmos o exemplo e fizermos com que Saltitante seja melhor para produzir os alimentos e as roupas, os países continuam mais ricos com o comércio que sem ele.

Saltitante precisa agora de menos força de trabalho que Grande para produzir os alimentos e as roupas. Se não existir o comércio, pode produzir as 12 toneladas de alimentos de que precisa e os 24 fardos de roupas (12, 24). Grande produziria 12 toneladas de alimentos, mas somente 6 fardos de roupas (12, 6). Contudo, se os países se especializarem no produto no qual eles são *comparativamente* mais eficientes, a sua produção aumenta. Grande é agora relativamente mais eficiente para produzir alimentos porque utiliza somente o dobro da força de trabalho das roupas, enquanto Saltitante utiliza o triplo da força trabalhista para produzir alimentos. Portanto, Grande especializa-se em alimentos, produzindo 15 toneladas, consumindo 12 e exportando 3. Com a importação de 3

Tabela 10.3 – Vantagem absoluta e comparativa

1. Exemplo da vantagem absoluta

	Grande	Saltitante
Disponibilidade da força trabalhista	60	60
Força de trabalho exigida por unidade produzida		
Alimentos (toneladas)	4	3
Roupas (fardos)	2	6
Possibilidades de produção		
Produção de alimentos (toneladas)	15	20
Produção de roupas (fardos)	30	10
Produção sem comércio (produção total)		
Produção de alimentos (toneladas)	12	12
Produção de roupas (fardos)	6	6
Total (unidades)	18	18
Produção com o comércio		
Produção de alimentos (toneladas)	4	20
Produção de roupas (fardos)	22	0
Total (unidades)	26	20
Nota: exportações	11	8

2. Exemplo da vantagem comparativa

	Grande	Saltitante
Força de trabalho exigida por unidade produzida		
Alimentos	4	3
Roupas	2	1
Produção sem comércio (produção total)		
Produção de alimentos (toneladas)	12	12
Produção de roupas (fardos)	6	24
Total (unidades)	18	36
Produção com comércio		
Produção de alimentos (toneladas)	15	9
Produção de roupas (fardos)	0	33
Total (unidades)	15	42
Nota: produção extra		3 fardos de vestuário

Os princípios do comércio marítimo   **443**

toneladas de alimentos, Saltitante corta agora a sua produção de alimentos para 9 toneladas, exigindo 27 unidades de trabalho. Com as restantes 33 unidades de trabalho, produz 33 fardos de roupas, 9 a mais do que anteriormente. Exporta 6 para o Grande em troca das 3 toneladas de alimentos e fica com mais 3 fardos de roupas do que tinha sem comércio, portanto, o comércio aumentou a produção em 3 fardos de vestuário. A questão é: quanto dessa quantidade Grande obtém?

A essência da teoria diz que o comércio livre permite que cada país se especialize nos seus produtos mais competitivos. Por meio do comércio, é criada mais riqueza porque "os fatores de produção" limitados são utilizados mais eficientemente e todos os participantes ficam melhores do que estariam se não existisse a atividade comercial.[6] Isso tem implicações importantes para o comércio. O aparecimento de novos concorrentes no mercado internacional não coloca os comerciantes existentes fora do negócio. Desde que existam diferenças relativas na eficiência, conduz-se a mais comércio e maior riqueza, embora sejam levantadas questões difíceis sobre a redistribuição dos recursos econômicos e como os ganhos do comércio são distribuídos entre os países participantes.

Na realidade, o comércio livre nem sempre traz boas notícias para os grupos de interesses específicos. À medida que o equilíbrio da vantagem comparativa se ajusta, existem ganhadores e perdedores. Por exemplo, os proprietários de terras ingleses que resistiram à abolição das Leis do Milho no século XIX estavam certos em pensar que iriam sofrer com o comércio livre. Após a abolição das Leis do Milho, em 1847, o país foi inundado por milho estrangeiro econômico, baixando os preços e empobrecendo as zonas rurais. Os trabalhadores foram forçados a migrar para as cidades, ajudando a Grã-Bretanha a tornar-se ainda mais bem-sucedida como um exportador de produtos manufaturados. No final, a Grã-Bretanha, no seu todo, estava mais bem preparada para o comércio livre, mas o processo de mudança deixou alguns indivíduos numa situação muito ruim, sobretudo os proprietários das terras. Existem semelhanças com a concorrência entre a indústria pesada da Europa e do Extremo Oriente nas décadas de 1970 e de 1980. Os fabricantes europeus ficaram excluídos do mercado pela concorrência do Extremo Oriente. Não é reconfortante para um operário de um estaleiro naval despedido saber que perdeu o seu emprego porque o país tem agora uma vantagem comparativa em termos de serviços financeiros, um negócio que não precisa de soldadores. Isso é importante porque esses aspectos laterais podem conduzir ao protecionismo.

TEORIAS MODERNAS DA VANTAGEM PRODUTIVA

A vantagem comparativa é uma das teorias econômicas mais influentes já desenvolvidas, providenciando os pilares intelectuais para a filosofia do comércio livre, que tem dominado o pensamento político na segunda metade do século passado por meio da WTO. Muito trabalho tem sido realizado para estender o modelo, para que possa lidar com múltiplas mercadorias e países e para examinar os efeitos das tarifas e da concorrência imperfeita. Do ponto de vista do transporte marítimo, a questão importante é a luz lançada sobre a razão que contribuiu para que o comércio crescesse tão rapidamente nos últimos cinquenta anos. Durante esse período de comércio livre, as melhorias ocorridas no transporte e nas comunicações estimularam o crescimento, permitindo o suprimento global e o marketing dos produtos. As novas tecnologias também melhoraram os serviços que sustentam o comércio. A documentação jurídica segura, especialmente em áreas como o estabelecimento da propriedade dos produtos, as chamadas telefônicas diretas econômicas, a melhoria do sistema bancário internacional e, mais recentemente, o comércio eletrônico facilitaram o comércio global, especialmente para as pequenas empresas.

A indústria, apoiada por esses novos serviços, pode migrar para os cantos remotos do globo onde os custos são baixos, e muitas cidades e vilas nessas áreas estão constantemente sendo atiradas para dentro do sistema do comércio global. Hoje em dia, o crescimento do comércio de produtos manufaturados é movido pela exploração das diferenças dos custos de mão de obra entre regiões, mas isso não depende exclusivamente das diferenças entre países. O modelo do comércio mundial de Michael Porter atribui a vantagem comparativa não só aos recursos locais, como a mão de obra barata, mas também ao conhecimento. Ele argumenta que um aglomerado de empresas especializadas em determinado item, por exemplo, as braçadeiras das botas de esqui, desenvolvem uma "vantagem comparativa" nesse produto. Com as comunicações e o transporte certos, esses aglomerados podem explorar a sua vantagem globalmente, conduzindo a uma matriz comercial alargada, a uma eficiência global e a um crescimento global melhorados, mesmo se forem abolidas as diferenças nos custos salariais.[7] Esse processo é dinâmico. A partir do momento que certa empresa, país ou aglomerado se torna uma área produtiva estabelecida, é difícil para os outros desenvolverem volumes de vendas suficientes para entrar nesse mercado. No século XIX, a Grã-Bretanha desenvolveu uma produção têxtil mecanizada, e durante alguns anos ganhou vantagem comparativa nessa produção. Eventualmente, outros países alcançaram-na. Hoje em dia, o avanço tecnológico é contínuo. A produção de um equipamento médico, a produção de um tipo de correia de transmissão de borracha e a produção de produtos complexos como os navios de cruzeiro e as aeronaves são exemplos de produções em que um país desenvolveu uma vantagem competitiva baseada na inovação tecnológica e encontra-se protegido por barreiras como o custo de acesso elevado. No caso de invenções específicas, os direitos de produção podem ainda estar cobertos por uma patente.

Uma variante disso é impulsionada não pela tecnologia de produção, mas pela *diferenciação de produtos* no mercado. São um bom exemplo os carros motorizados, mas também é possível citar os derivados do petróleo, o equipamento eletrônico e uma ampla gama de bens de consumo. Nesses casos, a causa do comércio deriva de diferenças de gostos entre os países. Por exemplo, os fabricantes de carros motorizados são confrontados com economias de escala, portanto, a produção de baixo volume é dispendiosa. Se a maioria dos norte-americanos gosta de conduzir carros motorizados muito grandes, enquanto a maioria dos europeus prefere guiar carros motorizados pequenos, então a minoria dos europeus que deseje comprar carros motorizados grandes pode se beneficiar da importação de carros norte-americanos, e vice-versa, especialmente se os custos de transporte forem baixos. Isso teve um impacto tremendo sobre o comércio. Na maioria dos países, os consumidores podem agora escolher entre vinte e trinta marcas diferentes de carros motorizados, cada um vendido a um preço muito competitivo. A economia de produção de carros motorizados é tal que, se o mercado estivesse completamente inundado pelos fabricantes do Reino Unido, poderia existir ainda um pequeno número de concepções diferentes, e os custos seriam quase certamente muito elevados. De forma semelhante, se as refinarias petrolíferas estão tecnicamente limitadas a produzir uma combinação de derivados do petróleo que não atende exatamente à demanda local, elas procurarão exportar os produtos que não são necessários localmente.

10.5 O COMÉRCIO DEVIDO ÀS DIFERENÇAS DE RECURSOS NATURAIS

Os economistas clássicos interessavam-se sobretudo pela teoria do comércio do ponto de vista *normativo*, e a teoria da vantagem comparativa era uma resposta ao debate político sobre o comércio livre. Ricardo e outros economistas clássicos não prestaram muita atenção à explicação sobre o que determina a vantagem comparativa que um país pode ter. Contudo, no início do século XX, quando a batalha do comércio livre foi ganha, os economistas interessaram-se mais pela explicação dos padrões comerciais. A questão-chave acabou por ser o pressuposto dos custos constantes, que é um dos elementos fundamentais do modelo de Ricardo.

COMÉRCIO BASEADO EM RECURSOS E TEORIA DE HECKSCHER-OHLIN

A teoria da vantagem comparativa estabelece o pressuposto importante de que os recursos podem ser transferidos livremente entre a produção de produtos diferentes sem qualquer perda de produtividade. Mesmo no mundo abstrato da teoria econômica isso não é muito realista. Na década de 1920, dois economistas suecos, Eli Heckscher e Bertil Ohlin, concluíram que, porque os países têm diferentes dotações dos fatores de produção, as tentativas para substituir um fator por outro resulta sempre numa queda de produtividade ou pode nem mesmo ser possível. Por exemplo, a América, com as suas grandes pradarias, pode expandir a produção de grão, mas se o Reino Unido tentar transferir mais mão de obra para a agricultura, como assumimos no exemplo apresentado anteriormente neste capítulo, as receitas cairiam logo que a terra começasse a ser explorada mais intensamente. Inversamente, embora o Reino Unido, com a sua mão de obra qualificada abundante, possa facilmente expandir a sua produção de roupas, os Estados Unidos entram numa situação de rendimentos decrescentes em virtude da falta de mão de obra adequada. Heckscher e Ohlin argumentaram que essas diferenças na disponibilidade dos fatores de produção (terra, trabalho etc.) podem conduzir a diferenças nos custos de produção entre países. Tudo o que precisamos para que o comércio seja benéfico é que os recursos econômicos estejam distribuídos desigualmente entre os países. Winters[8] resume essas condições mínimas da seguinte forma:

1. As funções de produção para dois produtos dão rendimentos constantes à escala se ambos os fatores forem aplicados proporcionalmente, mas dão rendimentos decrescentes para qualquer fator individual (ou seja, se um país ficar sem terras, mas continuar a aplicar mais mão de obra, fertilizantes, maquinaria etc., os retornos marginais vão cair).

2. Os produtos diferem nas suas necessidades por diferentes insumos (por exemplo, a produção de alimentos precisa de mais terreno do que a produção têxtil).

3. Os países têm dotações relativas de diferentes fatores.

Como exemplo, imagine-se a situação de "não comércio" em duas ilhas. Cada ilha depende dos seus próprios recursos internos. A ilha A luta para alimentar uma grande população por meio de uma agricultura intensiva em poucos terrenos disponíveis. Explora o carvão de algumas minas profundas e fabrica uma gama completa de produtos, sobretudo em uma escala pequena. Na agricultura e na mão de obra, os ilhéus são confrontados com aumentos drásticos nos custos quando tentam manter o crescimento derramando mais mão de obra nos recursos físicos fixos.

A ilha B tem a mesma população, mas minas de carvão a céu aberto e terra melhor. Se o comércio for aberto, as ilhas especializam-se. Como a ilha A tem poucos recursos naturais, a sua vantagem produtiva encontra-se na transformação. Importa carvão e alimentos da ilha B e transfere a sua mão de obra para a indústria transformadora com a qual (mas não a ilha B) é relativamente mais produtiva. Em outras palavras, exporta aqueles produtos cuja produção é mais ou menos intensa nos fatores com os quais foi bem-dotada. A ilha B abre mais minas de carvão e transfere a mão de obra para elas, exportando carvão. Tudo depende do seu fator de dotação. A definição precisa de "recursos naturais" levanta todo tipo de questão. No Capítulo 1 mostramos que o mundo está em constante mudança, portanto, não deveríamos confiar demasiadamente em modelos estáticos. Contudo, a teoria de Heckscher-Ohlin sugere que, num mercado mundial livre, os países devem tirar o melhor partido dos recursos que têm, e essa teoria contribui fortemente para explicar a diversidade do comércio na Figura 10.2. Os países à esquerda na linha pontilhada são como a ilha A, e os países à direita da linha são como a ilha B.

MODELO DE OFERTA-DEMANDA DO COMÉRCIO DE PRODUTOS

Este é um bom ponto para debater o modelo do comércio de produtos. As matérias-primas representam uma grande parte da carga transportada por via marítima, e uma das principais tarefas da indústria marítima a granel é antecipar o comércio futuro, para que se possa planejar um transporte eficiente. Por essa razão, os analistas de transporte marítimo têm de analisar frequentemente as tendências do comércio de produtos. O modelo da oferta-demanda é a técnica correntemente mais usada para efetuar essa análise. Por exemplo, o Japão, que não tem suprimentos locais de minério de ferro, deve importar o que precisa das minas localizadas na Austrália ou no Brasil. O minério de ferro é comercializado num mercado internacional e a oferta e a demanda dos produtos é controlada pelos movimentos dos preços. Então o modelo consiste numa função da demanda de produtos, que mostra a relação entre a demanda e o preço, e numa função da oferta, que mostra como ela responde a variações de preços.

A função da demanda descreve a relação entre a renda *per capita*, os preços dos produtos e o consumo do produto e é geralmente referida como a função da demanda dos consumidores. É expressa como

$$q_{it} = (p_{1it}, p_{2it}, y_{it})$$ (10.2)

em que q é o consumo *per capita* do produto, p^1 é o seu preço na moeda nacional, p^2 é o preço dos outros produtos e y é a renda *per capita* para o país i-ésimo no ano t.[9] Essa função sugere que a demanda da mercadoria responde a variações nos preços relativos e na renda. Para explicar como a demanda responde à variação no preço, precisamos introduzir dois conceitos econômicos, a elasticidade-renda e a elasticidade-preço.

A elasticidade-renda mostra como os consumidores da mercadoria ajustam o seu consumo em resposta à variação na renda. É definida como a variação proporcional na compra de um produto, como a energia, para uma variação na renda, a preços constantes:

$$e_i = \frac{(\log q)}{d(\log y)}$$ (10.3)

Em outras palavras, a elasticidade-renda é a variação percentual da demanda dividida pela percentagem da variação da renda. A natureza dessa relação varia de um produto para outro, com consequências importantes para o comércio. Podemos utilizar a elasticidade-renda para classificar as mercadorias em três grupos diferentes. Os *bens inferiores* têm uma elasticidade-

Os princípios do comércio marítimo   **447**

-renda negativa (ou seja, menor que 0), portanto, quando a renda aumenta, a demanda diminui. Por exemplo, com rendas muito elevadas as pessoas geralmente consomem menos produtos básicos como o pão e as batatas e transferem a sua demanda para outros produtos alimentares como a carne. Os *bens de primeira necessidade* são bens cuja demanda aumenta quando a renda aumenta, mas mais lentamente do que a renda (ou seja, a elasticidade-renda é da ordem de 0-1). Finalmente, os *produtos de luxo* são os bens para os quais a demanda aumenta rapidamente quando a renda aumenta (ou seja, a elasticidade-renda é maior que 1). Essas diferenças são importantes porque nos avisam que devemos esperar variações na relação da demanda quando a renda altera. Por exemplo, a elasticidade-renda dos carros motorizados poderia ser muito elevada com níveis de renda baixos, porque a compra de um carro motorizado é uma prioridade. Quando a maioria das pessoas tiver um carro, a demanda continua a aumentar com a renda, porque alguns compram carros de segunda mão, mas a taxa de crescimento abranda e, eventualmente, a demanda de carros estagna, ou transfere-se para veículos de elevado valor agregado. O mesmo acontece com a habitação. Para alguém que modele a demanda do aço, muito utilizado na construção e na produção de veículos motorizados, é vital modelar essas relações de uma forma que permita incorporar as variações nessas relações.

A elasticidade-preço mostra como a demanda responde a variações nos preços. É derivada da função demanda e representa o percentual de variação do consumo para uma variação de 1% nos preços. Em termos matemáticos, a elasticidade-preço pode ser expressa da seguinte forma:

$$e_p = \frac{d(\log p)}{d(\log q)} = \frac{p \cdot dq}{q \cdot dp} \tag{10.4}$$

em que ep é a elasticidade-preço, p é o preço do produto e q é a quantidade consumida. É possível subdividir a elasticidade-preço em dois componentes: o efeito de substituição e o efeito de renda.

$$\frac{dq}{dp} = \frac{dq}{dp}\bigg|_{\bar{u}} - \frac{dq}{dp} \tag{10.5}$$

em que m é a renda. A Equação (10.5) é conhecida como a equação de Slutsky. O primeiro termo à direita representa o *efeito de substituição*, e o segundo, o *efeito de renda*. O efeito de substituição mede até onde uma variação no preço de um produto resulta numa substituição (negativa ou positiva) de outras mercadorias no orçamento total. O efeito de renda mede a variação no nível de consumo em razão de uma mudança real na renda disponível como resultado da variação do preço.

Essa relação é útil para os analistas que explicam e modelam as variações rápidas no preço dos produtos porque mostra os diferentes fatores envolvidos. Por exemplo, foi útil para explicar o comércio de petróleo durante as duas crises do petróleo em 1973 e 1979 (ver Figura 11.8, que mostra a relação entre os preços do petróleo e os embarques de petróleo bruto por via marítima). Quando o preço do petróleo aumentou exponencialmente em 1973, o efeito de renda foi dominante, porque o petróleo era uma necessidade e não havia muita alternativa. Os consumidores gastaram mais da sua renda em petróleo e tinham menos para gastar em outros produtos, disparando uma recessão na economia mundial. Porém, no momento em que o preço do petróleo aumentou outra vez em 1979, o efeito de substituição foi a resposta dominante, porque já era tecnicamente possível substituir o petróleo por carvão e por gás. Como resultado, os consumidores, sobretudo as usinas de energia elétrica, transferiram-se de um preço do petróleo elevado para um carvão e um gás mais econômicos e o comércio de petróleo bruto caiu abruptamente (ver Figura 4.5, que mostra como o comércio do petróleo decresceu), constituindo outro exemplo do funcionamento dos dois componentes da equação de Slutsky.

DEMANDA DERIVADA DE UM PRODUTO PRIMÁRIO

O próximo passo no modelo do comércio dos produtos primários é reproduzir a relação entre a demanda de matérias-primas numa indústria e a demanda de produtos dessa indústria que são vendidos ao consumidor final. Frequentemente, os usuários industriais têm uma escolha no suprimento das suas matérias-primas, levantando-se a possibilidade de os fabricantes substituírem uma matéria-prima por outra. As indústrias pesadas, como a da produção do aço e a da fabricação de motores, são os principais usuários das matérias-primas, assim como a indústria do transporte (por exemplo, do combustível de bancas dos navios). Essas indústrias vão se preocupar com a minimização dos seus custos, e a sua demanda de matérias-primas é derivada da demanda subjacente dos bens que a indústria produz. O ponto de partida é a função custo. Para dado nível de produção, a função custo é

$$C = P_1 X_1 + P_2 X_2 + b \tag{10.6}$$

em que C é o custo de produção, P é o preço de cada produto primário, X representa as quantidades dos insumos necessários nesse nível de preço e b é o custo de capital, que se assume como fixo. Confrontados com a variação no preço das matérias-primas (P^1) e com um capital fixo de estoque, a questão principal para os industriais é saber se é mais econômico usar menos de um insumo (X_1) e mais de outro (X^2). A resposta a essa questão é dada pela taxa de substituição técnica [rate of technical substitution, RTS], que representa o limite até onde os insumos dos produtos primários podem ser substituídos uns pelos outros com a tecnologia industrial existente. Pode ser definida como

$$RTS = \frac{dX_2}{dX_1} \tag{10.7}$$

Já mencionamos o exemplo das usinas de energia elétrica que podem utilizar petróleo, carvão ou gás. Em 1973, quando o preço do petróleo aumentou acentuadamente, a maioria das usinas de energia elétrica utilizava petróleo e não estava equipada para queimar outros combustíveis, portanto, o efeito de substituição (RTS) era pequeno. Em 1979, quando o preço do petróleo aumentou para mais de US$ 30 o barril, a maioria das usinas de energia elétrica tinha investido para permitir a queima de outros combustíveis, como o carvão ou o gás. Como resultado, o efeito de substituição foi muito grande e o consumo do petróleo caiu acentuadamente. Entretanto, tal substituição é uma variação pontual, que não pôde ser repetida quando o preço do petróleo começou outra vez a aumentar vinte anos mais tarde. Então, o RTS mostra como os fabricantes respondem a uma variação no preço relativo das suas matérias-primas. A relação expressa na Equação (10.7) está sujeita à influência do desenvolvimento técnico e da mudança, que podem influenciar significativamente a quantidade de energia primária necessária para atingir certo efeito – por exemplo, como resultado de uma melhoria na taxa de conversão do combustível nos motores marítimos a diesel.

Pegando o exemplo da previsão das importações japonesas de minério de ferro, é necessário considerar o impacto da construção de estoques durante os períodos de mudança econô-

Os princípios do comércio marítimo

449

mica. Por exemplo, quando a economia japonesa se tornou madura na década de 1980, a taxa de crescimento da demanda de aço abrandou. No início da década de 1970, isso surpreendeu os analistas, que tinham assumido que a demanda de aço na Europa e no Japão continuaria a crescer na década de 1970 à taxa em que tinha crescido na década de 1960. Para atender a essa demanda, as siderúrgicas planejaram a expansão da produção de 110 mt para 180 mt. Porém, conforme a economia entrava numa fase de maturidade, a demanda do aço parou de crescer e a produção de aço japonesa nunca excedeu os 120 mt. A mesma coisa aconteceu com a indústria de aço chinesa quando começou a crescer muito rapidamente entre 2003 e 2008. Os analistas tinham de estimar durante quanto tempo continuaria o crescimento muito rápido da produção de aço. O problema era que a demanda subjacente crescia rapidamente porque a economia estava construindo infraestrutura, habitação e estoques de bens duráveis, como os carros motorizados, e, uma vez que os estoques fossem construídos, o crescimento da demanda abrandaria. Em ambos os casos, um modelo de previsões cuidadosamente estruturado mostraria quanto do crescimento da demanda era impulsionado pela construção de estoques de produtos intensivos em aço, como a habitação e os veículos motorizados, e como essa tendência poderia mudar assim que a economia entrasse numa fase de maturidade. O que geralmente não pode fazer é prever quão racionalmente as pessoas abordarão o processo de construção da economia – se será uma sequência de ciclos de contração e de expansão ou uma evolução cuidadosamente planejada. Essa é uma matéria a ser avaliada.

Outra armadilha potencial para os analistas incautos é o fator de substituição. Para além do minério de ferro, existem outros materiais, como a sucata de aço, que terão a mesma função. Se a oferta de sucata de aço aumentar, esta pode ser utilizada no lugar do minério, tornando a previsão da demanda do minério de ferro mais complexa. Ou podemos considerar o comércio do carvão térmico. Pode não existir carvão local, mas muitas usinas de energia elétrica podem utilizar petróleo ou gás em vez de carvão. Outra complexidade é a concorrência entre os suprimentos nacionais e estrangeiros. Durante a expansão do aço chinês que ocorreu entre 2003 e 2008, os preços internacionais do minério de ferro aumentaram acentuadamente e, em 2005, ocorreu um grande aumento na produção doméstica chinesa do minério de ferro, que anteriormente tinha sido estática, mas que repentinamente tornou-se muito lucrativa. Por vezes, as mudanças tecnológicas alteram as funções da produção doméstica e internacional, com consequências importantes para o comércio. Por exemplo, o aparecimento na Ásia de pequenas siderúrgicas que utilizam sucata barata é uma concorrência direta à produção de aço nos altos-fornos, alterando o padrão do comércio do minério de ferro. De forma semelhante, a nova tecnologia que reduziu o custo de prospecção, perfuração e exploração petrolífera marinha na indústria da exploração petrolífera ao largo da costa permitiu que a Europa aumentasse a sua produção doméstica de petróleo na década de 1990. Esses relacionamentos não são fáceis de serem quantificados, mas ilustram a importância de ganhar um conhecimento profundo das relações da demanda subjacentes à função demanda de um produto primário.

10.6 OS CICLOS COMERCIAIS DOS PRODUTOS PRIMÁRIOS

O ciclo econômico é outro aspecto com o qual temos de nos confrontar quando analisamos o comércio. Quando debatemos os ciclos do transporte marítimo nos Capítulos 3 e 4, vimos que parte do efeito cíclico passa também pelo lado da demanda do modelo de transporte marítimo. O comércio está sujeito a três níveis de ciclos: os ciclos sazonais, que ocorrem regularmente em determinados momentos do ano; os ciclos de curta duração, que acompanham o ciclo do comércio internacional; e as ondas cíclicas de longa duração, que resultam de desenvolvimentos estruturais nas economias internacionais.

COMÉRCIO CÍCLICO SAZONAL E DE CURTO PRAZO

Os ciclos sazonais são bem conhecidos da indústria marítima e podem ter origem em efeitos sazonais que ocorrem do lado da oferta e da demanda do mercado de mercadorias. Um exemplo de um ciclo sazonal orientado pela oferta é a calmaria de verão que existe no mercado de navios graneleiros, causada pelo abrandamento das exportações de grão dos Estados Unidos em julho e em agosto. Este ocorre quando acontece a colheita de grão nesse país, e nessa altura os embarques da estação anterior já se esgotaram e os embarques da nova estação ainda não começaram. Um exemplo da sazonalidade na demanda das mercadorias é o ciclo da demanda mundial de petróleo, que resulta num comércio menor no segundo trimestre do ano e num comércio maior quando os estoques começam a ser construídos para o inverno do hemisfério norte, no quarto trimestre. Isso é mostrado na Figura 10.6, que posiciona a demanda trimestral do petróleo. Essas flutuações sazonais são geralmente mais notadas quando o mercado do petróleo se encontra exatamente em equilíbrio e menos visíveis quando está muito apertado ou excedente.

A volatilidade de curto prazo no comércio de mercadorias também pode resultar da escassez temporária local de um bem ou de um produto primário que geralmente poderia ser obtido localmente a um preço competitivo, mas que de modo temporário não se encontra disponível em quantidades suficientes. A escassez temporária pode resultar dos ciclos econômicos da demanda, de falhas mecânicas, de desastres (por exemplo, o terremoto de Kobe em 1994), de um planejamento pobre, ou de um aumento repentino na inflação dos produtos primários que encoraja os fabricantes a criar estoques de matérias-primas. Nessas circunstâncias, o padrão do comércio muda abruptamente. Por exemplo, os fabricantes de produtos químicos produzem muitos compostos diferentes, e uma grande parte do comércio de produtos químicos por via marítima serve para suprir a escassez temporária de um composto ou de matérias-primas específicas.

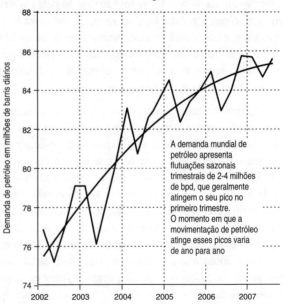

Figura 10.6 — Ciclos trimestrais na demanda mundial de petróleo.
Fonte: AIE Monthly Oil Market Report.

INFLUÊNCIAS DE LONGO PRAZO SOBRE O COMÉRCIO

No comércio também existem os ciclos de longo prazo. A nossa análise das "causas" do comércio marítimo no início deste capítulo identificou até agora a atividade econômica (PIB)

Os princípios do comércio marítimo
451

como sendo a mais importante. Em média, o comércio aumenta com o PIB a uma taxa média de 104.300 toneladas por cada US$ 1 bilhão extra no PIB. Uma das lições importantes a serem aprendidas é que a relação entre o comércio e o PIB não é estático. À medida que os países crescem, as suas economias transformam-se, bem como seu comércio. Um dos princípios mais fundamentais das previsões do comércio é reconhecer essas mudanças e transferi-las para a previsão. Para fazer isso, devemos perceber a relação entre o comércio e o PNB.

O aspecto-chave é reconhecer os padrões em que as diferentes partes da economia se desenvolvem ao longo do tempo. Se olharmos com muita atenção para a estrutura da atividade econômica mundial, podemos ver imediatamente por que é provável que o comércio se transforme quando um país cresce. O produto nacional bruto, uma medida da produção econômica total de um país, pode ser dividido em nove setores que são apresentados no Destaque 10.1 e seguem a Classificação Internacional Normalizada Industrial de Todas as Atividades Econômicas [*International Standard Industrial Classification*, ISIC]. Cada setor apresenta uma propensão diferente para o transporte marítimo. A agricultura, a mineração e a indústria transformadora estão diretamente envolvidas com o comércio, porque produzem e consomem produtos físicos que podem ser importados ou exportados. Do lado oposto, os negócios atacadistas, retalhistas, de transporte e nos setores de serviços produzem serviços em vez de bens físicos. Por exemplo, o setor de serviços engloba atividades como as dos bancos e dos seguros, a administração pública, os serviços sociais, o ensino, a medicina, as instalações recreativas e os serviços domésticos (reparos e lavagem de roupa), os quais têm pouco impacto no transporte marítimo, se é que têm algum. É claro que não é assim tão simples, porque um setor de serviços próspero gera receitas que podem ser gastas em bens físico e, frequentemente, quando o rendimento aumenta, a demanda transfere-se para serviços como o de cuidados de saúde, o ensino e a restauração.

Quando examinamos o crescimento das economias modernas, verificamos que a atividade econômica transfere-se de atividades de comércio intensivo para o setor de serviços. Segue-se que devemos esperar uma mudança no padrão de crescimento do comércio à medida que o país começa a crescer e a desenvolver-se. Para ilustrar a natureza dessa mudança, a Figura 10.7 mostra como o PIB da Coreia do Sul mudou entre 1970 e 2006, quando o país atravessava o seu ciclo de desenvolvimento. Em 1970, a economia da Coreia do Sul encontrava-se nos estágios iniciais da industrialização e era dominada pela agricultura, que representava 28% do PIB, enquanto a indústria transformadora era responsável por somente 16% do PIB. Mas nas décadas que se seguiram a agricultura baixou para 3%, enquanto a indústria transformadora, a construção e as outras atividades relacionadas com os serviços aumentaram a sua participação no PIB, transformando a Coreia do Sul de uma sociedade rural em uma economia industrializada moderna. Como resultado, as importações por via marítima cresceram muito rapidamente, a 11% ao ano. Porém, em meados da década de 1980, a participação da indústria transformadora estabilizou nos 25% e a construção fez praticamente o mesmo. As outras atividades, que incluem muitos servi-

Destaque 10.1 Setores da ISIC

ISIC	Setor	% Total do PNB	Intensidade marítima
1	Agricultura	8	Elevada
2-3	Mineração e serviços públicos	4	Elevada
4	Indústria transformadora	28	Elevada
5	Construção	6	Elevada
6	Atacado e varejo	16	Nenhuma
7	Transporte e comunicações	7	Nenhuma
8-9	Outros (serviços)	31	Muito baixa
	TOTAL	100	

ços, como o ensino e os serviços de saúde, continuaram a crescer, alcançando 37% em 2006. Na década de 1960, o Japão, durante o seu ciclo de desenvolvimento, seguiu um padrão de desenvolvimento muito semelhante. A agricultura, a mineração, os serviços públicos, a construção e a indústria transformadora atingiram todos o seu pico, mas os serviços aumentaram a sua participação no PIB. Nos Estados Unidos, uma economia muito madura, os serviços ocupam uma posição dominante, representando cerca de 56% do PIB em 2006, enquanto a agricultura, ainda um negócio muito importante no país, caiu para 0,9%, e a indústria transformadora representa somente 13%. Olhando para esses exemplos, o padrão de desenvolvimento é claro: os agricultores dão lugar à indústria transformadora e à construção, que por sua vez dão lugar aos serviços.

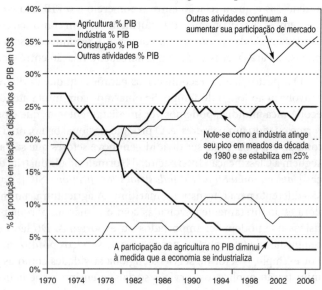

Figura 10.7 – Mudanças estruturais no PIB da Coreia do Sul (1970-2006).
Fonte: Base de dados estatística das Nações Unidas.

Contudo, esta não é toda a história. À medida que a indústria perde a sua participação de mercado, existe também uma mudança no tipo de produtos manufaturados. Uma análise efetuada por Maizels, com vistas a estabelecer um padrão típico da expansão da indústria transformadora, apresentado na Tabela 10.4, ilustra esse ponto. Com níveis de rendimento baixos, as indústrias de transformação de alimentos e têxteis são as mais importantes quando, de acordo com a lei de Engel, esses produtos representam uma grande parte da demanda. Depois, a sua participação de mercado decresce rapidamente, para ser ultrapassada por metais, pro-

Tabela 10.4 – Padrão da produção industrial por cabeça, preços e percentagens de 1995

	US$ 100	US$ 250	US$ 500	US$ 750	US$ 1.000
Alimentos e bebidas	40	33	26	21	18
Metais	4	5	7	7	8
Produtos metálicos	4	10	18	24	29
Produtos químicos	0	2	4	7	9
Têxteis	26	18	13	10	8
Outros produtos manufaturados	27	32	32	31	29
Total	100	100	100	100	100

Fonte: Maizels (1971).

dutos metálicos e químicos. Em certo nível de rendimento, a participação dos metais estabiliza, enquanto a participação de produtos metálicos continua a crescer conforme é acrescentado mais valor aos materiais básicos. Isso implica que, em níveis de rendimento elevados, a produ-

Os princípios do comércio marítimo

ção torna-se menos intensiva em termos de recursos, sendo dirigida para os produtos de valor agregado. Por exemplo, a produção de carros motorizados evolui dos modelos econômicos para as limusines executivas. Mais uma vez, temos evidência de que devemos esperar uma mudança na estrutura da atividade econômica, trazendo consequências para o comércio.

ESTÁGIOS DO DESENVOLVIMENTO ECONÔMICO

Os acadêmicos passaram muito tempo debatendo essas mudanças para ver se existe um padrão de desenvolvimento consistente. A teoria dos "estágios de desenvolvimento" desenvolvida por Rostow é um ponto de partida útil.[10] Ele argumentava que, à medida que as economias crescem, passam por uma série de diferentes estágios, os quais classificou em cinco categorias, de acordo com o estágio de desenvolvimento econômico que alcançam. O Destaque 10.2 apresenta os cinco estágios.

Tem havido um debate muito grande sobre o trabalho desenvolvido por Rostow. Como muitas teorias econômicas, a de Rostow baseia-se numa ideia simples e de senso comum. À medida que as economias crescem, começam produzindo necessidades, como as infraestruturas, que são intensivas em termos de recursos e, depois, quando começam a enriquecer, voltam-se progressivamente para os aspectos mais finos da vida (produtos de valor agregado).

Destaque 10.2 – Os cinco estágios de desenvolvimento econômico de Rostow

Estágio 1: *a sociedade tradicional*. Esta é uma economia predominantemente agrícola. A tecnologia inalterada coloca um teto sobre o nível de produção alcançado por cabeça. Este teto resulta do fato de as "potencialidades que fluem da ciência e da tecnologia modernas não estarem disponíveis ou por não serem regularmente e sistematicamente aplicadas". Raramente comercializam por via marítima, exceto para a ajuda humanitária e para a exportação de algumas culturas de rendimento.

Estágio 2: *estabelecidas as pré-condições para o arranque*. O segundo estágio requer um excedente acima da subsistência, o desenvolvimento do ensino e um grau de acumulação de capital para criar os pilares do crescimento econômico. Por exemplo, na Inglaterra do século XVII, essas condições foram estabelecidas por uma mudança de atitude quanto ao investimento, pelo aparecimento dos bancos e de outras instituições capazes de mobilizarem capital etc. O comércio marítimo é pequeno, mas muito ativo, e cresce rapidamente.

Estágio 3: *o arranque*. Na análise de Rostow, este estágio é seguido por período longo de progresso sustentado mas irregular, à medida que a tecnologia se estende a toda a frente das atividades econômicas. O aumento no investimento permite uma produção regular para ultrapassar o aumento da população nacional. Aparecem novas indústrias e as mais antigas estabilizam-se e entram em declínio. Ocorrem mudanças no comércio externo do país, os produtos anteriormente importados são produzidos em nível nacional, desenvolvem-se novos requisitos de importação e produzem-se novas mercadorias.

Estágio 4: *a maturidade*. Depois de um período, que Rostow definiu como sendo de sessenta anos após o princípio do arranque, a maturidade começa a se implantar. Nessa altura, a economia alargou a sua atividade para processos mais refinados e complexos, com uma transferência de foco das indústrias ligadas ao carvão, ao aço e às engenharias pesadas para as máquinas-ferramentas, os produtos químicos e os equipamentos elétricos. Ele pensava que Alemanha, Grã-Bretanha, França e Estados Unidos tinham passado por esse estágio no final do século XIX ou muito pouco tempo depois. O empobrecimento das matérias-primas pode expandir o comércio de importação, enquanto os produtos manufaturados dominarão as exportações.

Estágio 5: *o consumo em massa*. O quinto estágio assiste à transferência dos principais setores da indústria para os produtos de consumo durável e de serviços. Uma grande proporção da população pode dar-se ao luxo de consumir muito mais do que alimentos de primeira necessidade, habitação e roupas, e isso produz alterações na estrutura da população ativa, incluindo um movimento progressivo para o trabalho de escritório e de serviços.

Maizels, que desenvolveu um estudo de longa duração sobre essa hipótese, explicou a questão da seguinte forma:

> [...] à medida que um país se torna progressivamente mais industrializado, a proporção da população ocupada na indústria transformadora não aumenta indefinidamente – existe um limite efetivo que pode já ter sido alcançado em alguns países. Esse limite entra em funcionamento por duas razões. Primeiro, assim que a economia cresce e o rendimento aumenta, a demanda de trabalhadores no setor dos serviços, como os médicos, os escriturários, os oficiais de governo, aumenta tão ou mais rapidamente do que a demanda de produtos manufaturados. Segundo, assim que os aumentos na produtividade na indústria transformadora tendem a ultrapassar o aumento da produtividade na distribuição dos produtos da fábrica para o consumidor, esses trabalhadores tendem a ser absorvidos pelo setor da distribuição para atender ao crescente fluxo de produtos industriais.[11]

Esse raciocínio sugere que o progresso do crescimento econômico estará associado a um aumento da participação dos serviços e a um correspondente declínio na taxa de crescimento da indústria transformadora e do comércio de transporte marítimo. Cada ciclo de desenvolvimento é diferente, portanto, não é possível estabelecer limites precisos em relação à duração de um estágio, ou mesmo ter a certeza de quando o novo estágio está para começar, e o conceito de progressão é útil.

CICLO DE DESENVOLVIMENTO DO COMÉRCIO

Se aplicarmos o conceito dos "estágios de crescimento" ao comércio por via marítima, é claro que em um período de anos devemos esperar que o comércio de um país mude. A forma como a mudança ocorre depende do estágio em que a economia se encontra no ciclo de crescimento econômico. Os estágios iniciais de crescimento envolvem a importação de todos os produtos, à exceção de bens simples como os alimentos e os têxteis, pagos pelos exportadores de quaisquer "culturas de rendimento" que se encontrem disponíveis – são exemplos o açúcar, a fruta tropical, o cobre, a juta e os troncos de madeira dura. A principal restrição ao comércio é a disponibilidade de moeda estrangeira e geralmente os níveis de comércio mantêm-se baixos. Países como Guiné, Togo e Camarões, na África Ocidental, caem atualmente nessa categoria.

Assim que a economia passa pelos estágios de desenvolvimento 2 e 3, a demanda de matérias-primas, como minério de ferro, carvão, minérios de metais não ferrosos e produtos florestais, aumenta ao mesmo tempo que é construída a infraestrutura industrial. Se as matérias-primas não existirem localmente, elas devem ser importadas, assim como a maquinaria mais sofisticada e paga pelas exportações de produtos semimanufaturados e por quaisquer exportações primárias que possam existir. Então, nesse estágio, constitui-se como requisito básico de crescimento a reconciliação dos mercados doméstico e estrangeiro. Indústrias como a da construção naval e automobilística desenvolvem-se frequentemente como empresas exportadoras líderes de rendimentos elevados, um padrão estabelecido pelo Japão durante a década de 1950 e seguido por Coreia do Sul, Polônia e China.

Quando a economia entra numa etapa de maturidade, o caráter do transporte marítimo muda outra vez. No decorrer do tempo, seja ele de vinte ou cinquenta anos, os elementos fundamentais da economia capitalista instalam-se. A infraestrutura industrial, a habitação, as estradas, as vias ferroviárias e os estoques de bens de consumo duráveis, como os veículos motorizados e as máquinas de lavar, alcançaram um nível de maturidade. Indústrias como a do aço, da construção e da produção de veículos, que apoiaram o crescimento durante o estágio 2, pararam de crescer, e a atividade econômica gravita em torno de atividades menos intensivas em termos de materiais. A indústria transformadora gravita em torno da gama de produtos de elevado valor agregado. A forma como isso afeta o comércio depende dos recursos domésticos.

Se a economia sempre dependeu da importação de matérias-primas, a taxa de crescimento das importações a granel abranda, embora o comércio de produtos manufaturados expedidos por linhas regulares e por via aérea continue a crescer. Tipicamente, isso produz um ciclo de desenvolvimento do comércio representado pela curva A na Figura 10.8. Contudo, é provável que o comércio marítimo entre os países, que começa de forma extensiva com os recursos naturais, siga um caminho diferente. À medida que a industrialização consome os recursos e os suprimentos internos que começam a se esgotar, ou encontram-se disponíveis no estrangeiro materiais de melhor qualidade, as importações de produtos a granel podem aumentar. Isso aconteceu nos Estados Unidos, quando a demanda de petróleo superou a produção doméstica, e as importações começaram a crescer rapidamente após 1970. Em tais casos, o ciclo de desenvolvimento do comércio pode seguir um caminho similar àquele mostrado pela linha B na Figura 10.8.

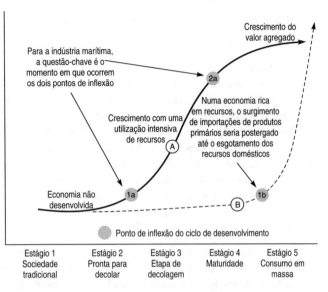

Figura 10.8 – Ciclo do desenvolvimento do comércio marítimo.

Em última instância, o ciclo de desenvolvimento do comércio marítimo é apenas uma forma conveniente de resumir certos padrões comuns que parecem ocorrer na economia mundial – não é uma lei nem se aplica a todos os casos. Visto que o desenvolvimento econômico depende fortemente da existência dos recursos naturais que se encontram distribuídos irregularmente entre os países, devemos esperar que cada país tenha um ciclo de desenvolvimento do comércio único, determinado pelos seus fatos de dotação ou por outras características políticas e culturais únicas. Então, o ciclo de desenvolvimento do comércio de uma economia rica em recursos, que pode depender das matérias-primas locais nos seus estágios iniciais de crescimento, possivelmente com um excedente para exportação, será completamente diferente do ciclo de um país sem matérias-primas. As formas dessas "curvas de desenvolvimento do comércio" podem ser vistas na Figura 4.3, que apresenta as importações da Europa Ocidental, do Japão, do Sudeste Asiático e da China entre 1950 e 2005. O padrão é surpreendentemente semelhante, considerando a diversidade dos países e das regiões. A Europa fez uma pausa demorada no seu percurso de desenvolvimento, que ocorreu entre meados da década de 1970 e da década de 1980, e o percurso de importações do Japão alterou-se mais dramaticamente do que o da Europa, provavelmente porque a Europa é uma unidade econômica muito maior e com mais recursos domésticos. É claro que existe muito a considerar quando se explica a forma precisa dessas curvas, mas podemos ter certeza de que as economias se encontram em constante mudança e que essas mudanças têm um impacto crítico na indústria do transporte internacional.

10.7 O PAPEL DO TRANSPORTE MARÍTIMO NO COMÉRCIO

ELASTICIDADE-PREÇO EM LONGO PRAZO NA DEMANDA DO TRANSPORTE MARÍTIMO

Finalmente, devemos estar conscientes do papel desempenhado pelo transporte marítimo como facilitador do comércio. No curto prazo, a demanda de transporte marítimo é geralmente inelástica em relação aos preços, visto que, uma vez que a carga chega ao cais, os embarcadores têm poucas opções além do transporte marítimo. Mas, no longo prazo, os volumes do comércio são elásticos em relação ao preço, e o preço do frete desempenha um papel importante no crescimento e no padrão comercial. O modelo do comércio mundial que abordamos nas Seções 10.4 e 10.5 sugere que a localização dos processos de transformação industrial responderá aos custos relativos dos fatores de produção entre regiões; para muitas mercadorias, o custo e a disponibilidade do transporte marítimo desempenham um papel nesse processo. Portanto, o modelo de transporte marítimo deverá considerar essa relação em longo prazo entre os custos de transporte e o volume comercial.

Como o frete faz parte do custo de entrega das mercadorias, uma mudança nos custos de transporte relativos pode afetar o volume da carga embarcada. Por exemplo, no atual mundo altamente competitivo, um aparelho de televisão montado na Malásia e exportado para Londres poderia concorrer nas lojas de Londres com um aparelho semelhante montado no País de Gales. Num caso o aparelho de televisão faz uma viagem marítima de 10 mil milhas, enquanto no outro viaja 200 milhas entre o País de Gales e Londres. Portanto, temos dois conjuntos de custos relativos a considerar: o da produção na Malásia e no País de Gales e o do transporte. Se o preço c.i.f. do produto malaio for mais baixo que o do produto galês, o varejista comprará o produto malaio em vez do produto galês, e o comércio marítimo crescerá.

Visto dessa forma, é provável que o tráfego de linhas regulares seja elástico em relação ao preço, porque a redução dos preços encoraja a substituição dos produtos locais por produtos substitutos estrangeiros econômicos. Assim que os fabricantes ajustam as suas estratégias de suprimento a mudanças nos seus custos c.i.f. relativos e o componente do transporte neste cálculo cai, os fornecedores estrangeiros aumentam a sua participação de mercado, alavancando o comércio. Isso resultou no sistema de comércio que abordamos no início do capítulo (ver Figura 10.1), com o transporte marítimo desempenhando uma ligação econômica vital entre os exportadores de matérias-primas, as fábricas de transformação primária, as montadoras, os atacadistas e os varejistas. Conforme os custos de transporte marítimo começaram a cair em termos reais durante os últimos cinquenta anos, abriram-se novas oportunidades para a transformação industrial de baixo custo, que frequentemente envolvem múltiplas viagens por via marítima. Por exemplo, no presente caso, muitos componentes de alta tecnologia são expedidos para a China, onde são processados como produtos acabados. Um exemplo extremo são as peças vazadas de Detroit, que são expedidas para a China para serem laminadas e depois retornam a Detroit para serem acabadas. Isso é uma simples arbitragem baseada na confiança e no custo da rede de transporte. Portanto, o operador de linhas regulares que promove uma redução de custos encomendando navios maiores ajuda a gerar novas cargas.[12]

CUSTOS UNITÁRIOS E LOGÍSTICA DO TRANSPORTE

Sem dúvida, a forma mais importante de reduzir o preço do transporte marítimo é por meio de economias de escala, mas, quando vista no contexto de toda a operação logística marítima, a relação entre a dimensão do navio e o custo unitário não é simples. Abordamos ligeiramente as economias de escala nos primeiros capítulos (Seções 2.6, 2.8, 6.2), mas agora é o momento de analisar o seu impacto nas economias de operação dos tráfegos de granel, especializado e de linhas regulares, que debateremos nos próximos três capítulos, utilizando uma versão modificada do modelo de custo unitário abordado no Capítulo 6.

O custo por tonelada de carga transportada depende do custo anual do navio propriamente dito mais o custo do combustível de bancas consumido num ano dividido pelas toneladas de carga transportadas:

$$\text{Custo por tonelada} = \frac{\text{Custo anual do navio} + \text{Custo anual do combústivel de bancas}}{\text{Toneladas transportadas no ano}} \quad (10.8)$$

Como vimos no Capítulo 6, a carga transportada depende do número de viagens efetuadas anualmente multiplicado pela sua capacidade de carga, que neste caso é medida pelo porte bruto:

$$\text{Toneladas transportadas no ano} = \frac{\text{Dias sob afretamento}}{\text{Dias por viagem}} \times \text{Dimensão do navio} \left(\text{tpb}\right) \quad (10.9)$$

Finalmente, os dias por viagem dependem da distância, da velocidade e do tempo de estadia em porto:

$$\text{Dias por viagem} = \frac{\text{Distância por viagem}}{\text{Velocidade} \times 24} + \text{Dias em porto por viagem} \quad (10.10)$$

A análise efetuada na Tabela 10.5 ilustra a relação entre a dimensão do navio, os custos de transporte unitário e os volumes de transporte, que é igualmente uma parte importante do problema logístico com o qual o negócio do transporte marítimo se confronta. A análise utiliza navios que variam entre 30.000 e 170.000 tpb, e os pressupostos gerais encontram-se apresentados na coluna 1 da Tabela 10.5(a). Todos os navios com diferentes dimensões passam seis dias em porto por viagem, encontram-se afretados em 350 dias no ano e operam a 14 nós, utilizando combustível de bancas que custa US$ 200 por tonelada. A viagem de retorno é feita em lastro. Os custos do navio apresentam-se nas colunas 2 a 5 da Tabela 10.5(a). As taxas de afretamento por tempo são retiradas da Tabela 6.1 e representam o custo do ponto de equilíbrio [*break-even cost*] em 2005. Os custos com os combustíveis de bancas apresentados nas colunas 5 e 6 baseiam-se nas taxas de consumo típicas para cada dimensão de navio. Finalmente, na coluna 7, calculamos o custo anual por tonelada de porte bruto para cada dimensão de navio, o qual cai de US$ 185 por tonelada por ano para um navio de 30.000 tpb para US$ 66 por tonelada de porte bruto por ano para um navio graneleiro de 170.000 tpb. Portanto, o transporte da carga num navio graneleiro Capesize economiza cerca de 65%, quando comparado com um navio graneleiro de 30.000 tpb, porque ambos os custos unitários do navio e do combustível de bancas são mais baixos para o navio maior.

A Tabela 10.5(b) analisa o impacto da distância sobre o custo de transporte e volumes transportados. As viagens variam entre 4 mil milhas por viagem redonda até 11 mil milhas. A parte A mostra que o número de viagens por ano se reduz de trinta para uma viagem de 4 mil milhas até onze para uma viagem de 11 mil milhas. Isso cobre o número de viagens geralmente efetuado pelos navios graneleiros de longo curso. A parte B centra-se no tempo gasto no mar, e isso obviamente depende do tempo de estadia em porto. Numa viagem de 4 mil milhas, o tempo que o navio gasta no mar é de somente 170 dias, comparados com os 285 dias de uma viagem com 11 mil milhas de distância, portanto, o manuseio da carga é muito significativo em curtas distâncias. Essa é uma razão pela qual os navios utilizados nos tráfegos de longo curso em geral não têm o seu próprio equipamento, enquanto os navios que provavelmente vão operar nos tráfegos de curta distância, em geral, são equipados. Também explica por que os navios nas curtas distâncias são, com frequência, concebidos com motores menores e de velocidade mais baixa e são menos sensíveis aos custos de combustível de bancas e mais sensíveis aos tempos de estadia em porto.

Na parte C olhamos para as toneladas de carga transportadas no ano e o resultado é dramático. Um navio graneleiro Capesize que opere numa viagem de 4 mil milhas transporta 5 milhões de toneladas de carga, enquanto um navio de 30.000 tpb que opere numa distância de 11 mil milhas transporta somente 300 mil toneladas. Isso revela uma importante característica do modelo das economias de escala. Os navios maiores são mais econômicos em qualquer tráfego, mas os volumes de carga que transportam podem ser demasiadamente grandes para providenciar um serviço de entrega regular. Nesse exemplo, para permitir uma entrega mensal de carga, o tráfego precisaria de 60 milhões de toneladas por ano. Essa é uma restrição importante sobre a dimensão do navio em ambos os mercados de linhas regulares e granel. No momento em que se chega aos tráfegos de pequena e de média dimensão, simplesmente não existe volume de carga para suportar navios maiores. Contudo, isso significa que os tráfegos dos navios pequenos assistem sempre ao "aumento da sua dimensão".

Finalmente, o custo total por tonelada de carga transportada é apresentado na parte D. O transporte mais econômico é providenciado pelo navio graneleiro Capesize na viagem redonda das 4 mil milhas. Custa somente US$ 2,21 por tonelada. No outro extremo, numa viagem redonda de 11 mil milhas, o navio graneleiro de 30.000 tpb custa US$ 17,04 por tonelada. Portanto, obviamente, as economias de escala importam. Um aspecto geral confirmado pela análise é que as economias de escala diminuem quando a dimensão do navio aumenta. Por exemplo, numa viagem de 11 mil milhas, pelo fato de passarmos de um navio graneleiro de 30.000 tpb para um de 46.000 tpb, a economia é de US$ 4,09/tpb, mas, se aumentarmos a dimensão do navio de 16.000 tpb para 72.000 tpb, economizamos somente US$ 2,90/tpb. Finalmente, o salto em dimensão de um Panamax para um Capesize, um aumento de 100.000 tpb, economiza somente US$ 3,94/tpb, aproximadamente o mesmo que de um Handy para um Handymax. Portanto, a pressão para aumentar a dimensão das partidas de carga é mais intensa para as dimensões pequenas. Existem muitos mais desses navios, o que explica por que os aumentos das dimensões nas várias frotas a granel ocorrem em todas as categorias de navios, e não somente nos maiores.

Dessa análise, podemos retirar quatro conclusões sobre o papel das economias de escala no transporte marítimo:

1. Os navios maiores são sempre mais econômicos do que os navios menores, criando-se um incentivo financeiro para utilizar os navios maiores em determinado tráfego, mantendo-se todos os outros fatores constantes.

2. Em termos absolutos, as economias de escala nas rotas de curta distância são muito menores do que nas rotas de longo curso, portanto, existe menos incentivo financeiro para investir nas infraestruturas necessárias para manusear os navios maiores.

Os princípios do comércio marítimo

Tabela 10.5 – Modelo das economias de escala para as diferentes dimensões de navios graneleiros e distâncias

	1	2	3	4	5	6	7
(a) Pressupostos básicos			**Custos do navio**				
	Pressupostos gerais	**Dimensão do navio tpb**	**Taxa de afretamento por tempo (1)**		**Custos de combustível de bancas (2)**		**Total US$/tpb/por ano**
			US$/dia (1)	US$ milhões por ano	Toneladas/ dia	US$ milhões por ano	
Dias em porto por viagem	6						
Dias sob afretamento	350	170.000	24.374	8,53	39	2,73	66
Velocidade (nós)	14	72.000	16.360	5,73	30,5	2,135	109
Preço do combustível de bancas $/ tonelada (1)	200	46.000	13.657	4,78	24,3	1,701	141
Viagem de retorno %	0	30.000	11.494	4,02	22	1,54	185

(b) Cálculo do desempenho do transporte								
			Distância de viagem redonda					
Dimensão do navio (tpb)	**4.000**	**5.000**	**6.000**	**7.000**	**8.000**	**9.000**	**10.000**	**11.000**
A Viagens realizadas por ano (em número)								
Todas as dimensões	30	24	20	17	15	13	12	11
B Dias no mar por ano (sem viagem de retorno)								
Todas as dimensões	170	206	230	247	260	270	278	285
C Toneladas de carga transportadas por ano (milhões de toneladas)								
170.000	5,09	4,07	3,39	2,91	2,54	2,26	2,03	1,85
72.000	2,15	1,72	1,44	1,23	1,08	0,96	0,86	0,78
46.000	1,38	1,10	0,92	0,79	0,69	0,61	0,55	0,50
30.000	0,90	0,72	0,60	0,51	0,45	0,40	0,36	0,33
D Custo total por tonelada de carga transportada (US$ por tonelada)								
170.000	2,21	2,77	3,32	3,87	4,43	4,98	5,53	6,09
72.000	3,65	4,56	5,47	6,38	7,30	8,21	9,12	10,03
46.000	4,71	5,89	7,06	8,24	9,42	10,59	11,77	12,95
30.000	6,20	7,75	9,29	10,84	12,39	13,94	15,49	17,04
E Razões de custo por tonelada								
170.000	35,7%	35,7%	35,7%	35,7%	35,7%	35,7%	35,7%	35,7%
72.000	58,9%	58,9%	58,9%	58,9%	58,9%	58,9%	58,9%	58,9%
46.000	76,0%	76,0%	76,0%	76,0%	76,0%	76,0%	76,0%	76,0%
30.000	100,0%	100,0%	100,0%	100,0%	100,0%	100,0%	100,0%	100,0%

Notas

1. Taxas de afretamento por tempo retiradas da última coluna na Tabela 6.1 baseadas nos custos de capital e Opex de 2005.

2. De 1990 a 2006, em Roterdã, o combustível de bancas de 380 cSt variava entre US$ 90/tonelada e US$ 340/tonelada.

3. Os tráfegos de curta distância gastam menos tempo no mar, portanto, a concepção deve centrar-se no manuseio da carga.

4. As quantidades entregues aumentam rapidamente assim que a duração da viagem diminui, portanto, a dimensão do navio também depende da existência de carga suficiente para ocupar por completo os navios maiores.

460   *Economia marítima*

De uma forma ou de outra, essas conclusões ajudam a explicar por que as frotas de navios graneleiros que examinaremos nos dois próximos capítulos incluem navios de muitas dimensões. Em todos os mercados, encontramos segmentos que vão dos navios muito pequenos aos navios muito grandes, com investimentos em todas as categorias. Também verificamos que, na maioria dos tráfegos, existe uma tendência de crescimento constante assim que os navios maiores são substituídos gradualmente pelos navios menores.

10.8 RESUMO

Neste capítulo, olhamos para o comércio marítimo do ponto de vista dos países que comercializam. Existem cem países e regiões que comercializam por via marítima, mas alguns são muito maiores do que outros. Em 2004, o noroeste europeu liderava a lista com 1,9 bt de importações e de exportações, enquanto Brunei, o menor, relatava um comércio de somente 2 mt. Quando procuramos uma explicação para o volume do comércio, ficou claro que o nível da atividade econômica, medido pelo PNB, era sem dúvida o mais importante. Duas outras variáveis explicativas, o tamanho (área) do país e os seus recursos naturais, dão uma pequena contribuição, explicando cerca de um quarto da variação do volume do comércio. Isso não significa que não sejam importantes, mas de fato o seu impacto no comércio não pode ser reduzido a uma regra geral simples. Parece que a dimensão da população não tem qualquer valor explicativo. Concluindo, devemos esperar que o comércio marítimo caminhe lado a lado com o crescimento econômico, mas modificado pela existência de recursos naturais.

Depois, analisamos a teoria do comércio para encontrar uma explicação sobre o que leva os países a desenvolverem uma atividade comercial. A teoria da vantagem absoluta mostra que os países se beneficiam de melhores condições de vida se desenvolvem o comércio, porque isso lhes permite centrar os seus recursos escassos nos produtos em que são mais eficientes em produzir. O comércio aumenta a eficiência e todos ficam melhores. Pegando essa explicação e dando mais um passo à frente, a teoria da vantagem comparativa mostra que os países se beneficiam com o comércio mesmo se seus concorrentes forem mais eficientes em produzir de tudo. Tudo o que é preciso para que o comércio seja benéfico é que sejam relativamente melhores do que os seus concorrentes em produzir alguns produtos. Enganam-se os países que receiam ser reduzidos a níveis de pobreza em razão da competição estrangeira, embora, num mundo de mudança, o ajustamento a novos concorrentes possa ser doloroso e dispendioso para algumas partes da economia.

Então, o que determina a vantagem comparativa de um país específico? Existem várias explicações diferentes. O teorema de Heckscher-Ohlin argumenta que, se os produtos necessitam de insumos diferentes e se existem rendimentos decrescentes quando os fatores são substituídos por outros, a vantagem comparativa é determinada pela distribuição dos fatores de produção. Assim, os países especializam-se em produtos que fazem melhor uso dos seus recursos mais abundantes. As diferenças em tecnologia, os gostos, os custos de transporte, os excedentes e as escassezes cíclicas são outras razões que explicam por que os países desenvolvem as suas atividades comerciais.

Debatemos o modelo da oferta e da demanda de uma mercadoria, que é frequentemente usado na análise e nas previsões do comércio. A ferramenta-base é a análise da oferta-demanda, mas também examinamos o papel dos preços e da substituição nesse modelo, sobretudo a função da demanda que reconhece o impacto nas variações do preço sobre a demanda e a renda do consumidor (a equação de Slutsky), bem como no fator de substituição pelos fabricantes.

Os princípios do comércio marítimo

Devemos esperar que o comércio de um país mude ao longo do tempo. Partindo do pressuposto de que o PNB direciona o comércio, olhamos para a composição do PNB, que dividimos em nove categorias. Algumas dessas categorias, especialmente a indústria de transformação, fazem uso extensivo do transporte marítimo, enquanto outros, como os serviços, não o fazem. Na prática verificamos que, assim que um país cresce, altera-se a estrutura da sua economia. Os estágios iniciais de crescimento tendem a usar grandes quantidades de materiais físicos – desenvolvimentos de infraestrutura como as estradas, a ferrovia, os portos e a construção de estoques de carros, de navios e de instalações industriais. Em seguida, ocorre uma expansão rápida no comércio de importação combinado com um comércio de exportação de produtos primários ou de produtos manufaturados simples para pagar as importações. Enquanto os estágios iniciais favorecem o negócio do transporte marítimo a granel, quando a economia alcança a maturidade, o negócio de linhas regulares ganha um potencial praticamente ilimitado para transportar os componentes e os produtos acabados entre os mercados desenvolvidos.

O ciclo do desenvolvimento do comércio sumariza esse relacionamento dinâmico entre o comércio marítimo e o crescimento econômico. Cada país tem o seu próprio ciclo, que depende dos seus fatores de produção, bem como de considerações comerciais e culturais. Nos seus estágios iniciais de desenvolvimento, as importações dos produtos manufaturados são pagas com as exportações de culturas de rendimentos. Assim que a indústria se expande, as matérias-primas geram uma procura de transporte marítimo. As importações dos países com poucos recursos naturais abrandam-se, mas em países que eram inicialmente ricos em recursos o empobrecimento dos suprimentos domésticos pode originar o crescimento das importações de alguns produtos. As importações e as exportações de produtos continuarão a crescer ao mesmo tempo que os mercados de importação e de exportação se alargam. Então, o ciclo de desenvolvimento do comércio tem implicações diferentes para os negócios a granel e de linhas regulares.

Finalmente, exploramos alguns princípios econômicos da logística do transporte marítimo que entrarão no debate dos tráfegos de granel, especializados e de linhas regulares nos capítulos seguintes.

CAPÍTULO 11
O TRANSPORTE DE CARGAS A GRANEL

"Deus deve ter sido um proprietário de navios. Ele colocou as matérias-primas longe do local onde elas eram necessárias e cobriu dois terços da terra com água."

(Erling Naess)

11.1 AS ORIGENS COMERCIAIS DO TRANSPORTE MARÍTIMO DE CARGAS A GRANEL

Não há nada de especialmente novo acerca do transporte marítimo de cargas a granel. A redução dos custos por conta do transporte de carga sob a forma de carregamentos completos de navios é uma estratégia que tem sido utilizada por milênios. São exemplos a frota de navios transportadores de grão da antiga Roma,[1] os filibotes holandeses do século XVI, e os *clippers* de chá no século XIX. Contudo, o transporte marítimo de cargas a granel, que tem um lugar muito importante na indústria marítima do século XXI, tem as suas raízes no tráfego de carvão do século XVIII, entre o norte da Inglaterra e Londres. No início, o navio "carvoeiro" [*collier*] padrão era um brigue construído em madeira e dedicado ao transporte de carvão, mas entre 1840 e 1887 o comércio do carvão cresceu de 1,4 mt para 49,3, mt e foram necessários navios melhores.[2] Os novos projetos são reconhecidos como tendo relação próxima com os modernos navios graneleiros, incorporando uma propulsão a hélice, um duplo-fundo para o transporte de água de lastro e a localização da maquinaria avante e à ré, deixando a meio navio o porão inteiro para transporte de carga.

Do ponto de vista comercial, o mais bem-sucedido dos projetos pioneiros foi o John Bowes. Construído pela Palmer Shipyard em Jarrow, no ano de 1852, ele tinha um casco de ferro, um propulsor a hélice e podia transportar 600 toneladas de carvão por viagem, comparadas com as cerca de 280 toneladas que um bom navio carvoeiro à vela podia transportar. Independentes do vento e com maior capacidade de carga, os navios carvoeiros a vapor podiam fazer muito mais viagens redondas do que um navio à vela. Essas vantagens econômicas mais do que compensavam os seus maiores custos de capital,[3] tornando possível um crescimento rápido do tráfego costeiro entre Newcastle e Londres. Desde o século XIX, a frota de navios graneleiros de uso geral tornou-se um dos principais componentes da frota mundial, e a economia do transporte marítimo a granel tem sido aplicada com tanto êxito que o carvão pode ser expedido ao redor do mundo pelo mesmo preço monetário por tonelada que teria custado há 125 anos.

Neste capítulo, o nosso objetivo é debater a frota a granel, os produtos primários comercializados, os princípios gerais que direcionam os sistemas de transporte de cargas a granel e o transporte de produtos primários sólidos e líquidos a granel.

11.2 A FROTA DE NAVIOS GRANELEIROS

Em julho de 2007, a frota a granel compreendia 14.756 navios divididos nos segmentos apresentados na Figura 11.1. As duas frotas principais são a dos navios-tanques (8.040 navios) e a dos navios graneleiros (6.631 navios), com uma pequena frota de navios combinados (85 navios) que podem transportar ambas as cargas líquidas e sólidas a granel. Existe também uma frota considerável de navios multipropósito e de navios de linhas não regulares que podem transportar granel sólido, carga geral e contêineres, e que oferecem uma ligação entre o mercado das cargas sólidas e o negócio dos contêineres. Finalmente, os navios porta-contêineres são uma força de mercado significativa em algumas das pequenas cargas a granel, como os produtos florestais.

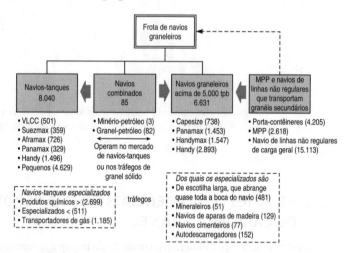

Figura 11.1 – Frota a granel mostrando seus principais segmentos (1º jul. 2007).
Fonte: Tabela 2.5.

As duas características definidoras dos 21 segmentos são a dimensão do navio e a forma do casco. A dimensão é uma característica dominante. Entre 1976 e 2006, a dimensão média de um navio graneleiro quase duplicou, de 31.000 tpb para 56.000 tpb, e o navio-tanque médio aumentou cerca de 20% em dimensão, de 75.000 tpb para 90.000 tpb. À medida que os navios se tornaram maiores, os mercados evoluíram para os segmentos das dimensões de navios apresentados na Figura 11.1. A frota de navios-tanques divide-se em cinco principais segmentos de dimensão: os VLCC, que transportam cargas de longo curso; os Suezmax, que operam nos tráfegos de média distância, como o da África Ocidental para os Estados Unidos; os Aframax, que operam nos tráfegos de pequeno curso, como os do Mediterrâneo; os Panamax, que operam nos tráfegos do Caribe; e os navios-tanques Handy, que transportam os derivados do petróleo. Também existe uma frota de 4.629 navios-tanques de pequena dimensão que operam nos tráfegos de curta distância. Adicionalmente, existe um grande número de navios-tanques especializados. Estes são debatidos no Capítulo 12 e incluem uma frota de 2.699 navios-tanques que transportam produtos químicos, óleos vegetais e outras cargas líquidas "difíceis"; uma pequena frota de 511 navios-tanques especializados construídos para um único tipo de mercadoria,

O transporte de cargas a granel   **465**

como o vinho; e 1.185 navios-tanques transportadores de gases GNL e GLP, amônia e outros gases. Embora essas segmentações sejam geralmente aceitas pela indústria, e, por exemplo, os corretores de navios organizem frequentemente o seu trabalho de corretagem em função delas, existe muita sobreposição. Visto que a tendência em tamanho é crescente, em geral os segmentos da frota com navios maiores crescem mais rapidamente à medida que as melhorias portuárias e os volumes comerciais crescentes alargam o seu mercado, enquanto os segmentos de navios menores crescem mais devagar.

A frota de navios graneleiros de carga sólida divide-se em quatros segmentos de dimensões principais: Capesize, Panamax, Handymax e Handy. Há mais cinco grupos de navios graneleiros especializados: navios graneleiros de escotilha larga, que abrange quase toda a boca do navio [*open hatch vessels*], projetados para unidades de carga; mineraleiros destinados a transportar minério de ferro de alta densidade; navios transportadores de aparas de madeira, destinados ao transporte de aparas de madeira de baixa densidade; navios transportadores de cimento, destinados a manusear o cimento eficientemente; e navios autodescarregadores, capazes de descarregar a carga a velocidades elevadas usando correias transportadoras. Finalmente, existe a tonelagem que oscila. A frota pequena de navios combinados pode transportar petróleo ou granel sólido, embora, em 2007, os três navios transportadores de minério e de petróleo [*ore-oilers*] restantes tenham se limitado ao minério de ferro. Essa frota movimenta-se da carga sólida para a carga líquida, dependendo das taxas de frete, e os navios podem "triangular", transportando carga sólida e líquida em pernadas alternativas para reduzir o tempo em lastro. Nos mercados deprimidos da década de 1980 e de 1990, essa flexibilidade repartiu o excedente entre os mercados e nunca produziu os retornos que os investidores esperavam, com o resultado de que poucos navios substitutos foram encomendados e a frota tem decrescido ao longo de 20 anos. A ligação entre o tráfego de granel sólido e o tráfego de carga geral é feito por frota de navios multipropósito e de navios de linhas não regulares, que podem transportar granel sólido ou contêineres e operam em serviços regulares, transportando carga geral mista ou granel sólido se as taxas de frete forem favoráveis, embora os navios porta-contêineres tenham progressivamente transportado cargas a granel secundárias. Finalmente, existem os navios a granel especializados diferenciados pelos cascos, projetados para o transporte de cargas específicas como gás, minério de ferro, produtos florestais e cimento. Os navios autodescarregadores transportam o seu próprio equipamento de manuseio de carga a velocidade elevada. Esses navios são abordados no Capítulo 12, que examina os tráfegos e os mercados, e no Capítulo 14, que debate as economias de projeto de navios.

Embora a Figura 11.1 apresente a frota de navios graneleiros como tendo muitos segmentos, na prática, os navios podem se movimentar entre os segmentos adjacentes em resposta a mudanças nas taxas de frete. Por exemplo, um VLCC pode se movimentar para o tráfego de petróleo da África Ocidental, um tráfego geralmente destinado aos Suezmax, se as taxas de frete valerem o esforço, e o mesmo é verdade para os navios graneleiros Panamax, que concorrem de forma muito próxima com os navios Handymax e com os navios graneleiros Capesize. Em circunstâncias extremas, os navios-tanques especializados no transporte de vários produtos químicos líquidos ao mesmo tempo transportarão produtos claros e, durante a expansão de 2004, o óleo combustível que geralmente seria transportado em navios de 30.000 tpb foi embarcado em navios ULCC de 440.000 tpb. Portanto, os segmentos são uma forma convincente de reconhecer as diferenças na demanda dentro dos tráfegos, mas não são barreiras impenetráveis. Se não fosse esse o caso, o gerenciamento do investimento no transporte marítimo de cargas a granel seria muito mais difícil do que já é.

11.3 OS TRÁFEGOS DE CARGAS A GRANEL

Nossa primeira tarefa é distinguir entre um "produto primário a granel" e uma "carga a granel". Na indústria marítima, um produto primário é uma substância como o grão, o minério de ferro e o carvão, que são transportados em grandes quantidades e têm um caráter físico que faz com que sejam fáceis de manusear e de transportar a granel. Os produtos primários a granel são geralmente transportados nos navios graneleiros, e nesse caso eles são "carga a granel", mas se forem transportadas em contêineres eles são considerados "carga geral". Portanto, num sentido mais estrito, o termo "carga a granel" descreve o modo de transporte, não o tipo de produto primário. Na prática, produtos primários como o minério de ferro e o carvão são quase sempre transportados a granel, portanto, os termos são frequentemente usados em simultâneo – o minério de ferro é referido como uma carga a granel ou como um produto primário a granel. Mas, por exemplo, os minérios de metais não ferrosos são frequentemente ensacados e conteinerizados, então o volume de carga é diferente do volume do tráfego de produtos primários. A diferenciação é ainda mais turva quando consideramos mercadorias que só podem ser embarcadas a granel se para tal forem construídos navios especializados – por exemplo, para tráfegos tão diversos como os da carne, das bananas, dos carros motorizados, dos produtos químicos e dos animais vivos. Referimo-nos a elas como "cargas especializadas" e vamos abordá-las no Capítulo 12. É importante essa distinção entre produto primário e carga, mesmo que nem sempre consigamos registrá-la em termos estatísticos.

CARGAS A GRANEL TRANSPORTADAS POR VIA MARÍTIMA

Uma ideia do tipo de produtos primários transportados a granel é dada na Tabela 11.1, a qual analisa 2.549 cargas a granel negociadas para transporte em 2001 e 2002. A tabela lista 28 produtos primários e os detalhes do número de cargas transportadas e a quantidade média. No topo da lista encontra-se o minério de ferro, com uma quantidade de carga média da ordem das 147.804 toneladas, seguido do carvão, com uma quantidade de carga média igual a 109.046 toneladas. Porém a quantidade das partidas de carga diminui gradualmente, com muitas partidas de carga no intervalo de 20.000 a 45.000 toneladas, e a menor é a de arroz ensacado, com uma quantidade média da ordem de 7.893 toneladas. Isso dá uma ideia da variedade e do intervalo da dimensão das partidas de carga transportadas pelos navios graneleiros. Embora o tráfego do petróleo tenha poucos produtos primários, o intervalo das dimensões das partidas de carga é igualmente grande.

Algumas das cargas listadas na Tabela 11.1 são também transportadas pelos serviços de linhas regulares, que são abordados no Capítulo 13, ou por navios especializados, debatidos no Capítulo 12, sendo os casos mais óbvios o açúcar ensacado, os tubos de aço, os fertilizantes, a sucata e os produtos agrícolas. Do ponto de vista do transporte, existem quatro características principais dos produtos primários a granel que influenciam a sua adequação no transporte de cargas a granel:

- *Volume.* Para haver transporte a granel, tem de existir uma movimentação em quantidade suficiente para encher um navio.

O transporte de cargas a granel

Tabela 11.1 – Cargas a granel negociadas no mercado abert (2001-2002)

Tipo de carga	Número de cargas	Tonelagem das cargas (toneladas)	Dimensão média (toneladas)
Granéis principais			
Minério de ferro	889	131.397.500	147.804
Carvão			
Carvão de coque	72	3.114.500	43.257
Carvão	743	81.021.000	109.046
Grão			
Aveia	2	197.000	98.500
Grão	326	16.540.135	50.737
Grão grosso	104	4.639.787	44.613
Cevada	15	554.000	36.933
Trigo	64	2.175.960	33.999
Milho [corn]	14	444.000	31.714
Milho [maize]	13	322.000	24.769
Granéis agroalimentares			
Canola	3	110.000	36.667
Produtos Agroalimentares	4	69.000	17.250
Arroz – ensacado	7	55.250	7.893
Açúcar			
Açúcar – a granel	116	1.981.400	17.230
Açúcar – ensacado	47	518.575	11.034
Fertilizantes			
Fertilizantes	18	468.000	26.000
Fosfatos	7	168.000	24.000
Rocha fosfática	8	171.000	21.375
Ureia	16	287.000	17.938
Metais e minerais			
Minério de manganês	9	185.000	20.556
Concentrados	2	160.000	80.000
Gusa	2	75.000	37.500
Cimento	4	261.000	65.250
Bauxita	20	1.097.000	54.850
Coque do petróleo	13	600.000	46.154
Coque	7	198.000	28.286
Produtos siderúrgicos			
Sucata	16	334.000	20.875
Placas de aço	4	98.600	24.650
Tubos de aço	4	91.000	22.750
Total geral	2.549	247.333.707	30.119

Fonte: vários.

- *Manuseio e estiva.* Adaptam-se mais ao transporte de cargas a granel os produtos primários com uma composição granular consistente que podem ser facilmente manuseados com um equipamento automático, como as garras e os tapetes rolantes. O grão, os minérios e o carvão têm essas características. Unidades grandes como os produtos florestais (toros, bobinas de papel etc.) e os veículos podem ser embarcados em navios graneleiros convencionais, mas a eficiência do manuseio de carga e da estiva pode ser melhorada acondicionando-as em unidades-padrão – a madeira pode ser embalada, os minérios e os fertilizantes podem ser colocados em grandes sacos, ou os sacos carregados sobre um palete. Nesses casos os navios podem ser projetados para se adequar às dimensões da carga. As cargas suscetíveis a avaria exigem instalações especiais. Por exemplo, alumina, açúcar, fertilizantes industriais e grão precisam de uma armazenagem protegida. Cargas perigosas como produtos químicos devem ser transportadas em navios que cumpram a regulamentação sobre o transporte de cargas perigosas (ver o Capítulo 16). Finalmente, algumas cargas são muito densas (por exemplo, o minério de ferro) e deixam muito espaço no porão se for utilizado um navio-padrão. Outras são muito leves (aparas de madeira, nafta), criando a necessidade de um navio com um grande volume que possa transportar um carregamento completo em termos de toneladas de porte bruto [*full cargo deadweight*].

- *Valor da carga.* As cargas de valor elevado são mais sensíveis aos custos de inventário, o que faz ser vantajoso que sejam embarcadas em pequenas partidas, enquanto os produtos primários de baixo valor, como o minério de ferro, podem ser armazenados.

- *Regularidade do fluxo de tráfego.* As cargas transportadas regularmente em grandes quantidades constituem uma base melhor para o investimento em sistemas de manuseio a granel. Por exemplo, o tráfego do açúcar, que é muito fragmentado, tem beneficiado pouco os sistemas de transporte de cargas a granel.

Na maioria dos casos, a sobreposição é relativamente pequena, com o negócio do transporte marítimo de cargas a granel centrando-se, primeiramente, num número reduzido de produtos primários em grandes quantidades, com os produtos primários "que passam de um lado para o outro" ocupando uma proporção relativamente pequena do negócio, sobretudo nos navios de menores dimensões. Essa questão é visível quando olhamos para as estatísticas dos produtos primários a granel comercializados por via marítima na Tabela 11.2. Em 2005, os produtos primários a granel totalizaram 4,9 bt, cerca de dois terços do comércio marítimo. Esse total incluía 2,3 bt de cargas líquidas, 1,6 bt dos "principais" produtos primários sólidos a granel e 1 bt de cargas sólidas a granel secundárias. A lista dos produtos primários não é exaustiva, mas, quando vista no contexto dos dados da carga apresentados na Tabela 11.1, dá uma informação mais detalhada sobre os produtos primários usualmente transportados nos navios graneleiros. A sobreposição ocorre sobretudo nos granéis secundários, que totalizam somente 17% das mercadorias transportadas a granel. Mas a dimensão do navio necessário é também uma questão central, e no Capítulo 2 analisamos como a função da distribuição das partidas de carga é determinada pelas características econômicas e físicas das mercadorias, que influenciam a dimensão e o tipo de navio utilizado no transporte da carga.

O transporte de cargas a granel

Tabela 11.2 – Mercadorias a granel transportadas por via marítima

Milhões de toneladas	1985	1990	1995	2004	2005	Crescimento 1985-2005 (% por ano)
1. Líquidos a granel						
Petróleo bruto	984	1.190	1.450	1.802	1.820	3,1%
Derivados do petróleo	288	336	381	219	488	2,7%
Totais	1.272	1.526	1.831	2.021	2.308	3,0%
2. Os três granéis principais						
Minério de ferro	321	347	402	589	650	3,6%
Carvão de coque	144	342	160	186	184	1,2%
Carvão térmico	132		242	475	498	6,9%
Grão	181	192	216	273	242	1,5%
Total	778	881	1.020	1.523	1.574	3,6%
3. Granéis secundários (ver Tabela 11.12 para mais detalhes sobre os produtos primários)						
Granéis agroalimentares	79	87	106	136	158	3,5%
Açúcar	28	28	34	37	46	2,6%
Fertilizantes	96	90	93	100	109	0,6%
Metais e minerais	170	188	217	235	310	3,1%
Aço e produtos florestais	301	325	365	345	387	1,3%
Total	673	719	815	852	1.010	2,0%
Total do tráfego de granel	2.723	3.126	3.666	4.396	4.892	3,0%

Fonte: Granéis principais, *Fearnleys Review* 2005; granéis secundários, Clarkson Research Studies, vários.
Nota: os dados dos granéis secundários incluem algum tráfego terrestre.

11.4 OS PRINCÍPIOS DO TRANSPORTE DE CARGAS A GRANEL

No centro desta análise, encontram-se os navios utilizados no sistema de transporte. Um sistema de transporte é concebido para que os seus componentes funcionem em conjunto tão eficientemente quanto possível, e o transporte marítimo é somente um estágio na cadeia de transporte que movimenta as mercadorias a granel entre os produtores e os consumidores. A carga flui pelo sistema como uma série de carregamentos discretos, onde as áreas de armazenagem funcionam como áreas pulmão [*buffer*], que permitem a existência de diferenças temporais na chegada e na saída das mercadorias. Por exemplo, num sistema de grão, as barcaças podem ir entregando grão diariamente, mas o elevador de grão pode carregar somente dois navios por semana.

A Figura 11.2 apresenta os estágios de um sistema de transporte de cargas a granel típico. Consiste numa viagem marítima e em dois percursos terrestres que podem ser feitos de caminhão, de trem, por uma correia transportadora ou por um duto. Existem quatro áreas de armazenagem localizadas na origem (por exemplo, na mina, no campo petrolífero, na fábrica ou na siderúrgica), no porto de carga, no porto de descarga e no destino, e não menos que dezessete operações de manuseio quando a carga se movimenta ao longo do sistema! Estas encontram-se listadas no diagrama e incluem o carregamento e a descarga do navio; quatro operações de manuseio para dentro e para fora do veículo, e oito movimentos de e para a armazenagem. Não surpreende que os projetistas do sistema de transporte tenham tanto interesse em encontrar formas de reduzir esse custo.

A construção de navios que se encaixem nos sistemas de transporte de carga a granel utilizados pelos embarcadores da carga apresenta-se como um desafio para o proprietário de navios. Por exemplo, o sistema de transportes coloca restrições sobre a dimensão do navio. A profundidade da água e o comprimento do cais nos pontos de carregamento e de recepção da operação determinam a dimensão máxima do navio que pode ser utilizado.

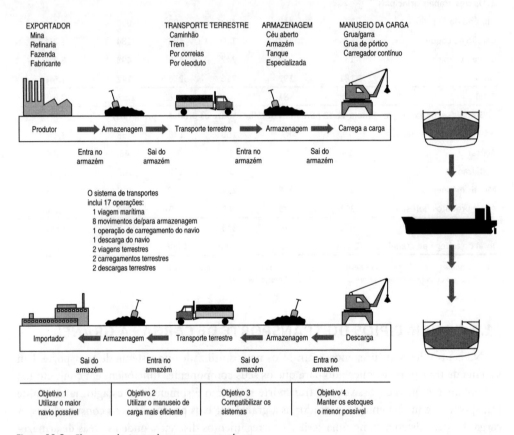

Figura 11.2 – Elementos do sistema de transporte a granel.

As instalações de armazenagem apresentam-se como outra potencial restrição, pois deve existir capacidade de armazenagem suficiente no porto para permitir que o navio carregue e descarregue a sua carga. Não vale a pena embarcar 70 mil toneladas de grão se o elevador de grão no terminal só puder manusear 60 mil toneladas. Outro aspecto importante é a quantidade de matérias-primas que uma fábrica consegue processar num ano, pois isso determina a quantidade de carga que a fábrica será capaz de absorver, colocando uma restrição sobre a dimensão do navio, mesmo quando as facilidades existentes nos terminais permitirem o manuseio de navios maiores. As capacidades das várias fábricas apresentadas na Tabela 11.3 evidenciam esse ponto. Uma siderúrgica que produza 5 mt de aço num ano precisa, mensalmente, de cerca de 700 mil toneladas de minério de ferro e de 200 mil toneladas de carvão. Com esses

O transporte de cargas a granel

volumes, faria sentido utilizar navios de 180.000 tpb, mesmo que eles não fossem econômicos – gerenciar mensalmente dezessete carregamentos em navios graneleiros Handy daria demasiado trabalho. Contudo, uma refinaria de açúcar com uma capacidade anual de 500 mil toneladas e uma necessidade mensal de 42 mil toneladas de açúcar bruto dificilmente gostaria de ter 180 mil toneladas de açúcar bruto num só carregamento. Poderia optar por dois carregamentos mensais em navios graneleiros de 25.000 tpb. Com um volume dessa ordem, é fácil verificar por que é tão pequena a dimensão das partidas de carga de açúcar ensacado apresentada na Tabela 11.1. Portanto, a dimensão da fábrica é tão importante quanto os terminais e as economias de escala na determinação da dimensão do navio que pode ser utilizado.

Tabela 11.3 – Exemplos da produção mensal das unidades produtoras

Produto	Dimensão econômica das unidades produtoras ('000 toneladas)		Dimensão típica do navio ('000 tpb)
	Ano	Mês	
Refino do petróleo	10.000	833	30-320
Produção de aço	5.000	417	120-180
Usinas de energia elétrica (carvão)	3.000	250	60-120
Cimento	2.000	167	20-50
Ácido sulfúrico	1.000	83	20-50
Automóveis (número de carros)	1.000	83	1.000-6.000
Refino do açúcar	500	42	20-35
Nitrato de amônia	350	29	20-30
Etileno	300	25	5-8
Fundição de alumínio	200	17	20-30
Fibras sintéticas	80	7	Contêiner

Fonte: compilado por Martin Stopford a partir de várias fontes.

PRINCÍPIOS DO TRANSPORTE DE CARGAS A GRANEL

Quer o transporte seja entre uma mina de carvão e uma usina de energia elétrica, quer seja entre uma fábrica de produtos químicos e um atacadista de fertilizantes, o objetivo é movimentar a carga tão econômica e eficientemente quanto possível. Inevitavelmente isso envolve concessões. Cada produto primário e cada indústria têm requisitos de transporte específicos e nenhum sistema é ideal para todas as situações. Mas existem certos princípios que podem fazer parte de uma "lista de verificação" útil quando se pensa sobre os sistemas de transporte nos quais participa o transporte marítimo de cargas a granel. Nesse contexto, existem quatro aspectos a considerar: tirar o máximo proveito das economias de escala pela utilização de navios maiores; reduzir o número de vezes que a carga é manuseada; tornar a operação de manuseio da carga mais eficiente; e reduzir a dimensão dos estoques existentes. O problema para o projetista dos sistemas é que cada um desses objetivos tem um custo de capital e alguns deles apresentam um efeito oposto. O desafio é desenvolver um sistema que ofereça o melhor resultado total em termos das prioridades do usuário de transporte, que não são determinadas somente pelo custo.

Princípio 1: manuseio eficiente de carga

Um princípio fundamental do transporte de cargas a granel é que os custos unitários podem ser reduzidos aumentando a dimensão da carga na pernada marítima. Navios maiores têm custos unitários menores, e os custos unitários de manuseio e armazenagem da carga são também mais econômicos com volumes de produção elevados. Como resultado, os tráfegos de cargas a granel estão sob uma pressão econômica constante para aumentar a dimensão das partidas de carga. Porém, ser grande nem sempre é a melhor solução. Como abordamos no Capítulo 10, as economias diminuem à medida que o navio se torna maior, e os navios grandes precisam de mais carga para atingir sua capacidade. Do ponto de vista do embarcador, a frequência de entrega também é importante, e os navios maiores precisam de poucas viagens para entregar a mesma quantidade de carga. O manuseio da carga, que não se altera com a distância da viagem, torna-se também proporcionalmente menos importante na equação do custo unitário conforme a distância da viagem aumenta. Portanto, é mais importante ter terminais eficientes para os navios-tanques de derivados do petróleo que operem no noroeste europeu do que para os VLCC que naveguem entre o Oriente Médio e o Golfo dos Estados Unidos. Finalmente, os navios muito grandes são menos flexíveis e têm menos opções comerciais se o seu tráfego preferido desaparecer por alguma razão. Tudo isso sugere que as economias de escala devem ser vistas no contexto do sistema de transporte como um todo, e na prática o mercado providencia o seu serviço com uma carteira de navios de diferentes tamanhos.

Um exemplo atemporal na evolução da dimensão dos navios é dado pelo transporte de mate de níquel (um concentrado de minério de níquel) do Canadá para uma fábrica processadora na Noruega. A mudança de um sistema de transporte para outro foi descrita pelo executivo da empresa nos seguintes termos:

> Como a dimensão do comércio aumentou, decidimos passar o transporte marítimo do mate do sistema de barris para o sistema a granel, e procedeu-se à compra de um navio de 9.000 toneladas que se destinava a movimentar o mate da América do Norte para a nossa refinaria em Kristiansand South e regressar à América do Norte com o metal acabado. Como parte de toda a operação, tivemos de providenciar uma instalação de armazenagem e uma instalação de carregamento em Quebec City; tivemos de aumentar a nossa armazenagem em Kristiansand, e também tivemos de consolidar as nossas instalações de armazenagem e de manuseio num local nos arredores de Welland, Ontario. Diria que não só a compra do navio como também a aquisição das instalações de armazenagem nesses vários locais melhoraram consideravelmente os movimentos do nosso metal e do nosso mate.[4]

Neste caso, olhamos para o transporte marítimo de cargas a granel como um estágio natural no desenvolvimento do negócio e também para a importância de tornar o transporte marítimo de cargas a granel uma parte integrante de toda a operação de transformação industrial. O mesmo processo é visto na indústria siderúrgica, na qual a dimensão dos mineraleiros aumentou de 24.000 tpb na década de 1920 para 300.000 tpb na década de 1990.

Muitos dos tráfegos das mercadorias a granel abordados neste capítulo movimentam-se parcialmente a granel e parcialmente como carga geral, dependendo da dimensão do fluxo de tráfego individual. Por exemplo, 50 mil toneladas de trigo transportadas de Nova Orleans para Roterdã certamente viajariam num navio graneleiro, mas 500 toneladas de cevada destinadas à indústria de cerveja expedidas de Tilbury para a África Ocidental provavelmente viajariam ensacadas em paletes ou em contêineres. Como isso depende de uma decisão comercial, não existe uma dimensão específica sobre o fluxo de tráfego que "vai a granel". De fato, a menor unidade de cargas a granel prática é um único porão de um navio graneleiro; assim que a dimensão da partida de carga cai para baixo de 3 mil toneladas, torna-se cada vez mais difícil arranjar transporte de cargas a granel. Um especialista coloca o ponto de inversão em mil toneladas.[5]

Princípio 2: minimizar o manuseio de carga

O segundo princípio é minimizar o custo de manuseio da carga. Cada vez que o produto é manuseado durante o transporte, gasta-se dinheiro. Os custos econômicos do manuseio da carga podem ser ilustrados com um exemplo do tráfego de grão. Um navio de cobertas de 15.000 tpb que descarregue num pequeno porto da África pode levar várias semanas descarregando a sua carga. Geralmente, grão é descarregado para o cais com garras, ensacado à mão e transportado para o armazém por caminhão. Em contraste, um grande elevador de grão moderno pode descarregar as barcaças à velocidade de 2 mil toneladas por hora e carregar os navios à velocidade de 5 mil toneladas por hora. Com essas instalações, o mesmo navio poderia ser manuseado num dia.

Uma solução radical seria reduzir o número de trajetos de transporte relocalizando a unidade de processamento. Plantas de transformação, como as siderúrgicas, podem ser relocalizadas para as áreas costeiras para evitar o transporte terrestre das matérias-primas. Onde quer que a carga seja manuseada, a ênfase é sobre a redução do custo pela utilização de terminais de manuseio de granéis especialmente construídos para esse efeito. A maioria dos grandes portos tem terminais de carga a granel especializados para o manuseio de petróleo bruto, derivados do petróleo, granel sólido e grão. A utilização de equipamento de manuseio de carga de elevada produtividade contribui para a eficiência do custo total da operação reduzindo o custo unitário do carregamento e da descarga e minimizando o tempo que o navio gasta manuseando a carga.

Granéis sólidos homogêneos, como o minério de ferro e o carvão, podem ser manuseados muito eficientemente com alimentadores contínuos e descarregados por gruas e grandes garras. Cargas como o aço e os produtos florestais, que consistem em unidades grandes e irregulares, beneficiam-se do empacotamento em unidades de carga-padrão. Em alguns casos, como os veículos e a carga frigorificada, o transporte marítimo de cargas a granel precisa da construção de navios especializados. Mercadorias pulverulentas, como o cimento a granel carregado em navios cimenteiros projetados para o efeito, podem ser descarregadas mecanicamente utilizando bombas, armazenadas em silos e carregadas diretamente para vagões graneleiros adequados.

Princípio 3: integração dos modos de transporte utilizados

O manuseio da carga pode se tornar mais eficiente ao se procurar integrar os vários estágios do sistema de transporte. Uma forma de fazer isso é padronizar as unidades de carga. A carga é empacotada de modo que possa ser facilmente manuseada em todos os estágios do sistema de transporte, sejam eles um navio, um caminhão ou um caminhão ferroviário [*rail truck*]. A conteinerização da carga geral é um exemplo notável desse princípio. O contêiner-padrão pode ser içado do navio para ser colocado num caminhão. No transporte marítimo de cargas a granel, unidades intermédias como os sacos grandes [*large bags*], a madeira acondicionada e os paletes podem ser utilizados para reduzir os custos de manuseio.

Outra forma é projetar um sistema que cubra todos os estágios da operação de transporte. Essa abordagem é utilizada em muitos projetos industriais de grande dimensão que envolvem sistemas de matérias-primas. Os navios, os terminais, as áreas de armazenagem e o transporte terrestre são integrados num sistema equilibrado. O tráfego de minério de ferro foi provavelmente o primeiro sistema de transporte de cargas a granel integrado. O transporte efetuado por mais de um transportador e, às vezes, por vários meios de transporte [*through transport*] da mina do minério de ferro até a siderúrgica foi planejado com detalhe no momento em que a siderúrgica foi construída. Essa abordagem funciona melhor em situações em que os fluxos de carga são regulares, previsíveis e controlados por uma única empresa, tornando possível justificar o investimento especial em navios e em equipamentos de manuseio de carga. A palavra-chave é integração. O que importa é que o sistema de transporte seja projetado como um todo e suficientemente estável para operar como um todo.

Princípio 4: otimização dos estoques para o produtor e para o consumidor

O sistema de transporte deve incorporar estoques e dimensões de partidas de carga que são aceitáveis pelo importador e pelo exportador. Existem dois aspectos a considerar. Um é a dimensão do fluxo de tráfego. Embora possa ser mais econômico expedir o minério de manganês em navios graneleiros de 170.000 tpb, na prática as siderúrgicas utilizam navios muito menores – a dimensão da partida de carga apresentada na Tabela 11.1 é de 20 mil toneladas. Em parte, isso é uma questão de produção anual que não justifica o investimento em instalações de manuseio de carga de grande volume, mas também é preciso considerar os custos de inventário. Mesmo se existirem instalações de armazenagem para manusear 170 mil toneladas de minério de manganês, o custo de manutenção do estoque durante um ano pode exceder bem as economias obtidas com o frete. Em um sistema de produção "em cima da hora" [*just-in-time*], o produto deveria chegar ao ponto de processamento ou de venda tão próximo quanto possível do momento em que é utilizado, minimizando a necessidade de estoques. Essa abordagem, que pede um sistema de transporte com muitas entregas pequenas, entra em conflito com o Princípio 1, que favorece algumas poucas entregas de grandes quantidades.

A dimensão da partida de carga na qual o produto primário é transportado resulta de um compromisso [*trade-off*] entre a otimização das existências e das economias de escala derivadas do transporte. As cargas de valor elevado, que geralmente são utilizadas em pequenas quantidades e incorrem em custos de inventário elevados, tendem a viajar em pequenas encomendas. Isso é mais evidente nos tráfegos de granel secundários como o açúcar, os produtos siderúrgicos e os minérios de metais não ferrosos, nos quais as características físicas permitem grandes partidas de carga a granel, mas as práticas de estocagem impõem sobre o tráfego um teto na dimensão das partidas de carga. No que diz respeito à estrutura comercial do transporte de um produto primário como o minério de ferro, uma parte é transportada em navios que pertencem às siderúrgicas; outra quantidade é transportada em navios sobre afretamento por tempo para as siderúrgicas; um terceiro segmento é transportado sob um COA; e o restante é transportado pelo mercado aberto. Naturalmente a estrutura comercial que o mercado de determinado produto primário adota tem um impacto grande sobre os proprietários de navios que oferecem o transporte.

11.5 ASPECTOS PRÁTICOS DO TRANSPORTE DE CARGAS A GRANEL

PARTICIPANTES NO SISTEMA DE TRANSPORTE

O sistema de transporte de cargas a granel tem quatro participantes principais. Primeiro existem os "proprietários da carga", as empresas com a carga a granel para ser transportada numa base regular. A sua abordagem do negócio varia enormemente. Para as indústrias básicas, como as refinarias, as siderúrgicas e as indústrias do papel e da celulosa, o custo efetivo do transporte de matérias-primas e de produtos é crucial. Elas precisam do transporte mais econômico possível e geralmente têm departamentos de transporte cuja função primária é minimizar o custo do transporte. Por vezes abordam essa matéria em longo prazo, desenvolvendo o seu próprio sistema de transporte. Isso envolve a construção de terminais especializados e a obtenção de uma frota de navios, quer próprios, quer afretados, sob o seu próprio gerenciamento. Muitas siderúrgicas adotam essa abordagem. Quando existe um mercado de afretamentos bem desenvolvido, mesmo negócios muito grandes podem optar por deixar a posse de navios e de sistemas de transporte com outros investidores. Eles podem preferir afretar os navios no mercado aberto, ou, se tiverem necessidades de transporte em longo prazo, arranjar um COA, deixando a responsabilidade do gerenciamento dos navios com o proprietário de navios.

Um segundo grupo importante de usuários do transporte de cargas a granel são os negociantes de produtos primários. Eles compram e vendem produtos primários em diferentes locais, e os custos de transporte afetam as suas margens. Os negociantes são particularmente ativos nos mercados de produtos primários energéticos e agrícolas, nos quais uma grande parte da carga é comprada e vendida. Nesse caso os afretadores raramente encontram-se numa posição de contratar transporte em longo prazo. O seu foco é no custo imediato de expedir o produto hoje, portanto, eles utilizam geralmente o mercado aberto, embora alguns acumulem frotas de navios afretados.

Os terceiros participantes são os proprietários de navios que investem nos navios para operar nos vários mercados descritos no Capítulo 5. O seu foco é efetuar o investimento certo e minimizar os custos de capital e operacional.

Finalmente, sentados entre os proprietários da carga e os proprietários de navios, existem os "operadores" de granéis. São empresas que não possuem navios ou carga, mas assumem contratos de carga, frequentemente na base de um COA, e afretam os navios para servir os contratos. Eles trabalham na fronteira, e esse é um negócio arriscado, mas muitos operadores utilizam a dimensão das suas frotas e o seu conhecimento dos tráfegos para gerir o risco e melhorar as suas margens, por exemplo, desenvolvendo padrões de lastro favoráveis.

INVESTIMENTO NO TRANSPORTE MARÍTIMO A GRANEL – CRITÉRIOS E ABORDAGEM

A maioria dos investimentos no transporte marítimo de cargas a granel não segue os processos rigorosos de avaliação do investimento que seriam usados, por exemplo, por afretadores que encomendassem navios para um tráfego específico, como uma planta de GNL. A proposta de investimento com a análise das operações e o fluxo de caixa descontado não é realmente adequada para o tipo de investimento especulativo no qual a maioria dos investidores de transporte marítimo de cargas a granel se envolve.

É claro que isso nem sempre é o caso. Para os fluxos de carga regulares, como os carregamentos do minério de ferro para uma siderúrgica específica, é possível a análise dos retornos do investimento utilizando um modelo econômico, porque o padrão operacional do navio é conhecido com antecipação. Contudo, para cargas que apareçam irregularmente no mercado, o processo é mais complexo. Para a maioria dos investidores no transporte marítimo de cargas a granel, o mercado é uma mistura mutável das cargas listadas na Tabela 11.1, e a variedade é imensa.

Os investidores devem olhar para o futuro e equilibrar questões como a dimensão do navio, a utilização do espaço de carga, a viagem de retorno [backhaul], a velocidade, o equipamento de manuseio de carga e o acesso à carga, de forma a funcionar seja qual for o período no qual o navio ficará retido na frota. O desenvolvimento de uma frota de navios graneleiros rentáveis tem pelo menos três dimensões diferentes. O tamanho, que, como vimos no início do capítulo, impõe restrições muito diferentes nas operações do navio, incluindo a dimensão das partidas de carga dos produtos primários que transporta, as instalações de armazenagem, o calado do porto e a preferência do comerciante. Outra questão é a utilização. Pode não ser possível que navios muito grandes ou navios especializados obtenham cargas de retorno, portanto, o que ganham em economias de escala eles podem perder na utilização do navio.

Assim, como a indústria trata do equilíbrio complexo dessas questões? Os investidores em transporte marítimo são inerentemente conservadores e, com frequência, simplificam o problema operando uma carteira de navios de tamanhos diferentes. No mercado de navios graneleiros existem quatro dimensões para os navios graneleiros – Handy, Handymax, Panamax e Capesize – e cinco tamanhos para o negócio dos navios-tanques – Handy, Panamax, Aframax, Suezmax e VLCC. A forma como esses segmentos de dimensão de navios se desenvolveram durante o período de 1974 a 2005 é apresentada na Figura 11.3(a) para os navios-tanques e na Figura 11.3(b) para os navios graneleiros. Os investidores devem escolher os seus segmentos e decidir qual tipo de frota desenvolver. Por exemplo, na segunda metade da década de 1990, os navios-tanques Aframax comportaram-se muito bem em virtude do papel crescente do tráfego de petróleo no pequeno curso, especialmente nas exportações russas para a Europa, grande parte das quais se adequavam aos Aframax, que tomaram uma participação de mercado dos VLCC maiores, os quais se concentravam nos tráfegos de exportações de longo curso do Oriente Médio.

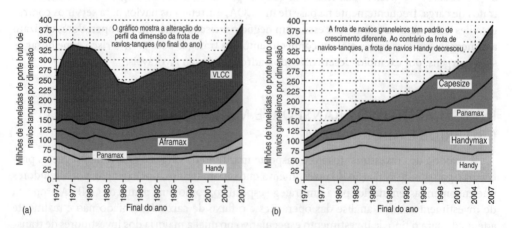

Figura 11.3 – (a) Frota de navios-tanques (1974-2007); (b) frota de navios graneleiros (1974-2007).

Algumas companhias acumularam frotas muito grandes de navios Aframax e saíram-se muito bem. Porém, logo os VLCC começaram a movimentar-se para os tráfegos de pequeno curso do Atlântico, por exemplo, a África Ocidental, demonstrando como o mercado se ajusta constantemente a alterações nos padrões de tráfego.

Em última instância, os investidores são pagos pela sua capacidade de antecipar os navios de que precisarão no futuro. Isso não é uma ciência exata, e muitas vezes o investimento segue padrões cíclicos, com os navios sendo encomendados por meio de uma combinação de fatores – análise de mercado, instinto e disponibilidade de fundos. O resultado pode ser um número substancial de encomendas no pico do mercado, porque as empresas têm liquidez e financiamento disponível, ou na parte baixa do ciclo, porque os navios são mais econômicos e a retomada parece estar à vista. Porém, de uma forma ou de outra os navios acabam sendo encomendados.

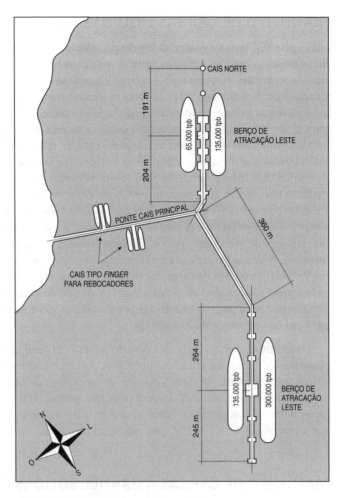

Figura 11.4 – Terminal de exportação de petróleo bruto.
Fonte: UNCTAD (1985).

Finalmente, não devemos nos esquecer dos navios especializados e dos navios multipropósito. Em alguns tráfegos, características físicas, quantidade e regularidade dos carregamentos tornam possível costumizar ou redesenhar o navio para se adequar a um tráfego particular, dando origem a uma frota substancial de navios graneleiros especializados. No final da Figura 11.1 encontram-se listados os navios especializados mais importantes, e os seus tráfegos serão debatidos com mais detalhe no Capítulo 12. Por vezes, a carga a granel é também transportada em navios multipropósito, que podem operar em ambos os segmentos de linhas regulares e de granel, e, no outro lado da escala, existe a frota de navios combinados, que pode se movimentar entre os mercados das cargas sólidas e líquidas. Em particular, o mercado híbrido de linhas não regulares [*hybrid tramp market*] tem sido o centro de muito projeto, com o objetivo de desenvolver navios capazes de operar eficazmente, sob condições modernas, nos mercados a granel e de linhas regulares, por exemplo, transportando cargas pesadas e irregulares.

MANUSEIO DE CARGAS LÍQUIDAS A GRANEL

O petróleo bruto e os derivados do petróleo necessitam de diferentes tipos de terminais de manuseio. Visto que o transporte de petróleo bruto utiliza navios-tanques muito grandes, os terminais de carga e de descarga encontram-se geralmente em locais de águas profundas, com um calado de até 22 metros. Frequentemente, esses requisitos podem somente ser satisfeitos pelos terminais ao largo [*offshore terminals*], com sistemas de defesas fortes para absorver o impacto da atracação de grandes navios-tanques. A Figura 11.4 apresenta as condições de atracação de um terminal petrolífero típico ao largo. Os tanques de estocagem estão ligados por dutos aos cais onde os navios-tanques atracam. Esses tanques de estocagem devem ter capacidade suficiente para servir os navios que utilizam o porto. Existem dois cais e quatro berços, um com uma dimensão máxima de 65.000 tpb, dois berços de 135.000 tpb, e um berço para um VLCC. A combinação exata seria ajustada ao tráfego. Note-se também a existência dos cais *fingers* para os rebocadores. A carga é carregada bombeando o petróleo dos tanques de estocagem para o navio utilizando a própria capacidade de bombeação do terminal. A descarga depende das bombas do navio. Os navios-tanques maiores têm geralmente quatro bombas de carga, localizadas na casa das bombas, entre a casa das máquinas e os tanques de carga. As velocidades combinadas de descarga são geralmente de 6.500 metros cúbicos por hora para um navio-tanque de 60.000 tpb e de 18 mil metros cúbicos por hora para um navio-tanque de 250.000 tpb.

Os terminais para os derivados do petróleo são em geral menores e, por isso, podem ser implementados dentro do complexo portuário. As técnicas de manuseio são, em grande medida, semelhantes às do petróleo bruto, mas têm de ser capazes de lidar com pequenas partidas de carga de diferentes produtos. Estes incluem petróleos pretos, como os óleos combustíveis e os óleos diesel pesados, e os petróleos brancos, que incluem a gasolina, o combustível para a aviação, o querosene, o gasóleo e o MTBE (um estimulador de octanas utilizado na gasolina).

MANUSEIO DE CARGAS A GRANEL SÓLIDAS HOMOGÊNEAS

Os granéis sólidos homogêneos, como o minério de ferro e o carvão, são manuseados muito eficientemente usando terminais de função única. A instalação de carregamento do minério de ferro apresentada na Figura 11.5 ilustra a forma como a indústria lida com os problemas encontrados na transferência da carga de e para o navio.

A carga chega à recepção do terminal em vagões projetados para tombar ou largar a sua carga para uma tremonha situada debaixo dos trilhos. Dali, o minério movimenta-se para a pilha por vagão, ou, mais usualmente, por uma correia transportadora. A pilha atua como estoque pulmão entre os sistemas de terra e de mar, garantindo que o terminal tem minério suficiente para carregar os navios quando eles chegam. Se os estoques forem inadequados, o congestionamento aumenta, visto que os navios têm de esperar pela carga. No terminal de minério de ferro apresentado na Figura 11.5, a pilha consiste em filas extensas de minério, conhecidas como "leiras" [*windrows*]. Produtos primários como o grão requerem proteção e são armazenados em silos.

A movimentação do material para uma pilha é conhecida como "empilhamento", enquanto a remoção é referida como "recuperação". Ambos os processos são altamente automatizados. A lança movimenta-se devagar ao longo das alas das pilhas, recebendo o minério da correia transportadora e deixando-o cair por gravidade sobre a pilha, a uma velocidade de alguns milhares de toneladas por hora. Quando o minério é necessário, o recuperador, um tambor rotativo com caçambas, movimenta-se ao longo das alas das pilhas e escava o minério, deixando-o cair sobre a correia transportadora. Pela correia transportadora, o minério é transportado até o cais, onde é carregado para dentro do navio. Existem outros tipos.

O material é pesado antes de ser carregado e depois de descarregado, para verificar a documentação do transporte, utilizando uma balança automática no sistema da correia transportadora. A amostragem é também necessária para garantir ao comprador que o material está de acordo com as especificações.[6] O carregador do navio recebe a carga da correia transportadora e deposita-a nos seus porões numa sequência planeada (o "plano de carregamento"), que evita colocar o casco do navio sob esforços estruturais. Podem ser utilizados vários sistemas de carregamento. No exemplo ilustrado na Figura 11.5 é utilizado um carregador de braço radial. O navio encontra-se atracado ao longo do carregador e as duas "lanças" de carregamento (ou seja, os braços que se estendem sobre as escotilhas do navio) movimentam-se de escotilha em escotilha, carregando o minério por gravidade. Outros tipos de carregadores utilizam um braço de carregamento sob carris que corre ao longo do cais. Podem ser obtidas velocidades de carregamento de 16 mil toneladas por hora, mas a velocidades de carregamento mais elevadas pode ser imposto um limite de acordo com a velocidade a que o navio pode deslastrar. Durante o carregamento, a lança movimenta-se de escotilha em escotilha. Para permitir as interrupções temporárias na operação de carregamento, por exemplo, quando se movimentando de uma escotilha para outra, existe geralmente uma moega no sistema.

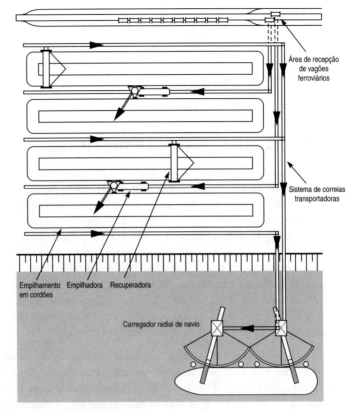

Figura 11.5 – Terminal de exportação de minério de ferro.
Fonte: UNCTAD (1985).

Na outra ponta da viagem, o minério é descarregado com um descarregador de garra que pega o material do porão e o descarrega para uma tremonha na beira do cais, a qual alimenta uma correia transportadora. A velocidade de manuseio da carga para uma garra depende do número de ciclos de manuseio por hora e da quantidade de carga média da garra. Na prática, podem ser alcançados sessenta ciclos por hora. Os tipos de garras variam entre as garras leves para os alimentos de animais e grão e as grandes conchas para içar 50 toneladas de minério. O descarregador de garras é usado sobretudo no minério de ferro, no carvão, na bauxita, na alumina e na rocha fosfática. As outras mercadorias manuseadas por gruas móveis de garras menores incluem o açúcar bruto, os fertilizantes a granel, o petróleo de coque e diversas variedades de grãos e oleaginosas. Os sistemas pneumáticos são adequados para o manuseio de carga a granel de gravidade específica e viscosidades pequenas, como os grãos, o cimento e o carvão em pó. O equipamento pneumático é classificado em equipamento de vácuo, de sucção, de pressão e de sopro.

11.6 O TRANSPORTE DE CARGAS LÍQUIDAS A GRANEL

O transporte de líquidos por via marítima levanta um conjunto de desafios especiais. Existe uma frota diversa de navios-tanques que transporta petróleo bruto, derivados do petróleo, produtos químicos, gases liquefeitos e cargas especiais. A Figura 11.6 apresenta como esses navios atendem aos negócios da energia, dos produtos químicos e da agricultura, que são os seus principais clientes. A coluna 1 apresenta a produção da matéria-prima, a coluna 2 expõe o transporte marítimo primário, a coluna 3 mostra o processamento industrial e a coluna 4 apresenta o transporte marítimo secundário. As instalações industriais são as usinas de energia elétrica, as fábricas de produtos químicos orgânicos, as fábricas de produtos químicos inorgânicos, as refinarias e outras instalações de processamento. A Figura 11.6 tem por objetivo resumir o papel que os navios-tanques desempenham nessas indústrias, esclarecendo por que razão não é um negócio fácil de se perceber em detalhe.

Os navios-tanques são usados sobretudo no transporte de carga entre esses três grupos, transportando as matérias-primas de entrada e transportando os derivados do petróleo de saída, como apresentado nas colunas 2 e 4. Os navios-tanques transportadores de GNL transportam o gás natural para as usinas de energia elétrica, embora pequenas quantidades possam também ser transportadas como matéria-prima para as fábricas de produtos químicos. Abaixo destes, existem os navios-tanques transportadores de GLP, que transportam o butano e o propano dos campos de gás para as petroquímicas, que produzem e exportam dois grupos de produtos principais: as olefinas (que são gases químicos) e os aromáticos (que são líquidos). Os gases são movimentados em navios-tanques transportadores de GLP como produtos semiprocessados, enquanto os aromáticos líquidos são transportados em navios químicos. A seguir, encontramos o tráfego de produtos químicos inorgânicos, com os navios graneleiros e os vários navios-tanques especializados, como os navios-tanques de enxofre fundido, que transportam as matérias-primas para as fábricas de produtos químicos inorgânicos, as quais as transformam em ácidos para posterior embarque nos navios químicos. Depois existe o tráfego de petróleo bruto, a maior parte do qual é transportada para as refinarias, onde é refinada numa gama completa de produtos: GLP, combustíveis líquidos, lubrificantes e óleos de aquecimento. Estes são transportados em navios-tanques transportadores de gases, em navios-tanques de produtos químicos ou em navios-tanques de derivados do petróleo, conforme o caso. Finalmente, no final do mapa, existem os tráfegos agrícolas, nomeadamente os vegetais, os óleos de peixe, o vinho, o sumo de laranja e os melaços. Os óleos vegetais são o maior tráfego, e os regulamentos recentes exigem navios dedicados que não alternem com outros produtos químicos.

Tudo isso é somado a uma rede de transporte sofisticada que opera a frota de navios-tanques abordada na Seção 11.2, que varia em dimensão entre os navios-tanques de petróleo bruto grandes de 441.000 tpb e os navios-tanques de betume de 2.000 tpb. A tarefa dos investidores de transporte marítimo é melhorar a eficiência desse negócio de transporte aumentando a produtividade do sistema de transporte por meio de melhores navios, de maior flexibilidade e, conforme o caso, de investimento especializado.

O transporte de cargas a granel   481

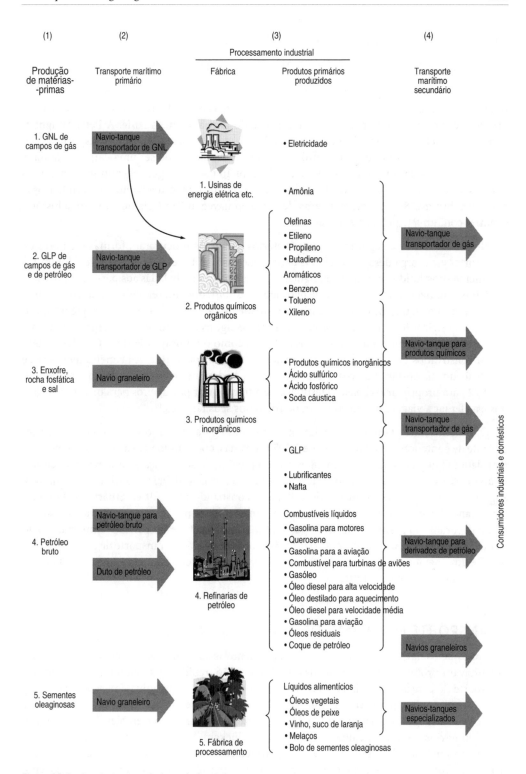

Figura 11.6 – Principais origens de demanda dos navios-tanques.

11.7 O TRÁFEGO DE PETRÓLEO BRUTO

ORIGENS DO TRÁFEGO DE PETRÓLEO BRUTO POR VIA MARÍTIMA

O petróleo bruto foi produzido comercialmente pela primeira vez em 1859, quando o coronel Edwin Drake perfurou o primeiro poço de petróleo em Titusville, na Pensilvânia.[7] O primeiro carregamento de petróleo foi transportado dois anos mais tarde. A Peter Wright & Sons, da Filadélfia, afretou o brigue Elizabeth Watts, de 224 toneladas, para transportar o petróleo em barris para Londres. O petróleo já tinha a reputação de ser uma carga perigosa e, quando o navio estava pronto para o mar, o seu capitão não conseguia encontrar marinheiros que desejassem navegar com ele. Ele apelou a uma gangue de recrutamento de marinheiros e, em novembro de 1861, a primeira carga de petróleo navegou Rio Delaware abaixo, e história adentro, com uma tripulação embriagada.[8]

Nos 25 anos que se seguiram, os proprietários de navios procuraram formas melhores de transportar essa carga desagradável.[9] Os barris, que eram grandes e de estiva difícil, foram rapidamente substituídos por latas retangulares de sete galões embaladas aos pares em caixas de madeiras. Conhecidas como "caixas de petróleo" [case oil], podiam ser embarcadas como carga geral e, durante alguns anos, tornaram-se a unidade de carga-padrão. À medida que o tráfego crescia, os veleiros foram equipados com tanques, e alguns com bombas de carga, para transportar o petróleo "sem a ajuda dos barris". Alguns, como o Ramsay (1863) e o Charles (1869), foram construídos para o tráfego, mas a maioria deles foi convertida. A primeira tentativa de construir um navio-tanque oceânico a vapor foi o Vaderland, construído em Jarrow no ano de 1872 para proprietários belgas. Destinava-se a transportar passageiros para os Estados Unidos e a efetuar a viagem de retorno com petróleo nos seus tanques.[10]

O primeiro navio-tanque especialmente construído para utilizar o seu casco como um recipiente de contenção foi o Glückauf, de 2.307 toneladas, construído para a German-American Petroleum Company e lançado em 1886. Como medida de segurança e para evitar a acumulação de gases perigosos, o duplo-fundo foi eliminado, exceto debaixo da casa das máquinas. Alguns navios semelhantes, incluindo o Bakuin, construído para Alfred Stuart, e o Loutsch, foram lançados mais tarde nesse ano.[11] As economias obtidas por transportar a granel (4 xelins o barril) foram tão grandes que, no espaço de três anos, metade do petróleo importado pelo Reino Unido era transportado a granel.[12] Então, começou a era do transporte de petróleo a granel. De doze navios-tanques graneleiros em 1886, a frota cresceu para noventa navios-tanques operando no Atlântico em 1891.

TRANSPORTE MARÍTIMO DE PETRÓLEO (1890-1970)

Logo que os navios se tornaram disponíveis, as novas companhias petrolíferas emergentes, que estavam profundamente envolvidas na distribuição, rapidamente viram as vantagens do transporte de cargas a granel. No final da década de 1880, a companhia americana Standard Oil, a maior companhia petrolífera do mundo, entrou no negócio dos navios-tanques.[13] Ela estabeleceu a Anglo-American Oil Co. Ltd. e, num gesto grandioso e emblemático, comprou dezesseis navios-tanques, incluindo o Duffield e o Glückauf.[14] Mais ou menos na mesma altura, Marcus Samuel, que distribuía as caixas de petróleo russo no Extremo Oriente, decidiu construir uma frota de navios-tanques para transportar o petróleo russo a granel para o Extremo Oriente, reduzindo a importância da Standard Oil.[15] O primeiro foi o Murex, entregue em 1892, e no final de 1893 tinham sido lançados dez navios para Samuel.[16] Em 1892, o Canal de

O transporte de cargas a granel

Suez permitiu a passagem de navios-tanques, reduzindo a viagem para uma distância competitiva. O petróleo era carregado no porto de Batum, no Mar Negro, e entregue no Extremo Oriente por um navio-tanque. Para aumentar os lucros, os navios-tanques transportavam carga geral na viagem de retorno. Depois de descarregar o petróleo em Bombaim, Kobe ou Batávia, os tanques eram limpos a vapor, caiados e carregados com uma carga de retorno de chá, de cereais ou de arroz. Em 1897, formou-se a Shell Transport & Trading e, em 1907, a Anglo-Saxon Petroleum Co. Ltd., por meio da fusão das frotas da Shell e da Royal Dutch, criando uma frota total de 34 navios.

Durante os cinquenta anos que se seguiram, o comércio do petróleo cresceu regularmente, alcançando 35 mt em 1920 e 182 mt em 1950 (Figura 11.7). O tráfego era controlado pelas grandes companhias petrolíferas e o transporte dominava a economia da indústria petrolífera. Em 1950, o preço do barril de petróleo no Oriente Médio era de US$ 1. Custava US$ 1 para transportá-lo para a Europa Ocidental, portanto, o transporte representava cerca de metade do preço c.i.f. Cada centavo retirado dos custos de transporte contribuía para a rentabilidade. O transporte marítimo era um negócio

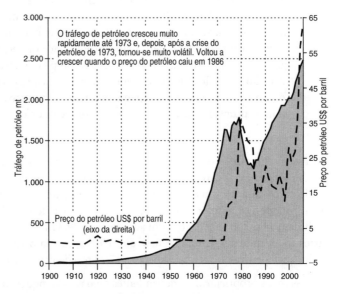

Figura 11.7 – Comércio mundial de petróleo (1900-2006).
Fonte: Sun Oil, *Fearnleys Review*, CRSL.

"nuclear" das companhias petrolíferas, que desenvolviam uma política de compromisso entre os navios próprios e os afretamentos por tempo acordados com os proprietários independentes de navios-tanques. Nas décadas de 1950 e de 1960, a taxa de crescimento do comércio aumentou 8,4% ao ano, comparada com a anterior, de 5,9% ao ano, e visto que o Oriente Médio era uma fonte de suprimento marginal, as toneladas-milhas cresceram ainda mais rápido. O planejamento da oferta de transporte tornou-se uma parte importante do negócio da indústria marítima e era tratado com um rigor característico. Na década de 1950, as grandes companhias petrolíferas criaram uma máquina sofisticada para cortar o custo do transporte de petróleo. As suas três linhas de orientação eram as seguintes:

1. *Economias de escala*. Durante as décadas de 1950 e de 1960, cada geração de navios-tanques era maior do que a anterior. A dimensão aumentou de 17.000 tpb em 1950 para o primeiro VLCC em 1966 e para o primeiro ULCC em 1976. O princípio econômico era simples e claro. Em 1968, um navio-tanque de 80.000 tpb como o Rinform custava 27 xelins e 5 *pence* por tonelada de petróleo para fazer a viagem de ida e de volta de Roterdã para o Kuwait. Na mesma viagem, um navio de 200.000 tpb que regressasse via Cabo poderia fazer a viagem por 18 xelins e 1 *pence*, uma economia de 34%.[17]

2. *Planejamento de transporte*. As principais companhias petrolíferas desenvolveram uma rede logística que utilizava os navios-tanques na sua eficiência máxima. Eles navegavam

com uma carga completa, o tempo de espera era insignificante, a manutenção regular minimizava as paragens e, quando ocorriam problemas, eles eram tratados rapidamente com uma completa cooperação entre as empresas. No início da década de 1970, o desempenho do transporte da frota estava a poucos centavos do seu ótimo teórico.

3. *Subcontratação*. Para evitar despesas gerais empresariais e para dividir o risco, uma grande parte da frota era subcontratada a independentes, com os gregos e os noruegueses servindo o mercado do Atlântico, e Hong Kong servindo o do Japão. Para começar, na década de 1950 os afretamentos por tempo eram geralmente de cinco a sete anos, mas, na década de 1960, na altura em que os VLCC estavam sendo encomendados, os afretamentos de quinze ou mesmo de vinte anos eram comuns. No final da década de 1960, as companhias petrolíferas detinham a propriedade de cerca de 36% da frota de navios-tanques, afretavam por tempo outros 52% e complementavam os seus requisitos sazonais a partir do mercado aberto, que representava cerca de 12% da oferta. O mercado aberto era composto de navios-tanques pequenos, não econômicos e velhos, e alguns especuladores comercializavam tonelagem moderna por ciclos de expansão e de contração.

Essa política de "afretar de volta" (no Japão, *shikumisen*) permitiu que os proprietários independentes de navios-tanques acumulassem a sua frota de navios-tanques pedindo emprestado, tendo como garantia um afretamento de uma companhia petrolífera. Em julho de 1971, existia uma frota de 178 m.tpb disponível para o transporte de petróleo. As companhias petrolíferas detinham 48 m.tpb (27%), com um adicional de 79,8 m.tpb (45%) afretado a tempo de proprietários independentes. Como recurso alternativo, existiam 19,5 m.tpb (11%) da frota independente que operava no mercado aberto e 17 m.tpb de navios combinados.

Assim, os proprietários independentes de navios-tanques ultrapassavam em número os navios das companhias petrolíferas em uma razão de dois para um. Eles realizaram os seus lucros por meio de um gerenciamento cuidadoso e de uma valorização dos ativos, em vez de especulação.[18] Contudo, as companhias petrolíferas eram capatazes difíceis. As taxas de afretamento que eles negociavam deixavam geralmente pouca margem para erro. No final da década de 1960, quando se desenvolveram a inflação e a volatilidade da moeda, alguns proprietários de navios-tanques ficaram desencantados com o seu papel de subcontratados, especialmente porque alguns proprietários pareciam prosperar espetacularmente no mercado aberto.

CRESCIMENTO DO "MERCADO ABERTO" DE NAVIOS-TANQUES (1975-2006)

Na década de 1970, foram invertidos os fatores que funcionaram tão positivamente a favor de uma operação de transporte integrado do petróleo. Tudo correu mal. O tráfego petrolífero caiu abruptamente ao mesmo tempo que a oferta ficou fora de controle, e as companhias petrolíferas decidiram que o transporte do petróleo não era mais um negócio nuclear e reduziram a sua exposição a ele. Nos vinte anos que se seguiram, o transporte do petróleo mudou de um transporte marítimo industrial cuidadosamente planejado para uma operação de mercado. Como resultado, a frota independente de navios-tanques, que em 1973 operava sobretudo sob afretamento por tempo para as companhias petrolíferas, transferiu-se gradualmente para o mercado aberto. No início da década de 1990, mais de 70% dessa frota operava no mercado aberto, comparada com cerca de apenas 20% no início da década de 1970 (ver Figura 5.2).

Essa mudança fundamental na organização do transporte de petróleo foi precipitada por um período de volatilidade no comércio de petróleo. O comércio tinha alcançado 300 mt em 1960 e atingiu um máximo de 1.530 mt em 1978. Daí caiu para 960 mt em 1983, depois cresceu para 1.480 mt em 1995 e para 1.820 mt em 2005 (Figura 11.8). No início da década de 1980, a queda do comércio do petróleo teve três causas. Primeiro, os mercados energéticos europeu e japonês entravam numa fase de maturidade. Na década de 1970, a transição do carvão para o petróleo estava terminada e era

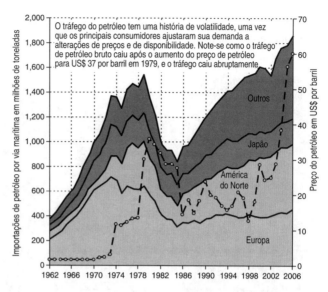

Figura 11.8 – Importações de petróleo bruto (1962-2005).
Fonte: *Fearnleys Review*, 2005 e edições anteriores.

inevitável um crescimento mais baixo. Segundo, existiram duas depressões econômicas profundas, uma em meados da década de 1970 e a outra no início da década de 1980. Terceiro, os elevados preços do petróleo, que alcançaram US$ 30 por barril na década de 1980, significaram que outros combustíveis substituíram o petróleo e que a tecnologia economizadora de combustível se tornou viável. O mercado das usinas de energia elétrica foi perdido para o carvão, e a tecnologia reduziu o consumo de petróleo em outras áreas.[19] Em 1986, o preço do petróleo caiu para US$ 11 o barril e manteve-se no intervalo entre os US$ 15 e US$ 25 até o final da década de 1990. Isso inverteu o processo de declínio e o comércio começou novamente a crescer. Porém, por volta da década de 1990, o comércio do petróleo tinha mudado de um comércio previsível para o qual o transporte era cuidadosamente planejado pelas companhias petrolíferas, para um negócio volátil e arriscado, no qual os negociantes desempenharam um papel substancial e, até certo ponto, o gerenciamento do transporte foi deixado aos cuidados do mercado.

DISTRIBUIÇÃO GEOGRÁFICA DOS TRÁFEGOS DE PETRÓLEO BRUTO

A localização geográfica dos suprimentos de petróleo desempenha um papel importante na determinação do número de navios-tanques necessários para transportar a quantidade comercializada. A Figura 11.9 apresenta a localização dos principais países exportadores de petróleo do mundo, enquanto a Tabela 11.4 mostra o padrão do tráfego em 2004. Fora das áreas de consumo, o Oriente Médio é a maior fonte conhecida de petróleo bruto. Essa região tem 60% das reservas mundiais de petróleo bruto comprovadas e, para o Ocidente, atua como um fornecedor marginal de petróleo bruto, representando 47% das exportações em 2004. Nenhum outro fornecedor se aproxima desse valor. A maioria dos demais está aglomerada ao redor do Atlântico Norte, incluindo México, Venezuela, África Ocidental, Mar do Norte e Rússia (o principal exportador na categoria "Outros" na Tabela 11.4). Finalmente, existem alguns produtores menores no Sudeste Asiático, como Indonésia, Austrália e China. Visto que o Oriente Médio se encontra mais afastado do mercado do que a maioria dos outros produtores-exportadores de petróleo menores – são 12 mil milhas ao redor do Cabo para a Europa Ocidental e mais de 6 mil milhas para o Japão –, a demanda de navios depende da fonte de onde o petróleo é obtido e da rota percorrida pelo petróleo até o mercado.

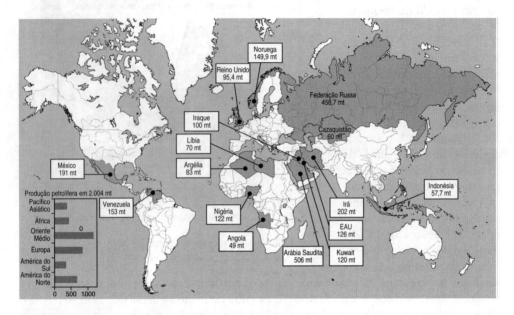

Figura 11.9 – Principais exportadores de petróleo bruto.
Fonte: BP Annual Review.

Durante a década de 1960, a participação do petróleo do Oriente Médio no tráfego total cresceu muito rapidamente e a distância média do petróleo bruto aumentou de 4.500 milhas para mais de 7 mil milhas, promovendo um aumento massivo na demanda de navios. De um pico de 7 mil milhas em meados da década de 1970, a distância média caiu para uma baixa de 4.450 milhas em 1985. Essa queda foi parcialmente influenciada pelo aumento da produção petrolífera no pequeno curso. A produção do Mar do Norte começou em 1975 e cresceu para 5,5 milhões de barris por dia. Quase ao mesmo tempo, entrou em serviço a Encosta Norte do Alasca, cortando as importações dos Estados Unidos. Outros fatores que contribuíram para a queda das toneladas-milhas foram a reabertura do Canal de Suez em 1975, que estava fechado desde 1967, o oleoduto Sumed, que eventualmente transportaria 1,5 milhão de barris de petróleo por dia para o Mediterrâneo, e, na década de 1980, o oleoduto Dortyol, construído durante a guerra entre Irã e Iraque, que desviava 1,5 milhão de barris de petróleo do Golfo Pérsico por dia para o Mediterrâneo Oriental. Como uma última complexidade, no início da década de 1980, a Arábia Saudita e o Kuwait abriram grandes refinarias com uma capacidade de exportação de 100 mt de petróleo em produtos, não de petróleo bruto. No seu conjunto, durante um período de quinze anos, esses acontecimentos provavelmente reduziram os movimentos de longo curso do petróleo bruto em cerca de 10 milhões de barris por dia. O papel cíclico do Oriente Médio foi repetido durante as duas décadas seguintes, entre 1985 e 2005. Após o preço do petróleo ter caído em 1986, houve um aumento das exportações do Oriente Médio que aumentou as toneladas-milhas e criou uma demanda de VLCC. Depois, no início da década de 1990, ocorreu uma oscilação para o pequeno curso, especialmente no Atlântico, e as toneladas-milhas caíram quando os fornecedores do Mar do Norte, da África Ocidental e,

O transporte de cargas a granel

mais tarde, da Rússia foram capazes de atender às necessidades crescentes dos Estados Unidos e da Europa. A Rússia e o Cazaquistão tornaram-se os novos exportadores mais importantes, com a Rússia embarcando o petróleo para a Europa por duto, por mar via Primorsk, no Golfo da Finlândia, e via Mar Negro. Em 2006, começaram a ser expedidos novos suprimentos de Sacalina, na costa russa do Pacífico.

Tabela 11.4 – Tráfego marítimo de petróleo bruto, em milhões de toneladas (2004)

Para: De:	Europa Ocidental	América do Norte	América do Sul	Japão	Outros países da Ásia	Outros	Total em 2004 mt	Total em 2004 %
Oriente Médio	129	130	11	180	353	30	832	47%
Oriente Próximo	11	1	0	0	0	0	12	1%
Norte da África	82	22	4	0	5	1	115	7%
África Ocidental	26	92	9	8	67	4	206	12%
Caribe	14	189	13	0	6	0	222	13%
Sudeste Asiático	0	5	0	10	25	15	56	3%
Mar do Norte	11	46	1	0	4	0	62	4%
Outros	155	40	14	2	32	6	250	14%
Total em 2004	428	526	51	200	493	57	1.754	100%
%	24%	30%	3%	11%	28%	3%	100%	

Fonte: *Fearnleys Review* 2005.

A posição do Oriente Médio como um fornecedor marginal ou "oscilante" de petróleo e a sua localização geográfica em relação aos outros fornecedores de petróleo criam um mecanismo que podemos chamar de " multiplicador da demanda de navios" – quando as exportações do petróleo crescem, a participação de mercado do Oriente Médio aumenta e a distância média se amplia; quando a demanda das importações decresce, o processo segue a direção oposta. Isso significa que as subidas e as descidas no comércio do petróleo são intensificadas em termos do seu impacto sobre o mercado marítimo e que a previsão da demanda dos navios petroleiros deve levar em conta o padrão da oferta do petróleo, bem como os requisitos de importação de cada região.

Finalmente, devemos dizer algo sobre o controle do tráfego de petróleo. O petróleo é um negócio estratégico e a economia de mercado opera dentro de um enquadramento político. Até a década de 1970, as sete principais companhias petrolíferas foram responsáveis por algo como 80% de todo o petróleo processado no mundo e operaram ou controlaram, por meio de afretamentos de longo prazo, a maioria do transporte de petróleo por via marítima.[20] Contudo, nos últimos trinta anos o controle do transporte de petróleo mudou e o seu papel no transporte marítimo tem sido diluído. Atualmente, os produtores de petróleo, especialmente no Oriente Médio, comercializam ativamente o seu petróleo por meio de empresas de distribuição nos mercados de consumo, e alguns construíram a sua própria frota de navios-tanques. Novas companhias petrolíferas emergiram nos mercados asiáticos de crescimento rápido, com as suas próprias políticas de transporte. Enfim, os grandes volumes são agora manuseados pelos negociadores de petróleo, alguns trabalhando para as companhias petrolíferas e outros para os negociadores independentes, como a Vitol ou a Glencore. Eles têm muito do petróleo durante o embarque e, porque estão constantemente comprando e vendendo cargas petrolíferas, adaptam seu modelo de negócio ao afretamento de navios consoante às necessidades na base viagem a viagem. Isso encorajou o crescimento do mercado aberto. Contudo, alguns adotam posições de longo prazo, especialmente os navios-tanques de derivados do petróleo, cujo volume de carga permite-lhes obter uma utilização dos navios acima da média.

SISTEMA DE TRANSPORTE DO PETRÓLEO BRUTO

Embora o transporte de petróleo por via marítima seja muitas vezes pensado como um negócio relativamente simples – e, de fato, isso é verdade para o petróleo bruto –, quando incluímos todos os derivados do petróleo, na realidade se torna uma atividade complexa. A melhor forma de perceber o negócio é começar a olhar para as suas características físicas. Do ponto de vista do transporte, as cargas petrolíferas podem diferir em dois importantes aspectos: a gravidade específica[21] e as condições de limpeza necessárias para transportá-las. A Tabela 11.5, que ordena as cargas petrolíferas por gravidade específica, ilustra esse ponto. No topo da tabela encontram-se os óleos combustíveis pesados que têm uma gravidade específica próxima de 1, seguidos de petróleo bruto pesado, óleo diesel e petróleo bruto leve. Estes são essencialmente os produtos "escuros" derivados do petróleo. O gasóleo é um produto de transição, porque o transporte de várias cargas de gasóleo ajuda a limpar os tanques depois de transportar produtos escuros. Finalmente, os produtos leves caem no âmbito da categoria de produtos "claros", o que significa simplesmente que os embarcadores são muito sensíveis ao fato de que esses produtos não devem ser poluídos por quaisquer vestígios da carga anterior. No final da tabela, encontram-se a gasolina e a nafta, as quais têm uma densidade substancialmente mais baixa do que os produtos escuros. Finalmente, a tabela fornece a dimensão da partida de carga típica em que essas mercadorias são embarcadas. O petróleo bruto é embarcado em partidas de carga muito grandes, geralmente superiores a 100 mil toneladas, enquanto a maioria dos derivados do petróleo é embarcada em partidas de carga da ordem de 30 mil, 40 mil e 50 mil toneladas. Contudo, o óleo diesel e o óleo combustível pesado também são embarcados em partidas de carga relativamente pequenas e precisam de serpentinas de aquecimento para manter o líquido com uma viscosidade que permita a sua bombeação.

Essas três características – a densidade do petróleo, a dimensão da partida de carga na qual é embarcado e o grau de cuidado e de limpeza necessário no manuseio da carga – estabelecem o enquadramento para o sistema do transporte de petróleo. O petróleo bruto para exportação é geralmente transportado do campo petrolífero para a costa por meio de dutos. Um duto de pequeno diâmetro pertencente a cada poço produtivo liga-se às estações de coleta, de onde sai para as grandes áreas de terminais com tanques de estocagem capazes de manter milhões de barris. O petróleo é depois carregado em navios-tanques e transportado até o seu destino, onde é descarregado para outro terminal de granel. Um VLCC típico com 300.000 tpb transportaria cerca de 2 milhões de barris de petróleo, a um calado de aproximadamente 22 metros, a uma velocidade de 15,8 nós e uma capacidade de bombeamento entre 15 mil e 20 mil toneladas por hora. Os navios-tanques Suezmax transportam geralmente 1 milhão de barris com um calado carregado de 15,5 metros e uma capacidade de bombeamento de descarga entre 10 mil e 12 mil toneladas por hora.

O transporte de cargas a granel

Tabela 11.5 – Características dos derivados do petróleo

	Densidade a 15 ºC					Tamanho da partida de carga típica – toneladas	Estiva/ tonelada	
	Gravidade específica	Grau API	Variação + ou –	Tipo de carga	Características especiais		Pés cúbicos	m³
Óleo combustível pesado	0,98	13,53	3%	Produto escuro	Aquecimento da carga	50.000-80.000	32,8	0,93
Petróleo bruto pesado	0,95	17,34	3%	Produto escuro	Aquecimento da carga	60.000-300.000	33,7	0,95
Óleo diesel	0,86	32,92	3%	Produto escuro		40.000	37,2	1,05
Petróleo bruto leve	0,85	34,85	3%	Produto escuro		60.000-300.000	37,6	1,07
Gasóleo (óleo combustível leve)	0,83	38,86	2%	Sobretudo claro		30.000	38,6	1,09
Parafina	0,80	46,36	2%	Produto claro	Tanques limpos	30.000	40,3	1,14
Gasolinas para automóveis (gasolina)	0,74	59,58	5%	Produto claro	Tanques limpos	30.000	43,2	1,22
Combustíveis para aviões	0,71	67,65	3%	Produto claro	Tanques limpos	30.000	45,1	1,28
Nafta	0,69	73,43	4%	Produto claro	Tanques limpos	30.000	46,4	1,31

Fonte: Packard (1985, p. 129).

Tais navios grandes necessitam de uma infraestrutura portuária dedicada, e os terminais utilizados no tráfego do petróleo, do tipo apresentado na Figura 11.4, geralmente encontram-se em localizações remotas e consistem numa fazenda de tanques para a estocagem temporária do petróleo e num cais ou monoboia projetado para águas profundas onde os grandes navios--tanques podem carregar a carga. Por exemplo, Ras Tanura, o principal terminal de exportação da Arábia Saudita, tem vários cais construídos ao largo. Do terminal de descarga, o petróleo é entregue diretamente à refinaria ou a um terminal de petróleo bruto ligado a refinarias por dutos. Nos primeiros dias da indústria petrolífera, a maioria do petróleo bruto era movimentada por vagões-tanques, mas hoje em dia os dutos, as barcaças e os navios dominam o manuseio do petróleo.

O calado profundo dos grandes navios-tanques restringe a sua utilização em rotas marítimas como o Estreito de Dover, o Estreito de Malaca e o Canal de Suez. No Estreito de Dover, por exemplo, existe um calado máximo permitido ao redor de 23-25 metros, que costumava estar na margem dos ULCC, embora em 2006 existissem somente quatro navios em serviço com esse calado. No Estreito de Malaca, na rota entre o Oriente Médio e o Japão, o calado máximo de 21 metros exclui os maiores ULCC. Contudo, do ponto de vista da indústria marítima, as restrições de calado no Canal de Suez eram as mais importantes. Até meados da década de

1950, o Canal de Suez era a principal rota do petróleo bruto embarcado no Oriente Médio com destino à Europa Ocidental. Nessa altura, o calado era de 11 metros, restringindo o canal a navios carregados com menos de 50.000 tpb. O fechamento do canal durante a Guerra dos Seis Dias, em 1967, coincidiu com a tendência de construir navios VLCC para o tráfego do petróleo e, como resultado, as importações do Oriente Médio para a Europa Ocidental e para os Estados Unidos foram desviadas ao redor do Cabo da Boa Esperança.

Depois da abertura do Canal de Suez, em 1975, ele foi aprofundado até 16,2 metros, permitindo o trânsito de navios até 150.000 tpb completamente carregados ou de navios grandes em lastro. Como resultado, o transporte de petróleo pelo canal aumentou de 30 mt em 1976 para cerca de 40 mt em 1995 e 85 mt em 2004, mas ficou muito aquém do pico de 167 mt, que foi alcançado antes do fechamento do canal em 1967. Isso reflete a existência de navios maiores que não podem transitar pelo canal completamente carregados. Um efeito da reabertura do Canal de Suez foi o aparecimento de uma demanda de navios-tanques de tamanho intermédio entre 100.000 e 150.000 tpb.

11.8 O TRÁFEGO DOS DERIVADOS DO PETRÓLEO

O tráfego dos *derivados* do petróleo é muito diferente do tráfego de petróleo bruto. Em 2005, cerca de 500 mt de derivados do petróleo foram expedidos por via marítima, cerca de metade era de produtos claros e a outra metade, de produtos escuros. Os produtos claros consistem em destilados leves, principalmente o querosene e a gasolina, que são geralmente transportados em navios com tanques revestidos e limpos. Os produtos escuros incluem aqueles de baixa destilação e os óleos residuais, que geralmente podem ser embarcados em navios-tanques convencionais, embora a baixa viscosidade, por vezes, exija serpentinas de aquecimento a vapor nos tanques de carga.

Na década de 1950, grande parte do tráfego de petróleo era embarcado como derivados do petróleo, mas, na medida em que o mercado se desenvolveu na década de 1960, a estratégia normal das companhias petrolíferas era transportar o petróleo bruto para as refinarias próximas do mercado. A melhoria da tecnologia de refino contribuiu para essa tendência, permitindo que o composto dos produtos refinados estivesse mais próximo do local de demanda, e os grandes navios-tanques de petróleo bruto reduziam os custos de transporte, um fator importante nas viagens de longo curso do Oriente Médio para a Europa Ocidental. Finalmente, as políticas tiveram seu papel, pois a nacionalização das refinarias petrolíferas da Anglo-Iranian Oil Company, em 1951, constituiu um incentivo para localizar a capacidade de refino nos países de consumo politicamente mais seguros. À medida que o petróleo se tornava mais importante para as economias da Europa Ocidental, também diminuía o grau do risco que elas estavam dispostas a aceitar. Então, houve um interesse cada vez maior no desenvolvimento das refinarias localizadas no mercado, e, no final da década de 1950, a Europa Ocidental tinha desenvolvido uma capacidade de refino suficiente para atender às suas necessidades dos principais produtos petrolíferos.[22]

Apesar desses desenvolvimentos, em 2004, todas as principais áreas de consumo de petróleo importaram seus derivados, especialmente os Estados Unidos, a Europa, a China, o Japão e os Tigres Asiáticos, enquanto as exportações eram oriundas do Oriente Médio, da Venezuela, do Caribe, da Europa, da Rússia e da Índia. Esse padrão de tráfego, que é apresentado na Tabela 11.4, encontra-se formatado por uma mistura de fatores econômicos e técnicos, dos quais três são particularmente importantes:

O transporte de cargas a granel

491

- *Localização das refinarias.* Tem havido uma renovação progressiva na construção de refinarias de exportação localizadas nas áreas de produção, liderada pelos produtores de petróleo, por exemplo, no Oriente Médio, especialmente a Arábia Saudita. A Tabela 11.6 mostra que, em 2006, o Oriente Médio era o maior exportador, com um tráfego de 117 mt, mas a Índia também estava expandindo as suas exportações.

- *Equilíbrio de tráfegos.* O composto de produtos refinados de um barril de petróleo nem sempre atende à estrutura exata do mercado adjacente à refinaria. Por essa razão, existe um movimento constante de derivados do petróleo específicos das áreas de excedentes para as áreas de escassez, direcionado pelas diferenças de preços.

- *Tráfego deficitário.* Podem ocorrer episódios locais de escassez de produtos refinados, quer porque a demanda aumenta mais rapidamente que a expansão da capacidade de refino, quer porque o mercado não é suficientemente grande para apoiar as operações de refino locais. Nessas circunstâncias, o tráfego de importação terá a forma do tráfego de derivados do petróleo, em vez do tráfego de petróleo bruto.

Tabela 11.6 – Derivados do petróleo importados e exportados, em milhões de toneladas (2006)

	Importações	%	Exportações	%
Estados Unidos	168,2	26%	60,4	26%
Canadá	13,5	2%	26,1	2%
México	20,1	2%	6,9	2%
América do Sul e Central	24,0	3%	63,8	3%
Europa	131,4	22%	75,9	22%
Antiga União Soviética	5,6	1%	78,5	1%
Oriente Médio	7,3	1%	116,7	1%
Norte da África	8,4	1%	31,1	1%
África Ocidental	7,5	2%	7,5	2%
África Oriental e Sul da África	6,4	1%	0,8	1%
Australásia	13,9	2%	4,1	2%
China	45,9	9%	13,5	9%
Japão	48,4	9%	5,5	9%
Singapura	55,8	19%	58,3	19%
Outros países da Ásia (Pacífico)	101,5	0%	72,0	0%
Não identificados	—		36,8	
TOTAL MUNDIAL	657,8		657,8	

Inclui alterações na quantidade de petróleo em trânsito, movimentos de outra forma não apresentados, uso militar não identificado etc.

Fonte: BP, *Statistical Review of World Energy*, jun. 2007.

As tendências de crescimento dos principais importadores são apresentadas na Figura 11.10. Até a década de 1950, os tráfegos dos principais produtos eram oriundos das refinarias da Venezuela e do Caribe para os Estados Unidos e do Oriente Médio para a Europa Ocidental. O tráfego do Caribe para os Estados Unidos cresceu até um pico de 150 mt por ano no início da década de 1970, depois caiu abruptamente para 75 mt, assim que os Estados Unidos expandiram a sua capacidade de refino doméstica. Contudo, na década de 1990, a Lei do Ar Limpo [*Clean Air Act*] e a dificuldade em desenvolver nova capacidade de refino levou a um novo aumento das importações, para 137 mt, em 2004. As importações europeias de petróleo eram sobretudo transportadas sob a forma de petróleo bruto, em vez de derivados do petróleo. A importação dos produtos caiu para 35 mt em 1971, depois reavivou para cerca de 80 mt na década de 1980, comparada com mais de 400 mt de petróleo bruto importado. No final da década de 1990, as importações europeias começaram a aumentar, seguindo um padrão semelhante ao dos Estados Unidos. A explicação do padrão desse tráfego pode ser encontrada numa combinação de fatores técnicos, econômicos e políticos. A Figura 11.10 mostra que, na década de 1980, ocorreu uma mudança grande quando as importações dos "outros" países começaram a crescer rapidamente, quadruplicando de 75 mt em 1984 para 309 mt em 2006. A divisão do tráfego de 2005, apresentada na Figura 11.10, mostra que a Ásia representa dois terços deste, em particular a China, a Coreia e muitas economias asiáticas crescentes que têm falta de determinados tipos de derivados do petróleo.

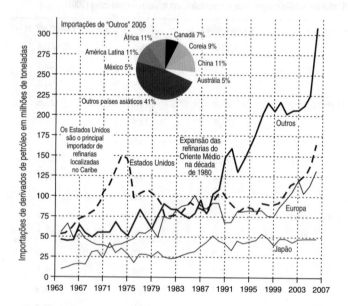

Figura 11.10 – Importações de derivados do petróleo (1963-2007).
Fonte: BP, *Statistical Review*.

Finalmente, devemos observar que, até certo ponto, esse tráfego é direcionado pela oferta. Após a crise do petróleo de 1973, vários produtores petrolíferos interessaram-se pelo investimento em refinarias, o que lhes permitiria exportar os derivados do petróleo em vez de petróleo bruto, aumentando o seu valor agregado. O mais proeminente foi a Arábia Saudita, que construiu uma série de refinarias destinadas ao mercado de exportação. Ao contrário, a indústria petrolífera dos Estados Unidos ficou com um excedente de capacidade de refino e começou a retirar-se das operações de refino que ocorriam no Caribe.

O transporte de cargas a granel

TRANSPORTE DE DERIVADOS DO PETRÓLEO

A economia do sistema de transporte dos derivados do petróleo é, em muitas maneiras, semelhante à do petróleo bruto, mas existem algumas diferenças importantes. Uma é que a maioria dos tráfegos se movimenta em pequenos navios-tanques, entre 6.000 e 60.000 tpb, frequentemente com tanques revestidos de epóxi.[23] Essa restrição da dimensão resulta de partidas de carga dos derivados do petróleo menores que são comercializadas pela indústria petrolífera e dos muitos tráfegos de pequeno curso que limitam as economias de escala e as restrições dos terminais. Contudo, não existe uma regra firme acerca da dimensão. Mesmo os VLCC são ocasionalmente afretados para partidas de carga de óleo combustível no longo curso, e muitos navios-tanques Aframax são revestidos para transportar derivados do petróleo no longo curso.[24]

Uma análise de 11.577 navios afretados em 2005-2006 para o transporte de derivados do petróleo, apresentada na Tabela 11.7, mostra que a gasolina é a maior mercadoria, seguida do óleo combustível, do gasóleo e da nafta. A dimensão média da partida de carga foi de 44.600 toneladas e a dimensão do navio médio foi de 53.800 toneladas, portanto, houve 18% de "frete morto" [*dead freight*] (espaço não utilizado nos navios-tanques). Em parte, isso se deve à baixa densidade de alguns derivados do petróleo. Por exemplo, a nafta tem uma gravidade específica de 0,69 e o frete morto de cargas de nafta foi de 22%. A outra razão que contribui para o elevado frete morto é que, frequentemente, os navios existentes não correspondem exatamente às dimensões das partidas de carga que são transportadas. Por exemplo, muitas partidas de carga de 37 mil toneladas são transportadas em navios-tanques de derivados do petróleo de 48.000 tpb, e os navios-tanques de derivados do petróleo são por vezes concebidos com um casco otimizado para uma partida de carga menor do que o seu porte bruto total (ver a Figura 14.7 para um exemplo de navio químico com porte bruto de projeto 14% mais baixo do que o seu porte bruto de escantilhão). Os navios-tanques de derivados do petróleo em operação que mudem dos produtos escuros para os produtos claros precisam passar por um processo rigoroso de limpeza de tanques.

Tabela 11.7 – Tipos de derivados do petróleo (jan. 2005 a jul. 2006)

	Navios negociados		Carga mt	Carga % das tpb	Carga média '000 toneladas	Navio médio '000 tpb
	Em número	m.tpb				
Gasolina	5.390	254,5	198,5	78%	36,8	47,2
Óleo combustível	3.431	216,6	192,7	89%	56,2	63,1
Gasóleo	1.169	57,5	47,8	83%	40,9	49,2
Nafta	1.002	57,7	45,3	78%	45,2	57,6
Jet/querosene	393	22,2	19,1	86%	48,5	56,6
Condensados	155	11,9	10,3	87%	66,7	76,9
Outros	37	1,8	2,9	166%	79,5	47,8
TOTAL	11.577	622	517	83%	44,6	53,8

Nota: em alguns casos, os navios não têm sido nomeados para as contratações individuais [*individual fixtures*] – como resultado, o "total de toneladas de porte bruto do navio" pode não estar devidamente relatado em relação à tonelagem utilizada na realidade.

Fonte: amostra de contratos de navios-tanques que transportam derivados do petróleo, 2005.

494   *Economia marítima*

O transporte de derivados do petróleo deve ser diferenciado do tráfego mais especializado de partidas de cargas líquidas pequenas, como produtos químicos e óleos vegetais. Estes aparecem no mercado em quantidades que são suficientemente grandes para que se torne dispendioso demais expedi-los em tambores ou em contêineres-tanques, mas não em quantidades suficientemente grandes que justifiquem o afretamento de um navio completo. Isso contribuiu para o desenvolvimento de navios-tanques especializados no transporte de várias cargas líquidas ao mesmo tempo que possuem muitos tanques segregados, tendo de trinta a quarenta tanques com sistemas de bombeamento separados, alguns dos quais com revestimentos especiais para resistir a líquidos tóxicos ou corrosivos. Isso permite que o proprietário de navios carregue muitas cargas líquidas diferentes num único navio. Alguns navios-tanques de derivados do petróleo são projetados com sistemas segregados de manuseio de carga que lhes permitem transportar vários derivados do petróleo diferentes ou operar no mercado mais fácil dos produtos químicos. Uma operação de transporte desse tipo é inevitavelmente mais complexa, envolvendo decisões de investimento planejadas com cuidado, apoiadas por um serviço operacional profissional para calendarizar a carga e garantir que se obtenham níveis de utilização elevados. O transporte de produtos químicos e de outras cargas líquidas especializadas é abordado com mais detalhe no Capítulo 12.

11.9 OS PRINCIPAIS TRÁFEGOS DE GRANEL SÓLIDO

Se o petróleo é a energia da sociedade industrial moderna, os principais granéis são os elementos básicos a partir dos quais ela é construída. O *minério de ferro* e o *carvão de coque* são as matérias-primas envolvidas na fabricação do aço, e o aço é o principal material utilizado na construção de edifícios industriais e domésticos, de veículos motorizados, de navios mercantes, de maquinaria e de uma grande variedade de produtos industriais. O *carvão térmico* é uma fonte importante para a criação de energia. Os alimentos básicos da sociedade industrial moderna são o pão e a carne, os quais precisam de grandes quantidades de *grão* – para a fabricação do pão e como matéria-prima das pecuárias industriais modernas. Ao debater esses tráfegos de granel, preocupamo-nos com todo o desenvolvimento material da economia mundial que utiliza esses produtos.

Em razão de seu volume, os três principais tráfegos de granel são a força motora por trás do mercado de navios de granel sólido. Em 2005, o tráfego totalizou 1,58 bt, representando cerca de um quarto do total da carga marítima e, em termos de tonelagem, aproximadamente o mesmo que o tráfego de petróleo bruto. A Tabela 11.8 apresenta a tonelagem da carga para cada produto primário e a respectiva taxa de crescimento para cada uma das últimas quatro décadas.

Durante as quatro décadas entre 1965 e 2005, os principais tráfegos de granel cresceram a uma média de 4,4% ao ano, mas cada um seguiu um padrão de crescimento diferente. O carvão cresceu muito rapidamente (6,3% por ano), seguido do minério de ferro (3,7% por ano) e do grão (3,1% por ano). Adicionalmente, a tabela mostra que a taxa de crescimento variou de década para década. Por exemplo, o minério de ferro cresceu a 7% ao ano na primeira década, 1%-2% ao ano nas duas décadas seguintes, e 5% na última. Uma das principais razões que levam ao estudo da economia do tráfego de produtos primários é explicar por que ocorrem tais mudanças. Como veremos na breve revisão a seguir, não existe um padrão simples. Cada produto primário tem as suas próprias características industriais, tendências de crescimento e impacto sobre a indústria marítima de granel sólido.

O transporte de cargas a granel

Tabela 11.8 – Os três principais produtos primários a granel transportados por via marítima (mt)

Produto primário	1965	1975	1985	1995	2005	% por ano 1965-2005
Minério de ferro	152	292	321	399	650	3,7%
crescimento em % por ano		7%	1%	2%	5%	
Carvão	59	127	272	403	690	6,3%
crescimento em % por ano		8%	8%	4%	6%	
Grão	70	137	181	184	242	3,1%
crescimento em % por ano		7%	3%	0%	3%	
Total	281	556	774	986	1,582	4,4%
crescimento em % por ano		7%	3%	2%	5%	

Fonte: Fearnleys, *World Bulk Trades*, CRSL.

TRÁFEGO DE MINÉRIO DE FERRO POR VIA MARÍTIMA

O minério de ferro é o maior de todos os principais tráfegos de produtos primários a granel e a principal matéria-prima da indústria do aço, com um tráfego de 590 mt em 2004 (Tabela 11.9). Como o petróleo bruto, o tráfego do minério de ferro é determinado pela localização das plantas de processamento relativamente aos suprimentos da matéria-prima. Durante a Revolução Industrial, as indústrias do aço estavam localizadas próximas das principais fontes de matérias-primas, especialmente o minério de ferro, o carvão e o calcário, e o acesso aos materiais era uma grande preocupação na economia da indústria. Contudo, na medida em que a tecnologia do transporte se desenvolveu, tornou-se claro que a distância que os materiais tinham de percorrer era menos importante do que a estrutura das taxas de frete, do que os serviços de transporte e do que a qualidade das matérias-primas.[25]

Hoje em dia, os avanços tecnológicos na indústria marítima de cargas a granel significam que as siderúrgicas localizadas próximas dos suprimentos das matérias-primas não oferecem mais uma vantagem de custo significativa, sobretudo quando o transporte terrestre é necessário. Por exemplo, no Reino Unido, os minérios de Northamptonshire triplicaram o seu custo em razão do transporte até Middlesbrough, tornando-os incapazes de concorrer com o minério de alta qualidade expedido do Brasil para Middlesbrough por via marítima a cerca de US$ 7 por tonelada.[26] Assim que a demanda do aço se expandiu no século XX, a indústria gravitou para siderúrgicas localizadas ao longo da costa, as quais poderiam importar matérias-primas a um custo mínimo utilizando uma operação de transporte marítimo de cargas a granel integrada cuidadosamente planejada. Com os recursos do mundo acessíveis por via marítima, essa vantagem mostrava que era possível encontrar matérias-primas de qualidade mais elevada do que as existentes localmente, sobretudo nas áreas da indústria tradicional do aço na Europa Ocidental, onde os minérios de melhor qualidade já estavam esgotados.

O protótipo para a moderna operação do transporte integrado de granel sólido foi a siderúrgica construída por Bethlehem Steel em Sparrow's Point, Baltimore, no início da década de 1920. Essa siderúrgica foi especificamente projetada para importar o minério de ferro por via marítima de Cruz Grande, no Chile, tirando partido do recém-aberto Canal do Panamá. Para servir esse tráfego, foi acordado um contrato com o grupo Brostrom, que encomendou dois mineraleiros de 22.000 tpb. Na época, esses eram dois dos maiores navios de carga oceânicos. Os detalhes da operação de transporte marítimo estão registrados da seguinte forma:

O contrato, assinado em 1922, exigia dois navios para transportar minério do Chile através do Canal do Panamá para a planta da Bethlehem Steel Company's, localizada em Sparrow's Point, Baltimore. Os navios não tinham nem equipamento de manuseio de carga convencional nem tampas de escotilha articuladas de aço corrugado. Estas tinham a largura total dos porões, pesavam 8 toneladas cada uma, e eram fixadas sobre vedantes grossos de borracha. O Sveland foi entregue em 9 de abril de 1925 e o Americaland em 29 de junho, e entraram de imediato no serviço projetado entre Cruz Grande e Baltimore. Tratava-se de uma programação rigorosa e o tempo médio gasto no mar em cada ano foi de 320-330 dias. Em Cruz Grande as 22.000 toneladas de carga eram geralmente carregadas em duas horas, embora o tempo recorde tenha sido de 48 minutos. A descarga na outra extremidade precisava de 24 horas. A manutenção de rotina da máquina era efetuada no mar, onde uma das duas máquinas era parada por oito horas por viagem. A pintura era também efetuada quando o navio estava navegando.[27]

Essa estratégia de utilizar navios grandes especialmente projetados para um serviço pendular [shuttle service] entre a mina e a siderúrgica tornou-se uma prática padrão na indústria siderúrgica, e a dimensão do navio aumentou de 120.000 tpb na década de 1960 para 170.000 tpb em 2007, com algumas unidades de 300.000 tpb sendo construídas para tráfegos de minério de ferro estáveis.

O desenvolvimento da indústria do aço na Costa Leste dos Estados Unidos revelou-se uma falsa partida, e grande parte da indústria do aço do país continuou concentrada ao redor dos Grandes Lagos, utilizando os minérios produzidos localmente complementados pelas importações do Canadá pelo do Canal de São Lourenço, enquanto os campos de minério do Labrador estavam sendo desenvolvidos. Como resultado, os Estados Unidos não ocuparam um lugar proeminente no comércio internacional de minério de ferro no pós-guerra.

De fato, e como pode ser visto na Figura 11.11, o principal crescimento das importações de minério de ferro teve origem na Europa Ocidental, no Japão, na Coreia e, mais recentemente, na China. Durante a expansão industrial do período pós-guerra, a demanda de aço cresceu rapidamente. Na Europa e no Japão, esse crescimento foi suprido pela construção de modernas siderúrgicas integradas na costa que utilizavam matérias-primas importadas. No Japão havia pouca escolha, visto que não havia reservas domésticas de minério de ferro e, mesmo na Europa, onde existiam reservas de minério de ferro extensas, estas eram de menor qualidade que a variedade importada. Para os novos desenvolvimentos, o percurso terrestre menor oferecia uma vantagem de custo muito pequena em relação ao transporte marítimo, que utilizava navios graneleiros grandes. Foi a rápida expansão das importações de minério de ferro pela indústria siderúrgica que sustentou a expansão dos navios graneleiros na década de 1960. As companhias de aço japonesas e europeias estavam preparadas para oferecer afretamentos de longa duração e atender aos requisitos regulares de matérias-primas das novas siderúrgicas costeiras. Esses afretamentos deram a muitas companhias de navegação de cargas a granel em crescimento uma base estável sobre a qual podiam apoiar a estratégia de desenvolvimento da sua frota. Contudo, no início da década de 1970, o crescimento diminuiu. Após uma década de expansão, as companhias de aço enfrentaram um excesso de capacidade, e, como pode ser visto na Figura 11.11, durante vinte anos as importações de minério estagnaram. A explicação é que, na Europa e no Japão, a produção de aço atingiu um nível que era suficiente as suas necessidades domésticas correntes: entre 1975 e 2005, a produção de aço na Europa Ocidental caiu de 170 mt para 162 mt; no mesmo período, a produção japonesa oscilou em torno de 110 mt.[28] Existem muitas razões para essa mudança radical na tendência, mas a mais importante foi que as indústrias que utilizavam o aço de forma intensiva (principalmente a construção, os veículos e a construção naval) alcançaram um patamar máximo na sua produção.[29] Como resultado, os maiores importadores do minério de ferro deixaram de crescer.

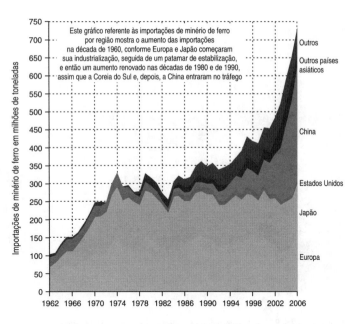

Figura 11.11 – Importações de minério de ferro (1962-2005).
Fonte: *Fearnleys Review* (2005 e edições anteriores).

O ponto de inversão seguinte ocorreu na década de 1980, quando a produção de aço da Coreia do Sul começou a crescer. Uma década mais tarde, isso foi atenuado pela industrialização da China, que em quatro anos, entre 2002 e 2006, durante uma explosão de crescimento repentino, adicionou 300 milhões de capacidade de aço, contribuindo para o aumento do tráfego do minério de ferro até 720 mt.

Embora tenhamos nos concentrado na demanda das importações de minério de ferro por via marítima, o tráfego depende também do desenvolvimento da rede global dos suprimentos do minério de ferro, e o mapa na Figura 11.12 apresenta o padrão que foi desenvolvido. Geralmente por iniciativa das companhias de aço, identificaram-se os recursos de minério de ferro ao longo do globo e levantou-se o capital necessário para desenvolver as minas e instalar a infraestrutura de transporte necessária.

Sem dúvida, os maiores exportadores de minério de ferro são Austrália (206 mt em 2004) e Brasil (205 mt), que conjuntamente representam cerca de 70% das exportações de minério de ferro (Tabela 11.9). As reservas brasileiras de minério de ferro encontram-se no famoso Quadrilátero Ferrífero de Minas Gerais, que exporta pelos portos de Sepetiba e de Tubarão Carajás, e existe uma importante área de produção de minério de ferro no Pará, na região Norte do Brasil, com instalações portuárias em Itaqui equipadas para receber os navios graneleiros de 300.000 tpb. As minas da Austrália encontram-se sobretudo no noroeste do país, e o seu minério é exportado principalmente por Port Hedland, Dampier e Port Walcott.

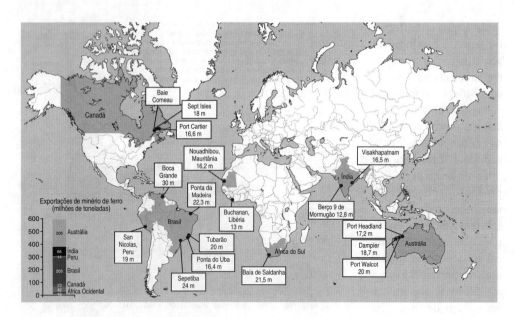

Figura 11.12 – Principais exportadores e importadores de minério de ferro (2005).

Nota: os números apresentados para cada porto indicam o calado máximo aproximado em metros.

Tabela 11.9 – Tráfego do minério de ferro por via marítima (2004)

De: \ Para:	RU/ Cont.	Mediter-râneo	Outros países europeus	Estados Unido	Japão	China	Outros Extremo Oriente	Outros	Total mt	%
Escandinávia	7	1	1			1	0	7	16	3%
Outros países europeus	0					0	1	3	5	1%
África Ocidental	8		1					3	11	2%
África do Sul	7	0	3		10	17	2	2	42	7%
América do Norte	12	1	0		1	2	2	4	23	4%
Brasil	46	2	8	7	27	54	21	38	205	35%
América do Sul Pacífico				0	4	6	3	1	14	2%
Índia	1	0			22	40	4	2	68	12%
Austrália	15	1	1	0	76	70	39	5	206	35%
Total 2004	95	6	14	8	140	190	71	66	590	100%

Fonte: *Fearnleys Review* 2005.

O terço restante do tráfego de minério de ferro é fornecido por uma variedade de pequenos exportadores, dos quais os mais importantes são a Índia, a África do Sul, a Libéria e a Suécia.

SISTEMA DE TRANSPORTE DO MINÉRIO DE FERRO

O minério de ferro é um produto primário de baixo valor, cerca de US$ 40 a tonelada, e é muito denso, com um fator de estiva de 0,3 metro cúbico por tonelada. É quase sempre transportado a granel e em carregamentos de navio completo. Na última década houve uma grande concorrência entre os fornecedores do Atlântico e do Pacífico pelos mercados na Ásia e no Atlântico Norte, conduzindo a um aumento da distância entre a fonte e os mercados e o emprego dos maiores navios possíveis.

Na mina, o equipamento de terraplanagem remove o minério das minas a céu aberto e transfere-o para trens especiais ou caminhões que o deslocam para o porto, onde é colocado em áreas de estocagem. Quando necessário, ele é recuperado e transferido por correia transportadora para o cais, onde é carregado (ver Figura 11.15) por gravidade ou gruas. O navio depois navega para um porto ou para uma siderúrgica, onde o processo é invertido. Todo o sistema está voltado para prever as necessidades da siderúrgica com um fluxo contínuo de minério da mina até a planta. A descarga é efetuada num terminal especial semelhante ao terminal de carga, mas com garras de até 50 toneladas para manusear a carga. O desempenho do sistema é calculado em função da capacidade de manuseio da carga, da estocagem e da disponibilidade dos navios.

Embora as economias de escala que podem ser obtidas por meio da utilização de navios grandes fossem bem conhecidas na década de 1950, a transição dos navios pequenos para os navios grandes foi um processo moroso. Em 1965, 80% de todo o minério de ferro era transportado em navios abaixo de 40.000 tpb; quarenta anos mais tarde, por volta de 2005, 80% eram transportados em navios acima de 80.000 tpb. O processo de introdução de navios grandes foi gradual, com os navios graneleiros construídos para o tráfego aumentando regularmente de 30.000 tpb no início da década de 1960 para 60.000 tpb em 1965, 100.000 tpb em 1969, 150.000 ou mais tpb no início de 1970, e 300.000 tpb na década de 1990. Por exemplo, o Bergeland, entregue em 1991, era um navio de 300.000 tpb projetado exclusivamente para o transporte de minério de ferro, e em 2007 foram encomendados para o tráfego da China quatro navios graneleiros de 388.000 tpb. De fato, a dimensão do navio cresceu com o volume do comércio e com as melhorias nas instalações portuárias, ainda que muitos navios pequenos construídos nos períodos anteriores continuem a ser utilizados.

TRÁFEGO DE CARVÃO POR VIA MARÍTIMA

Como pode ser visto na Figura 11.13, o carvão é o segundo maior tráfego de granel sólido, com importações de 665 mt em 2004 (Tabela 11.10), principalmente na Europa Ocidental e no Japão. É um tráfego complexo, com dois mercados muito diferentes, o do "carvão de coque" utilizado na fabricação do aço e o do "carvão térmico" usado como combustível nas usinas de energia elétrica. Como mostra o gráfico da Figura 11.13, nas décadas recentes os dois tráfegos seguiram ritmos de crescimento muito diferentes, com o tráfego do carvão térmico crescendo rapidamente a 9% ao ano entre 1980 e 2005, enquanto o carvão de coque só conseguiu crescer 2% ao ano.

O carvão de coque é uma das matérias-primas mais importantes para a indústria do aço. Primeiro, o carvão é convertido em coque num forno de coqueria e, depois misturado com o minério de ferro e o calcário para formar uma carga que é introduzida na parte superior do alto-forno. Assim que a carga desce pelo alto-forno, o carbono existente no coque mistura-se com o oxigênio presente no minério de ferro e no fundo do alto-forno, de onde é retirada a gusa, deixando um resíduo de escória. Esse processo exige um tipo especial de carvão. Para realizar esse trabalho satisfatoriamente, o coque "deve ser poroso para permitir a circulação do ar, suficientemente forte para transportar o peso da carga na fornalha sem ser esmagado, e com baixos teores de cinzas e enxofre".[30] Muitas das variedades do carvão existentes localmente não atendem a esses requisitos, e algumas classes são naturalmente mais satisfatórias do que outras.

Transferindo as siderúrgicas para próximo da costa, os fabricantes de aço podem importar as classes de carvão metalúrgico mais adequadas das minas internacionais e misturá-las para lhes dar os requisitos exatos necessários à fabricação de um aço eficiente. Como resultado, as importações do carvão de coque cresceram rapidamente durante a década de 1960, mas estagnaram na década de 1970, da mesma forma que o tráfego do minério de ferro e pela mesma razão. Contudo, quando a China começou a expandir a sua indústria do aço no final da década de 1990, as importações do carvão de coque não se expandiram, porque a China tem enormes reservas de carvão (em 2004, 114 bilhões de toneladas de carvão recuperável) e estava em condições de atender às suas necessidades de carvão de coque a partir de fontes domésticas.

O carvão também é amplamente queimado nas usinas de energia elétrica e concorre com o petróleo e o gás. Durante a década de 1950, a queda do preço do petróleo tornou o carvão não competitivo e, no início da década de 1960, o tráfego do carvão térmico desapareceu. Durante a década que se seguiu, o único carvão que se movimentou por via marítima destinava-se à fabricação do aço. Contudo, durante a década de 1970, com o aumento nos preços do petróleo, o carvão tornou-se mais competitivo, e a sua base de suprimento, mais estável. Levou vários anos para mobilizar a quantidade necessária e criar uma infraestrutura de manuseio.[31] Mas, a partir de 1979, como é claramente visível no gráfico da Figura 11.13, ocorreu um rápido aumento nas importações do carvão térmico.

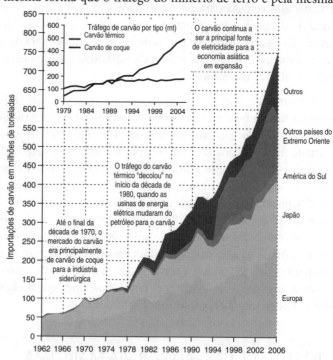

Figura 11.13 – Importações de carvão, 1962-2005.
Fonte: *Fearnleys Review* (2005 e edições anteriores).

Os principais importadores e exportadores de carvão estão representados na Figura 11.14 e na Tabela 11.10. Os principais importadores de carvão são a Europa, o Japão e outros países do Extremo Oriente. A Europa e o Japão utilizam quantidades substanciais de carvão de coque, assim como a Coreia do Sul, que pertence à categoria "Outros no Extremo Oriente", mas a geração de energia é também um mercado substancial, e existem muitas usinas de energia elétrica espalhadas ao longo da Ásia que importam o carvão por via marítima. A Austrália contribui com mais de um terço das exportações, seguida da Indonésia e de um número de pequenos exportadores, como a Colômbia (Caribe da América do Sul) e o Canadá. Um dos atrativos do carvão em relação ao petróleo é a existência de uma grande variedade de diferentes fornecedores. Durante a expansão de 2006, a China começou a reduzir as suas exportações e a aumentar as suas importações de carvão. Do lado da exportação, a Austrália foi responsável por 225 mt de carvão em 2004, representando cerca de um terço do tráfego de exportação do carvão, seguida da Indonésia com exportações da ordem de 106 mt e da China com 85 mt, enquanto a África do Sul, a Colômbia e a Polônia forneceram em conjunto cerca de 50 mt. Na Austrália, as maiores reservas de carvão encontram-se em Queensland e em Nova Gales do Sul, que em 2004 produziram 169 mt e 117 mt, respectivamente. O carvão da África do Sul é expedido por ferrovia para a Baía de Richards para ser exportado. No Canadá, as minas ficam sobretudo na Colúmbia Britânica, onde 20 bilhões de toneladas de reservas encontram-se acessíveis na superfície ou a pouca profundidade. A maioria do carvão exportado da Colúmbia Britânica é originária das bacias carboníferas de Kootenay e de Peace River, que estão aos pés das Montanhas Rochosas. O carvão é expedido a 700 milhas por ferrovia para ser exportado pelos terminais de manuseio a granel localizados em Vancouver, sobretudo para os mercados asiáticos.

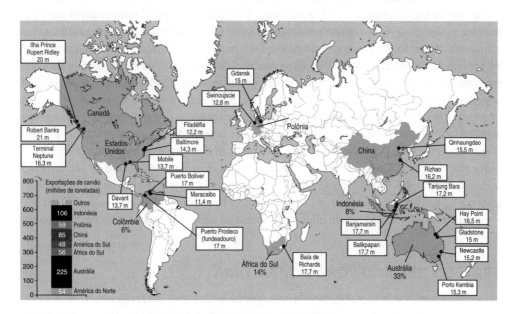

Figura 11.14 – Principais exportadores e portos de carvão (2005).

Nota: os números apresentados para cada porto indicam o calado máximo aproximado em metros.
Fonte: *Fearnleys Review* 2005.

Tabela 11.10 – O tráfego de carvão por via marítima (2004)

Para: De:	Europa	América do Sul	Japão	Outros do Extremo Oriente	Outros	Total mt	Total %
América do Norte	23	8	10	9	3	54	8%
Austrália	29	10	103	59	23	225	34%
África do Sul	46	2		1	6	56	8%
Caribe da América do Sul	25	2	0	0	21	48	7%
China	4	1	29	44	7	85	13%
Antiga União Soviética	42	0	9	7	1	59	9%
Outros do Leste Europeu	13	0			1	14	2%
Indonésia	14	1	25	55	10	106	16%
Outros	4	1	4	8	1	17	3%
Total	200	26	180	184	75	665	100%
	30%	4%	27%	28%	11%	100%	

Fonte: *Fearnleys Review* 2005.

Os navios graneleiros utilizados no tráfego de carvão são geralmente menores do que os utilizados no tráfego do minério de ferro – a análise na Tabela 11.1 mostra que os navios que transportam o minério de ferro tinham em média 148.000 tpb, em comparação com 109.000 tpb do transporte de carvão. A principal razão parece ser o menor volume de carvão de coque utilizado no processo de fabricação do aço, em relação ao minério de ferro, o seu maior volume para estocar, o valor mais elevado e o risco de combustão espontânea em grandes quantidades de carga. O complexo de Hunter Valley/Porto de Newcastle, na Austrália, constitui um exemplo do sistema de transporte a carvão. O Porto de Newcastle atende ao comércio de exportação de mais de trinta minas de carvão no Hunter Valley, que se localiza na retaguarda de Newcastle. O carvão movimenta-se por ferrovia por meio dos pátios de triagem até duas áreas de estocagem nos portos. O porto tem três carregadores de carvão que carregam até quatro navios de uma só vez, navios de somente 10.000 tpb a 150.000 tpb. O calado é mantido a 15,2 metros por um programa de dragagens que é pago pelas companhias de carvão e de aço. O equipamento de manuseio da carga utilizado para o carvão é muito semelhante ao do sistema de minério de ferro anteriormente descrito.

TRÁFEGO DE GRÃO POR VIA MARÍTIMA

Embora o grão se encontre agrupado com o minério de ferro e o carvão como um dos principais granéis, ele é um negócio muito diferente, quer em termos econômicos, quer em termos marítimos. Enquanto o minério de ferro e o carvão fazem parte de uma operação industrial cuidadosamente estruturada, o grão é um produto primário agrícola, sazonal do ponto de vista comercial e irregular em termos de quantidade e de rotas. Consequentemente, é mais difícil otimizar, ou mesmo planejar, e o tráfego depende fortemente da tonelagem de uso geral retirada do mercado de afretamentos.

Em 2005, o tráfego do grão foi de 236 mt (Tabela 11.1). O grão é usado tanto na alimentação humana como na alimentação animal, na produção de carne. O trigo contabilizou cerca de metade do tráfego do grão, a maioria destinada ao consumo humano; a outra metade incluía o milho, o centeio e as sementes oleaginosas utilizadas sobretudo na alimentação de animais. A Figura 11.15 apresenta o padrão do tráfego. Durante a década de 1960, o tráfego de grão foi dominado pela Europa e pelo Japão, que representaram mais de dois terços das importações de grão. Em termos de tonelagem, esse setor comercial manteve-se bastante estático durante a década de 1970 e início da década de 1980. Quase todo o crescimento na quantidade das importações por via marítima derivava da entrada no mercado do Leste Europeu, incluindo a URSS, e dos países em desenvolvimento. Depois de 1980, o tráfego cresceu mais devagar e, em 2005, as participações dos tráfegos da Europa e do Japão caíram para 10% e 12%, respectivamente. Outros países do Extremo Oriente (29%), particularmente a China, as Américas (16%) e a África (17%) tornaram-se, no seu conjunto, muito importantes (Tabela 11.11, coluna do lado direito).

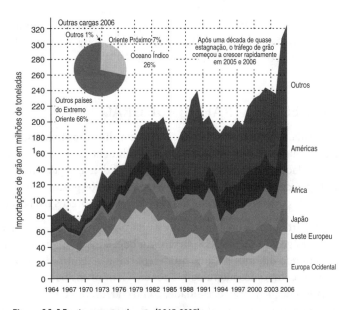

Figura 11.15 – Importações de grão (1965-2005).
Fonte: *Fearnleys Review* (2005 e edições anteriores).

A tendência crescente nas importações de grão por via marítima apresentada na Figura 11.15 foi até certa medida direcionada pela maior tendência para o consumo de carne com níveis de renda mais elevados. Por tipo de produtos primários, em 2004, o tráfego de grão por via marítima dividia-se entre trigo (104 mt) e cereais secundários (105 mt), a maioria dos quais serve para alimentar os animais.[32] O padrão da dieta que está subjacente a essa situação e o seu impacto sobre a demanda de grão na era pós-1945 são descritos por Morgan da seguinte forma:

> O crescimento da renda colocou mais dinheiro nos bolsos das pessoas para comprar comida. Milhões de famílias entraram em dietas que incluíam mais pão, carne e aves. O gado e as aves, mais que as pessoas, tornaram-se o principal mercado do grão norte-americano, e o grão de soja e o milho posicionaram-se juntamente com a gasolina para os aviões e os computadores como as principais exportações do país. À medida que um número maior de países aspirou a essa dieta baseada em grão, aumentou a necessidade dele.[33]

Entre 1950 e 2004, a produção global de carne aumentou em cinco vezes, de 46 mt para 248 mt, e as taxas de produção *per capita* saltaram de 18 quilogramas para 40,5 quilogramas.[34]

Os 15 bilhões de animais de criação mantidos para suprir essa demanda precisavam em média de cerca de seis unidades de ração para cada unidade de carne produzida,[35] e em muitos casos mais uma ração adicional, como o pasto. Os frangos destinados à produção de carne são os mais eficientes, necessitando de 3,4 quilogramas de ração (expresso em valor alimentar equivalente de milho) para produzir 1 quilograma de um frango pronto para cozinhar. Os porcos são os menos eficientes, com uma razão de ração para a carne de 8,4:1; para os ovos de 3,8:1; para o bife, cerca de 7,5:1; e para o queijo de 7,9:1.

MODELO DO TRÁFEGO DE GRÃO

Dada a importância da relação entre a alimentação humana e a alimentação animal, vale a pena olhar para a economia do tráfego alimentar. Trata-se de um modelo de oferta-demanda típico daquele discutido no Capítulo 10. A demanda de alimentos depende da renda, da população, das calorias ingeridas diariamente e dos gostos dos consumidores, enquanto a oferta depende do terreno, da renda, das políticas, dos preços e da eficiência da conversão alimentar.

É particularmente importante a relação entre a renda e a demanda alimentar. O estatístico Ernst Engel, do século XIX, descobriu que, à medida que a renda aumenta, a proporção gasta em comida diminui.[36] Também descobriu que, dentro do orçamento alimentar, o tipo de alimentos comprados altera com a renda. Com níveis baixos de renda, a demanda concentra-se em bens de primeira necessidade, como o arroz, os cereais e os vegetais, mas assim que a renda aumenta existe uma tendência aos produtos animais, como a carne e os laticínios, em substituição dos alimentos de primeira necessidade, como os cereais, as plantas de raiz e o arroz. Se definirmos "elasticidade-renda" como o aumento percentual para 1% de aumento na renda, verificamos que a alimentação relacionada com os animais (ou seja, carne e laticínios) tende a ter uma elasticidade-renda mais elevada do que grão, vegetais e arroz.[37] As taxas de conversão alimentar abordadas anteriormente significam que à medida que, a renda aumenta, ocorre um crescimento rápido na demanda por esses produtos animais, o qual tem um efeito multiplicador na demanda de rações, e isso é transmitido ao tráfego de cereais.

O lado da oferta do modelo do tráfego alimentar é igualmente complexo. A produção agrícola depende da produtividade agrícola e da área dos terrenos agrícolas. Os preços, as medidas políticas e as variações de estoque também são variáveis importantes. Até os primeiros anos do século XX, a maior parte do aumento mundial na produção agrícola veio de um aumento da área agrícola (por exemplo, a abertura das terras de grãos da América do Norte), e de um aumento na quantidade de trabalho utilizada. Contudo, durante o século XX, a produtividade agrícola aumentou e a quantidade de terra arável manteve-se bastante constante. Foram obtidas produtividades mais elevadas a partir de uma maior aplicação de fertilizantes, de variedades melhores de sementes, da mecanização, dos pesticidas e de técnicas agrícolas melhores. Existem diferenças de produtividade ao redor do mundo. Por exemplo, o nível médio da produção cerealífera francesa por trabalhador é dez vezes maior do que a do Japão e quarenta vezes maior do que a da Índia.

Embora, no curto prazo, o tráfego de grão seja influenciado por condições locais como as colheitas, no longo prazo uma alteração na demanda é influenciada pela renda, pelos preços e, no lado da oferta, pelos níveis de produtividade. Nos últimos vinte anos, o crescimento rápido das importações asiáticas, africanas e americanas (ver Figura 11.15) foi uma resposta dada ao crescimento da renda, à elasticidade-renda elevada dos produtos animais nesses países e à

O transporte de cargas a granel

necessidade de importar rações para animais. Como no tráfego de petróleo, o efeito de substituição dos preços não deve ser subestimado.

TRANSPORTE DE GRÃO

O grão é comercializado numa grande variedade de rotas, e a Tabela 11.11 apresenta os principais volumes do tráfego. Os Estados Unidos são de longe o maior exportador, representando 46% do comércio com os outros fornecedores que vêm da Austrália (10%) e da América do Sul, sobretudo da Argentina. As importações são muito dispersas, sendo o Extremo Oriente (29%) o maior mercado, seguido da África (17%), das Américas (16%), do Japão (12%) e do Oceano Índico. O fluxo comercial médio é de somente 5 mt, embora a maior rota apresentada nessa matriz ocorra entre os Estados Unidos e o Extremo Oriente.

Por se tratar de uma colheita agrícola, sujeita aos caprichos do tempo e com muitos portos pequenos, o sistema de transporte precisa ser flexível. Como exemplo do sistema de transporte de grão, consideramos o processamento do trigo canadense em bens de consumo. O trigo é colhido por grandes máquinas agrícolas nas pradarias canadenses, transportado por caminhão do campo para um elevador de grão e transferido por uma correia transportadora ou por um sistema de ar comprimido (pneumático). Durante as grandes colheitas ou quando a demanda é baixa, essas instalações de estocagem podem se tornar inadequadas; no passado, os agricultores foram obrigados a armazenar o grão em sacos em qualquer armazém coberto que estivesse disponível. Do elevador, o grão é levado por gravidade para um vagão ferroviário e expedido para o porto, onde é descarregado do vagão por meio da abertura de uma tremonha que existe no fundo do vagão para que o grão caia sobre uma correia transportadora localizada por debaixo dos trilhos. Dali, a correia transportadora transfere o trigo para um elevador, onde aguarda a transferência para um navio mercante. Naturalmente, o elevador deve ter grão suficiente para encher o navio.

Tabela 11.11 – Tráfego marítimo de grão, 2004

Para: / De:	Estados Unidos	Canadá	América do Sul	Austrália	Outros	Total	
						mt	%
Golfo/continente	2,8	0,7	6,0	0,0	0,3	9,8	4%
Total Europa	5,0	1,8	8,9	0,7	7,4	23,9	10%
África	14,6	2,2	7,4	3,8	12,0	40,1	17%
Américas	26,5	3,2	7,8	0,2	0,2	37,9	16%
Oriente Próximo	3,6		1,0	0,1	2,9	7,6	3%
Oceano Índico	2,1	0,8	4,7	6,7	5,0	19,2	8%
Japão	22,8	1,7	0,8	2,7	0,7	28,6	12%
Outros do EO	30,1	5,2	16,4	9,9	6,7	68,4	29%
Outros e não especificados				0,5		0,5	0%
Total	107,6	15,7	53,0	24,6	35,1	236,0	100%
% do total	46%	7%	22%	10%	15%	100%	

Fonte: *Fearnleys Review* (2005).

Na outra extremidade da viagem, o processo é invertido e o grão é descarregado do navio para um elevador de grão (ou seja, um silo) e expedido para uma fábrica de farinhas ou para um produtor de alimentos compostos para animais, onde é novamente estocado em silos. Dos silos é movimentado para as instalações de moagem por meio de uma correia transportadora ou de um transportador pneumático. A farinha acabada, que sai do outro lado da linha, é empacotada para o mercado de consumo ou expedida a granel por ferrovia e rodovia para as panificadoras, para outros grandes usuários industriais ou para os agricultores.

Na panificadora a farinha é novamente colocada num silo ou numa tremonha e transportada por correia para uma unidade de mistura, onde a massa é preparada, assada em fornos como pão ou na forma de outros produtos, enviada para uma máquina de embalagem e conduzida em caminhões para entrega. Em muitos casos, a primeira vez em que o produto é manuseado como uma unidade única é quando o consumidor o pega na prateleira. Um tal sistema de transporte integrado só é possível com uma atenção cuidadosa dada aos sistemas de manuseio dos materiais necessários dentro de cada processo e às transferências dos materiais entre processos.

Apesar dessa organização, o transporte marítimo de grão não é gerenciado da mesma forma cuidadosa que os produtos primários industriais. Como o tráfego é sazonal e flutua com as colheitas nas regiões exportadoras e importadoras, os embarcadores dependem muito do mercado aberto, utilizando os navios que se encontram disponíveis. Essas flutuações não são previsíveis, portanto, o planejamento do transporte é muito difícil e complexo. O carregamento de cargas acima de 70 mil toneladas envolve uma programação cuidadosa da entrada de barcaças ou de vagões fechados de origens muito diversas, frequentemente no pico da estação. A descarga pode ser igualmente perigosa, pois existem problemas para garantir a chegada em tempo de uma grande quantidade de barcaças e de navios costeiros, e as penalizações por um embarque com avarias e as taxas de sobre-estadia crescem mais rapidamente com as cargas maiores.[38] Por essa razão, é mais difícil introduzir os navios grandes no tráfego de grão do que nos tráfegos do minério de ferro e de carvão, e frequentemente existe congestionamento.

A Figura 11.16 apresenta os principais portos exportadores de grão em relação às áreas produtoras de grão de onde retiram os seus suprimentos. Em 2004, mais da metade de todas as exportações de grão eram expedidas do Canadá e dos Estados Unidos (ver Tabela 11.11), portanto, essa é, sem dúvida, a área de carregamento mais importante. Essencialmente, os portos do Golfo dos Estados Unidos e da Costa Leste atendem ao tráfego do sul das planícies dos Estados Unidos, com os Grandes Lagos e o São Lourenço servindo o nordeste. A produção de Saskatchewan e Alberta é sobretudo embarcada pelos portos da Costa Oeste, especialmente Vancouver. As limitações às dimensões variam consideravelmente, embora os portos no baixo São Lourenço e em Nova Orleans possam carregar navios acima de 100.000 tpb. Os três outros principais exportadores foram a Argentina, a Austrália e a União Europeia.

11.10 OS TRÁFEGOS SECUNDÁRIOS DE GRANEL SÓLIDO

O terceiro e mais variado setor dos tráfegos de granel são os minérios secundários, um misto de mercadorias que geraram bilhões de toneladas de carga em 2005, transportada sobretudo em pequenos navios graneleiros, mas os serviços de contêineres também concorrem por muitas dessas mercadorias. Como mostra a Tabela 11.12, esse grupo inclui um misto

O transporte de cargas a granel

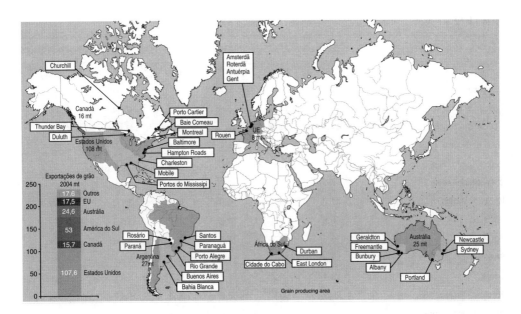

Figura 11.16 – Principais exportadores e portos de grão (2005).
Fonte: CRSL, *Dry Bulk Trade Outlook*, 2005.

de matérias-primas e de produtos semimanufaturados divididos em seis grupos: os granéis agroalimentares, o açúcar, os fertilizantes, os metais e minerais, os produtos siderúrgicos e os produtos florestais. Essa não é uma lista completa, e as estatísticas incluem algo do tráfego terrestre, mas cobre os principais itens e dá uma indicação razoável das tendências de crescimento. Nem toda essa carga é transportada em navios graneleiros. Os embarcadores utilizam o tipo de operação de transporte marítimo mais econômico para a sua carga específica; geralmente eles utilizam os navios graneleiros, mas os serviços de contêineres ou os serviços de navios multipropósitos concorrem pelas partidas de carga menores. Essa variedade de modos de transporte, combinada com o fato de que muitas dessas mercadorias a granel secundárias são semiprocessadas, torna a análise mais complexa do que para a maioria dos principais tráfegos de granel.

Tabela 11.12 – Tráfegos de granel secundário selecionados (mt)

	1985	1990	1995	2000	2005	% por ano crescimento 1985-2005
1. Granéis agroalimentares						
Sementes de soja	25,5	28,2	32,2	45,5	64,9	4,8%
Farelo de soja	23,2	26,0	30,9	39,0	45,4	3,4%
Sementes oleaginosas/farelos	19,0	21,0	21,9	28,3	19,8	0,2%
Arroz	11,3	12,1	20,9	22,8	27,8	4,6%
Total dos granéis agroalimentares	79,0	87,3	105,9	135,6	157,8	3,5%
Percentagem % por ano		2%	4%	6%	3%	

(*continua*)

Tabela 11.12 – Tráfegos de granel secundário selecionados (mt) (*continuação*)

	1985	1990	1995	2000	2005	% por ano crescimento 1985-2005
2. Açúcar						
Açúcar branco	9,9	10,5	17,9	16,1	21,4	3,9%
Açúcar em bruto	17,0	18,0	16,1	20,4	24,9	1,9%
Total de açúcar	27,8	28,5	34,1	36,5	46,3	2,6%
Percentagem % por ano		0%	4%	1%	5%	
3. Fertilizantes						
Rocha fosfática	43,0	35,0	30,0	30,0	31,0	–1,6%
Fosfatos	9,6	9,9	14,2	14,7	16,6	2,8%
Potassa	16,6	17,7	20,6	23,3	26,0	2,3%
Enxofre	17,3	17,7	16,6	20,4	22,4	1,3%
Ureia	9,4	9,7	11,2	11,7	12,7	1,5%
Total dos fertilizantes	95,9	90,1	92,6	100,1	108,7	0,6%
Percentagem % por ano		–1%	1%	2%	2%	
4. Metais e minerais						
Bauxita e alumina	44,0	49,0	50,0	53,0	73,0	2,6%
Minério de manganês	8,2	7,1	5,4	6,7	11,0	1,5%
Coque	12,5	11,8	17,2	24,4	24,7	3,5%
Cimento	50,0	49,0	53,0	45,5	60,0	0,9%
Sucata	25,5	35,8	51,1	62,4	93,5	6,7%
Gusa	10,6	13,2	14,4	13,1	17,0	2,4%
FRS/FBQ[a]	0,8	1,8	3,8	6,7	7,2	11,6%
Sal e carbonato de soda	18,0	20,1	22,2	23,0	23,9	1,4%
Total de metais e minerais	169,6	187,8	217,1	234,8	310,3	3,1%
Percentagem % por ano		2%	3%	2%	6%	
5. Produtos siderúrgicos						
Produtos siderúrgicos	170,0	168,0	198,0	183,7	217,0	1,2%
6. Produtos florestais						
Produtos florestais	131,0	157,0	167,0	161,0	169,9	1,3%
Total dos granéis secundários	673,3	718,6	814,6	851,7	1.010,1	2,0%
Percentagem % por ano		1,3%	2,7%	0,9%	3,7%	

Fonte: CRSL, USDA, IISI, IBJ e vários.
[a] Ferro reduzido seco/ferro briquetado a quente [*dry reduced/hot briquetted iron*].

TRÁFEGOS DE GRANÉIS AGROALIMENTARES

Como um grupo, os tráfegos agroalimentares são quase tão grandes quanto o tráfego de grão, com 158 mt expedidas em 2005 e uma taxa média de crescimento de 3,5% ao ano. As mercadorias principais transportadas são o grão de soja (65 mt), o farelo de soja (45 mt), vários outros farelos vegetais e arroz. O grão de soja é uma cultura global importante, com uma produ-

O transporte de cargas a granel   **509**

ção mundial em 2005 de 205 mt. Mais da metade é transportada por via marítima, e os Estados Unidos foram o maior país produtor, com uma produção de 75 mt, em seguida vêm Brasil (50 mt), Argentina (38 mt) e China (17 mt). O grão é processado em óleo vegetal e em farelo de soja, que é utilizado na alimentação animal. Cerca de 60% do tráfego é embarcado sob a forma de grão, que é processado no mercado, e os 40% restantes são processados para serem embarcados como óleo (ver os navios químicos no Capítulo 12) e como farelo de soja. A China representou um terço das importações, após um aumento na demanda interna no final da década de 1990 e de uma produção estagnada. As importações vieram sobretudo da Argentina e do Brasil. A União Europeia é outro grande importador, principalmente para alimentação animal.

Em 2005, os maiores importadores de farelo de soja foram a União Europeia (20-22 mt), a Europa central (3,5 mt), a Tailândia (2 mt), a Coreia do Sul (1,5 mt), a Indonésia (1,5-2 mt), o Japão (1-1,5 mt), as Filipinas (1-1,5 mt) e o Canadá (1-1,5 mt). Os principais exportadores foram a Argentina (19-20 mt), o Brasil (14-15 mt), os Estados Unidos (4-6 mt), a Índia (3-4 mt) e a União Europeia (2 mt).

TRÁFEGO DO AÇÚCAR

O açúcar consiste em três tráfegos: o açúcar bruto (carregado solto a granel em partidas de carga médias da ordem de 12.200 toneladas), o açúcar refinado (geralmente embarcado em sacos em partidas de carga média da ordem de 5.600 toneladas) e os melaços (produto derivado do açúcar e expedido em navios-tanques, portanto não abordado aqui). O tráfego do açúcar apresenta um padrão que vemos repetidas vezes nos tráfegos dos granéis secundários. Durante o período de vinte anos analisado na Tabela 11.12, o volume do tráfego aumentou 2,6% ao ano. Contudo, esse valor resulta de um compromisso entre o tráfego do açúcar bruto, que durante parte do período estagnou e por vinte anos cresceu somente a uma taxa média de 1,9% ao ano, e o tráfego de açúcar branco processado, que cresceu vigorosamente à taxa de 3,9% ao ano.

Em 2004, a produção mundial de açúcar foi de 280 mt, e o tráfego total nesse ano foi de 46 mt, portanto, somente 16% da colheita total de açúcar é comercializada. O açúcar propriamente dito é produzido da beterraba açucareira nas áreas temperadas ou da cana-de-açúcar nos trópicos, então, os volumes dependem fortemente dos fatores econômicos e políticos relativos que determinam a divisão entre essas duas fontes. Por exemplo, em 2004, a União Europeia produziu 22 mt de açúcar, importou 2,4 mt, exportou 4,3 mt e consumiu 17,7 mt. Essa situação torna a previsão traiçoeira.

Em 2004, mais de noventa países exportaram açúcar, e os principais encontram-se listados na Tabela 11.13. O Brasil foi o maior, com 16 mt de exportações, seguido da Tailândia, da Austrália e da União Europeia, cada um deles exportando 4 mt. Cerca de um quarto do tráfego é de 91 exportadores pequenos, sobretudo nas áreas tropicais. Muitos países (como a Costa Rica, o Paquistão e a Indonésia) produziram açúcar como cultura de rendi-

Tabela 11.13 – Tráfego do açúcar em milhões de toneladas (2004)

Exportações		Importações	
Brasil	16,3	Federação Russa	3,6
Tailândia	4,9	UE	2,4
Austrália	4,3	Golfo Pérsico	1,8
UE	4,3	Indonésia	1,7
Cuba	1,9	República da Coreia	1,6
Golfo Pérsico	1,5	Estados Unidos	1,4
91 outros países	12,6	140 outros países	33,2
Mundo	45,8	Mundo	45,9

Fonte: Organização Internacional de Açúcar [*International Sugar Organization*].

mento e têm exportações de somente algumas centenas de milhar no máximo. Nesses países, as instalações de carregamento são frequentemente muito pobres, e, visto que o tráfego é sazonal e altamente fragmentado, há pouco incentivo para melhorá-las. Como resultado, o tráfego utiliza principalmente os navios pequenos. O tráfego de importação é extremamente disperso, com mais de 140 países importando açúcar, e os seis primeiros listados na Tabela 11.13 representam pouco mais de um quarto das importações. Portanto, esse é um tráfego muito difuso que ocupa a posição final do mercado marítimo a granel, com uma sobreposição substancial sobre o setor dos contêineres.

TRÁFEGO DE FERTILIZANTES

Em 2005, o tráfego de fertilizantes foi de 77 mt e, embora relativamente pequeno, é uma parte vital da economia mundial. Nos últimos cinquenta anos, a terra arável existente não aumentou significativamente, e o crescimento da produção mundial de alimentos depende de produtividades crescentes. Nisso desempenha um papel fundamental a aplicação de fertilizantes, muitos dos quais viajam por via marítima. Os nutrientes básicos dos fertilizantes são o nitrogênio, que é obtido por meio da fixação do nitrogênio atmosférico; o fosfato, derivado sobretudo da rocha fosfática; a potassa; e o enxofre. O processo de produção é resumido na Figura 11.17. Os produtos intermédios são a amônia, o ácido nítrico, o ácido fosfórico e o ácido sulfúrico, que são utilizados para produzir os vários fertilizantes listados na coluna 3.

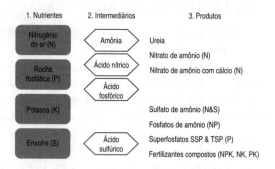

Figura 11.17 – Processos de produção dos fertilizantes manufaturados.

Fonte: Associação Europeia dos Produtores de Fertilizantes.

Esses processos de produção podem ter lugar na origem, próximo do mercado, ou em alguma localização intermediária, e a localização dessas atividades está sujeita a fatores políticos e econômicos. Além disso, os quatro produtos intermediários são químicos tóxicos, frequentemente transportados em navios químicos ou em navios-tanques transportadores de gases (no caso da amônia), como abordado no Capítulo 12. Aqui, preocupamo-nos sobretudo com as rochas fosfáticas, os fosfatos, a potassa, o enxofre e os vários fertilizantes manufaturados, dos quais os mais importantes são o sulfato de amônia e a ureia. Apresentam-se geralmente em pó ou em granulado, e podem ser transportados a granel ou ensacados num navio graneleiro ou em contêineres.

Rocha fosfática

Hoje em dia, quase todos os fertilizantes fosfáticos são derivados da rocha fosfática. De acordo com a Sociedade Geológica dos Estados Unidos [*US Geological Survey*], as "reservas" da rocha fosfática (*i.e.*, os depósitos que são viáveis com a tecnologia atual) são de somente 11 bilhões de toneladas. A maior parte dessas reservas encontra-se localizada no Marrocos (5,9 bilhões de toneladas) e nos Estados Unidos (1,2 bilhão de toneladas), embora esse país produza um pouco mais de rocha que o Marrocos, apesar das suas reservas menores. Há

O transporte de cargas a granel

vinte anos, a maioria dessa rocha era expedida em bruto para as instalações industriais de formulação de fertilizantes localizadas próximas do mercado, mas depois desse período tornou-se mais comum o processamento na origem. Por exemplo, no caso dos Estados Unidos, as exportações de rocha caíram de 6,9 mt em 1990 para somente 3 mil toneladas em 2004. Como resultado, entre 1985 e 2005 o tráfego de rocha fosfática caiu cerca de 1,6% por ano (Tabela 11.12), de 43 mt para 31 mt, apesar de ter aumentado brevemente durante a última década. O crescente processamento na origem resultou num tráfego crescente de produtos, como os fosfatos e o ácido fosfórico, dos quais 5 mt foram comercializados em 2005, sobretudo na Ásia.

Os principais importadores de rocha fosfática são a Europa Ocidental e o Japão. Visto que o tamanho médio das indústrias processadoras é relativamente pequeno e, frequentemente, estão localizadas em áreas rurais, a dimensão das partidas de carga mantém-se pequena, com muito pouco incentivo para utilizar navios graneleiros muito grandes, exceto nas principais rotas, como no Atlântico Norte. Os principais exportadores de rocha fosfática são Marrocos, Estados Unidos e Rússia.

Fosfatos

Este tráfego cresceu de 9,6 mt, em 1985, para 16,6 mt, em 2005. Consiste sobretudo em fertilizantes de fosfato, como o fosfato diamônico exportado dos Estados Unidos, da África e da antiga União Soviética para uma grande variedade de países.

Potassa

No tráfego dos fertilizantes, o termo "potassa" refere-se aos fertilizantes potássicos. O potássio é essencial no crescimento das plantas, e os fertilizantes potássicos exercem essa função. Aproximadamente 95% da produção mundial de potássio é usada nos fertilizantes, o restante é utilizado em vários produtos químicos. O cloreto de potássio é o fertilizante de potássio mais comum, seguido do sulfato de potássio. O mundo tem 8,4 bilhões de toneladas de reservas de rocha com potássio que podem ser exploradas comercialmente.

A produção mundial de potassa (equivalente ao óxido de potássio) é da ordem de 32 mt por ano, das quais três quartos são produzidos no Canadá, na Rússia, na Alemanha e em Belarus. Em 2005, o tráfego dos fertilizantes potássicos totalizava 26 mt, dos quais 10 mt eram importados pela Ásia, 5 mt pela América Latina, 5 mt pelos Estados Unidos e 3 mt pela Europa Ocidental. Grande parte do tráfego dos Estados Unidos é feita por terra, e não pelo mar.

Enxofre

Trata-se de é um tráfego de granel pequeno, com 27 mt de importações em 2005. Os maiores importadores são a Europa Ocidental, vários países em desenvolvimento (em especial a Índia e o Brasil), a Austrália, a Nova Zelândia e a África do Sul. O enxofre é transportado quer na forma sólida (moído, em flocos, em aparas ou peletizado), quer como líquido fundido. Embora o enxofre sólido possa ser expedido num navio graneleiro convencional ou em navios de cobertas, não é uma carga fácil. Entra facilmente em ignição, há perigo de explosão do enxofre em pó, é extremamente corrosivo e, em condições de extrema umidade, pode produzir um gás

512 *Economia marítima*

de ácido sulfídrico que é venenoso. Por essas razões, foi construída uma série de navios especializados no transporte de enxofre sólido, que incorporam várias características como casco duplo (para que o casco interior possa ser facilmente limpo e substituído quando corroído), escotilhas seladas, equipamento especial para a monitorização de gases, equipamento para lavagem intensiva dos porões e ventilação mecânica. A transformação do enxofre em flocos ou a peletização trouxe algumas melhorias, embora o transporte desse produto primário continue a ser difícil.

Para expedir o enxofre na sua forma líquida, são necessários navios-tanques especiais, com serpentinas de aquecimento, tanques em aço inoxidável, equipamento especial de válvulas e sistemas de gás inerte para evitar as explosões. Embora esses navios possam ser utilizados no transporte de outros produtos químicos, o contrário não é verdadeiro – geralmente, os navios químicos convencionais não são adequados para o transporte de enxofre. Adicionalmente, são necessárias instalações especiais de carga e de descarga, de tal forma que o tráfego é feito com um contrato de longo prazo. Portanto, esse é um tráfego para o qual os navios devem ser especialmente construídos ou convertidos.

Existem alguns problemas de manuseio, embora geralmente necessitem de uma armazenagem coberta, pois é provável que o sulfato de amônio absorva água da atmosfera, se não estiver protegido. Visto que a agricultura é o seu mercado final, as partidas de carga individuais tendem a ser relativamente pequenas, portanto, não é uma mercadoria que tende a ser transportada em partidas de carga de 40 mil toneladas. Muitos embarques destinam-se a pequenos portos nas áreas rurais e podem ser somente de alguns milhares de toneladas. No tráfego dos fertilizantes, outro fator que limita a dimensão do navio é o fato de que 70% do tráfego se destina a países em desenvolvimento e metade a importadores muito pequenos, e mesmo os maiores aceitam apenas algumas centenas de milhares de toneladas. Isso resulta num tráfego que viaja predominantemente em navios compreendidos no intervalo entre 10.000 tpb e 18.000 tpb, enquanto a outra parte continua a ser transportada por contêiner.

Ureia

É um fertilizante nitrogenado amplamente comercializado com 46,4% de teor de azoto. São produzidas cerca de 100 mt anualmente a partir de amônia sintética e de dióxido de carbono, podendo ser expedida sob a forma comprimida, em grânulos, flocos, péletes, cristais ou solução. Mais de 90% da produção mundial é utilizada como fertilizante, e em 2005 o comércio marítimo foi de 12,7 mt.

TRÁFEGO DOS METAIS E DOS MINERAIS

Este grupo importante e diverso de granéis secundários inclui um misto de produtos relacionados com a indústria metalúrgica e com outros materiais industriais. Em 2005, o tráfego totalizou 310 mt, tendo crescido 3,1% ao ano nos vinte anos anteriores. Contudo, a taxa de crescimento entre 2000 e 2005 foi quase o dobro, dem virtude de um forte aumento nos tráfegos da bauxita, do cimento, da sucata e da gusa. Certamente, isso esteve associado à expansão da indústria chinesa.

O transporte de cargas a granel

O minério de bauxita é a matéria-prima da qual é feito o alumínio, enquanto a alumina é o seu produto semirrefinado. São necessárias 5,4 toneladas de bauxita para produzir 2 toneladas de alumina, das quais se produz 1 tonelada de alumínio para fundição. Em 2004, os embarques de minério de bauxita e de alumina totalizaram 73 mt.

O tráfego de bauxita e de alumina segue o padrão industrial conhecido que já abordamos no âmbito do petróleo, do minério de ferro e do carvão, mas com algumas características especiais. No início da década de 1950, o tráfego era dominado pelas importações do Caribe pela América do Norte, mas na década de 1960 a Europa e o Japão entraram no tráfego em grande escala. Embora o alumínio seja utilizado em menor escala que o aço, tem encontrado novos mercados e, consequentemente, a demanda cresceu muito rapidamente nas seis primeiras décadas do século XX. Na década de 1960, para atender a essa demanda, as companhias de alumínio na Europa Ocidental e no Japão construíram fornos de fundição de alumínio, importando a bauxita do Caribe, o produtor tradicional, e também de reservas recém-desenvolvidas na África Ocidental e na Austrália. Como resultado, ocorreu um crescimento rápido no tráfego marítimo da bauxita. Na década de 1970, esse padrão mudou drasticamente à medida que os produtores da bauxita resolveram movimentar-se a jusante, para o refino de alumina, e a fundição de alumínio na Europa e no Japão provou ser não econômica por conta do elevado custo da eletricidade, sobretudo após a crise do petróleo de 1973. Assim, embora a demanda de alumínio continuasse a crescer, o comércio marítimo da bauxita manteve-se no mesmo nível, por volta de 42-44 mt para o período entre 1964 e 1984. Depois desse ajustamento estrutural, o crescimento voltou, com o tráfego alcançando 49 mt em 1995 e 73 mt em 2004.

A tecnologia de produção de alumínio segue o padrão clássico da integração industrial, e, em princípio, geralmente é possível otimizar a operação de transporte marítimo usando navios Panamax ou superiores. Por outro lado, o tráfego de alumina, em geral, não favorece a utilização de navios Panamax ou superiores, porque a alumina tem um alto valor e precisa ser estocada debaixo de uma cobertura e as quantidades de matérias-primas exigidas pela fundição são demasiadas pequenas para encorajar grandes entregas a granel. Uma fundição de alumínio que produz 100 mil toneladas de metal por ano precisaria de 200 mil toneladas de alumina, dificilmente um volume suficiente para justificar a utilização de navios graneleiros Panamax.

O manganês tem uma densidade elevada, com um tráfego da ordem de 11 mt ao ano, embarcadas sobretudo para a Europa, o Japão e os Estados Unidos a partir da África do Sul, da antiga União Soviética, do Gabão e do Brasil. Tem um valor médio baixo e difere muito pouco do minério de ferro, exceto por ser utilizado em menores quantidades. Consequentemente, os produtores mantêm pequenas quantidades armazenadas e os grandes lotes são inconvenientes. Vários outros minérios de metais não ferrosos são expedidos por mar, incluindo os concentrados de níquel, de zinco e de cobre. Apesar de não serem apresentados na Tabela 11.1, esses tráfegos são transportados em pequenas partidas de carga em razão de seu alto valor e dos pequenos estoques mantidos pelas refinarias. O transporte é feito em pequenos navios graneleiros, em contêineres ou em sacos.

O cimento é outro tráfego de granel secundário de dimensão considerável, tendo alcançado 60 mt em 2005. O tráfego é composto sobretudo de partidas de carga destinadas a projetos de construção na África, na Ásia e no Oriente Médio. Por conta de sua natureza, o tráfego é volátil e os navios tendem a ser afretados para o transporte de cimento a granel ou ensacado. Embora pequenos navios graneleiros ou de cobertas continuem a ser utilizados, em anos recentes a dimensão da partida de carga aumentou consideravelmente, com os navios graneleiros Panamax movimentando-se para esse tráfego e os navios de 50 mil toneladas ou mais operando no tráfego de exportação da Ásia para os Estados Unidos.

A sucata de aço é comercializada como uma matéria-prima para a produção do aço. Tem duas origens: a sucata primária, que é gerada durante a produção dos produtos siderúrgicos e é geralmente reciclada; e a sucata secundária, derivada da reciclagem de vários bens de consumo e industriais duráveis, como veículos motorizados. O comércio de sucata internacional ocorre sobretudo das áreas desenvolvidas, como os Estados Unidos, para as áreas em desenvolvimento onde o aço é fabricado, como a Ásia. O grande aumento do comércio da sucata que teve lugar entre 2000 e 2005 deveu-se aos grandes embarques efetuados para a China, que nessa altura expandia muito rapidamente a sua indústria do aço.

O comércio de sal ocorre sobretudo para o Japão. No início da década de 1960, o primeiro a ser desenvolvido foi o tráfego mexicano para o Japão, a partir da salina mexicana Exportadora de Sal. O tráfego é um tanto peculiar entre os granéis secundários, visto que é transportado em navios graneleiros muito grandes. Pouco depois de os japoneses começarem a importar sal do México, em 1962, o proprietário de navios norte-americano D. K. Ludwig percebeu que poderia reduzir radicalmente o preço c.i.f. do sal no Japão se adotasse um plano envolvendo a construção de um navio graneleiro/petroleiro de 170.000 tpb, o Cedros, o qual foi lançado em 1965, o aluguel de uma pequena ilha no Japão para ser um terminal de granel e a obtenção de uma carga de retorno de petróleo da Indonésia para Los Angeles. O tráfego cresceu regularmente durante a década de 1960. O sal é também expedido da Austrália para o Japão.

TRÁFEGO DOS PRODUTOS SIDERÚRGICOS

Um bom exemplo de um tráfego que atravessa os setores de granel e de linhas regulares é o dos *produtos siderúrgicos*. Em termos de tonelagem, o aço é o maior tráfego de granel secundário, com importações totais da ordem de 217 mt em 2005, ainda que uma parte fosse efetuada por terra. Embora se esperasse que um tráfego dessa dimensão fosse transportado em navios graneleiros grandes, o embarque de produtos siderúrgicos envolve uma larga gama de atividades marítimas. Tomemos como exemplo as exportações de um grande produtor de aço europeu:

> Para os grandes contratos expedidos nas rotas de longo curso – por exemplo, as secções de aço estrutural ou as chapas de estanho exportadas para o Extremo Oriente ou para a Costa Oeste dos Estados Unidos – seriam afretados navios graneleiros de 25.000-30.000 tpb. Nos tráfegos secundários de longo curso, em que o volume de mercado flutua de ano para ano, os serviços de linha regular seriam geralmente utilizados dependendo da sua disponibilidade, ou afretados navios convencionais pequenos se existisse carga suficiente; nos tráfegos de pequeno curso – por exemplo, envolvendo as exportações para a Europa continental –, seriam afretados pequenos navios costeiros de 500-3.000 tpb. As partidas de carga muito pequenas nos tráfegos marítimos de curta distância seriam expedidas em reboques utilizando os serviços dos navios ro-ro; nas rotas de longo curso, em tráfegos de média dimensão, por exemplo, de 50.000 toneladas por ano, podem ser expedidos num serviço de contêineres ou num serviço de um navio convencional de cargas rolantes, utilizando contêineres com metade do tamanho ou outros equipamentos para a estiva construídos especialmente para esse fim.[39]

TRÁFEGO DOS PRODUTOS FLORESTAIS

Outro tráfego de granel secundário de grande volume é o dos produtos florestais, do qual foram transportados aproximadamente 169 mt anualmente, em 2005. Os produtos florestais partilham muitos dos problemas de manuseio das cargas a granel levantados pelos produtos siderúrgicos. A publicação *Thomas's Stowage* lista 56 tipos de madeira diferentes, todos com diferentes pesos por unidade de volume, e 26 formas em que podem ser transportados, variando desde toros até bastões e atados.[40] A madeira de Lauan, a principal exportação da Malásia, tem uma densidade de cerca de 1,25 metro cúbico por tonelada, enquanto o pinheiro norueguês tem uma densidade de 1,8 metro cúbico por tonelada. Na prática, os produtos florestais estivam 50% mais que essas proporções mencionadas em razão do espaço, que é alto para os toros e atados e baixo para a madeira serrada solta. A madeira serrada acondicionada em comprimento, que é a prática dos exportadores canadenses, tem melhor fator de estiva que a madeira que foi "amontoada num caminhão" – madeira serrada e acondicionada em vários comprimentos. Como um guia muito aproximado, nos navios construídos para esse fim, os toros são estivados a 2,7 metros cúbicos por tonelada ou mais; a madeira serrada e em atados é estivada a 2,2 metros cúbicos por tonelada; e o melhor fator de estiva é raramente superior a 1,7 metro cúbico por tonelada.

Na década de 1950, o tráfego dos produtos florestais consistia sobretudo nas importações europeias, sendo uma carga de retorno muito valiosa para os navios de linhas regulares que tinham descarregado uma carga geral em países do Terceiro Mundo, por exemplo, na África Ocidental. À medida que o comércio começou a crescer no início da década de 1960, os produtos florestais começaram a ser movimentados a granel. Inicialmente os embarcadores dos produtos florestais afretavam tonelagem convencional, mas isso provou ser pouco satisfatório. Em meados da década de 1960, houve uma tendência para a construção de navios especializados, quer navios madeireiros pequenos para serem utilizados no Sudeste Asiático, quer navios graneleiros de escotilha larga, que abrange quase toda a boca do navio especializado, com equipamento de manuseio de carga extensivo para ser usado nos tráfegos de longo curso, como os da costa oeste da América do Norte para a Europa Ocidental.

Como outros produtos primários, a base do tráfego dos produtos florestais é a oferta e a demanda. O maior componente do tráfego encontra-se localizado no Sudeste Asiático, dominado pelos japoneses que importam os toros da Malásia, da Indonésia e das Filipinas. As florestas japonesas foram esgotadas por terem sido cortadas em demasia durante a Segunda Guerra Mundial, e o tráfego de importação foi desenvolvido por meio de serrações já estabelecidas. Também foi desenvolvido um tráfego da costa oeste da América do Norte para o Japão, incluindo um tráfego considerável de aparas de madeira, que também eram importadas da Austrália e da Sibéria. Uma série de navios especializados transportadores de aparas de madeira foi construída para servir esse tráfego, que requer uma capacidade cúbica muito grande quando comparada com a dos navios graneleiros convencionais. No total, as importações japonesas representam cerca de metade das importações dos produtos florestais.

A Europa é outro grande importador de produtos florestais, embora em uma escala muito menor. Na Europa, grande parte das florestas temperadas já são extensivamente usadas, mas a Europa Setentrional, sobretudo a Escandinávia, é autossuficiente, com um excedente exportável. A Europa Meridional tornou-se um dos maiores importadores, em especial da Europa Setentrional, da antiga União Soviética e da América do Norte, embora algumas madeiras duras sejam oriundas da África Ocidental e da Ásia. O tráfego da costa oeste da América do Norte para a Europa é sobretudo de madeira serrada e celulose carregadas numa série de portos na

516 Economia marítima

área de Vancouver, sendo quase inteiramente a granel. Contudo, em alguns casos, a celulose, o papel e os toros continuam ainda a ser transportados por linhas regulares.

Concluindo, os tráfegos de granel secundários constituem uma fonte importante da empregabilidade dos navios graneleiros, sobretudo para os navios de menores dimensões. Em virtude das características físicas de algumas cargas e do baixo volume, elas oferecem muito mais oportunidades às operações de transporte marítimo inovadoras que às principais cargas a granel, mas estão sujeitas a muitas restrições que as limitam a navios pequenos.

11.11 RESUMO

O sistema de transporte sofisticado para os produtos primários a granel é uma das grandes inovações do comércio mundial que ocorreram nos últimos cinquenta anos. Como resultado do investimento em sistemas integrados, a dimensão das partidas de carga de muitos produtos primários aumentou substancialmente e, com notamos no Capítulo 2, os custos de transporte cresceram em ritmo muito mais lento do que os outros custos na economia mundial. Neste capítulo, discutimos em mais detalhe as economias que estão subjacentes a esses desenvolvimentos.

Começamos por dividir a frota a granel em navios-tanques e em navios graneleiros, embora verificando que algumas mercadorias podem também ser transportadas em navios especializados, que serão debatidos no Capítulo 12, e em frotas de navios multipropósitos e de contêineres, que serão abordados no Capítulo 13. Também debatemos a diferença entre carga a granel e produto primário a granel: um produto primário a granel é um material que pode ser manuseado a granel, e uma carga a granel é uma partida de carga que na realidade pode ser transportada num único navio. Se o fluxo de tráfego é suficientemente grande, quase tudo pode ser transportado a granel para reduzir os custos. Os tráfegos em veículos motorizados e ovelhas, ambos transportados em navios construídos para esse fim, ilustram esse ponto.

Abordamos quatro características que determinam a adequação de uma carga para ser transportada a granel: a quantidade de carga; o seu manuseio físico e as características de estiva (granularidade, capacidade de formar grumos, fragilidade [*granularity, lumpiness, delicacy*]); o valor da carga; e a regularidade do fluxo material. O equilíbrio entre essas quatro características determina o estágio no qual valerá a pena dar um passo adiante, passando do transporte de linhas regulares para uma operação de transporte marítimo a granel. Adicionalmente, revimos os quatro princípios que guiam o desenvolvimento do sistema de transporte de cargas a granel: utilização do maior navio possível; minimização do manuseio de carga; integração dos modos de transporte; e manutenção dos estoques os mais baixos possíveis. Alguns desses princípios entram em conflito, portanto, os sistemas de transporte envolvem escolhas.

Existem três classes de carga a granel: a carga líquida, os granéis sólidos principais e os granéis secundários. Como cada produto primário necessita de diferentes sistemas de manuseio a granel para lidar com as suas características físicas e econômicas, é muito difícil generalizar acerca do transporte de cargas a granel. O nosso debate sobre as cargas começou com o transporte dos líquidos a granel. Analisamos o modelo global do transporte de energia por via marítima e o padrão geográfico do comércio de petróleo bruto, bem como o sistema de transporte. O petróleo bruto utiliza navios muito grandes, sendo um tráfego bem-definido, com relativamente poucas zonas de carga e de descarga. Em oposição, o tráfego dos derivados do petróleo representa uma mercadoria semimanufaturada e mais complexa, dependendo das localizações das refinarias, dos equilíbrios dos tráfegos e da existência de déficits. As partidas de carga dos

O transporte de cargas a granel

derivados do petróleo são muito menores do que as do petróleo bruto, ocupando a frota abaixo de 60.000 tpb, embora alguns navios grandes sejam utilizados.

Os principais tráfegos de granéis sólidos vistos incluem o minério de ferro, o carvão e o grão, pois são os elementos fundamentais da economia mundial e cada um tem um modelo econômico próprio e diferentes sistemas de transporte. Finalmente, existe um grande número de tráfegos de granéis sólidos secundários, cada um deles com o seu próprio modelo econômico, e muitos passeiam entre os sistemas de linhas regulares e de transporte a granel. Os tráfegos de granel sólido secundário também oferecem oportunidades para a inovação e para a perspicácia do proprietário de navios, e os tráfegos como os dos produtos florestais, dos produtos químicos, dos veículos e da carga frigorificada providenciam serviços de transporte marítimo especializados. Debateremos esses tráfegos com maior detalhe no próximo capítulo.

Concluindo, cada embarcador deve selecionar o sistema que lhe oferece o melhor resultado comercial para determinada operação industrial. Esses sistemas foram amplamente analisados neste capítulo, e o transporte de mercadorias mais especializadas será debatido com mais detalhe no Capítulo 12.

CAPÍTULO 12
O TRANSPORTE DE CARGAS ESPECIALIZADAS

"É difícil, embora não impossível, ser simultaneamente de baixo custo e diferenciado em relação aos concorrentes. Conseguir ambas as condições ao mesmo tempo é difícil porque providenciar desempenho, qualidade ou serviço únicos é, na maioria dos casos, inerentemente mais custoso que procurar ser somente comparável aos concorrentes em tais atributos."

(Michael Porter, *A vantagem competitiva das nações*, 1990, p. 38)

12.1 INTRODUÇÃO AO TRANSPORTE MARÍTIMO ESPECIALIZADO

O QUE É TRANSPORTE MARÍTIMO ESPECIALIZADO?

As companhias que transportam cargas a granel, debatidas no Capítulo 11, operam num mercado de concorrência perfeita em que centenas de navios semelhantes concorrem por cargas homogêneas numa base igual. Os proprietários de navios podem fazer muito pouco para diferenciar o seu serviço, portanto, eles se apoiam nas capacidades empreendedoras necessárias para afretar e transportar as cargas a granel. Porém, algumas cargas, como os produtos químicos, os gases, a carga frigorificada, os produtos florestais, os veículos, as cargas pesadas e as pessoas, são mais exigentes no que diz respeito ao transporte, oferecendo aos prestadores de transporte uma oportunidade para melhorar o seu serviço investindo em navios e em serviços especializados.

Este capítulo aborda cinco grupos de tráfegos de mercadorias que caem nas seguintes categorias: produtos químicos, gases liquefeitos, carga frigorificada, cargas unitárias e transporte marítimo de passageiros. A Tabela 12.1 resume as frotas de navios utilizados no seu transporte: os navios-tanques de produtos químicos, os navios-tanques transportadores de gases, os navios frigoríficos e de contêineres; a frota de cargas unitárias – incluindo os navios graneleiros de escotilha larga, a qual abrange quase toda a boca do navio, os navios transportadores de cargas rolantes [navios ro-ro], os navios para transporte exclusivo de automóveis (PCC), os navios multipropósito e de cargas pesadas – e a frota de *ferries* de passageiros e os navios de cruzeiro. No total, lidamos com cerca de 10 mil navios de carga e de passageiros, representando cerca de 25% da frota de longo curso. São alguns dos navios de construção mais dispendiosa e concentram uma porção significativa do capital da indústria marítima, portanto, é um negócio importante. O nosso objetivo é debater os serviços que eles oferecem e explicar como funcionam os seus vários mercados.

Cada tráfego especializado tem as suas próprias características, que resultam da natureza da carga e da forma que os prestadores de transporte adotaram para melhorar o seu desempenho quando a transportam. Os navios-tanques especializados no transporte de vários produtos químicos ao mesmo tempo levam cargas líquidas especializadas que incluem os produtos químicos, os óleos vegetais e os derivados do petróleo, os quais devem ser transportados separadamente, de acordo com rigorosos padrões de segurança. A maioria tem tanques múltiplos com manuseio segregado de carga e dispositivos de segurança que atendem aos códigos reguladores das cargas perigosas. Os navios transportadores de gases levam gases liquefeitos a temperaturas muito baixas, particularmente o GNL, o GLP e os gases químicos, como a amônia e o etileno, os quais devem ser liquefeitos para poderem ser transportados. Os navios frigoríficos [*reefers*] transportam cargas perecíveis, incluindo a carne congelada, a fruta, os vegetais e os produtos lácteos, e estão sujeitos a uma concorrência feroz por parte dos serviços de contêineres. Os navios de carga unitária transportam grandes unidades de carga geral que não podem ser transportadas em contêineres, incluindo os produtos florestais, os carros e as cargas pesadas. Por fim, os navios de passageiros transportam pessoas, por motivos de transporte ou de lazer.

Tabela 12.1 – Frota de transporte marítimo especializado (1º jan. 2006)

Projeto	Número	Capacidade	Unidades
1. Navios-tanques de produtos químicos (ver Tabela 12.3)			
Partidas de carga de produtos químicos > 1.000 tpb	1.015	15.274	m.tpb
Produtos químicos a granel	179	2.395	m.tpb
Produtos químicos	682	19.942	m.tpb
De tipo desconhecido	699	5.703	m.tpb
Total	2.575	43.314	
2. Navios-tanques transportadores de gases			
GLP (ver Tabela 12.5)	993	14.612.000	m³
GNL	193	22.871.000	m³
Total	1.186	37.483	
3. Navios frigoríficos			
Frigoríficos > 10.000 pés cúbicos	1.242	333	milhões de pés cúbicos
Contêineres		899	milhões de pés cúbicos
4. Navios de carga unitária			
Navios graneleiros de escotilha larga, que abrange quase toda a boca do navio	486	16.508	m.tpb
Navios ro-ro	1.040	9.183	m.tpb
PCC	560	7.848	m.tpb
Multipropósito (> 10.000 tpb)	741	13.151	m.tpb
Cargas pesadas	193	3.113	M.tpb
Total	3.020	49.803	
5. Navios de passageiros			
Ferries	2.300		Comprimento linear
Navios de cruzeiros	235		Camarotes
Total	2.535		
Total	10.558		

Fonte: Clarkson Research Services Ltd.
Nota: o número de navios difere da Tabela 2.5 em virtude das diferenças nos limites inferiores de dimensão e data.

O transporte de cargas especializadas   **521**

A economia desses tráfegos especializados é bastante sutil, portanto, antes de examinar profundamente, analisaremos de forma breve o enquadramento econômico dentro do qual as companhias de navegação especializadas operam. Os navios especializados aparecem em todas as formas e dimensões, e abordaremos as suas características de projeto no Capítulo 14, mas existem três formas de os investidores costumizarem o projeto do navio para uma carga específica. A primeira é melhorar o manuseio de carga. Por exemplo, os navios-tanques de produtos químicos permitem o manuseio separado de pequenas partidas de carga de produtos químicos, sem risco de contaminação nem de avarias corrosivas para o navio. Ou as cargas rolantes, que são um setor importante do transporte marítimo especializado, podem ser manuseadas mais eficientemente com acesso ro-ro. Outros exemplos são as escotilhas largas com sistemas avançados de gruas e sistemas de manuseio especializado. Em cada caso, a companhia de navegação investe para melhorar a economia do manuseio de carga e aumentar a produtividade do navio. Em segundo lugar, a melhoria da estiva da carga minimiza o "frete morto" e reduz as avarias. São possibilidades relacionadas à colocação de sistemas frigoríficos para as cargas perecíveis ou de revestimentos de proteção para evitar que a carga corroa o casco. Terceiro, o sistema pode ser adaptado para integrar a operação de transporte terrestre do cliente. Por exemplo, uma companhia de navegação que transporte carros é uma ligação vital na cadeia de suprimentos do fabricante, e isso resultou na entrada de algumas companhias de navegação especializadas no negócio de terminais e de armazenagem. A oferta desses serviços exige uma estrutura de gerenciamento apropriada e de um conhecimento testado específico do setor que atua como barreira à entrada, a qual frequentemente conduz a uma grande concentração da propriedade. Como resultado, os acordos de consórcios e cooperativas são mais comuns no transporte de carga especializada, por exemplo, carros, produtos químicos e gás.

MODELO DE TRANSPORTE MARÍTIMO ESPECIALIZADO

Contudo, o ponto de partida não são os navios nem o sistema de transporte, mas o mercado. Por mais inteligentes que sejam o projeto do casco e o sistema de manuseio da carga, se a companhia não lucrar, o negócio falhará. Estas cargas especializadas geralmente podem ser expedidas sob diferentes formas, portanto, existem quase sempre concorrentes. Por exemplo, a carga refrigerada pode ser expedida em navios frigoríficos, em navios porta-contêineres ou via carga aérea. Todos os três concorrem e a economia de mercado determina quem obtém a carga. Algumas cargas refrigeradas, como as framboesas, são delicadas e favorecem o transporte aéreo, enquanto outras, como as frutas caidiças [*deciduous fruits*], que são menos exigentes e mais sensíveis ao preço, são levadas em navios frigoríficos. As companhias de navegação especializadas procuram e exploram essas diferenças. Se a economia funciona e o negócio prospera, aparece um novo segmento especialista, e a maioria dos tráfegos vistos neste capítulo desenvolveu-se dessa forma. Entretanto, por vezes, a economia não funciona. Os navios são vendidos pela licitação mais elevada e operados por toda a sua vida em serviços para os quais não foram propriamente projetados. Isso complica as coisas para os analistas, porque os fluxos de produtos primários não podem ser simplesmente associados à frota de navios especializados, mas é uma realidade do negócio que devemos aceitar desde o início.

O tráfego dos produtos florestais constitui um bom exemplo de como as economias da especialização funcionam na prática. Como a maioria dos produtos especializados deste capítulo, os produtos florestais são semimanufaturados, e o tráfego viaja sobretudo em unidades como as de madeira serrada embalada, os fardos de celulose, as bobinas de papel, a madeira compensada embalada e os painéis de aglomerados. Trata-se de carga de valor elevado, valendo mais de US$ 1.000 a tonelada, e vulnerável a avarias. Os navios graneleiros convencionais não são muito eficientes para manusear e estivar as cargas unitárias, e os navios de produtos florestais (FPC) eliminam essa fraqueza. Para melhorar a estiva, eles têm porões em forma de caixa e escotilhas que se estendem por toda a sua boca, permitindo que um FPC carregue 20% a mais de carga do que um navio graneleiro convencional com o mesmo porte bruto. A utilização de porões corridos [open holds] melhora o manuseio da carga, pois permite que as embalagens possam ser estivadas diretamente no lugar. Como resultado, podem-se obter taxas de manuseio da carga superiores a 450 toneladas por hora, comparadas com as 250 toneladas por hora de um navio graneleiro convencional.[1] Contudo, essas melhorias aumentam o custo de capital em 25%-50% acima do custo de um navio graneleiro convencional de mesma capacidade de porte bruto. Será que esse dispêndio vale a pena?

A Figura 12.1 compara o custo por tonelada do transporte de produtos florestais empacotados num navio graneleiro convencional de 47.000 tpb (linha tracejada) e de um FPC de 47.000 tpb (linha cheia), assumindo os níveis de desempenho listados na figura. O custo médio por tonelada é apresentado no eixo vertical, e as toneladas de carga carregadas no navio são apresentadas no eixo horizontal. Com um carregamento de 10 mil toneladas, o FPC tem um custo por tonelada mais elevado (US$ 42,30 por tonelada, comparados com US$ 39,70 por tonelada), mas assim que a dimensão da carga aumenta a diferença diminui em razão do manuseio de carga mais rápido que o FPC permite. Com ambos os navios carregando 24 mil toneladas de carga, o navio graneleiro convencional fica cheio, mas o FPC, graças aos seus porões corridos, ainda tem espaço e carrega até 27.500 toneladas de carga, ponto no qual os seus custos unitários caíram para US$ 17,20 por tonelada, cortando os custos por tonelada de US$ 18,90 de um navio graneleiro em 9%. Embora varie com os pressupostos exatos, esse cálculo realça o importante ponto de que o investimento num navio dedicado não produz necessariamente um transporte definitivamente mais barato. Uma forma melhor de olhar para o investimento é como uma forma de providenciar um serviço melhor ao mesmo custo. Neste exemplo, os porões corridos e o equipamento de manuseio de carga sofisticado do FPC oferecem um serviço mais rápido com menor risco de avarias do que num navio graneleiro convencional em menos de 9%. Isso pode ser decisivo quando se lida com os produtos semiprocessados de valor elevado, como os aglomerados, a madeira compensada e o papel de jornal. Resumindo, as companhias de navegação especializadas operam em duas frentes: primeiro, se puderem, barateando

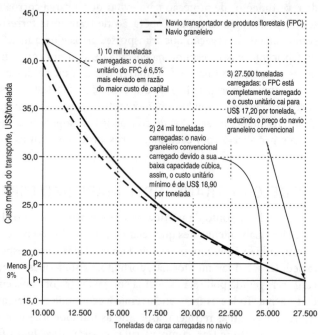

Figura 12.1 – Modelo concorrencial do transporte marítimo especializado.

o custo unitário do transporte do operador convencional; segundo, obtendo um prêmio sobre a taxa de frete oferecida por um operador convencional oferecendo um serviço diferenciado, como ilustrado na Figura 12.2. Nenhum deles é fácil. No nosso exemplo, para enfrentar o custo do navio graneleiro convencional, o operador de FPC deve operar um calendário de viagens apertado, permitindo somente seis dias para o manuseio de carga. Mas o sucesso também depende da vontade do cliente de pagar pelo serviço oferecido, e é aí que o valor elevado e a fragilidade da carga entram. Com uma

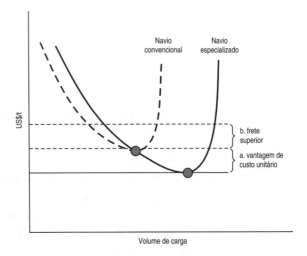

Figura 12.2 – Modelo do transporte marítimo especializado.

carga valendo US$ 1 mil por tonelada, os exportadores podem estar dispostos a pagar um frete superior por um serviço rápido com navios de boa qualidade e com um risco mínimo de avarias. Sem dúvida que os setores de transporte marítimo especializados são aqueles em que os embarcadores estão preparados para pagar esse frete superior. Essa é a perspectiva da qual abordaremos os segmentos especializados nas seções seguintes.

12.2 O TRANSPORTE MARÍTIMO DE PRODUTOS QUÍMICOS
DEMANDA DE TRANSPORTE PARA PRODUTOS QUÍMICOS

Os principais tráfegos de produtos químicos ocorrem entre Estados Unidos, Europa, Ásia, Índia, Oriente Médio e América do Sul. A maioria dos produtos químicos especializados é utilizada localmente, mas alguns são exportados por conta de desequilíbrios existentes dos estoques locais, ou para áreas onde não existe uma produção local de determinado produto químico. Anualmente, os navios-tanques de produtos químicos transportam cerca de 60 mt de produtos químicos orgânicos e inorgânicos e outras 40-45 mt de óleos vegetais, álcoois, melaços e óleos lubrificantes.[2] Os derivados claros do petróleo e os óleos lubrificantes são também uma fonte importante de emprego para os navios menos sofisticados da frota de navios-tanques de produtos químicos, e uma grande proporção da frota pode ser movimentada entre esses tráfegos e o dos produtos químicos ou dos óleos comestíveis. Dado que existem muitos produtos envolvidos, um bom ponto de partida é explicar como são produzidos e utilizados (ver também a Figura 11.6, que descreve o modelo de transporte de produtos para a energia).

Produtos químicos orgânicos (também conhecidos como "petroquímicos") contêm carbono e são fabricados de petróleo bruto, gás natural e carvão. Os dois grupos principais são as olefinas, que incluem o etileno, o propileno, o butadieno; e os aromáticos, chamados assim em razão de seu odor peculiar, que incluem o benzeno, o tolueno, o xileno (conhecidos coletivamente como "BTX") e o estireno. São utilizados para fabricar praticamente todos os produtos feitos de plásticos e fibras artificiais.

Os *produtos químicos inorgânicos* não contêm carbono e são fabricados por meio da combinação de elementos químicos. O ácido fosfórico, o ácido sulfúrico e a soda cáustica são três dos mais comuns. O ácido fosfórico e o ácido sulfúrico são utilizados na indústria dos fertilizantes, enquanto a soda cáustica é usada na indústria do alumínio. Apresentam alguns problemas no transporte. Um dos problemas é que são muito densos: o ácido fosfórico tem uma gravidade específica de 1,8; o licor de soda cáustica, 1,5; o ácido sulfúrico, 1,7-1,8; e o ácido nítrico, 1,5. Em segundo lugar, são corrosivos para metais como o ferro, o zinco, o alumínio e, por isso, devem ser transportados em tanques revestidos com aço inoxidável, borracha ou tintas à prova de ácidos. Os outros são menos exigentes em concentrações normais. Os navios-tanques de produtos químicos que transportam essas cargas carregam e descarregam geralmente por encanamentos de aço inoxidável, com taxas de manuseio típicas da ordem de 660 toneladas hora. Nos portos, os ácidos são estocados em tanques de aço com um revestimento de borracha, dentro de tanques de cimento que podem aguentar o conteúdo em caso de fuga.

Os *óleos vegetais* são derivados das sementes das plantas e utilizados extensivamente para fins alimentícios e industriais. Transportam-se também as gorduras animais e os óleos, incluindo o óleo de palma e o óleo de soja.

O *melaço*, um produto derivado do refino do açúcar, é um xarope castanho espesso que é fermentado para álcoois como o rum, mas é comercializado sobretudo como ração animal ou usado na produção de produtos químicos orgânicos.

Esses produtos químicos, sobretudo os orgânicos, são frequentemente transportados em pequenas partidas de carga, as quais devem ser manuseadas separadamente e transportadas em tanques segregados, que devem ser meticulosamente limpos entre cargas. A Tabela 12.2 dá uma ideia do que isso significa na prática, apresentando uma amostra de partidas de carga de produtos químicos da ordem de 3 mil toneladas (uma partida de carga é uma remessa individual). A partida de carga média foi de 1.475 toneladas, mas para os diferentes produtos a média varia entre 3 mil toneladas para os produtos cáusticos e 279 toneladas para o acetato. Mais da metade das partidas de carga é inferior a 500 toneladas e existe mais

Tabela 12.2 – Amostra da dimensão das partidas de carga de produtos químicos por quantidade

Análise da dimensão das partidas de carga		
Grupo de produtos das mercadorias	**Dimensão média da partida de carga, em toneladas**	**Carga como % do navio**
Produtos cáusticos	2.925	51%
Produtos de estireno	2.195	35%
Formaldeído	1.852	54%
MEG	1.836	12%
Produtos de etileno	1.485	40%
Cera de parafina	1.298	3%
Polipropileno	1.239	3%
Parafina	1.217	12%
Resinas	955	26%
Poliol	684	15%
Aditivos para lubrificantes	594	7%
Álcool isopropílico	579	6%
Metiletilcetona	578	3%
Tolueno	544	1%
Produtos organoclorados	514	15%
Xileno	486	1%
Solvente de nafta	429	1%
Aditivos	367	2%
Fluidos de freio	338	11%
Solvente	336	1%
Álcoois minerais	328	3%
Metilisobutil	324	1%
Hexano	314	4%
Álcool	313	2%
Acetona	295	9%
Acetato	279	1%
Total geral	1.475	24%

Fonte: 1) com base numa amostra de partidas de carga transportadas em muitas rotas durante vários anos; 2) o tipo de carga indica a categoria geral do produto e em alguns casos cobre uma gama de produtos relacionados; 3) a carga como % do navio foi calculada dividindo cada partida de carga pelas tpb do navio que a transportava e calculando a percentagem resultante média relativa ao grupo de carga.

O transporte de cargas especializadas

de uma centena de diferentes produtos químicos e derivados do petróleo na amostra (nem todos são apresentados separadamente), sendo alguns deles produtos reconhecíveis, como o fluido de freio ou a parafina líquida, enquanto muitos outros não são conhecidos por um leigo. As partidas de produtos químicos dessa natureza são geralmente transportadas em navios-tanques abaixo de 10.000 tpb ou em navios-tanques especializados no transporte de várias cargas líquidas ao mesmo tempo, com muitos tanques individuais. Os contêineres-tanques são também por vezes utilizados para partidas de carga inferiores a 200 toneladas. A gama de dimensões dos navios é apresentada na Tabela 12.2, a qual mostra, por exemplo, que a partida de carga média de 2.925 toneladas de produtos cáusticos foi transportada num navio de 5.736 tpb, ocupando 51% da sua capacidade de carga. Porém, algumas outras mercadorias, como a cera de parafina, o tolueno e o acetato, viajaram em navios-tanques especializados no transporte de várias cargas líquidas ao mesmo tempo de 35.000 tpb ou mais, ocupando somente 1-2% do espaço de carga. Esse tráfego é também geograficamente complexo, com as cargas sendo carregadas no Oriente Médio, em Singapura, no Golfo dos Estados Unidos, na costa oeste da América do Norte, no noroeste da Europa e na Ásia e sendo distribuídas para um grande número de importadores ao redor do mundo. O fluxo de carga nas rotas individuais é com frequência pequeno, o que contribui para aumentar a complexidade da operação de transporte. Finalmente, os produtos químicos podem explodir, corroer, poluir, manchar e ser tóxicos para a tripulação ou para a vida marinha, portanto, o transporte de produtos com essas características é regulado pelo Código do Transporte de Cargas Perigosas da IMO [*IMO Code on the Carriage of Hazardous Cargoes*]. Todas essas características do tráfego tornam o transporte marítimo de produtos químicos um negócio complexo.

DESENVOLVIMENTO DO TRANSPORTE DE PRODUTOS QUÍMICOS

Os navios químicos foram lançados nos Estados Unidos. Durante as décadas de 1920 e de 1930, a indústria dos produtos químicos dos Estados Unidos cresceu muito rapidamente, especialmente ao longo da costa do Golfo, ao redor dos campos de petróleo e de gás do Texas e da Louisiana. Visto que a maioria das instalações fabris tinha bom acesso ao mar, o transporte de produtos químicos por via marítima era natural e, no início da década de 1950, mais de 25 variedades de produtos químicos líquidos eram expedidas em navios-tanques construídos para esse fim.

Esses navios diferenciavam-se dos navios-tanques de derivados do petróleo de diversas formas. Os produtos químicos densos eram transportados somente nos tanques centrais e, para permitir o transporte de partidas de cargas de diferentes produtos químicos no mesmo navio, os cóferdãs longitudinais (ou seja, anteparas duplas) separavam os tanques centrais dos laterais, e os transversais separavam os tanques centrais. Eram também incorporados duplos-fundos. Um dos primeiros navios, o Marine Chemist, de 16.000 tpb, foi construído em 1942.[3] Esses primeiros navios-tanques de produtos químicos com frequência tinham revestimentos especiais, por exemplo, silicato de zinco. Na década de 1950, o comércio internacional dos produtos químicos começou a desenvolver-se, e a evolução dos primeiros navios utilizados nesse tráfego é descrita por Jacob Stolt-Nielsen da seguinte forma:

> Antes de 1955, o comércio internacional de produtos químicos era muito pequeno. As cargas transportadas eram o sebo, os lubrificantes, os óleos vegetais e os solventes.

Os produtos químicos ou os BTX eram, em conjunto, conhecidos como "solventes". O comércio realizava-se no Oceano Atlântico e era servido por pequenos navios-tanques de 2/4.000 tpb. Os navios tinham linhas circulares de uma ou de duas casas das bombas. Os encanamentos de ferro fundido tinham caixas de expansão e flanges, nenhuma das quais podia conter solventes. Eles vazavam como peneiras. Consequentemente, os navios só podiam segregar um tipo de carga avante e outro à ré das bombas de carga. Visto que raramente as partidas de carga eram superiores a mil toneladas, isso determinava a dimensão dos navios.

Porém, o tráfego crescia muito rapidamente. Um proprietário que pudesse encontrar uma forma de utilizar um navio de 10/15.000 tpb com uma taxa de ponto de equilíbrio igual a metade da taxa de um navio de 4.000 tpb faria uma fortuna! [...] Eu tenho uma ideia de como resolver o problema a partir de um artigo publicado na revista *Life*, de como extrair a água das profundidades do deserto: bombas de poços profundos [*deep well pumps*]. Eu convenci Charles P. Steuber e Russel J. Chianelli (o meu sócio) de que, com as bombas de poços profundos, poderíamos transportar tantos tipos de carga quantos tanques o navio tinha. Afretamos por tempo o "M/T Freddy", de 13.000 tpb, ao Erling Naess. O navio foi para o estaleiro naval Todd em Galveston, no Texas, e eu estava à espera dele no cais com dezoito novíssimas bombas de poços profundos da Byron Jackson. Não tinha desenhos nem arquitetos navais, nem preço do estaleiro. Tinha-lhes dado uma descrição verbal do trabalho a ser feito. Em breve as grandes gruas movimentavam-se sobre a área e removiam os grandes encanamentos de ferro fundido. Não posso negar que tinha borboletas no meu estômago. Isso ocorreu em maio de 1955 e eu tinha 24 anos de idade.[4]

Foi o início do negócio dos navios-tanques especializados no transporte de várias cargas líquidas ao mesmo tempo. A Stolt-Neilsen e a Odfjell, duas das maiores companhias atualmente, começaram ao mesmo tempo as suas operações na década de 1950 e, durante as duas décadas que se seguiram, desenvolveram e refinaram o navio-tanque especializado no transporte de vários produtos químicos ao mesmo tempo, um navio com muitos tanques e segregações capaz de transportar um conjunto de pequenas partidas de carga no âmbito das complexas regulamentações estipuladas pela OMI.

SISTEMA DE TRANSPORTE DE PRODUTOS QUÍMICOS

Hoje em dia, o transporte de produtos químicos desenvolveu-se numa operação de transporte sofisticada e flexível capaz de movimentar uma grande variedade de partidas de carga de diferentes dimensões ao redor do mundo. O diagrama na Figura 12.3 mostra como ela funciona. Na coluna 5, à direita, estão as companhias de produtos químicos e algumas centenas de produtos químicos que enviam numa grande variedade de dimensões de partidas de carga, que variam entre algumas toneladas de metiletilcetona e 30 mil toneladas de MTBE [*Methyl Tertiary-Butyl Ether*, ou éter metil-tércio-butílico]. Na coluna 2, encontra-se a frota de navios utilizados para transportar essas cargas, que consiste numa frota de grandes "navios-tanques especializados no transporte de vários produtos químicos ao mesmo tempo" com muitas segregações; em navios-tanques de produtos químicos a granel com uma grande proporção de tanques segregados, mas com tanques maiores, com mais de 2.700 metros cúbicos; e em navios-

-tanques de produtos químicos/de derivados do petróleo que têm tanques grandes, 50%-75% dos quais são segregados.

As companhias de navegação envolvidas no tráfego de produtos químicos são apresentadas na coluna 3. Trata-se de um negócio híbrido, que cai entre o mercado de navios-tanques, com o seu enfoque agressivo no mercado aberto, e o mercado de linhas regulares, com as suas calendarizações muito planejadas. O transporte é providenciado por três grupos de companhias de navegação, em que cada uma delas aborda a tarefa a realizar de forma diferente. O primeiro grupo, apresentado no topo da figura, são os consórcios de navios-tanques especializados no transporte de várias cargas líquidas ao mesmo tempo, operados por companhias como a Stolt e a Odfjell. Elas oferecem serviços de linha regular de pequenas partidas de carga, usando frotas de navios-tanques especializados no transporte de várias cargas líquidas ao mesmo tempo. O transporte é geralmente organizado com base num COA, com itinerários portuários regulares definidos para atender às necessidades do tráfego. Contudo, eles também aceitam transportar cargas do mercado aberto onde estas estiverem disponíveis a uma taxa de frete aceitável e quando o destino se encaixar dentro da capacidade disponível e do padrão operacional do navio. O segundo grupo são os operadores de linhas não regulares que utilizam os navios-tanques de produtos químicos a granel de dimensão média, frequentemente entre 10.000-20.000 tpb, que operam no mercado aberto, agrupando várias partidas de carga pontuais na base de viagem a viagem. Finalmente, existem os proprietários independentes de navios-tanques pequenos, que geralmente operam no mercado aberto, pegando quaisquer partidas de carga que se encontram disponíveis, mas que podem operar sob um afretamento por tempo ou sob um contrato de viagens consecutivas. Esses navios pequenos tendem a operar dentro de regiões, em especial a Europa e a Ásia.

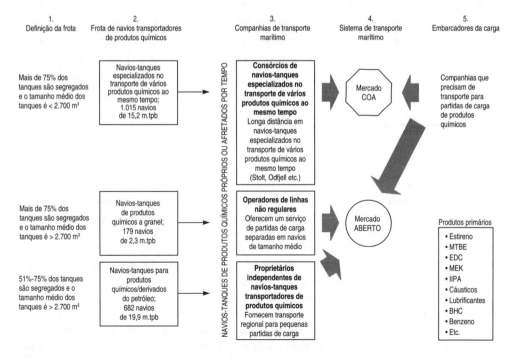

Figura 12.3 – Modelo do sistema de transporte por mar dos navios-tanques de produtos químicos (2006).

FROTA DE NAVIOS-TANQUES DE PRODUTOS QUÍMICOS E OFERTA

A Tabela 12.3 apresenta a frota de cerca de 2.600 navios-tanques de produtos químicos utilizados no transporte desses produtos, algumas vezes sob a forma de carregamentos completos que utilizam navios-tanques pequenos, mas mais frequentemente consolidando muitas pequenas partidas de carga entre 100 e 5 mil toneladas num único navio. Embora o transporte de produtos químicos seja diferente do transporte de petróleo bruto e do transporte de derivados do petróleo, existe alguma sobreposição com a "tonelagem que oscila" que opera em ambos os setores. Isso significa que não podemos definir a frota de navios-tanques químicos com exatidão, embora muitos dos navios utilizados no tráfego de produtos químicos sejam construídos para o negócio e geralmente pertençam a uma categoria de investimento diferente daquela dos navios de petróleo bruto e dos navios-tanques de derivados do petróleo. Os navios construídos especificamente para o negócio dos produtos químicos devem atender às regulamentações do transporte de mercadorias perigosas que serão abordadas no Capítulo 14.

Tabela 12.3 – A frota de navios-tanques de produtos químicos por tipo de navio (2006)

Dimensão	Navio-tanque especializado no transporte de várias cargas líquidas ao mesmo tempo		Navio-tanque de produtos químicos a granel		Navio-tanque de produtos químicos/ derivados do petróleo		Desconhecidos		Total	
('000 tpb)	Nº	'000 tpb	Nº	'000 tpb	Nº	'000 tpb	Nº	'000 tpb	Nº	'000
1-4,9	192	639,9	62	200,7	56	187,1	393	880,0	703	1.907,7
5-9,9	304	2.278,1	39	289,3	89	616,9	176	1.258,3	608	4.442,6
10-19,9	279	4.232,2	36	489,5	102	1.489,3	53	758,5	470	6.969,5
20-29,9	70	1.761,2	23	589,0	32	841,7	16	425,0	141	3.616,9
30-39,9	130	4.619,1	4	141,5	163	5.910,1	35	1.266,5	332	11.937,2
40-49,9	40	1.743,6	14	633,5	224	10.037,1	26	1.114,7	304	13.528,9
50+	–	–	1	51,7	16	859,4	–	–	17	911,1
Total	1.015	15.274, 1	179	2.395,3	682	19.941,6	699	5.703,1	2.575	43.314,0

Fonte: Clarkson Research Services (jul. 2006).

A frota de 1.015 navios-tanques especializados no transporte de vários produtos químicos ao mesmo tempo tem uma dimensão média igual a 15.000 tpb e diferenciam-se pelo fato de terem mais de três quartos dos seus tanques segregados com instalações independentes para o manuseio da carga; uma dimensão média dos tanques inferior a 2.700 metros cúbicos; e alguns tanques de aço inoxidável. O segundo é um grupo de 179 navios-tanques de produtos químicos a granel ligeiramente menores, com uma dimensão média de 13.380 tpb e tanques segregados, mas todos têm tanques superiores a 2.700 metros cúbicos, permitindo-lhes o transporte de partidas de carga maiores. Finalmente, existem 628 navios-tanques de produtos químicos/ derivados do petróleo com um número inferior de segregações (somente 50%-75% dos seus tanques são segregados) que podem transportar partidas de carga de produtos químicos ou se transferir para o negócio dos navios-tanques de derivados do petróleo. A diferenciação entre esses segmentos é confusa, mas cada grupo procura um conjunto de cargas ligeiramente dife-

O transporte de cargas especializadas 529

rente. O projeto desses navios é debatido com mais detalhe no Capítulo 14 (ver Figura 14.7), que descreve um sofisticado navio-tanque de produtos químicos de 11.340 tpb. O regime regulatório para o transporte de cargas perigosas é analisado no Capítulo 16.

12.3 O TRÁFEGO DE GÁS LIQUEFEITO DE PETRÓLEO
TRANSPORTE DO GLP POR VIA MARÍTIMA

O negócio do GLP tem muitas semelhanças com o do tráfego de produtos químicos debatido na seção anterior. Ele fornece matéria-prima em forma de gases à indústria química e transporta os gases intermédios produzidos pelas instalações fabris de produtos químicos e também gás para utilização doméstica e comercial. Em terra, esses gases são geralmente transportados por gasodutos, mas para o transporte marítimo eles devem ser liquefeitos para seu volume ser reduzido em 99,8%. A Figura 12.4 apresenta uma visão geral do sistema de transporte marítimo. As principais cargas – os gases de petróleo, a amônia e as olefinas – encontram-se listadas na coluna do lado direito, que também informa que elas podem ser transportadas sob um COA, um afretamento por tempo ou um contrato de afretamento de viagens consecutivas. Existem também alguns negócios no mercado aberto. A coluna do lado esquerdo apresenta a frota de cerca de mil navios-tanques transportadores de GLP construídos para transportar os gases líquidos a temperaturas muito baixas (listadas na Tabela 12.4). Os navios pertencem a quatro segmentos: os grandes navios-tanques transportadores de GLP acima de 60 mil metros cúbicos, que são utilizados nos tráfegos de longo curso, especialmente para o Japão; os navios de dimensão média, de 20 mil a 60 mil metros cúbicos, utilizados nos tráfegos de média distância, especialmente para o transporte de amônia; e os navios de menor dimensão, de 5 mil a 20 mil metros cúbicos, usados nos tráfegos de pequeno curso, especialmente no transporte de olefinas.

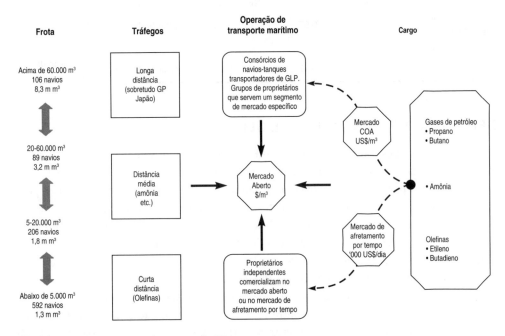

Figura 12.4 – O modelo do sistema de transporte de GLP por via marítima.

Existe também uma frota considerável de navios muito pequenos que são utilizados sobretudo nos tráfegos costeiros e no transporte marítimo de curta distância. Os consórcios dos navios-tanques de GLP desempenham um papel significativo na oferta do transporte de GLP, mas também existem os operadores independentes que operam no mercado aberto ou sob contratos de afretamento por tempo. Finalmente, no centro da Figura 12.4, existem as operações de transporte marítimo que se centram em torno do mercado aberto, incluindo também os mercados dos COA e dos contratos de afretamento por tempo.

Tabela 12.4 – Alguns dos principais produtos de gás liquefeito comercializados

	Ponto de ebulição ºC	Gravidade específica	Tipo de navio	Principais mercados
1. Gás liquefeito de petróleo				
Propano	−42,3	0,58	Navio-tanque transportador de GLP	Matéria-prima e aquecimento
Etano	−88,6	0,55	Navio-tanque transportador de GLP	Matéria-prima e aquecimento
Butano	−0,5	0,60	Navio-tanque transportador de GLP	Matéria-prima e aquecimento
2. Gases químicos				
Amônia	−33,4	0,68	Navio-tanque transportador de GLP	Produção de fertilizantes
3. Olefinas				
Etileno	−103,9	0,57	Navio-tanque transportador de GLP	Matéria-prima química
Propileno	−47	0,61	Navio-tanque transportador de GLP	Matéria-prima
Butadieno	−5	0,65	Navio-tanque transportador de GLP	Matéria-prima
Cloreto de vinil monômero	−13,8	0,97	Navio-tanque transportador de GLP	Matéria-prima
Nota:				
Metano	−161,5	0,48	Navio-tanque transportador de GLP	Geração de eletricidade

DEMANDA DE TRANSPORTE DE GLP

Os navios-tanques transportadores de GLP não transportam somente GLP, mas também muitos outros gases. Os gases classificam-se nos três grupos apresentados na Tabela 12.4. Primeiro, os três principais *gases de petróleo* são o propano, o etano e o butano, cujos principais mercados são os setores do transporte, da habitação e do aquecimento comercial e da produção de petroquímicos, no qual é utilizado como matéria-prima. Segundo, a amônia é um *gás químico* produzido em grande quantidade e utilizado na produção de fertilizantes. Finalmente, as *olefinas*, como o butadieno, o óxido de etileno, o cloreto de vinilo e o acetaldeído, são utilizadas para produzir de tudo, desde plásticos até pneus de borracha. Estes Tendem a ser expedidos em pequenos navios-tanques transportadores de GLP. No fim da tabela, para efeitos de referência, encontra-se o metano, o qual não é expedido em navios-tanques transportadores de GLP por ser transportado a temperaturas mais baixas. A Seção 12.4 aborda esse tráfego.

O *propano* e o *butano*, duas cargas importantes para os navios-tanques transportadores de GLP, são produzidos sobretudo a partir do petróleo bruto, das jazidas de gás natural e do refino do petróleo. Pelo fato de o seu transporte ser difícil, eles muitas vezes eram queimados, mas hoje em dia a maioria do gás é utilizada nas usinas químicas locais, em áreas de produção petrolífera, como as da Arábia Saudita, quer exportado por duto ou liquefeito e embarcado num navio-tanque transportador de GLP. Em 2006, 50% do mercado era interno, sendo 12% utilizados na indústria, 8% no transporte e 27% como matéria-prima. Nos mercados de energia doméstico e comercial, o gás é usado em restaurantes, em hotéis, na indústria alimentar, no aquecimento e, em geral, como uma alternativa ao gás natural quando tal instalação não existe. A demanda de GLP como matéria-prima dos produtos químicos teve origem na segunda metade do século XX, com a revolução dos plásticos, e isso se mantém como a força motriz por trás da demanda. As usinas petroquímicas (*crackers* de etileno) produzem os "petroquímicos primários", especialmente o etileno, a partir do qual são fabricados os plásticos, as fibras sintéticas e a borracha sintética. A estrutura do processo de produção é resumida brevemente na Tabela 12.5, a qual mostra que a combinação de etileno, de propileno e de butadieno varia dependendo das propriedades do etano, do butano e da nafta, que são utilizados como matéria-prima. As primeiras instalações fabris dos Estados Unidos utilizavam o etano, que existia em grande quantidade nas jazidas de gás natural, mas as fábricas modernas são geralmente capazes de ajustar as suas matérias-primas em resposta ao preço e à sua existência. Quando se utiliza o GLP como matéria-prima na produção de produtos químicos, o preço é importante, porque os desequilíbrios entre a oferta e a demanda na indústria petroquímica conduz a diferenças de preço entre as regiões e, é claro, o GLP concorre com outras matérias-primas, como a nafta. No mercado de transporte, o GLP é utilizado como combustível para carros, caminhões, táxis e para equipamentos industriais como as empilhadeiras. Tem a vantagem da limpeza e da baixa manutenção e, atualmente, em alguns países, os usuários de GLP recebem desagravamentos fiscais.

O nordeste asiático (Japão, China e Coreia do Sul) é a maior região importadora de GLP do mundo, seguida da Europa Ocidental e dos Estados Unidos. O Japão é o maior mercado, tendo importado mais de 14 mt em 2000, representando mais de 72% da demanda. O mercado japonês de GLP está bem desenvolvido, sendo importado em grandes navios-tanques transportadores de GLP para as cidades e vilas costeiras e distribuído para a rede atacadista e varejista local por uma frota de navios-tanques costeiros, sobretudo abaixo de 1.000 tpb. Os mercados comerciais incluem o combustível para os veículos motorizados, o combustível industrial e a matéria-prima para os produtos químicos. É também utilizado nas usinas de energia elétrica. Na Europa, o principal mercado é de GLP como matéria-prima, embora exista um mercado secundário muito importante para os gases butano e propano no aquecimento doméstico. Na ausência de um sistema de distribuição por gasoduto, o GLP movimenta-se dos terminais de importação em pequenos navios costeiros com cerca de 3.000 tpb, em barcaças e ferrovia, que utiliza vagões tanques de 100 metros cúbicos, ou em caminhões de 50 metros cúbicos que carregam 20 toneladas de GLP. No norte da Europa, o GLP é frequentemente transportado em barcaças ao longo do rio Reno. Nos Estados Unidos, o principal sistema de distribuição é feito por meio de gasodutos de longa distância, embora possam ser utilizadas as barcaças e os caminhões ferroviários. O GLP é produzido sobretudo no Mar do Norte, como resultado da produção do gás natural, e no Oriente Médio, como um produto derivado do processo de refino.

Tabela 12.5 – Rendimento-padrão de produção em % de uma usina industrial de etileno típica

Produto	Etano	Propano	n-Butano	Nafta leve	Produtos típicos finais produzidos dos produtos químicos primários mostrados no eixo do lado esquerdo
				Matéria-prima	
Etileno	78	42	37	32	Sacos de plástico, anticongelante, embalagens de plástico etc.
Propileno	2	16	17	16	Espuma de poliuretano, revestimentos plásticos e plásticos moldados
Butadieno etc.[a]	3	11	19	30	Pneus, náilon, detergentes, fibra de vidro, pesticidas
Óleo combustível	15	29	25	20	Aquecimento etc.
Perdas	2	2	2	2	
Total	100	100	100	100	

[a] Inclui butileno, benzeno, tolueno, refinado.

A *amônia* é utilizada para produzir fertilizantes e explosivos e em vários processos químicos. Entra em ebulição a –33 °C e geralmente é transportada em navios-tanques de produtos químicos semirrefrigerados de tamanho médio. Entre 1987 e 2002, o tráfego mundial de amônia aumentou de 8,2 mt para 13,4 mt. Os maiores exportadores de amoníaco anidro foram Rússia, Canadá, Trindad e Tobago e Indonésia, e os maiores importadores foram Estados Unidos (5,5 mt em 2002), Índia, Coreia do Sul e Malásia.

O *etileno* é um derivado do craqueamento de matérias-primas do petróleo (ver Tabela 12.5). Tem um ponto de ebulição muito baixo de –103 °C, o mais baixo deste grupo (ver Tabela 12.4), e geralmente é transportado por via marítima em pequenos navios pressurizados que podem manusear pequenas partidas de carga a temperaturas muito baixas. É a principal matéria-prima na produção de muitos objetos diários – dois terços da produção global são utilizados na produção de plásticos e nas peças automobilísticas, e o restante é utilizado para produzir anticongelante e várias fibras artificiais. Os principais exportadores de etileno são o Oriente Médio, a Europa e a América Latina.

O *propileno* é um produto derivado do etileno e da produção de gasolina, usado para fabricar a espuma de poliuretano, as fibras e os plásticos moldados utilizados na produção de itens como peças de automóveis, tubos de plástico e artigos domésticos. O propileno é utilizado como matéria-prima nos plásticos e é importado pelo Extremo Oriente dos Estados Unidos e da Europa.

O *cloreto de vinilo monômero*, produzido do craqueamento do dicloreto de etileno, é utilizado para produzir o PVC [*polyvinyl chloride*, ou policloreto de vinila], que é amplamente usado na indústria da construção, por exemplo, nos caixilhos das janelas. É exportado pelos Estados Unidos para o Sudeste Asiático e para a América Latina.

O *butadieno* é usado sobretudo para produzir a borracha utilizada nos pneus, mas também é aproveitado nos detergentes e nos pesticidas.

FROTA DE GLP E A SUA PROPRIEDADE

A frota de GLP consiste num conjunto de navios grandes para o transporte de longo curso e de navios-tanques médios e pequenos para o transporte de curta distância e costeiro. O in-

O transporte de cargas especializadas

533

tervalo de temperaturas baixas exigidas para o transporte de gases líquidos por via marítima também afeta a composição da frota. Como já observado na Tabela 12.4, os gases liquefeitos de petróleo entram em ebulição a temperaturas que variam entre –103 °C para o etileno e –0,5 °C para o butano. Essas temperaturas baixas podem ser alcançadas por pressão, por refrigeração ou por uma combinação de ambas. Até 1959, os navios-tanques transportadores de GLP eram equipados com tanques esféricos pressurizados que dependiam da compressão para liquefazer os gases. Os tanques encontram-se salientes acima do convés, fazendo com que esses navios--tanques sejam imediatamente reconhecíveis.

Tabela 12.6 – Navios-tanques transportadores de GLP: análise do tipo e da capacidade

Intervalo de capacidade	Pressurizados		Semirrefrigerados		Totalmente refrigerados		Total	
m³	Nº	m³	Nº	m³	Nº	m³	Nº	m³
0-5.000	466	917	114	344	12	20	592	1.281
5.000-20.000	50	336	150	1.356	6	92	206	1.783
20.000-60.000	—	—	16	353	73	2.914	89	3.266
mais de 60.000	—	—	—	—	106	8.283	106	8.283
Total	516	1.252	280	2.052	197	11.308	993	14.612

Fonte: Clarkson, *Liquid Gas Carrier Register 2006*.

Embora o seu gerenciamento seja econômico, a dimensão e o peso dos navios totalmente pressurizados faz com que eles não sejam econômicos acima dos 5 mil metros cúbicos. Em 1959, foi construído o primeiro navio semirrefrigerado de GLP, e três anos mais tarde entrou em serviço o primeiro navio totalmente refrigerado de GLP. Os navios totalmente refrigerados transportam a carga à pressão ambiente sob refrigeração, enquanto aos navios semirrefrigerados podem transportar os gases em diferentes combinações de temperatura e de pressão. Por exemplo, um navio tanque semirrefrigerado de 140 metros de comprimento pode transportar 6 mil toneladas de propano a –48 °C ou 7.200 toneladas de amônia a –33 °C. O aço estrutural é frágil nessas temperaturas e os tanques são instalados como unidades insuladas separadas.

Em 2006, existiam 993 navios-tanques transportadores de GLP, e a Tabela 12.6 mostra que a separação entre os três sistemas de liquefação – pressurizado, semirrefrigerado e totalmente refrigerado – está relacionada com a dimensão. De uma forma geral, os navios-tanques pequenos são pressurizados, os de tamanho médio são semipressurizados e os maiores são totalmente refrigerados. A forma como esses navios são utilizados é resumida a seguir.

- *0-5 mil metros cúbicos*. A classe de navios menores é a mais numerosa, mas contribui com menos de 10% da capacidade total da frota. Dos 592 navios-tanques existentes nesse segmento, dois terços são totalmente pressurizados e transportam gases petroquímicos, como o cloreto de vinilo monômero e o GLP. Outros 20% são semirrefrigerados, incluindo alguns navios capazes de transportar 4 mil metros cúbicos de etileno. Eles operam sobretudo nos tráfegos de pequeno curso no Extremo Oriente, no Mediterrâneo, no noroeste da Europa e no Caribe.

- *5 mil-20 mil metros cúbicos*. Cerca de 70% dos navios-tanques pertencentes a este segmento são semirrefrigerados, mas existem alguns totalmente refrigerados que transportam GLP e amônia, sobretudo nos tráfegos de longo curso. Os navios semirrefrigerados transportam gases petroquímicos, incluindo o etileno nas rotas de pequeno e médio curso. Alguns desses navios semirrefrigerados menores podem transportar etileno até –104 ºC e o etano a –82 ºC. Em menor medida, esses navios menores são também utilizados para transportar GLP e amônia nas rotas de pequeno curso.

- *20 mil-60 mil metros cúbicos*. Os navios-tanques de dimensão média constituem 22% da capacidade da frota. A maior parte dessa frota é totalmente refrigerada, mas existem alguns navios semirrefrigerados. Eles transportam GLP nos tráfegos de longo curso entre o Golfo Pérsico e o Mediterrâneo e nos tráfegos terceiros [*cross-trades*] no Mar do Norte e na Europa; e amônia em vários tráfegos terceiros típicos de pequeno curso.

- *Navios-tanques transportadores de gases liquefeitos de petróleo muito grandes* [*very large petroleum gas carriers*, VLGC] *com mais de 60 mil metros cúbicos*. Os 106 maiores navios-tanques transportadores de GLP representam 56% da capacidade da frota de GLP. Todos eles são totalmente refrigerados e transportam sobretudo GLP nos tráfegos de longo curso, como os do Oriente Médio para o Japão e de Trinad e Tobago para a Europa.

A estrutura de propriedade da frota dos VLGC é extremamente concentrada e existem vários consórcios. Por exemplo, a empresa Bergesen, um dos maiores proprietários de tonelagem de GLP, operava o consórcio de VLGC que, em 2003, incluía navios pertencentes a Exmar, Mitsubishi, Yuyo Ship Management, Neste Sverige e Dynergy.

12.4 O TRÁFEGO DE GÁS NATURAL LIQUEFEITO

O gás natural (metano) é a terceira maior fonte de energia transportada por via marítima, depois do petróleo e do carvão, que abordamos no Capítulo 11. Em 2005, o mundo consumiu 2,5 bt de gás natural (equivalentes a petróleo), comparadas com 3,8 bt de petróleo e 3 bt de carvão; uma vez que queima de modo limpo, o gás é a fonte energética preferida para a geração de energia. Como mostra a Figura 12.5, entre 1990 e 2005 a demanda aumentou 2,2% por ano, mais rápido do que o carvão (1,8% por ano) e o petróleo (1,3% por ano). Contudo, o gás entregue nos mercados não pode ser transportado por gasoduto, pois tem de ser processado em GNL. Embora essa tecnologia esteja bem implementada e seja bastante

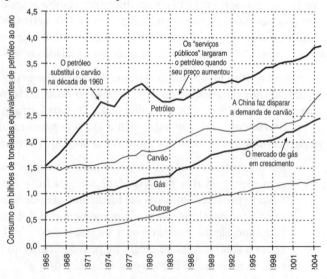

Figura 12.5 – Consumo energético mundial por produto primário.

Fonte: *BP Annual Review of the World Oil Industry.*

O transporte de cargas especializadas   **535**

confiável, é dispendiosa e inflexível. Por exemplo, durante os últimos vinte anos, o transporte de petróleo do Oriente Médio para a Europa custava em média US$ 7-10 a tonelada, enquanto o GNL custava US$ 25-100 a tonelada, dependendo da distância.[5]

Tabela 12.7 — Reservas mundiais de gás natural, demanda e tráfego de GNL (2006)

(1)	(2)	(3)	(4)	(5)	(6)	(7)	(8)
	Reservas de gás		Demanda de gás			Importações de GNL	
	Bilhões de m³	%	Bilhões de m³	Mtpe[a]	R/D em anos[b]	Bilhões de m³	Mtpe[a]
Estados Unidos	5.925	3	630	566,9	9	16,6	14,9
Federação Russa	47.650	27	432	388,9	110	0,0	0,0
Oriente Médio	73.471	41	289	260,3	254	0,0	0,0
Japão	–	0	85	76,1	0	81,9	73,7
Coreia do Sul	–	0	34	30,8	0	34,1	30,7
União Europeia	2.426	1.3	467	420,6	5	57,4	51,7
China	2.449	1	56	50,0	44	1,0	0,9
Outros países asiáticos	12.371	7	264	237,7	47	18,2	16,4
Outros	37.300	21	604	543,6	62	1,9	1,7
Total	181.458	101	2.861	2.574,9	63,4	211,1	190,0

[a] Milhões de toneladas de petróleo equivalentes.
[b] R/D é a razão das reservas em relação à demanda em anos.
Fonte: *BP Annual Review 2007*.

OFERTA E DEMANDA DE GÁS NATURAL

O gás natural tem sido usado como fonte de energia desde 1825, quando foram encontradas pequenas quantidades em Fredonia, em Nova York. Na década de 1860, foram descobertas grandes jazidas de gás na Pensilvânia, e o primeiro sistema de distribuição foi construído em 1874: um gasoduto de ferro forjado de seis polegadas com 17 milhas de comprimento para expedir o gás de Butler County, na Pensilvânia, para uma fábrica de minério em Etna, próximo de Pittsburgh.[6] Atualmente, é amplamente usado nos Estados Unidos, na União Europeia, na Rússia, no Oriente Médio, no Japão, na Coreia do Sul e em vários outros países da Ásia (Tabela 12.7, coluna 5). Contudo, dois terços das reservas de gás encontram-se no Oriente Médio (41%) e na Federação Russa (27%), com quantidades menores na África (8%), na Ásia (8%), na América do Norte (4,9%), na América do Sul (3,9%) e na União Europeia (1,3%). No Oriente Médio, o Irã e o Qatar tinham cada um 14% das reservas mundiais em 2005. Esse padrão de demanda e uma oferta geograficamente dispersa cria as condições básicas para o comércio, especialmente porque os Estados Unidos e a União Europeia têm reservas limitadas, enquanto o Japão, a Coreia do Sul e a China não têm quase nada. Contudo, apesar desse desequilíbrio regional, em 2006, o comércio de 190 mt de GNL representava somente 7,4% da demanda mundial de gás, muito aquém do petróleo, cujo tráfego representava 63% da demanda.[7]

DESENVOLVIMENTO DO TRÁFEGO DE GNL

Para explicar por que razão o comércio do gás é tão pequeno, temos de olhar para os princípios básicos da economia. Um comércio de gás bem-sucedido exige que sejam satisfeitas três condições. Primeiro, é necessária uma fonte de gás abundante a um preço competitivo com relação às outras fontes de energia, como o carvão. Segundo, deve existir um mercado com uma rede de gasodutos capaz de distribuir o gás aos clientes domésticos e comerciais. Terceiro, tem de ser possível angariar fundos para a liquefação e o sistema de transporte necessários. Tem sido difícil cumprir essas condições no mercado de gás. Embora existam bastantes reservas, elas estão no

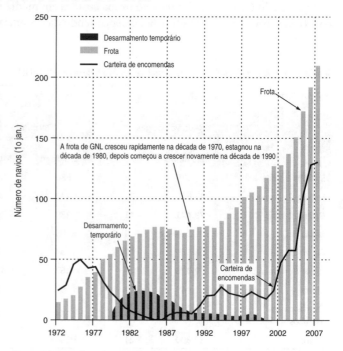

Figura 12.6 – A frota de GNL, 1972-2007.
Fonte: Clarkson Research Gas Tanker Register.

local errado e são necessários projetos de investimento multimilionários para enviar o gás para o mercado. Isso amarra os investidores a um compromisso de longo prazo muito inflexível, portanto, preocupa-os muito fortemente a estabilidade política e a futura determinação dos preços, resultando frequentemente em atrasos. Porém, o preço é a questão central, e durante muitos anos a Europa e os Estados Unidos tiveram acesso a gás natural econômico das jazidas domésticas de gás, então o GNL importado de custo elevado lutava para ser competitivo nesses mercados importantes, especialmente o oriundo de fontes distantes, como o Oriente Médio.

A primeira carga de GNL foi expedida em 1959, quando o Methane Pioneer, um navio de cargas sólidas convertido, transportou cerca de 5 mil metros cúbicos de GNL da Louisiana para Canvey Island. O navio foi um sucesso técnico, mas era demasiadamente pequeno e muito lento para ser economicamente viável. A operação terminou após o seu primeiro ano, e o navio foi transferido para o tráfego do GLP, embora mais tarde viesse a transportar cargas de GNL transatlânticas, quando as taxas de frete estavam altas. Cinco anos mais tarde, em 1964, foi construída em Arzew, na Algéria, a primeira instalação de liquefação em grande escala. Tinha uma capacidade de 1,1 mt anuais dividida em três trens de LNG (uma unidade independente para liquefazer o gás), e o gás era transportado entre a Algéria e Canvey Island, no Reino Unido, por dois navios construídos para esse fim: o Methane Princess e o Methane Progress. Seguiu-se um esquema para exportar o GNL de Brunei para o Japão, que entrou em ação em 1969. Em seguida a esses acontecimentos, foram desenvolvidos planos para as exportações do norte da África para os Estados Unidos e Europa e do Sudeste Asiático para o Japão, e os analistas estimavam que o tráfego de GNL alcançaria 100 mt em 1980. Contudo, a crise do petróleo de

1973 interveio e a incerteza por ela criada, especialmente sobre os preços futuros de exportação de gás, resultou no adiamento ou no abandono conjunto de projetos, e em 2004 o tráfego era de somente 50 bilhões de metros cúbicos.

Por volta de 1983, um terço da frota de 71 navios-tanques transportadores de GNL encontrava-se desarmada temporariamente (Figura 12.6), e os litígios em matéria de preços, os casos de quebra de contrato e o fechamento de dois terminais de reliquefação nos Estados Unidos interromperam o investimento, especialmente no Atlântico. Durante a década de 1980, foram completados somente dois projetos de exportação, um na Malásia e o outro na Austrália, ambos para o mercado asiático. Passaram-se vinte anos antes que fossem desenvolvidos outros projetos no Atlântico. Contudo, na década de 1990, a confiança dos investidores foi reavivada e o negócio do GNL recebeu um novo alento. O tráfego quadruplicou, de 48 bilhões de metros cúbicos em 1984 para 211 bilhões de metros cúbicos em 2006 (Figura 12.7), alcançando finalmente a previsão dos 100 mt em 2000, vinte anos mais tarde do que o previsto, com o tão esperado crescimento no mercado do Atlântico ocorrendo em meados da década de 1990. Em 2006, o tráfego dividiu-se aproximadamente entre um terço para o Atlântico e dois terços para o Pacífico, como mostra a matriz do comércio representada na Tabela 12.8. A Malásia e a Indonésia eram os principais exportadores, com o Oriente Médio a contabilizar menos de um quarto do comércio. O Japão manteve-se, sem dúvida, como o maior importador, sobretudo das fontes asiáticas de pequeno curso, seguido da Europa e da Coreia do Sul. Os treze países apresentados na matriz exportaram GNL para 48 terminais de importação localizados em Japão (24 terminais), Coreia do Sul (4), Taiwan (1), Índia (1), Europa (13) e Estados Unidos (5). Portanto, este é um tráfego bem definido.

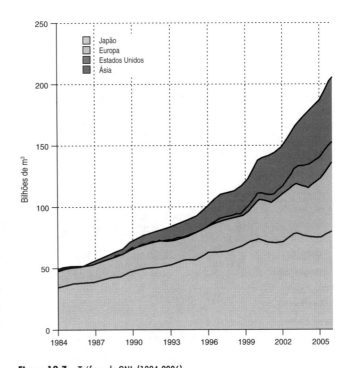

Figura 12.7 – Tráfego de GNL (1984-2006).
Fonte: *BP Annual Review of the World Oil Industry*/Cedex.

SISTEMA DE TRANSPORTE DE GNL

O transporte de GNL envolve quatro operações. Primeiro, o gás natural é transportado por gasoduto da jazida de gás para a usina industrial. Segundo, o GLP e os condensados são separados e o gás metano é liquefeito e armazenado pronto para ser transportado por via marítima. Terceiro, o gás liquefeito é carregado nos navios para ser transportado até o destino. Finalmente, o terminal receptor descarrega a carga, armazena-a e regasifica-a. Os custos são de

538   Economia marítima

cerca de 15% para a produção e para o transporte, 40% para a liquefação, 25% para o transporte marítimo e 20% para a regasificação.[8]

Tabela 12.8 – Movimentos dos tráfegos de GNL em bilhões de metros cúbicos (2006)

| | Exportações de GNL de | | | | | | | | | | | | |
| | Américas | | Oriente Médio | | | Norte da África e África Ocidental | | | | Sudeste Asiático e Oceania | | | | |
Para	Estados Unidos	Trinidad	Omã	Qatar	EAU	Algéria	Egito	Líbia	Nigéria	Austrália	Brunei	Indonésia	Malásia	Total
Atlântico														
Estados Unidos	10,9					0,5	3,6		1,6					16,6
República Dominicana	0,3													0,3
Porto Rico	0,7													0,7
México	0,2		0,1			0,2			0,5					0,9
Bélgica	0,2		0,4			3,4	0,3		0,2					4,3
França						7,4	2,3		4,2					13,9
Grécia						0,5	0,0							0,5
Itália						3,0	0,1							3,1
Portugal									2,0					2,0
Espanha	3,0	1,0	5,0			2,8	4,8	0,7	7,1					24,4
Turquia						4,6			1,1					5,7
Reino Unido	0,6					2,0	1,0							3,6
Ásia Pacifico														
China										1,0				1,0
Índia			0,2	6,8	0,1	0,1	0,6		0,1	0,1			0,1	8,0
Japão	1,7	0,4	3,0	9,9	7,0	0,2	0,8		0,2	15,7	8,7	18,6	15,6	81,9
Coreia do Sul		0,1	7,1	9,0		0,3	1,3		0,2	0,9	1,2	6,7	7,5	34,1
Taiwan		0,2					0,2		0,4	0,4		4,3	4,9	10,2
TOTAL	1,7	16,3	11,5	31,1	7,1	24,7	15,0	0,7	17,6	18,0	9,8	29,6	28,0	211,1

Fonte: BP Statistical Review of the World Energy Industry (2006) e Cedigaz.

A instalação de liquefação tem um ou mais trens de GNL que liquefazem o gás natural. A unidade consiste num compressor, geralmente movido por uma turbina a gás que comprime um líquido de arrefecimento até que chegue a –163 ºC, temperatura à qual o gás é reduzido para 1/630 avos do seu volume original, e alimenta-o para o interior de serpentinas de arrefecimento que liquefazem o gás que passa sobre elas. Um trem de GNL pode produzir anualmente 4 mt de GNL, e uma grande instalação é composta de vários trens de GNL. O gás líquido é armazenado em tanques refrigerados até que um navio chegue e o transporte rapidamente até o

O transporte de cargas especializadas

seu destino. Os navios-tanques dependem do isolamento e, para evitar que o gás seja reliquefeito, os gases evaporados [*boil-off gas*] são queimados pelas máquinas do navio ou reliquefeitos. Os navios-tanques transportadores de GNL modernos típicos têm uma capacidade em torno de 160 mil metros cúbicos, navegando a 19 nós, com a máquina de turbinas a vapor ou a diesel, e transportando cerca de 115 mil toneladas de gás liquefeito (1 mt de GNL é equivalente a 1,38 bilhão de metros cúbicos de gás natural), embora em 2006 navios com o dobro desse tamanho estivessem sendo construídos para os tráfegos de exportação de longo curso do Oriente Médio. Na outra extremidade da viagem, a instalação de regaseificação transforma o líquido novamente em gás e envia-o para uma rede elétrica ou para o sistema local de gasodutos. Todo esse equipamento faz com que o tráfego de GNL seja de capital intensivo em relação ao carvão e inflexível em relação aos tráfegos atuais existentes.

Durante a década de 1990, o custo das instalações de regaseificação caíram em mais de 30% para uma instalação que produzisse anualmente 5 mt, enquanto o custo de navios-tanques transportadores de GNL variavam entre US$ 250 milhões e US$ 160 milhões. Esses fatos, combinados com a redução das reservas domésticas na Europa e nos Estados Unidos, resultaram num renascimento do tráfego de GNL nos primeiros anos do século XXI. Isso foi acompanhado por mudanças que ocorreram no mercado de transporte de GNL. Inicialmente, o negócio de GNL foi efetuado com contratos em longo prazo, geralmente de vinte anos, com preços fixos e com um compromisso rígido em relação às quantidades contratadas. Nessas circunstâncias, a negociação do preço causava grandes dificuldades em virtude da ausência de qualquer "norma" estabelecida. Mais tarde, assim que os preços do petróleo passaram a ser regidos pelo mercado, o preço do gás foi de alguma forma indexado ao do petróleo, por exemplo, um pacote de preços do petróleo, e o crescimento dos mercados futuros de gás permitiu a cobertura dos preços. Tudo isso, combinado com o crescente número de terminais, criou um clima de investimento mais flexível.

OFERTA DO TRANSPORTE DE GNL

Em 2006, a frota de GNL era composta de 193 navios, com outros 140 encomendados. Como o negócio do GNL ainda é construído em função de importantes projetos que podem levar quase uma década para se desenvolver, é relativamente fácil ver onde novos aspectos do negócio aparecerão. São envolvidas grandes somas de dinheiro, e o progresso desses esquemas está repleto de dificuldades. O projeto de navios-tanques de GNL é abordado na Seção 14.6.

12.5 O TRANSPORTE DE CARGA FRIGORIFICADA

DEMANDA DE TRANSPORTE FRIGORÍFICO

O transporte frigorífico é outro exemplo de comércio criado pela tecnologia de transporte. As cargas perecíveis só podiam ser transportadas entre regiões quando era possível preservá-las durante o trânsito. Assim essa tecnologia se tornou disponível, emergiram rapidamente novos tráfegos. O tráfego desenvolveu-se por várias razões diferentes. Uma delas é que algumas partes do mundo podiam produzir produtos perecíveis de forma muito mais barata do que outras. Por exemplo, a Nova Zelândia é um importante fornecedor internacional de carne e de laticínios para as economias localizadas no Atlântico Norte, porque pode produzir esses produtos de modo muito mais barato. Um segundo elemento no tráfego é o movimento das colheitas sazonais entre os hemisférios nivelando os desequilíbrios causados pelos ciclos das colheitas. Isso é particularmente proeminente nos tráfegos de frutas cítricas e caidiças, em que países como a África do Sul têm colheitas durante o inverno no hemisfério norte. Terceiro, existem as diferenças climáticas. Por exemplo, as bananas, que somente podem crescer nas áreas tropicais, são exportadas para as zonas temperadas. Existe uma concorrência selvagem por essas cargas entre os navios frigoríficos convencionais e os contêineres frigoríficos, e em muitos tráfegos os contêineres empurraram os navios frigoríficos para o segundo lugar. O frete aéreo também se tornou importante para os frutos exóticos de valor elevado. Como resultado, o transporte barato abriu-se a um enorme mercado global de vegetais sazonais em todas as épocas do ano, alargando amplamente a gama de produtos frescos disponíveis na maioria dos países. Nesta seção, examinaremos como esse tráfego se ajusta na prática a esse modelo.

DESENVOLVIMENTO DO TRANSPORTE FRIGORÍFICO

O transporte marítimo frigorífico começou pelo tráfego da carne no século XIX. À medida que a população urbana europeia aumentava, os produtores locais de carne e de leite não conseguiam alimentar as cidades, e a ferrovia abria novas e vastas áreas produtoras de alimentos em regiões como América do Norte, América do Sul, Nova Zelândia, Austrália e África do Sul. Com uma demanda não satisfeita e com os suprimentos de carne disponíveis no mercado internacional, era necessário apenas um sistema de transporte. Como em muitos outros tráfegos especializados, foram os embarcadores que efetuaram a corrida. Para começar, a carne era enlatada e enviada por linhas regulares. A primeira empresa de enlatados australiana surgiu em 1847, e em 1863 o processo de esquartejamento da carne de Liebig foi implementado em Fray Bentos, no Uruguai. Entre 1868 e 1876, ocorreram várias experiências com o transporte de carne congelada por via marítima, mas o equipamento frigorífico não era confiável e, mesmo que funcionasse, a qualidade da carne era pobre.

No final da década de 1870, a tecnologia frigorífica melhorava, e o navio Paraguai, equipado com uma máquina de amônia de Carré, transportou uma carga congelada entre França e Buenos Aires, retornando a Havre com 80 toneladas de carne de carneiro, que chegaram em condição excelente. Isso marcou o início do negócio frigorífico por via marítima. Dois anos mais tarde, em 1880, a Austrália expediu as suas primeiras cargas no Strathleven, que carregou 40 toneladas de bife e de carne de carneiro, os quais eram congelados a bordo e entregues em Londres em condição perfeita. Mais tarde nesse ano, o Protos navegou para Londres com 4.600 carcaças de carneiro e de cordeiro, armazenadas em porões insulados com lã.[9] Quando o navio chegou a Londres, a carga foi descarregada em condição excelente e o isolamento de lã foi removido do navio e também vendido – aqueles antigos empreendedores de transporte marítimo certamente sabiam como retirar um dólar extra do negócio! A primeira carga congelada da Nova Zelândia foi vendida em Londres, em 1882, pelo dobro do preço de mercado da Nova Zelândia, o que dá uma ideia do incentivo financeiro que movia o comércio. Isso convenceu os produtores de carne da América do Sul, da Austrália e da Nova Zelândia de que o transporte frigorífico era viável e, no espaço de alguns anos, desenvolveu-se um sistema de transporte. Foram estabelecidas instalações frigoríficas nas regiões de exportação da carne para abastecer os mercados atacadistas com armazenagem frigorífica e instalações de distribuição nos locais de importação. Por exemplo, o Mercado Smithfield, em Londres, funcionou como o principal mercado de carne no Reino Unido. Na década de 1970, a paletização foi introduzida e os navios, a armazenagem e os equipamentos de manuseio de carga foram projetados em torno das dimensões-padrão dos paletes de 800 mm × 1.200 mm e de 1.000 mm × 1.200 mm acordadas

O transporte de cargas especializadas

pela OCDE.[10] Isso abriu caminho para uma maior mecanização do manuseio de carga, por exemplo, utilizando empilhadeiras e correias transportadoras para as bananas.

Contudo, na década de 1940, a indústria de transporte terrestre desenvolveu a unidade de refrigeração portátil, inicialmente sob a forma de um reboque insulado com uma unidade de refrigeração integral, e essa tecnologia viria a ter um impacto muito grande no tráfego frigorífico. Esses reboques frigoríficos que mantinham os produtos frescos por meio da saturação do ar com uma mistura da unidade de refrigeração integral foram introduzidos em 1942 pelas tropas dos Estados Unidos estacionadas no exterior e, em seguida, adotados pelas ferrovias nos Estados Unidos. Na década de 1950, o negócio do transporte rodoviário começou a introduzi-los, e, quando os motores a diesel substituíram a refrigeração alimentada a gás, no final da década de 1950, a tecnologia tornou-se mais confiável e mais econômica para ser gerenciada, especialmente em viagens longas, com um elevado número de horas.[11] Isso coincidiu com o início da conteinerização por via marítima e, desde o início, o novo negócio de contêineres por via marítima transportou contêineres frigoríficos, concorrendo com os navios frigoríficos convencionais.

MERCADORIAS DOS TRÁFEGOS FRIGORÍFICOS

Em 2005, foram comercializadas mundialmente 130 mt de cargas perecíveis (Tabela 12.9), embora essas estatísticas não sejam precisas, porque incluem tráfego terrestre e algumas cargas que não são frigoríficas. De uma forma geral, o tráfego da carga frigorificada está dividido em três grupos: a fruta caidiça, que totaliza cerca de um terço; a carne e os laticínios, que representam um outro terço; e o peixe, que representa a parte restante. Adicionalmente, a Tabela 12.9 mostra "outras frutas e vegetais" como um item de nota. Esse é um tráfego muito grande, que inclui produtos como a mandioca, que é transportada a granel. Entre 1990 e 2005, o tráfego cresceu a uma média anual de 3,6%, tornando-se um dos segmentos de negócio de crescimento mais rápido, impulsionado pela elasticidade-renda elevada dos frutos e dos vegetais nos países desenvolvidos do Hemisfério Norte.

As bananas constituem uma base de carga estável dos exportadores da Índia Ocidental, da América do Sul e, em menor escala, da África. A Europa Ocidental e os Estados Unidos representam cerca de dois terços das importações. As exportações das áreas de produção sazonal no Hemisfério Sul, como a África do Sul, são voláteis. Existe um grande tráfego de laranjas do Mediterrâneo (especialmente de Israel) e da África do Sul para a Europa Ocidental. Recentemente, o tráfego de frutas exóticas, como os morangos, as framboesas e os quiuís, cresceu rapidamente, conforme os exportadores procuraram valor agregado. O tráfego de "outros vegetais" inclui um tráfego considerável de mandioca do sudeste asiático para a Europa Ocidental, onde é usada na alimentação de animais – não é uma carga frigorificada. Também é comercializada por via marítima uma grande variedade de outras frutas e vegetais, incluindo as batatas. O tráfego da carne fresca tem origem sobretudo de Austrália, Nova Zelândia e Argentina para as áreas desenvolvidas de Europa Ocidental, Estados Unidos e Japão. O tráfego representa somente uma proporção muito pequena da carne consumida e o crescimento tem sido mais rápido no Japão e na costa oeste da América do que em qualquer outro lugar, beneficiando particularmente o crescimento do negócio da "comida rápida". O leite fresco raras vezes é comercializado internacionalmente (embora exista um tráfego de leite em pó de mais de 2 mt por ano) e os principais tráfegos de laticínios são de manteiga e queijo. O tráfego tradicional é oriundo da Nova Zelândia ou da Austrália para o Reino Unido, apesar de começar a mudar quando o Reino Unido se juntou à CEE.

Tabela 12.9 – Tráfego mundial de produtos alimentares perecíveis (mt)

| | | Produtos | | | | | | Total do | Item de nota: |
Ano	Bananas	Frutos cítricos	Frutas caídiças	Fruta total	Laticínios	Carne	Peixe	Total do tráfego	crescimento ano após ano	outras frutas e vegetais
1983	6	7	5	19	10	9	20	58		59
1984	7	8	5	20	11	9	22	61	5,9%	63
1985	7	7	5	19	12	9	25	64	5,1%	66
1986	7	9	5	21	12	10	27	69	7,7%	70
1987	8	8	6	21	12	10	28	71	2,8%	73
1988	8	8	6	21	13	11	29	74	3,5%	77
1989	8	8	6	22	13	11	31	77	4,5%	81
1990	9	8	6	24	12	12	29	77	−0,5%	84
1991	10	8	7	25	13	13	29	81	5,1%	88
1992	11	9	7	26	15	14	31	85	5,4%	91
1993	12	9	8	29	15	14	34	92	7,8%	96
1994	13	10	8	31	16	16	41	103	12,5%	102
1995	13	10	8	32	16	17	38	103	0,0%	101
1996	14	10	9	33	17	18	38	105	1,7%	104
1997	15	10	9	34	18	19	39	110	4,5%	107
1998	14	11	9	33	18	19	32	104	−5,4%	109
1999	14	10	9	34	19	21	36	110	6,1%	115
2000	14	11	9	34	20	22	41	117	6,7%	117
2001	15	11	10	35	20	22	41	118	0,9%	123
2002	14	12	10	36	20	23	41	120	1,8%	126
2003	15	12	11	38	21	24	41	124	3,0%	129
2004	16	13	11	40	21	26	41	128	3,0%	131
2005	16	14	11	41	21	27	41	130	1,4%	133

Fonte: *FAO Trade Yearbook* e *FAO Yearbook of Fishery Statistics*.
Nota: os dados incluem tráfego terrestre e marítimo.

Do ponto de vista do economista marítimo, talvez o aspecto mais interessante do tráfego da carga frigorificada seja a concorrência entre os diferentes modos de transporte para esse tipo de carga. A carga frigorificada pode ser transportada em navios frigoríficos, contêineres frigoríficos, espaços frigoríficos nos navios de linha geral convencionais e nos navios MPP, bem como em caminhões frigoríficos em navios ro-ro. Em anos recentes, o tráfego dos contêineres tornou-se cada vez mais importante, constituindo um exemplo fascinante da dinâmica da concorrência no transporte marítimo especializado. Por exemplo, na primeira metade do século XX, existia uma concorrência intensa pela carga frigorificada entre os serviços de linhas regulares e a frota de navios frigoríficos. A frota de navios frigoríficos cresceu regularmente e muitos navios de linhas regulares equipavam-se com capacidade frigorífica se a carga era transportada nas suas rotas (ver Capítulo 13, e o debate sobre a classe de navios de linha regular Point Sans Souci). Em 1956, a Sea-Land introduziu os primeiros contêineres frigoríficos no seu novo serviço de contêineres utilizando quinhentas unidades de reboques frigoríficos com o seu próprio sistema de arrefecimento, adaptado para o transporte marítimo. Na década de 1960 foram conteinerizados mais serviços frigoríficos, incluindo o importante tráfego da Austrália para a Europa. Os operadores de navios frigoríficos responderam com a paletização da carga e com a construção de navios destinados a manusear e a estivar os paletes eficientemente. No início essa estratégia defensiva foi bem-sucedida, mas em 1999 a capacidade de contêineres finalmente ultrapassou a capacidade frigorífica convencional, forçando um declínio na frota de navios frigoríficos dedicados (Figura 12.8).

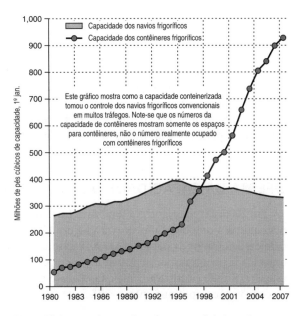

Figura 12.8 — Frota de navios frigoríficos e capacidade de contêineres frigoríficos (1980–2007).

Fonte: Clarkson Research Reefer e Container Registers.

TECNOLOGIA DE TRANSPORTE FRIGORÍFICO

Todas as cargas apresentadas na Tabela 12.9 precisam ser transportadas a temperaturas cuidadosamente reguladas, mas têm requisitos diferentes. De uma forma geral, as cargas frigorificadas podem ser divididas em três grupos:

- *Carga congelada.* Certos produtos, como a carne e o peixe, precisam ser completamente congelados e transportados até temperaturas de −26 ºC.

- *Carga refrigerada.* Os laticínios e outros produtos perecíveis são transportados a temperaturas baixas, embora acima do ponto de congelamento, para evitar a decomposição.

- *Temperaturas controladas.* A fruta transportada por via marítima é geralmente colhida semimadura e termina o seu processo de amadurecimento no mar, a uma temperatura cuidadosamente controlada. Por exemplo, as bananas precisam de 13 ºC.

Os navios frigoríficos continuam a ser a fonte nuclear do transporte dos tráfegos de volume elevado. As temperaturas devem ser mantidas consistentemente por todo o navio para evitar a deterioração das cargas, e mesmo pequenos desvios de temperatura podem ser desastrosos, especialmente para a fruta tropical. Para tanto, o ar passa sobre um banco de tubos frigoríficos e é distribuído por meio de encanamentos para o espaço de carga, permitindo que a temperatura e a taxa de renovação de ar sejam simultaneamente controladas. O ar circulante pode também ser ajustado em relação ao conteúdo de dióxido de carbono, que é importante para o transporte de carne refrigerada e para o amadurecimento controlado de certas frutas. Os porões de carga são geralmente forrados com madeiras compensadas e camadas de isolamento de poliestireno (não de lã!).

São utilizados dois tipos de contêineres no tráfego de contêineres frigoríficos. As "unidades integrais" são equipadas com a sua própria unidade de refrigeração concebida para atender aos requisitos da ISO e para se encaixar nas guias celulares dos navios porta-contêineres. A bordo do navio, a unidade de refrigeração é ligada à fonte de energia do navio, cuja dimensão depende de quantos contêineres frigoríficos o navio pode transportar. Essas unidades são dispendiosas, mas flexíveis. Os "contêineres insulados" não têm uma unidade de refrigeração integral, somente um isolamento, e devem ser ligados ao sistema de arrefecimento de ar no navio e no terminal ou podem ser utilizadas unidades frigoríficas "amovíveis".

OFERTA DA CAPACIDADE DE TRANSPORTE FRIGORÍFICO

Em 2006, a frota frigorífica totalizava 1.242 navios com uma capacidade de 333 milhões de pés cúbicos. Contudo, como mostra a Figura 12.8, a capacidade da frota frigorífica tem decrescido desde meados da década de 1990, e a frota de navios porta-contêineres expandiu-se, com capacidade para transportar 939 milhões de pés cúbicos de carga conteinerizada, embora não esteja registrado estatisticamente quanto disso é utilizado. No entanto, é um excelente exemplo de concorrência contínua entre os diferentes serviços de transporte marítimo.

12.6 O TRANSPORTE DE CARGAS UNITÁRIAS

Existem muitas unidades físicas grandes, como madeira embalada, fardos de celulose, bobinas de papel, veículos motorizados, cargas pesadas (componentes para uma refinaria de petróleo, unidades pesadas como gruas para contêineres, máquinas de terraplanagem) e uma variedade de outros grandes objetos físicos e com formas irregulares a serem movimentados de uma parte do mundo para outra. Quando as quantidades são suficientemente grandes, com frequência é econômico construir navios especializados projetados para o transporte eficiente de uma carga específica, e ao longo dos anos desenvolveram-se várias frotas especializadas, totalizando mais de 3 mil navios para servir esses tráfegos (ver Tabela 12.1). Os cinco que abordaremos são: os navios ro-ro de longo curso, utilizados para um conjunto de carga que inclui contêineres, produtos florestais e carga rolante; os navios graneleiros de escotilha larga, que abrange quase toda a boca do navio, utilizados sobretudo nos tráfegos de produtos florestais; os PCC e os PCTC; os navios multipropósito, utilizados para um conjunto de cargas e cada vez mais para as cargas pesadas; e os navios de cargas pesadas, que se centram no transporte de cargas unitárias muito grandes, algumas vezes pesando milhares de toneladas. Até certo ponto, todos esses navios concorrem uns com os outros e, em termos estatísticos, os fluxos de carga não são claramente definidos. Portanto, as notas que se seguem concentram-se sobretudo no desenvolvimento das várias frotas.

NAVIOS RO-RO DE LONGO CURSO

Os navios ro-ro de longo curso estão entre os primeiros navios transportadores de carga unitária a serem desenvolvidos. Esses navios têm pavimentos múltiplos acessíveis por rampas à popa, à proa e aos bordos dos navios e pertencem, até certo ponto, ao transporte de carga de linhas regulares tradicional, sendo capazes de transportar produtos florestais, carros, contêineres, paletes e cargas pesadas. Os produtos florestais, os contêineres e a carga paletizada são carregados por empilhadeiras, enquanto os carros, os caminhões e outras cargas sobre rodas

O transporte de cargas especializadas

são conduzidos. Alguns também têm pavimentos amovíveis para receber a bordo a carga alta. Toda essa versatilidade tem um preço, e a sua construção é dispendiosa. Embora, nos primeiros tempos, alguns entusiastas tenham visto o navio ro-ro como o sucessor natural do navio de linhas regulares, ele foi posto de lado pelo navio porta--contêineres, que é menos versátil, mas implacavelmente mais eficiente. A Tabela 12.10 mostra que, por volta de 2006, a frota tinha atingido 1.040 navios, mas havia tido um registro de crescimento lento. Entre 1996 e 2006, a frota de navios ro--ro cresceu a uma média anual de 1,7%, em comparação com os 10%

Tabela 12.10 – Frota de navios transportadores de carga rolante, 1996-2006

1ª jan.	Número	Tpb	Crescimento % por ano	Tpb médias
1996	962	7.754		8.061
1997	981	7.989	3%	8.143
1998	996	7.984	0%	8.016
1999	1.007	8.118	2%	8.062
2000	1.036	8.401	3%	8.109
2001	1.039	8.561	2%	8.240
2002	1.034	8.716	2%	8.429
2003	1.042	8.904	2%	8.545
2004	1.039	9.016	1%	8.678
2005	1.035	9.088	1%	8.781
2006	1.040	9.183	1%	8.830
2007	1.075	9.500	3%	8.837

Fonte: CRSL Containership Register 2007, Tabela 5.

de crescimento da frota de navios porta-contêineres. Adicionalmente, a dimensão média da frota manteve-se pequena, subindo a 8.800 tpb em 2006.

Os modernos navios ro-ro foram inicialmente construídos em quantidade pela Marinha dos Estados Unidos, que na década de 1940 utilizou os navios de desembarque de tanques de guerra [*landing ship tanks*, LSTs] para transportar os tanques de guerra para as praias e descarregá-los pelas portas de proa largas.[12] Um dos primeiros navios comerciais a utilizar essa tecnologia foi o Vacationland, construído em 1952 para operar nos Grandes Lagos. Acomodava 150 veículos em oito pistas e 650 passageiros. A carga podia ser carregada e descarregada pelas rampas à proa e à popa. No final da década de 1950, os proprietários de navios escandinavos tinham começado a utilizar pequenos navios ro-ro para transportar produtos florestais, papel e celulose dos portos do Báltico para o continente, tendo como carga de retorno os veículos motorizados para a Escandinávia. Esses navios tinham grandes portas à popa, com 6-7 metros de largura e 5 metros de altura, e podiam transportar nas suas rampas grandes reboques e equipamento pesado de até 70 ou 80 toneladas.

No final da década de 1960, foram desenvolvidos os primeiros serviços ro-ro [*ro-ro services*] de longo curso. Os proprietários escandinavos da Wallenius Line, juntamente com a Transatlantic AB e um grupo de proprietários europeus, estabeleceram em 1967 a Atlantic Container Line utilizando uma frota de dez navios ro-ro com rampas à popa para estivar cerca de dois terços das cargas nos pavimentos abaixo do convés com contêineres no convés principal.[13] Os navios operaram no Atlântico Norte e o seu objetivo principal era acelerar o manuseio da carga e reduzir os custos com os estivadores, num momento em que esses dois fatores eram um problema crítico para a indústria marítima. Pouco tempo depois, em 1969, a Scanaustral estabeleceu um serviço ro-ro entre a Austrália e a Europa. Para o sul, o serviço destinava-se a manusear cargas de produtos florestais, carros e cargas pesadas, e a retornar com lã, peles de carneiro, couros, comida enlatada e refrigerada e lingotes e metal ou barras. Após um estudo cuidadoso, concluíram que, embora a maior parte dessa carga pudesse ser, em princípio, conteinerizada, o tráfego era desequilibrado, e o sistema de cargas rolantes oferecia no seu conjunto um desempenho econômico melhor.[14] Embora essa lógica pareça válida, a massa crítica construída pelos serviços de contêineres significou que esse serviço ro-ro de longo curso nunca passou de um nicho de mercado.

Contudo, esse não foi o fim para os serviços ro-ro. Enquanto os navios ro-ro desempenham um papel limitado nas rotas de carga geral de longo curso, o projeto provou ser extremamente eficaz em duas outras áreas de carga unitária. Primeiro, nos tráfegos de veículos utilizando os PCC e, mais recentemente, nos PCTC, que são abordados a seguir; segundo, nos tráfegos de curta distância, em que os *ferries* de embarque e de desembarque sobre rodas [*ro-ro ferries*] que transportam carga e passageiros atualmente dominam o transporte marítimo em distâncias curtas.

NAVIOS PARA O TRANSPORTE EXCLUSIVO DE AUTOMÓVEIS E CAMINHÕES

Em décadas recentes, com a abertura dos mercados globais, o comércio marítimo de carros e de caminhões cresceu rapidamente, tornando-os uma das mais importantes cargas unitárias. Os veículos são leves, avariam-se facilmente e utilizam muito espaço num navio de carga convencional, estivando geralmente cerca de 12 metros cúbicos por tonelada. Como resultado, as taxas de frete nos navios convencionais eram muito elevadas e, na década de 1950, os exportadores de carros começaram a organizar o seu próprio transporte, inicialmente utilizando navios graneleiros com pavimentos retráteis para carros que podiam ser estivados quando não estivessem sendo utilizados e que podiam ser preparados para carros num intervalo de uma hora. Em 1956, a Wallenius construiu o seu primeiro navio transportador de veículos oceânico, com uma capacidade para 260 veículos; nos anos seguintes, a dimensão e a sofisticação desses navios aumentaram. Em 1965, o primeiro navio para o transporte exclusivo de carros, o Opama Maru, tinha uma capacidade para 1.200 carros, com rampas à popa, que permitiam que os carros fossem conduzidos para dentro e para fora do navio, e com elevadores para movimentá-los entre pavimentos onde seriam estivados. Em 1970, construíam-se navios para o transporte exclusivo de carros com uma capacidade acima de 3 mil carros e uma velocidade de 21 nós que rapidamente substituíram os primeiros navios de movimentação vertical de carga [*lift-on, lift-off vessels*]. Por exemplo, o Lorita, pertencente à Uglands, transportava 3.200 veículos motorizados em nove pavimentos, cada um deles com uma altura de 2,52 metros. Os carros eram carregados pelas portas laterais e os pavimentos eram ligados por rampas internas, onde uma empilhadeira os colocava na posição final. Em janeiro de 2008, a frota tinha 634 navios de 9,1 m.tpb (ver Tabela 12.11), incluindo os PCC e os PCTC. Na dé-

Tabela 12.11 – A frota de navios para o transporte exclusivo de automóveis (1996-2006)

1º jan.	Número	Tpb	Crescimento % por ano	Tpb média
1996	379	4.552		12.011
1997	381	4.636	2%	12.168
1998	395	4.831	4%	12.230
1999	436	5.298	10%	12.151
2000	452	5.840	10%	12.920
2001	476	6.291	8%	13.217
2002	483	6.461	3%	13.377
2003	494	6.627	3%	13.416
2004	524	6.847	3%	13.067
2006	526	7.266	6%	13.814
2006	560	7.848	8%	14.015
2007	599	8.700	11%	14.524
2008	634	9.100	5%	14.353

O transporte de cargas especializadas **547**

cada anterior, cresceu a mais de 6% ao ano, e os maiores navios podiam transportar 7 mil veículos. A maior parte deles pertence a um pequeno número de empresas japonesas, europeias e coreanas.

Demanda e sistema de transporte

A produção de carros está sujeita a economias de escala, mas os consumidores gostam de variedade, e os carros são negociados em quantidade. Nas décadas de 1970 e de 1980, o crescimento dos mercados de consumo internacionais encorajou um aumento muito rápido no tráfego inter-regional de veículos. O comércio ocorre principalmente do Japão e da Coreia do Sul para os Estados Unidos e para a Europa, com um tráfego muito menor da Europa para a América do Norte. Em 1996, o tráfego foi de 6,9 milhões de veículos, mas na década que se seguiu aumentou rapidamente, atingindo 15 milhões de unidades em 2005. Os tráfegos de importação mais importantes foram de 2,5 milhões de unidades para a Europa, 6,4 milhões de unidades para os Estados Unidos e 2,9 milhões de unidades para os países do Extremo Oriente. Todos esses tráfegos de longo curso cresceram rapidamente. Em 2005, os principais exportadores foram o Japão, que exportou 5,9 milhões de unidades, a Coreia do Sul, que exportou 2,6 milhões de unidades, e a Europa Ocidental, que exportou 1,9 milhão de unidades. Esse padrão de tráfego reflete a diversidade crescente do mercado, como debatido no Capítulo 10, e o sistema de transporte eficiente em termos de custo faz com que a localização da produção seja menos importante do que a diferenciação do produto.

Esta é uma operação de transporte marítimo industrial clássica. Como carga, os carros têm um volume grande, uma densidade baixa e um valor elevado. Os veículos movimentam-se em grandes quantidades para fora da Europa Ocidental e do Japão, sendo enviados sobretudo em navios construídos para esse fim. Quando opera na sua capacidade máxima, uma montadora de automóveis de grande escala produz um carro a cada quarenta segundos. Isso significa que uma programação da produção completa de 24 horas resulta numa produção diária máxima de 2.160 carros. Esse nível de produção pode ser mantido por períodos longos, apesar da diferenciação em cores, estilo, acessórios e acabamento. Para garantir que os carros certos cheguem ao destino certo, os materiais de manuseio devem estar extremamente organizados.

Os carros acabados não podem ser armazenados economicamente na planta e, por isso, são transferidos para pontos de distribuição o mais rapidamente possível. Isso aumenta o transporte dos carros exportados por via marítima, e a operação de transporte marítimo deve "ajustar" todo o sistema com instalações de armazenagem no porto, manuseio rápido da carga, chegada atempada dos navios e com proteção para o valioso produto que se encontra em trânsito. Então, a frota de navios transportadores de veículos opera de acordo com um horário cuidadosamente calendarizado, definido por equipes profissionais de gerenciamento. Os maiores navios transportam até 7 mil veículos, frequentemente com pavimentos amovíveis que podem ser ajustados ao transporte de caminhões e máquinas de terraplanagem, especialmente no regresso, quando os navios se encontram geralmente vazios. Em virtude do valor elevado da carga e das restrições de idade impostas sobre os navios pelos exportadores de carros, os navios transportadores de carros estão em geral sujeitos a uma depreciação bastante rápida.

Oferta e propriedade

Em janeiro de 2008, as frotas transportadoras de carros totalizavam 634 navios com 9,1 m.tpb e capacidade para cerca de 3,0 milhões de veículos (ver Tabela 12.11). Como em outros segmentos da frota, a dimensão é dispersa, com os navios variando em dimensão entre mil e 7 mil veículos.

Em anos recentes, têm ocorrido fusões e o mercado do transportador é dominado por oito operadores que controlam cerca de 90% da capacidade. Dois deles, a Nissan e a Hyundai, são fabricantes; três são proprietários de navios japoneses: NYK, Mitsui OSK e K-Line; um deles é uma companhia de navegação sul-coreana, a Cido Shipping; e dois são operadores escandinavos que se especializaram no transporte de carros: Walenius e Leif Hoegh.

NAVIOS GRANELEIROS DE ESCOTILHA LARGA (ABRANGE QUASE TODA A BOCA DO NAVIO)

Transporte marítimo em navios graneleiros de escotilha larga

Em 2006, existia uma frota de 486 navios graneleiros de escotilha larga, que abrange quase a toda a boca do navio de 16,5 m.tpb, com uma dimensão média do navio de 34.000 tpb, grande parte dos quais opera no tráfego de produtos florestais. Esses tipos de navios apareceram pela primeira vez no princípio da década de 1960, para acelerar o transporte de papel de imprensa, que é expedido em grandes bobinas que pesam, cada uma, 730 quilogramas. Nessa altura, a carga era manuseada içando cada bobina, recorrendo a estropos de cabo de fibra [*rope slings*], arriada no porão e depois manobrada laboriosamente para ser colocada no lugar. A braçola da escotilha tornava isso muito trabalhoso, o que amarrava o navio em porto por períodos longos, e a carga era facilmente avariada. O primeiro navio graneleiro de escotilha larga, que abrange quase toda a boca do navio, o Bessegen, construído em 1962, tinha aberturas de escotilha para toda a boca do navio e gruas com garras para içar oito bobinas de papel e arriá-las verticalmente no porão. Isso transformou um processo perigoso e trabalhoso num processo rápido e altamente automático. Existem vários grandes operadores que se especializaram no transporte de todos os tipos de produtos florestais e que também transportam outras cargas unitárias, incluindo os contêineres. A maior parte da frota pertence ou é operada por empresas operadoras especializadas, incluindo a K.G. Jebsen Gearbulk (sessenta navios), a Star Shipping (quarenta navios), a Egon Oldendorff (dezoito navios) e a NYK (21 navios).

Esse negócio distinto centra-se no manuseio e na estiva eficiente das cargas unitárias. Os produtos florestais constituem a carga-base do negócio, mas esses navios também transportam produtos siderúrgicos, contêineres e cargas de projeto. Os navios que variam em tamanho entre 10.000 tpb e 57.000 tpb são projetados especificamente para o transporte eficiente dessas cargas. Têm escotilhas largas, que abrangem quase toda a boca do navio, e alguns deles podem encaixar cobertas nos porões, permitindo o transporte de várias cargas num único porão, por exemplo, uma carga de porão de madeira serrada com carga rolante na coberta (as cobertas assentam em suportes retráteis, colocados no lugar quando necessários). Também têm uma variedade de tipos de equipamento. Cerca de 40% estão equipados com gruas de pórtico capazes de içar até 70 toneladas, e os outros têm gruas convencionais. Podem ser usadas as lingas especiais e espalhadores para acelerar o manuseio de cargas específicas, como as bobinas de papel e os produtos siderúrgicos. É significativo o impacto que isso tem sobre as velocidades de

O *transporte de cargas especializadas* **549**

manuseio da carga. Um navio graneleiro convencional com gruas giratórias manuseia os produtos florestais a uma velocidade de 250 toneladas por hora, levando quatro dias para carregar 25 mil toneladas de carga, enquanto um navio graneleiro de escotilha larga, que abrange quase toda a boca do navio, com uma grua de pórtico de 40 toneladas pode carregar acima de 400 toneladas por hora, reduzindo o tempo de carga para 2,4 dias.[15] Essa redução no tempo do navio reflete-se num aumento da produtividade do terminal, que reduz o custo da operação total de transporte. A economia da operação já foi abordada na Seção 12.1.

Tudo isso faz com que seja um negócio especializado, e a breve revisão que se segue clarifica as diferentes formas que os operadores procuram utilizar para diferenciar os seus serviços:

> A Star tem mais de quarenta navios graneleiros de escotilha larga, que abrange quase toda a boca do navio, altamente especializados e que são dedicados para o transporte de pasta de madeira, de rolos de papel e de outros produtos florestais. Adicionalmente, transporta uma grande variedade de cargas unitizadas, cargas de projeto e contêineres. [...] Nossos navios têm um porão em forma de caixa, gruas de pórtico com proteção para chuva, sistemas de desumidificação e equipamento de manuseio da carga de última geração. Isso nos permite carregar e descarregar a carga com um mínimo de manuseio, garantindo uma estiva segura e o mínimo de atrasos. Adicionalmente, a nossa última geração também estará equipada com cobertas em alguns porões, permitindo um conjunto de vários tipos de cargas frágeis no mesmo porão. O nosso negócio de escotilha larga, que abrange quase toda a boca do navio, baseia-se em contratos de longo prazo, com relacionamentos fortes, nos quais se exigem qualidade, eficiência, pontualidade e flexibilidade elevadas para garantir aos nossos clientes satisfação no longo prazo.[16]

Sistema de transporte de carga a granel empacotada

Este tipo de operação envolve, frequentemente, investimentos em terminais, visto que o manuseio e a armazenagem de cargas empacotadas apresentam-se aos operadores de terminais como um problema diferente. Os objetivos gerais são os mesmos, mas os aspectos operacionais são muito diferentes.

O Squamish Terminals Ltd., em British Columbia, ilustra os requisitos do terminal no tráfego de produtos florestais. O terminal manuseia as exportações de celulose de British Columbia. A celulose é expedida da fábrica por ferrovia. A linha ferroviária entra no terminal até os armazéns. Os fardos de pasta são descarregados do comboio para o armazém e depois para o navio com uma frota de empilhadeiras e catorze unidades de trator-reboque de largura dupla, de 34 toneladas de capacidade, mais quatro extensões de reboques. Existem três armazéns que providenciam uma cobertura de armazenagem para 85 mil toneladas de celulose, cerca de dois carregamentos de navio completos, visto que os navios que utilizam o terminal têm cerca de 40.000 tpb a 45.000 tpb. Contudo os operadores do terminal chegaram à conclusão de que, pelo fato de as fábricas de celulose terem pouca armazenagem, qualquer acumulação de estoque por parte delas acaba sendo feita no terminal. Foi construído um terceiro armazém como uma área de reserva para esse fim.

A carga é carregada a partir de dois berços, o Berço 1, de 11,6 metros de calado, e o Berço 2, de 12,2 metros de calado. Como o terminal é servido for uma frota de navios graneleiros com equipamento de carga, não há necessidade de haver gruas no cais. Os navios atracam na zona operativa do cais e a carga é carregada com os guindastes de pórtico do navio. O Berço 1 pode receber navios até 195 metros, com uma zona operativa do cais [*apron*] igual a 135 metros de comprimento, o que é suficiente para ter acesso aos porões do navio. O Berço 2 recebe navios até 212 metros, com uma zona operativa do cais igual a 153 metros.[17]

CARGA PESADA

Um dos segmentos mais difíceis com o qual a indústria marítima lida é o relacionado com as grandes estruturas que precisam ser movimentadas ao redor do mundo. Definiremos carga pesada como qualquer unidade de carga muito grande para caber num contêiner, porque excede as suas dimensões de 40 × 8 × 8,5 pés ou 26 toneladas de peso. Isso inclui três categorias de carga. Primeiro, existem cargas industriais, por exemplo, um reator de 230 toneladas para uma usina de energia elétrica, uma coluna de refinação ou uma grua de contêineres. Segundo, existem as estruturas *offshore* – plataformas de perfuração autoelevadoras, plataformas semissubmersíveis e outras peças de equipamento *offshore*, por exemplo, monoboias ou uma jaqueta de aço de 56 metros – que precisam ser transportadas ao redor do mundo. Terceiro, existem pequenos navios ou dragas, *ferries* ou iates e pequenos navios de carga, em que é mais econômico e mais seguro movimentar com um navio de cargas pesadas que navegar pelos seus próprios meios.

Os navios de cargas pesadas preocupam-se com o transporte de todas essas cargas. De forma geral, estão em três categorias: primeiro, os sistemas potentes de reboque em barcaças que rebocam grandes estruturas ao redor do mundo em barcaças; segundo, os navios de cargas pesadas semissubmersíveis que podem ser afundados por lastro, permitindo que a carga pesada flutue sobre o seu convés num pontão, desalastrando em seguida para o seu bordo livre normal; terceiro, muitos dos maiores navios de carga da frota são equipados com gruas com pesos pesados e podem içar as muitas cargas pesadas de pequeno a médio tamanho.

Os *rebocadores de alto-mar* são muito diferentes dos rebocadores utilizados para a manobra dos navios em porto. Na prática, são unidades de potência flutuantes com motores acima de 4 mil cavalos-vapor. A casa do leme deve estar posicionada para ter visibilidade máxima e o convés à popa é mantido livre de obstruções que possam perturbar o cabo do reboque. São importantes a sua confiabilidade e a sua capacidade de sustentar cargas de trabalho pesadas, bem como a sua capacidade para manusear cargas de trabalho muito variáveis e ter grande capacidade dos tanques de combustível para efetuar reboques de longas distâncias. Além da sua unidade de potência, o rebocador transportará equipamento especializado, dependendo do tipo de trabalho que vai realizar. As barcaças-pontão rebocadas pelos rebocadores são equipadas com sistemas de lastro que lhes permitem submergir para que o equipamento pesado possa flutuar sobre ela. As unidades simples submergem e assentam no fundo, enquanto os navios mais sofisticados conseguem flutuar sem assentarem no fundo.

Os *navios semissubmersíveis de cargas pesadas* também são populares. Esses navios realizam o mesmo trabalho que o sistema de reboque em barcaça, mas a unidade de potência está integrada dentro do navio, conferindo-lhe melhores condições de navegabilidade. Os navios são geralmente afundados por lastro, permitindo que a carga flutue para bordo. Esses navios podem ser muito potentes, com motores que variam entre 8.000 bhp e 23.000 bhp, e são capazes de transportar cargas muito pesadas.

Geralmente a dimensão dos *navios de cargas pesadas* é inferior a 15.000 tpb e eles são equipados com gruas pesadas capazes de trabalhar emparelhadas. Os porões de carga têm escotilhas largas, que abrangem quase toda a boca do navio, permitindo que as unidades pesadas

O transporte de cargas especializadas

possam ser arreadas no lugar, e as gruas terão uma capacidade de até 1.800 toneladas quando trabalham em conjunto. As gruas são em geral montadas aos bordos do navio, permitindo que o espaço de carga esteja livre. Para garantir a estabilidade durante o carregamento e a descarga, os navios têm tanques de lastro que contrariam o adorno do navio e tampas de escotilha reforçadas para poder transportar cargas no convés. Adicionalmente à capacidade das gruas, alguns navios de cargas pesadas têm acesso rolante e rampas reforçadas para que a carga possa ser movimentada. Por exemplo, os navios operados pelo grupo da BigLift têm rampas capazes de aguentar cargas até 2.500 toneladas de peso, substancialmente mais do que pode ser alcançado pela utilização de gruas. A frota é composta de 193 navios com 3,1 m.tpb. Em razão da pequena dimensão da frota e ao alcance global do negócio, alguns proprietários aumentam a sua eficiência e a sua flexibilidade operando em consórcios.

Como sempre, existe pressão para aumentar a flexibilidade. Recentemente os navios de cargas pesadas têm sido construídos com capacidade para contêineres, enquanto alguns dos navios destinados ao transporte de carros abordados anteriormente neste capítulo reforçaram as suas rampas e os seus pavimentos amovíveis para permitir o carregamento de cargas pesadas e de cargas de projeto.

Este é um momento conveniente para mencionar as *frotas de navios multipropósito e de linhas não regulares* apresentadas na Tabela 12.12, pois esses navios desempenham um papel importante ao servir a extremidade menor do mercado de cargas pesadas. Os navios dessa tabela encontram-se divididos em três categorias: a frota de navios multipropósito, a frota de navios de linhas não regulares e a frota de navios de linhas regulares de várias cobertas. Esses navios são flexíveis, geralmente com mais de uma coberta e equipamento de manuseio de carga, que frequentemente são gruas pesadas. É uma frota grande, que em 2006 tinha 3.521 navios. Atualmente, a frota de navios multipropósito é a maior, com 2.533 navios e uma capacidade de 22,8 m.tpb, embora muitos desses navios tenham uma dimensão inferior a 10.000 tpb.

Tabela 12.12 – A frota de navios multipropósito e de navios de linhas não regulares

1º jan.	Frota de navios multipropósito		Frota de navios de linhas não regulares		Frota de navios de linhas regulares		Total da frota		
	Número	m.tpb	Número	m.tpb	Número	m.tpb	Número	m.tpb	% em crescimento
1996	1.955	19,8	678	7,5	1.111	15,9	3.744	43,2	
1997	2.025	25,3	632	6,8	1.044	15,0	3.701	42,0	–3%
1998	2.095	20,6	623	6,7	895	13,0	3.613	40,1	–5%
1999	2.170	21,1	618	6,3	786	11,4	3.574	38,8	–3%
2000	2.219	21,3	606	6,0	727	10,3	3.552	37,8	–3%
2001	2.296	21,6	598	5,7	624	9,1	3.518	36,5	–4%
2002	2.227	21,4	585	5,5	546	7,9	3.358	34,8	–5%
2003	2.346	21,5	571	5,3	492	9,0	3.409	33,7	–3%
2004	2.365	21,6	562	5,1	442	6,2	3.369	32,9	–2%
2005	2.424	22,1	575	5,2	425	5,9	3.424	33,3	1%
2006	2.533	22,8	605	5,4	419	5,8	3.557	34,1	2%

Fonte: *CRSL Containership Register 2007*, Tabela 5.

Geralmente, esses navios transportam um conjunto de cargas unitárias, incluindo os contêineres, as cargas pesadas, os veículos motorizados, os produtos florestais e os produtos siderúrgicos. A dimensão das gruas varia enormemente: são comuns as gruas entre 30 e 60 toneladas, mas algumas podem içar 100 toneladas (ver Figura 14.4). A frota de navios multipropósito cresce lentamente, aumentando de 19,8 m.tpb em 1996 para 22,8 m.tpb em 2006. Numa situação oposta, as frotas de navios de linhas não regulares e de linhas regulares têm decrescido, visto que nos últimos vinte anos a maioria dos investimentos novos tem se centrado no segmento dos navios multipropósito.

12.7 O TRANSPORTE MARÍTIMO DE PASSAGEIROS

EVOLUÇÃO HISTÓRICA DO TRANSPORTE MARÍTIMO DE PASSAGEIROS

O negócio dos passageiros mudou consideravelmente ao longo dos anos. Até a década de 1950, os navios de passageiros eram a única forma que existia para atravessar a água; no início do século XX, os passageiros tornaram-se o negócio central de muitas das grandes companhias de navegação. Os magníficos navios de linhas regulares construídos para o transporte de passageiros num ambiente de luxo a 20 nós ou mesmo 30 nós tornaram esse período um dos mais evocativos da história do transporte marítimo. Muitos navios de carga tinham também instalações para o transporte de passageiros pagantes. Na década de 1950, os navios continuavam a transportar três vezes mais passageiros do que as companhias aéreas que atravessavam o Atlântico. Contudo, assim que as linhas aéreas intercontinentais se desenvolveram na década de 1950, os princípios econômicos voltaram-se decisivamente contra os navios de passageiros, que mostraram precisar de um árduo trabalho para sobreviver ao período pós-guerra mundial (Seção 1.6). Por volta da década de 1960, os navios transportavam poucos passageiros de longo curso. Algumas companhias deixaram o negócio, enquanto outras, como a P&O e a Cunard, diversificaram-se no setor dos cruzeiros. Embora o transporte aéreo tenha uma vantagem econômica decisiva no longo curso, nas viagens de transporte marítimo de curta distância, o transporte marítimo manteve-se competitivo, especialmente para carros, caminhões e carga rolante. Assim que o transporte a motor começou a florescer nas décadas de 1950 e de 1960, o negócio dos *ferries* começou também a despertar. Hoje em dia, temos um espectro muito completo de navios de passageiros, que varia dos *ferries* de serviço suburbano até os luxuosos navios de cruzeiro do tipo "estância de turismo" [*resorts*], dedicados a transportar passageiros em férias.

Para ilustrar a diversidade dos tipos de navios de passageiros, a Figura 12.9 concentra-se em dois aspectos fundamentais do projeto de navios de passageiros: a acomodação dos passageiros, apresentada no eixo vertical do diagrama, e a acomodação para os passageiros com seus

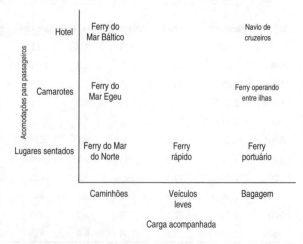

Figura 12.9 – Opções do transporte de passageiros.

O transporte de cargas especializadas

respectivos veículos. Existem três níveis de acomodação. O mais básico é o lugar sentado em bancos ou um lugar num beliche simples (travesseiro e cobertor) para a noite. No segundo nível são providenciados camarotes, enquanto no terceiro nível é oferecida uma acomodação hoteleira completa com restaurantes, lojas e entretenimento. Seria possível estender esse diagrama em mais um nível, até o mais moderno desenvolvimento de acomodações "de estâncias de turismo", em que o navio é projetado como uma estância de lazer completa, sendo essencialmente uma pequena cidade no mar. A outra dimensão identificada é a carga acompanhada, que varia da bagagem de mão, passando por veículos leves, como os carros motorizados, até os caminhões.

Utilizando esses critérios gerais, a figura identifica sete tipos de navios de passageiros. No lado esquerdo do diagrama encontram-se os *ferries* destinados principalmente ao transporte de carros e de caminhões. Nos tráfegos mais curtos, como no Canal da Mancha, terão assentos, com os respectivos restaurantes, mas sem camarotes, pois as viagens são demasiado curtas para incluir um pernoite. Para o segundo nível, no caso dos *ferries* do Mar Egeu, eles têm uma cabine simples de acomodação para o nível três, os *ferries* do Mar Baltico são projetados para oferecer uma acomodação durante a noite com uma gama completa de serviços de hotel, entretenimento etc. Na prática, são navios de cruzeiros, mas com capacidade para o embarque de carros e de caminhões.

No lado direito do diagrama encontram-se os navios sem pavimentos para veículos. No nível mais baixo existem os *ferries* locais, que operam nas zonas portuárias e têm assentos para os passageiros e possivelmente alguns serviços de bar. No segundo nível existem os *ferries* entre ilhas, que têm cabines de acomodação simples, mas sem capacidade para o transporte de carga rolante. Finalmente, no topo existem os navios de cruzeiro, com uma acomodação tipo hotel e atividades de lazer.

A diferença fundamental entre esses tipos de navios é o papel que desempenham no transporte. Essencialmente, com a exceção do serviço transatlântico da Cunard e do reposicionamento sazonal dos navios, os navios de cruzeiro são exclusivamente projetados para o lazer, sem qualquer papel no transporte, enquanto todos os outros são navios de transporte que oferecem diferentes graus dos serviços de lazer aos seus clientes durante a viagem. Porém, eles têm muitas características em comum.

FERRIES DE PASSAGEIROS

Os *ferries* transportam pessoas, bens e veículos em pequenas distâncias por via marítima. Variam em dimensão desde os *ferries* de passageiros pequenos utilizados no cruzamento de canais, como o porto de Hong Kong, o Rio Hudson em Nova York, ou o Bósforo na Turquia, e os *ferries* muito grandes que transportam carga rolante até 3 mil passageiros e 650 veículos no Canal da Mancha, no Mar Báltico ou entre as ilhas da Indonésia.

Os navios utilizados no mercado dos *ferries* compartilham muitas características em comum, como o acesso que permite o embarque e o desembarque de cargas rolantes, os pavimentos para veículos, a acomodação para passageiros e as instalações para entretenimento, mas existem tantas modificações nessas características básicas que a frota de *ferries* é extremamente diversa. Como foi mencionado na seção anterior, quase todos os *ferries* utilizam a tecnologia do embarque e desembarque sobre rodas [*ro-ro technology*] e para permitir que os veículos motorizados e a carga sobre rodas possam ser carregados e descarregados rápida e facilmente. Os passageiros chegam num transporte motorizado, o qual é estivado nos pavimentos para veículos com o menor número possível de impedimentos. O acesso é feito pela porta da popa, que se dobra como rampa de carregamento, possivelmente com uma porta à proa que permite condução e parqueamento diretos. A acomodação encontra-se localizada acima dos pavimentos dos carros, e seu projeto depende do fim a que o *ferry* se destina. É aqui que as companhias que operam os *ferries* entram na área de entretenimento.

Uma consideração primária no negócio dos *ferries* é a oportunidade de entreter os passageiros durante a viagem e, ao fazer isso, gerar um fluxo de receitas rentável. Os navios utilizados para as viagens curtas, que atravessam, por exemplo, os portos ou os rios, terão simplesmente assentos e muito pouco entretenimento. Nas travessias curtas que levam algumas horas, como o Canal da Mancha, a acomodação centra-se geralmente nos restaurantes, nas lojas e nas áreas para os passageiros se sentarem. Em viagens longas, por exemplo, pelo Báltico, são providenciadas cabines e o objetivo é oferecer aos clientes um "minicruzeiro", com um entretenimento mais exótico, discotecas etc. Por conta dessa diferença na função comercial, existem grandes distinções entre os *ferries* utilizados nos vários mercados, conduzindo a um grau de segmentação de mercado. Na Europa, o mercado divide-se no mercado do Báltico, que é relativamente de longa distância e utiliza os *ferries* noturnos; no mercado do Mar do Norte, que geralmente envolve um tempo de viagem de três a oito horas, com menor ênfase na acomodação dos passageiros e mais nas compras e nos restaurantes; e no mercado do Mediterrâneo, que é uma mistura dos dois.

A economia do negócio dos *ferries* é complexa. Em razão da necessidade de uma grande quantidade de marketing e dos gastos com os navios, os serviços dos *ferries* são em geral operados por grandes companhias. Geralmente existe uma concorrência intensa em relação a outros operadores de *ferries* que operam as mesmas rotas ou outras rotas com o mesmo destino geral. São questões importantes a velocidade, a frequência de serviço e os níveis de acomodação a bordo. Nos últimos vinte anos, os *ferries* construídos para esses mercados exigentes cresceram muito e tornaram-se mais sofisticados. Um exemplo típico é o Gotland, um navio de 196 metros com 29.746 toneladas de arqueação construído em 2003 para operar entre Visby, Gotland, uma ilha do Báltico, e a Suécia continental. É capaz de transportar 1.500 passageiros, 1.600 metros de reboques ou quinhentos carros, à velocidade de 28,5 nós, e possui 112 cabines com trezentas camas. Os *ferries* desse tipo têm uma variedade de cabines, alguns restaurantes, locais de descanso e áreas públicas luxuosas.

NEGÓCIO DOS CRUZEIROS

Embora possa parecer surpreendente incluir os navios de cruzeiros num livro de economia marítima, não é esse o caso. Os cruzeiros situam-se na extremidade mais sofisticada do mercado marítimo especializado, e os seus ativos principais são os navios operados pelos marítimos que se movimentam de um porto para outro. Como os navios de carga, os navios de cruzeiro e os *ferries* são navios mercantes. A diferença é que o transporte marítimo de passageiros é o único segmento que lida diretamente com os consumidores, e os seus concorrentes não são as outras companhias de navegação, mas os outros operadores turísticos. Isso não é diferente dos navios de passageiros de linhas regulares do século passado.

Os cruzeiros marítimos datam do século XIX, quando as companhias de linhas regulares com navios de passageiros livres ofereciam cruzeiros ocasionais. O primeiro navio de cruzeiros elaborado para esse fim foi o Prinzessin Viktoria Luise, construído pela Hamburg Amerika Line em 1901, com acomodação para duzentos passageiros. Em 1930, o Arandora Star, com quatrocentas camas, foi muito bem-sucedido, completando 124 cruzeiros para as Índias Ocidentais, as Canárias, o Mediterrâneo e os fiordes noruegueses.[18] Contudo, era um mercado muito restrito para os ricos, e o crescimento real começou com a expansão do turismo na década de 1960, com o desenvolvimento e um marketing muito bem-sucedidos para os cruzeiros do Caribe. Por volta de 1980, o mercado norte-americano foi de 1,4 milhão de cruzeiros por ano, e a Figura 12.10 mostra que desde então o número de passageiros tem crescido a 8,2% por ano, chegando a 12 milhões de cruzeiros em 2006. No total, 51 milhões de pessoas na América do Norte (17% da população) fizeram um cruzeiro, por um período médio de sete dias.

Em 2006, mais de 15 milhões de pessoas em todo o mundo fizeram um cruzeiro, com a América do Norte representando cerca de 60% do mercado de cruzeiros mundial, e há outros 15% de visitantes estrangeiros que viajam para os Estados Unidos para fazer um cruzeiro (Figura 12.10, eixo do lado esquerdo). Do ponto de vista empresarial, o negócio está relativamente consolidado. Carnival Cruise, a maior marca e proprietária de várias outras marcas, tem 22 navios e 51 mil camas baixas [lower berths], representando 15% de participação de mercado. Em 2007, a sua capitalização de mercado foi de US$ 40 bilhões, tornando-a a segunda maior companhia pública de transporte marítimo, depois da A.P. Møller-Maersk. As cinco principais companhias de cruzeiros detinham 55% da capacidade, e as dez principais detinham 74% da capacidade. Essa concentração é muito mais alta do que a encontrada em qualquer outro negócio do transporte marítimo e sugere que, no negócio de cruzeiros, a dimensão arrasta consigo uma vantagem comercial maior do que em outros segmentos do transporte marítimo. A concentração é ainda maior quando considerada na base dos grupos detentores. Os três grupos do topo, a Carnival, a Royal Caribbean e a Star, detinham 77% da capacidade da frota. Individualmente, a Carnival detinha 46%.

A capacidade da frota de cruzeiros também cresceu rapidamente (ver Figura 12.10, no lado direito do eixo), em média 8,7% ao ano desde 1980. Em 2007, os 251 navios na frota de cruzeiros tinham 337 mil camas e uma capacidade de 12,8 m.tab. A frota é segmentada por dimensão, com 64 navios com mais de 2 mil camas, 76 navios com entre mil e 2 mil camas, e 111 com menos de mil camas. Esses são os navios mercantes mais caros, custando cerca de US$ 280 mil por cama em 2007. Nessa base, um navio com 3 mil camas teria custado algo próximo de US$ 0,8 bilhão.

O crescimento do tráfego do mercado de cruzeiros é direcionado pela capacidade. Para todas as marcas comer-

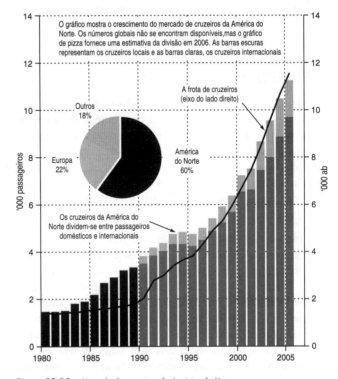

Figura 12.10 – Mercado de cruzeiros da América do Norte.
Fonte: CLIA.

cializadas em massa, em que os preços dos bilhetes são fortemente descontados, é imperativo que o mercado de cruzeiros encha os seus navios para tirar vantagem dos gastos a bordo nos casinos, nos bares, nos *spas*, nas lojas de prendas e nas excursões em terra. Taxas de utilização elevadas que ultrapassem os 100% (provavelmente porque a capacidade é baseada em duas pessoas por cabine, no entanto, são frequentemente utilizadas três ou quatro camas numa cabine) garantem um fluxo monetário constante que pode representar até 25% da receita total. As marcas de luxo de gama alta tendem a ter taxas de utilização mais baixas, o que é viável porque suas taxas diárias mais elevadas as tornam menos dependentes dos gastos a bordo.

Estruturalmente, os navios de cruzeiros devem providenciar uma acomodação tipo hotel e entretenimento para os passageiros enquanto estes estão a bordo, e para alcançar isso os navios são organizados por múltiplos conveses de superestrutura. Um grande navio de cruzeiros típico pode ter entre dez e doze conveses de superestrutura disponíveis para os passageiros, embora, com o aumento da dimensão dos navios e com a popularidade das varandas, o normal para os novos navios é ter doze ou treze conveses de superestrutura; os maiores têm quinze. Os conveses de superestrutura superiores destinam-se aos solários, às atividades de desporto, às áreas de observação e de descanso, aos centros de *spa/fitness*, às áreas lúdicas com piscina e as instalações para refeições de *buffet* informais. Os vários conveses de superestrutura que se seguem destinam-se às cabines dos passageiros com varandas. Outros dois conveses de superestrutura destinam-se geralmente a espaços públicos, com casinos, teatros, salas de descanso, discotecas, cinema, bibliotecas, lojas e uma gama de restaurantes. Os conveses de superestrutura restantes destinam-se às cabines de passageiros sem varandas nas cabines de fora. Os serviços de apoio aos passageiros (comissários, excursões em terra e reservas futuras) encontram-se geralmente agrupados num dos conveses de superestrutura mais abaixo, próximo do átrio central, que pode se estender a vários conveses de superestrutura superiores e que em geral é usado como a área principal de embarque e de desembarque.

12.8 RESUMO

O transporte de cargas especializadas é um dos segmentos mais desafiadores do mercado marítimo. O projeto de navios ou de sistemas de transporte inteiros para transportar cargas específicas não é um desenvolvimento recente, mas na segunda metade do século XX a economia mundial desenvolveu-se de forma que criou muitas oportunidades novas para os proprietários de navios oferecerem serviços especializados que cortam os custos, melhoram a qualidade e deixam mais econômico transportar cargas que, de outra forma, não podiam ser comercializadas. O resultado é uma frota de mais de 10 mil navios especializados debatidos neste capítulo.

É mais difícil analisar os tráfegos especializados do que os tráfegos de granel (ver Capítulo 11) porque a maior parte é de produtos manufaturados ou semimanufaturados. No Capítulo 10 abordamos por que o modelo econômico do comércio de produtos manufaturados aumenta as dificuldades do analista. Os tráfegos competitivos ocorrem quando existem suprimentos mais econômicos no mercado internacional, conduzindo a fluxos de tráfego que refletem essas diferenças – por exemplo, as exportações de produtos químicos do Oriente Médio com matérias-primas de baixo custo, como o gás que existe localmente. Naturalmente, esses tráfegos movimentam-se quando os custos se alteram. Ocorre um déficit no tráfego quando existe uma escassez temporária de um produto numa área e os suprimentos são importados de outra para preencher a falta. Isso é muito comum nos tráfegos de derivados do petróleo e de produtos florestais. Finalmente, desenvolvem-se tráfegos diferenciados porque os consumidores gostam

O transporte de cargas especializadas

de uma alternativa. Por exemplo, muitos carros são expedidos por via marítima porque alguns consumidores preferem os modelos que os fabricantes internacionais podem oferecer. São questões que aparecem quando se debatem as cargas transportadas em navios especializados, portanto, não espere que a análise do tráfego seja fácil.

A maioria desses segmentos de tráfegos especializados enfrenta um grau de competição de outras partes do mercado marítimo (a exceção é o GNL), e o foco principal do modelo de negócio é diferenciar o serviço para reduzir os custos por unidade de transporte e oferecer um serviço melhorado em áreas que são importantes para o consumidor. O negócio dos produtos químicos investe em navios e em terminais que manuseiam pequenas partidas de carga líquida, enquanto cumpre com as várias regulamentações para o transporte de mercadorias perigosas por via marítima. É muito competitivo, com os navios-tanques especializados no transporte de várias cargas líquidas ao mesmo tempo concorrendo com os navios de linhas não regulares de tamanho médio e com os pequenos navios-tanques nas rotas marítimas de curta distância. O manuseio da carga e os terminais desempenham um papel importante no negócio. O transporte de gás é também diversificado. Existe um grande tráfego de GLP do Oriente Médio, sobretudo para o Japão, enquanto os navios-tanques transportadores de gases de tamanho médio se concentram no tráfego da amônia e os navios menores, no tráfego do etileno e em vários gases químicos industriais. Os navios-tanques transportadores de gases são pressurizados, semipressurizados ou totalmente refrigerados. O GNL é separado em virtude da baixa temperatura, de –162 ºC, à qual o metano se liquefaz.

O tráfego de carga frigorificada consiste em carne congelada, frutas e vegetais refrigerados e peixe. Em todos os três tráfegos são utilizados navios frigoríficos construídos para esse fim, mas a conteinerização tem conseguido uma participação crescente do mercado. Os navios destinados ao transporte de carros têm, atualmente, pavimentos amovíveis para transportar os caminhões, as cargas de projetos e as grandes unidades. O negócio das cargas pesadas é outro segmento que se concentra em carga grande e irregular, movimentando estruturas muito grandes ao redor do mundo, empregando vários tipos de navios diferentes. Os navios de cargas pesadas básicos são os navios multipropósito de escotilha larga, que abrange quase toda a boca do navio, com equipamento de carga pesada e, possivelmente, com uma rampa à popa. Outros navios mais sofisticados permitem que a carga possa ser carregada por flutuação. Os navios graneleiros de escotilha larga, que abrange quase toda a boca do navio, são também utilizados no tráfego dos produtos florestais, oferecendo uma produtividade muito elevada para o transporte de madeira serrada empacotada, de papel e, sempre que apropriado, de contêineres, de produtos siderúrgicos e de outras cargas unitárias pequenas. Finalmente, o negócio dos *ferries* e dos navios de cruzeiros foi desenvolvido como uma parte importante do mercado marítimo, sendo o único que lida diretamente com o consumidor.

A mensagem dos mercados especializados de transporte marítimo é que existem poucas fronteiras bem delimitadas. Os proprietários de transporte marítimo investem para atender às necessidades do mercado, e muitos deles funcionam com margens muitíssimo pequenas. Entretanto, é um fato evidente que os negócios abordados neste capítulo diferem substancialmente dos mercados a granel irregulares e confusos analisados no Capítulo 11.

CAPÍTULO 13
O TRANSPORTE DE
CARGA GERAL

"A crescente complexidade e variedade do comércio adiciona-se às vantagens que uma frota de muitos navios sob um gerenciamento único oferece em razão de sua capacidade de entrega das mercadorias a tempo, sem quebrar a responsabilidade, em muitos portos diferentes; e, quanto aos navios propriamente ditos, o tempo está a favor daqueles de dimensões maiores".

(Alfred Marshall, *Princípios de economia*, 1890)

13.1 INTRODUÇÃO

A carga geral representa cerca de 60% do valor das mercadorias transportadas por via marítima, portanto, ela merece uma atenção especial.[1] Grande parte dessa carga é transportada em serviços de linha regular conteinerizados, que providenciam um transporte rápido, frequente e confiável para praticamente qualquer carga e para praticamente qualquer destino internacional a uma taxa de frete previsível. Então, um produtor de vinhos californiano que venda 2 mil caixas de vinho para um atacadista no Reino Unido sabe que pode enviar o seu vinho num serviço de linha regular, que a viagem leva de doze a quinze dias e que paga uma taxa de frete direta para o contêiner. Nessas bases, ele pode calcular o seu lucro e o seu fluxo de caixa e, com confiança, tomar as providências necessárias para a entrega. Se o destino não fosse a Europa, mas a Islândia, o Quênia ou a Índia, o procedimento seria muito semelhante – ele pode expedir o seu vinho num serviço de linhas regulares com um frete fixo, que pode aumentar com a inflação, mas que não passa pelos altos e baixos violentos observados no mercado de afretamento. É um negócio importante para a economia mundial, bem como para a indústria marítima.

Este capítulo analisa como o mercado de linha regular opera. Começamos por uma breve revisão da evolução dos navios cargueiros de linhas regulares até o transporte conteinerizado. A seguir, há um debate sobre os princípios econômicos de precificação e dos custos dos serviços de linhas regulares, os quais são centrais para o gerenciamento do negócio. Depois olhamos para a demanda dos serviços de linhas regulares, para a oferta em termos de navios e para a organização do negócio. Finalmente, examinamos as principais rotas de linhas regulares, os portos e os terminais. Alguns dos termos técnicos utilizados no negócio de linhas regulares encontram-se listados no Glossário.

13.2 AS ORIGENS DO SERVIÇO DE LINHAS REGULARES

Os navios de linhas regulares [*liners*] representam um acréscimo relativamente recente à indústria marítima, e no Capítulo 1 revimos o seu desenvolvimento. Desde a década de 1870, a melhoria da tecnologia dos navios a vapor possibilitou que os proprietários de navios oferecessem serviços programados. Até esse momento, só alguns proprietários de navios, como a Black Ball Line, tinham tentado operar serviços regulares com veleiros, mas a maioria da carga geral era transportada em navios "de linhas não regulares" que navegavam de um porto para outro. Os acontecimentos que tiveram lugar no mundo comercial também deram a sua contribuição. Os agentes dos navios a vapor organizaram-se melhor, com sucursais nos principais pontos comerciais do Extremo Oriente. Os serviços bancários para os negócios diários melhoraram consideravelmente e a extensão do telégrafo até o Extremo Oriente permitiu que as casas comerciais na China vendessem por transferência telegráfica em Londres e na Índia.[2]

Os navios a vela criaram a oferta, os novos sistemas comerciais estimularam a demanda e a comunidade do transporte marítimo foi rápida em agarrar a oportunidade. A abertura do Canal de Suez, em 1869, mostrou as vantagens dos navios a vapor, e, quando ocorreu uma expansão do mercado de fretes em 1872-1873, deu-se uma enxurrada de encomendas de navios a vapor para estabelecer serviços de linhas regulares na próspera rota do Extremo Oriente. Uma vez estabelecida, a rede de serviços de linhas regulares cresceu rapidamente para o sistema de transportes abrangente que existe atualmente.

ERA DO "NAVIO DE CARGA DE LINHAS REGULARES"

No período de um século até a década de 1960, as companhias de linhas regulares [*liner companies*] gerenciavam frotas de navios de várias cobertas conhecidos como navios cargueiros de linhas regulares [*cargo liners*], navios versáteis com o seu próprio equipamento de manuseio de carga (ver Figura 1.9). O transporte marítimo ainda não tinha se subdividido nas muitas operações especializadas que abordamos nos dois capítulos anteriores, e os serviços de linhas regulares tinham de transportar um misto de produtos manufaturados, produtos semimanufaturados, granéis secundários e passageiros. As rotas comerciais eram sobretudo entre a América do Norte, os países europeus e as suas colônias na Ásia, na África e na América do Sul, e em muitas dessas rotas os tráfegos eram desequilibrados com um tráfego de saída de produtos manufaturados e um tráfego doméstico de granéis secundários. O principal objetivo era encher o navio, e os projetistas dos navios preocupavam-se em construir navios flexíveis que pudessem transportar todos os tipos de carga – mesmo os primeiros navios petroleiros construídos nessa época foram concebidos para transportar uma carga geral na viagem de regresso. A escolha preferida caía sobre o "navio de carga geral de linhas regulares" de várias cobertas, com uma capacidade para transportar simultaneamente carga geral e granéis.

Existe outro aspecto do sistema que lhe providenciou uma grande flexibilidade. Como os navios cargueiros de linhas regulares eram semelhantes em dimensão, em projeto e em velocidade aos navios de cobertas utilizados pelos operadores de linhas não regulares, as frotas eram

O transporte de carga geral

até certo ponto intercambiáveis. Um navio de linhas não regulares podia se tornar um navio de linhas regulares, e um navio de linhas regulares podia às vezes se tornar um navio de linhas não regulares.[3] Isso permitiu que as companhias de linhas regulares afretassem navios de linhas não regulares para complementar as suas frotas. Por exemplo, os navios de linhas não regulares que regressassem ao Rio da Prata oriundos do Reino Unido para carregar grão transportariam geralmente um carregamento de retorno de carga geral. As companhias de linhas regulares tornaram-se afretadoras de tonelagem de navios de linhas não regulares,[4] enquanto os proprietários de navios de linhas não regulares utilizavam o negócio de linhas regulares como um colchão de amortecimento contra os ciclos de mercado de granel; frequentemente, construíam navios com cobertas e boas velocidades, que se ajustariam adequadamente aos horários das companhias de linhas regulares. Visto que os navios utilizados nos mercados a granel e de linhas regulares tinham aproximadamente o mesmo tamanho, esse sistema de gerenciamento de risco funcionou bem para ambas as partes.

À medida que o comércio crescia no século XX, o sistema foi se refinando e desenvolvendo. Para melhorar a produtividade e alargar a sua base de carga, as companhias de linhas regulares construíram navios cargueiros de linhas regulares mais sofisticados, adicionando características como tanques para óleos vegetais, porões frigoríficos, equipamento de manuseio de carga abrangente, pavimentos para carga rolante e muito equipamento automatizado. Esses navios tornaram-se cada vez mais complexos e caros. A classe Pointe Sans Souci, construída no início da década de 1970 pela Compagnie Générale Maritime (CGM) para serviço entre a Europa e o Caribe, ilustra os extremos aos quais as companhias de linhas regulares estavam dispostas a ir na sua demanda por um navio cargueiro de linhas regulares mais eficiente em termos de custo. Esses navios de 8.000 tpb foram projetados para transportar carga que, anteriormente, era transportada por uma frota mista de navios de linhas regulares tradicionais e de navios frigoríficos. Os porões avante eram isolados para transportar as cargas frigoríficas, com guias celulares dobráveis para contêineres e tomadas elétricas para contêineres frigoríficos. Em cada porão foram inseridas portas nas cobertas para as correias transportadoras de bananas, e as portas laterais permitiam trabalhar nas cobertas ao mesmo tempo que se trabalhava no porão. As escotilhas foram reforçadas para levar contêineres, e uma grua de 35 toneladas permitia que o navio fosse completamente autossuficiente com as cargas conteinerizadas nos portos menores das Índias Ocidentais. Os porões a ré da ponte do navio destinavam-se à carga paletizada ou aos veículos, com acesso por uma rampa larga à popa ou por uma porta no costado, se o porto não tivesse instalações que permitissem o carregamento por um cais à popa. Por baixo localizavam-se os tanques para transportar o rum a granel.

Embora o navio cargueiro de linhas regulares fosse flexível, também requeria trabalho e capital intensivos. Na década de 1950, a força de trabalho tornou-se mais cara e o mundo do comércio mudou de tal forma que fez com que a produtividade fosse mais importante do que a flexibilidade. À medida que as colônias ganharam a sua independência, as companhias de linhas regulares perderam a sua posição privilegiada em muitos dos tráfegos nucleares nos quais os navios cargueiros de linhas regulares tinham sido muito eficazes. Ao mesmo tempo, muitos dos tráfegos de cargas de retorno de granéis secundários eram transferidos para os navios graneleiros a taxas de frete que os navios cargueiros de linhas regulares não podiam praticar. Na medida em que a frota de navios graneleiros aumentava em dimensão, as indústrias marítimas de linhas regulares e de granel cresciam separadas. Contudo, a mudança mais importante ocorreu no padrão do comércio. Na economia de crescimento rápido das décadas de 1950 e de 1960, o crescimento real do comércio ocorreu entre os centros industriais prósperos da Europa, da América do Norte e do Japão. Nesses tráfegos, os embarcadores precisavam de um transporte rápido, confiável e seguro, e as carências dos navios cargueiros de linhas regulares tornaram-se cada vez mais evidentes. O custo, a complexidade e o baixo desempenho da entrega do sistema dos navios cargueiros de linhas regulares tornaram-se um obstáculo. Os embarcadores não queriam esperar enquanto a sua carga fazia uma viagem de lazer por oito ou dez portos, chegando frequentemente avariada, e os proprietários de navios perceberam que seus caros navios gastavam demasiado tempo em porto.

Para as companhias de linhas regulares, o gerenciamento dos navios cargueiros de linhas regulares tornou-se igualmente ingrato. Os seus caros navios "dedicados" consumiam até 50% do seu tempo de estadia em porto, o que amarrava o capital e limitava o escopo das economias de escala, porque duplicar a capacidade dos navios cargueiros de linhas regulares significava quase que duplicar o seu tempo de estadia em porto. Não havia muito a fazer pelos gestores nem pelos arquitetos navais para aliviar os problemas fundamentais do empacotamento de uma carga geral de 10.000-15.000 toneladas no porão do navio.[5] Durante a década de 1960, as despesas dos navios, os problemas do manuseio de carga e a segregação da sua carga do resto do sistema de transporte tornaram os navios cargueiros de linhas regulares tecnologicamente obsoletos. Isso resultou numa reestruturação completa do sistema de transporte marítimo que abordamos no Capítulo 1 (ver Figura 1.10), durante a qual o sistema de linhas regulares e de linhas não regulares foi substituído pelos segmentos de negócio do granel, dos serviços especializados, dos contêineres e do frete aéreo.

SISTEMA DE CONTÊINERES (1966-2005)

Para o negócio de linhas regulares, a solução foi unitizar a carga geral utilizando os contêineres. A padronização das unidades de carga permitiu que as companhias de linhas regulares pudessem investir em sistemas mecanizados e equipamentos que automatizariam o processo de transporte e aumentariam a produtividade. O procedimento total era essencialmente uma extensão da tecnologia da linha de produção que tinha sido aplicada com tanto sucesso na indústria transformadora e nos tráfegos de granel, como o do minério de ferro. O novo sistema tinha três componentes. Primeiro, o produto transportado, a carga geral, era embalado em unidades padronizadas que seriam manuseadas ao longo de toda a operação de transporte. Foram considerados vários outros sistemas, como a paletização e as barcaças, mas os contêineres foram escolhidos por todos os principais operadores. Segundo, o investimento foi aplicado a cada etapa para produzir um sistema integrado de transporte com veículos em cada etapa da cadeia de transporte construídos para manusear as unidades-padrão. Na pernada marítima, o investimento concentrou-se na construção de navios porta-contêineres celulares. Em terra, eram necessários veículos rodoviários e ferroviários capazes de transportar os contêineres de forma eficiente. Finalmente, a terceira etapa foi o investimento em equipamento de manuseio de carga de alta velocidade para transferir o contêiner de uma parte do sistema de transporte a outra. Em todo esse processo, os terminais de contêineres, os depósitos de distribuição localizados no interior [inland distribution depots] e as instalações para encher os contêineres [container stuffing], onde carregamentos parciais podiam ser estivados nos contêineres, tiveram sua função.

Os sistemas de conteinerização de longo curso que temos atualmente desenvolveram com base na experiência que já existia nos Estados Unidos, quando, em meados da década de 1960, já existia uma frota de contêineres de 54 mil unidades (ver tabela 13.1).[6] Foi desenvolvida por um homem de negócios dos Estados Unidos sem qualquer experiência no transporte marítimo, em face do ceticismo geral que existia na indústria de linhas regulares. Malcolm McLean

O transporte de carga geral **563**

tinha passado a sua vida construindo a McLean Trucking, uma empresa de transporte rodoviário com uma frota de 1.700 veículos. Em 1955, vendeu-a por US$ 6 milhões e comprou a Pan Atlantic Tanker Company, que detinha alguns navios-tanques T2.[7] Um desses navios-tanques, o Poltero Hills, com dez anos de idade (o qual McLean nomeou como Ideal-X), foi equipado, a mando de McLean, com um pavimento sobre estacas, sobre as linhas de carga e sobre os coletores, para transportar sessenta contêineres de 35 pés. Em 26 de abril de 1956, o Ideal-X carregou 58 contêineres em Nova Jersey e navegou para Houston, o primeiro embarque de contêineres modernos por via marítima (embora existam muitos casos anteriores de carga transportada em caixas padronizadas). Os contêineres venceram a viagem de 3.000 milhas e os custos de manuseio foram de 16 centavos por tonelada, comparados com os US$ 5,83 por tonelada que se gastavam no manuseio de carga geral fracionada, portanto, foi um sucesso comercial.[8] Foi convertido um segundo navio-tanque e, em 4 de outubro de 1957, uma multidão de quatrocentas pessoas (incluindo Robert B. Meyner, o governador de Nova Jersey, que viajou para o cais de helicóptero para fazer um discurso)[9] observou a viagem inaugural do primeiro navio porta-contêineres celular, o Gateway City, de 226 TEU, de Newark para Miami. Quando atracou em Miami, a sua carga foi entregue a um consignatário em noventa minutos.

Tabela 13.1 – Frota mundial de navios porta-contêineres (1960-2005)

Final do ano	Frota de contêineres (em TEU)	Frota de navios porta-contêineres (capacidade em TEU)	Contêineres (TEU) por espaço
1960*	18.000		
1965*	54.000	16.000	3,4
1970	500.000	140.500	3,6
1975	1.300.000	366.000	3,6
1980	3.150.000	727.600	4,3
1985	4.850.000	1.189.384	4,1
1990	6.365.000	1.765.868	3,6
1995	9.715.000	2.492.649	3,9
2000	14.850.000	4.812.286	3,1
2005	28.486.000	8.116.900	3,5

* Estimado.

Fontes: US Steel Commercial Research Division e CI Market Analysis, MTR (1976), volume 6, Tabela 51, CRSL.

As companhias de linhas regulares estabelecidas mantiveram-se céticas. Mesmo em 1963, a Ocean Transport and Trading, companhia de linhas regulares líder na época, tinha dúvidas acerca do novo sistema, provavelmente porque inicialmente eles o abordaram como um desenvolvimento das suas operações de linhas regulares existentes, e dessa perspectiva as economias pareciam menos atrativas.[10] Mas, dada a existência de navios porta-contêineres dedicados, de terminais, de redes de distribuição rodoviária e de uma frota de contêineres, a análise parecia muito diferente, embora seja fácil perceber por que uma mudança tão radical não deve ter sido bem recebida pelas empresas com grandes frotas de navios cargueiros de linhas regulares. Foram investigados muitos outros sistemas menos radicais, incluindo a paletização, na qual as cargas eram expedidas em paletes padronizados em navios adequados para paletes [*pallet-friendly ships*], e os serviços prestados pelos navios ro-ro de longo curso que permitiam que uma grande variedade de carga fosse carregada por empilhadeiras. Contudo, as economias não funcionaram na prática, e os navios ro-ro de longo curso mantiveram-se como um nicho de negócio (ver Seção 12.6 para uma breve revisão do tráfego atual).

No entanto, McLean insistiu, renomeando sua companhia como Sea-Land e, em abril de 1966, o SS Fairland, o primeiro serviço de contêineres transatlântico, saiu para viagem do seu terminal Port Elizabeth, recentemente construído em Nova Jersey, para o seu novo terminal de reboques em Roterdã. A carga chegou ao seu destino quatro semanas antes do que teria chegado se tivesse sido transportada num serviço de linhas regulares convencional. Nessa altura, as principais companhias de navegação de linhas regulares europeias encontravam-se ocupadas estabelecendo os seus próprios serviços de contêineres. Por conta da dimensão do investimento nos navios, nos terminais e, é claro, nos contêineres, formaram-se consórcios. Por exemplo, em 1965 foi formada a Overseas Containers Limited (OCL), uma sociedade conjunta entre P&O, Ocean Transport and Trading, British & Commonwealth e Furness Withy, e o seu primeiro serviço de contêineres começou em 6 de março de 1969. Os acontecimentos que se seguem ilustram as alterações empresariais que ocorreram à medida que cresceu a indústria dos contêineres durante os trinta anos que se seguiram. No início da década de 1980, a P&O aumentou gradualmente a sua quota e, em 1986, comprou os 53% restantes para formar a P&O Containers Ltd. (P&OCL), que se fundiu com a Nedlloyd em 1996 para formar a P&O Nedlloyd N.V. Dez anos mais tarde, em 2005, essa companhia foi comprada por A.P. Møller-Maersk Group e incorporada à Maersk Line.

DESENVOLVIMENTO DA INFRAESTRUTURA DO SERVIÇO DE CONTÊINERES

O desenvolvimento de uma frota de *navios porta-contêineres* foi um desafio técnico porque a estrutura, com as suas escotilhas abertas, era muito diferente daquela dos navios cargueiros de linhas regulares que os estaleiros navais estavam habituados a construir. Uma das primeiras encomendas efetuadas pela OCL foi para seis navios da classe Encounter Bay de 1.600 TEU. Eles tinham porões corridos com guias celulares para que os contêineres pudessem ser colocados nos espaços sem serem imobilizados por grampos. As tampas das escotilhas em aço encaixavam-se e constituíam uma plataforma sobre a qual os contêineres podiam ser estivados uns em cima dos outros, até quatro em altura, e imobilizados no lugar. Embora os navios não fossem grandes pelo padrão dos navios-tanques e dos navios graneleiros, as tecnologias de porão corrido e de guias celulares eram novas e traziam vários problemas técnicos. Para o trajeto terrestre, o investimento em reboques adequados para contêineres progrediu rapidamente e, para o seu primeiro serviço, em abril de 1966, foram recrutados mais de trezentos caminhoneiros europeus.[11]

No sistema, o segundo componente principal era o *terminal de contêineres*. Inicialmente, os portos de linhas regulares tinham milhas de cais que se apoiavam em armazéns onde os navios estariam atracados durante semanas manuseando a carga. Os terminais de contêineres eram muito diferentes. Dois ou três berços, servidos por gruas de pórticos, apoiados por uma área de armazenagem a céu aberto. Para acelerar a ligação ao transporte terrestre, a Sea-Land armazenava os contêineres em reboques num pátio para reboques. A maioria das outras companhias preferia estivar os contêineres em altura de três ou quatro, retirando-os de armazenagem assim que necessário. O movimento dentro dos terminais foi também mecanizado, utilizando empilhadeiras, aranhas [*straddle carriers*] ou, em alguns casos, sistemas de pórticos automáticos. Esse sistema para o manuseio da carga provou ser extremamente eficaz. As velocidades de

O transporte de carga geral   565

manuseio variam de porto para porto, indo de quinze a trinta movimentos por hora, mas em uma média de cerca de vinte movimentos por pórtico por hora. O resultado foi uma melhoria dramática na produtividade. Enquanto os berços de carga geral manuseavam anualmente 100.000-150.000 toneladas, os novos terminais de contêineres eram capazes de manusear 1-2 milhões de toneladas de carga ao ano em cada berço. A compatibilidade intermodal foi também bastante melhorada, porque o contêiner propriamente dito é padronizado. Quarenta anos mais tarde, em 2007, os contêineres dominavam mais de três quartos do tráfego de carga geral, e 4.300 navios porta-contêineres com uma capacidade de 10,6 milhões de TEU transportavam anualmente mais de 1 bilhão de toneladas de carga entre 360 portos. Nesse ínterim, Malcolm McLean vendeu a sua participação na Sea-Land por US$ 160 milhões, portanto, os seus esforços pioneiros foram bem recompensados.[12]

Em terceiro lugar, era necessário um acordo internacional sobre as *dimensões padronizadas dos contêineres*. Como os regulamentos rodoviários variavam ao longo dos Estados Unidos, utilizavam-se contêineres com diferentes dimensões, e McLean selecionou o contêiner de 35 pés para o seu primeiro serviço marítimo porque oferecia o melhor benefício. Eventualmente, a ISO desenvolveu normas que se aplicavam às dimensões, à resistência dos cantos, à resistência do chão, aos testes de estrutura e ao peso bruto do contêiner. No início, os contêineres-padrão para a carga geral tinham 8 pés de altura e 8 pés de largura com quatro comprimentos opcionais: 10, 20, 30 e 40 pés. Em 1976, a altura dos contêineres-padrão aumentou para 8 pés e 6 polegadas, conferindo um volume adicional sem alterar as dimensões do contêiner. Em anos recentes, os contêineres de 20 pés e de 40 pés tornaram-se os cavalos de carga do negócio internacional de contêineres. Do total de 28,5 milhões de TEU armazenados em 2004, 18% eram unidades de 20 pés; 75% eram unidades de 40 pés; 4% eram contêineres frigoríficos e vários contêineres especializados, como os contêineres de teto aberto; e os rebatíveis contabilizavam o saldo restante (ver Tabela 13.2).

Tabela 13.2 – Estoque mundial de contêineres por principais tipos

Tipo de contêiner em unidades equivalentes de 20 pés ('000s)			
	1985	1995	2004	em % 2004
Padrão	4.090	8.050	26.699	94%
dos quais				0%
20' 8'6"			5.060	18%
40' 8'6" (5,3 milhões de unidades)			10.620	37%
40' 9'6" (5,2 milhões de unidades)			10.362	36%
45' 8'6"			639	2%
Teto aberto	221	225	258	1%
Ventilados	46	89	26	0%
Plataformas dobráveis	36	42	151	1%
Outros	115	112	217	1%
Frigorífico integral	157	520	1.111	4%
Frigorífico isolado	77	72	24	0%
Tanques	34	84	—	—
Total	4.776	9.194	28.486	100%

Fonte: *Containerisation International 2005; World Container Census January 2005.*

Os contêineres têm geralmente uma vida de doze a catorze anos. Na Europa e nos Estados Unidos, cerca de metade da frota de contêineres é locada [*leased*].

Finalmente, o crescimento do serviço dependeu de vários desenvolvimentos técnicos que tiveram lugar entre as décadas de 1960 e de 1970. Um deles foi a revolução nas comunicações e no processamento dos dados abordados no Capítulo 1. Isso tornou possível planejar os serviços, trocar os manifestos de carga detalhados ao redor do mundo e efetuar o trabalho burocrático necessário na escala temporal muito reduzida exigida pela conteinerização.

CONSEQUÊNCIAS DA CONTEINERIZAÇÃO

A conteinerização foi muito bem-sucedida no seu objetivo principal de reduzir o tempo de estadia em porto. Uma comparação entre o desempenho operacional de um navio cargueiro de linhas regulares da classe Priam e um navio porta-contêineres da classe Liverpool Bay, em serviços comparáveis publicados em 1985, ilustra a mudança. O navio cargueiro de linhas regulares de 22.000 tpb passou 149 dias em porto, ou 40% do seu tempo. O navio porta-contêineres de 47.000 tpb reduziu o tempo em porto para 64 dias ao ano, ou somente 17% do seu tempo. Como resultado, uma sequência de nove navios porta-contêineres podia fazer o trabalho de 74 navios cargueiros de linhas regulares.[13]

Também foi alterada a forma como as companhias de linhas regulares operavam. Em primeiro (e mais importante) lugar, a unitização permitiu que o serviço "porta a porta" fosse uma parte essencial do negócio. Anteriormente, a maioria das companhias de linhas regulares viam as suas responsabilidades começando e terminando na balaustrada do navio, portanto, a atenção dirigia-se para os navios e para as operações de transporte marítimo. A necessidade de gerenciar simultaneamente as pernadas terrestres e marítimas do transporte introduziu a logística no negócio, que por sua vez diluiu o papel desempenhado pelos navios e mudou a forma como as companhias abordam a precificação (ver Seção 13.9). Em segundo lugar, o negócio consolidou-se em poucas companhias. Desapareceram centenas de companhias de linhas regulares e o transporte marítimo de linhas regulares tornou-se o setor mais concentrado do negócio do transporte marítimo. Terceiro, desapareceram os portos movimentados do tempo da carga geral, substituídos pelos terminais de contêineres com pouco pessoal e poucos navios. Quarto, os navios e os proprietários de navios passaram para segundo plano, porque agora o negócio central das companhias de linhas regulares era o transporte efetuado por mais de um transportador e, às vezes, vários meios de transporte. Quinto, desapareceu o mercado de linhas não regulares [*tramp market*] que transportava cargas conteinerizadas. Os navios porta-contêineres não podiam se movimentar entre os afretamentos no mercado de linhas regulares e de granel, portanto, as companhias de linhas regulares tinham de transportar a capacidade marginal que precisassem ter nas suas frotas. Os operadores de linhas não regulares voltaram-se para os mercados de navios graneleiros ou de navios-tanques. Sexto, as cargas a granel secundárias que tinham ocupado os tanques de fundo [*deep-tanks*], os porões de carga e os pavimentos de cargas rolantes dos navios cargueiros de linhas regulares moveram-se para os navios especializados, como os navios graneleiros de escotilha larga, que abrange quase toda a boca do navio, os navios-tanques especializados no transporte de várias cargas líquidas ao mesmo tempo, os navios destinados ao transporte de carros, os navios multipropósito e os navios de cargas pesadas (ver Capítulo 12).

Esses foram os impactos sobre a indústria marítima. Porém, para a economia mundial, as consequências foram ainda mais profundas. Anteriormente, o transporte entre regiões era len-

O transporte de carga geral   **567**

to, caro, não confiável, com uma grande probabilidade de objetos frágeis, como os de eletrônica de consumo, serem roubados ou avariados durante o processo moroso de carga e de descarga de uma carga geral. De repente, o transporte entre regiões tornou-se rápido, seguro e incrivelmente barato. Algumas estatísticas colocam isso em perspectiva. Em 2004, um empacotamento de 4 mil gravadores de vídeo num contêiner de 40 pés reduziu o custo do frete do Extremo Oriente para a Europa em cerca de 83 centavos por unidade, enquanto o uísque escocês podia ser expedido da Europa para o Japão a 4,7 centavos por garrafa.[14] Como resultado, a distância ao mercado e os custos de transporte tornaram-se aspectos menos importantes quando se considerava a localização da indústria de manufatura. Assim que a rede de contêineres cresceu nas décadas de 1980 e de 1990, também cresceu a globalização.

13.3 OS PRINCÍPIOS ECONÔMICOS DAS OPERAÇÕES DE LINHAS REGULARES

Agora é o momento de olhar com mais atenção para a economia do negócio de linhas regulares. Começamos com uma definição estrita:

> Um serviço de linhas regulares é uma frota de navios, com um proprietário ou um gerenciamento comum, que oferece um serviço fixo, em intervalos de tempo regulares, entre os portos nomeados e fornece o transporte a quaisquer mercadorias na área de influência servida por esses portos e pronta para viajar segundo as suas datas. Os aspectos que distinguem um serviço de linhas regulares de um serviço de linhas não regulares são um itinerário fixo, a inclusão num serviço regular e a obrigação de aceitar a carga de todos que apareçam e navegar, cheio ou não, na data determinada por uma programação publicada.[15]

Essa definição centra-se nos navios, em vez de na logística, porque a pernada do transporte marítimo mantém-se como a atividade central de uma companhia de linhas regulares, distinguindo-se dos agentes de carga [*freight forwarders*] e de companhias logísticas [*logistics companies*], que se concentram puramente no gerenciamento do transporte efetuado por mais de um transportador e, às vezes, vários meios de transporte, dependendo de outros para transportar a carga.

No final do século XX, os serviços de contêineres tinham substituído em grande parte os serviços de navios cargueiros convencionais de linha regular, portanto, é com o modelo do mercado de contêineres que nos preocupamos neste capítulo. Antes de entrarmos nos detalhes, é conveniente ver como as peças do sistema de transporte de linhas regulares se encaixam umas nas outras, e o diagrama do modelo do mercado de contêineres apresentado na Figura 13.1 identifica quatro peças: a carga, os serviços, as companhias de linhas regulares e a frota.

Começamos com a carga no topo da Figura 13.1. A carga geral continua a gerar a demanda básica de serviços de linhas regulares, como ocorreu no passado com os navios cargueiros de linhas regulares, mas a conteinerização teve duas consequências importantes na demanda de transporte; a primeira relaciona-se com as economias de escala, e a segunda, com a diferenciação do produto. Primeiro, a utilização de navios muito maiores com um manuseio de carga melhorado significa que a extremidade pequena dos granéis e as cargas especializadas tornaram-se gradualmente alvos potenciais da conteinerização. Segundo, os contêineres podem parecer todos a mesma coisa, mas os seus conteúdos ainda retêm as características da sua demanda. O empacotamento de frango e de batatas fritas e de uma refeição *gourmet* em caixas de cartão semelhantes não as transforma em produtos idênticos – os clientes *gourmet* esperam a entrega em casa (talvez numa caminhonete com monogramas), enquanto os clientes dos frangos e das batatas fritas provavelmente preferem levar a comida para casa. Isso também é verdade para a carga conteinerizada. É provável que as cargas com valores elevados e urgentes tenham um perfil de demanda diferente daquele das cargas a granel secundárias de menor valor.

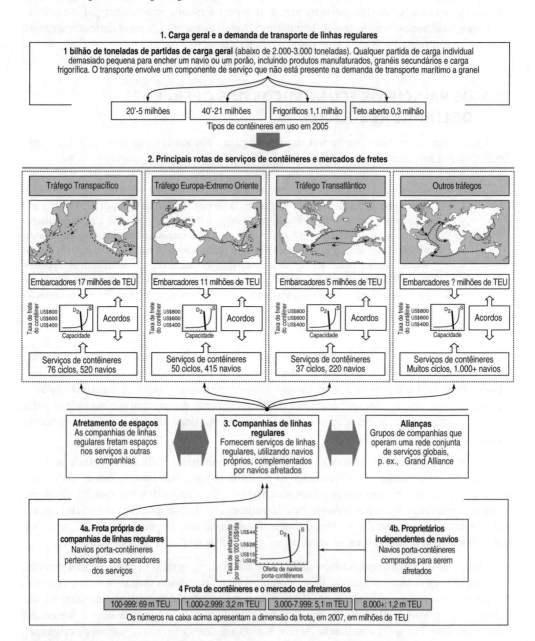

Figura 13.1 – Sistema de transporte de linhas regulares (2007).

Fonte: Martin Stopford, 2007, números da frota de CRSL 1º set. 2007, números dos serviços de NYK.

O transporte de carga geral 569

No coração do sistema de linhas regulares encontram-se as rotas principais, que a Figura 13.1 divide em quatro categorias: o tráfego transpacífico; o tráfego do Extremo Oriente para a Europa; o tráfego transatlântico; e os outros tráfegos, que incluem os tráfegos norte-sul e uma quantidade enorme de tráfegos de curta e de média distância dentro da Ásia e de outras regiões. Em cada categoria, existem embarcadores com volumes de carga para serem transportadas – 17 milhões de TEU atravessaram o Pacífico em 2004 e 5 milhões de TEU atravessaram o Atlântico.

Toda essa carga viaja em serviços de contêineres oferecidos pelas companhias de linhas regulares, e os embarcadores têm muitas para escolher. Por exemplo, em 2004, no tráfego transpacífico havia 76 ciclos servidos por 520 navios. Esses ciclos oferecem datas de chegada e de partida diversas, portos de escala diversos e serviços diretos diversos, o que pode ser algo como uma selva para o embarcador. Como em qualquer outro mercado, as taxas são negociadas entre os embarcadores e os transportadores (ilustradas esquematicamente pelos pequenos diagramas na Figura 13.1), mas, como abordado no início deste capítulo, existe uma longa história de serviços de contêineres que cooperam entre si para fixar os preços ou, mais recentemente, para trocar informação (representado pelas setas referentes aos "acordos"). A regulamentação desses tráfegos tem sido uma questão polêmica nos últimos 150 anos, e a abordaremos mais à frente neste capítulo.

As companhias de linhas regulares são mostradas na parte inferior do centro da Figura 13.1. Elas oferecem os serviços de linhas regulares e enfrentam a imensamente difícil tarefa de decidir quais navios escalam em que portos e em que datas. Em 2006, a maior companhia de linhas regulares, a Maersk, tinha uma participação de mercado de 16%, mas muitas das companhias com somente 4%-5% de participação de mercado operavam trinta ou quarenta serviços diferentes.

Finalmente, a frota de contêineres e o seu mercado de afretamento são tratados na base da Figura 13.1. Em julho de 2007, a frota de navios porta-contêineres era de 4.200 unidades, aproximadamente igual à frota de navios-tanques, com um total adicional de 1.300 encomendados, e a frota era composta de navios de variadíssimas dimensões. As economias de escala são uma questão fundamental que abordaremos em detalhes. Uma das decisões estratégicas importantes de uma companhia de linhas regulares é saber se deve ou não comprar os seus próprios navios ou afretá-los. Até o início da década de 1990, a maior parte da frota pertencia às companhias de linhas regulares, mas, no avançar da década, a propriedade da frota foi progressivamente assumida pelos operadores, que frequentemente utilizavam os financiamentos das sociedades em comandita alemãs, que detinham a propriedade dos navios e que os afretavam a prestadores de serviços. Por volta de 2007, esses operadores independentes detinham quase metade da frota, e um dos impactos disso foi a criação do mercado de afretamento apresentado na base da Figura 13.1. Esse é um mercado separado, com os proprietários independentes de navios num dos lados e as companhias de linhas regulares no outro, e trata de navios, em vez do transporte de carga. Nas quatro seções que se seguem, abordaremos com mais detalhe cada um desses quatro segmentos do negócio das linhas regulares.

13.4 A CARGA GERAL E A DEMANDA DE TRANSPORTE DE LINHAS REGULARES

CARGA GERAL E MOVIMENTO DE CONTÊINERES

Entre 1975 e 2007, a carga conteinerizada cresceu muito mais rapidamente do que os outros segmentos do negócio do transporte marítimo. O número de contêineres movimentados aumentou de 14,1 milhões de TEU para 466 milhões de TEU (Figura 13.2) e, entre 1990 e 2007, a taxa de crescimento média anual foi de 10,4%. A análise do tráfego apresenta muitas dificuldades, porque qualquer coisa que possa ser transportada fisicamente dentro de um contêiner é uma carga potencial para ser conteinerizada e, frequentemente, os outros modos de transporte concorrem pela mesma carga. Isso significa que a análise das mercadorias não conta toda a história e, na realidade, não é prática, mesmo quando é possível para alguns tráfegos de grande dimensão.

Assim, de partida, podemos muito bem aceitar que este é um negócio altamente complexo e que os analistas devem encontrar problemas quando vão ao fundo da questão.

Um bom ponto de partida é a relação entre a carga conteinerizada e a atividade econômica mundial. Entre 1983 e 2006, o PIB mundial cresceu 4,8% por ano e o valor das exportações dos produtos manufaturados cresceu 6,6% por ano (Tabela 13.3), mas a carga conteinerizada cresceu muito mais rapidamente – em média 10,1% por ano – para os contêineres movimentados (coluna 4); e a quantidade da carga conteinerizada cresceu 10,1% por ano (coluna 6). Por volta de 2005, a tonelagem da carga conteinerizada alcançou 1 bilhão de toneladas[16] e a tonelagem média por contêiner movimentado em 2005 foi de somente 2,7 toneladas por TEU, o que revela as fraquezas subjacentes das estatísticas dos movimentos de contêineres como medida da capacidade de transporte. Os contêineres movimentados incluem todos os movimentos de contêineres pelos portos, incluindo os movimentos duplos quando um contêiner é transbordado [transhipped] de um serviço de longo curso para um navio alimentador [feeder ship] e devolvido vazio quando em presença de tráfegos desequilibrados. Um contêiner de 20 pés pode transportar até 24 toneladas, e 10 toneladas seriam provavelmente a média mais correta.

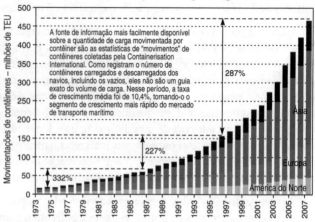

Figura 13.2 – Tráfego de linhas regulares (1973-2007) e percentagem de crescimento por ano (1981-2007).

Fonte: Clarkson Research Services.

Diferentes serviços de transporte marítimo concorrem entre si pelas cargas. Algumas cargas, como os produtos manufaturados e semimanufaturados, os bens de consumo, a maquinaria, os têxteis, os produtos químicos e os veículos têm um valor muito elevado, portanto, são sempre transportadas por linhas regulares ou possivelmente por frete aéreo, que concorre pelas cargas mais urgentes e de valor mais elevado, especialmente nas rotas de longo curso. As roupas enviadas do Extremo Oriente para a Europa e os componentes elétricos são o tipo de cargas pertencentes a esse segmento de transporte. Os serviços de transporte marítimo especializado concorrem pelas cargas de valor mais baixo, incluindo os produtos florestais, a carga frigorífica e a carga rolante. O tráfego dos veículos motorizados é um exemplo clássico, e o negócio de linhas regulares perdeu a maioria do tráfego para transportadores especializados que operam os PCC (ver Capítulo 12, página 546). Na outra ponta da escala, as companhias de linhas regulares concorrem com o transporte marítimo a granel pelos granéis secundários, como os produtos siderúrgicos, os materiais de construção, produtos alimentícios como o café ou as botijas de gás vazias. Embora essas cargas não aguentem taxas de frete elevadas, constituem aquilo que os serviços de linha regular costumam chamar de "cargas de porão", que enchem o navio em rotas nas quais existe menos carga numa direção do que na outra. Enquanto o aumento nuclear nas quantidades de

O transporte de carga geral

cargas conteinerizadas depende sobretudo do crescimento dos tráfegos de carga conteinerizada existentes, em especial o tráfego dos produtos manufaturados apresentado na coluna 3 da Tabela 13.3, esse aumento é complementado pelo sucesso dos operadores de linhas regulares na geração de novas cargas e na angariação de cargas pertencentes aos segmentos de granel e especializados.

Tabela 13.3 – Tráfegos de contêineres e de carga fracionada (1983-2006)

	1	2	3	4	5	6	7	8	9	10	11
	Economia mundial % por ano		Movimentos da carga conteinerizada (movimentos)								
	PIB % por ano	Exportações de produtos manufaturados (valor)	Contêineres movimentados		Carga conteinerizada		Toneladas por movimento	Carga fracionada mt	Carga sólida mt	Total da carga sólida	
			TEU (milhões)	% por ano	mt	% por ano				Milhões de toneladas mt	% por ano
1983	6,3%	5,1%	46		127		2,8	487	1.254	1.868	
1984	7,0%	10,8%	53	17%	148	16%	2,8	511	1.396	2.055	10%
1985	4,0%	4,8%	57	7%	160	8%	2,8	549	1.461	2.170	6%
1986	6,8%	4,1%	62	9%	173	8%	2,8	555	1.415	2.143	–1%
1987	7,6%	6,3%	68	10%	192	11%	2,8	549	1.472	2.213	3%
1988	7,0%	9,5%	75	10%	211	10%	2,8	559	1.565	2.335	6%
1989	5,2%	7,8%	82	9%	231	10%	2,8	578	1.610	2.419	4%
1990	5,0%	6,1%	87	6%	246	6%	2,8	626	1.598	2.469	2%
1991	4,6%	3,6%	96	10%	268	9%	2,8	653	1.625	2.546	3%
1992	4,2%	4,7%	105	10%	292	9%	2,8	701	1.596	2.589	2%
1993	3,8%	4,1%	115	10%	322	10%	2,8	715	1.616	2.653	2%
1994	5,4%	11,1%	129	12%	357	11%	2,8	691	1.696	2.743	3%
1995	5,0%	9,0%	141	9%	389	10%	2,8	861	1.805	3.055	11%
1996	4,6%	5,3%	155	10%	430	11%	2,8	806	1.819	3.055	0%
1997	4,5%	11,0%	169	9%	470	9%	2,8	872	1.916	3.258	7%
1998	0,2%	4,8%	183	8%	503	7%	2,8	859	1.900	3.262	0%
1999	5,5%	5,1%	205	12%	560	11%	2,7	877	1.896	3.334	2%
2000	5,8%	13,0%	227	11%	628	12%	2,8	929	2.042	3.598	8%
2001	1,1%	–1,4%	239	5%	647	3%	2,7	910	2.095	3.652	1%
2002	3,3%	4,0%	275	15%	718	11%	2,6	961	2.172	3.851	5%
2003	2,6%	4,9%	303	10%	806	12%	2,7	955	2.291	4.052	5%
2004	5,3%	10,0%	343	13%	919	14%	2,7	926	2.469	4.313	6%
2005	4,9%	6,0%	381	11%	1.017	11%	2,7	920	2.564	4.502	4%
2006	5,4%	8,0%	419	10%	1.134	11%	2,7	882	2.703	4.719	5%
Média '83-'06	4,8%	6,6%		10,1%		10,0%	2,6%			3,4%	4,1%

Notas
Coluna 2: as exportações de produtos manufaturados apresentam a variação percentual a preços constantes.
Fonte: Banco Mundial.
Colunas 3/4: apresenta os contêineres movimentados, incluindo os vazios.
Colunas 5/6: apresenta a carga conteinerizada movimentada ao ano (estimada – o valor real não é conhecido).
Coluna 7: coluna 3 dividida pela coluna 5. Os contêineres de 20 pés transportam geralmente de 10 a 12 toneladas, portanto, existem muitos movimentos não explicados.
Coluna 8: a carga fracionada é a carga residual depois de deduzidas as cargas conteinerizadas e a carga a granel apresentada na coluna 10.
Coluna 9: mercadorias de granel sólido como o minério, o carvão, o grão etc.
Fonte: colunas 1 e 2, Banco Mundial; colunas 3 a 11, Clarksons SRO (primavera, 2006).

CARACTERÍSTICAS DA CARGA CONTEINERIZADA

Como exemplo prático da variedade das cargas conteinerizadas, a Tabela 13.4 apresenta as exportações por mercadoria efetuadas a partir do Porto de Vancouver. O tráfego de importação inclui todos os tipos de produtos manufaturados, incluindo produtos de consumo, têxteis, mobília, peças para automóveis, minério de ferro e aço, brinquedos e um grande grupo de "outros" que não são identificados. Isso é característico do perfil de importações de uma economia industrial madura. As exportações apresentam um caráter diferente. O Canadá é um país rico em recursos e exporta muitos produtos primários – pasta de madeira, madeira serrada, grãos de soja, papel de jornal, sucata e, novamente, um grande número de produtos não identificados. Embora sejam mercadorias de valor baixo, os navios porta-contêineres com bastante capacidade disponível no percurso de retorno com destino ao Extremo Oriente podem estar bem preparados para efetuar grandes descontos nas taxas de frete dos contêineres. Finalmente, o crescimento das taxas de frete das diferentes mercadorias varia consideravelmente. Por exemplo, os produtos para casa e construção cresceram 23% por ano em 2005, as peças de automóveis importadas mantiveram-se estáticas e os brinquedos cresceram somente 2%. As exportações foram igualmente variáveis – os resíduos de papel decresceram em 2004, e depois cresceram 36% em 2005, enquanto o malte cresceu mais de 50% em 2004 e decresceu cerca de 8% em 2005. Tudo isso não deixa dúvidas acerca da variabilidade desse negócio e da grande gama de cargas transportadas.

Tabela 13.4 – Tráfego do Porto de Vancouver

13.4.1 Principais mercadorias conteinerizadas de entrada

Mercadorias ('000 toneladas métricas)	2003	2004	2005	Aumento 2004-2005
A. Cargas conteinerizadas de entrada				
Produtos de consumo variados	586	605	687	14%
Produtos para casa e construção	419	506	620	23%
Mobília	440	489	543	11%
Máquinas industriais/peças	457	472	538	14%
Têxteis/roupas	449	470	536	14%
Produtos industriais variados	239	312	338	8%
Automóveis/peças para automóveis	287	311	312	0%
Eletrônica de consumo	284	293	307	5%
Ferro/aço	196	247	231	−6%
Brinquedos/equipamentos para desporto	198	200	205	2%
Outras	1.419	1.496	1,675	12%
Total	4.974	5.401	5.992	11%
B. Contêineres movimentados ('000 TEU)				
Carregados com carga	713	783	857	9%
Contêineres vazios	35	42	27	−36%
Total	748	825	884	7%
Toneladas de carga por TEU carregada	7,0	6.9	7,0	1%

O transporte de carga geral

13.4.2 Principais mercadorias conteinerizadas de saída

Mercadorias ('000 toneladas métricas)	2003	2004	2005	Aumento 2004-2005
A. Cargas conteinerizadas de saída				
Pasta de madeira	1.646	1.966	1.840	–6%
Madeira serrada	1.348	1.550	1.272	–18%
Ervilhas/feijões/lentilhas	448	427	524	23%
Resíduos de papel	408	376	510	36%
Feno/alfafa	241	356	401	13%
Porco fresco/congelado	313	351	382	9%
Grãos de soja	214	337	357	6%
Malte	173	287	264	–8%
Papel de jornal	209	244	245	0%
Sucata metálica	193	231	229	–1%
Outras	2.449	2.534	2.383	–6%
Total	7.642	8.659	8.407	–3%
B. Contêineres movimentados ('000 TEU)				
Carregados com carga	577	695	708	2%
Contêineres vazios	214	145	175	21%
Contêineres de saída ('000 TEU)	791	840	883	5%
Toneladas de carga por TEU	13,3	12,5	11,9	–5%

Fonte: Porto de Vancouver.

O peso dos contêineres varia dependendo dos seus conteúdos. Em 2005, o contêiner de saída transportava em média 11,9 toneladas de carga, enquanto os contêineres de entrada transportavam 7 toneladas, refletindo as diferentes características dos tráfegos e entrada e de saída. Os conteúdos também variam em valor. Produtos eletrônicos como os televisores valem mais de US$ 30 mil a tonelada, motocicletas valem US$ 22 mil a tonelada, roupas básicas como os *jeans* valem US$ 16 mil a tonelada, e roupas de marca valem talvez US$ 60 mil a tonelada. Na outra ponta da escala, muitas das mercadorias de exportação valem menos que US$ 1.000 por tonelada, por exemplo, a sucata vale US$ 300 a tonelada e os produtos siderúrgicos valem US$ 600 a tonelada. Essas diferenças são importantes porque afetam a precificação do transporte.

Do ponto de vista econômico, o tráfego de carga geral, seja conteinerizada, seja fracionada, apresenta duas importantes diferenças em relação às cargas a granel e especializadas abordadas nos capítulos anteriores: primeiro, o transporte de muitas partidas pequenas de carga requer um custo administrativo fixo maior e mais dispendioso; e, segundo, a obrigação de sair para viagem de acordo com um horário torna a capacidade inflexível. Essa indivisibilidade ocorre porque a capacidade expande com os aumentos na dimensão dos navios, portanto, quando o tráfego cresce, devem ser encomendados novos navios em número ditado pela frequência do serviço, com capacidade suficiente para angariar um crescimento futuro. Esses são pontos aparentemente pequenos que fazem uma diferença tremenda no modelo do negócio. Enquanto o mercado a granel pode responder a desequilíbrios entre a oferta e a demanda desarmando temporariamente os seus navios menos eficientes, as companhias de linhas regulares devem cumprir com os seus calendários. Se forem necessários seis navios para oferecer um serviço semanal, devem operar os seis navios. Desde o início, isso criou problemas aos operadores de linhas regulares, tornando o gerenciamento da capacidade um aspecto-chave do negócio. O aparecimento dos dois mercados de apoio apresentados na Figura 13.1, para os navios porta-contêineres e para a capacidade dos espaços, ajudou a resolver esse problema introduzindo flexibilidade.

Além dos ciclos de comércio normais que afetam todos os negócios do transporte marítimo, existem duas razões pelas quais o gerenciamento da capacidade pode ser um problema. A *sazonalidade* ocorre em muitas rotas de linhas regulares em que a quantidade de carga é maior em algumas alturas do ano do que em outras. Ocorrem *desequilíbrios de carga* quando existe mais comércio numa direção do que em outra, forçando os navios a navegarem parcialmente carregados no percurso com o fluxo de tráfego menor. Os dois problemas também ocorrem no mercado a granel, mas são resolvidos mais rapidamente pelas forças de mercado assim que os proprietários de navios negociam as taxas de frete e movimentam-se de um tráfego para o outro. Falta essa flexibilidade às companhias de linhas regulares. Com tantos clientes, não é prático negociar uma taxa de frete para cada carga. Essa combinação de preços fixos e de uma capacidade inflexível deixa as companhias de linhas regulares com um problema relacionado à precificação que tem regido a indústria desde seu início.

PREÇOS, SERVIÇOS E DEMANDA DE TRANSPORTE DE LINHAS REGULARES

A precificação é uma questão central para os operadores de serviços de linhas regulares, e precisamos estar cientes do custo total do transporte. O frete marítimo é somente uma parte do custo total faturado ao embarcador, que também inclui os custos do transporte terrestre na origem e os encargos dos serviços de terminal no destino. O exemplo na Tabela 13.5 mostra que os custos de transporte terrestre e de terminais podem ser tão representativos quanto o frete marítimo. Adicionalmente, as sobretaxas [*surcharges*], como os fatores de ajuste cambial [*currency adjustment factors*], e a participação provisória no combustível, também chamada de sobretaxas de combustível [*bunker surcharges*], podem fazer parte dos custos do frete, dependendo de uma sobretaxa estar em vigor ou não.

O preço que um embarcador está disposto a pagar depende até certo ponto daquilo que está dentro do contêiner. Embora os contêineres sejam fisicamente homogêneos, os seus conteúdos não o são e têm características diferentes em termos da elasticidade-preço e dos requisitos dos serviços. É provável que os embarcadores de

Tabela 13.5 – Exemplo dos custos do transporte de contêineres do Reino Unido para o Canadá (US$ por contêiner)

	20'	40'
Encargos terrestres (origem)	225	225
Encargos com terminais (origem)	248	340
Frete marítimo	700	1.100
Encargos com terminais (destino)	121	121
Encargos terrestres (destino)	225	300
Total	1.519	2.086

Fonte: Conferência de Frete Canadá-Reino Unido.

mercadorias de elevado valor estejam dispostos a pagar mais, ao passo que, para as mercadorias de baixo valor, a precificação é crucial, pois o custo de transporte representa uma parte significativa do preço de entrega. Por exemplo, uma empresa que distribua grandes quantidades de rolos de papel-celofane de baixo valor para serem processados em fábricas na Europa pode

O transporte de carga geral

considerar que, desde que eles tenham uma tonelagem razoável no canal logístico em qualquer momento, as considerações de serviço e a experiência com as reclamações são muito menos importantes do que a taxa de frete por tonelada.[17] Para esse tipo de produtos, os preços estão sujeitos a uma concorrência intensa e frequentemente as companhias de linhas regulares efetuam grandes descontos para ganhar o negócio, especialmente quando têm capacidade disponível numa pernada da viagem. Apresenta-se a seguir alguns exemplos de cargas sensíveis aos preços que são conteinerizadas:

- *Lã*. Uma grande proporção da lã comercializada é conteinerizada. A lã é "jogada" (ou seja, comprimida) dentro de fardos, que são embalados em contêineres de 20 pés, resultando num peso médio de contêiner de 18 toneladas.

- *Algodão*. Atualmente, as exportações de algodão da Costa Oeste dos Estados Unidos são conteinerizadas. Podem ser embalados num contêiner de 40 pés um total de 82 fardos normais comprimidos.

- *Vinho*. Este produto é expedido por contêiner quer em caixas, quer em contêineres-tanques a granel de 5 mil galões. Um contêiner de 40 pés pode transportar 972 caixas de garrafas de um litro e 1.200 caixas de garrafas de 750 mililitros.

- *Borracha*. Costumava ser expedida em fardos. Para facilitar a conteinerização, algumas companhias adotam agora fardos de dimensões padronizadas embalados numa película retrátil, em vez de caixas de grades de madeira. O látex é expedido em tambores, que são depois estivados em contêineres.

Contudo, para muitas cargas, especialmente para aquelas de valor elevado, os embarcadores têm mais a perder se o serviço for ruim do que poderiam possivelmente ganhar se espremessem os preços em alguma percentagem. Por exemplo, um fabricante de motocicletas que exporte peças para todo o mundo deve ser capaz de atender a suas programações de entregas à sua rede de concessionários. Os serviços frequentes, a existência de volume suficiente de espaço para a expedição da carga, a informação confiável antecipada sobre as horas de chegada e de partida do navio, a velocidade e uma gestão responsável da carga que foi descarregada no destino são de importância crucial para a empresa que distribui os seus produtos numa distância longa. Por exemplo, um estudo que comparou os fretes aéreo e marítimo da carga comercializada para os Estados Unidos concluiu que cada dia economizado vale 0,8% do valor dos produtos manufaturados.[18] Para uma carga conteinerizada de US$ 30 mil a tonelada, isso representa uma economia de US$ 240 por tonelada, uma quantidade monetária considerável. Esse tipo de análise deve ser aplicado com cuidado, mas sugere que a velocidade tem um valor para os embarcadores de mercadorias de valor elevado.

Por essa razão, atualmente, os requisitos de serviço dominam o negócio das linhas regulares. Nos últimos trinta anos, os negócios internacionais têm sistematicamente apertado o gerenciamento dos fluxos de produtos e dos custos de inventário, utilizando, frequentemente, sistemas de controle "em cima da hora". A conteinerização tem desempenhado um papel fundamental nesse processo, permitindo que as empresas tenham acesso aos mercados globais por uma rede de transporte rápida e confiável. Ao lado dos agentes de carga estabelecidos no mercado, emergiu uma nova geração de prestadores logísticos. Um agente de carga que lida com o setor do comércio de automóveis apresenta um bom exemplo que explica a razão pela qual os clientes estão dispostos a pagar um adicional pela velocidade e pela confiabilidade:

Estamos extremamente envolvidos no comércio dos sobressalentes do setor de automóveis, no qual em anos recentes os níveis de inventário têm sido reduzidos a um mínimo absoluto. É claro que isso ofereceu aos importadores e aos exportadores economias de custo bastante substanciais. Mas eles estão preparados para gastar alguma parte dessa economia de custos em encargos de frete adicionais, para garantir que as suas linhas de produção continuem em movimento.[19]

Os navios de linhas regulares fazem parte do sistema de suprimento e os clientes veem o custo e os benefícios do transporte no contexto do negócio como um todo.

DIFERENCIAÇÃO DO PRODUTO – CONFLITO DE VOLUME *VERSUS* VELOCIDADE

Segue-se que existem dois modelos básicos de transporte marítimo de linhas regulares. Um refere-se à opção de baixo custo e o outro, à opção de os contêineres serem tratados como parte integrante de um pacote de serviços.[20] O desafio para as companhias de linhas regulares que optem pelo segundo modelo é encontrar alguma forma de diferenciar o seu produto que lhes sustente um preço superior [*premium pricing*]. Uma forma de fazer isso, utilizada pelos negócios internacionais, é proceder à diferenciação dos produtos que oferecem aos diferentes segmentos de mercado. Por exemplo, alguns anos após a Ford ter lançado o Modelo T, Alfred Sloan, da General Motors, utilizou a segmentação de mercado para colocar a Ford de lado. Ele dividiu a sua gama de produtos em cinco segmentos, com os Cadillac no topo e os Chevrolet embaixo. Foi um sucesso imediato e os fabricantes de carros continuam a seguir a mesma estratégia. Da mesma maneira, as companhias aéreas de passageiros segmentam o seu mercado colocando os passageiros de luxo na frente do avião, chamando isso "classe executiva" e cobrando mais por bilhetes flexíveis.

Um exemplo na indústria do transporte é o mercado das encomendas postais. Na década de 1970, a FedEx segmentou o mercado das encomendas retirando a entrega de mercadoria urgente e de valor elevado do serviço postal dos Estados Unidos, que, preocupado com o crescimento rápido da quantidade, negligenciou aquilo que parecia ser um nicho menos importante.[21] Na época, os grandes operadores de frete aéreo, como a Pan Am, também estavam convencidos de que os embarcadores queriam um transporte barato utilizando aviões de carga maiores ou serviços rodoviários tradicionais, como a UPS. O fundador da FedEx, Fred Smith, estudou cada etapa na coleta, no transporte, na entrega de encomendas e no faturamento do trabalho realizado, e chegou à conclusão de que existia um mercado para o serviço de encomendas de altíssima qualidade [*premium parcel service*] que garantisse uma entrega rápida. Ele utilizou jatos comerciais pequenos que, embora caros, permitiram que a FedEx oferecesse serviços frequentes para os aeroportos pequenos próximos do cliente, sem as grandes cargas necessárias para encher os aviões maiores, demonstrando que a segmentação de mercado pode funcionar no transporte.[22]

As mesmas questões relativas à diferenciação do serviço apresentam-se no mercado de linhas regulares, e o transporte de contêineres pode ser visto como um pacote de serviços que provavelmente inclui as sete características seguintes:

- *Chegada dos navios a tempo*. Nas rotas de longo curso, o serviço de linha regular constitui-se como a única ligação direta do cliente ao seu mercado de exportação. É provável que alguns clientes valorizem a confiabilidade do serviço. Em termos de serviço de

O transporte de carga geral

transporte, são importantes a aderência a programas diários fixos e coletas e entregas atempadas. É também importante o gerenciamento dos serviços alimentadores onde ocorrem.

- *Tempo em trânsito porta a porta.* Em viagens longas, sobretudo de produtos de elevado valor, a velocidade em trânsito pode ser uma consideração importante em razão do custo de inventário. Nesse contexto, o frete aéreo pode ser um concorrente significativo, sobretudo quando se considera um tempo por via marítima de quatro semanas numa viagem do Extremo Oriente para a Europa.

- *Custo do transportador por movimento.* O frete cobrado pelo transporte de um contêiner da origem para o destino, incluindo os adicionais.

- *Rastreio da carga.* A capacidade do embarcador de acompanhar o progresso da sua carga.

- *Frequência de saídas.* O transporte marítimo é uma das etapas no processo de produção total. As saídas frequentes oferecem ao fabricante a oportunidade de atender rapidamente aos pedidos pontuais e permitem-lhe reduzir os níveis de estoque mantidos em cada extremidade da operação de transporte.

- *Responsabilidade na administração.* Os clientes valorizam uma administração imediata e precisa. A capacidade de fornecer cotações a tempo, conhecimentos de embarque precisos, avisos de chegada imediatos, faturas precisas e resolução de problemas quando eles aparecem contribuem para a avaliação do cliente sobre o desempenho da companhia de linhas regulares.

- *Disponibilidade de espaço.* A capacidade do serviço em aceitar a carga mesmo com um pré-aviso curto pode ser valorizado pelos negócios que não são capazes de planejar as suas necessidades de transporte com muita antecedência.

Em 2004, uma pesquisa feita pela Administração Marítima do Departamento de Transportes dos Estados Unidos [US Department of Transportation Marine Administration] sobre as companhias que operam os tráfegos de linhas regulares dos Estados Unidos identificou a pontualidade da chegada da carga, a pontualidade da entrega da carga e a redução dos custos como as três áreas que recebem maior enfâse.[23] Na prática, a maioria dos embarcadores procura uma combinação dos fatores mencionados, embora a pesquisa sugira que não exista um padrão claro de que as preferências se apliquem a todos os embarcadores, e os questionários efetuados às atitudes dos embarcadores produzam resultados amplamente diferentes. Uma pesquisa efetuada com cinquenta embarcadores nos tráfegos domésticos dos Estados Unidos identificou a conveniência do serviço como o único fator mais importante,[24] mas outro estudo sobre as atitudes dos embarcadores na América do Norte e na Europa chegou à conclusão de que o custo do serviço e a capacidade em solucionar os problemas foram considerados altamente prioritários. O tempo em trânsito, que tinha sido posicionado em terceiro lugar numa pesquisa efetuada anteriormente, em 1982, caiu para sétimo lugar uma década mais tarde, sugerindo mudanças de prioridades.[25] O senso comum sugere que deve ser esse o caso. O preço será somente uma variável significativa na decisão se diferentes preços forem cotados por diferentes companhias. Mais precisamente, embarcadores diferentes têm prioridades diferentes dependendo da carga e da natureza do seu negócio.

As dificuldades práticas para alcançar esses níveis de serviço são consideráveis. Por exemplo, uma pesquisa do cumprimento do prazo dos serviços na América do Norte e no Extremo

Oriente descobriu que, na América do Norte, três quartos dos navios controlados chegaram no dia ou um dia depois data prevista no seu horário. Nos portos do Extremo Oriente, 89% dos navios chegaram no prazo de um dia do horário previsto.[26] À primeira vista, pode parecer surpreendente que o cumprimento do prazo apresente um problema dessa ordem. Contudo, os navios de linhas regulares operam em condições tão diversas que é difícil planejar todas as contingências. Alguns atrasos são causados por paragens por falhas na máquina ou atrasos nas idas às docas secas. Depois, existem os acidentes (por exemplo, colisões), desastres naturais como os terramotos, condições meteorológicas adversas e congestionamentos. Muitos deles podem ser evitados a um preço. Uma solução de longo prazo são os navios mais potentes que possam compensar o tempo perdido ou horários realistas que incorporem uma margem para os atrasos. Em curto prazo, é uma prática comum saltar portos para cumprir com a programação ou afretar navios de substituição, se existirem, para os atrasos sérios.

Duas questões centrais para as companhias de linhas regulares são: saber se os seus clientes pagarão ou não um preço superior por um serviço melhor e como providenciar níveis elevados de serviços que se ajustem às necessidades dos outros segmentos de mercado, em particular ao das cargas de valor baixo e de quantidade grande. Em teoria, as mercadorias de valor elevado deveriam suportar fretes superiores, mas é uma questão complexa. Um transportador oceânico sumariou o problema nos seguintes termos:

> Submetemos os nossos fretes (ao embarcador) tal como pedido, mas frequentemente não temos maneira de saber se os perfis dos serviços são tomados em consideração. Por vezes não chegamos mesmo a saber quem são as pessoas para quem enviamos [...] Alguns embarcadores globais reclamam que o transporte marítimo de linhas regulares é somente um produto básico, assim como é provável que o contêiner alugado a um transportador qualquer seja embarcado no mesmo navio usado pelos outros transportadores, do mesmo terminal de contêineres, no mesmo tipo de contêiner pertencente à mesma empresa de locação [*leasing company*] e para o mesmo terminal de contêineres no porto de descarga.[27]

CONTEINERIZAÇÃO DAS CARGAS A GRANEL SECUNDÁRIAS

Mercadorias a granel secundárias, como produtos florestais, produtos siderúrgicos, minérios secundários, grãos de soja, sucata e algodão, são todas elas cargas potenciais para serem conteinerizadas, mas cada uma apresenta as suas dificuldades. Esse é um negócio muito diferente. Os baixos custos unitários exigidos para concorrer nesses tráfegos pedem navios maiores que, por sua vez, precisam de centros de distribuição arteriais [*arterial hubs*] maiores. Inevitavelmente isso atrasa os tempos de trânsito, em especial para os clientes desafortunados nas pontas da rede alimentadora. Isso é tolerável para cargas de valor baixo, mas pode não ser adequado para embarcadores de cargas de luxo que precisam de velocidade e de certeza. Do ponto de vista do operador de serviço, pode ser uma encosta escorregadia, colocando os operadores de navios porta-contêineres na mesma passadeira "da carga de porão", que já era um problema para os operadores de linhas regulares antes da conteinerização. Os benefícios econômicos dos navios muito grandes são surpreendentemente muito magros, e porque os custos relacionados com o navio podem representar menos de um quarto do custo total do serviço, os benefícios financeiros do tamanho

O transporte de carga geral

diminuem assim que os navios se tornam maiores. Desenvolveremos essa questão na Seção 13.8, mais adiante.

Apesar dessas desvantagens, a conteinerização de granéis secundários desempenha um papel importante ao ajudar os operadores de serviço a obter um carregamento equilibrado de carga útil, e novos tipos de contêineres foram desenvolvidos para possibilitar o transporte de cargas de *baixo valor* ou não padronizadas. Os principais tipos encontram-se resumidos na Tabela 13.2. Os contêineres de teto aberto são utilizados para as cargas pesadas. Os contêineres frigoríficos e ventilados são utilizados para carga congelada e refrigerada e vários tipos de colheitas agrícolas perecíveis; as plataformas (um contêiner do tipo plataforma que tem um carregamento sobre ela com anteparas nas extremidades) são utilizadas para as cargas irregulares; os contêineres-tanques são utilizados para os vários líquidos a granel, como o vinho e os produtos químicos.

A conteinerização das cargas não transportadas anteriormente com frequência envolve uma pesquisa sobre o empacotamento, a estiva e os métodos de manuseio. Por essa razão, a velocidade com que a conteinerização entrou em alguns tráfegos, particularmente nos granéis secundários, depende da identificação de formas práticas que permitam a conteinerização de cargas difíceis. Algumas vezes o problema assenta na natureza frágil da carga. Por exemplo, as exportações de confeitaria a partir do Reino Unido são conteinerizadas em contêineres insulados [*insulated containers*], que precisam de um manuseio especial para evitar a condensação e a contaminação de cargas anteriores.[28] O desafio também consiste em procurar uma forma de reduzir os custos por meio de uma estiva mais eficaz. A maior parte do tráfego de exportação de motocicletas do Japão atualmente é conteinerizada. Com um planejamento cuidadoso e alguma desmontagem, é possível carregar num contêiner de 40 pés um total de 28 motocicletas grandes ou até duzentas das menores. Isso enfatiza uma estiva eficiente liderada por alguns fabricantes para levar em consideração as dimensões do contêiner quando concebem o produto. Contudo, essa tendência nem sempre se direciona para a estiva de mais carga num contêiner. No negócio do transporte integrado, o que importa é o custo total. A estiva de densidade elevada que exige alguma montagem no destino pode ser cara e de difícil controle. À medida que decresceram os custos de transporte e aumentaram os custos de mão de obra, muitos fabricantes reverteram para a expedição de motocicletas totalmente montadas e cuidadosamente estivadas.

Um exemplo dos aspectos práticos da conteinerização da carga frágil é dado pela exportação de café do Brasil para os Estados Unidos.[29] Tradicionalmente, os grãos de café eram expedidos em sacos de 60 kg, carregados no porão de um navio de carga geral. Quando a conteinerização foi introduzida, os sacos passaram a ser estivados num contêiner. Os problemas de condensação foram superados com a utilização de "dessecantes" [*dry bags*], que absorvem a umidade libertada pelos grãos de café, e foi alcançada uma melhoria considerável na eficiência. Em vez de manusear individualmente cerca de 250 sacos, arria-se um único contêiner na posição no navio porta-contêineres, uma operação que leva cerca de 1,5 minuto num navio porta-contêineres construído para esse fim. Depois, em meados da década de 1980, os importadores começaram a procurar formas de reduzir a mão de obra necessária para ovar e desovar os contêineres com sacos de 60 kg. Eventualmente eles desenvolveram um novo sistema de manuseio de carga que carregava o contêiner por gravidade e o descarregava por um tubo de escoamento, levando somente alguns minutos, comparados com as várias horas e muito mais mão de obra do manuseio manual. Esse exemplo ilustra o ponto importante de que a conteinerização não economiza apenas nos custos de transporte, mas tem um impacto sobre os custos de empacotamento e de manuseio de carga em cada ponta da pernada de transporte.

Finalmente, existe a *carga de projeto*. Alguns itens específicos expedidos em navios de carga de linhas regulares incluem, por exemplo, o equipamento para duas fábricas de cimento, projetos de eletrificação para Singapura e Coreia, uma planta de tratamento de água para Hong Kong, uma planta de fibras têxteis para as Filipinas, um projeto de telecomunicações para a Malásia e o equipamento para um sistema ferroviário de transporte em massa em Hong Kong. Nos navios de contêineres, essas cargas só podem ser estivadas no convés e são geralmente transportadas nas frotas de navios multipropósito e de cargas pesadas debatidas no Capítulo 12.

13.5 AS ROTAS DE TRANSPORTE MARÍTIMO DE LINHAS REGULARES

A oferta de serviços de linhas regulares que cubram o mundo todo é uma tarefa gigantesca. No seu anual *Estudo sobre o transporte marítimo* [*Maritime Transport Study*], as Nações Unidas identificaram 32 regiões marítimas costeiras. Existem 1.024 rotas potenciais de linhas regulares entre essas áreas, e algumas regiões costeiras cobrem milhares de milhas de linha de costa, com muitos portos. A tarefa do mercado de linhas regulares é identificar uma rede de rotas que, do ponto de vista da relação custo-eficácia, atende às necessidades de transformação dos embarcadores nessas regiões costeiras.

Geralmente, a indústria divide as rotas de tráfego nos três grupos apresentados na Tabela 13.6. Primeiro, há os tráfegos leste-oeste. Estes incluem as rotas de longa distância proeminentes que utilizam os maiores navios porta-contêineres, representam quase metade da carga conteinerizada e ligam os centros industriais da América do Norte, da Europa Ocidental e da Ásia. Segundo, existe uma variedade surpreendente de serviços norte-sul que ligam as economias dos hemisférios Norte e Sul e representam quase um quarto do tráfego. Também preenchem as lacunas em que os volumes de carga são menores, por exemplo, entre a América do Sul e a Australásia. Terceiro, existe a carga intrarregional, que é de pequeno curso e utiliza navios menores. Na Tabela 13.6, representa cerca de um terço da quantidade de carga, mas muito menos em termos da demanda de navios, porque as viagens em geral são menores. Essa divisão dos tráfegos de linhas regulares é conveniente, porque na realidade a rede global de linhas regulares está constantemente ajustando-se às necessidades em transformação da economia mundial e, se as rotas da rede caíssem em categorias bem definidas, as companhias de linhas regulares não fariam devidamente o seu trabalho. Portanto, não podemos definir as rotas com precisão, mas com essa qualificação os grupos na Tabela 13.6 providenciam um enquadramento conveniente para debater a forma abrangente do sistema de transporte.

TRÁFEGOS LESTE-OESTE

Sem dúvida, o tráfego de maior volume é o das rotas leste-oeste. Esses tráfegos dominam o negócio das linhas regulares. Nos últimos vinte anos eles cresceram enormemente, apoiando a ligações comerciais entre essas áreas, que se encontram em crescente expansão. É provável que essas rotas providenciem emprego para mais da metade da capacidade dos navios porta-contêineres e constituam a principal ocupação para os navios com mais de 4.000 TEU.

Tabela 13.6 – Principais rotas mundiais de contêineres (2004) mostrando os volumes de tráfego aproximados

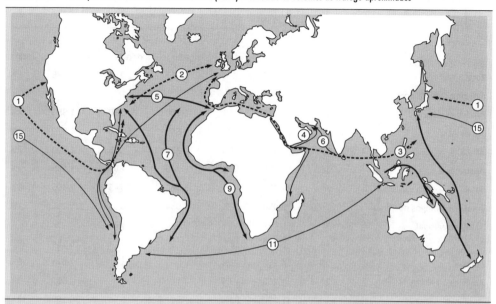

	Rota Nº	1994 '000 TEU Por ano	1994 % Total	2004 '000 TEU Por ano	2004 '000 TEU Por ano	Total Tráfego	% Total
1. Tráfegos leste-oeste				Leste	Oeste		
Transpacífico	1	7.470	20%	11.361	4.892	16.253	17%
Transatlântico	2	3.030	8%	2.473	3.228	5.701	6%
Europa-Extremo Oriente	3	4.895	13%	3.538	7.510	11.048	12%
Europa-Oriente Médio	4	645	2%	1.675	525	2.200	2%
América do Norte-Oriente Médio	5	205	1%	160	287	447	0%
Extremo Oriente-Oriente Médio	6	255	1%	300	1.300	1.600	2%
Total		16.500	44%	19.507	17.742	37.249	39%
2. Tráfegos norte-sul				Para o	Para o	tráfego	
Europa para				norte	sul	total	
América Latina	7	1.150	3%	2.046	799	2.845	3%
Sul da Ásia	8	475	1%	910	600	1.510	2%
África	9	950	3%	770	1.487	2.257	2%
Australásia	10	400	1%	256	343	599	1%
Total		2.975	8%	3.982	3.229	7.211	8%
América do Norte para							
América Latina	11	2.000	5%	2.627	1.526	4.153	4%
Sul da Ásia	12	250	1%	533	216	749	1%
África	13	100	0%	149	189	338	0%
Australásia	14	275	1%	203	252	455	0%

(continua)

Tabela 13.6 – Principais rotas mundiais de contêineres (2004) mostrando os volumes de tráfego aproximados (*continuação*)

	Rota Nº	1994		2004			
		'000 TEU Por ano	% Total	'000 TEU Por ano	'000 TEU Por ano	Total Tráfego	% Total
Total		2.625	7%	3.512	2.183	5.695	6%
Extremo Oriente para							
América Latina	15	725	2%	1.100	850	1.950	2%
Sul da Ásia	16	425	1%	850	1.120	1.970	2%
África	17	425	1%	825	975	1.800	2%
Australásia	18	875	2%	785	800	1.585	2%
Total		2.450	7%	3.560	3.745	7.305	8%
Total dos tráfegos norte-sul		8.050	22%	11.054	9.157	20.211	21%
3. Intrarregional							
Ásia	19	6.750	18%			28.154	29%
Europa	20	4.250	11%			7.675	8%
América do Norte	21	1.250	3%			339	0%
Total intrarregional		12.250	33%			36.168	38%
Outros	22	300	1%			1.957	2%
Total do tráfego de contêineres		37.100	100%			95.585	100%

Fonte: Clarkson Research e várias fontes.

Tráfego transpacífico

No tráfego do Extremo Oriente, a conteinerização começou em dezembro de 1968, quando a Sea-Land introduziu o serviço de contêineres de Seattle para Yokohama e as companhias de navegação japonesas introduziram seis navios porta-contêineres de 700/800 TEU no serviço entre a Califórnia e o Japão. Atualmente, a principal rota de linhas regulares de longo curso é o tráfego transpacífico entre a América do Norte e o Extremo Oriente, com um tráfego de 16 milhões de TEU, representando 17% do total mundial. Os serviços operam entre os portos da América do Norte na costa leste, no Golfo e na costa oeste para os centros industriais do Japão e do Extremo Oriente, com alguns serviços estendendo-se para o Oriente Médio. Alguns serviços com destino à costa atlântica do Estados Unidos operam diretamente por mar pelo do Canal Panamá, mas outros contêineres para a Costa Leste dos Estados Unidos são expedidos sob um conhecimento de embarque para um porto da Costa Oeste dos Estados Unidos e depois por ferrovia até o destino na Costa Leste, evitando a passagem do Panamá. No percurso ferroviário os contêineres podem ser transportados em dois andares [*double-stacked*]. Existe um desequilíbrio de carga substancial nesse tráfego, e em 2004 as exportações para leste a partir das dez principais economias asiáticas[30] para os Estados Unidos totalizaram 11,4 milhões de TEU, enquanto para oeste as exportações foram de somente 4,9 milhões de TEU. Isso cria oportunidades significativas para as cargas a granel secundárias com destino a oeste, do tipo que vimos nos dados comerciais do porto de Vancouver apresentados na Tabela 13.4.

Em 2004, aproximadamente dezoito operadores serviam o tráfego, incluindo a Maersk, a Evergreen, a CMA, a Mediterranean Shipping Company (MSC), a Grand Alliance e a New World Alliance. A Figura 13.3 apresenta um exemplo de uma viagem redonda. O serviço escala em cinco portos do Sudeste Asiático e dois na Costa Oeste dos Estados Unidos, cobrindo cerca de 16.500 milhas. À velocidade de 21,5 nós, o tempo de navegação é de 27 dias, com uns oito dias adicionais em porto, conferindo um tempo total de viagem de 35 dias. Os tempos de entrega porto a porto variam entre dez e dezoito dias, dependendo da localização dos portos e da sua programação. Para oferecer saídas semanais "expressas" nesse tráfego é necessária uma frota de cinco navios, embora alguns serviços possam aumentar o número de escalas em porto para operar uma viagem redonda de seis semanas que pode ser operada por seis navios. Todos os serviços exclusivamente marítimos para a Costa Leste dos Estados Unidos continuam a ser efetuados pelo Canal do Panamá, adicionando outras 5.000 milhas e exigindo nove navios, e os tempos de entrega são muito alargados, variando entre dez e 36 dias nas extremidades do serviço. Em virtude do longo tempo de viagem, o tráfego transpacífico utiliza navios maiores, com muitos navios "pós Panamax" acima de 4.000 TEU nesse serviço, embora os serviços da Costa Leste estejam limitados aos navios Panamax.

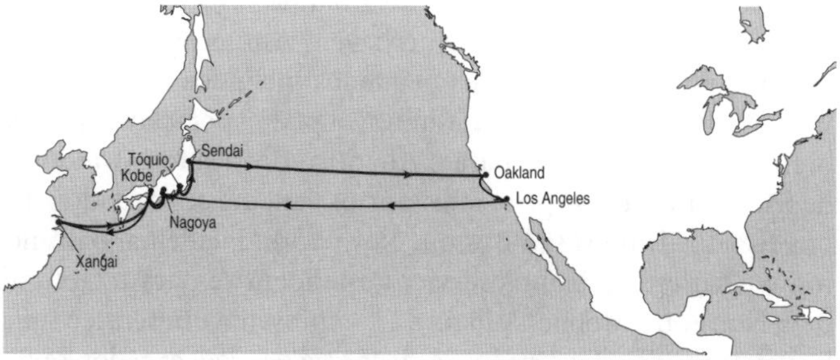

Carrega	Descarrega	Distância	Dias navegando	Dias de estadia em porto	Total
Sendai	Oakland	4.800	9,3	1	10,3
Oakland	Long Beach	450	0,9	1	1,9
Long Beach	Oakland	450	0,9	1	1,9
Oakland	Nagoya	4.800	9,3	1	10,3
Nagoya	Kobe	450	0,9	0,5	1,4
Kobe	Xangai	783	1,5	0,5	2,0
Xangai	Kobe	783	1,5	1	2,5
Kobe	Nagoya	450	0,9	0,5	1,4
Nagoya	Tóquio	400	0,8	0,5	1,3
Tóquio	Sendai	600	1,2	1	2,2
Total		13.966	27,1	8,0	35,1

Velocidade média (nós) 21,5.   * Distância em milhas náuticas.

Figura 13.3 – Ciclo transpacífico típico utilizando cinco navios.

Tráfego do Atlântico Norte

O Atlântico Norte foi a primeira rota a ser conteinerizada em meados da década de 1960, como seria de se esperar, pois na época ela ligou os dois principais centros industriais do mundo, a costa leste da América do Norte e a Europa Ocidental. Em 2004, tinha um tráfego de 5,7 milhões de TEU, representando 6% do tráfego mundial de contêineres (Tabela 13.6). Existe um desequilíbrio de tráfego no sentido oeste que reflete a maior quantidade de carga para a América do Norte. Em 2004, por exemplo, existiam 3,2 milhões de TEU com carga viajando para oeste, entre a Europa e os Estados Unidos, e somente 2,5 milhões de TEU na direção oposta.

Geograficamente, o tráfego do Atlântico Norte cobre os importantes portos europeus de Gotemburgo, Hamburgo, Bremerhaven, Antuérpia, Roterdã, Felixstowe e Le Havre, embora existam alguns outros portos pequenos incluídos nos itinerários de certas companhias de linhas regulares. A ponta norte-americana da operação está organizada em duas seções que cobrem o norte da Europa para o Atlântico dos Estados Unidos e o norte da Europa até o Canal de São Lourenço. Os principais portos canadenses servidos são Montreal e Halifax, enquanto nos Estados Unidos são Boston, Nova York, Filadélfia, Baltimore, Hampton Roads, Wilmington e Charleston. Alguns serviços estendem-se para o Golfo dos Estados Unidos, sobretudo para Houston e Mobile. A Figura 13.4 apresenta um serviço típico. Escala três portos na Europa e quatro nos Estados Unidos. A distância da viagem redonda é de cerca de 8.000 milhas, a qual pode ser completada em dezoito dias a uma velocidade de 19 nós. Permitindo sete dias para a estadia em porto e uma margem no mar de dois dias, a viagem redonda leva cerca de 28 dias, a qual pode ser servida utilizando uma frota de quatro navios.

Em 2004, existiam 25 transportadores operando 37 ciclos de serviço que empregavam 220 navios, uma média de seis navios por ciclo. A conferência marítima atual, o Acordo de Conferência Transatlântica [*Trans Atlantic Conference Agreement*, TACA], opera entre os portos dos Estados Unidos, incluindo o Golfo e o Pacífico, e o norte da Europa, incluindo o Reino Unido, a Irlanda, a Escandinávia e os portos do Báltico. Em 2004, os membros da TACA ofereciam onze sequências de serviço [*service strings*] cobrindo dezesseis portos na Europa e treze nos Estados Unidos. Qualquer um pode se juntar a essa conferência marítima, e não existem quotas de tráfego.

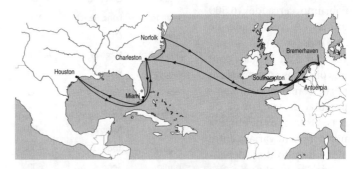

Serviço do Golfo dos Estados Unidos para a Europa

	Tempo de viagem entre os portos em dias		
De/para	Antuérpia	Southampton	Bremerhaven
Miami	18	19	21
Houston	15	16	18
Charleston	11	12	14
Norfolk	9	10	12

Serviço da Europa para o Golfo dos Estados Unidos

	Tempo de viagem entre os portos em dias			
De/para	Charleston	Miami	Houston	Norfolk
Bremerhaven	10	12	15	21
Southampton	12	14	17	23
Antuérpia	13	15	18	24

Figura 13.4 – Ciclo transatlântico típico utilizando cinco navios.

Tráfego da Europa Ocidental para o Extremo Oriente

Esta rota cobre o tráfego do norte da Europa, estendendo-se da Suécia até Saint-Nazaire, na França, e depois para o Extremo Oriente, uma enorme área marítima que cobre a Malásia Ocidental, Singapura, Tailândia, Hong Kong, Filipinas, Taiwan, Coreia do Sul, China e Japão. Esse foi um dos primeiros tráfegos cobertos por um sistema de conferência marítima, a Conferência de Frete do Extremo Oriente [*Far East Freight Conference*, FEFC], e em 2004 existiam cerca de treze operadores ou consórcios que gerenciavam cerca de quatrocentos navios em muitos ciclos diferentes.

Os três principais operadores no tráfego do Extremo Oriente são a Grand Alliance, composta de NYK, Neptune Orient Lines e Hapag-Lloyd; a Global Alliance, que consiste na MOL, na OOCL, na APL e na MISC; e a Maersk. O tempo de viagem redonda é superior a sessenta dias, necessitando de nove navios para providenciar uma saída semanal que cobre uma gama abrangente de portos asiáticos, embora frequentemente possa ser utilizado um serviço com uma programação menor que utilize oito navios e menos portos de escala. Os principais operadores gerenciam, individualmente, os serviços semanais diretos para Japão e Coreia e para o Sudeste Asiático. O grande número de navios necessários para operar um serviço regular nesse tráfego obrigou o desenvolvimento de consórcios [*consortia*]. Uma viagem redonda típica (Figura 13.5) envolveria escalar três portos europeus (por exemplo, Roterdã, Southampton e Hamburgo), Singapura e oito ou nove portos no Sudeste Asiático. As variantes são enormes, envolvendo a opção de parar no Oriente Médio e a escolha dos países a serem visitados na Ásia.

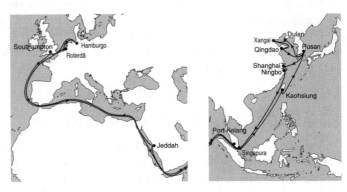

Tempo de viagem entre os portos em dias

De/para	Roterdã	Hamburgo	Southampton
Jeddah	8	11	14
Port Kelang	15	18	21
Singapura	16	19	22
Ningbo	22	25	28
Xangai	22	25	28
Pusan	24	27	30
Qingdao	27	30	33
Xingang	29	32	35
Dalian	30	33	36

Figura 13.5 – Serviço do ciclo do tráfego do Extremo Oriente para a Europa.

Serviços ao redor do mundo

Uma sequência aparentemente lógica foi fundir as três rotas principais de linhas regulares num único serviço global. No início da década de 1980 vários operadores adotaram essa medida, dos quais os mais importantes foram a Evergreen e a United States Lines. A Evergreen estabeleceu um serviço com doze navios em cada direção ao redor do mundo, com uma viagem redonda de oitenta dias, oferecendo uma frequência de serviço de dez dias em cada direção. Inicialmente, em setembro de 1984, esse serviço foi introduzido com oito navios, mas rapidamente verificou-se que o serviço de dez dias estava em desvantagem em relação ao serviço de sete dias operado pelos concorrentes, sobretudo no Atlântico Norte. Como resultado, em 1985, o número de navios foi aumentado para onze em cada direção e, depois, para doze, oferecendo um serviço semanal com um tempo de viagem redonda de 77 dias. Os navios utilizados no serviço eram da classe G, de 2.700 TEU, que depois foram aumentados para 3.428 TEU. Indo para oeste, depois de escalar o Reino Unido e os portos do norte da Europa, os navios desciam a costa leste da América do Norte pelo Canal do Panamá para a Costa Oeste dos Estados Unidos, Japão e Extremo Oriente, e pelo Canal de Suez para o Mediterrâneo.

Durante alguns anos, a DSR-Senator e a Cho Yang operaram um serviço ao redor do mundo, mas, com a notável exceção da Evergreen, esse método de operação atraiu poucos operadores, e na década de 1990 tornou-se claro que a estratégia de serviço ao redor do mundo enfrentava dois problemas fundamentais. Primeiro, a necessidade de ligar os serviços reduziu a flexibilidade sobre os portos de escala, e o equilíbrio entre as escalas nas três rotas aumentava a complexidade. Segundo, os navios utilizados nos tráfegos arteriais aumentaram em tamanho e os navios que podiam passar o Canal do Panamá deixaram de ser competitivos. O segundo problema seria eliminado quando estivesse completo o desenvolvimento do Canal do Panamá para receber navios de maior dimensão.

ROTAS NORTE-SUL DE LINHAS REGULARES

Os serviços de linhas regulares norte-sul cobrem o tráfego entre os centros industriais da Europa, da América do Norte e do Extremo Oriente e os países em desenvolvimento da América Latina, da África, do Extremo Oriente e da Australásia. Existe também uma ampla rede de serviços entre as economias menores, sobretudo aquelas no Hemisfério Sul. Esses tráfegos encontram-se listados na Tabela 13.6 e têm um caráter muito diferente. As quantidades de carga são muito menores, e as diversas rotas representaram juntas somente 21% da quantidade de carga conteinerizada em 2004. Contudo, isso minimiza a importância desses tráfegos para a indústria marítima. Com muitos mais portos para escalar e com itinerários portuários menos eficientes, eles geram mais negócios do que a quantidade de contêineres sugere. Embora a maioria dos tráfegos seja agora conteinerizada, existe uma quantidade de carga fracionada considerável que não pode ser transportada em contêineres, portanto, os serviços de linhas regulares são mais variados. Esses tráfegos são demasiadamente extensos para serem analisados em detalhe, então, vamos nos concentrar num exemplo, o serviço da Europa para a África Ocidental.

O tráfego da Europa para a África Ocidental opera entre o noroeste da Europa e os dezoito países da África Ocidental, estendendo-se desde Senegal até Angola. A Nigéria é comparativamente rica, mas muitos dos outros países são muito pobres, com poucos portos e uma infraestrutura de apoio ao transporte limitada. O tráfego europeu representa dois terços do tráfego marítimo, com o restante sendo dividido entre os Estados Unidos e o tráfego em crescimento rápido para a Ásia.[31] As cargas para o sul incluem maquinaria, produtos químicos, equipamento de transporte, ferro e aço, maquinarias e vários produtos alimentares. A carga de retorno é composta sobretudo de produtos primários e semimanufaturados, como cacau, borracha, sementes oleaginosas, algodão, derivados do petróleo e metais não ferrosos. A quantidade de carga para o sul é maior do que a quantidade de carga para o norte, o que cria problemas na utilização total dos navios.[32]

Em 2005, os principais serviços foram conteinerizados, embora os navios ro-ro e os navios MPP continuem a operar nesse tráfego. Por exemplo, um serviço típico apresentado na Figura 13.6 oferece saídas semanais de navios porta-contêineres com menos frequência do que as saídas dos navios de carga fracionada. Os navios carregam carga na Europa em Felixstowe, Roterdã, Antuérpia, Hamburgo e Le Havre. Na África Ocidental a linha oferece carregamentos praticamente em todos os portos principais, quer diretos, quer por meio de um sistema ali-

O transporte de carga geral 587

mentador. Na Figura 13.6, o serviço escala em Felixstowe, Antuérpia e Le Havre no noroeste europeu, enquanto na África Ocidental, no percurso para o sul, o itinerário consiste em Dacar, Abidjan, Lomé e Cotonou e, no percurso para o norte, em Tema, Abidjan e Dacar. Para oferecer esse serviço, é utilizada uma frota de cinco navios porta-contêineres de 1.600 TEU. Os outros serviços utilizam navios de carga fracionada. Por exemplo, um serviço que utilize navios ro-ro com capacidade para 600 TEU oferece saídas a cada oito dias, escalando treze portos e transportando cargas rolantes e cargas de projetos para além dos contêineres.

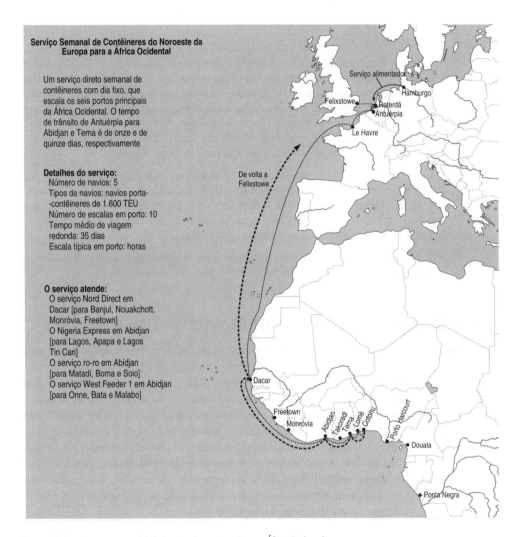

Figura 13.6 – Serviço norte-sul de linhas regulares típico, Europa-África Ocidental.
Fonte: Serviço de contêineres da OTAL.

O desequilíbrio da carga conteinerizada deixa a companhia de navegação com contêineres vazios para serem transportados de volta para a Europa. Têm sido feitos grandes esforços para conteinerizar as cargas de retorno para utilizar o espaço dos contêineres nos navios. Na pernada da África Ocidental para a Europa, as seguintes mercadorias foram conteinerizadas: café (ensacado em contêineres), cilindros de gás vazios (devolvidos para reenchimento), folheados de valor elevado, gengibre, algodão e correio. No início, as tentativas para conteinerizar o cacau foram infrutíferas porque o produto transpira; já os toros de grande dimensão oriundos da África Ocidental geralmente não são adequados para a conteinerização. Cerca de dois terços dos contêineres expedidos da África Ocidental viajam de volta vazios.

Esse é somente um exemplo dos serviços de linhas regulares norte-sul. Uma ideia sobre a forma como esses serviços se desenvolveram é apresentada no seguinte comunicado de imprensa:

> Lançamento do Serviço África
>
> A Hapag-Lloyd iniciará o seu novo serviço semanal da Europa para a África do Sul em outubro de 2006. A estrutura necessária já está sendo posta em prática na África do Sul. [O novo serviço não usará] navios afretados como fora inicialmente planejado, mas, após um estudo mais aprofundado do mercado, optou-se por um afretamento de espaços à empresa Mediterranean Shipping Company (MSC), sediada em Genebra. Como resultado da cooperação com a MSC, podemos oferecer aos nossos clientes melhorias consideráveis no serviço, com saídas semanais fixas e capacidade de carga frigorífica.
>
> O serviço Expresso África do Sul [*South Africa Express,* SAX] ligará os portos europeus [de] Felixstowe, Hamburgo, Antuérpia e Le Havre a Cidade do Cabo, Porto Elizabeth e Durban. O tempo em trânsito da Cidade do Cabo a Hamburgo será de dezoito dias. O serviço começará com a primeira viagem saindo de Felixstowe em 16 de outubro, e o primeiro navio com destino ao norte sairá de Durban em 29 de outubro.
>
> A Hapag-Lloyd organizou a sua própria estrutura na África do Sul, com escritórios em Durban, Cidade do Cabo e Johannesburgo desde o início de julho de 2006.[33]

TRÁFEGOS INTRARREGIONAIS E OS SERVIÇOS ALIMENTADORES

Além dos tráfegos de longo curso, os serviços de curta distância desempenham um papel cada vez mais importante no negócio, especialmente para a distribuição de contêineres trazidos para portos centrais como Hong Kong, Singapura e Roterdã. Estes cresceram muito rapidamente assim que os operadores de longo curso adotaram navios maiores e reduziram os seus portos de escala, preferindo distribuir a carga a partir de portos-base para portos secundários. O movimento de cargas entre os portos locais também está crescendo rapidamente em resposta aos esforços feitos pelas autoridades regionais, especialmente na Europa, para reduzir o congestionamento. Grande parte dos tráfegos de transporte marítimo de curta distância utiliza navios muito pequenos, e as viagens têm uma duração de somente três a quatro dias, mas, com o crescimento do volume de carga, tem sido utilizada nesses tráfegos uma grande gama de navios de 1.500-2.000 TEU e mesmo alguns navios de 3.000-4.000 TEU.

SERVIÇOS DE LINHAS REGULARES DE CARGA FRACIONADA

Ao discutir os tráfegos de linhas regulares, é fácil esquecer a carga que não cai claramente no âmbito da carga geral nem no da carga a granel, e existem muitos tráfegos na fronteira, que não se ajustam facilmente a um dos sistemas. Por exemplo, a Tasman Orient Line oferece um transporte para as exportações florestais da Nova Zelândia. Utiliza treze navios MPP de linhas regulares de 22.000 tpb com uma capacidade de 350 contêineres e 10.000 tpb de carga fraciona-

O transporte de carga geral

da, uma velocidade de 16 nós e gruas de 25-35 toneladas. As cargas que transportam incluem contêineres, contêineres frigoríficos, peças para automóveis, maquinaria, veículos, produtos siderúrgicos, celulose, papel, madeira serrada, carros, equipamentos de terraplanagem e cargas pesadas de até 120 toneladas. Os navios operam entre a Nova Zelândia e o Sudeste Asiático. Serviços como esse tendem a ser muito fluidos, ajustando-se constantemente ao fluxo de carga. Esse é somente um de muitos serviços pequenos e altamente especializados de linhas regulares que operam nas fronteiras dos tráfegos de linhas regulares.

13.6 AS COMPANHIAS DE LINHAS REGULARES

Essas companhias operam os serviços de linhas regulares que abordamos na seção anterior. São o terceiro elemento do modelo do mercado de contêineres apresentado na caixa 3 da Figura 13.1. Elas têm de decidir quais serviços operar, quais navios utilizar e se devem ou não comprar os seus próprios navios, afretá-los ou somente comprar o espaço de outro serviço. Também têm de comercializar os seus serviços, negociar os contratos de serviço e tratar de todos os aspectos administrativos envolvidos na prestação de serviços, no faturamento e na contabilidade. Ao contrário das companhias de navegação a granel, que têm uma estrutura de gerenciamento relativamente simples em relação aos seus ativos (geralmente dois navios no mar para cada pessoa em terra), as companhias de linhas regulares em geral são mais complexas, e a razão do pessoal de terra é de aproximadamente quarenta pessoas por navio. Existem atualmente cerca de 250 companhias que oferecem serviços de linhas regulares de um tipo ou de outro e devem ser diferenciadas dos operadores independentes na caixa 4b da Figura 13.1, que investem nos navios porta-contêineres e os afretam às companhias de linhas regulares. Essas empresas não oferecem elas próprias serviços de linhas regulares e são mais parecidas com as companhias de navegação a granel apresentadas no Capítulo 11. A Tabela 13.7 apresenta a lista das vinte maiores companhias de linhas regulares.

Tabela 13.7 – Os vinte maiores operadores da frota de navios porta-contêineres (1980, 2001, final de 2005)

	Frota de navios porta-contêineres 1980				Frota de navios porta-contêineres 2001				Frota de navios porta-contêineres 2005		
Companhia	Nº	'000 TEU	%		Nº	'000 TEU	%		Nº	'000 TEU	%
1 Sea-Land	63	70	9,6%	Maersk-SL + Safmarine	297	694	9,4%	Maersk	586	1,665	16,4%
2 Hapag Lloyd	28	41	5,6%	P & O Nedlloyd	138	344	4,6%	MSC	276	784	7,7%
3 OCL	16	31	4,3%	Evergreen Group	129	325	4,4%	CMA-CGM	242	508	5,0%
4 Maersk Line	20	26	3,5%	Hanjin / Senator	82	258	3,5%	Evergreen	155	478	4,7%
5 M Line	17	24	3,3%	Mediterranean Shg Co	138	247	3,3%	Hapag-Lloyd	131	412	4,1%
6 Evergreen Line	22	24	3,2%	APL	81	224	3,0%	China Shipping	123	346	3,4%
7 OOCL	17	23	3,1%	Cosco Container Lines	113	206	2,8%	NOL/APL	104	331	3,3%

(continua)

590 — Economia marítima

Tabela 13.7 – Os vinte maiores operadores da frota de navios porta-contêineres (1980, 2001, final do ano de 2005) (*continuação*)

Frota de navios porta-contêineres 1980				Frota de navios porta-contêineres 2001				Frota de navios porta-contêineres 2005			
Companhia	Nº	'000 TEU	%	Companhia	Nº	'000 TEU	%	Companhia	Nº	'000 TEU	%
8 Zim Container Line	21		2,9%	NYK	86	171	2,3%	Hanjin	84	329	3,2%
9 US Line	20	21	2,9%	CP Ships Group	80	148	2,0%	Cosco	126	322	3,2%
10 American President	15	20	2,8%	CMA-CGM Group	81	142	1,9%	NYK	118	302	3,0%
11 Mitsui OSK	16	20	2.7%	Mitsui-OSK Lines	65	139	1,9%	Mitsui OSK	80	241	2,4%
12 Farrell Lines	13	16	2,3%	K Line	62	136	1,8%	OOCL OOCL	65	234	2,3%
13 Neptune Orient Lines	11	15	2,0%	Zim	75	132	1,8%	Sudamericana	86	234	2,3%
14 Trans Freight Line	17	14	1,9%	OOCL	48	129	1,7%	K Line	75	228	2,2%
15 CGM	9	13	1,7%	Hapag-Lloyd Group	32	116	1,6%	Zim	85	201	2,0%
16 Yang Ming	9	13	1,7%	Yang Ming Line	45	113	1,5%	Yangming	69	188	1,9%
17 Nedlloyd	5	12	1,6%	China Shipping	92	110	1,5%	Hamburg-Süd	87	184	1,8%
18 Columbas Line	13	11	1,5%	Hyundai	32	106	1.4%	HMM	39	148	1,5%
19 Safflarine	5	11	1,5%	CSAV Group	54	97	1,3%	PIL	101	134	1,3%
20 Ben Line	5	10	1,4%	Hamburg-Süd Group	45	80	1%	Wan Hai	68	114	1,1%
As vinte principais	348	437	60%	As vinte principais	1.775	3.917	53%	As vinte principais	2.700	7.387	73%
Todos os outros operadores	497	290	40%	Todos os outros operadores	1.135	3.475	47%	Todos os outros operadores	938	2.777	27%
Frota mundial	845	726	100%	Frota mundial	2.910	7.392	100%	Frota mundial	3.638	10.164	100%
Participação de mercado média das vinte principais		3,0%				2,6%					3,6%
Desvio-padrão das vinte principais		1,9%				1,9%					3,'4%

Fonte: Pearson e Fossey (1983, Tabela 9.1, p. 196), CRSL, Martin Stopford.

DIMENSÃO DAS COMPANHIAS DE LINHAS REGULARES

Quando a conteinerização começou, o elevado investimento de capital necessário resultou numa consolidação dos tráfegos, e muitas centenas de pequenas companhias de linhas regula-

O transporte de carga geral

res desapareceram. Contudo, na sequência desse período de mudança inicial, estabeleceu-se o perfil da dimensão das companhias de contêineres. A Tabela 13.7, que compara as participações de mercado das vinte principais companhias de contêineres em 1980, 2001 e 2005, mostra que entre 1980 e 2001 o perfil da dimensão quase não mudou. Em 1980, o maior operador era a Sea-Land, com uma participação de mercado de 9,6%, e os outros dezenove maiores operadores tinham participações que variavam entre 1,4% e 5,6%, com uma participação média de 3% para os vinte principais. Em 2001, a Maersk tinha se tornado a maior companhia de linhas regulares, com uma participação de 9,4%, tendo assumido o controle da Sea-Land no final da década de 1990. A P&O Nedlloyd foi a segunda, com uma participação da frota de 4,6%, e no final das vinte principais a Hamburg-Süd tinha uma participação da frota de 1%. De fato, nesse período a participação das vinte principais companhias caiu de 60% para 53%, portanto, o negócio não se consolidava e a companhia média tinha uma participação de mercado de somente 2,6%.

Contudo, durante os cinco anos seguintes as participações das três companhias principais aumentaram rapidamente. A Maersk saltou de 9% em 2001 para 16% em 2005, sobretudo com a aquisição da P&O Nedlloyd. Em segundo lugar, em 2005, a MSC tinha uma participação de 8%, a maior parte da qual foi construída pela aquisição de tonelagem nova e de segunda mão (em 2001, a participação da MSC era de somente 3%). Outra empresa que cresceu rapidamente foi a CMA-CGM, que novamente construiu uma capacidade em torno de 5% pela aquisição da Delmas e pela compra de navios. Apesar dessas mudanças no topo, as companhias no meio da tabela mantiveram muito bem a sua participação de mercado, e muitas delas ainda a aumentaram. As companhias que perderam a sua participação de mercado foram as que estão abaixo das vinte principais, caindo de 47% em 2001 para 26% em 2005. Portanto, a conclusão geral da Tabela 13.7 é que a distribuição da dimensão das companhias de linhas regulares modificou-se, embora nem sempre na mesma direção. Num período tão curto, dominado pelas circunstâncias de mercado não usuais, é difícil avaliar se essa corrida de crescimento provou ser eficaz ou não.

Finalmente, podemos verificar que houve uma tendência de como as maiores companhias de linhas regulares lidaram com o problema da intensidade de capital retirando os navios da sua folha de balanço. Isso foi alcançado por meio da locação de navios ou do afretamento de navios aos operadores independentes. No início da década de 1990, afretavam-se poucos navios, mas por volta de 2005 cerca de 50% da capacidade dos navios porta-contêineres operados pelas vinte principais companhias de linhas regulares tinha sido afretada a tempo aos proprietários independentes, frequentemente financiados pelo sistema das sociedades em comandita alemãs (ver Capítulo 8).

ALIANÇAS ESTRATÉGICAS E GLOBAIS

A pressão comercial para alcançar maiores economias de escala por meio de navios maiores e ao mesmo tempo providenciar serviços globais mais frequentes levou as companhias de navios porta-contêineres de dimensão média a formar alianças [alliances] em meados da década de 1990. Esses acordos integraram os aspectos operacionais dos serviços de cada participante, deixando as atividades comerciais nas mãos de cada companhia.[34] Portanto, as alianças cobrem os serviços operacionais conjuntos nas principais rotas de linhas regulares, afretando navios, partilhando os espaços para os contêineres, partilhando os terminais, partilhando os contêineres, coordenando os serviços alimentadores e terrestres onde isso for permitido e partilhando a informação. Contudo, e embora exista frequentemente uma integração operacional completa, cada membro retém a sua entidade empresarial e a gestão executiva, incluindo as vendas e a comercialização, a precificação, os conhecimentos de embarque, a propriedade dos navios e a sua manutenção.

A primeira dessas alianças, a Global Alliance, foi formada em maio de 1994 por APL, OOCL, MOL e Nedlloyd, seguida pouco depois pela Grand Alliance, que consistia em Hapag-Lloyd, NOL, NYK e P&OCL, e em 1995 apareceu uma terceira aliança, da Maersk e da Sea-Land, com um total de 206 navios. Uma década mais tarde, em 2006, existiam três grandes alianças em funcionamento: a Grand Alliance, a New World Alliance e a CKYH. A Grand Alliance, com 152 navios, oferecia oito serviços entre a Europa e o Extremo Oriente, onze serviços transpacífico e quatro no Atlântico Norte.[35] Os seus membros controlavam 17% da tonelagem de contêineres. A New World Alliance tinha três membros, a APL, a Hyundai Merchant Marine e a Mitsui OSK Lines Ltd., e noventa navios, enquanto as empresas controladoras [*parent companies*] tinham no seu conjunto 6% da tonelagem de contêineres. A terceira, a CKYH, incluía COSCO, K-Line, Yang Ming e Hanjin e tinha 162 navios.

MODELO DO MERCADO DE LINHAS REGULARES

As companhias de linhas regulares operam num ambiente econômico complexo, e o modelo de negócio ajuda a colocar em contexto as questões da dimensão da empresa e da concorrência. A Figura 13.7 estabelece os elementos básicos do modelo, com o mercado do transporte de contêineres no centro do diagrama e o processo concorrencial dividido em duas partes: a parte (a) relaciona-se com as variáveis de mercado que determinam o tom de mercado no qual as companhias de linhas regulares operam, enquanto a parte (b) relaciona-se com as variáveis estratégicas em relação às quais as companhias de linhas regulares têm alguma influência. A parte (a) identifica três fatores que determinam o ambiente do mercado: (a1) o grau de rivalidade entre as companhias de linhas regulares; (a2) as barreiras à entrada; e (a3) a existência de serviços substitutos, como o frete aéreo. A parte (b) centra-se no poder de negociação da empresa com os fornecedores (qual o poder que eles têm?) (b1); o seu poder de negociação com os clientes (qual a sua força de negociação?) (b2); e até que ponto a empresa pode diferenciar o seu serviço e reforçar a sua posição competitiva (b3). Vendo dessa forma,

Figura 13.7 – Modelo de negócio da indústria de linhas regulares.
Fonte: desenvolvido por Porter (1990).

O transporte de carga geral

temos os ingredientes básicos para explicar fatores como concentração de mercado, perfil da dimensão da empresa e rentabilidade em longo prazo.

Se a rentabilidade serve de linha de orientação, a concorrência no mercado de linhas regulares é grande e, apesar da conteinerização, os serviços de linhas regulares não são muito mais lucrativos no século XXI do que eram na década de 1960, antes da conteinerização entrar em cena. Na década de 1960 as companhias de navegação britânicas tinham um retorno de 6% sobre os seus ativos, cerca de metade da média industrial daquele tempo. No período de 2000-2005, em geral uma época próspera para o transporte marítimo, o lucro obtido por uma das maiores companhias de contêineres variou entre 4% e 10% sobre o total dos ativos.[36] Reconhecidamente, a rivalidade entre as companhias – ver (a1) – na Figura 13.7 é moderada pelas várias conferências marítimas e alianças que foram toleradas pelos reguladores, pois pareciam oferecer um grau de estabilidade num ambiente de negócio volátil. Contudo, podem entrar no mercado novas companhias com crescente facilidade – ver (a2). O mercado de afretamento de navios porta-contêineres e a coligação de mão de obra qualificada fazem com que o estabelecimento de um novo serviço seja um processo relativamente simples e a estrutura de rotas geograficamente fragmentadas oferecem muitas oportunidades para concorrer contra as companhias estabelecidas em condições relativamente iguais. Finalmente, os outros prestadores de serviços – ver (a3) –, como o frete aéreo, os operadores de navios a granel e multipropósitos, concorrem pelas cargas especializadas. É claro que isso é uma rua de duas vias – a sua carga é também um alvo potencial para as companhias de contêineres.

As variáveis estratégicas dão às companhias de linhas regulares matéria-prima para concorrer nesse mercado. No que diz respeito aos custos – ver (b1) –, o negócio de linhas regulares lida com os proprietários-fretadores que dão os navios; com os construtores navais que constroem os novos navios, as tripulações, as seguradoras, os fornecedores de mantimentos e de peças sobressalentes e os fornecedores de combustível de bancas; e com os subcontratados, como o transporte rodoviário. Essa área é difícil porque a fragmentação regional provavelmente dilui a influência que as companhias grandes têm sobre esses fornecedores. Por exemplo, as grandes cadeias de supermercados podem usar o seu poder de aquisições por atacado para exercer pressão sobre os fornecedores, e as empresas com mais de 25% no mercado estão numa posição dominante. Não existe paralelo disso no negócio de linhas regulares e, embora a dimensão seja uma ajuda, a fragmentação geográfica dilui os benefícios e a consolidação não necessariamente acrescenta valor em termos de melhorar a posição competitiva da companhia nas rotas individuais.

Do lado das receitas – ver (b2) –, as companhias de linhas regulares enfrentam clientes poderosos, incluindo grandes embarcadores de carga, por exemplo, as empresas multinacionais que produzem bens eletrônicos, equipamentos mecânicos, motocicletas e têxteis. A força do cliente é uma matéria real porque os grandes embarcadores de carga gerenciam as operações de transporte profissionais e espremem bastante o seu orçamento do transporte. Um caminho é fortalecer a diferenciação do serviço – ver (b3) –, embora isso não seja fácil. Em última instância, o serviço de transporte providenciado é como um produto primário, portanto, a diferenciação é difícil. Quando os embarcadores são menores, os agentes de carga e as companhias logísticas constituem uma interface e, num mercado fragmentado geograficamente com muitas rotas diferentes, esses intermediários têm frequentemente uma posição negocial forte na sua área local, embora muitos sejam globais na sua extensão. A dimensão da companhia só é importante quando gera poder numa dessas áreas.

Em resumo, existe bastante flexibilidade sobre a forma como a companhia de linhas regulares desenvolve o seu negócio. Do lado do custo, pode utilizar navios novos ou velhos, quer comprados, quer afretados, e pode selecionar a dimensão dos navios que utiliza e personalizar a sua abordagem aos terminais. Do lado das receitas, a companhia pode escolher entre especializar-se como um operador num mercado de nicho numa pequena seleção de rotas locais ou adotar um papel mais abrangente como um transportador global. Novamente, existem muitas opções que podem ser seguidas. Finalmente, existe a questão da diferenciação do serviço, e a variedade de cargas oferece uma gama de mercados potenciais. A forma como isso funciona na prática foi ilustrada na Tabela 13.7, que mostra que a concentração da propriedade é relativamente pequena. No negócio do varejo, por exemplo, os três ou quatro principais varejistas em mercados nacionais como os Estados Unidos têm uma participação de mercado acima de 60%. Mesmo com a consolidação recente, o mercado de linhas regulares representava metade desse valor.

13.7 A FROTA DE LINHAS REGULARES

TIPOS DE NAVIOS USADOS NOS TRÁFEGOS DE LINHAS REGULARES

Vamos tratar agora da de navios utilizados nesses tráfegos. Como nos outros setores do mercado marítimo, a frota não é a ótima. Ela é o resultado de vinte a trinta anos de decisões de investimento. Embora alguns navios na frota estejam agora tecnicamente obsoletos de uma forma ou de outra, o fato de que ainda continuam a navegar evidencia que retiveram o seu valor econômico. Embora os navios porta-contêineres predominem consideravelmente, a frota utilizada nos tráfegos de linhas regulares inclui na prática seis tipos de navios diferentes, apresentados na Figura 13.8.

- *Navios porta-contêineres.* Os navios porta-contêineres celulares de movimentação vertical são atualmente os maiores navios e a parte mais moderna da frota, com 138 m.tpb em setembro de 2007. Todos os navios pertencentes a essa frota têm porões corridos com guias celulares concebidas exclusivamente para o transporte de contêineres.

- *Navios multipropósito.* Em setembro de 2006 existia uma frota de 2.647 navios com 24,1 m.tpb. São navios concebidos com uma velocidade rápida, com uma boa

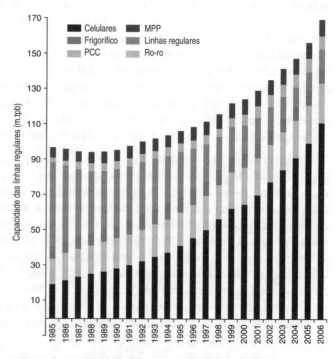

Figura 13.8 – Frota de linhas regulares por tipo de navio (1985-2006).
Fonte: Clarkson Research Services.

O transporte de carga geral

capacidade para contêineres e com a habilidade de transportar carga fracionada e outra carga unitizada, como os produtos florestais. Foram construídos principalmente nos primeiros anos da conteinerização, quando os operadores manuseavam um misto de carga conteinerizada e fracionada, frequentemente com os porões corridos sem guias celulares e muitas vezes com uma coberta. No início do século XXI a frota encontrou um novo nicho no transporte de cargas pesadas e de cargas de projeto. Os navios multipropósito são utilizados também em serviços, por exemplo, entre a Oceania e o Sudeste Asiático, onde a habilidade para o transporte de um misto de cargas fracionadas constitui uma vantagem competitiva. Após alguns anos de declínio, a frota começou novamente a crescer.

- *Navios de duas cobertas.* Estes navios de linhas não regulares flexíveis continuaram a ser construídos até a década de 1980, e em 2007 existia ainda uma frota em operação de cerca de 5,6 m.tpb. Dois projetos-padrão, o SD14 e o Freedom, foram muito populares. Os navios de duas cobertas têm duas cobertas, escotilhas estreitas, velocidade econômica, capacidade limitada para contêineres e equipamento de carga.

- *Navios de linhas regulares de carga geral.* Estes são navios cargueiros de linhas regulares construídos para determinado fim que ainda estão em serviço. São rápidos e têm cobertas múltiplas e muito equipamento de carga, mas pouca capacidade para contêineres, e, como os navios mais velhos foram desmantelados e não substituídos, a frota encolheu para 5,5 m.tpb em 2007 (o navio Pointe Sans Souci, mencionado anteriormente neste capítulo, foi demolido em 1996).

- *Navios ro-ro.* Navios de múltiplos pavimentos cujo acesso aos porões é feito por meio de rampas à proa, à popa ou lateralmente. Embora por vezes semelhantes ao projeto dos *ferries* transportadores de carros, eles não têm acomodação nem áreas públicas e são concebidos primariamente para transportar carga nos tráfegos de longo curso. A frota, que inclui os *ferries*, atingiu a fronteira de 12,6 m.tpb em 2007.

- *Navios transportadores de barcaças [barge carriers].* Uma experiência da década de 1970 que não pegou, transportam barcaças normalizadas de 500 toneladas que são flutuadas ou movimentadas verticalmente para dentro e para fora do navio. Existiam cerca de cinquenta desses navios operando em 2007 (incluindo alguns de cargas pesadas).

O número de navios porta-contêineres aumentou de 750 em 1980 para 4.208 em setembro de 2007, e agora eles dominam a frota de linhas regulares, representando cerca de 60% da capacidade de porte bruto total. Isso se compara com a frota de 4.467 navios-tanques e com a frota de 6.557 navios graneleiros, fazendo com que os navios porta-contêineres sejam uma parte muito significativa da frota mercante. A frota de navios porta-contêineres é geralmente medida em TEU. Os navios têm escotilhas largas concebidas para as dimensões-padrão dos contêineres e guias celulares nos porões e, por vezes, no convés. A Figura 14.3 apresenta um exemplo de um navio porta-contêineres de 1.769 TEU com os seus detalhes técnicos. Os navios maiores tendem a ser mais rápidos. Por exemplo, os navios porta-contêineres alimentadores com 100-299 TEU têm uma velocidade média de 13,8 nós, enquanto muitos navios com mais de 4.000 TEU têm uma velocidade média de 24 nós.[37] Isso reflete o fato de os navios menores operarem geralmente em rotas mais curtas, em que as velocidades elevadas apresentam poucos benefícios econômicos.

TENDÊNCIAS NA DIMENSÃO DOS NAVIOS PORTA-CONTÊINERES

Um dos principais benefícios da conteinerização é permitir a utilização de navios maiores, e a dimensão dos navios porta-contêineres aumentou gradualmente, seguindo praticamente o mesmo processo evolutivo para os segmentos de dimensão que já vimos nos mercados de navios-tanques e de navios graneleiros, cada um deles servindo uma parte diferente do mercado. A Figura 13.9 apresenta os segmentos desenvolvidos entre 1980 e 2005. As dimensões menores (Feeder, Feedermax e Handy) são utilizadas sobretudo nos tráfegos de curtas distâncias e em portos com limitação de calado nas rotas norte-sul. Os navios de dimensão média de 1.000-2.000 TEU são

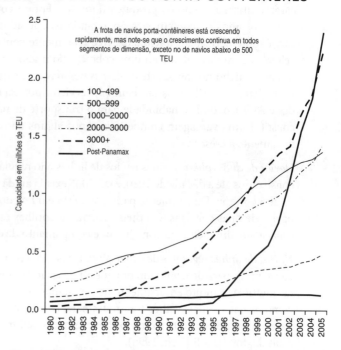

Figura 13.9 – Frota de navios porta-contêineres por dimensão de navio, 1980-2005.
Fonte: Clarkson Research Services.

suficientemente flexíveis para as operações de curta distância, para os serviços alimentadores de grande dimensão e para os tráfegos norte-sul. Os maiores segmentos (sub-Panamax, Panamax e pós-Panamax) servem os negócios oceânicos de longo curso. Na extremidade superior, a frota Panamax (acima de 3.000 TEU e capazes de transitar no Panamá) cresceu muito rapidamente nos anos recentes, com uma nova geração de navios pós-Panamax que apareceu na década de 1990.

13.8 OS PRINCÍPIOS ECONÔMICOS DOS SERVIÇOS DE LINHAS REGULARES

ELEMENTOS DE BASE DA ECONOMIA DOS SERVIÇOS DE LINHAS REGULARES

A economia dos serviços de linha regular está no cerne das matérias debatidas neste capítulo, e um exemplo prático ajudará a colocar as coisas em perspectiva. Procederemos em duas etapas, começando pelos elementos de base a partir dos quais o serviço de linhas regulares é construído e depois construindo um modelo de um fluxo de caixa de um serviço semelhante ao que foi usado na análise da indústria marítima a granel no Capítulo 5. Como exemplo, tomaremos um serviço de linhas regulares operando no tráfego transpacífico, comparando a estrutura do custo para seis dimensões de navios – 1.200 TEU, 2.600 TEU, 4.000 TEU, 6.500 TEU, 8.500 TEU e 11.000 TEU. A Tabela 13.8 apresenta as oito categorias principais dos elementos de base.

O transporte de carga geral

Essa não é uma classificação que apareça na contabilidade de qualquer companhia de linhas regulares, e na prática as companhias de linhas regulares não necessariamente têm de preparar a sua contabilidade de gestão dessa forma. Por exemplo, é provável que os custos de capital do navio sejam alocados ao longo de uma gama de serviços, em vez de atribuir navios específicos a um serviço específico, como é feito na Tabela 13.8. Mas, em termos de compreensão da economia do negócio, essa forma de agrupar os custos é útil. Com base nesses pressupostos operacionais e de custos, apresenta-se na Tabela 13.9, para cada tamanho de navio, o fluxo de caixa da viagem, para dar uma ideia das economias de escala. É claro que as companhias de linhas regulares operam muitos serviços e as suas contas publicadas são muito mais complexas do que este exemplo simples. Contudo, serve para o importante objetivo de identificar as variáveis econômicas envolvidas na tomada de decisões no nível do gerenciamento e como ponto de partida para perceber os princípios da economia dos serviços de linhas regulares.

Características dos navios

A dimensão do navio, a velocidade e a eficiência do manuseio da carga determinam o enquadramento econômico do serviço. A dimensão varia entre 1.200 TEU e 11.000 TEU, e a dimensão, a velocidade e o consumo de combustível para cada dimensão apresentados na Tabela 13.8 baseiam-se nos valores médios da frota de navios existente em 2006. A velocidade de projeto aumenta em 38%, de 18,3 nós para um navio de 1.200 TEU até 25,2 nós para um navio de 6.500 TEU, após o qual não aumenta, enquanto o consumo de combustível de projeto apresentado na linha seguinte é 460% mais elevado do que para um navio de 6.500 TEU. No passado, alguns navios porta-contêineres foram construídos com velocidades acima de 30 nós, mas a indústria parece ter fixado o pico em 25 nós. A velocidade operacional apresentada na linha seguinte pode ser variada pelos planejadores de serviço para deixar uma margem para as condições meteorológicas e para os atrasos e também para afinar o tempo de viagem de forma a ajustar-se à saída semanal programada adotada na seção 2 da tabela. Nesse caso, como pressuposto neutro, a velocidade operacional é colocada 5% abaixo da velocidade de projeto. Finalmente, o tempo por escala apresentado na última linha da seção 1 assume metade de um dia para entrar e para sair do porto, mais um minuto por movimento, com 25% da carga sendo manuseada em cada escala. Na prática, esses pressupostos variam grandemente.

Tabela 13.8 — Os oito elementos de base dos custos de linhas regulares

Dimensão do navio (TEU)		1.200	2.600	4.300	6.500	8.500	11.000
1. Características do navio							
Dimensão do navio porta--contêineres		1.200	2.600	4.300	6.500	8.500	11.000
Velocidade de projeto (nós)		18,3	20,9	23,8	25,2	25,5	25,5
Consumo de combustível de projeto (toneladas/dia)	Características dos navios porta--contêineres	42	79	147	214	230	240
Velocidade operacional terminal a terminal		17,4	19,9	22,6	23,9	24,2	24,2
Consumo de combustível (toneladas/dia)		36,3	67,7	126,2	183,2	197,2	205,8
Tempo por porto de escala (dias)		0,7	1,0	1,2	1,6	2,0	2,4

(continua)

Tabela 13.8 – Os oito elementos de base dos custos de linhas regulares (*continuação*)

Dimensão do navio (TEU)		1.200	2.600	4.300	6.500	8.500	11.000
2. Programação do serviço							
Distância por viagem redonda		14.000	14.000	14.000	14.000	14.000	14.000
Frequência de serviço	Programação	Semanal	Semanal	Semanal	Semanal	Semanal	Semanal
Portos de escala por viagem redonda		7	7	7	7	7	7
Dias no mar		33,6	29,4	25,8	24,4	24,1	24,1
Dias em porto	Variável de desempenho	5,0	6,7	8,7	11,4	13,8	16,9
Total do tempo de viagem (dias)		38,5	36,0	34,5	35,8	37,9	40,9
Viagens por ano		9,5	10,1	10,6	10,2	9,6	8,9
Número de navios necessários numa sequência seminal		**5,5**	**5,1**	**4,9**	**5,1**	**5,4**	**5,8**
3. Capacidade de utilização (para calcular o número de contêineres carregados)							
Utilização da capacidade na direção leste (%)		90%	90%	90%	90%	90%	90%
Utilização da capacidade na direção oeste (%)		40%	40%	40%	40%	40%	40%
Contêineres expedidos para o exterior (TEU)	Quão cheios estão os navios	1.080	2.340	3.870	5.850	7.650	9.900
Contêineres expedidos de volta (TEU)		480	1.040	1.720	2.600	3.400	4.400
Carga transportada por viagem (TEU)		1.560	3.380	5.590	8.450	11.050	14.300
Capacidade de transporte anual por navio (TEU)		**14.785**	**34.232**	**59.097**	**86.235**	**106.391**	**127.467**
4. Custos do navio em US$ por dia							
4.1 Custos operacionais (OPEX) US$/dia		4.643	5.707	6.000	6.500	7.000	7.500
4.2 Custo do capital US$/dia		8.904	17.096	23.863	31.699	39.178	46.301
- Valor do capital US$ milhões	Custos de capital	25	48	67	89	110	130
- Período de depreciação (anos)		20	20	20	20	20	20
- Taxa de juros (% por ano)		8%	8%	8%	8%	8%	8%
4.3 Custo do combustível de bancas (US$/dia)	Custos de combustível de bancas	12.690	23.700	44.160	64.110	69.000	72.000
- Preço do combustível de bancas US$/ tonelada (média)		300	300	300	300	300	300
4.4. Total do custo diário por capacidade de TEU do navio (US$/dia)		648	496	457	433	395	360
4.5 Custo por contêiner transportado por ano (US$)		**648**	**496**	**457**	**433**	**395**	**360**

(*continua*)

O transporte de carga geral **599**

Tabela 13.8 – Os oito elementos de base dos custos de linhas regulares (*continuação*)

Dimensão do navio (TEU)		1.200	2.600	4.300	6.500	8.500	11.000
5. Portos e encargos (excluindo o manuseio da carga)							
Custo portuário US$/TEU		22	15	12	11	11	10
Custo portuário US$/escala		22.000	29.000	35.000	43.000	60.000	65.000
6. Distribuição de contêineres							
Contêineres 20' (% da capacidade do navio)	Misto dos contêineres necessários para operar o serviço	14%	14%	14%	14%	14%	14%
-Número de unidades carregadas		168	364	602	910	1.190	1.540
Contêineres de 40' (% da capacidade do navio)		80%	80%	80%	80%	80%	80%
-Número de unidades carregadas		480	1.040	1.720	2.600	3.400	4.400
Contêineres frigoríficos (% total)		6%	6%	6%	6%	6%	6%
-Número de unidades de 40' carregadas		36	78	129	195	255	330
Total de unidades no navio cheio (todos os tamanhos)		684	1.482	2.451	3.705	4.845	6.270
Tempo de ciclo do contêiner (dias/viagem)	Variáveis de eficiência	75	75	75	75	75	75
Reposicionamento entre zonas (%)		10,0%	10,0%	10,0%	10,0%	10,0%	10,0%
7. Custo dos contêineres e do manuseio dos contêineres							
Custos do contêiner (US$/TEU/dia)	20 pés	0,7	0,7	0,7	0,7	0,7	0,7
	40 pés	1,1	1,1	1,1	1,1	1,1	1,1
	40 pés frigorífico	6,0	6,0	6,0	6,0	6,0	6,0
Manutenção e reparo (US$/contêiner/viagem)		50,0	50,0	50,0	50,0	50,0	50,0
Custos com terminais para manuseio de contêineres (US$/movimento)		220	220	220	220	220	220
Custo de refrigeração para os contêineres frigoríficos (US$/TEU)		150,0	150,0	150,0	150,0	150,0	150,0
Transbordo no mar (US$/TEU)		225,0	225,0	225,0	225,0	225,0	225,0
Custo do transporte intermodal terrestre (US$/TEU)		220,0	220,0	220,0	220,0	220,0	220,0
Reposicionamento entre zonas (US$/TEU)		240,0	240,0	240,0	240,0	240,0	240,0
Reclamações à carga (US$/contêiner/viagem)		30	30	30	30	30	30

(*continua*)

Tabela 13.8 – Os oito elementos de base dos custos de linhas regulares (*continuação*)

Dimensão do navio (TEU)	1.200	2.600	4.300	6.500	8.500	11.000
8. Custos administrativos						
Produtividade administrativa (TEU/empregado)	640	640	640	640	640	640
Número de empregados necessários	23	53	92	135	166	199
Custo por empregado US$ por ano	60.000	60.000	60.000	60.000	60.000	60.000
Custos administrativos (US$ 000/viagem)	146	317	524	792	1.036	1.341

Fonte: CRSL, HSH Nordbanlk, Drewry Shipping Consultants.

Tabela 13.9 – O modelo de fluxo de caixa de viagem de linhas regulares (US$ 000 por viagem)

Dimensão do navio (TEU)	1.200	2.600	4.300	6.500	8.500	11.000
1. Custo do navio na viagem						
1.1 Custos operacionais	179	206	207	232	265	307
1.2 Custos de capital	343	616	824	1.134	1.485	1.896
1.3 Custos de combustível de bancas	426	696	1.139	1.562	1.662	1.734
1.4 Custos portuários	154	203	245	301	420	455
1.5 Custos totais do navio	1.102	1.721	2.415	3.229	3.832	4.392
1.6 Custos do navio, % dos custos totais	54%	46%	42%	39%	37%	34%
2. Custos dos contêineres na viagem						
2.1 Custo de suprimento dos contêineres	32	65	104	162	225	314
2.2 Custo da manutenção do contêiner	34	74	123	185	242	314
2.3 Custo total do contêiner	66	139	226	347	467	628
2.4 Custo do contêiner, % do custo total	3%	4%	4%	4%	4%	5%
3. Custos administrativos						
3.1 Custos administrativos por viagem	146	317	524	792	1.036	1.341
	7%	9%	9%	10%	10%	10%
4. Manuseio de carga e transporte seguinte						
4.1 Custos de terminal para o manuseio de contêineres	301	652	1.078	1.630	2.132	2.759
4.2 Custos de refrigeração para os contêineres frigoríficos	11	23	39	59	77	99
4.3 Custos de transportes intermodais terrestres	343	744	1.230	1.859	2.431	3.146
4.4 Reposicionamento entre zonas	58	125	206	312	408	528
4.5 Reclamações à carga	47	101	168	254	332	429
4.6 Total do manuseio e do transporte seguinte	713	1.544	2.553	3.860	5.047	6.532
4.7 Manuseio e transporte seguinte, % do custo total	35%	41%	45%	47%	49%	51%

(*continua*)

O transporte de carga geral

Tabela 13.9 – O modelo de fluxo de caixa de viagem de linhas regulares (US$ 000 por viagem) (*continuação*)

Dimensão do navio (TEU)	1.200	2.600	4.300	6.500	8.500	11.000
5. Custo de viagem						
5.1 Custo total de viagem	2.027	3.721	5.719	8.229	10.382	12.892
5.2 Custo por TEU na viagem para leste	938	795	739	703	679	651
5.3 Custo por TEU na viagem para oeste	2.111	1.789	1.662	1.582	1.527	1.465
5.4 Custo médio/TEU	1.299	1.101	1.023	974	940	902
5.5 Variação percentual no custo médio/TEU		−15,3%	−7,1%	−4,8%	−3,5%	−4,0%
6. Receita da viagem (US$ 000)						
6.1 Taxa de frete por TEU na viagem para leste	1.750	1.750	1.750	1.750	1.750	1.750
6.2 Taxa de frete por TEU na viagem para oeste	750	750	750	750	750	750
6.3 Receita total na viagem para leste	1.890	4.095	6.773	10.238	13.388	17.325
6.4 Receita total na viagem para oeste	360	780	1.290	1.950	2.550	3.300
6.5 Receita total da viagem	2.250	4.875	8.063	12.188	15.938	20.625
7. Rentabilidade da viagem (perda) (US$ 000)						
Lucro da viagem (perda)	223	1.154	2.344	3.959	5.555	7.733
% da receita total	10%	24%	29%	32%	35%	37%

Programação dos serviços

A programação descrita na Tabela 13.8 baseia-se na viagem redonda transpacífico que vimos na Figura 13.3. Os planejadores de serviço têm de decidir a frequência das saídas e o número de portos a escalar, e este exemplo baseia-se num serviço semanal com sete portos de escala numa viagem redonda (por exemplo, Xangai, Kobe, Nagoya, Tóquio, Sendai, Oakland e Los Angeles), resultando num tempo de viagem redonda de 41,9 dias para o navio lento de 1.200 TEU e 42,3 dias para o navio mais rápido, mas também maior, de 11.000 TEU. Isso levanta a interessante questão de que o tempo mais curto no mar do navio mais rápido de 11000 TEU é neutralizado pelo maior tempo necessário em porto para manusear a sua carga. Do ponto de vista prático, os 38,5 dias para o navio de 6.500 TEU ajusta-se muito bem dentro da programação atual na Figura 13.3. A última linha da seção 2 na Tabela 13.8 mostra que o número de navios necessários para operar o serviço varia entre 4,9 para o navio de 4.300 TEU e 5,8 para o navio de 11.000 TEU, refletindo a interação entre a velocidade e o tempo de estadia em porto para navios com diferentes dimensões. Na prática, os planejadores de serviço teriam de ajustar a velocidade operacional dos navios e o número de portos de escala para obter o melhor equilíbrio. Ou eles poderiam adicionar um sexto navio à sequência de portos e operar uma velocidade mais baixa, que se traduziria em custos de capitais maiores, mas economizaria nos custos de combustível de bancas. As possibilidades são inúmeras, mas neste exemplo, por razões de simplicidade, não faremos isso.

Utilização da capacidade

A obtenção da capacidade certa é crucial para os planejadores de serviço. Não vale a pena usar navios grandes se não os conseguirmos encher, mas ter falta de espaço pode não ser melhor. Para encher os maiores navios podem ser necessários dez portos de escala em vez de sete e, visto que cada porto de escala leva em média 1,25 dia, isso aumenta a viagem redonda para quarenta dias, necessitando de uma sequência de seis navios. Uma forma de contornar isso é estabelecer centros de consolidação e de distribuição regionais [*regional hubs*], onde a carga é colhida para despacho num serviço oceânico, mas isso envolve manuseios múltiplos e frequentemente os embarcadores preferem serviços diretos. Um operador de mercado de nicho ainda pode decidir usar um navio menor e fazer somente um porto de escala em cada extremidade (um "serviço direto"), encurtando o tempo de viagem redonda em cerca de 25 dias para os navios de dimensão média, permitindo a utilização de uma sequência de quatro navios. Também existe a questão dos desequilíbrios de tráfego. Por exemplo, no tráfego transpacífico existe sempre mais carga no sentido leste, e na Tabela 13.8 assumimos uma capacidade de utilização de 90% na viagem para leste e de 40% na viagem para oeste. Com esses valores, podemos calcular a carga transportada em cada viagem, e a capacidade de transporte anual é apresentada nas últimas duas linhas da seção 3. Cada navio de 1.200 TEU transporta anualmente 14.785 TEU, enquanto um navio de 11.000 TEU transporta 127.467 TEU.

Custos do navio e economias de escala

Até agora nos concentramos nos aspectos físicos do serviço de linhas regulares, mas a dimensão do navio possui também uma dimensão econômica, porque alguns custos não aumentam na proporção da capacidade de transporte do navio. As economias de escala geradas pelos três elementos principais no cálculo do custo do navio – os custos de capital, as despesas operacionais e os custos de combustível – são analisadas na seção 4 da Tabela 13.8:

- *Custos operacionais (Opex).* As despesas operacionais do navio são as incorridas com a tripulação, os seguros, os mantimentos, a manutenção e a administração. Alguns desses itens oferecem mais economias de escala do que outros. A administração, os mantimentos e a tripulação não crescem muito com o aumento da dimensão do navio. Por exemplo, o Emma Maersk, o primeiro navio porta-contêineres da indústria com 11.000 TEU, foi projetado para uma tripulação de treze, significativamente menor do que para muitos navios de 3.000 TEU. Contudo, é provável que os custos de seguros e de manutenção aumentem de acordo com o custo de capital do navio, embora menos do que a capacidade de transporte do navio. Na Tabela 13.8, os números dos custos operacionais, que são baseados numa pesquisa com navios porta-contêineres alemães,[38] mostram que o custo diário aumenta de US$ 4.600 em um navio de 1.200 TEU para cerca de US$ 7 mil em um navio de 8.500 TEU, portanto, existem aqui economias de escala significativas.

- *Custos de capital.* Os custos de capital estão sujeitos a economias de escala porque os navios grandes custam menos por espaço de contêiner do que os menores. Por exemplo, em 2006, um navio porta-contêineres de 1.200 TEU custava US$ 25 milhões (US$ 20 mil por espaço de contêiner), enquanto um navio de 6.500 TEU, com cinco vezes mais capacidade, custava US$ 89 milhões (US$ 13.700 por espaço de contêiner). Contudo, conforme o navio se torna maior, as economias diminuem, e para além de 5.000 TEU não são muito grandes, porque o custo fixo principal está na casa da máquina, e os navios maiores limitam-se a adicionar mais aço, o que não está sujeito ao mesmo grau de economias de escala.

- *Custos de combustível de bancas.* Finalmente, existe o consumo de combustível, e novamente vemos o padrão familiar de economias decrescentes conforme o navio se torna maior. A Figura 13.10 posiciona o consumo de combustível de bancas médio dos navios na frota de navios porta-contêineres em 2006, ajustado a uma velocidade-padrão de 15 nós, com relação à capacidade de TEU, por exemplo de 2.500 navios porta-

-conteineres.[39] O aumento da capacidade do navio de 700 TEU para 1.700 TEU reduz o consumo de combustível de bancas em 11 toneladas por 1.000 TEU; e 1.700 TEU para 3.500 TEU, outras 6 toneladas por 1.000 TEU; e de 3.500 TEU para 7.200 TEU, somente 3 toneladas por 1.000 TEU. Segue-se que os maiores benefícios derivam do aumento dos segmentos menores do negócio de contêineres.

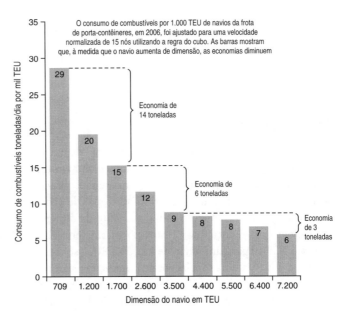

Figura 13.10 – Consumo de combustível de bancas nos navios porta-contêineres (2006).
Fonte: Clarkson Research Services.

As economias de escala para cada dimensão de navio encontram-se resumidas na Figura 13.11, em termos de custo por TEU transportadas num ano para cada dimensão de navio (os números estão na Tabela 13.8, linha 4.5). O custo de US$ 648 para um navio de 1.200 TEU cai abruptamente para US$ 498 para um navio de 2.600 TEU; US$ 475 para um navio de 4.300 TEU; e US$ 360 para um navio de 11.000 TEU. Portanto, o navio de 11.000 TEU reduz em metade o custo do transporte do contêiner. Para além de 2.600 TEU, as poupanças nas economias são aproximadamente de 5% para cada capacidade adicional de 1.000 TEU (mas devemos nos lembrar que isso é somente uma ilustração e que as economias dependem dos pressupostos). Finalmente, podem ocorrer deseconomias de esca-

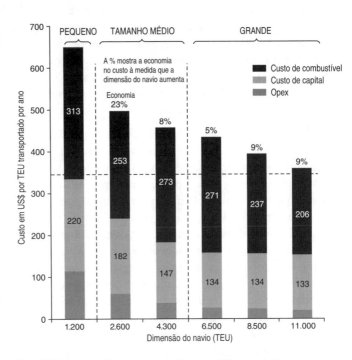

Figura 13.11 – Custo do navio porta-contêineres por TEU transportado.
Fonte: Tabela 13.8.

la. A utilização de navios grandes significa dragagens profundas dos portos de consolidação e de distribuição e necessita de serviços alimentadores para os portos que não os podem receber. Os custos associados com os navios alimentadores diminuem as economias obtidas pela utilização de navios maiores no percurso oceânico.

Encargos portuários

São itens em relação aos quais o proprietário de navios tem menos controle, pois variam de porto para porto, embora os grupos grandes tenham uma posição de negociação mais forte. Visto que os encargos portuários são geralmente cobrados na base da tonelagem de arqueação do navio, isso introduz um elemento adicional de economias de escala, visto que os custos portuários por TEU reduzem com o aumento da dimensão do navio. Na Tabela 13.8, seção 5, assumimos uma redução nos custos portuários por TEU de US$ 22 para um navio de 1.200 TEU até US$ 10 para um navio de 11.000 TEU. Isso cria um incentivo para desenvolver projetos de navios com uma tonelagem de arqueação baixa em relação à capacidade, especialmente para os tráfegos de distribuição em que os navios fazem muitas escalas portuárias, encorajando projetos com um porte bruto e uma arqueação bruta baixos por TEU.

Distribuição dos contêineres

Este tópico envolve duas questões principais. Primeiro, existe um misto dos tipos de contêineres para o tráfego. Existem muitas dimensões diferentes (ver Tabela 13.1), incluindo o contêiner de uso geral e os especializados. No tráfego transpacífico, a divisão é de cerca de 15% para os contêineres de 20 pés, 80% para os contêineres de 40 pés e 6% para as unidades frigoríficas, embora essa distribuição seja diferente em outros tráfegos. Por exemplo, na viagem transatlântica mais curta, a proporção de contêineres de 40 pés reduz para cerca de 60%. Pode existir também uma necessidade para contêineres especializados, por exemplo, contêineres de teto aberto ou tanques. A maioria das companhias de linhas regulares é proprietária de uma proporção substancial dos seus contêineres, pois em geral é a opção mais econômica, e alugam uma proporção, por exemplo, de 20%-30%.

Depois, temos a eficiência do ciclo do contêiner. Entre viagens, os contêineres devem ser entregues ao cliente, colhidos e reposicionados para a carga seguinte. Isso exige um estoque de contêineres substancialmente maior do que a capacidade de contêineres dos navios usados no tráfego. Neste exemplo, assumimos um tempo de rotação de 75 dias para o ciclo, dos quais 28 dias são gastos no mar e 47 dias em trânsito de e para o cliente. Naturalmente, este variará muito com o tráfego. Finalmente, os desequilíbrios de tráfegos em determinadas rotas significam que alguns contêineres devem ser reposicionados vazios, o que inclui o custo significativo de carregar e de descarregar um contêiner vazio. Na seção 2 da Tabela 13.8, assumimos que somente 40% dos contêineres estão carregados no percurso para oeste, comparados com os 90% no percurso para leste, portanto, 50% dos contêineres para oeste estão vazios. Isso é uma oportunidade clássica para um preço de custo marginal. Se o contêiner viajar vazio, vale a pena transportar qualquer carga que pague mais do que as taxas de manuseio. Fazem parte dessa categoria o feno, os resíduos de papel, os blocos de construção, as rações para animais e uma variedade de outras cargas. O perigo ocorre quando essas cargas marginais criam custos ocultos que não foram previstos pelo vendedor e acabam sendo expedidas com prejuízo.

Custos com contêineres

Cobrem os custos de capital dos contêineres, de manutenção e de reparo; os custos de terminal para o manuseio de contêineres (ou seja, o custo de movimentá-lo verticalmente para dentro e para fora do navio); a armazenagem das unidades frigoríficas; os custos com a continuação do transporte por mar e por terra; o reposicionamento de contêineres vazios entre zonas; e as reclamações à carga. O custo do contêiner propriamente dito depende do preço de compra, da sua vida econômica e do método de financiamento. Em 2006, um contêiner de 20 pés custava cerca de US$ 2 mil, e um contêiner de 40 pés, cerca de US$ 3.200. Os contêineres frigoríficos são muito mais caros, custando mais de US$ 20 mil para uma unidade de 40 pés. Na prática, os contêineres têm uma vida média de doze a dezesseis anos, ao fim da qual têm um valor de sucata de várias centenas dólares americanos. Com base nesses parâmetros, o custo diário de um contêiner pode ser calculado, sendo de cerca de 60 centavos de dólar americano por dia para uma unidade de 20 pés e de 1 dólar americano para uma unidade de 40 pés, ao passo que para os frigoríficos são de cerca de US$ 5,60. Como os navios, os contêineres e outros equipamentos necessitam de uma manutenção contínua, para a qual é necessário atribuir um orçamento anual.

Os custos de terminal e de transporte efetuado por mais de um transportador e, às vezes, por vários meios de transporte variam enormemente de porto para porto. O manuseio do contêiner no terminal inclui o movimento vertical para dentro e para fora do navio e os custos associados com movimentação, empilhamento e armazenagem do contêiner dentro do terminal. Esses custos dependem das facilidades existentes e das condições de estiva locais. Por questões de simplicidade, as taxas de manuseio apresentadas na Tabela 13.8 estão limitadas a uma taxa única de US$ 200 por movimento. Os contêineres frigoríficos também requerem serviços especiais no terminal que aqui custam US$ 150 por unidade. A continuação do transporte do contêiner é tratada sob três rubricas: o transbordo/baldeação por via marítima, o transporte terrestre intermodal e o reposicionamento entre zonas. Esses custos dependem especificamente do tráfego e do método de precificação adotado pela companhia. Alguns operadores cobram separadamente o transporte de entrega, e nesse caso a taxa de frete não inclui o custo da continuação do transporte. Outros transportadores oferecem taxas "porta a porta". Dado que se incorre em algum custo, a Tabela 13.8 assume valores da ordem de US$ 225 por TEU para o transbordo/baldeação, US$ 200 para o transporte terrestre e US$ 240 para o reposicionamento entre zonas quando aparecem os desequilíbrios regionais e os contêineres têm de ser expedidos para uma parte diferente do mundo. Finalmente, existe um item sobre as reclamações efetuadas à carga. Para concluir o debate sobre os custos dos contêineres, talvez o aspecto mais significativo seja o fato de esses custos se basearem num contêiner-padrão, não estando sujeitos a economias de escala. O navio de 11.000 TEU enfrenta os mesmos custos unitários que um navio de 1.200 TEU.

Custos administrativos

De alguma forma, a companhia de navegação deve recuperar o custo de gerenciar um serviço global de contêineres. Se a rentabilidade de cada parte do negócio precisa ser calculada com precisão, é importante alocar os custos de forma justa a essas partes do negócio que estão sujeitas a eles, para que a rentabilidade das diferentes partes do negócio possa ser medida. Uma forma comum de fazer isso é cobrar um custo administrativo a cada navio numa base proporcional que recupera as despesas gerais totais da companhia. Essa é a abordagem que usamos na Tabela 13.8, embora a cobrança pudesse também ser feita na base do serviço.

Uma ideia aproximada da natureza desses custos e a forma como podem ser organizados é dada pelo organograma empresarial na Figura 13.12. O organograma divide a responsabilidade do gerenciamento entre os centros de lucro responsáveis pelas rotas dos tráfegos nas quais a companhia está ativa e os departamentos funcionais responsáveis por prestar serviços eficientes e eficazes em termos de custo. Os gerentes das rotas dos tráfegos apresentados na primeira linha do organograma empresarial são responsáveis por gerenciar serviços lucrativos. Eles relacionam-se com os clientes e executam muitas funções localmente. Contudo, na busca pela eficiência, as atividades funcionais são gerenciadas e coordenadas de forma centralizada, numa base matricial, e os seus custos são cobrados dos centros de lucro. O exemplo no organograma mostra quatro departamentos funcionais, cada um responsável por uma atividade específica, desta forma:

- *Operações e logística.* Este departamento cobre o gerenciamento dos navios, a programação, a estiva da carga e os terminais. Se a companhia tiver muitos terminais, este poderá ser um departamento separado. É também responsável pela manutenção total e pelo controle da frota de contêineres pertencentes à companhia ou alugados por ela, incluindo a manutenção, os reparos e a programação.

- *Financiamento e administração.* As principais atividades incluem o gerenciamento das contas e a orçamentação, bem como contas de viagem (por exemplo, reservas, classificação, rastreio, faturamento), cumprimento, recursos humanos e administração geral.

- *Vendas globais.* Cobre a reserva e a documentação da carga, incluindo lidar com os seguros e as conferências marítimas quando for apropriado, mais precificação, acordos de serviço, relações públicas e publicidade e agentes.

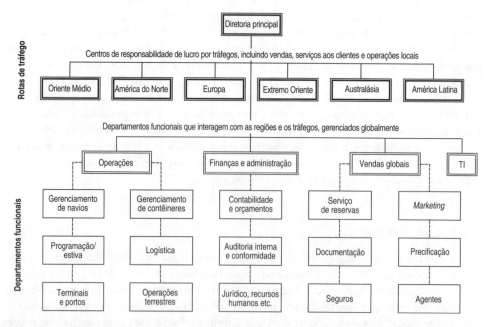

Figura 13.12 – Organograma de uma companhia de linhas regulares que mostra as principais atividades regionais e funcionais.
Fonte: compilado de várias fontes.

O transporte de carga geral

- *Tecnologias de informação*. Esta é uma parte vital do negócio global moderno: gerenciar e desenvolver sistemas de comunicações e computorizados usados em vários escritórios.

O custo desses departamentos pode ser cobrado dos centros de lucro das rotas dos tráfegos como um encargo direto ou dos navios que utilizam, como visto na Tabela 13.9.

Algumas companhias executam elas próprias todas essas atividades, enquanto as pequenas companhias podem subcontratá-las. Como resultado, os números nas folhas de pagamento variam muito. Por exemplo, em 1995, a Atlantic Container Line embarcou 224 mil contêineres no Atlântico Norte e tinha cerca de 380 funcionários, uma produtividade de 588 TEU por empregado. O custo de salário era de US$ 91 por TEU. Uma década mais tarde, em 2005, a Hapag-Lloyd embarcou 2,67 milhões de TEU, com uma força de trabalho de 4.161, uma média de 640 TEU por empregado, e assumimos na seção 8 da Tabela 13.8 que isso se aplica a todas as dimensões de navios, necessitando de 23 empregados para o navio de 1.200 TEU e de 199 para o navio de 11.000 TEU.[40] Com um custo por empregado de US$ 60 mil por ano, o navio de 1.200 TEU que transporta 1.560 TEU por empregado por viagem incorre numa despesa administrativa por viagem de US$ 146 mil (ou seja, 38,5 dias em viagem a um custo diário de US$ 3.797).

MODELO DO FLUXO DE CAIXA DE VIAGEM DE LINHAS REGULARES

Agora podemos combinar os custos com a receita para calcular o desempenho financeiro do serviço de linhas regulares, como fizemos para o transporte marítimo a granel no Capítulo 7 (ver Tabela 7.11). O *modelo do fluxo de caixa de viagem* apresentado na Tabela 13.9 utiliza a informação sobre o custo apresentado na Tabela 13.8 para calcular o custo dos navios (seção 1), o custo dos contêineres (seção 2), os custos administrativos (seção 3) e o custo do manuseio da carga e do transporte seguinte (seção 4). A partir desses itens, calculamos o custo de viagem por TEU na seção 5 e adicionamos a receita da viagem baseada na taxa de frete para cada percurso (seção 6) para obter o lucro ou o prejuízo da viagem na seção 7. Finalmente, para dar uma ideia de como os custos e as receitas podem variar com a dimensão do navio, a Tabela 13.9 compara os resultados para as seis dimensões de navios. Abordaremos agora cada um desses itens com mais detalhe.

Os custos do navio apresentados na seção 1 da Tabela 13.9 demonstram por que razão as economias de escala são tão importantes para os operadores de linhas regulares. O navio de 11.000 TEU custa quatro vezes mais do que um navio de 1.200 TEU, mas transporta nove vezes mais carga. Como resultado, os custos do navio caem de 54% para 34% do total. Por outro lado, o custo dos contêineres apresentado na seção 2 não se beneficia de economias de escala e aumenta de 3% do custo total para um navio de 1.200 TEU para 5% para um navio de 11.000 TEU (Tabela 13.8, linha 2.4). Os custos administrativos, apresentados na seção 3, cobrados a cada TEU embarcada, varia entre 7% e 10%. Finalmente, os vários custos de manuseio de carga e de distribuição não se beneficiam de economias de escala e sua participação dos custos aumenta de 35% para o navio de 1.200 TEU para 51% para o navio de 11.000 TEU. Juntando esses custos, o custo médio por TEU apresentado na linha 5.4 cai de US$ 1.299 para o navio de 1.200 TEU para US$ 902 para o navio de 11.000 TEU.

A taxa de frete apresentada na seção 6 da Tabela 13.9, que se baseia nas taxas atuais do tráfego transpacífico no final de 2006, é de US$ 1.750 por TEU no percurso de saída e US$ 750 por TEU no percurso de retorno. Essas são médias publicadas, e para muitas linhas as taxas de frete seriam fixadas em diferentes níveis sob contratos de serviço com os maiores embarcadores. Para pôr essas taxas de frete em contexto, cerca de 4.400 gravadores de DVD podem ser estivados num contêiner de 20 pés, portanto, o frete marítimo seria ao redor de 40 centavos de dólar americano por unidade. Na viagem de regresso, cerca de 15 mil garrafas de vinho seriam estivadas no contêiner, então, o frete por garrafa seria de 5 centavos de dólar americano.[41] É claro que níveis tão baixos de custos de transporte contribuíram para o crescimento do comércio global.

Com esses níveis de carga, o navio de 1.200 TEU realizaria um lucro de US$ 223 mil, um retorno de 10%, enquanto o navio de 11.000 TEU realizaria um lucro de US$ 7,7 milhões e um retorno de 37%, portanto, os navios maiores compensam perfeitamente – isto é, desde que a companhia consiga encher o navio. Na realidade, o que geralmente acontece é que as companhias de linhas regulares encomendam navios maiores e concorrem de forma competitiva pela carga para enchê-los, e gradualmente o preço por TEU cai para o custo médio. Quando os navios de 11.000 TEU estiverem em serviço as taxas de frete caem progressivamente mais devagar para US$ 810 por TEU, o custo médio. Isso representa más notícias para quaisquer proprietários de navios que tentam aguentar os seus navios com 1.200 TEU. Com essa taxa de frete, eles perderiam fortemente com a viagem. Mas para companhias com navios acima de 4.000 TEU as economias de escala são mais marginais. Por exemplo, o navio de 6.500 TEU tem um lucro de 32%, comparados com os 37% para um navio maior de 11.000 TEU, e num negócio com essa complexidade é difícil ter certeza se esse aumento relativamente pequeno na margem vale a pena diante das várias limitações impostas pela utilização de um navio maior.

CONCLUSÃO

Nesta seção concentramo-nos nos custos e nas receitas para uma gama de diferentes dimensões de navios, e as Tabelas 13.8 e 13.9 apresentaram um exemplo simplificado da economia relacionada com a operação de um serviço de linhas regulares. Verificamos que, embora existam economias de escala fortes em alguns aspectos do negócio de linhas regulares, especialmente nos custos dos navios e das suas operações, as economias de escala não são tão acentuadas em outras áreas, especialmente na distribuição dos contêineres e nos custos de manuseio dos contêineres e do transporte efetuado por mais de um transportador e, às vezes, vários meios de transporte. Visto que representam dois terços do custo total orçamentado, o benefício em usar navios maiores é mais fortemente diluído, e a análise demonstra que as economias de escala diminuem com a dimensão e são mais evidentes abaixo de 4.000 TEU que acima. Isso sugere que é provável que, para navios maiores, considerações como a quantidade de carga esperada a ser transportada agora e no futuro; a avaliação do proprietário do navio sobre os méritos operacionais em gerenciar uma única sequência de, por exemplo, navios de 12.000 TEU, comparada com duas sequências de navios de 6.000 TEU; e até que ponto deseconomias de escala como os serviços alimentadores podem ser ultrapassadas sejam mais decisivas do que a rentabilidade "teórica" final para diferentes dimensões. Nas linhas regulares as decisões de investimento são um exercício mais difícil, e efetuar esses julgamentos é precisamente aquilo que as companhias são pagas para fazer.

O transporte de carga geral

13.9 PRECIFICAÇÃO DOS SERVIÇOS DE LINHAS REGULARES

ASPECTOS PRÁTICOS DA PRECIFICAÇÃO
NO MERCADO DE LINHAS REGULARES

Agora chegamos à questão da precificação no mercado de linhas regulares. Em última instância, os preços no mercado de linhas regulares, como as taxas de frete a granel, são determinados pela concorrência no mercado. O transporte marítimo é um negócio no qual as companhias podem entrar ou sair quando quiserem. Contudo, em razão de grandes despesas gerais fixas e da necessidade de operar serviços regulares, o processo de precificação é mais complexo do que para a indústria a granel, e os procedimentos estão constantemente mudando em resposta às pressões derivadas da concorrência e de regulamentação.

Durante a era dos navios de carga de linhas regulares, foi desenvolvido um sistema centralizado para lidar com a precificação. As conferências marítimas de linhas regulares conduziam as negociações do preço geralmente com uma entidade central que representava os embarcadores, por exemplo, um conselho de carregadores. Eles se reuniriam regularmente para negociar as taxas e para acordar os "aumentos gerais das taxas" [*general rate increases*]. Os externos [*outsiders*], fossem uma pequena ou uma grande parte do tráfego, seguiam uma política independente de precificação. A introdução da conteinerização diluiu esse processo. As conferências marítimas ainda existem, mas a precificação tornou-se menos estruturada, passando a uma variedade de acordos de discussão [*discussion agreements*], alianças [*alliances*] e acordos de serviços negociados [*negotiated service agreements*].

Geralmente, as companhias de linhas regulares tentam basear a sua política de preços nos dois princípios da *estabilidade dos preços* e da *discriminação dos preços*. O desejo pela estabilidade dos preços é óbvio. As companhias de linhas regulares têm despesas gerais fixas, portanto, por que não fixar os preços? De qualquer forma, com tantos clientes, a negociação de cada um dos preços não é prática. Idealmente, uma vez estabelecidos os preços, eles só deveriam mudar quando houvesse alguma razão válida, como uma mudança no custo ao prestar um serviço ou uma mudança maior nos custos unitários subjacentes. O caso para a discriminação do preço das mercadorias é igualmente óbvio. Cobrar taxas de frete elevadas para mercadorias que possam suportar o custo e descontar em mercadorias de baixo valor para atrair uma gama ampla de cargas seria mais econômico se houvesse uma taxa-padrão de frete única. O aumento da quantidade permite navios maiores e saídas mais regulares. Dessa forma, a política de preços apoia a oferta de um pacote de serviços melhores para todos os clientes, embora o papel dos subsídios cruzados permaneça em debate ativo. O segundo tipo de discriminação do preço ocorre entre os clientes. Os grandes clientes, com os quais vale a pena negociar, podem receber descontos especiais por meio de acordos de serviço.

Por muitos anos, as companhias de linhas regulares estabeleceram classes de tarifas e produziram um livro de tarifas que listava a classe das tarifas à qual cada mercadoria pertenceria. A taxa de frete para a carga era determinada buscando a tarifa da mercadoria no livro de tarifas, multiplicando pela quantidade a ser expedida, por exemplo, 209,5 metros cúbicos, calculando o frete total e somando quaisquer adicionais. Contudo, a conteinerização abalou esse sistema em razão da generalização do tráfego. Se a tarifa correspondesse a US$ 10 mil para expedir um contêiner de 20 pés quando o embarcador sabia que os contêineres estavam sendo transportados por US$ 1.500 no mesmo serviço, isso levaria a uma estratégia de resistência ao preço,[42] e agora muitas companhias de linhas regulares cobram uma taxa-padrão de contêiner ou aplicam uma tarifa de frete "igual para todas as cargas" [*freight of all kinds tariff*]. O que continua a ser um fato é que alguns embarcadores são mais sensíveis ao preço do que outros (ver Capítulo 2, Seção 2.4). Um distribuidor de peças de automóvel pode valorizar mais a confiabilidade e o serviço do que um embarcador de uma carga mais sensível ao preço, como rolos de celofane, que requer uma taxa de frete mais barata. Num negócio que ofereça um serviço de transporte diferenciado, certamente existe uma justificativa para um grau de discriminação do preço, mas isso só pode funcionar se o serviço e o sistema de preços forem adaptados às necessidades do cliente. Uma resposta tem sido a transação de muito mais negócios por meio de acordos de serviços negociados com cada cliente e da oferta de uma gama de serviços de valor agregado. Em última instância, trata-se de uma questão do que o mercado pode suportar e se as companhias podem encontrar ou não uma forma para diferenciar o serviço que os embarcadores pagarão.

Mesmo com uma taxa "igual para todas as cargas", a fatura do frete muitas vezes inclui encargos para serviços e custos considerados como "adicionais" ao serviço de transporte básico. Geralmente a fatura é enviada para o cliente após a entrega, ou paga de forma antecipada com os encargos adicionais sendo enviados posteriormente, e incluirá alguns ou todos dos itens seguintes:

- *Despesas com o frete* [*freight charges*]. O encargo por transportar o contêiner ou a carga. Por vezes, é enviada para o cliente uma taxa de frete "porta a porta", mas frequentemente existem encargos separados para o transporte "porto a porto", para a coleta ou para a entrega.

- *Adicionais ao frete marítimo* [*sea freight additionals*]. São sobretaxas para cobrir os custos não orçados incorridos pela companhia de linhas regulares. O fator de ajuste de combustível de bancas [*bunker adjustment factor*] cobre um aumento não esperado no custo do combustível de bancas, que representa uma maior proporção dos custos operacionais nas rotas longas. O fator de ajuste cambial [*currency adjustment factor*] cobre flutuações cambiais. O fator de ajuste cambial baseia-se num pacote de custos acordados e é concebido para manter a mesma receita tarifária, independentemente das alterações entre as taxas de câmbio. As sobretaxas de congestionamento portuário [*port congestion surcharges*] podem ser cobradas se determinado porto se torna de difícil acesso devido ao congestionamento.

- *Taxas de manuseio em terminal* [*terminal handling charges*]. São cobradas por contêiner na moeda local para cobrir o custo de manuseio do contêiner no porto. Dentro de uma região, os portos podem ter encargos diferentes. Alguns operadores absorvem tais variações numa taxa de frete direta.

- *Adicionais ao serviço* [*service additionals*]. Se o embarcador pede serviços adicionais para o cliente, por exemplo, a armazenagem dos produtos, o desembaraço alfandegário ou o transbordo/baldeação, existi um encargo adicional por esses serviços.

- *Adicionais à carga* [*cargo additionals*]. Algumas cargas, como os contêineres de teto aberto ou as cargas pesadas, estão sujeitas a encargos adicionais porque são difíceis de transportar ou o seu transporte é caro.

Como foi mencionado anteriormente, para simplificar o processo de cobrança as companhias negociam, frequentemente, acordos de serviço com os seus principais clientes, oferecendo descontos sobre a quantidade ou outras concessões (ver caso 4 a seguir).

PRINCÍPIOS DA PRECIFICAÇÃO NO MERCADO DE LINHAS REGULARES

Os princípios da precificação no mercado de linhas regulares podem ser ilustrados pelos gráficos da oferta-demanda apresentados nas Figuras 13.13 e 13.14. Considere-se o caso de companhias de linhas regulares concorrentes, cada uma delas operando um navio único, por exemplo, um navio porta-contêineres de 4.000 TEU que faz cinco viagens por ano. Cada navio custa US$ 40 mil por dia, incluindo o capital, os custos operacionais e o combustível de bancas, e custa US$ 400 para manusear cada contêiner. Quando o navio está cheio, não pode ser carregada carga adicional. O eixo vertical

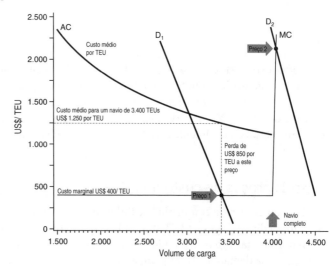

Figura 13.13 – Precificação no mercado de linhas regulares, caso 1: preço de custo marginal.

Fonte: Martin Stopford, 2006.

de cada gráfico apresenta o preço (taxa de frete) ou custo em dólares americanos por TEU, enquanto o eixo horizontal mostra o número de contêineres expedidos em cada viagem.

A companhia de linhas regulares deve cobrar um preço que cubra os seus custos. Se esse objetivo não for alcançado, no devido tempo, ela sairá do negócio. Os custos podem ser fixos ou variáveis. Neste caso simplificado, o custo diário do navio de US$ 40 mil é um custo fixo[43] porque a companhia está comprometida em oferecer um serviço independentemente da quantidade de carga, enquanto os custos de manuseio podem ser denominados de *variáveis* porque não ocorrem se não houver carga. É uma grande simplificação, mas serve para ilustrar o princípio.

Porque a empresa já está comprometida com os custos de viagem, quando o navio está parcialmente vazio, o único custo adicional incorrido por aceitar outro contêiner é US$ 400 por contêiner referente ao custo de manuseio da carga. Isso é conhecido como *custo marginal* (CM). Quando o navio estiver cheio,

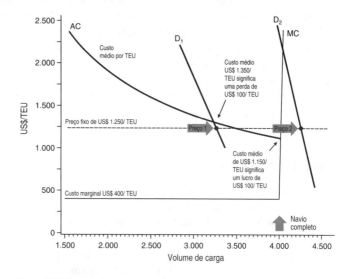

Figura 13.14 – Precificação no mercado de linhas regulares, caso 2: preço fixo.

Fonte: Martin Stopford, 2006.

o custo marginal aumenta abruptamente, para, por exemplo, US$ 2.500, o custo de afretar outro navio ou de alugar espaços para contêineres em outro navio. Na Figura 13.13, isso é apresentado pela curva de custo marginal (CM). Note-se que a curva CM é horizontal a US$ 400 de 1.500 TEU para 4.000 TEU, quando o navio se encontra completamente carregado. Depois movimenta-se verticalmente de US$ 400 por TEU, até US$ 2.500 por TEU quando o carregamento da carga alcança 4.000 TEU. A Figura 13.13 também apresenta a curva de custo médio, que mostra para cada nível de produção os custos fixos e variáveis divididos pela quantidade de carga. Em níveis de produção baixos, o custo médio é muito alto porque um pequeno número de contêineres tem de absorver o custo total do navio. Por exemplo, quando o navio transporta somente 1.500 contêineres, o custo médio é de US$ 2.400 por TEU, mas, assim que o fator de carregamento [*load factor*] aumenta, o custo médio cai gradualmente para US$ 1.150 por TEU quando o navio está cheio.

Caso 1: preços de custo marginal

Para obter lucro, a companhia de linhas regulares deve gerar receitas suficientes para cobrir o custo médio. A Figura 13.13 apresenta o que acontece num mercado livre (ou seja, sem as conferências marítimas). Quando existe mais espaço de carga do que carga, que é representada pela curva da demanda D1, as companhias de linhas regulares concorrem umas com as outras pela carga existente. À medida que começam a baixar os preços umas das outras, o preço cai para o custo marginal, que no exemplo é de US$ 400 por TEU (ou seja, o custo de manuseio). A esse preço, a quantidade de carga é 3.400 unidades equivalentes de carga, o ponto onde a curva da demanda (D1) intersecta a curva do custo marginal. Isso é bem abaixo do custo médio (CM), que nesse nível de produção é de US$ 1.250 por TEU, portanto, a companhia tem um prejuízo de US$ 850 por contêiner. Com 3.400 contêineres para serem transportados, isso resulta num prejuízo de viagem de US$ 2,9 milhões. Quando a demanda é elevada (D2), o preço aumenta abruptamente para US$ 2.250 por TEU, visto que os embarcadores concorrem pela capacidade limitada das 4.000 TEU. Com essa quantidade, o custo médio é de US$ 1.150 dólares por TEU, portanto, a companhia obtém um lucro de US$ 1.100 por contêiner, realizando US$ 4,4 milhões na viagem. Para sobreviver num mercado volátil em que os preços são determinados pela concorrência, a companhia de linhas regulares deve realizar um lucro suficiente durante os anos bons para subsidiar as suas operações durante os anos maus. Neste caso, o lucro de US$ 4,4 milhões durante a expansão mais do que compensa o prejuízo de US$ 2,9 milhões na recessão, ficando com um excedente de US$ 1,5 milhão. Embora o fluxo de caixa venha a ser muito volátil, ao longo do tempo a entrada e a saída de companhias de linhas regulares deveriam regular o nível do lucro garantindo um retorno adequado, mas não excessivo, para as companhias eficientes. Isto é, pelo menos na teoria.

Caso 2: preços fixos

A estratégia alternativa para as companhias de linhas regulares é fixar os preços em um nível que dê uma margem razoável sobre o custo médio. As consequências dessa abordagem encontram-se apresentadas na Figura 13.14, que tem as mesmas curvas da demanda e da oferta. Vamos supor que a companhia decida impor um preço fixo de US$ 1.250 por TEU, apresentado pela linha pontilhada. Durante a recessão, ao preço de US$ 1.250 por TEU, a demanda diminui para cerca de 3.250 TEU (ver o cruzamento entre D1 e a curva de preço fixo). Nessa quantidade de carga, o custo médio é de US$ 1.350 por TEU, portanto, a companhia tem um prejuízo de US$ 100 por TEU ou US$ 0,3 milhão na viagem. Durante a expansão (D2), ao preço

O transporte de carga geral

de US$ 1.250 por TEU, a demanda cresce para 4.250 TEU (ver o cruzamento entre D2 e a curva de preço). Visto que o navio só pode transportar 4.000 TEU a um custo médio deUS$ 1.150, a viagem gera um lucro de US$ 100 por TEU ou US$ 0,4 milhão na viagem. Então, a esse preço de US$1.250 por TEU, a companhia tem um lucro líquido de US$ 0,1 milhão nas duas viagens, o que não é tanto quanto teriam obtido se tivesse adotado o caso do preço de custo marginal. Parece que avaliaram mal o preço que deveriam ter estabelecido.

Se os preços fixos forem avaliados corretamente e mantidos de forma escrupulosa, essa política oferece uma forma prática de estabilizar o fluxo de caixa. A companhia tem um pequeno prejuízo durante a recessão e um pequeno lucro durante a expansão. Comparado com o caso do mercado livre, os ciclos dos fluxos de caixas são reduzidos e os clientes têm o benefício dos preços estáveis. Se houver uma entrada livre no tráfego, a companhia acabará por não obter lucros excessivos porque as novas empresas e as existentes expandem a capacidade anulando os lucros excessivos.

Esse é o aspecto positivo da precificação. Fazê-lo funcionar é o pesadelo de um economista. Os preços fixos só podem funcionar se a maioria dos proprietários de navio cumprir com a política, mas durante a recessão, com os preços bem acima do custo marginal, as companhias individuais têm um incentivo tremendo para baixar os seus preços e encher os seus próprios navios. Então a "concórdia de preços" [price ring] está sob constante pressão. Pior ainda, durante a expansão, existe o risco de que externos se lancem sobre o tráfego, absorvendo as cargas de luxo a preços rentáveis, e o mercado de afretamento para os navios porta-contêineres facilitou bastante isso. Se não puder ser implantada uma disciplina rígida, o cartel é espremido em ambas as direções. Como cada rota é somente uma pequena ilha num mar de capacidade de linhas regulares, os esforços para impor a disciplina de dentro ou de fora são facilmente gorados.

Um exemplo simples ilustra o problema. Vamos supor que existem três navios num serviço, dois numa conferência marítima (ou seja, cartel) e um terceiro "externo". O tráfego está depressivo com carga suficiente para carregar um navio de 3.250 TEU, e esse nível de demanda é fixo, isto é, não é sensível ao preço. Se a conferência marítima for mantida, cada navio cobra um preço fixo de US$ 1.250 por TEU e carrega 3.250 TEU, obtendo um pequeno prejuízo de US$100 por contêiner na viagem. Contudo, se o externo oferecer US$ 1.150 por TEU, todo o cenário muda. A esse preço ele ganhará carga suficiente para encher o seu navio de 4.000 TEU, portanto, o seu custo médio cai para US$ 1.150 por contêiner e ele atinge os custos de equilíbrio. Mas os membros da conferência marítima ficarão cada um com somente 2.875 TEU (ou seja, existe potencialmente 9.750 TEU e o externo fica com 4.000 TEU, deixando 5.750 TEU para serem partilhados pelos dois navios da conferência marítima). Com somente 2.875 TEU por navio, o seu custo médio aumenta para US$ 1.450 por TEU, mas a taxa é agora de US$ 1.150 por TEU, então, eles perdem US$ 300 por TEU. Eles foram assaltados por um externo e não há nada que possam fazer sobre isso. Os exemplos que consideramos até agora relacionam-se com os ciclos de mercado. Os mesmos princípios aplicam-se exatamente aos ciclos sazonais ou aos desequilíbrios de tráfegos. Esse é um bom exemplo de uma situação conhecida na teoria dos jogos como o "dilema do prisioneiro".[44]

Caso 3: discriminação dos preços

A terceira opção de precificação é a *discriminação dos preços*. Um dos benefícios do preço de custo marginal é que os preços flexíveis ajudam a coordenar a quantidade de carga com a capacidade disponível. Então, o preço baixo durante a recessão na Figura 13.13 atrai as cargas marginais, como os resíduos de papel, o feno ou os blocos de construção, ajudando a encher os navios e a gerar receitas extras. Como resultado, a quantidade de carga na recessão é de 3.400 TEU, comparadas com somente 3.250 quando o preço foi fixado a US$ 1.250 por TEU. Inversamente, durante as expansões, os preços altos desencorajam a carga que não pode tolerar as taxas de frete elevadas e a capacidade escassa é ocupada pela carga prioritária, enquanto o preço fixo deixa a companhia de linhas regulares com uma demanda de 4.250 TEU para somente 4 mil espaços para contêineres. Desse ponto de vista, os preços flexíveis trazem benefícios positivos para o embarcador e para a companhia de linhas regulares. Uma maneira de obter o melhor de dois mundos é oferecer preços diferentes por cada mercadoria. Os economistas referem-se a essa abordagem como discriminação dos preços, e é amplamente usada nos sistemas de transporte (por exemplo, nas companhias aéreas, com classe executiva *versus* classe econômica). São oferecidas de cargas de valor baixo um transporte econômico para encher a capacidade vazia, enquanto são cobradas às cargas de valor elevado um frete superior. A discriminação do preço da mercadoria foi amplamente usada pelas companhias de linhas regulares envolvidas no transporte de carga, embora tenha se tornado mais difícil desde que a conteinerização normalizou a carga física. Esse aspecto da precificação é particularmente relevante na conteinerização de cargas a granel secundárias. A discriminação dos preços pode também ser aplicada aos clientes. Por exemplo, pode-se oferecer aos clientes que têm grandes quantidades de carga taxas de frete especiais. Com toda a discriminação de preços que existe, o aspecto-chave é garantir que a receita marginal obtida da carga compense totalmente a companhia pelo custo do serviço, incluindo os custos escondidos, como reposicionamento de contêineres. Isso é conhecido como "gerenciamento de rendimentos".

Caso 4: contratos de serviço

Assim que a conteinerização reduziu as oportunidades para a discriminação do preço, apareceu uma quarta opção de precificação, que foi o acordo de serviço. Essa abordagem desenvolve-se com base no fato de os grandes embarcadores terem tanto interesse na estabilidade quanto as companhias de linhas regulares e utiliza os acordos de serviços negociados para determinar o preço e as linhas de orientação relativas à quantidade. Inicialmente, essa abordagem levantou questões de natureza anticoncorrencial, sobretudo nos tráfegos dos Estados Unidos, mas a Lei sobre a Reforma do Transporte Marítimo dos Estados Unidos (1999) [*US Ocean Shipping Reform Act (1999)*] deu aos embarcadores o direito de terem contratos de serviço confidenciais, e os contratos de serviço privados com os embarcadores foram amplamente adotados. Contudo, uma pesquisa publicada três anos mais tarde sugeriu que o nível de definição desses contratos é geralmente muito baixo. Somente 44% dos questionados tinham um contrato de frete formal, e o restante dependia de acordos informais que se "referiam à conferência marítima [aumentos na taxa geral] nos vários tráfegos, em vez de estabelecer uma taxa para a movimentação de contêineres de A para B".[45]

13.10 AS CONFERÊNCIAS DE LINHAS REGULARES E OS ACORDOS DE COOPERAÇÃO

A análise econômica efetuada na seção anterior sugere que os gerentes das companhias de linhas regulares encontram-se "entre a cruz e a espada" ao tentar atender às necessidades diversas de uma base variada de clientes enquanto operam horários regulares com sequências de

O transporte de carga geral

navios relativamente inflexíveis e, ao mesmo tempo, cobrir uma despesa administrativa geral considerável. Nos ciclos comerciais de mercado livre, os ciclos sazonais e os desequilíbrios de tráfego produzem receitas voláteis. Viver com um fluxo de caixa volátil não é particularmente agradável e, uma vez que eles têm a possibilidade de formar cartéis, essa é uma estratégia óbvia. Como vimos, os esforços para substituir o mercado e "gerenciar" os preços ou a capacidade apresentam-se como grandes problemas. Entretanto, a Figura 13.14 mostrou por que razão as forças econômicas não favorecem os preços de linhas regulares estáveis dos cartéis. As companhias que quebram a concórdia de preços obtêm lucros substanciais à custa dos membros do cartel onde a contenção nunca durará para sempre, especialmente na época da conteinerização. Existem muitas tentações, já que há gerentes bancários para pagar, pressão dos acionistas para a obtenção de retornos mais elevados ou um apoiante governamental interessado em ver a sua companhia nacional de transporte marítimo obtendo uma maior quota do tráfego. Numa indústria em que as barreiras de entrada são baixas, a estabilidade das taxas de frete deve ser a exceção, em vez da regra.

Apesar dessas dificuldades, a busca continua. Ao longo dos anos, os gerentes dos negócios de linhas regulares apareceram com uma vasta gama de soluções. Algumas concentraram-se no lado da receita, buscando preços fixos para todo o tráfego, frequentemente apoiadas em esquemas de descontos de lealdade complexos, em descontos sobre as mercadorias, em acordos de serviços que oferecem taxas especiais aos principais clientes e em outros esquemas destinados a misturar um preço fixo com um grau de flexibilidade. Outros consideraram a capacidade, tentando atingir a raiz do problema por meio da definição de participações de tráfego para que as companhias não possam concorrer pela carga uma da outra. De vez em quando, têm ocorrido acordos entre as companhias para partilhar o espaço da carga e para aumentar a flexibilidade. Algumas companhias grandes preferem manter a sua independência e o mercado livre, mas de uma forma ou de outra a maioria delas acaba buscando formas de restringir as forças de mercado. Na seção seguinte abordamos esses acordos. Como eles estão em constante mudança, não são fáceis de analisar nem de classificar. Revisitaremos brevemente a sua história, mais como uma ilustração do que pode acontecer do que como um relato definitivo do sistema.

CONFERÊNCIAS MARÍTIMAS DE LINHAS REGULARES

O *sistema de conferências marítimas*, que foi desenvolvido em meados da década de 1870, foi a primeira tentativa da indústria de lidar com o problema da precificação. As principais companhias de navegação britânicas, como a P&O, a Alfred Holt e a Glen Line, que estabeleceram os primeiros serviços de linhas regulares para o Extremo Oriente no início da década de 1870, verificaram desde o início que a concorrência estava forçando as tarifas para níveis que não cobririam os seus custos médios. Elas enfrentaram todos os problemas mencionados na seção anterior. Havia uma capacidade excedentária em razão de um excesso de construção; os tráfegos eram extremamente sazonais, sobretudo os de produtos agrícolas como o chá, portanto, durante parte do ano, os navios andavam metade cheios; e também existia um desequilíbrio entre o tráfego para leste e para oeste, com a demanda do espaço de carga para a China sendo menor do que a demanda da China.[46] Como resultado, existia frequentemente mais capacidade de carga do que carga. É claro que nada disso era novo. O que mudou foi a organização do negócio. Como as companhias de linhas regulares recentes estavam operando nos mesmos tráfegos, encontravam-se numa posição muito melhor para formar um cartel e fixar as taxas de frete para que, nas palavras de John Swire, "as companhias não pudessem arruinar umas às outras".[47]

A primeira conferência marítima foi formada em agosto de 1875 pelas linhas que operavam entre Reino Unido e Calcutá. Foi acordado cobrar taxas de frete similares, limitar o número de viagens, não dar preferências nem concessões a quaisquer embarcadores e navegar em determinada data independentemente de terem ou não um carregamento de carga completo.[48] Contudo, devido à situação de excesso de tonelagem, isso simplesmente fez com que os principais embarcadores, sobretudo os comerciantes poderosos de Manchester, ameaçassem utilizar os navios fora da conferência marítima que ofereciam taxas de frete mais baixas.[49] Já existia o costume de que o encargo cobrado pela utilização do equipamento do navio para carregar e descarregar fosse devolvido aos comerciantes que expedissem regularmente com a mesma companhia. Em 1877, a conferência marítima utilizou isso como a base para a criação do sistema de descontos. Era dada aos comerciantes que expedissem exclusivamente com a conferência marítima por um período de seis meses uma redução de 10% nas taxas de frete, mas o desconto não era pago até que tivessem passado mais outros seis meses, durante os quais o desconto de lealdade era perdido se o comerciante usasse um navio pertencente a uma companhia que não fosse membro da conferência marítima.[50] Isso significava que qualquer embarcador tentado pelos cortes nas taxas de frete oferecidos pelos operadores não pertencentes à conferência marítima perderia uma soma muito substancial se os aceitasse.

Isso foi só o começo. No século seguinte, havia uma rede em constante evolução de acordos que cobriam as taxas, o número de saídas, os portos servidos, as cargas transportadas e a partilha das receitas de frete (acordos de "consórcios"). As conferências marítimas *fechadas* controlavam os membros, partilhavam a carga e utilizavam a discriminação do preço para encorajar os principais embarcadores a expedir exclusivamente com a conferência. Por exemplo, os embarcadores regulares poderiam ser cobrados com uma taxa de frete "contratual" mais baixa, e uma taxa mais elevada seria aplicada aos embarcadores que por vezes utilizassem os operadores externos. Foi também utilizado o "desconto deferido" desenvolvido no tráfego de Calcutá. Os embarcadores leais receberiam um desconto monetário, por exemplo, 9,5%. As conferências marítimas *abertas* permitem que qualquer companhia se junte, desde que cumpram com os acordos relacionados às taxas de frete. São garantidos aos membros os preços estabelecidos pela conferência marítima, mas, uma vez que não existe controle sobre o número de navios em serviço, as conferências marítimas abertas são mais vulneráveis ao excesso de tonelagem. No início da década de 1970, existiam mais de 360 conferências marítimas, com o número de membros variando entre duas e quarenta companhias de linhas regulares;[51] trinta anos mais tarde, em 2002, apesar das incursões da conteinerização, existiam ainda 150 conferências marítimas operando no mundo, novamente com o número de membros variando entre duas e quarenta companhias de linhas regulares independentes.[52]

Contudo, as mudanças de mercado que acompanharam a conteinerização, sobretudo a normalização do mercado e a concorrência global, enfraqueceram a habilidade da indústria em impor os preços dos cartéis, e as autoridades reguladoras passaram a ser menos solidárias com os argumentos para isentar as conferências marítimas da legislação antitruste. Como resultado, a atenção voltou-se para estratégias que reduzissem os custos unitários por meio de consórcios, de alianças e de fusões que são aceitáveis pelas autoridades reguladoras. Uma abordagem dessas questões pode ser encontrada na Seção 16.12.

ALIANÇAS GLOBAIS

No final da década de 1980, o sistema de conferências marítimas tinha ficado seriamente enfraquecido[53] e, apesar os esforços para resolver o problema da precificação, continuava tão

O transporte de carga geral

ativo como um século antes, e, para descontentamento generalizado das autoridades reguladoras, a indústria tinha alterado a sua estratégia. Na rota do Pacífico foram desenvolvidos séries de acordos de estabilização, não mais chamados conferências marítimas, o primeiro sendo o Acordo de Discussão Transpacífico [*Trans Pacific Discussion Agreement,* TPDA]. No Atlântico, o Acordo Transatlântico [*Trans Atlantic Agreement,* TAA] tornou-se na sequência o Acordo de Conferência Transatlântica [*Trans Atlantic Conference Agreement,* TACA]. Em meados da década de 1990, cerca de 60% da capacidade de linhas regulares nas principais rotas pertencia a esse tipo de sistema de conferência marítima, embora as modernas conferências marítimas abertas sejam muito diferentes das fechadas extremamente controladas da década de 1950. Algumas funcionam sobretudo como secretariados de tráfegos, administrando os acordos de tarifas e lidando com as várias entidades reguladoras. Em 2007, as duas principais conferências eram a Transpacific Stabilisation Agreement (TSA) [Acordo de Estabilização Transpacífico] e a Far East Freight Conference (FEFC) [Conferência de Frete do Extremo Oriente], mas existiam ainda muitas conferências que cobriam os tráfegos menores.

Esses acordos, que já abordamos na Seção 13.6, são de muitas maneiras a resposta da indústria às necessidades evolutivas dos serviços conteinerizados de linhas regulares. Ao contrário do velho sistema de linhas regulares, que se concentrou nas rotas individuais, a concorrência hoje em dia é global, e algumas das grandes companhias desenvolveram alianças sob as quais os membros continuam a gerenciar suas próprias operações comerciais enquanto partilham os serviços de gerenciamento e a distribuição de contêineres. Geralmente, os acordos de alianças cobrem três áreas principais. Primeiro, os horários dos serviços, incluindo o tipo e a dimensão do navio a ser usado em cada rota; os itinerários e os horários de saída; e os portos e a rotação dos portos. Segundo, os vários serviços de apoio, incluindo o afretamento de navios, a utilização conjunta de terminais, o gerenciamento de contêineres, os serviços alimentadores; e a coordenação dos serviços terrestres. Terceiro, poderão existir restrições às atividades dos membros, por exemplo, a utilização de transportadores terceiros em rotas específicas fica sujeita à autorização dos membros e a medidas para o gerenciamento da capacidade para poder lidar com as escassezes e com os excessos. Isso permite que os membros utilizem a sua dimensão combinada para melhorar a eficiência das operações globais. Em geral, os acordos não cobrem as vendas, a comercialização e a precificação, que são deixadas para os membros individuais, pois existem os faturamentos e os conhecimentos de embarque. Os navios continuarão a pertencer e ser operados pelas companhias-membros, que retêm as suas próprias funções de gerenciamento individual.

PRINCÍPIOS PARA REGULAR A CONCORRÊNCIA NO MERCADO DE LINHAS REGULARES

Desde o início dos serviços de linhas regulares na década de 1870, há uma crítica em relação às conferências marítimas pelas organizações dos embarcadores, mas um grau de cooperação com os transportadores era tolerado. Existiam várias razões para isso, e um estudo detalhado sobre a concorrência do transporte marítimo de linhas regulares efetuado pela OCDE em 2001 analisou a evidência econômica. Concluiu que os princípios econômicos subjacentes ao negócio das linhas regulares não eram fundamentalmente diferentes dos princípios dos outros setores de transporte e que, de fato, a indústria tinha se tornado mais competitiva, ao mesmo tempo que o poder das conferências marítimas enfraquecia e os transportadores tinham se voltado para as alianças mais flexíveis para ganhar uma eficiência operacional maior.[54] Como um enquadramento para conceber a melhor solução, identificaram três aspectos:

- *Liberdade para negociar.* As taxas, as sobretaxas e as outras condições do transporte no mercado de linhas regulares deveriam ser de livre negociação entre os embarcadores e os transportadores numa base individual e de confiança.

- *Liberdade para proteger os contratos.* Os transportadores e os embarcadores deveriam ser capazes de proteger contratualmente as condições-chave dos acordos de serviços negociados, incluindo as informações referentes às taxas.

- *Liberdade para coordenar as operações.* Os transportadores deveriam ser capazes de desenvolver acordos operacionais com outros transportadores, desde que estes não incluam a precificação ou confiram poder de mercado às partes envolvidas.

Segue-se que eles argumentaram que esses princípios ajudariam a estabelecer o equilíbrio certo e justo entre o poder de mercado dos embarcadores e dos proprietários de navios. A regulamentação do mercado de linhas regulares é debatida na Seção 16.10.

Em outubro de 2008, a revogação do regulamento 4056/86 por parte da União Europeia, que retira a isenção por categoria [*block exemption*] ao abrigo dos Artigos 81º e 82º do Tratado de Roma, entrou em vigor e as conferências marítimas ficaram sujeitas a esses regulamentos. Essa alteração nos regulamentos que governam os serviços de linhas regulares que operam dentro e fora da União Europeia tem um impacto importante em conferências marítimas como a Conferência de Frete do Extremo Oriente. Essas questões regulamentares são abordadas na Seção 16.10.

13.11 OS PORTOS E OS TERMINAIS DE CONTÊINERES

ESCALAS PORTUÁRIAS E PRECIFICAÇÃO NO MERCADO DE LINHAS REGULARES

A conteinerização mudou a forma como o negócio de linhas regulares gerencia os seus itinerários portuários. Anteriormente, os navios cargueiros de linhas regulares operavam um serviço "porto a porto", "equalizando" os preços cobrando a mesma taxa para todos os portos no seu itinerário. Como os embarcadores pagaram uma viagem de e para o porto, tinham um incentivo para utilizar um serviço de linhas regulares que escalasse o porto local. Cada porto tinha a sua área de influência e, para ganhar uma quota dessa carga, os serviços de linhas regulares tinham de incluir esse porto no itinerário. Esse sistema de precificação encorajou itinerários demorados e muita duplicação das escalas portuárias.

Quando a conteinerização foi introduzida, o sistema de precificação foi alterado. Uma vez que as companhias de linhas regulares ganharam controle sobre o transporte terrestre, podiam planejar e adotar um itinerário que lhes conferia o custo de transporte unitário total mais econômico. O resultado foi a canalização do comércio em menos portos, em que cada porto principal desenvolveu uma área de influência [*catchment area*] muito mais alargada. Isso também conduziu a uma nova concorrência entre os portos para atrair serviços de linhas regulares. A escolha de um itinerário portuário envolve um compromisso entre o custo da escala e a receita obtida derivada da oferta de um serviço direto de e para o porto. Existe a possibilidade de estabelecer pontos de distribuição intermédia para servir uma terceira área. Por exemplo, o Golfo Pérsico pode ser servido por um serviço alimentador a partir de Jeddah, no Mar Vermelho. De fato, podemos definir dois níveis de serviço.[55]

O transporte de carga geral

- *Centros de carga (portos-base).* Têm um serviço regular com operações de carga e de descarga frequentes. É garantido ao embarcador um serviço regular a uma tarifa fixa quer eles sejam servidos diretamente, quer não. Por exemplo, Antuérpia atrai a mesma quantidade que Roterdã mesmo se o navio não escalar lá.

- *Portos alimentadores (portos exteriores ao itinerário).* Alguns portos não estão incluídos no serviço normal porque não manuseiam carga suficiente para tornar esse custo eficaz. Contudo, para cumprir sua obrigação de "atender as necessidades do tráfego", a companhia aceita cargas em portos exteriores ao itinerário e providencia um serviço alimentador para um porto-base. Serão cobradas dessas cargas uma taxa extra.

A INFRAESTRUTURA PORTUÁRIA

Embora existam atualmente cerca de quatrocentos portos que têm um movimento significativo de contêineres, os sessenta principais manuseiam 98% do movimento total. Muitos países têm agora um ou dois portos de contêineres principais que servem os tráfegos de longo curso, apoiados por uma variedade de pequenos portos que manuseiam os tráfegos de curta distância e de distribuição. A Tabela 13.10 lista os 36 portos mais importantes em 2005, organizados por região. Entre eles, em 2005, esses portos manusearam 194 milhões de TEU, cerca de 60% do movimento total de contêineres, e entre 1994 e 2005 o seu tráfego cresceu a 9,4% por ano. É interessante ver que o Oriente Médio cresceu mais rapidamente, com 13,4% de crescimento por ano, seguido da Ásia com 9,6%, da Europa um pouco mais lenta com 9,1% e da América do Norte em quarto com 8,9%. Os dois maiores portos de contêineres, Hong Kong e Singapura, manusearam cada um mais de 20 milhões de TEU em 2005, desempenhando o papel de centros de distribuição regional para o sistema de distribuição asiático predominantemente marítimo. Xangai estava alcançando-os rapidamente e apresentou um crescimento de carga mais rápido do que qualquer outro porto durante a década.

Geralmente, os terminais de contêineres têm vários berços, cada um servido por uma ou mais gruas capazes de içar 40 toneladas. Numa área adjacente para armazenagem, os contêineres são guardados à espera de serem coletados. Para aguentar o peso da grua de contêineres, é geralmente necessário reforçar o cais para apoiar as gruas. Têm sido desenvolvidos vários tipos de terminais de contêineres para atender aos diferentes requisitos. Um sistema é içar o contêiner para fora do navio e colocá-lo em cima de um chassi de reboque, que depois é movimentado para um pátio de armazenagem à espera da coleta. Isso tem a vantagem de o contêiner ser manuseado somente uma vez e interage eficientemente com o sistema de transporte rodoviário. A sua principal desvantagem é que utiliza uma grande área e exige um investimento significativo em reboques. Em lugares onde terrenos são um luxo, os contêineres podem ser estivados até cinco em altura, usando um sistema de gruas de pórtico que também podem ser utilizadas no cais, mas as desvantagens desse sistema são as dificuldades em obter acesso aleatório aos contêineres empilhados e o custo de manuseio múltiplo das unidades individuais. O compromisso é empilhar dois ou três contêineres em altura, utilizando "aranhas", empilhadeiras grandes ou carregadores de baixa elevação para movimentá-los entre o cais e a pilha e retirá-los quando necessários. Em pequenos portos, é frequente alocar uma área do cais para a armazenagem de contêineres.

Nas áreas industriais avançadas de Europa, América do Norte e Extremo Oriente, a conteinerização canalizou o tráfego por meio de um pequeno número de portos que investiram em terminais de contêineres de produtividade elevada do tipo acima mencionado. Nos países em desenvolvimento o problema é mais complexo, porque a infraestrutura terrestre muitas vezes não é suficiente para manusear a rede de contêineres sofisticada. Como vimos no exemplo do tráfego da África Ocidental, a carga não é exclusivamente conteinerizada. Em tais casos, mesmo os portos menores precisam ser equipados para manusear os contêineres. Isso envolve o desenvolvimento de um berço para o manuseio de contêineres, efetuando qualquer reforço necessário ao cais, a compra de gruas adequadas, frequentemente uma unidade móvel, e "aranhas" ou empilhadeiras e a oferta do serviço de estiva de contêineres para a carga fracionada não entregue conteinerizada no porto. Depois, os contêineres são empilhados num local adequado.

Tabela 13.10 – Tráfego de contêineres nos 36 principais portos (1994 e 2005)

Posição mundial 2005		País	Tráfego (movimentos) milhões de TEU			
			1994	2005	% por ano	Região
	Ásia					
1	Singapura	Singapura	9,0	23.2	8,6%	Ásia
2	Hong Kong	Hong Kong	9,2	22.4	8,1%	Ásia
3	Xangai	China	0,9	18.1	27,3%	Ásia
4	Busan	Coreia do sul	3,1	11.8	12,2%	Ásia
5	Kaohsiung	Taiwan	4,6	9.5	6,5%	Ásia
12	Port Klang	Malásia	0,8	5.5	17,9%	Ásia
15	Tóquio	Japão	1,5	3.6	7,7%	Ásia
16	Tanjung Priok	Indonésia	1,0	3.3	10,8%	Ásia
18	Yokohama	Japão	2,2	2.9	2,6%	Ásia
21	Manila	Filipinas	1,3	2.7	6,8%	Ásia
22	Colombo	Sri Lanka	0,9	2.5	9,6%	Ásia
23	Nagoya	Japão	1,2	2.3	6,3%	Ásia
25	Kobe	Japão	2,7	2.3	−1,5%	Ásia
27	Keelung	Taiwan	1,9	2.1	1,1%	Ásia
33	Bangcoc	Tailândia	1,3	1.3	0,6%	Ásia
	Total Ásia		41,3	113.4	9,2%	
	Europa Ocidental					
6	Roterdã	Holanda	4,2	9,3	7,6%	Europa
7	Hamburgo	Alemanha	2,5	8,1	11,3%	Europa
11	Antuérpia	Bélgica	1,9	6,5	11,9%	Europa
14	Bremerhaven	Alemanha	1,4	3,7	9,7%	Europa
17	Algeciras	Espanha	0,8	3,2	13,2%	Europa
20	Felixstowe	Reino Unido	1,6	2,7	4,6%	Europa
26	Le Havre	França	0,9	2,1	8,1%	Europa

(continua)

O transporte de carga geral   621

Tabela 13.10 – Tráfego de contêineres nos 36 principais portos (1994 e 2005) (*continuação*)

Posição mundial 2005		País	Tráfego (movimentos) milhões de TEU			Região
			1994	2005	% por ano	
36	La Spezia	Itália	0,8	1,0	2,5%	Europa
	Total Europa		14,0	36,6	9,1%	
	Oriente Médio					
8	Dubai	EAU	1,7	7,6	14,7%	Oriente Médio
19	Jeddah	Arábia Saudita	0,9	2,9	10,6%	Oriente Médio
	Total Oriente Médio		2,6	10,5	13,4%	
	América do Norte					
9	Los Angeles	Estados Unidos	2,4	7,5	11,0%	América do Norte
10	Long Beach	Estados Unidos	2,1	6,7	11,3%	América do Norte
13	Nova York	Estados Unidos	2,0	4,8	8,4%	América do Norte
24	Oakland	Estados Unidos	1,3	2,3	5,2%	América do Norte
28	Seattle	Estados Unidos	1,2	2,1	5,6%	América do Norte
29	Tacoma	Estados Unidos	1,1	2,1	6,2%	América do Norte
30	Charleston	Estados Unidos	0,8	2,0	8,1%	América do Norte
31	Hampton Roads	Estados Unidos	0,8	2,0	8,8%	América do Norte
	Total da América do Norte		11,6	29,4	8,9%	
	Outros					
32	Melbourne	Austrália	0,7	1,9	9,3%	Oceania
34	San Juan	Porto Rico	1,6	1,3	−1,8%	América Central
35	Honolulu	Estados Unidos	0,7	1,1	3,5%	América do Norte
	Total de movimentos de contêineres efetuados pelos 36 portos		72,5	194,0	9,4%	

Fonte: CRSL, *Containerisation International*.

13.12 RESUMO

Como vimos neste capítulo, as companhias de linhas regulares transportam "carga geral" e operam num mercado que tem toda a vantagem competitiva do mercado marítimo de granel, mas com duas diferenças principais que alteram o mercado e o processo competitivo. Primeiro, a necessidade de gerenciar um serviço regular torna a capacidade de linhas regulares inflexível. Segundo, com tantos clientes, a negociação do preço é mais restrita. Com essas restrições, o mecanismo de mercado livre que regula o mercado marítimo a granel adota um caráter muito diferente do negócio de linhas regulares. Quando examinamos os princípios econômicos, verificamos que a precificação no mercado livre conduziria a um fluxo de caixa altamente volátil, mas é difícil fazer cumprir um sistema de preços fixos. Na sua essência, esse tem sido o problema enfrentado pela indústria de linhas regulares ao longo de sua história de 125 anos.

A nossa revisão sobre a evolução do negócio das linhas regulares demonstrou as mudanças que a conteinerização introduziu no negócio, e examinamos o modelo de mercado global que agora providencia o enquadramento para o comércio. Essa rede de serviços está em constante mudança para atender às necessidades do comércio. As principais rotas de linhas regulares, conhecidas como tráfegos leste-oeste, operam entre os três centros industriais da América do Norte, da Europa Ocidental e da Ásia. Estas são complementadas por uma matriz complexa de tráfegos norte-sul que servem os vários países em desenvolvimento. No limite, existem pequenos serviços projetados para atender às necessidades específicas locais. Desenvolveu-se um sistema de suprimento altamente flexível para servir esses tráfegos envolvendo alianças, contratos de afretamentos de espaço e um mercado de afretamento para os navios que cresceu de praticamente zero no início da década de 1990 para mais de metade da capacidade em 2006.

Nosso estudo da demanda de serviços de linhas regulares concluiu que "a análise dos produtos primários" utilizada para analisar a demanda de navios graneleiros é menos apropriada como metodologia para os tráfegos de linhas regulares. Existem tantas mercadorias e tão poucas estatísticas que uma análise detalhada da mercadoria raramente pode ser bem-sucedida. Mais importante, a demanda de transporte de linhas regulares não é determinada pelos desequilíbrios regionais na oferta e na demanda, mas pelo preço relativo e pela existência dos bens. Se na Inglaterra um fabricante pode abastecer-se mais economicamente de Taiwan que da Escócia, ele escolhe Taiwan. Nesse sentido, o crescimento da demanda depende das diferenças de custo existentes dentro da economia mundial, enquanto a concorrência entre empresas gira em torno de uma gama de fatores que incluem o preço, a velocidade, a fiabilidade e a qualidade de serviço.

O tráfego de carga geral é transportado por uma frota de navios que incluem os navios porta-contêineres, os navios MPP, os navios de cobertas, os navios cargueiros de linhas regulares tradicionais e os navios ro-ro. Alguns desses navios são projetados para atender a necessidades comerciais específicas, enquanto outros são oriundos de épocas de transporte marítimo de linhas regulares anteriores e servem o mercado durante as suas vidas úteis. Todo o negócio de linhas regulares é apoiado por uma rede extensa de instalações portuárias que variam entre "superterminais" em Roterdã, Hong Kong e Singapura até portos locais muitos pequenos que servem os tráfegos alimentadores.

Examinamos a estrutura de custos de linhas regulares e identificamos oito "elementos de base" que contribuem para a economia dos serviços de linhas regulares: as características do navio, a programação do serviço, a utilização da capacidade, o custo diário do navio, os encargos portuários, a distribuição de contêineres, os custos de contêineres e os custos administrativos. As escolhas efetuadas pelas companhias de linhas regulares para cada um destes determinam o perfil de custo da operação. Do lado da receita, os princípios-chave são a estabilidade do preço e a discriminação do preço. O sistema de precificação, que envolve diferentes graus de discriminação por mercadoria e por proprietário, foi agora substancialmente modificado pelo uso mais alargado de contratos de serviço negociados bilateralmente entre os transportadores e os embarcadores.

As lições do negócio de linhas regulares são suficientemente simples. Segundo Adam Smith, a utilização de contêineres para mecanizar o transporte de carga geral "abriu o mundo inteiro a um mercado de produção de todo tipo de mão de obra". Para as companhias de linhas regulares, o retorno financeiro pode não ser espetacular, mas a sua contribuição para a economia comercial global é ponto pacífico.

PARTE 5

A FROTA MERCANTE E A OFERTA DE TRANSPORTE

CAPÍTULO 14
OS NAVIOS QUE REALIZAM O TRANSPORTE

"Os gerentes podem acreditar que as estruturas industriais foram ordenadas pelo Bom Deus, mas eles podem – e o fazem frequentemente – mudá-las de um dia para o outro. Tais mudanças criam imensas oportunidades para a inovação."

(Peter Drucker, *A profissão de administrador*, 1998, p. 58)

14.1 QUE TIPO DE NAVIO?

DEMANDA DERIVADA DE NAVIOS

Até agora, temos falado muito acerca da economia marítima, mas muito pouco acerca dos navios propriamente ditos. Um navio é um grande investimento e, em razão da enorme variedade de tipos de navios e de dimensões, os investidores são confrontados com a difícil questão sobre que tipo de navio encomendar. Para ajudá-los nas suas decisões, perguntam frequentemente aos economistas marítimos qual será a futura demanda, por exemplo, de navios porta-contêineres. O objetivo deste capítulo é abordar os diferentes tipos de navios mercantes e ver como as suas características de projeto se ajustam ao modelo econômico abordado no Capítulo 4.

Em primeiro lugar, devemos ser claros acerca do significado de demanda. Embora os navios ocupem o palco central, o produto procurado não é o navio, mas o transporte. Não é o navio porta-contêineres que o cliente quer; é o transporte do contêiner. Os proprietários de navios podem utilizar quaisquer navios que ofereçam o transporte da forma mais rentável. Infelizmente isso torna o trabalho do economista marítimo muito mais difícil. Se os contêineres pudessem ser somente transportados em navios porta-contêineres, tudo o que o economista marítimo teria de fazer seria prever o tráfego de contêineres e calcular o número de navios porta-contêineres necessários para transportar o tráfego. No entanto, com a disponibilidade de vários tipos de navios para transportar a carga que viaja nos contêineres, o cálculo da demanda envolve duas questões adicionais. Quais são as opções disponíveis para o proprietário de navios? E quais são os critérios econômicos que se aplicam para escolher entre elas?

A resposta depende do tipo de negócio de transporte marítimo para o qual o navio se destina. Embora se devam considerar muitas influências diferentes, as mais importantes podem ser resumidas nas três rubricas seguintes:

- *Tipo de carga*. As propriedades físicas e comerciais da carga a ser transportada impõem os limites aos tipos de navios que podem ser potencialmente usados na operação de transporte. Num número limitado de casos, como o do gás natural liquefeito ou do lixo nuclear, a carga exige um tipo de navio específico e a escolha do proprietário de navios é limitada ao projeto geral e às características operacionais, como a velocidade e a tripulação. Contudo, para a maioria das cargas, o proprietário de navios pode escolher entre vários tipos de navios. O petróleo bruto pode ser transportado em navio-tanque especializado ou navio combinado; a carga a granel pode ser transportada em navio graneleiro convencional, navio graneleiro de porão corrido [*open-hold bulk carrier*] ou navio combinado; os contêineres vão em navio porta-contêineres, navio de cobertas, navio MPP ou navio ro-ro.

- *Tipo de operação de transporte marítimo*. No parágrafo anterior assumimos que o proprietário conhece com precisão o tipo de carga a ser transportada, mas na prática o seu conhecimento tanto da carga como das outras restrições operacionais físicas dependem do tipo de operação de transporte marítimo para o qual o navio se destina. Existem diferentes tipos de operações de transporte marítimo, por exemplo: os *afretamentos de longo prazo*, em que o proprietário de navios tem algum conhecimento dado pelo afretador sobre as cargas a serem transportadas e os portos a serem utilizados; as *operações de afretamento em mercado aberto*, em que o proprietário tem somente uma ideia geral do tipo de carga a ser transportada e nenhum conhecimento dos portos a escalar; e as *operações de linhas regulares*, em que o proprietário tem um conhecimento específico dos portos a escalar e do volume de carga provável, mas ambos podem mudar durante a vida operacional do navio. É provável que os critérios de projeto para um proprietário de navios que escolha um navio para um afretamento a tempo de longo prazo sejam bastante diferentes daqueles escolhidos por um proprietário que tenha como objetivo operar no mercado aberto. Por exemplo, o primeiro está preocupado com a otimização do navio para uma operação específica, enquanto o último está mais preocupado com fatores como a aceitação do navio pelos afretadores e o seu valor de revenda em curto prazo.

- *Filosofia comercial*. A forma como o proprietário de navios ou a companhia de navegação aborda o negócio pode aumentar ou limitar a gama de opções. Por exemplo, uma companhia de navegação pode preferir navios que são altamente flexíveis e servem diferentes mercados e, portanto, reduzem o risco. Essa filosofia pode conduzir o proprietário de navios a preferir um navio de porão corrido mais caro, que pode transportar carga a granel sólida e contêineres. Outro proprietário pode seguir uma política de especialização, preferindo um navio que é projetado em todos os aspectos para o transporte eficiente de uma única carga, oferecendo uma maior eficiência ou custos mais baixos, mas a um preço de menor flexibilidade.

Os navios que realizam o transporte **627**

Segue-se que os economistas marítimos não podem prever a demanda de determinado tipo de navio somente pelo estudo dos movimentos de carga. No mundo real, a escolha de certo tipo de navio depende de todos os três fatores – do tipo de carga, do tipo de operação de transporte marítimo e da filosofia comercial. Isso torna difícil prever quais fatores predominarão na decisão final. As técnicas de análise de mercado do tipo abordado no Capítulo 17 certamente farão parte desse processo, como a moda e o sentimento de mercado.

FROTA POR TIPO DE NAVIO

Visto que poucos navios são realmente idênticos, um problema ao debater o projeto de navios é o elevado número de navio envolvidos.[1] Então a nossa primeira tarefa é classificar os projetos em tipos com características comuns, o que fazemos na Figura 14.1. Os 74.398 navios marítimos mundiais (Tabela 2.5) dividem-se primeiramente em três grupos de estruturas que operam nos oceanos: os navios de carga (grupo 1); as estruturas de petróleo e de gás *offshore* (grupo 2); e os navios não cargueiros (grupo 3). Os navios de carga, o nosso principal foco, dividem-se em quatro setores baseados na atividade econômica: o transporte de carga geral; o transporte de granel sólido; o transporte de petróleo e de produtos químicos; e o transporte de gás liquefeito. Quando chegamos ao terceiro nível, os setores dos navios mercantes dividem-se em dezenove tipos de navios baseados no projeto físico do casco: por exemplo, os navios-tanques têm tanques, os navios graneleiros têm porões e os navios transportadores de veículos possuem múltiplos pavimentos concebidos para transportar tantos carros quanto possível. Se este fosse um livro técnico, provavelmente pararíamos aí, mas como economistas devemos reconhecer um quarto nível de segmentação dos navios por dimensão. As restrições das dimensões nos terminais e em vias navegáveis, como o Canal do Panamá, dividem os navios de determinados tipos em segmentos.

Este capítulo está organizado em torno de quatro setores da marinha mercante que transportam carga geral, granel seco, petróleo e produtos químicos e gás líquido, com uma pequena seção de navios não cargueiros (ver Figura 14.1). Existem sete tipos de navios de carga geral, seis tipos de navios graneleiros, quatro tipos de navios petroleiros e químicos, dois tipos de navios de gás líquido e quatro tipos de navios não cargueiros. Olhando para a figura e para a Tabela 14.1, que apresentam como os dezenove segmentos da frota cresceram entre 1990 e 2006, obtemos uma ideia de como a estrutura do tipo de navios da frota muda constantemente. Entre 1990 e 2006 a frota mundial cresceu a uma média anual de 2,7%, mas a taxa de crescimento foi significativamente diferente entre os segmentos. A frota de navios porta-contêineres cresceu 9,4% por ano, enquanto a frota de carga geral decresceu 5,3% por ano, portanto, em termos médios a frota de linhas regulares como um todo cresceu 4,2% por ano. No segmento dos navios graneleiros os navios maiores cresceram a cerca de 5% por ano, enquanto as frotas dos navios graneleiros pequenos e mineraleiros decresceram, então, a frota de navios graneleiros cresceu em média 3,4% por ano. A frota de navios-tanques cresceu ainda mais lentamente, em média 2,6% por ano, com os tanques Aframax apresentando a maior taxa de crescimento e a frota dos VLCC apresentando uma taxa menor. As frotas de navios especializados cresceram com taxas muito diferentes, com a frota dos navios-tanques transportadores de GNL se expandindo mais rapidamente e a frota de navios frigoríficos encolhendo. Tudo isso demonstra a forma dinâmica com que a estrutura da frota evolui ao longo do tempo em resposta às mudanças nos fluxos de tráfego. Isso faz com que a seleção do navio certo seja ainda mais complicada.

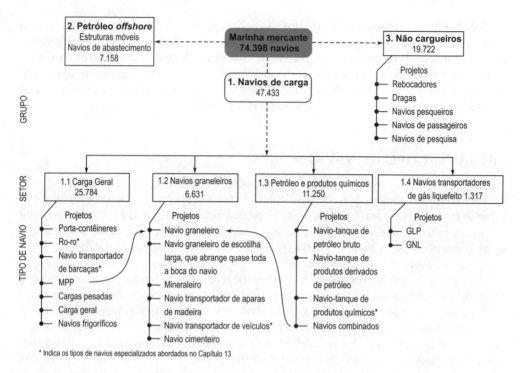

Figura 14.1 – Frota de transporte marítimo mercante (1º jul. 2007) classificada por grupo, setor e tipo de navio.
Fonte: número de navios da Tabela 2.5.

Tabela 14.1 – Frota mundial transportadora de carga mostrando as taxas de crescimento de 1990 a 2006 dos segmentos dos dezenove tipos de navios

		Nº	Projeto Começo	Frota m.tpb 1990[a]	Frota m.tpb 2006	Número 2006	Crescimento 1990-2006[b]	Aspectos principais do projeto
1. Carga geral	Contêineres	1	100-999 TEU	5	9	1.167	4,2%	Lentos, equipados
			1.000-2.999 TEU	17	41	1.659	5,8%	Rápidos, alguns equipados
			3.000 + TEU	4	61	1.113	18,0%	Rápidos (25 nós), sem equipamento
			Total de contêineres	26	111	3.939	9,4%	
		2	Navios ro-ro	7	9	1.109	2,1%	Rampas de acesso aos porões
		3	Navios MPP	17	23	2.533	2,0%	Escotilha larga, que abrange quase toda a boca do navio, equipamento de carga
		6	Carga pesada	–	1	53		53 navios, excluem-se os navios MPP

(continua)

Os navios que realizam o transporte

Tabela 14.1 – Frota mundial transportadora de carga mostrando as taxas de crescimento de 1990 a 2006 dos segmentos dos dezenove tipos de navios (*continuação*)

	Nº	Começo do projeto	Frota m.tpb		Número 2006	Crescimento 1990-2006[b]	Aspectos principais do projeto
			1990[a]	2006			
	4	Navios transportadores de barcaças			6		
	5	Carga geral	27	11	1.024	–5,3%	Incluem tipos de navios de linhas regulares e navios de linhas não regulares
	7	Navios frigoríficos	7	7	1.237	–0,1%	Frigorificada, paletizada
		Total de navios de linhas regulares	84	163	9.901	4,2%	
2. Granel sólido	8	Capesize	48	111	703	5,4%	Transportam minério e carvão
		Panamax	43	94	1.386	5,1%	Carvão, grão, poucos são equipados
		Handymax	31	67	1.488	5,0%	Cavalos de carga, sobretudo equipados
		Handy	82	74	2.762	–0,7%	Cavalos de carga menores
dos quais:	9	Navio graneleiro de escotilha larga, que abrange quase toda a boca do navio	—	17	481		Projetado para unidades de carga
	10	Mineraleiros	9	9	51	–0,4%	Cubagem baixa (0,6 m³ /tonelada)
	11	Navio transportador de aparas de madeira	—	6	129		Cubagem alta (2 m³/ tonelada)
	12	Navio transportador de veículos	4	8	594	4,2%	Pavimentos múltiplos
	13	Navio transportador de cimento			77		
		Total do granel sólido	203	345	6.339	3,4%	

(*Graneleiro* — label spanning items 8 a Handy)

(*continua*)

Tabela 14.1 – Frota mundial transportadora de carga mostrando as taxas de crescimento de 1990 a 2006 dos segmentos dos dezenove tipos de navios (*continuação*)

	Nº	Começo do projeto	Frota m.tpb 1990[a]	2006	Número 2006	Crescimento 1990-2006[b]	Aspectos principais do projeto
3. Granel líquido	14	VLCC	114	143	483	1,4%	Petróleo bruto de longo curso
		Suezmax	35	54	350	2,8%	Petróleo bruto de médio curso
		Aframax	38	73	705	4,2%	Alguns transportam derivados do petróleo
		Panamax	14	23	305	3,0%	De muito curto curso
		Handy	50	76	2.414	2,6%	Sobretudo derivados do petróleo
		Total de navios petroleiros	243	368	4.257	2,6%	
dos quais:	15	Navios-tanques de derivados do petróleo		49	1.196		Alguns sobrepõem-se com produtos químicos
	16	Navios-tanques especializados	10	41	2.517	9,1%	Mais tanques e bombas de carga
	17	Petróleo/granel/ minério	32	10	95	−7,2%	sólida e líquida
	18	GPL	7	11	1.030	3,2%	Alguns sistemas frigoríficos
	19	GNL	4	17,5	222	9,3%	−161 ºC
Frota mundial			573,1	914,7		2,9%	

[a] Toneladas de porte bruto dos navios porta-contêineres em 1990 estimada a partir das estatísticas dos TEU.
[b] Para mostrar a taxa de crescimento desde 1990, foi necessário usar grupos estatísticos ligeiramente diferentes daqueles apresentados na Figura 14.1 e na Tabela 2.5.
Fonte: *Clarkson Registers*, abr. 2006; e CRS, *Shipping Review and Outlook*, Londres, primavera de 2007.

14.2 AS SETE QUESTÕES QUE DEFINEM UM PROJETO DE NAVIO

Em geral, cada navio é um conjunto de elementos misturados para alcançar um objetivo específico, mas, em razão das questões abordadas na seção anterior, os parâmetros de projeto nem sempre são claros, e o projeto de um navio não é uma ciência exata, que pode ser reduzida a critérios puramente econômicos. Benford desenvolve esse ponto da seguinte forma:

> Quer utilizemos computadores, calculadoras de mão ou as costas dos envelopes, aplica-se uma regra: a decisão vai ser tomada por alguém, ou por um grupo de pessoas, que não se restringirá simplesmente à melhor projeção numérica de alguma medida de mérito. Tal como em qualquer outro lugar do nosso negócio, existe arte como também existe ciência nisto. Na realidade – *grosso modo* –, quanto mais importante for a decisão, maior a sua dependência sobre a arte. É isso que faz o projeto de navios ser tão fascinante.[2]

Com base neste esquema, antes de olhar para os navios individualmente, é aconselhável examinar as sete questões que os analistas deveriam fazer quando definem determinado conjunto de elementos de que o investidor precisa.

COMO SERÁ O NAVIO OPERADO?

A primeira questão é a razão de o investidor querer o navio. Podem existir muitas tecnologias inteligentes que os arquitetos dos navios podem utilizar para produzir o navio perfeito, mas os investidores têm os seus próprios objetivos. Por exemplo, eles muitas vezes privilegiam a simplicidade e a robustez sobre a perfeição técnica, caso em que o projeto dos seus navios é voltado à otimização comercial, em vez do desempenho técnico. Os projetos técnicos inovadores e inteligentes dão origem a grandes trabalhos para serem apresentados em conferências, mas apresentam uma história fragmentada no mundo prático do transporte marítimo comercial.

De qualquer forma, com frequência, os investidores têm somente uma ideia aproximada acerca do tipo de carga a ser transportada. Se existir um *afretamento de longo prazo*, é provável que o proprietário de navios saiba quais são as cargas prováveis a serem transportadas e possivelmente os portos a serem utilizados, mas se o navio vai operar no mercado aberto existirá somente uma ideia geral sobre o tipo de carga a ser transportada, mas nenhum conhecimento sobre os portos a escalar. Nesse caso, o investidor está mais interessado em fatores como a aceitação do navio por parte dos afretadores e no seu valor de revenda no curto prazo. Os navios construídos para os *serviços de linhas regulares* podem frequentemente ser projetados para uma rota particular e adaptados para áreas como a capacidade frigorífica, mas esses aspectos mudam durante a vida operacional do navio, e os navios porta-contêineres têm se tornado cada vez mais padronizados. Os exemplos a seguir mostram alguns dos diferentes ângulos a partir dos quais os investidores podem abordar um novo navio.

Exemplo 1. Uma siderúrgica que compra um navio mineraleiro para servir um contrato de suprimento de minério de ferro de longo prazo entre o Brasil e a China. Neste caso, a carga, a quantidade de carga e a rota comercial são conhecidas antecipadamente e o navio será dedicado ao tráfego durante toda a sua vida, portanto, o projeto poderá ser otimizado para a operação de transporte marítimo em função da carga transportada, da dimensão da partida de carga, dos portos a serem escalados e das oportunidades de explorar economias de escala. Adicionalmente, visto que o navio será operado durante certo número de anos, é provável que o proprietário de navios acompanhe de perto qualquer tecnologia que reduza os custos operacionais – por exemplo, automação e equipamentos eficientes em termos de combustível.

Exemplo 2. Um operador de granéis sólidos que compra um navio graneleiro para operar no mercado de afretamentos por viagem. Nesse caso, o proprietário de navios tem somente uma ideia geral das cargas e dos portos que o navio irá servir. Dependendo do seu estilo de operação, ele pode escolher um navio pequeno capaz de acessar muitos portos ou um navio maior que será mais competitivo em alguns dos tráfegos das principais mercadorias a granel. Em particular, ele quer que o navio seja atrativo aos afretadores, com um bom valor de revenda mesmo após um pequeno período. Por essa razão, pode ser do seu interesse um projeto-padrão bem estabelecido, e só podem ser do seu interesse características de projeto como equipamentos eficientes em termos de combustível se elas adicionarem valor ao navio no mercado de segunda mão, o que não é o caso para muitas delas.

Exemplo 3. Uma companhia que planeja investir num mercado de granel especializado, como o dos veículos motorizados ou o dos produtos florestais, pode não ter um padrão operacional futuro exato, mas saberá quais são as características da carga necessárias para reduzir os custos operacionais e para melhorar o serviço. Isso pode conduzir ao projeto de um tipo de navio completamente diferente, como um navio transportador de veículos, ou uma versão sofisticada de um navio-padrão, como um navio transportador de produtos florestais. Em tais casos a carga figura-se predominantemente no projeto do navio, assim como a gama de portos, de terminais e de equipamentos de manuseio de carga que servem esse tráfego especial.

A sofisticação do projeto ocorre a um preço, que se torna arriscado, e os exemplos anteriores mostram que os investidores têm diferentes necessidades que determinam quão perto o navio está de ser otimizado para determinada carga ou rota comercial.

QUE CARGA O NAVIO TRANSPORTARÁ?

As cargas aparecem em todas as formas e dimensões. Algumas, como o grão, são homogêneas, enquanto outras, como os toros ou os produtos siderúrgicos, consistem em grandes unidades regulares e irregulares que se apresentam aos projetistas de navios como um desafio diferente. Não se trata somente da mercadoria, porque a mesma mercadoria pode ser transportada sob diferentes formas. Por exemplo, o caulim pode ser carregado em sacos que são transportados soltos, num palete ou num contêiner; carregado solto no porão de um navio graneleiros; ou misturado com água e transportado num navio-tanque como lama. Todos esses são exemplos de "unidades de carga", o termo utilizado para descrever a forma física na qual a carga é apresentada para ser transportada, e o Destaque 14.1 apresenta um resumo das doze unidades de carga mais comuns.

Em alguns casos, como o do GNL ou do lixo nuclear, a carga exige um tipo de navio específico, e a escolha do proprietário de navios está limitada ao projeto geral e a características operacionais como a dimensão, a velocidade e a tripulação. Contudo, para a maioria das cargas, o proprietário de navios pode escolher entre várias dimensões e tipos de navios. O petróleo bruto é transportado em navios-tanques de diferentes tamanhos ou mesmo em navios combinados; o granel sólido pode ser transportado num navio graneleiro convencional, num navio graneleiro de escotilha larga, que abrange quase toda a boca do navio, ou num navio combinado; os contêineres movimentam-se principalmente em navios porta-contêineres de diferentes tamanhos, mas os navios MPP e os navios transportadores de carga rolante podem transportá-los também. Os primeiros seis itens da lista são as unidades de carga "natural", isto é, a carga é transportada na sua forma natural sem pré-empacotamento. A carga geral consiste em itens soltos, como os sacos ou as caixas, sem qualquer tipo de empacotamento. Esse tipo de carga é o mais difícil e o mais caro de ser transportado por via marítima. A sua estiva no porão do navio é morosa e exige habilidade, e existem problemas associados com perda e avarias em trânsito, como foi explicado no Capítulo 13.

Os navios que realizam o transporte

Destaque 14.1 – As unidades físicas nas quais as mercadorias são transportadas por via marítima

Unidade de carga	Comentário/mercadorias
Cargas naturais	
Carga geral	Pequenos pacotes de itens soltos – por exemplo, caixas, sacos, caixotes, tambores, alguns carros, máquinas.
Carga a granel sólida	Partida de carga com a capacidade do navio ou com a capacidade de um porão que pode ser manuseada a granel por um carregamento feito por gravidade/bomba e garras/sucção/bomba e estivada na sua forma natural – por exemplo, petróleo, minério de ferro, carvão, grão e carga.
Carga a granel líquida	Os líquidos a granel levantam quatro questões: a dimensão da partida de carga, que pode variar entre alguns milhares de toneladas até 300 mil toneladas; a densidade dos líquidos transportados variam; alguns líquidos são corrosivos; alguns líquidos são considerados perigosos pelos reguladores e necessitam de um transporte especial.
Carga a granel unitizada	Grandes quantidades de unidades que precisam ser manuseadas individualmente – por exemplo, toros, madeira serrada, produtos siderúrgicos, fardos, fardos de lã ou polpa de madeira.
Carga pesada e irregular	Cargas pesadas até 2.500 toneladas – por exemplo, carga de projeto, instalação industrial em módulos, secções de navios, equipamento para os campos petrolíferos, locomotivas, iates, equipamentos para carregar navios.
Carga a granel rolante	Carros, tratores, caminhões etc. embarcados em grandes quantidades.
Unidades artificiais	
Contêineres (ISO)	Caixas normalizadas geralmente com 8 pés de largura por 8 pés e 6 polegadas de altura e comprimentos de 20 pés e de 40 pés, em que um contêiner de 20 pés carrega 7-15 toneladas de carga, estivando entre 2,5 m^3 e 5 m^3 por tonelada.
Contêiner intermédio para granéis	Grandes sacos com 45 pés de diâmetro com uma capacidade aproximada de 1 tonelada de material granular e projetado para empilhamento, manuseio e descarga mecânica eficientes.
Pré-lingadas ou precintadas	Utilizadas para sacos, fardos e produtos florestais para acelerar o carregamento e a descarga. As cintas são deixadas no lugar durante o trânsito.
Carga paletizada	A carga é empilhada num palete, e geralmente mantida no lugar por cintas de plástico ou de aço ou plástico retrátil – por exemplo, caixas de fruta. Podem ser manuseadas por empilhadeiras. Existem dúzias de tamanhos até 6 pés por 4 pés. A carga paletizada estiva a cerca de 4 m^3 por tonelada.
Plataformas	Cerca de 15 pés por 8 pés, frequentemente com colunas de canto para permitir o empilhamento de duas em altura. Manuseadas por empilhadeiras ou gruas.
Barcaças	As barcaças LASH carregam cerca de 400 toneladas de carga, e as Seabee, cerca de 600 toneladas. As barcaças são concebidas para flutuar até o navio e ser carregadas e descarregadas como uma unidade. Nunca foram implementadas e agora são obsoletas.

Uma unidade de carga a granel sólida é uma partida de carga homogênea com a capacidade do navio ou com a capacidade de um porão de carga – por exemplo, 150 mil toneladas de minério de ferro, 70 mil toneladas de carvão, 30 mil toneladas de grão, 12 mil toneladas de açúcar –, enquanto as cargas a granel líquidas variam entre 500 toneladas para um produto químico e 450 mil toneladas de petróleo bruto. As cargas a granel homogêneas podem ser carregadas e descarregadas usando garras ou sucção, conforme apropriado, e geralmente o objetivo é projetar um navio que possa carregar uma carga máxima de uma única mercadoria, embora em alguns tráfegos isso nem sempre se aplique. Por exemplo, nos derivados do petróleo, muitos navios transportam partidas de carga que não utilizam por completo o porte bruto do navio, como a nafta, e podem ser concebidos nesta óptica. Na prática, o porão é a unidade de menor dimensão de uma carga a granel sólida, e os tanques de carga, a menor unidade para o granel líquido. As unidades de carga a granel consistem em partidas de carga com a capacidade do navio, compostas de unidades cada uma das quais deve ser manuseada individualmente – por exemplo, os produtos siderúrgicos, os produtos florestais ou os fardos de lã. Em tais casos pode ser possível conceber navios adaptados que ofereçam uma melhor estiva ou um manuseio de carga mais rápido. Finalmente, as outras unidades de cargas naturais são as cargas pesadas e irregulares e as cargas rolantes. Vale a pena insistir nas cargas pesadas e irregulares porque elas apresentam problemas especiais para o transporte marítimo em termos de manuseio e de estiva de carga. Por exemplo, tanto um forno de túnel para uma planta de cimento ou um pequeno navio de guerra expedidos da Europa para o Extremo Oriente apresentam problemas de estiva.

O restante do Destaque 14.1 preocupa-se com a carga que é pré-acondicionada para o transporte, geralmente para que possa ser manuseada mecanicamente, em vez de exigir um manuseio e uma estiva manual especializados. A padronização também permite que as unidades de carga possam ser movimentadas continuamente entre os veículos ferroviários, rodoviários e marítimos, melhorando a eficiência dos serviços de transporte integrados "porta a porta". Na prática, existem seis formas principais de unidades de carga artificiais: os contêineres; os contêineres intermediários para granéis; os pré-lingados ou os precintados; os paletes; as plataformas; e as barcaças, que atualmente são muito pouco usadas.

Sem dúvida, a unidade artificial mais importante é o contêiner ISO. Os contêineres-padrão de 20 pés e de 40 pés dão ao proprietário de navios uma carga homogênea que permite sistemas de carga e de descarga mecanizados e produzem grande melhoria na eficiência. Contudo, os projetistas de navios são confrontados com um conjunto de problemas específicos derivados da dimensão inflexível, da forma e do peso do contêiner.

Os *contêineres intermediários para granéis* são grandes sacos feitos de tecido flexível, projetados para enchimento, manuseio e descarga mecânicos de materiais sólidos em pó, em flocos e granulares. Foram inicialmente manufaturados no final da década de 1950 e são utilizados sobretudo para granéis secundários como os produtos químicos e os minérios de valor elevado.

A utilização dos *paletes* e das *plataformas* conferem um grau de unitização sem exigir os custos elevados de capital incorridos pelos contêineres e pelos reboques, e a devolução das unidades vazias apresenta poucos problemas. Os paletes não se estabeleceram como unidade de base para o sistema de transporte da mesma forma que os contêineres, exceto em rotas individuais nas quais atendem a uma necessidade individual, por exemplo, no tráfego de carga frigorificada. A carga é carregada sobre um palete, do qual existe uma variedade de tamanhos, e para proteger a carga ela é segura por cintas ou por uma cobertura de plástico retrátil. O carregamento e a descarga ainda são operações de trabalho intensivo e dependem da competência dos estivadores para estivar os paletes eficientemente dentro do navio. Contudo, é dramati-

Os navios que realizam o transporte

635

camente mais eficiente do que manusear individualmente caixas, tambores, sacos ou fardos. Finalmente, as *barcaças* foram introduzidas na década de 1960 como uma tentativa de captar pequenas embalagens de carga a granel de valor médio, especialmente onde o sistema de vias navegáveis interiores permite um transporte aquaviário direto até os destinos no interior, mas nunca foi amplamente adotado.

COMO A CARGA DEVE SER ESTIVADA?

A questão seguinte é como adaptar melhor os espaços de carga para ajustar as unidades de carga que o navio transportará. Isso apresenta escolhas mais difíceis, porque a otimização da estiva muitas vezes tem consequências adversas sobre os outros aspectos do projeto. Buxton descreveu o problema da seguinte maneira:

> Os navios mercantes são armazéns móveis cujas formas muito diferentes evoluíram das tentativas efetuadas para equilibrar, por um lado, a necessidade de uma capacidade de armazenagem adequada e, por outro, a necessidade de mobilidade. Então um navio construído como uma simples caixa retangular de dimensões apropriadas poderia providenciar um espaço ideal para armazenar os contêineres, mas seria difícil propulsioná-lo pela água, enquanto um casco facilmente propulsionado oferecia pouca utilização de espaço de carga útil. O projeto de navios é essencialmente uma questão que procura solucionar tais conflitos para produzir navios que se adaptem aos serviços nos quais eles serão empregues.[3]

Um bom ponto de partida é o fator de estiva, o volume do porão em metros cúbicos ocupado por uma tonelada de carga. Isso varia enormemente de uma mercadoria para a outra, como mostram os exemplos na Tabela 14.2. O minério de ferro, a carga mais densa, estiva a cerca de $0,4 \text{ m}^3$ por tonelada, enquanto as aparas de madeira estivam a cerca de $2,5 \text{ m}^3$ por tonelada e, portanto, ocupam até seis vezes mais espaço. Entre eles, o grão grosso estiva a cerca de $1,3 \text{ m}^3$ por tonelada. Se um navio projetado para o grão for carregado com minério de ferro, muito do seu espaço interno ficará vazio. Na outra ponta da escala, cargas leves, como os toros, precisam de muito mais espaço. Portanto um navio graneleiro concebido com uma capacidade de $1,3 \text{ m}^3$ por tonelada poderia transportar uma carga completa de carvão, mas não uma carga completa de polpa de madeira que estiva a $1,7 \text{ m}^3$ por tonelada.

Se o navio será usado exclusivamente no transporte de minério de ferro, pode ser concebido como um mineraleiro com os espaços de carga a estivar, por exemplo, em cerca de $0,5 \text{ m}^3$ por tonelada, mas se será usado com outros produtos primários como o carvão ou o grão é preferível ter uma capacidade cúbica interior de cerca de $1,3 \text{ m}^3$ por tonelada (ver Tabela 14.9, para a estiva média da frota de navios graneleiros). Levanta-se o mesmo problema com os navios porta-contêineres. Geralmente, os contêineres de 20 pés estivam a cerca de $1,6 \text{ m}^3$-$3,0 \text{ m}^3$ por tonelada, uma das cargas menos densas listadas na Tabela 14.2. Para utilizar o porte bruto do navio, os contêineres são empilhados no convés, mas o porte bruto de projeto por espaço de contêiner é uma questão de equilíbrio, porque o peso da carga nos contêineres pode variar. Vimos no Capítulo 13 que a carga útil média do contêiner por TEU no tráfego do transpacífico varia entre as 7 toneladas para leste e as 12 toneladas para oeste. Portanto, é necessária uma concessão no porte bruto de navio carregado.

As dimensões do porão são também importantes. Os navios que transportam contêineres, madeira acondicionada ou qualquer unidade-padrão devem ser projetados com porões corridos e quadrados para corresponder às dimensões externas das unidades que eles transportam e para providenciar acesso na vertical. Por exemplo, os navios frigoríficos "adequados para paletes" são concebidos com pavimentos adaptados para estivar o máximo da carga útil de paletes-padrão.

Tabela 14.2 – Fatores de estiva para os vários tráfegos das mercadorias

Tipo de carga	Fator de estiva		Índice de densidade[a]
	Pés cúbicos/ tonelada	Metros cúbicos/ tonelada	
Carga sólida			
Minério de ferro	14	0,40	31
Bauxita	28	0,80	62
Fosfato (rocha)	30-34	1,00	77
Grãos de soja	44	1,20	92
Grão (grosso)	45	1,30	100
Carvão	48	1,40	108
Centeio	54	1,50	115
Polpa de madeira (fardos)	60	1,70	131
Copra	73	2,10	162
Madeira pré-lingada	80	2,30	177
Caulim (ensacado)	80	2,30	177
Papel (bobinas)	90	2,50	192
Aparas de madeira	90	2,50	192
Toros	100	2,80	215
Contêineres, 20 pés	56-105	1,6-3,0	123-230
Contêineres, 40 pés	85-175	2,4-5,0	185-385
Carros (transportador de veículos)	150	4,2	323
Brinquedos, calçados	300-400	8,5-11,3	230-869
Carga líquida			
Melaços	27,0	0,80	62
Óleo combustível pesado	32,8	0,93	72
Petróleo bruto pesado	33,7	0,95	73
Óleo diesel	37,2	1,06	81
Petróleo bruto leve	37,6	1,07	82
Gasóleo (óleo combustível leve)	38,6	1,10	84
Parafina	40,3	1,14	88
Gasolinas para automóveis (gasolina)	43,2	1,23	95
Combustível para aviação	45,1	1,28	98
Nafta	46,4	1,32	101

[a] Índice de densidade baseado no grão (grosso) = 100. Os valores mais altos utilizam mais espaço do porão, enquanto os números menores, como o do minério de ferro, utilizam menos.
Fonte: vários.

Os navios que realizam o transporte

Quando as mercadorias com fatores de estiva que saem significativamente da média são expedidas em grandes quantidades, pode ser econômico construir navios especializados para transportá-las. Os mineraleiros, os navios transportadores de aparas de madeira e os navios transportadores de carros são três exemplos proeminentes, o primeiro para lidar com carga de densidade elevada e os dois últimos para lidar eficientemente com cargas de densidade baixa. Os pavimentos amovíveis podem ser montados para permitir que a altura possa ser ajustada às diferentes cargas, por exemplo, para permitir que os navios transportadores de carros transportem unidades maiores, como os caminhões.

COMO A CARGA DEVE SER MANUSEADA?

Um dos aspectos mais importantes do projeto de navios é colocar a carga para dentro e para fora do navio, envolvendo tanto as características da carga como o grau de envolvimento da operação de transporte numa rede de transporte integrada mais larga. Existem muitas formas de desenvolvimento dos projetos de navios que ajudam a melhorar a eficiência do manuseio da carga, desde que se saiba com antecedência as dimensões das unidades. Estas são algumas das mais importantes:

- *Equipamento de manuseio de carga.* Podem ser instalados os guindastes comuns, os paus de carga para cargas pesadas e outro equipamento de manuseio de carga, como as gruas de pórtico para acelerar a carga e a descarga de navios de carga sólida. Nos navios--tanques existem três aspectos a considerar – a capacidade das bombas, a resistência à corrosão nos encanamentos e a segregação dos sistemas de manuseio dos tanques.

- *Projeto de escotilhas.* Os navios graneleiros, para efetuar o transporte de unidades de carga, como os contêineres ou a madeira serrada empacotada, podem ser concebidos com braçolas de porão que combinem com as dimensões das embalagens-padrão, facilitando o empilhamento eficiente das embalagens quer no porão, quer no convés. As escotilhas largas (também designadas como escotilhas com abertura igual à boca do porão) providenciam acesso vertical a todas as partes do porão.

- *Guias celulares.* No caso dos contêineres, o processo de integração da forma do porão na operação de manuseio de carga vai mais além e, para acelerar o manuseio dos navios porta-contêineres, as guias celulares são montadas nos porões e, ocasionalmente, no convés, para que os contêineres não tenham que ser peados individualmente abaixo do convés.

- *Rampas de acesso à carga.* Podem ser montadas rampas para permitir que a carga seja carregada por empilhadeira ou para serem conduzidas a bordo com as suas próprias rodas. Podem ser localizadas à proa, à popa ou no costado do navio e tornadas acessíveis pelas portas estanques no casco.

- *Segregações de tanques.* Para as cargas líquidas, a flexibilidade aumenta por meio da oferta de tanques autônomos capazes de manusear muitas partidas de carga de diferentes líquidos dentro de um único navio. Geralmente isso envolve a instalação de sistemas de bombeação separados para cada tanque, usando bombas submersas e revestimentos especiais como o silicato de zinco ou o aço inoxidável, para permitir o transporte de produtos químicos difíceis.

Esta não é uma lista exaustiva, mas ilustra a forma como os navios podem ser adaptados ao transporte das cargas.

QUÃO GRANDE DEVE SER O NAVIO?

Com as questões relacionadas ao manuseio de carga e à estiva fora do caminho, a próxima questão com que o investidor se confronta é a dimensão do navio a ser comprado. Numerosas influências determinam a dimensão do navio, mas os princípios do transporte marítimo a granel abordados no Capítulo 11 sugerem que a dimensão ótima de um navio pode ser reduzida a um consenso entre três fatores: as economias de escala; as dimensões das partidas de carga nas quais a carga se encontra disponível; e a existência de um calado admitido nos portos e de equipamento de manuseio de cargas.

Abordamos as economias de escala no Capítulo 7 e verificamos que podem ser alcançadas economias de custo substanciais pela utilização de grandes navios, com a escolha dependendo da dimensão do navio utilizado e da duração da viagem. A Tabela 14.3 apresenta os custos relativos para os navios grandes e pequenos em viagens curtas e longas. Um navio de 15.170 tpb custa 2,7 vezes mais por tonelada de carga a ser gerenciado do que um navio de 120.000 tpb numa viagem completa de mil milhas, enquanto numa viagem de 22 mil milhas custa 3,1 vezes mais.

Tabela 14.3 – Economias de escala no transporte marítimo a granel (% do custo por tonelada-milha)

Viagem redonda (milhas)	Dimensão do navio (tpb)			
	15.170	40.540	65.500	120.380
1.000	100	53	47	37
6.000	56	34	27	20
22.000	52	30	24	17

Fonte: Goss e Jones (1971 e Tabela 3.

Isso sugere que as economias de escala são influenciadas só um pouco pela distância a percorrer, e o fato de os navios menores serem geralmente utilizados nas rotas mais curtas deve ter outra explicação.

Na prática, os navios grandes enfrentam duas restrições importantes. A primeira é a dimensão máxima da entrega que o embarcador pode ou deseja aceitar a qualquer momento. Se os estoques da matéria-prima forem somente de 10 mil ou de 15 mil toneladas, a entrega de 50 mil toneladas seria demasiado grande. Segundo, existe uma restrição sobre a dimensão do navio imposta pelo calado admitido no porto, visto que os navios de grandes calados têm acesso a menos portos do que os navios de pequenos calados, como mostra a Tabela 14.4. Podem também ser impostos limites sobre o comprimento total, sobre a boca ou sobre ambos (quer em portos, quer em canais). A medida dos portos acessíveis é muito grosseira, visto que alguns portos são mais importantes do que outros nos tráfegos de granel, e dentro dos portos a profundidade varia substancialmente de berço para berço, mas a relação ampla é válida. No extremo inferior da escala, é provável que um navio graneleiro pequeno de 16.000 tpb tenha um calado de 7-9 metros e seja capaz de entrar em cerca de três quartos dos portos mundiais. Um último ponto é que os projetistas de navios podem variar a razão calado-toneladas de porte bruto dentro de certos limites, alterando os outros aspectos do projeto, por exemplo, a boca do navio.

Os navios que realizam o transporte

Tabela 14.4 – Relação entre o calado do navio e o acesso portuário

| Calado do navio | | Tamanho médio | | % dos portos |
Pés	Metros	tpb	Desvio-padrão tpb	mundiais acessíveis
25-30	7,6-9,1	16.150	3.650	73
30-35	9,2-10,7	23.600	3.000	55
36-38	10,8-11,6	38.700	5.466	43
39-44	11,7-13,4	61.000	5.740	27
45-50	13,5-15,2	89.200	8.600	22
51-55	15,3-18,5	123.000	9.000	19

Fonte: amostra de navios graneleiros de Clarkson, *Bulk Carrier Register* e *Ports of the World*.

QUÃO RÁPIDO O NAVIO DEVE NAVEGAR?

Em termos da economia da entrega da carga, a dimensão e a velocidade são até certo ponto intercambiáveis, porque a capacidade de transporte do navio pode ser aumentada pelo acréscimo de sua dimensão ou de sua velocidade. Contudo, os dois métodos têm consequências econômicas e físicas muito diferentes. Do ponto de vista do projeto, o navio rápido será geralmente mais caro de ser construído, e alcançar a velocidade mais elevada pode exigir um casco mais longo com uma estiva de carga menos eficiente. Mas o navio rápido precisa de menos capacidade de carga para alcançar certa quantidade de carga entregue e pode entrar em portos com calados mais baixos e fazer entregas mais frequentes, reduzindo as necessidades de inventário. A velocidade também reduz o tempo em trânsito, que pode ser muito significativo para as cargas de valor elevado, por exemplo, os televisores, que podem valer cerca de US$ 44 mil por tonelada (Tabela 14.5). Se o custo de capital da companhia é de 10% por ano, uma carga de 10 toneladas de televisores que valha US$ 44 mil por tonelada iria, numa viagem de dois meses, incorrer em encargos de juros da ordem de US$ 7 mil. Encurtar a viagem num mês produz uma economia de US$ 3.500, portanto, o embarcador deveria desejar pagar por um transporte mais rápido. De fato, frequentemente o transporte aéreo concorre com o transporte marítimo por esse tipo de carga e, embora as tonelagens sejam pequenas, a concorrência é significativa, porque se trata de uma carga de altíssima qualidade. No entanto, os benefícios da velocidade têm um custo. Para serem eficientes, os navios rápidos precisam de um casco longo e consomem muito mais combustível, como pode ser visto na Tabela 14.7, que apresenta a velocidade e o consumo de combustível dos navios porta-contêineres. Por exemplo, a tabela mostra que o navio porta-contêineres médio entre 6.000 e 12.000 TEU tem uma velocidade de 25,2 nós e queima diariamente 211,3 toneladas, mais que o dobro de um VLCC a 15 nós.

Na outra ponta da escala, algumas mercadorias a granel, como o minério de ferro e o carvão, têm valores muito baixos – por exemplo, o minério de ferro vale cerca de US$ 35 a tonelada e o carvão vale cerca de US$ 47 a tonelada (Tabela 14.5). Essas mercadorias são geralmente embarcadas em partidas de carga muito grandes (até 300 mil toneladas) e, visto que têm um custo de inventário baixo, a ênfase está em minimizar o custo unitário do transporte utilizando uma velocidade mais econômica. Para essas cargas, o custo relevante é o do navio, não o da carga. Geralmente, os projetistas de navios resolverão a velocidade operacional ótima para o navio levando em conta o nível de capital antecipado, os custos operacionais e os custos de combustível de bancas com base no pressuposto de que o frete não é sensível ao fator tempo. Contudo, uma qualificação importante é que, se o navio for operado no mercado aberto, o investidor pode especificar a velocidade de projeto acima desse valor mínimo para que possa finalizar mais viagens durante os períodos de taxas de frete elevadas, quando está obtendo lucros superiores [premium profits].

Tabela 14.5 – Valor por tonelada das importações por via marítima

Mercadoria	US$ por tonelada Livre a bordo [f.o.b.]	Quantidade comercializada (milhões de toneladas)	Valor comercializado US$ milhões
Pedra, areia, cascalho	9	101	888
Minério de ferro	35	650	22.750
Carvão	47	682	32.054
Grão	200	273	54.600
Televisores	43.076	–	–
Importações mundiais	1.341	6.893	9.244.700

Fonte: UNCTAD (2006), Tabela 41 e Anexo 2, e vários.

QUÃO FLEXÍVEL DEVE SER O NAVIO?

Finalmente, é preciso considerar a flexibilidade do navio – o navio deve ser projetado para servir diversos mercados? A tonelagem especializada é excluída de mercados que podiam ser servidos por navios mais flexíveis, ou pelo menos incorre numa perda econômica, de tal forma que os projetistas de navios dedicam muita atenção a essa questão. Isso pode levantar questões sobre a velocidade, o manuseio de carga, o acesso à carga, a dimensão, a estiva e várias outras opções menos importantes, mas caras, como os revestimentos dos tanques – por exemplo, um novo navio tanque Aframax pode ter revestimentos de tanques que lhe permitam a transferência para o tráfego de produtos claros de longo curso?

A Figura 14.2 apresenta uma forma de representar o grau de flexibilidade das unidades de carga dos diferentes projetos de navios, listando, no lado esquerdo, as várias unidades de carga que abordamos e, no lado direito, uma variedade de tipos de navios conhecidos. Uma linha liga cada unidade de carga aos vários navios que são capazes de transportá-la e, para cada navio, o coeficiente da mobilidade lateral da carga [lateral cargo mobility, LCM] registra o número de unidades de carga diferentes que o navio pode transportar.

Quatro navios são suficientemente especializados para terem um índice LCM igual a 1: o navio porta-contêineres, o navio transportador de carros, o navio graneleiro e o navio-tanque. Todos esses navios estão limitados ao transporte de uma única unidade de carga. O navio combinado tem um índice LCM igual a 2, o que reflete a sua capacidade de troca entre o granel sólido e o petróleo bruto, enquanto um navio graneleiro de escotilha larga, que abrange quase toda a boca do navio, pode transportar contêineres, paletes e carga pré-lingada, além de partidas e carga de granel sólido. O navio ro-ro é ainda mais flexível, com capacidade para transportar quase qualquer carga, exceto granel e barcaças, resultando num índice LCM igual a 6. Contudo, o mais flexível de todos é o navio de linhas regulares multipropósito, que pode transportar tudo exceto partidas de carga de líquidos a granel e barcaças.

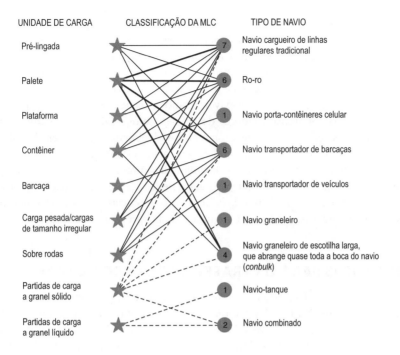

Figura 14.2 – Análise de flexibilidade.

Nota: o índice da mobilidade lateral de carga (LCM) reflete o número de diferentes tipos de unidades de carga que o navio pode transportar, ou seja, a sua flexibilidade. Quanto maior o número, maior a sua flexibilidade.

Fonte: Martin Stopford (2007).

Tabela 14.6 – Dimensões principais de contêineres de aço de teto plano

	Dimensões	
	20 pés × 8 pés × 8 pés e 6 polegadas [20' × 8' × 8'6"]	40 pés × 8 pés × 8 pés e 6 polegadas [40' × 8' × 8'6"]
Comprimento (metros)	6,1	12,2
Largura (metros)	2,44	2,44
Altura (metros)	2,6	2,6
Capacidade cúbica (metros cúbicos)	32,9	67
Capacidade de ser empilhado	9 em altura	9 em altura
Peso máximo (toneladas métricas)	24	30,5

Fonte: UNCTAD (1985, p. 141).

O balanço entre o custo e o desempenho operacional no seu tráfego principal é um aspecto central para projetar navios flexíveis. Frequentemente, a construção de um navio flexível é mais cara e o seu desempenho não é tão bom quanto o de um navio de propósito único em qualquer um dos tráfegos para o qual foi construído. Portanto, o aspecto-chave é saber se pode ou não obter benefícios como a redução das viagens em lastro ou transportar mais carga (ver o exemplo dos navios graneleiros de escotilha larga, que abrange quase toda a boca do navio, no início do Capítulo 12). Nesse contexto, a tecnologia de projeto pode ser importante para abordar os aspectos operacionais. Embora pareça boa a ideia de navios flexíveis, que reduzem o risco e aumentam as receitas, na prática somente um número reduzido de investidores segue essa estratégia. Atualmente, a frota mercante é dominada por navios de propósito único, como os navios-tanques, os navios graneleiros e os navios porta-contêineres, todos com uma razão LCM igual a 1. Em oposição, os navios flexíveis, como os navios cargueiros de linhas regulares, os navios ro-ro, os navios transportadores de barcaças e os navios combinados, em tempos recentes encontram-se em uma fase de crescimento visivelmente lenta ou em fase de retirada. Isso sugere que na indústria marítima moderna os benefícios econômicos da especialização compensam os benefícios econômicos da flexibilidade – um aviso útil de que a simplicidade é um princípio orientador de um projeto de navios bem-sucedido. Os navios sofisticados permitem a apresentação de trabalhos interessantes em conferências, mas, num mundo comercial difícil, os navios simples que executam uma única tarefa parecem se sair melhor.

14.3 OS NAVIOS PARA OS TRÁFEGOS DE CARGA GERAL

Este é o segmento de tráfego em que os navios passaram por uma maior mudança nos últimos cinquenta anos. Na realidade, é raro ver no transporte marítimo uma mudança tão radical como a substituição dos navios cargueiros flexíveis de linhas regulares pelos navios porta-contêineres que começou na década de 1960. Como a passagem da vela para o aço, a transição levou muitos anos para acontecer, e um número grande de navios que restaram da época dos navios cargueiros de linhas regulares continou a ser usado e, em alguns casos, estavam ainda sendo substituídos cinquenta anos após o primeiro contêiner ter sido expedido em 1956. Em 2006, os navios porta-contêineres tinham assumido o controle de todos os serviços, exceto os serviços de linhas regulares que operam na fronteira, embora existissem ainda alguns serviços que utilizam os navios ro-ro, os navios multipropósito e mesmo um punhado de navios transportadores de barcaças [*barge-carrying vessels*, BCVs] e navios de cobertas de linhas não regulares.

NAVIOS PORTA-CONTÊINERES

Todos os principais tráfegos de linhas regulares atualmente utilizam navios porta-contêineres. Um navio porta-contêineres é, em princípio, uma caixa de teto aberto na qual os contêineres podem ser empilhados. Têm as escotilhas à largura dos porões, são equipados com guias celulares para que os contêineres possam ser arriados no lugar e mantidos em segurança durante a viagem, sem terem de ser peados. As escotilhas são seladas com tampas de escotilhas reforçadas que constituem uma base para o empilhamento de mais contêineres acima do convés. Uma vez que não têm uma estrutura de apoio, devem ser peados no lugar com fechos rotativos e cabos de arame. Algumas companhias têm experimentado projetos de navios sem cobertas que evitam o procedimento de travamento dos contêineres, que é de trabalho intensivo.

A Figura 14.3 apresenta os detalhes de um navio porta-contêineres de 8.200 TEU. Uma vez que o único propósito desse navio é transportar contêineres, seu projeto centra-se nas dimensões dos contêineres. As normas ISO identificam uma variedade de contêineres, em que as dimensões mais amplamente usadas são as referentes aos contêineres de 20 pés e de 40 pés, cujas dimensões apresentam-se na Tabela 14.6. Geralmente, os navios porta-contêineres são

Os navios que realizam o transporte **643**

projetados em torno do contêiner de alta cubagem de 8 pés e 6 polegadas, embora este também permita a estiva de um misto de contêineres de 8 pés e de 9 pés e 6 polegadas. Esses contêineres são dispostos em baias [*bays*], existindo trinta a vante do casario e dez a ré. Abaixo do convés, os contêineres são colocados nas guias celulares, sendo que o número de camadas [*tiers*] que pode existir no porão varia com a curvatura do casco, como mostra a secção transversal longitudinal apresentada na Figura 14.3. No convés, os contêineres são empilhados nas tampas das escotilhas e mantidos no lugar com fechos rotativos e cabos de arames, empilhados em camadas, cuja altura depende da visibilidade. Neste exemplo, o número de camadas varia entre cinco e sete. A ISO também especifica um peso-padrão, que é de um máximo de 24 toneladas para os contêineres de 20 pés e de 30 toneladas para os contêineres de 40 pés. Estes estão bem acima dos valores médios provavelmente encontrados na prática, que podem variar entre 10 e 15 toneladas, dependendo do tráfego e do tipo de carga. Embora esse navio tenha uma capacidade nominal para 8.189 contêineres, a sua capacidade homogênea para as 14 toneladas por TEU é de 6.130.

No início, os projetos dos navios porta-contêineres eram categorizados em "gerações", refletindo a evolução tecnológica, mas, assim que a frota cresceu para mais de 4 mil navios em 2007, polarizou-se em categorias de dimensão, como mostram as estatísticas da frota apresentadas na Tabela 14.7. Cada setor ocupa um lugar diferente no mercado. Os navios porta-contêineres menores, com menos de 1.000 TEU, frequentemente referidos como navios "Feeder" (0-499 TEU) e "Feedermax" (500-999 TEU), são geralmente utilizados nas operações de pequeno curso. Eles distribuem os contêineres trazidos para os centros regionais de carga ou portos de "distribuição de carga", como Roterdã, pelos navios de longo curso e transportam o tráfego costeiro. Existe uma frota considerável de navios Handy de 1.000-3.000 TEU que são suficientemente pequenos para serem usados dentro das regiões, mas suficientemente grandes para serem utilizados nos tráfegos norte-sul, onde as restrições portuárias ou os volumes de carga não permitem a utilização de um navio maior. Os navios maiores, acima de 3.000 TEU, são utilizados nos tráfegos de longo curso, onde gastam até 80% do seu tempo navegando. Existem três grupos desses navios, referidos como Panamax (3.000-4.000 TEU) e pós-Panamax (acima de 4.000 TEU), e um grupo em evolução de navios porta-contêineres muito grandes [*very large box carriers*, VLBC], acima de 6.000 TEU. Visto que os diferentes segmentos da frota têm funções diferentes, também apresentam diferentes características de projeto, especialmente no que diz respeito à velocidade e ao equipamento de manuseio de carga.

A velocidade é uma característica central do projeto dos navios porta-contêineres, e, como pode ser visto na Tabela 14.7, os navios maiores têm velocidades maiores. Em 2006, um navio Feeder de dimensão média tinha uma velocidade de 14 nós, comparada com a velocidade média de 24,5 nós para o navio pós-Panamax de dimensão média. Com cada aumento que ocorre na dimensão, a velocidade cresce, embora o ritmo desacelere acentuadamente acima de 3.000 TEU. A explicação econômica para essa tendência é que os maiores navios são geralmente utilizados nas rotas de longo curso, em que a velocidade é um aspecto importante do serviço. A velocidade traz consigo um acréscimo de custo em termos do consumo de combustível de bancas e uma limitação ao desenho do casco, pois as velocidades elevadas exigem uma forma de casco afilada. Para os tráfegos de pequeno curso, em que existem muitas escalas portuárias, a velocidade é menos importante do que a economia e a quantidade de carga útil. Inversamente, nos longos cursos a velocidade é altamente produtiva, reduzindo os tempos de viagem e o número de navios necessários para operar o serviço. Seja qual for a justificativa econômica, a relação entre a velocidade e a dimensão dos navios porta-contêineres é clara e complexa.

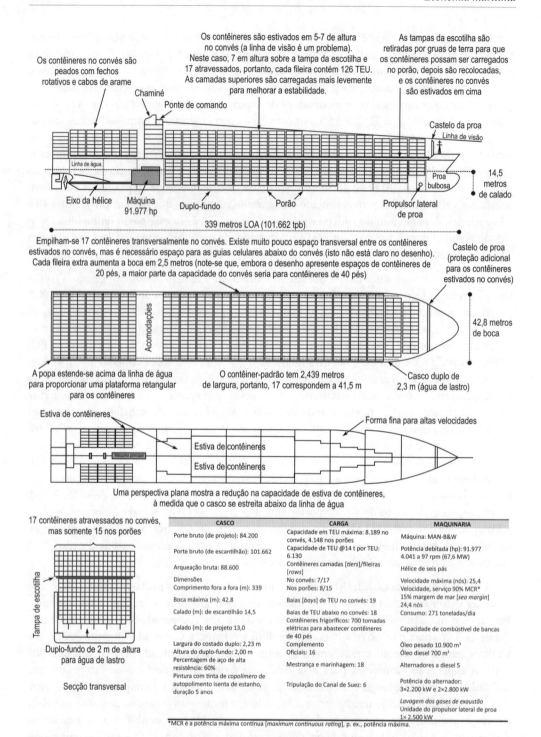

Figura 14.3 – Exemplo de um projeto típico de um navio porta-contêineres de 8.200 TEU.
Fonte: imagem feita por Martin Stopford, com base nos navios porta-contêineres construídos pela Hyundai Heavy Industries.

Os navios que realizam o transporte 645

Tabela 14.7 – Frota de navios porta-contêineres, por dimensão e características do casco

	Dimensão da frota de navios porta-contêineres			Características do casco					
Dimensão do navio em TEU	Número	TEU médio	Total de TEU (000s)	Capacidade tpb/ TEU	Boca metros	Calado metros	Velocidade nós	Consumo t/dia	% de navios com equipamento
Feeder	0-499	443	310	137	17.2	17,1	6,1	14,0	15,7	29%
Feedermax	500-999	695	722	502	14.1	21,1	7,7	16,8	27,5	48%
Handy	1.000-1.999	1.012	1.412	1.429	14.9	26,3	9,7	19,0	49,2	53%
Sub-Panamax	2.000-2.999	596	2.504	1.492	14.2	31,0	11,5	21,2	79,3	43%
Panamax	3.000-3.999	297	3.411	1.013	13.8	32,3	12,0	22,5	104,5	9%
Pós-Panamax	4.000-5.999	533	4.817	2.567	12.9	35,4	13,3	24,5	159,5	0%
VLBC	6.000-12.000	215	7.419	1.595	12.6	41,9	14,2	25,2	211,3	0%
Total	Total geral	3.791	2.304	8.736	13.6	27,6	10,0	19,7	64,5	34%

Fonte: Clarkson Research Services, *Container-ship Register*, Londres, 2006.

Seguindo um padrão semelhante à frota de navios graneleiros, o equipamento de manuseio de carga também varia com a dimensão. Muitos dos navios menores são equipados com equipamento de manuseio da carga, e os navios porta-contêineres maiores dependem exclusivamente do equipamento de manuseio de carga de terra. Em 2006, 29% dos navios Feeder, 48% dos navios Feedermax, 53% dos navios porta-contêineres Handy e 43% dos navios porta-contêineres sub-Panamax tinham equipamento de carga, mas os navios porta-contêineres pós-Panamax totalizavam somente 9%.

Uma das formas mais importantes de aumentar a versatilidade do navio porta-contêineres é transportar *contêineres frigoríficos*, permitindo que as companhias de contêineres concorram com os operadores de navios frigoríficos nos tráfegos de carne, laticínios e frutas. Isso pode ser alcançado pelo isolamento de contêineres que têm as suas próprias unidades de refrigeração, as quais se ligam a uma tomada do navio. Se existir um volume de carga frigorífica regular substancial (por exemplo, na rota da Austrália para o Reino Unido), pode-se construir no navio uma unidade frigorífica central. Ela ventila o ar frio por encanamentos para os contêineres insulados. Nos portos de carga e de descarga, os contêineres insulados devem ser armazenados em instalações receptoras frigoríficas especiais ou devem ser utilizadas unidades frigoríficas portáteis. Os contêineres com suas próprias unidades de refrigeração podem ser ligados a uma tomada elétrica adjacente a cada espaço de contêiner. Além do rápido manuseio de carga, os contêineres frigoríficos oferecem aos embarcadores um controle preciso da temperatura durante a viagem e um produto de melhor qualidade que, no caso da fruta e dos vegetais, pode resultar num preço de venda mais elevado.[4]

Finalmente, tem ocorrido também muita pesquisa relacionada a contêineres para transportar pequenas quantidades de cargas a granel. Isso inclui a utilização de contêineres ventilados para o transporte de mercadorias agrícolas, como os grãos de café e de cacau, de contêineres-tanques para os líquidos a granel e de contêineres com equipamentos especiais para a carga e a descarga que permitam o rápido manuseio automatizado de cargas a granel secundárias. Como vimos no Capítulo 13, cargas a granel, como lã, borracha, látex, algodão e alguns produtos florestais, podem agora ser conteinerizados.

OUTROS NAVIOS DE CARGA GERAL

Embora os navios porta-contêineres dominem o transporte de carga geral, em 2006 existia uma frota de 4.717 de outros tipos de navios de carga geral operando nesse segmento de mercado. As estatísticas resumidas na Tabela 14.8 cobrem seis tipos de navios: os navios ro-ro, os navios MPP; os navios de carga pesada, os tradicionais navios de linhas regulares, os navios de linhas não regulares e os navios transportadores de barcaças. Essas categorias da frota não são exatas, pois a linha que divide, por exemplo, um navio de linhas regulares de um navio de linhas não regulares não é clara. Do ponto de vista do analista, esse é um segmento difícil porque tem dois componentes diferentes. O primeiro é um grupo de navios de linhas regulares tradicionais obsoletos que ano após ano são postos para fora por navios porta-contêineres mais eficientes. Os navios de linhas regulares e os navios de linhas não regulares são exemplos óbvios de navios que caem nessa categoria, e para eles não existe a questão da substituição. Porém, existe um segundo grupo de navios, o qual possivelmente se sobrepõe ao primeiro grupo, que transporta a carga que não pode ser transportada pelos navios porta-contêineres. Fazem parte desse grupo todos os navios ro-ro, os navios MPP e os navios de carga pesada. Infelizmente, do ponto de vista estatístico, não podemos dividir a frota com exatidão, mas as consequências dessa divisão são importantes para a demanda de navios. Os navios obsoletos serão substituídos pelos navios porta-contêineres, mas é provável que o segundo grupo que se concentra em carga não conteinerizada continue a crescer, porque existirá sempre um grande número de cargas que não se encaixam adequadamente dentro de um contêiner-padrão.

A questão principal para os navios que operam nesses tráfegos é a flexibilidade de poderem transportar contêineres, mas também a habilidade para transportar a carga geral não conteinerizada, que, por razões abordadas na Seção 12.6, não podem ser transportadas em navios porta-contêineres. São exemplos comuns as cargas de projeto, os produtos florestais, a carga paletizada e os veículos sobre rodas. Nos parágrafos seguintes abordaremos as sete categorias diferentes de navios que pertencem a essa classe.

Navios ro-ro

Os navios ro-ro de carga oferecem uma alternativa mais flexível à conteinerização para transportar um misto de carga conteinerizada e rolante, sendo que as cargas variam desde os granéis transportados em pequenas quantidades [mini-bulks] em contêineres intermediários para granéis [intermediate bulk containers] e paletes até as unidades de carga pesada de 90 toneladas. São navios interessantes e foram projetados vários modelos, mas do ponto de vista conceitual um navio ro-ro é um navio de carga geral com pavimentos corridos e acesso rolante efetuado por rampas, em vez de escotilhas no convés principal. As principais características de projeto são as rampas de acesso, os porões corridos que permitem às empilhadeiras terem uma capacidade de manobra rápida, os tratores/reboques e outros veículos sobre rodas, o bom acesso entre os pavimentos e os pavimentos e as rampas de carga para cargas pesadas. São particularmente adequados para o transporte de qualquer carga que possa ser facilmente manuseada por uma empilhadeira (paletes, fardos, contêineres, madeira empacotada etc.) e também carga rolante (carros, caminhões carregados ou reboques, unidades de tração/tratores etc.). A

Os navios que realizam o transporte

principal vantagem de um navio ro-ro é a sua habilidade de providenciar uma rápida rotação do navio em porto sem equipamento especial para o manuseio de carga.

Tabela 14.8 – A frota de carga geral, por dimensão e características do casco

Tipo	TEU '000s	Número	TEU médio	tpb médias	Idade (anos)	Velocidade média (unidades)
Navios ro-ro	1.440	1.109	1.604	12.132	20	17,1
Navios MPP	1.057	2.533	417	9.142	16	14,2
Navio de cargas pesadas	15	40	364	18.031	21	3,9
Navios de linhas regulares	89	401	222	13.822	29	16,1
Navios de linhas não regulares	93	624	149	8.970	16	12,9
Navios transportadores de barcaças	10	10	1.006	25.642	24	15,8
Total geral	2.703	4.717	627	14.623	21	15,0

Fonte: Clarkson Research Services, *Container-ship Register*, Londres, 2006.

Com exceção de alguns escandinavos devotos, os navios ro-ro nunca encontraram um mercado nos tráfegos de cargas de longo curso (embora fossem mais bem-sucedidos no mercado ro-ro de passageiros e de cargas na curta distância). Em 2006, a frota de 1.109 navios tinha uma idade média de vinte anos, sugerindo que a frota não está sendo substituída (Tabela 14.8). Existiam somente dois navios pequenos encomendados. Embora os navios ro-ro nunca tenham sido adotados na escala dos navios porta-contêineres celulares, a frota existente continua a ser utilizada em alguns tráfegos em que o misto de carga e as instalações portuárias favorecem esse tipo de operação, por exemplo, os navios da Atlantic Container Line, apresentados no Capítulo 12. A explicação para esse pobre desempenho parece estar associada ao fato de que, embora os navios transportadores de cargas rolantes tenham uma capacidade de carga extremamente flexível, com um coeficiente de LCM igual a 6, e possam manusear a carga eficientemente em portos com instalações muito básicas, essa flexibilidade tem um preço que se torna inaceitável para os investidores. Os navios têm uma estiva muito menos eficiente do que a dos navios porta-contêineres e, visto que a carga é mais difícil de ser peada e exige uma mão de obra intensiva para fazê-lo, os tempos de carregamento são geralmente mais lentos. Adicionalmente, os navios ro-ro têm uma gestão muito intensiva, exigindo um plano de estiva cuidadoso.[5] Contudo, a sua maior desvantagem é a ausência de uma integração simples com os outros sistemas de transporte, que é o principal ativo da frota de navios porta-contêineres. Como resultado, a frota de navios ro-ro é muito menor do que a frota de navios porta-contêineres e, mesmo no tráfego da África Ocidental, onde existem condições adequadas, os navios ro-ro representam somente cerca de 10% da tonelagem empregada.[6]

Navios multipropósito

Onde existir uma demanda contínua por uma tonelagem de linhas regulares flexível, utilizam-se os navios MPP ou os navios carregam e descarregam verticalmente [*lift on, lift off, lo-lo*]. Os navios desse tipo têm geralmente um porte bruto que varia entre 8 mil e 22 mil toneladas, com três a cinco porões, tendo cada um deles uma coberta. A principal diferença para os primeiros navios de linhas regulares tradicionais é que são concebidos para carregar uma carga completa de contêineres, bem como de carga geral e de carga pesada. Isso é alcançado projetando um fundo de porão e uma coberta com dimensões que são compatíveis com os contêineres e com gruas para contêineres capazes de içar 35-40 toneladas. A Tabela 14.8 mostra que, em 2006, existia uma frota de 2.533 navios MPP, com uma dimensão média de 9.142 tpb e uma idade média de dezesseis anos. A frota cresceu a 2,6% ao ano entre 1996 e 2006 (Tabela 12.12), demonstrando que existe uma procura positiva que se tornou mais visível assim que o negócio dos contêineres entrou numa fase de maturidade.

Em termos econômicos, os navios MPP são um balanço para o uso em tráfegos que são parcialmente conteinerizados, especialmente para as cargas pesadas e irregulares que não podem ser conteinerizadas, e a sua habilidade em pegar cargas a granel ajuda a aumentar a utilização do seu porte bruto. A desvantagem é uma eficiência reduzida na movimentação de contêineres, uma vez que não têm guias celulares e a sua construção é cara. Contudo, mesmo os navios MPP básicos com frequência têm uma mobilidade lateral de carga igual a 5, com a habilidade para transportar carga pré-lingada, carga paletizada, plataformas, contêineres, carga pesada e irregular e veículos sobre rodas, mas os projetos variam bastante. Uma vez que existem muitas alterações, é útil analisar alguns exemplos que ilustram as principais características dos navios desse tipo e como podem ser variadas.

Um exemplo que se encontra na extremidade superior da gama de dimensões é o navio MPP de 23.700 tpb destinado sobretudo aos mercados de contêineres e de carga a granel acondicionada. Tem uma capacidade para contêineres de 1.050 TEU, cinco porões com cobertas operadas mecanicamente e uma velocidade relativamente rápida de 18,5 nós a 50 toneladas por dia. As gruas têm capacidade de 35 toneladas e 26 toneladas, portanto, essa é uma especificação bastante alta. Além dos contêineres, o navio pode transportar produtos de madeira, produtos siderúrgicos, materiais de construção, carga geral e carga de projeto, incluindo iates e maquinaria pesada. Podem também ser transportadas as cargas frágeis ou não unitizadas, como bens de consumo acondicionados, produtos perecíveis e produtos químicos, e o navio tem uma capacidade para 150 contêineres frigoríficos. Os contêineres podem ser empilhados em número de até quatro em altura nos porões e três em altura nas tampas das escotilhas, e os porões e as escotilhas largas, que abrangem quase toda a boca do navio, são projetados para acomodar contêineres de 20 pés ou de 40 pés de comprimento.

A Figura 14.4 mostra os desenhos de um navio MPP menor destinado a operar no mercado das cargas pesadas e das cargas de projeto. Tem 12.000 tpb e pode transportar 684 TEU. As duas gruas com capacidade elevatória de até 80 toneladas, um grande convés corrido e as cobertas amovíveis permitem que sirva a uma gama abrangente de cargas pesadas e de projeto. Esse navio específico foi projetado com uma arqueação bruta de 8.999 para cumprir com os requisitos de lotação holandeses e conta com treze tripulantes.

Basicamente, é um projeto de navio de um só convés de escotilha larga, que abrange quase toda a boca do navio, com dois porões muito longos, tampas de escotilha hidráulicas do tipo articulado e tampas de coberta amovíveis. A coberta é constituída de quinze pranchas que podem ser içadas e estivadas a ré do porão número 2 quando não estão sendo utilizadas. O projeto está extremamente focado no transporte de contêineres, transportando 372 TEU no convés e 312 TEU nos porões. Podem ser empilhadas quatro camadas de contêineres no porão, duas abaixo da coberta e duas em cima, permitindo o transporte de um misto de cargas conteinerizadas e unitárias nos porões quando a coberta está no lugar.

Os navios que realizam o transporte

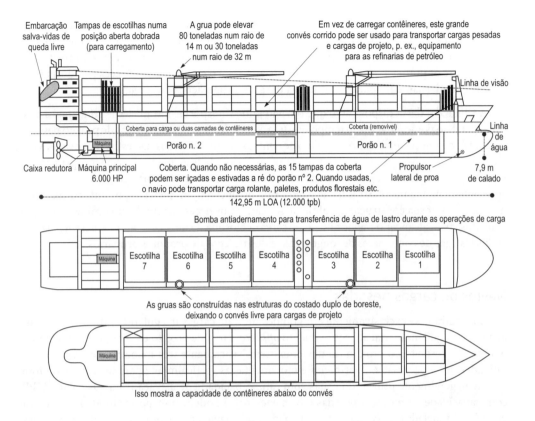

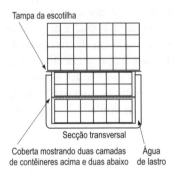

Figura 14.4 – Navio multipropósito de cargas pesadas, 12.000 tpb.

Fonte: imagem por Martin Stopford, com base num projeto de navio cargueiro combinado da Damen Shipyard.

Podem ser empilhadas no convés mais duas a quatro camadas de contêineres, com uma redução na altura das camadas a vante para que a ponte de comando tenha uma melhor visibilidade. Existem também oitenta tomadas para contêineres frigoríficos. No porão e no convés podem ser estivadas seis e sete fileiras, respectivamente.

Para as cargas de projeto e as cargas pesadas, o navio tem duas gruas de convés eletro--hidráulicas, capazes de içar entre 30 e 80 toneladas (com 80 toneladas, a elevação é limitada a um raio de 14 metros, enquanto com 30 toneladas o raio estende-se até 32 metros). Para deixar o espaço de carga no convés corrido para as cargas de projeto, as gruas são construídas no forro exterior (ou seja, a face dupla – ver Figura 14.4). Isso significa que o navio tem uma área de convés/escotilha de mais de 100 metros, sobre a qual pode transportar cargas de projeto. No espaço entre os porões 1 e 2 encontra-se localizada, com o equipamento de secagem do ar, uma bomba antiadernamento para ser utilizada durante as operações de carga.

A vantagem dessa disposição é que o navio pode transportar um misto de contêineres e de carga geral no porão, ao mesmo tempo que tem a opção de transportar cargas de projeto pesadas no convés ou um carregamento completo de contêineres se tais cargas não estiverem disponíveis. No seu conjunto, isso oferece um elevado grau de flexibilidade e uma boa eficiência operacional, mas é uma filosofia de projeto muito diferente daquela de um navio porta-contêineres dedicado apresentado na Figura 14.3. Os navios desse tipo preenchem um papel importante no mercado marítimo e, por sua construção geralmente ser cara e por necessitarem de uma comercialização cuidadosa para alcançar o melhor misto de carga, a filosofia de negócio é muito diferente daquela dos tráfegos de contêineres de longo curso e dos tráfegos de produtos primários.

Navios de cargas pesadas

Concentram-se exclusivamente em grandes itens de cargas irregulares. Variam entre itens de uma unidade industrial até equipamento *offshore*, carga de projeto e gruas para contêineres. No que diz respeito ao projeto do navio, existem basicamente três maneiras de lidar com as unidades de carga pesada. A primeira é movimentá-las verticalmente para dentro e para fora do navio, geralmente utilizando gruas com uma capacidade de elevação alta. Os navios MPP com capacidade para cargas pesadas e os navios ro-ro podem transportar unidades de carga de até 100 toneladas, mas existe uma demanda por navios pequenos capazes de transportar cargas muito maiores (por exemplo, até 500 toneladas) ou em rotas em que as companhias de linhas regulares não oferecem serviços de cargas pesadas. A segunda, é rolar a carga para dentro e para fora do navio utilizando uma rampa reforçada do tipo usado em alguns navios de cargas rolantes. Os modernos navios transportadores de veículos têm frequentemente rampas reforçadas e pavimentos amovíveis para que possam carregar veículos sobre rodas e unidades industriais. A terceira forma é embarcar e desembarcar por flutuação, em que o navio propriamente dito é submergido, permitindo que a unidade pesada, como uma unidade de dragagem, flutue para dentro do navio para ser carregada e depois retirada da mesma maneira. O mercado para esses navios é abordado na Seção 12.6.

Navios cargueiros de linhas regulares

Finalmente, chegamos à frota de carga geral, que em 2006 tinha 401 navios com uma dimensão média de 13.800 tpb e uma idade média de 29 anos (Tabela 14.8). Esses navios fazem parte da história; são os últimos remanescentes dos navios de multicobertas usados nos serviços de linhas regulares, como a classe de navios de linhas regulares Ocean's Priam, construídos na década de 1960. Eles tinham multicobertas para carga geral mista, tanques para transportar partidas de carga líquida, capacidade frigorífica e também podiam transportar pequenas partidas de carga a granel (por exemplo, pequenas quantidades de minério, copra, aço) no fundo do porão. Frequentemente, tinham equipamento de carga com capacidade para cargas pesadas, mas era dada pouca atenção à capacidade para contêineres. Alguns ainda estão em serviço, mas, é até desnecessário dizer, não estão sendo substituídos.

Navios de cobertas de linhas não regulares

Os navios de cobertas de linhas não regulares são versões simplificadas dos navios de carga de linhas regulares. Em 2006 existiam mais de 624 navios em serviço com 5,5 m.tpb. Geralmente esses navios variam em dimensão entre 10.000 e 22.000 tpb e são sobretudo navios graneleiros pequenos com uma coberta para que possam transportar um misto de carga geral e de cargas a granel, como grão. Desde meados da década de 1950, o rápido crescimento na dimensão das partidas de carga nos tráfegos de granel e na conteinerização da carga geral resultou na substituição dos navios de cobertas pelos navios multipropósito, mas esse tipo de navio é ainda utilizado em alguns tráfegos. Em 2006 a idade média da frota era de dezesseis anos, e o navio médio tinha 8.970 tpb com uma velocidade de 12,8 nós, operando sobretudo no Terceiro Mundo.

Navios transportadores de barcaças

A década de 1960 foi de muita experiência nos mercados de linhas regulares. O navio transportador de barcaças foi um projeto radical desenvolvido para ampliar os benefícios da unitização às pequeníssimas cargas a granel, anteriormente transportadas como cargas de fundo. O conceito envolvia o agrupamento de "porões flutuantes" (ou seja, as barcaças), geralmente de 400 a mil toneladas, dentro de um único navio. Essas barcaças poderiam ser enchidas com carga geral ou pequenas partidas de carga a granel, fazendo com que os sistemas de barcaças fossem tão flexíveis quanto um navio de carga de linhas regulares tradicional, em termos de variedade de cargas que podia transportar. A principal característica de projeto é o método usado para colocar as barcaças pesadas no navio transportador de barcaças – o sistema Lash utilizava uma grua de bordo, e o sistema Bacat permitia a flutuação das barcaças para dentro do navio. O sistema do navio transportador de barcaças não foi amplamente adotado. Em 2006, existiam somente dez navios transportadores de barcaças, mas nem todos estavam operando.

Navios frigoríficos

Os navios frigoríficos (*reefers*) foram desenvolvidos no final do século XIX para transportar carga da Nova Zelândia e da Austrália para o Reino Unido (ver Capítulo 12 para uma abordagem do tráfego). A carga frigorificada é congelada ou refrigerada; neste caso, a temperatura é mantida somente acima do ponto de congelamento. Para alcançar isso, os navios frigoríficos têm porões de carga insulados, onde a carga é manuseada horizontalmente por portas de costado e verticalmente por escotilhas.

Os navios modernos têm os seus espaços concebidos para a carga paletizada, às vezes com capacidade frigorífica conteinerizada no convés ou nos porões, além da capacidade convencional para contêineres. Por exemplo, um navio de 14.800 tpb entregue em 2006 tinha uma capacidade frigorífica de 460 mil pés cúbicos, 880 TEU e 144 tomadas frigoríficas. A velocidade era de 20,5 nós a 67 toneladas por dia. No caso de frutas e vegetais, a carga continua a amadurecer durante a viagem, portanto, o sistema frigorífico deve manter uma temperatura controlada exata em todas as partes dos espaços de carga. Visto que frutas como as bananas muitas vezes são carregadas em países em desenvolvimento com instalações portuárias precárias, há necessidade de tornar esses navios autossuficientes em termos de manuseio de carga. Os carros são frequentemente transportados como carga de retorno.

Embora os navios frigoríficos tenham dominado o tráfego de carga frigorífica, a frota de 1.800 navios hoje é bastante velha, com uma idade média de 23,9 anos (ver Tabela 2.5). Os alimentos frigorificados estão cada vez mais sendo transportados em contêineres frigoríficos.

14.4 OS NAVIOS PARA OS TRÁFEGOS DE GRANEL SÓLIDO

No mercado de cargas a granel, o foco é o transporte de baixo custo. A frota de navios graneleiros (Tabela 14.9) consiste em 6 mil navios com 369 m.tpb. Divide-se em quatro partes principais, geralmente referidas como navios graneleiros Handy (10.000-39.999 tpb), navios graneleiros Handymax (40.000-59.999 tpb), navios graneleiros Panamax (60.000-99.999 tpb)[7] e navios graneleiros Capesize (mais de 100.000 tpb). Esses navios transportam uma grande gama de cargas a granel que variam desde grão, rocha fosfática, minério de ferro e carvão até partidas de cargas de produtos químicos, com um prêmio sobre a economia e a flexibilidade.

Tabela 14.9 – A frota de navios graneleiros (fev. 2007), por dimensão e por características do casco

	Dimensão da frota de navios graneleiros			Características do casco						
Dimensão	Número	tpb médias '000	tpb	Compri-mento m.	Boca m.	Calado m.	Velocidade Nós	Consumo t/dia	Cubagem m³/ tonelada	% equipado
Handy										
10-19.999	611	15.679	9,6	136	22	8,7	14,1	22,5	1,22	73%
20-24.999	487	23.025	11,2	154	24	9,7	14,3	26,1	1,27	89%
25-29.999	820	27.627	22,7	166	25	9,9	14,3	28,6	1,28	93%
30-39.999	917	35.270	32,3	178	27	10,7	14,4	31,3	1,25	87%
Handymax										
40-49.999	969	44.761	43,4	182	31	11,4	14,4	30,4	1,31	94%
50-59.999	498	53.026	26,4	186	32	12,1	14,5	34,4	1,28	80%
Panamax										
60-79.999	1.292	71.350	92,2	218	32	13,4	14,4	36,7	1,18	7%
80-99.999	121	87.542	10,6	230	37	13,7	14,3	42,0	1,14	2%
Capesize										
100-149.999	173	137.714	23,8	257	43	16,6	14,2	49,8	1,10	2%
150-199.999	468	170.227	79,7	276	45	17,6	14,5	53,9	1,09	0%
199.999+	74	229.096	17,0	303	52	18,9	14,0	60,3	0,87	1%
Total geral	6.430	57.355	368,8	191	30	11,9	14,4	33,4	1,18	60%

Fonte: Clarkson Research Studies, *Bulk Carrier Register*, Londres, 2006.

NAVIO GRANELEIRO

Hoje em dia, as principais cargas a granel e a grande maioria das cargas a granel secundárias são transportadas em navios graneleiros. Esses navios são todos de convés único com um duplo-fundo, acesso vertical à carga por meio das escotilhas localizadas no convés principal e velocidade geralmente da ordem de 13-16 nós, embora a média para a maioria dos tamanhos seja de 14,5 nós. Desde meados da década de 1960, tem havido uma tendência regular crescente na dimensão dos navios utilizados na maioria dos tráfegos de granel. Por exemplo, em 1969, somente 5% do minério de ferro foi expedido em navios acima de 80.000 tpb, mas no início da década de 1990 mais de 80% do tráfego foi expedido em navios desse tamanho, sobretudo em navios de 150.000-180.000 tpb.

De fato, o mercado de navios graneleiros evolui em diferentes classes de dimensões, cada uma concentrando-se num setor diferente do tráfego e, como mostra a Tabela 14.9, os navios na frota de graneleiros são distribuídos de forma bastante equilibrada ao longo da gama de tamanhos, com a maior concentração em números nas dimensões mais pequenas. Na ponta menor da escala, os navios graneleiros Handy de 10.000-40.000 tpb desempenham as funções de cavalos de carga flexíveis nos tráfegos em que a dimensão das partidas de carga e as restrições de calado exigem navios pequenos. Geralmente transportam granéis secundários e pequenas partidas de carga dos principais granéis, como o grão, o carvão e a bauxita, e, em áreas marítimas intensas como a Ásia, frequentemente podem completar duas viagens carregados para cada viagem em lastro. Isso é uma grande melhoria sobre os maiores navios graneleiros, que muitas vezes alternam entre viagens de navio carregado e viagens em lastro.

Como os portos melhoraram nos últimos vinte anos, apareceu uma nova geração de navios graneleiros Handy maiores de 40.000-60.000 tpb, geralmente referidos como navios graneleiros Handymax. Como os navios graneleiros Handy, esses navios têm geralmente equipamento de carga. No centro do mercado existem os navios graneleiros Panamax de 60.000-100.000 tpb que servem os tráfegos do carvão, do grão, da bauxita e das partidas de carga pequenas de granéis secundários. Esses navios de tamanho médio são chamados de Panamax, porque podem transitar o Canal do Panamá, mas os navios na ponta maior da escala são demasiado grandes para fazê-lo, pelo menos até que o canal seja aumentado. A ponta superior é servida por navios graneleiros de 100.000 a 300.000 tpb, que são extremamente dependentes dos tráfegos de minério de ferro e de carvão. Existe um intercâmbio muito bom entre esses dois grupos, e como última instância a escolha será um balanço entre o custo unitário e a flexibilidade da carga: o navio menor é flexível, mas a sua gestão é cara, enquanto os navios maiores tornam-se progressivamente mais econômicos e mais inflexíveis.

Os navios graneleiros são geralmente projetados para custos baixos e simplicidade. As principais características de projeto são a capacidade cúbica, o acesso aos porões e o equipamento de manuseio de carga. O projeto do porão é importante porque cargas como grão podem mover-se facilmente e, se não forem verificadas, podem fazer o navio virar. Para evitar isso, os navios graneleiros em geral têm porões nos quais a carga se espalha harmoniosamente [*self--trimming holds*], onde os tanques de asa superiores [*topside wing tanks*] são inclinados de tal forma que as cargas granulares podem ser carregadas por gravidade, dispensando o rechego da carga para as asas do porão.

Em navios graneleiros convencionais, as aberturas das escotilhas são de 45% a 60% da boca (largura) e de 65% a 75% do comprimento do navio. Essa disposição tem a desvantagem de que as aberturas das escotilhas são demasiado estreitas para permitir o acesso vertical a todas as partes do porão, sendo que é difícil manusear numa única operação grandes unidades de carga, como bobinas de papel, produtos siderúrgicos, madeira pré-lingada, carros carregados em paletes ou contêineres. Contudo, como o convés dá uma grande contribuição para a resistência estrutural do navio, só se pode ter escotilhas mais largas se for adicionado aço estrutural para reforçar o navio, aumentando consideravelmente os custos. As larguras das escotilhas anteriormente descritas representam um balanço entre a velocidade de manuseio da carga e o custo de construção que mostrou funcionar bem na prática.

A maioria dos navios graneleiros é equipada com tampas de escotilha de aço, das quais existem vários tipos disponíveis. A escotilha mais popular é a que se autossustenta. Cada tampa de escotilha tem de quatro a seis seções que se estendem por toda a escotilha com rodas que operam numa calha. As tampas são abertas movimentando-as sobre si próprias até o final da escotilha, onde caem automaticamente para uma posição vertical de forma a estar fora do caminho durante o manuseio da carga. Outro aspecto a considerar é ser necessário ou não incorporar equipamento de carga. O equipamento de carga é geralmente instalado em navios graneleiros menores, pois é provável que operem mais em portos com instalações portuárias inadequadas. A Tabela 14.9 mostra que poucos navios graneleiros acima de 50.000 tpb têm equipamento de carga, comparados com os 80%-90% de navios menores. Isso acontece porque as operações de transporte para os navios maiores envolvem geralmente terminais especializados com equipamento de manuseio de carga instalado para esse fim, para que possam operar muito rapidamente.

O equipamento de carga é constituído geralmente de gruas, visto que os paus de carga são em grande parte obsoletos. Uma disposição comum para os navios graneleiros Handymax é terem quatro gruas de 30 ou 35 toneladas que servem os porões 1-4 e 5. Ocasionalmente são montadas gruas de pórticos sobre carris, especialmente no tráfego dos produtos florestais, enquanto os navios graneleiros com sistemas autodescarregadores contínuos adotam uma abordagem ainda mais radical no que diz respeito ao manuseio de carga. Eles utilizam um sistema de correias transportadas a bordo e alimentadas por gravidade do fundo dos seus porões. Isso lhe permite descarregar a carga em até 6 mil toneladas por hora, embora o custo elevado e o peso do equipamento de manuseio da carga signifiquem que são mais econômicos nos tráfegos de pequeno curso que envolvem muitas operações de carga.

O navio graneleiro apresentado na Figura 14.5 é um navio Panamax de 77.000 tpb, um da nova geração com casco duplo. Tem sete porões, cada um deles com uma capacidade em grão ao redor de 13 mil metros cúbicos ou cerca de 11 mil toneladas de carga, dependendo da densidade. Os porões são separados por anteparas corrugadas e as tampas das escotilhas são muito largas, cerca de 60% da boca do navio, conferindo um acesso vertical melhor aos porões. Uma vez que se trata de um navio Panamax, a sua boca é de 32,3 metros, o valor máximo que podia transitar pelo Canal do Panamá (antes de ser alargado). O navio tem um motor de dois tempos de velocidade baixa que gera 12.670 cavalos-vapor a 89 rpm e uma velocidade de 14,5 nós, que comparativamente é modesta, com um consumo de 35 toneladas por dia, o que é normal para um navio graneleiro. Existem dois geradores de corrente alternada alimentados por motores a diesel, uma caldeira auxiliar e um gerador de emergência. Adicionalmente, os navios têm duas bombas de lastro que manuseiam 800 metros cúbicos por hora, e a água de lastro é transportada nos tanques de asa superiores, nos tanques de duplos-fundos, nos tanques de asa inferiores [*hopper side tank*] e no porão alagável para ser utilizado em situações de mau tempo.

NAVIO GRANELEIRO DE ESCOTILHA LARGA, QUE ABRANGE QUASE TODA A BOCA DO NAVIO (NAVIO PARA TRANSPORTE DE GRANÉIS SÓLIDOS E DE CONTÊINERES [*CONBULKER*])

Em 2006, existia uma frota de 480 navios graneleiros de escotilha larga, que abrange quase toda a boca do navio, que variavam em dimensão entre 10.000 e 69.000 tpb.

Os navios que realizam o transporte

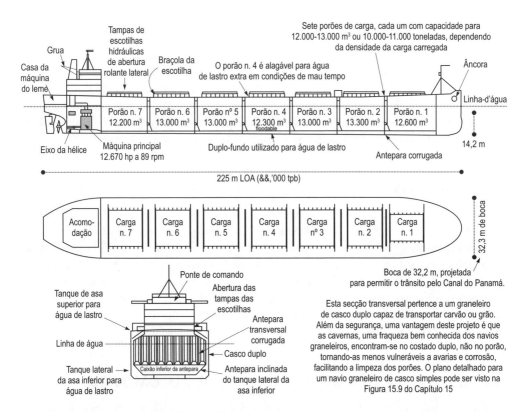

Figura 14.5 – Navio graneleiro Panamax (77.000 tpb), construído em 2006.

Fonte: imagem por Martin Stopford, com base num navio construído pela Oshima Shipbuilding Co., Japão.

Eles são projetados para oferecer acesso direto ao porão pelas escotilhas que se abrem por toda a boca do navio, permitindo que as unidades de carga grandes sejam carregadas diretamente no lugar. Onde possível, os porões/escotilhas são projetados em torno das dimensões-padrão das unidades de carga, incluindo os contêineres, sendo dada especial atenção ao equipamento de carga do navio e, por vezes, instala-se uma grua de pórtico. Tudo isso é caro porque quando as escotilhas são alargadas é necessário aço adicional para reforço, e o equipamento de manuseio de carga é adicionado ao custo. Assim, um navio graneleiro de escotilha larga, que abrange quase toda a boca do navio, de especificação elevada pode custar até 50% mais do que um navio convencional do mesmo tamanho. Geralmente as escotilhas "largas que abrangem quase toda a boca do navio" estendem-se a toda a boca do navio. Isso é particularmente útil para os produtos florestais que estivam a algo entre 2,3 metros cúbicos por tonelada para madeira pré-lingada e 2,8 metros cúbicos por tonelada para toros; as unidades pesadas são difíceis de serem manuseadas pelas escotilhas estreitas de um navio graneleiro convencional ou de um navio de cobertas. Os navios graneleiros de escotilha larga, que abrange quase toda a boca do navio, podem também ser usados para transportar contêineres na pernada de saída e granel sólido na pernada de retorno, o que é particularmente útil para reposicionar contêineres vazios entre regiões.

NAVIOS TRANSPORTADORES DE APARAS DE MADEIRA

Esses navios têm uma capacidade cúbica interna muito grande para receber aparas de madeira de baixa densidade. Em 2006 existiam 129 navios na frota de granéis que variavam em dimensão entre 12.000 e 74.000 tpb, e geralmente a carga estiva a cerca de 2,5 m^3 por tonelada de porte bruto, comparados com 1,3 m^3 por tonelada de porte bruto, para um navio graneleiro de propósito geral. Alguns são equipados com gruas de pórtico, embora frequentemente se utilize equipamento de manuseio pneumático de terra.

MINERALEIROS

Originalmente, os mineraleiros encontraram um mercado por causa da densidade do minério de ferro, que estiva a aproximadamente 0,5 m^3 por tonelada, comparado com a capacidade de um navio graneleiro normal de 1,3-1,4 m^3 por tonelada. São construídos com porões projetados para essa carga de densidade elevada, embora os navios graneleiros de propósito geral com porões reforçados ou os navios combinados sejam preferíveis em razão de suas possibilidades comerciais mais flexíveis. Foram construídos alguns mineraleiros muito grandes e alguns foram convertidos a partir de navios-tanques de casco único. Em 2006 existiam cerca de 51 mineraleiros na frota.

NAVIOS PARA TRANSPORTE EXCLUSIVO DE AUTOMÓVEIS

Outro tráfego para o qual foram construídos navios graneleiros especializados é o da carga rolante. Esse é um segmento de crescimento muito rápido, com 594 navios em 2006. Inicialmente, os carros eram enviados em navios de carga de linhas regulares, mas, assim que o volume do tráfego marítimo aumentou na década de 1960, o transporte a granel tornou-se mais viável. O primeiro passo foi equipar os navios graneleiros com pavimentos para carros que podiam ser rebatidos para permitir o transporte de outras cargas a granel – uma viagem combinada clássica envolvia carros de Emden para São Francisco, voltando com grão para Roterdã. Contudo, a baixa capacidade de transporte dos navios graneleiros que transportavam carros [car bulkers] (um carro por 13 tpb), combinada com o peso adicional dos pavimentos, o carregamento lento e o risco elevado de avarias durante a viagem, tornou-os uma alternativa ruim.

Quando o comércio dos carros aumentou na década de 1970, foram construídos navios dedicados ao transporte de veículos para transportar carros novos e pequenos veículos comerciais, como os furgões e as picapes. Eles têm pavimentos múltiplos (algo entre quatro e treze, dependendo da dimensão), com uma razão da capacidade cúbica relacionada ao porte bruto elevado (por exemplo, um carro por 3 tpb), velocidade elevada (cerca de 20 nós para os maiores), instalações para o embarque e o desembarque sobre rodas, pavimentos internos e rampas cuidadosamente projetadas para acelerar o manuseio de carga e minimizar as avarias.

A frota varia em dimensão e em termos de operação desde navios de 499 tab, com quatro pavimentos cada transportando quinhentos carros nos tráfegos europeus de transporte marítimo de curta distância, até o navio Madame Butterfly, da Wallenius, com 27.779 tpb, que transporta 6.200 carros mundialmente, embora em 2008 os maiores navios encomendados tivessem 29.000 tpb e capacidade para 8 mil veículos. A especialização trouxe consigo um custo em virtude da carga estar limitada aos carros motorizados e aos veículos utilitários ligeiros. Com um mercado mais volátil no final da década de 1970, houve uma tendência para desenvolver navios transportadores de veículos capazes de manusear uma maior variedade de carga. O Undine (2003) pode transportar 7.200 carros em treze pavimentos. Para transportar cargas grandes e pesadas, a rampa à popa aguenta cargas de até 125 toneladas. Os pavimentos 4, 6 e 8 são reforçados e a sua altura é ajustável pelas seções amovíveis nos pavimentos 5, 7 e 9. Isso permite que as partidas de cargas a granel de carros sejam complementadas com expedições de grandes veículos, como caminhões, ônibus, maquinaria agrícola, e unidades pesadas, que não podem ser transportadas entre os pavimentos de altura baixa de um navio para transporte exclusivo de automóveis convencionais.

NAVIOS CIMENTEIROS

O cimento é uma carga difícil e poeirenta para ser manuseada. Por essa razão, têm sido construídos alguns navios cimenteiros especializados. Geralmente eles utilizam equipamento pneumático para o manuseio da carga, com porões totalmente fechados e sistemas de controle de umidade. Por exemplo, um navio transportador de cimento a granel de 20.000 tpb poderá ter quatro pares de porões de carga e ser projetado para manusear dois tipos de cimento Portland, com um peso de até 1,2 tonelada por metro cúbico. Os tubos de escoamento de terra depositam o cimento num único ponto do sistema receptor em cada um dos bordos do navio a uma velocidade de mil toneladas por hora. Pode-se equipar um sistema de recolha de poeiras. O cimento é descarregado a uma velocidade de 1.200 toneladas por hora utilizando o próprio equipamento de manuseio da carga do navio. Os painéis de arejamento no topo dos tanques de cada porão fluidificam a carga, permitindo que seja bombeada para fora do porão por bombas de sopro, localizadas na casa das bombas a meio navio, e descarregada para uma instalação receptora em terra utilizando o transportador de correia do navio. Em princípio, os navios desse tipo podem ser utilizados para transportar qualquer carga com uma dimensão de partículas fina.

14.5 OS NAVIOS PARA O TRANSPORTE DE CARGAS LÍQUIDAS A GRANEL

O transporte a granel por via marítima requer, geralmente, a utilização de navios-tanques. Os principais tipos de navios-tanques são para transporte de petróleo bruto, derivados do petróleo, produtos químicos, GLP e GNL.

NAVIOS-TANQUES DE PETRÓLEO BRUTO

Os navios-tanques de petróleo bruto (Tabela 14.10) constituem, sem dúvida, a maior frota de navios a granel especializados, com mais de 6 mil navios, representando cerca de 37% da frota mercante medida em tpb. A dimensão dos navios-tanques individualmente varia entre 1.000 tpb e 400.000 tpb; até 1.245 pés (380 metros) de comprimento; até 222 pés (68 metros) de boca; e imersão até 80 pés (24,5 metros).[8] Essa frota pode ser subdividida em seis segmentos: os navios-tanques pequenos (abaixo de 10.000 tpb), os Handy (10.000-59.999 tpb), os Panamax (60.000-79.999 tpb), os Aframax (80.000-119.999 tpb), os Suezmax

(120.000- 199.999 tpb) e os VLCC (mais de 200.000 tpb). Cada um desses segmentos opera como um mercado separado e, do ponto de vista do projeto de navios, cada um tem os seus requisitos específicos. Os navios-tanques Handy abaixo de 50.000 tpb são utilizados sobretudo no transporte de derivados do petróleo (ver a seção seguinte para detalhes) e os maiores navios transportam petróleo bruto.

Tabela 14.10 — Frota de navios-tanques (jan. 2006)

Dimensão da frota de navios-tanques					Características do casco				Desempenho	
Dimensão 000 tpb	Número	Total de tpb (milhões)	tpb médio	Idade 2006	Boca m	Calado m	Capacidade 000 barris	Tanques (número)	Veloci-dade (nós)	Consumo de combus-tível (t/dia)
Pequenos										
1-5	921	2,6	2.783	19	12,7	5,1	19	11	12,2	7,9
5-9	1115	7,7	6.867	16	17	6,8	48	13,6	13	13
Handy										
10-19	728	11	15.051	14	21,7	8,6	106	16,5	14	22,5
20-29	313	8,3	26.611	19	25,5	10,3	201	19	14,7	29,9
30-39	589	21	35.626	13	28,8	11	254	18,1	15,1	37
40-60	740	34	45.895	9	31,8	12,1	320	13,4	14,7	34,1
Panamax										
60-79	325	22,6	69.466	11	32,8	13,4	482	10,9	14,8	39,1
Aframax										
80-120	721	72,9	101.100	10	41,7	14,3	702	10,9	15	46
Suezmax										
120-200	361	54,4	150.673	10	46,7	16,6	1.011	11,9	14,9	62,9
VLCC										
200+	488	142,7	292.412	9	58,4	21,2	2.040	14,2	15,3	85,7
Total/média	6.301	377	59.834	12,9	31,7	11,9	518	13,9	14,4	37,8

Fonte: Clarkson Research Studies, *Tanker Register*, Londres, 2006.

Existem dois projetos diferentes para os navios-tanques de petróleo bruto: de casco simples e de casco duplo. Até a década de 1990, a maioria dos navios-tanques de petróleo bruto era de casco simples, utilizando o casco como o principal sistema de confinamento. O projeto de casco único tinha anteparas longitudinais que corriam ao longo do comprimento do navio, da proa à casa das máquinas, dividindo o casco em três conjuntos de tanques, tanques laterais a bombordo, tanques centrais e tanques laterais a boreste. As anteparas transversais correm transversalmente ao navio e dividem esses três conjuntos de tanques em compartimentos separados de carga. Nos navios de casco simples, dois ou mais conjuntos de tanques laterais funcionam como "tanques de lastro segregado" [*segregated ballast tanks*], o que significa que eles só são utilizados para lastro.

Atualmente, os navios-tanques de casco simples são obsoletos. O Regulamento 13F da IMO requer que os navios-tanques encomendados após 6 de julho de 1993 tenham cascos duplos

Os navios que realizam o transporte

como medida proativa contra a perda de petróleo. A Figura 14.6 apresenta uma disposição típica. Os regulamentos determinam as regras exatas em relação à largura dos costados duplos e dos duplos-fundos, mas o princípio não é suficientemente simples. Deve existir um segundo casco para limitar a saída do petróleo no caso de uma avaria no casco exterior, provocada por uma colisão ou por um encalhe. Em dezembro de 2003, a IMO passou a Resolução MEPC.111(50) para eliminar progressivamente todos os navios-tanques de casco simples restantes até 2010, embora autorizasse que as administrações locais permitissem a continuação do tráfego numa base bilateral.

Um aspecto importante do projeto de navios-tanques é o manuseio da carga. Um carregamento e uma descarga rápidos exigem bombas potentes. Os navios-tanques de petróleo bruto dependem de instalações em terra para carregar, mas transportam as suas próprias bombas de carga para descarregar. Geralmente, as bombas encontram-se localizadas na casa das bombas, entre os tanques de carga e a casa das máquinas, embora os navios-tanques que transportam diferentes partidas de carga em diferentes tanques tenham frequentemente bombas submersíveis [*submerged deep well pumps*]. Os encanamentos que correm ao longo do convés ligam os tanques de carga a dois bancos de coletores, um em cada bordo do navio. Para carregar ou descarregar a carga, os coletores são ligados aos tanques de armazenagem em terra por meio de mangueiras flexíveis ou de braços de carga Chicksan fixos que são manuseados pelas gruas do navio. O fluxo do petróleo é controlado por válvulas operadas a partir de um painel na sala de controle de carga e deve seguir um plano que minimiza os esforços sobre o casco – uma sequência incorreta de carga ou de descarga pode literalmente partir o navio em dois.[9]

A Figura 14.6 apresenta um exemplo de um navio-tanque Suezmax de 157.800 tpb entregue em 2006. É um navio-tanque de dimensão média, mas as características gerais de projeto não diferem significativamente dos projetos de um Aframax pequeno nem de um VLCC. O navio-tanque tem casco duplo e um porte de escantilhão de 157.800 toneladas, com uma capacidade de carga de 175.000 m³. Contudo, o projeto do casco é otimizado para um navio menor, com 145.900 tpb, que permitiria ao navio transportar uma partida de carga de um milhão de barris de petróleo bruto leve (API 30). Essa é uma dimensão de partida de carga frequentemente transportada, e o arranjo dá ao navio a flexibilidade para transportar partidas de carga completas de petróleo bruto mais pesadas do que o projeto-padrão dá ou, se necessário, um porte bruto de carga adicional. Esse arranjo é muito comum em navios destinados ao tráfego de derivados do petróleo, em que algumas cargas, como a nafta, têm uma gravidade específica muito baixa (ver Tabela 11.5). É tudo uma questão de decidir quais cargas podem ser transportadas e encontrar o melhor balanço entre o volume dos tanques e o porte útil de projeto.

O casco foi construído usando 53% de aço de resistência elevada, o que é relativamente alto, mas a estrutura foi projetada para uma vida de fadiga de quarenta anos, sendo dada uma atenção especial às áreas de fraqueza conhecidas, como as ligações extremas dos reforços longitudinais [*longitudinal stiffeners*] a balizas [*transverse webs*] e anteparas [*bulkheads*]. Tem doze tanques de carga, mais dois tanques de resíduos organizados em três segregações. Existem três bombas de turbina a vapor na casa das bombas, localizada entre a casa das máquinas e os tanques de carga. Cada bomba serve uma segregação separada, permitindo que o navio manuseie três qualidades de carga simultaneamente, o que é útil para transportar uma combinação de partidas de carga pequenas e para realizar descargas multiporto. Os tanques de carga são revestidos com um epóxi isento de alcatrão, outro extra útil.

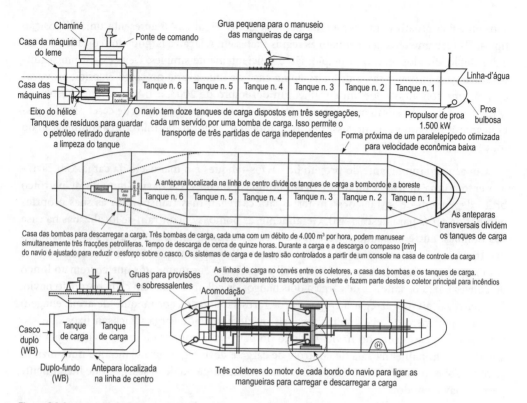

Figura 14.6 – Projeto de um navio-tanque de petróleo bruto "Suezmax" (157.800 tpb).
Fonte: imagem por Martin Stopford, com base num projeto do DSME Shipbuilding Group, Coreia do Sul.

Como pode ser visto da Tabela 14.10, a velocidade de 15,2 nós a 60,5 toneladas por dia é normal para um navio dessa dimensão. Os suprimentos de eletricidade são obtidos de três geradores a diesel de 950 kW, com um gerador de emergência pequeno e duas caldeiras auxiliares. Adicionalmente, é instalado um economizador de calor residual, outro extra útil para melhorar a eficiência do combustível.

Uma característica final e menos usual num navio-tanque dessa dimensão é a sua classificação com a classe de navegação no gelo 1A. Isso significa que o casco é reforçado, e à popa é incorporada uma lâmina de gelo. Adicionalmente, todo o equipamento no convés pode operar a –30 °C. Por exemplo, os sistemas hidráulicos no convés são aquecidos para evitar que gelem e são utilizados motores elétricos, em detrimento dos motores pneumáticos. A certificação da classe de navegação no gelo faz com que o navio-tanque seja aceitável por parte dos afretadores em tráfegos em que o gelo é um problema, e é mais comum nos navios-tanques de derivados do petróleo menores, especialmente naqueles que navegam no Báltico. Contudo, estão aparecendo novos tráfegos, especialmente fora da Rússia, em que podem ser utilizados navios maiores.

NAVIOS-TANQUES DE DERIVADOS DO PETRÓLEO

Os navios-tanques de derivados do petróleo constituem uma categoria de navios à parte dentro da frota de navios-tanques, mas não está claramente definida em termos estatísticos,

Os navios que realizam o transporte **661**

porque não é clara a diferença entre os navios-tanques de petróleo bruto, os navios-tanques de derivados do petróleo e os navios químicos. Os navios-tanques de derivados do petróleo são semelhantes aos navios-tanques de petróleo bruto, mas geralmente são menores e dividem-se entre navios-tanques de derivados claros do petróleo, que transportam produtos leves como a gasolina e a nafta, e os navios-tanques de derivados escuros do petróleo, que transportam óleos negros [*black oils*], como o óleo combustível (ver Tabela 11.5 para detalhes), e uma bomba de carga submergida (bombas de poços profundos), permitindo a separação dos tipos de carga a serem transportados em cada viagem. Geralmente os navios-tanques de derivados do petróleo têm revestimentos nos tanques para evitar a contaminação da carga e para reduzir a corrosão.

NAVIOS-TANQUES DE PRODUTOS QUÍMICOS

No Capítulo 12, vimos o transporte de produtos químicos por via marítima e, na Tabela 12.3, dividimos a frota em três categorias de navios: em navios-tanques especializados no transporte de vários produtos químicos ao mesmo tempo, navios químicos a granel e navios de produtos químicos/navios de derivados do petróleo. Essas categorias, que se baseiam sobretudo no número de segregações do navio, são um bom ponto de partida, mas quando analisamos um pouco mais encontramos pelo menos seis características desse tráfego que influenciam o projeto do navio:

- São expedidos muitos tipos de produtos químicos diferentes, incluindo produtos como óleos vegetais, óleos lubrificantes, melaços, soda cáustica, BTX, estireno e uma gama completa de produtos químicos específicos (ver Capítulo 12).

- Os valores são elevados, frequentemente acima de US$ 1.000 por tonelada, e os produtos transportados são sensíveis à contaminação por cargas.

- As dimensões das partidas de carga são pequenas, variando entre 300 toneladas e 6 mil toneladas, com alguns tráfegos grandes de produtos químicos industriais, como a soda cáustica e o MTBE, que são transportados em partidas de carga de até 40 mil toneladas.

- As partidas de cargas pequenas são frequentemente comercializadas entre regiões e, se for usado um navio químico pequeno de dimensão apropriada, o custo do frete é muito alto numa viagem longa da Europa para o Extremo Oriente, alcançando cerca de US$ 150 a tonelada.

- Alguns produtos químicos são corrosivos e requerem um manuseio de carga especial e tanques com características especiais.

- Alguns produtos químicos estão sujeitos aos regulamentos da IMO sobre o transporte de cargas perigosas, como explicado a seguir.

Começando pelas mercadorias, os produtos químicos a serem transportados variam enormemente. Os produtos transportados pela frota de navios químicos foram debatidos no Capítulo 12 e incluem alguns produtos químicos a granel, como a nafta, o BTX, os álcoois e um grande número de produtos químicos específicos, muitos dos quais são transportados em partidas de carga pequenas e necessitam de um manuseio especial em virtude de suas características físicas, que podem avariar o navio, o ambiente ou ambos. Adicionalmente, cargas líquidas como os óleos lubrificantes e os melaços incluem-se neste grupo, com cargas como o enxofre fundido, que precisam de temperaturas muito mais elevadas (80 °C ou mais) do que outras cargas. Como resultado, o projeto dos navios químicos envolve muitos ajustes para oferecer um modelo com o equilíbrio certo entre a flexibilidade da carga e os custos de capitais.

Adicionalmente, o projeto do navio deve cumprir os regulamentos da IMO para o transporte de substâncias perigosas. O transporte de produtos químicos a granel é coberto pelos regulamentos da IMO incorporados na Convenção Solas Capítulo VII (Transporte de Cargas Perigosas [*Carriage of Dangerous Goods*]) e Convenção Marpol Anexo II (Regras para o Controle da Poluição por Substâncias Líquidas Nocivas a Granel [*Regulations for the Control of Pollution by Noxious Liquid Substances in Bulk*]) – ver Capítulo 16. Ambas as convenções exigem que os navios químicos que sejam construídos após 1º de julho de 1986 obedeçam ao Código Internacional para a Construção e Equipamento de Navios que Transportam Substâncias Químicas Perigosas a Granel [*International Bulk Chemical Code*], que confere normas internacionais para um transporte seguro por via marítima de produtos químicos líquidos perigosos a granel, prescrevendo as normas de projeto e de construção dos navios envolvidos nesse transporte e o equipamento que devem transportar para minimizar os riscos para o navio, a sua tripulação e o ambiente, tendo em conta a natureza dos produtos transportados. O navio deve ser capaz de lidar eficientemente com quatro propriedades perigosas de mercadorias transportadas: inflamabilidade, toxicidade, corrosividade e reatividade. Os navios químicos são classificados como sendo adequados para o transporte de produtos químicos e derivados do petróleo IMO tipo 1, tipo 2 e tipo 3, dependendo das suas características de projeto.

Tudo isso deixa os projetistas lidando com características como dimensões do tanque de carga e segregações, serpentinas de aquecimento, revestimentos dos tanques, equipamento especial para a operação de válvulas e sistemas de segurança. Além de transportar muitas partidas de carga, os navios-tanques de produtos químicos tendem a carregar e a descarregar em vários portos e, frequentemente, em diferentes berços no mesmo porto. Para obter essa flexibilidade, cada tanque de carga tem um sistema de manuseio de carga individual, permitindo que o navio transporte muitas partidas pequenas de produtos químicos numa única viagem. Os navios que operam em serviços de linhas regulares nos tráfegos de longo curso podem ter trinta ou quarenta tanques segregados, permitindo que transportem uma grande variedade de cargas reguladas. Os revestimentos dos tanques são utilizados para tratar da corrosividade e da reatividade e são utilizados três métodos diferentes para a proteção dos tanques – aço inoxidável para cargas corrosivas e silicato de zinco ou revestimentos de epóxi, que se adaptam à maior parte das outras cargas. Os tanques classificados como tipo 1 pela IMO para as substâncias tóxicas e penetrantes devem estar localizados a não menos de um quinto da boca do navio, contado a partir dos bordos dos navios medidos na linha de flutuação. Tudo isso é um negócio complexo quer para o investidor, que deve decidir sobre o nível de sofisticação que faz sentido comercialmente, quer para o projetista, que deve projetar um navio que operará com sucesso durante vinte a trinta anos.

As principais características do navio químico sofisticado ilustrado na Figura 14.7 serão familiares com as da apresentação efetuada anteriormente nesta seção dos navios-tanques de petróleo bruto. O navio tem um casco duplo com tanques de carga colocados de cada lado da antepara corrugada longitudinal, separados por anteparas corrugadas transversais. Contudo, esse navio químico tem um número bastante significativo de características que o diferenciam de um navio-tanque de petróleo bruto.

Os navios que realizam o transporte

De acordo com a IMO, o navio é concebido para transportar cargas tipo 2 em dezoito tanques e tem dois tanques de resíduos, todos construídos em aço inoxidável com reforços na parte exterior (por exemplo, eles podem ser vistos no convés), conferindo superfícies internas lisas para facilitar a limpeza de tanques e serpentinas de aquecimento de aço inoxidável para manter a carga a 82 ºC. As cargas pesadas com uma gravidade específica até 1,55, por exemplo, a soda cáustica, podem ser carregadas em todos tanques. Cada um dos dezoito tanques tem sistemas de manuseio de carga separados com as suas bombas de cargas submersas e encanamentos separados para o coletor localizado a meio navio, onde as linhas de carga podem ser ligadas às mangueiras que se dirigem para os tanques de armazenagem em terra. Existem duas gruas para manusear as mangueiras, e o coletor tem dez ligações para mangueiras, cinco em cada bordo do navio. Todos os encanamentos e válvulas são construídos com aço inoxidável, e as cinco bombas podem trabalhar simultaneamente para descarregar a carga por cinco saídas do coletor, resultando numa velocidade de descarga total de 1.500 m^3 por hora.

A propulsão é conferida por um motor a diesel de média velocidade operando a 500 rpm, com uma caixa redutora que diminui a velocidade do propulsor para 140 rpm. A velocidade operacional é de 14,2 nós a 20,5 toneladas de combustível por dia, e a eletricidade para o equipamento do navio é fornecida por três alternadores alimentados a diesel. Existe também um eixo gerador que fornece eletricidade quando a máquina principal está em funcionamento. A caixa redutora tem também uma entrada de fonte energética, que no caso de emergência pode utilizar a eletricidade oriunda dos três alternadores para mover o navio a 7 nós ou para complementar a potência da máquina principal.

Visto que o navio foi concebido para operar no Mar Báltico, e que encontra gelo regularmente, está classificado na classe de navegação do gelo 1A. Além das características mencionadas para o navio-tanque de petróleo bruto apresentado na Figura 14.8, as suas linhas de carga no convés e as suas válvulas estão envoltas num túnel que se estende do convés à popa até o castelo da proa, uma característica não usual, mas um exemplo interessante de um proprietário que paga uma funcionalidade adicional que faz com que o navio seja mais fácil e mais seguro de operar em condições de tempo difíceis. Em resumo, trata-se de um navio-tanque muito sofisticado, concebido com condições operacionais específicas, cujo proprietário fez um investimento considerável para alcançar esse desempenho.

NAVIOS COMBINADOS

Os navios combinados merecem uma seção só para eles, apenas para demonstrar os problemas que os investidores de navios enfrentam em mercados de nicho (ver Seção 14.2). Para dar aos navios uma maior flexibilidade, os navios transportadores de petróleo/granel/minério (frequentemente referidos como OBO ou navios combinados) são concebidos para transportar uma carga completa de carga sólida ou de petróleo bruto. Isso significa que os navios podem triangular, por exemplo, fazer um transporte de petróleo do Oriente Médio para a Europa e voltar para a Ásia com uma carga de carvão polonesa. Também podem se transferir entre os mercados de navios-tanques e de granel sólido para tirar partido do diferencial dos fretes ou reduzir o tempo em lastro transportando cargas sólidas e líquidas em pernadas alternadas ("viagens de triangulação"). Na prática, as recompensas por essa flexibilidade têm sido bastante pequenas.

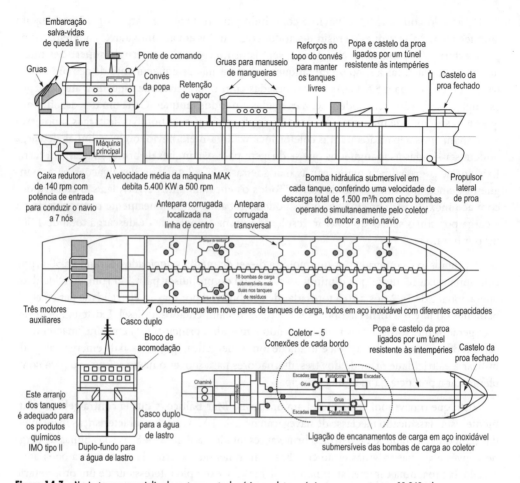

Figura 14.7 – Navio-tanque especializado no transporte de vários produtos químicos ao mesmo tempo, 11.340 tpb.
Fonte: imagem por Martin Stopford, com base num navio construído pela INP Heavy Industries Co. Ltd., Coreia do Sul.

O conceito de navios flexíveis que transportam petróleo numa pernada e retornam com uma carga diferente data dos primeiros tempos do tráfego do petróleo e, em geral, não tem sido muito bem-sucedido. O primeiro navio-tanque oceânico a vapor, o Vaderland (1872), foi concebido para transportar passageiros da Bélgica para os Estados Unidos e voltar com uma carga de petróleo. Infelizmente, os proprietários não conseguiram obter uma licença para transportar passageiros e petróleo no mesmo navio, portanto, o Vaderland acabou por transportar carga geral nos tanques de petróleo.[10] Na década de 1920 foram concebidos dois navios transportadores de minério/petróleo [*ore/oilers*], o Svealand e o Amerikaland, para transportar minério de ferro do Peru para Baltimore, regressando com uma carga de petróleo. Dessa vez, o plano falhou em razão dos elevados direitos de passagem do Canal do Panamá, e os navios nunca transportaram petróleo. Contudo, nas décadas de 1950 e de 1960, os navios combinados obtiveram um sucesso muito grande, capitalizando os novos tráfegos emergentes de petróleo e de granéis sólidos.

Foram utilizados dois projetos diferentes. O primeiro projeto a entrar em serviço na década de 1950 foi o de navios transportadores de minério/petróleo. Esses navios tinham porões em seu centro navio para transportar minério de ferro de densidade elevada, e os tanques laterais

Os navios que realizam o transporte 665

e de fundo foram projetados para transportar uma carga completa de petróleo. A utilização de compartimentos separados evitava a necessidade de limpeza entre cargas, mas era um desperdício de espaço e a pernada de cargas sólidas limitava-se ao minério de ferro de densidade elevada. O segundo projeto, que apareceu em meados da década de 1960, foi o OBO, que transportava petróleo ou granel sólido nos mesmos espaços de carga. Geralmente esses navios têm duplos-fundos e porões para transportar o petróleo, dos quais até seis podem ser utilizados para o minério ou para o granel sólido. As tampas das escotilhas são estanques ao petróleo e a gases. Como podiam se transferir entre os mercados líquidos e sólidos, obtiveram lucros consideráveis durante as três expansões que ocorreram no mercado de navios-tanques em 1967, 1970 e 1973 (ver Capítulo 2).

O entusiasmo pelos navios combinados foi tão grande que, em meados da década de 1970, havia uma frota de 49 m.tpb. Infelizmente essa frota excedeu as cargas de retorno disponíveis, portanto, perdeu-se a vantagem competitiva. Adicionalmente, o tempo incorrido e a dificuldade de limpeza dos porões quando se transferiam entre o petróleo e a carga sólida fizeram com que esses navios fossem difíceis de afretar, especialmente para as companhias petrolíferas. O desempenho comercial indiferente resultante dos navios combinados foi agravado pelo fato de os navios terem construção, operação e manutenção complexas, com sua gestão custando 15% mais do que a de um navio-tanque ou um graneleiro comparável, e os afretadores petrolíferos preferiram o navio-tanque convencional. No início da década de 1990, os operadores da frota de navios combinados relatavam um prêmio de receitas de 10%-15% (por exemplo, US$ 2 mil-3 mil por dia), que pagava o custo operacional extra do navio, mas deixava um excedente muito pequeno para cobrir o custo de capital elevado. Para piorar as coisas, a grande frota de navios combinados garantia que a capacidade excedente fosse transmitida entre os mercados de navios-tanques e de granel, ajudando a moderar os picos de mercado. Como resultado, de meados de 1970 em diante, foram encomendados poucos navios e, em 2007, a frota de navios combinados tinha caído para 8 m.tpb. Em retrospectiva, o insucesso comercial da frota de navios combinados teve menos a ver com o conceito, que era perfeitamente são, do que com os obstáculos econômicos que enfrentou num mercado competitivo como o do transporte marítimo.

14.6 OS NAVIOS-TANQUES TRANSPORTADORES DE GASES

TECNOLOGIA BÁSICA DE NAVIOS-TANQUES TRANSPORTADORES DE GASES

O transporte de gás líquido por via marítima apresenta muitas complexidades, uma das quais é o número de sistemas de carga diferentes que estão atualmente em utilização. Portanto, logo no início é útil definir as várias opções existentes. O ponto de partida é o sistema de confinamento, que apresenta três opções. A primeira é a utilização de um sistema de tanques autossustentáveis que se apoia num berço que os separa do casco. O segundo é o sistema de "membrana" que molda o tanque ao casco do navio, que constitui a sua força com um isolamento ensanduichado entre a membrana do tanque e o casco. A membrana deve ser capaz de lidar com variações extremas de temperatura. A terceira opção é o sistema "prismático", um sistema híbrido que utiliza tanques autossustentáveis com uma parede interior e exterior, mas fixado à estrutura principal do casco. Embora os detalhes do projeto variem enormemente, todos os navios transportadores de gás classificam-se em uma dessas categorias.

O gás é liquefeito em terra antes de ser carregado, e existem três maneiras de mantê-lo no estado líquido durante o transporte: por pressão,[11] por isolamento, ou por reliquefação de qualquer gás que evapore, sendo devolvido aos tanques de carga (o gás de petróleo mantém--se líquido em torno de –48 ºC). Na prática, é tudo uma questão de economia, e são utilizados diferentes variantes de refrigeração e de pressão. Alguns pequenos navios-tanques GLP dependem totalmente da pressão, mas isso não é econômico para as grandes partidas de carga que utilizam a bordo uma unidade frigorífica para reliquefazer o gás evaporado e devolvê-lo aos tanques de carga. Antes de 2006, os navios-tanques de GNL não transportavam equipamento de refrigeração, dependendo totalmente da velocidade e de um isolamento muito forte para minimizar a evaporação. Qualquer gás queimado era queimado nas caldeiras do navio.

NAVIO-TANQUE TRANSPORTADOR DE GÁS LIQUEFEITO DE PETRÓLEO

O termo "navio-tanque transportador de GLP" é confuso porque os navios-tanques que transportam gás transportam um misto de gases de petróleo, como propano, butano e iso-butano, e de gases químicos, como amônia, etileno, propileno, butadieno e cloreto de vinil. A maior parte desses gazes se liquefaz a temperaturas que variam entre –0,5 ºC e –5 ºC (ver Tabela 12.4), mas alguns se liquefazem a temperaturas muito mais baixas (por exemplo, o etileno a –103,9 ºC). Os navios-tanques transportadores de gases devem ser capazes de manter o gás às temperaturas exigidas durante o transporte. Além da temperatura, são também importantes a quantidade de carga e a distância percorrida durante o transporte. Por exemplo, o GLP é expedido em grandes quantidades em rotas de longo curso, especialmente do Golfo Pérsico para o Japão, e os maiores navios-tanques transportadores de GLP são construídos para esses tráfegos. Do ponto de vista do projeto, os navios-tanques transportadores de GLP comuns podem ser divididos em quatro grupos, dependendo largamente da dimensão da carga a ser embarcada.

Os *navios totalmente pressurizados* transportam gás liquefeito em tanques pressurizados suficientemente fortes para evitar que o gás regasifique, mesmo em temperatura ambiente – geralmente são necessários 20 bares. Os tanques são muito pesados, e esse método é utilizado sobretudo em pequenos navios-tanques de GLP. Em 2006 existiam 540 navios pressurizados na frota de navios-tanques transportadores de gases, variando em tamanho entre 100 e 11.000 m³. As cargas mais comuns são o GLP e o amoníaco anidro, e a pressão de projeto é otimizada para o propano a cerca de 18 bares. Os navios-tanques pressurizados têm entre dois e seis tanques de pressão de aço-carbono cilíndricos que assentam em suportes incrustados no casco ou no convés. A carga é transportada em temperatura ambiente e em geral há um compressor para pressurizar os tanques de carga durante a descarga ou para transferir o vapor da carga quando carrega ou descarrega. O manuseio de carga é importante porque esses navios que operam nos tráfegos de pequeno curso escalam muitos portos durante um ano. Como os tanques de pressão cilíndricos utilizam o espaço abaixo do convés de forma ineficiente e são pesados, com uma razão da carga para o peso do tanque de cerca de 2:1, esse sistema é utilizado sobretudo nos navios menores.

Os *navios semirrefrigerados* têm tanques pressurizados construídos de aço-carbono (geralmente 5-7 bares), com um isolamento para atrasar a evaporação e uma unidade de refrigeração para reliquefazer o gás que escapa e devolvê-lo aos tanques. Esses tanques de baixa pressão encontram-se localizados dentro do casco (a razão da carga para o peso do tanque é de cerca de 4:1), e esse é o sistema preferido para os navios-tanques de GLP de dimensão média. Em 2006 existiam 280 navios semirrefrigerados que variavam entre 1.000 m³ e 30.000 m³. Dependendo

Os navios que realizam o transporte

da dimensão do navio e da especificação, a carga é transportada a temperaturas mínimas, por volta de –50 °C. O manuseio da carga é uma questão, e quando as cargas são carregadas de tanques de armazenagem totalmente pressurizados em terra pode ser necessário também refrigerar a carga durante o carregamento, retirando os vapores do topo do tanque. Esse processo determina a dimensão da unidade de refrigeração, se for desejado manter uma velocidade de carregamento razoável.

Os *navios totalmente refrigerados* são geralmente construídos para os tráfegos de longo curso. Em 2006 existiam somente 197 navios de GLP totalmente refrigerados, variando em dimensão entre 1.000 m³ e 100.000 m³. Por exemplo, um navio-tanque de GLP normal de 82.276 m³ entregue em 2003 tinha 224 metros de comprimento e uma velocidade de serviço de 16,75 nós. O GLP pesa 0,6 tonelada por m³ e atingia somente 59.423 tpb com um calado de 12,6 metros (um navio-tanque de petróleo bruto de tamanho semelhante teria 87.000 tpb com um calado de 15,6 metros).[12] A carga é transportada a –46 °C em tanques de carga prismáticos não pressurizados independentes, construídos em aço ou em liga de carbono com tratamento térmico com anteparas de centro e transversais para evitar a "movimentação de líquidos" [*sloshing*]. O espaço entre o casco e os tanques é insulado. A unidade de refrigeração reliquefaz o gás evaporado; também pode ser montado um aquecedor da carga para a descarga da carga para tanques de estocagem não construídos de materiais resistentes a temperaturas baixas. O gás líquido é descarregado por encanamentos termicamente isolados em terra utilizando as bombas do navio.

O etileno é um produto intermédio importante da indústria petroquímica, que é liquefeito a –104 °C e transportado em pequenos *navios transportadores de etileno*, que variam em dimensão entre 2.000 m³ e 30.000 m³ (ver Seção 12.3). São navios sofisticados, e alguns podem transportar etano, GLP, amônia, propileno, butadieno, cloreto de vinilo monômero e até GNL. Os tanques são insulados e podem ser do tipo autossustentável, prismático ou de membrana. Impurezas como óleo, oxigênio e dióxido de carbono devem ser mantidas dentro de limites aceitáveis quando bombeando, refrigerando, purgando ou inertizando o carregamento de gás.

A escolha de um desses quatro sistemas é um balanço entre o custo inicial, a flexibilidade da carga e o custo operacional, mas o sistema pressurizado geralmente é mais econômico para os navios pequenos e a refrigeração para os navios grandes. De uma forma geral, os gases petroquímicos são transportados em navios semirrefrigerados ou totalmente pressurizados abaixo de 20.000 m³, e o GLP e os gases de amônia são transportados em navios totalmente refrigerados, variando em tamanho entre 20.000 e 80.000 m³, para o longo curso e o transporte de grandes quantidades. Alguns navios semirrefrigerados podem transportar etileno (–104 °C), etano (–82 °C) e em alguns casos o GNL. Em menor grau, esses navios pequenos são por vezes utilizados para transportar GLP e amônia em rotas de pequeno curso, nas quais operam sobretudo os navios totalmente pressurizados.

NAVIO-TANQUE TRANSPORTADOR DE GÁS NATURAL LIQUEFEITO

O gás natural é, em primeiro lugar, uma fonte de energia. É uma mercadoria que ocupa muito volume e é muito sensível ao preço, portanto, o custo do transporte desempenha um papel fundamental na economia do tráfego e no projeto do navio. Geralmente, os navios-tanques transportadores de GNL fazem parte de uma operação de suprimento de gás planejada de forma cuidadosa, que envolve um investimento substancial em instalações de liquefação e de regaseificação localizadas em terra. Em 2007 existia uma frota de 240 navios, com outros

140 encomendados. Esses são os maiores navios-tanques transportadores de gases e, em 2007, variavam em dimensão até 153.000 m³, com uma nova geração de navios de 270.000 m³ encomendados para serem usados nos tráfegos de longa distância entre o Oriente Médio e os Estados Unidos.

O gás natural liquefaz-se a –161,5 °C, e a essa temperatura o seu volume original é reduzido em 1/630 vezes. Contudo essa baixa temperatura levanta várias questões para o projetista do navio. Antes de carregar, o gás metano é liquefeito por refrigeração no terminal (a unidade que efetua isso é designada como "trem") e bombeado à pressão atmosférica para os tanques isolados do navio. Além de manter o gás à temperatura desejada, o sistema de tanques deve ser capaz de lidar com as variações muito grandes de temperatura que ocorrem quando a carga é carregada e descarregada. Os navios-tanques transportadores de GNL dependem do isolamento, e a carga evapora até 0,3% por dia. No passado os navios-tanques de GNL não liquefaziam esse gás, como os navios-tanques de GPL, em razão da elevada potência necessária para isso.[13] Era queimado nas caldeiras do navio, o que explica por que as turbinas a vapor sobreviveram durante tanto tempo nesse tráfego. Embora muito menos eficiente do que os motores a diesel, a evaporação do gás constituía 75% do consumo de combustível diário de um navio de 75.000 m³, fazendo com que fosse uma solução econômica. Contudo, em 2006, foram entregues os primeiros navios-tanques transportadores de GNL com motores a diesel de velocidade média e, em 2007, foram entregues navios com unidades de reliquefação e motores a diesel convencionais de velocidade baixa.

Os navios-tanques de GNL utilizam todos os sistemas de tanques autossustentáveis, de membrana e prismáticos. O sistema Moss utiliza tanques esféricos autossustentáveis distintos, com um único revestimento de isolamento. O sistema de tanques de membrana oferecido pela Gaz Transport tem uma membrana primária e secundária fina feita de Invar (36% de minério de níquel), com o isolamento construído em caixas de madeira compensada cheio de Perlite, enquanto a Technigaz utiliza uma membrana de aço inoxidável. As duas companhias fundiram-se em 1994. A IHI oferece o sistema prismático. Em 2003 o sistema Moss tinha uma participação de mercado de 51%, enquanto a Gaz Transport tinha 37%, e a Technigaz, 11%.

A Figura 14.8 apresenta um exemplo de um navio-tanque transportador de GNL que utiliza membranas. O navio tem um casco duplo com os tanques de topo e laterais destinados ao transporte do lastro. Existem quatro tanques de carga separados por cóferdãs e construídos de acordo com o sistema de confinamento GTT Mark 3 para transporte de cargas de GNL. Os tanques estendem-se acima do convés e estão dentro de um tronco que providencia proteção e passagem de acesso.

Os tanques de carga são moldados ao interior do casco do navio e insulados por um sistema de quatro camadas, descrito nos parágrafos anteriores. A membrana primária protege o primeiro isolamento, atrás do qual existe uma membrana secundária e um isolamento secundário que está agarrado ao interior do casco do navio. Com esse nível de isolamento, a evaporação dos gases está limitada a 0,15% do volume de carga, queimado pela máquina do navio. Contudo, alguns projetos recentes têm equipamento de reliquefação que devolve o gás aos tanques de carga. É tudo uma questão de economia. O gás líquido é descarregado utilizando as oito bombas de carga submergidas do navio, cada uma com uma capacidade de 1.700 m³ por hora, e a carga pode ser descarregada em doze horas.

Os navios que realizam o transporte 669

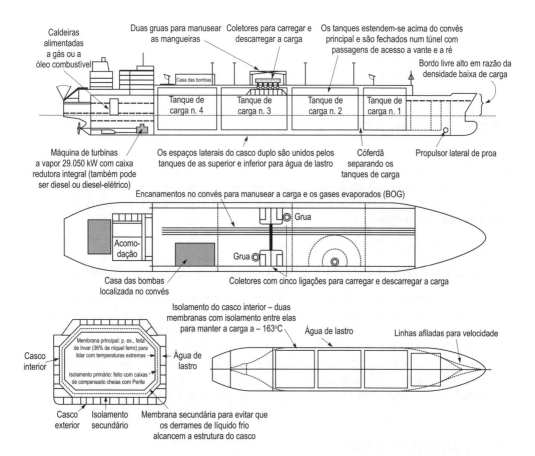

Figura 14.8 – Projeto de um navio-tanque transportador de GNL com um sistema de tanques de membrana, 145.600 m³ de capacidade e turbina a vapor.

Fonte: imagem por Martin Stopford, com base num navio construído pela Samsung Heavy Industries Co., Coreia do Sul.

A propulsão é fornecida por um sistema de turbinas a vapor tradicional. Duas caldeiras com tubos de água, que queimam o combustível e o gás evaporado, fornecem o vapor para um motor reversível de turbinas a vapor. A caixa redutora está integrada na turbina, produzindo 91 rpm para o propulsor. A velocidade de serviço do navio é de 20 nós e o consumo é de 171 toneladas de óleo combustível por dia. Embora as turbinas sejam uma fonte de energia tradicional para os navios-tanques de GNL, são também utilizados os motores a diesel e os sistemas diesel-elétricos.

Esse navio-tanque de GNL é muito sofisticado e caro, mas as suas características gerais são semelhantes a outros navios-tanques abordados neste capítulo. A grande diferença são os conhecimentos de engenharia, os materiais e a tecnologia necessários para carregar, transportar e descarregar a carga líquida à temperatura de –161,5 ºC.

14.7 OS NAVIOS NÃO CARGUEIROS

Os navios não cargueiros e de serviços cobrem uma grande variedade de navios, desde um rebocador de 200 tab até um navio de cruzeiros de 100.000 ab. Isso torna difícil analisar com autoridade a demanda de cada tipo. Embora esses navios representem somente 7% da frota em termos de tonelagem de arqueação bruta, eles são muito mais importantes para a indústria em valor e em número. Mais de 70% dos navios não cargueiros podem ser abaixo de 500 ab, mas em número totalizam quase metade da frota de transporte marítimo mundial.

FROTA PESQUEIRA

Os navios de pesca totalizam quase metade da frota de navios não cargueiros em tonelagem. A frota inclui navios de pesca e navios-fábricas para o tratamento de peixe [*fish factories*]. A frota pesqueira mundial cresceu muito rapidamente, 15% ao ano na década de 1960, e depois começou a estabilizar em virtude do excesso de pesca nos oceanos, dos custos galopantes e da incerteza dos limites *offshore*.

NAVIOS DE SUPRIMENTO E EMBARCAÇÕES DE MANUTENÇÃO

Os navios de suprimento e as embarcações de manutenção, como os barcos para manuseio de âncoras, são utilizados na indústria da prospecção, perfuração e exploração marinha petrolífera e de gás, e em julho de 2007 existia uma frota de 4.394 desses navios. Com o aumento da profundidade e da distância à linha de costa, onde o trabalho está atualmente, são necessários mais e maiores navios na proporção correspondente. Também tem havido uma tendência de construção de navios MPP, muito mais potentes, sofisticados, especialmente para serem usados em áreas de más condições de tempo do norte da Europa e Golfo do Alasca.

REBOCADORES E DRAGAS

Os rebocadores, as dragas e as embarcações de pesquisa fazem parte da frota relacionada com a atividade no leito marinho costeiro, e também tem havido uma procura crescente por parte das autoridades portuárias de canal. Uma das razões para o rápido crescimento foi a mudança que ocorreu nos tráfegos comerciais a favor dos países em desenvolvimento e a utilização de navios maiores. O interesse crescente nos recursos do leito marinho também gerou um mercado maior para os navios de pesquisa, de sondagem e quebra-gelos.

14.8 OS CRITÉRIOS ECONÔMICOS PARA A AVALIAÇÃO DE PROJETOS DE NAVIOS

Até agora, abordamos as opções com as quais os proprietários dos navios podem ser confrontados ao contemplar uma decisão de investimento. Em virtude das muitas razões práticas abordadas, não é fácil avaliar essas opções em termos financeiros ou econômicos, e existe a tentação de sugerir que o projeto do navio é uma questão mais para o faro comercial ou para o "próprio instinto" do que para uma análise econômica rigorosa. Apesar disso, o mundo comercial espera que tais grandes decisões de investimento sejam sustentadas por alguma forma de análise econômica.

Existe uma literatura substancial sobre a avaliação de projetos de navios alternativos.[14] Por conta de razões práticas, a análise precisa ser efetuada em dois níveis, aos quais nos referiremos aqui como pesquisa de mercado e análise financeira.

PESQUISA DE MERCADO

A pesquisa de mercado relaciona-se com a análise do desempenho econômico do navio no âmbito de todas as atividades de transporte marítimo da companhia. Para um operador do mercado de afretamentos, essa análise pode envolver um exame do tipo de navio que será mais facilmente afretado e o seu potencial valor de revenda. Um operador de linhas regulares pode estudar a dimensão do navio necessário para lidar com as alterações nos tráfegos ou com a concorrência nas rotas principais, além de características como a velocidade e a capacidade frigorífica. Isso está muito alinhado com a análise de mercado descrita no Capítulo 17. Por meio da pesquisa de mercado, o proprietário pode desenvolver uma especificação para o tipo de operação do transporte marítimo na qual o navio é utilizado e os parâmetros de desempenho que o navio deve atender.

ANÁLISE FINANCEIRA

O próximo passo é identificar o tipo de projeto que satisfaz as necessidades do desempenho mais eficazmente, usando algumas medidas financeiras do mérito. Por exemplo, pode ter sido dito ao projetista que o proprietário precisa de um navio-tanque de derivados do petróleo com as seguintes características: calado com não mais de 10 metros; comprimento não superior a 170 metros; capacidade de transportar produtos químicos simples, como a soda cáustica; tanques de carga cuja limpeza seja econômica; velocidade operacional de 14 nós; e um projeto otimizado para transportar 40 mil toneladas de nafta, mas capaz de transportar 45.000 tpb de uma carga mais densa. Embora a listagem desses requisitos possa ser altamente específica, na prática pode não haver uma única solução. Examinando, pode parecer que alguns dos requisitos sejam inconsistentes ou muito difíceis de serem alcançados. Por exemplo, pode ser difícil alcançar o calado de projeto dentro dos outros parâmetros específicos, ou fazer isso pode resultar em um navio com uma má economia do combustível. O proprietário gostou disso quando ele determinou as especificações? Estará ele preparado para pagar o custo? Todas essas são questões que devem ser tratadas na etapa da análise operacional.

A tarefa do projetista de navios é avaliar as várias opções em termos econômicos para ver qual dá o melhor resultado, reconhecendo tanto o custo como o desempenho operacional. Dependendo das circunstâncias, Buxton sugere duas formas diferentes de fazer isso: o valor presente líquido e a taxa de frete exigida.[15]

A técnica do *valor presente líquido*, que é abordada na Seção 6.7, envolve a definição de um fluxo de caixa projetado para uma das opções consideradas. As receitas e os custos são projetados numa base anual durante a vida do navio, e para cada ano é calculado o fluxo de caixa líquido levando em conta os pagamentos de capital, as receitas do tráfego, as despesas, as tributações (se existirem) e, provavelmente, o valor de revenda final do navio. Esses fluxos de caixa anuais são depois descontados para o presente (utilizando uma taxa de retorno mínima aceitável) e somados, dando o NPV para cada uma das opções. A opção preferida é aquela com NPV maior.

A vantagem desse método é que leva em conta os fluxos de custos e de receitas e produz um único valor, que facilita a comparação das opções. Do lado negativo, se for difícil prever o fluxo da receita especialmente para os navios que operam no mercado aberto, os resultados podem ficar distorcidos se forem feitos alguns pressupostos quase arbitrários acerca do potencial de receita do navio. Por essa razão, a abordagem do NPV é a mais apropriada quando se avaliam os navios sendo construídos para os fretamentos por tempo de longa duração.

O *método da taxa de frete exigida* evita o problema de prever as receitas comparando o custo unitário do transporte relativo dos diferentes tipos de navios. A RFR é determinada pelo cálculo do custo anual médio, dividindo-o pela tonelagem de carga transportada anualmente para calcular o custo por tonelada de carga. Esses custos podem ser descontados exatamente da mesma forma que o cálculo do NPV, e determina-se uma RFR descontada. Existem várias formas de efetuar esse cálculo, mas o objetivo de todas é mostrar qual projeto de navio oferece o custo de transporte unitário mais baixo dentro dos parâmetros especificados pelo proprietário. É deixado ao investidor avaliar se o projeto tem ou não uma hipótese razoável de ganhar receitas suficientes para cobrir a RFR. Pode ser uma avaliação absoluta ou usada para comparar projetos alternativos ou projetos de investimento. Por exemplo, é melhor encomendar um novo sistema de instalações flutuantes de extração, armazenagem e descarga ou comprar um navio-tanque de segunda mão e convertê-lo? Embora existam muitas variáveis subjetivas numa análise desse tipo, o processo de trabalhar com comparação financeira pode ajudar a clarificar a decisão.

Existem várias variações sobre esses dois métodos, destacando-se o rendimento ou a taxa interna de retorno, que estão estreitamente ligados ao método NPV (sendo que a taxa de juros produz um NPV igual a zero), e o preço permissível (ou seja, o preço máximo pagável a um navio para obter a taxa de retorno necessária), que pode ser derivado de ambos os métodos.

14.9 RESUMO

Este capítulo analisou os navios utilizados no negócio do transporte marítimo. Começamos com duas observações importantes. Primeiro, como a demanda de navios mercantes é derivada da demanda de transporte, não podemos determinar a demanda de navios mercantes simplesmente pela análise dos fluxos de tráfego. Os proprietários de navios são livres para utilizar quaisquer navios que pensem que providenciam o serviço mais rentável. Devemos considerar uma variedade grande de fatores econômicos que incluem o tipo de carga, o tipo de operação de transporte marítimo e a filosofia comercial do proprietário de navios. Segundo, os tipos de navios não devem ser vistos pelas características de projeto físico. Do ponto de vista do proprietário de navios, os navios do mesmo tipo são substitutos no mercado. Em particular, a dimensão desempenha um papel importante na determinação do tipo de navio.

Uma análise da relação entre as unidades de carga e os tipos de navios mostra que alguns navios, como os navios de carga MPP de linhas regulares ou os navios ro-ro, são extremamente flexíveis e capazes de transportar seis ou sete unidades de carga diferentes, enquanto outros, como os navios porta-contêineres, o navio-tanque transportador de gás ou o navio-tanque de petróleo bruto, são altamente especializados e capazes de transportar somente um tipo de carga. Lembrando os cálculos de maximização de receitas descritos no Capítulo 3, o navio flexível apresenta uma probabilidade melhor de alcançar um maior número de dias carregados no mar e de utilização do porte bruto, porque é capaz de transportar muitos tipos de carga diferentes. O custo dessa flexibilidade ocorre em termos de um custo de capital mais elevado por unidade de capacidade e, em alguns casos, uma eficiência operacional mais baixa do que um navio mais especializado. Em tempos recentes, a tendência tem sido decisivamente para os navios especializados com índices baixos de LCM.

No negócio de linhas regulares, os três principais tipos de navios construídos para determinado fim são os navios porta-contêineres, os navios de carga MPP e os navios ro-ro. A maioria dos navios usados no tráfego de linhas regulares é construída no âmbito dessas três categorias.

Os navios que realizam o transporte

Costumava existir um grande número de especificações diferentes e únicas de navios destinadas a se encaixar em determinados tráfegos, mas a conteinerização trouxe um elevado grau de padronização para os navios utilizados nos tráfegos de linhas regulares. Ainda existem alguns navios na frota concebidos para flexibilidade de carga, em especial os navios MPP, que podem transportar carga geral, carga de projeto, contêineres e carga a granel. A popularidade desses navios com os investidores diminuiu na década de 1980, mas a frota começou a crescer novamente.

No mercado de granel sólido, continua a tendência para os navios com um propósito único. O navio graneleiro de uso geral domina o negócio, apesar de estar limitado ao transporte de cargas sólidas a granel e granéis especializados, como os produtos florestais e os produtos siderúrgicos. Os navios graneleiros mais flexíveis são: os navios de cobertas, que podem operar entre a carga geral e a carga a granel; o navio graneleiro de porão corrido, que pode operar no granel sólido homogêneo; os contêineres e os granéis específicos, como os produtos florestais; e o navio combinado, que pode alternar entre o granel sólido e o petróleo bruto e outros líquidos. Todos têm perdido participação de mercado, especialmente o navio combinado.

Finalmente, existe uma gama de navios especializados destinados ao transporte de cargas específicas a granel. Os mais proeminentes são os navios-tanques transportadores de gases liquefeitos, os navios de carga frigorificada, os navios transportadores de carros, os navios de cargas pesadas e os navios cimenteiros. Em alguns casos, como os navios transportadores de gases, são totalmente especializados e concorrem somente com outros navios do mesmo tipo, enquanto outros, como os navios de carga frigorificada, o navio transportador de carros e o navio de cargas pesadas, enfrentam a concorrência dos navios MPP.

O ponto principal disso tudo é que a maioria das cargas pode ser transportada em vários tipos de navios diferentes. Como último recurso, o navio no qual a carga é transportada é determinado pelo desempenho comercial, em vez de suas características técnicas de projeto.

CAPÍTULO 15
A ECONOMIA DAS INDÚSTRIAS DE CONSTRUÇÃO NAVAL E DEMOLIÇÃO DE NAVIOS

"Build me straight, O worthy Master!
Staunch and strong, a goodly vessel,
That shall laugh at all disaster,
And with wave and whirlwind wrestle!

Day by day the vessel grew,
With timbers fashioned strong and true,
Stemson and keelson and sternson-knee,
Till, framed with perfect symmetry,
A skeleton ship arose to view!

And around the bows and along the side
The heavy hammers and mallets plied,
Till after many a week, at length,
Wonderful for form and strength,
Sublime in its enormous bulk,
Loomed aloft the shadowy hulk!"

(Henry Wadsworth Longfellow, "The Building of the ship", *the poetical works of Longfellow*, Londres, Frederick Warne & Co., 1899, p. 143)

15.1 O PAPEL DAS INDÚSTRIAS DE CONSTRUÇÃO NAVAL E DEMOLIÇÃO DE NAVIOS

A indústria de construção naval fornece navios novos, enquanto os sucateiros de navios ("empresas de reciclagem") são os compradores de última instância de navios velhos, que não podem ser operados de forma rentável no mercado marítimo. Em termos da sua estrutura econômica, as duas indústrias são muito diferentes. A construção naval é um negócio de engenharia pesada, que vende um produto grande e sofisticado construído sobretudo em unidades localizadas nos países industrializados pertencentes ao Japão, à Europa, à Coreia do Sul e agora à China. Requer um investimento substancial de capital e um conhecimento técnico especializado e de gerenciamento muito elevado para projetar e produzir um navio mercante. Por outro lado, a indústria de demolição de navios localiza-se principalmente em países de baixo custo, como no subcontinente indiano, e é uma das indústrias de mão de obra mais intensivas do mundo – em alguns países a demolição de navios é feita na praia, onde a mão de obra está equipada somente com ferramentas manuais e equipamento de corte primitivo.

Na primeira parte deste capítulo examinaremos a distribuição regional da capacidade de construção naval e a relação entre o nível de atividade do transporte marítimo e da construção naval. Depois consideramos a economia de mercado da construção naval, olhando em particular para o ciclo desse mercado, para o mecanismo do preço e para as influências sobre a oferta e a demanda da produção da construção naval. A seção sobre a construção naval termina com uma abordagem da concorrência e de questões relacionadas com a medição da capacidade, com os processos de produção e com comparações internacionais da produtividade. A última seção debate como os navios são desmantelados, o mercado para os produtos da sucata e a estrutura internacional da indústria da demolição de navios. Finalmente, introduzimos neste capítulo uma nova unidade de medida, a arqueação bruta compensada (cgt). A arqueação bruta compensada de um navio deriva da sua arqueação bruta (ab), mas ponderada para levar em conta o conteúdo do trabalho desse tipo de navio particular – as definições detalhadas podem ser encontradas no Anexo B.

15.2 A ESTRUTURA REGIONAL DA CONSTRUÇÃO NAVAL MUNDIAL

QUEM CONSTRÓI OS NAVIOS MERCANTES DO MUNDO?

Trinta países, aproximadamente, têm uma indústria de construção naval mercante significativa (ver Tabela 15.1), com diferentes histórias. A produção de navios triplicou de 8,4 milhões de ab em 1960 para 27,5 milhões de ab em 1977, depois foi reduzida à metade para 13 milhões de ab em 1980, alcançando cerca de 16 milhões de ab em 1990, e mais do que duplicando para 44,44 milhões de ab em 2005. Essa volatilidade foi acompanhada por um realinhamento da capacidade da construção naval regional. A participação do mercado europeu caiu de 66% para 10%, enquanto a da Ásia cresceu de 2% para 84%. O Japão e a Coreia do Sul agora dominam a indústria; ambos produzem mais de dois terços dos navios do mundo, com a China a emergir muito rapidamente e triplicando a sua produção entre 2000 e 2005, desejando ser o maior construtor naval. A produção restante está espalhada por muitos países, sobretudo pela Europa Oriental e Ocidental. A produção da construção naval da maioria dos países europeus decresceu durante

A *economia das indústrias de construção naval e demolição de navios*

a década de 1980, e muitos, incluindo a Suécia, pararam de construir navios mercantes. Entretanto, o papel dominante da Ásia aumentou conforme a Coreia do Sul e a China cresciam rapidamente, apesar dos problemas gerais de mercado na construção naval. Finalmente, no início da década de 2000, a retomada de mercado, durante a qual os berços para as novas construções eram escassos, proporcionou um aumento de novos estaleiros navais asiáticos em países emergentes como Vietnã, Filipinas e Índia.

A construção naval é um negócio de ciclo longo. Os navios levam vários anos para serem entregues e, uma vez construídos, mantêm-se em serviço durante 25-30 anos. Visto que os navios entram e saem da frota mercante a uma pequena percentagem anual, a velocidade de mudança na demanda da construção naval é lenta. Desenvolvem-se tendências ao longo de décadas, em vez de anos, e precisamos recuar no tempo para vê-las. Porém, onde a tendência se encontra mais visível é na mudança da localização regional da atividade de construção naval, apresentada claramente na Figura 15.1. Há um século, a Grã-Bretanha dominava a construção naval. Gradualmente, a Europa continental e a Escandinávia reduziram a participação de mercado britânica para 40%. Depois, na década de 1950, o Japão ultrapassou a Europa, alcançando uma participação de mercado de 50% em 1969.

Tabela 15.1 – Navios mercantes completados ao longo dos anos em milhares de ab (1960-2005)

	1960	1977	1980	1985	1990	1995	2000	2005
Ásia								
Japão	1.839	11.708	6.094	9.503	6.663	9.263	12.020	16.100
Coreia do Sul	—	562	522	2.620	3.441	6.264	12.228	15.400
China	—	110	—	166	404	784	1.647	5.700
Taiwan	—	196	240	278	685	488	603	500
Singapura	—				49	99	17	
Total do Extremo Oriente	1.839	12.576	6.856	12.567	11.242	16.898	26.515	37.700
% do mundo	22%	46%	52%	69%	70%	75%	84%	85%
Europa								
Bélgica	123	132	138	133	60	11	0	0
Dinamarca	214	709	208	458	408	1.003	373	500
França	429	1.107	283	200	64	254	202	0
República Federal da Alemanha	1.124	1.595	376	562	874	1.120	974	1200
Alemanha Oriental	—	378	346	358 na República Federal da Alemanha				
Grécia	—	81	25	37	19	0	0	0
República da Irlanda	—	40	1	0	0	0	0	0
Itália	447	778	248	88	392	395	569	300
Holanda	682	240	122	180	190	205	300	200
Portugal	—	98	11	41	74	18	47	

(*continua*)

Tabela 15.1 – Navios mercantes completados ao longo dos anos em milhares de ab (1960-2005) (*continuação*)

	1960	1977	1980	1985	1990	1995	2000	2005
Espanha	173	1.813	395	551	366	250	462	100
Reino Unido	1.298	1.020	427	172	126	126	105	0
Finlândia	111	361	200	213	256	317	223	0
Noruega	254	567	208	122	91	147	114	100
Suécia	710	2.311	348	201	27	29	33	0
Total da Europa	5.565	11.230	3.336	3.316	2.945	3.875	3.402	4.400
% do mundo	66%	41%	25%	18%	18%	17%	11%	10%
Europa Oriental								
Bulgária	—	144	206	173	92			
Polônia	220	478	362	361	141	524	630	700
Romênia		296	170	204	175	229	139	0
URSS/Rússia		421	460	229	430			
Iugoslávia	173	421	149	259	462			
Rússia						83	17	—
Ucrânia						185	5	0
Croácia						179	342	600
Total	393	1.760	1.347	1.226	1.300	1.291	1.154	1.300
% do mundo	5%	6%	10%	7%	8%	6%	4%	3%
Outros								
Brasil		380	729	581	255	172	10	0
Estados Unidos	379	1.012	555	180	23	7	92	300
Outros países	586	573	278	286	288	225	523	744
Total	965	1.965	1.562	1.047	566	404	626	1.044
% do mundo	12%	7%	12%	6%	4%	2%	2%	2%
Total do mundo	8.382	27.531	13.101	18.156	16.053	22.468	31.696	44.444

Fonte: Lloyd's Register of Shipping; Clarkson, *World Shipyard Monitor*.

Na década de 1980, a produção da construção naval da Coreia do Sul cresceu rapidamente, desafiando a posição dominante do Japão e, finalmente, o Extremo Oriente estabeleceu-se como o centro da construção naval mundial. Depois, na década de 1990, a importância da China começou a aumentar, alcançando em 2006 uma participação de mercado de 14%. Após essa sequência de acontecimentos, podemos perguntar o que se passa com a construção naval para permitir que um único país obtenha a posição de liderança alcançada pela Grã-Bretanha, pelo Japão, pela Coreia do Sul e pela China, e por que o equilíbrio foi tão alterado ao longo dos anos? Para responder a essas questões, é instrutivo olhar brevemente para a história recente da indústria da construção naval e, em particular, para a relação entre as indústrias marítima e da construção naval.[1]

A economia das indústrias de construção naval e demolição de navios   679

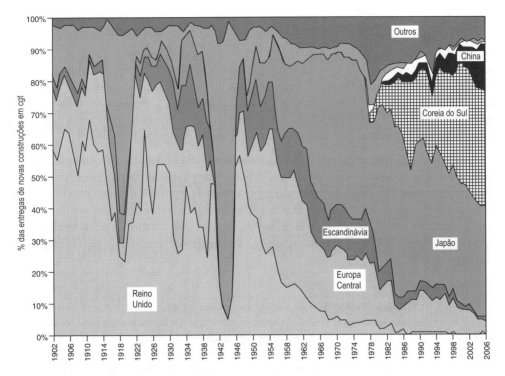

Figura 15.1 – Participações de mercado da construção naval (1902-2006).
Fonte: Lloyd's Register of Shipping, Clarkson Research.

DECLÍNIO DA CONSTRUÇÃO NAVAL BRITÂNICA

No início da década de 1890, a Grã-Bretanha dominava a indústria marítima, produzindo mais de 80% dos navios de todo o mundo e detendo metade da frota mundial. Em 1918, o Comitê Departamental sobre Transporte Marítimo e Construção Naval da Junta Comercial [Board of Trade Departmental Committee on Shipping and Shipbuilding] comentava: "existem poucas indústrias importantes onde a predominância da indústria de manufatura britânica tem sido mais notável do que a construção naval e a engenharia naval".[2] A Grã-Bretanha manteve essa posição dominante até 1950, quando começou a perder participação de mercado. Essa tendência decrescente é visível na Figura 15.2, como é visível a correlação estreita com o declínio da frota mercante do Reino Unido. No início do século XX, a frota mercante do Reino Unido detinha uma participação de mercado de 45%, e a construção naval, cerca de 55%, mas no final do século essa participação tinha diminuído para praticamente nada.

Não é difícil explicar como o transporte marítimo britânico alcançou essa posição dominante. Na década de 1890, o Império atingiu o seu pico e a Grã-Bretanha controlava grandes fluxos comerciais, conferindo às suas companhias de navegação um controle efetivo de muitas rotas de linhas regulares no Atlântico e no Pacífico, particularmente entre as colônias. No mercado marítimo de linhas não regulares, a Grã-Bretanha – uma nação insular – era o principal importador de matérias-primas e de produtos alimentícios, como o grão, enquanto o tráfego de exportação de produtos manufaturados e de carvão era também proeminente. Assim que o controle do comércio começou a desaparecer, também o transporte marítimo desapareceu. Em cada uma das guerras mundiais, o Império Britânico diminuía em dimensão, a marinha mercante era enfraquecida pelas perdas ocorridas em tempos de guerra e os seus parceiros comerciais tornavam-se mais capazes de transportar o seu próprio comércio.[3] Por volta de 1960, a frota do Reino Unido tinha diminuído para somente 20% da tonelagem mundial e a construção naval britânica totalizava mais ou menos a mesma proporção da produção mundial da construção naval; em 2005, a sua participação no mercado marítimo tinha caído abaixo de 2% e a construção naval mercante estava limitada a navios muito pequenos.

Uma razão sugerida para o declínio da construção naval britânica foi a incapacidade da indústria em se atualizar, passando de um processo de produção assentado em habilidades manuais para uma tecnologia de produção quase integrada que foi desenvolvida na Suécia e no Japão durante o século XX.[4] Também existia a ligação entre as fortunas do transporte marítimo e da construção naval. Ao debater a ascensão da indústria de construção naval britânica que ocorreu no século XIX, Hobsbawm argumenta fortemente pela existência dessa ligação nos seguintes termos:

> Durante o período dos veleiros de madeira tradicionais, a Grã-Bretanha foi um grande, mas de forma alguma um incontestável fabricante. De fato, a sua importância como produtor naval deveu-se não à sua superioridade tecnológica, pois os franceses projetavam navios melhores e os Estados Unidos construíam-nos melhor [...] os construtores navais britânicos se beneficiaram bastante do vasto peso da Grã-Bretanha como potência de transporte marítimo e comercial e da preferência dos embarcadores britânicos (mesmo depois da revogação dos Atos da Navegação [Navigation Acts] que protegiam imensamente a indústria) pelos navios nacionais.[5]

Essa ligação entre comércio, transporte marítimo e construção naval é muito comum para ser uma coincidência. Na Grã-Bretanha, existiam relações entre os proprietários de navios e os construtores navais que iam além dos laços concorrenciais normais. Muitas companhias de navegação britânicas tinham uma ligação antiga com determinados estaleiros navais que reforçava a tradição de construir em casa. Mesmo na década de 1970, existiam estaleiros navais na Grã-Bretanha que dependiam imensamente de um ou dois proprietários nacionais. Como veremos quando olharmos para as outras regiões, isso não foi somente uma situação britânica, e os construtores navais encontram-se muito dependentes das fortunas da sua frota nacional.

No entanto, o desempenho comercial dos estaleiros navais também é importante, e a Grã-Bretanha foi lenta em se adaptar a um novo mercado de construção naval altamente concorrencial após a Segunda Guerra Mundial. A batalha foi provavelmente perdida na década de 1960, quando a indústria transformadora britânica no seu todo lutava contra práticas de gerenciamento enraizadas e contra relações de trabalho conflituosas. Apesar de um investimento de capital considerável, os estaleiros britânicos nunca alcançaram os níveis elevados de produtividade dos estaleiros alemães ou escandinavos. Geralmente, a construção de um navio no Reino Unido levava o dobro dos homens-horas necessários para o construir na Escandinávia ou no Japão. Uma grande perda estratégica foi o primeiro navio porta-contêineres que começou a ser construído no Reino Unido, mas teve de ser rebocado para a Alemanha para ser terminado. Os estaleiros navais alemães dominaram o negócio dos contêineres na Europa durante os trinta anos seguintes.

A economia das indústrias de construção naval e demolição de navios

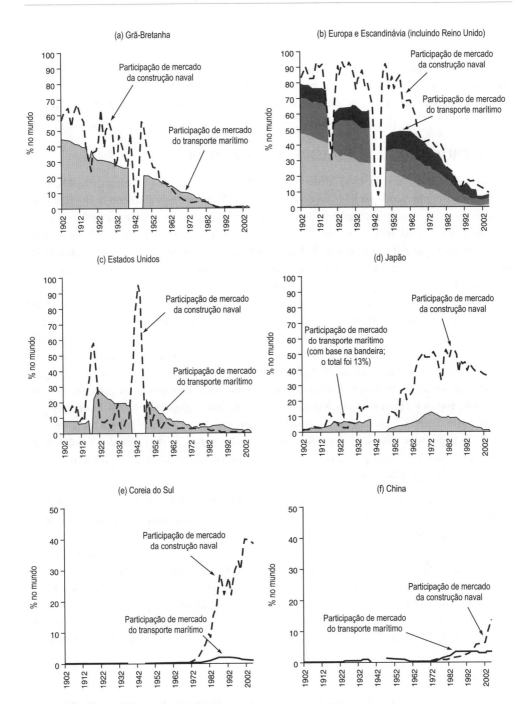

Figura 15.2 – Ligação entre os mercados marítimos e de construção naval por região.

Nota: estes valores mostram, para cada região, a frota mercante como percentagem da frota mundial e a produção dos estaleiros navais como percentagem da produção mundial

Fonte: Lloyd's Register of Shipping.

O golpe definitivo foi a forte taxa de câmbio do Reino Unido quando apareceu o petróleo do Mar do Norte durante a década de 1980, na baixa da recessão que teve lugar na década de 1980. Em 1988 o preço em libras esterlinas de um navio graneleiro de 30.000 tpb, £ 8 milhões, era suficiente somente para comprar os materiais e não deixava margem para a mão de obra e para despesas de caráter geral, uma situação impossível.[6] Lentamente a indústria afundou.

CONSTRUÇÃO NAVAL EUROPEIA (1902-2006)

Na Europa como um todo, a indústria de construção naval passou por um ciclo de crescimento e de declínio muito parecido ao do Reino Unido. Nenhum país alcançou individualmente um lugar proeminente no mercado da construção naval numa escala comparável à do Japão ou à do Reino Unido, mas no início da década de 1900 os estaleiros navais, incluindo os do Reino Unido, representavam mais de 80% da produção mundial, semelhante à participação de mercado que os estaleiros asiáticos alcançariam um século mais tarde. A Figura 15.1 apresenta essa situação com a participação de mercado das suas frotas de transporte marítimo. Até 1945, a participação de mercado da construção naval foi 20%-30% mais alta do que a participação do mercado marítimo, e a Europa era um exportador líquido de navios. No final da década de 1950, esse domínio na exportação tinha sido perdido e, nas décadas de 1960 e de 1970, o declínio da frota mercante europeia foi acompanhado por um declínio na participação de mercado da construção naval. Por volta de 2005, a participação de mercado da frota tinha caído para 14% da tonelagem de arqueação bruta entregue, enquanto a participação da construção naval reduziu-se para 6%. É claro que essas estatísticas têm limitações, pois durante esse período grande parte da frota "abandonou o pavilhão tradicional" (ver Capítulo 16) e a tonelagem de arqueação bruta não refletiu totalmente o elevado valor agregado da construção naval europeia, mas não há dúvida de que no período a Europa deixou de ser um exportador líquido para passar a ser um importador de navios.

A experiência da indústria da construção naval escandinava foi muito semelhante. Embora nenhum dos países escandinavos tenha uma população ou uma indústria pesada suficiente para fazer com que seja um participante principal no comércio marítimo, todos eles têm uma tradição marítima forte. Nesse sentido, as frotas escandinavas podem ser vistas como fazendo parte da indústria marítima internacional da mesma maneira que a Grécia. Em 1902, os estaleiros navais escandinavos tinham somente 3% da participação de mercado, bem abaixo da participação de 10% da frota mercante escandinava. Nesse período, a capacidade da construção naval estava atrasada em relação à frota mercante porque os estaleiros navais escandinavos tinham dificuldade em mudar dos navios de madeira para um processo de capital mais intensivo de construção de navios de aço. Petersen comenta:

> Na década de 1870, a Noruega tinha um grande número de pequenos estaleiros navais que empregavam mestres carpinteiros especializados e trabalhadores qualificados. Esses homens eram capazes de construir todos os veleiros de que a Noruega precisava, utilizando somente ferramentas simples e madeira indígena.
>
> Por outro lado, a construção dos navios a vapor exigia a importação de matérias-primas e a construção de estaleiros navais grandes com maquinaria pesada e gruas caras. A construção de navios a vapor não adquiriu qualquer dinamismo até 1890.[7]

A economia das indústrias de construção naval e demolição de navios **683**

Na Escandinávia, a produção da construção naval manteve-se nominal até a Primeira Guerra Mundial, quando a indústria começou com um crescimento rápido que eventualmente alcançou um pico de participação de mercado de 21% em 1933. Essa posição foi mantida até o início da década de 1970, quando os estaleiros escandinavos lideravam o mundo em termos de produtividade e de tecnologia de produção. Por exemplo, na Suécia, o estaleiro naval Kockums, que se especializou na construção de navios VLCC, era visto como o estaleiro mais produtivo do mundo. Mas esse sucesso não conseguia compensar os custos de mão de obra elevados, e um declínio na participação de mercado da frota escandinava coincidiu com uma queda na participação de mercado da construção naval escandinava.

A queda da frota europeia, em parte em razão da transferência de registro para bandeiras de conveniência, foi acompanhada por um declínio da participação de mercado europeia, especialmente nos mercados de granéis de elevado volume. Isso reflete, sem dúvida, o poder concorrencial crescente da indústria japonesa e demonstra que uma produtividade elevada sozinha não é suficiente para manter uma participação de mercado. Embora muitos estaleiros tenham fechado, alguns foram bem-sucedidos ao se diversificarem para a construção de navios de valor agregado elevado usados em nichos de mercado nos quais os estaleiros do Extremo Oriente não concorrem. Esses mercados incluíam os navios porta-contêineres, os navios de cruzeiros, os navios-tanques transportadores de gases, os navios transportadores de produtos químicos e muitos navios pequenos, como as dragas. Todos esses navios são intensivos em termos de equipamento, e isso permitiu que a indústria de equipamento europeia mantivesse o seu papel de liderança no projeto e no desenvolvimento, por exemplo, de máquinas, de gruas e de equipamento para a casa das máquinas.

CONSTRUÇÃO NAVAL MERCANTE NOS ESTADOS UNIDOS

Historicamente, os Estados Unidos têm tido um papel não usual no mundo da construção naval. À exceção do período no início do século XIX em que foi o construtor naval líder, o qual terminou com a Guerra Civil (1861-1865), durante o tempo de paz, o país não foi internacionalmente proeminente quer como construtor naval mercante, quer como proprietário de navios. Com exceção das duas guerras e do período entreguerras, a Figura 15.2(c) mostra que a sua participação de mercado era de somente uma pequena percentagem. É claro que os Estados Unidos tinham grandes interesses no transporte marítimo, mas, como veremos no Capítulo 16, os proprietários de navios norte-americanos estiveram à frente do desenvolvimento dos registros internacionais. Apesar disso, grande parte do transporte marítimo mundial e da tecnologia de construção naval originou-se dos Estados Unidos e, durante as duas guerras mundiais, o país demonstrou a sua capacidade de montar um programa de construção naval em massa, apesar de ser bastante caro.

Durante a Primeira Guerra Mundial, a produção da construção naval dos Estados Unidos aumentou de 200.000 tab em 1914 para 4 m.tab em 1919 – sozinhos, os Estados Unidos produziram 30% mais navios nesse ano do que a produção de construção naval total mundial antes da Primeira Guerra Mundial ter começado. A produção nessa escala foi alcançada pela da utilização de navios-padrão e de métodos de produção no complexo de Ho Island, que consistia em cinquenta berços de construção divididos em cinco grupos de dez ao longo do Rio Delaware. O complexo produzia um navio mercante padrão em três dimensões construído a partir de uma quilha chata. O tempo de construção era de aproximadamente 275 dias.

Esse foi o primeiro passo para a padronização das práticas da construção naval, embora os estaleiros não tenham alcançado o grau de pré-fabricação introduzido mais tarde.

A Segunda Guerra Mundial assistiu a um programa de construção naval ainda mais extenso para o navio American Liberty, que era um navio-padrão de carga sólida de 10.902 tpb, e para o navio-tanque T2 de 16.563 tpb. Esses navios foram produzidos em massa, com os principais módulos sendo construídos fora dos berços – um desenvolvimento possibilitado pela introdução da soldadura, em vez da rebitagem. A produção começou em 1941 e alcançou um pico em 1944, quando um total de 19,3 m.tab de novos navios foi lançado nos Estados Unidos – quase dez vezes mais do que a produção da construção naval mundial total em 1939. Foram construídos 2.600 navios Liberty e 563 navios-tanques T2. Depois da guerra, alguns navios Liberty foram vendidos a operadores privados, outros foram negociados, e os restantes, cerca de 1.400, foram desarmados temporariamente como parte da frota de reserva estratégica dos Estados Unidos. Por volta da década de 1960, a sua velocidade baixa de 11 nós e a sua forma encorpada. Fizeram esses navios não serem atrativos para a operação comercial, e foram substituídos por uma série de projetos de troca de navios Liberty, como os SD14 e os Freedom.

As atividades da indústria de construção naval mercante dos Estados Unidos que tiveram lugar no século XX demonstram dois pontos importantes. O primeiro é a velocidade com a qual, dadas as condições certas, um programa de construção naval importante pode ser montado e desmontado. Em ambas as ocasiões, os Estados Unidos desenvolveram uma capacidade de construção naval massiva e desmontaram-na novamente num período de igualmente curto. O segundo é que, apesar das eficiências óbvias da indústria de construção naval dos Estados Unidos, ela não podia concorrer comercialmente no mercado da construção naval mundial. Na década de 1930, e novamente durante o período pós-guerra, o governo dos Estados Unidos deu aos seus construtores navais mercantes subsídios à construção, para compensar a diferença entre a construção efetuada em estaleiros norte-mericanos e em estaleiros estrangeiros. Em momentos diferentes, os níveis de subsídio variaram entre 30% e 50% do custo de construção.[8] Como os estaleiros escandinavos, a produtividade elevada não era suficiente, embora o isolamento da indústria das forças de mercado internacionais e o enfoque na construção de diferentes embarcações de guerra tornassem muito difícil avaliar qual era a real competitividade subjacente à indústria.

INDÚSTRIA DE CONSTRUÇÃO NAVAL JAPONESA

A ascensão do Japão como força dominante no mercado da construção naval mundial constitui ainda outro exemplo do modelo de crescimento da construção naval. Como a Grã-Bretanha, o Japão é uma nação insular, e o crescimento da economia após a Segunda Guerra Mundial promoveu intensas demandas de transporte por via marítima. Inicialmente, o desenvolvimento da indústria de construção naval japonesa ganhou força a partir de um programa coordenado de transporte marítimo e de construção naval. Por exemplo, Trezise e Suzuki comentam:

> No início do período pós-guerra [...] as indústrias selecionadas para as quais seria dada uma atenção governamental intensiva incluíam a indústria marítima mercante. Durante

A economia das indústrias de construção naval e demolição de navios   **685**

a ocupação, em 1947, foi instituído um programa de construção naval planejado para a frota mercante, que essencialmente continua a ser seguido segundo as linhas de orientação estabelecidas naquela altura. Em cada ano o governo – o mesmo é dizer o Ministro dos Transportes –, em consulta com os seus assessores da indústria pertencentes [ao] Conselho para a Racionalização do Transporte Marítimo e Construção Naval [Shipping and Shipbuilding Rationalisation Council] –, decide sobre a quantidade de tonelagem dos navios a ser construída, por tipo (navios-tanques, mineraleiros, linhas regulares etc.) e aloca os contratos de produção e os navios entre os construtores navais e proprietários de navios nacionais requerentes. As companhias de navegação selecionadas recebem um financiamento preferencial e, por sua vez, ficam sujeitas a uma supervisão governamental mais apertada.[9]

Durante o período de 1951 a 972, 31,5% de todos os empréstimos efetuados pelo Banco de Desenvolvimento do Japão destinaram-se ao transporte marítimo. Sem dúvida, esse programa nacional de construção naval contribuiu para o sucesso da indústria de construção naval japonesa, mas a marinha mercante japonesa nunca alcançou o grau de domínio de mercado que a frota mercante britânica teve no século XIX e início do século XX. Uma razão é que, por volta da década de 1960, o crescimento das bandeiras de conveniência e os custos japoneses elevados significavam que muito da frota era afretado a proprietários independentes de navios, especialmente em Hong Kong, com contratos *shikumisen*. A Figura 15.2(d) mostra que, embora a participação de mercado da frota japonesa tenha aumentado de 1% em 1948 para 10% em 1984, esse valor estava aquém da participação de mercado de 50% alcançada pelos construtores navais japoneses na década de 1980.

Existem duas explicações para isso. Uma é que a bandeira japonesa não era competitiva e muitos dos navios encomendados para transportar o comércio japonês foram comprados por proprietários internacionais em Hong Kong ou na Grécia e registrados sob bandeiras de conveniência. Em 2005, 89% da frota pertencente a companhias japonesas operava sob bandeiras estrangeiras, portanto, a participação de mercado marítimo baixa apresentada na Figura 15.2(d) é enganosa. A segunda é que a indústria de construção naval japonesa tornou-se altamente concorrencial e construiu para o mercado de exportação emergente, sobretudo o mercado de navios-tanques e de navios graneleiros grandes comprados pelos proprietários independentes de navios europeus, dos Estados Unidos e de Hong Kong. Sua estratégia era semelhante à sua abordagem efetuada em outras indústrias importantes. Eles construíram estaleiros navais grandes e modernos e utilizaram o mercado interno como volume de base para vender navios extremamente competitivos para o mercado de exportação. As novas instalações tinham docas de construção capazes de produzir em massa VLCC e grandes navios graneleiros a uma velocidade de cinco a seis navios por ano. A engenharia de produção, um controle de qualidade rigoroso, os sistemas de controle de material sofisticado e o pré-aprestamento de navios foram todos utilizados eficazmente para reduzir os custos e manter os prazos de entrega. Alguns estaleiros navais foram construídos nos principais centros industriais (por exemplo, o Mitsui Shipyard em Chiba, o Estaleiro Naval IHI em Yokohama e o Kawasaki Shipyard em Sakaide), enquanto outros localizavam-se em áreas remotas (por exemplo, o Mitsubishi Shipyard em Koyagi).

Na década de 1990, o Japão foi desafiado pela Coreia do Sul, e os seus estaleiros enfrentaram custos de mão de obra elevados e a valorização da sua moeda. Contudo, os estaleiros navais foram extremamente bem-sucedidos em manter a sua posição competitiva apesar dessas desvantagens. Ao contrário dos estaleiros europeus, que focavam em navios de valor agregado elevado, como os navios de cruzeiro, os estaleiros japoneses de dimensão média desenvolveram um negócio muito bem-sucedido por meio da construção de navios graneleiros, geralmente vistos como os navios mais simples. Pela utilização de um planejamento de produção, de uma engenharia de produção e da subcontratação, eles aumentaram a produtividade e, em 2005, o Japão continuava ainda como líder de mercado, produzindo 16,1 milhões de toneladas brutas de navios, comparados com os 15,4 milhões de toneladas de brutas produzidos pela Coreia do Sul (ver Tabela 15.1).

ASCENSÃO DA CONSTRUÇÃO NAVAL SUL-COREANA

A entrada da Coreia do Sul no mercado da construção naval mundial foi, à semelhança do seu vizinho Japão, o resultado de um programa industrial cuidadosamente planejado. No início da década de 1970, planejou-se um programa de investimentos importante que começou com a construção da maior unidade de construção naval do mundo pela Hyundai, em Ulsan, projetada no Reino Unido, com uma doca seca de 380 metros capaz de aceitar navios de até 400.000 tpb. Mais tarde nessa década, a Daewoo construiu uma segunda unidade importante, com uma doca seca de 530 metros capaz de aceitar navios de até 1 m.tpb. Esta começou a sua produção no início da década de 1980. Dois outros grupos industriais sul-coreanos, a Samsung e a Halla Engineering, construíram novas unidades de construção naval e, em meados da década de 1990, a Coreia do Sul tinha uma participação de mercado de 25% e quatro dos cinco maiores estaleiros navais do mundo.[10] Em 2005, a Coreia do Sul tinha igualado a produção do Japão em toneladas brutas e ultrapassado o Japão em termos de cgt.

Talvez o aspecto mais interessante do modelo de desenvolvimento da construção naval sul-coreana seja que, desde o início, concentrou-se no mercado de exportação. Isso está claramente visível na Figura 15.2(e). Ao contrário da Grã-Bretanha e do Japão, que tinham, em diferentes níveis, construído a sua capacidade de construção naval para servir os seus clientes domésticos, desde o início a Coreia orientou-se para o mercado da exportação. Embora o país tenha uma economia de crescimento rápido, esta mantém-se muito menor do que a do Japão ou a da Europa em termos de volume comercial. O sucesso da construção naval coreana quase certamente reflete a crescente internacionalização da indústria marítima a granel, em que, com o desenvolvimento dos registros internacionais e das companhias multinacionais, a ligação entre o navio, o proprietário de navios e o interesse nacional é menos evidente. A indústria era também muito mais focada, com um pequeno número de estaleiros muito grandes que se concentraram em navios grandes para o mercado internacional. Em 2005, Hyundai, Samsung e Daewoo eram os três maiores construtores navais do mundo e representavam dois terços da produção da Coreia do Sul.

INDÚSTRIA DA CONSTRUÇÃO NAVAL CHINESA

No mercado da construção naval, existe sempre um novo entrante preparado para desafiar os líderes de mercado, e, na década de 1990, a China emergiu como o próximo desafiador. Contudo, a abordagem da China foi muito diferente da abordagem da Coreia do Sul. A China tem uma história antiga de construção naval que remonta ao século XVI e à construção dos famosos navios de tesouros do almirante Zheng He, alguns dos quais foram reportados como tendo até 540 pés de comprimento, com uma capacidade de 1.500 toneladas, embora a dimensão desses navios seja controversa.[11] Durante a década de 1980 e o início da década de 1990, a China tinha uma indústria de construção naval ativa, com muitos estaleiros domésticos e uma infraestrutura completa, incluindo institutos de pesquisa. Alguns navios eram construídos para exportação, a

A economia das indústrias de construção naval e demolição de navios   **687**

preços muito competitivos, mas o volume de negócio era limitado e os navios construídos na China eram geralmente vendidos com desconto no mercado de segunda mão.

A velocidade da principal expansão da capacidade de construção naval chinesa aumentou no final da década de 1990, como parte da expansão industrial chinesa. Inicialmente, a expansão teve origem nas unidades de construção naval existentes, com a construção de somente um novo estaleiro naval principal: o Dalian New Yard. Contudo, a expansão dos estaleiros navais chineses existentes permitiu que a produção da construção naval aumentasse de 784.000 ab em 1995 para 5,7 milhões de ab em 2005 e 11 milhões de ab em 2007. Nessa altura, mais de noventa estaleiros navais chineses estabelecidos construíam uma gama de dimensões e tipos de navios, e cerca de trinta novos estaleiros navais importantes estavam sendo construídos ou estavam num estado avançado de planejamento. A construção naval ocorre em três áreas ao redor da orla de Bohai no norte, Xangai, e com alguns estaleiros navais no Rio das Pérolas no sul. Antecipa-se amplamente no mercado da construção naval que a indústria chinesa tomará uma participação dominante do mercado mundial na década que se aproxima.

CONSTRUÇÃO NAVAL EM OUTROS PAÍSES

A Europa Oriental é um participante estabelecido desde há muito tempo no mercado da construção naval mundial, com um padrão de desenvolvimento mais próximo da Europa Ocidental do que da Ásia. De fato, a Tabela 15.1 mostra que entre 1980 e 2005 a produção da Europa Oriental manteve-se regular, com cerca de 1,3 milhão de ab por ano. A Polônia aumentou a sua produção, mas outros países, como a Ucrânia, decresceram sob a pressão do aumento das taxas salariais e das taxas de câmbio. Contudo, em 2008, diversos novos países construtores navais emergiram na Ásia, incluindo Vietnã, Filipinas e Índia, enquanto Rússia e Paquistão desenvolvem planos para entrar no mercado da construção naval.

CONCLUSÕES RELACIONADAS A UM SÉCULO DE DESENVOLVIMENTO DA CONSTRUÇÃO NAVAL

Esta breve visão geral da evolução da construção naval sugere que o negócio se presta a ser constituído de alguns produtores dominantes, com uma sucessão de novos desafios que criam um ambiente de mercado altamente concorrencial, promovendo a mudança tecnológica. Também sugere que o foco de mercado nos clientes domésticos que ocorreu na primeira metade do século XX deu lugar, na segunda metade, a uma função mais ampla do mercado de exportação que existe atualmente. Contudo, as regiões individuais lidaram com esse ambiente comercial complexo de maneiras muito diferentes.

A Grã-Bretanha construiu a sua supremacia no início do século com base no seu grande mercado doméstico, que lhe permitiu desenvolver competências de fabricação artesanal, mas depois falhou na sua evolução técnica, deixando a indústria vulnerável às recessões e aos movimentos cambiais adversos. Os estaleiros europeus e escandinavos foram mais eficazes ao melhorar a sua tecnologia de produção, mas em última instância isso não podia ultrapassar os seus custos de mão de obra elevados e uma concorrência agressiva oriunda dos estaleiros asiáticos eficientes que utilizavam as mesmas técnicas. Muitos estaleiros navais europeus fecharam, mas outros desenvolveram-se com sucesso em nichos de mercado e sobreviveram, deixando a Europa com uma participação de mercado substancial no que diz respeito aos navios de valor agregado elevado. Os estaleiros japoneses foram muito bem-sucedidos ao desenvolver sistemas de produção sofisticados, mas também tiraram partido comercial do seu forte mercado doméstico, que serviu de base para ganhar encomendas para exportações. À medida que a concorrência oriunda da Coreia do Sul e os custos de mão de obra do Japão aumentaram, os estaleiros japoneses adotaram estratégias defensivas muito diferentes das adotadas pelos europeus, concentradas na produção em massa de navios graneleiros com alto grau de engenharia, especialmente os navios de granel sólido. A Coreia do Sul, que começou com custos de mão de obra baixos e unidades eficientes e grandes, foi o primeiro país a construir o seu negócio para o mercado de exportação, com uma gama de produtos concentrada nos navios grandes. Seguiu-se a China, com muitos mais estaleiros, mas com uma fórmula muito semelhante.

Portanto, existem muitas variações, mas o tema comum é que os novos participantes combinam os custos de mão de obra baixos e um investimento de capital decente com a capacidade de trabalhar arduamente e de se movimentarem com o mercado. Seja qual for a tecnologia, a construção naval mantém-se um negócio em que alguém tem de sujar as suas mãos.

15.3 OS CICLOS DE MERCADO DA INDÚSTRIA DE CONSTRUÇÃO NAVAL

Do ponto de vista comercial, essas mudanças na estrutura regional foram acompanhadas por períodos longos de concorrência intensa assim que cada novo entrante – a Europa continental, a Escandinávia, o Japão e depois a Coreia do Sul – lutava por uma participação de mercado. Esse clima comercial difícil foi intensificado pela natureza cíclica da demanda da construção naval. No último século ocorreram doze ciclos separados, que foram mapeados na Figura 15.3 e sumariados na Tabela 15.2. A metade esquerda da Tabela 15.2 mostra o pico de cada ciclo, o número de anos até a próxima baixa e a queda percentual na produção da construção naval mundial, enquanto a metade direita mostra a mesma informação para cada baixa e retomada. A duração de cada ciclo de pico a pico é apresentada na última coluna.

O ciclo médio durou 9,6 anos de pico a pico, mas a dispersão foi muito ampla, variando entre cinco anos e mais de 25 anos. A redução média na produção do pico até a baixa foi de 52%, e a redução máxima em tempo de paz foi de 83%, durante a recessão que ocorreu no início da década de 1930. Como os ciclos de transporte marítimo que abordamos no Capítulo 4, estes ciclos não foram somente flutuações aleatórias destinadas a tornar a vida dos estaleiros difícil, mas fazem parte de um mecanismo de ajustamento da capacidade da construção naval diante das necessidades de mudança do comércio mundial. Desde 1886 existiram quatro períodos de mudança que orientaram esse processo.

O primeiro período, o qual é apenas parcialmente apresentado na Figura 15.3, teve lugar entre 1886 e 1919 e foi uma época de "crescimento cíclico", com a produção aumentando em cada pico, intercalado por períodos de recessão. Como vimos no Capítulo 1, esse foi um período de mudanças técnicas muito rápidas, conforme os navios a vapor com casco de aço e com dimensão e eficiência em rápido crescimento substituíam a vela. Os ciclos de construção naval parecem ter seguido os ciclos do comércio mundial e o nível de produção respondeu abruptamente a cada mudança que ocorreu no mercado. Durante esse período, os ciclos orientaram o investimento, atraindo uma avalanche de navios novos com a última tecnologia durante os picos de mercado e, depois, afastando os navios envelhecidos e tecnicamente obsoletos durante as baixas morosas – uma forma crua, mas eficaz de adotar uma nova tecnologia, enquanto se retira o valor econômico máximo do estoque de navios existentes.

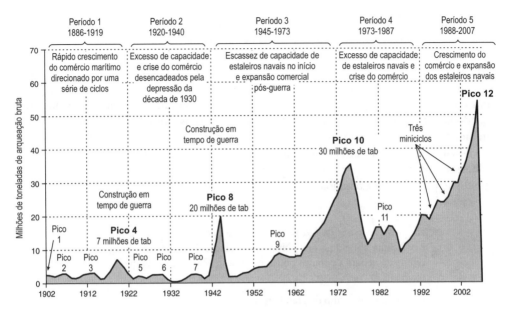

Figura 15.3 – Lançamentos mundiais de navios à água da construção naval (1902-2007).
Fonte: Lloyd's Register of Shipping.

Tabela 15.2 – Ciclos da construção naval (1902-2007)

N.º do ciclo	Pico cíclico e período de desaceleração				Baixa cíclica e retomada				Anos de ciclo completo
	Ano	Pico '000 tab	Do pico até a próxima baixa Pico	%	Ano	Baixa '000 tab	Da baixa até o próximo pico Anos	%	
1	1901	2.617	3	−24%	1904	1.987	2	47%	5
2	1906	2.919	3	−45%	1909	1.602	4	108%	7
3	1913	3.332	2	−59%	1915	1.358	4	426%	6
4	1919	7.144	4	−77%	1923	1.643	1	37%	5
5	1924	2.247	2	−26%	1926	1.674	4	73%	6
6	1930	2.889	3	−83%	1933	489	5	520%	8
7	1938	3.033	2	−42%	1940	1.754	4	1.057%	6
8	1944	20.300	3	−90%	1947	2.092	11	343%	14
9	1958	9.269	3	−14%	1961	7.940	14	352%	17
10	1975	35.897	4	−67%	1979	11.787	3	47%	7
11	1982	17.289	5	−43%	1987	9.770	20	534%	25
12	2007	61.900	Com base na carteira de encomendas, é provável que a produção duplique em 2010						
Análise dos ciclos									
Duração média			3,1	−52%			6,5	322%	9,6
Desvio-padrão			0,9	25%			5,9	313%	6,4

Fonte: compilado por Martin Stopford a partir da Lloyd's Register of Shiping e de outras fontes.

No segundo período, de 1920 a 1940, a indústria enfrentou problemas de mercado persistentes influenciados pela depressão de 1931. O período começou com um excesso de capacidade porque a Europa tinha expandido os seus estaleiros navais para substituir as perdas marítimas que ocorreram em tempos de guerra e, em 1919, a indústria era capaz de produzir 7 m.tpb por ano, três vezes o nível subjacente à demanda em tempos de paz. Adicionalmente, a guerra tinha convencido alguns governos europeus de que era importante ter uma capacidade marítima doméstica, e eles atribuíram fundos públicos para construir as suas indústrias. Quando combinada com um comércio volátil, essa pressão de capacidade contribuiu para duas décadas de problemas quase contínuos no mercado marítimo, com baixas intercaladas por períodos de melhorias moderadas de mercado. As afirmações da imprensa contemporânea ilustram o sentimento do período. Por exemplo:

> Na primeira parte de 1924, acreditava-se que a depressão na indústria da construção naval tinha atingido o seu ponto mais baixo. Não se poderia imaginar que os sinais de retomada seriam de muito pouca duração [...] o panorama que se segue é agora extremamente grave.[12]

> O ano de 1926 foi um de grande recessão na construção naval.[13]

> No que diz respeito à construção naval, 1930 tem sido um dos momentos mais difíceis [...] somente um de quatro berços estava ocupado.[14]

> O ano de 1935 na indústria da construção naval pode ser visto como um ano de marcar passo, em que somente um terço de uma capacidade muito reduzida estava sendo utilizada.[15]

Na Grã-Bretanha, que naquela altura dominava o mercado da construção naval, o emprego nessa indústria caiu gradualmente de 300 mil em 1920 para 60 mil em 1931.[16] Ao contrário do período anterior à guerra, não era simplesmente um desemprego cíclico que brevemente seria absorvido pela expansão seguinte; tratava-se de uma tendência descendente gradual. De uma forma geral, a década de 1920 foi dominada pela remoção do excedente da capacidade dos estaleiros navais. Existia uma concorrência internacional intensa, indicada pelos "incidentes", como uma encomenda da Furness Withy colocada na Alemanha em 1926 a um preço 24% abaixo do menor preço britânico, com uma recuperação marginal das despesas gerais. Depois, na década de 1930, a Grande Depressão enfraqueceu a demanda e resultou numa queda de 83% na produção da construção naval entre 1930 e 1933, a maior de qualquer um dos doze ciclos apresentados no Tabela 15.2.

O terceiro período, entre 1945 e 1973, foi de crescimento excepcional. Embora a indústria tenha começado com uma produção de 7 m.tab (mais de seis vezes o nível da demanda anterior à guerra – Figura 15.3), três quartos dessa produção foi construída no âmbito do programa de construção dos Estados Unidos durante os tempos de guerra; no final da guerra, os Estados Unidos efetivamente se retiraram do mercado da construção naval mundial. Visto que os danos de guerra reduziram a produção das indústrias alemã e japonesa, havia uma escassez acentuada de capacidade de construção naval. Isso persistiu até o final da década de 1950, e durante alguns anos ocorreu um mercado de vendedores. Foi só em 1958 que uma recessão econômica importante nos Estados Unidos e o excesso de encomendas de navios-tanques na sequência do fechamento do Canal do Suez precipitaram a primeira recessão na construção naval no pós-guerra, a qual durou até o início da década de 1960. A produção da construção naval mundial caiu de um pico de 9 m.tpb em 1958 para uma baixa de 8 m.tpb em 1961 (Figura 15.3). Contudo, em

A economia das indústrias de construção naval e demolição de navios
691

1963, o comércio cresceu rapidamente, assim que a Europa e o Japão modernizaram as suas economias, promovendo uma tendência crescente regular nas encomendas que resultou numa expansão sem precedentes da capacidade da construção naval, chegando a 36 m.tpb em 1975 – num único ano, a indústria produziu mais tonelagem de transporte marítimo do que tinha construído durante todo o período entre as duas guerras.

O quarto período, o qual começou após a crise do petróleo de 1973 e continuou até 1987, foi desagradável para os estaleiros navais. O crescimento do comércio foi fraco, volátil e imprevisível. A velocidade da obsolescência técnica abrandou, com poucos avanços importantes na tecnologia de navios e uma estrutura dimensional mais estável, especialmente na frota de navios-tanques. O excesso da capacidade dos estaleiros navais aumentou com a entrada da Coreia do Sul como construtor naval. Nessas circunstâncias, a indústria da construção naval oscilou abruptamente de um rápido crescimento para uma recessão profunda.

No início desse período, em 1975, a produção da construção naval mundial atingiu um pico em 36 m.tpb, representando 50%-100% de excesso de capacidade. Após duas décadas de crescimento contínuo, o comércio marítimo estagnou em primeiro lugar e depois decresceu abruptamente, sobretudo no setor petrolífero, e a demanda de navios novos caiu repentinamente do nível anterior a 1975. Essa situação já difícil no mercado da construção naval foi ainda mais agravada com a entrada da Coreia do Sul, pedindo uma participação importante do mercado mundial. Como resultado, houve uma batalha em três frentes, entre o Japão, a Coreia e a Europa Ocidental, pela participação do volume de encomendas decrescente.

No final da década de 1970, iniciou-se a reestruturação da capacidade de construção naval. Fecharam-se muitos estaleiros navais, e a produção caiu em 60% para 14 m.tpb em 1979. O tempo decorrido para essa queda reflete a grande carteira de encomendas na posse da indústria de construção naval mundial em 1974. A retomada da economia mundial que ocorreu no final da década de 1970 trouxe um crescimento comercial renovado, o qual, combinado com uma redução considerável na capacidade da construção naval mundial, foi suficiente para produzir uma retomada breve nesse mercado. A tonelagem desarmada temporariamente caiu para um nível mínimo, e em 1980-1981 a indústria da construção naval mundial desfrutou de uma breve retomada. Contudo, em seguida ao pico de mercado breve que ocorreu em 1980-1981, a demanda decresceu novamente, alimentada pelo colapso do comércio marítimo mundial, o qual caiu de 3,8 bilhões de toneladas em 1979 para 3,3 bilhões de toneladas em 1983, uma redução de 13%. Uma forte pressão descendente sobre preços da construção naval e as novas encomendas levaram à produção dos estaleiros navais em 1987 a uma baixa de 9,8 milhões de toneladas brutas, o número mais baixo desde 1962, e um decréscimo de 73% desde o pico de 1975. A empregabilidade na indústria da construção naval caiu pela metade,[17] e muitos dos estaleiros navais marginais fecharam. Em 1986 podiam-se comprar novos navios por preços não muito acima dos custos de materiais, e até os estaleiros navais altamente concorrenciais da Coreia do Sul anunciaram grandes perdas.

Em seguida a esse episódio terrível, o quinto período, de 1987 a 2007, assistiu a uma retomada igualmente dramática da capacidade da construção naval mundial, assim que a expansão da Ásia e da China gerou uma retomada no comércio, e isso coincidiu com a necessidade de mais capacidade para substituir a frota envelhecida, construída durante o período de expansão da construção que ocorreu durante a década de 1970. Por volta de 1993 o volume produzido tinha duplicado para 20 milhões de ab e, em 2007, tinha alcançado 62 milhões de ab, cinco vezes mais do que a baixa de 1987. Nesse processo, a Coreia do Sul tinha consolidado a sua posição dominante como construtor naval, com a China numa posição de oferta para uma liderança de mercado, abrindo caminho para a fase seguinte de concorrência.

Com isso, resta a questão de como o quinto período se desenvolverá. Os leitores poderão conhecer a resposta, mas em 2007 os investidores ainda não estavam seguros. Alguns viram o ciclo terminar com um período duradouro de capacidade excedentária, mas outros acreditavam que era uma nova situação e tinham ainda de percorrer um caminho longo. Tal incerteza é a razão principal por que a construção naval, como o transporte marítimo, é um negócio de risco. Num século de construção naval é difícil encontrar muitos anos "normais". Os doze ciclos podem ter durado em média 9,5 anos, mas apareceram sob todas as formas e durações, conduzidos por oscilações de longo prazo derivadas do crescimento do comércio, combinado com desequilíbrios de capacidade causados pelos ciclos do mercado marítimo. Adicione-se uma estrutura concorrencial em constante mudança e só podemos concluir que a construção naval não é um negócio para os de coração fraco.

15.4 OS PRINCÍPIOS ECONÔMICOS

CAUSAS DO CICLO DE CONSTRUÇÃO NAVAL

É fácil perceber por que o mercado da construção naval é tão volátil. O mecanismo de mercado utiliza a volatilidade para equilibrar a oferta e a demanda de navios, e ao mesmo tempo permite a entrada de novos construtores navais de baixo custo e a saída de uma capacidade de custo elevado. Esse mecanismo é basicamente instável, como pode ser visto num exemplo simples. Se a frota mercante totaliza 1.000 m.tpb e o comércio marítimo cresce 5%, será necessário um adicional de navios equivalente a 50 m.tpb. Se, adicionalmente, forem desmantelados 20 m.tpb, a demanda total da construção naval é de 70 m.tpb. Mas, se o tráfego marítimo não cresce, não serão necessários navios adicionais e a demanda da construção naval cai para 20 m.tpb. Portanto, uma variação de 5% produz uma mudança de 70% na demanda da construção naval. Variações de 5% no comércio por via marítima são comuns, e por vezes ocorrem oscilações muito maiores (ver Figura 4.2).

Essa instabilidade básica é reforçada por duas outras características do mercado da construção naval. Como os novos navios são entregues alguns anos após terem sido encomendados, os investidores não têm realmente maneira de saber se são ou não precisos, e na ausência de previsões confiáveis o sentimento de mercado frequentemente assume o comando. Como resultado, as encomendas muitas vezes atingem o pico no topo do ciclo, mas no momento em que os navios são entregues o ciclo econômico já está conduzindo a demanda para baixo e a avalanche de navios novos aumenta o excesso de capacidade e prolonga a recessão. Esse processo é reforçado pela inflexibilidade da capacidade do estaleiro de construção naval moderno. Como é difícil para os estaleiros navais ajustarem a sua produção, muitas vezes baixam os seus preços para encorajar encomendas "anticíclicas" especulativas e, com frequência, os investidores com liquidez tiram vantagem dessas pechinchas. Essa combinação de oportunismo do "lado da demanda" e inflexibilidade do lado da oferta tende a abrandar o processo de ajustamento de mercado, conduzindo a alguns ciclos de construção naval muito longos.

Os ciclos da construção naval são semelhantes aos ciclos de transporte marítimo abordados em detalhe no Capítulo 3, mas com características especiais em razão da diferente estrutura econômica da indústria. Volk, num estudo detalhado sobre os ciclos da construção naval, adota a mesma visão, concluindo que: "A construção naval é caracterizada por flutuações acentuadas na demanda de curto prazo e por uma grande inércia por parte da oferta. Esse fato conduz a períodos breves de prosperidade e a períodos longos de depressão".[18] De certa forma, isso é tudo o que existe para ser dito. Até que a demanda dos navios se torne regular ou os estaleiros navais encontrem uma forma de ajustarem a sua capacidade quando não é necessária, a indústria da construção naval terá de viver com ciclos de longa duração. Contudo, de uma perspectiva econômica, isso é somente o começo do nosso estudo. Na seção anterior vimos que no curso do último século esse mecanismo simples produziu ambientes comerciais radicalmente diferentes. Os economistas aplicados no transporte marítimo ou na construção naval que compreendem as relações subjacentes podem reconhecer a forma previsível em que determinado mercado venha a se desenvolver no futuro. É nisso que nos concentraremos no restante do presente capítulo, começando pelas relações econômicas gerais e, depois, passando para o debate dos aspectos microeconômicos da produção dos estaleiros navais.

PREÇOS DA CONSTRUÇÃO NAVAL

Os ciclos da construção naval são controlados pelo mecanismo do preço, e é por ele que devemos começar. A construção naval é um dos mercados mais abertos e concorrenciais do mundo. Invariavelmente, os proprietários de navios recebem diversos cotações antes de encomendar um navio, e não existem as barreiras comerciais usuais sob a forma de distância, de custos de transporte e de tarifas para os construtores navais terem um mercado nacional protegido. Os preços oscilam violentamente para cima e para baixo, dependendo do número de estaleiros navais que concorrem para dado volume de encomendas.

Este ponto pode ser ilustrado seguindo o desenvolvimento do preço contratual para um navio graneleiro de 30.000 tpb e para um navio-tanque de 85.000 tpb durante o período que vai de 1964 a 2007 (Figura 15.4). Entre 1969, quando um navio-tanque de 85.000 tpb custava US$ 10 milhões, e 2007, quando custava US$ 72 milhões, assistimos a flutuações de preços em uma escala que poucas indústrias de bens de capital podem igualar. O preço do navio quase triplicou para US$ 28 milhões em 1974, caiu para US$ 16 milhões em 1976, aumentou para US$ 40 milhões em 1981, caiu para US$ 20 milhões em 1985, aumentou para US$ 43 milhões em 1990 e depois rondou os US$ 33 milhões em 1999, antes de mais que duplicar para US$ 72 milhões em 2007. Confrontados com preços tão voláteis, não admira que

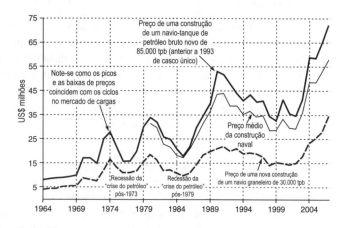

Figura 15.4 – Preços da construção naval mundial (1964-2007).

Fonte: compilado a partir de várias fontes, incluindo a Fearnleys, CRSL.

os construtores navais e os seus clientes tenham dificuldade em planejar o futuro. Como os movimentos dos preços para os diferentes tipos de navios estão estreitamente correlacionados – quando os preços dos navios-tanques aumentam, também sobem os preços dos navios graneleiros e dos navios transportadores de carga rolante –, não existe um refúgio real para encontrar "nichos" de mercado. A maioria dos construtores navais pode concorrer para uma variedade grande de tipos de navios e, se a sua carteira de encomendas for pequena, eles licitarão navios que geralmente não pensariam em construir.

694   *Economia marítima*

Essas flutuações nos preços e as grandes somas envolvidas fazem com que o mercado da construção naval seja um lugar complexo para realizar negócios, e os estaleiros navais têm de ser muito espertos na sua estratégia de preço. Em mercados crescentes, os estaleiros navais correm o risco de preencher a sua carteira de encomendas com navios contratados a preços baixos, para verificar que, na altura em que entregam os navios, os preços duplicaram e os custos também aumentaram. Em 2003, isso aconteceu com alguns estaleiros navais, quando eles venderam navios petroleiros muito grandes por US$ 70 milhões, percebendo somente em 2006, quando os entregaram, que o seu valor tinha escalado para US$ 125 milhões, e os preços crescentes do aço significaram que eles tinham sofrido um prejuízo. Os investidores enfrentam o problema oposto: aqueles que encomendaram navios-tanques novos no topo do ciclo verificaram que, na altura em que os seus navios-tanques foram entregues, o seu valor tinha caído. Mas é claro que eles nunca podem ter certeza.

MODELO DE DEMANDA, OFERTA E PREÇO DA CONSTRUÇÃO NAVAL

Neste mercado altamente concorrencial, o preço pelo qual o navio novo é vendido depende do compromisso entre a demanda de navios novos (ou seja, as encomendas colocadas num ano) e a oferta de berços para novas construções disponíveis para esse tipo particular de navio. Se existirem mais encomendas potenciais do que berços, o preço aumenta até que alguns investidores desistam e, se existirem mais berços do que encomendas, os preços caem até que novos compradores sejam tentados a entrar no mercado. Portanto, a explicação dos movimentos de preços depende da compreensão sobre o que determina a demanda de vagas de construção e a oferta de berços.

Como a construção naval é uma indústria de bens de capital que vende num mercado internacional, o seu modelo de preços é mais complexo do que o modelo da taxa de frete que abordamos no Capítulo 4. Contudo, a experiência das duas últimas décadas mostra que, para um dado preço, a demanda da construção naval é influenciada pelas taxas de frete do transporte marítimo, por preços de segunda mão, expectativas e sentimento de mercado, e liquidez e existência de crédito, enquanto a oferta da construção naval é influenciada pela existência de berços de construção naval, custos unitários dos estaleiros navais, taxas de câmbio e subsídios à produção.

A forma como as *taxas de frete* influenciam a demanda de navios novos é de fácil compreensão – à medida que as receitas aumentam, os navios tornam-se mais rentáveis e os proprietários dos navios querem aumentar a dimensão das suas frotas. Quanto mais tempo persistirem as taxas de frete elevadas, mais dinheiro eles têm para fazer isso. Historicamente, tem havido uma relação estreita entre os picos do mercado das taxas de frete e os picos ocorridos na encomenda de novos navios. Contudo, a defasagem temporal entre a colocação da encomenda e a entrega e a vida longa de serviço dos navios significam que as taxas de frete correntes são somente uma influência parcial sobre preços novos. A segunda influência maior é o *preço dos navios de segunda mão*. Os potenciais investidores querem os navios imediatamente, portanto, no início, quando as taxas de frete aumentam, eles tentam comprar navios de segunda mão fazendo lances mais altos. Somente quando os preços de segunda mão aumentam as novas construções parecem ser um negócio melhor e o aumento nos preços de segunda mão influencia os preços das novas construções (note-se que, a taxas de frete elevadas, os navios envelhecidos que de outra forma seriam demolidos continuam a navegar, mantendo a oferta). Como os navios novos

A economia das indústrias de construção naval e demolição de navios   **695**

não chegam de imediato, não são verdadeiros substitutos, o que significa que o empenho dos investidores em encomendar navios novos depende das *expectativas de mercado*, isto é, a terceira maior influência da demanda de novas construções. Uma "história" convincente sobre o porquê de o futuro ser próspero pode ser muito importante e explica os ataques de encomendas maciças quando as taxas de frete estão baixas, como aconteceu no início da década de 1980, ou os navios graneleiros em 1999. Finalmente, a *existência de crédito* permite que os proprietários alavanquem as suas receitas geradas internamente e amplia o mercado para incluir muitos proprietários de navios empreendedores sem grandes somas de capital.

Voltando para a oferta da construção naval, há também quatro influências a considerar. Primeiro, existe a *capacidade de estaleiro naval* disponível. No curto prazo, a oferta depende de quantos estaleiros navais se encontram funcionando, da sua futura carteira de encomendas e de quantos berços eles têm vontade de vender aos preços praticados. Em termos físicos, as unidades de produção colocam um limite superior na produção, enquanto a produtividade determina o número de navios a ser construído. Porém, em determinado momento, a capacidade existente também tem uma dimensão econômica. Os custos unitários dos estaleiros navais dependem dos custos de mão de obra, da produtividade laboral, dos custos de materiais, das taxas de câmbio e dos subsídios (que determinam se o estaleiro naval é capaz de vender a preços que resultem num retorno do capital aceitável). Não interessa quantas instalações o estaleiro naval possa ter, ou quão elevada a sua produtividade seja; se o preço oferecido não cobre os seus custos, ele não vai candidatar-se. Então a capacidade não é uma questão absoluta, é uma função do preço. As *taxas de câmbio* são extremamente importantes porque determinam o montante que o estaleiro naval receberá na moeda local. O enfraquecimento de 5% na moeda local é equivalente a um aumento de 5% no preço do dólar. A exceção é se o estaleiro naval estiver preparado para ter prejuízo, por exemplo, evitando cortar mão de obra. Essa é uma estratégia dispendiosa, mas pode ser a opção mais econômica se o estaleiro quiser manter intacta a sua mão de obra especializada até que o mercado se recupere. Finalmente, os governos locais ou estaduais podem decidir oferecer *subsídios de produção* para apoiar os seus estaleiros navais em um momento difícil, nivelando artificialmente a curva da oferta.

Todo o processo é dinâmico. Por todo o mercado, os proprietários dos navios ponderam as possíveis receitas futuras e se é melhor comprar um navio de segunda mão, já navio pronto, encomendar um navio novo que levará vários anos para chegar, vender um navio de segunda mão ou não fazer nada. Dependendo de todos esses fatores, eles fazem a sua licitação e, se o sentimento de mercado for forte, os outros estarão pensando nas mesmas linhas. Visto que os proprietários concorrem por um número limitado de navios de segunda mão ou de berços de construção, os preços começam a aumentar, e vice-versa. Em 2007, os movimentos de preços durante a expansão do mercado de granel sólido ilustram a velocidade com que isso pode acontecer. Em janeiro, um navio graneleiro Panamax com cinco anos de idade custava US$ 37 milhões, e uma nova construção para entrega em 2010 custava US$ 40 milhões. Mas as taxas de frete aumentaram durante o ano e, em dezembro, o preço de um navio de segunda mão tinha quase duplicado, para US$ 72 milhões, enquanto o preço do navio novo tinha aumentado em 37%, para US$ 55 milhões. É claro que o mercado tinha efetuado uma avaliação de que o valor de um navio de segunda mão pronto tinha aumentado consideravelmente mais do que o valor de um navio que não chegaria dentro de três anos.

No outro lado da negociação, os estaleiros navais ponderam ansiosamente quantos berços devem pôr à venda. Novamente, o preço é o foco. Se a sua carteira de encomendas for muito pequena, eles devem estar sob pressão para vender os berços de imediato, o que os coloca numa posição negocial enfraquecida, e poderão baixar o seu preço para atrair um comprador. No entanto, se tiverem uma carteira de encomendas grande, eles devem decidir se devem ou não vender os berços agora ou esperar, na esperança de que os preços aumentem. Por exemplo, se estiverem confiantes em relação ao futuro, podem decidir não oferecer quaisquer berços, na esperança de que o preço aumentará. Isso significa que os investidores concorrem por poucos berços, contribuindo para o aumento do preço. Por essa razão, as expectativas são tão importantes na determinação da oferta dos berços para venda.

Finalmente, podemos definir uma escala temporal para ajustar a oferta. No *curto prazo*, ou os berços do estaleiro naval estão completos e a oferta é rígida ou alguns estaleiros navais têm berços vazios e encontram-se desesperados para preenchê-los, conduzindo a um corte nos preços. No *médio prazo* (dois ou três anos no tempo), os estaleiros têm berços disponíveis e o preço depende do nível de demanda com relação aos berços existentes. Se houver uma escassez, os preços crescentes fazem entrar os estaleiros com custos elevados, expandindo a oferta. No *longo prazo*, os construtores navais que são lucrativos aos preços correntes podem expandir a sua capacidade, e os construtores não lucrativos podem fechar os seus estaleiros não econômicos. Esses são fatores gerais envolvidos no modelo de preço da construção naval, e no restante desta seção olharemos com mais atenção à forma como funciona.

FUNÇÃO DA OFERTA DA CONSTRUÇÃO NAVAL

A primeira questão é saber quantos navios serão fornecidos ou, em outras palavras, qual é a capacidade existente. A resposta é dada pela *função da oferta da construção naval*.[19] A Figura 15.5 apresenta uma função da oferta de curto prazo (S1) normal, que ilustra a relação entre a capacidade existente em determinado momento, apresentada no eixo horizontal em milhões de cgt de navios oferecidos, e o preço. As barras mostram a capacidade existente em cada uma das áreas de construção naval, China, Coreia do Sul, Japão e Europa. Todas elas

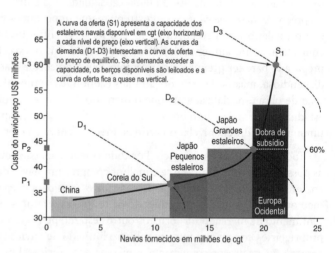

Figura 15.5 — Funções da demanda e oferta da construção naval de navios graneleiros de curto prazo.

Fonte: Martin Stopford (2007).

têm diferentes níveis de custo. Na China, o navio médio custa US$ 34 milhões, comparados com os US$ 36 milhões na Coreia do Sul, US$ 38 milhões nos pequenos estaleiros navais japoneses, e US$ 43 milhões nos grandes estaleiros navais japoneses. Os estaleiros navais europeus têm custos de US$ 52 milhões, mas eles constroem sobretudo navios especializados, portanto, isso seria o que os navios graneleiros custariam se transferissem a sua capacidade para o mercado a granel. Partindo do pressuposto de que os estaleiros de navios licitam somente quando podem pelo menos atingir o ponto de equilíbrio, a capacidade existente aumenta de 5 milhões de cgt a um preço de US$ 33 milhões para um navio-padrão até 22,5 milhões de cgt a US$ 52 milhões. A curva da oferta (S1) liga esses pontos. Note-se que, quando a demanda atinge

A *economia das indústrias de construção naval e demolição de navios* 697

25 milhões de cgt e todos os estaleiros licitam, ocorre um leilão para qualquer um dos berços restantes que os estaleiros possam ter mantido em reserva na esperança de que tal situação aparecesse. Nesse ponto, a função oferta é praticamente vertical.

FUNÇÃO DA DEMANDA DA CONSTRUÇÃO NAVAL DE CURTO PRAZO

A *função da demanda da construção naval* apresenta quantos navios os investidores querem comprar. A Figura 15.5 apresenta três exemplos de funções da demanda, rotuladas como D1, D2 e D3. Por exemplo, a curva da demanda D2 mostra que, se o preço do navio é de US$ 50 milhões, os investidores somente encomendarão 14 milhões de cgt, mas, se o preço cair para US$ 35 milhões, as encomendas aumentarão para 24 milhões de cgt. Essa curva da demanda implica que o preço tem um efeito sobre o número de encomendas efetuadas, e os economistas analisam esse grau de capacidade de resposta calculando a *elasticidade-preço* da curva da demanda, que é definida como a variação percentual na demanda dividida pela variação percentual do preço:

$$e_{sbp} = \frac{\% \text{ variação das encomendas}}{\% \text{ variação do preço}} \tag{15.1}$$

Se a elasticidade-preço for superior a 1, a demanda é elástica em relação ao preço; se for inferior a 1, ela é inelástica em relação ao preço. Neste exemplo a demanda é relativamente elástica em relação ao preço, mas é muito difícil ter certeza, porque depende muito das expectativas. Se os investidores em transporte marítimo tiverem muitos fundos e expectativas positivas, eles podem encomendar a mesma quantidade de navios independentemente do preço, caso em que a curva da demanda seria vertical. Porém, o pressuposto usual é que, assim que os preços aumentam, o cenário financeiro para o investimento enfraquece, e só aqueles investidores com uma oportunidade de mercado muito rentável ou com uma necessidade urgente em ter navios novos é que estarão dispostos a pagar. Outros preferem correr o risco e esperar até que os preços caiam, talvez estendendo a vida dos navios existentes, especialmente porque preços elevados estão geralmente associados a um prazo de entrega demorado. Inversamente, assim que o preço cai, o cenário financeiro para as novas encomendas melhora, e a demanda de navios novos aumenta, até determinado momento em que os constrangimentos financeiros ou as expectativas de mercado limitam o número de novas encomendas a serem colocadas e não são encomendados mais navios por mais baixo que o preço seja.

EQUILÍBRIO DE CURTO PRAZO DO MERCADO DA CONSTRUÇÃO NAVAL

Ao colocar as curvas da oferta e da demanda juntas, temos uma espécie de campo de batalha no qual os estaleiros com níveis de custos diferentes concorrem pelo negócio ao melhor preço que podem negociar com os seus clientes, os proprietários de navios. Parece haver sempre uma gama de estaleiros com níveis de custos diferentes e ciclos de mercado que constituem os pontos essenciais para um combate sem tréguas entre os novos entrantes de custo baixo e os construtores estabelecidos. Há quinhentos anos, foram os novos entrantes holandeses contra os venezianos. Mais tarde, foram os novos entrantes japoneses contra os europeus, depois os sul-coreanos contra os japoneses. Em períodos longos, os ciclos de construção naval funcionam como bombas, aspirando a capacidade de custo baixo e bombeando para fora a capacidade de custo elevado. Na Figura 15.5, quando a demanda é suficientemente forte em D3, mesmo os estaleiros de custo elevado podem preencher os seus berços e sobreviver, avançando de um pico para outro. Porém, eles são vulneráveis às recessões, e se a demanda cai para D2, os estaleiros de custo mais elevado perderão dinheiro e eventualmente desistirão, abrindo caminho para os novos entrantes de custo baixo no mercado porque, aos níveis da demanda em D2, eles podem obter um lucro muito decente.

Assim que os estaleiros de custo baixo realizam mais lucros, eles começam a se expandir, movimentando a curva da oferta para a direita e enfraquecendo ainda mais a posição dos estaleiros de custo elevado. Entretanto, os novos entrantes que ingressaram no mercado durante a expansão, quando os preços estavam em D2, têm os seus próprios obstáculos a ultrapassar. Alguns serão estaleiros de pequena dimensão estabelecidos que se movimentam para o mercado internacional, e eles terão de estabelecer uma reputação em termos de qualidade e de entrega que os acompanhará pelas recessões, quando a obtenção de encomendas é difícil. Outros serão estaleiros inteiramente novos estabelecidos para desenvolver a base industrial do país. No último caso, os novos estaleiros terão custos de capitais elevados e podem precisar importar materiais especializados e equipamento naval durante a fase de arranque. Por vezes, existe uma ajuda financeira governamental disponível para ajudar o desenvolvimento dos próximos estaleiros. Mas todos eles devem encontrar uma maneira de concorrer. Não é de admirar que o mercado da construção naval pareça um campo de batalha.

No curto prazo, o equilíbrio é alcançado ao preço em que a demanda de navios novos iguala a oferta oferecida pelos construtores navais. A Figura 15.6 ilustra isso. A um preço de US$ 1.000 por cgt, os 32 milhões de cgt oferecidos pelos estaleiros navais iguala exatamente os 32 milhões de cgt que os proprietários querem adquirir. Se os estaleiros navais tentarem aumentar os preços para US$ 1.500 por cgt, a demanda cai para somente 20 milhões de cgt, deixando os estaleiros navais com uma capacidade inutilizada de 10 milhões de cgt. Inversamente, a US$ 750 por cgt, os proprietários querem encomendar 37 milhões de cgt, mas os estaleiros navais oferecem somente 30 milhões de cgt. Existirá uma escassez de berços e o preço seria licitado alto. Dessa forma, o mecanismo do preço iguala a capacidade existente à demanda numa base diária.

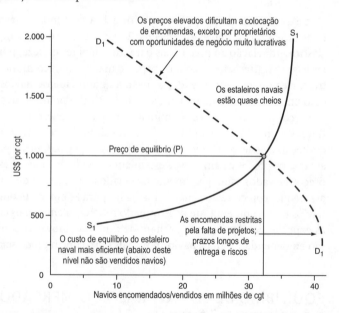

Figura 15.6 – Funções da oferta e da demanda da construção naval.
Fonte: Martin Stopford (2007).

No longo prazo, os estaleiros navais respondem a ciclos de mercado ajustando a capacidade. Os estaleiros navais de custo baixo que são rentáveis mesmo em mercados enfraquecidos constroem novas instalações ou expandem as existentes, movimentando a curva da oferta para a direita. Por exemplo, na Figura 15.7(a) podemos ver uma função da oferta inicial (S1) com um preço de equilíbrio em P1. A esse preço, os estaleiros navais de custo baixo obtêm lucros excessivos, mas, assim que eles começam a adicionar nova capacidade, a curva da oferta movimenta-se para a direita e, nesse nível de produção elevada, o preço de equilíbrio cai de P1 para P2. Assim que a oferta se expande e os preços caem, os estaleiros de custo elevado começam a ter prejuízo e, eventualmente, alguns deles fecharão ou se diversificarão – o mercado substituiu os estaleiros de custo elevado pelos estaleiros de custo baixo, que é exatamente tudo o que tem a ver com o processo de mercado. Por meio desse processo de ajustamento, a capacidade se expande e os estaleiros competitivos afastam gradualmente os ineficientes fazendo um uso melhor dos recursos econômicos. A demanda também desempenha um papel nesse processo de ajustamento de mercado. Por exemplo, na Figura 15.7(b), a curva da demanda D1 representa a situação em que a demanda de navios cresce a 3% ao ano, precisando de Q1 cgt de navios novos (cerca de 33 milhões de cgt) ao preço de equilíbrio P1. Se o crescimento da demanda total de navios escorrega para uma nova tendência de 2,8% por ano, são necessárias somente entregas anuais no total de 30 milhões de cgt, e a curva da demanda movimenta-se para a esquerda, para D2. Como resultado, o preço de equilíbrio cai para P2. A esse preço baixo, os estaleiros navais de custo elevado não podem cobrir os seus custos e eventualmente fecham.

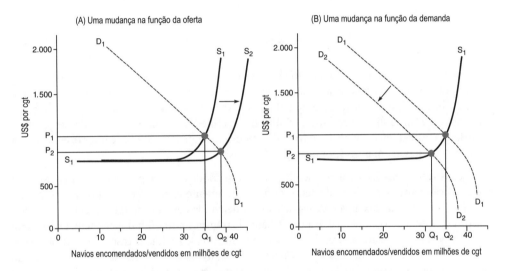

Figura 15.7 – O efeito dos movimentos de preço na oferta e na demanda da construção naval.
Fonte: Martin Stopford (2007).

Juntando as dinâmicas da oferta e da demanda, como mostra a Figura 15.7, obtemos o modelo básico que conduz os ciclos da construção naval que vimos na Figura 15.3. Nos períodos de expansão, como a retomada longa que teve lugar entre 1963 e 1977 ou a de 1988 a 2007, a curva da demanda movimenta-se constantemente para a direita, com a incapacidade do estaleiro naval de acompanhá-la. Assim que a demanda avança, também avançam os preços, mas quando a oferta avança, os preços caem. A forma das curvas faz com que a volatilidade seja normal.

DEMANDA DA CONSTRUÇÃO NAVAL EM LONGO PRAZO

A volatilidade da demanda da construção naval significa que o planejamento antecipado é uma prioridade para as indústrias da construção naval e da engenharia naval, e isso requer previsões de longo prazo relativas à demanda de navios novos. O modelo da previsão da demanda em longo prazo divide a demanda de construção naval em duas partes: a *demanda derivada da expansão* (*X*), que corresponde à tonelagem de navios novos necessários para transportar o crescimento de tráfego em dado período, e a *demanda de substituição* (*R*), que corresponde à tonelagem de navios novos necessários para substituir os navios demolidos ou retirados da frota no mesmo período. Ambas são importantes. Por exemplo, entre 1963 e 2005, a demanda derivada do crescimento representou 57% da demanda de navios mercantes novos, e a demanda de substituição totalizou 43%. Utilizando esse modelo, que é discutido com mais detalhe no Anexo A, as previsões da demanda de construção naval são feitas por meio da estimativa dos valores futuros de *X* e de *R*. Esse modelo da previsão da demanda da construção naval em longo prazo é dado por

$$SBDt = Xt + Rt \tag{15.2}$$

em que

$$X_t = \frac{\partial DD_t}{P_t} = \frac{DD_t - DD_{t-1}}{P_t} \tag{15.3}$$

$$Rt \approx Ft - \sigma \tag{15.4}$$

Aqui, para a previsão do ano *t*, a *SBD* representa a necessidade de navios novos, por exemplo, em porte bruto ou em toneladas de arqueação brutas compensadas, *X* significa a demanda derivada do crescimento, *R* representa a demanda de substituição, *SS* é a tonelagem de carga transportada, *P* simboliza a produtividade dos navios (medida dividindo o peso da carga entregue pelo porte bruto do navio), *F* é a frota de navios entregue anualmente e σ representa a vida econômica do navio em anos (por exemplo, 25 anos).

Os construtores navais frequentemente utilizam esse modelo básico para prever as necessidades da construção naval para efeitos do seu próprio planejamento estratégico e como base para uma discussão internacional dos níveis de capacidade. A demanda derivada do crescimento é estimada a partir do crescimento comercial, e a capacidade de transporte marítimo incremental necessária para transportar é calculada aplicando o fator de produtividade *Pt*. Então, caso se projete que o comércio cresce cerca de 70 milhões de toneladas e a produtividade é de 7 toneladas por tonelada de porte bruto por ano, a previsão da demanda derivada da expansão para o ano *t* seria de 10 milhões de toneladas de porte bruto. A previsão da demanda de substituição envolve duas etapas. Primeiro, calcula-se a vida econômica da frota, e o perfil da sua idade é utilizado para estimar a tonelagem de navios que provavelmente será substituída no período da previsão. Por exemplo, se os navios-tanques têm uma vida econômica prevista de 25 anos e a frota tem 10 m.tpb de navios-tanques com 25 anos, a demanda de substituição prevista seria de 10 m.tpb. Juntamos as duas, como é mostrado na Equação (15.2), e a demanda da construção naval prevista no ano *t* é de 20 m.tpb.

Como muitos aspectos da economia do transporte marítimo, o modelo de construção naval em longo prazo é simples em princípio, mas complexo na prática. O modelo está ilustrado na Tabela 15.3, que calcula a demanda da construção naval a partir da demanda derivada do crescimento e da demanda de substituição. Começamos na coluna 1 com um item de "nota", o crescimento atual da frota mundial entre 1990 e 2006. O total apresentado no fim dessa tabela mostra que a frota aumentou em 308 m.tpb nesse período. Isso nos fornece uma base real em relação à qual comparamos os nossos cálculos da demanda da construção naval. A seguir, nas colunas 2-4, calculamos a demanda derivada do crescimento. A coluna 2 apresenta o comércio mundial total, enquanto a coluna 3 estima a demanda de navios, assumindo que um navio

A economia das indústrias de construção naval e demolição de navios   701

médio transporta 7 toneladas de carga por tonelada de porte bruto por ano. Frequentemente, os analistas empregam modelos complexos baseados nas mercadorias para efetuar esse cálculo, mas nós o manteremos simples. A coluna 4 apresenta a demanda da expansão da construção naval. É bastante volátil de ano para ano, mas a tendência movimenta-se de cerca de 20 m.tpb no início da década de 1990 para 40 m.tpb por ano em 2006. Depois, nas colunas 5-7, calculamos a demanda de substituição. Visto que estamos lidando com a história, a demolição e a remoção são utilizadas como um indicador da demanda de substituição. Contudo, os analistas de previsões utilizariam um modelo baseado na expectativa de vida dos navios.

Tabela 15.3 – O modelo da demanda da construção naval (1990-2006), mostrando a expansão e a demanda de substituição em milhões de toneladas de porte bruto (salvo menção em contrário)

	1	2	3	4	5	6	7	8	9
		Expansão da demanda			Demanda de substituição			Demanda total da construção naval SDMt	
	Nota: Frota 1º jan.	Comércio mundial (toneladas métricas)	Demanda total de navios	Expansão da demanda Xt	Navios enviados para sucata	Outras remoções	Total da substituição Rt		Nota: Entregas da construção naval
1990	587,2	4.126	589	10,6	4,6	1,4	6,1	16,6	20,7
1991	603,2	4.313	616	26,7	3,8	4,5	8,2	34,9	20,6
1992	617,7	4.479	640	23,8	15,8	0,9	16,7	40,5	24,2
1993	626,2	4.623	660	20,6	16,8	1,2	18,0	38,5	27,5
1994	636,6	4.690	670	9,6	18,9	2,3	21,2	30,8	27,6
1995	639,4	5.083	726	56,1	15,5	1,2	16,7	72,9	33,0
1996	663,6	5.218	745	19,2	17,9	3,5	21,4	40,6	37,4
1997	679,7	5.506	787	41,2	15,7	4,0	19,7	60,9	36,5
1998	696,4	5.666	809	22,8	24,9	1,5	26,4	49,2	34,8
1999	704,5	5.860	837	27,7	30,4	1,1	31,5	59,2	39,8
2000	712,7	6.273	896	59,0	22,2	1,4	23,6	82,6	44,4
2001	733,8	6.167	881	−15,2	28,1	4,2	32,3	17,1	44,6
2002	746,4	6.276	897	15,6	28,2	2,6	30,8	46,4	48,4
2003	764,1	6.598	943	45,9	26,9	2,4	29,4	75,3	55,6
2004	787,6	6.893	985	42,3	9,8	3,8	13,6	55,9	61,8
2005	834,0	7.122	1.017	32,7	5,7	3,2	8,9	41,6	70,2
2006	895,4	7.407	1.058	40,7	6,5	2,7	9,2	49,9	75,3
Aumento total	308,2			479,3	291,6	42,1	333,8	813,1	702,4

Notas

Col. 1 Frota de acordo com a Clarkson no final do ano a partir da SRO

Col. 2 Comércio mundial da UNCTAD

Col. 3 Demanda de navios com base em 7 toneladas por tpb por ano

Col. 4 Aumento na col. 3 relativamente ao anterior

Col. 5 Demolição referente ao ano

Col. 6 Outras remoções ocorridas durante o ano

Col. 7 Soma de col. 5 e col. 6

Col. 8 Soma de col. 4 e col. 7

Col. 9 Nota: entregas durante o ano

A coluna 8 apresenta a demanda da construção naval total, e esse modelo pode ser utilizado para projetar os cenários dos futuros requisitos da construção naval pela previsão das componentes nas colunas 2-7, em qualquer nível de detalhe que se considere apropriado (muitas das considerações acerca da oferta de transporte marítimo e do modelo da demanda abordados no Capítulo 4 são relevantes para uma análise como esta).

Essa análise levanta dois problemas com esse tipo de previsão de longo prazo. Primeiro, temos de ser muito cuidadosos ao definir onde a oferta e a demanda se encontravam no início do período a ser previsto. Entre 1990 e 2006, a demanda derivada do crescimento previsto apresentada no final da coluna 4 é de 479,3 m.tpb, mas nesse período a frota cresceu em somente 308,2 m.tpb. A explicação é que em 1990 existia um excedente de capacidade de transporte marítimo que, durante a década, foi gradualmente removido. Tais fatores devem ser tomados em consideração, o que não é fácil. Segundo, a demolição não é um indicador preciso da demanda de substituição, pois inclui um componente de mercado. Assim que os mercados apertaram no final do período, a demolição caiu, criando possivelmente uma situação de "excesso" de tonelagem. Por ambas as razões, o que acontece na prática pode ser diferente do cálculo teórico da demanda da construção naval, e esses aspectos dinâmicos precisam ser levados em conta. Finalmente, as entregas de construção naval reais apresentadas na coluna 9 constituem uma "verificação real" para ver como a demanda estimada se compara com as entregas feitas na realidade. É como se as entregas estivessem abaixo da demanda durante a primeira metade do período, mas indo à frente no final do período.

15.5 O PROCESSO DE PRODUÇÃO DA INDÚSTRIA DA CONSTRUÇÃO NAVAL

Para uma melhor compreensão do modelo da oferta da construção naval, devemos olhar agora para o processo da construção. Em 2006 existiam mais de 250 estaleiros navais mercantes importantes em todo o mundo. O número de docas/berços e a disposição e o equipamento do estaleiro estabeleceu um limite superior em relação ao número de navios que podem ser construídos em dado período. Existe uma grande diversidade. Alguns estaleiros estão completamente operacionais, enquanto outros não são competitivos e subutilizam as suas instalações.

CATEGORIAS DOS ESTALEIROS NAVAIS

Embora os estaleiros navais modernos sejam muito flexíveis em relação ao tipo de navios que constroem, os fatores físicos e comerciais tendem a subdividir o mercado da construção naval num número de setores. Atualmente, os estaleiros navais mundiais repartem-se em três categorias: pequeno, médio e grande.

Os estaleiros navais pequenos especializam-se em navios abaixo de 10.000 tpb. Essas unidades têm geralmente uma mão de obra abaixo de mil empregados, e por vezes um mínimo de cem a duzentos. Alguns especializam-se em determinados tipos de navios, como dragas ou embarcações de abastecimento *offshore*, mas a variedade dos produtos é ampla, sendo composta de cargueiros pequenos, navios graneleiros mini, navios transportadores de produtos químicos e toda uma gama de embarcações de serviço, como os rebocadores e as dragas. Consequentemente, a maioria dos estaleiros navais pequenos tende a ser muito versátil na sua gama de produtos. Esse setor é comparativamente independente, e não é usual encontrar estaleiros navais grandes concorrendo por encomendas pertencentes ao mercado de navios pequenos.

Os estaleiros navais de tamanho médio constroem navios no intervalo compreendido entre 10.000-40.000 tpb, embora alguns possam aceitar navios até o tamanho dos navios Panamax. A restrição em geral deriva da dimensão do berço/doca e das instalações para processar as grandes quantidades de aço. Geralmente, os estaleiros navais de tamanho médio têm uma mão de obra entre quinhentos e 1.500 empregados, embora esse número varie muito. Em termos de produto, o pilar fundamental desses estaleiros são os navios porta-contêineres, os navios graneleiros e os navios-tanques de pequena dimensão. Os estaleiros mais sofisticados manuseiam navios como os navios ro-ro de curta distância, os *ferries* e os navios-tanques transportadores de gases.

Finalmente, alguns estaleiros navais muito grandes têm docas capazes de acomodar navios-tanques com uma dimensão igual a 1 m.tpb e, em alguns casos, uma mão de obra de 10 mil ou mais, embora alguns tenham menos do que mil. Geralmente, essas instalações têm equipamento altamente automatizado para preparação e montagem do aço.

NAVIO E ESTALEIRO DE CONSTRUÇÃO NAVAL

O navio mercante é o maior produto mundial produzido por uma fábrica. Um navio graneleiro de 30.000 tpb geralmente pode conter 5 mil toneladas de aço e 2.500 toneladas de outros componentes, variando desde a máquina principal até muitos milhares de pequenos itens de cabos, encanamentos, mobília e acessórios – e, de acordo com os padrões modernos, este é um navio pequeno. Mais da metade do custo do navio relaciona-se com materiais. A Figura 15.8 apresenta uma discriminação grosseira dos principais itens. O aço representa 13% do custo, a máquina principal representa 16% e os outros materiais, 25%-35%. O custo restante está associado à mão de obra direta e a despesas de caráter geral. O conteúdo de material é elevado para navios com muito equipamento, como os navios de cruzeiros, e baixo para cargueiros simples, como os navios graneleiros grandes. Em razão de sua dimensão e valor, todos os navios mercantes são praticamente construídos sob encomenda, e o período de construção é longo, variando entre doze meses e três anos, dependendo da dimensão do navio e do tamanho da carteira de encomendas mantida pelo construtor naval.

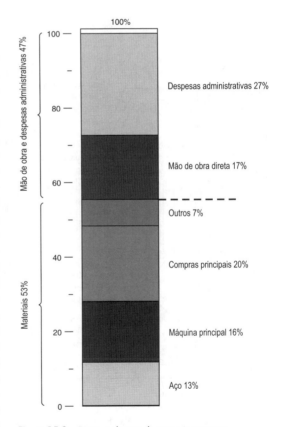

Figura 15.8 – Estrutura de custo de um navio mercante.
Fonte: compilada por Martin Stopford a partir de várias fontes.

O casco de um navio mercante é basicamente uma caixa construída a partir de uma chapa de aço fina, reforçada por anteparas e seções internas para lhe conferir resistência. Dentro do casco existem várias peças de equipamento necessárias para impulsionar ou controlar o navio, manusear a carga, alojar a tripulação e monitorar o desempenho. A complexidade da construção naval baseia-se na minimização dos materiais e da mão de obra necessária para construir um navio de acordo com os padrões estruturais ("escantilhões") definidos pelas sociedades classificadoras. A forma como os arquitetos navais resolvem esse problema depende do navio. O casco do navio graneleiro apresentado na Figura 15.9 utiliza chapas de aço para construir os costados, o duplo-fundo, as chapas inclinadas, as anteparas e os componentes moldados, como as balizas transversais. As seções são soldadas às chapas planas, por exemplo, como casco longitudinal do costado ou do fundo, para conferir rigidez. Embora essa estrutura pareça simples, ela é complexa. O convés principal é interrompido pelas aberturas das escotilhas, e o casco obtém a sua resistência do duplo-fundo, dos tanques de asa, das braçolas das escotilhas e das balizas que correm ao longo do casco. No casco, são incorporados os muitos componentes, a máquina principal, os motores auxiliares, os encanamentos, os sistemas de controle, as ligações elétricas e as bombas. Toda a estrutura deve ser revestida com um sistema de pintura eficiente, que ofereça uma vida de trabalho longa com uma manutenção mínima.

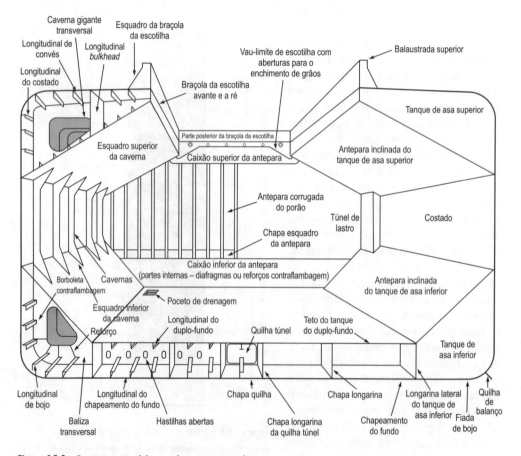

Figura 15.9 – Secção transversal do casco de um navio graneleiro.

Fonte: *Lloyd's Register of Shipping.*

PROCESSO DE PRODUÇÃO DA CONSTRUÇÃO NAVAL

Para construir os navios, o estaleiro naval deve executar três tarefas principais: o projeto e o planejamento do navio, a construção do casco em aço e o aprestamento do casco com a maquinaria, o equipamento, os serviços e as mobílias. Essas operações não têm necessariamente uma ordem sequencial, e existe muita sobreposição. A Figura 15.10 apresenta um exemplo de uma planta de um estaleiro naval, com as setas indicando como o trabalho flui desde a entrega dos materiais aos pátios de aço até a montagem do navio na doca. Essa planta de estaleiro naval ilustra extraordinariamente bem os diferentes estágios, embora nem todos os estaleiros sejam projetados de uma forma tão lógica. É normal encontrar essas instalações espalhadas em torno do estaleiro com as unidades a serem movimentadas de uma localização para outra, em cima de carregadores de baixa elevação. Os dez estágios de produção encontram-se discriminados no Destaque 15.1, e os números entre parênteses após o título do estágio referem-se à localização dentro do diagrama do estaleiro apresentado na Figura 15.10, onde ocorre esse estágio.

Destaque 15.1 – Os dez estágios do processo de produção da construção naval

As notas a seguir devem ser lidas em conjunto com a planta do estaleiro apresentada na Figura 15.10.

Estágio 1: *projeto e estimativa (1)*

O projeto, as estimativas de custo, a estratégia de construção do navio e os planos de produção são produzidos pelos funcionários do estaleiro naval, inicialmente sob a forma de um esboço e, se o navio for vendido, são desenvolvidos gradualmente com grande detalhe, para a produção de planos de trabalho pormenorizados e listas de componentes. O equipamento gráfico computorizado permite que a informação digital desenvolvida durante o processo de projeto e de estimativa possa ser usada para planejar e controlar a produção do navio. Os materiais são encomendados. O desenvolvimento de informação abrangente e precisa na fase inicial do programa de projeto é uma das áreas mais críticas para melhorar a produtividade e a qualidade do produto na construção naval moderna.

Estágio 2: *recepção de materiais (2, 15)*

Os materiais representam cerca de 50%-60% do custo, e o restante é atribuído à mão de obra e às despesas gerais (ver Figura 15.8), e um navio mercante grande pode envolver alguns milhares de ordens de compra separadas. Deve-se preparar uma estimativa de custo, frequentemente antes do projeto do casco ter sido finalizado, e os materiais, sobretudo aqueles com prazos de entrega longos, como a máquina principal, devem ser encomendados. Os itens do equipamento são entregues na instalação de recepção de materiais do estaleiro, onde são estocados até serem necessários. Os encanamentos e outros itens subcontratados são entregues na área de estocagem de equipamento (15). A entrega atempada de materiais é essencial, assim como o controle de qualidade. Os problemas associados aos suprimentos de materiais podem interromper os programas de produção.

Estágio 3: *o pátio do aço (3, 4)*

O aço é um dos primeiros itens a ser encomendado, e quando chega é estocado no pátio do aço. Os dois componentes principais de aço utilizados na produção de navios são as chapas e os perfis laminados, que são utilizados sobretudo para reforçar as chapas. São entregues ao estaleiro por via marítima ou rodoviária. O pátio é planejado de forma organizada e os materiais são retirados utilizando uma grua de pórtico.

Estágio 4: *preparação da superfície (5)*

As chapas de aço e os perfis laminados são retirados do pátio do aço e processados por uma unidade de preparação de superfícies para garantir que cumpram com os padrões exatos exigidos pela construção. Isso envolve a laminação das chapas e o alisamento dos perfis para garantir que eles sejam verdadeiros, seguidos de uma limpeza com jato de areia para remover a ferrugem e aplicar o primário para proteger a chapa de ferrugem adicional, providenciando uma base para a pintura. As extremidades das chapas a serem soldadas são chanfradas para estarem prontas para as máquinas de soldar.

Estágio 5: *preparação das chapas e dos reforços (6)*

As chapas de aço pintadas com primário são cortadas na dimensão exata exigida usando máquinas de oxicorte para perfis controladas numericamente. Quaisquer chapas que não precisem ser cortadas são transferidas para a máquina de oxicorte de preparação de chapas para remover as suas extremidades ásperas e criar o perfil de borda adequado para a soldadura. Se necessário, elas são dobradas para serem moldadas utilizando prensas ou rolos. As balizas (por exemplo, como apresentadas no lado esquerdo da Figura 15.9) são preparadas a partir de secções de aço, cortadas no tamanho e numeradas de acordo com os desenhos. Na prática, trata-se de um processo fluido com um fluxo constante de componentes que se movimentam pelas áreas de preparação do aço.

Estágio 6: *montagem em blocos (7, 8, 9)*

O estágio seguinte transforma os componentes de aço em "subconjuntos" e em "blocos" que pesam até 800 toneladas, a partir dos quais o navio é construído na doca seca. As grandes chapas planas que compõem a maioria do casco são transferidas para a linha de montagem dos painéis (7), onde são soldadas juntas, e as balizas são soldadas no lugar para formar "blocos de casco direitos". O aço moldado utilizado para construir os blocos do casco curvos (por exemplo, a proa e as secções à popa, os duplos-fundos) precisa de processos diferentes, como linhas de aquecimento que são efetuadas na oficina de montagem do casco curvo (9). Os subconjuntos pequenos são construídos na oficina de submontagem (8). Assim que se termina cada bloco, ele é transportado para a área de estocagem (10), onde aguarda até a próxima etapa do processo.

Estágio 7: *revestimento (11, 12)*

Assim que os blocos tiverem sido montados, todas as superfícies devem ser tratadas com revestimento anticorrosão sob condições cuidadosamente controladas, idealmente numa área de pintura construída para esse fim. Do ponto de vista da produção, isso é bastante desafiador, porque os revestimentos danificam-se facilmente e podem produzir um estrangulamento da produção. Os blocos e os subconjuntos são levados para a unidade de preparação da superfície dos blocos (11), onde as superfícies são preparadas e os revestimentos são aplicados segundo condições controladas. Dependendo dos revestimentos utilizados, serão depois levados para a unidade de secagem acelerada (12) para terminar o processo. Quando terminados, os blocos são levados de novo para a área de estocagem (10), onde aguardam o próximo estágio.

Estágio 8: *pré-edificação (13, 16)*

O estágio seguinte destina-se a juntar tantos blocos e subconjuntos quantos possíveis dos milhares de itens de equipamento, como os encanamentos, os cabos elétricos, os quadros elétricos, o mobiliário e a maquinaria. Grande parte desse trabalho é feito na área de montagem de blocos (16). Os blocos são levados da área de estocagem para a área de montagem de blocos, e os tubos e os componentes são levados do pátio dos tubos (14) e da área de estocagem (15) para serem montados nos blocos. Esse método permite melhor acesso e controle da calendarização do material do que seria possível se o casco fosse trabalhado dentro da doca, sendo uma maneira importante de aumentar a produtividade do estaleiro naval. O aprestamento avançado requer um gerenciamento sofisticado da informação, um controle preciso e uma organização apertada.

Os planos devem ser efetuados, e os materiais, encomendados e entregues na área de trabalho no momento preciso para que a montagem possa prosseguir de forma contínua. Quando os materiais chegam ao pátio, devem estar precisamente como especificados para serem montados sem ajustamento nem reformulação. Contudo, no mundo real, as coisas inevitavelmente dão errado, e a habilidade mais importante está em ajustar as calendarizações quando as coisas não correm como planejado. Isso parece fácil, mas exige um grande cuidado no planejamento e no controle de precisão. Após a pré-edificação, os blocos são levados para a área de estocagem (17).

Estágio 9: *montagem na doca (18)*

Finalmente, as secções pré-fabricadas do navio, com aqueles itens de aprestamento já instalados, são elevadas para a doca de montagem e colocados no lugar, utilizando uma grua Goliath de 800 toneladas. São cuidadosamente alinhados e depois soldados na posição. As instalações de equipamentos, como tubos, são ligados.

Estágio 10: *aprestamento no cais de aprestamento (19)*

Quando o casco está completo, a doca é cheia com água e o navio flutua até o cais de aprestamento, onde se efetua o aprestamento do navio. Os sistemas são encomendados para garantir que os sistemas a bordo estão operando corretamente. Ainda são efetuadas provas de cais (ou de doca) das máquinas principais e da maquinaria auxiliar.

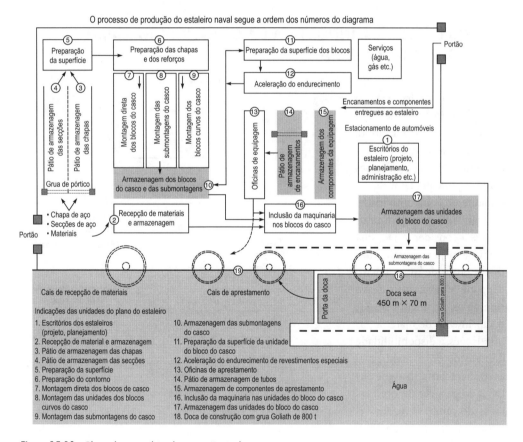

Figura 15.10 – Planta de um estaleiro de construção naval.

Fonte: inspirada no estaleiro Odense Lindo, parte da A.P. Møller.

O processo de produção é essencialmente de montagem, e poucas das tarefas individuais precisam de conhecimentos técnicos sofisticados, embora seja possível que ocorra alguma automação de corte, de soldadura e de montagem repetitiva. As capacidades apresentam-se no planejamento e na implementação de dezenas de milhares de operações que contribuem para a produção de um navio mercante – os materiais devem ser encomendados para chegar no momento certo; os itens de aço, as partes manufaturadas e a tubagem devem se encaixar com precisão, sem a necessidade de reformulação, e precisam ser entregues na estação de trabalho exatamente quando são necessárias. Não é tão fácil como parece alcançar isso dia após dia, necessitando-se de um esforço considerável nas etapas de projeto e de planejamento ao lado da capacidade de produção para gerenciar o manuseio de material e o planejamento da produção.

Os principais avanços nas técnicas de construção naval têm ocorrido no planejamento e no gerenciamento desse processo – por exemplo, a introdução de paletes para o manuseio do material, a pré-montagem e a pintura dos conjuntos antes de serem instalados no navio, e os sistemas de informação que apoiam esses processos. A aplicação dessas técnicas pode oferecer resultados dramáticos em termos de homens-hora necessários para construir um navio.

15.6 OS CUSTOS DA INDÚSTRIA DA CONSTRUÇÃO NAVAL E A CONCORRÊNCIA

Na prática, o nível de eficiência e os custos variam consideravelmente de um estaleiro para outro. Embora a atenção se concentre frequentemente nas instalações como o principal fator determinante da competitividade, na realidade existem muitos fatores a considerar. De uma forma geral, a competitividade do preço de um estaleiro depende de variáveis-chave resumidas na Figura 15.11: o suprimento de material, as instalações, a disponibilidade de mão de obra qualificada, as taxas salariais, a produtividade da mão de obra, as taxas de câmbio cruzadas e, em alguns casos, os subsídios desempenham um papel na determinação do custo e da receita recebida pelo construtor naval.

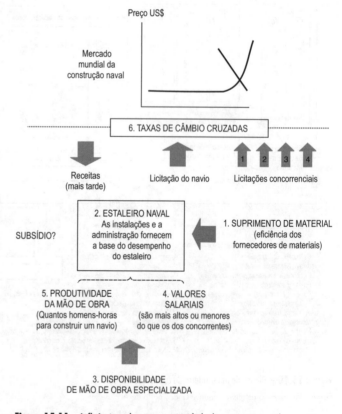

Figura 15.11 – Influências sobre a competitividade da construção naval.
Fonte: Martin Stopford (2007).

CUSTOS DE MATERIAIS

Os materiais representam 60% ou mais dos custos. Os países com muitos estaleiros navais, como o Japão, a Coreia do Sul e a China, podem apoiar uma gama completa de fornecedores de materiais, incluindo construtores de motores, fabricantes de equipamento, subcontratantes e fabricantes de itens especializados, como as balizas da popa. As séries de produção longa conferem a esses fornecedores uma vantagem competitiva, assim como a capacidade de entregar uma grande variedade de componentes a partir do estoque. O equipamento que precisa de elevados níveis de pesquisa e de desenvolvimento, muitas vezes, é suprido pelos fabricantes locais sob licença. Por exemplo, os motores marítimos a diesel são desenvolvidos e comercializados pela B&W MAN e pela Wärtsilä, que têm uma grande participação de mercado, e a produção é efetuada localmente, de acordo com as suas especificações. Os estaleiros navais localizados em áreas onde a atividade da construção naval é menor têm mais dificuldade. Mesmo que obtenham os seus suprimentos no estrangeiro, os problemas relacionados com o tempo e a entrega podem fazer com que esta seja uma estratégia de difícil implementação.

PRODUTIVIDADE DA CONSTRUÇÃO NAVAL

Existem enormes diferenças em termos de produtividade dos estaleiros navais ao redor do mundo. As instalações explicam algumas dessas diferenças, estabelecendo um limite superior na dimensão e no volume dos navios que podem ser construídos. Contudo, o mais importante é a produtividade do estaleiro naval. Ao contrário de uma indústria de processos, em que o alcance da produção máxima envolve meramente troca de maquinaria e alimentação de matérias-primas nas quantidades necessárias, a construção de um navio mercante necessita de competências no nível do gerenciamento para organizar e controlar o processo de fabricação e de montagem. Em última instância, a produção máxima dependerá não só da dimensão das facilidades como também da eficiência com que elas são utilizadas. Alguns estaleiros levam dez vezes mais homens-hora para construir o mesmo navio do que outros.

Isso naturalmente levanta a questão de como pode ser medida a produtividade. Como regra, a produtividade da mão de obra é medida em homens-hora por unidade de produção. Infelizmente, existem dificuldades práticas na aplicação dessa fórmula para medir e comparar a produtividade dos estaleiros numa base internacional. Existem quatro problemas principais:

- *Medições da produtividade.* Não existe uma unidade-padrão da produtividade dos estaleiros, e isso é ainda mais problemático numa indústria em que a produção consiste em uma mistura variável de navios grandes. Embora possam ter existido alguns projetos bem-sucedidos de navios-padrão, como os SD14, mesmo quando os navios têm aparentemente uma especificação semelhante, por exemplo, os navios graneleiros Panamax, existe um âmbito bastante alargado para se modificar o projeto, a maquinaria e a qualidade geral do acabamento. Atualmente, a melhor medida disponível é a tonelagem de arqueação bruta compensada (cgt), mas isso tem valor limitado quando se lida com navios sofisticados ou complexos.

- *Diferenças na subcontratação.* Os estaleiros navais diferem na quantidade de trabalho que é subcontratado, e existem poucas estatísticas detalhadas de forma consistente acerca da mão de obra utilizada. Por exemplo, um estaleiro naval que subcontrata uma obra elétrica e de marcenaria gastará menos homens-hora na construção do navio, mas os seus custos de materiais aumentarão. A prática contabilística da maioria dos estaleiros é tratar a mão de obra subcontratada como "bens e serviços exteriores" e incluí-los nos seus custos de materiais. Como resultado, a comparação da produtividade homens-hora entre dois navios será distorcida se tais diferenças não forem levadas em consideração, e isso é extremamente difícil de fazer em nível internacional.

- *Picos e baixas de entrega.* As entregas dos navios de um estaleiro podem não representar o nível de produção subjacente em razão da dimensão e mistura dos navios. É possível que um estaleiro naval seja usado de forma produtiva durante o ano inteiro, mas, na realidade, não entregar nenhum navio por conta da distribuição irregular das datas de entrega. Por essa razão, a produtividade deve ser calculada com base nas entregas efetuadas ao longo de vários anos caso se queira obter um valor preciso.

- *Produção conjunta do produto.* Existem dificuldades práticas na medição do emprego utilizado na construção naval mercante, porque muitos estaleiros navais realizam outras atividades, como construção de navios de guerra, indústria *offshore* e reparação de navios.

Por essas razões, é improvável que quaisquer cálculos sobre a produtividade da construção naval e a competitividade de custo sejam muito precisos. Contudo, para ilustrar o método geral envolvido, a Tabela 15.4 mostra o cálculo da produtividade média da construção naval para alguns dos principais países envolvidos na construção naval em 2005. A primeira coluna estima a empregabilidade da construção naval, enquanto a segunda mostra a tonelagem completada em cada país. Finalmente, a coluna 3 calcula a produtividade medida em cgt/homem-ano, dividindo os navios concluídos pela mão de obra. A gama da produtividade é muito variada. O Japão encontra-se no topo da lista, com uma produtividade de 183 cgt por funcionário, seguido da Coreia do Sul, com 145 cgt por funcionário, e da Dinamarca com 91 cgt por funcionário. No final da lista, a Polônia apresenta 42 cgt por funcionário. Pelas razões mencionadas anteriormente, os valores da produtividade devem ser vistos somente como um guia aproximado das diferenças entre os estaleiros navais, mas pelo menos ilustram a diversidade que existe dentro da indústria.

CUSTOS DE MÃO DE OBRA E COMPETITIVIDADE

A mão de obra representa 40%-50% do custo do navio, portanto, os salários têm um impacto grande sobre a competitividade. Os custos de mão de obra determinam a fatura total dos ordenados para produzir um navio e dependem do salário básico, ao qual deve ser adicionado os pagamentos das horas extras e quaisquer bônus pagos aos trabalhadores. Para comparar os custos do salário por hora, é necessário convertê-los para uma moeda comum; para o presente efeito, foi utilizado o dólar americano. Como pode ser visto na metade direita da Tabela 15.4, existem diferenças significativas entre as taxas salariais nos diferentes países. Ao aplicar o custo laboral de homem-ano à produtividade da cgt, obtém-se uma estimativa do custo de mão de obra por cgt, o qual é apresentado na coluna 5 da Tabela 15.4.

Estaleiros navais que enfrentem pressões concorrenciais em razão das taxas salariais crescentes, dos custos de materiais ou de uma concorrência de preços intensa de outros estaleiros terão, se quiserem sobreviver, de reduzir os homens-hora necessários para construir o navio. Isso pode ser feito melhorando as instalações, os sistemas e a produtividade da mão de obra. A automação é importante, mas os desenvolvimentos de organização melhor, de sistemas melhores e de produtos melhores podem todos desempenhar o seu papel. Por exemplo, alguns es-

A economia das indústrias de construção naval e demolição de navios 711

taleiros japoneses lidaram com o desafio dos custos de mão de obra crescentes desenvolvendo projetos de navios graneleiros com um elevado grau de engenharia, para ajudar no processo de produção e, portanto, reduzir os homens-hora. Por outro lado, os estaleiros italianos concentraram-se no mercado de cruzeiros e dominaram as competências necessárias para juntar a produção de um casco à difícil tarefa de aprestamento de um navio para ser um hotel oceânico e um centro de lazer. De uma forma ou de outra, essas soluções muito diferentes aumentaram o valor agregado providenciado pelo estaleiro, mas não existe uma fórmula simples para aumentar a produtividade que compense as taxas salariais elevadas. Cada estaleiro naval deve encontrar a sua própria solução.

Tabela 15.4 – Produtividade da construção naval mercante por país

	1	2	3	4	5
	PRODUTIVIDADE			CUSTO DA MÃO DE OBRA	
	Números usados em trabalho mercante novo, 2005	Tonelagem completada 2005	Produtividade cgt por homem-ano	Pagamento por hora em 2005	Custo da mão de obra em US$ por cgt
País	('000 cgt)			US$[a]	
Coreia do Sul[b]	38.600	5.600	145,1	13,56	159
Polônia	11.818	500	42,3	4,54	182
Japão[c]	14.605	2.668	182,7	21,76	202
Espanha	2.222	200	90,0	17,78	336
Itália	8.689	500	57,5	21,05	622
Dinamarca	3.300	300	90,9	33,47	626
França	3.500	200	57,1	24,63	733
Alemanha	14.600	1.100	75,3	33,00	745
Holanda	4.300	300	69,8	31,81	775
Finlândia	4.290	200	46,6	31,93	1.164
Total	65.153	11.568	177,6		

Fonte: CESA, KSA (todos os dados são aproximados).

[a] O pagamento por hora é muito sensível à taxa de câmbio da moeda local relativamente ao US$.
[b] Os dados para o emprego de 2001 excluem 25.300 subcontratados. Fonte: KSA.
[c] Dados japoneses para 1998. Fonte: KSA, "Proposta para os critérios de derivação da produtividade".

MOVIMENTOS CAMBIAIS E COMPETITIVIDADE

Embora os movimentos cambiais pareçam estar afastados do estaleiro naval, eles são o fator mais importante que determina a competitividade do custo da construção naval. Desde que a economia mundial adotou as taxas de câmbio flutuantes após a queda do sistema Bretton Woods, em 1971, os construtores navais enfrentaram um problema sério com as taxas de câmbio. Os custos unitários variaram proporcionalmente com a taxa de câmbio, e, dada a volatilidade das taxas de câmbio nas décadas de 1980 e de 1990, isso é claramente um fator muito importante na determinação da competitividade do custo de construção naval unitário.

Um exemplo ilustra esse ponto. Um estaleiro naval estava negociando a venda de um pequeno navio graneleiro. O custo do estaleiro era de £ 10 milhões, e a taxa de câmbio do US$/£

era de 1,40, portanto, o melhor preço que eles podiam oferecer era US$ 14 milhões. Infelizmente, o proprietário não podia pagar mais do que US$ 10 milhões, então, para ganhar a encomenda, o estaleiro precisava cortar o seu preço em 30%. Visto que os materiais comprados representavam cerca de 60% do custo do estaleiro, isso não era possível, mas, enquanto a negociação se arrastou por um período de seis meses, a taxa de câmbio caiu para 1,06. Com essa taxa de câmbio, o estaleiro naval podia oferecer o preço de US$ 10 milhões e o contrato foi assinado. Embora os movimentos cambiais grandes sejam incomuns, eles demonstram o quanto os estaleiros navais estão vulneráveis às flutuações das taxas cambiais.

Assim que começamos a juntar todos esses fatores, construímos uma imagem de como funciona, na realidade, a estrutura da competitividade da construção naval. Numa extremidade existem os estaleiros navais com uma produtividade baixa, mas os salários são tão baixos que os homens-hora raramente importam. Eles podem enfraquecer todos os entrantes. Na outra extremidade existem os estaleiros de produtividade elevada com custos salariais ainda mais elevados, que lentamente deixam a atividade. Isso aconteceu com os estaleiros navais suecos no início da década de 1980, apesar de terem a produtividade mais elevada do mundo. Entre eles existe toda uma gama de estaleiros navais com diferentes combinações de custos salariais e de produtividade. Toda a indústria é envolvida pelos movimentos ondulatórios das taxas de câmbio, os quais podem projetar os estaleiros navais para cima e para baixo ao longo da tabela classificatória da concorrência em questão de meses. Tudo isso se combina para tornar a construção naval um negócio difícil, que requer conhecimentos de gerenciamento muito grandes. Apesar desses problemas, ou talvez por causa deles, os construtores navais são alguns dos empresários mais tenazes da indústria marítima.

15.7 A INDÚSTRIA DE RECICLAGEM DE NAVIOS

Comparada com a construção naval, a demolição de navios (algumas vezes referida como "desmantelamento" ou "reciclagem") é um negócio difícil. Os navios são vendidos a um preço negociado em função da tonelagem de deslocamento leve (ver Seção 5.7 para um debate sobre o processo comercial). Os demolidores de navios dependem do trabalho manual para demolir os navios em quaisquer instalações que existam, frequentemente uma praia adequada. Embora seja possível aumentar a produtividade utilizando métodos mecânicos para demolir os navios, são de capital intensivo, e o investimento não tem sido visto como econômico, dada a volatilidade e as pequenas margens existentes no negócio da demolição de navios.

O processo não mecanizado da demolição de navios inclui três etapas. Numa etapa preparatória, o proprietário do navio deve realizar várias operações, incluindo tapar todas as aberturas de admissão, bombear toda a água das cavernas para fora do navio, bloquear todas as admissões e válvulas e retirar todos os objetos não metálicos e materiais potencialmente explosivos. Se for um navio-tanque, deve ser limpo de gases potencialmente perigosos. Geralmente o trabalho é subcontratado.

A próxima etapa é varar o navio e remover as estruturas metálicas grandes, como mastros, tubos, superestrutura, equipamento do convés, máquina principal, equipamento auxiliar, pavimentos, plataformas, anteparas transversais, eixos propulsores, mancais do eixo propulsor, secções superiores do casco e, secções da proa e da popa. O resto do navio é depois movimentado por guinchos ou içado para terra por carreiras, rampas ou docas secas e cortado em secções grandes. Em algumas das operações de demolição de navios menos sofisticadas, ele é simplesmente puxado por guinchos para a praia. Embora esse processo possa ser realizado satisfatoriamente na praia ou ao longo de um cais, a existência de uma doca seca é uma vantagem considerável em termos de eficiência, de segurança e de controle dos derrames.

As bombas, os motores auxiliares e outros equipamentos são retirados e depois vendidos. Finalmente, as chapas e as balizas obtidas do navio são cortadas em partes menores, conforme exigido, utilizando cortadores de propano operados manualmente. A sucata é depois juntada para ser transportada até o seu destino último.

MERCADO PARA PRODUTOS DE SUCATA

Os navios oferecem uma sucata de aço de qualidade muita elevada, especialmente os navios-tanques que têm grandes chapas planas. Algumas vezes, a sucata é simplesmente aquecida e relaminada em aço para utilização na armadura de concreto e venda para a indústria da construção. O aço relaminado é também ideal para projetos de esgoto, estradas metálicas e necessidades agrícolas. As peças menores são derretidas. A maior parte da indústria da demolição de navios encontra-se localizada no Extremo Oriente e no subcontinente indiano, onde existe um mercado considerável para produtos de aço reprocessados desse tipo. Nos países avançados da Europa, a sucata é, em geral, completamente derretida para fazer aço novo.

Embora a sucata de aço forneça a maior parte do valor do navio, o retorno mais lucrativo vem do equipamento e dos 2% dos itens não ferrosos. Também podem ser revendidos os motores a diesel, os geradores, as gruas do convés, as bússolas, os relógios e a mobília. Novamente, o mercado para tal equipamento é mais forte nos países asiáticos do que em países desenvolvidos, onde as normas técnicas são mais exigentes, os custos de remodelação são mais elevados e existe uma demanda menor por equipamento de segunda mão recuperado do navio.

QUEM EFETUA A DEMOLIÇÃO DOS NAVIOS?

A maior parte da demolição tem lugar em países de salário baixo na Ásia, onde os demolidores de navios têm um mercado local para seu produto e uma mão de obra econômica para demolir os navios. Essa é uma indústria relativamente móvel. A Tabela 15.5 mostra que, durante a recessão em meados da década de 1980, quando a demolição foi muito elevada, quase três quartos da indústria de demolição de navios encontrava-se localizada em Taiwan, na China e na Coreia do Sul. Dez anos mais tarde, Taiwan e Coreia do Sul tinham abandonado a indústria. A participação de mercado da China tinha caído para 9% e Índia, Bangladesh e Paquistão tinham assumido o papel de líderes de mercado. Em 2005, quando a indústria marítima estava em expansão e a demolição tinha caído para 6,1 milhões de ab, Bangladesh dominava a indústria.

A explicação é que essa indústria muito básica gravita em torno de países com custos baixos de mão de obra. O desenvolvimento de Taiwan como demolidor de navios elucida esse ponto. O negócio da demolição de navios começou com a demolição de navios avariados durante a Segunda Guerra Mundial e expandiu rapidamente depois de terem sido levantados os controles à importação em 1965. Encorajada pelo governo para atender à demanda de sucata nacional crescente e beneficiando-se de um local construído para esse fim e de muita mão de obra barata, a indústria estabeleceu-se como demolidor de navios mundial dominante, com instalações altamente eficientes. A demolição tinha lugar em dois lugares de propriedade do Estado no porto de águas profundas de Kaohsiung, usando berços construídos especialmente para esse fim e gruas de cais. Os navios a serem demolidos estavam atracados costado com costado, ao longo dos quais eram demolidos de forma sistemática com um ciclo de demolição de trinta a quarenta dias. Com o passar de cada década, as condições de trabalho melhoraram.[20] Assim que a economia cresceu e os custos laborais aumentaram, a demolição de navios tornou-se menos atrativa e, no início da década de 1990, Taiwan tinha fechado os estaleiros de demolição de navios e os substituído por um terminal de contêineres. A Coreia do Sul foi um participante mais recente no negócio da demolição de navios do Extremo Oriente, mas a história é praticamente a mesma. Na década de 1980, a Coreia do Sul era o terceiro maior demolidor de navios, com uma participação de mercado de 13%, efetuada sobretudo em dois estaleiros de demolição da Hyundai. Quando, no final da década de 1980, os salários aumentaram e a indústria da construção naval se expandiu, os estaleiros de demolição foram fechados.

Tabela 15.5 – Demolição de navios por país (1985-2005)

	1986		1991		1995		2005	
	AB	**%**	**AB**	**%**	**AB**	**%**	**AB**	**%**
Taiwan	7.773	38	48	2	–	0	0	
China	4.567	23	172	7	754	9	200	3%
Coreia do Sul	2.658	13	8	0	3	0	0	
Paquistão	861	4	445	19	1.670	20	0	
Japão	770	4	81	3	146	2	0	
Índia	636	3	695	29	2.809	33	1.000	16%
Espanha	581	3	13	1	40	0	0	
Turquia	418	2	77	3	207	2	0	
Itália	311	2	8	0	1	0	0	
Bangladesh	268	1	512	22	2.539	30	4.600	75%
Outros	1.444	7	306	13	354	4	300	5%
Total	20.287	100	2.365	100	8.523	100	6.100	100%

Fonte: *Lloyd's Register of Shipping*.

A República Popular da China entrou no mercado de demolição de navios no início da década de 1980 e rapidamente tornou-se o segundo maior comprador de navios para sucata do mundo. Existia uma demanda interna considerável por produtos de aço e, de fato, a China Steel Corporation já estava importando uma quantidade considerável de sucata de aço de Taiwan. Embora a China continuasse a operar os seus estaleiros de demolição de navios na década de 1990, a escala do negócio foi limitada por regulamentos governamentais que controlavam a moeda para a compra de navios e por regulamentos ambientais restritos, e a participação de mercado da China caiu de 23% em 1986 para 9% em 1995 e 3% em 2005.

Em 2005, os principais lugares de demolições de navios estavam localizados no Paquistão, na Índia e em Bangladesh (Tabela 15.5), embora o nível de atividade variasse com o volume de navios disponíveis para sucata. No Paquistão, o principal lugar é a Praia de Gadani [*Gadani Beach*], com cem lotes para demolição, onde cada lote tem 2.500 jardas quadradas. A Praia de Gadani carece de fornecimento elétrico e de água, e somente alguns lotes têm geradores elétricos. A demolição de navios ocorre da forma básica. Os navios são levados para a praia, onde um exército de trabalhadores demole os navios. Durante os períodos mais movimentados, são usados até 15 mil trabalhadores para demolir os navios com a ajuda de muito pouca mecanização. Muito do material de sucata é movimentado manualmente, com a ajuda de caminhões-guindastes, moitões e roldanas, mas os lotes mais lucrativos já entraram na fase da mecanização e estão utilizando empilhadeiras e gruas hidráulicas móveis. Alang, no estado de Gujerat, na Índia, foi aberto em 1983 e tem 170 demolidores de navios ao longo dos seus 10 quilômetros de linha de costa, na costa oeste do Golfo de Cambay. As marés fortes e as praias suavemente inclinadas permitem que os navios sejam varados com os seus próprios motores ou com a utilização de rebocadores. Os trabalhadores têm acesso a eles na maré baixa. Na década de 1990, existiam nesse lugar 50 mil trabalhadores, mas em 2006 esse número tinha diminuído para 5 mil a 10 mil. Os estaleiros de reciclagem de navios de Bangladesh estão localizados próximos do porto de Chittagong, e são a principal fonte de aço do país. As fábricas de relaminagem em Chittagong e em Dhaka produzem mais de 1 milhão de toneladas de armaduras de concreto para a indústria da construção civil.

Na Europa Ocidental, a demolição de navios é muito escassa, em razão dos elevados custos de mão de obra e da falta de um mercado pronto para receber o material reciclado. Existem também várias dificuldades associadas com a legislação relacionada a higiene, segurança e proteção ambiental, as quais são mais proeminentes do que nos países da Ásia que efetuam as demolições de navios. A Turquia é o único país europeu com alguma atividade de demolição de navios significativa no passado recente. Contudo, existe um número de pequenas companhias de demolição de navios espalhadas no Reino Unido e na Europa continental, sobretudo com entre dez e cem empregados, especializadas na demolição de navios de guerra, de barcos de pesca e de outros navios de valor elevado.

Recentemente, algumas características da indústria da demolição de navios levantaram algumas preocupações sobre a liberação de materiais poluentes, como os óleos combustíveis pesados, e o efeito das substâncias perigosas, como o amianto, sobre os trabalhadores. Atualmente a IMO está desenvolvendo uma convenção que estabelece as regras globais de demolição de navios para o transporte marítimo internacional.

REGULAMENTAÇÃO SOBRE DEMOLIÇÃO

Hoje em dia, grande parte da demolição de navios ocorre em praias com marés e sob condições primitivas, e isso constitui um dilema para a sociedade e para os decisores políticos. Do lado positivo, a indústria é fonte de milhares de postos de trabalho para trabalhadores migrantes e recicla materiais valiosos, incluindo o aço, outras sucatas metálicas e equipamentos que podem ser remodelados. Contudo, as condições em que isso é feito significam que os trabalhadores dessa indústria enfrentam taxas de sinistralidade elevadas e riscos para a saúde oriundos de navios demolidos que contenham muitos materiais perigosos, incluindo o amianto, os bifenilos policlorados, o tributilo, o estanho e grandes quantidade de óleos e de lamas de óleo. É também um problema a proteção do ambiente, com a poluição das áreas costeiras.

O trabalho está em curso, envolvendo a cooperação entre agências, a OMT, a IMO e o Secretariado da Convenção de Basileia, para estabelecer os requisitos obrigatórios em nível global que garantam uma solução eficiente e eficaz para o problema da reciclagem dos navios. A IMO adotou as Linhas de Orientação sobre a Reciclagem de Navios [*Guidelines on Ship Recycling*], e uma nova Convenção da IMO sobre a reciclagem de navios incluirá: regulamentos para o projeto, a construção, a operação e a preparação dos navios para facilitar uma reciclagem sólida, do ponto de vista da segurança e do ambiente, sem comprometer a segurança e a eficiência operacional dos navios; a operação de unidades de reciclagem de navios sólida, do ponto de vista da segurança e do ambiente; e o estabelecimento de um mecanismo de execução apropriado para a reciclagem de navios.

15.8 RESUMO

Neste capítulo abordamos as indústrias da construção naval e da demolição de navios internacionais. Embora os construtores navais enfrentem a mesma volatilidade de mercado que os seus clientes, os proprietários de navios, trata-se de um negócio muito diferente, com despesas gerais fixas grandes e muitos empregados.

A nossa revisão da estrutura regional da construção naval mundial mostrou um padrão regional claro. Na primeira metade do século XX a indústria foi dominada pela Europa, depois, na segunda metade, movimentou-se para a Ásia, com Japão liderando, seguido da Coreia do Sul, que assumiu a posição dominante no início do século XXI, no momento que China tentava uma liderança, e com um número de países asiáticos menores também entrando no mercado.

Esse processo de mudança regional foi conduzido por uma sucessão de ciclos de mercado da construção naval, primeiro gerando um crescimento que permitiu a novos entrantes ganharem uma participação de mercado e, depois, recessões durante as quais os estaleiros navais menos eficientes foram forçados a abandonar o negócio. Existiram doze desses ciclos no período de 1901-2007, com uma duração média de 9,5 anos. Os ciclos são conduzidos por uma interação da oferta e da demanda e coordenados pelos movimentos dos preços. A função da oferta da construção naval reflete as diferenças da competitividade do custo internacional e tem geralmente uma forma em J, enquanto a curva da demanda é mais difícil de ser definida, mas é geralmente vista como relativamente inelástica. Os movimentos da curva da demanda resultam em mudanças nos preços dos navios, que por sua vez movimentam a curva da oferta para a esquerda (reduzindo a oferta quando os preços são baixos) ou para a direita (aumentando a oferta quando os preços são elevados).

A produção da construção naval é um processo de montagem que envolve dez estágios. Contudo, a competitividade dos estaleiros navais não depende somente da eficiência com que se monta o navio. As taxas salariais, o custo e a existência de materiais de boa qualidade e, mais importante, a taxa de câmbio desempenham todos o seu papel. Os custos de mão de obra e a produtividade variam consideravelmente de um país para outro.

Finalmente, abordamos a indústria da demolição de navios, muito diferente da indústria da construção naval. Embora, idealmente, a demolição ocorra numa doca, as praias de areia suavemente inclinadas são utilizadas com frequência. No início do século XX, a indústria encontrava-se localizada sobretudo em áreas com bastante mão de obra barata e um mercado para o aço e o equipamento recuperado do navio. A maior parte da demolição de navios é efetuada na Índia, no Paquistão e, atualmente, em Bangladesh. está se consolidando legislação que governa a higiene e a segurança nos estaleiros de reciclagem e a construção de navios a partir de materiais reciclados.

Concluindo, a construção naval e a demolição de navios são indústrias fascinantes, de alguma forma muito próximas do transporte marítimo e também muito diferentes. A sua localização global está constantemente mudando, e isso, combinado com a capacidade fixa e um mercado volátil, torna essas indústrias negócios difíceis. Mas os construtores navais, que são eles próprios pessoas rijas, não parecem se importar, e desde que exista comércio marítimo e água salgada eles vão se manter uma parte distinta e essencial do negócio marítimo.

CAPÍTULO 16
A REGULAMENTAÇÃO
DA INDÚSTRIA MARÍTIMA

"Quem comanda o mar lidera o comércio; quem lidera o comércio mundial comanda as riquezas do mundo e, consequentemente, o próprio mundo."

(W. Raleigh, *Judicious and select essays and observations by that renowned and learned knight, Sir Walter Raleigh, upon the first invention of shipping*)

16.1 COMO A REGULAMENTAÇÃO AFETA A ECONOMIA DO TRANSPORTE MARÍTIMO

Os proprietários de navios, como todos os homens de negócio, verificam frequentemente que a regulamentação entra em conflito com os seus próprios esforços para ganhar um retorno razoável sobre o seu investimento. Inicialmente, quando Samuel Plimsoll começou a sua campanha contra os célebres navios-caixão na década de 1870, os proprietários de navios britânicos argumentavam que a imposição das linhas de carga os colocaria numa vantagem competitiva desleal. Fayle, ao escrever na década de 1930, observou:

> Durante o último quarto do século XIX, nos seus esforços para levantar simultaneamente o padrão da segurança e as condições de trabalho a bordo, a Junta de Comércio encontrava-se com frequência em oposição aos proprietários dos navios. Eles eram muitas vezes acusados de limitar o desenvolvimento da indústria estabelecendo regras rígidas e rápidas, o que na prática punia toda a indústria pelos pecados de uma minoria e atrasava o transporte marítimo britânico na concorrência internacional, impondo restrições das quais os navios estrangeiros estavam livres, mesmo em portos britânicos.[1]

A mesma, e por vezes legítima, resistência à regulamentação é encontrada na maioria das indústrias, mas os oceanos do mundo dão à indústria marítima uma oportunidade ímpar para ultrapassar as garras dos reguladores e ganhar uma vantagem econômica. O objetivo dos reguladores marítimos é fechar a rede e garantir que as companhias de navegação operem dentro dos mesmos padrões de segurança e de responsabilidade ambiental que se aplicam em terra. Como resultado, nos últimos cinquenta anos, o regime regulamentar desempenhou um papel significativo na economia do mercado marítimo.

Contudo, seria errado pensar que o processo regulamentar preocupa-se somente com a perseguição aos bandidos. Algumas regras são feitas em resposta a determinados incidentes. O Titanic, o Torrey Canyon, o Herald of Free Enterprise, o Exxon Valdez, o Erica e o Prestige causaram um apelo público que conduziu a novas regras. Mas essas são as exceções. Durante o último século, a indústria do transporte marítimo e os estados marítimos contribuíram para a evolução gradual de um sistema de regulamentação que cobre todos os aspectos do negócio do transporte marítimo. O projeto de navios, os padrões de manutenção, os custos com tripulação, as condições de empregabilidade, os sistemas operacionais, as despesas gerais da companhia, a tributação, a responsabilidade pela poluição por hidrocarbonetos, as emissões ambientais e os cartéis são sujeitos a uma regulamentação de uma maneira ou de outra. Contudo, a ênfase tem mudado, e na última década o ambiente, as emissões por navios, a água de lastro e a reciclagem de navios receberam mais atenção. É escusado dizer que tudo isso tem consequências econômicas e o conhecimento da regulamentação marítima é uma das ferramentas essenciais do economista marítimo.

16.2 PANORAMA DO SISTEMA DE REGULAMENTAÇÃO

O objetivo deste capítulo é debater o sistema regulamentar internacional e as questões legais e políticas que têm influenciado, e em alguns casos dominado, o cenário marítimo desde meados da década de 1960. O capítulo procura dar resposta a três questões: *quem* regula o transporte marítimo e o comércio? *O que* eles regulam? *Como* a regulamentação afeta a economia do transporte marítimo?

Mais precisamente, a primeira etapa é identificar os reguladores. Num mundo ideal, existiria um órgão legislativo supremo que faria um conjunto único de leis internacionais, com um tribunal internacional que julgasse os casos e uma agência de execução. A realidade não corresponde a esse ideal, e alguns especialistas duvidam se o que se passa por lei internacional é de fato uma "lei".[2] Existe um Tribunal Internacional de Justiça, mas as suas decisões sobre os assuntos do transporte marítimo são meramente consultivas. Não deveríamos nos surpreender com esse estado de coisas. Cada um dos 166 países com interesse no transporte marítimo tem as suas próprias prioridades. É pouco provável ser bem-sucedido em conseguir um acordo sobre o direito internacional, muito menos aprovar um executivo internacional para aplicar a legislação.

Atualmente, a regulamentação marítima é organizada por um sistema mais pragmático estabelecido na Figura 16.1. A difícil tarefa de coordenar os múltiplos interesses e conseguir um acordo relacionado a um conjunto de leis marítimas consistente é da responsabilidade das Nações Unidas. A Convenção das Nações Unidas sobre o Direito do Mar [*United Nations Convention on the Law of the Sea, Unclos*], de 1982, estabelece um enquadramento amplo, enquanto a tarefa de desenvolver e de manter regras exequíveis no âmbito desse enquadramento é delegada a duas agências das Nações Unidas: a IMO e a OMT. A IMO é responsável pelas regras sobre a segurança do navio, a poluição e a proteção, e a OMT é responsável pelas leis que governam as pessoas a bordo dos navios. Essas duas organizações produzem "convenções" que se tornam lei quando são promulgadas por cada Estado marítimo.[3] A promulgação das convenções marítimas é em alguns casos fragmentada, porque nem todos os 166 Estados assinaram algumas convenções, mas as principais, como a Solas e a Marpol (ver Tabela 16.5 adiante), tornaram-se lei em todos Estados de bandeira importantes.

Cada Estado marítimo desempenha dois papéis diferentes, o primeiro como "Estado de bandeira" [*flag state*] e o segundo como "Estado costeiro" [*coastal state*] (ver centro da Figura 16.1). Como "Estado de bandeira", ele faz e aplica as leis que governam os navios registrados sobre a sua bandeira. Por exemplo, a Grécia, como "Estado de bandeira, é legalmente responsável pelos navios que arvoram a bandeira grega onde quer que estejam, enquanto como Estado costeiro aplica as leis marítimas sobre os navios nas águas territoriais gregas. Isso é conhecido como "o controle pelo Estado do porto". Geralmente as leis que os Estados marítimos aplicam cumprem com as convenções marítimas, mas nem sempre é o caso. Por exemplo, quando os Estados Unidos passaram a Lei sobre Poluição por Petróleo (1990) [*Oil Pollution Act (1990)*], uma lei destinada a eliminar gradualmente os navios-tanques de casco único das águas dos Estados Unidos, não existia uma convenção marítima sobre essa matéria.

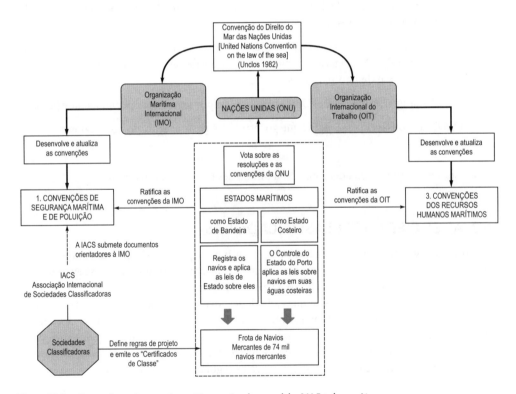

Figura 16.1 – Sistema de regulamentação marítima mostrando o papel dos 166 Estados marítimos.
Fonte: Martin Stopford (2007).

Os outros participantes principais no processo de regulamentação são as sociedades classificadoras [*classification societies*]. A maioria das nações marítimas tem suas próprias sociedades classificadoras, que são, em termos práticos, os assessores técnicos dos reguladores marítimos. Durante a última década, o seu papel como organizações reconhecidas (OR) aumentou, e elas ajudam os reguladores a fazer e a implementar as leis marítimas com um foco técnico, humano ou ambiental. Adicionalmente, desenvolvem normas técnicas por direito próprio e atribuem um certificado de classe, o qual é exigido pelas seguradoras. Elas são pagas por esses serviços, mas não têm poderes de imposição legal que vão além de poder retirar os seus serviços.

Em resumo, o sistema regulamentar abordado neste capítulo envolve seis participantes principais no processo de regulamentação:

- *Sociedades classificadoras*. São o próprio sistema da indústria marítima para regular os padrões técnicos e operacionais dos navios. As sociedades classificadoras fazem as regras para a construção e manutenção do navio e emitem um certificado de classe que reflete o cumprimento.

- *Nações Unidas*. Estabelecem o enquadramento alargado da lei marítima.

- *Estados de bandeira*. A primeira autoridade legal que governa as atividades dos navios mercantes é o Estado de bandeira, onde o navio está registrado. Por tradição, esse Estado é responsável por regulamentar todos os aspectos do desempenho comercial e operacional do navio. As leis internacionais são desenvolvidas pela participação dos Estados de bandeira nos tratados e nas convenções.

- *Estados costeiros*. Um navio está também sujeito às leis do Estado costeiro em cujas águas ele navega. A extensão das águas territoriais de cada estado e o âmbito dos regulamentos variam de país para país.

- *IMO*. Uma agência das Nações Unidas responsável por segurança e por ambiente e proteção.

- *OMT*. Responsável pelas regras que governam as pessoas a bordo dos navios.

Nas seções seguintes consideramos cada um desses regimes regulatórios.

16.3 AS SOCIEDADES CLASSIFICADORAS

O sistema regulatório próprio da indústria marítima surgiu dos esforços realizados pelas seguradoras ao determinar que os navios para os quais estavam emitindo seguros se encontravam em boas condições. Em meados do século XVIII, formaram a primeira sociedade classificadora e, durante o período interveniente, as suas atividades tornaram-se tão próximas das atividades regulatórias dos governos que, frequentemente, é difícil para um leigo perceber a diferença entre as duas. Nesta seção vamos nos concentrar no papel desempenhado pelas sociedades classificadoras e explicar por que elas foram estabelecidas, como elas evoluíram, as funções que desempenham atualmente e o seu impacto sobre os regulamentos marítimos.

ORIGEM DAS SOCIEDADES CLASSIFICADORAS

Como muitas outras instituições do transporte marítimo, as sociedades classificadoras são o produto do seu passado, portanto, o conhecimento de algo acerca da sua história ajuda a explicar a sua estrutura atual. A Lloyd's Register of Shipping, a primeira sociedade classificadora, tem suas origens na Lloyd's Coffee House, no início dos anos de 1700. Edward Lloyd, o seu proprietário, presumivelmente numa tentativa de atrair clientes, começou a circular listas com os

A regulamentação da indústria marítima

detalhes dos navios que talvez precisassem ter um seguro.[4] A etapa seguinte ocorreu em 1764, quando um comitê de seguradores londrinos e de corretores de seguros compilou um livro contendo os detalhes dos navios que talvez precisassem de seguro. Quando o livro foi publicado, ficou conhecido como *Lloyd's Register*. Esse registro classificou os navios de acordo com a sua qualidade, listando um grau "conferido ao navio pelos inspetores nomeados pelo Comitê".[5] A condição do casco foi classificada como sendo A, E, I, O ou U, de acordo com a excelência da sua construção e com a avaliação contínua da sua integridade (ou outra). O equipamento foi classificado como G, M ou B – bom [*good*], mediano [*medium*] ou ruim [*bad*]. Portanto, qualquer navio classificado como AG era tão íntegro quanto possível, enquanto um classificado como UB era obviamente um risco ruim do ponto de vista do segurador. Com o tempo, as letras G, M e B foram substituídas por 1, 2 ou 3.[6]

O "livro verde", como era conhecido, era compilado pelos seguradores com o único propósito de ser utilizado pelos membros da sociedade, contendo os detalhes de 15 mil navios.

Tudo correu bem até que o registro de 1797-1798 introduziu um novo sistema de classificação que baseava a classe do navio no rio onde fora construído, favorecendo os navios construídos no Rio Tâmisa. Isso foi contestado por muitos proprietários de navios e, em 1799, foi publicado o *New Register Book of Shipping*, um registro concorrente conhecido como "livro vermelho". Seguiu-se um período de concorrência penalizante, levando ambos os registros a uma situação próxima da falência. Em 1834 as diferenças foram resolvidas e foi estabelecida uma nova sociedade para produzir um registro de navios que fosse aceitável para todos os segmentos da indústria. A nova publicação foi *Register of British & Foreign Shipping*, da Lloyd's, e o seu órgão dirigente tinha 24 membros, com oito representantes de comerciantes, de proprietários de navios e de seguradoras. Essa distribuição tornou-se representativa de toda a indústria marítima.[7]

A nova sociedade tinha 63 inspetores e foi instituído um sistema de inspeções regulares para navios. A principal função continuou a ser a produção de um registro de classificação de navios, mas foi introduzido o novo sistema de classificação. Sob esse sistema, os navios que não tivessem passado de determinada idade e que tivessem sido mantidos no mais alto estado de manutenção eram classificados com a letra A; os navios que não fossem capazes de transportar a carga sólida e considerados perfeitamente seguros para o transporte de cargas que não fossem avariadas pelo mar eram classificadas com a letra E; e os navios incapazes de transporte de carga sólida mas adequados para a realização de viagens pequenas (dentro da Europa) eram classificados com a letra I. Quando satisfatória, a condição da amarra e dos paióis era indicada pelo número 1, quando não satisfatória, pelo número 2. Esse sistema deu origem à expressão familiar "condição A1". Nos primeiros cinco anos foram inspecionados e "classificados" 15 mil navios.

No século XIX, com o desenvolvimento do movimento de classes, o papel das sociedades classificadoras alterou-se. Em primeiro lugar, a sua função principal era a classificação de navios. Com o passar do tempo, elas começaram a estabelecer os padrões com os quais os navios deveriam ser construídos e mantidos. Blake comenta:

> Quando a sua autoridade cresceu, o Comitê assumiu algo como poderes disciplinares. Qualquer navio novo que procurasse ter uma classificação A1 deveria submeter-se a *uma inspeção durante a construção*, o que significa na prática que o seu progresso estava sendo monitorado de perto pelo menos três vezes enquanto o casco ainda estava em estoque.

A classificação A1 tornou-se uma exigência, em vez de uma classificação numa escala.

Foram estabelecidos comitês técnicos para escrever as regulamentações que definiam as normas precisas segundo as quais os navios mercantes deveriam ser construídos e mantidos. Essas regulamentações definiam os padrões, e a sociedade verificava-os por meio da sua rede de inspetores de navios.

No século XIX foram estabelecidas outras sociedades classificadoras. A American Bureau of Shipping (ABS) tem a sua origem na Associação Americana de Comandantes de Navios [American Ship Masters Association], a qual foi estabelecida em 1860 e incorporada em 1862 por um Ato Legislativo do Estado de Nova York [*Act of Legislature of the State of New York*]. Assim como a Lloyd's Register of Shipping, é uma organização sem fins lucrativos, com uma gestão geral investida na associação composta de indivíduos proeminentes na indústria marítima, na indústria *offshore* e em áreas relacionadas. Atualmente, a maioria das sociedades classificadoras é gerida por um conselho composto de todas as partes da indústria marítima – construtores navais, proprietários de navios, seguradores etc. Embora os seguradores ainda participem na gestão geral por meio da sua contribuição como associados nesses conselhos, as sociedades classificadoras já não podem ser vistas como entidades que atuam exclusivamente para os seguradores.

SOCIEDADES CLASSIFICADORAS ATUAIS

Atualmente existem mais de cinquenta sociedades classificadoras operando em todo o mundo, algumas grandes e proeminentes, outras pequenas e obscuras. A lista das dez maiores sociedades classificadoras e o número de navios cargueiros que classificam, apresentados na Tabela 16.1, dá uma ideia aproximada da proeminência relativa das várias instituições. Todas têm nomes bem conhecidos nos círculos do transporte marítimo e, em conjunto, cobrem mais de 90% da frota de carga e de passageiros (note-se que esses números não incluem os muitos navios não cargueiros pequenos que as sociedades também classificam).

Hoje em dia, a principal função das sociedades classificadoras é "melhorar a segurança da vida e da propriedade no mar, garantindo elevados padrões técnicos de projeto, de produção, de construção e de manutenção de navios marítimos mercantes e não mercantes". O certificado de classe mantém-se como o pilar fundamental da sua autoridade. Um proprietário de navios deve classificar o seu navio para obter um seguro e, em algumas instâncias, um governo pode exigir que um navio seja classificado. Contudo, a importância do certificado de classe estende-se para além dos seguros. É visto como uma norma da indústria que indica que o navio está devidamente construído e em boa condição.

Além do seu papel como reguladores, as principais sociedades classificadoras também representam a maior concentração de conhecimento técnico existente na indústria marítima. Por exemplo, a Lloyd's Register, a maior sociedade classificadora, tem mais de 5.400 pessoas, metade das quais são engenheiros qualificados operando a partir de 240 escritórios em oitenta países do mundo. Eles classificam os navios de acordo com as suas próprias regras (anualmente, cerca de 6.600 navios), efetuam a emissão dos certificados obrigatórios de acordo com as convenções internacionais, os códigos e os protocolos e oferecem uma gama de serviços na área da garantia da qualidade, da engenharia e da consultoria. Em 2007, a ABS e as suas companhias afiliadas tinham um quadro global de funcionários superior a 3 mil pessoas, sobretudo inspetores, engenheiros e profissionais de áreas da avaliação e da mitigação de riscos. A ABS mantém escritórios ou encontra-se representada em mais de oitenta países. Colocando tudo isso em perspectiva, a IMO tem um quadro de pessoal permanente de cerca de trezentas pessoas, e

A regulamentação da indústria marítima   723

muitas companhias de navegação a granel importantes têm menos de cem funcionários em terra. Nessas circunstâncias, é fácil verificar por que, em adição ao papel de classificação, as sociedades classificadoras têm um papel principal como assessores técnicos dos proprietários de navios e efetuam trabalho de inspeção técnica em nome dos governos. Visto que as regulamentações governamentais abordam a mesma matéria que as regras das sociedades classificadoras, frequentemente, isso conduz a uma confusão sobre o papel desempenhado pelas sociedades classificadoras e pelos reguladores governamentais.

Tabela 16.1 – Principais sociedades classificadoras (nov. 2006)

		Frota classificada		Frota média	
		Número	Milhões de ab	Milhares de ab	Idade
Membros da IACS					
Nippon Kaiji Kyokei	NK	6.494	142,9	22,0	12,8
Lloyd's Register (LR)	LR	6.190	125,8	20,3	18,4
American Bureau of Shipping	ABS	6.292	103,2	16,4	19,6
Det Norske Veritas	DNV	4.010	102,0	25,4	16,5
Germanischer Lloyd	GL	4.712	54,9	11,7	16,5
Bureau Veritas	BV	4.877	46,6	9,5	18,9
Korean Register	KR	1.648	21,9	13,3	17,4
China Classification Society	CCS	1.897	21,6	11,4	19,4
Russian Register	RS	3.174	12,5	3,9	25,2
Registro Italiano	RINA	1.345	12,0	9,0	23,8
Outros					
Registro Indiano		352	1,5	4,2	17,6
Outros onze (abaixo dos mil navios)		1.819	5,3	54,6	24,8
Total		42.810	650,2	15,2	0

Nota: as estatísticas cobrem somente os navios incluídos no Clarkson Registers.

Embora as sociedades classificadoras principais não distribuam lucros, dependem da venda dos seus serviços para cobrir os seus custos e estão sujeitas a pressões comerciais. Como organizações que se financiam a si próprias, a sua sobrevivência depende da manutenção de taxas de associação pagas suficientemente grandes para cobrir os seus custos. Existe, portanto, uma concorrência intensa entre as sociedades classificadoras para atrair os membros, deixando-as numa posição muito melindrosa de concorrência pelo negócio dos proprietários de navios a quem elas frequentemente terão de impor sanções financeiras derivadas das suas inspeções regulatórias.

ATIVIDADES REGULATÓRIAS DAS SOCIEDADES CLASSIFICADORAS

Atualmente o papel das sociedades classificadoras tem dois aspectos fundamentais: o desenvolvimento de regras e a sua aplicação.

O *desenvolvimento de regras* inclui simultaneamente novas iniciativas e a atualização contínua de regras existentes que reflitam as mudanças ocorridas na tecnologia marítima e nas convenções. Os procedimentos variam, mas a grande maioria das sociedades classificadoras desenvolve as suas regras por meio de uma estrutura de comitês que envolve peritos de várias disciplinas científicas e atividades técnicas, incluindo arquitetos navais, engenheiros navais, seguradores, construtores, operadores, fabricantes de materiais, fabricantes dos motores e indivíduos em outras áreas relacionadas. Esse processo leva em conta as atividades da IMO e os requisitos unificados das IACS.

A segunda etapa envolve a aplicação de regras às atividades práticas da construção naval e do transporte marítimo. Esse procedimento é composta de quatro fases:

1. *Revisão do plano técnico.* Os planos dos navios novos são submetidos à sociedade classificadora para inspeção para garantir que os detalhes estruturais no projeto estão de acordo com as regras da sociedade. Se os planos foram considerados satisfatórios, eles são aprovados e a construção pode ocorrer. Por vezes, são necessárias modificações ou certos pontos requerem explicações. Alternativamente, o estaleiro naval pode solicitar ajuda à sociedade classificadora para poder desenvolver o projeto.

2. As *vistorias durante a construção* servem para verificar se os planos aprovados estão sendo implementados, se estão sendo usadas boas práticas de produção e se as regras estão sendo seguidas. Isso inclui o teste dos materiais e dos componentes principais, como a maquinaria, as peças forjadas e as caldeiras.

3. *Certificado de classe.* Quando do cumprimento satisfatório do navio, é atribuída uma classe e emitido um certificado de classe para ele.

4. *Vistorias periódicas* para a manutenção da classe. Os navios mercantes estão sujeitos a um esquema de vistorias enquanto estão em serviço para verificar a sua aceitabilidade para a classificação. A sociedade classificadora do navio executa essas inspeções e mantém os registros delas que, por exemplo, um comprador futuro do navio poderá querer inspecionar.

Em termos gerais, os procedimentos de classificação para os navios existentes são acordados pela IACS para os seus membros e associados. Geralmente, as regras exigem uma vistoria anual do casco e da máquina, uma vistoria especial do casco e da máquina de cinco em cinco anos, uma vistoria em doca seca de dois anos e meio em dois anos e meio, uma vistoria do eixo da hélice de cinco em cinco anos e uma vistoria das caldeiras de dois anos e meio em dois anos e meio. A vistoria do casco e da máquina é muito exigente, envolvendo uma inspeção detalhada e uma medição do casco.

Quando o navio começa a envelhecer, o âmbito dessa inspeção se alarga para cobrir aquelas áreas do navio que são conhecidas como mais vulneráveis à idade. Por exemplo, quando os navios-tanques envelhecem, aumenta a área das chapas do convés sujeita a testes de corrosão. Para evitar que o navio esteja muito tempo fora de serviço, as sociedades classificadoras permitem que os proprietários de navios optem por uma *vistoria contínua*, que consiste num programa de inspeções rotativas que cobrem anualmente um quinto do navio.

Conforme um maior número de governos envolvia-se na regulamentação do Estado de bandeira nos últimos trinta anos, aumentaram as atividades das sociedades classificadoras

A regulamentação da indústria marítima

como representantes dos governos. As autorizações mais comuns estão ligadas à medição da tonelagem de arqueação, às linhas de carga, à Solas, à Marpol e ao conjunto de normas da IMO sobre o transporte de cargas perigosas. Ao efetuar esse trabalho obrigatório, a sociedade classificadora aplica as normas relevantes do país de registro.

Finalmente, vale a pena mencionar as vistorias de verificação efetuadas pelos afretadores de navios, particularmente pelas empresas pertencentes às indústrias do petróleo e do aço.

ASSOCIAÇÃO INTERNACIONAL DAS SOCIEDADES CLASSIFICADORAS

Durante os últimos trinta anos, as sociedades classificadoras têm estado sob pressão por parte dos proprietários de navios e dos reguladores para uniformizar as suas regras. As regras não uniformes significam que o trabalho de projeto classificado por uma sociedade pode não ser aceito por outra, causando um custo e uma inconveniência desnecessários. Para os reguladores que legislam sobre as normas técnicas da construção do navio, sobretudo por meio da IMO, a ausência de um padrão comum complica o seu trabalho. Para abordar esse problema foi estabelecida em 1968 a Associação Internacional das Sociedades Classificadoras. A Tabela 16.1 lista os seus dez membros, que representam cerca de 90% da atividade mundial de classificação de navios. A IACS tem dois objetivos principais: introduzir uma uniformidade nas regras desenvolvidas pelas sociedades classificadoras e servir de interface entre elas. Uma função relacionada é a sua colaboração com as organizações exteriores e, em particular, com a IMO. Em 1969 a IMO concedeu à IACS o "estatuto consultivo". O fato de ser a única organização não governamental com o estatuto de observador na IMO ilustra claramente a posição das sociedades classificadoras como intermediários entre a indústria marítima comercial e os governos.

Nos últimos trinta anos, a IACS desenvolveu mais de 160 conjuntos de requisitos unificados. Relacionam-se com muitos fatores, dos quais alguns são a resistência longitudinal mínima, as informações sobre os carregamentos e a utilização dos tipos de aço nos cascos dos navios pertencentes aos vários membros associados. Contudo, em dezembro de 2005, ocorreu um avanço significativo quando o Conselho da IACS adotou as Regras Estruturais Comuns [*Common Structural Rules*] para os navios-tanques e os navios graneleiros. Pela primeira vez, isso integrou as atividades de regulamentação das sociedades classificadoras num único padrão de projeto. As Regras Estruturais Comuns foram implementadas em 1º de abril de 2006.

16.4 O DIREITO DO MAR

POR QUE O DIREITO DO MAR É IMPORTANTE

Uma vez que o direito marítimo é feito e aplicado pelas nações, a próxima tarefa é examinar o enquadramento legal que determina os direitos e as responsabilidades das nações pelos seus navios mercantes oceânicos. Existem duas questões óbvias. Primeiro, qual lei nacional se aplica ao navio? Segundo, quais direitos legais as outras nações têm sobre esse navio à medida que ele se movimenta ao redor do mundo? As respostas não se desenvolveram do dia para a noite; evoluíram ao longo dos séculos como um conjunto de regras consuetudinárias, conhecidas como direito do mar.

DIREITO DO MAR: O ESTADO DE BANDEIRA *VERSUS* O ESTADO COSTEIRO

O debate sobre a responsabilidade legal dos navios remonta aos dias em que o poder naval era um fator decisivo. A marinha de guerra de um país protegia os navios que arvorassem a sua bandeira, e isso estabeleceu o princípio da responsabilidade do Estado de bandeira, que sobrevive ainda hoje. Contudo, os Estados costeiros também tinham uma reivindicação sobre os navios que escalam os seus portos ou que navegam nas suas águas costeiras, porque podiam afundá-los com os seus canhões se eles não se comportassem como deveriam. Na realidade, os primeiros escritores sugerem que a distância controlada pelos canhões localizados em terra deveria ser o critério para determinar a extensão das águas costeiras. Num mundo onde o comércio cresce muito rapidamente, tornou-se uma questão principal alcançar um acordo sobre os direitos dos Estados de bandeira e costeiros. Poderá um país banir o álcool a bordo de navios estrangeiros nas suas águas territoriais? Se considerar que um navio estrangeiro é inseguro, será que tem o direito de o detê-lo? As respostas a essas questões, considerando que existem respostas, são encontrados na Convenção das Nações Unidas sobre o Direito do Mar [*UN Convention on the Law of the Sea*, Unclos] 1982), o culminar de três conferências sobre o direito do mar referidas como Unclos], de 1958, Unclos II (1960) e Unclos III (1973).

O processo de desenvolvimento dessas convenções começou em 1958, quando as Nações Unidas denominaram-na Unclos I. Estiveram presentes 86 Estados. Tinha por objetivo definir as questões fundamentais relativas à propriedade do mar, ao direito de passagem por meio dele e à propriedade do leito do mar. A última questão tornou-se cada vez mais importante, quando começaram a se desenvolver os campos petrolíferos *offshore*. Eventualmente finalizaram-se quatro convenções que tratam do mar territorial e da zona contígua, do alto-mar, da plataforma continental e da conservação dos recursos haliêuticos.

A segunda conferência, a Unclos II, foi realizada em 1960 para dar seguimento a alguns itens não acordados na Unclos I. Na década de 1960, a consciência crescente da riqueza mineral do leito do mar deu uma nova importância ao direito do mar, e em 1970 as Nações Unidas organizaram uma terceira conferência para produzir uma Convenção sobre o Direito do Mar abrangente. O trabalho começou em 1973 (Unclos III) com a presença de 150 Estados. Com tantos participantes, o debate foi longo. Foi somente em 1982 que a Unclos 1982 foi finalmente adotada para entrar em vigor doze meses após ter sido ratificada por sessenta países. Finalmente entrou em vigor em 16 de novembro de 1994, fornecendo enfim "um enquadramento abrangente para a regulamentação de todo o espaço oceânico [...] os limites da jurisdição nacional sobre o espaço oceânico, o acesso aos mares, a navegação, a proteção e a preservação do ambiente marinho".[8]

No que diz respeito à bandeira de registro, a Unclos 1982 aprova o direito de qualquer Estado de registrar navios, desde que exista uma "ligação genuína" entre o navio e o Estado. Uma vez que o Estado de bandeira pode definir a natureza dessa ligação, na prática ele pode registrar qualquer navio que queira. Uma vez registrado, o navio faz parte do Estado para efeitos legais. O Estado de bandeira tem a responsabilidade legal primária pelo navio em termos da regulamentação da segurança, das leis de mão de obra e dos aspectos comerciais. Contudo, o Estado costeiro também tem direitos legais limitados sobre qualquer navio que navegue nas suas águas.

Os direitos do Estado costeiro são definidos dividindo o mar nas "zonas" apresentadas na Figura 16.2, cada uma das quais é tratada diferentemente do ponto de vista legal: o mar territorial (a faixa mais próxima da costa), a zona contígua e a zona econômica exclusiva. A quarta zona é o alto-mar, que não pertence a ninguém. Nenhuma dessas zonas é definida com exatidão. Embora a Convenção de 1982 estabeleça o limite do mar territorial em 12 milhas, a Tabela

16.2 mostra que são utilizados muitos limites diferentes. O mais comum é o das 12 milhas, mas alguns países adotaram limites muito mais extensos. A zona contígua e a zona econômica exclusiva são sobretudo do interesse dos proprietários de navios, em virtude dos direitos de controle e prevenção da poluição atribuídos aos Estados costeiros nessas áreas. O Destaque 16.1 apresenta uma breve definição dessas zonas.

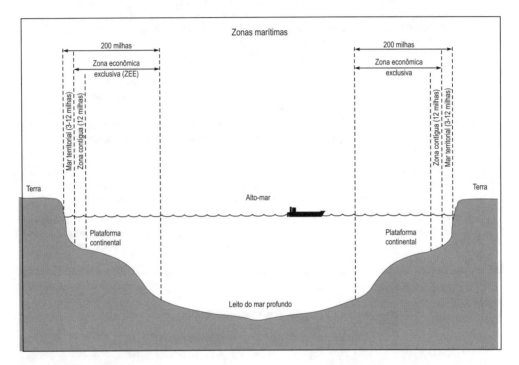

Figura 16.2 – Zonas marítimas.
Fonte: Martin Stopford (2007).

Destaque 16.1 – Zonas marítimas reconhecidas pela Convenção do Direito do Mar de 1982 das Nações Unidas

O mar territorial

É a faixa de água mais próxima da terra. A Convenção Unclos reconhece uma largura máxima de 12 milhas náuticas, mas na prática, como pode ser visto na Tabela 16.2, os países utilizam limites muitos diferentes. O menor limite são três milhas náuticas, enquanto o maior limite são 200 milhas. Os navios têm direito de passagem inofensiva através das águas territoriais. Os Estados costeiros têm somente o direito de impor as suas próprias leis relacionadas com os tópicos listados no Artigo 21, como os relacionados com a navegação segura e a poluição. Eles são obrigados a fazer vigorar a leis internacionais.

A zona contígua

Esta é uma faixa de água para além das águas territoriais. Tem as suas origens nas Leis que Governam os Navios que Pairam em Águas Costeiras [*Hovering Acts*], do século XVIII, promulgadas pela Grã-Bretanha contra o contrabando de navios estrangeiros que pairavam a até 8 léguas (ou seja, 24 milhas) da costa. Os Estados costeiros têm poderes limitados para fazer cumprir as leis da alfândega, fiscais, sanitárias e da imigração.

A zona econômica exclusiva

A zona econômica exclusiva (ZEE) é um cinturão de mar que se estende até 200 milhas da linha de base (ou seja, a linha de costa definida legalmente). Relaciona-se sobretudo com as propriedades dos recursos econômicos, como as pescas e os minerais. Dentro dessa zona, terceiros desfrutam da liberdade da navegação e da colocação de cabos e de tubagens. Do ponto de vista do transporte marítimo, a ZEE parece mais com o alto-mar. A exceção relaciona-se com a poluição. O Artigo 56 confere ao Estado costeiro "jurisdição tal como prevista nas provisões relevantes desta convenção relacionadas à proteção e à preservação do ambiente marinho". As "provisões relevantes" relacionam-se com a descarga de lixos ou de outras formas de poluição oriunda dos navios. Isso confere ao Estado costeiro o direito de fazer cumprir as regras relativas à poluição por hidrocarbonetos na ZEE, uma matéria de fundamental importância econômica para os proprietários de navios.

O alto-mar

É a soma "de todas as partes de mar que não estão incluídas na zona econômica exclusiva, no mar territorial nem nas águas interiores de um Estado". Nesta área os navios que arvorem determinada bandeira podem seguir sem a interferência de outros navios. Esta convenção estabelece os princípios com base nos quais a nacionalidade pode ser atribuída a um navio mercante e o estatuto legal desse navio. O Artigo 91 da Convenção de 1982 relativo ao alto-mar determina que:

> Cada estado deve estabelecer as condições para a atribuição da nacionalidade aos navios, para o registro de navios no seu território e para o direito de arvorar a sua bandeira. Os navios possuem a nacionalidade do Estado cuja bandeira estejam autorizados a arvorar. Deve existir um vínculo genuíno entre o Estado e o navio.

Este parágrafo não foi alterado da Convenção de 1958 e foi o produto final de um debate inflamado sobre se países como a Libéria e o Panamá tinham o direito de estabelecer registros abertos. Uma vez que a convenção não define o que constitui um "vínculo genuíno" entre o Estado e o navio, foi deixada a cada Estado a definição dessa ligação.

Tabela 16.2 – Limites do mar territorial

Distância em milhas	Número de países
3	20
4	2
6	4
12	81
15	1
20	1
30	2
35	1
50	4
70	1
100	1
150	1
200	13
Nenhum	5
Total	137

Fonte: Churchill e Lowe (1983, Anexo).

16.5 O PAPEL REGULATÓRIO DO ESTADO DE BANDEIRA

IMPLICAÇÕES ECONÔMICAS DA REGULAMENTAÇÃO DO ESTADO DE BANDEIRA

Em anos recentes, a questão do Estado de bandeira tem sido crucial para a economia marítima, porque conferiu aos proprietários de navios uma maneira de reduzir os seus custos. Quando um navio é registrado em determinado país (o Estado de bandeira), o navio e o seu proprietário devem cumprir com as suas leis. A característica única do transporte marítimo é a facilidade com que se muda de jurisdição legal, porque um navio movimenta-se por todo o mundo. Para um proprietário de navios, existem quatro consequências principais associadas com a escolha do registro de um navio num Estado em detrimento de outro:

1. *Tributação, direito das sociedades e direito financeiro.* Uma companhia que registra um navio em determinado país está sujeita ao direito comercial desse país. Essas leis em determinar a responsabilidade da companhia em relação ao pagamento de impostos e pode impor regulamentações em áreas como a organização da companhia, a auditoria de contas, o emprego de mão de obra e os limites de responsabilidade. Tudo isso afeta a economia de um bom negócio.

2. *Cumprimento das convenções de segurança marítima.* O navio está sujeito a quaisquer regras de segurança que o Estado tenha definido para a construção e a operação de navios. O registro sob uma bandeira que tenha ratificado e que faça cumprir rigorosamente a Convenção sobre a Salvaguarda da Vida Humana no Mar (Solas), de 1974, significa que cumpre com essas regras. Inversamente, o registro num Estado de bandeira que não tenha ratificado a Solas ou que não tenha meios para cumpri-la permite que os proprietários de navios estabeleçam os seus próprios padrões sobre o equipamento e a manutenção (embora continuem sujeitos às regulamentações do Estado do porto).

3. *Tripulação e condições de empregabilidade.* A companhia está sujeita às regulamentações do Estado de bandeira no que diz respeito à seleção da tripulação, às suas condições de empregabilidade e às suas condições de trabalho. Alguns Estados de bandeira, por exemplo, insistem no emprego dos trabalhadores nacionais.

4. *Proteção naval e aceitabilidade política.* Outra razão para adotar uma bandeira é se beneficiar da proteção e da aceitabilidade do Estado de bandeira. Embora atualmente seja menos importante, existiram exemplos durante a guerra entre o Irã e o Iraque, na década de 1980, quando os proprietários de navios mudaram para a bandeira dos Estados Unidos para terem direito à proteção das forças navais dos Estados Unidos no Golfo.

Qualquer um desses fatores pode ser suficiente para motivar os proprietários de navios a procurarem vantagem comercial mudando a sua bandeira de registro. A Tabela 16.3 mostra que isso tem uma longa história, e uma história que ganhou ímpeto no século XX, assim que a tributação e a regulamentação começaram a desempenhar um papel crescente nas operações comerciais do proprietário de navios. Naturalmente, isso levanta a questão sobre a liberdade que o proprietário de navios tem de mudar a sua bandeira. Para dar resposta a essa questão, devemos analisar como são registrados os navios. Em alguns países o proprietário de navios está sujeito ao mesmo regime legal que qualquer outro negócio, enquanto em outros é introduzida uma legislação especial que cobre as companhias de navegação mercantes.

Tabela 16.3 – História do registro de navios e do controle pelo Estado do porto

Período	Bandeira de registro	Motivo
Século XVI	Espanhola	Os comerciantes ingleses contornaram as restrições que limitavam os navios não espanhóis do comércio das Índias Ocidentais.
Século XVII	Francesa	Na Terra Nova, os pescadores ingleses utilizaram o registro francês como forma de continuar a sua operação conjunta com os navios de pesca registrados sob pavilhão britânico.
Século XIX	Norueguesa	Os proprietários dos arrastões britânicos mudaram de registro para pescar ao largo de Moray Firth.
Guerra Napoleônica	Alemã	Os proprietários de navios ingleses mudaram de registro para evitar o bloqueio francês.
	Portuguesa	Em Massachusetts, os proprietários dos navios dos Estados Unidos mudaram de registro para evitar serem capturados pelos bitânicos.
1922	Panamenha	Dois navios da United American Lines mudaram do registro dos Estados Unidos para evitar as leis relativas ao suprimento de bebidas alcoólicas a bordo dos navios dos Estados Unidos.
1920-1930	Panamenha	Os proprietários dos navios dos Estados Unidos mudaram de registro para reduzir os custos operacionais empregando pessoal de bordo mais econômico.
1930s	Panamenha	Os proprietários de navios com unidades registradas na Alemanha transferiram-nas para o registro do Panamá para evitar um possível arresto.
1939-1941	Panamenha	Com o encorajamento do governo dos Estados Unidos, os proprietários de navios transferiram-se para o registro do Panamá para ajudar os Aliados sem violar as leis da neutralidade. Os proprietários de navios europeus também se transferiram para o registro panamenho para evitar a requisição dos seus navios durante o tempo de guerra.
1946-1949	Panamenha	Mais do que 150 navios vendidos sob a Lei das Vendas Comerciais dos Estados Unidos [*US Merchant Sales Act*], de 1946, foram registrados no Panamá – que oferecia um registro liberal e vantagens em relação a tributação.
1949	Liberiana	As taxas de registro baixas, a ausência de impostos liberianos, a ausência de restrições operacionais e de tripulação tornaram o registro economicamente atrativo.
1950 até o final da década de 1970	As bandeiras de conveniência desenvolveram-se como o registro preferido para a indústria marítima independente	Como o registro nos Estados Unidos e nos outros países tornou-se progressivamente antieconômico, muitos países competiram para se tornar "bandeiras de conveniência" para registrar os navios; somente alguns foram bem-sucedidos em atrair uma tonelagem significativa.
1982-2007	As bandeiras nacionais começaram a aplicar as regulamentações sobre os navios nas suas águas costeiras	Memorando de Entendimento de Paris de 1982, no qual catorze Estados europeus acordaram em trabalhar conjuntamente para garantir que os navios que escalam os seus portos cumpram com as convenções internacionais sobre a segurança e a poluição. Seguiram-se outros.

Fonte: Cooper (1986).

PROCEDIMENTOS DE REGISTRO

Um navio precisa de uma nacionalidade que o identifique para efeitos legais e comerciais, e ela é obtida registrando o navio em uma administração de uma bandeira nacional. A maneira como o registro funciona varia de um país para outro, mas o regime britânico é um exemplo.

Ao abrigo da Lei sobre a Marinha Mercante de 1894 [*Merchant Shipping Act 1894*], os navios britânicos devem estar registrados dentro dos domínios de Sua Majestade (na prática, em razão de restrições presentes na legislação dos Territórios Dependentes do Reino Unido [*UK Dependent Territories*], é possível que o registro tenha de ser efetuado no Reino Unido). Uma particularidade do registro britânico é que o navio é registrado em 64 partes, sendo que pelo menos 33 partes devem pertencer a um cidadão britânico ou a uma companhia estabelecida ao abrigo da lei de qualquer umas partes dos domínios de Sua Majestade, tendo a sede principal do negócio nesses domínios.[9] Sob a Lei das Sociedades do Reino Unido [*UK Companies Acts*], qualquer pessoa de qualquer nacionalidade pode registrar e possuir uma companhia no Reino Unido, portanto, um cidadão de qualquer país pode possuir um navio britânico.

De forma interessante, não existem penalidades legais por falhar no registro de um navio, possivelmente porque se sentiu que as penalidades práticas são tais que não é necessária a execução jurídica para proporcionar um estímulo adicional. Um navio registrado no RU pode arvorar a bandeira britânica, ou seja, o *Red Ensign*, mas não é obrigado a fazê-lo. Também não existe restrição legal sobre um cidadão britânico ou sobre companhias britânicas que registrem os seus navios fora da Grã-Bretanha, se o desejarem fazer. Só é necessário que sejam cumpridos os requisitos do registro do beneficiário.

Existem muitas variações nos requisitos do registro. Alguns Estados de bandeira exigem que o navio esteja na posse de um cidadão nacional. Esse é o caso da Libéria, mas a nacionalidade é facilmente obtida pelo estabelecimento de uma companhia liberiana, que se qualifica como nacional para efeitos do registro. O Panamá não tem requisitos de nacionalidade, enquanto a bandeira grega fica entre as duas, exigindo que 50% da posse do navio pertença a um cidadão grego ou a uma entidade legal.[10] Também é possível um registro duplo para lidar com as situações em que, por exemplo, o navio é financiado sob uma jurisdição diferente da sua propriedade legal (o registro duplo é discutido adiante).

Em 2004, a IMO adotou um esquema para a emissão de um número único a cada companhia e a cada proprietário registrado. O seu objetivo é atribuir um número permanente para efeitos de identificação de cada companhia e/ou de proprietários registrados "que façam o gerenciamento de navios de 100 toneladas de arqueação bruta ou mais [...] envolvidos em viagens internacionais".[11]

TIPOS DE REGISTROS

Os registros dos navios podem ser divididos amplamente em três grupos: registros nacionais, registros internacionais e registros abertos.

- Os *registros nacionais* tratam a companhia do transporte marítimo da mesma maneira que qualquer outro negócio registrado no país. Podem existir certos incentivos especiais ou subsídios, mas, de forma geral, a companhia de navegação está sujeita a uma grande variedade de legislação nacional que cobre regulamentações de caráter financeiro, empresarial e de mão de obra.

- Os *registros internacionais* foram estabelecidos por algumas administrações de bandeiras nacionais para oferecer às suas companhias de navegação nacionais uma alternativa aos registros de navios efetuados sob os registros abertos. Eles tratam as companhias de navegação da mesma maneira que um registro aberto, cobrando um imposto fixo sobre a tonelagem de arqueação do navio (imposto sobre a tonelagem), em vez de tributar sobre os lucros das empresas. O objetivo é oferecer um enquadramento de uma bandeira nacional que oferece aos proprietários de navios as vantagens comerciais existentes sob um registro aberto. Em 2005, existiam oito registros internacionais, dos quais os maiores eram o de Singapura, o Registro Internacional de Navios Norueguês, o de Hong Kong, o das Ilhas Marshall e o da Ilha de Man.

- Os *registros abertos (bandeiras de conveniência)* oferecem aos proprietários de navios uma alternativa comercial ao registro efetuado sob a sua bandeira nacional, e eles cobram um honorário por esse serviço. Os termos e as condições dependem da política e do país em causa. O sucesso de um registro aberto depende da sua capacidade de atrair proprietários de navios internacionais e ganhar a aceitação das autoridades reguladoras. Em 2005 existiam doze registros abertos, que estão listados na Tabela 16.4. Os maiores eram Panamá, Libéria, Bahamas, Malta e Chipre.

A diferença tem mais a ver com a forma como os navios registrados são tratados do que com o acesso à bandeira. A maioria dos registros nacionais encontra-se aberta a qualquer proprietário de navios, seja qual for a sua nacionalidade, que deseje pedir o registro e satisfaça as condições necessárias. Por exemplo, o Reino Unido encontra-se aberto a qualquer proprietário de navios grego, norueguês ou dinamarquês que deseje registrar os seus navios na bandeira do Reino Unido, desde que cumpra com certos requisitos.[12] O proprietário de navios, confrontado com a variedade de bandeiras sob as quais pode registrar o seu navio, deve medir as vantagens e as desvantagens relativas de cada uma das alternativas.

Tabela 16.4 – Frota mercante mundial por proprietário e por registro (jan. 2005)

(1)	(2)	(3)	(4)	(5)
Estado de bandeira	**'000 tpb**			
1. Registros nacionais				
		Registrados		**% do registro nacional**
	Nacional	**No estrangeiro**	**Total**	
Grécia	50.997	104.147	155.144	33%
Japão	12.611	105.051	117.662	11%
Alemanha	9.033	48.878	57.911	16%
China	27.110	29.702	56.812	48%
Estados Unidos	10.301	36.037	46.338	22%
Noruega	14.344	29.645	43.989	33%
Hong Kong	17.246	23.747	40.993	42%
República da Coreia	10.371	16.887	27.258	38%
Reino Unido	10.865	14.978	25.843	42%
Singapura	12.424	9.909	22.333	56%
Federação Russa	6.845	10.022	16.867	41%
Dinamarca	8.376	8.491	16.867	50%

(continua)

A regulamentação da indústria marítima

Tabela 16.4 – Frota mercante mundial por proprietário e por registro (jan. 2005) (*continuação*)

(1)	(2)	(3)	(4)	(5)
Estado de bandeira		'000 tpb		

1. Registros nacionais

	Registrados			% do registro nacional
	Nacional	No estrangeiro	Total	
Índia	11.729	980	12.709	92%
Suécia	1.530	3.889	5.419	28%
Outros	70.915	80.963	151.877	47%
Total dos registros nacionais	274.697	523.326	798.022	

2. Registros internacionais

	Frota pertencente a			% detida pelos nacionais
	Total	Nacionais	Estrangeiros	
Singapura	40.934	12.424	28.510	30%
Registro Internacional da Noruega	21.262	12.424	8.838	58%
Hong Kong (China)	43.957	17.246	26.711	39%
Ilhas Marshall	38.088	10.828	27.260	28%
Ilha de Man	12.073	4.700	7.373	39%
Registro de Navios Internacional Dinamarquês	8.859	8.330	529	94%
Território Antártico Francês	5.427	1.769	3.658	33%
Antilhas Holandesas	2.132	616	1.516	29%
Total dos registros internacionais	131.798	55.913	75.885	42%

3. Registros abertos ("bandeiras de conveniência")

	Frota pertencente a			% detida pelos nacionais
	Total	Nacionais	Estrangeiros	
Panamá	177.866	0	177.866	—
Libéria	76.372	0	76.372	—
Bahamas	41.835	0	41.835	—
Malta	30.971	0	30.971	—
Chipre	31.538	459	31.079	1%
Bermuda	6.206	—	6.206	—
São Vicente e Granadinas	6.857	0	6.857	0
Antígua e Barbuda	8.383	0	8.383	0
Ilhas Cayman	4.040	0	4.040	0
Luxemburgo	794	0	794	0
Vanuatu	2.077	0	2.077	0
Gibraltar	1.281	0	1.281	0
Total dos registros abertos	388.220	—	387.761	0%
Total mundial* (soma da coluna 2)	794.715			

* Dos quais: registros nacionais 35%; registros internacionais 17%; registros abertos 48%.
Fonte: *United Nations Review of Maritime Transport*, 2005. Seção 1, "Registros nacionais", Tabela 16, p. 33. As seções 2, "Registros internacionais", e 3, "Registros abertos", são da Tabela 18, p. 37.

PAPEL ECONÔMICO DOS REGISTROS ABERTOS

O movimento para os registros abertos começou na década de 1920, quando os proprietários de navios dos Estados Unidos viram o registro de navios sob a bandeira do Panamá como uma maneira de evitar as elevadas taxas de tributação dos Estados Unidos; ao mesmo tempo, registravam o navio num país dentro da órbita política estável dos Estados Unidos. Nesse período existiu uma onda de registros, mas o crescimento real ocorreu após a Segunda Guerra Mundial, quando o governo dos Estados Unidos vendeu os navios Liberty aos proprietários norte-americanos. Ansiosos por evitar operar sob a bandeira do país, os advogados de direito fiscal dos Estados Unidos abordaram a Libéria no intuito de criar um registro de navios destinado a atrair os proprietários de navios para essa bandeira, com base no pagamento de honorários anuais.[13] Pouco depois, o Panamá adaptava as suas leis para atrair os proprietários de navios de qualquer parte do mundo, e então estabeleceram-se os dois principais registros abertos internacionais.

Geralmente, a utilização de um registro aberto envolve o pagamento de uma taxa de registro e um imposto sobre a tonelagem, a qual permite que o registro cubra os seus custos e obtenha um lucro. Por seu lado, o registro oferece um enquadramento legal e comercial concebido com relação às necessidades de um proprietário de navios que opere no mercado internacional. Existem grandes diferenças na forma como os registros abordam essa função, mas em geral as áreas onde se verificam as diferenças são as seguintes:

- *Tributação.* Em geral, não existem impostos sobre os lucros ou controles fiscais. O único imposto é a taxa de subscrição por tonelada líquida de registro.

- *Tripulação.* A companhia de navegação é livre para recrutar internacionalmente. Não existe obrigação de empregar os trabalhadores nacionais, quer oficiais, quer outros membros da tripulação. Contudo, e dependendo da política do registro, podem ser aplicadas as convenções internacionais que lidam com as normas e o treinamento dos marítimos.

- *Direito das sociedades.* Como regra, é dada à companhia de navegação uma liberdade considerável relativamente às suas atividades empresariais. Por exemplo, a propriedade das ações da empresa não precisa ser divulgada; as ações são geralmente do portador, o que significa que elas pertencem à pessoa que as detém; a responsabilidade pode ser limitada a uma companhia de um só navio; e não é exigido da companhia produzir contas auditadas. Em geral existem poucas regulamentações quanto à nomeação dos diretores e à administração da companhia.

Na prática, os registros abertos são negócios, e o serviço que oferecem é determinado pelas leis do registro marítimo e pela forma em que são aplicadas. A supervisão dos padrões de segurança é cara e, durante a recessão da década de 1980, alguns registros abertos deram pouca atenção a esse aspecto do negócio, mas isso provou ser uma posição difícil de se manter. Para serem bem-sucedidos, os navios de registro aberto devem ser aceitos nos portos do mundo e pelos banqueiros que financiam a hipoteca do navio. À medida que o escrutínio dos navios e das autoridades portuárias foi aumentando, tornou-se mais importante para as bandeiras dos registros abertos o cumprimento das convenções internacionais, e a maioria dos registros, ao mesmo tempo que oferece liberdade aos proprietários de navios nas áreas da tributação e do direito das sociedades, faz cumprir a legislação relativa à operacionalidade e à segurança ambiental dos navios registrados sob a sua bandeira.

A Figura 16.3 mostra que, no final da década de 1950, as frotas do Panamá e da Libéria tinham alcançado 16 m.tab e os registros abertos se tornavam uma questão importante para os Estados marítimos já estabelecidos. Inevitavelmente, acabou-se por levantar a questão se um país como a Libéria tinha o direito de oferecer um registro a um proprietário de navios que não é cidadão desse país. Essa questão foi debatida na Unclos I, em 1958, e colocada à prova em 1959, quando a recém-formada Organização Marítima Consultiva Intergovernamen-

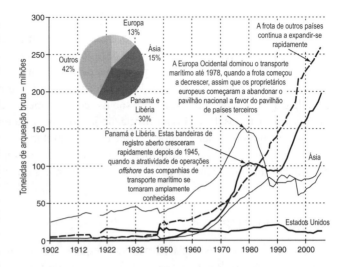

Figura 16.3 – Frota mercante mundial por bandeira (1902-2006).
Fonte: *Lloyd's Register of Shipping* e CRSL.

tal (IMCO) se reuniu em Londres e elegeu o seu Comitê de Segurança Marítima. Os termos da eleição do Comitê estipulavam que oito membros deveriam ser as maiores nações do mundo proprietárias de navios. Inicialmente as oito nações eleitas foram Estados Unidos, Reino Unido, Noruega, Japão, Itália, Holanda, França e Alemanha Ocidental. Contudo, foram levantadas objeções, pois a Libéria, que se posicionava em terceiro lugar em termos de tonelagem mundial, e o Panamá, que se posicionava em oitavo lugar, deveriam ter sido eleitos no lugar da França e da Alemanha.

A disputa foi submetida ao Tribunal Internacional de Justiça para obter um parecer se a eleição era ou não legal em termos da Convenção de 1948, que estabelecia a IMCO.[14] Os proprietários de navios europeus argumentavam que, para um navio ser registrado num país, deveria haver uma "ligação genuína" entre o registro e a propriedade, e que no caso das bandeiras de registro aberto não existia tal ligação. De forma previsível, a Libéria, o Panamá, a Índia e os Estados Unidos defenderam a opinião contrária. O argumento europeu não foi aceito pelo tribunal, que, com uma votação de 9 a 5, decidiu que, ao não eleger a Libéria e o Panamá para o Comitê de Segurança Marítima, a assembleia da IMCO não tinha cumprido com o Artigo 28(a) da Convenção de 1948. Como resultado, as bandeiras de registro aberto internacionais foram legitimadas no direito internacional.

Num mundo de tributações elevadas, o registro *offshore* era imensamente convidativo, e, uma vez que existia essa possibilidade, foi amplamente adotada. Atualmente cerca de metade da frota mercante mundial encontra-se registrada sob registros abertos. Estão listadas na Tabela 16.4 as principais bandeiras de registro aberto: Panamá, Libéria, Bahamas, Malta, Chipre e Bermuda, mais meia dúzia de bandeiras pequenas, incluindo São Vicente e Antígua. O fato de tão poucos navios sob essas bandeiras pertencerem a cidadãos nacionais confirma os seus estatutos de registros abertos (ver Tabela 16.4, seção 3, coluna 3). Como, além dos benefícios fiscais, os registros abertos permitem liberdade na escolha da tripulação, nas décadas de 1980 e de 1990 muitas companhias de navegação grandes renderam-se, frequentemente com muita relutância, às pressões comerciais e abandonaram as suas bandeiras nacionais em favor dos registros abertos.

Embora, na década de 1980, os registros abertos tenham adquirido uma reputação mista, o seu sucesso não podia ser negligenciado, e várias nações marítimas estabelecidas implementaram o seu próprio registro internacional destinado a oferecer condições semelhantes e a trazer de volta os proprietários de navios para a bandeira nacional. As oito nações listadas na Tabela 16.4 mostram que em 2005 esses registros internacionais tinham sido bem-sucedidos em atrair 17% da frota mundial, embora a frota sob os registros abertos seja consideravelmente maior e muitos proprietários de navios na Grécia, no Japão e nos Estados Unidos continuem a registrar os seus navios sob as suas bandeiras nacionais. Entretanto, os registros abertos estavam, no que diz respeito às matérias principais, em sintonia com a prática reguladora, e essa forma de propriedade tornou-se menos controversa do que tinha sido há uma década.

REGISTRO DUPLO

Em algumas circunstâncias, é necessário que o proprietário de navios registre um navio sob duas bandeiras. Por exemplo, pode ser exigido do proprietário que registre o navio sob a sua bandeira nacional, mas essa bandeira pode não ser aceita pelo banco financiador, portanto, para efeitos de hipoteca, o navio é registrado sob uma segunda jurisdição. Funciona assim: o navio primeiro é registrado no país A e, depois, a companhia titular emite um afretamento em casco nu, o qual é registrado no país B, onde desfruta dos mesmos direitos, privilégios e obrigações que qualquer outro navio registrado sob essa bandeira. Obviamente isso só funciona se as autoridades de registro no país B estiverem preparadas para aceitar um afretamento em casco nu, mas várias bandeiras, como Malta e Chipre, estão dispostas a fazê-lo para efeitos de registro, desde que os registros sejam compatíveis.[15] Dessa forma, a separação da propriedade da operação pode ser usada, por exemplo, para permitir que a companhia registre no país A para manter a nacionalidade do navio, enquanto utiliza um segundo registro visando contornar as regulamentações nacionais restritivas, como a tripulação, ou ter acesso a certos portos.

ESTRUTURAS DAS COMPANHIAS ASSOCIADAS AO REGISTRO DE NAVIOS

A utilização de registros abertos no transporte marítimo deu origem a estruturas distintas do organograma das companhias destinadas a proteger o "beneficiário efetivo". A Figura 16.4 apresenta a estrutura de uma companhia típica. Existem quatro componentes ativos:

1. *O proprietário beneficiário*. O proprietário com o controle final que se beneficia de quaisquer lucros obtidos pelo navio. Ele pode estar localizado no seu país de origem ou num centro internacional, como Genebra ou Mônaco.

2. *A companhia com um só navio*. Geralmente, é uma companhia constituída num país de registro aberto, estabelecida com o propósito único de ser proprietária de um único navio. Não tem outros bens rastreáveis. Isso protege os outros ativos do beneficiário efetivo de reclamações que envolvam a companhia com um só navio.[16]

3. *Sociedade-mãe*. É constituída numa jurisdição favorável com o objetivo de ser proprietária e de operar navios. Os únicos ativos dessa companhia são as ações em cada companhia com um só navio. As ações nessa companhia pertencem ao beneficiário efetivo, que pode ser uma empresa ou um indivíduo.

4. *Empresa de gerenciamento*. O gerenciamento diário dos navios é efetuado por outra companhia estabelecida para esse fim. Geralmente essa companhia encontra-se localizada num centro de transporte marítimo conveniente, como Londres ou Hong Kong.

O beneficiário efetivo da propriedade de navios, do gerenciamento e das sociedades-mãe assume a forma de ações ao portador. Esse processo é utilizado para isolar os beneficiários efetivos dos navios das autoridades que procuram estabelecer impostos e outras obrigações. A sua utilização não é universal e depende dos méritos relativos da bandeira nacional. Se considerarmos as maiores nações proprietárias de navios em 2005, verificamos que a maioria tinha alguns navios registrados sob pavilhões estrangeiros (Figura 16.5). Por exemplo, a Grécia, a nação com a maior frota mercante, tinha 67% da tonelagem de arqueação registrada no estrangeiro, ficando 33% da frota sob bandeira nacional, enquanto os proprietários do Japão e dos Estados Unidos, simultaneamente bandeiras de custo excepcionalmente elevado, tinham 89% e 78% da frota registrada no estrangeiro, respectivamente. A Alemanha tinha mais de 80% da sua frota armada sob pavilhão de países terceiros. A Noruega tinha 67% da frota armada sob pavilhão de outros países, mas muitos proprietários noruegueses utilizavam o Registro Internacional de Navios Norueguês (NIS). Em 1987, o governo norueguês, preocupado com a tendência da frota armada sob pavilhão de países terceiros, estabeleceu o NIS para dar aos proprietários noruegueses a maioria dos benefícios que eles receberiam sob um pavilhão internacional. Alguns outros países seguiram o exemplo, e os seus "registros internacionais" encontram-se listados na Tabela 16.4, incluindo-se os registros internacionais de navios de Dinamarca, Singapura, Hong Kong, Ilhas Marshall (Estados Unidos), Ilha de Man (RU), Território

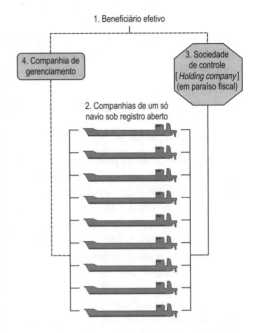

Figura 16.4 – Estrutura da propriedade de uma companhia de navegação.

Fonte: Martin Stopford (2007).

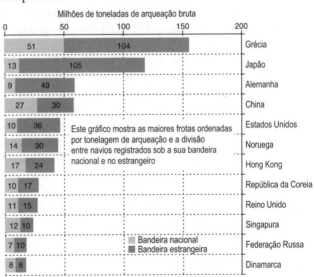

Figura 16.5 – Frotas mercantes nacionais que utilizam registro aberto.

Fonte: Tabela 16.4.

Antártico Francês, Antilhas Holandesas, e Bélgica. Todos eles foram estabelecidos com o intuito específico de oferecer uma alternativa nacional aos proprietários nacionais comparável, em termos comerciais, com aqueles existentes nos registros abertos. Existe um forte contraste entre os registros abertos, que têm poucos nacionais que utilizam a sua bandeira, e os registros nacionais apresentados no topo da Tabela 16.4, em que a maioria da tonelagem de arqueação registrada pertence aos proprietários de navios nacionais (embora haja mais armada em países terceiros).

16.6 COMO SÃO FEITAS AS LEIS MARÍTIMAS

PAPEL DAS LEIS MARÍTIMAS

Existem boas razões práticas para desenvolver um conjunto de leis marítimas internacionalmente aceitas. É do senso comum que, para os navios serem operados eficientemente, os Estados marítimos entre os quais eles operam devem ter as mesmas regras em matérias como a segurança e o ambiente. As diferentes regras sobre, por exemplo, como devem ser estivadas as cargas perigosas ou relativas ao projeto do casco significam que um navio que cumpre com as regras de um país pode não comercializar com outro, desperdiçando recursos econômicos. Também tornaria o projeto de navios especializados mais difícil, porque o projetista precisa saber exatamente onde é que ele vai navegar. Mas um conjunto de leis marítimas vinculativas também deve ser visto como tal pelas várias partes marítimas interessadas envolvidas no transporte do comércio mundial, e as instituições que aplicam essas leis devem ser aceitas como estando em conformidade com os mesmos princípios de justiça.[17] A história comprova que a indústria do transporte marítimo é demasiado diversa para ser policiada autocraticamente, portanto, o processo regulatório deve arrastar a indústria do transporte marítimo bem como os reguladores nela existentes.

Nunca será fácil persuadir os Estados marítimos a concordar com as convenções que constituem o enquadramento do direito marítimo. As questões abordadas são frequentemente controversas, emocionais e envolvem interesses comerciais, especialmente aqueles desencadeados por um incidente marítimo particular, então, o desenvolvimento de uma solução viável exige paciência e pragmatismo. No século XIX, a lei britânica era amplamente usada como o enquadramento da lei marítima nacional, constituindo uma base comum. Mais recentemente, os governos das nações marítimas adotaram etapas mais formais para padronizar a lei marítima. Isso é alcançado por meio de "convenções" internacionais, que são concebidas conjuntamente pelos Estados marítimos, estabelecendo os objetivos acordados para a legislação em matérias específicas. Cada país pode, se assim o desejar, introduzir as medidas estabelecidas nessas convenções na sua lei nacional. Todas as nações que o fazem (conhecidas como signatárias da convenção) têm a mesma lei sobre a matéria coberta pela convenção.

TÓPICOS COBERTOS PELO DIREITO MARÍTIMO

O corpo de leis marítimas atual evolui gradualmente. Tomando como exemplo a Grã-Bretanha, em meados do século XIX existiam poucas normas e regulamentos e não haviam praticamente padrões de construção nem de segurança para os navios mercantes. Muitos eram mandados para o mar mal construídos, mal equipados, brutalmente sobrecarregados e frequentemente segurados em excesso. Frequentemente, esses navios-caixão "levavam as suas tripulações desafortunadas para os fundos dos oceanos mundiais".[18] Como resultado da agitação a favor de uma reforma efetuada por um membro do Parlamento chamado Samuel Plimsoll, o

A regulamentação da indústria marítima

"Ato Plimpsoll" [*Plimsoll Act*] tornou-se lei em 1876 e o Conselho do Comércio foi empossado, como departamento governamental responsável, para vistoriar os navios, aprová-los como qualificados para ir ao mar e marcá-los com uma linha de carga indicando o limite legal até o qual eles podiam ser submersos.

No devido momento, foram introduzidas outras leis assim que necessárias, e o Reino Unido construiu um corpo de leis marítimas dirigidas especificamente à resolução de problemas que apareciam quando se operava uma grande frota de transporte marítimo. À medida que os outros países desenvolviam as suas próprias leis, baseavam-se frequentemente na experiência prática britânica como uma base para redigir a sua legislação. O primeiro passo para um sistema de regras aceitas internacionalmente (as convenções) aconteceu em 1889, quando o governo dos Estados Unidos convidou 37 Estados para participar numa conferência marítima internacional. Na agenda dessa conferência existia uma lista de áreas problemáticas na indústria marítima, para as quais a padronização das regulamentações internacionais traria vantagens, incluindo:

- regras para a prevenção de colisões;
- regras para determinar a navegabilidade dos navios;
- o calado até o qual os navios estariam limitados quando carregados;
- regras uniformes relacionadas à designação e à marcação dos navios;
- o salvamento de vidas e de bens dos naufrágios;
- as qualificações necessárias para os oficiais e os marinheiros;
- os corredores para os navios a vapor e rotas mais frequentadas;
- sinais noturnos para a comunicação da informação no mar;
- avisos sobre a aproximação de tempestades;
- notificação, marcação e remoção de destroços e obstruções perigosos à navegação;
- avisos de perigos à navegação;
- sistema uniforme de boias e faróis;
- o estabelecimento de uma comissão marítima internacional permanente.[19]

Na realidade, a conferência foi bem-sucedida ao lidar somente com o primeiro item da agenda, mas a agenda completa ilustra claramente as áreas que eram consideradas importantes e que foram abordadas nas conferências internacionais e convenções subsequentes. O resultado mais importante foi o estabelecimento de um padrão para o sistema atual sob o qual as leis marítimas são desenvolvidas por consenso entre os Estados marítimos.

PROCEDIMENTOS PARA A REALIZAÇÃO DE CONVENÇÕES MARÍTIMAS

As convenções que formam os pilares fundamentais das leis marítimas não são leis, mas "modelos" acordados internacionalmente que os Estados marítimos utilizam como base para promulgar a sua legislação marítima. Isso não garante que todos os países tenham exatamente a mesma lei marítima, visto que alguns a modificam e outros nem chegam a assinar. Porém,

740　　　　　　　　　　　　　　　　　　　　　　　　　　　　　　　　*Economia marítima*

ajuda a evitar uma legislação marítima mal elaborada e inconsistente e, em matérias importantes como a segurança, a maioria dos países marítimos tem atualmente a mesma lei marítima. O procedimento para fazer ou alterar uma convenção marítima envolve quatro etapas, que são genericamente resumidas no Destaque 16.2.

Destaque 16.2 – As quatro etapas para realizar uma convenção marítima

Etapa 1: *consulta e redação da convenção*. Os governos interessados identificam o assunto que exige uma legislação. Assim, realiza-se uma conferência na qual são debatidas as propostas escritas pelos vários Estados e partes interessadas. Se existir apoio suficiente, a agência (por exemplo, OMI e OMT) elabora um projeto de convenção que circula pelos Estados-membros, em que apresenta em detalhe o regulamento proposto ou uma emenda ou anexo a um regulamento.

Etapa 2: *adoção do projeto da convenção*. A conferência reúne-se novamente para analisar o projeto de regulamento e, quando for alcançado um acordo sobre o texto, ele é adotado pela conferência. O debate serve ao duplo propósito de mostrar se existe ou não um consenso sobre a necessidade do regulamento, e, em caso afirmativo, a redefinição da forma que deve tomar.

Etapa 3: *assinatura*. A convenção está "aberta para assinatura" pelos governos; pela assinatura, cada Estado indica a sua intenção de ratificar a convenção tornando-a assim juridicamente vinculativa no seu próprio país.

Etapa 4: *ratificação*. Cada país signatário ratifica a convenção introduzindo-a na sua própria legislação nacional para que seja parte da lei do país ou dos domínios, e a convenção entra em vigor quando o número necessário de Estados (geralmente dois terços) tiver completado esse processo – as condições exatas da entrada em vigor fazem parte da adoção original da convenção. Assim que as condições necessárias tenham sido satisfeitas, a convenção possui força de lei nos países que a ratificaram. Não se aplica a países onde não tenha sido ratificada, e quaisquer casos legais devem ser julgados ao abrigo da lei nacional prevalecente.

Um exemplo desse processo é dado pela Unclos 1982, abordada na Seção 16.4. Ela foi fomentada pela Resolução da Assembleia Geral das Nações Unidas 2.749, que assinalou "as realidades políticas e econômicas" da década anterior e "o fato de muitos dos atuais Estados-membros das Nações Unidas não terem participado na Conferência das Nações Unidas sobre o Direito Marítimo". Isso pedia a realização de uma nova conferência sobre o direito do mar. A conferência aconteceu em 1973, e o debate continuou até 30 de abril de 1982, quando a convenção redigida foi adotada por votação (130 a favor, quatro contra, dezessete abstenções). A convenção foi aberta para assinatura em Montego Bay, na Jamaica, em 10 de dezembro de 1982. No primeiro dia foram anexadas as assinaturas de 117 Estados. Adicionalmente, foi depositada uma ratificação.

É necessário tempo e esforço consideráveis para organizar as conferências, redigir as convenções e resolver as diferenças e os mal-entendidos. Esse trabalho é efetuado pela IMO e pela OMT. Cada uma delas trata de um conjunto específico de assuntos marítimos, como descritos nas seções seguintes.

16.7 A ORGANIZAÇÃO MARÍTIMA INTERNACIONAL

HISTÓRIA E ESTRUTURA DA IMO

A IMCO entrou em funcionamento em 1958, tendo como responsabilidade adotar uma legislação sobre assuntos relacionados com a segurança marítima e a prevenção da poluição em nível mundial e atuar como depositária de um número de convenções internacionais relacio-

A regulamentação da indústria marítima **741**

nadas. Subsequentemente, em 1982, a IMCO alterou o seu nome para Organização Marítima Internacional (IMO). Tem sido responsável pelo desenvolvimento de diversas convenções importantes, que vão desde a Convenção para a Salvaguarda da Vida Humana no Mar (Solas) até as convenções sobre a arqueação de navios e a poluição por hidrocarbonetos.

A IMO tem 166 Estados-membros e dois membros associados. A assembleia é o seu órgão dirigente, que se reúne de dois em dois anos. Entre as sessões da assembleia, um conselho, composto de 32 Estados-membros eleitos pela assembleia desempenha o papel de órgão dirigente. O trabalho técnico e legal é efetuado por cinco comitês:

- O *Comitê de Segurança Marítima [Maritime Safety Committee]*, que trata de uma série de questões relacionadas com a segurança no mar. Os subcomitês lidam com questões relacionadas com a segurança da navegação; as comunicações por rádio e o salvamento; a busca e salvamento; as normas de treinamento e serviços de quarto; o projeto de navios e equipamento; os meios de salvação; a proteção contra incêndios; a estabilidade e as linhas de carga; a segurança dos navios de pesca; o transporte de cargas perigosas; as cargas secas e os contêineres; o transporte de líquidos e gases a granel; e a implementação do Estado de bandeira.

- O *Comitê para a Proteção do Ambiente Marinho [Marine Environment Protection Committee]*, que trata de uma série de questões relacionadas com a poluição, causada sobretudo por hidrocarbonetos.

- O *Comitê de Cooperação Técnica [Technical Co-operation Committee]*, que lida com o programa de cooperação técnica, o qual se destina a ajudar os governos a implementar as medidas técnicas adotadas pela organização.

- O *Comitê Legal [Legal Committee]*, responsável por considerar quaisquer questões legais dentro do âmbito da organização.

- O *Comitê de Facilitação [Facilitation Committee]*, que se preocupa com a facilitação do fluxo do tráfego marítimo internacional, reduzindo as formalidades e simplificando a documentação exigida dos navios quando entram ou saem dos portos ou dos terminais.

Para dar apoio a esses comitês, a IMO tem um secretariado com cerca de trezentos funcionários localizado em Londres.

Nos seus primeiros anos, a IMO desenvolveu um corpo abrangente de convenções, códigos e recomendações marítimas que podiam ser implementadas pelos governos-membros. As dezesseis convenções mais importantes encontram-se listadas na Tabela 16.5, com um breve resumo do seu âmbito e a percentagem da tonelagem mundial que ratificou cada uma delas. A Solas, sua convenção mais importante, é agora aceita por países cujas frotas mercantes combinadas representam 98,8% do total da tonelagem mundial. Embora a ênfase na fase inicial se concentrasse na redação das convenções, o foco mudou desde a década de 1980. Nessa altura, a IMO tinha desenvolvido uma série de medidas abrangentes que cobriam segurança, prevenção da poluição, responsabilidade e compensação. Foi reconhecido que a legislação teria pouco valor a não ser que entrasse em vigor, portanto, em 1981 a assembleia adotou a Resolução A500(XII), que redirecionou a atividade para a implementação efetiva das convenções. Essa resolução foi reafirmada para a década de 1990, e a "implementação" tornou-se o objetivo principal da IMO.[20] Para promover a tarefa, o Comitê de Segurança Marítima estabeleceu o subcomitê da implementação do Estado de bandeira.

A cobertura das convenções é descrita brevemente nos parágrafos seguintes.

Tabela 16.5 – Principais convenções da IMO relacionadas com a segurança marítima e com a prevenção da poluição para o transporte marítimo mercante

Número	Instrumento	Entrada em vigor	
		Data	% da frota
1	Solas	Convenção Internacional para a Salvaguarda da Vida Humana no Mar, 1974, com as modificações subsequentes, e os seus Protocolos (1978, 1988) [*International Convention for the Safety of Life at Sea, 1974 as amended, and its Protocols (1978, 1988)*]	25/05/1980	99
2	SAR	Convenção Internacional sobre Busca e Salvamento Marítimos, 1979 [*International Convention on Maritime Search and Rescue, 1979*]	22/06/1985	52
3	Intervention	Convenção Internacional de 1969 sobre a Intervenção em Alto-Mar em Caso de Acidente que Provoque ou Possa Vir a Provocar Poluição por Hidrocarbonetos, 1969, e o seu Protocolo (1973) [*International Convention relating to Intervention on the High Seas in Cases of Oil Pollution Casualties, 1969, and its Protocol (1973)*]	06/05/1975	73
4	Marpol	Convenção Internacional para a Prevenção da Poluição por Navios, 1973, e o seu Protocolo (1978), Anexo I (2 out. 1983), Anexo II (6 abr. 1987), Anexo III (1 jul. 1992), Anexo IV, Anexo V (31 dez. 1988) [*International Convention for the Prevention of Pollution from Ships, 1973, and its Protocol (1978) Annex I (2 Oct. 1983); Annex II (6 April 1987) Annex III (1 July 1992); IV; Annex V (31 Dec. 1988)*]	02/10/1983	98
5	CSC	Convenção Internacional sobre a Segurança dos Contêineres (1972) [*International Convention for Safe Containers (1972)*]	06/07/1977	62
6	OPRC	Convenção Internacional de 1990 sobre a Prevenção, Atuação e Cooperação no Combate à Poluição por Hidrocarbonetos, 1990 [*International Convention on Oil Pollution Preparedness, Response and Co-operation, 1990*]	13/05/1995	65
7	LC	Convenção para a Prevenção da Poluição Marinha Causada pelo Despejo de Resíduos e Outras Substâncias, 1972, com as modificações subsequentes, e o seu Protocolo (1996) [*Convention on the Prevention of Marine Pollution by Dumping of Wastes and Other Matter, 1972 as amended, and its Protocol (1996)*]	30/08/1975	69
8	Colreg	Convenção sobre o Regulamento Internacional para Evitar Abalroamentos no Mar, 1972, com as modificações subsequentes [*Convention on the International Regulations for Preventing Collisions at Sea, 1972, as amended*]	15/07/1977	98
9	FAL	Convenção da Organização Marítima Internacional relativa à Facilitação do Tráfego Marítimo Internacional, 1965, com as modificações subsequentes [*Convention on Facilitation of International Maritime Traffic, 1965, as amended*]	05/03/1967	69
10	STCW	Convenção Internacional sobre Padrões de Formação, Certificação e Serviço de Quarto para Marítimos, 1978, com as modificações subsequentes [*International Convention on Standards of Training, Certification and Watchkeeping for Seafarers, 1978, as amended*]	28/04/1984	99
11	SUA	Convenção para a Supressão de Atos Ilícitos contra a Segurança da Navegação Marítima, 1988, e o seu Protocolo (1988) [*Convention for the Suppression of Unlawful Acts against the Safety of Maritime Navigation, 1988, and its Protocol (1988)*]	01/03/1992	92

(continua)

A regulamentação da indústria marítima

Tabela 16.5 – Principais convenções da IMO relacionadas com a segurança marítima e com a prevenção da poluição para o transporte marítimo mercante (*continuação*)

Número		Instrumento	Entrada em vigor	
			Data	% da frota
12	LL	Convenção Internacional das Linhas de Carga, 1966, com as modificações subsequentes, e o seu Protocolo (1988) [*International Convention on Load Lines, 1966, as amended, and its Protocol (1988)*]	21/07/1968	99
13	Tonnage	Convenção Internacional sobre Arqueação de Navios, 1969 [*International Convention on Tonnage Measurement of Ships, 1969*]	18/07/1982	99
14	CSC	Convenção Internacional sobre a Segurança dos Contêineres, 1972, com as modificações subsequentes [*International Convention for Safe Containers, 1972 as amended*]	06/09/1977	62
15	Salvage	Convenção Internacional sobre Salvamento Marítimo, 1989 [*International Convention on Salvage, 1989*]	14/07/1996	38
16	Código ISM	Código Internacional de Gestão para a Segurança da Exploração dos Navios e a Prevenção da Poluição [*Management Code for the Safe Operation of Ships and Pollution Prevention*]	01/12/2009	

Nota: situação em outubro de 2006.
Fonte: Organização Marítima Internacional (Londres).

CONVENÇÃO INTERNACIONAL PARA A SALVAGUARDA DA VIDA HUMANA NO MAR (SOLAS)

A primeira conferência organizada pela IMO em 1960 adotou a Convenção Internacional para a Salvaguarda da Vida Humana no Mar, que entrou em vigor em 1965 e cobriu uma grande variedade de medidas destinadas a melhorar a segurança do transporte marítimo. Essa importante convenção tem doze capítulos que abordam:

Capítulo I – Disposições Gerais

Capítulo II:1 – Construção – Subdivisão e estabilidade, máquinas e instalações elétricas

Capítulo II:2 – Construção – Prevenção, detecção e extinção de incêndios

Capítulo III – Meios de salvamento e outras disposições

Capítulo IV – Radiocomunicações

Capítulo V – Segurança da navegação

Capítulo VI – Transporte de cargas

Capítulo VII – Transporte de cargas perigosas

Capítulo VIII – Navios nucleares

Capítulo IX – Gestão para a operação segura de navios

Capítulo X – Medidas de segurança a aplicar às embarcações de alta velocidade

Capítulo XI:1 – Medidas especiais para reforçar a segurança marítima

Capítulo XI:2 – Medidas especiais para reforçar a proteção do transporte marítimo

Capítulo XII – Medidas adicionais de segurança para navios graneleiros

A Solas foi atualizada em 1974 e agora incorpora um procedimento de alteração em que a convenção pode ser atualizada para levar em consideração as mudanças ocorridas no enquadramento do transporte marítimo sem ter de recorrer ao procedimento de realização de uma conferência. A Convenção Solas de 1974 entrou em vigor em 25 de maio de 1980 e, em outubro de 2006, foi ratificada pelos Estados que representam 99% da frota mercante registrada. Em 1º de maio de 1981, entrou em vigor um protocolo de 1978 relacionado com a convenção.

Com o crescente reconhecimento de que as perdas de vida no mar e a poluição ambiental são influenciadas pela forma como as companhias gerenciam as suas frotas, na década de 1990, a IMO tomou medidas para regulamentar os padrões de gerenciamento na indústria marítima. Na conferência da Solas que ocorreu em maio de 1994, o Código Internacional de gestão para a segurança da exploração dos navios e a prevenção da poluição (ISM) foi formalmente incorporado no Capítulo IX das regras da Solas. O código requer que as companhias de navegação desenvolvam, implementem e mantenham um sistema de gerenciamento da segurança, que inclui:

- uma política de segurança e de proteção do meio ambiente da companhia;

- procedimentos escritos que garantam a segurança na exploração dos navios e a proteção do meio ambiente;

- níveis de autoridade bem definidos e vias de comunicação entre o pessoal de terra e o pessoal de bordo;

- procedimentos para a comunicação de acidentes e de não conformidades (ou seja, erros que ocorrem);

- procedimentos para a preparação e a intervenção em situações de emergência.

Em 1º de julho de 1998, o Código ISM tornou-se obrigatório para os navios-tanques, os navios graneleiros e os navios de passageiros acima de 500 toneladas de arqueação bruta e, em 1º de julho de 2002, para a maioria dos outros navios que operam internacionalmente. Cerca de 12 mil navios tinham de cumprir com o primeiro prazo, e a segunda fase da implementação incluiu outros 13 mil navios.[21] Anteriormente, as regras relativas à segurança tendiam a focar os aspectos físicos, em vez dos aspectos de gerenciamento do negócio do transporte marítimo, portanto, o Código ISM representou uma nova direção na regulamentação marítima. Inevitavelmente, levantaram-se muitos problemas novos durante a implementação e a verificação de um sistema tão complexo.

EVITAR ABALROAMENTOS NO MAR

As colisões são uma causa comum de acidentes no mar. As medidas para evitar que aconteçam estão incluídas no Anexo à Convenção para a Salvaguarda da Vida Humana no Mar de 1960, mas em 1972 a IMO adotou a Convenção sobre o Regulamento Internacional para Evitar Abalroamentos no Mar de 1972 (Colreg). Encontram-se incluídas nessa

A regulamentação da indústria marítima **745**

convenção as regras para introduzir os esquemas de separação de tráfego nas áreas congestionadas do mundo. Essas "regras da estrada" reduziram substancialmente o número de colisões entre navios.[22]

LINHAS DE CARGA DO NAVIO

O problema referente ao sobrecarregamento perigoso de navios ocorrido no século XIX foi referenciado anteriormente neste capítulo. Em 1930, foi adotada a Convenção Internacional das Linhas de Carga, que estabelecia as linhas de carga-padrão para os diferentes tipos de navios sob diferentes condições. Em 1966, foi adotada uma convenção atualizada, que entrou em vigor em 1968.

CONVENÇÃO INTERNACIONAL SOBRE A ARQUEAÇÃO DOS NAVIOS DE 1969

Embora isso possa parecer um assunto obscuro para uma convenção internacional, é de grande interesse para os proprietários de navios, porque os portos, os canais e as outras organizações determinam as suas taxas na base da tonelagem de arqueação do navio. Isso criou um incentivo para manipular o projeto de navios de maneira a reduzir a tonelagem de arqueação do navio ainda que pudesse transportar a mesma quantidade de carga. Ocasionalmente isso era obtido às custas da estabilidade e da segurança do navio.

A primeira Convenção Internacional sobre a Arqueação dos Navios aconteceu em 1969. Provou ser tão complexa e controversa que foram necessários 25 Estados com não menos de 65% da tonelagem de arqueação mercante bruta mundial para ratificá-la antes de se tornar lei. O número necessário de aceitações só foi alcançado em 1980, e a convenção entrou em vigor em 1982. Ela estabeleceu novos procedimentos para o cálculo das tonelagens de arqueação bruta e líquida de um navio e para a alocação de um número da IMO a cada navio, para que os navios pudessem ser identificados de forma exclusiva.

CONVENÇÃO INTERNACIONAL SOBRE PADRÕES DE FORMAÇÃO, CERTIFICAÇÃO E SERVIÇO DE QUARTO PARA MARÍTIMOS (STCW) DE 1978

O objetivo desta convenção foi introduzir internacionalmente normas mínimas aceitáveis para treinamento e certificação dos oficiais e dos membros restantes da tripulação. Entrou em vigor em 1984. A emenda de 1995 complementou a iniciativa do Código ISM estabelecendo normas verificáveis, um treinamento estruturado e uma familiarização a bordo.

CONVENÇÃO INTERNACIONAL DE 1973 PARA A PREVENÇÃO DA POLUIÇÃO POR NAVIOS

Esta convenção, conhecida como Marpol, é a principal convenção internacional sobre prevenção e a minimização da poluição do ambiente marinho pelos navios resultante de causas operacionais ou acidentais. Resulta de uma combinação de dois tratados adotados em 1973 e em 1978 e de uma atualização por emendas ao longo dos anos. Atualmente tem seis anexos técnicos que apresentam as regras detalhadamente:

Anexo I: Regras para a Prevenção da Poluição por Hidrocarbonetos

Anexo II: Regras para o Controle da Poluição por Substâncias Líquidas Nocivas Transportadas a Granel, incluindo uma lista de 250 substâncias regulamentadas

Anexo III: Regras para a Prevenção da Poluição por Substâncias Prejudiciais Transportadas por Via Marítima em Embalagens (expedidas em tambores etc.)

Anexo IV: Regras para a Prevenção da Poluição por Esgotos Sanitários dos Navios

Anexo V: Regras para a Prevenção da Poluição por Lixo de Navios

Anexo VI: Regras para a Prevenção da Poluição Atmosférica por Navios

Assim que a quantidade de petróleo transportado por via marítima aumentou nas décadas de 1950 e de 1960, foram necessárias regras sobre a poluição marítima. Em 1952, teve lugar em Londres uma conferência para debater o assunto, resultando na Convenção Internacional para a Prevenção da Poluição por Navios (Oilpol). A descarga descontrolada de água de lastro oleosa foi o principal problema abordado por essa convenção. Na época, os navios-tanques transportavam água de lastro nos seus tanques de carga e descarregavam-na fora do porto de carga. Como a água de lastro continha pequenas quantidades de hidrocarbonetos, ela poluía o mar e as praias nessas áreas. Para evitar essa poluição, a Oilpol estabeleceu as "zonas proibidas", que se estendem por pelo menos 50 milhas do ponto de costa mais próximo. Essas regras foram progressivamente atualizadas nos vinte anos que se seguiram.

Na década de 1960, tornou-se evidente que havia a necessidade de uma convenção mais abrangente sobre a poluição marítima e, em 1973, a Marpol foi adotada. Essa convenção aplica-se a todas as formas de poluição marítima, exceto aos resíduos gerados em terra, e trata de questões como: as definições de violações, os certificados e as regras especiais sobre a inspeção de navios, a promulgação e os relatórios sobre incidentes que envolvam substâncias nocivas. A convenção exigia que todos os navios-tanques tivessem tanques de resíduos e que tivessem equipamento para a descarga e monitorização do petróleo, enquanto os novos navios-tanques acima de 70.000 tpb deviam ter tanques de lastro segregado suficientemente grandes para transportar toda a água de lastro em condições de viagem normais – os tanques de carga só poderiam ser utilizados para água de lastro em condições de tempo extremas. Em 1978, na conferência internacional seguinte sobre a segurança de navios-tanques e a prevenção da poluição, foram incorporadas medidas adicionais sob a forma do Protocolo à Convenção de 1973. O limite inferior de navios-tanques a serem equipados com tanques de lastro segregado passou dos navios-tanques de 70.000 tpb para os navios-tanques de 20.000 tpb, e os navios-tanques existentes foram obrigados a ter equipamento para a lavagem de tanques com petróleo bruto [crude oil washing equipment].

No início da década de 1990, após um grande número de incidentes de poluição por hidrocarbonetos, em particular o da Exxon Valdez, a atenção voltou-se para as regras dos navios-tanques destinadas a reduzir o risco de derrames por hidrocarbonetos resultantes de colisões e de encalhes com esses navios. Foi redigido um novo Anexo I à Marpol (1973/1978), que introduziu duas novas regras destinadas a reduzir os derrames por hidrocarbonetos desse tipo.

A regulamentação da indústria marítima   **747**

A Regra 13F exigiu que os novos navios-tanques encomendados após 6 de julho de 1993 tivessem cascos duplos construídos de acordo com parâmetros de projeto específicos, que incluem a obrigação de os navios com mais de 30.000 tpb terem um espaço separado por uma distância de 2 metros entre os tanques de carga e o casco. A Regra 13G criou dois "obstáculos" relacionados à idade dos navios-tanques de casco simples existentes. Como medida defensiva, aos 25 anos de idade, 30% da área do costado ou do fundo deve ser atribuída a tanques livres de carga; e, com trinta anos, todos os tanques devem cumprir com a Regra 13F incorporando um casco duplo. O Anexo foi adotado em 1º de julho de 1992.

Os dois incidentes de poluição por hidrocarbonetos principais foram, o Erika em 1999 e o Prestige em 2002. Resultaram em emendas adicionais ao Anexo 1 da Marpol 1973/1978, efetuadas pelo Comitê para a Proteção do Meio Marinho da IMO.

Em primeiro lugar, foi acelerada a eliminação progressiva dos petroleiros de casco simples. Sob a Regra 13G do Anexo I da Marpol revista, que entrou em vigor em abril de 2005, a data final para a retirada dos navios-tanques de categoria 1 (navios-tanques pré-Marpol) foi antecipada de 2007 para 2005. A data final para a retirada dos navios-tanques de categoria 2 e 3 (navios-tanques Marpol e navios-tanques menores) foi antecipada de 2015 para 2010, embora tivessem autorização para navegar além da data do seu aniversário em 2010, de acordo com os critérios das administrações do Estado do porto (os navios de duplo-fundo e de duplo costado estavam autorizados a operar até 25 anos de idade ou até 2015). Isso foi controverso, porque alguns navios-tanques de casco simples teriam somente entre quinze e vinte anos de idade em 2010. Em segundo lugar, adotou-se o Programa de Avaliação do Estado dos Navios, que exige uma inspeção mais detalhada dos navios-tanques de casco simples da categoria 2 (não de acordo com a Marpol) e da categoria 3 (conforme a Marpol). Em terceiro, a nova Regra 13H proibia os navios-tanques de casco simples acima de 5.000 tpb de transportar frações de petróleo pesadas a partir de 5 de abril de 2006, e os navios-tanques menores de 600-5.000 tpb a partir de 2008. Essas emendas entraram em vigor em 5 de abril de 2005. Note-se que em janeiro de 2007 os nomes das regras foram alteradas – a Regra 13F tornou-se a Regra 19, a Regra 13G tornou-se a Regra 20, a Regra 13H tornou-se a Regra 21, todas pertencentes ao Anexo 1 da Marpol.

No final da década de 1990, além da poluição por hidrocarbonetos, a IMO começou a focar o impacto ambiental provocado pelas emissões dos navios, incluindo as emissões gasosas e a água de lastro. O Anexo VI da Marpol estabelece os limites de emissões de enxofre e de óxidos de azoto dos sistemas de exaustão dos navios e proíbe as emissões deliberadas de substâncias que destroem a camada de ozono. O anexo inclui um regime mundial de limitação de emissões de 4,5% do teor de enxofre do óleo combustível por peso. Em 2007 as emissões gasosas oriundas dos navios estavam no topo da agenda da IMO e eram estudadas por um grupo de trabalho sobre a poluição aérea. A sua agenda incluía: os limites da emissão dos óxidos de azoto (NOx) para os motores novos e existentes, o enxofre a e qualidade do óleo combustível, o comércio de emissões e as emissões de compostos orgânicos voláteis dos navios-tanques. O objetivo era propor emendas às regras existentes para ser implementadas em 2008.

16.8 A ORGANIZAÇÃO MUNDIAL DO TRABALHO

Desde a década de 1920, a Organização Internacional do Trabalho (OMT) tem tratado dos termos e das condições de emprego dos marítimos, tornando-a uma das agências intergovernamentais mais antigas a funcionar sob a égide das Nações Unidas atualmente. A sua principal preocupação é o bem-estar de 1,2 milhão de pessoas que trabalham no mar. Foi inicialmente estabelecida em 1919. Durante o século XX, desenvolveu 32 convenções sobre o trabalho dos marítimos e 25 recomendações sobre o trabalho dos marítimos que tratam das condições de trabalho e da vida a bordo, das tripulações, das horas de trabalho, das pensões, das férias, do subsídio de doença e dos salários mínimos.

No final do século XX a indústria marítima e os governos consideravam que esse corpo complexo de convenções marítimas era difícil de ser ratificado e implementadas, e tornou-se visível que a indústria precisava de um sistema mais efetivo se quisesse eliminar os navios que não cumprissem as normas. Em 2001, as organizações internacionais dos marítimos e dos proprietários de navios apresentaram uma resolução conjunta na OMT pedindo "normas globais aplicáveis a toda a indústria". Como resultado, a OMT foi encarregada de desenvolver "um instrumento que reunisse num texto consolidado tantos instrumentos do corpo de instrumentos da OMT existente quanto fosse possível alcançar". A nova e mais completa Convenção do Trabalho Marítimo [*Maritime Labour Convention*] para a indústria do transporte marítimo foi adotada em 2006 e entrou em vigor após ter sido ratificada por trinta Estados-membros da OMT, com um total de pelo menos de 33% da tonelagem de arqueação bruta mundial. Em meados de 2008 tinha sido ratificada por Libéria, Bermudas e Ilhas Marshall, e esperava-se que entrasse em vigor em agosto de 2011, fato que ocorreu somente um ano depois, em agosto de 2012 (esta seção concentra-se nas novas regras, mas a lista de regras existentes pode ser encontrada na obra *Economia marítima*, segunda edição, Tabela 12.6, ou no sítio eletrônico da OMT).

A Convenção Consolidada de 2006 tinha por objetivo manter as normas de trabalho marítimo existentes e, ao mesmo tempo, conferir aos países mais discrição para estabelecer leis nacionais adaptadas às circunstâncias locais. Aplica-se a todos os navios comerciais públicos ou privados, mas exclui os navios tradicionais (por exemplo, *dhows* e juncos), os navios de guerra, as unidades auxiliares da marinha de guerra e os navios com menos de 200 toneladas de arqueação bruta usadas nos tráfegos domésticos. Os navios de pesca são tratados numa convenção à parte.[23] Um "marítimo" é definido como "qualquer pessoa empregada, contratada ou que trabalha a bordo de um navio ao qual se aplique a presente convenção". Grande parte da nova convenção destina-se a ser uma versão mais estruturada das 68 convenções e recomendações da OMT sobre os marítimos existentes, conferindo aos países a flexibilidade para harmonizar a nova legislação marítima com as leis laborais nacionais.

A convenção tem cinco "títulos", que se encontram resumidos na Tabela 16.6, os quais estabelecem as normas mínimas para os marítimos, incluindo condições de emprego, horas de trabalho e de descanso, alojamento, lazer, alimentação e serviço de mesa, proteção da saúde, cuidados médicos e bem-estar e proteção em matéria de seguridade social. Estabelece normas juridicamente vinculativas e também incorpora linhas de orientação, um desvio significativo das convenções da OMT tradicionais. Ainda introduz procedimentos para simplificar as alterações das regras, permitindo que as emendas entrem em vigor dentro do prazo de três a quatro anos a partir da data proposta.

Uma grande inovação é o Título 5, que trata do cumprimento e da aplicação das regras. Quaisquer navios acima de 500 toneladas de arqueação bruta que naveguem internacionalmente devem transportar um certificado de trabalho marítimo e uma declaração de conformidade do trabalho marítimo sobre os planos do proprietário do navio para garantir que se cumprem as regras nacionais. O comandante do navio é responsável por transportar esses planos e manter os registros como evidência do cumprimento. O Estado de bandeira é responsável por rever os planos e por sua implementação. Para encorajar o cumprimento por parte dos operadores e dos proprietários, a convenção estabelece os mecanismos que tratam dos procedimentos de tramitação de queixas a bordo e em terra, a inspeção pelo Estado do porto e a jurisdição do Estado de bandeira e o controle sobre os navios no seu registro.

Tabela 16.6 – Regulamentos consolidados sobre o trabalho marítimo da OMT (2006)*

Título 1. Condições mínimas a observar para o trabalho dos marítimos a bordo de um navio
• Idade mínima
• Certificado médico
• Formação e qualificação
• Recrutamento e colocação

Título 2. Condições de trabalho: emprego dos marítimos
• Salários
• Horas de trabalho ou de descanso
• Repatriamento
• Indenização dos marítimos em caso de perda do navio ou de naufrágio
• Desenvolvimento das carreiras e das aptidões profissionais e oportunidades de emprego dos marítimos

Título 3. Alojamento, lazer, alimentação e serviço de mesa
• Alojamento e lazer
• Alimentação e serviço de mesa

Título 4. Proteção da saúde
• Bem-estar e proteção em matéria de seguridade social
• Cuidados médicos a bordo e em terra
• Responsabilidade dos armadores
• Proteção da saúde e da segurança e prevenção de acidentes
• Acesso a instalações de bem-estar em terra
• Segurança social

Título 5. Cumprimento e aplicação
Responsabilidades do Estado de bandeira:
• Princípios gerais
• Autorização das organizações reconhecidas
• Certificado de trabalho marítimo e declaração de conformidade do trabalho marítimo
• Inspeção e aplicação; procedimentos de queixa a bordo; acidentes marítimos
Responsabilidades do Estado do porto:
• Inspeções no porto
• Procedimentos de tratamento em terra de queixas dos marítimos
• Responsabilidades do fornecedor de mão de obra

Nota: esta regulamentação foi adotada em 2006, mas esperava-se que só entrasse em vigor em 2011, quando tivessem sido alcançadas as ratificações necessárias. A regulamentação entrou em vigor no ano seguinte ao previsto, em agosto de 2012.

16.9 O PAPEL REGULAMENTADOR DOS ESTADOS COSTEIROS E PORTUÁRIOS

DIREITOS DOS ESTADOS COSTEIROS SOBRE NAVIOS ESTRANGEIROS

Agora chegamos aos "Estados costeiros" e ao papel que desempenham na regulamentação do transporte marítimo. A Unclos 1982 permite que os Estados costeiros legislem com relação a "boa conduta" dos navios nos seus mares territoriais. A convenção lista oito áreas específicas na qual a legislação é permitida – as principais são a segurança da navegação, a proteção das ajudas à navegação, a preservação do ambiente e a prevenção, a redução e o controle da poluição, a prevenção à infração das leis aduaneiras e sanitárias etc. Contudo, o Artigo 21 da Unclos de 1982 menciona especificamente que as leis e os regulamentos dos estados costeiros "não serão aplicados ao projeto, à construção, à tripulação ou aos equipamentos dos navios estrangeiros, a não ser que se destinem à aplicação de regras ou normas internacionais geralmente aceitas". Isso se destina a evitar um "cenário assustador", no qual os navios estão sujeitos a diferentes normas de construção e de tripulação em águas territoriais diferentes. Também confere ao Estado costeiro o direito de aplicar as regras internacionais nas suas águas territoriais, e isso deu origem ao movimento do controle pelo Estado do porto.

O movimento do controle pelo Estado do porto foi uma resposta ao crescente número de navios registrados sob bandeiras de conveniência e ao reconhecimento de que algumas dessas bandeiras não estavam, por alguma razão, aplicando as regras marítimas internacionais. Isso tornou o papel de supervisão tradicional dos Estados de bandeira menos confiável do que anteriormente e, em resposta, os Estados dos portos começaram a desempenhar um papel cada vez mais relevante no sistema regulador.

MOVIMENTO DE CONTROLE PELO ESTADO DO PORTO

O movimento de controle pelo Estado do porto começou em 1978, quando oito Estados europeus em torno do Mar do Norte acordaram informalmente inspecionar os navios estrangeiros que visitassem os seus portos e partilhar a informação acerca das deficiências. Em 1982, o acordo foi formalizado com a assinatura do Memorando de Entendimento [*Memorandum of Understanding*, MOU] de Paris, no qual catorze Estados europeus acordaram trabalhar em conjunto para garantir que os navios que visitassem os seus portos cumprissem com as convenções internacionais sobre a segurança e a poluição.

Os signatários do MOU de Paris responsabilizaram-se pela manutenção de um sistema efetivo do controle do Estado do porto, garantindo que os navios mercantes estrangeiros que escalassem os seus portos cumprissem com as normas estipuladas nas convenções marítimas "relevantes" e nos seus protocolos, que definem como Convenções das Linhas de Carga de 1966; Solas 1974; Marpol 1973/78; STCW 1978; Colreg 1972; Convenção Internacional sobre a Arqueação dos Navios de 1969; e Convenção da OMT nº 147 da Marinha Mercante (Normas Mínimas) de 1976. A Tabela 16.5 apresenta os detalhes das primeiras cinco convenções, enquanto a Convenção 147 da OMT relaciona-se com as questões da segurança da tripulação, do emprego e do bem-estar abordados abaixo dos Títulos 1-4 da nova convenção consolidada, apresentada na Tabela 16.6. Cada Estado participante assume a responsabilidade de inspecionar 25% dos navios da frota mercante que escalem os seus portos, baseando o número na média das escalas portuárias efetuadas nos três anos anteriores. Também acordaram trabalhar conjuntamente para trocar informação com as outras autoridades e notificar os serviços de pilotagem e as autoridades portuárias imediatamente se encontrassem deficiências que pudessem prejudicar a segurança do navio ou constituíssem uma ameaça ao ambiente marinho.

Por volta de 2007, o número de signatários do MOU de Paris tinha aumentado para 27, estendendo-se da Rússia até o Canadá, e o MOU tem sido atualizado regularmente.

A regulamentação da indústria marítima 751

Entretanto, estão sendo estabelecidos outros MOU de controle pelo Estado do porto nas seguintes áreas:

- o MOU do Mediterrâneo (dez países participantes);
- o MOU de Tóquio (dezoito participantes);
- o MOU do Caribe (onze participantes);
- o acordo da América Latina (doze participantes);
- o MOU do Oceano Índico (onze participantes).

Os Estados Unidos controlam o seu próprio programa.

INSPEÇÕES NO ÂMBITO DO CONTROLE PELO ESTADO DO PORTO

Em 1995, a IMO adotou uma resolução que oferece uma orientação básica relacionada às inspeções de controle pelo Estado do porto para identificar as deficiências no navio, no seu equipamento ou na sua tripulação. O objetivo era garantir que as inspeções fossem aplicadas de forma consistente em toda parte do mundo, de porto em porto. Esses procedimentos não são obrigatórios, mas muitos países seguiram-nos.[24] O conjunto das inspeções é agora muito amplo, com mais de 50 mil navios sendo inspecionados anualmente, uma percentagem significativa da frota internacional. Por exemplo, o MOU de Paris realiza cerca de 20 mil inspeções por ano, identificando uma média de 3,5 deficiências por inspeção. Os navios com deficiências graves são detidos e um pequeno número de navios é banido. As listas dos navios detidos são publicadas num sítio eletrônico. O MOU de Tóquio realiza um número semelhante de inspeções.

Os navios a serem inspecionados são selecionados a partir de listas de navios que chegam aos portos, utilizando frequentemente técnicas estatísticas para identificar os navios de maior risco. Por exemplo, o MOU de Paris utiliza o cálculo do fator de seleção, que leva em consideração fatores como a bandeira, a idade e o tipo de navio, ponderando cada característica com base na associação dos defeitos anteriores.

A inspeção é composta de três partes: uma inspeção geral externa do navio quando se entra a bordo, a verificação dos certificados e uma "volta" mais detalhada para inspecionar a condição dos pavimentos expostos, o equipamento de carga, o equipamento de navegação e rádio, os meios salva-vidas, os dispositivos de combate a incêndios, os espaços da maquinaria, o equipamento de prevenção à poluição e as condições habitacionais e de trabalho. Em cada rubrica o inspetor trabalha com uma lista de verificação detalhada e anota quaisquer deficiências. Existe uma "deficiência" quando qualquer aspecto do navio não cumpre com os requisitos da convenção. Poderá ser exigida uma inspeção mais detalhada se o inspetor encontrar deficiências significativas, e será emitida uma ordem de detenção se o navio for considerado inseguro para ser autorizado a prosseguir para o mar. Por exemplo, poderá ser pedida uma detenção sob a Convenção das Linhas de Carga se for visível alguma falha estrutural como uma corrosão por picada grave na chapa do convés, ou sob a Marpol se a capacidade restante dos tanques de resíduos for insuficiente para a viagem prevista, ou sob a Solas se a casa das máquinas não estiver limpa, com água oleosa nos esgotos e as montagens dos encanamentos contaminadas com óleo.

LEI DOS ESTADOS UNIDOS SOBRE POLUIÇÃO POR PETRÓLEO DE 1990

A poluição é uma área em que os Estados costeiros são muito ativos. Em anos recentes, uma das iniciativas mais avançadas foi a Lei dos Estados Unidos sobre a Poluição por Petróleo de 1990. Essa legislação foi formulada em resposta às preocupações públicas que se seguiram ao encalhe do navio-tanque Exxon Valdez, em Prince William Sound, no Alasca, em março de 1989.

Essa lei aplica-se a derrames de hidrocarbonetos nas águas interiores dos Estados Unidos, a até 3 milhas da costa, e na "zona econômica exclusiva", a até 200 milhas contadas a partir da linha de costa. O Terminal LOOP não está incluído. Estabelece uma vasta gama de regras para o manuseio dos derrames por hidrocarbonetos. É exigida da "entidade responsável", definida como o proprietário ou o operador de navios-tanques, o pagamento da limpeza, até um limite de responsabilidade de US$ 10 milhões ou US$ 1.200 por tonelada de arqueação bruta, consoante o que for maior. Contudo, se existir uma negligência grave, esses limites não se aplicam.

Além de tornarem os proprietários dos navios responsáveis pelo custo dos incidentes com a poluição, a lei estabelece os requisitos específicos para os navios que navegam nas águas dos Estados Unidos. Cada navio deve transportar um certificado de responsabilidade financeira [*certificate of financial responsibility*] para provar que tem os meios financeiros suficientes para pagar uma indenização. Existe também um requisito para que todos os navios encomendados após 30 de junho de 1990 ou entregues após 1º de janeiro de 1994 tenham casco duplo; ainda apresenta um calendário com vista a eliminar progressivamente os navios de casco simples até 2010. A guarda costeira é obrigada a avaliar os níveis da tripulação dos navios estrangeiros e a garantir que são pelo menos equivalentes aos da lei dos Estados Unidos. É exigido que todos os navios-tanques tenham um plano de contingência para dar resposta a um derrame por hidrocarbonetos.

Essa legislação, sobretudo a exigência dos navios-tanques de casco duplo, causou grande controvérsia. Contudo, o efeito foi chamar de uma maneira mais rigorosa a atenção da comunidade do transporte marítimo sobre os riscos associados à poluição por hidrocarbonetos. Em particular, pela primeira vez, os proprietários dos navios foram confrontados com a possibilidade de uma responsabilidade ilimitada relacionada ao custo de qualquer derrame por hidrocarbonetos em que estivessem envolvidos. O custo elevado de limpeza após o derrame do Exxon Valdez colocou uma dimensão financeira na escala potencial desse problema.

16.10 A REGULAMENTAÇÃO DA CONCORRÊNCIA NO TRANSPORTE MARÍTIMO

A concorrência é a questão regulatória final que mencionaremos neste capítulo. Embora o transporte marítimo seja muito competitivo, existem partes do negócio com uma história de colusão, com destaque ao negócio de linhas regulares (Capítulo 13) e alguns segmentos especializados do transporte marítimo (Capítulo 12). Mesmo no transporte marítimo a granel, existem vários consórcios e cartéis. A maioria dos países tem alguma legislação que trata desses assuntos, mas a política de concorrência da União Europeia e a legislação antitruste dos Estados Unidos são as duas áreas nas quais nos concentraremos nesta seção.

CONTROLE REGULATÓRIO DOS CARTÉIS DE LINHAS REGULARES (1869-1983)

Quando as conferências marítimas de linhas regulares foram estabelecidas na década de 1870 (ver Seção 13.10), elas sofreram de imediato um ataque. Em 1879, o *China Mail*, um jornal de Hong Kong, estabeleceu o tom do debate que durou um século ao descrever a Conferência da China como "uma das tentativas mais mal aconselhadas e arbitrárias de monopólio vistas em muitos anos".[25] O primeiro desafio legal teve lugar em 1887, quando a Mogul Line tentou uma ação inibitória para parar a Conferência de Frete do Extremo Oriente, que era composta de sete membros, pelo fato de não atribuir descontos aos embarcadores que utilizassem os navios da Mogul. O antecedente foi que, em 1885, quando a Mogul Line se candidatou para entrar na conferência, foi recusada por não prestar serviços comuns como parte da operação dos seus serviços regulares durante os períodos de menor afluência. Isso conduziu a uma guerra nas taxas de frete, e os agentes da Conferência em Xangai emitiram uma circular avisando aos embarcadores que, se utilizassem os navios da Mogul, perderiam direito aos descontos. A Mogul tentou uma ação inibitória para impedir a conferência de se recusar a atribuir os descontos, mas esta foi recusada, confirmando-se a legalidade da conferência. Contudo, alguns anos mais tarde, estabeleceu-se a Comissão Real Britânica sobre os Circuitos do Transporte Marítimo [British Royal Commission on Shipping Rings] para investigar o sistema de descontos. Em 1909, o seu relatório confirmou novamente que a relação comercial entre os embarcadores e as conferências era justificada e que os possíveis abusos do sistema de reembolso diferido deveriam ser tolerados em razão da necessidade de alcançar um sistema de linhas regulares fortes.[26]

O sistema de conferências marítimas alcançou o seu auge durante a década de 1950. A importância que as conferências marítimas de linhas regulares tinham alcançado nessa altura é demonstrada pelo Código de Conduta das Conferências Marítimas da UNCTAD, que foi iniciado em 1964 na primeira Conferência da UNCTAD em Genebra (ver Seção 12.9). Muitos dos países em desenvolvimento que haviam ganhado sua independência durante as décadas anteriores tinham uma balança de pagamentos com problemas e procuravam soluções. O frete marítimo desempenhava um papel importante no preço dos seus principais produtos de exportação, dos quais muitos dependiam. Adicionalmente, o frete propriamente dito esgotava as suas parcas reservas de moeda estrangeira. O estabelecimento de uma companhia de navegação nacional parecia uma solução óbvia para ambos os problemas. Contudo, as conferências marítimas de linhas regulares em geral não foram simpáticas, e faltava às nações emergentes a experiência do negócio de linhas regulares para sustentar o seu caso. Isso levou a uma ação política conduzida pelo "Grupo dos 77", um grupo de pressão dos países em desenvolvimento dentro da UNCTAD, o resultado foi o Código da UNCTAD, que se destinava a conceder a cada país o direito de participar em conferências marítimas de linhas regulares que servissem o seu comércio.

O Código da UNCTAD foi desenvolvido nas décadas de 1960 e 1970 e cobria quatro áreas principais do transporte marítimo de linhas regulares. Concedia o direito a uma adesão automática à conferência marítima para as companhias de linhas regulares nacionais que eram servidas pela conferência. A fórmula de partilha de carga concedeu às companhias de linhas regulares nacionais direitos iguais para participar no volume de tráfego gerado pelo seu comércio mútuo, em que terceiros transportavam a carga residual. Por exemplo, em um acordo de partilha de carga de 40:40:20, os parceiros comerciais bilaterais reservavam 40% da carga para os seus navios nacionais e as "empresas de navegação de países terceiros" transportavam os 20% restantes da carga. Finalmente, era exigido às conferências de transporte marítimo que consultassem os embarcadores sobre as taxas de frete, e as linhas nacionais tinham o direito de aprovação em todas as decisões principais que eram tomadas nas conferências marítimas que afetassem os países servidos.

O código levou quase vinte anos para ser desenvolvido e, no momento em que entrou em vigor, em 1983, o negócio de linhas regulares tinha se alterado de forma irreconhecível. Nunca foi ratificado pelos Estados Unidos, e a implementação de uma convenção dessa complexidade, que envolvia a concordância e a medição das participações comerciais, era demasiado difícil. Apesar disso, o código obteve dois resultados: conferiu direitos à indústria marítima emergente do Terceiro Mundo, num momento em que esse reconhecimento era necessário e foi o primeiro esforço internacional para regular o sistema longo e extensivamente pesado das conferências marítimas fechadas. A abertura das conferências marítimas a novos participantes enfraqueceu o controle apertado que tinha sido desenvolvido, estabelecendo o cenário para uma nova atitude reguladora do sistema de conferências marítimas.

REGULAMENTAÇÃO DO TRANSPORTE MARÍTIMO DE LINHAS REGULARES DOS ESTADOS UNIDOS (1983-2006)

Da década de 1970 em diante, os Estados Unidos foram determinados em abrir os novos serviços de linhas regulares conteinerizados às forças de mercado para diminuir, mas não proibir por inteiro, as atividades das conferências marítimas. Com as leis antitruste dos Estados Unidos, os acordos que restringem a competição são ilegais, mas a Lei dos Estados Unidos sobre a Marinha Mercante de 1984 [*US Merchant Shipping Act, 1984*] excluía as conferências marítimas de linhas regulares da legislação antitruste norte-americana e permitia uma definição de tarifas intermodais. Contudo, a legislação colocava limitações severas sobre as atividades das conferências marítimas, tornando as conferências marítimas fechadas e os descontos de fidelidade ilegais. Adicionalmente, era exigido que as tarifas fixadas pelas conferências marítimas que operassem nos Estados Unidos fossem registradas na Comissão Marítima Federal [*Federal Maritime Commission*, FMC], bem como todos os contratos de serviços, e tornados públicos. Isso alterou a natureza das conferências marítimas que operavam no Atlântico e no Pacífico, produzindo as várias alianças abordadas na Seção 13.10. A Lei dos Estados Unidos sobre a Reforma do Transporte Marítimo [*Ocean Shipping Reform Act*], que entrou em vigor em 1º de maio de 1999, foi outra etapa para tornar a indústria marítima de linhas regulares mais orientada para o mercado. A nova lei manteve a isenção antitruste para a indústria oceânica de linhas regulares e continuava a exigir que os contratos de serviço fossem registrados, mas permitia que os seus termos se mantivessem confidenciais. Um estudo subsequente chegou à conclusão de que a maioria dos embarcadores negociava contratos de serviço personalizados confidenciais com os transportadores individuais, em vez de negociar com base nas tarifas estabelecidas pelas conferências marítimas ou por grupos de transportadores. Nos dois anos seguintes a essa regulamentação, o número desses contratos de serviço e de emendas aumentou 200%.[27]

A regulamentação da indústria marítima **755**

REGULAMENTAÇÃO EUROPEIA SOBRE A CONCORRÊNCIA NO TRANSPORTE MARÍTIMO

As regulamentações europeias que governam a concorrência estão estabelecidas nos Artigos 81º e 82º do Tratado de Roma (1958). O Artigo 81º torna ilegal para as empresas cooperar com o intuito de "evitar, restringir ou distorcer" a concorrência por meio da fixação dos preços, da manipulação da oferta ou da descriminação entre as partes. O Artigo 82º torna ilegal para uma empresa utilizar a sua posição dominante para enfraquecer a livre concorrência por meio da fixação dos preços, da manipulação da oferta ou de outros abusos. Em 1962, o Regulamento 17º conferiu poderes à União Europeia para fazer cumprir esses artigos, mas isentaram especificamente as indústrias de transporte, e só em 1986 o Regulamento 4056/86 da União Europeia estabeleceu "regras detalhadas para a aplicação dos Artigos 81º e 82º do Tratado ao transporte marítimo". Esse regulamento excluía o transporte marítimo de linhas não regulares porque os preços eram "negociados livremente numa base caso a caso, de acordo com as condições da oferta e da demanda". O transporte marítimo de linhas regulares estava incluído, mas, como a maioria dos reguladores anteriores a eles, a União Europeia tinha aceitado que as conferências marítimas eram do interesse dos consumidores, pois ofereciam estabilidade. Como resultado, foi dada às companhias de linhas regulares uma "isenção em bloco" do Artigo 81º, permitindo que elas fixassem as taxas de frete, regulassem a capacidade e conluiassem de maneiras que de outro modo seriam ilegais pelo Tratado de Roma (embora algumas companhias de navegação tivessem sido multadas por fixar os preços fora das conferências marítimas).

Em 2004, a União Europeia lançou uma iniciativa para rever esse tratamento especial concedido às indústrias de transporte marítimo de linhas não regulares e regulares. Após consulta a indústrias de transporte marítimo de linhas regulares e não regulares, a União Europeia concluiu que:

> Não foi avançada nenhuma consideração credível em resposta à consulta para justificar por que esses serviços precisariam se beneficiar de regras de execução diferentes daquelas que o conselho decidiu aplicar a todos os setores. Nessa base, a intenção seria trazer a cabotagem marítima e os navios de linhas não regulares para dentro do âmbito das regras de execução geral.[28]

Em setembro de 2006, o Regulamento 4056/86 foi revogado. A isenção referente ao transporte marítimo de linhas não regulares caducou em 18 de outubro de 2016, e as companhias foram confrontadas com a possibilidade da execução dos Artigos 81º e 82º do Tratado de Roma contra os consórcios do transporte marítimo, dos quais vários operavam nos mercados de navios-tanques, no granel seco e em mercados especializados.

Para a indústria dos contêineres em crescimento muito rápido, o documento de reflexão publicado pela comissão em 2005 argumentava que:

> Mesmo que as conferências marítimas oferecessem efeitos pró-concorrenciais em termos, por exemplo, de preço, de estabilidade, de incerteza reduzida acerca das condições comerciais, de previsões possivelmente mais precisas da oferta e da demanda, de serviços confiáveis e adequados, isso poderia parecer não ser suficiente para concluir que a segunda

condição do Artigo 81(3) do tratado fosse cumprida, pois não tinha sido estabelecido que o efeito líquido sobre os consumidores (usuários do transporte e consumidores finais) fosse pelo menos neutro.[29]

Após uma longa pesquisa, regularam que o acordo sobre o preço já não era necessário e que a indústria e os consumidores se beneficiariam de uma concorrência livre. A revogação do regulamento 4056/86 retirou a isenção em bloco, com efeito a partir de 18 de outubro de 2008. A partir dessa data, todas as companhias de navegação operando em rotas para dentro e para fora da Europa não podiam operar em conferências marítimas que fixassem o preço e a capacidade. Isso se aplica igualmente a transportadores sediados e não sediados na Europa. As conferências de transporte marítimo de linhas regulares fora da Europa não são afetadas, mas estão sujeitas às suas próprias leis antitruste.

REGULAMENTAÇÃO DA UNIÃO EUROPEIA SOBRE OS CONSÓRCIOS DE TRANSPORTE MARÍTIMO DE LINHAS NÃO REGULARES

Para o transporte marítimo de linhas não regulares, a perda da isenção dos Artigos 81º e 82º levantou questões acerca da legitimidade dos consórcios que operam nos mercados de navios-tanques e de granel. Os consórcios de transporte marítimo de linhas não regulares reúnem navios semelhantes pertencentes a diferentes proprietários. Eles são colocados sob a direção de um único gerente do consórcio, embora na prática os navios continuem a ser operados e tripulados pelos proprietários. A natureza dos acordos de exploração conjunta no transporte marítimo de linhas não regulares varia grandemente, mas os princípios essenciais foram abordados na Seção 2.9.

O Artigo 81(1) do Tratado de Roma proíbe explicitamente a fixação dos preços e a partilha de mercados entre concorrentes, a não ser que o consórcio produza benefícios genuínos, como definido no Artigo 81(3). Na prática, os membros do consórcio devem ser capazes de demonstrar que: seu consórcio produz ganhos de eficiência; esses benefícios são passados para os usuários do transporte, por exemplo, como custos de transporte mais baixos ou novas soluções logísticas; não existe uma forma menos restritiva de obter essas eficiências; e o consórcio não tem uma participação de mercado injustamente grande que iniba a concorrência no mercado livre.

Em geral, a União Europeia adotou a visão de que os acordos de exploração conjunta no mercado de linhas não regulares têm participações de mercado muito baixas e que é improvável que levantem problemas de concorrência, desde que os acordos não contenham provisões relacionadas a uma precificação conjunta e/ou uma comercialização conjunta ou se os participantes não puderem ser considerados concorrentes reais ou potenciais.[30] Em setembro de 2007, a União Europeia publicou um projeto de orientações que estabelece os princípios a serem seguidos por ela ao definir os mercados ou avaliar os acordos de cooperação nos setores de serviços de transporte marítimo afetados pela revogação do Regulamento 4056/86.[31]

16.11 RESUMO

Neste capítulo, saímos do enquadramento convencional da economia de mercado para examinar o sistema regulador, que desempenha um papel vital na economia da indústria marítima.

Começamos por identificar três regimes regulamentares que operam na indústria marítima: as sociedades classificadoras, os Estados de bandeira e os Estados costeiros.

As sociedades classificadoras são o sistema regulamentar interno da indústria marítima. O fundamento da sua autoridade é o certificado de classe, o qual é emitido quando o navio é construído e atualizado por meio de vistorias regulares durante toda a sua vida útil. Sem um certificado de classe, um navio não pode obter um seguro e tem pouco valor comercial. Também são a maior fonte de recursos técnicos da indústria e, no seu papel como organizações reconhecidas, essas sociedades desempenham um papel cada vez mais importante nas regras de segurança e de proteção.

Os Estados de bandeira fazem as leis que governam as atividades comerciais e civis de um navio mercante. Como os diferentes países têm diferentes bandeiras, a bandeira de registro faz a diferença. Os registros podem ser subdivididos em registros nacionais, que tratam as companhias de navegação da mesma forma que as outras indústrias nacionais; em registros abertos (bandeiras de conveniência), como a Libéria e o Panamá, que são estabelecidos com o objetivo específico de ganhar receitas pela oferta de condições de registro favoráveis do ponto de vista comercial, como um serviço prestado aos proprietários dos navios; e em registros internacionais, estabelecidos pelos Estados marítimos que oferecem aos seus proprietários de navios nacionais condições comerciais comparáveis às das bandeiras de conveniência. Com a crescente globalização da indústria marítima, os registros abertos tornaram-se mais proeminentes, e metade da frota mercante mundial encontra-se agora registrada sob bandeira estrangeira, que na prática significa uma bandeira de conveniência.

Embora cada nação faça as suas leis marítimas, em matérias relacionadas com projeto de navios, prevenção de colisões, linhas de carga, poluição do mar e do ar, medição da tonelagem de arqueação e certificados de competência, seria completamente impraticável se cada país tivesse diferentes leis. O desenvolvimento de um enquadramento de leis internacionais que evite esse problema é alcançado por meio de convenções internacionais. As nações marítimas reúnem-se para discutir a redação da convenção, que depois é finalmente aprovada. Depois é ratificada por cada país e, ao fazer isso, incorpora os termos da convenção na sua legislação nacional. As convenções internacionais redigidas após meados da década de 1960 cobrem uma variedade ampla de assuntos diferentes, incluindo a salvaguarda da vida humana no mar, as linhas de carga, a medição da tonelagem de arqueação, os termos e as condições de empregabilidade da tripulação, a poluição por hidrocarbonetos e a conduta das conferências marítimas de linhas regulares. A Organização Marítima Internacional e a Organização Mundial do Trabalho são as organizações ativas no desenvolvimento dessas convenções.

Embora as convenções principais, como Solas (1974), sejam ratificadas por 99% dos países elegíveis, outras são controversas, e alguns países escolheram não as ratificar nem alocar recursos administrativos suficientes para fazê-los cumprir, deixando falhas no sistema.

Os proprietários de navios registrados nesses países estão, em princípio, em condições de operar fora da convenção, mas ainda estão sujeitos a uma terceira forma de regulamentação, pelo Estado costeiro em cujas águas o navio vai navegar. O direito do mar permite que os Estados costeiros passem uma legislação relacionada "à boa conduta dos navios" nas suas águas territoriais. Uma área importante de legislação é o controle da poluição, como a Lei dos Estados Unidos sobre Poluição por Petróleo de 1990. Além disso, desde a década de 1970, tem havido uma tendência para o "controle pelo Estado do porto". O movimento começou com o MOU de Paris, com o qual um grupo de Estados europeus acordou trabalhar em conjunto para garantir que os navios que escalassem os seus portos cumprissem com um grupo de convenções internacionais sobre segurança e poluição. Atualmente, existem MOU semelhantes que cobrem a maioria das regiões do mundo, e mais de 50 mil navios são inspecionados anualmente.

Finalmente, as práticas concorrenciais da indústria do transporte marítimo estão também sujeitas a regulamentação, e os Estados Unidos e a Europa são particularmente ativos nessa área. A principal preocupação são as conferências marítimas de linhas regulares que fixam os preços e os níveis de capacidade. Na época do transporte marítimo de carga em linhas regulares, isso era aceito como necessário para providenciar serviços e preços estáveis, mas, com o avanço da conteinerização, as autoridades reguladoras têm menos vontade de isentar as indústrias marítimas de linhas regulares e de linhas não regulares dos regulamentos antitruste. Em 2006, por exemplo, a União Europeia aplicou as suas leis de concorrência às conferências marítimas de linhas regulares e aos consórcios de transporte marítimo de linhas não regulares.

PARTE 6
PREVISÕES E PLANEJAMENTO

CAPÍTULO 17
PREVISÕES E PESQUISAS NO MERCADO MARÍTIMO

"The wretched boatmen do not know,

Their rudder gone at Yura Strait,

Where will their drifting vessel go.

And where my love, and to what fate?"

(Sone no Yoshitada, *One hundred poems from one hundred poets*)

17.1 A ABORDAGEM DA PREVISÃO NO TRANSPORTE MARÍTIMO

Para a maioria dos investidores em transporte marítimo, a previsão não é opcional. É como eles ganham a vida. Quer seja uma decisão de investimento, como a encomenda de um navio, quer seja uma decisão sobre que afretamento aceitar, quanto mais cedo eles anteciparem o futuro, maiores serão seus lucros. Na prática, se não puderem lucrar, qual é a utilidade? Mas não são só os proprietários de navios que estão no negócio das previsões. Os banqueiros que emprestam o dinheiro, os estaleiros navais que desenvolvem os projetos, as companhias de engenharia que comercializam o equipamento, as agências de classificação de risco de crédito que calculam o risco de incumprimento de uma obrigação e os portos que desenvolvem as suas instalações serão todos mais bem-sucedidos se puderem prever o futuro melhor do que os seus concorrentes.

HISTÓRICO RUIM DAS PREVISÕES DE TRANSPORTE MARÍTIMO

Considerando a importância dessas decisões, não surpreende que os executivos do transporte marítimo se preocupem com o futuro. Para ser realista, a previsão marítima tem uma reputação ruim, e a ideia de que as previsões estão sempre erradas está disseminada na indústria de forma ampla demais para ser menosprezada. Contudo, não é somente a indústria marítima que tem esse problema. Peter Beck, diretor de planejamento da Shell UK, chegou à mesma conclusão quando tentava encontrar as previsões para a indústria do petróleo e comentou:

> Quando olhamos as previsões efetuadas na década de 1960 e início década de 1970, podemos encontrar muitos insucessos, mas poucos sucessos. De fato, podemos ficar chocados com o quanto as previsões mais importantes e os seus pressupostos circundantes se mostraram estar errados.[1]

Nas indústrias marítima e da construção naval, algumas previsões mostraram estar completamente erradas, enquanto outras foramcorretas, mas somente por uma combinação afortunada de pressupostos incorretos. Podemos tomar como exemplo as quatro previsões da demanda de navios novos produzidos entre 1978 e 1984 resumidas na Figura 17.1. Cada previsão sucessiva concluiu um padrão de demanda diferente durante os sete anos seguintes.

A previsão de 1980 previu 50% mais demanda em 1986 do que a previsão de 1982, e mesmo esta provou ser demasiado otimista. A linha que mostra os navios concluídos na construção naval mundial dificilmente toca quaisquer das linhas de previsão. Em defesa dos especialistas que produziram essas previsões, existiram desenvolvimentos na economia mundial e no comércio de petróleo que eles não poderiam ter antecipado de forma razoável. Contudo, o fato permanece de que as previsões se constituíram como uma orientação ruim em relação àquilo que estava para acontecer na indústria da construção naval.

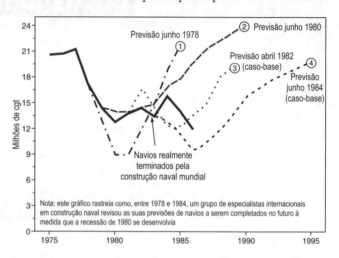

Figura 17.1 – Comparação das previsões dos navios concluídos no mercado de construção naval mundial.

As previsões de longo prazo não fazem melhor. Mais adiante no capítulo veremos o quão incorretas provaram ser algumas previsões efetuadas em meados da década de 1960 para a década de 1980. Elas previram um alargamento do transporte aéreo supersônico, mas atribuíram apenas uma breve menção ao computador e avaliaram absolutamente mal os dois principais desenvolvimentos econômicos da década de 1970, a inflação e o desemprego. De forma semelhante, em 2002, a indústria do petróleo baseou as suas previsões da demanda de petróleo em longo prazo num preço do petróleo a US$ 25 por barril, somente para assistir ao aumento do preço para US$ 70 durante os três anos seguintes. Com um histórico tão ruim, é difícil não concordar com Peter Drucker quando diz, quanto mais adiante nós tentamos prever, mais fracas se tornam as previsões:

> Se alguém sofrer da ilusão de que o ser humano é capaz de prever para além de um espaço temporal muito curto, olhem para os títulos dos jornais de ontem e perguntem a vós próprios qual deles alguém poderia ter possivelmente previsto há cerca de aproximadamente uma década [...] devemos começar pela premissa de que a previsão não é uma atividade humana respeitada e válida para além dos períodos muito curtos.[2]

DESAFIO EM LIDAR COM O DESCONHECIDO

O problema para os analistas de previsões do transporte marítimo é que, infelizmente, Peter Drucker tem razão – existem aspectos importantes do futuro da indústria marítima que não são previsíveis. As taxas de frete futuras dependem de quantos navios são encomendados, uma variável comportamental que nos extremos dos ciclos de transporte marítimo é completamente imprevisível,[3] e de desenvolvimentos na economia mundial que, com os seus ciclos e crises econômicas, são demasiado complexos para os meros mortais preverem com algum grau de precisão. Nessas circunstâncias, mesmo os métodos de previsão científica mais sofisticados têm um sucesso limitado.

Isso não é um problema novo, e os líderes do mundo antigo desenvolveram todos os tipos de técnicas proféticas para ajudá-los a tomar decisões imponderáveis sobre como conduzir as suas vidas e as suas campanhas militares. Há 2 mil anos existiam os oráculos espalhados por toda a Grécia e Itália, e alguns, como o de Delfios e o de Trofônio, desenvolveram-se em grandes e abastadas organizações. Os seus sábios responderiam às perguntas acerca do que iria acontecer no futuro, frequentemente como parte de um ritual elaborado. Por exemplo, em 150 a.C., um relato contemporâneo do oráculo de Trofônio, que se localizava nos subterrâneos de Lebadia, na Grécia, descreve o ritual pelo qual "um inquiridor" passou para obter uma previsão. Primeiro, ele passou vários dias num edifício especial purificando-se e fazendo sacrifícios. Depois ele foi enviado para o subterrâneo, os pés primeiro por um buraco no chão, para consultar o oráculo numa caverna cheia de fumo e de espelhos. Depois da consulta ele regressou, novamente os pés primeiro, "tão possuído de terror que dificilmente conhece a si próprio ou qualquer coisa a sua volta. Mais tarde, ele volta a si, não pior do que antes, e pode rir-se novamente".[4] Os decisores antigos levavam as suas previsões a sério!

As civilizações babilônica, grega, romana e etrusca utilizavam a adivinhação por entranhas. A literatura cuneiforme da Mesopotâmia no século XX a.C. contém muitos relatos de adivinhação nos quais o fígado de um carneiro ou outro objeto (por exemplo, o comportamento de uma gota de azeite numa taça de água) eram utilizados para fazer previsões: "O rei matará os seus dignitários e distribuirá as suas casas e propriedades entre os templos"; "Um homem poderoso ascenderá ao trono numa cidade estrangeira".[5] A adivinhação era uma aptidão sofisticada. Acredita-se que o modelo de barro babilônico de um fígado de carneiro existente no Museu Britânico, em Londres, com cinquenta zonas marcadas, cada uma presumivelmente com um significado diferente, tenha sido usado para fins de treinamento.

No Oriente foram desenvolvidas técnicas igualmente sofisticadas para prever o futuro. Os ossos do oráculo foram amplamente utilizados na China há 3 mil anos. O osso da omoplata de um boi era aparado para ficar nivelado e, na sua superfície, eram escavadas pequenas cavidades. As previsões eram feitas passando um ferro em brasa por essas cavidades e interpretando as frestas que apareciam na parte de baixo do osso. Ninguém sabe exatamente como essas frestas eram interpretadas, mas foram descobertos mais de 115.000 ossos de oráculo, indicando a escala dessa "indústria".[6]

Um dos sistemas de previsões antigos mais interessantes é a obra chinesa *O livro da mudança* ou *I Ching*, que reduziu o processo de consultar o destino a um sistema, e a obra igualmente antiga *O livro da história* ou *Shu Ching*. Esses livros clássicos escritos na China há mais de 3 mil anos focam o processo de mudança e incluem muito do que é relevante para o analista de previsões moderno. A mudança é vista como contínua – "Deixe-o ser cauteloso e medroso, lembrando-se que em um ou dois dias podem ocorrer 10 mil primaveras de coisas"[7] – e que nós somos todos responsáveis pelas nossas próprias ações: "As calamidades enviadas pelo céu podem ser evitadas, mas das calamidades que cada um traz consigo não há escapadela".[8] A questão principal é o momento certo para atuar – "O caso é parecido ao do veleiro; se não passares o ribeiro no momento exato, destruirás toda a carga".[9] Uma vez que a mudança tenha começado, podemos andar ao seu redor e tirá-la do caminho ou mesmo manipulá-la na nossa direção se parecer favorável.

Concluindo, os problemas de tomar decisões sobre o futuro incerto são tão velhos quanto a indústria marítima, e mesmo Alexandre, o Grande, um homem de ação que qualquer magnata da indústria marítima pode admirar, levou a adivinhação muito a sério.[10] Os analistas atuais, com os seus modelos computadorizados, são os últimos de uma longa linha de indivíduos inteligentes que ministram de acordo com as necessidades dos decisores, e talvez não devêssemos menosprezar demais esses rituais antigos (ou pelo menos sermos mais lúcidos acerca dos nossos próprios). Embora a adivinhação por ossos ou por entranhas nos pareça muito estranha, são esses rituais realmente mais estranhos do que perfurar os números numa caixa de plástico e olhar fixamente para esses números que aparecem numa tela?

O PARADOXO DAS PREVISÕES

Embora isso possa parecer uma forma desanimadora de introduzir o debate sobre as técnicas de previsão, pelo menos estamos começando pelo pé direito ao aceitar que as nossas previsões com frequência estarão erradas. É uma certeza, porque, paradoxalmente, os analistas de previsão são chamados somente quando o futuro é imprevisível. Quando o futuro é previsível, o que acontece bastante, ninguém liga para as previsões. Por exemplo, os investidores de um projeto de gás natural líquido garantidos por contratos de carga de longo prazo não contratam um analista de previsões para prever o volume de carga futuro; contratam os engenheiros para solucionar quantos navios serão necessários. Quando não existe nenhum contrato de carga e não é claro quanto o projeto de GNL será capaz de vender, os engenheiros são postos de lado e os analistas de previsão são chamados. Eles têm uma tarefa mais complicada do que os engenheiros, porque não lidam com as leis imutáveis da física. Se o tráfego de GNL crescer muito rapidamente, serão necessários novos navios-tanques e os investidores serão capazes de afretar os navios a taxas de frete mais elevadas. Mas, se existir alguma mudança na economia energética mundial, os navios não serão necessários. Como eles podem esperar prever com precisão a todo momento?

Obviamente eles não podem, portanto, é provável que algumas vezes as suas previsões estejam erradas. Na realidade, um analista de previsões que sempre esteve certo estaria numa posição muito estranha. Então, Drucker está correto, se por "previsão", queremos dizer prever exatamente aquilo que acontecerá. Os mortais não podem ver o futuro. Mas isso é como se disséssemos que, se o homem estivesse destinado a voar, teriam dado asas a ele. Os homens não podem voar, mas, com um pouco de pensamento lateral, eles aparecem com os aviões, que na prática são tão bons quanto (e muito melhores numa viagem Transpacífica!). Ao seguirmos em frente com a previsão, precisamos desenvolver o mesmo tipo de pensamento lateral.

PREVISÃO RACIONAL PARA REDUZIR A INCERTEZA

A primeira etapa neste processo é reconhecer que o objetivo de fazer previsões precisas do tipo apresentado na Figura 17.1 é um mero divertimento.[11] Um divertimento técnico interessante, mas, como agitar os braços numa tentativa de voar, é improvável que seja bem-sucedido.

Previsões e pesquisas no mercado marítimo **765**

Os investidores em transporte marítimo sabem muito bem que não estão lidando com a certeza. De fato, eles se encontram numa posição muito parecida à de um jogador de pôquer que dá palpites com a maior precisão possível acerca das cartas dos seus opositores. O jogador de pôquer sabe que não pode identificar a mão com exatidão, e o jogo não teria sentido se ele pudesse fazer isso. Mas um profissional utiliza toda migalha de informação para dar um palpite com a maior precisão possível acerca da variedade de mãos possíveis. Embora ele esteja frequentemente errado, durante um período essa informação vai ajudá-lo a destacar-se.[12] Os investidores em transporte marítimo jogam as probabilidades praticamente da mesma maneira: eles sabem que não ganharão todas as mãos, mas também sabem que a informação correta desempenha um papel essencial no estreitamento das probabilidades.

É aqui que "os analistas de previsões" entram, e um exemplo final ilustra como a informação acerca do passado pode ajudar os decisores a lidar com o futuro. Supomos que um condutor quer estacionar numa área restrita. Ninguém pode prever com certeza se o seu carro será rebocado ou não, mas a informação precisa acerca da frequência com que a polícia de trânsito visita cada estrada clarifica o risco: "se estacionar ali, você tem quase certeza de que será multado, porque a polícia de trânsito visitará a estrada de dez em dez minutos". A quantificação da frequência com que a polícia de trânsito visita a estrada clarifica os resultados futuros possíveis, e é precisamente esse o tipo de informação relevante que os analistas podem providenciar. Não estamos agora falando de uma previsão precisa do tipo "o seu carro será rebocado às 10h15 da manhã". Tal previsão estaria, como Peter Drucker destaca, quase certamente errada, e de qualquer forma o condutor provavelmente não acreditaria nela. No entanto, saber que a estrada é patrulhada de dez em dez minutos é crível e dá ao decisor a informação para avaliar o risco de deixar o seu carro ali por cinco minutos enquanto ele vai a uma loja. Portanto, o objetivo de uma *previsão lógica* não é prever com exatidão, mas reduzir a incerteza.

Nos últimos cinquenta anos, tem-se feito um grande progresso no desenvolvimento de sistemas de previsão racionais. Assim que a coleta de dados melhorou nas décadas seguintes à Segunda Guerra Mundial e os computadores se tornaram disponíveis, os analistas de previsões desenvolveram modelos econômicos que poderiam resumir as relações econômicas e comportamentais complexas que determinam o que acontece na economia. Essa abordagem confia no reconhecimento de padrões ou de tendências passadas e na sua captura para serem introduzidos num modelo que faça as projeções futuras. Por vezes, as previsões focam o curto prazo, por exemplo, no mercado aberto de navios-tanques, mas elas também precisam lidar com as variações em longo prazo. As decisões estratégicas estão entre as mais difíceis de serem tomadas, especialmente para companhias bem estabelecidas no seu negócio, mas a breve história do transporte marítimo apresentada no Capítulo 1 mostra que o *I Ching* estava certo: as coisas mudam, e quando isso acontece a ausência de ação é tão arriscada quanto a ação.

Para os decisores perceberem e aceitarem a análise que indica uma mudança, são necessárias visão e coragem. Por exemplo, nas décadas de 1950 e 1960, as companhias de linhas regulares foram varridas por uma maré de mudança causada pelas viagens aéreas de baixo custo, pela independência das colônias e pela conteinerização. Em menos de vinte anos, o enquadramento econômico do seu negócio mudou, e desapareceram as companhias que não se adaptaram. Mas é preciso muita determinação para abandonar um negócio aparentemente sólido e começar a construir um novo. Com ou sem analistas de previsões, o gerenciamento nunca poderá ter a certeza daquilo que vai realmente acontecer. Em tais casos, a palavra-chave é controle do desempenho da mudança, e uma atuação rápida com a informação e a análise erradas é tão ruim quanto não fazer nada.

IMPORTÂNCIA DA INFORMAÇÃO

Tudo o que se disse anteriormente sugere que a previsão não é sobre futuro, é acerca da obtenção e da análise da informação correta sobre presente. A obtenção da informação correta nem sempre é fácil, mas é importante. Poucos investidores seriam imprudentes o suficiente para comprar um navio sem a informação dada por uma inspeção física, e o mesmo é verdadeiro para as decisões que dependem dos desenvolvimentos econômicos.

Um exemplo ilustra esse ponto. No Capítulo 8, deixamos Aristóteles Onassis na altura de uma série de vitórias em 1956, com um lucro de US$ 80 milhões no banco graças ao fechamento do Canal de Suez. Mas esse não foi o fim da história. Acreditando que o governo egípcio não seria capaz de reabrir o Canal, Onassis esperava que ele se mantivesse fechado por vários anos, conduzindo a um mercado de navios-tanques forte. Quando Costa Gratsos, seu assistente, aconselhou-o a se proteger com alguns afretamentos a tempo, ele lhe disse: "Costa, eu estou com tudo, estou à frente da parada. Eu tenho o toque; nem tenho de respirar mais rápido. Por que diabos devemos atirar tudo para o lixo agora?". Costa Gratsos não concordou e, em segredo, fretou doze navios-tanques à Esso por um período de 39 meses. Quando Onassis descobriu, subiu pelas paredes, mas ele tinha avaliado mal a capacidade do governo egípcio. O Canal foi reaberto somente alguns meses mais tarde, em abril de 1957, quando a economia dos Estados Unidos estava deslizando para a sua recessão mais profunda desde a década de 1930, e as taxas de frete dos navios-tanques caíram. Onassis tinha se deixado apanhar por uma onda de sentimento de mercado. Relutantemente, ele admitiu: "você interpretou bem. Eu interpretei mal".[13] Ele tinha avaliado mal a capacidade do Egito de abrir o canal, uma matéria que podia ter sido tratada com a informação e a análise certas (embora, para ser justo, isso seja mais óbvio com uma análise retrospectiva do que era na época). O problema é que é difícil de se obter e de analisar a informação desse tipo, especialmente com um panorama de fundo de um mercado em expansão, portanto, os analistas de previsões têm de ser versáteis.

Esse exemplo levanta outra questão, a interação entre o sentimento e a análise racional nas decisões de transporte marítimo. Agora, alguns economistas argumentam que a teoria econômica deveria reconhecer a influência das emoções sobre as decisões. Eles especulam que a seção do cérebro conhecida como amígdala cerebral – uma fonte de convicção emocional – luta pela supremacia com o córtex pré-frontal, mais deliberativo e que controla o pensamento analítico.[14] Contudo, chegou-se à decisão de que devemos ser realistas acerca desses aspectos humanos do processo.[15]

Porém, o mercado não quer realmente saber como a decisão foi tomada. Como economistas, sabemos que no longo prazo ele recompensa os participantes que tomaram a decisão certa, e, embora alguns sejam sortudos no longo prazo, os ganhadores são aqueles que fizeram o seu dever de casa. O objetivo do mercado é garantir que são utilizados os recursos mínimos para transportar o comércio mundial. As companhias que utilizam informação e análise para alcançar esse objetivo são recompensadas porque economizaram recursos econômicos valiosos. E se elas atuarem de forma irracional e desperdiçarem recursos, por exemplo, encomendando mais navios novos do que necessário, são penalizadas. Isso é tudo o que existe para elas: a lei da selva econômica! A informação pode ajudar os decisores a encontrar o seu caminho pela selva, portanto, eles precisam de previsões e de analistas, apesar de estarem frequentemente errados.

Previsões e pesquisas no mercado marítimo

17.2 OS PRINCIPAIS ELEMENTOS DAS PREVISÕES

TRÊS PRINCÍPIOS DAS PREVISÕES

Como devemos produzir a informação correta para os decisores? O primeiro ponto a reconhecer é que, se os resultados do estudo serão utilizados na tomada de uma decisão, e existem muitas decisões diferentes a serem tomadas, nenhuma metodologia única produzirá um resultado útil para todos os casos. Contudo, existem três princípios que podem ser utilizados para avaliar a probabilidade da previsão ser ou não útil.

1. *Relevância.* A primeira etapa em qualquer previsão é encontrar com exatidão o aspecto do futuro no qual o decisor está interessado. Por exemplo, uma previsão que preveja o nível da produção da construção naval nos cinco anos que se seguem pode não ser exatamente aquilo que um construtor naval quer realmente saber. Ele pode estar muito mais interessado nos preços aos quais os navios serão vendidos, para que possa calcular se pode obter ou não lucro, e que participação de mercado ele poderá ganhar. Nesse caso, uma previsão relevante concentrar-se-ia no preço e na atividade dos concorrentes, bem como na demanda de novos navios.

2. *Lógica.* Deve existir uma razão convincente para que os desenvolvimentos previstos possam acontecer. Os decisores têm de decidir qual importância devem atribuir à análise, e eles só podem fazê-lo se existir algum tipo de lógica. Sem isso, o analista de previsões encontra-se no negócio das profecias, em vez do negócio da análise econômica.[16] Existem muitas maneiras de fazer isso. Em alguns casos, uma previsão quantitativa sustentada em um modelo é apropriada e, em outras, um conjunto de cenários. Ou uma agência de classificação de risco de crédito pode insistir na probabilidade de ocorrência de determinado acontecimento, por exemplo, uma inadimplência, ser quantificado em termos estatísticos.

3. *Pesquisa.* A informação reduz a incerteza, portanto, é necessária uma pesquisa cuidadosa. Embora isso pareça óbvio, é surpreendente quantas vezes as decisões são tomadas sem que as variáveis principais sejam investigadas. Como outro trabalho empresarial, as previsões exigem uma contribuição adequada de homens-hora qualificados. Voltando a tomar o caso do guarda de trânsito apresentado anteriormente, não é uma grande ajuda dizer a um motorista que estaciona o seu carro em Kensington, Londres, que o número de guardas de trânsito aumentou no Reino Unido em 2,8% no ano anterior. Ele precisa de informação mais específica sobre Kensington.

Esses princípios não são acerca da precisão, mas do estabelecimento de regras básicas para produzir informação e uma análise que serão úteis para o decisor que opere na indústria marítima. A previsão faz parte do processo de decisão e é sobre a aplicação dos recursos econômicos para reduzir a incerteza.

IDENTIFICAÇÃO DO MODELO ECONÔMICO

A identificação do modelo econômico subjacente é uma parte vital do processo porque nos diz que informação devemos coletar e analisar. De fato, nós utilizamos esse processo a todo momento das nossas vidas diárias, utilizando modelos sustentados no princípio da "conjunção constante", observado pela primeira vez pelo filósofo do século XVIII David Hume, no seu *Tratado sobre a natureza humana*. Hume concluiu que conduzimos as nossas vidas com base no pressuposto de que os acontecimentos futuros seguirão os padrões que observamos no passado. Assim que ganhamos experiência, estamos constantemente atualizando a nossa variedade de modelos da conjunção constante. Por exemplo, podemos esperar chuva porque o céu está nublado e associamos as nuvens com a chuva. No transporte marítimo, podemos prever que o comércio aumentará quando a economia mundial se recuperar, porque isso sempre aconteceu no passado. Essa forma de lógica verbal é a base de grande parte da análise econômica e frequentemente ampliamos o modelo levando em consideração informação adicional: será provável que alguns tipos de nuvens produzam mais chuva do que outros?

Logo que começamos a fazer perguntas como essa, o problema torna-se mais complexo. A primeira etapa é especificar a natureza precisa do modelo identificando as variáveis que acreditamos estar relacionadas com o assunto da previsão e, do que sabemos, adivinhando a natureza da relação entre elas. No caso de um modelo climático, uma variável poderia ser a percentagem de céu azul visível durante a manhã, e outra seriam as horas de chuva durante o dia. Se pudermos quantificar essas duas variáveis, por exemplo, mantendo os registros dos seus valores diários durante um ano, podemos analisar os dados para medir a relação e testá--la (o número que relaciona as variáveis é conhecido como parâmetro). O objetivo do teste é verificar se a relação entre elas é significativa (estarão as variáveis realmente relacionadas?) e estável (será que o parâmetro continuará a mudar?). Se o modelo não passar nesses testes, podemos tentar uma especificação diferente. Outras variáveis que afetam o tempo podem ser a temperatura e a pressão barométrica. Se emergir uma relação mais consistente, temos os fundamentos para fazer uma previsão mais confiável: "Se a pressão cair e se existir uma cobertura de nuvens de 100%, podemos esperar chuva". Embora nem sempre estejam corretas, tais previsões podem ajudar-nos a tomar decisões diárias como utilizar uma gabardine ou não. Os mesmos princípios aplicam-se exatamente da mesma maneira quando se efetuam previsões acerca do negócio, mas a escala temporal é maior e existem muito mais variáveis para analisar.

TIPOS DE RELAÇÕES E VARIÁVEIS

Uma modelagem bem-sucedida depende do reconhecimento sobre a natureza das variáveis e da aplicação das técnicas analíticas apropriadas. Existem quatro tipos de diferentes variáveis, as quais nós podemos referir como as "tangíveis", as "tecnológicas", as "comportamentais" e os "curingas". Cada uma delas tem um caráter diferente. As variáveis *tangíveis* são fisicamente verificáveis e, portanto, em teoria, têm um elevado grau de predeterminação. Por exemplo, a distância do Oriente Médio para a China ou para a Índia e a velocidade máxima de operação de um navio-tanque que transporta petróleo podem ser definidos com exatidão. Por essa razão, e desde que seja efetuada uma pesquisa adequada, as variáveis tangíveis tendem a ser razoavelmente previsíveis – estamos falando aqui da previsão de fatores como a tonelagem de navios-tanques necessária para transportar as importações da China e da Índia. Infelizmente, a informação sobre esse tipo de variável pode por vezes ser imprecisa ou errônea. O livro de registro pode dizer que a velocidade do navio-tanque é de 15,5 nós, mas em serviços pode ter uma média de somente 13 nós.

Previsões e pesquisas no mercado marítimo **769**

Uma variável *tecnológica* típica é a quantidade de energia usada por unidade de produção industrial. Essas relações com frequência são tratadas como parâmetros nos modelos de previsão, mas podem mudar substancialmente ao longo do tempo. Então, os analistas de previsões confrontados com o problema de prever como a economia mundial responderá a preços de petróleo mais altos enfrentam perguntas como, por exemplo, se a indústria automobilística será capaz ou não de produzir veículos mais eficientes em termos de combustível. É difícil prever a velocidade à qual a inovação pode ser introduzida em resposta a uma mudança substancial no preço; contudo, com uma pesquisa cuidadosa, é possível formar uma análise fundamentada.

As relações *comportamentais* dependem da forma como as pessoas se comportam. Vamos supor que uma agência de previsões estima uma expansão nas taxas de frete dos navios-tanques. Os proprietários de navios veem a previsão e encomendam mais navios, e o excesso de capacidade resultante conduz a uma diminuição das taxas de frete. A previsão está errada simplesmente porque os proprietários de navios são livres para alterar o seu comportamento após a previsão ter sido feita, portanto, as tentativas de previsão podem ser contraproducentes. Consequentemente, comportamentos desse tipo não são seguramente previsíveis.

Finalmente, existem os *curingas*. Podem existir desvios súbitos às "normas" estabelecidas, por exemplo, os furacões ou as revoluções. Por definição, são imprevisíveis e, na realidade, existe muito pouco que pode ser feito acerca deles – em virtude de sua natureza, a vida é um negócio arriscado.

17.3 A PREPARAÇÃO DAS PREVISÕES

Uma previsão deve ser antecedida por três etapas práticas. A primeira é definir a decisão a ser efetuada; a segunda é determinar quem é qualificado para fazer a previsão; e a terceira é estabelecer que as coisas que estamos tentando prever são realmente previsíveis.

DEFINIÇÃO DA DECISÃO

O que os decisores da indústria marítima querem exatamente dos seus analistas de previsões? Isso depende de quem eles são e de que decisões eles estão tomando. No transporte marítimo existem muitos decisores diferentes, cada um deles com uma necessidade diferente de previsões. Algumas das mais proeminentes são listadas abaixo.

- As *companhias de navegação* tomam decisões acerca da compra e da venda de navios, das encomenda de novas construções, se devem ou não entrar em afretamentos de longo prazo ou em COA. Essas decisões dependem das taxas de frete futuras, dos preços das novas construções e dos preços de segunda mão.

- Os *proprietários das cargas* estão interessados no custo futuro e na disponibilidade de um transporte adequado. As companhias que expedem carga em grandes quantidades estarão preocupadas com o custo de transporte futuro. Por exemplo, os embarcadores podem escolher cobrir uma proporção das suas necessidades de transporte marítimo operando os seus próprios navios e utilizando o mercado de afretamento para atender às flutuações na demanda. Uma vez que se tenha adotado essa abordagem, as companhias são confrontadas com decisões acerca da dimensão e do tipo de frota a manter.

- Os *construtores navais* têm de decidir se devem ou não expandir ou reduzir a capacidade e se devem ou não investir no desenvolvimento de um novo produto em certas áreas. Isso envolve a demanda futura de novos navios, os preços, as moedas estrangeiras, os subsídios, a demanda de tipos de navios específicos e a concorrência de outros construtores navais.

- Os *banqueiros* tomam decisões sobre aprovar ou não um empréstimo e sobre o nível de proteção exigida. Isso envolve decisões acerca dos fluxos de caixa futuros e se o proprietário de navios tem ou não capacidade financeira e de gerenciamento para sobreviver às recessões. Frequentemente, pergunta-se é o quanto as coisas podem ficar ruins. Se, no devido tempo, o proprietário de navios falhar no pagamento do empréstimo por causa de uma depressão prolongada, então o banqueiro enfrenta outra decisão: se deve ou não executar agora e assumir a perda sobre os navios ou esperar na esperança de que o mercado melhore.

- Os *governos* são frequentemente confrontados com decisões difíceis acerca da indústria da construção naval. Essas decisões envolvem questões como se devem ou não providenciar um subsídio e se devem ou não cortar a capacidade. Os governos também podem se envolver em decisões do transporte marítimo como se devem ou não estabelecer um registro internacional de transporte marítimo e como geri-lo. Todas essas decisões envolvem uma avaliação dos benefícios de curto prazo em relação aos riscos de longo prazo. Se um ministro decidir subsidiar um estaleiro naval em vez de permitir que ele feche, evita um problema político de curto prazo, mas fica com um problema de longo prazo se, de fato, o estaleiro naval continuar com prejuízos.

- As *autoridades portuárias* estão preocupadas com o desenvolvimento portuário. Existe uma concorrência intensa entre os portos para atrair a carga oferecendo instalações de manuseio de cargas avançadas para os contêineres, grandes navios graneleiros e terminais de produtos especializados. A oferta dessas facilidades envolve um grande investimento de capital em termos de engenharia civil, de equipamento de manuseio de carga e de dragagens. Como resultado, as decisões referentes ao desenvolvimento portuário dependem crucialmente das previsões de tráfego para calcular o volume de carga, a forma como será acondicionada e os tipos de navios utilizados. A decisão sobre investir ou não num terminal de contêineres especializado envolve questões como: quanta carga conteinerizada se movimentará por meio da nossa parte da costa? Qual a quantidade dessa carga que podemos atrair para passar por nosso porto? Quais facilidades oferecer no futuro para atrair essa participação de carga?

- Os *fabricantes de maquinaria* são confrontados com decisões relativas ao tipo de produtos a desenvolver e como gerenciar a sua capacidade. Os navios mercantes são estruturas de engenharia pesadas e, com uma frota total de 72 mil navios, existe uma enorme indústria mundial de fabricação de componentes para instalar nos novos navios – motores, geradores, guinchos, gruas, equipamentos de navegação etc. – e peças sobressalentes e equipamentos para elevar a frota existente. Os fabricantes devem olhar para as tendências da construção de navios, para os desenvolvimentos futuros em nível de gerenciamento operacional dos navios, para a economia operacional do navio e para a atividade dos concorrentes.

- As *organizações internacionais*, como a OCDE, a UE e a IMO, não tomam decisões comerciais, mas são invariavelmente arrastadas para a discussão da política marítima. Por exemplo, a União Europeia produz diretivas sobre a ajuda à construção naval e tem encomendado previsões para esse fim.[17]

Para toda a diversidade dos membros desse grupo, existe um aspecto do processo de decisão que é particularmente importante, e este é se a autoridade da decisão real recai ou não sobre um indivíduo ou sobre um grupo de decisores. Fazemos considerações sobre essa importante diferença nos parágrafos seguintes.

QUEM FAZ A PREVISÃO?

Muitas companhias de navegação têm um único proprietário, o proprietário de navios, que toma ele próprio as decisões. Esses proprietários de navios têm tanto a fazer na sua tomada de decisões que frequentemente fazem as suas próprias previsões. Alguns têm MBA ou títulos acadêmicos em economia e podem até utilizar as técnicas formais abordadas neste capítulo, mas a maioria assenta as suas decisões na experiência, no senso comum e nos "sentimentos instintivos". Eles estão constantemente à procura de informação que lhes forneça uma visibilidade melhor daquilo que está realmente acontecendo. Existem várias razões para essa abordagem funcionar. Primeiro, alguns aspectos principais dos mercados marítimos são demasiado sutis para serem identificados nos modelos estatísticos, por exemplo, o efeito de congestionamento e as escassezes da oferta que desequilibram o lado da demanda do modelo e que causam mudanças inesperadas no mercado. Segundo, os dados estatísticos são limitados e frequentemente chegam demasiado tarde para serem úteis para uma companhia que tenta se destacar das companhias restantes. Terceiro, algumas variáveis como o sentimento de mercado são tão voláteis para serem identificadas num modelo de previsão formal que um homem de negócios experiente próximo do mercado tem uma oportunidade muito melhor de pegar aquilo que está realmente acontecendo do que uma equipe de analistas que luta para ajustar um modelo a dados inadequados.

Embora esse seja um argumento poderoso, ele tem as suas desvantagens. O sentimento pode influenciar a sua avaliação, e os decisores que se sentem muito próximos do mercado correm o risco de perder a perspectiva. Eles precisam de informação objetiva e assessoria. Uma das funções da economia de transporte marítimo mais práticas e ingratas é o apoio dado a decisões de mercado equilibradas durante períodos de sentimento de mercado intenso.

Embora os proprietários independentes sejam um grupo importante de decisores na indústria marítima, existem muitos outros que trabalham em grandes companhias de navegação, bancos ou burocracias, cuja abordagem da tomada de decisões voltadas ao futuro é muito diferente. Empreendedores como Onassis têm somente a si próprios para convencer, mas os decisores que partilham a responsabilidade têm de levar com eles os seus colegas. Os banqueiros, os oficiais do governo, os executivos da construção naval e os membros da administração das companhias petrolíferas, siderúrgicas e de navegação participam todos dessas tomadas de decisões voltadas ao futuro, mas não têm eles próprios o tempo nem o conhecimento especializado para pesquisá-las.

Esses decisores delegam a análise e esperam que lhes sejam apresentadas as previsões efetuadas com base em técnicas analíticas reconhecidas, numa forma que possam ser circuladas entre os colegas e verificadas de forma independente por terceiros. Mesmo os empreendedores de transporte marítimo que levantem financiamento podem ser atirados nesse processo de análise estruturada de mercado. Se eles estão pedindo capital emprestado a um banco, o oficial do banco que concede o empréstimo e o seu departamento de controle de crédito espera ver uma análise estruturada do futuro dos seus negócios. Ou, se os fundos precisam ser levantados por meio de uma oferta pública inicial ou do mercado obrigacionista, as instituições financeiras devem ser convencidas, e isso significa explicar como os mercados funcionam e quais são os riscos. Em casos como esses, as previsões, embora inadequadas, fazem parte do processo de decisão.

PARA QUE OS DECISORES UTILIZAM AS PREVISÕES

A variedade das atividades desenvolvidas no negócio do transporte marítimo que necessitam de previsões ou de "visões futuras" é extremamente grande, sobretudo se levarmos em conta as atividades dos bancos, dos governos, das autoridades portuárias e de outras organizações que se interessam pelos mercados marítimos. Algumas das decisões comerciais mais importantes encontram-se listadas a seguir, e é visível que cada uma envolve uma abordagem muito diferente das previsões:

- *Afretamento de navios em mercado aberto*. Esta é uma das decisões fundamentais do transporte marítimo, e é crucial a avaliação do que vai acontecer a seguir. A espera de alguns dias pode, por vezes, resultar numa taxa de frete melhor, e existe a questão relativa ao porto de descarga que deixará o navio mais bem posicionado. Isso exige uma visão de mercado de curto prazo, e as técnicas de previsão convencionais não são de grande ajuda. Existem muito poucos dados convencionais no horizonte temporal, e os decisores geralmente confiam nos seus próprios modelos intuitivos e nos sentimentos instintivos dos corretores de fretes marítimos que trabalham nos mercados, embora a modelagem não esteja completamente fora de questão para as grandes companhias ou consórcios com uma base de informação sólida.

- *Afretamento de navios por tempo*. Este afretamento cobre um período mais longo e constitui uma oportunidade ideal para ter uma visão fundamentada das perspectivas de mercado. Uma das utilizações centrais das previsões é a focalização em níveis prováveis de ganhos em futuros mercados abertos comparados com as taxas de afretamento por tempo existentes e com o valor residual do navio no final do afretamento.

- *Compra e venda*. A decisão relativa ao momento da compra e da venda de navios é outra aplicação importante das previsões de transporte marítimo. Neste caso, o foco é saber como se desenvolverão os preços dos navios de segunda mão e como se identificam os pontos de viragem do mercado. Os participantes de mercado precisam decidir a sua posição no ciclo e se os preços representam ou não um valor bom em relação às tendências de longo prazo.

- *Orçamentos*. A maioria das companhias produzem algum tipo de orçamento para o ano seguinte. As companhias de navegação com navios no mercado aberto precisam estimar os rendimentos e os custos para o ano a ser orçamentado, e os corretores de navios cuja comissão é uma percentagem das taxas de frete têm o mesmo interesse. Ambos podem estar interessados na forma como se desenvolverão os preços de navios em segunda mão. Os estaleiros navais precisam prever os volumes de vendas e os preços, enquanto os fabricantes de equipamento marítimo estão interessados nas vendas dos tipos de navios que utilizam o seu equipamento.

- *Planejamento estratégico e empresarial.* Este item vai na direção de um território mais especializado. Geralmente os sistemas de planejamento são utilizados pelas grandes companhias que precisam envolver toda a organização na reflexão sobre como o negócio deveria se desenvolver. São poucas as companhias de navegação nos mercados de granel, de linhas regulares e especializados que fazem um planejamento estratégico, mas a técnica é mais frequentemente utilizada pelos principais afretadores, como as companhias petrolíferas e as siderúrgicas, os estaleiros navais e os fabricantes de equipamento marítimo e os portos. Eles utilizam previsões de mercado de longo prazo ou cenários como ponto de partida para as suas atividades de planejamento.

- *Desenvolvimento de produtos.* Os estaleiros navais, as companhias de navegação e os fabricantes de equipamento que desenvolvem produtos novos precisam de uma análise de mercado dos tipos de navios que venderão bem no futuro.

- *Negociações internacionais.* As previsões desempenham um papel em grande parte das negociações internacionais e na formulação de regulamentações. Por exemplo, os construtores navais utilizam as previsões de mercado como base para os debates internacionais acerca da capacidade, e os reguladores que planejam a calendarização da eliminação progressiva dos navios-tanques de casco simples precisam perceber o impacto que as regulamentações propostas teriam sobre a disponibilidade de capacidade de transporte.

- *Elaboração de políticas governamentais.* Por vezes, as previsões de mercado são necessárias como insumo para decisões políticas governamentais sobre o transporte marítimo e a construção naval.

- *Relações industriais.* As negociações com os sindicatos do transporte marítimo e da construção naval envolvem, frequentemente, uma visão futura do mercado.

- *Análise de crédito bancário.* Os bancos que emprestam o capital aos proprietários de navios (ou que decidem se devem ou não executar uma hipoteca) devem ter uma visão do risco. Isso envolve uma avaliação da força de mercado futura, das taxas de frete e dos preços dos navios; uma previsão de mercado constitui um bom ponto de partida para discutir empréstimos que envolvam certo grau de risco comercial.

17.4 AS METODOLOGIAS DE PREVISÃO DE MERCADO

ESCALA TEMPORAL DA PREVISÃO

O tempo tem um lugar especial na previsão e uma importância significativa na metodologia de previsão adotada. Embora as decisões sejam tomadas no presente,[18] a distância em que as suas consequências se estendem no futuro afeta a tarefa do analista de previsões porque as variáveis de curto prazo importantes muitas vezes não têm importância no longo prazo, e vice-versa. As três escalas temporais do mercado marítimo foram definidas na Seção 4.5, página 163 – momentânea, de curto prazo e de longo prazo.

As previsões *momentâneas* relacionam-se a dias ou mesmo horas. Essa é a escala dos afretadores, dos corretores de navios ou dos comerciantes que têm de decidir se devem ou não fixar um navio ou uma carga. Os corretores de afretamento, que trabalham com as decisões de prazo muito curto, lidam diariamente com esse tipo de previsão. Os seus clientes deveriam aceitar a oferta ou esperar? Talvez devessem navegar em lastro para outra zona de carga. Confrontados com as opções de afretamento no mercado aberto, devem escolher qual parte do mundo é melhor para colocar seu navio. Ou deveriam simplesmente colocar o seu navio num afretamento a tempo? Isso significa fazer previsões na linha da frente, nas fronteiras da informação disponível, sem tempo para relatórios densos. Uma profissão de risco, mas muito compensadora para aqueles que são bons em desempenhá-la!

As previsões *de curto prazo* no transporte marítimo cobrem geralmente um período de meses – por exemplo, o resto do ano corrente e o próximo ano. Trata-se de um horizonte temporal popular, porque cobre o ano orçamentado, uma atividade de previsão na qual a maioria das empresas se envolve. Do ponto de vista do analista de previsões, existe mais trabalho para fazer e uma chance melhor de estar certo, porque os fundamentos do mercado, como os ciclos econômicos e a carteira de encomendas dos estaleiros, estão por vezes bem definidas. O "futuro" está suficientemente próximo para se realizarem previsões baseadas em fundamentos plausíveis, aumentando a probabilidade de aproveitamento da informação para se efetuarem previsões precisas. Visto que existem muitos dados disponíveis, trata-se de um horizonte temporal ideal para a modelagem.

As previsões de *médio prazo* cobrem geralmente uma escala temporal entre cinco e dez anos. Elas correm ao longo de um ciclo de mercado marítimo médio que, com base no Capítulo 3, sabemos que pode ser de quatro a doze anos. Os banqueiros que emprestem o capital à indústria marítima encontram-se fascinados pela forma e pelo momento em que ocorre o próximo ciclo, e é semelhante o interesse dos estaleiros navais. Se o proprietário de navios comprar navios graneleiros, qual é a probabilidade de uma recessão de longa duração? Será que ele tem fluxo de caixa para sobreviver a uma depressão? Como se comparam os seus custos operacionais com os dos seus concorrentes? Frequentemente, as previsões ao longo dessa escala temporal fazem uso quer dos modelos de oferta-demanda, quer de algum tipo de modelo econométrico.

As previsões de *longo prazo* têm um espaço temporal lógico de 25 anos, a vida de um navio mercante. No final de uma previsão de 25 anos, existirá muito pouco da frota corrente, portanto, qualquer coisa é possível! Isso é território para os "*think tank*", e as grandes mudanças ocorrem de tempos em tempos. Durante os últimos vinte anos, o transporte marítimo assistiu ao crescimento rápido do carvão térmico, ao desenvolvimento do mercado de afretamento de contêineres, aos navios frigoríficos perdendo a sua participação de mercado para os navios porta-contêineres e ao desenvolvimento dos cruzeiros como um segmento novo. Esses desenvolvimentos de longo prazo são relevantes para as grandes companhias de navegação a granel, para os construtores navais e para os prestadores de serviços como os do negócio de contêineres e os portos. Os governos que desenvolvem ou que reveem a sua política marítima com frequência querem uma perspectiva de longo prazo. Embora os modelos muitas vezes sejam utilizados para as previsões de longo prazo, eles são pouco mais do que uma forma conveniente de apresentar as conclusões retiradas de uma análise menos formal.

Previsões e pesquisas no mercado marítimo 775

A Tabela 17.1 apresenta um resumo da forma como essas diferentes escalas temporais se aplicam aos diferentes decisores. É fácil ver que a mais popular é a de curto prazo. Quase todos a utilizam em algum momento ou outro. A maioria das indústrias de apoio também se interessa pelo médio prazo, enquanto somente os governos e as grandes empresas se aventuram na definição de cenários em longo prazo.

Tabela 17.1 – Matriz de aplicações das previsões

	Escala temporal			
	Momentânea 1 semana	Curta 18 meses	Média 5-10 anos	Longa 20 anos
Companhias de navegação a granel	Afretamento	Orçamento	Investimento	Estratégia
Companhias de navegação de linhas regulares		Orçamento	Investimento	Estratégia
Proprietário da carga	Afretamento	Orçamento	Investimento	Estratégia
Negociador	Afretamento	Consultivo	Plano de negócios	Estratégia
Corretor marítimo	Afretamento	Consultivo	Plano de negócios	Estratégia
Estaleiro naval		Orçamento	Plano de negócios	Estratégia
Fabricante de equipamentos		Orçamento	Plano de negócios	Estratégia
Porto/terminal		Orçamento	Plano de negócios	Estratégia
Governo		Orçamento	Política	Política
Total	4	8	7	1

TRÊS FORMAS DIFERENTES DE ABORDAR AS PREVISÕES

Porque os decisores têm necessidades tão variadas, cobrindo escalas temporais tão diferentes, devemos pensar cuidadosamente sobre a forma como cada previsão é preparada e apresentada. Mesmo se ela estiver errada, a previsão tem valor se der aos decisores uma percepção melhor da decisão que estão a tomar. Nesse sentido, a previsão tem um elemento educativo, e os analistas devem pensar cuidadosamente acerca da metodologia que provavelmente ofereça o benefício máximo. Existem três maneiras diferentes de abordar essa tarefa, cada uma das quais tem vantagens e desvantagens específicas. Serão chamadas de relatório de mercado, modelo de previsões e análise de cenários.

Um *relatório de mercado* é um estudo escrito concebido para fornecer ao cliente informação suficiente para formar as suas próprias visões do que poderá acontecer no futuro. Dará resposta às seguintes perguntas: como o negócio funciona? Qual a sua velocidade de crescimento e por quê? Qual a sua estrutura concorrencial e quem são os seus líderes de mercado? Como são as coisas suscetíveis de desenvolver? Quais são os riscos? Um relatório que lide com essas matérias é necessariamente descritivo, mas geralmente incluirá alguma análise estatística e tabelas de previsões, embora não produza necessariamente um modelo integrado.

Uma abordagem mais estruturada é modelar matematicamente um segmento do negócio do transporte marítimo. Algumas companhias oferecem *modelos de previsões* de todo o mercado marítimo, e por vezes as companhias de navegação desenvolvem os seus próprios modelos setoriais, por exemplo, o tráfego do petróleo, o tráfego do granel seco ou o mercado da construção naval. Como os modelos são facilmente atualizados, pode-se utilizar uma análise de sensibilidade para mostrar a capacidade de resposta dos resultados a variações nos pressupostos principais. Contudo, eles também apresentam três desvantagens. Primeiro, independentemente do grau de sofisticação do modelo, a previsão não é melhor do que os pressupostos – a incorporação dos números num computador não acrescenta, em si, muito valor. Segundo, quando se efetuam as previsões das taxas de frete e dos preços, os modelos de oferta-demanda podem ser tão sensíveis a variações nos pressupostos que a ligação entre os pressupostos e a previsão pode se tornar tênue! Terceiro, os modelos não podem abordar as questões para as quais não existem dados, independentemente da importância que possam ter. A informação sobre a demanda é um problema específico.

A análise de *cenários* adota uma abordagem diferente. Em vez de começar a partir de um modelo preconcebido, ela começa por identificar as questões críticas que o decisor pode ter de responder no futuro, depois trabalha para trás, analisando as forças que estão por detrás de cada questão e desenvolvendo um cenário. Por exemplo, se o risco de poluição foi identificado como uma questão central para uma companhia petrolífera, o cenário seria examinar como as pressões regulamentares e as tendências comerciais podem ter impacto sobre o negócio. Qual é a probabilidade de ocorrência de um incidente de poluição grave? Como os reguladores e os proprietários de navios iriam responder? O analista constrói o cenário ilustrando como esses fatores podem interagir. A vantagem da análise de cenários é que permite "um pensamento lateral" e pode se movimentar para dentro de áreas que são menos bem definidas do ponto de vista quantitativo. A desvantagem é que os cenários são difíceis de serem produzidos e nem todos os decisores estão preparados para entrar no espírito dessa técnica abrangente.

Do ponto de vista metodológico, existe uma distinção fundamental entre a previsão de mercado e a pesquisa de mercado, e a Figura 17.2 resume algumas dessas diferenças práticas. Em termos de objetivos, as previsões de mercado têm frequentemente termos de referência bastante gerais, enquanto a pesquisa de mercado está geralmente ligada a uma definição empresarial definida. A metodologia das previsões de mercado tende a ser dominada pela análise estatística, pois as estatísticas são a melhor forma de representar os grandes grupos em que se assume a aplicação da lei da grande quantidade de números. Consequentemente, a análise é numérica e envolve com frequência a modelagem por computador. Em oposição, a pesquisa de mercado tende a estar relacionada mais de perto com as variáveis técnicas e comportamentais que não são tão facilmente representadas em termos estatísticos – os modelos podem ser utilizados para estabelecer o enquadramento, mas as questões centrais são perguntas do tipo "Como os concorrentes ou os afretadores vão interagir?", que serão mais bem tratadas pela pesquisa das opiniões atuais e dos padrões comportamentais dos decisores relevantes. A análise numérica continua a ser importante, mas é geralmente de natureza financeira.

Ao preparar um estudo de pesquisa de mercado, em geral é necessário estreitar a área da análise para tornar a tarefa mais manejável em termos da quantidade da informação a ser tratada. Isso conduz a uma das funções mais importantes das previsões de mercado, que se destina a estabelecer o cenário mais detalhado de um estudo de pesquisa de mercado. Contudo, por mais completa que a pesquisa de mercado seja, ela não pode se dar ao luxo de ignorar as tendências do mercado como um todo. Se fizermos uma analogia com o transporte rodoviário, a previsão de mercado é equivalente a um mapa das estradas que define por onde seguem as principais vias, enquanto a pesquisa de mercado é equivalente ao plano de rota que um condutor prepara antes de começar uma viagem longa. Com certeza, ele consultará o mapa das estradas, mas o seu plano de rota será único. Ele lidará com uma viagem específica e, para ser bem-sucedido, deve levar em conta detalhes como a densidade do tráfego esperada, os limites de velocidade, os atalhos e o trabalho de reparo das estradas que podem provocar atrasos, nenhum dos quais é apresentado no mapa. É claro que os motoristas que vão em viagens longas não têm de consultar os mapas nem preparar planos de rotas. Muitos limitam-se a começar a viagem e a seguir os sinais da estrada, na esperança de não se perderem. O mesmo é verdadeiro para os decisores no mercado marítimo.

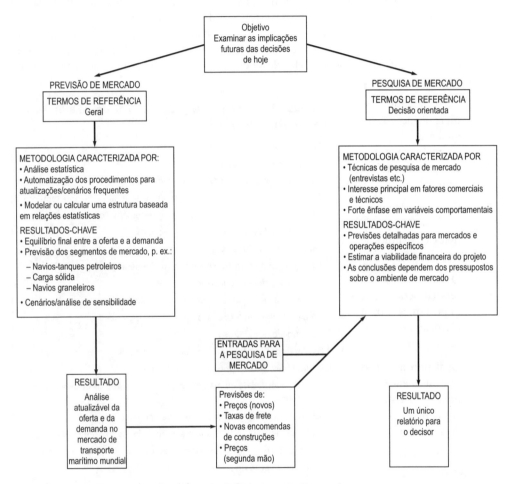

Figura 17.2 – Diferenças entre a previsão do mercado marítimo e a pesquisa de mercado.
Fonte: compilada por Martin Stopford a partir de várias fontes.

Nas seções seguintes trataremos de cada uma dessas abordagens com mais detalhe.

17.5 A METODOLOGIA DA PESQUISA DE MERCADO

Um relatório de pesquisa de mercado tem tanto de educação como de previsão. O objetivo é resumir todos os fatos relevantes acerca do mercado, examinar as tendências e retirar as conclusões sobre o que pode acontecer no futuro.

A preparação desse tipo de estudo requer uma combinação de conhecimento comercial e econômico. As técnicas estatísticas que abordaremos mais adiante nas últimas seções são úteis, mas a ênfase cai na identificação de fatores que influenciarão significativamente o sucesso ou o insucesso da decisão comercial, a coleta da informação e a análise de como podem se desenvolver. O Destaque 17.1 apresenta um procedimento sistemático para efetuar um estudo de pesquisa de mercado, listando as seis principais tarefas envolvidas.

A *etapa 1* serve para estabelecer os termos de referência do estudo. Quais são as decisões a serem efetuadas e como contribuirão para o estudo? A decisão a ser tomada depende em muito da etapa de pensamento que se tenha alcançado. Por exemplo, uma companhia de linhas regulares que considere estabelecer um serviço novo precisaria decidir sobre o tipo de operação a estabelecer e quanto deve investir nela. Nesse caso, algumas das perguntas às quais deve dar resposta são as seguintes:

- Quão grande é o mercado acessível e qual a participação de mercado que a companhia poderá ganhar?

- Como se desenvolverão as taxas de frete e os volumes de tráfego nessa rota?

- Quais aspectos do serviço serão mais importantes para alcançar as vendas futuras?

- Qual tipo de navio será mais eficaz do ponto de vista do custo para a oferta desse serviço?

- Como os concorrentes reagirão a um novo entrante no tráfego?

A definição dos termos de referência dessa forma torna claro que o decisor procura mais do que uma simples previsão do tráfego. Ele precisa de aconselhamento em relação à forma como a sua

---

Destaque 17.1 – Etapas na preparação de um relatório do mercado marítimo

1 Estabelecimento dos termos de referência

  1.1 Discussão do estudo com o decisor

  1.2 Identificação do tipo de informação necessária

  1.3 Especificação dos meios pelos quais os resultados são apresentados

  1.4 Estimativa do tempo e dos recursos necessários para o estudo

  1.5 Garantia da disponibilidade dos recursos

2 Análise das tendências passadas

  2.1 Definição da estrutura de mercado/segmentação

  2.2 Identificação da concorrência

  2.3 Compilação da base de dados e sua organização

  2.4 Cálculo das tendências e análise das suas causas

  2.5 Extração dos efeitos cíclicos

3 Os planos dos concorrentes inquiridos e a opinião dos especialistas

  3.1 Identificação dos principais concorrentes

  3.2 Os inquéritos de opinião dos especialistas sobre os desenvolvimentos futuros

  3.3 Os programas das companhias que operam no mercado

  3.4 Preparação do resumo sobre a visão da indústria sobre o negócio

4 Identificação das influências sobre o desenvolvimento futuro do mercado

  4.1 Determinação do ambiente de mercado futuro

  4.2 Listagem dos fatores-chave que influenciarão o resultado futuro

  4.3 Priorização das variáveis em termos de impacto potencial futuro

5 Combinação da informação com as previsões

  5.1 Pensar sobre o tema da previsão (o que acontecerá?)

  5.2 Desenvolver tabelas de previsões detalhadas

  5.3 Escrever a previsão tão claramente quanto possível

6 Apresentar os resultados

  6.1 Sumário executivo

  6.2 Relatório detalhado

  6.3 Apresentação oral

Previsões e pesquisas no mercado marítimo

posição competitiva vai se desenvolver e como mudará o enquadramento comercial no qual ele vai operar.

A *etapa 2* destina-se a juntar toda a informação que estiver disponível e a analisar as tendências do passado. A definição do segmento de mercado com frequência pode ser bastante difícil. Por exemplo, um investidor que esteja pensando em comprar um pequeno navio-tanque de derivados do petróleo para operar no mercado aberto pode não ter certeza sobre qual será o melhor tipo de navio. Ele deve ser capaz de operar no mercado dos produtos químicos? Destina-se aos produtos claros ou aos produtos escuros? Quanta atenção deverá ser dada às dimensões dos tanques, ao número de segregações e à capacidade das bombas?

Uma vez que se tenha definido o segmento de mercado, a terceira etapa destina-se a identificar a concorrência. O proprietário de navios pode estar excluído do mercado por conta de uma concorrência selvagem ou de um excesso de encomendas efetuadas pelos seus concorrentes. No caso de uma empresa de construção naval, isso pode significar identificar os outros estaleiros com uma capacidade conhecida no segmento de mercado e a coleta de informação sobre seu desempenho comercial. Num projeto de transporte marítimo a granel, isso pode implicar a identificação da frota de navios capaz de operar nesse mercado e a análise da futura carteira de encomendas e da estratégia dos outros operadores.

Muitas vezes a compilação da base de dados para todo esse trabalho é difícil, porque a informação está incompleta ou indisponível, mas deve destinar-se a providenciar uma visão do que está acontecendo no mercado, que depois pode ser analisada e explicada pelos analistas. Um passo final consiste em considerar quaisquer efeitos cíclicos que possam estar funcionando, por exemplo, um forte crescimento recente pode ser resultado de um ciclo econômico empresarial, em vez de uma tendência de longo prazo.

A *etapa 3* leva o estudo para as atividades dos concorrentes. Geralmente as estatísticas não ajudam a análise desse tipo de informação, e indagar as opiniões das pessoas envolvidas no negócio sobre os planos das empresas que operam no segmento de mercado relevante é uma abordagem mais produtiva. Isso envolve:

- identificar os especialistas importantes a quem se vão fazer as perguntas;
- decidir sobre uma lista de perguntas que precisam de resposta;
- selecionar o método mais apropriado para levantar as opiniões.

Existem muitas técnicas estabelecidas para levantar as opiniões, que vão desde a entrevista pessoal até um questionário de caráter geral.[19] Por exemplo, um levantamento de opiniões sobre o mercado dos *ferries* revelou que a tendência comercial estava muito inclinada a tratar o navio de cruzeiros como um "hotel flutuante" para se maximizar as despesas dos passageiros a bordo. Isso é a base de uma nova linha de pesquisa sobre como essa tendência vai se desenvolver durante a década seguinte.

As primeiras três etapas no Destaque 17.1 estabelecem as bases fundamentais para o estudo, definindo os seus objetivos, analisando as tendências estatísticas, obtendo a opinião dos especialistas e identificando os planos dos concorrentes que operam no mercado. Falta preparar o relatório, o qual se divide em três partes. A *etapa 4* envolve o futuro ambiente de mercado e questões como: quão sensível é esse mercado às condições comerciais existentes em outros setores do transporte marítimo? Por exemplo, durante a década de 1990, o mercado para os pequenos navios-tanques de produtos derivados de petróleo provou ser comparativamente forte quando relacionado com o excesso de VLCC que tinha se desenvolvido no início da década. A *etapa 5* indica os fatores que são provavelmente os mais importantes na determinação do rendimento futuro para o projeto e tira conclusões sobre como se desenvolverão.

Finalmente, a *etapa 6* representa a tarefa crucial de apresentar os resultados. Geralmente o relatório é preparado com um sumário executivo para os decisores ocupados que não querem ler o relatório na totalidade. Isso não significa que eles não queiram o detalhe. É importante ter um especialista independente que verifique a metodologia e o relatório com uma estrutura detalhada, o que dá credibilidade às conclusões. O resumo pode incluir uma análise de risco. Por exemplo, vamos supor que algumas das influências principais sobre o mercado se desenvolveriam desfavoravelmente. O que aconteceria e como reagiria a companhia? Vamos supor que a companhia compra navios-tanques de produtos derivados de petróleo, mas que um ou mais dos mercados em crescimento responsável pela importação dos produtos não se desenvolve. Será que faria diferença? Existe alguma ação que pode ser tomada agora para prevenir contra a ocorrência desse acontecimento? Isso não é fácil de ser efetuado, mas é uma adição valiosa à técnica da "previsão do ponto de inversão do mercado" [*spot prediction technique*].[20] Além do relatório escrito, é efetuada também uma apresentação oral com *slides*.

17.6 AS PREVISÕES DAS TAXAS DE FRETE

É provável que o requisito mais comum seja uma previsão das taxas de frete, utilizada extensivamente pelos bancos, pelas companhias de navegação, pelos funcionários públicos e pelos consultores contratados para produzir os estudos comerciais. Existem vários modelos de previsões de mercado disponíveis comercialmente que permitem que seus usuários determinem seus próprios pressupostos. Embora esses modelos variem enormemente em termos de detalhe, a maioria deles utiliza uma metodologia baseada na previsão da oferta e da demanda de navios mercantes e usa o equilíbrio entre a oferta-demanda para retirar conclusões sobre os desenvolvimentos das taxas de frete. Isso oferece um enquadramento consistente para preparar uma previsão do mercado marítimo que pode ser desenvolvida com o detalhe apropriado para produzir as projeções que são significativas para os fins específicos. Embora as previsões desse tipo sejam produzidas com detalhes precisos, muitas vezes são extremamente imprecisas. O seu detalhe é o resultado da forma como são produzidas, e não uma indicação da sua precisão.

MODELO CLÁSSICO DA OFERTA-DEMANDA DO TRANSPORTE MARÍTIMO

Para alguns propósitos, um modelo computorizado é mais útil do que um relatório. Todas as previsões econômicas baseiam-se em algum tipo de modelo, que oferece uma imagem simplificada do mundo que procuramos prever, mas neste caso desejamos desenvolver um modelo de trabalho que reproduz sucessivamente uma relação entre as variáveis principais de um segmento de mercado marítimo que está em pesquisa e que frequentemente inclui os preços e as taxas de frete.

O modelo da oferta-demanda do transporte marítimo foi abordado em detalhe no Capítulo 4. Revimos as variáveis principais e as relações entre elas, e esse modelo encontra-se resumido na Figura 17.3. As principais variáveis "V" estão apresentadas nas caixas retangulares e as relações "R", que estabelecem as ligações no modelo, são representadas por setas. As principais variáveis da demanda são a economia mundial, os tráfegos de mercadorias e a procura de navios, enquanto as principais variáveis da oferta são a demolição, a carteira de encomendas e a frota mercante. Além dos valores "normais" dessas variáveis, podem existir curingas, que representam mudanças repentinas e inesperadas em qualquer uma dessas variáveis principais (ver Seção 17.2). O ponto importante acerca dos curingas é que, embora o seu momento seja imprevisível, a sua ocorrência não é. Por exemplo, é impossível prever com exatidão quando vai ocorrer uma perturbação política no Oriente Médio, mas elas já ocorreram sete vezes nos últimos sessenta anos (1952, 1956, 1967, 1973, 1979, 1980 e 2001), portanto, é provável que ocorra novamente em algum momento. Um exemplo paralelo é o projeto de um navio para lidar com as "ondas gigantes". O projetista não sabe quando o navio será atingido por uma, mas é provável que aconteça eventualmente, e o projeto deve ser capaz de lidar com ela. Portanto, o tempo não é a única questão.

As relações ligam as variáveis. As relações principais do modelo macroeconômico apresentado na Figura 17.3, representadas pelas setas, são as ligações entre a economia mundial e os tráfegos de mercadorias; entre os tráfegos de mercadorias e a demanda de navios; entre o investimento do proprietário de navios, a carteira de encomendas e a demolição. Finalmente, existe uma relação crítica entre o equilíbrio da oferta-demanda, as taxas de frete, os preços e o sentimento do investidor. Isso realimenta o modelo no lado da oferta pela relação entre as taxas de frete, os preços e o sentimento do investidor representado pelas linhas pontilhadas. Essa é uma das partes mais difíceis do modelo. Obviamente existem muitas maneiras de se desenvolver o modelo com grande detalhe. Por exemplo, a economia mundial pode ser dividida em regiões ou em países, os tráfegos de mercadorias podem ser separados em muitas mercadorias, cada uma delas lidando com um setor industrial apresentado em detalhe, e a demanda de navios pode ser dividida pelo tipo de carga, por exemplo, contêineres, granel e cargas especializadas. Do lado da demanda, pode ser dividida por tipo de navio e por dimensão, e questões como a produtividade da frota podem ser desenvolvidas em detalhe. Levado aos extremos, o resultado poderia ser um modelo com muitos milhares de equações, embora, como veremos, os detalhes não façam com que o modelo seja mais preciso.

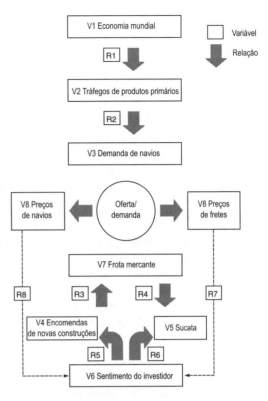

Figura 17.3 – Modelo macroeconômico do transporte marítimo.

CINCO ESTÁGIOS NO DESENVOLVIMENTO DE UM MODELO DE PREVISÃO

Por princípio, a modelagem oferta-demanda pode ser aplicada a qualquer segmento da indústria marítima, mas o seu sucesso depende da quantificação das variáveis em um nível significativo de desagregação e, na prática, isso é mais fácil para uns segmentos do que para outros. Segmentos do transporte marítimo como os dos navios-tanques de petróleo bruto e dos navios graneleiros, que operam em mercados bem documentados, são os mais fáceis de modelar, enquanto os dos navios especializados, como os navios porta-contêineres, os navios transportadores de veículos e os navios-tanques de produtos químicos, são mais difíceis de serem modelados como um todo, em razão da falta de informação publicada e porque as relações envolvidas são mais complexas. Tendo dito isso, é sempre possível modelar partes desses complexos setores. Os cinco estágios usados para a preparação de um modelo são resumidos a seguir:

1. *O projeto do modelo.* Desenha-se um fluxograma que mostra como o modelo funciona. Isso ajuda a pensar sobre a estrutura e garante que são consideradas todas as influencias possíveis sobre as variáveis dependentes. Quais variáveis são importantes? Será que o modelo faz sentido do ponto de vista econômico?

2. *Definição das relações e coleta de dados.* Nesta etapa, estabelece-se a forma estrutural do modelo como um conjunto de equações relacionadas. Na Figura 17.3, essa etapa é apresentada em paralelo com a coleta de dados porque a forma do modelo será influenciada pela existência de dados – não serve de nada especificar as equações que não podem ser utilizadas porque a informação estatística não está disponível. Uma vez estabelecidas as equações estruturais, é normal reformular o modelo de modo mais reduzido, por manipulação algébrica, para definir um modelo no qual cada variável endógena tem uma equação separada em termos de variáveis exógenas. Isso pode ajudar a evitar problemas estatísticos.[21]

3. *Estimar as equações e testar os parâmetros.* Esta etapa é geralmente efetuada utilizando um programa informático que estima os parâmetros e automaticamente oferece uma gama de testes estatísticos. Para além do coeficiente de correlação e do teste-t, são utilizados vários testes estatísticos para testar problemas econométricos específicos – por exemplo, a estatística Durbin-Watson serve para identificar a autocorrelação. Os resultados desses testes determinarão se as equações são úteis ou não.

4. *Validação do modelo.* Além dos testes estatísticos, é uma boa prática testar o modelo efetuando uma análise de simulação, idealmente utilizando dados que não foram usados para estimar as equações. Após essa etapa, a estrutura do modelo está finalizada.

5. *Preparar a previsão.* Para efetuar uma previsão das variáveis dependentes, é necessário prever os valores das variáveis exógenas. Por exemplo, isso pode incluir previsões da produção industrial dos tráfegos das mercadorias e do investimento em navios. Portanto, o estudo dos valores apropriados para as variáveis exógenas é uma etapa vital.

EXEMPLO DE UM MODELO DE PREVISÃO

O procedimento prático para a produção de uma previsão utilizando o modelo SMM do mercado marítimo descrito no Anexo A envolve um processo de trabalho com nove etapas separadas.

Etapa 1: pressupostos econômicos

A primeira etapa serve para decidir o período a ser coberto pela previsão e debater quais pressupostos devem ser adotados acerca da forma como a economia mundial vai se desenvolver nesse período. Os requisitos específicos do modelo de previsões são um pressuposto acerca da

Previsões e pesquisas no mercado marítimo

taxa de crescimento do produto interno bruto (PIB) e da produção industrial das principais regiões econômicas. É uma tarefa crítica decidir quais regiões incluir e o nível de detalhe. Também podem ter um papel importante os preços do petróleo, assim como opiniões relativas à instabilidade política, à passagem pelo Canal de Suez, entre outras.

Etapa 2: previsão do tráfego por via marítima

A próxima etapa é prever o tráfego por via marítima durante o período a ser analisado. O método mais simples é utilizar um modelo de regressão do seguinte tipo:

$$ST_t = f(PIB_t) \tag{17.1}$$

em que ST é o tráfego por via marítima e PIB representa o produto interno bruto, ambos para o ano t.

Vamos supor, por exemplo, que assumimos uma relação linear entre o comércio por via marítima e o produto interno bruto. A equação linear que representa esse modelo é:

$$ST_t = a + bPIB_t \tag{17.2}$$

Esse modelo sugere que as duas variáveis, o comércio marítimo e o produto interno bruto, movimentam-se conjuntamente de forma linear. Por exemplo, se a produção industrial aumentar em US$ 1 bilhão, o comércio por via marítima aumenta em 100 mil toneladas; se a produção industrial aumentar em US$ 2 bilhões, o comércio por via marítima aumenta em 200 mil toneladas. A natureza exata da relação é medida pelos dois parâmetros a e b. Utilizando os dados históricos e a técnica da regressão linear, podemos estimar o valor desses parâmetros. Como exemplo, a Figura 17.4(a) apresenta esse modelo ajustado aos dados para o período 1982-1995 utilizando uma regressão linear:

$$ST_t = -26.289 + 30.9 . PIB_t \tag{17.3}$$

O que o modelo nos diz? O valor estimado para b mostra que, durante o período 1982-1995, para cada 1 ponto de aumento no índice do PIB, o comércio marítimo aumentou 30,9 milhões de toneladas. O "ajustamento" da equação é excelente, com um coeficiente de correlação de 0,99, o que significa que as mudanças na produção industrial "explicam" 99% das mudanças no comércio marítimo. Se aceitarmos o modelo, a previsão do comércio marítimo pode ser efetuada substituindo um valor assumido de PIB e calculando o nível correspondente do comércio marítimo.

Quão confiável é esse modelo? Uma forma de testar isso é efetuar uma análise de simulação. Alimentamos o índice do PIB real para os anos 1995-2005 nessa equação e comparamos o nível previsto do comércio marítimo com o volume comercial real. A comparação dos crescimentos real e previsto apresentada na Figura 17.4(a) mostra que o modelo funcionou muito bem. Qualquer pessoa que o utilizou em 1995 para prever o volume do comércio estaria correta dentro de uma margem de 0,1%. Existiram algumas pequenas divergências ao longo do processo, como mostra a linha pontilhada que assinala o comércio previsto – a previsão apresentava uma baixa em 1997 e uma alta em 2002. Mas, de forma geral, o modelo funcionou muito bem e, desde que tenham feito as pressuposições corretas sobre o PIB, o resultado teria sido muito preciso.

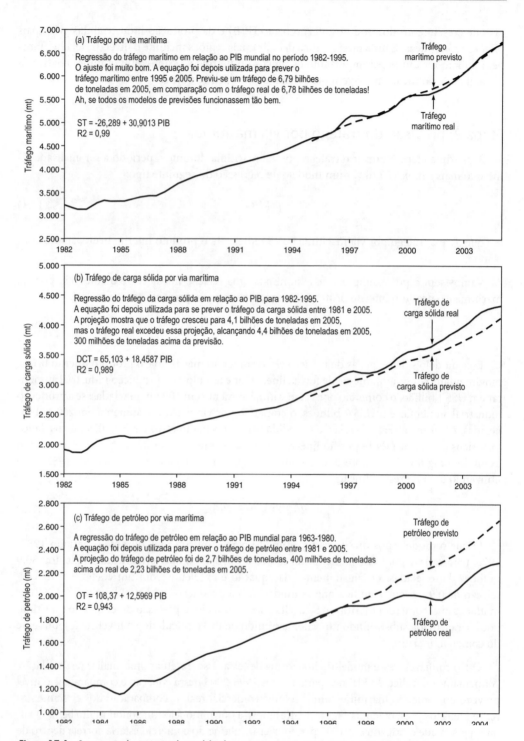

Figura 17.4 – Comparação das projeções dos modelos do comércio marítimo com o crescimento real do tráfego.
Fonte: Banco Mundial e *Fearnleys Annual Review*, várias edições.

Previsões e pesquisas no mercado marítimo

O problema com os modelos simples desse tipo é que não temos maneira de verificar antecipadamente se a relação será válida ou não no futuro. Uma abordagem mais completa, a qual ajuda a verificar o modelo, seria subdividir o comércio em mercadorias distintas (petróleo bruto, derivados do petróleo, minério de ferro, carvão, grão etc.) e desenvolver um modelo mais detalhado do tipo abordado na Seção 10.5 para cada tráfego de mercadoria. Por exemplo, podemos começar dividindo o comércio marítimo em carga sólida e petróleo e estimando separadamente o modelo de regressão para cada mercadoria, utilizando os dados para o período 1982-1995.

O resultado dessa análise para a carga sólida é apresentado na Figura 17.4(b). Para os anos 1982-1995, estimamos a relação entre a tonelagem do tráfego de carga sólida para cada ano e o PIB mundial. Mais uma vez o ajustamento é excelente, com um coeficiente de regressão igual a 0,989. Contudo, quando utilizamos a equação para projetar o comércio marítimo em 2005 utilizando o PIB atual, a projeção mostra ser menos precisa. O modelo prevê um tráfego marítimo de carga sólida de 4,1 bilhões de toneladas em 2005, comparado com o comércio real de 4,4 bilhões de toneladas. Reconhecidamente, um erro de 7% durante dez anos é um resultado melhor do que a maioria dos economistas ousaria esperar, mas na vida real é improvável que os pressupostos do PIB estivessem precisamente corretos, e quaisquer erros estariam aqui refletidos na projeção.

Como pode ser visto da Figura 17.4(c), quando estendemos esse exercício ao tráfego do petróleo, o resultado é ainda menos satisfatório. Embora o modelo se ajuste bastante bem durante o período-base de 1982-1995, com um R^2 de 0,94, a projeção para 2005 é de 400 milhões de toneladas, demasiado elevada, com um erro de 20%. Entre 1995 e 2000 o comércio quase não cresceu, depois começou a aumentar entre 2001 e 2005. Não existe praticamente escolha, senão aprofundar ainda mais, talvez pelo desenvolvimento de um modelo do tráfego de petróleo regional. Na primeira metade do período previsto, o Japão e a Europa praticamente não aumentaram as importações, e um modelo corretamente definido do tipo abordado na Seção 10.5 incorporaria a análise regional para identificar essas tendências, fornecendo uma base mais bem informada para efetuar as previsões.

Alguns dos modelos de previsão do mercado mais sofisticados subdividem o comércio em muitas mercadorias e projetam o tráfego de cada mercadoria utilizando um conjunto de equações. Em teoria, mais informação conduziria a um resultado mais fiável. O perigo é que isso exige muito tempo e pode facilmente gerar tantos detalhes que se perde a lógica subjacente à previsão. A questão principal é identificar um nível significativo de detalhes para se trabalhar. Finalmente, notamos que fomos um pouco sortudos com a projeção do comércio marítimo total apresentado na Figura 17.4(a). A projeção extremamente precisa apresentada foi o resultado das previsões da carga sólida, que foram muito baixas em 300 milhões de toneladas, e uma previsão do tráfego do petróleo que foi demasiado alta em 400 milhões de toneladas.

Etapa 3: previsão da distância média

Existem duas formas alternativas de prever a distância média. A forma mais simples é projetar as tendências históricas na distância média para cada mercadoria, tentando identificar os fatores que possam causar um aumento ou um decréscimo na distância média. Por exemplo, no caso do tráfego do petróleo bruto, um aumento da participação de mercado dos produtores de petróleo do Oriente Médio aumentaria a distância média, e vice-versa.

Outra abordagem é analisar a matriz do tráfego para cada mercadoria e, a partir daí, calcular a distância média. Isso é tecnicamente possível e provavelmente válido para algumas mercadorias grandes como o petróleo, o minério de ferro, o carvão e o grão. Para outras, é extremamente difícil, porque não é fácil obter a informação acerca da matriz do tráfego, e o tempo gasto para produzir uma matriz de previsões é desproporcional para as pequenas quantidades de carga envolvidas. Um compromisso é estudar, com algum detalhe, a distância média das principais mercadorias, extrapolando as tendências passadas para os restantes tráfegos.

Etapa 4: previsão da demanda de navios

Como vimos no Capítulo 4, a demanda de navios deveria ser medida em toneladas-milhas das cargas a serem transportadas. A necessidade total de transporte é calculada multiplicando o comércio marítimo pela distância média. Alguns analistas de previsões dão mais um passo e calculam a necessidade dos navios em toneladas de porte bruto. Isso apresenta problemas de natureza conceitual, porque a produtividade da frota é uma variável da oferta – é o proprietário que decide o quão rápido o navio deve navegar –, mas é mais simples para os usuários entenderem, porque pode ser comparado diretamente com a frota. Geralmente a frota mercante transporta em cada ano cerca de 7,3 toneladas por porte bruto, e essa é uma regra geral útil para converter as toneladas de carga em demanda de porte bruto (ver etapa 6).

Etapa 5: previsão da frota mercante

O lado da oferta da previsão começa por considerar a frota mercante existente no ano-base, adicionando o total das entregas previstas de novos navios e deduzindo o volume previsto para demolições, conversões, perdas e outras remoções. A previsão das demolições e das entregas de novos navios é complicada, porque essas são variáveis comportamentais. Assim que as taxas de frete aumentam, os proprietários de navios param de demoli-los e começam a encomendar novos. Por essa razão, a previsão precisa ser feita de forma dinâmica, preferivelmente ano a ano, utilizando um modelo computadorizado que ajuste a demolição e a entrega de novos navios em linha com o equilíbrio total da oferta-demanda.

Etapa 6: previsão da produtividade do navio

Como vimos no Capítulo 4, a produtividade dos navios é medida pelo número de toneladas--milhas de carga transportada por porte bruto da capacidade anual de transporte marítimo mercante. Existem dois métodos de previsão. O mais simples é considerar as séries estatísticas da produtividade anterior da frota mercante, quer em toneladas por tonelada de porte bruto, quer em toneladas-milhas por tonelada de porte bruto (ver Figura 4.8), e projetar isso para o futuro, levando em consideração quaisquer mudanças na tendência que possam ser consideradas adequadas. Visto que a produtividade depende das condições de mercado, a previsão deve ser desenvolvida numa base dinâmica que reconhece que, quando as condições de mercado melhoram, a frota aumenta a sua velocidade, e vice-versa. Uma metodologia mais exaustiva para calcular uma previsão da frota dessa forma utilizaria uma equação como a (6.7), apresentada no Capítulo 6.

Etapa 7: previsão da oferta de transporte marítimo

A oferta de transporte marítimo é calculada em toneladas-milhas multiplicando a tonelagem de porte bruto dos navios pela sua produtividade. Por definição, a oferta deve igualar a demanda. Se a oferta for superior à demanda, assume-se que o valor residual será desarmado temporariamente ou absorvido pela redução da velocidade; se a oferta for inferior à demanda, a produtividade da frota deve ser aumentada.

Etapa 8: equilíbrio entre a oferta e a demanda

Como já chamamos a atenção, o modelo da oferta-demanda desse tipo contém variáveis comportamentais, sobretudo as variáreis relacionadas com a demolição e o investimento. Essa é a parte mais difícil do modelo. Sabemos que a oferta deve igualar a demanda e, se o nível da oferta prevista não igualar o nível da demanda prevista, devemos percorrer todo o processo novamente e efetuar os ajustamentos que acreditamos que o mercado faria em resposta ao estímulo financeiro, como os preços dos ativos, as taxas de frete e o sentimento de mercado.

Etapa 9: taxas de frete

Chegamos agora ao centro da previsão, o nível das taxas de frete que acompanharão cada etapa da oferta e da demanda. Abordamos no Capítulo 4 a relação entre a oferta, a demanda e as taxas de frete, relacionando a demanda com a função oferta do transporte marítimo e mostrando como se estabelecem os preços em diferentes horizontes temporais. Esse é o método que deveria ser utilizado. Do ponto de vista técnico, o elemento mais difícil de ser modelado com exatidão é a forma em J da curva da oferta. As equações das regressões que relacionam as taxas de frete à tonelagem desarmada temporariamente não funcionam muito bem em razão da dificuldade em encontrar uma forma funcional que represente a forma "pontiaguda" do gráfico de fretes. Os modelos de simulação oferecem uma solução mais satisfatória.

Geralmente, uma previsão de mercado normal inclui as previsões da taxa de crescimento da demanda de navios, a necessidade de tonelagem de novas construções e o equilíbrio total entre a oferta e a demanda. Também podem existir os cenários das taxas de frete e dos preços.

Finalmente, uma palavra de aviso. Os analistas que projetam e utilizam com sucesso um modelo desse tipo aprendem uma importante lição sobre o mercado de fretes que se torna óbvia somente quando as relações são quantificadas. À medida que o mercado modelado se aproxima do equilíbrio, as taxas de frete tornam-se tão sensíveis a pequenas variações nos pressupostos que a única forma de produzir uma previsão sensata é ajustar os pressupostos até que o modelo preveja um nível de taxas de frete determinado pelo analista de previsões. Essa é a natureza do mercado. Quando existem dois navios e duas cargas, as taxas de frete são determinadas em leilão pelo sentimento de mercado, e a economia não pode nos dizer como o leilão se desenvolve. Na melhor das hipóteses, os modelos de mercado marítimo são educativos porque ajudam os decisores a perceber em termos gráficos simples o que poderia acontecer, mas, quando se chega à previsão daquilo que vai realmente acontecer às taxas de frete, eles são instrumentos pouco precisos.

ANÁLISE DE SENSIBILIDADE

Os modelos de previsão podem ser utilizados para desenvolver análises de sensibilidade que exploram o quanto a previsão muda em função de uma pequena variação em um dos pressupostos. Primeiro se estabelece uma "previsão de referência" utilizando um conjunto de pressupostos razoáveis, depois são feitas pequenas alterações aos pressupostos de entrada e são registradas as alterações resultantes na variável-alvo. Por exemplo, o modelo poderá ser usado para explorar o impacto de um crescimento industrial mais baixo ou de uma demolição mais elevada sobre as taxas de frete projetadas, e uma tabela compilada mostra a variação em cada variável externa e a mudança correspondente na variável-alvo.

Em teoria, essa técnica permite que o utilizador da previsão perceba a sensibilidade da previsão a pequenas mudanças nos pressupostos, mas na economia marítima existem múltiplas interligações que não podem ser quantificadas com clareza suficiente para tornar uma análise de sensibilidade desse tipo totalmente "automática". Uma mudança no pressuposto do crescimento industrial mundial pode reduzir o comércio e disparar uma queda nas taxas de frete. Contudo, no mundo real, taxas de frete menores podem resultar em níveis de demolição mais elevados, portanto, o mecanismo de mercado compensa o baixo crescimento nos períodos subsequentes. Raramente, os modelos são capazes de representar de forma automática essas interligações comportamentais, e a simples mudança em um dos pressupostos enquanto o restante permanece constante não necessariamente reproduz com precisão a forma como o mecanismo de mercado funciona.

17.7 DESENVOLVIMENTO DE UMA ANÁLISE DE CENÁRIOS

Uma terceira abordagem da previsão é a análise de cenários. O problema com que lida é a comunicação entre o analista e o decisor. No final do seu estudo de mercado, o analista de previsões pode ser um especialista, mas como ele passa o seu conhecimento para o decisor? E como pode tirar vantagem do próprio conhecimento do decisor? A análise de cenário aborda esse problema por meio do envolvimento dos decisores no processo de previsões. Os cenários são desenvolvidos num fórum de seminários em que os executivos trabalham ao lado dos analistas. Isso evita a rigidez dos modelos formais que podem simplificar demasiadamente as questões complexas e ser viciados a favor das variáveis quantificáveis. Também constitui uma oportunidade melhor para focar a ponderação das questões que provavelmente são importantes.

A abordagem de cenários foi desenvolvida por Herman Kahn no trabalho que desenvolveu para a Rand Corporation durante a década de 1950. Ele pediu emprestado o termo "cenário" à indústria do cinema, em que o "cenário" de um filme descreve o seu enredo e o comportamento de cada cena. Da mesma forma, os cenários de Khan destinavam-se a lidar com o futuro. Através dos anos, essa abordagem tem sido adaptada e desenvolvida, frequentemente pelas grandes empresas (embora ninguém tenha ainda tentado produzir longas-metragens!). Uma abordagem é começar pelo cenário de referência, que considera o enredo "atual" e o desenvolve num cenário "livre de surpresas", que continua da mesma forma que o passado. A partir dessa base, são desenvolvidos cenários alternativos discutindo sistematicamente acontecimentos que pudessem produzir diferentes cenários. Geralmente, os cenários são desenvolvidos em *clusters* de dois ou de três, abrangendo períodos longos.

Uma metodologia sistemática para a análise de cenário consiste nas fases que se seguem:

1. Um grupo de analistas gera a análise e pede a especialistas e gerentes reunidos para identificar as questões que eles acreditam serem as mais importantes na determinação de como os eventos vão se desenvolver ao longo do horizonte temporal da previsão. Isso pode ser feito dividindo as pessoas em grupos de trabalho e pedindo que cada uma relate uma lista de questões.

Previsões e pesquisas no mercado marítimo

2. Compila-se uma lista de questões "principais" baseadas nas respostas dos vários grupos e debate-se a importância de cada uma. O objetivo desta parte da análise é estabelecer os fatores que serão importantes no futuro, por exemplo, a demografia, a geografia, os alinhamentos políticos, os desenvolvimentos industriais e os recursos.

3. A lista editada é devolvida ao grupo de trabalho, e pede-se ao grupo que ordene as questões por ordem de importância, utilizando pesos numa escala de 1 a 10. Analisam-se os resultados e identificam-se as variáveis em relação às quais existe consenso, e aquelas em relação às quais há menos consenso.

4. A partir dessa base, desenvolve-se um cenário de "não alteração" social, técnico, econômico e político, e alternativas nas quais a maioria das variáveis importantes é mudada, e prepara-se um relatório para resumir os resultados.

A análise de cenários é uma forma de encorajar os gerentes e os funcionários das grandes companhias a serem mais conscientes sobre as questões que a companhia enfrentará no futuro. Como se baseia numa "conjectura sistemática", é muito mais fácil variar, mas exige competência e discernimento para estreitar a gama de possíveis tendências para as poucas que são significantes.

Concluindo, uma análise de cenários pode ser uma forma muito útil de definir os riscos e as oportunidades empresariais de longo prazo. Contudo, é exigente em termos de tempo, demanda energia intelectual e os resultados são difíceis de serem sintetizados e distribuídos. O risco de um único modelo de previsão quantificado é que ele ignora aspectos importantes. O risco de uma análise de cenários é que se torna tão turva que tem pouco valor.

17.8 TÉCNICAS ANALÍTICAS

Vamos agora rever brevemente as técnicas analíticas que se encontram disponíveis. Na Tabela 17.2 encontram-se resumidas quatro das mais populares técnicas de previsão. Uma revisão breve das suas diferentes capacidades dará aos entrantes que utilizam as previsões uma ideia do que podem esperar.

- As *sondagens de opinião* perguntam às pessoas "por dentro do assunto" aquilo que elas esperam que vai acontecer. Muitas das pessoas no transporte marítimo fazem isso informalmente, mas existem metodologias estruturadas, como a técnica Delphi ou as sondagens de opinião. Essa técnica é particularmente útil para pegar as tendências emergentes que são óbvias para os especialistas, mas que não são visíveis a partir dos dados históricos. Essa abordagem pode ser formal, utilizando um painel, ou informal.

- A *análise de tendência* identifica as tendências e os ciclos das séries de dados passadas (séries temporais). A previsão ingênua extrapola as tendências recentes para o futuro, uma abordagem rápida porque não existem variáveis exógenas complicadas a serem previstas, mas não fornece uma indicação de quando e por que a tendência pode mudar. As análises de tendência mais sofisticadas estudam as tendências subjacentes, os ciclos e os residuais inexplicáveis. Com um grande aceno, as tendências e os ciclos dizem-nos o que acontecerá, mas o analista de previsões terá ainda de decidir se as tendências históricas sofrerão alterações ou não.

- Os *modelos matemáticos* dão mais um passo à frente e explicam as tendências por meio da quantificação das seus relações com outras variáveis explicativas. Por exemplo, quanto o tráfego do petróleo cresce se a produção industrial mundial aumenta? Ao estimar as equações que quantificam essas relações, podemos construir um modelo para prever o tráfego do petróleo.

- A *análise de probabilidade* utiliza uma abordagem completamente diferente. Em vez de prever aquilo que vai acontecer, essa análise estima a possibilidade de ocorrência de um resultado específico. Por exemplo, a análise de probabilidade pode dizer ao decisor que no próximo ano existe 20% de probabilidade de que as taxas de frete diárias sejam de US$ 20 mil. Essa abordagem só funciona se for encontrada uma forma de calcular a probabilidade em termos numéricos.

Tabela 17.2 — Panorama das cinco técnicas analíticas utilizadas no transporte marítimo

	Técnica analítica	Característica principal
1	Sondagem de opinião	
	Técnica Delphi	Sessão de discussão na qual um grupo de especialistas chega a um consenso sobre a previsão
	Sondagens de opinião	Envio de um questionário para uma seleção de especialistas e análise dos resultados
2	Análise de tendência	
	Ingênua	Regra simples, p. ex., "não mudar" ou "se os ganhos forem mais que o dobro das despesas de operação, eles cairão"
	Tendência da extrapolação	Ajustar uma tendência utilizando uma das várias metodologias e extrapolar para o futuro
	Alisamento	Alisar as flutuações para obter uma mudança média e projetá-la
	Decomposição	Separar a tendência, sazonalidade, ciclicidade e flutuações aleatórias, e projetar cada uma delas separadamente
	Filtros	As previsões são expressas como combinações lineares dos valores reais do passado e/ou erros
	Autorregressiva (Arma)	As previsões são expressas como combinações lineares dos valores reais do passado
	Modelo Box-Jenkins	Uma variação do modelo Arma, com regras para lidar com o problema da estabilidade
3	Modelo matemático	
	Regressão simples	Uma equação estimada com uma variável explanatória para prever a variável-alvo
	Regressão múltipla	Uma equação estimada com mais de uma variável explanatória para prever a variável-alvo
	Modelos econométricos	Sistema de equações de regressão para estimar a variável-alvo
	Modelos da oferta-procura	Estimar a oferta e a procura a partir das suas partes componentes e prever a alteração no equilíbrio
	Análise de sensibilidade	Analisar a sensibilidade da previsão com diferentes pressupostos
4	Análise de probabilidade	
	Monte Carlo	Análise utilizada para calcular a probabilidade da ocorrência de determinado resultado

Os analistas podem abordar cada uma dessas técnicas em vários níveis diferentes. Em todos os casos existe uma abordagem rápida que requer poucas competências específicas, mas que oferece resultados praticamente instantâneos, e uma versão sofisticada que é em si própria um assunto específico. Nesta seção vamos nos concentrar nos métodos de previsão rápida e limitar o debate sobre os métodos sofisticados a uma revisão das questões gerais envolvidas.

SONDAGENS DE OPINIÃO

Envolvem apurar os pareceres de outros especialistas. Essa é uma boa forma de investigar questões que estão em constante mudança, e essa abordagem é um dos processos favoritos entre os decisores da indústria marítima que estão constantemente à procura das percepções dos especialistas. Para os analistas, essa pode ser uma forma muito útil de obter inteligência de mercado, e as sondagens de opinião desempenham a tarefa de forma estruturada, destinada a providenciar uma avaliação equilibrada sobre o que os especialistas da indústria pensam que é importante. É claro que não há garantia de que as questões identificadas sejam corretas, mas, numa indústria orientada pelo sentimento, saber o que os outros pensam tem a sua utilidade (mas veja os perigos de uma previsão consensual na Seção 17.9).

ANÁLISE DE SÉRIES TEMPORAIS

As técnicas estatísticas para analisar as séries temporais variam entre as simples e as mais sofisticadas. Na sua forma mais simples, a tendência de extrapolação requer pouco conhecimento técnico, enquanto as formas mais sofisticadas de suavização exponencial são complexas, envolvendo conhecimentos matemáticos avançados.

Extrapolação da tendência

A técnica de séries temporais mais simples é a extrapolação. A previsão é efetuada por meio do cálculo da taxa média de crescimento entre dois pontos na série temporal e extrapolada para o futuro. Isso é tudo o que há para ser feito, e é muito prático. Quando não existem dados para construir um modelo mais complexo, ou existem centenas de variáveis-alvo para serem previstas, essa pode ser a única opção. Por exemplo, um analista que preveja a produção dos terminais de contêineres no Mediterrâneo poderá ter pouca escolha a não ser extrapolar as tendências do tráfego em cada rota, porque tudo o que ele tem é uma série temporal dos movimentos dos contêineres e nenhuma ideia do que está dentro deles. A extrapolação da tendência pode ser simplista, mas é melhor do que nada.

Contudo, é importante termos consciência das armadilhas. Uma série temporal pode parecer simples, mas frequentemente existem vários componentes diferentes funcionando por debaixo da superfície. A Figura 17.5 ilustra esse ponto. A linha A1A2 apresenta a tendência linear (T) na série de dados; a curva mostra o ciclo (C) sobreposto sobre a tendência; e também se mostra uma pequena secção do ciclo sazonal (S). Portanto, em qualquer momento t, o valor da variável Y será uma mistura da tendência, os dois ciclos mais um termo de erro E para refletir as perturbações aleatórias que afetam todas as séries temporais, e então:

$$Y_t = T_t + C_t + S_t + E_t \qquad (17.4)$$

No transporte marítimo, os ciclos Ct são os ciclos de transporte marítimo que abordamos em detalhe no Capítulo 4; os ciclos sazonais St encontram-se em muitos tráfegos de mercadorias agrícolas, especialmente na procura de petróleo no Hemisfério Norte; e a tendência Tt reflete os fatores de longo prazo, como o ciclo do desenvolvimento do comércio que abordamos no Capítulo 10.

Como as séries temporais misturam as tendências e os ciclos, a extrapolação deve ser efetuada com cuidado. Uma previsão efetuada com base numa fase de um ciclo, por exemplo, na Figura 17.5, entre os pontos B1 e B2, é altamente enganadora, porque sugere um crescimento mais rápido do que a tendência verdadeira A1A2. De fato, o componente cíclico Ct varia de negativo em B1 para positivo em B2. Logo depois do ponto B2, o ciclo atinge o seu pico e começa a descer, portanto, não seria correto extrapolar essa tendência. Isso não é somente um exemplo fantasioso; é uma das *bear traps* das quais a previsão do transporte marítimo está cheia. O mundo econômico acena a "isca" do rápido crescimento exponencial em frente dos analistas de previsões, que estão satisfeitos por preverem uma

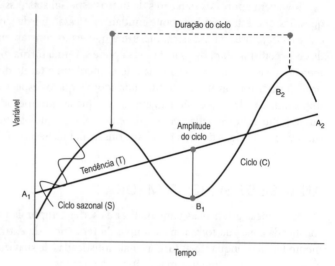

Figura 17.5 – Componentes cíclicos num modelo de séries temporais.

perspectiva positiva. No fim de contas, isso é aquilo que os seus clientes geralmente querem ouvir. Mas, assim que eles fizerem a sua previsão positiva, o chão abre-se debaixo deles e caem na armadilha. O nosso debate sobre "os estágios de crescimento" apresentado no Capítulo 9 mostrou que, frequentemente, as taxas de crescimento variam à medida que as economias e as indústrias entram numa fase de maturação, portanto, o fato de o comércio ter crescido 6% ao ano durante dez anos não prova realmente nada. As tendências mudam.

Concluindo, a extrapolação da tendência é útil para as previsões rápidas, mas a *bear trap* espera os analistas de previsões que dependem dela para efetuar previsões estruturais de longo prazo. Lembremo-nos do segundo princípio das previsões – deve existir uma explicação racional para a previsão. As séries de dados devem ser examinadas para estabelecer o que está direcionando o crescimento, incluindo as influências cíclicas, e, tanto quanto possível, devem ser levadas em conta. Felizmente, existem técnicas bem estabelecidas para fazer isso.

Exemplo de uma análise de séries temporais

Analisaremos agora as séries temporais de forma diferente, utilizando uma ferramenta conhecida como "análise de decomposição". A Figura 17.6 apresenta uma série temporal de dezesseis anos das taxas de frete do grão do Golfo dos Estados Unidos para o Japão.

Os corretores analisam essa série cuidadosamente à procura de sinais que mostrem que as taxas se movimentam para dentro ou para fora do ciclo. Temos de pensar em três componentes: a tendência; alguns ciclos grandes que parecem ter atingido o pico em 1995, em 2000 e em 2004; e aquilo que parece ser uma volatilidade de curto prazo pode se revelar como sendo sazonal.

O ponto de partida é a *tendência* apresentada pela linha reta tracejada no gráfico. Ela aumenta de US$ 17 por tonelada em 1990 para US$ 36 por tonelada em 2007. Essa tendência foi ajustada por uma regressão linear que abordaremos mais adiante. Contudo, poderia ter sido facilmente desenhada à mão. Ela aumenta à taxa de US$ 1 em cada ano, portanto, se a extrapolarmos verificamos que, num período de dez anos, pondo os ciclos de lado, as taxas de frete terão aumentado para cerca de US$ 46 por tonelada. Essa é uma previsão muito significativa para qualquer pessoa que opere navios graneleiros Panamax utilizados nesse tráfego, visto que sugere que esses navios serão muito rentáveis durante a década seguinte. Naturalmente, isso convida à pergunta "por quê?". Se nós tivéssemos ajustado a tendência para um conjunto de dados ligeiramente mais curto acabando em 2002, a tendência positiva teria desaparecido e a taxa estaria colada em torno dos US$ 24 por tonelada. Então encontramos uma tendência significativa causada, por exemplo, pela emergência da China como principal importador ou exportador? Ou poderia ser somente o efeito cíclico causado pelos navios graneleiros que estavam tendo um ciclo excepcional entre 2003 e 2007. A análise das séries temporais dá tendências, mas não dá explicações, e um analista de previsões rigoroso não deixaria a questão por aí. É necessário pesquisar.

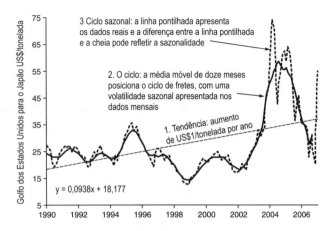

Figura 17.6 – Taxas de frete de grão – tendência e volatilidade sazonal.
Fonte: CRSL, taxas mensais do grão do Golfo dos Estados Unidos para o Japão.

Depois, podemos procurar pelos sinais dos *ciclos* que são apresentados pela média móvel de doze meses. Como já observamos, a Figura 17.6 apresenta um ciclo que atinge o pico em 1995, cai para uma baixa em 1999, atinge novamente o pico em 2000, decresce em 2002 e depois acaba em 2004 com um pico espetacular. Infelizmente, não existe muita consistência nesses ciclos, uma conclusão que não surpreende os leitores do Capítulo 3, no qual argumentamos que os ciclos de transporte marítimo são periódicos, em vez de simétricos.

Finalmente, existe o *ciclo sazonal*. A única técnica que revela o ciclo sazonal é a média móvel. O método é simples. Utilizando as séries temporais mensais, tomamos a média móvel de doze meses da taxa de frete do Golfo dos Estados Unidos-Japão, centrando a média em junho (uma média móvel "centrada" calcula a taxa de frete média para um número igual de meses para cada lado da data-alvo, portanto, se começarmos em junho, a média será calculada entre janeiro e dezembro). A média móvel de doze meses resultante, representada na Figura 17.6 pela linha contínua, suavizou as flutuações sazonais existentes nos dados, e podemos ver como a taxa real apresentada pela linha pontilhada flutua ao redor da tendência dos doze meses. O cálculo da média móvel ajuda a retirar um pouco mais de informação dos dados pela separação dos componentes sazonais e de tendência.

O passo seguinte é determinar o ciclo sazonal pelo cálculo da média do desvio da tendência para cada mês do calendário, para produzir o padrão apresentado na Figura 17.7. Por meio da magia da análise estatística, as flutuações aleatórias da linha pontilhada representadas na Figura 17.6 são transformadas num ciclo sazonal bem definido representado na Figura 17.7. Isso mostra que a taxa Golfo dos Estados Unidos-Japão está acima da tendência durante os primeiros cinco meses do ano e depois afunda para baixo da tendência durante os meses 6-9, antes de se recuperar nos meses 10, 11 e 12. Isso é exatamente aquilo que nós esperaríamos. A colheita de grão dos Estados Unidos está pronta para ser carregada no Golfo em outubro, e os carregamentos crescem nos meses seguintes, alcançando um pico em janeiro. Depois eles decrescem nos últimos meses do ano agrícola, quando existe menos grão para ser carregado. Então a análise estatística apoia o senso comum daquilo que é provável de acontecer, e podemos escolher aceitar isso para a previsão. O ciclo na Figura 17.7 pode ser usado para "corrigir" as tendências das previsões e para permitir os fatores sazonais. A baixa durante o verão é bastante significativa.

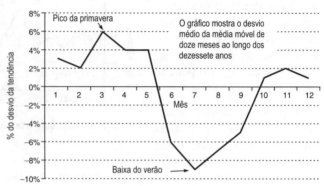

Figura 17.7 – Ciclo sazonal do tráfego do grão (1990-2007).
Fonte: CRSL, taxas mensais do grão do Golfo dos Estados Unidos para o Japão.

Suavização exponencial

Esta técnica é semelhante à média móvel, mas, em vez de tratar (por exemplo) cada observação mensal da mesma maneira, utiliza-se um conjunto de pesos para que os valores mais recentes recebam mais ênfase do que os mais antigos. Essa noção de dar mais peso à informação recente tem um forte apelo intuitivo para os gerentes e dá credibilidade à abordagem. É útil para os trabalhos de previsões de curto prazo quando existem muitas variáveis-alvo.

Média móvel autorregressiva

Isso leva todo o processo de análise das séries temporais a dar mais um passo. Embora a abordagem subjacente seja a mesma que a utilizada para a suavização exponencial, é utilizado um procedimento diferente para determinar quantas das observações históricas deveriam ser incluídas na previsão e para estabelecer os pesos que podem ser aplicados a essas observações. A técnica mais comumente utilizada é um procedimento desenvolvido por Box e Jenkins.[22] Eles criaram um conjunto de regras para identificar o modelo mais apropriado e especificar os pesos a serem usados. Essa técnica assume que existem padrões escondidos nos dados. É especialmente boa para a previsão de grandes números de variáveis quando são elementos de atividade cíclica. Por exemplo, as vendas de muitos produtos para varejo são sazonais e as grandes lojas que manuseiam milhares de linhas de produtos utilizam, frequentemente, essa técnica para prever os níveis de vendas e efetuar a gestão do inventário.

ANÁLISE DE REGRESSÃO

É uma análise estatística útil para a modelagem da relação entre as variáveis no mercado marítimo. As folhas de cálculo fazem com que o cálculo das equações de regressão seja simples e, com tantos dados disponíveis na forma digital, a análise de regressão ganhou repentinamente sobrevida. Tornou-se muito mais fácil o desenvolvimento de grandes modelos, mas a regressão pode também ser utilizada para trabalhos simples. Portanto, vale a pena olhar cuidadosamente para a aplicação dessa técnica. Existem livros excelentes que debatem a metodologia em detalhe, portanto, aqui lidaremos somente com os princípios básicos.

A análise de regressão estima a relação média entre duas ou mais variáveis. Um exemplo explica como isso é feito. Vamos supor que somos inquiridos para valorizar um navio graneleiro Panamax e temos dados disponíveis sobre as vendas recentes de 21 navios, representados pelos pontos na Figura 17.8(a) – o preço encontra-se no eixo vertical e a idade está no eixo horizontal. A idade dos navios varia entre seis e 21 anos, e os preços pagos variam entre US$ 2,8 milhões e US$ 15 milhões. Como fazemos isso? Pelo ajustamento de uma equação de regressão aos dados para estimar a relação média entre a variável dependente Y (o preço de venda) e a variável independente X (a idade do navio quando foi vendido). Então, desejamos reduzir a relação entre Y e X a uma equação do tipo:

$$Y_t = a + bX_t + e_t \quad (17.5)$$

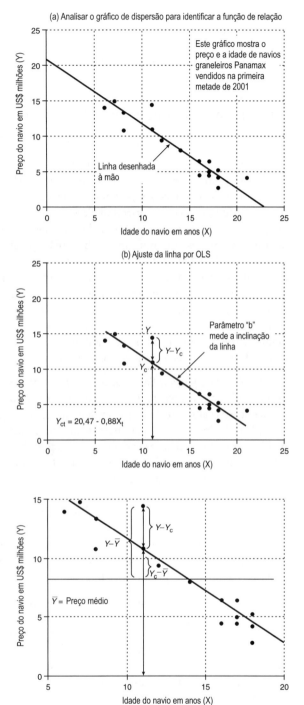

Figura 17.8 – Três etapas no ajustamento de uma equação de regressão.

Nessa equação, que representa uma linha reta, "a" e "b" são parâmetros (ou seja, constantes) e "e" é o termo de erro. O parâmetro "a" mostra o valor de Y quando X é igual a zero (ou seja, quando a linha corta o eixo vertical); o parâmetro "b" mede a inclinação da reta (ou seja, a variação de Y para cada unidade de variação em X), e "e" é a diferença entre o valor real e o valor indicado na linha estimada. Essa é uma "regressão simples". Se tivermos várias variáveis independentes, trata-se de uma "regressão múltipla". O objetivo é encontrar a linha que melhor se ajusta aos dados.

Ajustamento de uma equação de regressão

As três etapas principais são estabelecidas a seguir e estão ilustradas graficamente na Figura 17.8.

Etapa 1: *qual é o tipo de função?* A primeira etapa é registrar os dados num diagrama de dispersão e examiná-lo para ver se existe ou não uma relação. Neste caso, os dados são registrados no diagrama de dispersão apresentado na Figura 17.8(a), com o preço do navio (Y) no eixo vertical, e a idade (X) no eixo horizontal. Parece que temos uma relação linear negativa, pois, assim que a variável X aumenta, a variável Y diminui. Os pontos estão dispersos, mas existe claramente uma relação. Se desenharmos uma linha à mão, podemos ver se a relação faz sentido. A linha cruza o eixo do Y em cerca de US$ 21 milhões, que é o valor do parâmetro "a" ou, em termos econômicos, o valor do navio quando X (a sua idade) iguala a zero, isto é, quando o navio é novo. Depois, começa a baixar progressivamente para cruzar o eixo do X em cerca de 22,5 anos, que é a idade do navio quando ele não tem valor. Isso certamente faz sentido. Um navio graneleiro Panamax novo custa cerca de US$ 22 milhões na segunda metade de 2001, e em média os navios graneleiros Panamax podem ser demolidos com cerca de 25 anos de idade. Por meio do ajustamento de uma equação de regressão, podemos estimar a linha que melhor se ajusta.[23]

Etapa 2: *que equação?* Para ajustar a equação, utilizamos a técnica dos "mínimos quadrados ordinários" [*ordinary least squares*, OLS]. Esse método calcula a linha que produz a menor diferença entre os valores reais de Y e o valor calculado ao qual nos referimos como Yc – ver Figura 17.8(b). Os valores desses parâmetros que minimizam as diferenças dos quadrados $(Y-Yc)^2$ podem ser encontrados resolvendo as "equações normais" para "a" e "b". Isso pode ser feito utilizando o "suplemento" da regressão providenciado pela maioria dos programas de folhas de cálculo. Os resultados são os seguintes:

$$Y = 20{,}47 - 0{,}88X \tag{17.6}$$

Neste caso, o valor estimado de "a" é US$ 20,47 milhões e o valor de "b" é −0,88 (ver Tabela 17.3), o que significa que o valor do navio cai cerca de US$ 0,88 milhão por ano. Isso está muito próximo da linha que ajustamos a olho.

Etapa 3: *quão bom é o ajustamento?* Tendo encontrado a linha que melhor se ajusta aos dados, a terceira etapa é examinar o quão próximo é na realidade o ajustamento. A técnica deOLS separa a variação em Y da sua média em duas partes: a parte explicada pela equação da regressão e o termo de erro "e", que não é explicado. Isso é apresentado graficamente na Figura 17.8(c). A partir dessa informação básica, podemos calcular três testes estatísticos de centralidade, o erro-padrão, o teste-t e o coeficiente de correlação ($R2$) (ver o Destaque 17.2 para as definições). Essas estatísticas são uma forma rápida de resumir quão bom é o ajustamento. Os testes estatísticos apresentados na Tabela 17.3 foram obtidos para a regressão do preço dos navios Panamax sobre a idade apresentada na Figura 17.7. O erro-padrão é 1,43, que nos indica que a equação não explica em média a variância de US$ 1,43 milhão no preço de um Panamax. A estatística t é o valor de "b" dividido pelo seu erro-padrão. Ele deveria ser pelo menos 2 em valor absoluto. Neste caso é -13,2, o que é extremamente significativo. Finalmente, o $R2$ é 0,9,

Previsões e pesquisas no mercado marítimo

que nos diz que 90% da variação em *y* é explicada pela equação. Portanto, globalmente, a equação funciona bastante bem.

Tabela 17.3 – Exemplo de estatísticas de regressão para uma equação com duas variáveis.
Resumo do resultado (regressão do preço de um Panamax com relação à idade do navio)

(a) Estatísticas da regressão			
Número de observações	21		
R múltiplo	0,95	R² ajustado	0,90
R²	0,90	Erro-padrão	1,43

(b) Análise de variância (Anova)					
Título da linha	df	SS	MS	F	F de significação
Regressão	1	355,6	355,6	173,3	5E-11
Resíduo	19	39,0	2,1		
Total	20	394,5			

(c) Estimativas dos parâmetros e testes estatísticos						
Título da linha	Coeficientes	Erro-padrão	Teste-*t*	Valor P	95% inferiores	95% superiores
Intercepção	20,47	0,90	22,63	3,3336E-15	18,57	22,36
X variável 1	−0,88	0,07	−13,17	5,3277E-11	−1,02	−0,74

Fonte: com base no resultado de uma função de regressão produzida por um "suplemento" de uma folha de cálculo popular.

Cálculo da equação de regressão

Embora seja bastante simples calcular os parâmetros e os testes estatísticos utilizando uma folha de cálculo, é mais fácil utilizar um programa informático que calcula automaticamente os parâmetros estimados e a tabela dos testes dos resultados.[24] O exemplo de uma tabela-padrão mostrado na Tabela 17.3 é composto de três partes. A parte (a) apresenta o número dos dados observados, que neste caso é 21, e as estatísticas da regressão – o coeficiente de correlação e o erro-padrão da regressão. A parte (b) é uma tabela da análise de variância (Anova) que descreve a relação entre *Y*, *Yc* e a sua média, como debatido na Figura 17.8. Finalmente, a parte (c) apresenta os coeficientes "*a*" (a intercepção) e "*b*" com os seus testes estatísticos.

Destaque 17.2 – Resumo dos testes estatísticos

Teste 1: erro-padrão. O erro-padrão da regressão mede o quão bem a curva se ajusta aos dados calculando a dispersão média dos valores de Y em torno da linha de regressão. É dado por:

$$SER = S_Y \sqrt{\frac{\Sigma(Y - Y_C)^2}{N - K}}$$

em que *N* é o número de observações e *K* é o número de parâmetros estimados.

Teste 2: erro-padrão do coeficiente de regressão. Embora o erro-padrão seja uma estatística descritiva interessante, ele não testa a significância da equação. Para fazer isso, precisamos estabelecer os limites de confiança que podem ser colocados no valor estimado dos parâmetros de regressão *a* e *b*. Se pudermos assumir que *b* é geralmente distribuído, é possível estimar o seu erro-padrão:

$$S_b = \frac{S_y}{\sqrt{\Sigma x^2}}$$

Teste 3: o teste-t. Se a variável independente não contribuir significativamente para uma explicação da variável dependente, devemos esperar o valor estimado de *b* igual a zero (ou seja, *X* varia aleatoriamente em relação a *Y*). Para testar se *b* pode ter vindo ou não da população na qual o valor verdadeiro é zero, utilizamos o teste-*t*. Divide-se o coeficiente pelo seu erro-padrão (*sb*):

$$t = \frac{b}{S_b}$$

e procuramos a razão resultante na tabela-*t*, para *N* – *K* graus de liberdade. Como regra geral, o valor de *t* precisa ser pelo menos 2 para passar no teste com um nível de significância de 5%. Se for inferior a 2, é provável que não valha a pena utilizar o parâmetro estimado.

Teste 4: a estatística F. Um teste estatístico alternativo ao teste-*t* é a estatística *F*, que é definida da seguinte maneira:

$$F = \frac{\text{Variância explicada}}{\text{Variância não explicada}}$$

Geralmente *F* será um número no intervalo 1-5, em que os números mais elevados indicam melhor ajustamento. A estatística é testada procurando o valor de *F* numa tabela de valores críticos para os graus de liberdade apropriados do numerador e do denominador.

Teste 5: o coeficiente de correlação (R²). É uma medida mais geral da relação entre duas variáveis. Essa estatística apresenta a variação média em *Y* da sua média como a proporção da variação total em *Y*:

$$R^2 = \frac{\Sigma(Y_c - \overline{Y})}{\Sigma(Y - \overline{Y})}$$

Uma pequena reflexão tornará claro que o valor de *R* cairá entre 0 e 1 (ou –1). Isso faz com que a estatística seja particularmente de fácil interpretação, e provavelmente é responsável pela sua popularidade. Contudo, ela pode ser enganosa na análise de séries temporais, visto que as variâncias são calculadas em relação à média e duas séries temporais que estão em mudança muito rápida produzem um valor de *R* mais elevado do que duas séries temporais que não crescem. Por essa razão, o coeficiente de correlação deve ser tratado com algum cuidado. Numa regressão múltipla, o coeficiente de correlação mostra o ajustamento total da equação, e é um teste rápido para verificar quão bem-sucedidas são as variáveis adicionais ao explicar a variação em *Y*.

Previsões e pesquisas no mercado marítimo   **799**

> *Teste 6: a estatística Durbin-Watson.* É um teste para avaliar a autocorrelação do resíduo. Esta estatística deverá mostrar um valor em torno de 2 e é definida da seguinte forma:
>
> $$D = \frac{\Sigma(e_t - e_{t-1})^2}{\Sigma(e_t^2)}$$
>
> D toma valores entre 0 e 4. Valores de D abaixo de 2 indicam que os valores residuais (e) estão muito próximos e existe uma autocorrelação positiva que causa um desvio nas estimativas dos parâmetros. Valores de D acima de 2 indicam uma autocorrelação negativa.

Já debatemos as estatísticas da regressão. O coeficiente de correlação R^2 na Tabela 17.3(a) explica a variação da variável dependente Yc com relação à sua média como uma percentagem da variação total. Neste caso um R^2 de 0,9 indica que 90% da variação de Y foi explicada pelas variações de X, o que é um bom resultado.

A primeira coluna da tabela da Anova na Tabela 17.3(b) apresenta as etiquetas das linhas; a segunda apresenta os graus de liberdade (df) derivados da soma dos quadrados que aparecem na linha correspondente; a terceira indica a soma dos quadrados (SS) da regressão e o residual. Quanto maior for o SS para a regressão e menor for a soma dos quadrados dos residuais, melhor; a quarta coluna apresenta o quadrado médio (MS). A coluna final apresenta o valor de F, que é o quadrado médio da regressão dividido pelo quadrado médio dos residuais (355,6/2,1), que é um teste de adequação do ajuste e deve ser procurado na tabela da distribuição F para o número de graus de liberdade do numerador e do denominador.

A Tabela 17.3(c) mostra os coeficientes na segunda coluna e o erro-padrão, a estatística t, o valor p e os limites de confiança de 95%. Por último mostramos que podemos ter 95% de certeza de que a intercepção se localiza no intervalo entre 18,57 e 22,36 e o coeficiente "b" localiza-se no intervalo entre $-1,02$ e $-0,74$. Esses são resultados úteis.

Análise de regressão múltipla

Pode ser alargada adicionando mais variáveis explicativas. Continuando com os preços de segunda mão, podemos construir um modelo de séries temporais para prever o preço de um navio-tanque Aframax de cinco anos utilizando os dados apresentados na Figura 17.9. Essa série temporal começa em 1976, mostrando muitas flutuações no preço durante os anos que o modelo precisa explicar. No Capítulo 4, foi argumentado que as duas variáveis principais direcionam os preços de segunda mão, os preços das novas construções e os ganhos. Para modelar isso, fazemos uma análise de regressão múltipla utilizando o preço de um navio-tanque Aframax de cinco anos como variável dependente (Y), o preço da nova construção ($X1$) e taxas de afretamento por tempo por um ano ($X2$) como variáveis independentes (exógenas):

$$Y_t = a + b_1 X_{1t} + b_2 X_{2t} \qquad (17.7)$$

em que Y, é o preço de segunda mão, X1 é medido em milhões de dólares americanos e X2 em milhares de dólares americanos por dia. Ao fazer essa regressão, obtemos um R^2 elevado de 0,92 e resultados significativos do teste-t para todos os parâmetros. A equação que estimamos é

$$Y_t = -10,6 + 0,589X_{1t} + 1,1478X_{2t} \tag{17.8}$$

Essa equação mostraque em média o preço do navio de segunda mão aumenta US$ 0,589 milhão para cada aumento de US$ 1 milhão no preço de uma nova construção e US$ 1,148 milhão para cada aumento de US$ 1.000 nas taxas de frete por tempo por um ano. Quando comparamos os valores históricos estimados apresentados na linha pontilhada na Figura 17.10, é claro que o ajuste é razoavelmente próximo. Durante todo o período de 22 anos a equação explica muito bem os principais ciclos nos preços dos navios de segunda mão. A sua fraqueza é que, por vezes, sobrestima o preço de segunda mão no pico dos ciclos e subestima-os nas baixas. Essas são diferenças significativas.

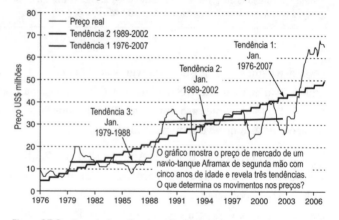

Figura 17.9 – Exemplo da análise de tendência das séries temporais.
Fonte: CRSL, preço de um navio Aframax com cinco anos de idade.

Contudo, existem dois aspectos importantes a considerar antes de arriscarmos a utilização desse modelo nas previsões. A primeira é a especificação do modelo. Assumimos que os preços das novas construções influenciam os preços de segunda mão e obtivemos uma equação com um bom ajustamento. Entretanto, no Capítulo 15 argumentamos que os preços das novas construções são influenciados pelos preços dos navios de segunda mão. Então, qual é o certo? Infelizmente a análise estatística não responde a essa pergunta. É uma questão econômica que temos de resolver examinando como a economia do modelo do preço da construção naval funciona na realidade. De fato, na Seção 15.4 sugerimos que os preços dos estaleiros navais são determinados pela interação

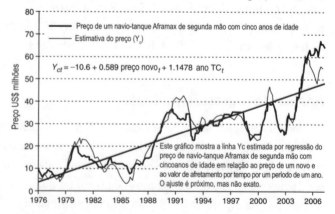

Figura 17.10 – Exemplo da análise de tendência das séries temporais.
Fonte: CRSL e valores estimados.

das funções da demanda e da oferta da construção naval e uma das variáveis da demanda é o preço de segunda mão; quando os navios de segunda mão se tornam demasiado caros, os proprietários de navios começam a comprar navios novos. Portanto, existe muito mais que poderia ter sido feito para desenvolver esse modelo simplista antes de confiar muito nele.

Isso conduz a outro problema comum: a autocorrelação. Visto que as taxas de frete a tempo e os preços das novas construções são ambos influenciados pelo ciclo do mercado marítimo, é provável que estejam correlacionados (ou seja, movimentam-se na mesma direção ao mesmo tempo). Quando isso acontece, é possível que os parâmetros não estejam estimados com precisão na equação. A estatística Durbin-Watson é utilizada para testar a autocorrelação. Neste caso, ela apresenta um valor muito baixo de 0,12 (idealmente, deveria ser 2), o que indica uma autocorrelação significativa. O valor é pequeno porque o valor de e_t está frequentemente muito próximo do valor de e_{t-1}. Essa é uma matéria que deveria ser abordada.

Infelizmente, este espaço de texto não nos permite explorar ainda mais esse tipo de modelagem, e na realidade muitos analistas de previsões práticos achariam que o grau de análise efetuado aqui seria suficiente para os seus propósitos. O modelo ajusta suficientemente bem os dados e, embora não funcione perfeitamente em algumas circunstâncias, desde que estejamos conscientes dos riscos subjacentes, podemos utilizar de qualquer forma a equação para prever os preços dos navios de segunda mão no futuro. Afinal, não serve de nada gastar uma enorme quantidade de esforço na análise estatística quando é provável que os valores estimados para os preços das novas construções e as taxas de afretamento por tempo que utilizamos no modelo estejam um pouco exageradas!

Se tivermos sorte, esta breve revisão deu aos leitores que não estão familiarizados com a análise estatística uma ideia de como pode ser utilizada para efeitos de modelagem e os cuidados que devem ser tomados sensivelmente. Por vezes, as equações de regressão são utilizadas como parte de um modelo abrangente, mas frequentemente elas podem ser utilizadas de forma fragmentada, em partes diferentes de um relatório de mercado. Ou somente usadas como "regra geral" para fazer uma breve previsão "com base em pressupostos" – por exemplo, para projetar as importações de minério de ferro do Japão ou a procura de petróleo pelos Estados Unidos. Na falta de outro, esse tipo de análise simples ilustra as relações que existiram no passado e é possível que seja útil para o decisor que está tentando ponderar o que pode acontecer no futuro.

A análise de regressão é de aplicação simples, mas uma pesquisa mais exaustiva revela o problema fundamental, de que o analista não sabe com um grau de certeza a verdadeira relação entre as variáveis e tem disponível somente uma quantidade limitada de dados estatísticos, com os quais estima essas relações. É demasiado fácil que essas relações estimadas fiquem viciadas, produzindo resultados que são incorretos e possivelmente enganosos. A econometria é um ramo da economia que lida com esses problemas e oferece um conjunto de competências que permitem ao economista prático evitar as desvantagens apresentadas no exemplo anterior. Existem também alguns textos excelentes sobre a modelagem econométrica,[25] e muitos artigos excelentes sobre essa matéria publicados em revistas científicas que abordam o transporte marítimo.[26]

ANÁLISE DE PROBABILIDADE

Começamos este capítulo observando que as previsões tendem, por vezes, a estar erradas, e isso levanta a questão da probabilidade. Alguns acontecimentos futuros têm uma previsibilidade razoável. Por exemplo, é muito fácil prever as entregas de navios nos próximos anos, porque as encomendas já foram colocadas. Porém, outras variáveis de transporte marítimo, como as taxas de frete e os preços, são menos previsíveis, mudando dramaticamente de mês para mês. Confrontados com essa incerteza, os decisores podem razoavelmente pedir uma análise sobre o grau de previsibilidade ou de imprevisibilidade dos acontecimentos. Essencialmente, isso é o papel da análise de probabilidade.

A técnica-base envolve tirar uma amostra de dados, quer uma série temporal, quer uma trans-sectorial, e calcular o número de vezes que um acontecimento ocorre. Por exemplo, se os dados básicos pertencem a uma série temporal das taxas de frete dos navios-tanques, calcula-se a frequência com que as taxas de frete estiveram acima ou abaixo de determinado nível durante o período da amostra. Se as taxas de frete de um VLCC excederam US$ 60 mil por dia dez vezes nos dados da série com cem entradas, então, com base nessa amostra, pode-se dizer que existe uma probabilidade de 10% das taxas de frete excederem US$ 60 mil por dia.

Como um exemplo, supomos que retiramos uma série temporal dos ganhos mensais dos navios-tanques e dos navios graneleiros e que os analisamos nos histogramas apresentados na Figura 17.11. O eixo horizontal mostra os ganhos mensais divididos em bandas diárias de US$ 2 mil. O eixo vertical mostra o número de meses em que os ganhos caíram dentro de cada banda. Por exemplo, existiram sete meses em que os ganhos dos navios-tanques caíram dentro da banda diária de US$ 10 mil-12 mil. A distribuição dessa frequência dá-nos uma percepção instantânea do perfil dos ganhos desses dois segmentos de mercado, e de um modo instantâneo transmite alguma informação significativa. Primeiro, os navios-tanques obviamente ganharam mais do que os navios graneleiros. De fato, os ganhos médios de um navio-tanque foram de US$ 21.800 por dia, enquanto os ganhos médios de um navio graneleiro foram de US$ 10.900 por dia. Segundo, o perfil de ganhos dos navios--tanques está mais amplamente distribuído, variando entre US$ 10 mil por dia na extremidade

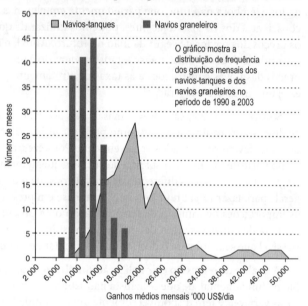

Figura 17.11 – Distribuição de frequência dos ganhos (1990-2003).
Fonte: CRSL e valores estimados.

mais baixa até US$ 68 mil diários na extremidade mais alta. Por outro lado, a distribuição dos navios graneleiros varia entre US$ 4 mil por dia na extremidade inferior e US$ 18 mil por dia na parte superior. Terceiro, a distribuição dos navios graneleiros é muito mais compacta, com mais de quarenta meses na banda diária nos US$ 10 mil-12 mil por dia, enquanto a banda dos navios-tanques de maior concentração tem somente 28 observações.

De fato, esses dados são só um exemplo, mas pela utilização da análise estatística podemos calcular a probabilidade de os ganhos caírem dentro de determinado intervalo. Por exemplo, se a distribuição da frequência tiver uma distribuição normal, a média e o desvio padrão podem ser utilizados para calcular a probabilidade de ocorrência de certo acontecimento. Se o ponto de equilíbrio dos ganhos de uma companhia de navios graneleiros for de US$ 7.500 por dia, podemos calcular a probabilidade dos ganhos diários que caem abaixo desse nível. Os ganhos médios de um navio graneleiro são de US$ 10.109 por dia e o desvio padrão é de US$ 2.708 por dia, portanto os US$ 7.500 por dia caem dentro de um desvio padrão abaixo da média, o qual tem 66% probabilidade de ocorrência. Na teoria isso é bom, mas os acontecimentos de 2003-

Previsões e pesquisas no mercado marítimo

2008 (ver Figura 5.7, p. 273) mostraram que as probabilidades históricas nem sempre são um guia para o futuro.

Esse é um exemplo simples, mas os estatísticos desenvolveram um corpo extenso de análise estatística para que a análise de probabilidade possa ser aplicada aos problemas empresariais. Por exemplo, um banqueiro de transporte marítimo que tente ponderar o risco de crédito relacionado a determinado empréstimo pode saber que, se o proprietário de navios entrar em inadimplência com os seus reembolsos, a sua principal fonte de garantia é a hipoteca que tem sobre o navio. Como credor hipotecário, ele tem o direito de confiscar o navio e de vendê-lo. Portanto, ele está interessado em três perguntas. Primeiro, qual é a probabilidade de o proprietário de navios entrar em inadimplência durante o período de cinco anos que se segue? Segundo, no caso de inadimplência, qual é a probabilidade de o valor de revenda do navio ser igual ou exceder o empréstimo pendente? Terceiro, existem algumas medidas que ele pode tomar que melhorarão as probabilidades de um resultado bem-sucedido? Em tais casos, a análise de probabilidade e as suas utilizações mais sofisticadas, como a análise de Monte Carlo, podem ajudar.

17.9 PROBLEMAS COM AS PREVISÕES

Existem muitos obstáculos à produção de previsões válidas, e é útil terminar o nosso debate sobre os métodos de previsões com uma revisão dos erros que podem facilmente criar armadilhas aos incautos, incluindo as questões comportamentais, os problemas com a especificação do modelo e as dificuldades de controlar o desempenho dos resultados.[27]

PROBLEMAS COM AS VARIÁVEIS COMPORTAMENTAIS

Começaremos com algumas verdades essenciais acerca das nossas capacidades. Parece que a maioria de nós é programada para se sentir com confiança demais na própria habilidade de efetuar estimativas precisas e ter dificuldade em aceitar que sabemos muito pouco acerca do futuro, preferindo fazer previsões que são irrealisticamente específicas.[28] Os economistas comportamentais ilustram esse ponto pedindo que um grupo estime o valor de algo de que eles nada sabem (por exemplo, o comprimento de uma amarra de um VLCC). Em vez de optar, de forma segura, por um intervalo amplo, a maioria dos participantes dá um intervalo estrito e não fornece a resposta correta. Como não temos vontade de revelar a nossa ignorância especificando um intervalo amplo, escolhemos ser especificamente errados em vez de sermos vagamente corretos.[29] A mesma coisa acontece com as previsões, e precisamos ter cuidado para não ir pelo caminho errado. A solução para esse problema é testar estratégias em cenários de previsões mais amplos, por exemplo, adicionando 20%-25% para baixo (ou para cima) nos casos extremos.

O problema seguinte é o *status quo viciado*. É sempre tentador prever que o futuro será igual ao passado, mesmo quando o senso comum diz que não será. Quando as taxas de frete são altas no pico do ciclo, assumimos que serão sempre altas, e quando baixas, serão sempre baixas. Para piorar as coisas, frequentemente avaliamos os novos desenvolvimentos no contexto do sistema presente e concluímos que a maneira nova não funcionará. Isso aconteceu a algumas companhias de navegação quando a conteinerização começou a aparecer na década de 1960. Concluíram que não funcionaria, porque a avaliaram dentro do enquadramento do sistema de carga de linhas regulares.

O *instinto de manada* reforça a tendência para o *status quo* e é bem conhecido nos mercados, incluindo no do transporte marítimo. Quando os mercados estão altos, existe pressão de grupo para se produzirem previsões mais positivas. Inversamente, durante as recessões as previsões tendem a ser desvalorizadas. O desejo de estar em conformidade com o comportamento e a opinião dos outros é um traço humano fundamental, e quando o sentimento é pessimista, é natural querer se ajustar a ele. Warren Buffet exprimiu a sua opinião claramente quando escreveu: "o caminho a seguir é sair do convencionalismo; como grupo, os lemingues podem ter uma imagem ruim; mas nenhum lemingue sozinho alguma vez foi mal retratado pela imprensa".[30] Isso é particularmente relevante para os ciclos do transporte marítimo. Sugere que os analistas de previsões deveriam olhar para a periferia em busca de ideias inovadoras e olhar com cuidado para os casos anticíclicos.

Finalmente temos a questão do *falso consenso*. A semelhança das previsões publicadas pelas diferentes agências pode dar a impressão de que seja provável a ocorrência de determinado acontecimento, mas na realidade ele é frequentemente causado pela incerteza das agências como resultado de uma manter os olhos naquilo que a outra está dizendo. P. W. Beck, diretor de planejamento da Shell UK Ltd., verificou que existiam algumas "estimativas não correlacionadas" no trabalho feito pelos chamados analistas de previsões independentes.[31] Ele argumentava que a insegurança sobre o que prever leva as agências a verificar o que os outros analistas independentes estão dizendo e seguir o consenso. Em tais casos, o fato de todos os analistas de previsões dizerem o mesmo não é uma evidência de um caso forte para certo resultado; somente significa que ninguém tem a certeza do que pensar.

PROBLEMAS COM ESPECIFICAÇÕES E PRESSUPOSTOS DO MODELO

Outra área de perigo óbvia assenta no desenvolvimento de um enquadramento (ou modelo) e na decisão sobre que pressupostos utilizar. Frequentemente, ocorrem os seguintes problemas:[32]

- *Especificação incorreta ou superficial do modelo*. A previsão pode analisar e medir somente os fatores superficiais e ignorar forças subjacentes importantes. Por exemplo, quando se considera o futuro do tráfego de carvão por via marítima, é importante levar em consideração a nova tecnologia que pode, por exemplo, mudar o tipo ou a quantidade de carvão utilizado na produção do aço.

- *Demasiado detalhe*. Existe uma regra geral na pesquisa de que o investigador identificará 80% dos fatos em 20% do tempo necessário para obter 100% dos fatos. Visto de outra maneira, é fácil gastar muito tempo investigando matérias interessantes, mas não importantes e perder de vista do objetivo geral.

- *Percepções sem contestação*. É demasiado fácil assumir que certos pressupostos ou relações estão corretos e aceitá-los sem qualquer pergunta. Uma análise cuidadosa pode mostrar que, sob certas circunstâncias, eles podem estar errados (olhe para a frequência com que os analistas de previsões foram enganados pelas alterações do preço do petróleo). Lembremo-nos do pressuposto de Aristóteles Onassis em 1956, mencionado anteriormente neste capítulo, de que o Egito não poderia reabrir o Canal do Suez por vários anos, quando na realidade o reabriram no espaço de alguns meses.

- *Tentando prever o imprevisível.* Algumas variáveis, como as ações de pequenos grupos de pessoas, são intrinsecamente imprevisíveis, e tentar prevê-las pode criar um falso senso de segurança para os decisores, que assumem que a previsão tem uma base "científica".

O analista de previsões precisa perguntar constantemente: estarei caindo dentro de uma dessas armadilhas?

PROBLEMA DA MONITORIZAÇÃO DOS RESULTADOS

Quando olhamos para as previsões do passado, vemos o quão difícil é na realidade efetuar previsões. Mesmo decidir sobre se uma previsão está ou não correta não é tão fácil quanto parece. O problema foi claramente resumido num artigo que revê o registro das previsões do Instituto Nacional de Estudos Econômicos e Sociais do Reino Unido [UK National Institute of Economics and Social Research] durante um período de 23 anos.[33] O artigo comenta:

> Poder-se-ia imaginar que seria possível, passado algum tempo, concluir de forma não ambígua se uma previsão mostrou ser correta ou não. Infelizmente, a comparação das previsões com os resultados reais não é tão clara quanto parece. A primeira dificuldade é que as estatísticas oficiais com frequência deixam uma margem de dúvida considerável sobre quão grande tem sido o aumento ou a redução na produção. As três medidas do PIB (do gasto, da receita e da produção) muitas vezes dão leituras contraditórias. Adicionalmente, os valores estimados são revistos com frequência, de forma que uma previsão que inicialmente parecia estar errada pode parecer certa, e vice-versa. Outra dificuldade é que as previsões, que foram pré-orçamentadas, estavam sujeitas a políticas inalteráveis. Visto que as políticas mudavam frequentemente, seria inapropriado comparar as previsões diretamente com o que na realidade aconteceu.

Avaliar a precisão das previsões do transporte marítimo apresenta igualmente muitos problemas. Em alguns casos, verificamos que as previsões são sobre a demanda de navios, mas não existem estatísticas publicadas sobre a demanda de navios com as quais podemos comparar as previsões para avaliar a sua precisão. Em outros, a base de dados estatísticos tem sido tão manipulada que precisa de um esforço considerável para reduzir atualmente as estatísticas existentes a uma forma comparável com a previsão.

A dificuldade em fazer comparações precisas sobre as previsões com os acontecimentos reais levou M. Baranto a fazer o seguinte comentário: "a análise dos erros das previsões não é um processo simples – ironicamente, é tão difícil quanto fazer uma previsão".[34] É necessário cuidado para produzir previsões que sejam capazes de ser controladas rápida e facilmente pelos seus usuários.

OBJETIVIDADE: PROBLEMA EM ESCAPAR DO PRESENTE

Outro desafio que qualquer analista de previsões enfrenta é o escapar do presente. Um exemplo esclarecedor dessa matéria é dado por uma previsão efetuada para a economia britânica em 1984, que foi publicada no início da década de 1960. Embora isso tenha sido há muito tempo, o estudo é de particular interesse porque é muito abrangente e explícito tanto nos seus pressupostos como nas suas projeções. Ao rever o livro vinte anos mais tarde, Prowse tira as seguintes conclusões:[35]

- Alguns dos pressupostos básicos que pareciam ser inquestionáveis na época provaram estar muito longe da verdade. Por exemplo, o estudo contém a passagem: "foi assumido que nenhum governo no poder permitiria o desemprego crescer acima de 500 mil (2 por cento da força de trabalho) durante qualquer período". Da mesma maneira, assumiu que existiria "um aumento médio de 1-2 por cento por ano nos preços de varejo". Em 1964, nenhum desses pressupostos parecia despropositado em termos da tendência estatística evidente. De fato, em 1984 a Grã-Bretanha tinha um desemprego de 10%-15% em muitas áreas do país, enquanto a redução da taxa de inflação anual para 5% ao ano era vista como uma grande conquista.

- Na área da mudança tecnológica, as previsões provaram estar igualmente longe da verdade. Escrito num momento em que o projeto supersônico de linhas regulares Concorde se encontrava em fase de desenvolvimento, o estudo antecipava o uso de aviões de passageiros de decolagem vertical que atravessariam o Atlântico em 1,5 hora. Como se viu, as companhias aéreas, como o transporte marítimo, preferiram as economias de escala à tecnologia de ponta. Em 1984, nenhum Concorde novo tinha sido construído, e os tempos em trânsito quase não mudaram, mas o "avião Jumbo" tornou o transporte aéreo barato disponível numa escala sem precedentes. Na indústria motorizada, a história foi a mesma. O estudo antecipava a substituição do motor a gasolina por células de combustível. Em 1984, os carros eram ainda basicamente os mesmos que na década de 1960, mas os seus projetos tinham evoluído, tornando-os mais eficientes em termos de combustível, mais bem construídos e relativamente mais baratos. Em todos esses casos, a revolução era prevista, mas o mundo comercial escolheu a evolução. Contudo, algumas revoluções foram ignoradas. O potencial dos computadores foi reconhecido numa afirmação que dizia: "Em 1984, o computador eletrônico mostrará seu valor", mas o estudo não antecipou o impacto revolucionário que a revolução do microchip teve em praticamente todas a áreas de negócio.

- Outra área em que apareceram problemas foi na de projeções de crescimento econômico em longo prazo. O estudo previu que a produtividade do Reino Unido aumentaria em 2,5% por ano, e, tomado em conjunto com um aumento de 17% na força de trabalho, esperava-se que o PIB real duplicasse em 1984. Como se viu, a estagnação da demanda durante a década de 1970 e o fracasso em se conseguir a materialização dos aumentos da produtividade significaram que o aumento na produção foi de somente um terço nesse período.

Na época em que essas previsões foram preparadas, a inflação era de 1% e, do que se tinha memória, os preços tinham na realidade caído; o Concorde foi um grande fenômeno técnico; e a primeira geração de usinas de energia nuclear havia sido muito bem-sucedida. Resumindo, as previsões pareciam razoáveis e é fácil ver os problemas derivados de qualquer linha de pensamento alternativa. Em meados da década de 1960, seria extremamente difícil justificar uma previsão que antecipasse taxas de inflação de 20%, ou uma estagnação virtual do programa de energia nuclear. A única certeza é que as coisas mudarão e não devemos ser surpreendidos por surpresas.

17.10 RESUMO

Francis Bacon, homem das letras do século XVI, disse que "se um homem começar com certezas, ele acabará com dúvidas; mas se ele ficar contente por começar com dúvidas, ele acabará com certezas". E como ele estava certo. Começamos com dúvidas se era ou não sensato efetuar previsões no transporte marítimo e acabamos com a certeza de que muitas das questões com que os analistas de previsões são confrontados são impossíveis de serem previstas com confiança. Mas isso não significa que a previsão seja inútil. Uma vez que os analistas de previsões são chamados somente para prever coisas que são imprevisíveis, devem esperar que estão errados (o paradoxo das previsões). A sua tarefa não é fazer uma previsão exata, mas ajudar os decisores a reduzir a incerteza pela obtenção e pela análise da *informação correta* acerca do presente e mostrar como a informação pode ajudar a perceber o futuro.

Todas as análises de previsões deveriam atender a três critérios simples: ser relevantes para as decisões para as quais foram requisitadas; ser *racionais* no sentido de que a conclusão deveria ser baseada numa linha de argumentação consistente; e ser baseadas numa *pesquisa* com um nível de detalhe significativo.

Abordamos as preparações para efetuar uma previsão. A primeira etapa consiste em definir cuidadosamente a decisão a ser tomada. Os decisores têm necessidades muito diferentes e as previsões são utilizadas para muitos fins, que vão desde os investimentos especulativos até os orçamentos e o desenvolvimento de produtos pelos construtores navais. O horizonte temporal das previsões também é importante, e identificamos quatro horizontes temporais diferentes: o momentâneo, que se relaciona com dias ou mesmo horas; o de curto prazo, que se relaciona com um período de três a dezoito meses; o de médio prazo, que cobre um ciclo de transporte marítimo normal, por exemplo, de cinco a dez anos; e o de longo prazo, que cobre a vida de um navio mercante. Cada horizonte temporal exige técnicas de previsões diferentes.

Existem três tipos de análise diferentes: o relatório de mercado, um estudo escrito destinado a providenciar ao cliente informação suficiente para formar a sua própria opinião sobre o que pode acontecer no futuro; o modelo de previsão, que utiliza uma análise econômica e um programa informático para modelar algum aspecto do negócio em termos numéricos; e a análise de cenários, que se destina a envolver o decisor no processo de desenvolvimento de cenários diferentes acerca do futuro. Abordamos cada uma dessas metodologias com algum detalhe.

Também tratamos das técnicas analíticas. As sondagens de opinião são uma boa forma de identificar questões. A análise das séries temporais é uma forma fácil de fazer uma previsão rápida, e pode ser a única técnica viável se existirem muitas variáveis para serem previstas, mas pode ser errônea se vários ciclos forem combinados numa única série. A análise de regressão é utilizada para modelar as relações, e requer conhecimentos técnicos para ajustar as equações de regressão e utilizar os testes estatísticos necessários para determinar se a equação é válida. A análise de probabilidades adota uma abordagem diferente. É usada para calcular a possibilidade de ocorrência de determinado acontecimento. Finalmente, a análise de cenários constrói "histórias acerca do futuro".

Todas essas técnicas são úteis para o desenvolvimento dos modelos de mercado e de relatórios de mercado. Geralmente, os modelos de mercado utilizam um enquadramento da oferta-demanda para modelar os principais setores de mercado, como o dos navios-tanques de petróleo bruto e o dos navios graneleiros. Em geral, eles projetam as taxas de frete e os preços dos navios. Foi apresentado um programa constituído de oito etapas para desenvolver um modelo de previsões do mercado utilizando a análise da oferta-procura desenvolvida no Capítulo 4 e descrita de forma matemática no Anexo A.

Em geral, os relatórios de mercado concentram-se num tópico específico e utilizam uma estrutura menos formal. Eles fornecem informação e uma análise num enquadramento lógico, que conduzem às conclusões. Debatemos um procedimento constituído de seis etapas para planejar e desenvolver um estudo desse tipo.

Na última seção do capítulo abordamos os problemas das previsões. Muitos problemas são comportamentais e aparecem porque não somos tão racionais como gostaríamos de ser. Por exemplo, temos excesso de confiança acerca da nossa capacidade de prever o imprevisível. Outros problemas aparecem porque o modelo está incorretamente especificado e não tem variáveis-chave; utiliza pressupostos unânimes; tem demasiado detalhe; aceita pressupostos que deveriam ser questionados. Pode ser difícil a monitorização das previsões relacionadas aos desenvolvimentos atuais. Deve-se tomar cuidado para garantir que as previsões sejam feitas de maneira diretamente comparável com a informação publicada regularmente.

Afinal, a previsão realmente importa. O mercado tem um só objetivo, que é reduzir os recursos utilizados no transporte e obter um negócio melhor para o consumidor. Os jogadores arriscam e especulam, mas os investidores em transporte marítimo fazem o seu trabalho de casa, calculam os imprevistos, reduzem a incerteza e aceitam menos risco. Portanto, em média, as suas decisões deveriam ser melhores. As previsões de transporte marítimo têm um papel a desempenhar durante aqueles períodos em que o sentimento de mercado corre em situações extremas de otimismo ou de pessimismo. Uma análise lúcida e uma vontade de aceitar um risco bem pensado são o que distingue o investidor profissional. Ele pode não conseguir ter a sua fotografia na capa da revista *Forbes*, mas pode ao menos deixar uma fortuna razoável aos seus filhos!

ANEXO A
UMA INTRODUÇÃO À MODELAGEM DO MERCADO MARÍTIMO

Os primeiros capítulos deste livro, sobretudo o Capítulo 4, foram dedicados ao debate dos princípios econômicos que se encontram subjacentes ao mercado marítimo. Com o poder crescente dos microcomputadores, tornou-se possível o desenvolvimento de modelos de mercado do transporte marítimo que podem ajudar a avaliar as futuras tendências de mercado no transporte marítimo. Este anexo providencia uma breve descrição da estrutura básica da oferta-demanda utilizando exemplos numéricos. Não se destina a ser um modelo completo, mas um esboço que pode depois ser desenvolvido de muitas maneiras diferentes.

Visto que para a maioria das cargas não existe uma alternativa viável aos navios nas rotas de longo curso, a oferta e a demanda de transporte marítimo pode ser definida da seguinte forma:

$$DD_t = f(CT_t, AH_t) \tag{A.1}$$

$$SS_t = f(MF_t, P_t) \tag{A.2}$$

em que, para o ano t, DD é a demanda de transporte marítimo, CT significa as toneladas da carga transportada, AH é a distância média percorrida pela carga, SS representa a oferta de transporte marítimo, P simboliza a produtividade do navio e MF é a dimensão da frota mercante.

A demanda, medida em toneladas-milhas do transporte necessário, é calculada pela tonelagem da carga a ser movimentada e pela distância média em milhas, sobre as quais cada tonelada de carga é transportada. A oferta da capacidade de transporte marítimo, medida em toneladas-milhas de carga, é determinada pela capacidade da frota mercante medida pela tonelagem de porte bruto e pelo desempenho da frota, que corresponde à média das toneladas-milhas de carga entregues anualmente por porte bruto. O equilíbrio de mercado ocorre quando a demanda (DD) iguala a oferta (SS). Os ciclos que dominam os mercados de transporte marítimo são orientados pelo ajustamento infindável dessas duas variáveis na busca do equilíbrio. Esse processo dinâmico é uma das partes do mercado marítimo mais difíceis de se reproduzir num modelo.

Essas definições são altamente simplificadas, mas frisam um aspecto importante que, em termos econômicos, demonstra que, embora a oferta física dos navios seja fixa em dado momento, a capacidade de transporte disponível é flexível. Como vimos no Capítulo 4, a oferta de transporte depende do desempenho da frota, que por sua vez é determinado em parte pelas variáveis de mercado e pelas características físicas dos navios existentes na frota.

Com base nas definições da oferta e da demanda apresentadas nas Equações (A.1) e (A.2), podemos especificar as equações estruturais básicas do modelo macro como apresentadas a seguir. As equações da demanda são:

$$CT_{tk} = f(E_t, ...) \tag{A.3}$$

$$CT_t = \sum_k (CT_{tk}) \tag{A.4}$$

$$DD_{tk} = CT_{tk} - Ah_{tk} \tag{A.5}$$

$$DD_{tm} = \sum_k (A_{tkm} DD_{tk}) \tag{A.6}$$

$$A_{tkm} = \frac{DD_{tkm}}{DD_{tk}} \tag{A.7}$$

As equações da oferta são:

$$MF_{tm} = MF_{(t-,1)m} + D_{tm} - S_{tm} \tag{A.8}$$

$$AMF_{tm} = MF_{tm} - L_{tm} \tag{A.9}$$

$$SS_{tm} = AMF_{tm} - P_{tm} \tag{A.10}$$

Finalmente, é necessária uma condição de equilíbrio:

$$SS_{tm}(FR_{tm}) = DD_{tm}(FR_{tm}) \tag{A.11}$$

Nas equações anteriores, novamente para o ano t, E significa um indicador da atividade econômica, A é a participação de mercado do tipo de navio m (navios-tanques, ...), D representa as entregas dos navios mercantes (m.tpb), S simboliza a quantidade de navio mercantes demolidos, P é a produtividade do navio como na Equação (A.2), AMF representa a frota mer-

Uma introdução à modelagem do mercado marítimo

811

cante ativa (m.tpb), L é a tonelagem desarmada temporariamente, FR significa a taxa de frete, e k é um índice que representa os produtos primários (petróleo, ...).

Lidando em primeiro lugar com o lado da demanda do modelo, nas Equações (A.3) e (A.4), definimos o comércio por via marítima como o total dos tráfegos individuais de produtos primários k. O modelo de previsões mais simples teria tratado o comércio por via marítima no seu total, como fizemos no exemplo apresentado no Capítulo 14. Essa análise de simulação realçou a importância de tratar separadamente os principais tráfegos de produtos primários. É claro que o tráfego de petróleo deveria ser modelado separadamente, de uma forma que tome em consideração os desenvolvimentos do mercado de energia, como as alterações nos preços da energia. O Capítulo 7 apresenta um debate mais detalhado da abordagem que especifica a forma das funções apresentadas na Equação (A.3). Se essa abordagem for seguida, o modelo do tráfego pode se tornar complexo e levar muito tempo para ser atualizado. Alternativamente, a quantidade do tráfego por via marítima por produto primário pode ser tratada como uma variável exógena, obtida de outra fonte, por exemplo, utilizando as previsões dos tráfegos publicadas pelas organizações de consultoria.

Passando agora para a Equação (A.5), a demanda da quantidade de navios gerada por cada produto primário, k, e medida em toneladas-milhas é o produto da tonelagem de carga para cada produto primário e de sua distância média. Nessa fase, a demanda é expressa em termos do total de toneladas-milhas da demanda gerada por cada produto primário, k, e é ainda necessário transformá-la na demanda por tipo de navio m. Isso é feito na Equação (A.6), que mostra que a demanda do tipo de navio m é definida como a participação de mercado do tipo de navio em cada tráfego de mercadoria, somada para todos os produtos primários. Essa é uma relação simples escrita em termos algébricos, mas é muito mais difícil de definir na prática. Na realidade, o tráfego é transportado em quaisquer navios que estejam disponíveis, que por sua vez depende daquilo que os proprietários de navios encomendam, portanto, a resposta pode ser a análise da tendência dos investimentos.

Pegamos isso no lado da oferta do modelo na Equação (A.8), que define a frota do tipo de navio m como igualando a frota do ano anterior, mais as entregas, menos a tonelagem demolida durante o ano. Essa frota inclui todos os navios do tipo m potencialmente disponíveis, mas a qualquer momento parte da frota não estará operando. A Equação (A.9) calcula a frota mercante ativa deduzindo a tonelagem desarmada temporariamente da frota mercante total. Essa equação pode ser ampliada para incluir outras categorias de tonelagem inativa, por exemplo, os navios-tanques de petróleo usados na estocagem. Finalmente, a Equação (A.10) mostra que a oferta da capacidade de transporte marítimo para o navio do tipo m é determinada pelo produto obtido entre frota ativa e produtividade da frota, medidas em toneladas-milhas da carga entregue anualmente.

A condição de equilíbrio do modelo é apresentada na Equação (A.11), que especifica que a oferta de toneladas-milhas disponível da capacidade de transporte do tipo m é igual às toneladas-milhas da demanda à taxa de frete em equilíbrio. Se houver oferta demasiada, a taxa de frete cai até que o equilíbrio seja alcançado, adicionando novos navios à condição de navios desarmados temporariamente ou reduzindo as suas velocidades de operação. Inversamente, se houver demanda demasiada, a taxa de frete aumenta até que a demanda seja satisfeita, embora no caso extremo isso possa não ser possível em virtude da defasagem temporal existente na entrega de novos navios.

O modelo simples estabelecido nas Equações (A.3) a (A.11) é determinístico, no sentido de que as equações principais tomam a forma de identidades algébricas simples. O modelo também é fechado porque qualquer mudança na demanda deve ser igualada a uma mudança idêntica na oferta, ou vice-versa.

Como uma ilustração prática do modelo de transporte marítimo básico, podemos pegar os três segmentos de mercado para os navios-tanques que transportam petróleo, navios combinados e navios graneleiros de carga sólida. Os cálculos do modelo para os navios-tanques encontram-se ilustrados na Tabela A.1 e podem ser resumidos brevemente da seguinte forma:

1. Começando pelo comércio de petróleo na coluna 1 e pela distância média na coluna 2, o tráfego de petróleo é calculado na coluna 3 em bilhões de toneladas-milhas. A previsão exigiria prever ambas as variáveis de forma exógena.

2. Na coluna 5, a demanda de navios-tanques transportadores de petróleo é calculada deduzindo a carga transportada pelos navios combinados (coluna 4) do tráfego de petróleo (coluna 3). Isso exige uma avaliação sobre a forma como a frota de navios combinados muda em dimensão e como é distribuída entre os tráfegos de petróleo e de cargas sólidas. Geralmente isso é uma questão relativa de taxas de frete, o que significa que, desde que exista uma frota de navios combinados, o mercado de navios-tanques não pode ser tratado isoladamente do resto do mercado (embora, assim que a frota de navios combinados encolhe, a ligação torne-se mais tênue).

3. A oferta da capacidade de navios-tanques começa na coluna 10, que representa a frota total, da qual se deduzem os navios-tanques que operam no mercado do grão (atualmente uma raridade), os navios-tanques usados na estocagem (coluna 9) e os navios-tanques desarmados temporariamente (coluna 8) para calcular a frota de navios-tanques ativa representada na coluna 7.

4. A produtividade da frota está apresentada na coluna 6 em toneladas-milhas por toneladas de porte bruto por ano, e a oferta de navios-tanques em bilhões de toneladas milha, na coluna 6.

Tabela A.1 – Modelo oferta-procura, frota de navios tanques

Ano	Demanda de navios-tanques					Oferta de navios-tanques (m.tpb)				
	Volume comercial mt	Distância média milhas	Transporte necessário em btm	Navios combinados em btm	Procura total em btm	Produtividade da frota tm tpb por ano	Frota de navios-tanques ativa	menos: tonelagem desarmada temporariamente	menos: frota usada em estocagem e no transporte de grão	Total da frota de navios-tanques
	(1)	(2)	(3)	(4)	(5)	(6)	(7)	(8)	(9)	(10)
1963	582	4.210	2.450	–	2.450	35.871	68,3	0,7	1,0	70
1964	652	4.248	2.770	–	2.770	37.534	73,8	0,5	1,7	76
1965	727	4.292	3.120	24	3.096	38.128	81,2	0,4	3,4	85
1966	802	4.152	3.330	53	3.277	36.330	90,2	0,4	3,4	94
1967	865	4.775	4.130	162	3.968	39.171	101,3	0,3	1,4	103
1968	975	5.077	4.950	358	4.592	40.565	113,2	0,2	0,6	114
1969	1.080	5.194	5.610	400	5.210	40.671	128,1	0,2	0,7	129
1970	1.193	5.440	6.490	465	6.025	40.709	148,0	0,2	0,8	149
1971	1.317	5.664	7.460	714	6.746	40.541	166,4	1,2	0,4	168
1972	1.446	5.982	8.650	920	7.730	42.034	183,9	1,4	0,7	186
1973	1.640	6.232	10.220	1.255	8.965	41.834	214,3	0,3	1,4	216
1974	1.625	6.535	10.620	1.084	9.536	37.707	252,9	0,7	0,7	254

(continua)

Uma introdução à modelagem do mercado marítimo

Tabela A.1 – Modelo oferta-procura, frota de navios tanques (*continuação*)

	Demanda de navios-tanques					Oferta de navios-tanques (m.tpb)				
Ano	Volume comercial mt	Distância média milhas	Transporte necessário em btm	Navios combinados em btm	Procura total em btm	Produtividade da frota tm tpb por ano	Frota de navios--tanques ativa	menos: tonelagem desarmada temporariamente	menos: frota usada em estocagem e no transporte de grão	Total da frota de navios--tanques
1975	1.496	6.504	9.730	826	8.904	33.856	263,0	26,8	1,1	291
1976	1.670	6.695	11.180	841	10.339	36.951	279,8	38,5	2,2	321
1977	1.724	6.647	11.460	912	10.548	35.160	300,0	30,3	1,6	332
1978	1.702	6.251	10.640	676	9.964	34.205	291,3	32,8	4,5	329
1979	1.776	5.912	10.500	635	9.865	33.947	290,6	14,8	21,4	327
1980	1.596	5.783	9.230	404	8.826	28.582	308,8	7,9	8,0	325
1981	1.437	5.699	8.190	368	7.822	26.408	296,2	13,0	11,0	320
1982	1.278	4.914	6.280	389	5.891	23.744	248,1	40,8	12,0	301
1983	1.212	4.587	5.560	328	5.232	23.922	218,7	52,4	15,0	286
1984	1.227	4.603	5.648	285	5.363	26.051	205,9	46,0	17,0	269
1985	1.159	4.450	5.157	304	4.853	24.779	195,9	34,9	15,0	246
1986	1.263	4.675	5.905	479	5.426	26.208	207,0	20,8	14,0	242
1987	1.283	4.689	6.016	480	5.536	25.669	215,7	11,0	14	241
1988	1.367	4.770	6.510	355	6.155	26.717	230,4	4,0	11	245
1989	1.460	4.984	7.276	316	6.960	28.523	244,0	2,3	7,2	254
1990	1.526	5.125	7.821	445	7.376	29.995	245,9	2,3	11,7	260
1991	1.573	5.268	8.287	403	7.884	30.360	259,7	2,2	5,4	267
1992	1.648	5.217	8.597	398	8.199	31.221	262,6	5,8	4,5	273
1993	1.714	5.266	9.026	411	8.615	32.057	268,8	4,5	5,2	278
1994	1.771	5.189	9.190	314	8.876	33.145	267,8	3,5	3,6	275
1995	1.796	5.105	9.169	212	8.957	33.674	266,0	2,5	6,5	275
1996	1.870	5.099	9.535	319	9.216	33.782	272,8	2 3,	9	279
1997	1.929	5.122	9.880	378	9.502	34.756	273,4	3 4,	4	281
1998	1.937	5.090	9.859	403	9.456	33.629	281,2	1,6	3,1	286
1999	1.965	5.107	10.035	387	9.648	33.961	284,1	1,5	3,2	289
2000	2.027	5.064	10.265	382	9.883	33.776	292,6	1,4	1,8	296
2001	2.017	5.047	10.179	408	9.771	34.023	287,2	2	1,7	291
2002	2.002	4.944	9.898	374	9.524	32.769	290,6	3	1,5	295
2003	2.113	5.007	10.580	293	10.287	33.976	302,8	0,4	0,6	304
2004	2.254	4.925	11.100	106	10.994	34.415	319,5	0,1	0,5	320
2005	2.308	4.965	11.460	109	11.351	33.120	342,7	0,1	0,5	343

(1) *Fearnleys Annual Review* – petróleo e derivados do petróleo.

(2) (3)/(1)

(3) *Fearnleys Annual Review* – petróleo e derivados do petróleo.

(4) A *Fearnleys Review 2006* assume que a distância média é de 4,551.

(5) (3)-(4)

(6) (5)/(7)×1,000

(7) (11)–(8)–(9)

(8) *Fearnleys Review*.

(9) A *Fearnleys Review* inclui os navios-tanques que operam no mercado de grão.

(10) *CRSL Shipping Review and Outlook*.

Nessa tabela as estatísticas apresentam as tendências históricas que mostram as relações entre as variáveis e a forma como mudaram no passado. Para efetuar uma previsão é necessário entrar com os pressupostos referentes à frota de navios-tanques, ao comércio e à frota de navios combinados que operam no mercado do petróleo. A partir dessas variáveis, a tonelagem excedente pode ser calculada como sendo o item de equilíbrio, partindo do pressuposto de que a oferta deve igualar a procura. Ao substituir esses itens no modelo, a quantidade de tonelagem excedente pode ser calculada. Esse modelo de oferta-demanda pode ser progressivamete alargado para que possa gerar as suas próprias previsões dos pressupostos principais, por exemplo, introduzindo equações que prevejam o nível futuro do comércio de petróleo, a distância média, o crescimento da frota etc. (ver Capítulo 14). Visto que as variáveis do lado da demanda incluem variáveis comportamentais, a sua automatização torna-se muito difícil.

Uma vez que se tenha determinado a tonelagem excedente, pode-se fazer uma estimativa acerca do nível das taxas de frete. Isso é fácil em situações extremas, quando existe um excesso de tonelagem muito grande. Sabemos que as taxas de frete caíram para o nível dos custos operacionais. A dificuldade está em modelar o comportamento de mercado quando a curva da demanda está pairando sobre o "ponto de inflexão" da curva da oferta. Por vezes, isso é feito com equações de regressão, mas é provável que um modelo de simulação funcione melhor. Seja qual for o método usado, a primeira lição que os modeladores aprendem é que, quando o mercado está próximo do equilíbrio, mudanças pequeníssimas na oferta ou na demanda provocam um disparo das taxas para cima ou para baixo, o que torna a previsão muito difícil. Infelizmente, essa é a forma como o mercado marítimo funciona. Se fosse fácil prever, não haveria a necessidade de existir um mercado!

ANEXO B
CÁLCULO DA ARQUEAÇÃO E FATORES DE CONVERSÃO

Um problema que ocorre frequentemente na indústria marítima é a necessidade de medir a dimensão do navio ou a dimensão de uma frota de navios. Uma razão para fazer isso é medir a capacidade de transporte de carga, mas existem muitas outras razões comerciais. Por exemplo, as autoridades portuárias desejarão cobrar taxas de acostagem mais elevadas para navios maiores do que para navios menores, e isso aplica-se às autoridades dos Canais do Panamá e de Suez. Para atender a essas necessidades, tem sido desenvolvido na indústria marítima um conjunto abrangente de diferentes unidades de medida, cada uma delas adaptada a uma necessidade especial. Aqui veremos brevemente as unidades principais em uso.

TONELAGEM DE ARQUEAÇÃO BRUTA

Um assunto crítico que preocupa os proprietários de navios, sobretudo as companhias de linhas regulares que manuseiam carga de baixa densidade, é o volume interno do navio, que antes de 1969 encontrava-se registrado pela tonelagem de arqueação bruta (tab). Era uma medida da capacidade total permanentemente fechada do navio e incluía o seguinte:

- tonelagem de arqueação abaixo do convés;
- tonelagem de arqueação entre cobertas;
- superestruturas;
- castelos e outras construções.

Certos espaços, como os relacionados com a navegação (camarim do leme, camarim da navegação etc.), cozinhas, escadas, espaços de luz e de ar, estão isentos de medição, para encorajar a sua provisão adequada. A tonelagem de arqueação bruta oficial de um navio é calculada por um inspetor governamental quando o navio é registrado pela primeira vez. Uma tonelada equivale a 100 pés cúbicos de espaço interior.

ARQUEAÇÃO BRUTA

A Convenção Internacional sobre a Arqueação dos Navios de 1969, da IMO, introduziu um novo procedimento-padrão simplificado para calcular a arqueação bruta (ab), que é agora utilizada em todos os países que são signatários da convenção. Em vez de passar pelo processo trabalhoso de medir todos os espaços abertos do navio, a arqueação bruta é calculada a partir do volume total dos espaços fechados, medido em metros cúbicos, utilizando uma fórmula-padrão. Para alguns tipos de navios, especialmente aqueles com formas de cascos complexas, o ab e o tab podem ser significativamente diferentes.

TONELAGEM DE ARQUEAÇÃO LÍQUIDA

Sob as regras existentes, a tonelagem de arqueação líquida deve representar a capacidade de volume de carga do navio e é calculada deduzindo do tab certos espaços não geradores de receitas. A tonelagem de arqueação líquida é expressa em unidades de 100 pés cúbicos.

ARQUEAÇÃO LÍQUIDA (1969)

A fórmula introduzida pela Convenção Internacional sobre a Arqueação dos Navios de 1969 calcula a arqueação líquida (1969) como uma função do volume moldado de todos os espaços de carga do navio, com correções para os calados inferiores a 75% do pontal do navio e para o número de passageiros embarcados e desembarcados. A arqueação líquida assim calculada não pode ser inferior a 30% do gt. A arqueação líquida é também adimensional.

PORTE BRUTO

Em muitos tráfegos, a principal preocupação é a medição da capacidade de transporte de carga de uma frota de navios. Para esse fim, utiliza-se a tonelagem de porte bruto (tpb). O porte bruto de um navio mede o peso total da carga que o navio pode transportar quando carregado até as suas marcas, incluindo o peso do combustível, dos aprestos, da água de lastro, da água doce, da tripulação, dos passageiros e da bagagem.

Como regra, os itens que não são carga representam cerca de 5% do total do porte bruto em navios de dimensão média, embora a proporção seja menor nos navios maiores. Como exemplo, um navio graneleiro de 35.000 tpb provavelmente seria capaz de transportar cerca de 33.000 tpb de carga.

O porte bruto pode também ser medido como a diferença entre o deslocamento de navio carregado e o deslocamento de navio leve (ver a definição mais à frente).

Cálculo da arqueação e fatores de conversão   **817**

TONELAGEM COMPENSADA DE ARQUEAÇÃO BRUTA

É uma medida da produção da construção naval que leva em consideração o conteúdo do trabalho do navio. No início da década de 1970, os construtores navais na Europa e no Japão chegaram à conclusão de que as comparações da produção da construção naval entre países, medida em toneladas de porte bruto ou em toneladas de arqueação brutas, eram pouco fiáveis porque alguns navios tinham um maior conteúdo de trabalho por toneladas brutas do que outros. Por exemplo, um *ferry* de passageiros de 5.000 toneladas brutas pode exigir do construtor naval tanto trabalho quanto um navio graneleiro de 15.000 toneladas brutas. Para superar esse problema, foi desenvolvida uma nova unidade padrão designada de tonelagem compensada de arqueação bruta (cgt). É calculada multiplicando a arqueação bruta de um navio pelo fator de conversão do navio apropriado correspondente a esse tipo de navio.

Em 1984 foi acordado um conjunto de fatores de conversão de cgt padrão, mas em 2005 eles foram substituídos por uma fórmula que é utilizada para calcular a tonelagem compensada de arqueação bruta do navio a partir da arqueação bruta:

$$cgt = A \times ab^B \qquad (B.1)$$

em que A representa a influência do tipo de navio e B é a influência da dimensão do navio e ab significa a arqueação bruta do navio (por sua vez, B é definido como $B = b + 1$, em que b representa a influência decrescente da dimensão do navio sobre o trabalho necessário para construir uma úni-

ca tonelada bruta, tendo esse fator sido calculado a partir de uma amostra substancial das produções dos estaleiros). Na Tabela B.1 apresentam-se os parâmetros A e B acordados internacionalmente e desenvolvidos com base na amostra da produção dos estaleiros. Por exemplo, usando essa fórmula e os parâmetros na Tabela B.1, um navio-tanque de petróleo bruto de 157.800 tpb (ver Figura 14.6), com 87.167 de toneladas brutas, teria um coeficiente de cgt de 0,36 e um cgt de 31.423.

Alguns exemplos de coeficientes de cgt calculados utilizando a fórmula encontram-se resumidos na Tabela B.2. Os coeficientes de cgt apresentados nessa tabela fo-

Tabela B.1 — Parâmetros de cgt em 2005

Tipo de navio	A	B
Navios-tanques de petróleo (casco duplo)	48	0,57
Navios-tanques de produtos químicos	84	0,55
Navios graneleiros	29	0,61
Navios combinados	33	0,62
Navios de carga geral	27	0,64
Navios frigoríficos	27	0,68
Porta-contêineres	19	0,68
Navios ro-ro	32	0,63
Navios dedicados ao transporte de automóveis	15	0,7
Navios transportadores de GLP	62	0,57
Navios transportadores de GNL	32	0,68
Ferries	20	0,71
Navios de passageiros	49	0,67
Navios pesqueiros	24	0,71
Outros navios não cargueiros	46	0,62

ram obtidos a partir do cálculo do cgt e divididos pelo ab para obter o coeficiente de cgt apresentado na tabela. Para cada tipo de navio, o coeficiente de cgt muda. Por exemplo, um navio porta-contêineres de 50.000 de arqueação bruta tem um coeficiente de cgt de 0,7, enquanto um navio-tanques de 50.000 ab tem um coeficiente de cgt menor, de 0,46, indicando o conteúdo de trabalho mais baixo por tonelada bruta. Os navios-tanque transportadores de GNL e os navios de passageiros apresentam os coeficientes mais elevados. Portanto, essa tabela também oferece uma visão útil do conteúdo de trabalho relativo dos diferentes tipos de navios.

Tabela B.2 – Coeficientes de cgt aproximados calculados utilizando a fórmula de 2005

Tipo de navio	Parâmetros		Dimensão do navio (ab)						
	A	B	4.000	10.000	30.000	50.000	80.000	100.000	150.000
Navios-tanques de petróleo bruto (duplo)	48	0,57	1,36	0,91	0,57	0,46	0,37	0,34	0,29
Navios-tanques de produtos químicos	84	0,55	1,48	1,46	1,42	1,41	1,40	1,39	1,38
Navios graneleiros	29	0,61	0,57	0,60	0,64	0,66	0,68	0,69	0,71
Navios combinados	33	0,62	1,24	1,25	1,26	1,27	1,27	1,28	1,28
Navios de carga geral	27	0,64	0,97	0,98	1,01	1,02	1,03	1,03	1,04
Navios frigoríficos	27	0,68	1,39	1,45	1,51	1,54	1,57	1,58	1,61
Navios porta-contêineres	19	0,68	0,70	0,70	0,70	0,70	0,70	0,70	0,70
Navios ro-ro	32	0,63	1,11	1,06	1,01	0,98	0,96	0,95	0,93
Navios dedicados ao transporte de automóveis	15	0,7	0,84	0,89	0,96	1,00	1,03	1,05	1,08
Navios transportadores de GLP	62	0,57	1,41	1,25	1,08	1,01	0,95	0,93	0,88
Navios transportadores de GNL	32	0,68	1,29	1,42	1,60	1,70	1,79	1,83	1,91
Ferries	20	0,71	0,80	0,82	0,85	0,86			
Navios de passageiros	49	0,67	1,76	1,69	1,62	1,59			
Navios pesqueiros	24	0,71	0,68	0,71	0,74	0,76			
Outros não cargueiros	46	0,62	0,91	0,84	0,76	0,72			

Nota: o cgt de um navio é calculado multiplicando a arqueação bruta pelo fator correspondente apresentado na tabela. Para as dimensões de navios não apresentadas, os coeficientes de cgt podem ser calculados por interpolação.

DESLOCAMENTO LEVE

O deslocamento leve do navio é o peso do navio como construído, incluindo a água da caldeira, o óleo lubrificante e a água do sistema de arrefecimento.

DESLOCAMENTO-PADRÃO

Este é o peso teórico, mas preciso, do navio completamente tripulado e equipado, com os mantimentos e as munições, mas sem combustível nem reserva de água para a alimentação.

ARQUEAÇÕES DE SUEZ E DO PANAMÁ

Para os navios que transitem pelos canais de Suez e do Panamá, são utilizados diferentes sistemas de medição para determinar os direitos de passagem a serem pagos. Todos os navios terão de ser medidos especificamente para o cálculo dos seus direitos de passagem quando passarem por essas áreas.

ANEXO C
ÍNDICE DE FRETES NA ECONOMIA MARÍTIMA (1741-2007)

Índice (preços de mercado)			Índice (preços relativos a 2000)		Índice (preços de mercado)			Índice (preços relativos a 2000)	
Ano	Índice	%	Deflator	Índice	Ano	Índice	%	Deflator	Índice
1741	100				1761	175	19%	1.658	2.902
1742	83	−17%			1762	108	−38%	1.628	1.755
1743	148	79%			1763	130	20%	1.628	2.111
1744	113	−24%			1764	119	−8%	1.658	1.969
1745	91	−19%			1765	106	−11%	1.690	1.795
1746	80	−12%			1766	91	−15%	1.690	1.531
1747	70	−12%			1767	98	9%	1.690	1.663
1748	88	24%			1768	89	−10%	1.706	1.519
1749	94	7%			1769	108	21%	1.810	1.952
1750	80	−15%	1.887	1.504	1770	130	20%	1.774	2.301
1751	78	−2%	1.971	1.540	1771	120	−7%	1.774	2.135
1752	69	−12%	2.218	1.525	1772	97	−19%	1.706	1.653
1753	67	−2%	2.218	1.490	1773	102	5%	1.690	1.716
1754	111	65%	1.868	2.072	1774	106	5%	1.706	1.813
1755	152	37%	1.829	2.772	1775	145	37%	1.706	2.479
1756	159	5%	1.792	2.856	1776	155	6%	1.658	2.565
1757	163	2%	1.774	2.883	1777	172	11%	1.628	2.798
1758	150	−8%	1.658	2.487	1778	158	−8%	1.598	2.522
1759	113	−25%	1.658	1.865	1779	158	0%	1.516	2.393
1760	147	31%	1.628	2.391	1780	202	28%	1.478	2.980

(*continua*)

(*continuação*)

Índice (preços de mercado)			Índice (preços relativos a 2000)		Índice (preços de mercado)			Índice (preços relativos a 2000)	
Ano	Índice	%	Deflator	Índice	Ano	Índice	%	Deflator	Índice
1781	213	5%	1.516	3.222	1819	154	−7%	1.082	1.667
1782	136	−36%	1.386	1.884	1820	161	4%	1.204	1.938
1783	144	6%	1.431	2.057	1821	157	−3%	1.385	2.169
1784	131	−9%	1.543	2.025	1822	160	2%	1.574	2.513
1785	116	−12%	1.556	1.799	1823	174	9%	1.413	2.454
1786	113	−3%	1.478	1.663	1824	172	−1%	1.358	2.332
1787	113	0%	1.504	1.691	1825	160	−7%	1.226	1.955
1788	119	6%	1.478	1.756	1826	147	−8%	1.385	2.041
1789	141	18%	1.556	2.189	1827	141	−4%	1.399	1.970
1790	141	0%	1.556	2.189	1828	133	−6%	1.443	1.916
1791	133	−6%	1.539	2.044	1829	132	−1%	1.443	1.898
1792	192	45%	1.574	3.025	1830	130	−1%	1.458	1.898
1793	200	4%	1.428	2.856	1831	139	7%	1.458	2.032
1794	213	6%	1.399	2.973	1832	125	−10%	1.506	1.882
1795	192	−10%	1.204	2.315	1833	113	−9%	1.556	1.763
1796	166	−14%	1.194	1.978	1834	117	3%	1.592	1.866
1797	166	0%	1.307	2.164	1835	125	7%	1.630	2.037
1798	273	65%	1.283	3.507	1836	135	8%	1.458	1.975
1799	294	7%	1.108	3.255	1837	145	7%	1.474	2.130
1800	186	−37%	917	1.706	1838	153	6%	1.413	2.164
1801	172	−8%	888	1.526	1839	144	−6%	1.332	1.915
1802	239	39%	1.135	2.714	1840	136	−5%	1.345	1.828
1803	222	−7%	1.117	2.478	1841	109	−20%	1.413	1.546
1804	225	1%	1.117	2.513	1842	105	−4%	1.556	1.629
1805	222	−1%	1.018	2.260	1843	97	−7%	1.731	1.677
1806	236	6%	1.026	2.421	1844	108	11%	1.710	1.844
1807	256	9%	1.057	2.709	1845	116	7%	1.669	1.930
1808	303	18%	955	2.896	1846	106	−8%	1.611	1.711
1809	294	−3%	894	2.625	1847	127	19%	1.428	1.807
1810	280	−5%	905	2.532	1848	103	−19%	1.689	1.742
1811	228	−18%	955	2.179	1849	98	−5%	1.872	1.843
1812	242	6%	845	2.045	1850	98	0%	1.872	1.843
1813	303	25%	820	2.484	1851	92	−6%	1.868	1.722
1814	263	−13%	899	2.361	1852	95	3%	1.847	1.761
1815	178	−32%	1.065	1.898	1853	128	34%	1.517	1.944
1816	150	−16%	1.164	1.746	1854	138	7%	1.416	1.947
1817	180	20%	1.049	1.886	1855	130	−6%	1.428	1.852
1818	166	−7%	996	1.657	1856	119	−8%	1.428	1.696

(*continua*)

Índice de fretes na economia marítima (1741-2007) 821

(*continuação*)

Índice (preços de mercado)			Índice (preços relativos a 2000)		Índice (preços de mercado)			Índice (preços relativos a 2000)	
Ano	Índice	%	Deflator	Índice	Ano	Índice	%	Deflator	Índice
1857	100	−16%	1.371	1.371	1894	61	−3%	2.180	1.336
1858	88	−13%	1.588	1.390	1895	59	−3%	2.236	1.325
1859	97	11%	1.531	1.483	1896	59	0%	2.295	1.360
1860	103	6%	1.465	1.511	1897	59	0%	2.265	1.342
1861	106	3%	1.478	1.570	1898	72	21%	2.180	1.569
1862	97	−9%	1.428	1.384	1899	69	−4%	2.208	1.519
1863	97	0%	1.405	1.361	1900	80	17%	2.028	1.631
1864	108	11%	1.371	1.478	1901	60	−25%	2.101	1.268
1865	105	−2%	1.428	1.506	1902	52	−14%	2.101	1.090
1866	97	−8%	1.416	1.372	1903	52	0%	2.101	1.090
1867	95	−2%	1.440	1.373	1904	52	0%	2.076	1.077
1868	91	−5%	1.465	1.328	1905	54	4%	2.076	1.121
1869	94	3%	1.478	1.385	1906	55	2%	2.005	1.103
1870	97	3%	1.504	1.457	1907	57	4%	1.917	1.095
1871	88	−10%	1.504	1.316	1908	48	−17%	1.982	944
1872	109	25%	1.395	1.521	1909	49	2%	1.960	954
1873	124	14%	1.342	1.661	1910	53	9%	1.875	992
1874	114	−8%	1.384	1.582	1911	61	16%	1.855	1.139
1875	105	−8%	1.441	1.510	1912	83	34%	1.762	1.454
1876	104	−1%	1.478	1.533	1913	72	−13%	1.744	1.255
1877	105	1%	1.441	1.510	1914	71	−1%	1.722	1.221
1878	96	−8%	1.543	1.486	1915	211	49%	1.705	3.590
1879	90	−7%	1.630	1.466	1916	386	0%	1.580	6.102
1880	92	2%	1.571	1.447	1917	735	0%	1.345	9.895
1881	92	0%	1.600	1.473	1918	795	0%	1.140	9.063
1882	86	−7%	1.586	1.359	1919	519	0%	995	5.161
1883	79	−7%	1.615	1.282	1920	396	0%	861	3.408
1884	68	−15%	1.780	1.205	1921	176	66%	962	1.690
1885	67	−2%	1.896	1.264	1922	138	−22%	1.025	1.410
1886	62	−6%	2.005	1.252	1923	130	−5%	1.007	1.311
1887	69	10%	2.052	1.411	1924	128	−2%	1.007	1.289
1888	80	17%	2.005	1.612	1925	116	−9%	984	1.145
1889	79	−1%	1.960	1.555	1926	141	21%	973	1.369
1890	68	−15%	1.960	1.327	1927	129	−8%	990	1.278
1891	67	−2%	1.896	1.264	1928	119	−8%	1.007	1.194
1892	58	−13%	2.005	1.167	1929	122	3%	1.007	1.226
1893	63	9%	2.052	1.303	1930	98	−19%	1.031	1.015

(*continua*)

(*continuação*)

Índice (preços de mercado)			Índice (preços relativos a 2000)		Índice (preços de mercado)			Índice (preços relativos a 2000)	
Ano	Índice	%	Deflator	Índice	Ano	Índice	%	Deflator	Índice
1931	95	−3%	1.133	1.079	1968	60	−29%	495	297
1932	93	−2%	1.257	1.171	1969	58	−3%	469	273
1933	90	−3%	1.325	1.192	1970	95	63%	444	422
1934	90	0%	1.285	1.156	1971	44	−54%	425	186
1935	93	4%	1.239	1.154	1972	42	−5%	412	171
1936	109	17%	1.239	1.350	1973	135	225%	388	524
1937			1.196		1974	168	24%	349	586
1938			1.221		1975	73	−57%	320	232
1939			1.239		1976	72	−1%	303	218
1940			1.230		1977	71	−2%	284	201
1941			1.171		1978	98	39%	264	259
1942			1.056		1979	152	55%	237	361
1943			995		1980	207	36%	209	432
1944			978		1981	178	−14%	189	337
1945			957		1982	117	−34%	178	208
1946			883		1983	118	2%	173	205
1947	100		772	772	1984	108	−9%	166	180
1948	79	−21%	715	564	1985	98	−10%	160	157
1949	71	−10%	724	517	1986	74	−25%	157	116
1950	74	4%	715	530	1987	116	58%	152	176
1951	154	108%	662	1.023	1988	164	41%	146	239
1952	99	−36%	650	641	1989	183	11%	139	254
1953	77	−22%	645	495	1990	167	−9%	132	220
1954	82	6%	640	523	1991	189	13%	126	239
1955	113	39%	643	729	1992	154	−19%	123	188
1956	133	18%	633	845	1993	175	14%	119	209
1957	109	−18%	613	668	1994	174	0%	116	203
1958	68	−38%	596	406	1995	236	35%	113	267
1959	69	2%	592	410	1996	172	−27%	110	189
1960	72	4%	582	418	1997	166	−4%	107	178
1961	74	2%	576	423	1998	110	−34%	106	116
1962	68	−8%	570	386	1999	135	23%	103	140
1963	68	0%	563	382	2000	164	21%	100	164
1964	73	7%	555	405	2001	145	−12%	97	141
1965	87	19%	547	474	2002	155	7%	96	148
1966	74	−15%	531	393	2003	253	63%	92	233
1967	84	13%	516	433	2004	425	68%	89	379

(*continua*)

Índice de fretes na economia marítima (1741-2007)

(continuação)

Índice (preços de mercado)			Índice (preços relativos a 2000)		Índice (preços de mercado)			Índice (preços relativos a 2000)	
Ano	Índice	%	Deflator	Índice	Ano	Índice	%	Deflator	Índice
2005	355	−16%	86	307					
2006	283	−20%	83	236					
2007	587	107%	81	477					

Fontes

A. 1741-1817: estatísticas do frete do tráfego de carvão de Tyne em xelins por caldeirão [*chaldron*], convertidas para xelins por tonelada, em que 1 caldeirão equivale a 0,85 tonelada; Beveridge et al. (1965, pp. 264-295).

B. 1818-1835: taxas de frete do tráfego de carvão de Tyne com base no testemunho de James Bentley perante a Comissão Especial do Comércio de Carvão [*Select Committee on the Coal Trade*], *Parliamentary Papers*, 1836, XI, p. 98.

C. 1836-1837: taxas de frete do tráfego de carvão de Tyne com base no testemunho de James Bentley perante a Comissão Especial do Comércio de Carvão [*Select Committee on the Coal Trade*], *Parliamentary Papers*, 1837-1838, XV, p. 79.

D. 1838-1868: taxas de frete do tráfego de carvão de Tyne extraídas por K. Harley das cotações de frete apresentadas no *Newcastle Courant*, uma média de seis cotações (primeira semana de janeiro, maio, julho, setembro, novembro e data disponível mais próxima).

E. 1869-1936: um índice de frete global composto compilado por Isserlis (1938).

F. 1947-1959: um índice de frete de granel seco publicado mensalmente como o Índice Mundial de Fretamento por Viagem de Carga Sólida do Norwegian Shipping News [*Norwegian Shipping News Worldwide Dry Cargo Tripcharter Index*], jul./dez. 1947 = 100, média das taxas mensais, reproduzidas das tabelas resumidas publicadas no *Norwegian Shipping News*, n.º 10C, 1970.

G. 1960-1985: estatísticas dos fretes de grão para uma viagem do Golfo dos Estados Unidos para o Japão via Canal do Panamá publicadas na *Fearnleys Review*, 1966, Tabela 9, baseadas nas contratações de navios de 15.000-25.000 tpb e descarga livre. Os dados para os últimos anos foram reportados nas edições subsequentes dessa publicação. No início da década de 1980, o navio de referência era um navio graneleiro Panamax.

H. 1986-2007: estatísticas dos fretes de grão para uma viagem do Golfo dos Estados Unidos para o Japão via Canal do Panamá publicadas na *Clarkson's Shipping Review and Outlook*, primavera de 2008, Tabela 30. Defletor de preços: o índice de fretes a preços constantes de 2006 apresentado na Figura 3.5 foi calculado por Randy Young, Civil Maritime Analysis Department, US Office of Naval Intelligence, utilizando um deflator de preços compostos baseados nos preços do Reino Unido e dos Estados Unidos.

Nota: as fontes A-D foram publicadas sob a forma de resumos por Harley (1988).

NOTAS

1 TRANSPORTE MARÍTIMO E ECONOMIA GLOBAL

1. Radcliffe (1985).

2. Drury e Stokes (1983, p. 28) abordaram o caso da Tidal Marine, que entrou em colapso em 1972, levantando muitas questões sobre os fundamentos com base nos quais os empréstimos foram obtidos.

3. A Figura 2.4 no Capítulo 2 mostra que o custo do transporte de carvão e de petróleo entre 1947 e 2007 não aumentou significativamente nesse período até a expansão ocorrida em 2004-2008.

4. O lançamento à água de um navio grande num rio estreito é um processo complexo que envolve "cachorros que geralmente se estendem de bojo a bojo do navio. Pela moldagem e pela lubrificação das superfícies em ambos os sentidos, evita-se qualquer movimento do navio em ângulos retos com relação à direção do movimento" (Hind, 1959, p. 45).

5. Escusado dizer que o autor na realidade não acredita que o seguinte relato da história do transporte marítimo esteja completo, preciso ou equilibrado. Existem historiadores melhores que podem fazer isso. Esta visão simples pretende demonstrar o tema comum da economia que percorre 5 mil anos de história, e isso pelo menos providencia uma visão.

6. Smith (1998, Livro 1, Capítulo III, p. 27).

7. Smith (1998, Livro 1, Capítulo III, p. 27).

8. Citação não referenciada atribuída a Winston Churchill na transmissão de Natal de 1999 efetuada pela Rainha Elizabeth II.

9. Braudel (1979, p. 21).

10. McEvedy (1967, p. 26).

11. McEvedy (1967, p. 26).

12. Nawwab et al. (1980, p. 8).

13. Haws e Hurst (1985, vol. 1, p. 18).

14. Lindsay (1874, vol. 1, p. 4). De acordo com R. I. Bradshaw, encontrava-se localizado em duas ilhas a 600-700 metros do continente e 40 quilômetros ao sul de Sidon, com uma população estimada de 30 mil no seu tempo áureo. Tinha dois portos, mas faltava terra agrícola e um abastecimento adequado de água doce e de combustível.

15. McEvedy (1967, p. 44).

16. Haws e Hurst (1985, p. 36). Heródoto descreveu os métodos comerciais gregos num relato detalhado escrito em *c.* 620 a.C.

17. McEvedy (1967, p. 54).

18. McEvedy (1967, p. 70, nota de rodapé).

19. Alguns historiadores atribuem isso a um período de extremo mau tempo que ocorreu entre 536 e 545, possivelmente causado pela passagem da Terra por um cinturão de asteroides, o que afetou as colheitas nas áreas ao norte (Bryant, 1999).

20. Bizâncio era o nome grego antigo de Constantinopla.

21. McEvedy (1961, p. 58).

22. O poder de Veneza como proprietária de navios foi demonstrado em 1202, quando a Quarta Cruzada contratou uma frota veneziana para transportar o seu exército de 4 mil cavaleiros, 9 mil escudeiros e 20 mil soldados rasos para reconquistar Jerusalém, ao custo de 5 marcos por cavalo e 2 marcos por homem. Quando o exército chegou a Veneza para ser transportado, os cruzados não podiam pagar o frete e os venezianos persuadiram-nos a ajudá-los a reconquistar a cidade de Zara dos húngaros e, depois, a tomar Constantinopla, o que aconteceu em 1204.

23. Braudel (1979, p. 99).

24. McEvedy (1972, p. 12).

25. Needham (1954, p. 481). Essas dimensões foram aparentemente confirmadas pela descoberta, em 1962, do cadaste do leme de um dos navios de tesouros de Zheng He no local de um dos estaleiros navais de Ming, localizados próximos de Nanking. Tinha 36,2 pés de comprimento, sugerindo que a dimensão do navio variava entre 480 pés e 536 pés, dependendo do seu calado. Mas não existe outra evidência de que um navio dessa dimensão foi na realidade construído e operado com sucesso, e o professor catedrático Ian Buxton, da Universidade de Newcastle, destaca a dificuldade em construir estruturas longas de madeira capazes de aguentar as ondas. Os maiores navios de madeira construídos no século XIX, o HMS Orlando e o HMS Mersey, de 336 pés, sofreram de problemas estruturais.

Notas **827**

Visto que os estaleiros navais de Ming não tinham técnicas de construção especiais como as cintas de ferro para suportar os cascos de madeira desses navios de tesouros, é provável que os textos de Ming reportem um projeto que nunca foi realizado com sucesso (ver Gould, 2000, pp. 198-199).

26. As viagens marítimas de Ming encontram-se muito bem documentadas na forma de mapas, cartas e registros de viagem.

27. Embora as viagens fossem notáveis, existe muita evidência de que esses mares já tinham sido navegados anteriormente. É provável que os chineses e os árabes tenham navegado no Atlântico em datas anteriores, mas alcançar a Ásia a partir da Europa não era fácil.

28. Marco Polo viajou 24.000 milhas entre 1275 e 1295 e publicou um relato em *A descrição do mundo*. Ver Humble (1979, p. 27).

29. A corrente de Benguela corre para o norte ao longo da costa ocidental africana, e os ventos alísios de SE opõem-se a um veleiro que rume ao sul.

30. De acordo com Lindsay (1847, vol. 1, p. 559), citando R. H. Major, o astrolábio foi inventado por Beham por volta de 1480, com a ajuda de dois físicos, Roderigo e Josef Lindsey.

31. Lindsay (1874, vol. 1, p. 549).

32. A Ilha da Madeira foi descoberta em 1418 por João Zarco e Tristão Vaz, que foram atirados para dentro de uma tempestade; as Ilhas de Cabo Verde foram descobertas em 1441 e Açores, em 1449 (Lindsay, 1874, vol. 1, p. 551).

33. Colombo estudou os escritos de Ptolomeu, Plínio e Estrabão.

34. Lindsay (1874, vol. 1, pp. 561-563).

35. Escrito em 1410 por Pierre d'Ailly.

36. Humble (1979, p. 56).

37. Irving (1828, p. 24).

38. Humble (1979, p. 60).

39. Humble (1979, p. 102).

40. Minchinton (1969, p. 2).

41. Braudel (1982, p. 362).

42. Braudel (1984, p. 143).

43. Barbour (1950, pp. 95-122).

44. Van Cauwenbergh (1983, p. 16).

45. *O guia de Amsterdã* [*Le Guide d'Amsterdam*], 1701, pp. 1-2.

46. Braudel (1984, p. 190).

47. J. N. Parival, *Les Délices de la Hollande*, 1662, p. 36.

48. McEvedy (1972, p. 38) diz que o preço das novas construções e os custos operacionais dos navios holandeses eram um bom terço abaixo de qualquer outro.

49. Braudel (1984, p. 191).

50. Braudel (1984, p. 207).

51. McEvedy (1972, p. 38).

52. Haws e Hurst (1985, p. 270).

53. Deane (1969, p. 89).

54. Minchinton (1969, p. 62, Tabela 6).

55. Minchinton (1969, p. 18).

56. Fayle (1933, p. 218).

57. Fayle (1933, pp. 202-205).

58. Soudon (2003, p. 22).

59. Fayle (1933, p. 207).

60. Blake (1960, p. 4).

61. Fayle (1933, p. 217).

62. MacGregor (1961, p. 157).

63. Um relato de fretes de Gould, Angier & Co. (1920) para 1871 faz o seguinte comentário: "o grande progresso alcançado com a transição dos navios a vela para os navios a vapor destaca-se como a principal característica do comércio".

64. Esse relato baseia-se num discurso efetuado por C. M. Palmer, em 1838, construtor do John Bowes, publicado em 1864: "On the construction of iron ships and the progress of iron shipbuilding" (ver Craig, 1980, pp. 6-7).

65. Kirkaldy (1914, p. 159).

66. Jennings (1980, p. 20). Esse serviço significava que o navio podia ser despachado de Londres para o Oriente e as encomendas enviadas por esse serviço chegariam ao destino do navio antes dele.

67. MacGregor (1961, p. 44). A Grant's Trans Mongolian Telegrams anunciava um prazo de entrega de dez dias para os telegramas com destino ao Extremo Oriente.

68. Dugan (1953, p. 167). A empresa de cabos angariou US$ 3 milhões. O Great Eastern, o grande navio de ferro da Brunel, foi afretado para realizar o trabalho. Daniel Gooch ofereceu o navio de graça se falhasse na colocação dos cabos submarinos. Se fosse bem- -sucedido, ele pediria US$ 250.000 em ações das comunicações.

69. É difícil efetuar a comparação dos preços durante um período tão longo. Um índice de preço composto em dólares americanos indica um múltiplo de 45 para o aumento do preço entre 1865 e 2003, mas Buxton (2001) indica um múltiplo de 60, como aqui usado.

70. O cabo de 1865 durou até 1977, e o cabo de 1866 durou até 1872.

71. A edição da *Enciclopédia britânica* de 1911 cita Sir Charles Bright dizendo que, por volta de 1887, tinham sido colocadas 107.000 milhas de cabos submarinos, e dez anos mais tarde existiam 162.000 milhas de cabos, representando um capital de £ 40 milhões, 75% dos quais tinham sido financiados pelo Reino Unido. A maior parte do cabo foi manufaturada no Tâmisa.

Notas

72. Fayle (1933, p. 228).

73. Lindsay (1874, vol. 4, p. 273).

74. A imigração para os Estados Unidos ascendeu até 5,2 milhões em 1881-1990, 3,7 milhões em 1891-1900, e 8,8 milhões em 1901-1910.

75. Wall (1977, p. 34).

76. Deakin e Seward (1973, p. 13).

77. Dugan (1953, p. 187). O cabo submarino até a China começou a funcionar em 1871 e cobrava £ 7 por mensagem. Em 1872, o preço foi reduzido para 4 libras e 6 xelins por vinte palavras.

78. Com base nas contas do capitão para a viagem do Nakoya para a América do Sul, entre outubro de 1870 e 20 de julho de 1871, os marinheiros ganhavam 2 libras e 2 xelins por mês, e um oficial, £ 6.

79. Barty-King (1994, p. 3).

80. Barty-King (1994, p. 10).

81. Horace Clarkson, com 28 anos, juntou-se à Baltic em 1858.

82. Clarkson (1952, p. 20).

83. Nesse ano, a despesa com telegramas foi de £ 5.300, e com salários, £ 5.000.

84. Uma das técnicas era o código Boe, um sistema que reduzia as mensagens compridas a algumas palavras.

85. Gripaios (1959, p. 25).

86. Harlaftis (1993, p. 1).

87. Este exemplo baseia-se num itinerário de linhas não regulares descrito por Fayle (1933, p. 264).

88. McKinsey (1967, pp. 3-4) realça esses pontos na sua análise sobre os possíveis efeitos da conteinerização.

89. Sklar (1980).

90. Memorando do Conselho de Relações Exteriores dos Estados Unidos [*US Council on Foreign Relations*], julho de 1941, citado em Sklar (1980).

91. Maber (1980, p. 50).

92. Corlett (1981, p. 7).

93. Rochdale (1970, p. 87).

94. Anuário Estatístico das Nações Unidas, 1967, Tabela 156; e 1982, Tabela 179.

95. Fearnleys, *World Bulk Trades* (1969, p. 13), mostra que em 1969 61% do tráfego de grão era efetuado em navios inferiores a 25.000 tpb e somente 1% em navios acima de 60.000 tpb. A edição de 1985 do mesmo relatório mostra que 40% de todas as expedições de carga foram efetuadas em navios acima de 60.000 tpb.

96. Graham e Hughes (1985).

97. Falkus (1990, p. 360).

98. Graham e Hughes (1985, pp. 19, 95).

99. Graham e Hughes (1985, pp. 95).

100. American President Lines, "Intermodal Information Technology: A Transportation Assessment", maio 1997, p. 7.

101. Proulx (1993, p. 202).

102. Smith (1998, Livro 1, cap. III, p. 28).

2   A ORGANIZAÇÃO DO MERCADO MARÍTIMO

1. Zhou e Amante (2005).

2. Por exemplo, de acordo com o *site* da Marinha dos Estados Unidos [*US Navy*] (http://www.navy.mil), a sua missão é "manter, treinar e equipar as forças navais prontas para combate capazes de ganhar guerras, enfrentar agressão e manter a liberdade dos mares".

3. Clarkson Research Services, *World Shipyard Monitor*, dez. 2007, p. 9.

4. *UNCTAD Review of Maritime Transport*, 2002, Tabela 41, p. 66, e estimativas efetuadas pelo autor.

5. Toneladas-milhas marítimas de *Fearnleys Review* (2005, p. 49), e frete da carga aérea da Boeing.

6. Tinsley (1984).

7. Um sistema integrado de transporte consiste numa série de componentes (por exemplo, rodoviário, marítimo e ferroviário) concebida para uma transferência de carga eficiente de um sistema para outro. O "intermodalismo" refere-se a elementos específicos desse sistema relacionados com a transferência de carga de um modo para outro.

8. Rochdale (1970).

9. Neresian (1981, p. 75) debate a importância da flexibilidade nos tipos de navios. Ver também o debate no Capítulo 7 deste livro.

10. Para ligar esse diagrama às estatísticas econômicas mundiais publicadas pelas Nações Unidas (ONU) e pela OCDE, os grupos econômicos baseiam-se na Classificação Nacional de Atividades Econômicas (CNAE) [*Standard Industrial Classification, SIC*] e os grupos do comércio baseiam-se na Classificação Tipo para o Comércio Internacional (CTCI) [*Standard International Trade Classification, SITC*].

11. Porter (1990, p. 72).

12. "Subjacente [...] ao fenômeno de *clustering* encontra-se a troca e o fluxo de informação acerca das necessidades, técnicas, de tecnologia entre os compradores, fornecedores e indústrias relacionadas" (Porter, 1990, p. 153).

13. Para uma abordagem mais extensa da função de PSD, ver Stopford (1979a), sobretudo o Anexo C, "'Um modelo da demanda de navios de carga sólida" (p. 366 e ss.), que analisa a função de PSD para 55 grupos de produtos primários.

14. Rochdale (1970).

15. Graham e Hughes (1985, p. 17) abordam os problemas enfrentados pelos proprietários de linhas regulares convencionais na década de 1960.

Notas **831**

16. "Steel trades: the choice of ship type", *Lloyd's Shipping Economist*, jul. 1984, p. 16. O texto providencia uma ilustração bem documentada de como isso funciona no tráfego de produtos siderúrgicos, descrevendo a expedição de produtos siderúrgicos em contêineres, em navios graneleiros, em *ferries* e em navios ro-ro.

17. UNCTAD, *Review of Maritime Transport*, 2006, Tabela 41. Note-se a que a estimativa do valor do frete por eles providenciada é mais baixa do que a estimada na Tabela 2.1.

18. Em 1960, o custo do frete do Golfo Pérsico (GP) para o Ocidente era de US$ 0,57 por barril e o preço de petróleo era de US$ 1,90 por barril, portanto, o frete era 23% do preço c.i.f.

19. Esses números foram fornecidos pela Conferência de Fretes do Extremo Oriente [*Far East Freight Conference*]. Não têm descontos, portanto, um grande embarcador esperaria pagar muito menos.

20. Ver Buxton (2004).

21. Neresian (1981, cap. 14) apresenta um relato particularmente intenso sobre o debate se uma companhia petrolífera deveria ou não comprar os seus próprios navios.

22. "Mitsui OSK", *Lloyd's Shipping Economist*, mar. 1981, p. 37.

23. Packard (1989, p. 5).

3   CICLOS DO MERCADO MARÍTIMO

1. Esse comentário foi feito na primavera de 1995, em conversa com um proprietário de uma companhia de navegação da América do Norte.

2. J. C. Gould, Angier & Co., relatório de mercado, 31 dez. 1894.

3. J. C. Gould, Angier & Co., *Angier Brothers' Steam Shipping Report*, 31 dez. 1900.

4. Esse valor foi retirado dos relatórios de mercado da J. C. Gould. Relatou-se uma taxa de frete de 50 xelins por tonelada a uma taxa de câmbio de US$ 4,75 por £ 1.

5. Esses comentários aplicam-se principalmente às operações do mercado de afretamentos, em que as decisões são poucas, mas as consequências dos erros são grandes. Nas companhias de linhas regulares, é efetuada diariamente uma grande quantidade de decisões, mas para a grande maioria das decisões as consequências do erro são menos onerosas.

6. Petty (1662).

7. Nerlove et al. (1995, p. 1).

8. Cournot (1927, p. 25).

9. Braudel (1979, p. 80).

10. Schumpeter (1939).

11. Braudel (1979, cap. 1).

12. De acordo com Schumpeter (1954), o primeiro uso da palavra "ciclo" nesse contexto foi feita por Petty (1662).

13. Braudel (1979, p. 80).

14. Schumpeter (1954, p. 744).

15. Gould, Angier & Co. (1920).

16. Kirkaldy (1914).

17. Fayle (1933, p. 279).

18. Cufley (1972, p. 408).

19. Cufley (1972, p. 408).

20. Hampton (1991, p. 1).

21. Hampton (1991, p. 2).

22. Essa citação foi adaptada de Downes e Goodman (1991, p. 380), em que risco é definido como "a possibilidade mensurável de perder ou de não ganhar valor. O risco diferencia-se da incerteza, a qual não é mensurável". Em edições seguintes, retira-se da definição a exigência de que o risco é mensurável, mas no transporte marítimo é apropriado manter essa diferença, porque o bem do ativo em risco pode ser medido, mesmo se a probabilidade de perda não possa ser sempre quantificada com precisão.

23. Chida e Davis (1990, p. 177).

24. Zannetos (1973, p. 41).

25. Rochdale (1970, parágrafo 565).

26. Isserlis (1938).

27. Davis (1962, p. 295).

28. Schumpeter (1960).

29. Schumpeter (1960, Tabela 1, p. 15).

30. A taxa de frete de uma carga de carvão de Gales do Sul para Singapura confirma a tendência. Em 1869 o frete era de 27 xelins por tonelada, mas em 1908 tinha caído para o valor mais baixo, de 10 xelins.

31. Gould, Angier & Co. (1920), relatórios anuais para os anos mencionados.

32. Rogers (1898, p. 109).

33. Os primeiros motores a vapor trabalharam com uma pressão abaixo de 5 libras/polegada e consumiam 10 libras de carvão por cavalo-vapor por hora. Podiam transportar pouco além do carvão para combustível. Em 1914, as pressões tinham aumentado para 180 libras/polegada e o consumo de carvão tinha caído para 11/2 libras por cavalo-vapor por hora, conferindo ao navio a vapor uma vantagem econômica decisiva, apesar dos seus elevados custos de capital.

34. Smith e Holden (1946).

35. Esses valores da frota minimizam o verdadeiro crescimento dos suprimentos de transporte marítimo. De acordo com os valores contemporâneos estimados, a produtividade de um navio a vapor era quatro vezes mais elevada do que a de um veleiro, portanto, em termos reais a capacidade de transporte marítimo disponível aumentou 460%. Sem dúvida que muito desta foi absorvida pelo aumento das toneladas-milhas assim que se abriram

Notas **833**

tráfegos mais distantes, embora, infelizmente, nesta época não tenham sido coletadas estatísticas das toneladas-milhas.

36. Os relatórios dos corretores para o período de 45 anos pintam consistentemente um quadro sombrio. Existe somente um punhado de anos que não apresenta uma queixa acerca do estado do mercado. Com o passar do tempo, as queixas sobre excesso de construção intensificaram-se. É típico um comentário efetuado por Gould, Angier & Co. (1920a) sobre 1884: "Este estado de coisas resultou de um grande excesso de produção de tonelagem durante os três anos anteriores, alimentado por um crédito desenfreado dado pelos bancos e por construtores e pela especulação excessiva de proprietários irresponsáveis e inexperientes".

37. Gould, Angier & Co. (1920).

38. MacGregor (1961, p. 149).

39. Gould, Angier & Co. (1920).

40. Gould, Angier & Co. (1920).

41. Gould, Angier & Co. (1920).

42. Gould, Angier & Co. (1920).

43. Gould, Angier & Co. (1920).

44. Gould, Angier & Co. (1920).

45. Gould, Angier & Co. (1920).

46. Gould, Angier & Co. (1920).

47. Gould, Angier & Co. (1920).

48. Jones (1957).

49. "Fluctuations in shipping values", *Fairplay*, 1931.

50. Dado que o índice de frete caiu para 80 durante a recessão da década de 1930 e assumindo que isso representava o custo operacional do navio marginal, a margem operacional para o capital na década de 1920 deve ter sido de cerca de 30 pontos.

51. Jones (1957).

52. "Angiers Report" relativo a 1936, publicado na *Fairplay* (ver Jones, 1957, p. 56).

53. Jones (1957, p. 57).

54. Esta conclusão baseou-se numa análise não publicada da força dos ciclos entre 1741 e 2005 efetuada pelo autor.

55. Platou (1970, p. 158).

56. Platou (1970).

57. Platou (1970, p. 162).

58. Platou (1970, p. 200).

59. Platou (1970).

60. Platou (1970).

61. Tugendhat (1967, pp. 186-187).

62. Platou (1970).

63. Tugendhat (1967, p. 186).

64. Hill e Vielvoye (1974, pp. 119-120): preços em libras esterlinas de £ 11 milhões, £ 25 milhões e £ 30 milhões, convertidos para dólares americanos à taxa de câmbio de US$ 2,45 para £ 1.

65. *Fearnleys Review*, 1977, p. 9.

66. *Fearnleys Review*, 1980.

67. *Fearnleys Review*, 1974, p. 8.

68. *Fearnleys Review*, 1981, p. 9.

69. *Fearnleys Review*, 1982, p. 9.

70. *Fearnleys Review*, 1986.

71. O iene fortaleceu-se de ¥ 232 por dólar americano em 1983 para ¥ 156 por dólar americano em 1986, aumentando o preço de um navio em ¥ 2 bilhões, de US$ 8,5 milhões para US$ 12,9 milhões.

72. O navio Pacific Prosperity, de 64.000 tpb, construído em 1982, foi vendido em agosto de 1986 por US$ 6,2 milhões.

73. Em 1987 o Pacific Prosperity valia US$ 12 milhões, em 1988 US$ 17,2 milhões, e em 1989 US$ 23 milhões.

74. *Fearnleys Review*, 1981, p. 12.

75. *Fearnleys Review*, 1986.

76. Clarkson Research Studies, *Shipping Review and Outlook*, outono de 1999, p. 1.

77. Alderton (1973, p. 92).

78. "Nós temos um ditado grego: 'obtemos a luz de cima' [...] quando compramos, compramos porque o navio é barato, esta é a principal consideração: quando consideramos um bom negócio" (afirmação efetuada por um proprietário de navios grego).

79. O *Dicionário Webster* oferece duas definições, uma das quais implica regularidade e a outra, não. A primeira focaliza intervalos de tempo regulares e define um ciclo como "um intervalo de tempo durante o qual se completa uma sequência de acontecimentos regulares recorrentes ou de fenômenos". Por exemplo, falamos de um "ciclo de vistorias especiais" de um navio, significando uma sequência de inspeções no navio e de docagens de acordo com um calendário regular. Contudo, a palavra tem outro significado que nada diz acerca do tempo ou da regularidade. Define um ciclo como "uma sequência de acontecimentos recorrentes que ocorrem em uma ordem tal que o último acontecimento de uma sequência precede a recorrência do primeiro acontecimento na nova série". Por exemplo, quando debatemos o ciclo de construção de um navio (assentamento da quilha, lançamento, provas de mar, entrega etc.), não efetuamos um comentário acerca do tempo que essas etapas levarão para serem executadas. Depende do construtor naval. Saber que a quilha foi colocada não ajuda a prever a data de lançamento.

80. Cufley (1972, pp. 408-409).

81. Kepner e Tregoe (1982, p. vii).

Notas **835**

4   OFERTA, DEMANDA E TAXAS DE FRETE

1. Hampton (1991).

2. Isserlis (1938).

3. Samuelson (1964, p. 263).

4. Pigou (1927).

5. Samuelson (1964, p. 251).

6. Isserlis (1938, p. 76).

7. Maizels (1962).

8. Comissão Europeia (1985, p. 18).

9. Kindleberger (1967, p. 24).

10. Marpol, parágrafo 13G.

11. Platou (1970, p. 180).

12. Platou (1970, p. 183).

13. No presente contexto, a "produtividade" da frota pode ser definida como o total de toneladas-milhas de expedições de carga efetuadas no ano, divididas pelo porte bruto da frota ativamente empregue no transporte da carga.

14. Informação dada numa comunicação pessoal de uma companhia de navegação privada de dimensão média.

15. Clarkson Research Studies Ltd., "VLCC Investment: a scenario for the 1990's", Londres, 1993.

16. O *Dicionário Webster* define um varejista como alguém que vende pequenas quantidades diretamente ao consumidor final a um preço habitualmente cobrado pelo varejista.

17. Nesta seção, a discussão está restrita a uma discussão gráfica do modelo da oferta-demanda. Na obra de Evans e Marlow (1990, cap. 6), encontra-se um tratamento matemático.

18. Evans e Marlow (1990, cap. 7).

19. Uma exceção notável a isso são os tráfegos de petróleo.

20. Nesta fase do mercado, a formação de um cartel é uma solução possível para forçar o crescimento das taxas de frete. Contudo, os esforços efetuados pelos proprietários para controlar o mercado por meio da formação de "consórcios de estabilização" [*stabilization pools*] de navios que se mantêm permanentemente fora do mercado nunca foram bem-sucedidos.

21. Pelas razões debatidas na seção anterior, as taxas de frete e a oferta deveriam ser expressas em toneladas-milhas.

22. Hampton (1991).

23. J. Tinbergen, "Ein Schiffbauzyklus?", *Arquivo Weltwirtschaftliches*, jul. 1931, citado em Schumpeter (1954).

24. Smith (1998).

25. Marshall (1994, p. 28).

5 OS QUATRO MERCADOS DO TRANSPORTE MARÍTIMO

1. Jevons (1871, cap. IV).

2. Pelo menos esse é o caso se não houver empréstimo bancário. Se o comprador pedir emprestado 60% do preço de compra do navio para ser reembolsado por cinco anos, isso aumenta a liquidez em curto prazo da indústria marítima. Por exemplo, se um proprietário compra um navio-tanque de US$ 10 milhões e financia a transação com um empréstimo de USUS$ 6 milhões mais US$ 4 milhões do seu capital próprio, o efeito é aumentar o saldo de caixa em curto prazo da indústria em US$ 6 milhões. Se olharmos para o balanço da indústria como um todo, o efeito dessa transação de compra e venda é aumentar os ativos correntes em US$ 6 milhões, precisamente compensados por um aumento de US$ 6 milhões no passivo líquido.

3. O mercado de compra e venda tem um papel econômico importante como mecanismo utilizado pelo mercado para filtrar os proprietários de navios malsucedidos. Durante as recessões, os proprietários financeiramente fracos são obrigados a vender aos financeiramente fortes a preços de pechincha.

4. Ihre e Gordon (1980) providenciam um debate mais detalhado sobre as práticas das cartas-partidas.

5. A informação do mercado de fretes da Baltic Exchange é controlada pelo Comitê de Índices de Fretes e de Futuros [Freight Indices and Futures Committee, FIFC], que é composto de cinco diretores da Baltic Exchange e que, por sua vez, reporta-se ao Conselho de Administração da Baltic [Baltic Board].

6. A FFA Brokers Association relatou no comunicado de imprensa do Baltic Exchange, jan. 2007.

7. "Fluctuations in shipping values", Fairplay, 15 jul. 1920, p. 221.

8. Ver o Capítulo 17 para uma breve revisão das técnicas de regressão e de correlação para analisar os dados marítimos.

9. Lloyd's List, 4 jul. 1986.

10. O World Shipyard Monitor relata a carteira de encomendas mensal de trezentos estaleiros navais.

6 CUSTOS, RECEITAS E FLUXO DE CAIXA

1. Isso é evidente nos Estados Unidos, onde durante muitos anos o mercado interno estave fechado do mercado marítimo mundial pelo Jones Act. Confrontados com elevados custos de substituição e com a pouca alteração nas dimensões, os navios são operados até trinta ou quarenta anos de idade.

2. Os primeiros passos na automação de navios foram dados no início da década de 1960, e em 1964 o navio Andorra, do Leste Asiático, foi o primeiro a entrar em serviço com um quarto de condução desatendida na casa das máquinas. Para facilitar isso, o navio possuía um sistema elaborado de alarmes de mau funcionamento, com um indicador ligado a pontos estratégicos dos alojamentos. Nessa época, a principal ênfase era na melhoria das condições da tripulação e na sua libertação das tarefas de rotina não produtivas de atendimento da casa das máquinas para efetuar trabalho de manutenção em qualquer outra parte do navio.

Notas 837

3. Infelizmente, não foi possível atualizar essa tabela para a presente edição, mas, embora seja possível que os custos do dólar americano tenham mudado, é provável que os custos relativos tenham se mantido.

4. Esses valores são calculados convertendo o custo anual em dólares americanos por porte bruto apresentado na Tabela 6.1 em dólares americanos por dia, na base de uma operação de 355 dias por ano.

7 FINANCIAMENTO DE NAVIOS E DE COMPANHIAS DE NAVEGAÇÃO

1. De acordo com o World Shipyard Monitor, em 2003 a indústria marítima investiu US$ 59 bilhões em navios novos e US$ 16,7 bilhões em navios de segunda mão.

2. Comitê de Inquérito sobre a Empregabilidade no Transporte Marítimo Britânico [*Select Committee on Employment of British Shipping*], 1844, D111Q55.

3. G. Atkinson, *The Shipping Laws of the British Empire* (1854), p. 122, citado em Palmer (1972, p. 49).

4. Palmer (1972).

5. Northway (1972, p. 71).

6. Hyde (1967, p. 99).

7. Sturmey (1962, p. 398).

8. Rochdale (1970, parágrafo 1270).

9. Rochdale (1970, parágrafo 1270).

10. Haraldsen (1965, p. 35).

11. Ver Petersen (1955, p. 197). Dos proprietários que efetuassem o pedido de licença para construir no estrangeiro, era exigido que obtivessem os empréstimos em moeda estrangeira.

12. Sturmey (1962, p. 223).

13. Arnesen (1973).

14. Os exemplos dessa prática foram dados verbalmente pelo responsável máximo de um grande banco envolvido no transporte marítimo, ativo no financiamento de navios.

15. CRSL, *KG Finance & Shipping*, 2006, p. 3.

16. Esses investidores encontram-se espalhados ao longo dos centros financeiros da Europa, da América do Norte e do Extremo Oriente. O seu comportamento de investimento é restrito e, até certo ponto, determinado simultaneamente pelo enquadramento regulatório no qual operam (que é diferente em Tóquio, Londres e Nova York) e pelas políticas implícitas no seu próprio negócio. Por exemplo, a liquidez é menos importante para instituições como as companhias de seguros de vida, que investem enormes quantidades de capital a "longo prazo". Por outro lado, a liquidez será de grande importância para o tesoureiro corporativo que investe o dinheiro de reserva, o qual pode precisar retirar a qualquer momento. Outras complicações são a moeda na qual os ativos são mantidos e os compromissos que devem ser pagos.

17. Como se trata de um mercado eficiente, em qualquer momento existe um preço-padrão para dada combinação de liquidez, de risco e da renda.

18. Se vivêssemos num mundo sem regulamentação e impostos, os dois mercados seriam os mesmos – a taxa de juros num empréstimo em eurodólares teria de ser a mesma que a de um empréstimo doméstico equivalente em dólares americanos etc. Esse não é o caso, porque os governos utilizam as taxas de juros domésticas para regular os empréstimos bancários domésticos, resultando em fundos de moedas mantidos no estrangeiro em que as taxas são determinadas pela oferta e pela demanda.

19. Geralmente isso exige evidência de que a companhia tem um registro comercial lucrativo numa indústria que é considerada como tendo um futuro rentável.

20. *McKinsey Quarterly*, jan. 2007, Mapping the Global Capital Markets Farrell, Lund, Maasry Exhibit 7.

21. Standard and Poor's, abr. 1998, "Launching into the Bond Market", p. 28.

22. "Se tivesse de voltar para trás e pedir fundos de financiamentos todas as vezes, ele estaria no controle", [Stelios] diz, "A única condição que ele impunha, que eu aceitei, foi, 'se você for financeiramente bem-sucedido, eu quero que o seu irmão ou irmã se beneficiem. Isso é uma riqueza de família, não somente sua'. O meu pai cobria as suas apostas. Ele teve dois filhos. Queria ver quem se sairia melhor" (Morais, 2001).

23. O autor agradece a Peter Stokes, da Lazards, pela sua ajuda nesta secção.

24. Esses termos são citados no *General Maritime Preliminary Offering Memorandum* para US$ 250 milhões em obrigações datadas de 3 de março de 2003.

25. Stokes (1992).

26. O fundo foi comercializado na Europa e no Sudeste Asiático, mas, de acordo com os organizadores, os juros do Sudeste Asiático eram praticamente zero, e não era muito melhor na Noruega. Eventualmente foi levantado um total de US$ 21,25 milhões, sobretudo de instituições do Reino Unido, mas com a ajuda de duas subscrições substanciais da Alemanha e da Arábia Saudita.

27. Um "investidor acreditado" é um investidor rico que cumpre com certos requisitos do SEC relativos a patrimônio líquido e renda. Ele inclui investidores institucionais e indivíduos de patrimônio líquido elevado.

28. Dresner e Kim (2006).

29. Comunicado de imprensa da Frontline Ltd., 5 Fev. 2007. A colocação foi feita em fevereiro de 2007.

30. A responsabilidade do sócio comanditado é ilimitada, mas no caso dos sócios de capital próprio a responsabilidade é limitada à soma comprometida.

31. Em novembro de 1989, o Comitê de Aarbakke [*Aarbakke Committee*] recomendou que a taxa de depreciação nas sociedades em comandita simples norueguesas [*K/S*] fosse reduzida para 10% e a provisão do fundo de classificação não deveria ser permitida. Em junho de 1991, foi anunciado que o corte seria de 20%.

32. Com base na entrevista a Gerry Wang, presidente da Seaspan, efetuada por Peter Lorange, presidente do IMD, no European Business Forum, 2007.

33. Freshfields (2006) CMA CGM aplaude um negócio de estrutura CABS e diversifica a sua estrutura de financiamento de navios.

Notas   **839**

34. Sou grato a Peter Stokes por essa observação.

35. Sou grato a Jean Richards pelas suas ideias práticas e conselhos sobre este tópico.

8   RISCO, RETORNO E ECONOMIA DAS COMPANHIAS DE NAVEGAÇÃO

1. Evans (1986, p. 111).

2. Kirkaldy (1914, p. 176).

3. O Comitê Administrativo do Transporte Marítimo de Linhas Não Regulares [*Tramp Shipping Administrative Committee*] foi estabelecido em 1935, com a responsabilidade de segurar uma cooperação próxima entre todas as seções da indústria marítima britânica de linhas não regulares. Em 1936, publicou um relatório sobre o desempenho financeiro de mais de duzentas companhias britânicas de transporte marítimo de linhas não regulares para o período de 1930-1935, relatado em Jones (1957, Tabela VI, p. 36).

4. Rochdale (1970, p. 332, parágrafo 1251). Esse foi um dos estudos mais abrangentes sobre a indústria marítima efetuados nos últimos cinquenta anos. Relatou, por setor, que o retorno para os navios de linhas regulares foi de 4,1%, para os navios graneleiros foi de 3,3%, para os mineraleiros foi de 18,7% e para os navios-tanques, de 4,2%. O retorno excepcionalmente alto para os navios mineraleiros foi explicado pelo fato de a maioria dos navios estar sob afretamentos de longo prazo destinados a produzir um retorno razoável sob o capital. Contudo, os navios-tanques também estavam sobretudo sob afretamentos de longo prazo às companhias petrolíferas internacionais, portanto, os fretamentos por tempo não eram uma garantia de retornos elevados. Pensou-se que uma das razões para o desempenho ruim dos proprietários de navios britânicos fosse a sua relutância em pedir emprestado: em 1969, as companhias investigadas tinham uma dívida de somente £ 160 milhões, comparados com os £ 1.000 milhões em ativos.

5. Numa apresentação efetuada na Marine Money Conference, em 18 de outubro de 2001, Jeffries & Co. relatou um retorno médio de 6,3% sob o capital usado em seis companhias públicas de navios-tanques e um retorno sob o capital próprio de 6,7%.

6. Stokes (1997).

7. Henderson e Quandt (1971, p. 52).

8. Ver Tabela 3.9 para um debate sobre a dimensão das empresas na indústria marítima.

9. As condições formais para uma concorrência perfeita são um mercado concorrencial, produtos idênticos, entrada e saída livres e informação perfeita – e as companhias de navegação atendem-nas muito bem. As companhias são pequenas – provavelmente cada navio é uma companhia independente – e a liquidez dos ativos faz com que seja fácil a entrada e a saída do mercado marítimo. Em poucas semanas, qualquer pessoa com capital pode se estabelecer como um proprietário de navio. O produto é consideravelmente homogêneo e o fluxo de informação é bom. Assim, temos algo que se aproxima de um mercado perfeito, pelo menos no transporte marítimo a granel.

10. Schumpeter (1954, p. 545).

11. De forma um pouco confusa, os economistas também referem-se ao lucro normal como um lucro econômico zero. Com isso, eles querem dizer que, em média, os investidores ganharão o lucro normal para o negócio e mais nada.

12. Rochdale (1970, p. 338, parágrafo 1.270) comentou que a alavancagem financeira do transporte marítimo britânico na década de 1960 era de somente 16%.

13. McConville (1999, p. 298).

14. Porter (1990).

15. Keynes (1991, p. 158).

16. Drucker (1977, p. 433).

17. Isso se baseia na média dos ganhos mais três desvios-padrão.

18. Smith (1998, p. 104).

19. Smith (1998, p. 104).

20. Marshall (1994, p. 332).

21. Peter (1979, p. 85).

9   A GEOGRAFIA DO COMÉRCIO MARÍTIMO

1. Comissão Independente das Questões de Desenvolvimento Internacional [*Independent Commission on International Development Issues*] (1980, p. 32).

2. Baseado no Oriental Bay, 4038 TEU, consumindo 117 toneladas por dia a 23 nós, e uma taxa de afretamento diária de US$ 25.000.

3. Essa análise foi sugerida por Berrill (2007).

4. Couper (1983, p. 26).

5. As dimensões das eclusas são: comprimento de 233,48 m; largura de 24,38 m; profundidade acima da soleira de 9,14 m.

6. A Via Navegável Intracosteira do Golfo [*Gulf Intracoastal Waterway*] é composta de grandes canais abrigados que correm ao longo da costa e é intersectada por muitos rios que dão acesso aos portos localizados a uma pequena distância no interior. Chega-se a Nova Orleans pelo Tidewater Ship Canal, uma via navegável mais direta e segura do que o delta do Rio Mississipi. Os canais da costa do Pacífico não estão ligados à rede nacional.

7. Esse agrupamento regional baseia-se na classificação de países e de territórios da UNCTAD publicada no Anexo 1 do Anuário da UNCTAD.

10   OS PRINCÍPIOS DO COMÉRCIO MARÍTIMO

1. David Hume, *Discursos políticos* [*Political Discourses*] (1752), reimpresso em Meek (1973, p. 61).

2. Meek (1973, p. 61).

3. Algumas entradas na tabela referem-se a grupos de países (por exemplo, Oriente Médio), porque os dados referentes aos países não se encontravam disponíveis. Visto que o comércio da Bélgica e da Holanda inclui quantidades substanciais de carga que passam através da Alemanha e da França, o seu comércio é apresentado em conjunto.

Notas **841**

4. Smith (1998, Livro IV, cap. VIII, pp. 374-375).

5. Smith (1998, Livro IV, cap. II, p. 292).

6. Os fatores de produção necessários à produção de um produto são os custos que o fabricante deve pagar, organizados em grupos convenientes. Numa forma muito geral, a mão de obra e o capital são os principais fatores.

7. Porter (1990, p. 162).

8. Winters (1991, p. 31). Outros três pressupostos são: concorrência perfeita nos fatores de mercado; ausência de impedimentos ao comércio, como tarifas ou custos de transporte; e existência de dois fatores e dois países.

9. Esta função é debatida em Henderson e Quandt (1971, cap. 2).

10. Rostow (1960).

11. Maizels (1971, p. 30).

12. Thornton (1959, p. 239).

11 O TRANSPORTE DE CARGAS A GRANEL

1. McEvedy (1967, p. 70).

2. Craig (1980).

3. McCord (1979, p. 113).

4. P. J. Raleigh, da Falconbridge Nickel Mining, citado em Kirschenbaum e Argall (1975, p. 127).

5. H. E. Tanzig, "Imaginative bulk parcel ocean transportation", em Kirschenbaum e Argall (1975, p. 290).

6. Um exemplo típico consiste numa concha que passa rapidamente pelo material na passadeira e deposita o seu conteúdo numa caixa de amostra para análise.

7. McCord (1979, p. 130).

8. Dunn (1956, p. 18).

9. Dunn (1956, p. 19).

10. Blake (1960, p. 83). Infelizmente, essa boa ideia não funcionou. As autoridades belgas recusaram-se a dar a permissão para estocar os tanques e as autoridades norte-americanas recusaram-se a emitir uma licença para o transporte de passageiros. Quando o Vaderland chegou a Filadélfia, o equipamento de bombeação não estava pronto e, portanto, eles carregaram carga geral. Depois, os proprietários receberam um contrato de correio do governo belga e o navio nunca transportou petróleo.

11. O Loutsch continuava ainda a navegar em mãos russas no início da década de cinquenta.

12. Kirkaldy (1914, p. 126).

13. Estritamente falando, a primeira "companhia petrolífera" a envolver-se com navios-tanques foi a companhia pertencente aos irmãos suecos Nobel, notáveis pelos explosivos. Eles

exportavam petróleo oriundo dos campos petrolíferos russos, o que envolvia uma viagem difícil do Mar Cáspio, pelo Rio Volga e através do Mar Negro para a Europa. Começando no Volga com barcaças e com navios a vela, em 1878, eles construíram o Zoroaster, um navio-tanque a vapor que queimava óleo combustível e transportava 250 toneladas de querosene em 21 tanques cilíndricos verticais. Em 1882 eles tinham doze navios-tanques a vapor operando no Cáspio.

14. Hunting (1968) e Dunn (1956).

15. Howarth (1992, p. 23).

16. Howarth (1992, p. 28).

17. Tugendhat (1968, p. 187).

18. Na época, a propriedade de navios-tanques não era particularmente arriscada, porque a maioria das receitas da indústria que detinha os navios-tanques estava coberta por contratos de longo prazo. Zannetos (1973) confirma essa perspectiva dizendo: "Eu sei de algumas indústrias que são menos arriscadas do que a indústria do transporte de petróleo em navios-tanques".

19. Por exemplo, o tráfego de carvão térmico para as usinas de energia elétrica aumentou de quase nada em 1971 para 236 mt na data da elaboração.

20. Odell (1981, p. 13).

21. A gravidade específica de um líquido representa a sua densidade quando comparado com água, que tem uma gravidade específica de 1. Os líquidos que são menos densos têm uma gravidade específica inferior a 1, enquanto os líquidos "pesados" têm uma gravidade específica maior que 1.

22. Odell (1981, p. 120).

23. Os navios-tanques inferiores a 60.000 tpb são frequentemente referidos como MR [*medium range*], que significa distância média.

24. Os navios-tanques acima de 60.000 tpb utilizados nos tráfegos de derivados do petróleo são referidos como LR [*long range*], que significa distância longa.

25. Estall e Buchanan (1966, p. 156).

26. Bernham e Hoskins (1943, p. 104).

27. Dunn (1973, p. 195).

28. Instituto Internacional do Ferro e do Aço [International Iron and Steel Institute], Anuário Estatístico do Aço [*Steel Statistical Yearbook*] (1985), Tabela 9.

29. "Maritime Transport Research" (1976, vol. 3, Anexo E).

30. Steven (1969, p. 108).

31. Stopford (1979b).

32. OECD (1968, Anexo 5, Tabela 1).

33. Morgan (1979, p. 137).

34. Entre 1950 e 2004, a população mundial aumentou em menos de três vezes, de 2,55 bilhões para 7,1 bilhões. As taxas de consumo *per capita* foram fornecidas pela FAO.

Notas   **843**

35. Por exemplo, em 1993, para produzir 31,2 milhões de toneladas de carne de carcaça, os animais das fazendas dos Estados Unidos eram alimentados com 192,7 milhões de toneladas de concentrados de ração, sobretudo milho.

36. As curvas de renda-consumo que mostram a renda num eixo e o consumo no outro são frequentemente referidas como curvas de Engel. Geralmente a entrada de calorias aumenta de um nível de subsistência de 2 mil calorias para alcançar um nível por volta de 3.500 calorias diárias.

37. Os produtos de qualidade inferior são os produtos básicos mais baratos, com uma elasticidade-renda inferior a 0 – o consumo decresce assim que a renda aumenta. As necessidades são produtos básicos com uma elasticidade-renda entre 0 e 1 – o consumo aumenta com a renda, mas a uma taxa de crescimento mais baixa. Os produtos de luxo são produtos com uma elasticidade-renda superior a 1 – o consumo cresce mais rapidamente do que a renda.

38. "Maritime Transport Research" (1972, p. 36).

39. "Steel trades: the choice of ship type", *Lloyd's Shipping Economist*, jul. 1984, p. 16.

40. Thomas (1968).

12   O TRANSPORTE DE CARGAS ESPECIALIZADAS

1. Esses valores foram dados pela Star Shipping como exemplos aproximados. A prática da indústria varia.

2. Drewry Shipping Consultants (1996, Tabela 1.1).

3. La Dage (1955, p. 49).

4. Jacob Stolt-Nielsen, "History – Timeline Stolt Parcel Tankers", dez. 2005.

5. Esse custo baseia-se num custo de US$ 0,52-US$ 1,8 por milhão de BTU dado pela LNG Solutions, Londres, convertido em 52 milhões de BTU por tonelada de GNL.

6. Nuttall, B. C. (2003), *Oil and gas history of Kentucky: 1860 to 1900*. Disponível em: <http://www.uky.edu/KGS/emsweb/history/1860to1900.htm>. Acesso em: 24 abr. 2008.

7. Em 2005, de acordo com o "Relatório Anual da BP sobre a Indústria Petrolífera Mundial" [*BP Annual Review of the World Oil Industry*], a demanda total de petróleo foi de 3,86 bilhões de toneladas e o tráfego de petróleo inter-regional foi de 2,461 bilhões de toneladas.

8. Informação dada pela LNG Solutions, Londres.

9. Thomas, O. O., "The carriage of refrigerated meat cargoes", em Kummerman e Jacquinet (1979, pp. 123-129).

10. "Recomendação do Conselho sobre a Uniformização da Embalagem para o Transporte Internacional de Frutas e de Vegetais Frescos ou Frigoríficos" [*Recommendation of the Council on the Standardization of Packaging for the International Transport of Fresh or Refrigerated Fruit and Vegetables*], OCDE, Paris, 30 jul. 2006.

11. Ver: <http://www.thermoking.com>.

12. La Dage (1955, p. 44).

844 *Economia marítima*

13. Kummerman, H. (1979, Ed.), "The Evolution of the Deep Sea ro/ro Vessels B.W. Tornquist", p. 144 Publicações MacGregor, Londres.

14. Scanaustral, "Why Scanaustral chose roro", em "Maritime Transport Research" (1976, vol. 6, Anexo G, p. 133).

15. Star Shipping, "A Long Term Industrial Concept", uma apresentação da companhia, 2007.

16. *Site* da Star Shipping, jun. 2006.

17. Fonte: *site* da Squamish Terminals Ltd.

18. Gardiner (1992, p. 93).

13   O TRANSPORTE DE CARGA GERAL

1. Em 2005 movimentou-se 1 bilhão de toneladas de carga conteinerizada. Assumindo um custo médio por contêiner de US$ 1.200 e 10 toneladas por contêiner, isso dá um valor de US$ 120 bilhões, comparado com o frete a granel de cerca de US$ 80 bilhões, conferindo aos contêineres 60% das receitas totais.

2. Jennings (1980, p. 16).

3. Kirkaldy (1914, p. 179).

4. Gripaios (1959, pp. 38-39).

5. McKinsey (1967).

6. "A commemoration of 40 years of containerisation", *Containerisation International*, abr. 1996, p. 65.

7. Um navio-tanque T2 foi um navio-tanque padrão de 9.900 tab e 16.000 tpb, produzido em massa nos Estados Unidos durante a Segunda Guerra Mundial.

8. *The Economist*, 31 maio 2001.

9. Informação do antigo *site* da Sea-Land.

10. Por exemplo, o responsável máximo do departamento de manuseio de carga da Ocean publicou um trabalho científico em 1963 argumentando que a distância de 3.000 milhas era o limite eficaz de uma conteinerização comercialmente viável (Falkus, 1990, p. 360).

11. "A commemoration of 40 years of containerisation", *Containerisation International*, abr. 1996, p. 9.

12. A venda ocorreu em 1968. Em meados da década de 1998, quando McLean foi questionado sobre o momento em que lhe ocorreu pela primeira vez a ideia da conteinerização, disse que não houve um momento em especial. Foram todas as entradas que a sua frota de caminhões teve de negociar na costa leste dos Estados Unidos que o fizeram pensar sobre ela.

13. Meek (1985).

14. Esses valores são para o terceiro trimestre de 2004. 15.500 garrafas de uísque escocês expedidas da Europa para o Extremo Oriente a US$ 735/TEU resultam em 4,7 centavos por garrafa. 4.403 gravadores de vídeo expedidos num contentor de 40 pés do Extremo Oriente para a Europa a US$ 1.826 resultam em 83 centavos por unidade.

Notas **845**

15. Essa definição é uma versão atualizada daquela dada em Fayle (1933, p. 253).

16. As estatísticas da carga dos contêineres apresentadas na coluna 5 da Tabela 13.3 foram estimadas pela Clarkson Research e podem não ser muito precisas.

17. Bird (1988, p. 111).

18. Hummels (2001).

19. Bird (1988, p. 111).

20. David Lim, presidente da NOL, citado na *Containerisation International*, ago. 2006, p. 32.

21. Drucker (1986, p. 336).

22. Drucker (1992, p. 277).

23. Departamento dos Transportes e Administração Marítima dos Estado Unidos [*US Department of Transportation Maritime Administration*] (2004, p. 9).

24. Collinson (1984).

25. Brooks (1995).

26. Bird (1988, p. 111).

27. *Containerisation International*, ago. 2006, p. 32.

28. "Lifting the lid on the chocolate box", *Containerisation International*, maio 1983, p. 67.

29. *Containerisation International* (1985), p. 51.

30. Os dez foram Singapura, Filipinas, Malásia, Indonésia, Tailândia, Coreia do Sul, Taiwan, Japão, Hong Kong e China.

31. Drewry Shipping Consultants (1979, p. 51).

32. Drewry Shipping Consultants (1979, Tabela 4.1).

33. "Launch of Africa service", comunicado de imprensa da Hapag-Lloyd, 30 ago. 2006. Disponível em: <http://www.hapag-lloyd.com/daily/i_news_060830_africaservice.pdf>. Acesso em: 28 abr. 2008.

34. OCDE (2001, p. 23) debate o papel das alianças.

35. "Grand Alliance member lines expand service network in 2006", comunicado de imprensa da Hapag-Lloyd, 25 jan. 2006.

36. Com base nos lucros da A.P. Møller-Maersk para 2001-2005, que foram 3,7%-7,1% dos ativos e 4,4%-9,7% dos resultados operacionais.

37. Clarkson Research (1996).

38. "Operating costs study 2006: a study on the operating costs of German containerships", compilado por HSH Nordbank, Ernst & Young e Econum.

39. A velocidade do navio foi normalizada para 15 nós utilizando a regra do cubo para eliminar as diferenças na velocidade dos navios porta-contêineres na amostra.

40. *Hapag-Lloyd Corporate Review*, 2005, p. 1. Os números são baseados na primeira metade do ano.

41. Esses valores da capacidade dos contêineres foram fornecidos pela Conferência de Fretes do Extremo Oriente [*Far East Freight Conference*], em 2006.

42. Bird (1988, p. 121).

43. Estritamente falando, deveríamos também incluir neste item os vários custos administrativos inerentes ao gerenciamento de um negócio de linhas regulares, embora, se o fizéssemos, não alteraríamos os princípios que estamos debatendo.

44. Fisher e Waschik (2002, p. 70).

45. CI (nov. 2002) (Petersen, gerente logístico da divisão internacional de alimentos da Arla, Dinamarca).

46. Marriner e Hyde (1967, p. 141).

47. Jennings (1980, p. 23).

48. Deakin e Seward (1973, p. 24).

49. Sturmey (1962, p. 324).

50. Briggs e Jordan (1954, p. 295).

51. Deakin e Seward (1973, p. 1).

52. OCDE (2001).

53. Um agente de carga entrevistado nesse levantamento comentou: "Não existem muitos embarcadores de fora que diriam que são 100% leais às conferências marítimas que assinaram. O problema é que se trata de uma coisa muito difícil para as conferências policiarem" (Bird, 1988, p. 119).

54. OCDE (2001).

55. Deakin e Seward (1973, p. 54).

14 OS NAVIOS QUE REALIZAM O TRANSPORTE

1. Gardiner (1994, p. 7).

2. Benford (1983, p. 2).

3. Buxton et al. (1978, p. 25). Este livro fornece uma discussão técnica detalhada sobre muitas das características de concepção discutidas no Capítulo 7.

4. "UNCTAD reviews the banana trade and favours boxes", *Containerisation International*, ago. 1982, p. 41.

5. Graham e Hughes (1985, p. 20).

6. "West Africa – a difficult market for ro-ros", *Lloyd's List*, 13 maio 1986, p. 8. Contém um debate sobre a utilização de contêineres no tráfego da África Ocidental.

7. A variedade da dimensão na frota de navios Panamax, estendendo-se até 100.000 tpb, inclui navios de 80.000 tpb demasiado largos para transitar pelo Canal do Panamá. Contudo, as passagens do Panamá são muito menos comuns do que anteriormente e os maiores navios Panamax concorrem com os navios de 80.000-100.000 tpb em muitos tráfegos e estão incluídos na frota por essa razão.

Notas **847**

8. Dimensões baseadas no TI Europe, 441.561 tpb, construído em 2002.

9. Por exemplo, em 1979, o Betelgeuse, um navio-tanque de 121.432 tpb construído em 1968, partiu-se enquanto descarregava na Irlanda. Uma das causas do incidente identificada no inquérito efetuado pelo governo irlandês foi o conjunto de sequências incorretas de descargas e de lastro, resultando num desequilíbrio da flutuação do casco, que entrou em torção.

10. Dunn (1956).

11. Por exemplo, o gás liquefeito de petróleo se liquefaz a cerca de 18 bares, em que 1,01325 bar é equivalente à pressão atmosférica.

12. Com base no *Hellas Nautilus*; detalhes retirados de *Clarkson Gas Carrier Register*, 2007.

13. Seria necessário aproximadamente uma potência de 5.000 kilowatts para manter a temperatura da carga de um navio de 100.000 m³.

14. Ver, por exemplo, Buxton (1987) e Benford (1983).

15. Buxton (1987).

15 A ECONOMIA DAS INDÚSTRIAS DE CONSTRUÇÃO NAVAL E DEMOLIÇÃO DE NAVIOS

1. Um debate mais detalhado pode ser visto em Stopford e Barton (1986).

2. Comitê Departamental sobre Transporte Marítimo e Construção Naval do Conselho de Comércio [Board of Trade, Departmental Committee on Shipping and Shipbuilding], Relatório (1918), pp. 35-36.

3. Sturmey (1962), sobretudo no Capítulo 2, fornece uma descrição vibrante sobre a ligação entre o transporte marítimo britânico e o comércio.

4. Essa explicação sobre o declínio da construção naval britânica foi apresentada por Svensson (1986).

5. Hobsbawm (1968, pp. 178-179).

6. Em março de 1988, o preço de um navio graneleiro de 30.000 tpb era de US$ 14,5 milhões e a taxa de câmbio do US$/£ era de 1,88, portanto, o preço em libras esterlinas era de £ 8 milhões, que na época representava o custo dos materiais.

7. Petersen (1955, p. 47).

8. Jones (1957, p. 72).

9. Trezise e Suzuki (1976).

10. World Shipyard Monitor, fev. 1996, p. 12.

11. Essas dimensões foram confirmadas pela descoberta, em 1962, do cadaste do leme de um dos navios de tesouros de Zheng He, no local de um dos estaleiros navais de Ming localizados próximos de Nanking. Tinha 36,2 pés de comprimento, sugerindo que a dimensão do navio variava entre 480 pés e 536 pés, dependendo do seu calado (Needham, 1954, p. 481).

12. *Glasgow Herald Trade Review*, 31 dez. 1924.

13. *Glasgow Herald Trade Review*, 31 dez. 1924.

14. "Shipbuilding notes", comunicado de imprensa da Federação dos Empregadores da Construção Naval [Shipbuilding Employers' Federation], dez. 1930 (não publicado).

15. "Shipbuilding notes", comunicado de imprensa da Federação dos Empregadores da Construção Naval [Shipbuilding Employers' Federation], dez. 1936 (não publicado).

16. Estatísticas de emprego da Associação Nacional dos Construtores e Reparadores Navais [Shipbuilders' and Repairers' National Association] (não publicado).

17. Stopford (1988, p. 22).

18. Volk (1994).

19. Para um debate dos princípios da análise da oferta-demanda, ver Evans e Marlow (1990, cap. 5).

20. Geff Walthow, um corretor do mercado de demolição de navios que lidou com Taiwan desde o início da década de 1950 até 1994, descreve como as condições de vida típicas dos trabalhadores no estaleiro de Kaohsiung melhoraram à medida que a favela em que eles moravam deu lugar a apartamentos construídos para esse fim.

16 A REGULAMENTAÇÃO DA INDÚSTRIA MARÍTIMA

1. Fayle (1933, p. 285).

2. "International Law of the Sea", John Hopkins, Senior Tutor, Downing College, Cambridge, mar. 1994, Cambridge Academy of Transport.

3. Uma convenção é um modelo que descreve o conteúdo de determinada lei marítima, enquanto uma lei é um diploma promulgado por um Estado soberano.

4. A lista inicial em vigor data de 5 de outubro de 1702 (Blake, 1960, p. 3).

5. Blake (1960, p. 5).

6. Associação Internacional das Sociedades Classificadoras [International Association of Classification Societies] (2007, p.4).

7. Blake (1960, p. 22).

8. Nações Unidas (1983).

9. Stephenson Harwood (1991, p. 212).

10. Stephenson Harwood (1991, cap. 9).

11. Resolução da IMO MSC.160(78): Adoção do Esquema do Único Número de Identificação da IMO para as Companhias e os Proprietários Registrados [*Adoption of IMO Unique Company and Registered Owner Identification Number Scheme*].

12. Algumas bandeiras nacionais restringem o registro aos nacionais do país. Por exemplo, um proprietário de navios grego não podia registar sob pavilhão russo, mesmo que ele o desejasse. Note-se que o termo "bandeira de conveniência" [*flag of convenience*] é frequentemente usado para referir-se a registros que, sob a terminologia usada neste capítulo, seriam definidos como "registros abertos" [*open registers*].

Notas

13. Cooper (1986).

14. Gold (1981, p. 258).

15. Geralmente as questões legais relativas a propriedade do navio, hipotecas e ônus são governadas pelo registro subjacente, enquanto o navio propriamente dito cai dentro da jurisdição do registro da carta-partida em casco nu.

16. A Convenção Internacional relativa ao Arresto de Navios de Mar determina que "um interessado pode arrestar o navio específico ao qual surge um crédito marítimo ou outro navio que pertence à pessoa que, à data em que o crédito marítimo surgiu, era o proprietário do navio específico" (Stephenson Harwood, 1991, p. 10).

17. Rawls (1971, p. 5).

18. Gold (1981, p. 119).

19. Protocolo e Atas, International Marine Conference, 1889, 3 volumes (Washington, DC: US Government Printing Office, 1890), vol. 1, pp. ix-xiii.

20. Mitropoulos (1994).

21. "Shipping enters the ISM Code era with second phase of implementation", conferência de imprensa da IMO, 2002.

22. Mitropoulos (1985, p. 11).

23. Essa convenção proposta foi debatida na International Labour Conference, em 2007.

24. Kidman (2003, p. 6).

25. China Mail, 22 nov. 1879.

26. Sturmey (1962, p. 327).

27. Comissão Marítima Federal [Federal Maritime Commission] (2001, p. 2).

28. *The EU's New Competition Regime for Maritime Transport: Options and Opportunities for the Shipping Industry*, 2.ª ed., dez. 2005, p. 37, parágrafo. 154.

29. *The EU's New Competition Regime for Maritime Transport.*

30. Orientações sobre a aplicação do artigo 81º do Tratado CE aos serviços de transportes marítimos 2007/C 215/03 EU MEMO/07/355, Bruxelas, 13 set. 2007, "Antitruste: Projeto de Orientações para o transporte marítimo – perguntas mais frequentes".

31. Em 14 de setembro de 2007, a Comissão Europeia publicou o projeto de orientações relativas à aplicação do artigo 81º do Tratado CE aos serviços de transportes marítimos.

17 PREVISÕES E PESQUISAS NO MERCADO MARÍTIMO

1. Beck (1983).

2. Drucker (1977).

3. As decisões feitas durante os períodos extremos muitas vezes são irracionais. No final da década de 1990, muitas decisões de investimento efetuadas na "bolha da internet" basearam-se em opiniões sem fundamento que nunca foram desafiadas pelos decisores, por exemplo, que o negócio da internet poderia ser desenvolvido numa escala temporal mais curta do que os negócios normais, um pressuposto que acabou por se tornar incorreto.

4. Paget (1967, p. 76).

5. "A História da Mesopotâmia e do Iraque", *Enciclopédia Britânica* (1975), vol. 11, p. 976.

6. Temple (1984, p. 154).

7. Waltham (1972, p. 134), citado em Temple (1984, p. 28).

8. Waltham (1972, p. 79), citado em Temple (1984, p. 135).

9. Waltham (1972, p. 90), citado em Temple (1984, p. 136).

10. Plutarch, "Life of Alexander", cap. 73-74, em *Lives*, tradução de Aubrey Stewart e de George Lang, Bohn's Library, Londres, 1889, vol. II, pp. 61-62.

11. Alguma coisa que distraia a atenção da questão real (desde a prática do desenho de uma manobra de diversão até a definição de um trilho para confundir os cães de caça).

12. Sklansky (1987).

13. Evans (1986, p. 158).

14. Essas questões foram debatidas na Neurobehavioural Economics Conference, Pittsburgh, 30 maio 1997, relatadas na *Business Week*, 16 jun. 1997, p. 45.

15. Bechara e Damasio (2005).

16. Temple (1984) providencia um debate sobre a utilização dessas técnicas na tomada de decisão.

17. Stopford e Barton (1986).

18. Embora as previsões refiram-se ao futuro, as decisões às quais se relacionam estão baseadas firmemente no presente. Um navio pode ser entregue em dois anos e navegar durante vinte anos, mas a decisão relativa à sua encomenda é feita hoje.

19. Para um debate detalhado sobre essas técnicas, ver Tull e Hawkins (1980), sobretudo o Capítulo 10.

20. Para um debate sobre as técnicas de elaboração de cenários, ver Beck (1983) e Linnerman (1983, p. 94).

21. Ver Seddighi et al. (2000, pp. 145-152) sobre o debate da utilização da forma reduzida para lidar com a autocorrelação.

22. Ver Box et al. (1994).

23. Esse é um relacionamento linear. Os outros relacionamentos possíveis são: linear inverso, exponencial e logarítmico inverso.

24. Esse exemplo foi calculado utilizando o programa de regressão existente no Microsoft Excel, mas a maioria das folhas de cálculo tem funções semelhantes.

25. Um texto útil para continuar com essa matéria é de Seddighi et al. (2000). Ver especialmente o Capítulo 1, que faz uma introdução ao assunto, e o Capítulo 5, que dá alguns exemplos práticos de como efetuar a estimativa do modelo da oferta-demanda para um produto básico.

26. Beenstock (1985).

27. Moyer (1984, p. 17) apresenta um debate mais detalhado sobre esses problemas.

28. Roxburgh (2003, p. 29).

29. Por exemplo, num levantamento efetuado em 1981, 90% dos suecos descreveram a si próprios como condutores acima da média.

30. Warren Buffet, "Letter from the Chairman", *Berkshire Hathaway Annual Report*, 1984.

31. Beck (1983).

32. Ver também Moyer (1984, p. 17).

33. Savage (1983).

34. Baranto (1977).

35. Prowse (1984).

REFERÊNCIAS E LEITURAS SUGERIDAS

Nota: a leitura sugerida está assinalada por asterisco.

*Alderton, P.M. (2004) *Sea Transport Operation and Economics*, Fifth edition, (London: Witherby).

Arnesen, F.W. (1973) Bankers' view of ship finance. Paper presented to Seatrade Money and Ships Conference, 26 March.

Baranto, M. (1977) How well does the OECD forecast real GNP? *Business Economist*, 9. Barbour, V. (1950) *Capitalism in Amsterdam in the Seventeenth Century* (Baltimore, MD: Johns Hopkins Press).

Barty-King, H. (1994) *The Baltic Story – Baltic Coffee-House to Baltic Exchange, 1744–1994* (London: Quiller Press).

Beughen, S. (2004) Shipping Law (Cavendish Publishing Ltd).

Bechara, A. and Damasio, A.R. (2005) The somatic marker hypothesis: A neural theory of economic decision. *Games and Economic Behavior*, 52, 336–372.

Beck, P.W. (1983) Forecasts: opiates for decision makers. Lecture to the Third International Symposium on Forecasting, Philadelphia, 5 June.

Beenstock, M. (1985) A theory of ship prices. *Maritime Policy and Management*, 12(3), 215–25.

Benford, H. (1983) A Naval Architect's Introduction to Engineering Economics (Ann Arbor: University of Michigan, College of Engineering), No. 282.

Bernham, T.H. and Hoskins, G.O. (1943) *Iron and Steel in Britain 1870–1930* (London: Allen & Unwin).

Berrill, P.(2007) Suez Canal transits 'more viable option'. *TradeWinds*, 20 April. Beveridge, W.H. *et al.* (1965) *Prices and Wages in England, from the Twelfth to the Nineteenth Century*, Vol. 1, 2nd impression (London: Frank Cass).

Bird, J. (1988) Freight forwarders speak: the perception of route competition via seaports in the European Communities Research project – Part II. *Maritime Policy and Management*, 15(2), 107–125.

Blake, G. (1960) *Lloyd's Register of Shipping 1760–1960* (London: Lloyd's Register of Shipping).

Box, G., Jenkins, G.M. and Reinsel, G. (1994) *Time Series Analysis: Forecasting and Control*, 3rd edition (Englewood Cliffs, NJ: Prentice Hall).

*Branch, A.E. (2006) *Elements of Shipping* (London: Routledge)

*Braudel, F. (1982) *Civilisation and Capitalism 15th–18th Century, Vol. 2: The Wheels of Commerce* (London: Collins).

*Braudel, F. (1982) *Civilisation and Capitalism 15th–18th Century, Vol. 3: The Perspective of the World* (London: Collins).

Briggs, M. and Jordan, P. (1954) *The Economic History of England* (London: University Tutorial Press).

Britannic Steamship Insurance Association (2005) *A Concise History of Modern Commercial Shipping* (London).

Brooks, M.R. (1995) Understanding the ocean container market – a seven country study.

Maritime Policy and Management, 22(1), 39–49.

*Brooks M. (2000) *Sea Change in Liner Shipping: Regulation and Managerial Decision- making in a Global Industry* (Oxford: Pergamon)

Bryant, G. (1999) The Dark Ages: Were they darker than we imagined? *Universe*, September. Buxton, I.L. (1987) *Engineering Economics and Ship Design*, 3rd edn (Wallsend: British Maritime Technology).

Buxton, I.L. (2001) Ships and efficiency – 150 years of technical and economic develop- ments. *Transactions of the Royal Institute of Naval Architects B*, 143, 317–338.

Buxton, I. (2004) Will ships always grow larger? *Naval Architect*, April.

Buxton, I.L., Daggitt, R.P. and King, J. (1978) *Cargo Access Equipment for Merchant Ships* (London: E&FN Spon).

Chancellor, E. (1999) *Devil Take the Hindmost: A History of Financial Speculation* (New York: Farrar, Straus Giroux).

Chida, T. and Davies, P.N. (1990) *The Japanese Shipping and Shipbuilding Industries* (London: Athlone Press).

Churchill, R.R and Lowe, A.V. (1983) *The Law of the Sea* (Manchester: Manchester University Press).

Clarkson, H. & Co. Ltd (1952) *The Clarkson Chronicle 1852–1952* (London: Harley Publishing).

Collinson, F.M. (1984) Market segments for marine liner service. *Transportation Journal*, 24, 40–54.

*Collins, N. (2000) *The Essential Guide to Chartering and the Dry Freight Market*, London: Clarkson Research Services Ltd.

Cooper, G.B.F. (1986) *Open Registry and Flags of Convenience* (Cambridge: Seatrade Academy).

Corlett, E. (1981) *The Ship, 10: The Revolution in Merchant Shipping 1950–80* (London: HMSO). Couper, A. (1983) *The Times Atlas of the Oceans* (London: Times Books).

Referências e leituras sugeridas 855

Cournot, A. (1927) *Researches into the Mathematical Principle of the Theory of Wealth* (New York: Macmillan).

Craig, R. (1980) *The Ship, 5: Steam Tramps and Cargo Liners 1850–1950* (London: HMSO). Cufley, C.F.H. (1972) *Ocean Freights and Chartering* (London: Staples Press).

*Cullinane, Kevin (2005) *Shipping Economics (Research in Transportation Economics)* (Greenwich, CT: JAI Press).

Davis, R. (1962) English foreign trade, 1700–1774. *Economic History Review*, New Series, 15(2), 285–303.

Deakin, B. M. and Seward, T. (1973) *Shipping Conferences: A Study of Their Development and Economic Practices* (Cambridge: Cambridge University Press).

Deane, P. (1969) *The First Industrial Revolution* (Cambridge: Cambridge University Press).

*De Wit R. (1995) *Multimodal Transport,* (London: LLP).

Dougan, D. (1975) *The Shipwrights: The History of the Shipconstructors' and Shipwrights' Association, 1882–1963* (Newcastle upon Tyne: Graham).

*Downes, J. and Goodman, J.E. (2007) *Dictionary of Finance and Investment Terms*, 3rd edition (New York: Barron's).

Dresner, S. and Kim, K.E. (2006) *PIPEs: A Guide to Private Investments in Public Equity* (Princeton, NJ: Bloomberg Press).

Drucker, P. (1977) *Management: Tasks, Responsibilities, Practices* (New York: Harpers College Press).

Drucker, P. (1986) *The Executive in Action* (New York: HarperCollins). Drucker, P. (1992) *Managing for the Future* (Harmondsworth: Penguin).

Drucker, P. (1998) *Peter Drucker on the Profession of Management* (Boston: Harvard Business School Press).

Drury, C. and Stokes, P. (1983) *Ship Finance: The Credit Crisis* (London: Lloyd's of London Press).

Dugan, J. (1953) *The Great Iron Ship* (New York: Harper & Brothers). Dunn, L. (1956) *The World's Tankers* (London: Adlard Coles).

Dunn, L. (1973) *Merchant Ships of the World in Colour 1910–1929* (London: Blandford Press).

Estall, R.C. and Buchanan, R.O. (1966) *Industrial Activity and Economic Geography* (London: Hutchinson).

European Commission (1985) Progress towards a Common Transport Policy: Maritime Transport, Commission to Council, Com(85)90 Final (Brussels, March).

Evans, J.J. and Marlow, P.B. (1990) *Quantitative Methods in Maritime Economics*, 2nd edn (London: Fairplay Publications).

Evans, P. (1986) *Ari: The Life and Times of Aristotle Onassis* (London: Charter Books). Falkus, M. (1990) *The Blue Funnel Legend* (Basingstoke: Macmillan).

Fayle, E.C. (1933) *A Short History of the World's Shipping Industry* (London: George Allen & Unwin).

Federal Maritime Commission (2001) *Impact of the Ocean Shipping Reform Act of 1998*. http://www.fmc.gov/images/pages/OSRA_Study.pdf (accessed 1 May 2008).

Fisher, T.C.G. and Waschik, R.G. (2002) *Managerial Economics: A Game Theoretic Approach* (London: Routledge).

Fujiwara, S. (1957) *One Hundred Poems from One Hundred Poets* (Tokyo: Hokuseido Press).

*Gardiner, R. (ed.) (1992) *The Shipping Revolution: The Modern Merchant Ship* (London: Conway Maritime Press).

Gardiner, R. (ed.) (1994) *The Golden Age of Shipping* (London: Conway Maritime Press). Gold, E. (1981) *Maritime Transport: The Evolution of International Maritime Policy and*

Shipping Law (Lexington, MA: D.C. Heath).

Goss, R.O. and Jones, C.D. (1971) *The Economics of Size in Bulk Carriers*, Government Economic Services, Occasional Paper No. 2 (London: HMSO).

J.C. Gould, Angier & Co., Ltd (1920) Fifty years of freights reproduced in *Fairplay*, 8 January–10 June 1920.

Gould, R.A. (2000) *Archaeology and the Social History of Ships* (Cambridge: Cambridge University Press).

Graham, M.G. and Hughes, D.O. (1985) *Containerisation in the Eighties* (London: Lloyd's of London Press).

*Grammenos, C.Th. (ed.) (2002) *The Handbook of Maritime Economics and Business* (London: LLP).

*Greve M., Hansen M.W., Schaumberg-Muller H. (2007) *Container Shipping and Economic Development: A Case Study of A.P.Moller-Maersk* (Copenhagen: Copenhagen Business School Press).

Gripaios, H. (1959) *Tramp Shipping* (London: Thomas Nelson).

Hampton, M.J. (1991) *Long and Short Shipping Cycles*, 3rd edition (Cambridge: Cambridge Academy of Transport).

Haraldsen, R.B. (1965) *Olsen & Ugelstad 1915–1965* (Oslo: Grondahl & Sons). Harlaftis, G. (1993) *Greek Shipowners and Greece* (London: Athlone Press).

Harley, C.K. (1988) Ocean freight rates and productivity, 1740–1913: The primacy of mechanical invention reaffirmed. *Journal of Economic History*, 48(4), 851–76.

Haws, D. and Hurst, A.A. (1985) *The Maritime History of the World*, 2 vols (Brighton: Teredo). Henderson, J.M. and Quandt, R.E. (1971) *Microeconomic Theory: A Mathematical*

Approach, 2nd edition (New York: McGraw-Hill).

*Hill C. (2004) *Maritime Law*, Sixth edition (London: LLP).

Hill, P. and Vielvoye, R. (1974) *Energy in Crisis* (London: Robert Yateman). Hind, J.A. (1959) *Ships and Shipbuilding* (London: Temple Press).

Hobsbawm, E. J. (1968) *Economic History of Britain, Vol. 3: Industry and Empire* (London: Penguin).

Hosking, R.O. (1973) *A Source Book of Tankers and Supertankers* (London: Ward Lock). Howarth, S. (1992) *Sea Shell: The Story of Shell's British Tanker Fleets, 1892–1992* (London: Thomas Reed Publications).

Humble, R. (1979) *The Explorers* (Amsterdam: Time-Life Books).

Hummels, D. (2001) Time as a trade barrier, Unpublished paper, Purdue University. http://www.mgmt. purdue.edu/faculty/hummelsd/research/time3b.pdf (accessed 25 April 2008).

Hunting, P. (1968) *The Group and I* (London: John Wallis).

Hyde, F.E. (1967) *Shipping Enterprise and Management* (Liverpool: Liverpool University Press).

Ihre, R. and Gordon, L. (1980) *Shipbroking and Chartering Practice* (London: Lloyd's of London Press).

Independent Commission on International Development Issues (1980). *North–South: A Programme for Survival* (Oxford: Oxford University Press).

Referências e leituras sugeridas **857**

International Association of Classification Societies (2007) *Classification Societies – What, Why and How?* Updated edition (London: IACS).

Irving, W. (1828) *Life of Columbus* (London).

Isserlis, L. (1938) Tramp shipping, cargoes and freights. *Journal of the Royal Statistical Society*, 101, 53–146.

Jennings, E. (1980) *Cargoes: A Centenary Story of the Far East Freight Conference* (Singapore: Meridian).

Jevons, W.S. (1871) *The Theory of Political Economy* (London and New York: Macmillan). Jones, L. (1957) *Shipbuilding in Britain: Mainly between the Wars* (Cardiff: University of Wales Press)

Kahre G. (1977) *The Last Tall Ships* (London: Conway Press).

*Kavussanos, M. and Ilias, D.V., (2006) *Derivatives and Risk Management in Shipping* (Witherby, London)

Kepner, C.H. and Tregoe, B.B. (1982) *The New Rational Manager* (London: John Martin). Keynes, J.M. (1991) *The General Theory of Employment, Interest, and Money* (San Diego: Harcourt Brace).

*Kendall L.C. and Buckley J., (2001) *The Business of Shipping* (Centreville, MD: Cornell Maritime Press)

Kidman, P. (2003) *Port State Control: A Guide for Cargo Ships*, Second edition (London: Intercargo).

Kindleberger, C.P. (1967) *Foreign Trade and the National Economy* (New Haven, CT: Yale University Press).

Kirkaldy, A.W. (1914) *British Shipping* (London: Kegan Paul Trench Trubner & Co.). Reprinted by Augustus M. Kelly, New York, 1970.

Kirschenbaun, N.W. and Argall, G.O. (eds) (1975) *Minerals Transportation*, Vol. 2 (San Francisco: Miller Freeman).

Kummerman, H. and Jacquinet, R. (1979) *Ship's Cargo, Cargo Ships* (London: E & FN Spon).

La Dage, J.H. (1955) *Merchant Ships: A Pictorial Study* (Cambridge, MD: Cornell Maritime Press).

*Leggate H, McConville J, Morvillo A, (2005) *International Maritime Transport Perspectives* (London: Routledge).

*Levinson M., (2008) *The Box: How the Shipping Container Made the World Smaller and the World Economy Bigger* (Princeton, NJ: Princeton University Press).

Lindsay W.S. (1874) *History of Merchant Shipping and Ancient Commerce*, 4 vols (London: Simpson Low, Marston, Low and Searle).

Linnerman, R.E. (1983) The use of multiple scenarios by US industrial companies: a compar- ison study 1971–1981. *Long Range Planning*, 6.

*Lorange P., (2005) Global Management Under Turbulent Conditions (Oxford: Elsevier). Maizels, A. (1962) *Growth and Trade* (Cambridge: Cambridge University Press).

Maizels, A. (1971) *Industrial Growth and World Trade* (Cambridge: Cambridge University Press).

*Mandaraka-Sheppard A., (2007) *Modern Maritime Law* (London: Routledge-Cavendish). Maber, J.M. (1980) *The Ship – Channel Packets and Ocean Liners, 1850–1970* (London: HMSO).

MacGregor, D.R. (1961) *The China Bird: The History of Captain Killick and the Firm He Founded* (London: Chatto and Windus).

Major, R.H. (ed.) (1847) Select Letters of Christopher Columbus (London: Hakluyt Society). Maritime Transport Research (1972) *The Sea Trades in Grain* (London: MTR).

Maritime Transport Research (1976) *Dry Cargo Ship Demand to 1985*, Vol. 3: *Raw Materials* (London: Graham & Trotman).

Maritime Transport Research (1977) *Dry Cargo Ship Demand to 1985*, Vol. 6: *Ship Demand* (London: Graham & Trotman).

Marriner, S. and Hyde, F.E. (1967) *The Senior John Samuel Swire, 1825–98. Management in Far Eastern Shipping Trades* (Liverpool: Liverpool University Press).

Marshall, A. (1994) *Principles of Economics*, Eighth edition (London: Macmillan Press).

Reprint of Eighth edition originally published in 1920.

*McConville J. (1999) *Economics of Maritime Transport* (London: Witherby).

*McConville J, and Rickaby G. (1995) *Shipping Business and Maritime Economics*

Annotated International Bibliography (London: Mansell).

McCord, N. (1979) *North East England: The Region's Development 1760 to 1960* (London: Batsford).

McEvedy, C. (1961) *The Penguin Atlas of Medieval History* (Harmondsworth: Penguin). McEvedy, C. (1967) *The Penguin Atlas of Ancient History* (Harmondsworth: Penguin). McEvedy, C. (1972) *The Penguin Atlas of Modern History* (Harmondsworth: Penguin). McKinsey and Co. (1967) *Containerisation: The Key to Low Cost Transport* (London: British Transport Docks Board).

Meek, M. (1985) Operational experience of large container ships. Paper presented to Institute of Engineers and Shipbuilders in Scotland.

Meek, R.L. (1973) *Precursors of Adam Smith 1750–1775* (London: Dent).

Minchinton, W.E. (ed.) (1969) *The Growth of English Overseas Trade in the Seventeenth and Eighteenth Centuries* (Oxford: Oxford University Press).

Mitropoulos, E.E. (1985) Shipping and the work of IMO related to maritime safety and pollution prevention. Paper presented to the Maritime Economists' Conference on the State and the Shipping Industry, London, 1–2 April.

Mitropoulos, E.E. (1994) World trends in regulation of safety at sea and protection of the environment. Paper presented to Sea Japan Conference, 9 March.

*Molland A.F. (2008) *The Maritime Engineering Reference Book: A Guide to Ship Design, Construction and Operation* (Oxford: Butterworth-Heinemann).

Morais, R.C. (2001) Proving Papa wrong. *Forbes*, 19 June.

Morgan, D. (1979) *Merchants of Grain* (London: Weidenfeld & Nicolson).

Moyer, R. (1984) The futility of forecasting. *Long Range Planning*, 17,(1), 65–77.

Nawwab, I.I., Speers, P.C. and Hoyle, P. F. (1980) *ARAMCO and its World* (Dhahran, Saudi Arabia: ARAMCO).

Needham, J. (1954) *Science and Civilisation in China*, Vol. 4 (Cambridge: Cambridge University Press).

Neresian, R. (1981) *Ships and Shipping: A Comprehensive Guide* (New York: Penwell Press). Nerlove, M., Grether, D.M. and Carvalho, J.L. (1995) *Analysis of Economic Time Series:*

A Synthesis (San Diego: Academic Press).

Northway, A.M. (1972) The Tyne Steam Shipping Co: a late nineteenth-century shipping line. *Maritime History*, 2(1).

Referências e leituras sugeridas

Odell, P. R. (1981) *Oil and World Power* (London: Pelican)

OECD (1968) *Agricultural Commodity Projections 1975 and 1985: Production and Consumption of Major Foodstuffs* (Paris: OECD).

OECD (2001) *Liner Shipping Competition Policy Report* (Paris: OECD, Directorate for Science, Technology and Industry/Division of Transport).

*Packard, W. V. (2006) *Sale and Purchase*, Third edition (Colchester: Shipping Books).

*Packard, W.V. (2004) *Sea Trading, Volume 2: Cargoes*, Second edition (London: Shipping Books).

Packard, W.V. (1989) *Shipping Pools* (London: Lloyd's of London Press). Paget, R.F. (1967) *In the Footsteps of Orpheus* (London: Robert Hale).

Palmer, S.A. (1972) Investors in London shipping, 1820–50. *Maritime History*, 2(1). Pearson, R. and Fossey, J. (1983) *World Deep-Sea Container Shipping* (Aldershot: Gower). Peter, L.J. (1979) *Quotations for Our Time* (London: Macdonald & Co.).

Petersen, K. (1955) *The Saga of Norwegian Shipping* (Oslo: Dreyers Forlag). Petty, Sir W. (1662) *Treatise of Taxes and Contributions* (London: N. Brooke). Pigou, A.C. (1927) *Industrial Fluctuations* (London: Macmillan).

Platou, R.S. (1970) A survey of the tanker and dry cargo markets 1945–70. Supplement published by *Norwegian Shipping News*, No. 10c in 1970

Porter, M. (1990) *The Competitive Advantage of Nations* (New York: Free Press). Proulx E.A. (1993) *The Shipping News* (London: Fourth Estate).

Prowse, M. (1984) The future that Britain never had. *Financial Times*, 17 August. Radcliffe, M. A. (1985) *Liquid Gold* (London: Lloyd's of London Press).

Raleigh, Sir W. (1650) *Judicious and Select Essayes and Observations by that renowned and learned knight, Sir Walter Raleigh, upon the first invention of shipping, the misery of inva- sive warre, the Navy Royall and sea-service* (London: H. Moseley).

Rawls, J. (1971) *A Theory of Justice* (Cambridge, MA: Belknap Press).

Rochdale, Viscount (1970) *Committee of Inquiry into Shipping. Report*, Cmnd 4337 (London: HMSO).

Rogers, J.E. (1898) *The Industrial and Commercial History of England*, Volume I (London: T. Fisher Unwin).

Rostow, W.W. (1960) *Stages of Economic Growth* (Cambridge: Cambridge University Press). Roxburgh, C. (2003) Hidden flaws in strategy. *McKinsey Quarterly*, no. 2, 27–39.

Samuelson, P. A. (1964) *Economics: An Introductory Analysis* (London: McGraw-Hill). Savage, D. (1983) The assessment of the National Institute's forecasts of GDP, 1959–1982. *National Institute Economic Review*, no. 105.

Schumpeter E.B. (1960) *English Overseas Trade Statistics 1697–1808* (Oxford: Oxford University Press).

Schumpeter, J.A. (1939) *Business Cycles: A Theoretical, Historical and Statistical Analysis of the Capitalist Process* (New York: McGraw-Hill).

Schumpeter, J.A. (1954) *History of Economic Analysis* (London: Allen & Unwin).

Seddighi, H.R., Lawler, K.A. and Katos, A.V. (2000) *Econometrics: A Practical Approach* (London: Routledge).

Sklansky, D. (1987) *The Theory of Poker* (Henderson, NV: Two Plus Two Publishing).

Sklar, H. (ed.) (1980) *Trilateralism: The Trilateral Commission and Elite Planning For World Management* (Boston: South End Press).

Smith, A. (1998) *An Inquiry into the Nature and Causes of the Wealth of Nations* (Oxford: Oxford University Press).

Smith, J.W. and Holden, T.S. (1946) *Where Ships are Born* (Sunderland: Weir Shipbuilding Asociation).

Soudon, D. (2003) *The Bank and the Sea: Royal Bank of Scotland* (London: Shipping Business Centre, Royal Bank of Scotland).

Stephenson Harwood (1991) *Shipping Finance* (London: Euromoney Books). Steven, R. (1969) *Iron and Steel for Operatives* (London: Collins)

Stokes, P. (1992) *Ship Finance: Credit Expansion and the Boon–Bust Cycle* (London: Lloyd's of London Press).

Stokes, P. (1997) A high risk low return industry – Can the risk/reward balance be improved?

Paper presented at the LSE Shipping Finance Conference, 20 November.

Stopford, R.M. (1979a) Inter regional seaborne trade – a disaggregated commodity study.

PhD thesis, London University.

Stopford, R.M. (1979b) New designs and newbuildings. In *Commodities and Bulk Shipping in the'80s* (London: Lloyd's of London Press).

Stopford, M. (1988) Yard capacity – is it enough to meet future needs? *Fairplay*, 15 December. Stopford, M. (1997) *Maritime Economics*, 2nd edition (London: Routledge).

Stopford, R.M. and Barton, J.R. (1986) Economic problems of shipbuilding and the state.

Journal of Maritime Policy and Management (Swansea), 13(1), 27–44.

Sturmey, S.G. (1962) *British Shipping and World Competition* (London: Athlone Press).

Svensson, T. (1986) Management strategies in shipbuilding in historical and comparative perspective. Lecture to the fourth International Shipbuilding and Ocean Engineering Conference, Helsinki, 8 September.

Temple, R.K.G. (1984) *Conversations with Eternity* (London: Rider Press).

Thomas, R.E. (1968) *Stowage: The Properties and Stowage of Cargoes*, Sixth edition revised by O.O. Thomas (Glasgow: Brown, Son and Ferguson).

Thornton, R.H. (1959) *British Shipping* (Cambridge: Cambridge University Press). Tinsley, D. (1984) *Short-Sea Bulk Trades* (London: Fairplay Publications).

Trezise, P. H. and Suzuki, Y. (1976) Politics, government and economic growth in Japan. In

H. Patrick and H. Rosovsky (eds), *Asia's New Giant* (Washington, DC: The Brookings Institution).

Tugendhat, C. (1968) *Oil: The Biggest Business*, Second edition (London: Eyre & Spottiswoode).

Tull, D.S. and Hawkins, D.L. (1980) *Marketing Research* (London: Collier Macmillan).

*Tusiani, Michael D., (1996) *The Petroleum Shipping Industry: Operations and Practices (Petroleum Shipping Industry)* (Tulsa, OK: Penwell Books).

UNCTAD (1985) *Port Development: A Handbook for Planners in Developing Countries*, 2nd edition (Geneva: UNCTAD).

United Nations (1983) *The Law of the Sea: Official Text of the United Nations Convention on the Law of the Sea with Annexes and Index* (London: Croom Helm).

Referências e leituras sugeridas

US Department of Transportation Maritime Administration (2004) Mainstream Container Services 2003. http://www.marad.dot.gov/marad_statistics/Mainstream_Container.pdf (accessed 25 April 2008).

Van Cauwenbergh, G. (1983) *Antwerp, Portrait of a Port* (Antwerp: Lloyd Anversois S.A.).

*Van Dokkum, K. (2006) *Ship Knowledge – A Modern Encyclopedia. Covering ship design, construction and operation*, Third edition (Netherlands: Dokmar).

Volk, B. (1994) *The Shipbuilding Cycle – A Phenomenon Explained* (Bremen: Institute of Shipping Economics and Logistics).

Wall, R. (1977) *Ocean Liners* (London: Quarto).

Waltham, C. (1972) *Shu Ching. Book of History* (London: George Allen & Unwin).

*Wilson, J. (2004) *Carriage of Goods by Sea*, Fifth edition (Harlow: Longman)

*Willingale, M. (2005) *Ship Management*, Fourth edition (London: LLP).

Winters, L.A. (1991) *International Economics*, Fourth edition (London: Harper Collins).

*Wood P. (2000) *Tanker Chartering* (London: Witherby).

Zannetos, Z.S. (1973) Market and cost structure in shipping. In P. Lorange and V.D. Norman (eds), *Shipping Management* (Bergen: Institute for Shipping).

Zhou, M. and Amante, M. (2005) Chinese and Filipino seafarers: A race to the top or the bottom? *Modern Asian Studies*, 39, 535–57.

REVISTAS E PERIÓDICOS

Cargo Systems & International Freighting (weekly) – valuable source of information on the container industry, port development and intermodalism.

Containerisation International (monthly) – the leading international publication devoted to the container business and excellent source of practical information about container transport (also publishes a very useful Yearbook).

Fairplay (weekly) – lively, long established practical shipping journal.

International Bulk Journal (monthly) – in-depth articles on the bulk trades, bulk handling and logistics; particularly good on minor bulks, providing a feel for the practicalities of the business.

Lloyd's List (daily) – newspaper covering shipping and the transport industry. Essential read- ing for keeping up to date, it also includes many supplements, features, articles and con- ference reviews.

Lloyd's Shipping Economist (monthly) – a good source of statistics and feature articles for the practical shipping economist.

Maritime Policy and Management (quarterly) – wide-ranging academic quarterly

Motor Ship (monthly) – mainly technical, provides detailed design drawings of ships and also feature articles.

Petroleum Economist (monthly) – definitive journal dealing with the oil industry and oil trade by sea; includes statistics of oil production and prices.

Seatrade (monthly) – established shipping magazine.

UNCTAD Review of Maritime Transport (annual) United Nations E.86.1l.D3 – annual review of shipping industry.

GEOGRAFIA MARÍTIMA E PORTOS

Guide to Port Entry (Shipping Guides Ltd, Reigate, UK) – book and CD provide extensive details of ports, plans and port conditions.

Lloyds Maritime Atlas (LLP, 2007) – details of port, terminal and trade of ports, by country.

Times Atlas of the Oceans (Times Press, London).

ESTATÍSTICAS DO TRANSPORTE MARÍTIMO

British Petroleum Ltd, *Statistical Review of the World Energy Industry*, annual (London: BP). Calvert, J. and McConville, J. (1983) Shipping Industry Statistical Sources (Sir John Cass

Faculty of Transport, City of London Polytechnic).

Clarkson Registers – Clarkson Research Services Ltd (CRSL) publishes annual registers on Tankers, Bulk Carriers, Gas Tankers, Containerships, Reefers Offshore Vessels in hard copy and digital format (St Magnus House, 3 Lower Thames St, London).

Containerisation International Yearbook (National Magazine Company, London) – contains detailed statistics of world container industry.

Fearnleys Annual Review, annual (P.O. Box 1158, Sentrum 0107 Oslo, Norway) – provides a range of up-to-date shipping statistics with some series stretching back to the 1960s.

Fearnleys, *Monthly Report* – covers tankers, dry bulk, gas and containers (PO Box 1158 Sentrum, 0107 Oslo 1, Norway).

International Iron and Steel Institute, *World Steel Statistics and Steel Statistical Yearbook*, annual (IISI, Brussels).

Lloyd's Fairplay, *Statistical Tables* (London) – annual summary of world merchant fleet. Lloyd's Register, *Casualty Return* (London) – details of ships totally lost, broken up, etc. OECD, *Main Economic Indicators* (OECD, Paris).

Platou, R.S., *The Platou Report*, annual (R.S. Platou, Oslo) – source of market information.

Shipping Intelligence Weekly (CRSL St Magnus House, 3 Lower Thames St, London) – provides a wide ranging source of market, economic and fleet statistics.

United Nations, *Monthly Bulletin of Statistics* (New York: UN).

World Shipyard Monitor (CRSL St Magnus House, 3 Lower Thames St, London) – provides comprehensive monthly shipbuilding statistics and orderbook lists.

ÍNDICE REMISSIVO

A riqueza das nações 32, 49, 389, 440; *ver também* Smith, Adam

abandono do pavilhão nacional a favor do pavilhão de países terceiros 682, 737-738

abertura do mercado global e do comércio, 1450-1833 41-50; Amsterdã e o comércio holandês 46-47; ascensão de Antuérpia 45-46; ascensão do proprietário independente de navios 49-50; comércio marítimo no século XVIII 46-49; descobertas portuguesas 42; economia dos descobrimentos 42-43; Europa descobre a rota marítima para a Ásia 41-42; novas direções no comércio europeu 44-45; rede comercial portuguesa 43-44

abordagem da previsão no transporte marítimo 761-766; desafio em lidar com o desconhecido 763-764; histórico ruim das previsões de transporte marítimo 761-762; importância da informação 766; paradoxo das previsões 764; previsão racional para reduzir a incerteza 764-765

abordar as previsões 775-778

ABS *ver* American Bureau of Shipping

aceitabilidade política 729

Acordo de Conferência Transatlântica 584, 617

Acordo de Discussão Transpacífico 617

Acordo de Estabilização Transpacífico 617

acordo de participação 335

Acordo Geral de Tarifas e Comércio 65, 433

Acordo Transatlântico 617

acordos de consórcios 521

acordos de cooperação 614-618

adicionais à carga 610

adicionais ao frete marítimo 610

adicionais ao serviço 610

Administração Marítima do Departamento de Transportes dos Estados Unidos 577

afretamento de navios de linhas regulares 230

afretamento de navios em mercado aberto 772

afretamento de navios especializados 230

afretamento de navios por tempo 222-223

afretamento em casco nu 250, 281

afretamento em longo prazo 631

afretamento por tempo 772

afretamento por viagem 221, 281

Agamemnon 54, 59

ágio 290

agrícolas 89

ajustamento de uma equação de regressão 796-797

Al Malik Saud Al-Awa 361

alavancagem financeira 279

Alexandre, o Grande 37, 764

algodão 575

alianças estratégicas e globais 591-592

alianças globais 591-592, 616-617

alto-mar 728

American Bureau of Shipping 63, 722

Amerikaland 496, 664

amianto 431, 715

amoníaco 532

Amsterdã 34, 46-47, 74, 78, 421; e o comércio holandês 46-47

análise da taxa de frete exigida 293

análise de crédito bancário 773

análise de decomposição 792-794

análise de Monte Carlo 803

análise de probabilidade 801-803

análise de regressão 795-801; ajustamento de uma equação de regressão; análise de regressão múltipla 799-801; cálculo da equação de regressão 797-799

análise de regressão múltipla 799-801

análise de risco no financiamento de navios 353-356; opções de gerenciamento de risco 353-356

análise de sensibilidade 787-788

análise de séries temporais 791-794; exemplo de uma análise de séries temporais 792-794; extrapolação da tendência 791-792; média móvel autorregressiva 794; suavização exponencial 794

análise do fluxo de caixa anual 297-300

análise do fluxo de caixa descontado 300-302

análise do fluxo de caixa por viagem 293-300, 607-608

análise financeira 671-672

Anglo-American Oil Co. Ltd 482

Anglo-Saxon Petroleum Co. Ltd 483

Ano-Novo Chinês 180

Antuérpia 34, 45-46, 74, 116, 411, 421, 584, 586-587, 619

aplicação de regras 724; certificado de classe 724; revisão do plano técnico 724; vistorias durante a construção 724; vistorias periódicas 724

Aquitania 53, 146

aranhas 564, 619, 620

área marítima atlântica 400-403

área marítima do Oceano Índico 405-408

área marítima do Pacífico 403-405

área terrestre e comércio marítimo 436-438

argumentos a favor do comércio livre 432-433

aromáticos 480

arqueação bruta 816

arqueação líquida 816

arranjar emprego para um navio 219-221

ascensão da construção naval sul-coreana 686

ascensão de Antuérpia 45-46

ascensão do proprietário independente de navios 49-50

ascensão do transporte marítimo grego 37

Ásia Central 423-426

aspectos práticos da precificação no mercado de linhas regulares 609-610

aspectos práticos do transporte de cargas a granel 475-480; investimento no transporte marítimo a granel – critérios e abordagem 475-477; manuseio de cargas a granel sólidas homogêneas 478-480; manuseio de cargas líquidas a granel 478; participantes no sistema de transporte 475

Associação Americana de Comandantes de Navios 722

Associação Internacional das Sociedades Classificadoras 725

Atenas 34, 37

atividades regulatórias das sociedades classificadoras 723-725

ativos com preços abaixo dos valores patrimoniais das companhias 315-316

Atlantic Container Line 607

Aurelius Heracles 33

Austrália 426-427

autocorrelação 782, 799, 801

avaliação de navios mercantes 303-306; estimativa do valor de mercado de um navio 303-305; estimativa do valor de sucata de um navio 305-306; estimativa do valor residual de um navio 306

Babilônia 34-37, 763

baixas 132

balança de importações e exportações 434-435

Baltic Coffee House 61, 218

Baltic Exchange 61-63, 69, 75, 218, 233-236

Banco de Crédito à Exportação do Japão 336

Banco de Desenvolvimento do Japão 685

Banco Mundial 65

bandeiras de conveniência 65, 72-75, 105, 280, 313, 330, 683-685, 732, 750

Bangladesh 250, 407, 713-716

barcaças 635

bear traps 792

bens de primeira necessidade 447

bens inferiores 446

Bergesen, Sigval 158, 362, 534

Bessegen 548

Bethlehem Steel 495-496

Black Ball Line 560

Blue Funnel Line 60

boa conduta 750, 757

Bolsa de Valores de Nova York 120, 347

Índice remissivo

Bolsa de Valores de Oslo 339, 348

Bolsa Internacional do Mercado de Fretes Futuros da Báltico (BIFFEX) 235

bolsas de valores 47

Bombaim 55, 395, 408, 483; *ver também* Mumbai

bonificação das taxas de juro 336

borracha 575

Bósforo 553

Braudel, Fernand 34-35, 130

Bremen 116, 410-411

Bretton Woods 65-66, 72-75, 429, 711

Britannia 58

butadieno 532

butano 530-531

Cabo da Boa Esperança 40-47, 156, 183, 185, 200, 362, 394, 406, 408, 483-486, 490

cabos submarinos revolucionam as comunicações no transporte marítimo 55-56

Cadiz 36, 46, 50

café 579-580

caixas de petróleo 482

cálculo da arqueação 805-818; arqueação bruta 816; arqueações de Suez e do Panamá 818; arqueação líquida (1969) 816; deslocamento leve 818; deslocamento-padrão 818; porte bruto 816; tonelagem compensada de arqueação bruta 817-818; tonelagem de arqueação bruta 815-816; tonelagem de arqueação líquida 816

cálculo da depreciação do navio 278-279

cálculo da equação de regressão 797-799

cálculo do fluxo de caixa 292-303; análise do fluxo de caixa anual 297-300; análise do fluxo de caixa descontado 300-302; análise do fluxo de caixa por viagem 293-300; taxa interna de retorno 302-303

Calcutá 62, 114, 616

Canal da Mancha 553-554

Canal de São Lourenço 400, 412, 413, 496, 584

Canal de Suez 37, 75, 146, 153-158, 200, 382, 407-408; abertura do 53-54, 146, 408; arqueações 818; crise 156-158; direitos de passagem de canal 274-275; fechamento do 153-158, 169, 182, 189-191, 486; importância estratégica 185; nacionalização 144; restrições de calado 489-490

Canal do Panamá 83, 275, 285, 398-400, 408-409, 583-586; direitos de passagem de canal 274-275; restrições à dimensão 596, 653-654; tonelagem de arqueação 818

capacidade de estaleiro naval 695

capital próprio 319, 338-342

características da carga conteinerizada 572-574

características da demanda de transporte marítimo 83-92; diferenciação do produto no transporte marítimo 91-92; distribuição das dimensões das partidas de carga 90-91; mercadorias transportadas por via marítima 87-89; modelo de demanda do transporte marítimo global 84-87; produto do transporte marítimo 83-84

características do negócio 31-32

características dos ciclos do mercado marítimo 128-135; ciclos sazonais 131-132; ciclos de curta duração 130-131; componentes dos ciclos econômicos 128-129; ciclos de longa duração do transporte marítimo 129-130; visões dos analistas sobre os ciclos curtos de transporte marítimo 132-135

características dos navios (de linha regular) 597

características dos navios (de linhas regulares) 597

características especulativas significativas 322

carga congelada 543

carga de projeto 580

carga geral e a demanda de transporte de linhas regulares 569-580; características da carga conteinerizada 572-574; carga geral e o movimento de contêineres 569-571; conteinerização das cargas a granel secundárias 578-580; diferenciação do produto – conflito de volume *versus* velocidade 576-578; preços, serviços e demanda de transporte de linhas regulares 574-576

carga geral e o movimento de contêineres 569-571

carga geral fracionada 96-97, 117, 563, 586, 588-589, 595, 620

carga irregular 579

carga refrigerada 543

cargas a granel sólidas homogêneas 478-480

cargas líquidas a granel 478

cargas pesadas 550-552

cargas "pontuais" 51

Carnival Corporation 311, 338, 555

carta-partida 223-226

carvão de coque 499-502

carvão térmico 494-500

categorias dos estaleiros navais 702-703

causas do ciclo de construção naval 692-693

celeiro de milho da Europa 47

centro de distribuição regional 117

centros de carga 619

certificados de classe 724

cevada para cerveja 472

CGM *ver* Compagnie Générale Maritime

chave de repartição 120, 121-122

chegada dos navios a tempo 576

China 419-420

China Ocean Shipping Company *ver* COSCO

China Shipping 118, 338, 351

choques aleatórios 173, 178, 184-186

Churchill, Winston 33, 361

ciclo 8: 1871-1879 147

ciclo 9: 1881-1889 147

ciclo 10: 1889-1897 147-148

ciclo 11: 1898-1910 148-149

ciclo 12: 1911-1914 149

ciclo 13: 1921-1925 150-151

ciclo 14: 1926-1937 151-152

ciclo 15: 1945-1951 155

ciclo 16: 1952-1955 156

ciclo 17: 1957-1969 156-158

ciclo 18: 1970-1972 158

ciclo 19: 1973-1978 158-160

ciclo 20: (navios graneleiros) 1979-1987 160-162

ciclo 20: (navios tanques) 1979-1987 162-163

ciclo 21: 1988-2002 163-164

ciclo 22: 2003-2007 164-165

ciclo de desenvolvimento do comércio 454-455

ciclos comerciais dos produtos primários 449-456; ciclo de desenvolvimento do comércio 454-455; comércio cíclico sazonal e de curto prazo 450; estágios de desenvolvimento econômico 453-454; influências de longo prazo sobre o comércio 450-453

ciclos das embarcações a vela, 1741-1869 142-144

ciclos de curta duração 130-131; visões dos analistas sobre 132-135

ciclos de curta duração, 1945-2007 155

ciclos de longa duração do transporte marítimo 129-130

ciclos de mercado da indústria de construção naval 688-692

ciclos de mercado dos navios de linhas não regulares, 1869-1936 144-152; ciclo 8: 1871-1879 147; ciclo 10: 1889-1897 147-148; ciclo 11: 1898-1910 148-149; ciclo 12: 1911-1914 149; ciclo 13: 1921-1925 150-151; ciclo 14: 1926-1937 151-152; ciclos de transporte marítimo entre guerras (1920-1940) 149-150; tendência tecnológica nas taxas de frete, 1869-1913 145-146

ciclos de transporte marítimo em ação 142

ciclos de transporte marítimo entre guerras (1920-1940) 149-150

ciclos do mercado marítimo 127-169; características dos ciclos do mercado marítimo 128-135; ciclos das embarcações a vela, 1741-1869 142, 144; ciclos de mercado dos navios de linhas não regulares,

1869-1936 144-152; ciclos do mercado marítimo de cargas a granel, 1945-2008 152-165; comportamento anormal dos ciclos de mercado (introdução ao ciclo do transporte marítimo) 127-128; e o risco do transporte marítimo 135-138; lições de dois séculos de ciclos 165-166; panorama dos ciclos do transporte marítimo, 1741-2007 138-142; previsões dos ciclos do transporte marítimo 166-168

ciclos do mercado marítimo de cargas a granel, 1945-2008 152-165; ciclo 15: 1945-1951 155; ciclo 16: 1952-1955 156; ciclo 17: 1957-1969 156-158; ciclo 18: 1970-1972 158; ciclo 19: 1973-1978 158-160; ciclo 20 (navios graneleiros): 1979-1987 160-162; ciclo 20 (navios-tanques): 1979-1987 162-163; ciclo 21: 1988-2002 163-164; ciclo 22: 2003-2007 164-165; ciclos de curta duração, 1945-2007 155; tendência tecnológica, 1945-2007 154-155

ciclos sazonais 131-132

Cidade do Cabo 400, 588

CIRR (*commercial interest reference rate*) *ver* taxa de juro comercial de referência

Clarkson Bulk Carrier Register 228

Clarkson Tanker Register 229

classificação da receita 281

classificação de risco de crédito das obrigações 321

classificação dos custos 259-260

Classificação Internacional Normalizada Industrial de Todas as Atividades Econômicas 451; setores 451

cláusulas – exemplo de um contrato de construção naval típico 247-248

cloreto de vinilo monômero 532

clubes de P&I *ver* clubes de proteção e indenização

clubes de proteção e indenização 62, 269

Código de Conduta das Conferências Marítimas 753

Código do Transporte de Cargas Perigosas 525

Código Internacional de gestão para a segurança da exploração dos navios e a prevenção da poluição 744

Código Internacional para a Construção e Equipamento de Navios que Transportam Substâncias Químicas Perigosas a Granel 662

Código Legal de Hamurabi 36

coeficiente de correlação 798

colapso 132

colapso de Wall Street 151, 184

colocação do navio no mercado 237

colocação privada de dívida 319-320, 348

Colombo, Cristóvão 31, 42-43

Colreg (*Convention on the International Regulations for Preventing Collisions at Sea*) *ver* Regulamento Internacional para Evitar Abalroamentos no Mar

Índice remissivo   **867**

comercialização de futuros de frete 235

comércio baseado em recursos e teoria de Heckscher-Ohlin 445-446

comércio cíclico de curto prazo 450

comércio cíclico sazonal 450

comércio da Austrália e da Oceania 426-427

comércio devido a diferenças de recursos naturais 444-449

comércio fenício 37

comércio holandês 46-47

comércio marítimo africano 421-423

comércio marítimo asiático 417-418; China 419-420; Japão 418-419; Sul e Leste da Ásia 420-421

comércio marítimo do Oriente Médio, Ásia Central e Rússia 423-426

comércio marítimo e sistemas de transporte 387-622; geografia do comércio marítimo 389-428; princípios do comércio por via marítima 429-461; transporte de cargas a granel 463-517; transporte de carga geral 559-622; transporte de cargas especializadas 519-557

comércio marítimo europeu 409-411

comércio marítimo no século XVIII 46-49

comércio marítimo norte-americano 411-414

comércio marítimo sul-americano 415-417

comércio mediterrânico 36-38; abertura do 36-37; durante o Império Romano 38

comércio mundial e o custo do frete 107-109

comida rápida 541

Comissão de Inquérito de Rochdale sobre o Transporte Marítimo 312

Comissão Marítima Federal 754

Comissão Real Britânica sobre os Circuitos do Transporte Marítimo 753

Comitê Administrativo do Transporte Marítimo de Linhas Não Regulares 362

Comitê de Cooperação Técnica 741

Comitê de Facilitação (da IMO) 741

Comitê de Segurança Marítima 741

Comitê Departamental sobre Transporte Marítimo e Construção Naval da Junta Comercial 679-680

Comitê Legal (da IMO) 741

Comitê para a Proteção do Ambiente Marinho 741

como a carga deve ser estivada 635-637

como a carga deve ser manuseada 637

como os navios são comercializados 357

como são determinados os preços dos navios 239-241

como são feitas as leis marítimas 738-740; papel das leis marítimas 738; procedimentos para a realização de convenções marítimas 739-740; tópicos ao abrigo do

direito marítimo 738-739

como se integram os quatro mercados marítimos 216-218

Compagnie Générale Maritime 561

companhia de navegação a granel privada 120

companhia de navegação *ver* Definição de "proprietário de navio" e de "companhia de navegação"

companhia de um só navio 313-314, 734

Companhia Holandesa das Índias Orientais 47-48

Companhia das Índias Orientais 48, 50

companhias de linhas regulares 589-594; alianças estratégicas e globais 591-592; dimensão das companhias de linhas regulares 590-591; modelo do mercado de linhas regulares 592-594

companhias de navegação 118-122; financiamento; quem toma as decisões? 119; sociedades conjuntas e consórcios 119-122; tipos de companhias de navegação 118-119

corporações de navegação 311-312

comparação do transporte marítimo com os investimentos financeiros 364-366

competitividade/concorrência 165, 708-712; *ver também* custos de materiais; custos de mão de obra; movimentos cambiais

componentes dos ciclos econômicos 128-129

compradores de última instância 196-197, 675-716

compradores e vendedores no mercado de novas construções 245

comunicações no transporte marítimo 55

Concorde 806

condições de empregabilidade 729

Conferência de Frete do Extremo Oriente 617-618

conferências marítimas abertas 616-617

conferências marítimas de linhas regulares 615-616; princípios para regular a concorrência no mercado de linhas regulares 617-618; sistema de conferências marítimas 615-616; alianças globais 616-617

conferências marítimas fechadas 616

confiabilidade 92, 576

conflito de volume *versus* velocidade 576-578

conhecimento de embarque do ano 236 33, 73

Conselho das Normas Internacionais de Contabilidade 286

consequências da conteinerização 566-567

consórcios 119-122

Constantinopla 38-40

construção de navios 194-197

construção naval em outros países 687

construção naval europeia, 1902-2006 682-683

construção naval mercante nos Estados Unidos 683-684

consumíveis 268

consumo em massa 453

contabilidade no transporte marítimo 286-292; demonstração de fluxo de caixa 290-292; demonstração de resultados 287-288; folha de balanço 288-290; para que são utilizadas as contas da companhia 286-287

contas no transporte marítimo – a estrutura das decisões 286-292

contêiner ISO 634

contêineres intermediários para granéis 634

conteinerização da carga geral 70-71

conteinerização das cargas a granel secundárias 578-580

contrabando 727

contrato de afretamento a volume 221-222

contrato de construção naval 247-248

contrato de construção naval típico 247-248

contrato de derivativos de frete 232-233

contratos de futuros de frete 235-236

contratos de serviço 614

controladores da oferta 187-188

controle regulatório dos cartéis de linhas regulares, 1869-1983 753-754

Convenção das Linhas de Carga 745, 750-751

Convenção das Nações Unidas sobre o Direito do Mar, 1982 718, 726

Convenção de Basileia 715

Convenção do Trabalho Marítimo 748

Convenção Internacional para a Prevenção da Poluição por Navios 746

Convenção Internacional sobre Arqueação de Navios, 1969 745

Convenção sobre Padrões de Formação, Certificação e Serviço de Quarto para Marítimos, 1978 745

Convenção para a Salvaguarda da Vida Humana no Mar 741, 744

Convenção sobre o Direito do Mar 718, 726-727

Convenções Marítimas 739-740

Convênio sobre os Créditos à Exportação de Navios 317, 337

correlação dos preços entre os navios-tanques e os navios graneleiros 241

COSCO 118, 338, 351, 592

cotização inicial 269

crédito à construção naval 317

crescimento do "mercado aberto" de navios-tanques, 1975-2006 484-485

crescimento do comércio marítimo no século XIX 51-52

crescimento do comércio marítimo, 1950-2005 66-67

crescimento do transporte aéreo entre regiões 66

criação de estoques 178

critérios e abordagem do investimento no transporte marítimo a granel 475-477

critérios econômicos para a avaliação de projetos de navios 670-672; análise financeira 671-672; pesquisa de mercado 671

Cruz Grande 495-496

culturas de rendimento 454

cumprimento das convenções de segurança marítima 729

Cunard 58-59, 66, 311, 552-553

curingas 167, 768-769, 781

curva da oferta 206-207

curva de expectativas 202

custo de capital do navio 275-281, 602; cálculo da depreciação do navio 278-279; custos do fluxo de caixa e alavancagem financeira 279; diferença entre lucro e fluxo de caixa 276-278; garantia e política de empréstimo bancário 279-280; tributação 280-281

custo do combustível de bancas 194, 261, 279, 283, 398, 457, 601-602, 639

custo do frete 107-109

custo do transportador por movimento 577

custo do transporte marítimo 107-114; comércio mundial e custo do frete 107-109; dimensão dos navios e economias de escala 109-110; economia do transporte marítimo a granel 112-114; economia do transporte marítimo de linhas regulares 114; função de custo unitário do transporte marítimo 110-111

custos 210, 255-308; avaliação dos navios mercantes 303-306; as contas no transporte marítimo 286-292; custo de capital do navio 275-281; custos de exploração de navios 263-275; desempenho financeiro e estratégia de investimento 257-263; fluxo de caixa e a arte da sobrevivência 255-257; métodos para o cálculo do fluxo de caixa 292-303; receitas e fluxo de caixa 255-308; receita que o navio ganha 281-286

custos administrativos de serviços de linha regular 605-607

custos com contêineres 605

custos da indústria de construção naval e a concorrência 708-712; custos de mão de obra e competitividade 710-711; custos de materiais 709; movimentos cambiais e competitividade 711-712; produtividade da construção naval 709-710

custos de combustível 272-274

custos de exploração de navios 263-275; custos de manuseio da carga 275; custos de viagem 271-275;

Índice remissivo

custos operacionais 264-270; manutenção periódica 270-271

custos de manuseio da carga 275

custos de mão de obra 710-711

custos de materiais 709

custos de transporte e a função da demanda em longo prazo 186-187

custos de tripulação 265-268

custos de viagem 271-275; custo do combustível 272-274; direitos de passagem de canal 274-275; taxas portuários 274

custos do fluxo de caixa e alavancagem financeira 279

custos do navio e economias de escala 602-604

custos gerais de exploração de navios 270

custos operacionais 264-270, 602; custos de tripulação 265-268; custos gerais 270; mantimentos e consumíveis 268; reparos e manutenção 268; seguros 269

custos unitários e economias de escala 262-263

custos unitários e logística do transporte 457-460

Daewoo 686

Dardanelos 294, 400

décadas boas e más 165-166

decisões enfrentadas pelos proprietários de navios 213-215

decisores 119, 187-188; controlam a oferta 187-188

declínio da construção naval britânica 679-682

decolagem 806

definição da decisão sobre a previsão 769-771

definição de "companhia de navegação" 323-326

definição de mercado 215

definição de "proprietário de navio" 323-326

definição de "transporte marítimo de linhas regulares" 96-97

definição de "transporte marítimo especializado" 97-99, 519-521

definição do tom 165-166

demanda da construção naval em longo prazo 699-702

demanda da construção naval 699-702; longo prazo 699-702

demanda de substituição (R) 700

demanda de transporte de GLP 530-532

demanda de transporte e a logística 394-399

demanda de transporte frigorífico 539-540

demanda de transporte marítimo 176-187; custos de transporte e a função da demanda em longo prazo 186-187; distância média e toneladas-milhas 183-184;

economia mundial 176-180; impacto dos choques aleatórios na demanda de navios 184-186; tráfegos marítimos de produtos primários 180-183

demanda de transporte para produtos químicos 523-525

demanda derivada de navios 625-627

demanda derivada de um produto primário 448-449

demanda e o sistema de transporte de navios para o transporte exclusivo de automóveis e de caminhões 547

demanda e oferta da construção naval 694-696

demolição 196-197, 676-716; e perdas 196-197; papel da indústria de demolição de navios mercantes 676

demolição 712-716; *ver também* indústria de reciclagem

demolição de navios 712-716; *ver também* indústria de reciclagem

demonstração de fluxo de caixa 290-292

demonstração de resultados 287-288

Departamento de Garantias de Créditos às Exportações 280, 336

departamento de transporte marítimo 120

depreciação 369

depreciação dos navios 278-279

depreciação linear 278

depressão 166

derivativos de ações que fazem parte do instrumento de débito 337

desafio de um gerenciamento de risco bem-sucedido 168

desafio em lidar com o desconhecido 763-764

descobertas portuguesas 42

desconto deferido 616

deseconomias de escala 603-604, 608

desempenho dos investimentos no transporte marítimo 361-366

desempenho dos investimentos no transporte marítimo 361-366; comparação do transporte marítimo com os investimentos financeiros 364-366; paradoxo do retorno do transporte marítimo 362, 364; perfil do retorno do transporte marítimo no século XX 362-363; risco do transporte marítimo e o modelo de precificação de ativos financeiros 363-364

desempenho financeiro da "Perfect Shipping" 368-369

desempenho financeiro; classificação dos custos 259-260; custos unitários e economias de escala 262-263; idade do navio e preço da oferta do frete 260-261

desenvolvimento da infraestrutura do serviço de contêineres 564-566

desenvolvimento de análise de cenários 788-789

desenvolvimento de produtos 773

desenvolvimento de regras 724-725

desenvolvimento de um modelo de previsão 781-782

desenvolvimento do mercado de derivativos do frete 234

desenvolvimento do tráfego de GNL 536-537

desenvolvimento do transporte de produtos químicos 525-526

desenvolvimento do transporte frigorífico 540-541

desenvolvimento dos sistemas de transporte a granel 68-70

desenvolvimentos das finanças corporativas na década de 1990 316-317

desequilíbrios de carga 574

deslocamento leve 818

deslocamento-padrão 818

despesas com o frete 610

dessecantes 579

Det Norske Veritas 63

determinação dos preços dos navios 239-241

DHL 351

dias de navio carregado no mar 194, 283-284

dias em porto 284

dias gastos em lastro 284

Dias, Bartolomeu 31, 42

diferença entre lucro e fluxo de caixa 276-278

diferenças na "preferência do risco" 381-383

diferenças na subcontratação 709-710

diferenças no comércio marítimo por país 433

diferenças nos custos de produção 440-444; teoria da vantagem absoluta 440-441; teoria da vantagem comparativa 442-443; teorias modernas da vantagem produtiva 443-444

diferenças nos recursos naturais 444-449; comércio baseado em recursos e teoria de Heckscher-Ohlin 445-446; demanda derivada de um produto primário 448-449; modelo da oferta-demanda do comércio de produtos primários 446-448

diferenciação do produto 100, 576-578; conflito de volume *versus* velocidade 576-578

diferentes características dos quatro mercados 218

dificuldade em definir os retornos 378-380

dilema do prisioneiro 613

dimensão das companhias de linhas regulares 590-591

dimensão do navio 109-110, 638-639

dimensão dos navios e as economias de escala 109-110, 638-639

dinâmica do processo de ajustamento 209-210

dinâmica dos preços dos navios mercantes 242-244

direito das sociedades 729, 734

direito do mar 725-728; Estado de bandeira *versus* Estado costeiro 726-728; por que o Direito do Mar é importante 725

direito financeiro 729

direitos de passagem de canal 274-275

Direitos de Saque Especial 275

direitos dos estados costeiros sobre navios estrangeiros 749-750

DIS (Danish International Shipping Register) *ver* Registro Internacional de Navios Dinamarquês

discriminação dos preços 609, 613-614

Discurso sobre a Balança Comercial 432-433

disponibilidade de espaço 577

distância média e toneladas-milhas 183-184

distâncias e tempos de trânsito 390-399

distribuição das dimensões das partidas de carga 90-91

distribuição do risco e estratégia do transporte marítimo 138

distribuição dos contêineres 604

distribuição geográfica dos tráfegos de petróleo bruto 485-488

dívida 319-320

divisão do trabalho 32

doca seca 61, 200, 238-239, 259, 264, 268-270, 290, 578, 686, 706-707, 712-713

domínios de Sua Majestade 731

Drake, coronel Edwin 482

Drucker, Peter 762-765

Duff & Phelps 322

Duffield 482

dupla personalidade da companhia de navegação 366-368

easyJet 326

Ebid (*earnings before interest and depreciation*) *ver* ganhos antes de juros e da depreciação

economia darwiniana 376

economia das companhias de navegação 253-386; custos, receitas e fluxo de caixa 255-308; financiamento de navios e de companhias de navegação 309-359; o risco, o retorno e a economia das companhias de navegação 361-386

economia das indústrias de construção naval e demolição de navios 675-716; custos da indústria de construção naval e a concorrência 708-712; ciclos de mercado da indústria de construção naval 688-692; estrutura regional da construção naval mundial 676-688; indústria de reciclagem de navios 712-716; o papel das indústrias da construção naval e de demolição de navios 676; princípios econômicos

Índice remissivo

692-702; processo de produção da indústria da construção naval 702-708

economia do mercado marítimo 125-251; ciclos do mercado marítimo 127-169; oferta, demanda e taxas de fretes 171-212; quatro mercados do transporte marítimo 213-251

economia do transporte marítimo a granel 112-114

economia do transporte marítimo de linhas regulares 114

economia dos descobrimentos 42-43

economia global 31-75; no século XV 40-41

economia global no século XV 40-41

economia marítima 309-310

economia mundial 176-180

economias de escala 603; e custos do navio (de linhas regulares) 602-604; e custos unitários 262-263; e dimensão dos navios 109-110

efeito da regulamentação na economia do transporte marítimo 717-718

efeito de renda 447

efeito de substituição 447-448

efeito do sentimento na curva da oferta 206-207

elaboração de políticas governamentais 773

elasticidade-preço 697; da demanda de transporte marítimo 456

elasticidade-preço da demanda do transporte marítimo 456

elasticidade-preço em longo prazo na demanda do transporte marítimo 456

Elba (rio) 400, 410

elementos de base da economia dos serviços de linhas regulares 596-607; características do navio 597; custos administrativos 605-607; custos com contêineres 605; custos do navio e economias de escala 602-604; distribuição dos contêineres 604; encargos portuários 604; programação dos serviços 601; utilização da capacidade 601-602

elementos de base do comércio marítimo 429-433; argumentos a favor do comércio livre 432-433; teoria do comércio marítimo 431-432

Elizabeth Watts 482

em que o mercado das novas construções difere do de compra e venda 245

emissão de obrigações 342-345

Emma Maersk 602

empilhamento 478

empresa de gerenciamento 737

empréstimo hipotecário 327-329

empréstimos bancários 326-338

empréstimos bancários comerciais 329-332

empréstimos bancários destinados às companhias 333

encargos portuários 274

energia nuclear 806

enquadramento econômico do mercado marítimo 77

"entre a cruz e a espada" 614

envelhecimento dos navios 105-106

envelhecimento, obsolescência e substituição da frota 105-106

equação de Slutsky 447-448, 461

equilíbrio 201-206, 697-699; equilíbrio de curto prazo 203-204; equilíbrio de curto prazo do mercado da construção naval 697-699; equilíbrio de longo prazo 204-206; equilíbrio momentâneo 201-202

equilíbrio de curto prazo 203-204

equilíbrio de curto prazo do mercado da construção naval 697-699

equilíbrio de longo prazo 204-206

equilíbrio de tráfegos 491

equilíbrio entre a oferta e a demanda 787

equilíbrio momentâneo 201-202

equipamento de manuseio da carga 637

equipamentos especiais para (a carga e) a descarga 645

equipamentos especiais para a carga 645

era do "navio de carga de linhas regulares" 560-562

Erika 747

erro padrão 796-799

escala temporal da previsão 773-775

escalas portuárias 618-619

escapar ao presente 805-806

especificações e pressupostos do modelo 804-805

estabilidade dos preços 609

Estado costeiro 719, 726-728, 749-752; direitos dos Estados costeiros sobre os navios estrangeiros 749-750; papel regulamentador 749-752; *versus* Estado de bandeira 726-728

Estado de bandeira 720, 726-738; implicações econômicas da regulamentação do Estado de bandeira 729; o papel regulatório do Estado de bandeira 729-738; *versus* o estado costeiro 726-728

Estados dos portos 749-752; inspeções de controle 751; movimento de controle 750-751

estágios de desenvolvimento econômico 453-454

estágios do processo de produção da construção naval 705-707

estágios no desenvolvimento de um modelo de previsão 781-782

estágios num ciclo "típico" de transporte marítimo 132

estatística Durbin-Watson 782, 799, 801

estatística F 798

estatísticas das taxas de frete 230

estatísticas das taxas de frete por viagem 230

estimativa do valor de mercado de um navio 303-305

estimativa do valor de sucata de um navio 305-306

estimativa do valor residual de um navio 306

estiva 468, 635-637

estiva da carga 635-637

estratégia de investimento 257-263; *ver também* desempenho financeiro

estratégia do transporte marítimo 138

Estreito de Dover 489

Estreito de Magalhães 47

Estreito de Malaca 393, 395, 403, 406, 417, 489

estrutura de financiamentos mezaninos 337

estrutura de mercado 136-138

estrutura de um empréstimo bancário comercial 329-332

estrutura regional da construção naval mundial 676-688; ascensão da construção naval sul-coreana 686; conclusões relativas a um século de desenvolvimento da construção naval 687-688; construção naval em outros países 687; construção naval europeia, 1902-2006 682-683; construção naval mercante nos Estados Unidos 683-684; declínio da construção naval britânica 679-682; indústria da construção naval chinesa 686-687; indústria de construção naval japonesa 684-686; quem constrói os navios mercantes do mundo? 676-679

estruturas das companhias associadas ao registro de navios 736-738

estruturas das sociedades em comandita simples norueguesas 348-349

estruturas independentes 359

estruturas típicas de companhias de navegação 120-121

Estudo sobre o Transporte Marítimo 580

etapas na preparação de um relatório de mercado marítimo 778

etileno 532, 666

Eufrates (rio) 35-36

Europa descobre a rota marítima para a Ásia 41-42

Evergreen 583, 585-586

evitar abalroamentos no mar 744-745

evolução das companhias de navegação 311-312

evolução histórica do transporte marítimo de passageiros 552-553

excesso de atividade comercial 132

exemplo de uma análise de séries temporais 792-794

existência de crédito 695

expansão da demanda (X) 701

expectativas de mercado 695

exposições itinerantes 347

extrapolação da tendência 791-792

Exxon Valdez 718, 746, 752

falso consenso 804

fatores de ajuste cambial 574

fator de ajuste de combustível 610

fatores de conversão 815-818

Fearnleys Review 159

fechamento 238

FedEx 351, 576

Feedermax 596, 643, 645

FEFC (Far East Freight Conference) *ver* Conferência de Frete do Extremo Oriente

Felixstowe 33, 311, 584, 589

ferries de passageiros 553-554

filosofia comercial 626-627

finanças corporativas 316-317

financiamento de ativos com preços abaixo dos valores patrimoniais das companhias na década de 1980 315-316

financiamento de navios 309-310; no período anterior ao vapor 310-311

financiamento de navios com empréstimos bancários 326-338; colocação privada de dívida e de capital próprio 338; empréstimos bancários destinados às companhias 333; empréstimo hipotecário 327-329; estrutura de financiamentos mezaninos 337; estrutura de um empréstimo bancário comercial 329-332; financiamento de navios novos 335-337; sindicalizações de empréstimos e venda de ativos 333-335; venda de ativos (acordo de participação) 335

financiamento de navios com fundos privados 326

financiamento de navios com sociedades de propósitos específicos 345-353; estruturas das sociedades em comandita simples norueguesas 348-349; fundos de investimento das sociedades em comandita simples alemãs 349-350; fundos de investimento de navios e SPAC 346-347; locação de navios 350-351; instrumentos de colocação privada 347-348; securitização de ativos no transporte marítimo 352-353

financiamento de navios e de companhias de navegação 309-359; análise de risco no financiamento de navios 353-356; como os navios foram financiados no passado 310-317; financiamento de navios com empréstimos bancários 326-338; financiamento de navios com fundos privados 326; financiamento de navios por sociedades de propósitos específicos 345-352; financiamento de navios e economia marítima 309-310; lidar com inadimplência 356-358; sistema

Índice remissivo 873

financeiro mundial e os tipos de financiamento 317-326

financiamento de navios no período anterior ao vapor 310-311

financiamento de navios novos 335-337

financiamento garantido por afretamento nas décadas de 1950 e 1960 312-313

financiamento garantido por ativos na década de 1970 314-315

Fitch 322

flexibilidade do navio 640-642

fluxo de caixa 255-308; e a arte da sobrevivência 255-257

FMC (Federal Maritime Comission) *ver* Comissão Marítima Federal

folha de balanço 288-290

fontes de dinheiro para financiar os navios 317-318

formas de abordar as previsões 775-777

formas diferentes de abordar as previsões 775-777

"forte subida de mercado depois de uma queda abrupta" 131

fraqueza 166

Fredriksen, John 362

frequência ressonante 185

frete aéreo 81

frete morto 493, 521

Frontline 316, 338, 347-348

frota de GLP e a sua propriedade 532-534

frota de linhas regulares 594-596; tendências na dimensão dos navios porta-contêineres 596; tipos de navios usados nos tráfegos de linhas regulares 594-595

frota de navios graneleiros 464-465

frota de navios graneleiros de escotilha larga, que abrange quase toda a boca do navio 548-550

frota de navios-tanques de produtos químicos e oferta 528-529

frota mercante 50-51, 52-55, 99-105, 188-192; a frota mercante e a oferta de transporte 623-758; valoração dos navios mercantes 244, 303-306; dinâmica dos preços dos navios mercantes 242-244; frota por tipo de navio 627-630

frota mercante e oferta de transporte 623-758; economia das indústrias de construção naval e demolição de navios 675-716; os navios que realizam o transporte 625-673; regulamentação da indústria marítima 717-758

frota mercante mundial 99-106; envelhecimento, obsolescência e substituição da frota 105-106; propriedade da frota mundial 104-105; tipos de

navios na frota mundial 99-104

frota pesqueira 670

frota por tipo de navio 627-630

função da demanda da construção naval de curto prazo 697

função da demanda em longo prazo 186-187

função da oferta da construção naval 696-697

função de custo unitário do transporte marítimo 110-111

funções da oferta e da demanda 198-201

fundamentos para a integração do transporte marítimo 64-65

Fundo Monetário Internacional 65

fundos de investimento das sociedades em comandita simples alemãs 349-350

fundos de investimento de navios 346-347

fundos de investimento vêm de poupanças 319

fundos privados 326, 359

gangue de recrutamento 482

ganho de capital 369

ganhos antes de juros e da depreciação 368-369

garantia e política de empréstimo bancário 279-280

garantia governamental 336

GATT *ver* Acordo Geral de Tarifas e Comércio

Gaz Transport 668

gêmeos siameses 368

"Gencon" da BIMCO 224

General Maritime 316, 333

General Motors 576

geografia do comércio marítimo 389-428; comércio marítimo africano 421-423; comércio marítimo asiático 417-421; comércio da Austrália e da Oceania 426-427; comércio marítimo do Oriente Médio, Ásia Central e Rússia 423-426; comércio marítimo europeu 409-411; comércio marítimo norte-americano 411-414; comércio marítimo sul-americano 415-417; oceanos, distâncias e tempos de trânsito 390-399; rede de comércio marítimo 399-409; valor agregado do transporte marítimo 389-390

gerenciamento de risco 168; opções 353-356

gerenciamento do rendimentos 614

German-American Petroleum Company 482

Global Alliance 585, 592

Glückauf 55, 482

Golfo da Finlândia 400, 410, 426, 487

Golfo dos Estados Unidos 127, 180, 219, 223-224, 230-232, 285, 293-296, 393-394, 412, 414-415, 472, 525, 584, 792-794

Golfo Pérsico 35-37, 40, 244

Golfo Pérsico 36-38, 38-41, 162, 200-202, 405-408, 534, 618, 666; transporte de petróleo 110, 158, 183, 394-398, 423-425, 486

Grand Alliance 583, 585, 592

Grande Depressão 149, 151-152, 690

Grandes Lagos 243, 278, 400, 412-413, 496, 506, 545

Great Eastern 55

Grupo Brostrom 495

grupo de transporte marítimo diversificado 120

grupo de transporte marítimo semipúblico 121

Guerra Civil 683

Guerra da África do Sul 133, 148, 158, 167,

Guerra da Independência Norte-Americana 143

Guerra das Malvinas 186

Guerra do Golfo 154, 186

Guerra do Yom Kippur 154, 159, 185

Guerra dos Seis Dias 158, 185, 490

Guerra dos Bôeres 133, 148, 158, 167

Guerras Napoleônicas 140, 142-143

guias celulares 637

Haji-Ioannou, Stelios 326, 362

Hamburg Süd 60, 591

Hamburgo 40, 78, 116, 220, 349, 410-411, 584-586, 588

Hanjin 592

Hapag-Lloyd 311, 351, 585, 588, 589-592, 607

Herald of Free Enterprise 718

hipoteca 239

história das sociedades classificadoras 720-722

história do desenvolvimento marítimo 33-35

história do transporte marítimo 31-124; organização do mercado marítimo 77-124; transporte marítimo e a economia global 31-75

história e estrutura da IMO 740-747

histórico do financiamento de navios 309-359; companhia de um só navio 313-314; crédito à construção naval 317; financiamento garantido por afretamento nas décadas de 1950 e 1960 312-313; financiamento garantido por ativos na década de 1970 314-315; desenvolvimentos das finanças corporativas na década de 1990 316-317; evolução das companhias de navegação 311-312; financiamento de ativos com preços abaixo dos valores patrimoniais das companhias na década de 1980 315-316; financiamento de navios no período anterior ao vapor 310-311

histórico pobre das previsões de transporte marítimo 761-762

Hong Kong 34, 72, 78, 81, 116-117, 220, 313, 326, 338, 403, 420, 484, 553, 580, 584, 588, 619-622, 685, 737

Hovering Acts 727

Hume, David 429, 432, 768; *ver também* mercantilismo

Hunter Valley 502

I Ching 763, 765

IASB (*International Accounting Standards Board*) *ver* Conselho das Normas Internacionais de Contabilidade

idade do navio e preço da oferta do frete 260-261

Ideal-X 563

identificação do modelo econômico 767-768

IFRS (*International Financial Reporting Standards*) *ver* Normas Internacionais de Relato Financeiro

Ilhas das Especiarias 41-44

Imago Mundi 43

IMCO *ver* Organização Marítima Consultiva Intergovernamental

IMO *ver* Organização Marítima Internacional

impacto das pressões financeiras sobre as decisões dos proprietários de navios 255-257

impacto dos choques aleatórios na demanda de navios 184-186

Imperador César Caio Júlio Vero Máximo, o Piedoso 33

Império Bizantino 38-40, 105

Império Britânico 680

Império Otomano 41

implicações econômicas da regulamentação do Estado de bandeira 729

importância da informação 766

importância da inteligência de mercado 167

importância do tempo 201-206

inadimplência 356-358

Índice Capesize da Baltic Exchange (BCI) 234

Índice de Cargas Sólidas a Granel da Baltic Exchange (BDI) 234

Índice de Fretes da Báltico (BFI) 234

Índice de Fretes na Economia Marítima, 1741-2007 819-823

Índice Handymax da Baltic Exchange (BHMI) 234

Índice Panamax da Baltic Exchange (BPI) 234

índices de frete 233-234

indivisibilidade 573

indústria da construção naval chinesa 686-687

indústria de construção naval japonesa 684-686

indústria de demolição de navios 676

indústria de reciclagem 712-716; mercado para os

Índice remissivo **875**

produtos de sucata 713; quem efetua a demolição dos navios? 713-715; regulamentação sobre a demolição 715-716

indústria do transporte internacional 80-83; transporte marítimo de curta distância 81-82; transporte marítimo de longo curso e transporte de carga aérea 81; transporte terrestre e integração dos modos de transporte 82-83

inflação 243

influências de longo prazo sobre o comércio 450-453

influências-chave na oferta e na demanda 172-174; ligações dinâmicas no modelo 175-176

informação 766

informação sobre a viagem 294

informação sobre o navio 294

infraestrutura portuária 619-621

inovações que transformaram a marinha mercante 50-51

inspeções 238

inspeções de controle pelo Estado do porto 751

instinto de manada 804

instituições que providenciam ou arranjam financiamento para navios 325

Instituto Nacional de Estudos Econômicos e Sociais 805

instrumentos de colocação privada 347-348

integração do transporte marítimo 64-65

integração dos modos de transporte 82-83

integração dos modos de transporte utilizados 473-474

inteligência de mercado 167

introdução à carga geral 559-560

introdução ao transporte marítimo especializado 519-523; modelo do transporte marítimo especializado 521-523; o que é o transporte marítimo especializado? 519-521

invasão do Iraque 154-155

investidores e credores 319

investimento no transporte marítimo a granel 475-477

ISIC (_International Standard Industrial Classification_) _ver_ Classificação Internacional Normalizada Industrial de Todas as Atividades Econômicas

ISM (_International Safety Management_) _ver_ Código Internacional de gestão para a segurança da exploração dos navios e a prevenção da poluição

isolacionismo 432

Japão 417-419

Jekyll e Hyde 386

John Bowes 53, 97, 311, 463

Junta Geral do Transporte Marítimo Britânico 150

K-Line 118, 548, 592

Kawasaki Shipyard 685

Keynes, John Maynard 381

Kockums Shipyard 683

Kondratieff, Nikolai 129

lã "jogada" 575

lã 575

lançamento de ações 341

Le Havre 411, 584, 586, 588,

Lei de Plimsoll de 1870 123

Lei dos Estados Unidos sobre a Reforma do Transporte Marítimo 754

Lei dos Estados Unidos sobre a Reforma do Transporte Marítimo, 1999 614

Lei dos Estados Unidos sobre Marinha Mercante, 1984 754

Lei dos Estados Unidos sobre Poluição por Petróleo, 1990 123, 719, 745-746, 752, 757

Lei sobre a Marinha Mercante de 1894 731

leis antitruste 754

Leis do Milho 433, 443

Leste Asiático 420-421

levantamento de financiamento pela emissão de obrigações 342-345

Libor (_London interbank offered rate_) _ver_ Taxa Interbancária Oferecida de Londres

lições de 5 mil anos de transporte marítimo comercial 73-74

lições de dois séculos de ciclos 165-166; princípios fundamentais determinam o tom para as décadas boas e más 165-166

lidar com a inadimplência 356-358

lidar com o desconhecido 763-764

Liga Hanseática 34, 38-40; 1000-1400 d.C. 38-40

ligação entre os modelos microeconômico e macroeconômico 377-378

ligações dinâmicas no modelo de transporte marítimo 175-176

limitações das estatísticas dos transportes 99

Linha Oeste 33-35, 38, 73, 390

linhas de carga 745

linhas de carga do navio 745

Linhas de Orientação sobre a Reciclagem de Navios 715

lista de verificação do risco no transporte marítimo 356

Liverpool 48, 50, 58, 116, 311

Liverpool Bay 566

Lloyd's Coffee House 720

Lloyd's Demolition Register 197

Lloyd's List 50, 226, 256

Lloyd's Register of British & Foreign Shipping 721-722

Lloyd's Register of Shipping 50, 53, 720

locação de navios 350-351

localização das principais economias comerciais 390-393

localização das refinarias 491

lógica 767

logística 606; custos unitários e logística do transporte 457-460; e a demanda de transporte 394-399; e operações 606;

logística do transporte 457-460

logistikos 395

lucro normal 366-367; *ver também* teoria da concorrência

Madame Butterfly 656

madeira que foi "amontoada num caminhão" 515

Maersk 118, 338, 351, 555, 564, 569, 583, 585, 591-592

Magalhães, Fernando 31

mantimentos 268

manuseio de cargas a granel sólidas homogêneas 478-480

manuseio de cargas líquidas a granel 478

manuseio eficiente de carga 472-273

manutenção 268

manutenção de rotina 268

manutenção periódica 270-271

Mar Báltico 34, 39-40, 46-49, 51, 400, 409-410, 426, 553-554, 663

Mar Cáspio 400, 423

Mar Negro 37-40, 51, 62, 294, 395, 400-403, 409-411, 424-426, 483, 487

mar territorial 726, 727

marca de Plimsoll 63, 123, 717, 738-739

Marco Polo 41, 43

Marine Dow Chem 71

maturidade 453

maturidade dos empréstimos 325

Mauritania 59

maximização dos dias de navio carregado no mar 283-284

McLean, Malcolm 399, 562-565

mecanismo das taxas de frete 198-210; dinâmica do processo de ajustamento 209-210; efeito do sentimento na curva da oferta 206-207; equilíbrio

e a importância do tempo 201-206; preços e custos em longo prazo 210; modelo do ciclo de transporte marítimo 207-209; funções da oferta e da demanda 198-201

média móvel autorregressiva 794

medições da produtividade 709

Mediterranean Shipping Company 583, 588

melaço 524

memorando de acordo 238

memorando de acordo de compra e venda 238-239

Memorando de Entendimento de Paris 730

mercado de compra e venda 236-244, 772; como são determinados os preços dos navios 239-241; dinâmica dos preços dos navios mercantes 242-244; o que faz o mercado de compra e venda 236-237; procedimento de venda 237-239; valoração dos navios mercantes 244

mercado de demolição 249-250

mercado de derivativos do frete 216, 231-236; comercialização de futuros de frete 235; contrato de derivativos de frete 232-233; contratos de futuros de frete 235-236; desenvolvimento do mercado de derivativos do frete 234; índices de frete 233-234; requisitos para um mercado de derivativos de frete 233

mercado de "euro-obrigações" 320

mercado de fretes 218-231; afretamento de navios de linhas regulares e especializados 230; afretamento em casco nu 223; afretamento por tempo 222-223; afretamento por viagem 221; arranjar emprego para um navio 219-221; carta-partida 223-226; contratos de afretamento a volume 221-222; definição 218-219; estatísticas das taxas de frete 230; índice Worldscale 230-231; o que é o mercado de fretes? 218-219; relatórios do mercado de fretes 226-229

mercado de novas construções 245-249, 251; compradores e vendedores no mercado de novas construções 245; contrato de construção naval 247-248; em que o mercado das novas construções difere do de compra e venda 245; negociação de uma nova construção 246; preços da construção naval 248-249

mercado de reciclagem 249-250 *ver também* mercado de demolição

mercado do afretamento por tempo 216

mercado global 60-63

mercado para os produtos de sucata 713

mercadorias dos tráfegos frigoríficos 541-543

mercadorias transportadas por via marítima 87-89

mercados de capitais e financiamento de navios 338-345; levantamento de financiamento pela emissão de obrigações 342-345; oferta pública de capital próprio 338-342

Índice remissivo

mercados financeiros compram e vendem pacotes de fundos de investimento 320-322

mercantilismo 432, 440, 442; *ver também* Hume, David

Mesopotâmia 33, 35-36, 73, 763; Código Marítimo Mesopotâmico 73

metodologia da pesquisa de mercado 777-780

metodologias de previsão de mercado 773-777; e escala temporal da previsão 773-775; três formas diferentes de abordar as previsões 775-777

mineraleiros 656

minério de ferro 494-499

minimizar o manuseio de carga 473

Mitsubishi Shipyard 685

Mitsui 113, 118, 333, 338, 548, 592

Mitsui Shipyard 685

MOA (memorandum of agreement) *ver* memorando de acordo

modelagem do mercado marítimo 809-814

modelo clássico da oferta-demanda do transporte marítimo 780-781

modelo de demanda do transporte marítimo global 84-87

modelo de investimento de uma companhia de navegação 366-372; depreciação 369; desempenho financeiro da "Perfect Shipping" 368-369; dupla personalidade da companhia de navegação 366-368; ganho de capital 369; ganhos antes de juros e da depreciação (Ebid) 369; modelo de retorno do investimento no transporte marítimo (Rosi) 368-369

modelo de oferta-demanda do comércio de produtos 446-448

modelo de precificação de ativos 363-364, 383

modelo de precificação de ativos de risco 383-385

modelo de preço 694-696

modelo de previsão 782-787; equilíbrio entre a oferta e a demanda 787; pressupostos econômicos 782-783; previsão da demanda de navios 786; previsão da distância média 785-786; previsão da frota mercante 786; previsão da oferta de transporte marítimo 786-787; previsão da produtividade do navio 786; previsão do tráfego por via marítima 783-785; taxas de frete 787

modelo de retorno do investimento no transporte marítimo 368-369

modelo do ciclo de transporte marítimo 207-209

modelo do fluxo de caixa de viagem de linhas regulares 607-608

modelo do mercado de linhas regulares 592-594

modelo do mercado marítimo 172; procura de sinais 172

modelo do tráfego de grão 504-505

modelo do transporte marítimo especializado 521-523

modelo econômico para o transporte marítimo 92-95

modelo microeconômico da companhia de navegação 372-375

Mogul Line 753

monitorização dos resultados 805

Montreal 412, 584

Moody 310, 320-322

moratória 336

Morgan, J. P. 385

movimento de controle pelo Estado do porto 750-751

movimentos cambiais 711-712

MSC *ver* Mediterranean Shipping Company

mudando a organização das companhias de navegação 72-73

Murex 482

Nações Unidas 580, 718, 720, 726, 727, 740

nafta 285, 468, 488, 493, 531, 634, 659, 661, 679

Nasdaq 341, 347

navio e estaleiro de construção naval 703-704

navio para transporte de granéis sólidos e de contêineres 654-655

navio-tanque de derivados do petróleo 661-662

navio-tanque transportador de gás liquefeito de petróleo 666-667

navio-tanque transportador de gás natural liquefeito 667-669

"navios-caixão" 717, 738

navios "pós-Panamax" 398, 583, 596, 643, 645

navios alimentadores 596, 643, 645

navios cargueiros de linhas regulares 650

navios cimenteiros 657

navios combinados 663-665

navios da classe Encounter Bay 564

navios de cargas pesadas 646

navios de cobertas de linhas não regulares 560, 595, 651

navios de cruzeiros 552-553

navios de linha regular da classe Pointe Sans Souci 542, 561, 595

navios de suprimento e embarcações de manutenção 670

navios frigoríficos 645, 651-652

navios graneleiros 652-654

navios graneleiros de escotilha larga, que abrange quase toda a boca do navio 548-550; sistema de transporte de carga a granel empacotada 549-550; transporte marítimo em navios graneleiros de escotilha larga (abrange quase toda a boca do navio) 548-549

navios graneleiros Handy 70, 110, 112, 304, 471, 652-653

navios graneleiros Handymax 100, 112, 121, 285, 341, 364, 458, 465, 476, 652-654

navios graneleiros Panamax 70, 100, 109-112, 121, 127, 161-162, 191, 240-241, 272-274, 278-279, 284-285, 293-296, 304-306, 364-365, 382-384, 408, 464-465, 476, 513, 596, 643-645, 652-657

navios Liberty 144, 156-158, 191, 684, 734

navios multipropósito 594-595, 647-650

navios não cargueiros 669-670; frota pesqueira 670; manutenção 670; navios de suprimento e embarcações de rebocadores e dragas 670

navios para o transporte de cargas líquidas a granel 657-665; navios combinados 663-665; navios-tanques de petróleo bruto 657-660; navios-tanques de produtos derivados de petróleo 660-661; navios-tanques de produtos químicos 661-663

navios para o transporte exclusivo de automóveis 546-548

navios para o transporte exclusivo de carros e caminhões 546-548; demanda e sistema de transporte 547; oferta e propriedade 548

navios para os tráfegos de carga geral 642-652

navios para os tráfegos de carga geral 642-652; navios porta-contêineres 642-646; outros navios de carga geral 646-652

navios para os tráfegos de granel sólido 652-657; mineraleiros 656; navio graneleiro 652-654; navio graneleiro de escotilha larga, que abrange quase toda a boca do navio 654-655; navios cimenteiros 657; navios para o transporte exclusivo de automóveis 546-548; navios transportadores de aparas de madeira 656

navios porta-contêineres 594, 642-646

navios porta-contêineres celulares "de movimentação vertical" 594

navios que realizam o transporte 625-673; critérios econômicos para a avaliação de projetos de navios 670-672; navios para o transporte de cargas líquidas a granel 657-665; navios para os tráfegos de carga geral 642-652; navios-tanques transportadores de gases 665-669; que tipo de navio? 625-627; sete questões que definem um projeto de navio 630-642

navios ro-ro 544-546, 595, 646-647

navios ro-ro de longo curso 646-647

navios semirrefrigerados 666-667

navios semissubmersíveis de cargas pesadas 550

navios totalmente pressurizados 666

navios totalmente refrigerados 667

navios transportadores de aparas de madeira 656

navios transportadores de barcaças 595, 651

navios-tanques Aframax 100, 109, 206, 243-244, 249, 347-348, 353, 464, 476, 493, 627, 640, 657-659, 799

navios-tanques Capesize 70, 91, 100, 109-112, 121, 155, 164, 221, 227, 236, 261-271, 364, 457-458, 476, 652

navios-tanques de petróleo bruto 657-660

navios-tanques de produtos químicos 661-663

navios-tanques Suezmax 100, 109, 213, 228, 341, 464-465, 476, 488, 657-660

navios-tanques transportadores de gases 665-669; navio-tanque transportador de gás liquefeito de petróleo 666-667; navio-tanque transportador de gás natural liquefeito 667-669; tecnologia básica de navios-tanques transportadores de gases 665-666

Nedlloyd 564, 591-592

negociação de preço e condições 237-238

negociação de uma nova construção 246

negociações internacionais 773

New Register Book of Shipping 721

New World Alliance 583, 592

New Worldscale 230

Newcastle on Tyne 45, 49, 142, 311, 464

Newcastle, Nova Gales do Sul (NSW) 62, 219, 284, 296, 427, 502

Niarchos, Stavros 31, 72, 362

Normas Internacionais de Relato Financeiro 286

Norwegian Sales Form (1993) 238, 250

Nova York 34, 49-50, 58, 66, 78, 120, 220, 231, 338-341, 347, 393-395, 413, 535, 553, 584, 722

novas direções no comércio europeu 44-45

novo ambiente comercial criado em Bretton Woods 65-66

número de dias por ano durante os quais o frete é suspenso 284

NYSE (New York Stock Exchange) ver Bolsa de Valores de Nova York

O livro da história 763

O livro da mudança 763

objetividade 805-806

obrigações de refugo 322

obsolescência 105-106

obtenção de um mandato 334

Ocean Transport and Trading 563-564

Oceania 404, 426-427, 595

Oceanos, demanda de transporte e logística 394-399; distâncias e tempos de trânsito 390-399; localização das principais economias comerciais 390-393

Índice remissivo

879

Ofer Group 118, 362

oferta da capacidade de transporte frigorífico 544

oferta do transporte de GNL 539

oferta do transporte marítimo 187-198; decisores que controlam a oferta 187-188; demolição e perdas 196-197; frota mercante 188-192; produção da construção naval 194-196; produtividade da frota 192-194; receita dos fretes 198

oferta e demanda 171-212; demanda de transporte marítimo 176-187; equilíbrio entre 787; funções 198-201; influências-chave 172-176; mecanismo das taxas de fretes 198-210; modelo clássico da oferta-demanda do transporte marítimo 780-781; modelo de demanda, oferta e preço da construção naval 694-696; modelo do mercado marítimo 172

oferta e demanda de gás natural 535

oferta e propriedade de navios para o transporte exclusivo de automóveis e caminhões 548

oferta pública de capital próprio 338-342

Old Black Ball Line 58

olefinas 530

óleos vegetais 524, 661

OMT *ver* Organização Mundial do Trabalho

Onassis, Aristóteles 31, 72, 361-362, 382, 766, 771, 804

ondas gigantes 781

opções de gerenciamento de risco 353-356

Opep 160, 185

operações e logística 606

Opex *ver* custos operacionais

Oráculo de Trofônio 763

orçamentos 772-773

organização do mercado marítimo 77-124; características da demanda de transporte marítimo 83-92; companhias de navegação que gerenciam o negócio 118-122; custo do transporte marítimo 107-114; enquadramento econômico 77-78; frota mercante mundial 99-105; indústria do transporte internacional 80-83; panorama da indústria marítima 78-80; papel dos governos no transporte marítimo 122-123; papel dos portos no sistema de transporte 115-117; sistema de transporte marítimo 92-99

Organização dos Países Exportadores de Petróleo *ver* Opep

Organização Marítima Consultiva Intergovernamental 735

Organização Marítima Internacional 740-747; Convenção Internacional sobre Arqueação de Navios, 1969 745; Convenção Internacional para a Prevenção da Poluição por Navios 745-747; Convenção Internacional sobre Padrões de Formação, Certificação e Serviço de Quarto para Marítimos (STCW), 1978 745; Convenção para a Salvaguarda

da Vida Humana no Mar (Solas) 743-744; evitar abalroamentos no mar 744-745; história e a estrutura da IMO 740-743; linhas de carga do navio 745; Regulamento 13G 188

Organização Mundial do Comércio 433

Organização Mundial do Trabalho 720, 747-749

Oriente Médio 423-426

origem das sociedades classificadoras 720-722

origens comerciais do transporte marítimo de cargas a granel 463-464

origens do comércio marítimo, 3000 a.C.-1450 35-40; abertura do comércio Mediterrânico 36-37; ascensão do transporte marítimo grego 37; comércio mediterrânico durante o Império Romano 38; Golfo Pérsico 35-36; Império Bizantino 38; início – o Golfo Pérsico 35-36; Veneza e a Liga Hanseática 38-40

origens do serviço de linhas regulares 560-567; consequências da conteinerização 566-567; desenvolvimento da infraestrutura do serviço de contêineres 564-566; era do "navio de carga de linhas regulares" 560-562; sistema de contêineres, 1966-2005 562-564

origens do tráfego de petróleo bruto por via marítima 482

Oslo 78, 220, 338, 348, 363

otimização da velocidade operacional 282-283

otimização dos estoques para o produtor e para o consumidor 474

outros navios de carga geral 646-652; navios de cargas pesadas 650; navios de cobertas de linhas não regulares 651; navios frigoríficos 651-652; navios multipropósito 647-650; navios ro-ro 646-647; navios transportadores de barcaças 651; tipos de navios de linhas regulares 650

Oxyrhynchus 33

P&O 55, 66, 552, 564, 591, 615

pacotes de fundos de investimento 320-322

padrão típico dos pagamentos escalonados a um estaleiro naval 246

pagamento liberatório 269

países que comercializam por via marítima 433-438; área terrestre e o comércio marítimo 436-438; balança de importações e exportações 434-435; diferenças no comércio marítimo por país 433; população e comércio marítimo 438; riqueza e o comércio marítimo 435-436

paletes 634

Palmer Shipyard 463

Pan Atlantic Tanker Company 563

panorama da indústria marítima 78-80

panorama do sistema de regulamentação 718-720

panorama dos ciclos do transporte marítimo, 1741-2007 138-142; ciclos de transporte marítimo em ação 142

Pao, Y. K. 72, 362

papel das agências de classificação de risco de crédito 322

papel das indústrias de construção naval de navios mercantes 676

papel das leis marítimas 738

papel do comércio marítimo no desenvolvimento econômico 32-33

papel do transporte marítimo no comércio 456-460; custos unitários e a logística do transporte 457-460; elasticidade-preço em longo prazo na demanda do transporte marítimo 456

papel dos governos no transporte marítimo 122-123

papel dos portos no sistema de transporte 115-117

papel econômico dos registros abertos 734-736

papel regulamentador do Estado de bandeira 729-738; estruturas das companhias associadas ao registro de navios 736-738; implicações econômicas da regulamentação do Estado de bandeira 729; o papel econômico dos registros abertos 734-736; procedimentos de registro 730-731; registro duplo 736; tipos de registros 731-732

papel regulamentador dos Estados costeiros e portuários 749-752; direitos dos Estados costeiros sobre os navios estrangeiros 749-750; inspeções de controle pelo Estado do porto 751; Lei dos Estados Unidos sobre Poluição por Petróleo, 1990 752; movimento de controle pelo Estado do porto 750-751

para que os decisores utilizam as previsões 772-773

para que são utilizadas as contas da companhia 286-287

paradoxo das previsões 764

paradoxo do retorno do transporte marítimo 362

parafina líquida 525

paragens 61, 268

"Parque dos Dinossauros" econômico 32

participantes no sistema de transporte 475

patamar 132

Pax Romana 38, 74

perdas 196-197

perfil do retorno do transporte marítimo no século XX 362-363

permutas financeiras de fretes 235

pesquisa 767

pesquisa de mercado 671, 761-808; metodologia da pesquisa de mercado 777-780; ver também previsões e pesquisas no mercado marítimo

Peter Wright & Sons, da Filadélfia 482

petróleo para as lamparinas da China 438

petroquímicos 523

picos 132

picos e baixas de entrega 710

Pigou, Arthur Cecil 178

Pireu 78, 220

planejamento de transporte 483-484

planejamento estratégico e empresarial 773

plano de carregamento 479

plataformas 633

política de empréstimo bancário 279-280

poluição 123, 719, 746, 752

população e comércio marítimo 438

por que o direito do mar interessa 725

por que razão os países comercializam 438-440

por que razão os países comercializam 438-440; teoria do comércio e os direcionadores do comércio 438-439; três razões fundamentais a favor do comércio 439-440

porte bruto 522

Porter, Michael 380-381, 444, 519

porto local de grande dimensão 117

porto local de pequena dimensão 116-117

porto regional de grande dimensão 117

portos alimentadores 619

portos e os terminais de contêineres 618-621; escalas portuárias e precificação no mercado de linhas regulares 618-619; infraestrutura portuária 619-621

portos-base 588

Praia de Gadani 714

pré-aprestamento 685

pré-condições para o arranque 453

pré-empacotamento 632

precificação do risco no transporte marítimo 381-385; diferenças na "preferência do risco" 381-383; modelo de precificação de ativos 383; modelo de precificação de ativos de risco 383-385

precificação dos serviços de linhas regulares 609-614; aspectos práticos da precificação no mercado de linhas regulares 609-610; princípios da precificação no mercado de linhas regulares 611-614

precificação no mercado de linhas regulares 609-610

preço da oferta do frete 260-261

preço de mercado 210

preço natural 210

preços da construção naval 248-249, 693-694

preços de custo marginal 612

preços de segunda mão 694; correlação dos preços de

Índice remissivo **881**

segunda mão entre os navios-tanques e os navios graneleiros 241

preços dos navios 242-244

preços e custos em longo prazo 210

preços fixos 612-613

preços, serviços e demanda de transporte de linhas regulares 574-576

preparação da sindicalização 334

preparação das previsões 769-773

preparação das previsões 769-773; a definição da decisão 769-771; para que os decisores utilizam as previsões 772-773; quem faz a previsão? 771-772

preparação de um relatório do mercado marítimo 778

pressupostos 805-806

pressupostos econômicos 782-783

Prestige 718, 747

previsão da demanda de navios 786

previsão da distância média 785-786

previsão da frota mercante 786

previsão da oferta de transporte marítimo 786-787

previsão da produtividade do navio 786

previsão do tráfego por via marítima 783-785

previsão racional para reduzir a incerteza 764-765

previsões das taxas de frete 780-788; análise de sensibilidade 787-788; cinco estágios no desenvolvimento de um modelo de previsão 781-782; exemplo de um modelo de previsão 782-787; modelo clássico da oferta-demanda do transporte marítimo 780-781

previsões dos ciclos do transporte marítimo 166-168; desafio de um gerenciamento de risco bem-sucedido 168; importância da inteligência de mercado 167

previsões e pesquisas no mercado marítimo 761-808; abordagem da previsão no transporte marítimo 761-766; desenvolvimento de uma análise de cenários 788-789; metodologia de pesquisa de mercado 777-780; metodologias de previsão de mercado 773-777; preparação das previsões 769-773; previsões das taxas de frete 780-788; principais elementos das previsões 767-769; problemas com as previsões 803-806; técnicas analíticas 789-803

previsões e planejamento 759-808; previsões e pesquisas no mercado marítimo 761-808

Primeira Guerra Mundial 55, 140, 148-151, 185, 683

primórdios do comércio marítimo 35-36

Primorsk 410, 425-426, 487

principais elementos das previsões 767-769; identificação do modelo econômico 767-768; tipos de relações e variáveis 768-769; três princípios das previsões 767

principais tráfegos de granel sólido 494-506; modelo do tráfego de grão 504-505; sistema de transporte do minério de ferro 499; tráfego de carvão por via marítima 499-502; tráfego de grão por via marítima 502-504; tráfego de minério de ferro por via marítima 495-498; transporte de grão 505-506

princípios da precificação no mercado de linhas regulares 611-614; contratos de serviço 614; discriminação dos preços 613-614; preços fixos 612-613; preços de custo marginal 612

Princípios de Economia Política e Tributação 442

princípios do comércio marítimo 429-461; ciclos comerciais dos produtos primários 449-456; comércio considerando as diferenças de recursos naturais 444-449; diferenças nos custos de produção 440-444; elementos fundamentais do comércio marítimo 429-433; países que comercializam por via marítima 433-438; papel do transporte marítimo no comércio 456-460; por que razão os países comercializam 438-440

princípios do transporte de cargas a granel 469-474

princípios econômicos 692-702; causas do ciclo de construção naval 692-693; demanda da construção naval em longo prazo 699-702; equilíbrio de curto prazo do mercado da construção naval 697-699; função da demanda da construção naval de curto prazo 697; função da oferta da construção naval 696-697; modelo de demanda, oferta e preço da construção naval 694-696; preços da construção naval 693-694

princípios econômicos das operações de linhas regulares 567-569

princípios econômicos dos serviços de linhas regulares 596-608; conclusões 608; elementos de base da economia dos serviços de linhas regulares 596-607; modelo do fluxo de caixa de viagem de linhas regulares 607-608

princípios fundamentais 165-166

princípios para regular a concorrência no mercado de linhas regulares 617-618

problemas com as previsões 803-806; objetividade: problema em escapar ao presente 805-806; problemas com as variáveis comportamentais 803-804; problemas com especificações e pressupostos do modelo 804-805; problema da monitorização dos resultados 805

procedimento de venda 237-239

procedimentos de registro 730-731

procedimentos para a realização de convenções marítimas 739-740

processo de ajustamento cíclico em curto prazo 375-377

processo de ajustamento em longo prazo 377

processo de produção da construção naval 705-708

processo de produção da indústria da construção naval 702-708; categorias dos estaleiros navais 702-703; navio e estaleiro de construção naval 703-704processo de produção da construção naval 705-708;

procura de sinais no transporte marítimo 172

produção conjunta do produto 710

produção da construção naval 194-196

produtividade da construção naval 709-710

produtividade da frota 192-194

produtividade do navio 282, 709-710; *ver também* receita dos fretes e produtividade do navio

produto do transporte marítimo 83-84

produtos de luxo 447

produtos florestais 98, 515-516

produtos químicos inorgânicos 523-524

produtos químicos orgânicos 523

programação dos serviços 601

projeto de escotilhas 637

propano 531

propileno 532

propósito darwiniano 133

propriedade da frota mundial 104-105

proprietário beneficiário 736

proprietário de navio *ver* Definição de "proprietário de navio" e de "companhia de navegação"

prosperidade 41

proteção naval 729

protecionismo 432

PSD (*parcel size distribution*) *ver* distribuição das dimensões das partidas de carga

psicologia de massa 178

Ptolomeu 41

Pusan 421

quatro mercados do transporte marítimo 215-216

quatro mercados marítimos 213-251; decisões enfrentadas pelos proprietários de navios 213-215; mercado de compra e venda 236-244; mercado de demolição (reciclagem) 249-250; mercado de derivativos de frete 231-236; mercado de fretes 218-231; mercado de novas construções 245-249; quatro mercados marítimos 215-218

que carga o navio transportará 632-635

Queen Elizabeth 2 66

quem constrói os navios mercantes do mundo? 676-679

quem efetua a demolição dos navios 713-715

quem faz a previsão 771-772

questões que definem um projeto de navio 630-642;

como a carga deve ser estivada? 635-637; como a carga deve ser manuseada? 637; como será o navio operado? 631-632; quão flexível deve ser o navio? 640-642; quão grande deve ser o navio? 638-639; quão rápido o navio deve navegar? 639-640; que carga o navio transportará? 632-635

rampas de acesso à carga 637

Rand Corporation 788

RAP *model* (*risky asset pricing model*) *ver* modelo de precificação de ativos de risco

rastreio da carga 577

realizar uma convenção marítima 740

rebocadores de alto-mar 550

rebocadores e dragas 670

receita 253-308

receita dos fretes 198, 216, 281-286; e o processo de ajustamento cíclico em curto prazo 375-377; e produtividade do navio 281-286; maximização dos dias de navio carregado no mar 283-284; otimização da velocidade operacional 282-283; utilização de porte bruto 284-286

receita dos fretes e produtividade do navio 281-286

receitas do navio 281-286; classificação da receita 281; receita dos fretes e produtividade do navio 281-286

recepção de materiais 705

recessão 73, 114, 127-128, 130, 133-135, 143-149, 688-689

"recuperação" 478

Red Ensign 731

red herring 340

rede comercial portuguesa 43-44

rede de comércio marítimo 399-409; área marítima atlântica 400-403; área marítima do Oceano Índico 405-408; área marítima do Pacífico 403-405; canais de Suez e do Panamá 408-409

redução da incerteza 764-765

registro duplo 736

Registro Internacional de Navios Dinamarquês 280

Registro Internacional de Navios Norueguês 732, 737

registros abertos 732, 734-736; *ver também* bandeiras de conveniência

registros internacionais 731-732

registros nacionais 731

Regras Estruturais Comuns, 2006 725

Regras para o Controle da Poluição por Substâncias Líquidas Nocivas Transportadas a Granel 662

Regras para os Navios de Ferro, 1855 63

regulamentação da concorrência 752-756

Índice remissivo **883**

regulamentação da concorrência 752-756; controle regulatório dos cartéis de linhas regulares, 1869-1983 753-754; regulamentação da União Europeia sobre os consórcios de transporte marítimo de linhas não regulares 756; regulamentação do transporte marítimo de linhas regulares dos Estados Unidos, 1983-2006 754; regulamentação europeia sobre a concorrência no transporte marítimo 755-756

regulamentação da indústria marítima 717-758; como a regulamentação afeta a economia do transporte marítimo 717-718; como são feitas as leis marítimas 738-740; direito do mar 725-728; Organização Marítima Internacional 740-747; Organização Mundial do Trabalho 747-749; panorama do sistema de regulamentação 718-720; papel regulamentador dos estados costeiros e portuários 749-752; papel regulatório do Estado de bandeira 729-738; regulamentação da concorrência no transporte marítimo 752-756; sociedades classificadoras 720-725

regulamentação da União Europeia sobre os consórcios de transporte marítimo de linhas não regulares 756

regulamentação do transporte marítimo 63-64

regulamentação do transporte marítimo de linhas regulares dos Estados Unidos, 1983-2006 754

regulamentação sobre a demolição 715-716

Regulamento Internacional para Evitar Abalroamentos no Mar 742, 744

regularidade do fluxo de tráfego 468

relações industriais 773

relatório do mercado de cargas sólidas 227-228

relatório do mercado de navios-tanques 228-229

relatório do mercado marítimo 778

relatórios de mercado 775, 778; etapas na preparação de um relatório do mercado marítimo 778

relatórios do mercado de fretes 226-229; relatório do mercado de cargas sólidas 227-228; relatório do mercado de navios-tanques 228

relevância 767

relocalização 182

Reno (rio) 39, 398, 400, 411, 531

reparos 259-261

requisitos para um mercado de derivativos de frete 233

resumo dos testes estatísticos 797-799

retomada 132

retorno 361-386

retorno do transporte marítimo no século XX 362-363

retornos obtidos em mercados marítimos imperfeitos 380-381

revisão do plano técnico 724

"revolução industrial" do transporte marítimo 68

Revolução Iraniana 186

Ricardo, David 442, 445

Rigoletto 71, 98

Rinform 483

riqueza e o comércio marítimo 435-436

risco 135-138, 353-356, 361-386; análise de risco no financiamento de navios 353-356; desempenho dos investimentos no transporte marítimo 361-366; distribuição do risco e estratégia do transporte marítimo 138; modelo de investimento de uma companhia de navegação 366-372; precificação do risco no transporte marítimo 381-385; risco do transporte marítimo e estrutura de mercado 136-138; teoria da concorrência e o lucro "normal" 372-381;

risco do transporte marítimo e estrutura de mercado 136-138

risco do transporte marítimo e modelo de precificação de ativos financeiros 363-364

Roma 34, 37-38, 74, 463, 755

Rosi (*return on shipping investment model*) *ver* modelo de retorno do investimento no transporte marítimo

Rota das Especiarias 35, 40

rota marítima para a Ásia 41

Rotas da Seda 35, 38

rotas de transporte marítimo de linhas regulares 580-589; rotas norte-sul de linhas regulares 586-588; serviços de linhas regulares de carga fracionada 588-589; tráfegos intrarregionais e os serviços alimentadores 588; tráfegos leste-oeste 580-586

rotas norte-sul de linhas regulares 586-588

Roterdã 62-63, 81-83, 116-117, 127, 219, 221, 224, 227-228, 230-231, 293, 393-395, 400, 408, 411, 423, 475, 564, 584-588, 619, 622, 643, 656

Royal Caribbean 555

Royal Dutch 483

Rubena N 227-228

Rússia 423-426

S&P *ver* Standard & Poor's

Sacalina 424-426, 487

Saudi Arabian Maritime Company 361

SAX (South Africa Express) *ver* serviço Expresso África do Sul

sazonalidade 180-181, 574

Schumpeter, J.-A. 129, 367

SDR *ver* direitos de saque especial

Sea-Land 70, 542, 564-565, 582, 591-592

Seaspan 351

securitização de ativos no transporte marítimo 352-353

segregações de tanques 637

Segunda Guerra Mundial 65, 68, 74, 95, 140-142, 152-154, 230, 313, 680-684 segurança 92

seguros 269

sentimento 206-207

serviço Expresso África do Sul 588

Serviço Postal dos Estados Unidos 576

serviços alimentadores 588

serviços ao redor do mundo 585-586

serviços de carga de linhas regulares 59-60

serviços de linhas regulares de carga fracionada 588-589

serviços de passageiros de linhas regulares 57-59

serviços e a demanda de transporte de linhas regulares 574-576

Shell 158, 483, 762, 804

shikumisen 137, 313, 484, 685

Shu Ching 763

sindicalização do empréstimo 334

sindicalizações de empréstimos 333-335

sistema de "membrana" 665

sistema de conferências marítimas 615-616

sistema de contêineres, 1966-2005 562-564

sistema de tanques autossustentáveis 665

sistema de transporte de carga a granel empacotada 549-550

sistema de transporte de GNL 537-539

sistema de transporte de produtos químicos 526-527

sistema de transporte do minério de ferro 499

sistema de transporte do petróleo bruto 488-490

sistema de transporte marítimo 92-99; definição de "transporte marítimo a granel" 95-96; definição de "transporte marítimo de linhas regulares" 96-97; definição de "transporte marítimo especializado" 97-99; limitações das estatísticas dos transportes 99; modelo econômico para o transporte marítimo 92-95

sistema de vias navegáveis 635

sistema financeiro mundial 317-326; colocação privada de dívida e de capital próprio 319-320; definição de "proprietário de navio" e de "companhia de navegação" 323-326; de onde vem o dinheiro para financiar os navios 317-318; fundos de investimento vêm de poupanças 319; investidores e credores 319; mercados financeiros compram e vendem pacotes de fundos de investimento 320-322; papel das agências de classificação de risco de crédito 322

sistema Moss 668

sistema prismático 668

Sloan, Alfred 576

Smith, Adam 32-33, 49, 74-75, 210, 384, 389, 420, 440, 622

sobre-estadia 214

sobressalentes 268

sobretaxas de congestionamento portuário 610

sobrevivência 255-257; impacto das pressões financeiras sobre as decisões dos proprietários de navios 255-257

sociedade de transporte marítimo 120

Sociedade Geológica dos Estados Unidos 510

Sociedade Geral de Proprietários de Navios 50

Sociedade Internacional de Locação Financeira 351

sociedade tradicional 453

sociedade-mãe 736

sociedades classificadoras 720-725; Associação Internacional das Sociedades Classificadoras 725; atividades regulatórias das sociedades classificadoras 723-725; origem das sociedades classificadoras 720-722; sociedades classificadoras atuais 722-723

sociedades classificadoras atuais 722-723

sociedades conjuntas 119-122

sociedades de aquisição de propósitos específicos *ver* SPAC

sociedades de propósitos específicos 325, 345-353

sociedades em comandita 569, 591

soda cáustica 523-524, 599

Sófocles 31

Solas (Safety of Life at Sea Convention) *ver* Convenção para a Salvaguarda da Vida Humana no Mar

sondagens de opinião 789, 791

Southampton 66, 411, 584-585

SPAC (*special purpose acquisition corporations*) 347

SS Fairland 564

Standard & Poor's 320-322, 365-366

Standard Oil 482

Star Shipping 98, 113, 548, 555

status quo viciado 803

STCW (Standards of Training, Certification and Watchkeeping for Seafarers, 1978) *ver* Convenção Internacional sobre Padrões de Formação, Certificação e Serviço de Quarto para Marítimos

Strathleven 98, 540

suavização exponencial 794

subcontratação 484, 709-710

subsídios à construção 695

Sul Asiático 420-421

surgimento do sistema de transporte marítimo de linhas regulares e não regulares 57

Sveland 496

Swire, John 615

Sydney 54, 62, 427

Índice remissivo

TAA (Trans Atlantic Agreement) *ver* Acordo Transatlântico

TACA (Trans Atlantic Conference Agreement) *ver* Acordo de Conferência Transatlântica

Tâmisa (rio) 721

Tap Line 158, 185

tarifa de frete "igual para todas as cargas" 610

Tasman Orient Line 588

taxa de juro comercial de referência 337

Taxa Interbancária Oferecida em Londres 320, 329-331, 365

taxa interna de retorno 302-303

taxas de câmbio 695

taxas de frete 145-146, 171-212, 694, 787; 1869-1913 145-146

taxas de manuseio em terminal 610

Technigaz 668

técnica Delphi 789

técnicas analíticas 789-803; análise de probabilidade 801-803; análise de regressão 795-801; análise de séries temporais 791-794; sondagens de opinião 791

tecnologia básica de navios-tanques transportadores de gases 665-666

tecnologia de transporte frigorifico 543-544

Teekay 118, 316, 333, 338, 339

temperaturas controladas 543

tempo 201-206

tempo de estadia em porto 193

tempos de trânsito 390-399; porta a porta 577

tendência secular 128, 129-130

tendência tecnológica, 1945-2007 154-155

tendência tecnológica nas taxas de frete, 1869-1913 145-146

tendências na dimensão dos navios porta-contêineres 596

teorema da teia de aranha 378-380

teoria da concorrência 372-381; ligação entre os modelos microeconômico e macroeconômico 377-378; modelo microeconômico da companhia de navegação 372-375; processo de ajustamento em longo prazo 377; receita dos fretes e processo de ajustamento cíclico em curto prazo 375-377; retornos obtidos em mercados marítimos imperfeitos 380-381; teorema da teia de aranha e a dificuldade em definir os retornos 378-380

teoria da vantagem absoluta 440-441

teoria da vantagem comparativa 442-443

teoria de erros não compensados 178

teoria de Heckscher-Ohlin 445-446, 460

teoria do comércio marítimo 431-432

teoria dos jogos 613

teorias modernas da vantagem produtiva 443-444

teorias modernas da vantagem produtiva 443-444

terminal LOOP 395, 414, 752

Terminal Louisiana Offshore Oil Port *ver* Terminal LOOP

termos de afretamento 214

Terremoto de Kobe 450

teste estatístico 798

teste-*t* 782, 796, 798, 800

Thomas's Stowage 515

ThyssenKrupp Steel 228

Tidal Marine 31

Tigre (rio) 35

Tilbury 221, 411, 472

tipos de companhias de navegação 118-119

tipos de financiamento 317-326

tipos de mercados marítimos 215-218; como se integram os quatro mercados marítimos 216-218; definição de mercado 215; diferentes características dos quatro mercados 218; quatro mercados do transporte marítimo 213-251

tipos de navios na frota mundial 99-104

tipos de navios usados na frota mercante 625-630; demanda derivada de navios 625-627; frota por tipo de navio 627-630

tipos de navios usados nos tráfegos de linhas regulares 594-595

tipos de registros 731-733

tipos de relações e variáveis usadas em previsões 768-769

Tiro 34, 36-37

Titanic 718

tonelagem compensada de arqueação bruta 817-818

tonelagem de arqueação bruta 815-816

tonelagem de arqueação líquida 816

tópicos ao abrigo do direito marítimo 738-739

Tóquio 34, 78, 220, 418, 601, 751

Torrey Canyon 718

TPDA (*Trans Pacific Discussion Agreement*) *ver* Acordo de Discussão Transpacífico

tráfego da Europa Ocidental para o Extremo Oriente 584-585

tráfego de carvão por via marítima 499-502

tráfego de fertilizantes 510-512; enxofre 511-512; fosfatos 511; potassa 511; rocha fosfática 510-511; ureia 512 tráfego de gás liquefeito de petróleo 529-534; demanda de transporte de GLP 530-532; frota de GLP e a sua propriedade 532-534; transporte do GLP por via marítima 529-530

tráfego de gás natural liquefeito 534-539; desenvolvimento do tráfego de GNL 536-537; oferta do transporte de GNL 539; oferta e demanda de gás natural 535; sistema de transporte de GNL 537-539

tráfego de grão por via marítima 502-504

tráfego de minério de ferro por via marítima 495-498

tráfego de petróleo bruto 482-490; crescimento do "mercado aberto" de navios-tanques, 1975-2006 484-485; distribuição geográfica dos tráfegos de petróleo bruto 485-488; origens do tráfego de petróleo bruto por via marítima 482; sistema de transporte do petróleo bruto 488-490; transporte marítimo de petróleo, 1890-1970 482-484

tráfego deficitário 491

tráfego do açúcar 509-510

tráfego do Atlântico Norte 583-584

tráfego dos metais e dos minerais 512-514

tráfego dos produtos derivados de petróleo 490-494; transporte de derivados do petróleo 493-494

tráfego dos produtos siderúrgicos 514

tráfego transpacífico 582-583

tráfegos da indústria metalúrgica 89

tráfegos de cargas a granel 466-469; cargas a granel transportadas por via marítima 466-469

tráfegos de granéis agroalimentares 508-509

tráfegos de produtos florestais 89

tráfegos energéticos 89

tráfegos intrarregionais e serviços alimentadores 588

tráfegos Leste-Oeste 580-586; serviços ao redor do mundo 585-586; tráfego do Atlântico Norte 583-584; tráfego transpacífico 582-583; o tráfego da Europa Ocidental para o Extremo Oriente 584-585

tráfegos marítimos de produtos primários 180-183

tráfegos secundários de granel sólido 506-516; tráfego de fertilizantes 510-512; tráfegos de granéis agroalimentares 508-509; tráfegos de produtos florestais 515-516; tráfego do açúcar 509-510; tráfego dos metais e dos minerais 512-514; tráfego dos produtos siderúrgicos 514

transporte aéreo, 1950-2006 64-73; *ver também* transporte de contêineres (transporte de carga conteinerizada), 1950-2006

transporte de carga a granel 463-517

transporte de carga a granel, 1950-2006 64-73; *ver também* transporte de contêineres, 1950-2006

transporte de carga frigorificada 539-544; demanda de transporte frigorífico 539-540; desenvolvimento

do transporte frigorífico 540-541; mercadorias dos tráfegos frigoríficos 541-543; oferta da capacidade de transporte frigorífico 544; tecnologia de transporte frigorífico 543-544

transporte de carga frigorificada 96, 539-544

transporte de carga geral 559-622

transporte de carga geral 559-622; carga geral e demanda de transporte de linhas regulares 569-580; companhias de linhas regulares 589-594; conferências de linhas regulares e acordos de cooperação 614-618; frota de linhas regulares 594-596; introdução à carga geral 559-560; origens do serviço de linhas regulares 560; portos e os terminais de contêineres 618-621; precificação dos serviços de linhas regulares 609-614; princípios econômicos das operações de linhas regulares 567-569; princípios econômicos dos serviços de linhas regulares 596-608; rotas de transporte marítimo de linhas regulares 580-589

transporte de cargas a granel 463-517; aspectos práticos do transporte de cargas a granel 475-480; frota de navios graneleiros 464-465; origens comerciais do transporte marítimo de cargas a granel 463-464; principais tráfegos de granel sólido 494-506; princípios do transporte de cargas a granel 469-474; tráfegos de cargas a granel 466-469; tráfego de petróleo bruto 482-490; tráfego dos produtos derivados de petróleo 779-780; tráfegos secundários de granel sólido 506-516; transporte de cargas líquidas a granel 480

transporte de cargas especializadas 71-72, 519-557; introdução ao transporte marítimo especializado 519-523; tráfego de gás liquefeito de petróleo 529-534; tráfego de gás natural liquefeito 534-539; transporte marítimo de passageiros 552-556; transporte de carga frigorificada 539-544; transporte de cargas unitárias 544-552; transporte marítimo de produtos químicos 523-529

transporte de cargas líquidas a granel 96-97, 480-481

Transporte de Cargas Perigosas 662

transporte de cargas unitárias 544-552; cargas pesadas 550-552; navios graneleiros de escotilha larga, que abrange quase toda a boca do navio 548-550; navios para o transporte exclusivo de carros e caminhões 546-548; navios ro-ro de longo curso 544-546

transporte de contêineres, 1950-2006 64-73; conteinerização da carga geral 70-71; crescimento do comércio marítimo, 1950-2005 66-67; crescimento do transporte aéreo entre regiões 66; desenvolvimento dos sistemas de transporte a granel 68-70; fundamentos para a integração do transporte marítimo 64-65; mudando a organização das companhias de navegação 72-73; novo ambiente comercial criado em Bretton Woods 65-66; "revolução industrial" do transporte marítimo 68; transporte de cargas especiais 71-72

Índice remissivo

transporte de derivados do petróleo 493-494

transporte de grão 505-506

transporte de produtos químicos 523-529

transporte do GLP por via marítima 529-530

transporte marítimo 31-75, 187-198; abertura do mercado global e do comércio 41-50; contêiner, granel e transporte aéreo 64-73; e a economia global 31-75; economia global no século XV 40-41; lições de 5 mil anos de transporte marítimo mercante 73-74; oferta 187-198; origens do comércio marítimo 35-40; transporte marítimo de linhas regulares e não regulares 50-64

"transporte marítimo a granel": definição 95-96

transporte marítimo como negócio 31-35; características do negócio 31-32; história do desenvolvimento marítimo 33-35; Linha Oeste 33-35; papel do comércio marítimo no desenvolvimento econômico 32-33

transporte marítimo de curta distância 81-82

transporte marítimo de linhas não regulares, 1833-1950 50-64; e o mercado global 60-63; ver também transporte marítimo de linhas regulares

transporte marítimo de linhas regulares (e não regulares), 1833-1950 50-64; cabos submarinos revolucionaram as comunicações no transporte marítimo 55-56; crescimento do comércio marítimo no século XIX 51-52; quatro inovações que transformaram a marinha mercante 50-51; regulamentação do transporte marítimo 63-64; serviços de carga de linhas regulares 59-60; serviços de passageiros de linhas regulares 57-59; surgimento do sistema de transporte marítimo de linhas regulares e não regulares 57; vapor substitui a vela na frota mercante 52-55; transporte marítimo de linhas não regulares e o mercado global 60-63

transporte marítimo de longo curso 81

transporte marítimo de passageiros 552-556; evolução histórica 552-553; ferries de passageiros 553-554; negócio dos cruzeiros 554-556

transporte marítimo de petróleo, 1890-1970 482-484

transporte marítimo de produtos químicos 523-529; demanda de transporte para produtos químicos 523-525; desenvolvimento do transporte de produtos químicos 525-526; frota de navios-tanques de produtos químicos e oferta 528-529; sistema de transporte de produtos químicos 526-527

transporte marítimo especializado 97-99, 519-523

transporte marítimo grego 37

transporte terrestre 82-83

Tratado de Roma, 1958 618, 755-756

travessia livre 200

três princípios das previsões 767; lógica 767; pesquisa 767; relevância 767

três Rs do lucro 367

Tribunal Internacional de Justiça 735

tributação 280-281

tributação 729, 734; direito das sociedades e direito financeiro 729

tripulação 729, 734; e condições de empregabilidade 729

TSA (Transpacific Stabilisation Agreement) ver Acordo de Estabilização Transpacífico

Tung, Chee-hwa 72, 362

Tyne Steam Shipping Company 311

UE ver União Europeia

um século de desenvolvimento da construção naval 687-688

UNCTAD 123, 415, 753

Undine 653

União Europeia 122, 755-756; regulamentação da UE sobre os consórcios de transporte marítimo de linhas não regulares 756; regulamentação europeia sobre a concorrência no transporte marítimo 755-756

unidades físicas nas quais as mercadorias são transportadas por via marítima 633

UPS 351, 576

Uring, capitão Nathaniel 49-50, 61, 73

utilização da capacidade 601-602

utilização de porte bruto 193, 284-286

Vacationland 545

Vaderland 482, 664

valor agregado 389

valor agregado do transporte marítimo 389-390

valor da carga 468

valor de mercado de um navio 303-305

valor de sucata de um navio 305-306

valor residual de um navio 306

Vancouver 403, 412, 414, 501, 506, 516, 572, 582

vapor substitui a vela na frota mercante 52-55

variáveis comportamentais 768, 786

variáveis tangíveis 768

variável tecnológica 769

Vasco da Gama 43-44, 389

veículos motorizados 97-98

velocidade do navio 639-640

velocidade do navio 92, 282-283, 576-578

velocidade operacional 282-283

venda de ativos 333-335; acordo de participação 335

vendas "forçadas" 241

vendas globais 606

Veneza 34, 38-40, 44, 49, 74, 105, 421; comércio entre 1000-1400 d.C. 38-40

vinho 575

visões dos analistas sobre os ciclos curtos de transporte marítimo 132-135

vistorias durante a construção 724

vistorias periódicas 724

volta ao mundo em oitenta dias, A 393-394

volume *versus* velocidade 576-578

Wallenius Lines 71, 113, 545-546, 656

Wear (rio) 146-149

White Star 58-66

World Tanker Fleet Review 193

Worldscale 160, 228-229, 230-231, 250

WS *ver* Worldscale

WTO *ver* Organização Mundial do Comércio

Xangai 34, 78, 116, 393, 395, 398, 419-420, 423, 583, 601, 687, 753

Yokohama 418, 582, 685

ZEE *ver* zona econômica exclusiva

zona contígua 727

zona econômica exclusiva 728, 752

zonas marítimas reconhecidas pela Convenção do Direito do Mar de 1982 das Nações Unidas 727-728

zonas proibidas 746

SOBRE OS TRADUTORES

Ana Cristina F. C. Paixão Casaca obteve sua formação de base na Escola Náutica Infante D. Henrique (ENIDH), em Paço D'Arcos, Portugal. Foi oficial náutica em companhias portuguesas e lecionou no Instituto de Tecnologias Náuticas. Após sua licenciatura na ENIDH, obteve, em 1997, o grau acadêmico de Master of Science em Logística Internacional no Institute of Marine Studies, na Universidade de Plymouth, Reino Unido. O seu gosto pela investigação científica encaminhou-a para a Universidade de Wales-Cardiff, Reino Unido, onde terminou com sucesso, em 2003, o seu ph.D. em Transporte/Logística Internacional. Em 1998, começou a publicar trabalhos de caráter profissional em revistas do setor (*Cargo, Transportes e Logística*, entre outras), para mais tarde dedicar-se à apresentação de trabalhos científicos em conferências internacionais e à publicação de trabalhos científicos em revistas científicas internacionais (*Maritime Policy and Management, Marine Policy, International Journal of Physical Distribution and Logistics Management, International Journal of Transport Management, Journal of International Logistics and Trade, Maritime Economics and Logistics, International Journal of Logistics Research and Applications, International Journal of Ocean Systems Management, e International Journal of Shipping and Transport Logistics*). É membro do Institute of Chartered Shipbrokers (ICS) e da International Maritime Economists Association (IAME). Atualmente, é investigadora associada do Grupo de Estudos em Logística, Negócios e Engenharia Portuária (GELNEP), do Departamento de Ciências Contábeis e Administração da Universidade Federal do Maranhão, Brasil; diretora técnica e de qualidade do Centro de Acostagens, Amarrações e Serviços Marítimos (ESPRIM), Portugal; e professora convidada da Escola Europeia de Short Sea Shipping, Espanha. É frequentemente convidada por diversas revistas científicas para efetuar a revisão de trabalhos científicos submetidos para publicação e pela Comissão Europeia para avaliar propostas de projetos e rever projetos na área de transporte. Em 2010 e em 2012, organizou, em cooperação com a Cargo Edições, e presidiu as conferências anuais da International Association of Maritime Economists e a International Research Conference on Short Sea Shipping, respetivamente.

Léo Tadeu Robles é graduado em Ciências Econômicas (1971), mestre (1995) e doutor (2001) em Administração pela Faculdade de Economia e Administração da Universidade de São Paulo (FEA-USP). É professor pesquisador associado da Universidade Federal do Maranhão (UFMA) e participante do Grupo de Estudos em Logística, Negócios e Engenharia Portuária (GELNEP). Atua como coordenador e professor em cursos de pós-graduação em Comércio Exterior, Logística e Gestão e Engenharia Portuária. É autor de obras acadêmicas sobre cadeias de suprimentos, logística internacional, gestão patrimonial e logística e organização e estrutura portuária. Possui experiência na área de administração de empresas, com ênfase em logística e transportes, principalmente nos temas de economia marítima, logística empresarial, logística internacional, gestão econômica de empresas, gestão portuária, gestão ambiental e comércio exterior. É membro da International Association of Maritime Economics (IAME).

SOBRE O REVISOR

Cláudio J. M. Soares é membro do Instituto Brasil Logística (IBL), doutor em Planejamento de Transporte pelo Instituto Alberto Luiz Coimbra de Pós-Graduação e Pesquisa em Engenharia da Universidade Federal do Rio de Janeiro (COPPE-UFRJ, 2008), pesquisador visitante na Universidade de Cardiff (2005-2006) e mestre em Transporte/Logística Internacional pela Universidade de Cardiff, Reino Unido (1999-2000). Tem atendido a indústria portuária e marítima – não só na área acadêmica, mas na industrial, com publicação no *Journal of Transport and Traffic Engineering* (2015), com foco em modelagem dinâmica para previsão de capacidade de um parque de terminais de contêineres. Desenvolveu diversos estudos de viabilidade técnica, econômica e financeira de projetos portuários, conduziu a diretoria de planejamento e relações comerciais da Autoridade Portuária do Estado do Rio de Janeiro (Companhia Docas Rio de Janeiro – CDRJ, 2014-2015), como a condução de estudos e ações de desenvolvimento e autorizações para Instalações de Terminais Privados na Agência Nacional de Transporte Aquaviário (ANTAQ).

SOBRE O APOIADOR

Wellington Antônio Fagundes é senador da República pelo estado do Mato Grosso, eleito em 2014, após 24 anos como deputado federal (em seis mandatos consecutivos). Atualmente, é titular das Comissões do Senado Federal para Assuntos Econômicos (CAE); do Desenvolvimento Regional (CDR); de Educação (CE); de Infraestrutura (CI); do Meio Ambiente (CMA); de Agricultura e Reforma Agrária (CRA); e do Senado do Futuro (CSF). Também é líder do Bloco Moderador e presidente da Frente Parlamentar de Logística de Transportes e Armazenagem (FRENLOG), com forte atuação pela modernização do sistema logístico de transporte e armazenagem de carga no Brasil. Atua no Senado Federal nas áreas de infraestrutura, logística, transportes, tributação, assuntos sociais e, principalmente, questões municipalistas. Participou de várias missões oficiais do Brasil: como representante da Câmara dos Deputados no RIO-92 (1993); no Grupo Parlamentar Brasil-Bolívia, em Santa Cruz de la Sierra (1995); na Comissão Parlamentar Conjunta do Mercosul; na Delegação de Relações dos Países da América do Sul e Mercosul; no Parlamento Europeu; na Mesa Executiva da Comissão Conjunta do Mercosul, em Estrasburgo, na França (2001); como representante do Senado pela Comissão de Agricultura e Reforma Agrária, em visita ao Japão e à Rússia (2015); e no V Congreso Del Futuro, como Presidente da Comissão Senado do Futuro (2016).

GRÁFICA PAYM
Tel. [11] 4392-3344
paym@graficapaym.com.br